WILEY

国外油气勘探开发新进展丛书

GUOWAIYOUQIKANTANKAIFAXINJINZHANCONGSHU

# OILFIELD CHEMISTRY AND ITS ENVIRONMENTAL IMPACT

# 油田化学及其环境影响


【英】Henry A. Craddock 著

雷 群 管保山 译

石油工業出版社

## 内 容 提 要

本书重点介绍了油气田勘探、钻井、开发、开采、加工和集输中使用的主要化学品，包括用于钻井、固井、完井、修井和增产的化学品，还涵盖了许多用于提高原油采收率的化学品。本书还探讨了油田化学品使用过程中对环境影响和最终去向的相关问题，概述了全球主要地区对油田化学品的监管情况，阐述了油田化学品在环境保护和可持续发展方面面临的问题与挑战。

本书可作为石油和天然气勘探开发领域中化学和环保工作者的参考书。

**图书在版编目（CIP）数据**

油田化学及其环境影响／（英）亨利·A. 克拉多克（Henry A. Craddock）著；雷群，管保山译. — 北京：石油工业出版社，2021.6

（国外油气勘探开发新进展丛书. 二十三）

书名原文：Oilfield Chemistry and its Environmental Impact

ISBN 978-7-5183-4362-1

Ⅰ. ①油… Ⅱ. ①亨… ②雷… ③管… Ⅲ. ①油田化学-环境影响 Ⅳ. ①TE39②X741

中国版本图书馆 CIP 数据核字（2020）第 233133 号

Oilfield Chemistry and its Environmental Impact
by Henry A. Craddock
ISBN 9781119244257


出版发行：石油工业出版社
（北京安定门外安华里 2 区 1 号楼　100011）
网　址：www. petropub. com
编辑部：（010）64210387　图书营销中心：（010）64523633
经　销：全国新华书店
印　刷：北京中石油彩色印刷有限责任公司

2021 年 6 月第 1 版　2021 年 6 月第 1 次印刷
787×1092 毫米　开本：1/16　印张：30
字数：710 千字

定价：160. 00 元
（如出现印装质量问题，我社图书营销中心负责调换）

# 《国外油气勘探开发新进展丛书（二十三）》编 委 会

# 序　一

"他山之石，可以攻玉"。学习和借鉴国外油气勘探开发新理论、新技术和新工艺，对于提高国内油气勘探开发水平、丰富科研管理人员知识储备、增强公司科技创新能力和整体实力、推动提升勘探开发力度的实践具有重要的现实意义。鉴于此，中国石油勘探与生产分公司和石油工业出版社组织多方力量，本着先进、实用、有效的原则，对国外著名出版社和知名学者最新出版的、代表行业先进理论和技术水平的著作进行引进并翻译出版，形成涵盖油气勘探、开发、工程技术等上游较全面和系统的系列丛书——《国外油气勘探开发新进展丛书》。

自 2001 年丛书第一辑正式出版后，在持续跟踪国外油气勘探、开发新理论新技术发展的基础上，从国内科研、生产需求出发，截至目前，优中选优，共计翻译出版了二十二辑 100 余种专著。这些译著发行后，受到了企业和科研院所广大科研人员和大学院校师生的欢迎，并在勘探开发实践中发挥了重要作用。达到了促进生产、更新知识、提高业务水平的目的。同时，集团公司也筛选了部分适合基层员工学习参考的图书，列入"千万图书下基层，百万员工品书香"书目，配发到中国石油所属的 4 万余个基层队站。该套系列丛书也获得了我国出版界的认可，先后四次获得了中国出版协会的"引进版科技类优秀图书奖"，形成了规模品牌，获得了很好的社会效益。

此次在前二十二辑出版的基础上，经过多次调研、筛选，又推选出了《碳酸盐岩储层非均质性》《石油工程概论》《油藏建模实用指南》《离散裂缝网络水力压裂模拟》《页岩气藏概论》《油田化学及其环境影响》等 6 本专著翻译出版，以飨读者。

在本套丛书的引进、翻译和出版过程中，中国石油勘探与生产分公司和石油工业出版社在图书选择、工作组织、质量保障方面积极发挥作用，一批具有较高外语水平的知名专家、教授和有丰富实践经验的工程技术人员担任翻译和审校工作，使得该套丛书能以较高的质量正式出版，在此对他们的努力和付出表示衷心的感谢！希望该套丛书在相关企业、科研单位、院校的生产和科研中继续发挥应有的作用。

中国石油天然气股份有限公司副总裁　李鹭光

# 序　二

油田化学是一门研究油气田勘探、开发、生产以及油气集输过程中所能发生的各种化学、物理化学作用，并应用这种作用建立的各种油气田勘探、开发、集输新原理和新技术的学科，也是石油工程领域中最年轻的交叉学科。油田化学技术贯穿钻井、储层改造、提高采收率、水处理等油气田勘探开发的各个领域。油田化学品是油田应用化学技术的核心，在钻井、采油和原油集输等领域发挥着不可替代的重要作用。随着国家对油气需求的不断增加，非常规、稠油、深层等复杂油田开发迅速发展，油田化学的重要性更加凸显。

《油田化学及其环境影响》是一本编译著作，从油田化学工作液机理出发，重点阐述了聚合物、表面活性剂和两亲化合物、磷化学、金属与无机化合物、低分子量有机化学品及相关添加剂、硅化学、绿色溶剂七大类油田化学产品的独特性能，详细介绍了七大类油田化学产品在上游油气勘探、钻井、开发、生产、加工和运输等关键领域的应用实效，系统论述了油田化学品安全使用和环境保护等管理规定，并提出"绿色"化学可持续发展理念。该译著遵循整体性、基础性、系统性、前瞻性和规范性的原则，准确架构并完善了油田化学知识体系。

该书在各章提出了一些新的观点与看法，但这些并非定论，有待于今后油田化学各领域的技术专家与学者进一步验证、深化与完善。

该书凝结了各位编委和译者的辛勤劳动成果，希望该书的出版能为从事石油化学、石油化工、石油开采及油气储运的工程技术人员、研究人员以及相关研究部门和高校相关专业的师生提供一本具有指导意义的参考书，持续提高我国油田化学基础研究与应用水平，开辟油田化学新方向。

借此机会向我国油田化学领域做出卓越贡献的工作者们表达我最崇高的敬意和祝贺！

罗平亚

2020年3月于西南石油大学

# 译者前言

油田化学是一门交叉学科，它主要针对油气田勘探开发中的诸多化学问题，研制适用于油气田勘探开发的各类化学工作液。当前，生态文明和环境保护已经成为党和国家高度重视的问题，油田化学品对环境的影响是今后油田化学研究的重大课题。

本书从最基本的油田化学工作液出发，涵盖了钻井、储层改造、提高采收率、水处理等油气田勘探开发的诸多环节，能够让广大油田化学科研人员和管理人员从中受到启发，是一本非常实用的工具书和参考书。本书共分 10 章，第 1 章回顾了油田化学的历史背景；第 2 章至第 8 章详细介绍了油田化学品的种类与应用范围，以及近 20 年油田化学工作者对环境问题的重视程度；第 9 章和第 10 章探讨了油田化学品对环境的影响和最终去向的问题，并对全球环境监管机制以及油田化学品的可持续性问题进行了系统评述。

已出版的相关专业参考书大多是从化学剂功能和应用角度进行讨论，而本书则更加关注化学剂类型、使用方式、潜在应用及其对环境的影响。本书详细介绍了西方发达国家在环境保护法律法规上对油田化学品的相关规定，对于我国大型能源企业“走出去”战略的顺利实施具有非常重要的法规指南作用，也为我国相关法律法规的制（修）订提供了很好的借鉴作用。

本书翻译过程中采用了直译和意译相结合的方式，力求最大限度地忠实于原著。衷心地希望本书的出版能够大大促进油田化学这一交叉学科的基础与应用研究，开辟油田化学品对环境影响这一新的研究方向，继续保持我国在该领域的国际先进地位。

在本书翻译出版过程中，得到了原著作者 Henry A. Craddock 博士，中国石油勘探开发研究院油田化学研究所和西南石油大学相关专家以及石油工业出版社的帮助，在此一并表示感谢。

由于译者水平有限，加之部分专业术语中英文表述之间的差异，疏漏、不妥之处在所难免，敬请广大读者批评指正。

# 原书前言

在写本书时，笔者把它主要定位为一本参考书，为工作在石油和天然气勘探开发领域的化学家和环保人士提供参考。油气田开发过程中面临着大量的技术挑战，尤其在环保要求日益严格的背景下，技术挑战变得更加严峻。本书重点介绍了油气田勘探、钻井、开发、开采、加工和集输中使用的主要化学品，力争做到尽可能地全面，但在遇到某些特定化学品或复杂问题时，仍需要参考其他书籍。本书同样涵盖了用于钻井、固井、完井、修井和增产的化学品，还包括了用于提高石油采收率的化学品，但相对而言，这部分内容不是那么全面。

已有的相关专业书籍和参考书主要是从化学功能和应用角度进行讨论，而本书聚焦化学剂的类型、使用方式和潜在应用以及化学剂对环境的影响。本书最后两章集中阐述了油气田各环节使用的化学品对环境的影响及它们的最终去向，介绍了各国的监管情况以及在环境保护和可持续性方面的工作。

本书第 1 章阐述了油田化学的历史背景，从早期作为解决某些油田问题的相对单一的方法到发展成为一门完整的化学学科。第 2 章至第 8 章详细介绍了不同的化学品类型，第 8 章还包括有关配方的内容，因为化学品很少能直接添加或单独使用，所以配方非常关键。第 9 章和第 10 章涉及环境问题，在过去 20 年中，环境问题一直是油田化学的重要组成部分，也是油气田化学家越来越需要了解的问题。第 10 章重点阐述了可持续性问题，在本书写作过程中，这些问题正变得越来越重要。笔者相信，今后在使用化学品以及在油气田的化学应用方面，人们将越发关注可持续性问题。

感谢 Johannes Fink 和 Malcolm Kelland 教授的著作《油田化学品和流体》（*Oilfield Chemicals and Fluids*）和《生产用化学品》（*Production Chemicals*），它们都是本书宝贵的信息来源，并且还引导笔者查阅了许多重要参考文献。本书第 3 章参考了 Laurent Schramm 在油田表面活性剂方面的开创性工作。此外，Malcolm Stevens 的《高分子化学》（第 3 版）使笔者在第 2 章写作中受益良多。

英国皇家化学学会和国际石油工程师协会的图书馆数据库提供了大量的油气田化学品和化学物质的原始资料，在此表示感谢。

最后，感谢我的女儿 Emma Craddock 博士，她对第 9 章提出了宝贵意见。

油田化学是一门引人入胜的学科，它不断激发人们的兴趣，而且在未来也必将如此。衷心希望本书能够对化学家和广大读者有所帮助。

# 目　录

# 1　油田化学发展史

本书是化学家和环境学家的参考书，书中介绍了油田中使用的化学物质及其可能出现的环境问题，重点涉及油田上游油气勘探、钻井、开发、开采以及下游加工和运输等过程的关键化学物质，包括用于固井、完井、修井、增产及提高采收率（EOR）的化学物质。许多书籍和参考书都涉及这一主题，但都只是从功能和化学应用角度阐述。本书聚焦化学剂的类型、使用方式和潜在应用以及化学剂对环境的影响。最后两章特别关注油田行业应用化学添加剂和化学衍生物的环境影响和处理途径，包括全球许多地区的监管法规概述，并就总体环境保护和可持续发展进行评论。

众所周知，虽然石油生产起源于19世纪中叶，但直到20世纪，润滑剂、钻井液处理、油水分离和腐蚀防护等的应用才开始出现。

1929年，人们开始研究采油物理化学[1]，实验室不能模拟油井状况的局限性越来越明显。

20世纪30年代初，钻井液研发设计发生了根本转变，变得更加科学[2]。虽然直到那时钻井液才被视为粗悬浮液，并根据其性质特点、经验知识进行配方设计，但是获得的现场经验和理论知识为实验室研究方案的经济有效性奠定了基础，这些都可以通过改进钻井液技术来实现。特别是通过实验室可以了解钻井液的性能特点，通过有效操作实现必要的性能，如加重、塑性、黏度、悬浮稳定性或沉降速率、不含气钻屑、成熟度、凝胶和凝胶强度以及静水效率稳定性。研究还发现，石灰岩储层钻井过程中经常会遇到一些困难。

## 1.1　破乳剂

油田生产最早遇到的生产加工问题之一是如何将采出液中的原油进行有效分离，19世纪末，美国曾经有将皂类物质用于油水分离的轶事证据。更准确地说，当皂类物质与原油形成乳状液时，其含有的表面活性剂成分能与油、脂肪发生作用并从水中分离。但是，这些早期的肥皂产品只有在添加到高浓度时才有助于溶解原油，所产生的水质与分离出的原油均需要进一步处理和（或）静置沉淀。近年来，基于聚合物和表面活性剂的系列低剂量破乳剂产品已陆续研发出来。这主要得益于对表面活性剂的工作原理（见3.1节）更加了解以及破乳技术的改进提高，这些改进集中在以下领域：

（1）新型破乳剂的化学合成。

（2）破乳剂实验技术和现场工艺的同步发展。

（3）表面处理设施工程设计的提高，例如，更有利的化学乳液破乳条件，管道和处理装置中的强制聚结，更快、更有效的沉降和更清洁的相分离。

在现代原油生产中，原油的有效分离、脱水和脱盐以及污水处理到环境可接受水平是至关重要的。为了及时有效地实现这一目标，确保连续、顺利的油田生产作业，破乳剂已成为油田生产作业的重要组成部分。化学破乳剂是专门为需要一定油水界面时发挥作用而设计的，其在低剂量下高的油水分离效率使其成为一种非常有吸引力的经济方法[3]。

在20世纪40年代，环氧乙烷（EO）工业化应用开始生产脂肪酸、脂肪醇和烷基酚乙氧基非离子表面活性剂，从而实现非离子表面活性剂型破乳剂在原油生产中的首次应用[4]。

随着环氧乙烷/环氧丙烷（EO/PO）嵌段共聚物的问世，产生了第一批高效的破乳剂。当在线型或环状（酸或碱催化）烷基酚甲醛树脂、二胺类改性聚合物或功能胺含量较高的改性聚合物中添加环氧乙烷和（或）环氧丙烷时，所得破乳剂相对低浓度下便具有良好性能。此外，这些破乳剂通过与一种或多种双官能化合物（如二酸、二环氧化物、二异氰酸酯和醛）反应可转化为高分子量产品。在过去的几十年中，开发了许多类型破乳剂，同时对“鲜石油”测试有了更好的理解。近年来，破乳剂的发展主要集中在环保产品的开发[5]、低温下良好的分离效果[6]、对高含蜡和沥青质石油更有效等方面[7]。

重要的是，化学破乳剂不仅有助于现代油田生产过程的经济性，而且分离产生“干净”水，减少了高污染采出水排放的潜在危险性。

随着破乳剂的发展，乳状液性能和稳定性得到广泛研究，已经确定了影响乳状液稳定性的因素，主要包括成膜沥青质、含有机酸碱的树脂及pH值[8]。在原油—盐水系统中，一个最佳pH值范围可使吸附膜表现出最小的收缩膜特性，在此范围内，界面张力很高（通常接近其最大值），表明不含高表面活性物质；原油—盐水乳状液通常表现出最低的稳定性，为了破乳必须显著降低表面活性剂加量，有时不需要添加表面活性剂。

## 1.2 缓蚀剂

化学抑制剂保护油田设备免受采出液内腐蚀性组分损害的应用由来已久[9]。油田使用的化学缓蚀剂根据机理可分为如下几种常见类型：钝化、气相、阴极、阳极、成膜、中和、化学反应。石油和天然气生产中常用的施工材料是碳钢或低合金钢，因此主要目的是抑制液体和气体对钢的腐蚀作用。

20世纪初，无机缓蚀剂如亚砷酸钠（$Na_2AsO_3$）和亚铁氰化钠等用于抑制油井二氧化碳（$CO_2$）腐蚀，但处理次数和效果较差[8]。

20世纪20年代初，与破乳剂使用洗涤剂和皂类一样，许多有机化学制剂开发中经常加入成膜胺及其盐类。40年代中期，长链极性化合物（表面活性剂）被证实有缓蚀作用[10]，改变了初期油气井缓蚀剂的应用实践。考虑到经济因素，由于腐蚀和采油产出水量原因，油井不能继续生产[8]，整个油藏都可能被废弃。抑制剂的应用使得二次采油过程中大量腐蚀性水注采变得可行。如果不使用缓蚀剂，三次采油，如二氧化碳驱、蒸汽驱、聚合物驱和火烧油层等通常是不经济的。

多年来，化学抑制技术主要在缓蚀剂配方和应用方法方面有些提高[11-13]。直到21世纪初，尤其有关成膜表面活性剂的化学物质，都可以单独或以配方组合的形式从下列物质中选择，包括伯胺、季铵盐和咪唑啉[12,14]。这些成膜保护剂可在金属表面成膜，也可与各种垢（例如，沉积在这些表面上的碳酸钙）作用成键[15]。

目前，因成膜保护剂在高动态环境中[16]具有良好防护性能，被广泛应用于油气加工和集输。采出流体混合物可产生高腐蚀性介质，并直接与碳钢接触，这些混合物在高流速条件下的剪切应力[17]情况下会遇到更多挑战。直到最近，人们一直在寻求可与液体表（界）面液体混合物成膜的缓蚀剂，即表面活性剂类材料[18]（见第3章），形成膜可在高流速下持久存在，即在高流速条件下除膜时间长[19]。这些材料在现场条件下具有较好的缓蚀性能[20]，但高温条件[21]下性能会变差，并对环境有害[22]，通常具有与海洋生物毒性和生物降解有关的特性，不太适用于法规严格的海上环境。环境耐久型缓蚀剂技术有一个难题，如耐久性材料一般不易降解。同样，许多含氮有机化合物本身具有毒性[23]。这些化学物质和类似化学物质在第3章中阐述，并提供有效且环保的产品。

## 1.3 钻井液及处理剂

钻井液是油田应用最早的“化学品”。据记载，钻井液用于旋转钻井始于20世纪初[24]，毫无疑问，这种产品的广泛使用有助于司钻、操作员或工程师解决特殊钻井难题。伴随早期水基钻井液使用，油田上的工程设备仪器也不断得到发展。

钻井材料多种多样，包括松散的砂、砾石和黏土，其中也有薄层砂岩、贝壳状砾岩和页岩。虽然不清楚早期海上钻井是否如我们所想，但在浅海钻探了许多井。所有这些都使得石油勘探开发行业开始聘用专业人员，如特殊工程师、地质学家及油田化学家。

钻井液设计应有一定触变性。触变性是指许多悬浮体在不受干扰时可形成胶体的特性，摇动胶体可恢复到流体状态，从胶体到液体、从液体到胶体的变化可以重复多次。

添加了化学试剂的钻井液的触变性主要是由于悬浮液中颗粒带电荷，也有部分是由于颗粒大小和形状。这种具有触变性的钻井液是一种处于悬浮液完全稳定和完全凝固的中间阶段液体。

多年来，钻井液体系已根据特定条件和应用需求进行了精制和调整，到20世纪中叶，已形成如下三种类型钻井液[25]：

（1）淡水黏土钻井液。

（2）有机胶体（淡水基和盐水基）。

（3）水基钻井液和油基钻井液混合体系（乳状液）。

基于现场实践和实验数据，对不同井况的钻井液性能有了更深入了解。直至现在，水基钻井液仍一直是钻井实践和完井作业使用的主要产品。然而，随着技术进步，化学添加剂用于改善钻井液流变性，有助于控制漏失，减少地层伤害。

在20世纪30年代后期，油基钻井液开始用于钻井。油基钻井液中油取代水作为主要液体成分。20世纪40年代初报道了油基钻井液的组成，并通过分析技术更好地了解钻井液特点和物理性能[26]。几十年来，这项工作在将钻井液设计及其组成与钻遇地层要求的物理性能联系方面获得不断发展。

在油基钻井液中，油作为连续相，水作为分散相，与乳化剂、润湿剂和增黏剂［主要是表面活性剂和（或）聚合物基］一起使用。油基可以是柴油、煤油、燃料油、精选原油或矿物油。

由于污染的可能性，因此乳化剂对油基钻井液很重要。油基钻井液的水相可以是淡水、氯化钠或氯化钙溶液。外部相是油，不允许水接触地层。

虽然油基钻井液价格更高，但在钻穿一些地层时是比较经济的：

（1）水基钻井液中引起膨胀和分散的页岩层。

（2）水基钻井液会发生脱水的深层、高温层。

（3）钻进出水层。

（4）钻取产层，特别是斜井或水平井完井。

油基钻井液具有如下缺点：

（1）因为油基钻井液有荧光，易与原始油层混淆，所以不能分析岩屑中油的性状。

（2）由于钻屑、岩心和侧壁岩心污染样品，总有机碳（TOC）的地球化学分析掩盖了实际API度的测定。

（3）污染淡水层造成环境影响。

（4）处理不当会造成环境污染，岩屑必须在适当地方处理。

近年来，在许多地区发生了油基钻井液和污染钻屑处置引起的环境问题，特别是海上钻完井区域尤为突出，详细讨论见8.3.3。

然而，油基钻井液的发展使钻井作业中所能承受温度和压力范围不断扩展，从而能够完成更加复杂的钻井作业。毫无疑问，如果没有水平井技术的发展，就不会有最近几十年页岩气的发展，而如果对油基钻井液没有更多的应用和认识，钻井技术的发展也会发展很慢[27]。

## 1.4　固井水泥

20世纪初，水泥固井已普遍应用，在1919年就有水泥堵水的文字记载[28]。早期这项工作的目标有两方面：

（1）防止油砂被淹。

（2）封堵底水，保护井筒，开采生产。

在接下来的10年左右，油井水泥的使用量急剧增加，导致所用类型和规格发生很大变化，因为它主要是基于典型建筑水泥。20世纪30年代末，油井水泥采用了统一规范[29]，定义了具体的测试方法和要求性能，并力求在整个行业部门实现标准化。迄今为止，为获得特定应用需要的性能要求，允许水泥中添加一定量的化学添加剂，要求化学家们研发添加剂，下面章节给出了大量实例，其中有机降滤失剂是重要添加剂之一[30]，它可控制水泥浆和凝胶水泥浆在挤压过程中失水，减少作业失败，并与膨润土和波特兰水泥兼容，不影响凝固水泥的物理性能，适用于不同井况，提高固井质量。

目前，降滤失剂是油井水泥的重要组分。水泥浆失水行为主要分为两个阶段：与挤注水泥位置相对应的动态失水和水泥候凝对应的静态失水。

总体上，该类添加剂通常是聚合物，特别是纤维素类聚合物（见2.2.2），是PLONOR清单列出的风险很小或没有风险的环保材料[31]，不必进行测试（见9.1.3）。但纤维素类材料有几方面局限：当温度高于200°F❶时，其降滤失性、耐盐性能降低，低温下会出现缓凝问题，而且钻井液降失水率不如合成类降滤失剂。纤维素类材料复配其他添加剂有助于提高性能，但会损失环保优势，其产出物也不能列入PLONOR清单，为解决此问题已开发出改性纤维素材料[32]。

---

❶ $°F=\frac{9}{5}°C+32$。

此类和其他类型添加剂在本书后续章节中阐述。

## 1.5 油井增产及提高采收率

20 世纪 20 年代，人们对提高采收率机理的认识进一步提高[33]，人们曾考虑过使用某些方法，如注水开发，但并不认为在商业上可行。

20 世纪 30 年代，对碳酸盐岩储层的井进行了酸化处理[34]，随即酸化研究兴起，包括地层分析、酸液类型和用量、完井时间及经济分析。研究结论是，使用缓蚀抑制酸实践效果好，该酸不与钢（管柱）反应，也不阻碍酸岩反应。这些研究结果和对象为现代酸化实践奠定了基础。

在接下来的 20 年左右，酸化技术作用机理认识不断提高，5. 6. 2 进行了更详细讨论，尤其认识到在特定条件下酸化过程中铁和铁盐的溶解，并需要对其进行控制[35]。溶解出来的硫化铁和游离相硫会严重损害正常生产。早期处理包括：用非离子清洁剂使封堵材料变为亲水物质；酸化以去除铁盐；用表面活性剂使残余游离相硫变为亲油物质；用适宜的溶剂溶解游离硫；将所有液体冲洗到地层中。目前的标准做法是采用合适的隔离剂防止任何酸处理后铁化合物沉积[36]。

了解酸处理工艺，合理设计化学添加剂配方体系非常重要。许多酸化添加剂，如铁离子稳定剂常被误用和过多使用而带来损害。某些情况下，如果预期井下不存在铁源，一些药剂出现沉淀，实际上是铁在废酸液中呈螯合状态。因此，铁螯合剂作用是否有效取决于酸反应时井底的化学条件。显然，确切知道酸化时的井底条件是不可能的，因此根据最可靠信息慎重优选酸液添加剂非常重要。添加剂在酸化措施中的应用详见第 6 章。

### 1. 5. 1 注水

20 世纪 30 年代早期，注水作为二次采油的主要方法开始使用，那时只有宾夕法尼亚州西北部和纽约西南部的 Bradford 油田和 Allegany 油田[37]大规模使用该方法，水驱促进了 Bradford 油田的持续发展，该油田已经开发了 62 年。虽然注水采收率低，但与世界其他产区的自然产能相比，仍然是盈利的。

目前，水驱作为二次采油的手段已得到广泛应用和普遍实践。事实上，1948 年在沙特阿拉伯东部省份发现的世界上最大的 Ghawar 油田拥有天然的水驱条件；因此，1968 年该油田开始外围注水以维持整体压力。初期采用重力注水，后采取动力注水，以便灵活控制水驱前缘压力传播。该油田有 1500 多口井，包括生产井、注入井和常规井、水平井。

用水维持油藏压力和产能，加上石油开采经济性的改变，对油田化学的复杂性产生了重大影响。与石油开采应用的大量化学添加剂涉及水处理，本书后续章节都有介绍，还有一些重要的化学剂类型，如阻垢剂和杀菌剂，1. 6 节中按功能进行了简要说明。

### 1. 5. 2 提高采收率（EOR）

在注水开发后，出现了更为复杂的提高、强化采收率方法。通常 EOR 技术主要有加热法、注气法和注化学剂法。

与一次开发和二次开发可采原油 20%~40%相比[39]，采用 EOR 方法可提高油藏采收率 30%~60%或更多[38]。显然，化学注入工艺技术对油田化学尤其是聚合物和表面活性剂在

EOR 中的应用影响最大。这些化学物质及其对环境的影响分别在第 2 章和第 3 章中详细介绍。

## 1.6　水处理

如前一节所述，水的使用对油田开采中使用的化学品有很大的影响；然而，同样重要的是，人们对油田所涉及的和产生的水的化学性质有了更深入的了解。水的类型有以下几种：

（1）束缚水。束缚水天然存在于储层中，在成岩作用过程中束缚水被困在岩石孔隙中。束缚水的化学成分在成岩过程中都会发生变化。与海水相比，束缚水可能密度更大，含盐量更高。

（2）地层水。与束缚水相比较，地层水或孔隙水只是在岩石孔隙中的水，在成岩作用之前可能不存在。

（3）采出水。采出水是石油工业中用来描述作为副产物与石油和天然气一起产出的水的一个术语。石油和天然气储层通常含有水和烃类，它们有时存在于油层底部，或油水同层。

（4）注入水。注入水是用于二次采油的水，其来源通常是含水层或其他淡水（例如河流）、海水或采出水（这是从采出液中分离出的水）。

充分了解这些水的化学性质是至关重要的，尤其是在理解油田作业中可能会用到的油田化学方面。这些水可以作为钻井液的成分，还可以用在油井维修、三次采油和水驱。这些水在使用前需要通过添加杀菌剂来进行处理以提高水质，并且通常需要额外的除氧过程来防腐蚀。这里涉及的化学部分在本书的许多章节中都有介绍，而且是多样化的组成，从磷化学品（第 4 章）/简单的有机分子（第 6 章）到复杂的聚合物（第 2 章）都有所涉及。8.2.1 介绍了水在油田化学剂的组成和载体溶剂方面的应用。

虽然在油田中水的使用和生产很普遍，但直到 20 世纪 60 年代，才使用分析化学的方法分析油田水的组分，以全面了解可能发生的潜在的相互作用[40]。在此之前，水既被视为二次采油的有用工具，也被认为是需要处理的有害物质。

此时，水化学分析的重要性在地球物理学中对沉积岩中油气的认识变得越来越重要[41]。这些分析结果被许多油田学科所利用，并且从水化学开始，对化学剂处理的设计得到了发展和改进，因为水化学可以将水置于模拟的油藏和生产条件下，并在实验室中进行重复实验。

### 1.6.1　阻垢剂

20 世纪 30 年代后期油田生产中普遍存在结垢问题，尤其是在水驱中，易结垢的化合物经常在水驱井间的渗流通道中沉积[42]。渗流通道、油管、套管和生产设备上的矿物沉积一直并将持续成为上游油气工业的主要问题。由于压力下降、温度变化或超过产品的溶解度，采出水中含有的碳酸钙、硫酸钙和硫酸钡等化合物将结晶或沉淀。结垢将堵塞储层、射孔或采油设备，往往导致油田减产甚至停产。

酸、盐和磷酸盐早就被建议作为潜在的阻垢剂。然而，经过很长时间后，阻垢剂才得到发展和实际应用。在 20 世纪上半叶，通常的处理方法是从井中取出设备，然后用刮刀等设备机械地清除沉淀物。当堵塞物含有碳酸根时，也可用盐酸来除垢[43]。

在19世纪末和20世纪初，人们采用单宁酸这样的天然化合物处理锅炉水，一定程度上防止了水垢的形成。有趣的是，由于它们符合环保标准，目前这些产品被人们重新应用，主要作为净化水的絮凝剂，详情参见6.1节[44]。在整个20世纪50年代和60年代，各种基于聚合物（第2章）和磷基（第4章）的阻垢剂被广泛用于结垢处理，通常效果好坏参半，特别是在井筒附近发生沉积的地方。一个关键的技术进展是实现了化学剂在近井地带可控投放，从而可以控制阻垢剂的释放[45]。通过在压裂作业中，将溶解很慢的双金属聚磷酸盐一起注入生产层来实现的。使用这种处理方法后，除了井筒和生产设备外，地层也长时间不结垢，有时甚至超过一年时间不结垢。

在接下来的三四十年里，在阻垢剂挤注设计中采用替代技术，在防止垢沉积和相应的产量下降方面取得了巨大的成功。与此同时，对阻垢剂的化学成分与地层相互作用的进一步研究，促进了对阻垢剂的设计和应用的改进[44,46]。

浓度明显低于螯合成垢阳离子所需的浓度时阻垢剂即可起作用，溶液中沉淀物与阻垢剂的物质的量比一般在10000∶1左右。一般认为，阻垢剂是通过阻断晶体的生长位点来阻止、减缓或扭曲晶体生长的。人们还认为，这些抑制剂以某种未知的方式阻止垢在金属表面附着。无论阻垢机理如何，必须在垢成核过程中加入阻垢剂，才能有效地发挥阻垢作用。

许多化学物质都是有效的阻垢剂，但在油田中广泛应用的化合物只有聚磷酸盐、磷酸盐、磷酸酯和聚丙烯酸酯/聚丙烯酰胺4类。这在第2章和第4章中有详细的介绍。

同样重要的突破性进展是基于对硫酸钡结垢的理解[47]，知道如何在油田中进行适当的处理和应用，特别是阻垢剂的应用。这在5.3节中有更详细的讨论。

20世纪60年代末，实验室中用于研究油田矿物结垢的常规方法对硫酸钡不起作用，因为实验室中只形成了很小的黏附性差的硫酸钡晶体。另外，在井下或地面设备中发现的硫酸钡垢的附着力很强，而且可能会形成非常大的晶体。这种差别是因为硫酸钡的溶解度极低。硫酸钡垢的牢固的黏附性以及晶体始终增长的性质使其长到100μm甚至更大，表明晶体生长和垢的黏附性之间有关系。

在现代油田化学中，对结垢沉积和抑制机理[44]的研究已经很多，从注入海水导致硫酸钡沉积物形成，再到外来沉积物的生成（如硫化铅的沉积）。在本书的以下章节中，将向读者介绍用于处理、控制、溶解和抑制这些无机的垢沉积的阻垢剂。

### 1.6.2　杀菌剂和细菌控制

所有地质学家都认为碳氢化合物的有机起源说，大量证据支持有机起源说。原油本身不需要很长时间就能从合适的有机物中生成。大多数石油地质学家认为，原油主要是由植物体形成的，比如藻类（在海水和淡水中可以进行光合作用的单细胞生物）和煤层（大量植物残骸形成的化石）。很明显，在适当的条件下，细菌也能在这种有机质上生存。在从外部注入水或干扰现有的天然水时，细菌有可能被引入和生长。然而，直到20世纪30年代末，才建立了油田中的细菌与油田生产问题之间有根据的联系，即厌氧菌在腐蚀中的作用[48]。

1950年，明确了细菌在注水作业中所起的作用[49,50]，大量的观察表明，细菌在堵塞注水井中的方面非常有害。目前已经研究出了若干处理方法，包括用次氯酸钠进行分批处理

(见 5. 1. 1),这种方法在清除细菌滋生的管线和注水井方面非常有效;但大多数情况下,这种效果并不是永久性的,需要进行持续处理。粗分类法中的烷基和芳基高分子量的胺盐类化合物和某些缩合的 EO 胺类化合物被用作潜在的杀菌剂/缓蚀剂[50]。这些产品具有很强的表面活性,因此在注入井中具有较好的清洁性能,同时也增加了砂对水的渗透性。

随着二次采油中注水技术变得越来越经济,越来越多的注水问题也更加明显。其中,最重要的是井筒周围的多孔岩石有部分堵塞的趋势。结果表明,这种堵塞是由于无机物如氢氧化铁、硫化亚铁和硫化铁的沉积以及细菌沉积物的形成造成的。细菌堵塞不仅发生在地层表面,而且发生在岩石基质[51]中。

研究表明,大多数注水系统含有某种类型的微生物。在油田注入水中常见的各种微生物中,几乎所有微生物都对地层有一定程度的损害。在注入井中观察到的注入速率降低,往往很大程度上是由充满细菌的水造成的。

用次氯酸钙、次氯酸钠等氧化剂对被细菌破坏的注入井进行处理。这些材料的优点在于可以氧化活的或杀死细菌细胞,或是氧化其他由细菌作用产生的容易氧化的有机物[52]。

在现代油田实践中,细菌控制的作用已经确定,主要的生物杀菌剂及其应用已被证实,并且如果管理和维护得当,通常非常有效。上述是控制添加的水中细菌的例子[53]。在储层中,情况可能更为复杂[54],最近的研究表明,生物杀菌剂可能只会造成细胞损伤,而不会完全杀死细胞,特别是在加入的剂量不至于致命的情况下。在替代方法中,加入生物抑制剂使其竞争喂养细菌,从而使细菌不能产生有害废物的方法越来越受欢迎[55-57]。这些产品主要基于亚硝酸盐和硝酸盐,在第 5 章中有更详细的介绍,在 6. 7 节中对蒽醌被作为生物抑制剂有介绍。

由此看来,在油田中使用杀菌剂和可用的化学物质种类的问题已经被确定,特别是在现代世界许多地区的管制措施日益加强的情况下(见第 9 章)。然而,对油田微生物种群的认识还远远不够,分析和观察微生物种群的新技术为进一步研究打开了新的大门[58]。

## 1.7 原油处理

在油田化学发展中,一个相对较新的进展是通过有目的性地设计化学添加剂来直接处理原油,该方法是通过改变原油的性质,主要是改变其流动特性。相较于当代,从 19 世纪中期开始,最早的原油是重质原油[59]。在 20 世纪 20 年代就认识了石蜡原油的性质,并在当时得到了相当准确的测定,当时从石油中分离出来石蜡,并对其性质进行了分析,对原油石蜡组分溶解中的作用也得到了认识[60]。

几十年来,更进一步了解重质原油的性质和原油黏度。然而,生产较重原油的主要辅助手段是在生产过程中引入热量,以防止石蜡材料沉积,或加入稀释剂,如芳香族溶剂[61,62]。但是沉积始终是个问题,它会从流动管线转移到其他设备。

还应该注意到,除了蜡晶体之外,这些“蜡”还含有树胶、树脂、沥青材料、原油、泥沙,有时还含有水。此外,石蜡中这些“蜡”的熔点范围覆盖从石油中存在的蜡的最低熔点到最高熔点。由于控制沉淀的条件因单井而异,同一油田不同井中石蜡的累积量因各熔点蜡的含量不同而存在差异[61]。

### 1.7.1 防蜡剂和降凝剂

直到20世纪60年代，人们才提出并发展了防止石蜡沉积的化学相互作用，称为晶体抑制剂[63]。在此之前，控制石蜡沉积的主要方法是定期机械清除、热油循环和维持生产系统内的热量。尽管这种方法在陆上生产、超深层开采、海上钻井和海底完井等方面都是可以接受的，但在经济上这种补救措施的实施令人望而却步。因此，防蜡剂作为石蜡沉积抑制剂的使用越来越普遍[64]。由于没有一种添加剂被证明是普遍有效的，因此，为特定的应用选择一种有效的添加剂就变得很重要，也有必要更好地了解抑制作用的机理，这是随着防蜡剂的应用而发展起来的。

虽然降凝剂在20世纪50年代在润滑油中[65]和20世纪60年代在炼油厂中已有所应用[66]，但直到20多年后才有关于它在油田中应用的报道[67,68]。为这些应用开发的大多数化学试剂是基于聚合物的，将在第2章中进行讨论。

蜡沉积机理已得到了广泛研究[69,70]。蜡是由长链（$C_{16+}$）正构烷烃或支链烷烃组成的固体物质。这些物质天然存在于原油和一些凝析油中。正构烷烃即正构石蜡已被确定是造成管道沉积的主要原因。然而，含蜡原油中的蜡沉积可能同时是一个井上和井下的问题，由于在开采和生产过程中的冷却，蜡沉积会阻碍烃类流动[71]。

原油中的蜡要比凝析油中的蜡更难控制，因为它们是由长链烷烃组成的。如果蜡是由$C_{16}$—$C_{25}$烷烃组成的，可以得到柔软可塑的石蜡。而在由$C_{26}$—$C_{50}$以及更高碳数的较高分子量烷烃所组成的石蜡中，还能够发现较硬的石蜡结晶。蜡的熔点与其分子尺寸和复杂程度直接相关。一般来说，分子尺寸越大，熔点越高，蜡就越容易形成沉积[72]。

在高温高压油藏中，原油中的蜡均处于溶解状态。在原油的生产过程中，如果原油中含有足够数量且不会被原油其他组分溶解的蜡，当温度（和压力）下降时，蜡就会从原油中析出。通常这种沉淀或结晶过程蜡会形成针形或片状[69]。

当压力降低时，较轻的烃通常会损失到气相中，这降低了蜡在原油中的溶解度。

在进行蜡沉积检测时，最重要的是测量结蜡点（WAT）或浊点，这是原油中第一个蜡晶开始析出的温度，它和倾点不一样。通常情况下，当管壁或其他系统表面温度低于WAT和油的温度时，蜡就会析出。当超过2%的蜡析出时，通常已经达到倾点，而当0.05%或更少的蜡析出时，就可以观察到结蜡点[69]。

蜡沉积有两种主要的机制：

（1）如果表面（如管壁）温度比结蜡点更低，那么蜡就会在这个表面形成并析出。即使流体温度高于结蜡点，也可能会发生这种情况，这就是所谓的分子扩散。

（2）靠近管壁表面析出的蜡会移动到管壁表面流速较低边界层并沉积，这就是所谓的剪切分散。

因此，蜡可以通过高于或低结蜡点的第1种机制形成沉积，而第2种机制只在结蜡点以下发生作用。还有许多其他的机制和方法，所有这些都有助于整体沉积效应；但是到目前为止，最显著的效应是分子扩散效应[73]。

原油中沥青质含量和种类对蜡析出和结蜡点均有影响。一般来说，沥青质含量高的原油会大量减少蜡沉积[74]。

除了沉积效应外，由于大量的蜡沉积，含蜡原油还会出现黏度增加甚至凝胶化的问题，高含蜡原油通常更容易出现这个问题。冷却后，蜡结晶为片状排列，形成晶格结构并捕获剩余的液态油。这导致原油黏度增加、原油流量减少和管道内压力降低[75]。

### 1.7.2 沥青质抑制剂、分散剂和溶解剂

虽然早在20世纪初就对沥青质的组成有了一定的了解，但这与沥青及相关材料的组成有关，而不是作为原油的整体组分。在50年代，开始出现关于沥青质成分的报告[76]，特别是了解树脂和沥青质之间的关系[77]。此外，对矿物残余油分子结构及其性质也有报道[78]。从60年代早期开始，关于沥青质及其他高分子量原油成分的研究呈指数增长，并且最近一段时间油田化学现象中对沥青质的研究可能是最多的，但是了解的依然非常少[79]。

沥青质是所有原油的主要组成部分，但在API度较低，特别是小于10°API的原油中更为普遍。对沥青质所进行的诊断和表征，因沥青质在原油中的胶体行为、对其结构的不了解以及聚集、絮凝、沉淀或沉积过程的复杂性而变得复杂。

沥青质是原油中最重和极性最大的馏分。它们不溶于低分子量烷烃，例如正己烷、正庚烷等（可用于表明它们是否存在的指示性测试）。一致认为沥青质以胶体分散体的形式存在，并且通过树脂和芳香族化合物在溶液中稳定存在，其中树脂和芳族化合物充当胶溶剂。特别是树脂被认为是通过在极性沥青质颗粒和它们周围的非极性油之间的桥接来稳定沥青质[80]。

沥青质是一种具有高分子量多环结构的有机分子，分子量为1000~10000，通常具有可能参与金属键合的杂原子（氮、硫、氧）和长脂肪族（烷烃状侧链），对油相具有亲和力。缔合型树脂是具有缔合型脂肪侧链的多环分子；然而，这些材料可溶于正庚烷[81]。

沥青质和树脂一起形成沥青颗粒，该颗粒携带电荷并在适宜的条件下聚集，通常它们处于平衡状态。

如果条件合适，平衡会受到破坏，例如脂肪族溶剂的存在，油田作业过程中压力、温度和组成的变化以及在泡点以下操作，在这种条件下相关树脂会从沥青质胶体颗粒的表面脱落，导致絮凝和沉淀。

此外，机械剪切力、原油中的二氧化碳和酸性条件下，特别是铁的存在会导致不稳定而趋向于聚集、絮凝和沉积。

临界操作条件为泡点：

（1）随着压力的降低，原油的轻馏分随着泡点的降低而增加——最小的稳定性。

（2）在泡点以上时，原油会释放出轻馏分，溶解度再次增大。

然而，在低于泡点时，如果沥青质不稳定并且浓度足够大，它们会发生絮凝并沉积。一旦发生这种情况，即使再在泡点之上操作，它们也无法返回到溶液中，沥青质沉积是不可逆的[80]。

直到最近，沥青质沉积都是通过机械去除或在芳香族溶剂和相似化学试剂中溶解来进行处理的[82]。目前应用聚合物和表面活性剂化学的化学抑制剂和分散剂，并将在第2章和第3章对其进行介绍。对沥青质沉积的风险进行准确的诊断是一种有效的预防措施。

石蜡和沥青质沉积是石油处理的主要领域。在上游石油和天然气行业，这个领域的另一条主要产品线是超高分子量聚合物及其相关产品作为减阻剂的应用。在2.1.1对这些材

料（主要是基于乙烯基聚合物的材料）进行了介绍。

## 1.8 其他化学产品

在过去的五六十年里，石油与天然气行业还开发出了硫化氢清除剂、除油剂、水合物抑制剂、防砂剂、环烷酸盐抑制剂、絮凝剂、发泡剂和消泡剂等多种化工产品。本书后面章节中介绍的化学品范围涵盖了这些化学品以及更多的化学品。许多化学产品是有机小分子（第6章），但也有许多无机材料和金属及其盐（第5章）。磷和硅化学（第4章和第7章）在油田行业也有重要的功能和用途。

所有这些材料在一定程度上都会对环境产生影响，在本书中尝试论述在减少这些影响方面上所做的努力和采取的策略。

## 1.9 油田化学

在这一章中，试图将油田化学品的开发和应用与学科的发展联系起来，这一学科今天被称为油田化学。几十年前，石油和天然气公司可能只有很少的化学家，并且通常是钻井工程师或石油技术专家，他们负责检查化学溶液在上游石油和天然气问题上的应用。化学工业也有很少的油田化学方面的专家，但对他们的化学产品如何发挥作用以及它们在石油和天然气钻井开发和生产问题上的潜在应用应该有着深刻的了解。

1972年，Vetter发表了一篇作者认为是开创性的论文，他开创性地命名了油田化学学科[83]。他认为其他工业领域正在应用化学和复杂的化学技术来更好地了解它们的流程和产品，而在当时这行业还不知道阻垢剂为什么起作用，甚至在大多数情况下不知道垢形成的原因。他提出了一些基本问题：

（1）如何确定油田条件下化学品的稳定性？

（2）什么破坏了水或油中固体的稳定分散？

（3）不同的化学品在同时注入时是如何相互反应或与地层反应的？

对这些基本知识的理解缺乏，与其不匹配的是，每年都要花费数百万美元向井和储层注入化学品，有时还用模糊不确定的技术和化学品来处理储层、井和生产废水。

在一个简单的烧杯或瓶子中进行测试所观察到的反应并没有在储层条件下发生，因此数百万美元浪费在了错误的化学品应用上。

Vetter提出了正确的结论：这些失败的原因绝大多数是由于对所涉及的化学知识的缺乏，并进一步总结得出在该领域的一些化学应用需要聘请一名化学家。此外，他还提出了一个重要建议，就是要求这个行业供应链的所有组成部分、油田运营商、服务公司、化工行业和各种研究机构联合开展研究工作。

当时，油田化学处于不同科学和技术之间的“灰色”区域：对于专业化学学会来说，这个课题似乎与“油田相关”；而对于石油工程师协会（SPE）来说，这个也太“化学相关”。但是在接下来的40年里，事情发生了变化，油田化学发展迅速，以至于不仅许多专业机构通过专门针对化学及其在石油和天然气行业应用的特定研讨会认识到它的重要性，而且石油行业本身也投资于基础研究方面，包括投资于石油运营商和服务公司内部机构，资助学术研究机构和其他机构在油田内进行化学基础测试并应用于油田。化工行业也投入了大量的研发，并开发了许多适用于油田具体问题的化工产品，绝大多数大型化工企业有特定的油田化工部门或业务部门。服务公司的规模也几乎和石油公司一样大，并且在上游行业的钻井、开发和生产业务这一范围内，数十亿美元的国际业务也在蓬勃发展。

油田化学也发生了很大变化，在许多学术机构中，它现在是一门教学科目，而在服务行业中，油田化学家现在是一个稀有的名称，通常是钻井、固井、完井、增产修井、提高采收率、生产化学等方面的专家。事实上，这些专业已经进一步指定为腐蚀、结垢、乳化剂等领域。

除了对油田化学的大体认识外，分析化学的应用也是一项重要的合作发展。几十年前，这意味着要对铁和锰进行统计以确定系统的腐蚀性，或者测量磷残留物以确定磷酸盐垢—挤压化学回流曲线。从 20 世纪 70 年代起，人们就认识到对从储层返排液的分析提供了关于化学处理的宝贵信息[84]。

今天，这些分析技术可以在绝大多数技术服务实验室中找到，甚至可以直接在现场实施。在过去的 20 年中，油田分析已经发展成为一个主要的学科，整体支持许多不同类型的油田化学品的应用，并被一些人视为技术差异化因素。

同样在过去的 20 年中，油田化学品对环境影响的重要性在很多领域都变得非常重要，并且法规一直在努力控制和缓和这一点，同时也控制化学品本身的使用。其中，大部分内容将在第 9 章和第 10 章中讨论，第 10 章关注石油和天然气行业及其内部化学活动的可持续性。同时，在第 10 章中也讨论了行业的期望，同时试图调和其在石油和天然气领域的地位，这一领域正在急剧变化以面对具有更高持续性的未来。

尽管工程师主导的工业领域仍然有一定的神秘性，但油田化学确实是石油和天然气行业公认的子学科。虽然仍然存在 Vetter 所说的交叉区域，但可能只是两个阴影，希望这一研究能够增加亮度。

## 参考文献


[1] Tickell, F. G. (1929). Capillary phenomena as related to oil production. Transactions of the AIME 82 (1): 343-361, SPE 929343.

[2] Strong, M. W. (1933). Mud fluids, with special reference to their use in limestone fields. 1st World Petroleum Congress, London, UK (18-24 July 1933), WPC-1094.

[3] Kokal, S. L. (2005). Crude oil emulsions: a state-of-the-art review. SPE Production & Facilities, Vol. 20 (1), SPE 77487.

[4] Staiss, F., Bohm, R., and Kupfer, R. (1991). Improved demulsifier chemistry: a novel approach in the dehydration of crude oil. SPE Production Engineering 6 (3): 334-338, SPE 18481.

[5] Newman, S. P., Hahn, C. and McClain, R. D. (2014). Environmentally friendly demulsifiers for crude oil emulsions. US Patent 8, 802, 740.

[6] Lin, C., He, G., Li, X. et al. (2007). Freeze/thaw induced demulsification of water-in-oil emulsions with loosely packed droplets. Separation and Purification Technology 56 (2): 175-183.

[7] Silva, E. B., Santos, D., Alves, D. R. M. et al. (2013). Demulsification of heavy crude oil emulsions using ionic liquids. Energy Fuels 27 (10): 6311-6315.

[8] Strassner, J. E. (1968). Effect of pH on interfacial films and stability of crude oil-water emulsions. Journal of Petroleum Technology 20 (3): 303-312, SPE 1939.

[9] Nathan, C. C. ed. (1973). Corrosion Inhibitors. Houston, TX: National Association of Corrosion Engineers.

[10] Malik, M. A., Hashim, M. A., Nabi, F. et al. (2011). Anti-corrosion ability of surfactants: a review. International Journal of Electrochemical Science 6: 1927-1948.

[11] Dougherty, J. A. (1998). Controlling $CO_2$ Corrosion with Inhibitors. Paper No. 15. CORROSION-98 NACE International, Houston, TX.

[12] Simon-Thomas, M. J. J. (2000). Corrosion inhibitor selection - feedback from the field. CORROSION 2000, Orlando, FL (26-31 March 2000), NACE 00056.

[13] Gregg, M. R. and Ramachandran, S. (2004). Review of corrosion inhibitor develop and testing for offshore oil and gas production systems. Corrosion 2004, New Orleans, LA (28 March-1 April 2004), NACE 04422.

[14] Raman, A. and Labine, P. ed. (1993). Reviews on Corrosion Inhibitor Science and Technology, vol. 1. Houston, TX: National Association of Corrosion Engineers (NACE).

[15] Hodgkiess, T. (2004). Inter-relationships between corrosion and mineral-scale deposition in aqueous systems. Water Science and Technology 49 (2): 121-128.

[16] Jayaraman, A. and Saxena, R. C. (1996). Corrosion inhibitors in hydrocarbon systems. CORROSION 96, Denver, CO (24-29 March 1996), NACE 96221.

[17] Efird, K. D., Wright, E. J., Boros, J. A., and Hailey, T. G. (1993). Correlation of steel corrosion in pipe flow with jet impingement and rotating cylinder tests. CORROSION 49 (12): 992-1003.

[18] DeBerry, D. W. and Viehbeck, A. (1988). Inhibition of pitting corrosion of AISI 304L stainless steel by surface active compounds. CORROSION 44 (5): 299-230.

[19] De Marco, R., Durnie, W., Jefferson, A. et al. (2002). Persistence of carbon dioxide corrosion inhibitors. CORROSION 58 (4): 354-363.

[20] Roberge, P. R. (2002). Handbook of Corrosion EngineeringCorrosion Inhibitors, 2e, Section 10e. McGraw-Hill.

[21] Chen, H. J., Hong, T. and Jepson, W. P. (2000). High temperature corrosion inhibitor performance of imdidazoline and amide. CORROSION 2000, Paper 00035, Orlando, FL (26-31 March 2000).

[22] Garcia, M. T., Ribosa, I., Guindulain, T. et al. (2001). Fate and effect of monoalkyl quaternary ammonium surfactants in the aquatic environment. Environmental Pollution 111 (1): 169-175.

[23] Taj, S., Papavinasam, S. and Revie, R. W. (2006). Development of green inhibitors for oil and gas applications. CORROSION 2006, San Diego, CA (12-16 March 2006), NACE 06656.

[24] Knapp, I. N. (1916). The use of mud-ladened water in drilling wells. Transactions of the AIME 52 (1): 571-586, SPE 916571.

[25] Kelly, W. R., Ham, T. F., and Dooley, A. B. (1946). Review of Special Water-Base Mud developments, Drilling and Production Practice. New York: American Petroleum Institute, API - 46- 051.

[26] Hindry, H. W. (1941). Characteristics and application of an oil-base mud. Transactions of AIME 142 (1): 70-75, SPE 941070.

[27] Middleton, R. S., Gupta, R., Hyman, J. D., and Viswanathan, H. S. (2017). The shale gas revolution: barriers, sustainability, and emerging opportunities. Applied Energy 199: 88-95.

[28] Shidel, H. R. (1919). Cement plugging for exclusion of bottom water in the Augusta field, Kansas. Transactions of the AIME 61 (1): 598-610, SPE 919598.

[29] Forbes, R. J. (1937). Specifications for oil-well cement. 2nd World Petroleum Congress, Paris, France

(14-19 June 1937), WPC- 2120

[30] Stout, C. M. and Wahl, W. W. (1960). A new organic fluid-loss-control additive for oilwell cements Ⅰ. Journal of Petroleum Technology 12 (9): 20-24, SPE 1455.

[31] www. ospar. org/documents? d=32652.

[32] Bach, D. and Vijn, P. (2002). Environmentally acceptable cement fluid loss additive. SPE International Conference on Health, Safety and Environment in Oil and Gas Exploration and Production, Kuala Lumpur, Malaysia (20-22 March 2002), SPE 74988.

[33] Clarke, H. C. O. and Lowe, H. J. (1926). Increasing recovery and its economic effects. Transactions of the AIME G-26 (1): 241-247, SPE 926241.

[34] Covel, K. A. (1934). Acid Treatment of Michigan Oil Wells, Drilling and Production Practice. New York: American Petroleum Institute, API-34-056.

[35] Barnard, P. Jr. (1959). A new method of restoring water injection capacity to wells plugged with iron sulfide and free sulfur. Journal of Petroleum Technology 11 (9): 12-14, SPE 1299.

[36] Smith, C. F., Crowe, C. W., and Nolan, T. J. (1969). Secondary deposition of iron compounds following acidizing treatments. Journal of Petroleum Technology 21 (9): 1121-1129, SPE 2358.

[37] Nowels, K. B. (1933). Rejuvenation of oilfields by natural and artificial water flooding. 1st World Petroleum Congress, London, UK (18-24 July 1933), WPC-1075.

[38] https: //energy. gov/fe/science-innovation/oil-gas-research/enhanced-oil-recovery.

[39] Amarnath, A. (1999). Enhanced Oil Recovery Scoping Study. Final Report TR-113836. Palo Alto, CA: Electric Power Research Institute.

[40] Martin, W. C. (1967). Applying water chemistry to recovery. SPE Permian Basin Oil Recovery Conference, Midland, TX (8-9 May 1967), SPE 1789.

[41] Overton, H. L. (1973). Water chemistry analysis in sedimentary basins. SPWLA 14th Annual Logging Symposium, Lafayette, LA (6-9 May 1973), SPWLA-1973.

[42] Strong, M. W. (1937). Micropetrographic methods as an aid to the statigraphy of chemical deposits. 2nd World Petroleum Congress, Paris, France (14-19 June 1937), WPC-2036.

[43] Morris, M. W. (1937). Chemical Clean-Out of Oil Wells in California, Drilling and Production Practice. New York: American Petroleum Institute, API-37-220.

[44] Featherston, A. B., Mirham, R. G., and Waters, A. B. (1959). Minimization of scale deposits in oil wells by placement of phosphates in producing zones. Journal of Petroleum Technology 11 (3): 29-32, SPE 1128.

[45] Frenier, W. W. and Ziauddin, M. (2008). Formation, Removal and Inhibition of Inorganic Scale in The Oilfield Environment. Richardson, TX: Society of Petroleum Engineers.

[46] Meyers, K. O. and Skillman, H. L. (1985). The chemistry and design of scale inhibitor squeeze treatments. SPE Oilfield and Geothermal Chemistry Symposium, Phoenix, AZ (9-11 March 1985), SPE 13550.

[47] Weintritt, D. J. and Cowan, J. C. (1967). Unique characteristics of barium sulfate scale deposition. Journal of Petroleum Technology 19 (10): 1381-1394, SPE 1523.

[48] Bunker, M. H. J. (1937) The microbiological aspect of anaerobic corrosion. 2nd World Petroleum Congress, Paris, France (14-19 June 1937).

[49] Plummer, F. B., Merkt, E. E. Jr., Power, H. H. et al. (1944). Effect of certain micro-organisms on the injection of water into sand. Petroleum Technology 7 (1): 1-13, SPE 944014.

[50] Breston, J. N. (1949). New Chemical Treatment of Flood Water for Bacteria and Corrosion Control, Drilling and Production Practice. New York: American Petroleum Institute, API-49-334.

[51] Ollivier, B. and Magot, M. ed. (2005). Petroleum Microbiology. Washington, DC: ASM Press.

[52] Crow, C. W. (1968). New treating technique to remove bacterial residues from water-injection wells. Journal of Petroleum Technology 20 (5): 475-478, SPE 2132.

[53] Maxwell, S., Devine, C. and Rooney, F. (2004). Monitoring and control of bacterial biofilms in oilfield water handling systems. CORROSION 2004, New Orleans, LA (28 March-1 April 2004), NACE 04752.

[54] Campbell, S., Duggleby, A. and Johnson, A. (2011). Conventional application of biocides may lead to bacterial cell injury rather than bacterial kill within a biofilm. CORROSION 2011, Houston, TX (13-17 March 2011), NACE 11234.

[55] Dennis, D. M. and Hitzman, D. O. (2007). Advanced nitrate-based technology for sulfide control and improved oil recovery. International Symposium on Oilfield Chemistry, Houston, TX (28 February-2 March 2007), SPE 106154.

[56] Stott, J. F. D. (2005) Modern concepts of chemical treatment for the control of microbially induced corrosion in oilfield water systems. Chemistry in the Oil Industry IX (31 October -2 November 2005). Manchester, UK: Royal Society of Chemistry, p. 107.

[57] Burger, E. D., Crewe, A. B. and Ikerd, H. W. III (2001). Inhibition of sulphate reducing bacteria by anthraquinone in a laboratory biofilm column under dynamic conditions. Paper 01274, NACE Corrosion Conference.

[58] Whitby, C. and Skovhus, T. L. ed. (2009). Applied microbiology and molecular biology in oilfield systems. Proceedings from the International Symposium on Applied Microbiology and Molecular Biology in Oil Systems (ISMOS-2), 2009. Heidelberg, London, NewYork: Springer Dordrecht, 2009.

[59] Garfias, V. R. (1923). Present conditions in Mexican oil fields and an outlook into the future. Transactions of the AIME 68 (1): 989-1003, SPE 923989.

[60] Wood, F. E., Young, H. W., and Buell, A. W. (1927). Handling congealing oils and paraffin in salt creek field, Wyoming. Transactions of the AIME 77 (1): 262-268, SPE 927262.

[61] Reistle, C. E. Jr. Paraffin Production Problems, Drilling and Production Practice. New York: American Petroleum Institute, API-35-072.

[62] Brown, W. Y. (1940). Prevention and Removal of Paraffin Accumulations, Drilling and Production Practice. New York: American Petroleum Institute, API-40-085.

[63] Knox, J., Waters, A. B. and Arnold, B. B. (1962). Checking paraffin deposition by crystal growth inhibition. Fall Meeting of the Society of Petroleum Engineers of AIME, Los Angeles, CA (7-8 October 1962), SPE 443.

[64] Mendell, J. L. and Jessen, F. W. (1970). Mechanism of inhibition of paraffin deposition in crude oil systems. SPE Production Techniques Symposium, Wichita Falls, TX (14-15 May 1970), SPE 2868.

[65] Ruehrwein, R. A. (1951). Specificity of pour point depressants in lubricating oils. 3rd World Petroleum Congress, The Hague, The Netherlands, (28 May-6 June 1951), WPC-4632.

[66] Tiedje, J. L. (1963). The use of pour depressants in middle distillates. 6th World Petroleum Congress, Frankfurt am Main, Germany (19-26 June 1963), WPC-10518.

[67] Slater, G. and Davis, A. (1986). Pipeline transportation of high pour point New Zealand crude using pour point depressants. SPE Annual Technical Conference and Exhibition, New Orleans, LA (5-8 October 1986), SPE 15656.

[68] Fielder, M. and Johnson, R. W. (1986). The use of pour-point depressant additive in the Beatrice field. European Petroleum Conference, London, UK (20-22 October 1986), SPE 15888.

[69] Becker, J. R. (1997). Crude Oil Waxes, Emulsions and Asphaltenes. Tulsa, OK: PennWell Books.

[70] Frenier, W. W. , Ziauddin, M. , and Vekatesan, R. (2008). Organic Deposits in Oil and Gas Production. Richardson, TX: Society of Petroleum Engineers.

[71] Misra, S. , Baruah, S. , and Singh, K. (1995). Paraffin problems in crude oil production and transportation: a review. SPE Production and Facilities 10 (1): 50-54, SPE 28181.

[72] McCain, W. D. Jr. (1990). The Properties of Petroleum Fluids, 2ee. Penwell Publishing, Tulsa, OK.

[73] Azevedo, L. F. A. and Teixeira, A. M. (2003). A critical review of the modeling of wax deposition mechanisms. Journal of Petroleum Science and Technology 21 (3-4): 393-408.

[74] Ganeeva, Y. M., Yusupova, T. N., and Romanov, G. V. (2016). Waxes in asphaltenes of crude oils and wax deposits. Petroleum Science 13 (4): 737-745.

[75] Bern, P. A. , Withers, V. R. and Cairns, R. J. A. (1980). Wax deposition in crude oil pipelines. European Offshore Technology Conference and Exhibition, London, UK (21-24 October 1980), SPE 206-1980.

[76] Mariane, E. (1951). Researches on the constitution of natural asphalts. 3rd World Petroleum Congress, The Hague, The Netherlands (28 May-6 June 1951), WPC- 4511.

[77] Serguienko, S. R. , Davydov, B. E. , Delonfi, I. O. and Teterina, M. P. (1955). Composition and properties of high molecular petroleum compounds. 4th World Petroleum Congress, Rome, Italy (6-15 June 1955), WPC-6428.

[78] Padovani, C. , Berti, V. and Prinetti, A. (1959). Properties and structures of asphaltenes separated from mineral oil residua. 5th World Petroleum Congress, New York (30 May-5 June 1959), WPC-8491.

[79] Mullins, O. C. , Sheu, E. T. , Hammami, A. , and Marshall, A. G. ed. (2007). Asphaltenes, Heavy Oils and Petroleomics. New York: Springer.

[80] Akbarzadeh, K. , Hammami, A. , Kharrat, A. et al. (2007, Summer 2007). Asphaltenes—problematic but rich in potential. Oilfield Review 19 (2): 23-48.

[81] Bunger, J. W. and Li, N. C. ed. (1981). Chemistry of Asphaltenes, vol. 195. American Chemical Society.

[82] Samuelson, M. L. (1992). Alternatives to aromatics for solvency of organic deposits. SPE Formation Damage Control Symposium, Lafayette, LA (26-27 February1992), SPE 23816.

[83] Vetter, O. J. (1972). Oilfield chemistry a challenge for the industry. Journal of Petroleum Technology 24 (8): 994-995, SPE 3922.

[84] Maddin, C. M. and Lopp, V. R. (1973). Analytical chemistry of oil well treating chemicals. SPE Oilfield Chemistry Symposium, Denver, CO (24-25 May 1973), SPE 4352.

# 2 聚合物化学

聚合物材料被广泛应用于油田各领域，并为其提供化学解决方案。绝大多数聚合物及其衍生物是通过石化原料如乙烯聚合所得，而这些单体原料又是从石油产品通常是石脑油或瓦斯油裂解而来。乙烯是烯烃中最简单的一种，是塑料、溶剂、化妆品、气动产品、油漆、包装等石化行业中一种基础的合成产品，是现代社会中重要的化工原料，产量最高。目前，全球乙烯需求量已超过 $1.4 \times 10^8$t/a，且年增长率为 3.5%。乙烯生产装置主要为蒸汽裂解装置，其平均产能已从 20 世纪 80 年代的 $30 \times 10^4$t/a 增加至现今的 $100 \times 10^4$t/a 以上。

分子量达 2000 为低聚物，属于分子量较小的高聚物，大多数情况下，平均分子量在达到 5000 之前，其化学特性表现得并不明显。由于复杂三维网络可产生分子量达到数百万的交联聚合物，因此，聚合物的分子量范围并没有上限。聚合物（大分子）由被称为单体的基本单元构成。例如在加成聚合中，基本单元可以极其简单，一个简单分子可通过下述方法加成到同种或不同分子上。乙烯单体双键打开，两个碳原子各获得一个自由基，通过与另一个乙烯单体的自由基形成公用电子对而结合，最终转变为聚乙烯。其重复结构单元为 $—CH_2CH_2—$，缩写式为 $\leftarrow\!\!\!\!\left( CH_2—CH_2 \right)\!\!\!\!\rightarrow_n$，其中 $n$ 表示重复结构单元的数量。而缩聚则是通过单体分子的官能团两两反应，在聚合的同时生成简单的副产物分子。在大多数情况下，副产物分子为水，但也可能是氨、乙醇以及其他小分子物质。聚合物结构存在无穷多变化的可能性，另一个可改变聚合物结构的重要方法也值得注意，即共聚反应。这个“共聚物”的概念有时仅限于指由两个单体形成的聚合物。从更广义的概念上而言，也可用来指由三种或三种以上的单体反应生成的聚合物。当三个单体共聚时，有时会使用术语“三元共聚物”。在上游油气勘探与生产（E&P）工业领域中，常将各种聚合物和共聚物产品直接利用或进行复配使用，以满足不同的效果。

本章不仅针对大量聚合物产品进行调研，还将研究其对环境的影响。“绿色”产品将产生更积极的环境影响，许多曾被广泛使用的“绿色”产品，将在未来继续使用，或经停用后目前已恢复使用。典型例子就是瓜尔胶等天然聚合物，历来被用作增稠剂，而且越来越多地被用于页岩气开采等领域[1]。

要了解聚合物及其在油气行业中的应用，必须对聚合物的特质有所认识，特别是高分子材料与低分子量材料的巨大性能差异。据记载，1833 年，瑞典化学家 Berzelius [2] 成为首个使用聚合物一词的人。然而，在早期的化学研究中，化学家对这些大分子的分子结构并没有明确的认识。但是，这并不意味着没有研制出一些基本而又关键的产品，其中许多产品如今依然在用。在油气行业中，广泛应用聚乙二醇（PEG）（图 2.1）。19 世纪 60 年代首次公开了聚乙二醇的合成方法[3]，虽然这种方法并非基于石油单体原料的合成，但是后来在 20 世纪却成为大部分聚合物合成的基础。19 世纪后期，异戊二烯（图 2.2）作为天然橡胶的降解产物被分离出来[4]。

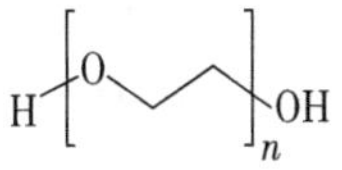

图 2.1 聚乙二醇

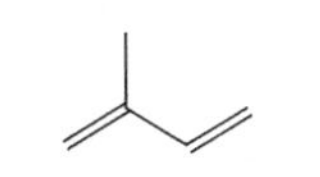

图 2.2 异戊二烯

本章将会详细说明，这些基本的单体单元及其最终的生物降解对于选择和设计用于油气行业的绿色聚合物化学十分重要。

聚合物化学及其在油气行业或其他工业中的应用，有两项重要发现。首先是认可了 Staudinger 的工作，聚合物的特性取决于高分子量分子之间的相互作用力[5]；其次是认可 Wallace Carothers 的工作[6]，其将 Staudinger 的理论转化为实践，从而带动聚酯、聚酰胺等合成橡胶聚合物的发展。众所周知，聚酰胺促成了尼龙的发明。

本章将详细介绍各种单体及其聚合物，以及它们在油气勘探与开发中的应用与潜在价值。尤其值得注意的是其环保性及其生物降解能力。为保证环境可持续发展和经济性，使用了大量天然聚合物和生物聚合物，下文将详细探讨这一关系。合成聚合物的一个最显著特性在于其耐用年限性，不可避免地带来其生物降解率低的问题，使环境化学家陷入两难境地。目前，尽管与纸张等材料相比，回收速度仍较慢，但仍在努力加快回收处理的步伐。在油气行业中，除钻井液使用的聚合物外，许多聚合物产品无法回收。本章还将介绍在不损害聚合物特性前提下提高其生物降解性研究的新进展。

在石油和天然气行业中，聚合物产品用于材料供应，如橡胶和塑料。正如其他工业领域一样，此等坚固耐用的原料均面临着回收或再利用的压力。英国的北海地区是实施废物分级方案的主要地区。英国的大陆架上拥有超过 470 套装置、10000km 管线、5000 口油气井以及 15 个陆上接收站，在未来 25 年左右，大量设备和基础设施将面临淘汰[7]。

油气部门制订了一项宏伟计划，将对多达 97%的原料（按质量计）进行再利用或回收。此目标中包括聚合物和塑料原料。随着设备淘汰过程的推进，对于难以减少运营活动所致环境影响的行业而言，采取再利用、再制造、可恢复性设计等更明智的使用寿命终止方法，有助于减少部分开支[8]。目前，再利用量非常小；根据部分观察员的估计，仅为 1%（按质量计）。2.4 节概述了油气行业中使用的原料。

就聚合物化学而言，尽管原料应用十分重要，但也仅仅是油气行业中整体聚合物化学应用的一部分。在钻井、生产、增产、二次采油及其他作业中，多种聚合物被大量用作功能性化学品，本章主要讨论的就是此类化学品。要减少此类原料对环境的影响，困难重重。尽管可能有机会对此等原料进行再利用和回收，但再利用和回收仍然处于初步研究和可行性研究阶段。减少环境影响的主要推力在于化学物质的设计和使用。与当前使用的化学品相比而言，此等化学品对环境的危害更小。从本书中可以看出，这是油气行业中绿色化学的一般原则，尽管可能会认为这个原则并不正确。因此，在与聚合物相关的绿色化学方面，以 D-葡萄糖（图 2.3）重复单元为基础的天然聚合物，尤其是多糖，得到了广泛应用[9]。

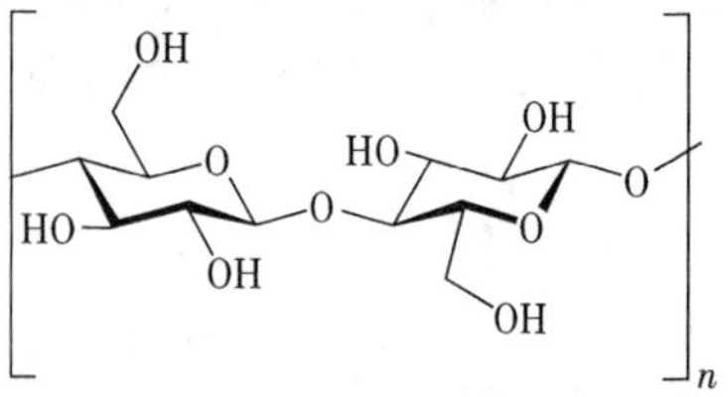

图 2.3 基于 D-葡萄糖的多糖、纤维素

在本章的以下各节中，将对各类聚合物及其衍生物的化学性质以及在油田中的应用进行探讨。

## 2.1 常规有机聚合物——合成聚合物

本节中将讨论油田中应用的所有主要聚合物类别，包括以下各类聚合物[10]：聚乙烯、聚丙烯酸、聚苯乙烯等乙烯基聚合物，以及聚醚、聚酯、聚酰胺等非乙烯基聚合物。聚合物化学家一般将聚合物分为这两个主要类型。乙烯基聚合物是通过烯类单体链式反应得到的聚合物，而非乙烯基聚合物则是通过其他单体聚合而成。由于非乙烯基聚合物的单体类型更加丰富，因此，非乙烯基聚合物更加多变，也更加复杂。然而，上述三种聚合物是油气行业中应用最多的商业产品，也是本节中讨论的重点。

除了由单一单体衍生出的传统聚合物或均聚物以外，油气行业还广泛应用了共聚物及其他复合型聚合物，尤其是三元共聚物。共聚物是由多种单体共聚而成，三元共聚物则表示有三种不同单体。

一般而言，虽然这些聚合物性质稳定，无法进行生物降解，但是其对水生生物无毒。

### 2.1.1　乙烯基聚合物和共聚物

乙烯基聚合物及其共聚衍生物广泛应用于油气勘探和开发行业，尤其是钻井和生产作业。然而，乙烯基聚合物及其共聚衍生物的用途和适用性没有非乙烯基聚合物广泛。尽管如此，在大量油田应用中，乙烯基聚合物及其共聚衍生物的作用依然十分重要。油田中应用的乙烯基聚合物通常是苯乙烯、氯乙烯、丙烯酸等双烯类单体的加成聚合物，其中双烯类包括1，2-加成和1，4-加成两种类型。

#### 2.1.1.1　聚乙烯、聚异丁烯以及相关聚合物

减阻剂（DRA）是生产和原油输送中高效、经济传输的重要的添加剂。其最早的用途之一是将聚合原料应用于横贯阿拉斯加的管道中，这一用途仍沿用至今[11]。此类应用中使用了聚乙烯[12]和α-烯烃[13]的共聚物。对于通过减阻来增强液态烃的流动性中，关键点在于使用超高分子量聚乙烯[14,15]。随着此等原料的不断注入，流动性增强，管输量加大。目前，此过程中使用的原料尚未专门进行回收再利用。但人们认为，由于此原料与原油一起运输，其最终会在炼油过程中进行回收，并再次回到石化原料供应体系中。

α-烯烃的均聚物和共聚物也被广泛用作减阻剂[16]。其中，特别重要的是聚异丁烯（PIB）[17]（图2.4），聚异丁烯为多种油溶性减阻剂的主要成分。

实践证明，引入癸烯、十四烯（图2.5）等较大单体的共聚物显著改善了减阻剂的性能[18]。

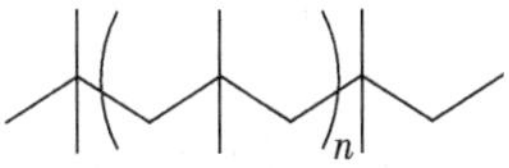

图2.4　聚异丁烯

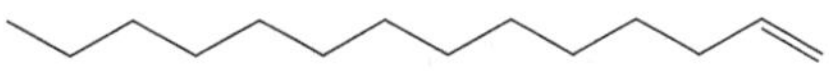

图2.5　1-十四烯

在诸多减阻剂的乙烯基聚合物中，已对聚苯乙烯进行了相关研究[19]，但还未实现商业化。此领域的早期研究表明，聚合物在流动流体中通过剪切力实现的减阻性能和降解性能与分子量的分布有关[20]。

研究表明，聚烯烃长链（如具有$3000\times10^4$~$5000\times10^4$分子量的聚异丁烯）是性能最佳的减阻剂。链越长，减阻剂的性能越好。然而，此等聚合物在湍流中容易降解，尤其是在泵的剪切作用下。在已知的链骨架结构中，引入大侧链有助于抑制降解，并改善其减阻剂的效果。$C_{10}$—$C_{14}$α-烯烃就是典型例子，如图2.5所示的1-十四烯。然而，由于烯烃单体

的尺寸增加，难以获得达到最终性能所需的超高分子量，聚合反应也会因位阻现象而更加难以完成。因为分子量低于预期值，所以较优性能（而非最佳性能）与 $C_{10}$—$C_{14}$ $\alpha$-烯烃之间存在一个平衡问题。

油田化学工作者在设计高效减阻剂的过程中面临的环境困境在于聚合物的性能和活性最高，并且在剪切降解时具有高度稳定性。但是，聚合物的生物降解性最差。众所周知，聚苯乙烯的生物降解率极低[21]，然而，部分聚乙烯，尤其是低密度聚乙烯，却有着明显较高的生物降解率[22]。就其他聚乙烯应用而言，可以更好地利用这一特性。但这些低分子量聚合物并不适合用作减阻剂。很明显，在试图利用类似但更具生物降解性的替代分子设计产品时，这一现象反复出现。

在防蜡时使用的乙烯聚合物和共聚物基本上为衍生的乙烯/醋酸乙烯酯共聚物，将在有关聚醋酸乙烯酯（PVAc）聚合物的独立小节中进行说明。在腐蚀控制中，聚乙烯涂料可用于防止与腐蚀性原料和溶液相接触，还可以用抗氧化剂将其浸透，提供良好的抗热氧化性[23]。聚乙烯涂料可用作-30~120℃温度范围内的外部防腐涂料[24]。

通过特殊设计，此类聚合物十分坚固耐用，可承受各种腐蚀性的恶劣工况。这使得聚合物的降解环保性与其要求用途相悖。在此情况下，最好的环境成效就是确保在需要使用此等原料时，此类原料能够再利用或回收。

2.1.1.2　聚丙烯酸、聚甲基丙烯酸酯、聚丙烯酰胺以及相关聚合物产品

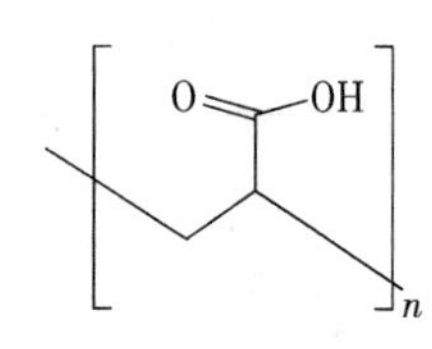


图 2.6　聚丙烯酸

丙烯酸单体衍生出的聚合物属于通用类乙烯基聚合物。聚丙烯酸（图 2.6）被广泛应用于油田中，包括破乳剂、阻垢剂、降滤失剂、胶凝剂以及堵水剂等。

对丙烯酸低聚物及其聚合物的生物降解性（降解成二氧化碳）研究表明，低分子量聚丙烯酸（分子量小于 8000）具有较好的降解性。虽不会完全降解为二氧化碳[25]，但在生物毒性方面，此类乙烯基聚合物比许多其他聚合物更为人们所接受。由于主链上存在侧基，聚丙烯酸和聚丙烯酰胺（PAM）的生物降解性均有所提高，可广泛应用于油田领域。除上述用途外，还可以作为水合物抑制剂、减阻剂和絮凝剂用于石蜡和沥青质控制。目前，对此类聚合物的多种用途进行了研究。

聚丙烯酸或其钠盐用于制备反相乳化钻井液[26]，其中聚丙烯酸为整个乳化体系提供稳定性。如今，在钻井实践中，此体系已不再适用于对两种石油钻井液进行区别。过去，反相乳化石油钻井液是指乳化水含量超过 5%（体积分数）的钻井液，而油基钻井液（OBM）是指含水量低于 5%（体积分数）的钻井液。如今，因为通用术语“石油钻井液”一词涵盖了所有含水量，所以无须再进行区分[27]。

降滤失剂是钻井、完井和压裂体系的关键组成部分。将降滤失剂引入水泥浆中，用于防止或减缓含有固相颗粒的钻井液或工作液的液相滤失进入储油气层，避免由此导致的固体物质或滤饼积聚、滤液穿透储油气层等问题。降滤失剂用于控制整个过程，并避免伤害储层。工作液因滤失产生的伤害不仅在经济上不可接受，还可能导致钻井液需求量增加，以及钻井作业流程延长[28]。本章所述的降滤失剂，包括丙烯酸[29]和丙烯酰胺[30]类聚合物。下一小节会介绍聚乙烯醇（PVA）和聚醋酸乙烯酯，此等聚合物为更常用的降滤失剂。

将丙烯酸和甲基丙烯酸的聚合物作为胶凝剂进行了研究，尤其是丙烯酸和甲基丙烯酸的聚合物与表面活性剂相结合形成堵水凝胶的情况[31]。

聚丙烯酸以及相关聚合物产品主要用于阻垢。此类原料对垢具有多重阻垢作用，因此应用前景十分广泛。然而，由于这些原料在浓度超过 2000mg/L 时对钙离子不耐受，因此存在明显的局限性。此外，这些原料的生物降解性往往也比较差。实践证明，一种基于马来酸的聚合物（图 2.7）具有较好的生物降解性[32]。

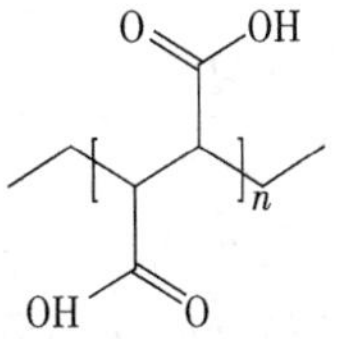

图 2.7 聚马来酸

聚合物阻垢剂在 1000～30000 的分子量范围内具有较优性能[33]，大多数情况下，活性重复单元数至少需达到 15 个。对于丙烯酸聚合物而言，这就意味着分子量至少需要 1000；然而，只有分子量低于 700 时才能达到最佳生物降解性，生物降解性与阻垢性能之间也存在一个平衡问题。据报道，线型聚合物的支化同系物[34]、丙烯酸/异戊二烯等相关共聚物以及磺化共聚物[35]的性能已有所改善。

丙烯酸和马来酸的共聚物普遍用作聚合物阻垢剂，部分原因在于马来酸不易均聚。为增加聚合物分子量，提高性能，通常将其进行共聚[36]。据称，此类聚合物和共聚物对阻止硫酸钡、锶结垢具有优异的性能。在此体系中，甲基丙烯酸是另一种唯一的共聚物产品。

如上文所述，此类聚合物的应用存在严重的局限性，即这些聚合物对钙离子的耐受性相对较差，增加酰氨基或羟基会在一定程度上提高其抗钙性[37]。含马来酰氨基的马来酸共聚物以及含丙烯酰胺、甲基丙烯酰胺或丙烯酸羟丙酯单体的丙烯酸聚合物的情况尤其如此。

通过应用其他类聚合物作为阻垢剂，可在不损失阻垢性的情况下大大改善其生物降解性，降低生物毒性。2.2 节中介绍了此类聚合物，如聚天冬氨酸。

丙烯酸酯和（甲基）丙烯酸酯聚合物，尤其是其酯类，被广泛用作石蜡控制添加剂[38]和降凝剂（PPD），至今已有几十年历史[39]。将其作为共聚单体与马来酸酐结合使用[40]。正如上文所述的阻垢部分，这些共聚物具有许多相似之处，但也存在一些显著性差异，具有一定挑战。

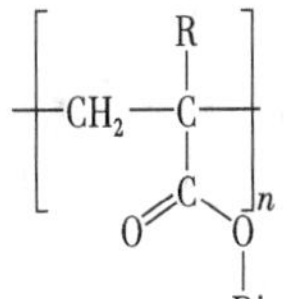

图 2.8 丙烯酸酯共聚物

丙烯酸酯共聚物（图 2.8），尤其是（甲基）丙烯酸酯聚合物，属于一种特殊的梳形聚合物。在以下结构中，对于丙烯酸酯，R 可以为 H；对于（甲基）丙烯酸酯，R 可以为甲基。Ri 通常是一条线型烷基链。

此类聚合物比乙烯/醋酸乙烯酯共聚物（EVA）更加昂贵，也是对问题原油最有效、最昂贵的聚合物衍生体。然而，这些聚合物可以通过酯键氧化的官能团进行生物降解，尽管其降解速度缓慢，但仍可通过改善更稳定的主链完成进一步降解[41]。2.6 节中讨论了生物降解及其他聚合物分解形式。

根据观察，超过 $C_{20}$ 的长链酯基在各种原油和凝析油中为同类型性能最优[42]。另外还观察到，在 $C_{18}$ 或更大侧链占 60%左右，且其余侧基为甲酯的情况下，可实现最佳降凝剂效果[43]。目前，已研制出实现较长侧链的替代方法，即采用丙烯酸十八酯与少量丙烯酸羟乙酯共聚，然后用十八碳酰氯酯化羟基[44]。这样一来，即使不使用昂贵的醇类，也可提供 $C_{20}$ 以上的长链侧基。另外，还研制出将烷基（甲基）丙烯酸酯链接枝共聚到乙烯聚合物主链上的方法[45]。这些方法以及防蜡剂性能的提升还加强了聚合物分子的生物降解能力[46]，将在本章关于聚合物降解和生物降解的小节中对此做进一步讨论。

用少量乙烯基吡啶和乙烯基吡咯烷酮对 $C_{16}$ 以上醇类的（甲基）丙烯酸酯共聚物进行合成，此类共聚物的降凝剂和防蜡剂特性似乎有所改善[47]。含有（甲基）丙烯酸酯的三元共聚物（其中第三个单体为乙烯基，如 2-乙烯基吡啶或 4-乙烯基吡啶）具有良好的防蜡特性[48]。

在处理有关共混聚合物以及使用不同侧链长度匹配蜡晶中烷烃链长度的共聚物和三元共聚物方面，还取得了许多其他方面进展[49]。

本章前文中已经说明了聚烯的应用，尤其是用作减阻剂或流动性改进剂的聚异丁烯。具有较长侧链的乙烯基聚合物（如聚丙烯酸酯、甲基丙烯酸酯和烷基苯乙烯）不仅是优质的防蜡剂和降凝剂，还是优质的减阻剂，尤其是聚（甲基）丙烯酸酯[50]。此类聚合物通常含有由 6~8 个碳原子组成的侧基，与聚异丁烯相比，具有更卓越的剪切稳定性[51]。然而，在性能方面，此类聚合物不具有同样的减阻性能，主要原因在于其分子量较低。

与聚烯烃相比，更难以合成超高分子量聚烷基（甲基）丙烯酸酯。尽管如此，已经研制出通过合成增加分子量的方法[52]，经证明，基于甲基丙烯酸月桂酯（图 2.9）的聚合物及其他分子具有与聚烯烃减阻剂相同的良好性能。尽管此类单体的聚合物对水生生物无毒，但是其不可生物降解，且不溶于水[53]。

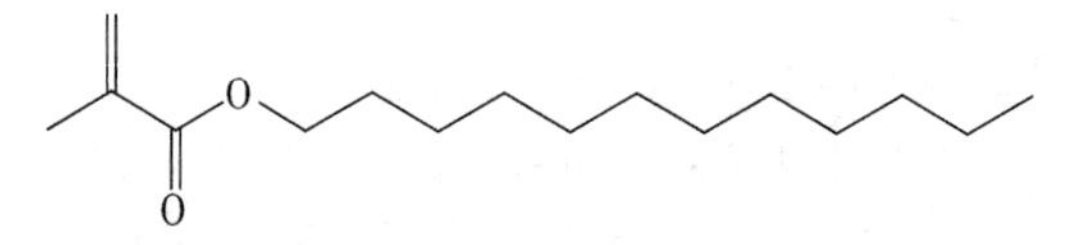


图 2.9　甲基丙烯酸月桂酯

另外，据报道，烷基（甲基）丙烯酸酯的许多共聚物也可作为优质的减阻剂[54]，但此类共聚物的生物降解性较差。

最后，在基于丙烯酸的乙烯基聚合物部分，相关衍生物和马来酸/酸酐属于一种重要的破乳剂。一般而言，在合成高分子材料时，同时需要亲水性和疏水性组分，这将在第 3 章中进行更充分与详尽的讨论。从乙烯基单体得到的聚合物，如（甲基）丙烯酸和马来酸酐，随后在碱性和酸性条件下进行乙氧基化或丙氧基化（有时是丁氧基化），产生具有各种溶解度和表面活性剂特性的酯类。

这些乙烯基单体还可与聚烷氧基化物（参见 2.1.2）进一步发生反应，如环氧乙烷（EO）的嵌段共聚物。环氧乙烷（EO）/环氧丙烷（PO）和（或）烷基酚甲醛树脂烷氧基化物，得到聚合物破乳剂[55]，这个方法值得关注。采用合适的乙烯基单体制成了各种破乳剂。事实上，已经构建了在多达 4 种不同乙烯基单体上变化的共聚物，这些单体具有芳香基、疏油基、电离基和亲水基，并将该等共聚物视为破乳剂。单体通常是围绕亲油基和疏水基进行。然而，此类产物一般没有非乙烯基类合成聚合物常见、应用广泛。

有趣的是，将这些聚合物的酯化反应用于增强其技术性能也提高了生物降解程度，尽管最终环境归趋可能相同。

2.1.1.3　聚丙烯酰胺

与聚丙烯酸酯及其酯类相反，同类聚合物—聚丙烯酰胺（图 2.10）具有水溶性和生物降解性。

此类聚合物一般由丙烯酰胺合成，而丙烯酰胺又从丙烯酸衍生而来。聚丙烯酸的分子结构（图 2.6）具有显著的均质性，但是生物降解性却明显不同。部分原因在于聚合物的水溶性较高。这与单体单元的情况相反，在单体单元中，尽管氢键结合可能提高酰胺相对于烃类（烷烃、烯烃、炔烃以及芳香族化合物）的水溶性，但酰胺一般被视为水溶性较低的化合物。

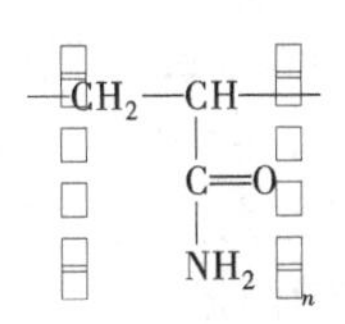


图 2.10 聚丙烯酰胺（PAM）

由于酰胺的非离子性以及无法提供氢键，只可作为氢键受体的特性，酰胺的水溶性明显低于酸类或醇类，与酯类大致相同。由于胺类和羧酸等化合物既可以提供氢键，又可以接受氢键，还能在 pH 值下进行离解，从而进一步提高溶解度，因此，酰胺的溶解度一般低于胺类和羧酸[56]。

实践证明，聚丙烯酰胺具有单极表面性，使得此类聚合物具有较好的水溶性。聚丙烯酰胺在水中的溶解度一般大于在其他有机溶剂中的溶解度[57]。

聚丙烯酰胺最常用于提高水的黏度（产生更浓稠的溶液）或促进水中颗粒的絮凝。聚丙烯酰胺的分子结构可进行设计，以适应各种需求。

聚丙烯酰胺最大的一个用途就是在液体中絮凝或凝结固体物。如废水处理工业，将聚丙烯酰胺作为化学絮凝剂引入废水可促使废水中的悬浮颗粒聚集，形成所谓的絮凝物[58,59]。此外，聚丙烯酰胺产物与水发生反应，形成不可溶解的氢氧化物，而氢氧化物经沉淀之后，连接在一起形成网状物，可将小颗粒物理包裹成更大的絮凝物。简言之，聚丙烯酰胺使处理水中的微细固体物相互黏附，直至其尺寸变得足够大，可以进行沉淀或被过滤器滤出，从而形成污水污泥。在任一情况下，更容易过滤或清除絮凝物。同样的原理也适用于油气行业应用，将其作为絮凝剂，用于在排放或回注之前处理生产水。此处一般使用非离子聚丙烯酰胺。但如果需要絮凝的含油颗粒带有正电荷，则一般使用部分水解的聚丙烯酰胺进行处理[60]。

聚丙烯酰胺的另一主要用途为地层下应用，如提高采收率。在此类应用中，可注入高黏度聚丙烯酰胺水溶液，提高传统水驱的经济性。对于原油开采应用，聚丙烯酰胺用于增加水的黏度，从而提高采收率。换言之，注入聚丙烯酰胺水溶液有助于驱出剩余油。因此，体积波及效率可得到提高，即在向油井注入特定体积的水时，可产出更多的原油[61]。

过去，油田应用聚丙烯酰胺主要是将聚丙烯酰胺用作固体粉末，并将此粉末与水水合，形成水溶液。如今更方便的是，大多数油田都使用以乳液形式供应的聚丙烯酰胺，促使聚丙烯酰胺更高效、更快速地进行水合。在稀释的水溶液中，如常用于 EOR 应用的水溶液，聚丙烯酰胺聚合物容易发生化学降解、热降解以及机械降解。当一部分不稳定的酰胺基团在升高的温度或 pH 值下，酰胺基团发生水解并产生羧基，导致化学降解[62]。乙烯基主链的热降解可通过几个可能的自由基机理完成，包括少量铁的自然氧化，以及氧气与升高温度下聚合反应产生的残留杂质之间发生反应[63]。在近井地带附近出现较高剪切速率时，机械降解也可成为一个问题。然而，不同类型的聚丙烯酰胺交联体更加稳定，且对所有的降解都具有更强的抵抗力[64]。稳定性的提高是以生物降解性的降低为代价。同时，交联剂会对聚合物的环境特性造成严重危害。常用的铬被认为没有特别的环境毒性，尤其是铬（Ⅲ）[65]。但是，目前还缺乏水溶性铬（Ⅲ）化合物、有机铬化合物及其离子状态的生物活性相关信息。目前公认的是，铬（Ⅵ）对水生物种具有更大的毒性。实验证明，在海洋环境中，与硫酸盐的竞争性决定了铬（Ⅵ）的毒性在很大程度上与平均盐度相关[66]。第5章中将更充分地讨论金属和金属盐的环境特性。

尽管如此，正如上文所述，聚丙烯酰胺具有一定的生物降解性[60,67]，并且多用于对生物降解性和稳定性要求不严苛的油田。与其在提高石油采收率和絮凝中的应用相比，聚丙烯酰胺已用于合成聚合物凝胶体系，达到防砂目的。报道称，聚丙烯酰胺比更传统的树脂聚合物处理方法更加可靠[68]。就应用化学以及利用聚丙烯酰胺的聚合物凝胶状特性而言，存在大量具有相似性质的相关应用，如酸转向剂[69]、泡沫转向剂[70]、水泥添加剂[71]、降滤失剂[72]以及堵水应用[73]。

考虑到聚丙烯酰胺在提高石油采收率中的应用，将聚丙烯酰胺用于平衡相对渗透率也就不足为奇了[74]，这需要与其他各种乙烯基聚合物相结合。将聚丙烯酰胺用于压裂液，但通常是在高温应用中，或者用作减阻剂以及作为非挥发性磷烃胶凝剂的一部分[75]。

聚丙烯酰胺的特性还适用于减阻，在具体注入条件下具有特定黏弹性。事实上，在特定条件下，低剂量即可实现近50%的减阻作用[76,77]。

聚丙烯酰胺还用于合成动力学水合物抑制剂（KHI）的增效剂[78]，有趣的是，由于聚丙烯酰胺可与羟胺发生反应，有较好的生物降解性，因此可用于缓蚀领域[79]。在此类研究中，将其作为环保聚合物的重要来源，更广泛地应用于油气上游行业。尤其是在化学品生产应用中，尚未充分利用本节所述的独具的水溶性特点。

2.1.1.4　聚醋酸乙烯酯及其相关聚合物、共聚物

除聚醋酸乙烯酯聚合物之外，也可能考虑采用其他相关聚合物，包括聚乙烯醇（PVA）、聚氯乙烯（PVC）和聚丙烯腈。尽管它们在油田的用途可能较少。

油气勘探与开发过程中最常用的乙烯基聚合物为已烯/醋酸乙烯酯共聚物，主要用作降凝剂，还可用作防蜡剂[80]。此类共聚物以低分子量无规共聚物的形式存在[81]（图2.11）。

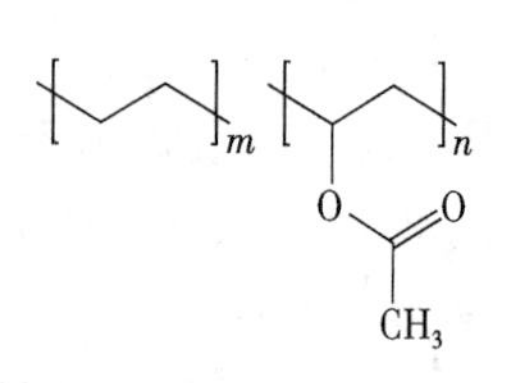


图2.11　聚醋酸乙烯酯共聚物

醋酸乙烯酯基团破坏蜡的结晶，降低析蜡点（WAT）以及倾点。醋酸乙烯酯的量，也就是侧链分支的数量，对此类聚合物的性能起着关键作用。

人们普遍认为，醋酸乙烯酯最佳含量为25%～30%[82]。有趣的是，乙烯/醋酸乙烯酯共聚物被证明是蜡成核剂和生长抑制剂[79,83]。乙烯/醋酸乙烯酯共聚物的降倾点作用通常不及梳状聚合物，比如（甲基）丙烯酸酯聚合物；但是，前者要便宜得多。研究结果显示，乙烯/醋酸乙烯酯共聚物部分水解会使性能提高[81]。这种水解能力通常也会提高其生物降解性[84]。

在处理原油和冷凝物，尤其是带有析蜡点超过40℃的原油和冷凝物时，似乎有利于制备含有对甲酚和间甲酚（占配制物的10%～15%）以及环己胺等胺类增效剂（H. A. Craddock，未发表）的物质。这种胺盐效应只有在蜡晶体被乙烯/醋酸乙烯酯共聚物还原后才显露。

乙烯/醋酸乙烯酯通常以芳香族溶剂的形式存在（作为管道添加剂确实如此），或者以乙烯/醋酸乙烯酯共聚物与丙烯酸酯混合物芳香族溶剂的形式存在。

丙烯腈是与乙烯发生共聚反应的类似廉价单体(图 2.12)，其最优共聚比例为 10%~20%。

此类聚合物作为降凝剂，其防止管道中形成胶凝的效果较差。而且，它们的生物降解性也不及醋酸乙烯酯聚合物和共聚物[85,86]。

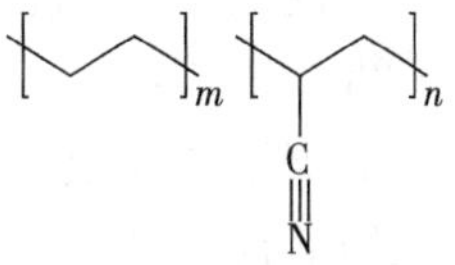

图 2.12 聚丙烯腈共聚物

在低于 50℃的条件下，聚醋酸乙烯酯不完全溶于水，但遇水膨胀。因此，将其用于钻井和固井，尤其是作为降滤失剂[87,88]。这种性能也有助于防止黏土和页岩膨胀[89]，虽然通常首选聚丙烯酰胺来实现这一目的。在固井应用领域，聚醋酸乙烯酯和聚乙烯醇衍生物发挥作用，降低滤饼的渗透性。出现这种情况的原因在于聚合物与水化合，形成凝胶微粒。而凝胶微粒聚结形成聚合物薄膜。这种行为与温度有关。在高于 38℃的条件下，如果没有通过交联反应来提高热稳定性，则不可能形成薄膜[90]。环境化学家又一次陷入了此等聚合物的应用可行性、稳定性和生物降解性能的两难境地。

相关聚乙烯醇尤其具有良好的生物降解性能[91]，也是较少的可溶于水并可在适当微生物的作用下被生物降解的乙烯基聚合物之一。因此，人们越来越关注环保型聚乙烯醇材料的制备，以期将其用于各种工业和其他应用场合；但是，迄今为止，其在油气行业中的有效性和应用受到了一定的限制。聚乙烯醇已被用于凝胶应用领域，比如堵水剂[92]。此外，还以线型聚合物和交联聚合物用作钻井润滑剂[93]。

聚乙烯醇曾被用作减阻剂[94]，但其减阻效率不及超高分子量聚丙烯酰胺。聚乙烯醇还被用作絮凝剂[95]，但其絮凝效率仍然不及常用的聚电解质和聚丙烯酰胺。

聚乙烯醇可以结合某些表面活性剂使用，以改变水层的黏度，并提高泡沫稳定性。第 3 章中将对其进行详细介绍[96]。

其中，一种主要的工业乙烯基聚合物就是聚氯乙烯。虽然在油气行业中乙烯基聚合物像固体塑料材料一样普遍存在，但是如同在许多其他行业和家庭领域一样，乙烯基聚合物并不直接用作化学剂。目前，已展开对聚氯乙烯的生物降解特性的研究。随着时间的推移，其能够在合适的条件下在土壤中进行生物降解[97]，但在海洋及其他水生环境中的生物降解性能很差[98]。聚氯乙烯等塑料制品风化降解会导致表面脆化并出现微小裂纹，产生微粒。产生的微粒在风或波浪的作用下进入水中。此类微粒与持久性有机污染物（POP）聚集在一起，可能被海洋生物吸收。在 2.6 节中将对该话题和相关主题进行进一步探讨。

#### 2.1.1.5 聚苯乙烯以及其他无类别的乙烯基聚合物

发现有一些不易分类的乙烯基聚合物在油田领域非常有用，将在本节对此进行探讨。

聚苯乙烯（图 2.13）在油气勘探与开发领域的应用很少。有一篇关于将其作为水泥添加剂[99]的报告。这是相对较少的化学添加剂应用实例之一。虽然人们都认为聚苯乙烯与其他乙烯基聚合物的生物降解率低[21]，并且苯乙烯单体具有生物致癌性，但是最近研究认为，其在一定的土壤条件下可以部分降解[100]。研究还指出，在与淀粉基材料结合使用时，可以将其用作堆肥材料[101]。

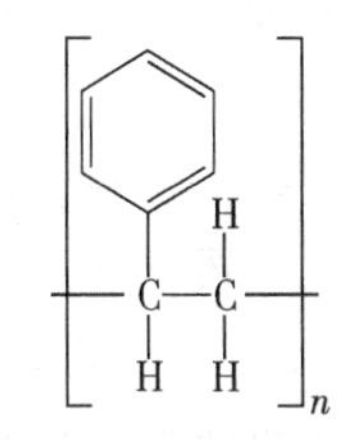

图 2.13 聚苯乙烯

再度聚焦聚苯乙烯这个话题，尤其在让苯乙烯单体以外的物质部分降解时。还测定了苯乙烯单体降解对土壤修复所起的作用[102]，在加工过程中用淀粉基质制造的聚合物应具有合理的生物降解性，并产生较少的有毒降解产品[103,104]。

在油气生产领域，其他两种类型的乙烯基聚合物特别有用，即聚乙烯基磺酸盐、其他相关聚磺酸盐和聚乙烯基己内酰胺（PVCap）。典型结构分别如图 2.14 和图 2.15 所示。

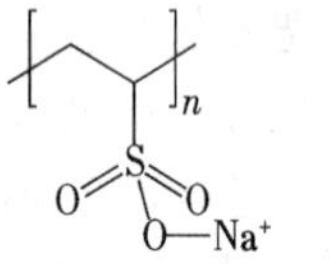

图 2.14 聚乙烯磺酸盐

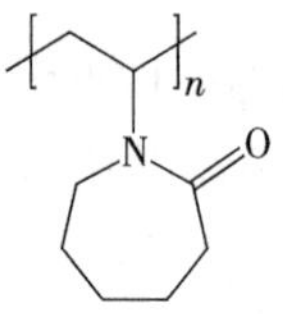

图 2.15 聚乙烯基己内酰胺

乙烯基磺酸盐聚合物通常以其金属盐的形式生产，尤其是钠盐（图 2.14）和钾盐。它们在阻垢方面，尤其在硫酸钡垢的形成和沉积控制方面发挥高效的作用。对于含有马来酸或马来酸酐的共聚物而言，尤其如此[105]。在高温、较低 pH 值以及钙镁离子浓度高于其他类型阻垢剂浓度等恶劣条件下工作时，此类聚乙烯基磺酸盐非常有用[106]。

聚乙烯基磺酸盐作为分散剂，用于固井技术领域[107]。这种分散剂可改善水泥的流变特性，便于在较高密度和较低水浓度条件下混合。同时，也可加快水泥浆的泵送速度，因此能够加强井套管与岩层之间的黏合作用。

对于此类乙烯基磺酸盐聚合物的环保性正在进行讨论和审查。许多聚合物和共聚物不能充分生物降解，不允许将其用于油气生产领域的环境监管地区。但是，已研制的许多产品和配方并不符合此类监管要求。这是一个重要问题，尤其在北海地区更为严峻。在这个地区，许多油气田极容易出现硫酸钡结垢的问题。聚乙烯基己内酰胺是至今发现应用最广泛的有效低剂量动力学水合物抑制剂。油气生产领域中，天然气水合物的存在是一个严重问题。天然气水合物由水和小的烃分子组成（尤其是高压和低温条件下的甲烷）[108]。钻井作业与生产期间，天然气水合物引起堵塞会产生严重后果。比如，最近发生的英国石油公司 Macondo 井喷事故，天然气水合物无疑是其中一个因素。预防和补救的一般措施是使用足量（通常是大量）的热力学抑制剂、甲醇或乙二醇来达到防冻效果。改变天然气水合物形成所需的平衡，以降低温度和（或）增加压力。如前所述，使用量很大，水合物抑制剂与水的体积比通常为 2∶1。这导致出现严重的装卸、物流、安全（甲醇是一种高度易燃的液体）和环保问题。低剂量水合物抑制剂显然有助于缓解其中一些问题。迄今为止，基于聚乙烯基己内酰胺聚合物和共聚物的低剂量动力学抑制剂是最常用的抑制剂。

就其他乙烯基聚合物而言，聚乙烯基己内酰胺和其他乙烯基聚合物的生物降解性能差。但是，部分研发出的某些产品显示具有足够的生物降解性[109]，并适用于北海地区。在该地区，遵从法规是应用方面的关键要求。

本节对许多各种不同的合成乙烯基聚合物进行了说明。此类合成乙烯基聚合物在协助开发和生产石油、天然气方面为重要产品。它们的生物降解率通常非常低，且其单体具有剧毒性，故此类产品在油气生产领域的应用面临重大挑战。但是，如前所述，将在 2.1.3 进一步说明，并在 2.7 节合并，可通过合适的化学改性来解决此类挑战，以确保至少在规定的测试中达到合理的生物降解性。在本书的最后一章将对其进行探讨，这种方法到底是否正确？

### 2.1.2 非乙烯基聚合物和共聚物

在油田应用领域，非乙烯基聚合物不如乙烯基聚合物普遍，乙烯基类的产品种类繁多，包括多种单体制备的加成或缩合聚合物。然而，在商业上仅有聚醚、聚酯和聚酰胺三种非乙烯基聚合物投入使用。此外，聚胺和聚亚胺在油田领域也具有重要用途。

#### 2.1.2.1 聚醚和多元醇

聚醚化合物可以用作油基钻井液配方中的减阻剂或摩擦改进剂[110]。聚环氧乙烷（PEO）是在金属催化作用下，环氧乙烷发生聚合反应所得。这种产物的分子量非常高（高达 $800\times10^4$），线型无支化结构[111]（图 2.16）。但是，其应用较少。因为在标准化学注入条件和湍流条件下，环氧乙烷展示出明显的剪切降解性能。

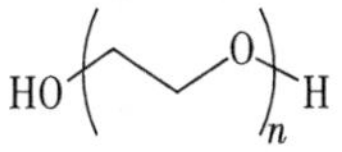

图 2.16 聚环氧乙烷

环氧乙烷通过碱催化聚合生成聚乙二醇。此类材料的分子量小于 $10\times10^4$。其也在油气行业具有极其广泛的应用。本章前面已经对聚乙二醇结构进行了说明。

大量聚合物增稠剂产品包括聚乙二醇[112]。聚乙二醇具有多种用途，已将聚乙二醇用于钻井润滑剂配方，尤其结合聚醚磷酸酯表面活性剂使用[113]。作为配方中的载体和进一步衍生的基础聚合物，在后一种情况中，可以通过双环氧化合物的酸或碱催化反应制备缩水甘油破乳剂[114]。此类产品在类似于沥青的焦油砂提取过程中所形成的乳液破乳方面尤其有效。

聚乙二醇是一种高亲水物质，并且具有抗氧化降解特性。但在文献中几乎找不到有关信息。伪多肽[115]因其抗氧化降解的稳定性，作为生物材料和聚乙二醇的替代物质受到人们的关注。此类物质的主要缺点就是无生物降解性。证明聚乙二醇和某些伪多肽在生物学相关条件下降解的最新证据已公布[116]。中长期体内生物降解性看似具有可行性。

与此类产品有关且广泛用于破乳剂化学领域的物质是多元醇，比如丙三醇（图 2.17）。此类多元醇用于人工增甜剂领域，尤其是山梨糖醇（图 2.18），无毒，从食糖提炼而成，具有较好的生物可降解性。在破乳剂应用方面，其与丙烯酸等发生官能化、共聚和交联反应[117]。

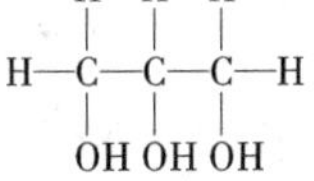

图 2.17 丙三醇

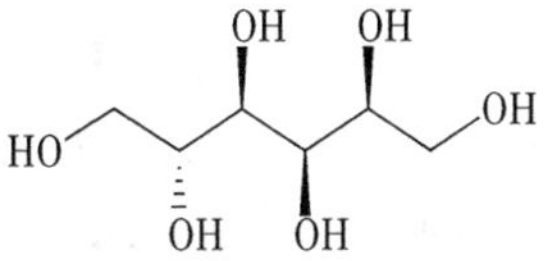

图 2.18 山梨糖醇

将多元醇作为破乳剂主链，并使用环氧乙烷和环氧丙烷进行官能化处理，将其用作嵌段共聚物结构，制备了一系列可生物降解的破乳剂。此类产品与聚乙二醇一样，也可以形成缩水甘油醚和相关聚醚，又形成另外一类破乳剂产品。该产品具有高生物降解性、高效性。在油气行业使用量最大的是聚甘油（图 2.19），主要用作破乳剂。

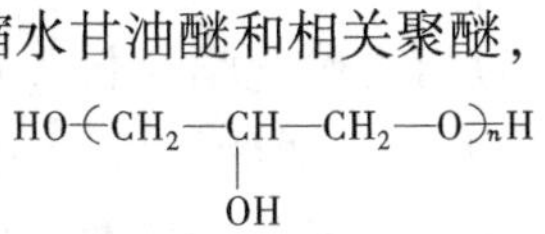

$HO\!\leftarrow\!CH_2-CH(OH)-CH_2-O\!\rightarrow_n\!H$

图 2.19 聚甘油

多元醇在钻井作业中的用途有限，但很重要，常被用作黏土稳定剂[118]。在含有半乳甘露聚糖胶的水力压裂液中使用硼酸盐时，也可以用作延迟交联剂[119]，该延迟交联剂具有良好的高温稳定性，耐温性高达150℃。

聚醚胺类聚合物是更普遍的黏土稳定剂与降滤失剂[120]。其结构如图2.20所示。此类物质的页岩膨胀抑制性能优于氯化钾，可通过增加pH值来进一步提高其防膨性。氯化钾等盐类防膨剂的另一个缺点在于，在降低黏土膨胀率的同时，也会使黏土絮凝，增加了失水量和触变流变损失。如果通过增加用量来抵消这种损失，往往会进一步丧失其功能特征[121]。

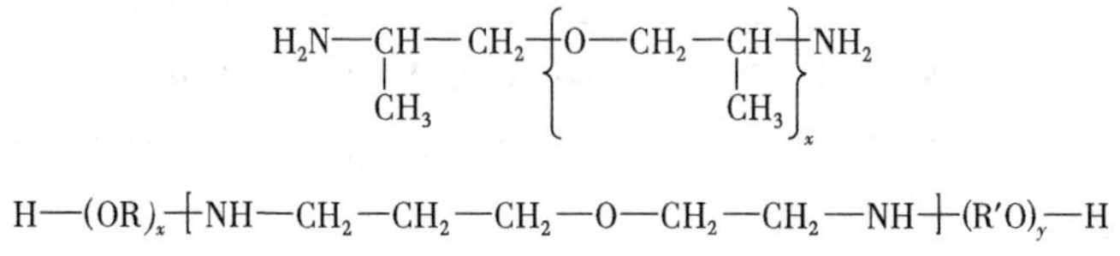

$$H_2N-\underset{\displaystyle CH_3}{\underset{|}{CH}}-CH_2-\left[O-CH_2-\underset{\displaystyle CH_3}{\underset{|}{CH}}\right]_x-NH_2$$

$$H-(OR)_x-\!\!\!+NH-CH_2-CH_2-CH_2-O-CH_2-CH_2-NH+\!\!\!-(R'O)_y-H$$

图2.20 聚醚胺

聚醚胺可用作聚乙烯基己内酰胺聚合物（用作动力学水合物抑制剂）增效剂[122,123]。多元醇和聚醚相结合可以生产聚醚循环多元醇。通过将聚醇热凝成它的低聚物和环醚来制备此类物质[124]。它们具有多功能特性，尤其适用于改进钻井液，抑制水合物的形成，防止页岩分散和黏土膨胀，降低滤失量，从而普遍提高井筒稳定性。它们是重要的油基钻井液添加剂，面临极大的环境挑战。

聚醚在工业上用作消泡剂，也用于越来越多的其他领域。在这些领域中，无法使用其他消泡剂（通常为硅树脂材料），或者其他消泡剂无效，比如在水基钻井液领域（参见第7章）。此类消泡剂基于高级醇和多元醇，可以经过适当衍生化处理，比如乙氧基化作用和（或）丙氧基化作用。

环保型水基活性消泡剂由多元醇的脂肪酸酯（比如失水山梨醇油酸酯[125]或失水山梨糖醇月桂酸酯，将二甘醇一丁醚用作共溶剂[126]）制备而成。部分醚化纤维素多糖被用作矿物和黏土基钻井液的降滤失剂[127]。在2.2节将对多糖的化学特性进行更全面详细的说明。

聚醚被归为可生物降解的合成聚合物[128]。如前文所述，聚乙二醇是广泛应用于各种工业领域（包括油气勘探开发领域）的化学品之一。因此，生物可降解性研究主要集中于聚乙二醇。聚乙二醇可被各种细菌以厌氧或好氧的方式代谢。也对化合物好氧降解的生化途径进行了研究。对聚丙烯乙二醇的细菌降解进行了研究，并对其代谢途径进行了说明。另外一种聚醚——聚丁二醇，也可以由需氧细菌用作唯一碳源和能源。同理，多元醇也是最具生物降解性的聚合物之一，尤其在可经过适当官能化处理时。官能化处理参见2.1.3内容。

2.1.2.2 聚酯

聚酯是一种在其链中含有酯官能化的聚合物。具体来说，其通常指的是一种被称为聚对苯二甲酸乙二醇酯（PET）的材料。聚酯包括天然化学材料和聚丁烯等合成材料（图2.21），2.2节将对天然聚酯进行更为详细的探讨。虽然天然聚酯与少数合成聚酯具有生物可降解性，但是大多数合成聚酯并不具有生物可降解性。

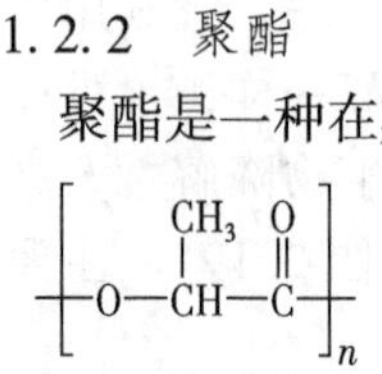

$$\left[-O-\overset{\displaystyle CH_3}{\overset{|}{CH}}-\overset{\displaystyle O}{\overset{\|}{C}}-\right]_n$$

图2.21 聚丁烯

聚酯的主要用途就是服装用纤维、树脂以及其他工业用途。在油气行业，聚酯类聚合物主要用于建筑和塑料领域。但是，其作为化学添加剂的这种用途有限，或很少被研究。

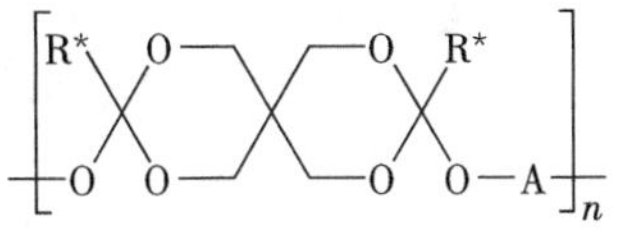

图 2.22 聚原酸酯

聚酯，特别是聚原酸酯（图 2.22）和脂肪族聚酯如聚乳酸（图 2.23），在水力压裂过程中可有效控制液体滤失[129]。这涉及此类聚合物的水解。因为在支撑剂充填期间的压裂作业过程中，缓慢的降解速度可以控制液体滤失。

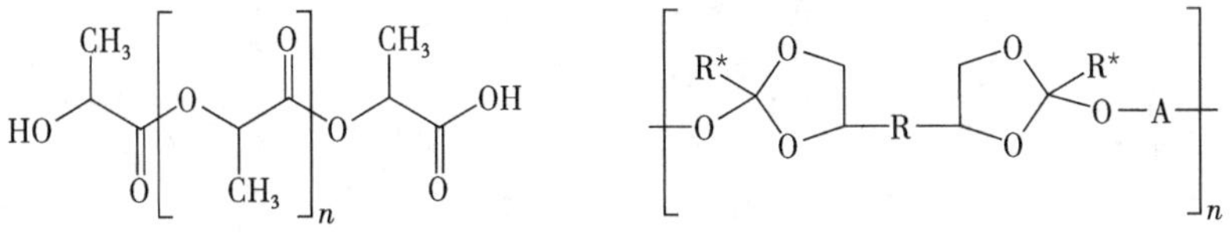

图 2.23 聚乳酸

在酸化修井和阻垢剂注入处理期间，可以使用转向剂来阻止其进入高渗区域，针对井筒区内渗透性较差、污染较大的区域进行主要处理。使用的转向剂为聚合物凝胶。最近研发出了无固相转向剂，主要材料为聚酯[130]。相对于其他方法，该方法有相当大的优势。在采用其他方法时，转向剂降解可能会成为问题，而且转向剂降解产生的固体会导致地层受到进一步伤害。

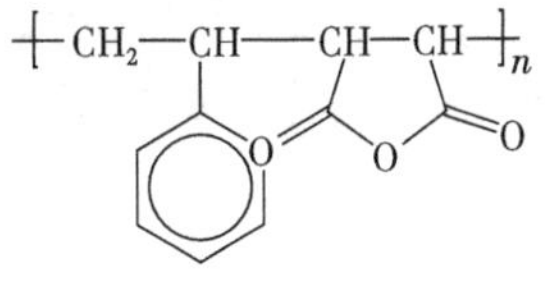

图 2.24 苯乙烯/马来酸酯

基于多元醇酯的沥青分散剂已申请了相关专利[60]。但是，产品形成的聚酯是沥青质抑制剂。酯的功能通常来自丙烯酸或马来酸酐单体。此类聚合物和共聚物的结构更接近于 2.1.1.2 中提及的乙烯基聚合物。典型实例为苯乙烯/马来酸酯，如图 2.24 所示。

聚酯及相关聚合物的其他应用在于抑制天然气水合物。已研制出许多低剂量水合物抑制剂。此类抑制剂为动力学水合物抑制剂，作为前述乙烯基磺酸盐聚合物的替代技术。此类抑制剂成为推荐使用的低剂量水合物抑制剂。特别研制了两种聚酯化学制品——超支化聚酰胺酯[131]（图 2.25）以及焦谷氨酸酯聚合物和焦谷氨酸聚酯聚合物[132]（图 2.26）。据称，焦谷氨酸聚酯聚合物具有高生物降解性，在低温冷却条件下性能优越。

在图 2.26 所示结构中，A 为 $C_2$—$C_4$ 亚烷基，$x$ 是 1~100 之间的数值，R′为脂肪族、环脂肪族或芳香族。由于此类物质带有聚酯“主链”的天然氨基酸，具有高生物可降解性。显然，使用和（或）重组天然产品的战略已成为环保型产品设计的主要战略。此类环保产品用于工业，尤其是化学添加剂方面。

2.1.2.3 聚胺类和聚酰胺

在油气行业上游使用了许多不同的胺类产品，将在以后各章节中，对其中许多产品进行说明，比如脂肪酸胺和酰胺表面活性剂（第 3 章）以及低分子量有机物（第 6 章）。将在以下章节讨论其用途和化学特性。实际上，用作化学添加剂的真正聚胺（和聚酰胺）相对较少。

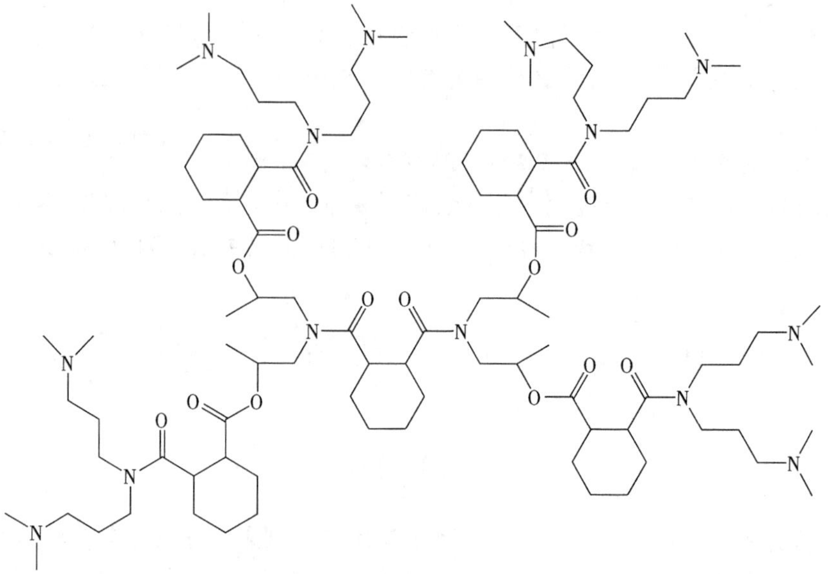

图 2.25　超支化聚酰胺酯

研究发现，聚酰胺，比如聚乙烯胺和甲醛，更适用于天然气水合物抑制剂，尤其在钻井领域[133]。许多胺类从其他聚合物分离而来，比如聚醚胺（图 2.27），可用作聚乙烯基己内酰胺动力学水合物抑制剂制备过程中的增效剂[122,123]。在过去十年，其得到了进一步的发展和广泛应用[134]。季铵化聚醚胺具有良好的抗聚结性能[135]，且聚丙氧基化聚胺也显示出抗聚结方面的潜力[136]。

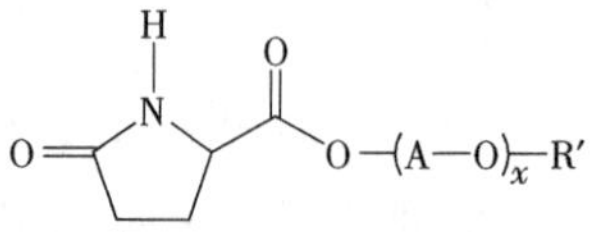

图 2.26　焦谷氨酸酯

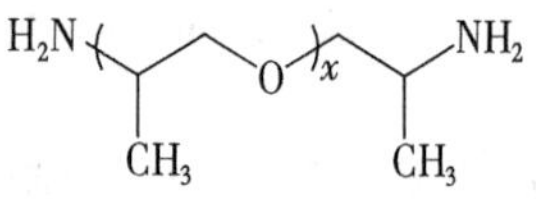

图 2.27　聚醚胺

聚醚胺与其他聚胺类也显示出良好的缓蚀效率[137]，尽管这种分子的表面活性剂特性与其聚合结构一样重要。

聚乙烯胺也被认为是良好的缓蚀剂，尤其是聚亚甲基聚胺二丙酰胺[138]（图 2.28），能有效减轻二氧化碳腐蚀。也有人声称它们对海洋生物（尤其是海藻类）毒性低。

$$H_2NCO—(CH_2)_2—NH[(CH_2)_nNH]_m(CH_2)_2—CONH_2$$

图 2.28　聚亚甲基聚胺二丙酰胺

就这种类型的产品而言，聚合物和表面活性剂材料之间的分类界限变得模糊。有一些材料，如聚胺、聚酰胺和聚酰亚胺也是表面活性剂。确实此类材料的主要用途是破乳剂和相分离剂。主要产品是聚胺类破乳剂[139]。

该领域中，主要类型的聚合物之一为聚胺烷氧基化合物和相关阳离子聚合物。此类物质用于油和水的分离和分解。如前文所述，已将其用作缓蚀剂，展示出成膜表面活性剂的特性。

聚胺烷氧基化合物由现成的商用胺（比如二亚乙基三胺）（DETA）（图 2.29）和三亚乙基四胺（TETA）（图 2.30）合成。这些基本胺类在它们自身作为添加剂以及各种油田化学品合成构成要素的一部分时，均非常重要。

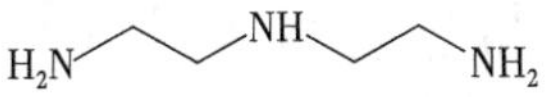

$H_2N$—CH₂CH₂—NH—CH₂CH₂—$NH_2$

图 2.29　二乙烯三胺

$H_2N$—CH₂CH₂—NH—CH₂CH₂—NH—CH₂CH₂—$NH_2$

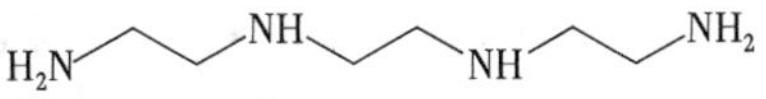

图 2.30　三乙烯四胺

聚氧烷基的二亚乙基三胺破乳剂可以与各种聚环氧乙烷和聚环氧丙烷（PPO）共聚物发生衍生化反应，破坏稳定油包水乳液的稳定性[140]。发现油包水乳液稳定性破坏与环氧丙烷和环氧乙烷密切相关。当分子中环氧丙烷的量比环氧乙烷的分子量大得多时，表面活性剂的油分解率非常低。这要求化学剂用量大，并可产生稳定的中间相。当表面活性剂/聚合物中环氧乙烷的分子量超过环氧丙烷时，在低剂量下油分解率高，但很容易出现过量的情况。这种类型的某些表面活性剂（高分子量）也会产生稳定的中间乳液相。当表面活性剂中环氧丙烷和环氧乙烷的分子量接近或相等时，表面活性剂在非常低的剂量下迅速破乳。在高剂量下不会出现过量的情况，也不会产生稳定的中间相。因此，通过调整环氧丙烷和环氧乙烷的分子量的平衡来优化表面活性剂性能。

通过乙烯、丙烯或丁烯氧化物衍化，聚乙烯亚胺也可作为有效的破乳剂[141,142]，与丙烯酸乙烯基聚合物［尤其是聚（甲基）丙烯酸酯］一样，作为蜡抑制增效剂（H. A. Craddock，未发表）。

聚胺、聚酰胺和聚酰亚胺均被发现可用作沥青质抑制剂[60]，其结构类似于聚酯。

聚酰胺被用作乳液和反相乳化钻井液制备过程中的乳化剂[143]。此类乳化剂主要用于由脂肪酸/羧酸和烷氧基化聚胺（任选）制成的聚酰胺乳液组成的油基钻井液。

此类非乙烯基聚合物与大量乙烯基聚合物替代物（如聚丙烯酰胺）相互竞争。有趣的是，聚胺、聚酰胺及相关制品的代谢和降解途径与其他非乙烯基聚合物（比如多元醇和聚酯）[144]不同。它们模仿活细胞内发现的核酸，增加对海洋物种的毒性，但有效提高了生物降解速率。

2.1.2.4　其他非乙烯基聚合物

本小节中补充说明其他未分类的聚合物。

烷基酚树脂聚合物是油气勘探与开发领域非常有用的非乙烯基聚合物，通过烷基酚与甲醛聚合得到，产生若干含 2~12 个烷基酚基团组成的低聚物。这些烷基酚基团由亚甲基桥连接，如图 2.31 所示。

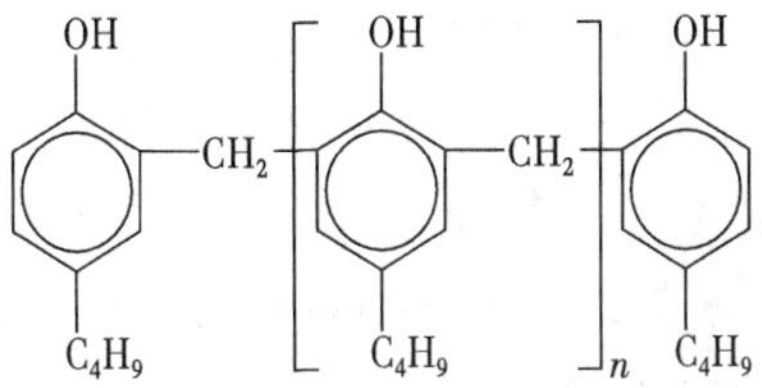

图 2.31　叔丁基苯酚甲醛树脂聚合物

根据其自身特点，此类产品常被用作沥青质抑制剂，可用于挤入工艺[145]。到目前为止，大量用于制备烷氧基化合物，尤其与环氧乙烷和环氧丙烷发生反应，并用于破乳剂制备[146]。此类树脂烷氧基化合物的结构可能很复杂（图 2.32）。最常用的树脂烷氧基化合物就是环氧乙烷/环氧丙烷嵌段聚合物，是油田应用领域最常用的破乳剂。

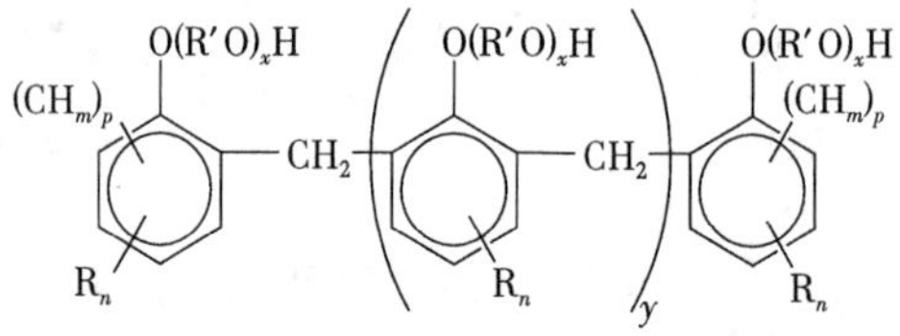

图 2.32　烷基酚聚氧乙烯醚聚合物

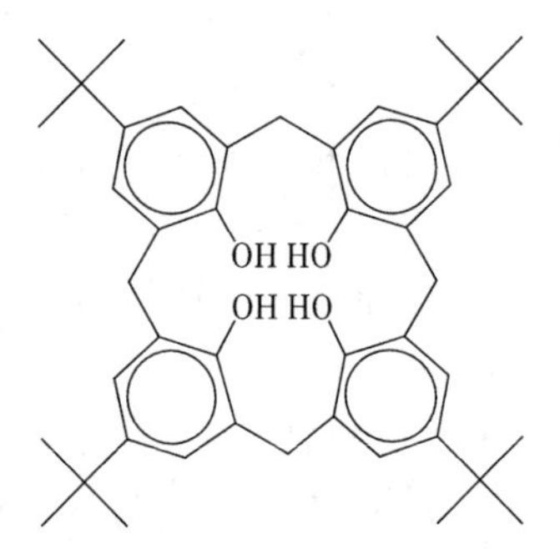

图 2.33　叔丁基酚杯芳烃

线型聚合物是在酸催化缩合过程中形成的一种聚合物。如果该过程采用碱进行催化，则形成杯芳烃，十分有趣[147]。图 2.33 所示为丁基酚杯芳烃。此类大环分子具有不同的破乳特性，尤其是确保较低的原油盐浓度[146,148]。

此处，聚合物领域和表面活性剂领域的划分再次出现了重叠。在对于相分离剂或破乳剂的描述中将会有更加详尽的介绍（参见第 3 章）。

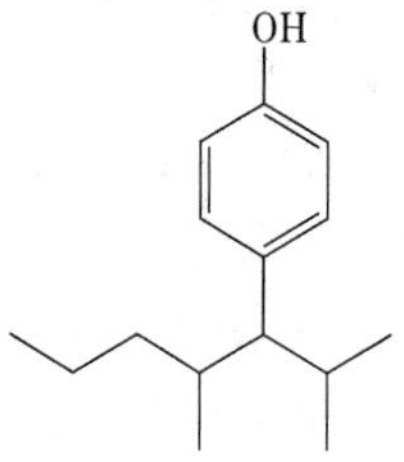

烷基酚被归类为外源性雌激素或内分泌干扰物。大多数科学家认为它们对环境有严重的影响，因为其类似天然雌激素，对人类和野生动物的激素产生破坏性影响。因此，欧盟对某些应用领域实行销售和使用限制。在这些领域，鉴于所谓的毒性、持久性和生物体内积累倾向，特别使用了壬基酚（图 2.34）。但是，美国环境保护署（EPA）的要求则较为宽松，以“可靠科学”为原则，将在第 9 章中对监管方案方面存在的基本差异进行进一步讨论。

图 2.34　壬基苯酚

烷基酚产品是乙氧基化烷基酚的降解产品，上述针对烷基酚而采取的行动对油田产生了影响，这种影响在欧洲尤为明显。但是，对于高分子烷基酚—甲醛聚合物而言，情况可能未必如此。据目前所知，这种物质不会降解为烷基酚单体[149]。

最后，有非乙烯基单体的共聚物，比如共聚酯和共聚酰胺。它们在油田领域的应用尚不明确，且十分有限。

在对个别实例进行说明后，对此类乙烯基和非乙烯基合成聚合物的环境影响、生物降解和环境归趋进行了简要说明，在 2.6 节中将对此进行深入讨论。但是，油田化学家使用某些合成结构和衍生物来实现此类合成聚合物的环境属性，将在下一节对此进行讨论。

### 2.1.3　合成聚合物的环境衍生物

如本章前文所述，大部分合成有机聚合物对环境有害。在大多数但并非所有情况下，它们的降解能力很差且缓慢，最终降解为单体后，可能导致有毒的降解产物。乙烯基聚合物就是这样，据所知，它们的单体结构通常对水生生物是有毒的。鉴于这些产品的广泛应用，环境化学和油田化学工作者希望设计出更加环保的产品，主要通过三种修饰方法：

（1）通过官能团反应，改变化学结构以改善其生物降解性能，如乙醇侧链酯化。

（2）通过接枝或共聚反应，得到更环保的聚合物产品。

（3）采用更易生物降解的聚合物主链结构代替现有聚合物主链。

所有这些方法都在油田应用中得到了很好的验证。

研究聚合物及其反应的一大优势是毒理学和包括环境影响在内的其他影响的管理框架都以单体为基础。因此，只要单体按相关管理要求注册，那么就无须进一步对该单体形成的聚合物链与官能团衍生物进行注册。这就使得环境化学家和合成物化学家能够查验出各种各样的反应，确信可以在市场上买到的这些产品是安全的，或者至少由于额外的监管和注册成本，知道这些产品是不可用的。

如前所述，聚合物是该领域内一类重要的化学添加剂，而环境化学家所面临的挑战是，尽一切可能维持性能和效能，设计出更加环保的产品。就这点而言，上述三种方法已得到广泛采纳；但在进行这些“迭代”的过程中不可避免的是在提高生物降解效率和维持产品性能之间存在着根本性的妥协。仅由以下两个因素造成：首先，在转向更容易进行生物降解的产品的过程中，实际表现为降解的产品的可用寿命缩短，有时甚至大幅度缩短；其次，在设计这些产品时，产品的结构匹配度常常会发生变化，特别是在阻垢剂与防蜡剂，这种抑制类化学试剂的抑制沉淀能力呈现下降趋势。这两个因素通常表明，需要提高产品加量，提高与原有聚合物类产品相当的性能。这意味着使用这种绿色产品的经济性已经不太有利。此外，这些“较绿色”的产品的制造还涉及额外的制造成本，表明这些产品往往价格更高。综上，这意味着选择绿色替代产品是具有挑战性的，除非按照监管要求必须如此执行。在大多数油田区域中，环境控制和监管并非先决条件，或不具强制实施性。

基本上，在近海环境中，尤其是欧洲和北美，都制定有产品要求标准，以尽可能降低对海洋环境的影响。

尽管如此，尝试着降低化学添加剂或特定应用中使用的化学品对整体环境的影响仍是一项有价值的工作，现在将说明与聚合物化学相关的某些例子。

#### 2.1.3.1　侧链修饰

如前文所述，如果通过乙氧基化和丙氧基化将醇基进一步官能化，提高烷基酚醛树脂的表面活性，其生物降解特性也将得到增强[146,148]。在聚合物侧链中引入功能性基团是提高生物降解性的一种简单且相对便宜的方法，其原理是，细菌和其他物种在降解化学添加剂的过程中所使用的大多数酶和其他新陈代谢途径都涉及某种形式的水解作用。如图 2.35 所示，基质是蔗糖，大量酶水解释放出可供进一步处理或消耗的产物，并释放能量。

水解是化学物质与水的反应，以新陈代谢的形式进行，通常是由酶进行催化。在整个水解过程中，聚合物分子的化学键断裂，同时水分子的氢氧键也断裂。一个—OH 添加到聚合物上，H 原子添加到另一部分分离出的有机分子中。

选择易水解的功能时，不仅应改善聚合物的整体环境，还应提高生物降解速率。总的来说，这意味着要利用可用的侧链功能来生成烷基醚、酯和酰胺，因为这些产物会产生较弱的 C—O 键，更容易水解，或者说更容易被水解[150]。

正如在其他非聚合物示例中可见，这种功能强化被广泛用于影响所应用分子的生物降

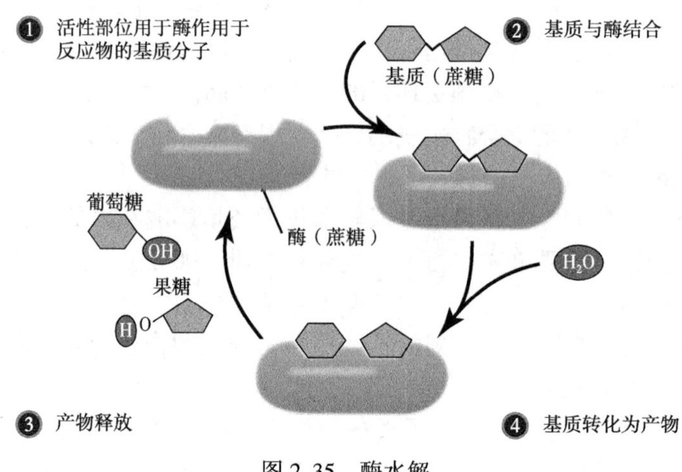


图 2.35　酶水解

解评价结果，对此会进行进一步讨论。

通常情况下，在增强生物降解能力，特别是聚合物的生物降解能力时，聚合物的水溶特性也会得到增强，在 2.6 节中将对此进行深入讨论。

2.1.3.2　共聚和接枝

如前所述，仅通过一种单体聚合制备的聚合物，被称为均聚物，两种不同单体制备得到的聚合物被称为共聚物。共聚物可以根据这些单元在链上的排列进行分类[151]，包括：

（1）A 单元和 B 单元正则交替的共聚物。

（2）A 单元和 B 单元按重复顺序排列的周期共聚物，如 $(A-B-A-B-B-A-A-A-A-B-B-B)_n$。

（3）统计共聚物为单体残留顺序遵循统计规则的聚合物。如果在链中的特定点找到给定单体残留物的概率等于链中单体残留物的摩尔分数，则该聚合物可称为真正的无规共聚物[10]。

（4）嵌段共聚物是一种特殊的聚合物，由共价键连接的两个或以上均聚物子单元构成。如前所述，这些共聚物在油气相位分离领域中具有特殊的意义，关于这些聚合物的更多详细情况将在下列小节中给出。

共聚物还可以根据聚合物结构中支链的存在或排列来描述。线型聚合物由单一主链构成，而支化共聚物由单一主链携带一个或一个以上聚合物侧链构成。其他特殊类型的支化共聚物包括星形共聚物、刷形共聚物和梳形共聚物。三元共聚物是指由三种不同的单体构成的共聚物。

所有这些生产共聚物用的技术都用于石油勘探与开发应用中具有特殊要求的聚合物，本章前面已通过大量实例进行了详细说明。总的来说，该技术主要是赋予聚合物特定的功能，且已在前面举例说明。这项技术已应用于分子设计，特别是关于乙烯基单体的共聚物的大量应用。但在设计环保聚合物时，几乎从未用过专门包括单体单元或单体单元组的技术。已有一些例子对此进行了说明，如在设计聚合物阻垢剂[32]和设计环保的乙烯基己内酰胺聚合动力学水合物抑制剂[152]衍生物时使用聚马来酸（图 2.7）。

此领域中发展欠缺的主要原因是：环保型聚合物在全球油田中的总体需求以及这些材料的制造成本。正如前面所提及，油气行业中使用环保型化学品的趋势在增加，但在某些地理区域，这种增长是由法规要求而推动。因此，显而易见，在使用共聚物时，特定环保型聚合物研制和相关设计技术主要集中在诸如阻垢剂和水合物抑制剂等产品中，在北海和美国墨西哥湾等高度管制区域，这些产品的引入只是巧合。对环保替代产品的需求，主要是由超过经济担忧的监管控制所驱动。

接枝聚合物，或者更确切地说，接枝共聚物属于支化共聚物，其中侧链的组分与主链的组分存在着结构性区别。包含大量侧链的接枝共聚物，由于结构受限和紧密配合，具有虫状构象、分子结构紧凑和链端效益明显等特点[153]。一般而言，采用接枝方法合成共聚物可以得到比均聚物相对物质更耐热的材料[154]。在试图设计出一种更环保的聚合物时，这种特性并不理想，所以就此用途而言，接枝技术并未广泛使用。

此外，在设计一类新型阻垢剂[155]时，采用了一种混合聚合反应，将合成聚合物与天然聚合物交联。图 2.36 所示为混合阻垢剂聚合物，该聚合物由氨基酰胺和多糖“杂化”而成。

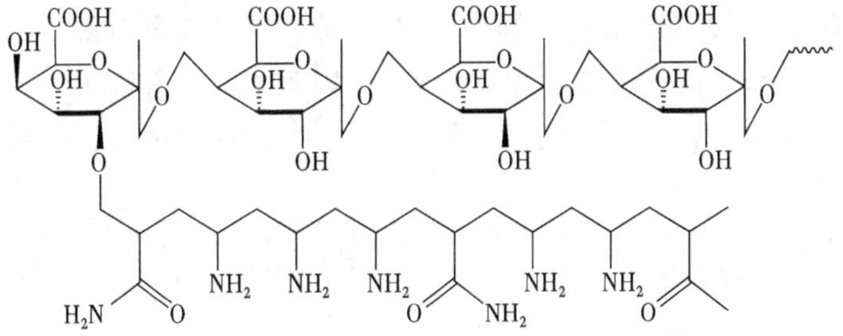

图 2.36 混合阻垢剂聚合物

2.1.3.3 嵌段共聚物

如前文所述，嵌段聚合物和共聚物是油田应用中另一类重要的聚合物。这些共聚物由不同的聚合单体嵌段构成，具有多种功能。采用各种合成技术来制备这些嵌段聚合物和共聚物，同时可合成复杂且奇异的结构[156]。这是聚合物研究的一个动态领域，很多不同类型的嵌段共聚物正在进行各种工业和其他应用的试验研究。

然而，目前油田中只检测出了嵌段共聚物的乙氧基化或酯化等衍生物，这些衍生物可能会增强其环境特性。至少在油田应用中，还尚未对具有功能性和环境可接受性的特定嵌段共聚物的设计进行说明。正如之前所述，随着环境的改善，表面活性剂的性能也随之得到了针对性的设计变化。

2.1.3.4 选择聚合物主链

这是最基本的一种改性方法，在不丧失关键功能的情况下，合成更环保的聚合物。但在已发表的文献中，很少有人采用这种策略。因为采用常见聚合物主链，仍具有对环境不友好的特征。例如，实际以聚合物形式作为聚（*N*-酰基亚烷基亚胺）存在的聚（2-乙基-2-恶唑啉），实际上与聚丙烯酰胺类似，已对其有效性与动力学水合物抑制剂进行了检测比较[157]。图 2.37 所示为恶唑啉的开环反应得到的产物。

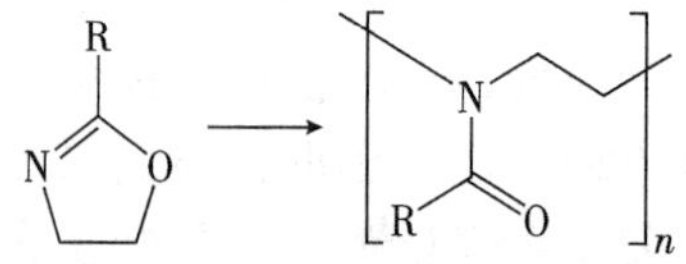

图 2.37　聚（2-烷基-2-恶唑啉）的形成

尽管这些产品中部分显示出与商业聚乙烯基己内酰胺聚合物产品相当的性能，但没有一种聚（2-乙基-2-恶唑啉）表现出可接受的生物降解特性。在聚合物主链上的酰胺基团中引入了较弱的 C—N 键，但酶水解需要破坏酰胺/酯键，如果它们的空间位阻作用类似 KHI 类聚合物，那么其生物降解的速率就很低[158]。在相关的较成功方法中，已引入其他弱键来实现其他功能，尤其是破乳剂[159]。这里涉及聚乙二醇和聚丙二醇的原酸酯衍生物的嵌段聚合物，已引入最佳性能的破乳剂生产中，在公认的海洋测试协议中，其生物可降解性高达 60%以上[160]。

如前文所述，乙烯基单体倾向于生成更稳定、更不易降解的聚合物，总体而言，其水溶性更差。虽然聚丙烯酸酯、聚丙烯酰胺和聚乙烯醇这 3 类聚合物都有可能不溶于水，但其水溶性在乙烯基聚合物中较优。一般而言，非乙烯基聚合物都是溶于水的。在设计环境友好型聚合物时，这是一个非常重要的参考因素，因为生物降解的主要途径就是通过酶水解而进行的，因此相较于可溶于水的聚合物的降解速度，无法溶解的聚合物的降解和生物降解速度可能更慢。

聚乙二醇就是一个很好的聚合物范例，但在作者看来，作为一种多用途、潜在高度可降解的聚合物，它在迭代和衍生方面一直受到某种程度的忽视。有一段时间，这些产品一直被用作破乳剂[161]，在油田中也有其他用途，尤其是聚乙二醇[112-116]。

最后，对聚合物在油田应用中的最新进展进行综述性说明[162]。

这项工作涉及聚合物主链内或末端具有长链脂肪烷基衍生而来的可水解弱键的聚胺和聚季铵盐的研制。图 2.38 所示为一种多胺类聚合物。但这些分子仍处于聚合物和表面活性剂的界定边界之上。它们应被定义为高分子表面活性剂。

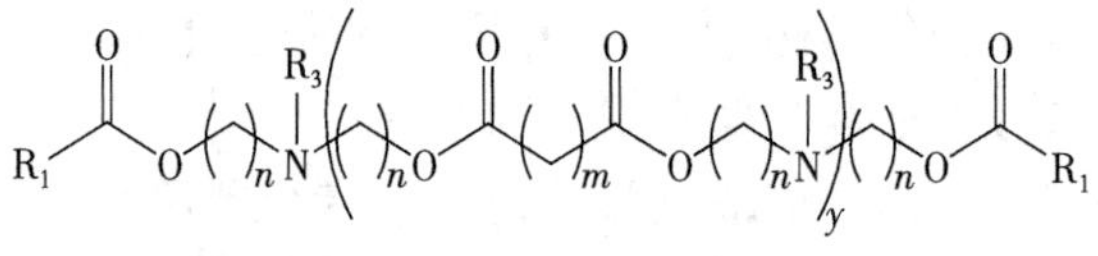

图 2.38　具有可水解主链的聚胺类缓蚀剂

综上所述，可以看到，合成聚合物已经成为油田用化学添加剂的重要组成部分，用以解决钻井、完井、开发、生产等领域中出现的各种问题。加之，随着环保法规的要求越来越严格，推进了大量更环保的聚合物的发展。毫无疑问，这一领域的化学添加剂的发展仍将非常重要，因为聚合物本身可能就是油田行业中使用的最主要一类（或者也许是最大一类）化学添加剂。在油田和环境化学家看来，聚合物因其多功能化和环境友好性在油田应用中显示出了独特的优势。

因此，合成聚合物很可能仍将处于化学添加剂技术的前沿，但其也将面临与天然衍生物的竞争，因为这些衍生物可提供更好的环保性能，本章下一节将会对此进行说明。其挑战在于是否能够利用合成聚合物提供的可操控性，使其获得天然聚合物的功能特性。

## 2.2 天然高分子及相关材料

天然高分子，顾名思义，是指在自然界本身就存在的高分子材料。大部分生物的结构均是由天然高分子构成的，主要有3种类型：

（1）多核苷酸——核苷酸链；

（2）聚酰胺——蛋白质链；

（3）多糖——糖链。

至少有一种天然存在的聚合物是大多数读者都熟悉的：脱氧核糖核酸（DNA）。DNA分子由称为核苷酸的单体组成。单体通过缩合反应相互连接，使得许多核苷酸链状连接成DNA聚合物分子或多核苷酸（图2.39）。

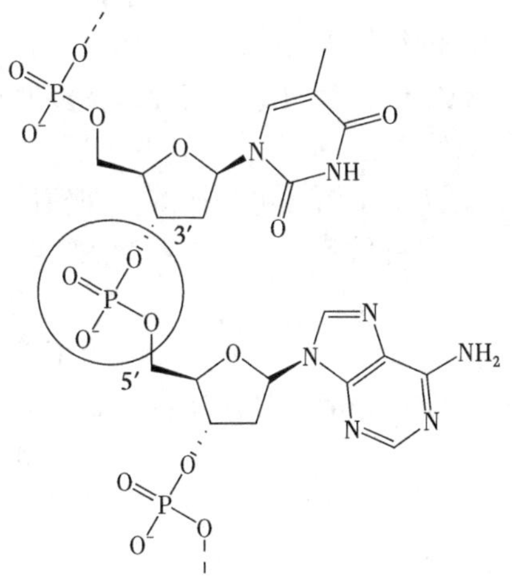

图2.39 DNA分子片段——多核苷酸

另一种天然存在的高分子是在指甲和头发中发现的角蛋白。它是人体中最丰富的蛋白质之一。蛋白质是由氨基酸单体制成的缩聚物。一个氨基酸的—$NH_2$官能团与另一个氨基酸的—COOH官能团反应，形成肽键，—CO—NH—。肽键也称为酰胺，因此蛋白质也称为聚酰胺或多肽。

最后一组天然高分子是多糖，这也是为大多数读者所熟悉的，食品中常存在糖和淀粉。

采用更广泛的定义，天然高分子可以是由天然存在的原材料人工制造而来。虽然天然高分子仍然不到每年生产的$3\times10^8$t合成高分子材料和塑料的1%，但其产量在稳步上升中。

在石油和天然气工业中，与许多其他工业部门一样，多核苷酸不被考虑用于涉及化学添加剂的应用中。多核苷酸确实有一个特殊应用——可用于油田样品中微生物物种的检测和分析，以评判控制策略的有效性[163,164]，包括化学杀菌剂的使用。

### 2.2.1 生物聚合物

生物聚合物可简单定义为可生物降解的聚合物。生产这些聚合物的输入材料可以是可再生的（基于农业植物或动物产品）[165]，如2.1节所述。根据使用底物，生物聚合物可分为几种主要类型：

（1）多糖：淀粉、糖、纤维素。

（2）合成材料。

目前，可再生或合成的起始物料均可用于生产可生物降解的聚合物。在合成聚合物时，可以遵循两种主要策略：一种方法是通过化学聚合的方法由单体构建聚合物结构；另一种方法是采用天然存在的聚合物并对其进行化学改性，使其具有所需的性能。化学改性的缺点是聚合物的生物降解性可能受到不利影响。因此，如在2.1.3中的许多合成聚合物的衍生示例中所描述的那样，经常需要在所需的材料性质和生物降解性之间寻求平衡。

本章主要关注两种主要工业应用天然高分子及其衍生物，以改善功能及（或）环境特征，即多肽和多糖。本章也将讨论其他天然聚合物和生物聚合物，如橡胶、木质素等，并研究其他一些相关的生物聚合物。

### 2.2.2　多肽

多肽是自然产生的一类聚酰胺，它们在许多领域具有各种各样的用途，包括制药、化妆品和食品工业。到目前为止，其在石油勘探与开发中的应用相当有限，且特殊性较高。

在自然界中，多肽是普遍存在且非常重要的一类化合物，称为蛋白质。这些聚酰胺含有 α-氨基酸，是其单体单元。蛋白质是最大和最多样的生物分子类，表现出最多样的结构。许多蛋白质具有复杂的三维折叠模式，具有紧凑的形式，但也有根本不发生折叠（“原生非结构蛋白”）、以无规构象存在的蛋白质。蛋白质的功能由它们的结构所决定，对各个蛋白质的结构进行介绍是现代生物化学和分子生物学的重要组成部分。

虽然进行蛋白质研究的人将多肽这一术语专用于分子量小于 10000 的聚合物（α-氨基酸），而其他一些工作者认为该术语应适用于所包含氨基酸低于 50 个的分子，但蛋白质和多肽这两个术语是可互换的。在实践中，大多数聚合物化学家同时使用多肽和蛋白质两种提法，但将后者主要用于复杂的生物分子。在本章中，这些聚合物主要称为多肽。

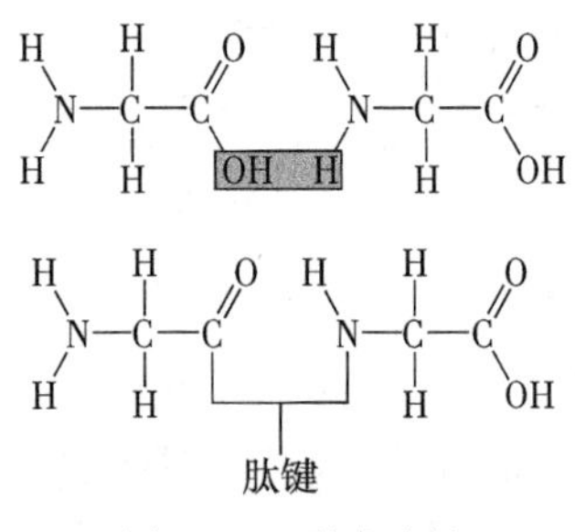


图 2.40　形成肽键

多肽和蛋白质都是由氨基酸通过缩合反应聚合而成，也就是说，损失一个水分子来形成肽键，如图 2.40 所示。此时，两个甘氨酸分子反应，消耗一个水分子，形成一个肽键。

常见的氨基酸有 20 种，其中许多可生物制造，为聚合物合成提供便宜的底物。与多糖不同，由于可获得的氨基酸单体数量很多，因此可以形成无数的顺序排列。与另一类主要天然高分子的另一个关键差异是，多肽是单分散的，其特点是分散相中的颗粒尺寸均匀。聚合物尺寸的这种均匀性在各种工业中聚合物应用时具有优势，例如，可以更好地“组装”聚合物以增加强度[166]，还有助于生物降解[167]。

然而，在石油勘探与开发过程中，除了本章前文讨论过的聚酰胺之外，用于化学添加剂的氨基酸衍生多肽的实例相对较少。近期，聚天冬氨酸腐蚀抑制剂的应用是多肽化学剂合理开发和应用的良好实例。此前已发现天冬氨酸（图 2.41）具有较好的缓蚀剂性质[168]，后来发现多肽衍生物具有良好的 $CO_2$ 腐蚀保护作用，但当时其性能不如其他更便宜的材料。

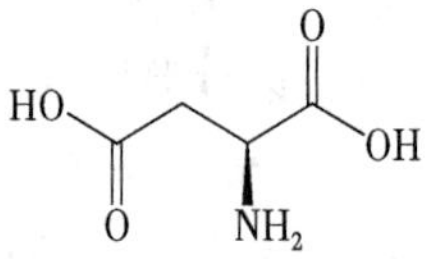

图 2.41　天冬氨酸

这些聚天冬氨酸材料（图 2.42），由于其优异的生物降解和无毒性，现已重新投入研究[169]。单独使用时，这些材料实际上仅在低氯和低 pH 值条件下有效，而这种情况在石油和天然气工业中不常见。然而，如果配方含氨基硫醇，它们的活性确实得到改善，并且当与半胱氨酸和胱氨酸（由两个半胱氨酸分子形成）或其脱羧产物巯乙胺和胱胺配制时，聚天冬氨酸材料确实在较为宽泛的条件下表现出良好的活性[170]。由于它们具有高生物降解速率、非生物累积性和低毒性，因此在北海等一些地区受到青睐。然而，加量通常比传统产品高出 3 倍或更多。

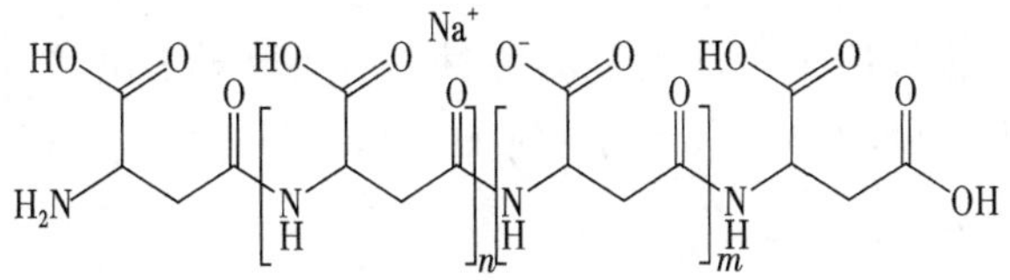

$Na^+$ HO O HO O O O $O^-$ O O HO O O $H_2N$ N H N H N H OH n m

图 2.42 聚天冬氨酸钠盐

人们已经发现聚天冬氨酸与烷基多苷具有协同作用，可得到绿色腐蚀抑制剂，具有更广的应用范围和更经济的加量[171,172]。烷基多苷本身具有腐蚀抑制性质和其他诸多的功能，将在本节后文及2.6节中再次涉及，但是考虑到它们表面活性剂的本质，在第3章中将对其进行详细讨论。

人们已发现聚氨基酸在自然界中可与碳酸钙的沉淀和溶解过程相互作用[173]。聚天冬氨酸还具有结垢抑制性能[166]，已形成配方并进行了油田水垢控制应用，特别是在环境法规要求较高生物降解速率的情况下。就其他结垢控制方面的应用而言，在冷却水系统、海水淡化工艺设备和废水处理操作中也可发现其应用，此时结垢情况通常不像油田中那样严重。与其他高度可生物降解的产品一样，在要求的低加量、处理的经济性和生物降解速率之间存在一定平衡。对聚天冬氨酸材料进行衍生物开发，以改善其性能，例如 *N*-2-羟基烷基酰胺[174]。聚天冬氨酸及其衍生物比某些合成聚合物化学剂具有优势，因为它们在一定的 pH 值条件下可表现出优异的钙离子络合能力[175]。

有趣的是，这是使用单一化学剂来同时控制水垢和腐蚀问题的良好机遇，在许多油田情况下都是有利的[176]。在海上地区尤其如此，使用单个产品可以帮助减少在海底流动管线上提供流动保障的集成管束的数量。

聚天冬氨酸盐不是由肽缩合物合成，而是从聚琥珀酰亚胺[177]合成，聚琥珀酰亚胺由天冬氨酸的热缩合产生（图 2.43）。聚天冬氨酸也可以通过氢氧化铵存在条件下的马来酸酐

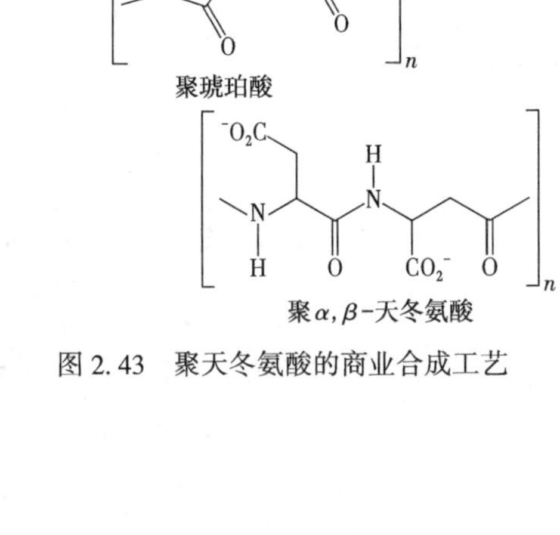

$H_2N$ $CO_2H$ $HO_2C$ △

天冬氨酸

O O N N O O n $OH^-$ △

聚琥珀酸

$^-O_2C$ H N N H O $CO_2^-$ O n

聚 $\alpha,\beta$-天冬氨酸

图 2.43 聚天冬氨酸的商业合成工艺

聚合反应来合成[178]。

中间体聚琥珀酰亚胺可用于生产其他相关材料，如聚天冬酰胺（图 2.44），其合成的聚天冬酰胺适合作为低剂量动力学水合物抑制剂[179]。实际上，这些产品表现出了作为阻垢剂和水合物抑制剂的性能[173]。

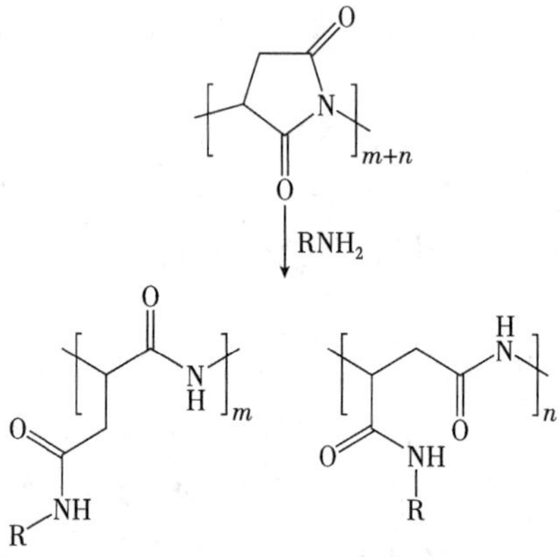

图 2.44　合成聚天冬酰胺

已有公开证据证实了这些产品在海洋环境中具有适当的生物降解性[180,181]，生物降解速率良好，为 57%～60%[182]。

与聚天冬氨酸不同，可以通过生物合成聚谷氨酸，所得产物分子量非常高，达 $200\times10^4$[183]。商业化聚 γ-谷氨酸（图 2.45）采用枯草芽孢杆菌发酵[184]。另外，其在可生物降解的阴离子絮凝剂方面的应用已展开[185]，暂时没有证据表明它适用于石油和天然气行业。

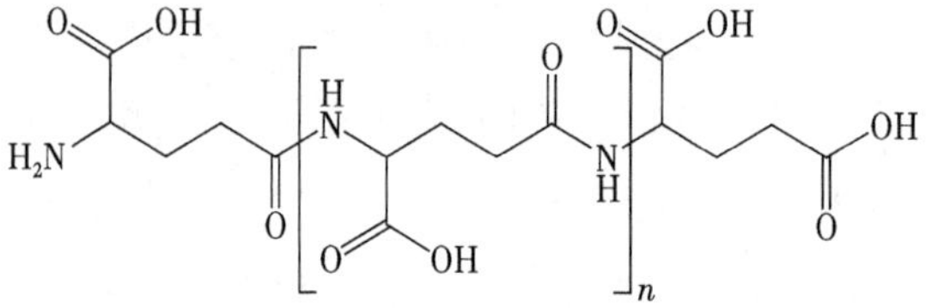

图 2.45　聚 γ-谷氨酸

多肽被应用在石油勘探和开发领域。尽管有其他产品可用，如聚谷氨酸，但看起来成本是其应用的一个重要影响因素。已经研究了聚天冬氨酸的其他衍生物，例如天冬氨酸与脯氨酸（图 2.46）和组氨酸（图 2.47）的共聚物，作为防砂剂[186]，通常与其他成分一起作混合物使用，即聚二烯丙基铵盐。

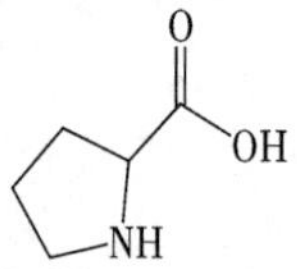

图 2.46　脯氨酸

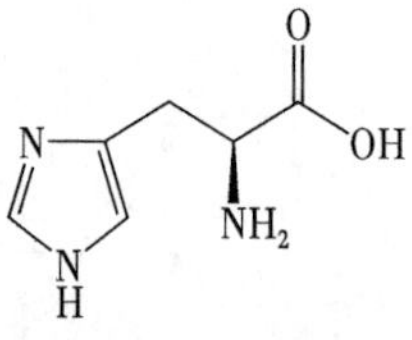

图 2.47　组氨酸

蛋白质化学应用的一个罕见例子是胶原蛋白。胶原蛋白是重复性的氨基酸甘氨酸（Gly）、脯氨酸（Pro）和羟脯氨酸（Hyp）的结构蛋白，如图2.48所示。胶原蛋白对读者来说很熟悉，因为它是结缔组织的一部分，在皮肤中有助于皮肤细胞的紧致、柔软和持续更新。胶原蛋白对皮肤的弹性至关重要。对于它的化学应用，胶原蛋白已经过改性，以富集羧基官能团。此外，这些改性胶原蛋白已经表现出作为阻垢剂的能力，特别是针对碳酸钙[187]。

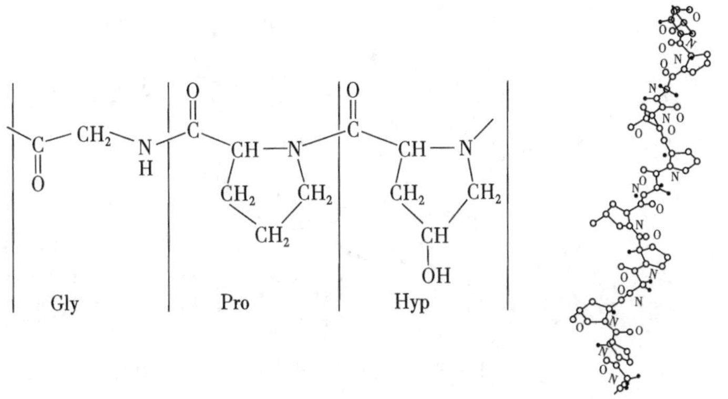

图2.48　胶原蛋白

基于多肽及其衍生物的环境友好化学添加剂抑制剂是少见的，并且主要集中在聚天冬氨酸、聚琥珀酰亚胺和相关的聚天冬酰胺上。这些已被证明是高效的腐蚀抑制剂，特别是可在各种各样的条件下发挥作用，包括几种高含硫油田盐水和盐水/烃类介质[170,171,188]中。具有 $C_{12}$—$C_{18}$烷基的酰胺衍生物已被证明可以降低腐蚀速率和局部腐蚀，其效果与更传统抑制剂的实例相当[186]，但后者环保性能较差。

考虑到聚天冬氨酸盐和相关聚合物的性能，其他多肽几乎没有被研究过，非常令人惊讶，并且如前所述，因为成本较高，其在油田部门中的应用令人望而却步。随着生物技术的发展和进步，成本将会有所降低。对此，将在本章后面重新进行讨论。

### 2.2.3　多糖

与多肽不同，多糖在石油勘探与开发的各个领域具有更广泛的应用范围。

多糖是由通过单糖单元糖苷键结合在一起组成的长链聚合碳水化合物分子。水解时，它们产生组分单糖或寡糖。它们的结构范围很广（图2.49），从线型到多分支，包括读者较为熟悉的产品，如贮存多糖淀粉和糖原结构多糖，以及纤维素和壳多糖等。纤维素见于植物和其他生物的细胞壁，被认为是地球上最丰富的有机分子之一[6]。它具有许多用途，在造纸和纺织工业中具有重要作用，并且用作许多合成聚合物生产的原料，例如乙酸纤维素、赛璐珞和硝酸纤维素。甲壳素具有相似的结构，但具有含氮侧支链，具有更高的强度。它存在于节肢动物（昆虫纲和甲壳纲）的外骨骼和一些真菌的细胞壁中。正如将要说明的，所有这些多糖在油田广泛应用，其中淀粉和纤维素可能是最常用的。

多糖的一般分子式为 $C_x(H_2O)_y$，其中 $x$ 通常在200~2500之间。考虑到聚合物主链中的重复单元通常是六碳单糖，一般分子式也可表示为（$C_6H_{10}O_5$）$_n$，其中 $40 \leqslant n \leqslant 3000$。多

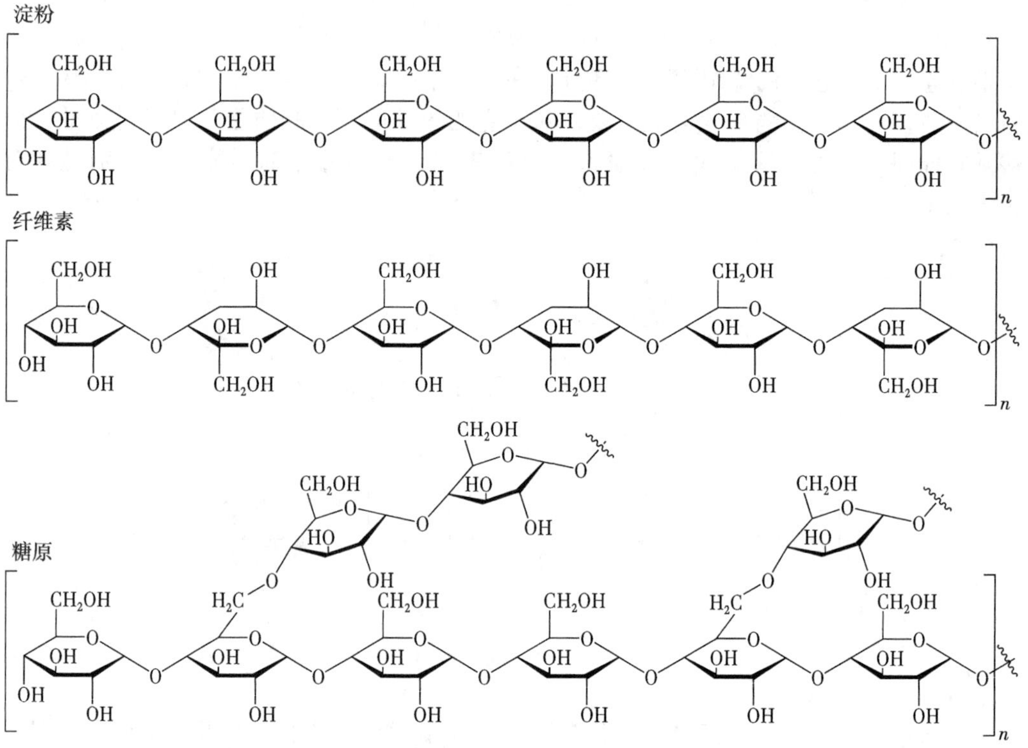

淀粉

纤维素

糖原

图 2.49 多糖

糖含有十多个单糖单元是公认的情况。

单糖在自然界中也广泛存在，是简单的碳水化合物，具有图 2.50 所示的一般结构。它们通常是无色的水溶性结晶固体，且一些单糖具有甜味，包括葡萄糖（右旋糖）、果糖、半乳糖和核糖。

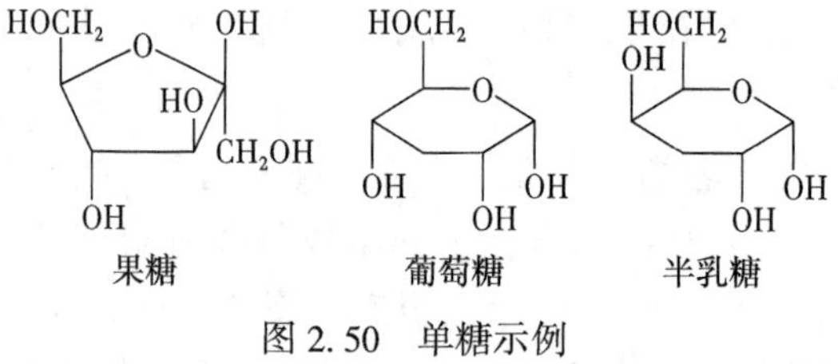

果糖 葡萄糖 半乳糖

图 2.50 单糖示例

重要的是，这些单体单元都是可生物降解的，或易于生物利用的，可用于代谢过程[189]，且无毒[190]。事实上，在过去的几十年里，在从单糖原料生产生物乙醇和其他燃料方面已经开展了许多工作[191]。

在石油和天然气勘探工业中，主要使用淀粉和纤维素多糖，现在将对多个实例进行讨论。

2.2.3.1 纤维素聚合物

许多纤维素衍生物在石油勘探与开发中得到了广泛应用，特别是钻井、固井和完井领域。

水基钻井液中需要加入降滤失剂，纤维素衍生物是主要的一个类型，例如聚阴离子纤维素、羧甲基淀粉和羟丙基淀粉，特别是羧甲基纤维素（CMC）。图 2.51 显示了纤维素和 CMC 之间的关系。水溶性降滤失剂可根据滤饼细颗粒的负电荷密度的不同进行分类[192]。使用 CMC 时，电荷密度增加，而使用羧甲基淀粉时则不变。预胶化淀粉降低了电荷密度。

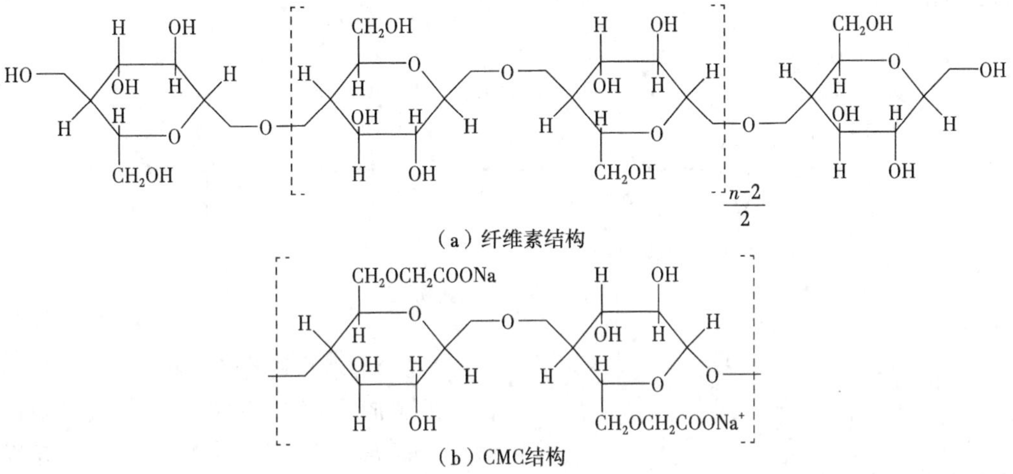

（a）纤维素结构

（b）CMC结构

图 2.51　纤维素结构和 CMC 结构

人们已经对改性 CMC 与其他聚合物、表面活性剂和相关材料的组合进行了研究，作为水基胶凝剂，可影响储层渗透率和堵水效果[193]。纤维素聚合物还凭借其堵塞功能用作井筒固井中的添加剂，此时，与磷酸二氢钠配合使用[194]。

纤维素聚合物，如 CMC、羟丙基纤维素（HPC），特别是瓜尔胶和瓜尔胶衍生物，主要还是应用于压裂液。这些材料可用作增黏剂，使支撑剂（如砂粒）悬浮在水基泵送液中[1]。实际上，迄今为止进行的大多数压裂施工均使用了含有瓜尔胶或瓜尔胶衍生物的液体，例如羟丙基瓜尔胶（HPG）、HPC、羧甲基瓜尔胶和羧甲基羟丙基瓜尔胶。到目前为止，在英国的所有压裂施工都使用了 HPG。

羟乙基纤维素是一种重要的钻井、固井添加剂，通过纤维素醚化得到（图 2.52）。这是多羟基化合物的重要性质，前文在合成聚合物相关内容中也有提到。在许多示例中，正在利用改性来增强环保特性，特别是生物降解。在这种情况下及其他相关的多糖衍生物中，有获得化学功能的尝试。

（a）纤维素

（b）HEC

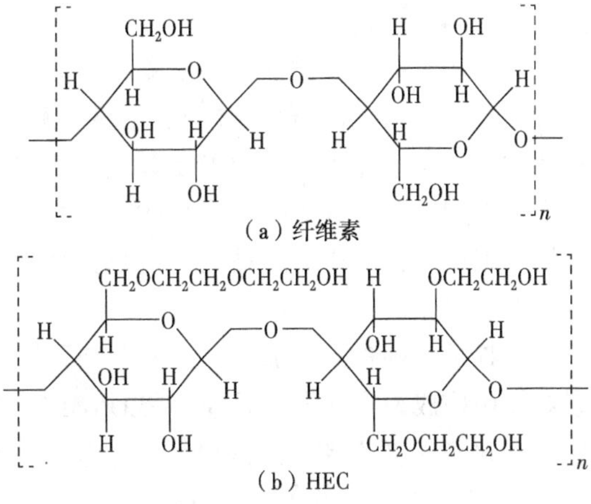

图 2.52　纤维素和 HEC

多糖中的单体单元连接的方式可对聚合物的物理性质产生显著影响。这方面的一个很好的例子可以在葡萄糖的两种聚合物中看到，纤维素如图 2.52 所示，直链淀粉如图 2.53 所示。

如图 2.53 所示，直链淀粉具有 $\alpha$-连接，而纤维素具有 $\beta$-连接。虽然这种差异可能看起来很小，但正是由于这个原因，直链淀粉呈水溶性，而幸运的是，纤维素为非水溶性，因为它是大多数植物生物的主要结构成分。经过化学改性，纤维素[195]可以像纤维素醚那样被赋予水溶性。

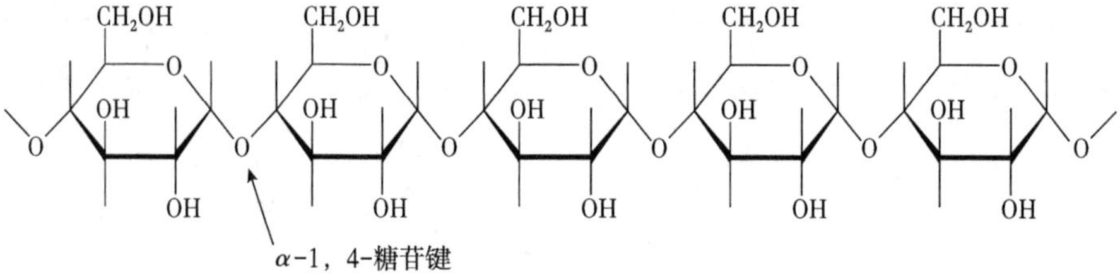

$CH_2OH$ $CH_2OH$ $CH_2OH$ $CH_2OH$ $CH_2OH$

$\alpha$-1，4-糖苷键

图 2.53 直链淀粉

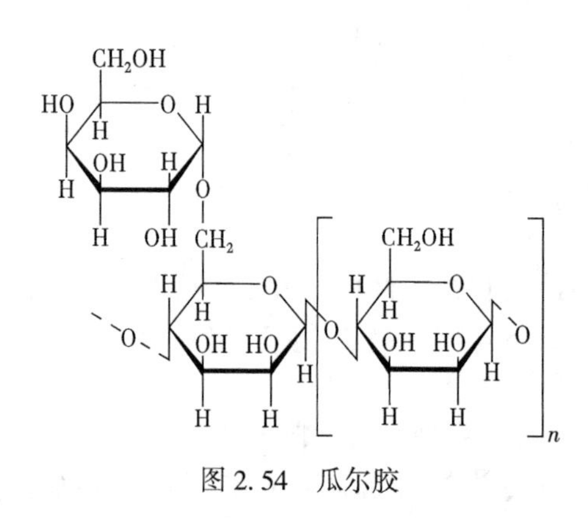


图 2.54 瓜尔胶

2.2.3.2 瓜尔胶及其衍生物

瓜尔胶是来自瓜尔豆植物（*Cyamopsis tetragonolobus*）的支链多糖。它由甘露糖和半乳糖按 2∶1 的比例组成。骨架是 $\beta$-1，4-连接的甘露糖残基的线性链，半乳糖则与每第 2 个甘露糖构成 1，6-连接，形成短支链，如图 2.54 所示。

具有这种结构的多糖，特别是瓜尔胶衍生物，通常称为半乳甘露聚糖。瓜尔胶比其他类似的树胶更易溶于水，是更好的稳定剂。自身无法交联，通过加入交联剂，使其在水中凝胶化。它不受离子强度或 pH 值的影响，但在较高的温度时会在 pH 值下降解（例如 pH = 3，50℃）[9]。在5～7 的 pH 值范围内，可在溶液中保持稳定。强酸条件会发生水解，导致黏度下降，强碱条件也会降低其黏度，不溶于大多数烃类溶剂。

瓜尔胶表现出较高的低剪切黏度比，但具有强烈的剪切稀释特性。它在 1%浓度以上时具有触变性，但浓度低于 0.3%时，触变性较弱。它具有比许多其他树胶更低的剪切黏度，并且通常也大于其他水胶体的剪切黏度。瓜尔胶较为经济，由于它具有类似材料的 8 倍于水的增稠作用，因此仅需要非常少的用量即可产生足够的黏度。这些特性使其成为压裂液配方的理想选择，可作为增黏剂（交联时），有助于流体胶凝及（或）作为稳定剂，因为它也有助于防止固体颗粒沉降。

瓜尔胶是一种食品添加剂，按照奥斯陆巴黎条约公约组织（OSPAR）的监管要求，列入了对环境构成很小或没有风险（PLONOR）清单[196]，因此在北大西洋（包括北海地区）可使用和排放。瓜尔胶具有高度可生物降解性，并且被认为具有很少的环境或毒理学问题。

这是油田环境学家所需的聚合物，一种天然聚合物，符合严格的法规方案的要求，并且还能达到必要的性能标准，以满足特定化学品要求的目的。这样的例子相对较为罕见。

在过去几年中，瓜尔胶及其衍生物因其增黏能力和支撑剂悬浮能力在页岩气和其他非常规油气的开发中变得尤为重要。这使得其化学改性[1,197]进一步发展，也促进了其他“更环保”产品研究的再次兴起[198]。

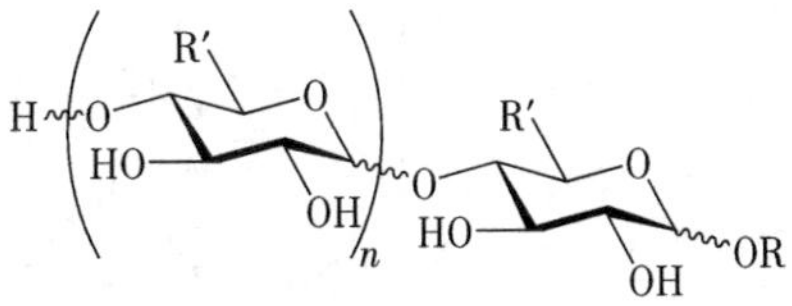

图 2.55 烷基糖苷

已将多糖苷烷基化以产生潜在的可生物降解的破乳剂基液[199]，其具有与烷基多葡糖苷类似的结构（图 2.55）。

2.2.3.3 黄胞胶、其他树胶和相关产品

黄胞胶是由野油菜黄单胞菌（*Xanthomonas campestris*）产生的，广泛用于食品添加剂，特别是作为增稠剂，如沙拉酱。在石油和天然气工业中，它特别用作钻井作业中的流变改性剂。它由五糖重复单元组成，包含物质的量比为 2∶2∶1 的葡萄糖、甘露糖和葡糖醛酸（图 2.56）。通过发酵方法生产[200]，将多糖沉降、干燥并研磨成细粉，然后将其加入液体介质形成溶液。

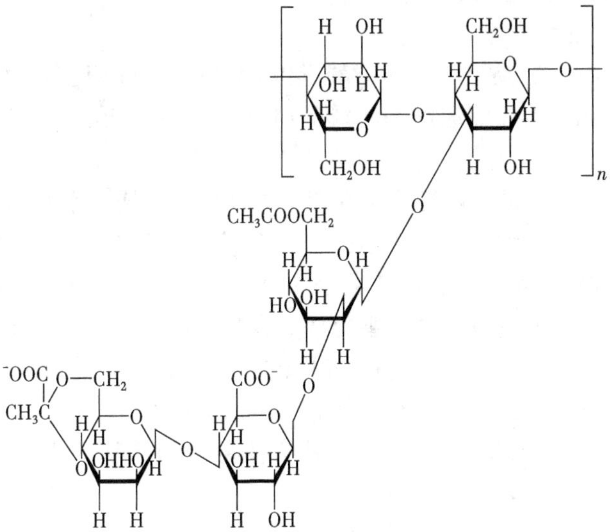

图 2.56 黄胞胶重复单元

糖单体的构型决定了黄胞胶是水溶性多糖。

在提高采收率工艺中，黄胞胶已被用作主要的聚合物驱油剂[201]，并在实验室条件下，进行了与碱性表面活性剂驱油剂的复配性能研究[202]。

结兰胶（Gellan gum）是由细菌 *Sphingomonas elodea*（以前称为 *Pseudomonas elodea*）与葡萄糖、葡糖醛酸和鼠李糖组成而产生的线型阴离子多糖，其基本结构如图 2.57 所示。

威兰胶（Welan Gum）具有与结兰胶相同的骨架，但具有 1-甘露糖或 l-鼠李糖的侧链。这两种产品都用作降滤失剂及其他类似应用[203]。

许多瓜尔胶类型的多糖或其他基于纤维素的材料，例如 HEC，被认为是可用于多相流

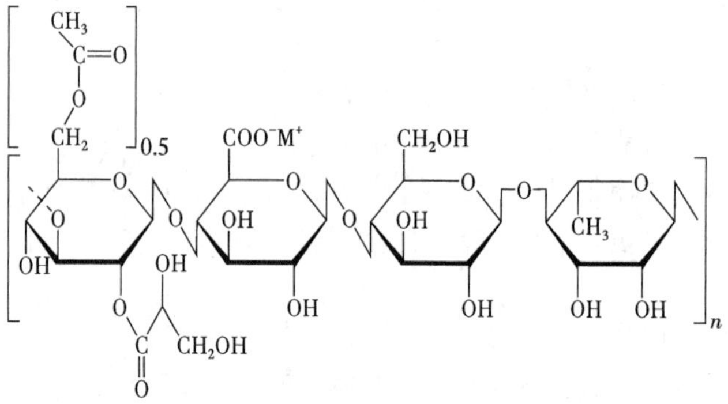

图 2.57　结冷胶重复单元

的水溶性减阻剂[204]，然而，合成水溶性聚合物通常表现更好，因为这类聚合物具有更高的分子量和更好的稳定性，剪切问题更少[205]。据报道，多糖和 PAM 之间存在协同作用[206]，正如已经说明的那样，瓜尔胶及其衍生物广泛用于压裂作业，在这些作业中它们也可以作为减阻剂[207]。在这些聚合物罕见的合成改性中，已将丙烯酰胺部分接枝到瓜尔胶和相关多糖上，使其更耐剪切，但这也导致它们不易生物降解[208]。

2.2.3.4　淀粉及其衍生物

水基钻井液通常由一定粒径尺寸的碳酸钙或盐颗粒、黄胞胶、淀粉、抗微生物剂、氯化钾、氢氧化钾、亚硫酸钠、消泡剂和润滑剂组成。这一复杂的工作液将在整个钻井作业中实现多种功能。

淀粉（图 2.49），特别是胶体淀粉及其衍生物被广泛应用在水基钻井液[209,210]中。这是因为淀粉能够迅速降低钻井液滤饼的渗透率，从而减少含有破坏性水溶性聚合物（如黄胞胶或硬葡聚糖）、桥联剂和钻井固相的滤液侵入地层。然而，淀粉和其他滤饼组分会导致近井地带产生显著伤害。需要进行地层伤害处理，以恢复近井地带的初始渗透率。

如图 2.36 所示，已开发出具有淀粉型多糖的杂化聚合物，并表现出有效的阻垢性以及良好的生物降解速率。这一研究领域得到了进一步发展，已经用氧化淀粉对共聚物进行改性[211]，并且还采用了接枝共聚[212]。这些合成方法的目的是基于天然的、固有可生物降解的淀粉，来生产更加环保的阻垢剂。

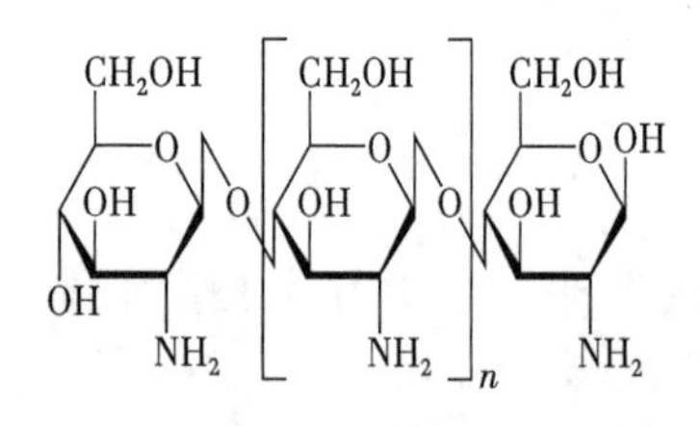

图 2.58　壳聚糖

2.2.3.5　壳聚糖

壳聚糖是一种丰富的结构多糖，其一般结构式如图 2.58 所示。它由随机分布的 $\beta$-（1-4）连接的 $d$-葡糖胺（脱乙酰化单元）和 $N$-乙酰基-$d$-葡糖胺（乙酰化单元）组成。它是通过用氢氧化钠对虾和其他甲壳类动物壳进行处理来商业制造的。

这种有趣的天然聚合物在石油和天然气工业中有一定用途，然而，与大多数多糖一样，它们的全部潜力似乎并未得到充分利用。

壳聚糖可用于假塑性剪切稀释流体，提高了这种流体的热稳定性[213]。这种流体可用于特定钻井液配方，如储层钻井液、修井液、完井液、射孔液、滤饼去除液等。

可以将脱乙酰壳多糖的侧胺官能团季铵化以产生阳离子聚合物，并且要求加入 *N*-（3-氯-2-羟丙基）三甲基氯化铵，以得到有用的絮凝剂[214]。类似地，疏水改性的脱乙酰壳多糖衍生物也被报道在水包油乳状液中可作为更优秀的絮凝剂[215]。

壳聚糖型聚合物和相关生物聚合物的一个问题是它们不易生物降解。这从许多方面看，都是其自然设计的一部分，因为它们是许多动物在外骨骼中使用的坚固结构材料。它们可在一段时间内实现生物降解，但最终生物降解效果似乎不如其他多糖好[216]。

似乎很少有改善生物降解速率方面的改性研究。然而，有证据表明，通过纯微生物培养，在土壤环境中，含有质量分数 10%的壳多糖或壳聚糖的聚乙烯/壳多糖（PE/甲壳质）和聚乙烯/壳聚糖（PE/壳聚糖）膜的生物降解速率有所改善。PE/壳多糖和 PE/壳聚糖膜在土壤环境中，具有比商业淀粉基膜更高的降解速率，表明壳多基膜可能可用于制造可生物降解的包装材料[217]。

人们已经进行了多糖氧化羟基改性，以提高其功能特性，产生羧酸官能团。可适当降解的这些产品已被用作阻垢剂[218]。

### 2.2.4　其他天然高分子

还有许多其他有趣的，但不常用于石油和天然气工业应用的天然高分子，其中包括众所周知的橡胶和煤炭，如木质素、腐殖质、干酪根、虫胶和琥珀。本节将重点介绍与石油和天然气行业相关的应用。然而，从许多方面来看，这些材料是一种尚未开发的、有趣的、潜在“绿色”化学资源。

#### 2.2.4.1　橡胶

从工业用途来看，橡胶[219]是最重要的天然高分子材料之一。它是一种多萜材料，通过异戊基焦磷酸的酶促聚合而自然合成（图 2.59）。它的结构中含有异戊二烯（图 2.2），正如前文所述，异戊二烯为单体，聚合物是聚 1，4-异戊二烯。

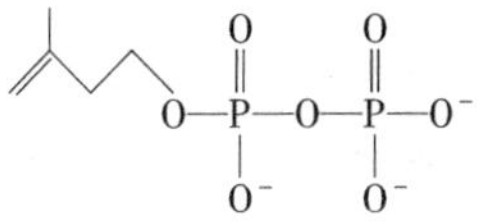

图 2.59　焦磷酸异戊酯

主要由石油化学原料合成的二烯类聚合物的用途和性质已在 2.1 节中进行了一定程度的讨论，本书此处的重点是乳胶衍生产品。

大多数天然橡胶是以 30%~35%的橡胶和 5%的其他化合物（包括蛋白质）组成乳胶的形式收获的，这些化合物具有与衍生合成的顺式-1，4-聚异戊二烯不同的天然性质。在产自橡胶树（*Hevea brasiliensis*）的橡胶中发现的这些蛋白质中，有一些被认为是人类对乳胶产品过敏反应的原因，其中部分已危及生命。另一种植物——银胶菊灌木，也可产生天然橡胶，但不含这些过敏蛋白。大多数乳胶是凝固的，并且经过硫化过程，用于从口香糖到汽车轮胎的大量产品中。

橡胶具有较高分子量，约 $150×10^4$，因此，以乳胶形式在石油和天然气勘探开发领域中作为减阻剂使用。它作为胶体分散体应用于水中，通常与其他表面活性剂一起配合（H. A. Craddock，未发表）[220]。

在钻井液[221]和水泥组分[222]中加入衍生合成和源自天然橡胶的基于乳胶的聚合物，以减少流体滤失并改善封隔渗透性。这些聚合物乳胶可以加入水基流体[217]和油基钻井液[223]。

这种密封剂特性已被用于提高采收率作业，特别是在高温储层中作为油气井导流堵塞剂[224]。在相关的应用中，可以产生全油可逆凝胶系统，其中在凝胶形成后，组成部分是油溶性的，因此任何残留物也是油溶性的，不会引起地层伤害[225]。

橡胶生物降解是一个缓慢的过程，利用橡胶作为唯一碳源的细菌生长也很缓慢。因此，需要延长数周或甚至数月的培养期，以获得足够的细胞质量或聚合物的降解产物用于进一步分析。100 多年来，人们一直在努力研究微生物橡胶降解，然而，直到最近才发现该过程中涉及的最初是蛋白质，并对其进行了表征。对各种细菌培养物中分离的橡胶的降解产物进行分析，无一例外均表明聚合物主链中存在双键的氧化裂解。聚合物的降解，以及提高生物降解速率的潜在方法和衍生物将在 2.6 节中进一步详述。与其他天然高分子一样，与合成聚合物相比，这种类型的研究少有探索和评价。

2.2.4.2　木质素

木质素[226]是植物界的天然黏合剂，为木材提供了大部分的尺寸稳定性。木材主要由纤维素、半纤维素和木质素组成。木质素的结构（图 2.60）是较为复杂的，其分子量被认为

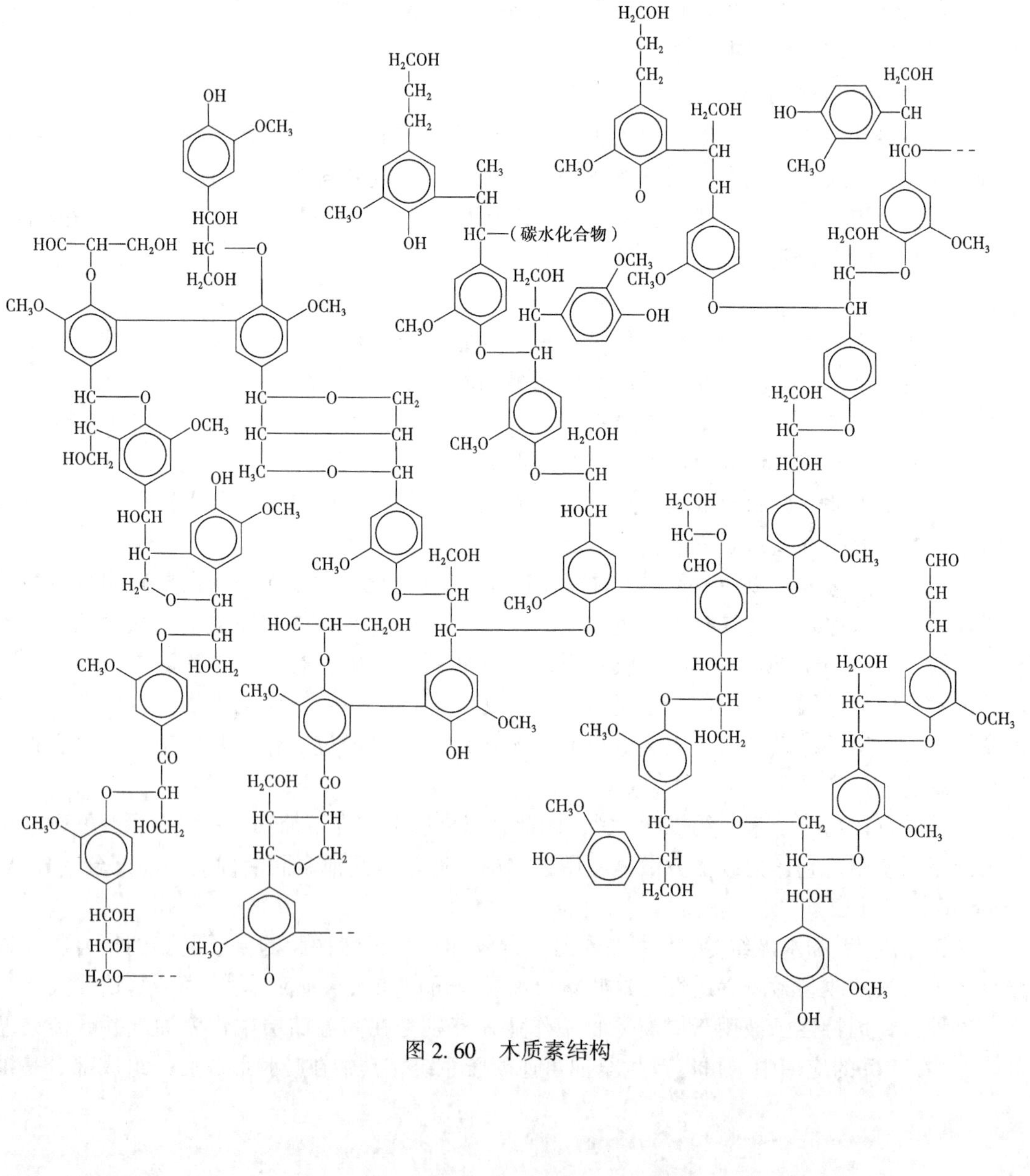

图 2.60　木质素结构

非常高，然而不可能准确定义，因为将其与纤维素分离不可避免地会导致降解。

从木材制浆过程中提取的木质素磺酸盐作为钻井液添加剂使用，已有数十年。由这些产品配制的钻井液[227]，具有良好的黏度控制、胶凝强度和滤失性能。此外，它们可耐温230℃。在水基钻井液中，它们还具有高盐浓度和极高的水硬度耐受能力。木质素也经过改性，特别是通过胺化[228]或接枝合成共聚单体[29]来实现其他性能。

据称，木质素磺酸盐聚合物可用作沥青质抑制剂，用于挤注施工[229]。这些产品（图 2.61）与公认的沥青质抑制剂——烷基芳基磺酸具有相似结构，具有含有酚和磺酸等极性基团，并引入了其他官能团和来自木质素的酚类基团等更复杂的结构。

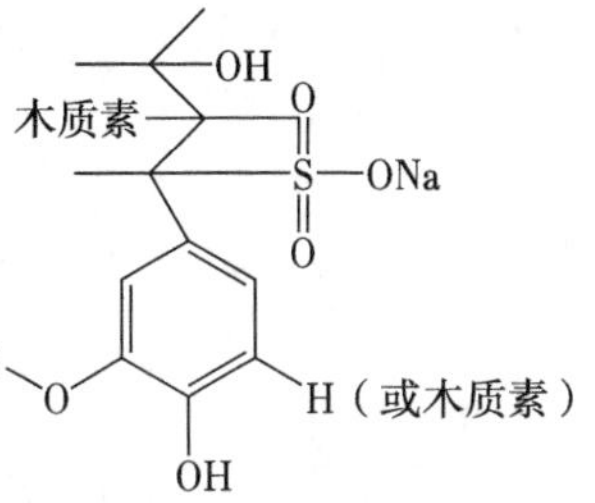

图 2.61 木质素磺酸盐聚合物的部分结构

木质素磺酸盐聚合物和类似衍生物的生物降解性具有一定程度的不确定性。木质素本身是不溶的，化学上复杂且缺乏可水解的键，因此，酶解聚困难[230]。某些真菌，主要是担子菌，是唯一能够对其进行生物降解的生物。白腐真菌可以实现木质素完全矿化，而褐腐真菌只改变木质素，同时去除木材中的碳水化合物。

从其组成可以看出，木质素磺酸盐和其他衍生物是环境非友好材料。假定它们可以缓慢生物降解，降解产物也是大量带苯环的有毒芳香族和多芳族化合物。然而，有证据表明它们可以在某些环境条件下更容易地实现生物降解，在这些环境条件下，存在特定真菌酶[232]，真菌的协同作用得到加强[231]。

尽管在改性中不可能达到较高的生物降解速率，且降解产物可能带有毒性，除了所示的少数衍生物示例外，很少有工作研究这类新型天然高分子，对其进行改性，提高可生物降解性，或变为更有用的聚合物添加剂。

单宁与木质素相关，但其本质并非聚合物，它是酚类化合物的混合物，将在第 6 章中进一步讨论。

2.2.4.3 腐殖酸

腐殖质是土壤的基本成分，对生物降解过程具有抵抗力。腐殖质产品分类如下：水溶性，如富里酸；水不溶，但碱溶，如腐殖酸；碱不溶，如腐黑物。

腐殖质材料在环境方面具有重要意义，因为它们在土壤排水、水和养分运动以及它们的金属清除和提取性质中起作用[233]。然而，只有腐殖酸（图 2.62）在石油勘探与开发中有相应应用。

虽然腐殖酸是不溶水的，但它可以用碱进行处理，如氢氧化钠，使其具有水溶性，并且已基于这种形式作为井眼固井时的降滤失体系的一部分得到应用[234]。

可以看出，在比较腐殖酸和木质素的结构时，发现具有很大的相似性，实际上腐殖质产品，例如煤、页岩油（干酪根）[235]和原油，是来自木质素基植物材料，或者与其他基于植物和动物的聚合物一起在其衍生过程中起一定作用。这使得腐殖酸具有良好的过滤特性[236]，或者说，煤衍生的腐殖酸已被用作钻井液分散剂和黏度控制剂[237]。

2.2.4.4 妥尔油衍生聚合物

妥尔油是从干燥的木材（主要是松树）中获得的，是木材制浆的副产品。它不是聚合

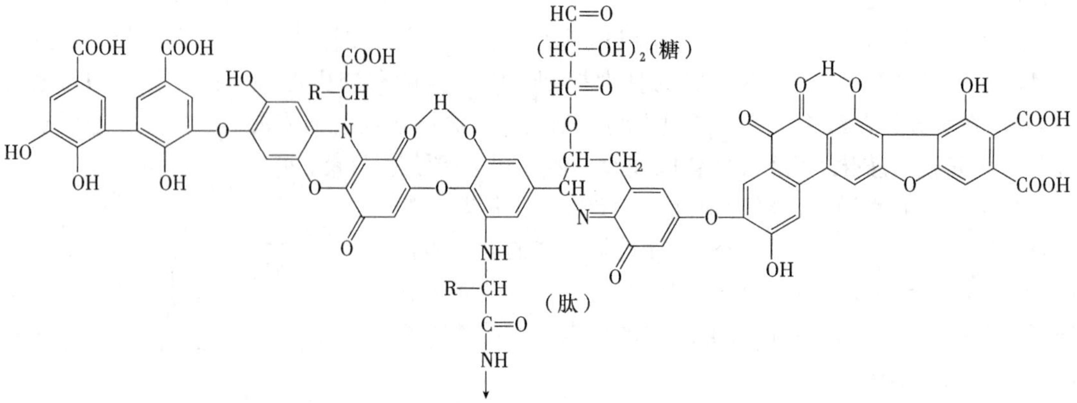

图 2.62　腐殖酸模型结构

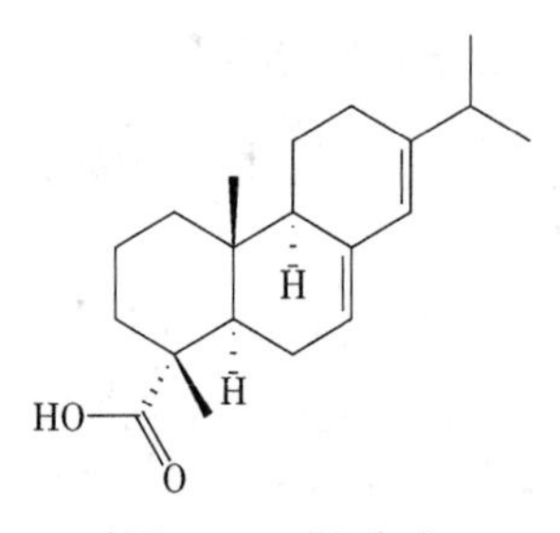


图 2.63　松香酸

物，但已经为聚合物合成进行了改进，作为潜在的可再生原料[238]。它由两种不同的成分组成——松香和妥尔油脂肪酸。松香是由复合稠环一元羧酸的混合物组成的，如松香酸（图 2.63）。至少据作者所知，未见其油田应用。通过蒸馏与松香分离的妥尔油脂肪酸则具有许多油田应用。它们主要是 18 碳原子有机酸，具有显著的表面活性剂特性，因此，在第 3 章中对它们进行了详细讨论。

正如前文已经说明的，有许多的天然高分子材料，在作者看来，并未完全利用，或者说，对于石油勘探与开发领域，其潜在的衍生物及其应用研究不足。在许多情况下，从固有特性上看，它们具有良好的生物降解速率且无毒。2.6 节将回到这一主题进行讨论。

### 2.2.5　其他生物聚合物

正如本章前文所述，生物聚合物可简单地定义为可生物降解的聚合物，尽管在该研究领域中，大多数化学和生物化学从业者也期望它们具有一些天然产物衍生物，特别是其基于单体的重复单元。正如在 2.1 节中所述，多元醇、聚醚和聚酯也有可生物降解聚合物的实例，其单体单元来源于假天然产物，在本研究中，尽管上述产品可以从自然界中得到，但聚合物和有机合成化学家通常还是基于石化原料来合成它们。对于前文尚未涵盖的这些类型的产品和衍生自天然原料的产品，在本节均有举例说明和讨论。

#### 2.2.5.1　葡聚糖和聚糖

凝胶多糖是一种微生物碳水化合物，其结构如图 2.64 所示。值得注意的是，聚合物仅具有 $\beta$-1，3-键。它在加热时形成弹性凝胶，并且已经对使用这种材料作为凝胶生物聚合物，用于改变储层岩石渗透率的可能性进行了研究[239]。将继续对该体系开展研究，以改善其储层内部署和处理的特异性[240]。

凝胶多糖是葡聚糖多糖家族的一部分，其仅由具有糖苷键的葡萄糖单体组成。聚糖是更通用的术语，并且与多糖分类含义相同。

琥珀酰聚糖是一种微生物产生的多糖，具有八糖重复单元，且具有与黄胞胶相似的性

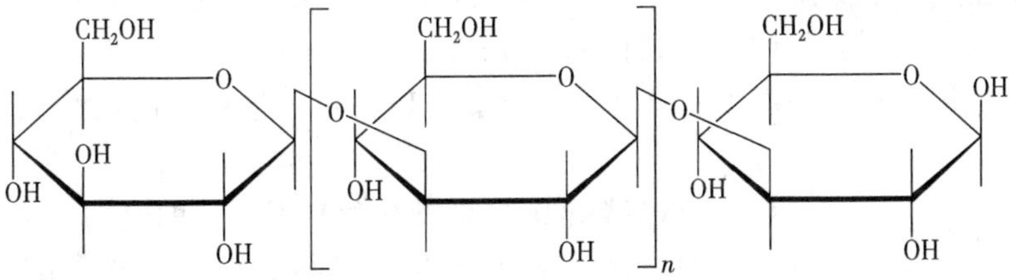

图 2.64 凝胶多糖

质。它已经成功地用于北海的完井液[241]，在该应用中，在盐水组成的控制下，在预定温度下具有部分可逆黏度降低的独特性质，被认为较为有利。琥珀酰聚糖是微生物胞外多糖基团的一部分，具有复杂的结构和相对未开发的性质。

由假单胞菌属物种产生的胞外多糖 Pseudozan 在加入油田盐水时，可在低浓度下实现高黏度[242]。它可在较宽的 pH 值范围内形成稳定的溶液，并且在剪切条件下不会降解。现已经提出将该聚合物体系用于提高原油采收率。

由细菌产生的纤维素通常具有交织的网状结构。这种材料不太可能是传统的纤维素，具有独特的性质和功能[243]。已经证明，它可以改善钻井液[244]和水泥浆的流变性，并且可以在各种条件下改善压裂液支撑剂的悬浮情况[245]。

#### 2.2.5.2 糖肽和糖蛋白

糖蛋白是“含有”与多肽侧链共价连接的寡糖链（聚糖）的蛋白质。碳水化合物在称为糖基化的过程中，以共反应或反应后修饰与蛋白质连接。分泌的细胞外蛋白通常是糖基化的。这些材料存在于许多植物、动物和微生物中，特别是在极地地区，在那里它们可作为防冻剂[246]。已有研究表明，糖肽和糖蛋白通过干扰冰的晶体生长而实现防冻液功能[247]。该发现直接促进了低剂量水合物抑制剂的开发，即前文所介绍的合成聚合物，如合成乙烯基己内酰胺聚合物，以及更天然的衍生物聚天冬酰胺。

直到最近来看，这是油田使用衍生自糖蛋白和相关肽的产物的唯一且薄弱的应用。然而，北极地区的石油生产前景提高了人们对这些材料的兴趣。在北极深水工程中，气温接近冰点。辅之以这些深度处存在的高压、原油凝结和类冰的水合物生成是一种常见的现象，可导致流动限制。为了解决这些问题，已经提出使用大豆浆作为原油抗凝固剂[248]。

大豆浆液由糖蛋白和不饱和脂肪组成，它们可起到防冻液的作用，并抑制冰核。通过加剧热滞现象，并作为冰成核屏障来防止凝结，浆液还大幅度降低了井筒流体的黏度，使其更容易通过管道，流动更平稳，同时减小了流体和管道之间的摩擦。当然，这种材料是环保且可持续生产的。

糖蛋白也具有表面活性剂特性，将在 3.7 节中进行探讨和评述。

#### 2.2.5.3 非多糖生物聚合物

正如 2.1 节所述，有许多合成衍生的生物聚合物。除此之外，许多生物聚合物衍生自“天然”单体，例如有机酸、甘油等，其本质上不是多糖。在下文中将对它们的油田用途进行探讨。

聚羟基乙酸和与其他羧酸形成的化合物表现出降滤失行为，并且已被提出作为钻井液和水泥浆的添加剂。至少在实验室研究中，相关产品——聚-3-羟基丁酸酯，已被证明是一种有效的堵漏剂[249]。其通常是产碱杆菌（*Alcaligenes eutrophus*）的活细胞，可达到细胞质量的70%。其他聚合物，如聚丙交酯和聚乙醇酸（PGA）已被用于高温油藏中酸化增产的原料[250]。

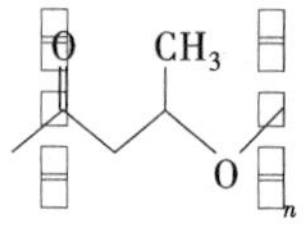

图 2.65　聚-3-羟基丁酸酯

这些类型的聚合物在塑料工业中的应用已有充分证明[251]，特别是聚-3-羟基丁酸酯（图 2.65）和聚乳酸。如本章前文所述，这些材料超出了本书的范围，但 2.4 节将简要总结它们在油气勘探与开发行业的应用。这些产品的“绿色环保”的关键因素藏在其骨架中，聚合物具有包含在碳主链中的杂原子，使得它们更易于酶水解，因此更可能生物降解。

除了所述的极少数例子外，将这些聚合物或衍生物用于油田化学添加剂方面用途的研究很少。高度可生物降解的、相关的聚乳酸[252]也是如此。然而，已经发现这种材料在压裂和增产应用中具有一些特殊用途[253,254]。

以聚甘油（图 2.19）为例，说明了这种使聚合物骨架更易生物降解的方法的用途，在 2.1.2 中进行了介绍。这些“天然”聚合物已通过乙氧基化和其他方法进行调控，以生产可生物降解的破乳剂[255]。

2.2.5.4　脂质

正如本节前文所述，虽然在自然界中发现了 3 种主要的高分子材料，但生命系统中有 4 种主要类型的大分子。这些大分子及其单体结构单元如下：

（1）多糖（复合碳水化合物）⟶单糖（或单糖）；

（2）蛋白质（多肽）⟶氨基酸；

（3）核酸⟶核苷酸；

（4）脂质。

脂质包括多种分子，其特征为不溶于水或疏水性。该类分子不能完全适用于聚合物/单体模型。它含有许多天然存在的分子，包括脂肪、蜡、甾醇、脂溶性维生素（如维生素 A、维生素 D、维生素 E 和维生素 K）、甘油单酯、甘油二酯、甘油三酯、磷脂等。甘油三酯（图 2.66）被认为适合模型，因为其由脂肪酸和甘油组成。其他材料中，甘油三酯（如植物油等）已作为潜在的基础油钻井润滑剂进行了研究[256]，比常用的酯基润滑剂具有更好的环保特性。然而，它们更易于水解，特别是在反相乳化钻井液中，这种稳定性缺陷限制了它们的使用。其他非聚合，但仍然可生物降解的材料，如长链羧酸的酯，也开始受到青睐。

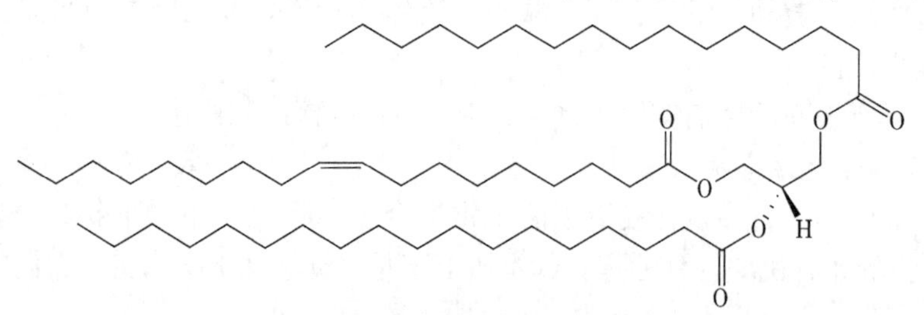

图 2.66　甘油三酯

这些将在第 6 章中进行说明。

### 2.2.6 天然高分子的功能衍生物

正如本节中所述，与进行衍生以提高可生物降解性及（或）降低环境毒性的合成聚合物相比，对功能进行改造的天然聚合物和天然生物聚合物的衍生物相对较少。然而，有两类产品在这方面表现出一定应用——衍生自多糖的羧基菊粉和具有衍生自葡萄糖的聚合物结构的烷基聚葡糖苷。后一类具有一些显著的表面活性剂性质，处于聚合物和表面活性剂之间的交叉分类。本章中提到了它们与聚天冬氨酸的协同作用，而其自己的功能化学方面将在第 3 章中进行详细介绍。

菊粉[257]是许多类型的植物均可产生的一组天然存在的多糖，工业上常从菊苣中提取。它们属于一类称为果聚糖的膳食纤维产品，一些植物将其用作储存能量的手段，并且通常在植物根系中发现。大多数合成和储存菊粉的植物不储存其他形式的碳水化合物，如淀粉。菊粉结构（图 2.67）中值得注意的是其五元戊糖结构的主导地位。

已初步研究了这些产品的腐蚀抑制潜力，并在温和的条件下表现出一定的防腐蚀能力[258]。据作者所知，到目前为止，研究工作开展得并不多。然而，它们具有源于糖类的优异的生态毒理学特性[259]，值得进一步研究，特别是在配制产品和与已知的增效剂配合时，它们被用作油田部门的阻垢剂，特别是在北海的挪威地区。特别地，羧甲基菊粉（CMI）（图 2.67）是一种阻垢剂[260]，用于碳酸盐和硫酸盐结垢，具有钙离子耐受性、高水溶性和低黏度。它被认为是传统聚合物和磷基阻垢剂的替代品。

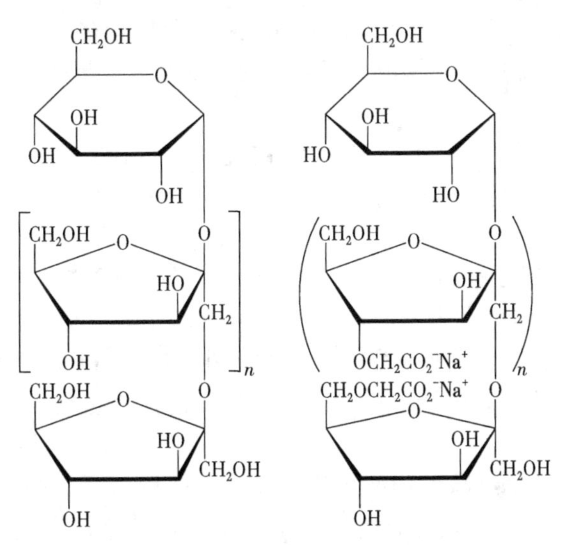


图 2.67 菊粉和羧甲基菊粉的结构

其他多糖也已有衍生物，特别是为了帮助或增强其阻垢功能[261]。同样，如前文所述，有可能得到天然和合成聚合物的杂化聚合物[262]（见 2.1.3 中的共聚和接枝部分）。

在与合成聚合物有关的 2.1.1 中，在 2.1.3 中对各种不同的单体化学剂和聚合物组合进行说明和讨论。它们建立在一些伟大科学家的真知灼见的聚合物化学基础之上。油田和环境化学家在应对监管要求和减少环境影响方面挑战时的发明创造，则延续了这一科学成就传统。然而，在研究自然界中发现的聚合物化学时，必须得出这样一个结论：我们对聚合物合成的了解仅仅是在发现之旅的起点，事实上，生物化学领域的整个科学研究领域都与天然聚合物及其运作方式密切相关。因此，更令人惊讶的是，我们几乎没有在商业方面，特别是在石油和天然气工业的应用中利用这种资源。

从环境化学家的角度来看，使用天然聚合物的关键因素与大多数合成聚合物不同，其单体也是天然产品，相对无毒且高度可生物降解。这一特性，以及它们在制造和供应方面的可持续性，使它们成为未来聚合物和其他化学品的可靠和重要资源。本书最后一章将再次回到这一主题，并进一步讨论。

## 2.3 树枝状聚合物及其他未分类的聚合物

### 2.3.1 树枝状和超支化聚合物

树枝状聚合物是一种被称为“具有树枝形状的聚合物”的一类特殊大分子。它们与线型聚合物相似，因为它们是由大量单体单元通过共价键结合而成的。由于其独特的物理化学特性，树枝状聚合物具有广泛的应用前景。树枝状聚合物包括黏合剂和涂料、化学传感剂、医学诊断、药物输送系统、高性能聚合物、催化剂、超分子结构单元、分离剂等[263]。树枝状聚合物这一名称源自希腊词汇 *dendron*（意为“树”）和 *meros*（意为“部分”）。线型聚合物和树枝状聚合物之间的主要差别在于，线型聚合物由长分子链构成，像无规线团一样，彼此交错。树枝状聚合物由分子链构成，从一个中心分出，各个树枝状分子间无纠缠。这些大分子的首次合成归功于 Fritz Vogtle 及其合作者在 1978 年的努力[264]。由丙烯腈与伯氨基通过 Michael 加成反应构成。每个连续步骤都涉及腈基还原，然后进行丙烯腈加成（图 2.68）。

树枝状聚合物分为超支化聚合物、树枝化基元和树枝状聚合物三种主要类型（图 2.69）。也可将树枝化基元接枝到其本身（树形接枝）和传统线型聚合物（树枝化聚合物）。

树枝化基元的合成既困难又昂贵[265]，树枝状聚合物的研究和应用仍处于初期，特别是在油气开发领域[266]。但树枝状聚合物及其应用可以彻底改变成品油和相关烃液的流体性质，因为这些材料具有独特的物理化学以及生物特性。在油气田应用的智能型流体设计中，合成具有理想功能特性的定向设计树枝状聚合物产品的能力也突出了树枝状聚合物的潜在应用。

据推测，树枝状聚合物结构的内腔可用于储存所需化学品、酶、表面活性剂等，在井底条件下按需触发适当反应，从而抵消、中和或还原各种流体应用（钻井、钻进、完井、清洁、提速、压裂等）中各种不必要的变化。由于树枝状聚合物的纳米级尺寸，可以对反应性页岩表面提供有效的内外抑制作用，实现反应性页岩的长期稳定。树枝状材料尺寸微小，比表面积大，在添加剂浓度大幅度降低的情况下也可提供优异的流体性质。树枝状分子和树枝状聚合物对 $H_2S$ 和 $CO_2$ 等酸性气体具有较高的热稳定性和亲和力，有助于克服地热和酸性气体钻井作业中的技术挑战，实现安全、无风险和经济的钻井作业。

这些聚合物的环境谱系看起来很好，且结构组成也允许加入弱水解键，其可能受酶水解及其他生物降解的影响，但仍可提供较好的热稳定性和材料稳定性[261]，特别是酰胺或酯

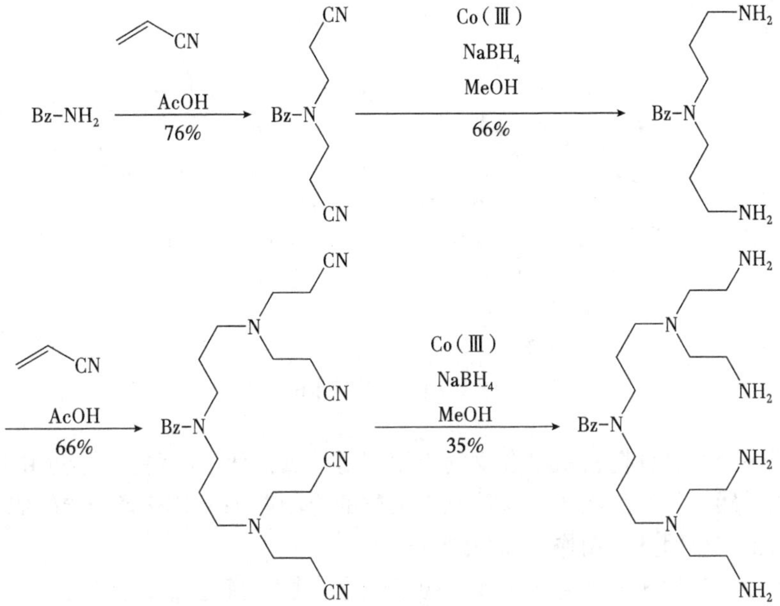

$$Bz\text{-}NH_2 \xrightarrow[76\%]{\text{CH}_2\text{=CHCN, AcOH}} Bz\text{-}N(CH_2CH_2CN)_2 \xrightarrow[66\%]{\text{Co(Ⅲ), NaBH}_4\text{, MeOH}} Bz\text{-}N(CH_2CH_2CH_2NH_2)_2$$

$$\xrightarrow[66\%]{\text{CH}_2\text{=CHCN, AcOH}} Bz\text{-}N[CH_2CH_2CH_2N(CH_2CH_2CN)_2]_2 \xrightarrow[35\%]{\text{Co(Ⅲ), NaBH}_4\text{, MeOH}} Bz\text{-}N[CH_2CH_2CH_2N(CH_2CH_2CH_2NH_2)_2]_2$$

图 2.68 Vögtle 及其合作者完成的聚丙烯亚胺“级联”合成[264]

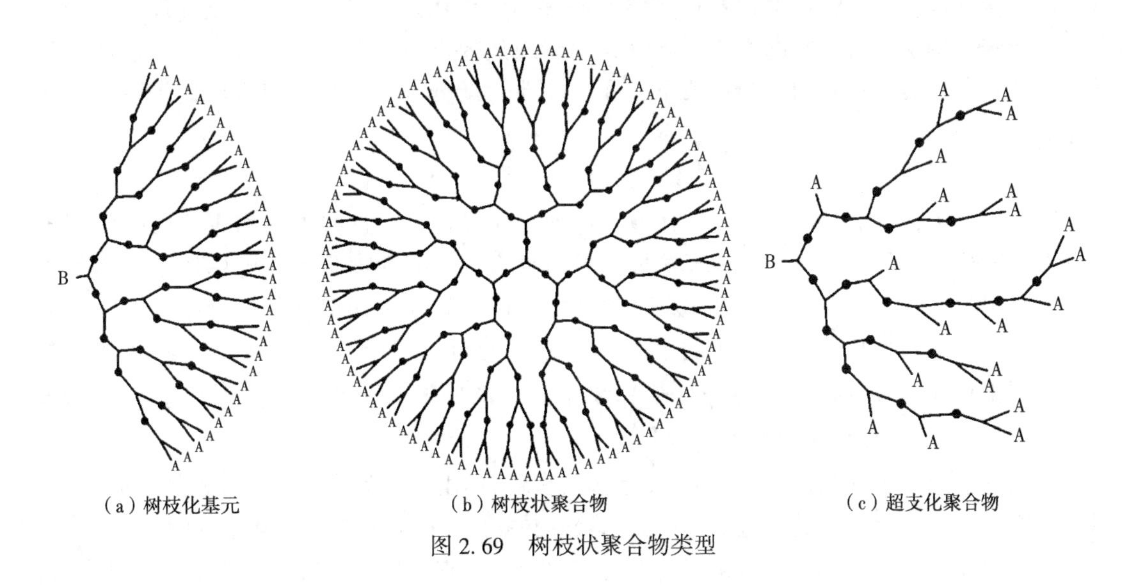

（a）树枝化基元　（b）树枝状聚合物　（c）超支化聚合物

图 2.69 树枝状聚合物类型

键包含在树枝状聚合物或超支化聚合物的情况。

在 2.1.2 中，读者已对超支化聚酰胺酯有所了解。这些材料都具有水合物抑制特性[131,267]。也有人声称，树枝状聚合物也能起到动力学水合物抑制剂的作用[268]。超支化聚酯可由多元醇为核心分子通过与环氧乙烷或类似的氧化物烷氧基化形成，提供潜在的良好破乳效果[269]。这种化学反应经过进一步发展，通过三甲醇基丙烷与 2，2-二甲基(图 2.70) 反应，然后经过适当烷氧基化，形成烷氧基化聚酯树枝状聚合物。这些材料表现出较高性能，在监管条例的测试协议中显示出良好的生物降解速率[270]。

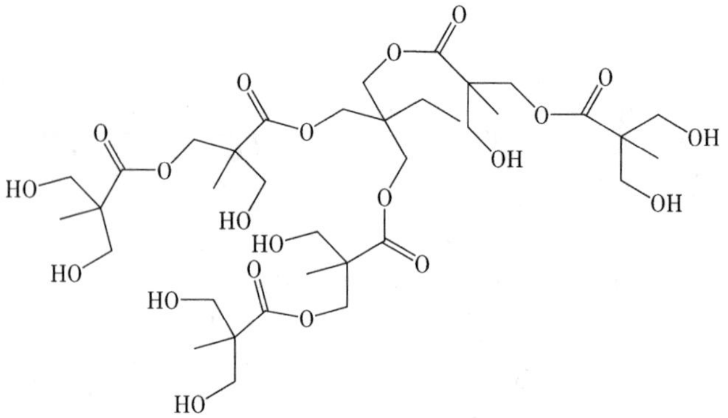

图 2.70 树枝状聚酯

在油气行业中，这种树枝状聚合物的应用相对较少，研究各种其他应用的机会还很多。与其他合成或天然替代产品相比，这种化学物质的应用取决于制备聚合物的成本。

近年来的工作表明其可用作潜在防蜡剂[271]。

重要的是，与其他线型聚合物相比，树枝状聚合物的特性黏度不会随着分子量而增加，但会在某种树枝状聚合物生成时达到最大值[272]。这表明，可能存在高活性低黏性的抑制剂，已有例证说明了树枝状聚合物在实验室条件下的作用。但是，迄今为止并没有证据表明这些特殊的例子具有很好的生物降解性，由于应用要求其水溶性不会太高。但按其分类属于聚合物，在美国和欧洲监管框架下，无法注册为新分子。第 9 章中将对此进行进一步讨论。

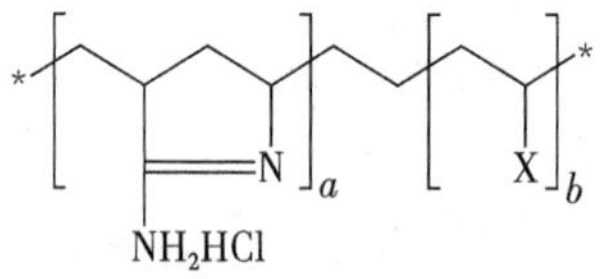

### 2.3.2 其他聚合物



图 2.71 聚胀基絮凝剂

还有一系列其他聚合物，这些聚合物主要由碳碳分子单元构成。可由吡咯、呋喃和噻吩等芳族单体合成衍生出多种杂环聚合物，但作者并不知道这些化合物在油气行业中的用途。已研制出相关“杂”聚合物作为聚胀基絮凝剂[273]（图 2.71）。这种聚合物显示了优异的环境友好性[269]，并已进行工业化生产——DIAFLOC KP7000，主要用于包括油气行业在内的各种行业中的污泥处理。

聚磷酸盐及相关聚膦酸盐和聚膦酸酯都具有广泛用途，特别是在阻垢和防腐应用中，具体将在第 4 章中介绍。类似地，硅树脂和聚硅酸盐的聚合物将在第 7 章中介绍。

聚合氯化铝（PAC）是一种溶于水的合成聚合物。它们反应形成不溶性多羟基聚合铝，在大体积絮凝物中沉淀。絮凝物吸收水中悬浮的污染物，与聚合氯化铝一起絮凝沉淀，方便一同移除[274]。在石油勘探与开发中，聚合氯化铝可用作各种废水处理用的絮凝剂。第 5 章中，将对聚合氯化铝与其他铝盐进行更详细的讨论。生产的聚合氯化铝为液态和粉末状态。

## 2.4 塑料、纤维、弹性体和涂料

石油工业使用和消耗大量低聚物/聚合物产品，其中许多用作化学添加剂和溶液中的聚合物，如本章前文所述。使用的另一种主要类型的聚合物直接作为固态材料使用，如工程材料。工程材料包括一般分类为塑料、纤维、弹性体和涂料的那些材料，用于海上平台、管道和浮动结构的建造等。本节简要概述了其使用、环境可接受性和影响。

### 2.4.1 塑料

与大多数行业一样，石油和天然气上游行业中塑料和相关材料的使用有所增加。主要是很好的经济和环境原因——这些材料质量较小且耐腐蚀。总的来说，全球消耗的塑料总量超过了钢铁总量。在石油勘探与开发中，情况并非如此，钢铁仍然是钻井钻机/平台和工艺设施的主要材料。随着使用和消费的普遍增长，石油和天然气行业中塑料的使用量正在增加。塑料可分为通用塑料和工程塑料两大类。

通用塑料：这些产品的特点是用于包装一次性用品，但也应用于更耐用的产品。

工程塑料：其特点是更耐用，具有优越的力学性能。在石油和天然气工业中，其与合金、陶瓷和玻璃并存，使用量正在增加。

这两类塑料在石油勘探与开发的各领域得到了广泛使用[275]。实际上，更耐用、经过调节的聚合物是实际应用过程中的首选材料，特别是在过去 30 年中的海洋开发中。工程聚合物的使用，可在海底环境中实现优良的性质，包括较高的稳定性以及质量小的优势，其质量几乎是钢质量的 1/7。除了具有耐化学性和耐腐蚀性之外，工程聚合物还具有耐磨损性和耐磨蚀性，而这些情况在海底环境中非常常见。此外，工程聚合物具有自润滑的特性和非常低的摩擦系数，从而使部件和应用更加光滑，运行时间更长，同时减少或消除了维护需要和相关成本[276]。

人们重点关注这些材料的再利用和再循环，特别是在失效时，尽量减少对环境的影响[7,8]。工程塑料的耐久性相对于商品塑料（一次性塑料），特别是在海洋环境中具有相当大的优势，因为现在有大量证据表明，由于微塑料及其与持续性有机污染物的关系，导致了严重的海洋污染[98]。

这些塑料的降解和生物降解将在 2.6 节中进一步讨论。

### 2.4.2 纤维

纤维在上游石油和天然气部门的使用量相对较小，而实际上，其用途与在其他行业中相同。纤维是高强度、可拉伸的聚合物。它们具有良好的热稳定性，能够转化为长丝，用于纺织品和其他材料。主要的天然产品纤维是棉花和羊毛。棉花是植物材料，源自纤维素，羊毛是多肽或蛋白质。另一种蛋白质纤维是丝绸。

Carothers[6]发明了著名的尼龙，不仅是聚合物合成的突破，也是第一种合成纤维。现在世界上超过一半的纤维生产来自合成聚合物。在石油和天然气工业中，脲醛聚合物纤维存在于编织涂层中，环氧类聚合物也有相同应用[277]。这些材料在防腐方面尤其有用[278]。

由于它们的性质和功能，这些材料非常耐用并且不易降解，因此如果重复使用及（或）再循环，它们的环境影响可能非常小。

### 2.4.3 弹性聚合物

弹性体是具有弹性或快速伸展和收缩能力的聚合物[279]。它们广泛地使用于许多工业应用中，而现在合成橡胶已超过天然橡胶的使用。橡胶和弹性体这两个术语通常可互换使用，然而，科学上认为橡胶是指天然产物，而弹性体则是对应于合成聚合物。

弹性体用于石油和天然气工业装置的关键点，特别是在泵密封中。这种泵可以控制油气产物的流动，或用于处理的化学品的输送，或用于注入流体，提高地层压力。至关重要的是，任何化学添加剂都不会对这些弹性体材料的性能产生不利。特别是在海底潜水泵应用等严苛环境。这种弹性体的失效会导致严重的生产损失、潜在的污染和昂贵的维修作业。

现在通常进行大量的配伍性试验，考察弹性体与各种化学添加剂及其载体溶剂的配伍性。这对于强力溶解和补救措施尤其重要，例如，吡啶是有用的沥青质沉积去除剂和溶解剂，然而，它具有很高的毒性，与各种常用弹性体不配伍（H. A. Craddock，未发表）。有许多已公开的程序和推荐的做法来进行这种测试和比较工作[280-282]。

弹性体（以及某种程度上，树脂）已有用于水剖面前缘一致性控制。对于酚醛树脂和环氧树脂聚合物尤其如此，特别适用于近井眼地带，其能够封闭裂缝、窜流通道和射孔孔眼[92]。人们已经合成了各种树脂材料，包括预期的聚环氧化物、聚酯和酚醛复合材料。此外，一些潜在的绿色衍生物也已经过研究，例如基于缩水甘油醚的树脂。报道表明，在规定的 28 天测试程序中，这些衍生物的生物降解率超过 40%[283]。

2.4.4 涂料

涂料（和黏合剂[285]）科学[284]已经发展了数千年，正如读者所知道的，油漆和绘画与文明一样古老。黏合剂也有悠久的历史。然而，随着合成聚合物的发展，这些材料发展迅速。如今，它们包括了大多数类型的聚合物，并且具有广泛的民用和工业化应用，包括航空航天工业中的耐高温材料。

涂料和黏合剂行业远比所使用的聚合物类型来得复杂，包括溶剂、填料、稳定剂等，以提供完全配制、可用的材料。在石油和天然气工业中，这些不用于任何特定的环境，除了涂料通常用于生产线输送管道，以帮助防止腐蚀[286]。涂料和黏合剂的回收是这些材料潜在回收及（或）再利用的重点领域，在本书第 10 章的最后一节将进一步探讨。

## 2.5 聚合物的应用和注入

综上所述，在整个油气上游行业中，聚合物都有着十分广泛的用途。这样的实用性和多功能性使其成为该领域中化学添加剂使用量的最大贡献者之一。化学添加剂的选择与应用是设计和使用添加剂的关键因素[287]。最主要的原因在于，在所有情况下（少数情况除外），为发挥其最大功效，化学品都按符合特定设计标准的配方进行生产。

因此，已在化学品制造商和主要用户（如钻井公司以及油气运营商）之间确定了重要的二级供应和服务部门。第 8 章中会对供应要素进行进一步讨论。就聚合物而言，在某些情况下，这是制造商和主要用户之间用于维护应用和设计的领域。主要有两个原因：（1）在提高石油采收率或调剖等方面，预测其需求量巨大，经济因素导致供应链短缺；（2）许多专业领域要求生产制造商个性化设计，包括其可能存在的环保性能，如 2.6 节所述，聚合物特别容易发生热降解和机械降解，如果是机械降解，则其注入方法对于聚合物的成功应用来说至关重要。

2.5.1 提高石油采收率和聚合物应用

作者无意回顾聚合物在提高石油采收率中的化学特性和详细应用，有很多综述[288,289]和书籍[290]已经回顾过了。然而重要的是，要认识到在这一领域对专业设计和应用的需求、聚合物及相关成分对配方产品性质的影响、环境要求、对环境可接受性的影响以及这一领域中对不断增长的“绿色”化学品的需求。

30 多年来，工业界和政府一直都在研究各种聚合物应用类型，以及这些聚合物应用对于从含油岩石和储层中获取更多碳氢化合物所蕴含的经济效益[291]。在提高石油采收率方面，注入聚合物可能是一个非常有用的提高采收率的方法。但在使用聚合物的过程中可能面临诸多技术难题，例如要研制各种凝胶，这些凝胶可轻易进入储层后再交联以降低水相渗透率。对于顺着天然裂缝流动的聚合物，其成胶时间可能只有几天。但对于必须通过岩石基质中细微孔隙流动的聚合物，到达预定位置并固化的时间可能是几个月，甚至一年或更长。正如本章所述，从环境化学家的角度来看，聚合物可以为这些难题提供可生物降解方案。而生物聚合物和天然替代品通常不具有所需其他降解形式的强度。实际上，聚合物的稳定性可以长达数月，而且其对任何生物降解过程都非常稳定。

为了赋予聚合物所需的性质和稳定性，并形成适当的凝胶，许多都是添加适量交联剂实现交联而成的。水基压裂体系中，通过交联剂形成的瓜尔胶基冻胶体系就是一个很好的范例[1]。

延迟交联是可取的，这可以通过许多方法来实现，稍后会对此进行说明。延迟交联的反应速率意味着液体更容易泵出。最常见的压裂液交联剂属于硼酸盐基体系，可由硼酸、硼砂、碱土金属硼酸盐或碱金属硼酸盐形成。硼酸盐资源中必须含有 30%左右的硼酸。硼酸与瓜尔胶多糖的羟基单元形成复合物，使聚合物单元交联。这个过程会造成 pH 值下降（因此需要控制 pH 值）[119]。在流体温度高达 105℃时，这些流体具有优异的流变性、降滤失性和裂缝导流性能[292]。

众所周知，有机钛体系是非常有用的交联剂[293]，但由于其危险性和不良环境特性，很少被使用。使用各种锆体系来确保延迟交联。这些复合物最初由低分子量化合物形成，然后与多糖分子内交换；此交换过程形成延迟交联。所用的锆复合物通常由含有二元氨基分子的化合物［如羟乙基-三-（羟丙基）乙二胺］[294]，或羟基酸（如乙醇酸、乳酸、柠檬酸等）或多羟基化合物（如阿拉伯糖醇、丙三醇、山梨醇等）引发。然后，这些材料可与多糖形成适当的凝胶。

显然，交联剂的环保性和毒理学比瓜尔胶等食品级多糖更复杂。在聚合物应用中，这种复杂性令人感到担忧，因为很难使监管机构及其他利益相关者相信交联材料的整体环境影响和生物降解性。事实上，环境中已发现大量硼酸，它们天然存在于空气、水（地表水和地下水）、土壤和植物（包括粮食作物）中。硼酸通过岩石风化、海水挥发和火山活动进入上述环境[295]。大多数硼化合物在一定环境下转化为硼酸，硼酸相对较高的水溶性导致其较易进入水生环境。因此，硼酸对环境的影响非常重要[296]。假设硼酸被吸附到土壤颗粒、铝和铁矿物中，根据土壤特性，这种吸附是可逆的，也是不可逆的。众所周知，硼酸在土壤中具有流动性[297]。硼，特别是硼酸，存在于许多水生环境中，且在海水中达到令人诧异的高浓度[298]。目前，硼酸和硼酸盐通过正常渠道进行调节，从硼酸及其衍生物的使用情况来看，监管机构还未发现对环境有任何明显的不利影响。但随着页岩气压裂的增长，由于可能存在一些生物放大相关问题，很可能作业许可将包括对硼酸和硼酸盐的监测[299]。当然，这些领域还面临着诸多其他政治和公众压力，具体将在第10章中讨论。

2.5.2 聚合物堵水

绝大多数交联聚合物被应用于在高温油藏堵水作业过程[300]，其中包括上文讨论的许多体系。此外，如上文所述，此类系统通常包括金属离子和作为交联剂的有机材料。聚丙烯酰胺和部分水解的聚丙烯酰胺是目前在该应用领域使用最广泛的材料。

2.5.3 减阻聚合物的注入

如2.1.1所述，超高分子量聚合物（尤其是异丁烯）可作为高效减阻剂。这些材料很容易发生机械剪切降解[301]，在长输管线上安装增压泵会导致高聚物完全降解，因此，需要在各泵站[302]下游安装新的注入橇。目前已证实了，长链聚合物对管线运输过程中所产生的机械降解非常敏感，这种现象逐渐降低了减阻剂的整体效率[303]。为对这些影响进行部分补偿，对超高分子量聚合物减阻剂的应用，建议采用乳剂状态以及特殊注入输送系统[304]。

## 2.6 聚合物降解和生物降解

在本节中，对聚合物降解的各种机制进行了总结，侧重于降解途径（尤其是生物降解途径）如何影响聚合物添加剂的环保性能。如本章所述，产品效率最大化和产品生物降解与其他对接收环境危害较小的材料之间存在矛盾。通常聚合物耐用且耐降解，但不可避免的是，恶劣环境下的聚合物会随时间而发生降解。主要有热降解、氧化降解、辐射降解、机械降解、化学降解和生物降解6种类型。

下文将讨论各种降解类型，讨论每种降解类型对潜在环境的影响，尽管对最终降解机制（即生物降解）的关注程度更高。注意，这些类型的降解通常不会单独出现，而是热降解、氧化降解、机械降解和辐射降解同时（或）相继发生。从聚合物化学家的立场来看，降解不是一个理想的过程且聚合物稳定性至关重要。环境化学家的观点完全相反，稳定性会使聚合物不可生物降解，且更容易对环境造成损害或污染。通常，聚合物是由于高分子量而不具有生物可利用性[305]。在许多层面上，妥协是必然的；可质疑的是实现这一点的基本前提；第10章将进一步讨论与油田化学相关的一般信息和详细信息。本书讨论了与聚合物相关的某些细节。

2.6.1 热降解

本章分别考虑了合成聚合物和天然聚合物的热降解，由于两种降解机制不同，因此对潜在环境影响的降解效果有所不同。

2.6.1.1 合成聚合物

大多数合成聚合物的热降解过程都与产生自由基、断链机制有关[306]。通常，在合成聚合物中，乙烯基聚合物比非乙烯基示例更容易出现热不稳定现象。

断裂热降解具有非链式断链和无规链式断链两种机制。非链式断链发生在侧基上，且不会破坏聚合物主链。例如，聚醋酸乙烯酯中的醋酸脱去反应（图2.72）会形成聚烯烃、聚乙炔。

需注意，该类型的降解反应不是合成聚乙炔的有效方法。

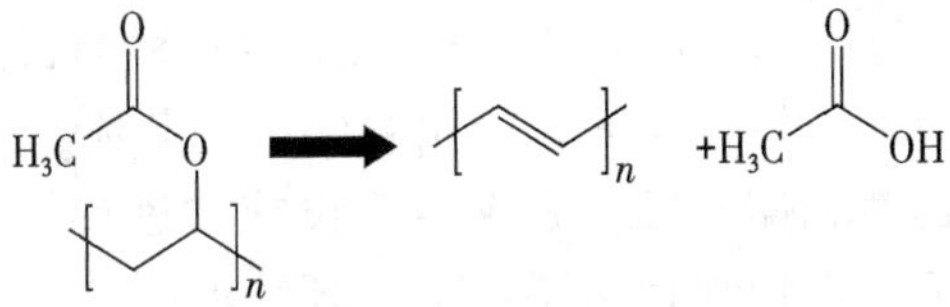

图 2.72 从聚醋酸乙烯酯中脱去醋酸

聚醋酸乙烯酯的热降解表明，考察使用此类产品后的环境影响，应考虑醋酸和聚乙炔以及聚乙炔在高温使用下（如储层和井口环境中）进一步降解的影响。

确定整体环境影响时，很少采用这种复杂的环境归趋，如果有的话，主要用于油气行业中的上游行业。

继续进行聚醋酸乙烯酯热降解应考虑聚乙炔的降解。虽然具有热稳定性[307]，但聚乙炔有很多双键，在空气中不稳定。聚乙炔接触空气时，主链会发生氧化[308,309]，如图 2.73 所示。

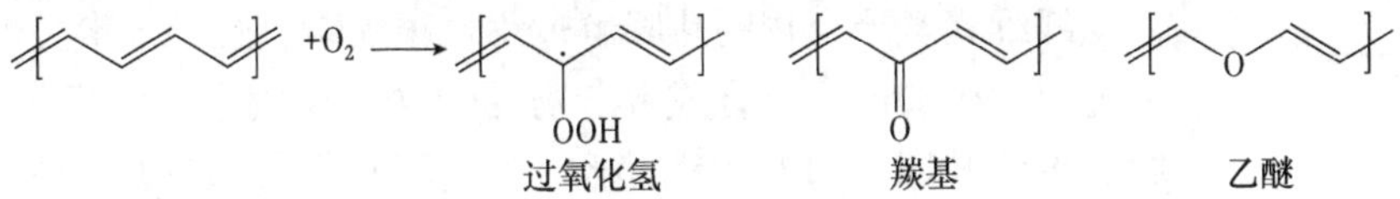

过氧化氢　羰基　乙醚

图 2.73 聚乙炔氧化

因此，使用基于或包含聚（醋酸乙烯酯）的聚合物和共聚物时，可能造成环境影响的种类极有可能为热分解产物和其他分解产物、化学物质和其他物质，而不是聚合物或组分单体。然而，如第 9 章所述，这种情况很少，如果有的话，调节受聚合物直接影响，且受剩余单体的可能性影响。

无规断链（第二个主要热降解过程）发生在聚合物链或主链弱链连接处，是均键断裂的结果。该过程会出现在多数聚合物中，且会导致降解产物的复杂性，其中包括单体单元。降解产物的复杂性质是由于键断裂形成的自由基种类发生反应并与新产物重组，如图 2.74 所示。因为可能衍生出各种各样的烯烃和聚合烯烃，产品用于环境和相关生态系统后可能排出的物质更加复杂。

$$—(CH_2CH_2CH_2CH_2)_n- \longrightarrow —(CH_2)_aCH_2CH_2 \cdot + \cdot CH_2CH_2(CH_2)_b- \longrightarrow$$
$$—(CH_2)_a che=CH_2+CH_3CH_2(CH_2)_b-$$

图 2.74 聚乙烯热解

无规断链过程出现在热降解下的所有乙烯基聚合物中。随着聚合物主链上的取代增加，该过程出现频率越来越低[310]。

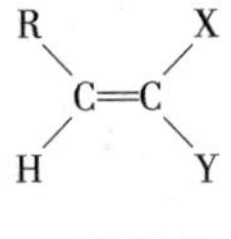

还有第三种热降解机制，即聚合物链断裂作用或“断链”以产生单体单元。这种机制主要发生在 1，1-二取代单体制成的合成聚合物中，如图 2.75 所示。因此，该机制适用于许多乙烯基聚合物。

图 2.75 理想化 1，1-二取代单体

在第三个过程中，在起始单体的形成中观察到了更符合预期的结果，然而该过程可能出现在链端处或沿聚合物主链的随机位置处。某些聚合物会出现链断裂作用和无规断链。

应强调的是，用于石油勘探与开发的合成聚合物中的热降解过程并不是标准过程，而是只会发生在高温下（如钻井和储层）或是在生产设施中进行加工时故意使温度再次升高情况下的过程。应考虑使用聚合物基化学添加剂对环境的影响，但也应适当考虑热降解过程，尤其是在使用天然聚合物的情况下，如下节所述。

2.6.1.2 天然聚合物

许多天然聚合物的抗温性只能达到140℃左右，尤其是含糖和氨基酸聚合物。读者会通过烹饪经验及产生香味的过程熟悉许多天然产物和聚合物的热降解过程。这种香味和着色是基于 Maillard 反应[311]。该反应是以法国化学家 Louis Maillard 命名，他在 1912 年尝试重现生物蛋白质合成时首次描述了该反应。该反应是化学反应，使褐色食物散发诱人香味。在该过程中，产生了数百种不同香味的化合物，且在该过程中，这些化合物又会分解形成更多具有新香味的化合物。

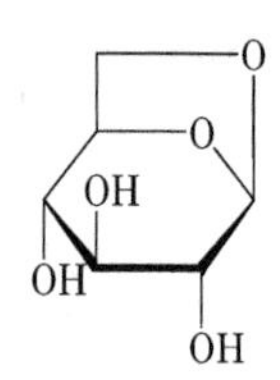

图 2.76 左旋葡聚糖

纤维素类聚合物的热降解过程也很复杂，且纤维素类聚合物热降解过程发生的温度比合成聚合物更低（至少刚开始温度较低）。热分解至少涉及四个过程[312]。第一个过程是纤维素交联和失水、脱水。该过程与纤维素链发生链断裂作用形成左旋葡聚糖（图 2.76）和脱氢纤维素形成同时发生。后者的中间体进一步分解形成炭和挥发性产物。最后，左旋葡聚糖进一步分解成更小的挥发物和焦油，最终成为一氧化碳（CO）。

当然，一些基于产物的天然聚合物的热稳定性更好，如 2.2.6 提到的烷基多苷。这些材料在 170℃以上[171]具有热稳定性，且仍具有良好的生物降解特性[313]。

由于热降解产物很可能进入环境，因此热降解可能影响所述产物的环境特性。作者认为，应着重考虑这种影响。如上文木质素示例所述，降解产物对于环境具有高毒性，但如果为聚合型，则危害相对较小。

2.6.2 氧化降解

氧化降解可定义为碳骨架裂解（通常出现在 C ═ C 双键处），且会引入新的碳氧键。氧化降解会发生在聚合物及其他有机分子中。

聚合物中的氧化降解过程与热过程相关，特别是燃烧过程，因为该过程与氧相关。燃烧过程不宜采用氧化剂。然而，在油田中很容易出现氧化过程，因为油田中使用了大量的氧化剂，且存在大量氧气和其他物质，能在适当条件下产生自由基。如上文所述，许多聚合物类型在缺少和存在添加剂的情况下容易自氧化。该添加剂能使自由基更活泼。在某些情况下，向聚合物配方添加自由基抑制剂，抑制氧化降解作用[314]。

这种自由基过程在受控环境下也是形成许多聚合物的主要合成途径之一。研究这些过程的复杂机制和相关动力学不属于本书范围。环境化学家和油田化学专业人员需意识到氧化降解可能发生且极有可能在地层中，且聚合物基添加剂等化学添加剂可能被氧化。其结论是，产生氧化产物的原因可能是受环境影响的材料，而不是最初添加的产物。

聚合物易受大气氧侵蚀，尤其是在温度升高的情况下，且这种情况可能出现在塑料加工成型的过程中以及上述向油田作业中加入化学添加剂的过程中。氧化倾向于从叔碳原子（聚合物中的末端碳原子）开始，因为此处形成的自由基更稳定、更持久，使它们更容易受氧侵蚀。形成的羰基会进一步氧化，破坏链，通过减少分子量削弱材料。在聚乙烯基塑料等固相聚合物中，受影响区域会出现裂缝且裂缝会开始扩展。

通常，氧气会缓慢分解聚合物，但该过程会因加热和光照（见 2. 6. 3）而加快，如 2. 6. 1 所述，且叔碳原子最易受侵蚀。这反映在三种常见的聚合物对氧化降解的可抗性上，聚异丁烯>聚乙烯>聚丙烯。这种反应产物很多，见 2. 6. 1。

通过 2. 6. 1 中所述的复杂的自由基过程，不饱和聚合物的氧化降解过程更快，且会涉及过氧化氢和氢过氧化物中间产物。

抗氧化剂通常用于抑制工业合成聚合物的降解[315]。

研究聚合物降解中的潜在氧化过程（可能发生在化学添加剂和产液其他成分上）可能对环境学家和生产化学家有利，因为氧化途径通常是生物降解的第一阶段。氧化降解形成的羰基可以作为进一步化学反应和转变的场所。这种生物氧化作用可用于控制微生物，将潜在的有害物转化为危害较小的物质[316]。实际上，许多工业废液系统采用了化学氧化和生物系统来处理一些重度危险的废物处理系统[317,318]。

如上文所述，基于产物的天然聚合物可以热降解为单体或衍生物。条件合适时，氧化降解可以类似方式发生，且单糖单元进一步降解可产生低分子量羧酸和羟基羧酸[319]。此外，作者认为可通过一系列协同作用机制全面认识聚合物降解，且应认识到形成物质对所添加的聚合物物质的潜在环境影响及其最终环境归趋。

作者认为，评估化学添加剂的环境危害时应考虑氧化降解过程和化学水解（见 2. 6. 5）。

### 2. 6. 3　辐射降解

聚合物的辐射降解通常会引起两种反应：

（1）如热降解一节所述，断链会产生低分子量。

（2）交联会产生不可溶解和不熔化的结构。

辐射降解有光分解和辐解两种类型。

（1）光分解：通常来自紫外线（UV）。该过程是由于特殊官能团或发色团吸收了离散单元中的能量。

（2）辐解：电离辐射吸收，如 X 射线。由于授予能较大且能量会直接传递给电子（电子在射出光子的路径上），该反应无须特殊发色团。

油田施工作业过程中，化学家及其他专业人员只会在使用放射性示踪剂材料的特殊情况下遇到光分解。为研究聚合物降解和聚合物基化学添加剂，将针对光分解进行讨论。

光分解或光氧化是聚合物表面在存在氧气或臭氧的情况下发生降解，虽然各种形式的光分解可在无氧的情况下发生。光氧化是化学变化，会减少聚合物的分子量。紫外线或人造光会促进这种效应。该过程是塑料等聚合物材料耐候性的最重要影响因素，有助于产生塑料微粒。塑料微粒与海洋环境下的持久性有机污染物浓度有关[273]。聚合物化学添加剂通常不会接触紫外线，且主要位于储层或其他封闭环境中。聚合物化学添加剂可能会在排放点与光接触，此时光分解及其他降解过程会发生。其他降解过程可能已经开始。该过程可用于整体降解和聚合物生物降解。

尽管存在误解，在将采出水排向海洋环境的海上作业过程中，光分解也可能发生在几米的深度处，但前提是水足够清澈[320]。在墨西哥湾和阿拉伯湾等浅水盆地处尤其如此。能在这些水域出现的光分解是广泛而又复杂的，可能涉及水质柱和沉积物[321]表层，是值得详细讨论的主题，详见第10章。

### 2.6.4 机械降解

与许多形式的降解一样，机械降解通常不是使用油田聚合物和聚合物基添加剂的理想效果。如聚合物减阻剂一节所述，超高分子量聚合物极易受机械剪切力[20]影响。减少湍流中的阻力十分有利于石油勘探与开发，包括产液和加工原油的长距离集输、油井作业及悬浮固体和钻井液运输，如水力压裂法。聚合物降解会使减阻过程复杂化。可以看出，对于合成聚合物（如聚丙烯酰胺和聚异丁烯），聚合物在低雷诺数下的不良溶剂体系中降解更多，但在高雷诺数下观察到的效果相反[322]。与水性体系的预期相反，瓜尔豆多糖能极大地减少摩擦阻力，即使遭遇湍流且添加量较少[323]。

出于对机械降解不良影响的考虑，聚合物设计中通常考虑其耐用性以及抵抗机械力的能力。这对其他降解过程存在较大影响，意味着大多数合成聚合物（除非是故意设计）也能抵抗其他形式的包括生物降解在内的降解。

并非所有机械降解过程都对聚合物的完整性有害。实际上，在19世纪早期的天然橡胶生产过程中就发现可以通过塑炼来改善材料性能。Staudinger[324]后来证明，这是由于降低了降解橡胶的分子量。这些加工过程对橡胶聚合物能否具有黏弹性[325]至关重要。

### 2.6.5 化学降解

聚合物的化学降解包含许多工作[326]，本节并不进行详细介绍。此外，由于存在大量可以侵蚀聚合物的化学品，因此需要限制其数量。因此，该部分将主要关注油田聚合物添加剂的化学反应和降解，以及与建筑型聚合物的一些关键的材料相互作用。正如作者所认为的那样，在这种情况下所考虑的化学品，也是从现场经验的角度来看最重要的化学品。在油田中聚合物的应用之外，诸如有机污染物的试剂，例如二氧化氮和二氧化硫，可能是化学侵蚀中最重要的化学试剂之一[327]。然而，最重要的，氧气仍是最可能的，这在上一节关于氧化降解的部分已经单独讨论过了。

在油田中，特别是对于大多数基于聚合物的化学添加剂，主要的化学侵蚀是通过水解作用。对于水溶性聚合物尤其如此，在2.1.1中对此进行了简要讨论（图2.10）。

#### 2.6.5.1 水溶性聚合物

聚合物可以按它们是水溶性的、微溶的或不溶的进行分类。水溶性聚合物可分为合成、半合成和天然三大类。

（1）合成：由石油或天然气衍生的原料合成的单体聚合而成。

（2）半合成：通过天然有机材料的化学衍生物制备，通常是多糖，如纤维素。

（3）天然：包括微生物、植物和动物衍生材料。

合成的水溶性聚合物是在水中溶解、分散或溶胀，并因此改变了经历凝胶化、增稠或乳化/稳定化的水性体系物理性质的有机物质。半合成水溶性聚合物衍生自天然聚合物的化学改性或微生物来源。大多数天然和半合成的水溶性聚合物是多糖，而它们的碱性糖单元、键和取代基各不相同。衍生物通过取代、氧化、交联或部分水解获得。来自动物的产品则是更常用的、基于多糖的植物聚合物的蛋白质基类似物。

近年来，美国页岩气钻井对水溶性聚合物的需求，特别是瓜尔胶，显著增加。瓜尔胶是一种瓜尔豆衍生物，是水力压裂中使用流体的重要组成部分。在2012年初/中期，瓜尔胶价格大幅度上涨。因此，印度和巴基斯坦的瓜尔胶生产明显增加。同时，人们广泛研究了瓜尔胶的水溶性聚合物替代品。因此，美国页岩气行业对水溶性聚合物行业产生了全球影响[1]。

在所有具体的应用中，水溶性聚合物都可提供各种有用的功能，例如增稠、胶凝、絮凝、流变和稳定性改性，如本章所述。这些应用包括水处理、提高石油和天然气采收率、原油分离和加工，特别是在结垢和腐蚀控制方面。值得注意的是，在具体的作业过程，这些聚合物通常具有多种功能。关于水溶性聚合物的应用[328]，特别是在提高采收率方面[329,330]，在行业各个部门已撰写了大量文章。本章中已经引用和讨论了许多这些聚合物及其应用。

水溶性也是良好生物降解潜力的先决条件，如2.1.3（图2.35）所述，并在2.6.6中进一步开展讨论。

2.6.5.2 水解反应

水解反应可简单地定义为化学分解，其中化合物通过与水反应而生成其他化合物。换句话说，它是水与另一种化合物（在这种情况下是聚合物分子）反应形成两种或更多种产物，包括水分子的电离，且通常是聚合物水解引起的。

水解反应可在中性、酸性或碱性条件下发生。对于聚合物而言，中性水解和酸性水解相似，而碱性水解则完全不同。该过程也可以在前文描述的酶促条件下发生，是生物降解的主要途径之一。

固体聚合物材料的水解反应甚至可能更复杂，因为它们的机理和水解速率会受到各种因素的影响，例如膜厚度、形态、相对湿度、介电常数等[331]。对于含有大量水的均匀聚合物溶液，影响水解的主要因素是pH值和温度[327]。另一个关键的主要因素是聚合物的类型，其中聚合物的结构可以促进特定的位点发生反应，如在聚酯、聚丙烯酸酯和PAM中优先水解的官能团侧基。2.1.3中讨论的许多环境衍生物都在利用这种性质，特别是在酸性或中性条件下。

在碱性条件下，促进水解转化的$OH^-$可能由于其介电常数而无法侵蚀聚合物结构[327,332]。然而，例如简单酯的碱性水解，可利用更强的亲核试剂$OH^-$，而不是$H_2O$来减弱。

总之，合成聚合物和生物聚合物的水解反应包括通过与水反应而裂解易受影响的分子基团。该方法可以是由酸或碱（或酶）催化，并且，如果水可以渗透入本体结构，则不受表面限制，这对于水溶性聚合物特别关键。影响水解反应的主要分子和结构因素如下：

（1）键稳定性：引入可水解键。

（2）疏水性：增加疏水性可降低水解的可能性。

（3）分子量和聚合物结构：分子量越高，水解越困难。

（4）形态：高结晶度降低了水解的可能性，高孔隙度增加了水解的可能性。

（5）温度：流动性越低，即温度越低，则水解越慢。

（6）pH值、酸和碱催化。

在设计生物聚合物时，通常要考虑所有这些因素。

对于天然聚合物，特别是纤维素和蛋白质的水解，已开展了广泛的研究[333,334]，主要是降解为单糖和氨基酸的单体单元。这在其作为生物聚合物的表现中是非常令人满意的，因为水解作用可产生微生物及其他动物可利用的底物，可在酶水解反应中利用这些材料。

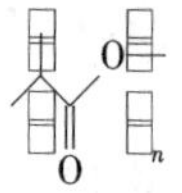

图 2.77　聚乳酸

在聚合物中添加官能团可以使水解成为一种有用的性质。例如，如果在滤饼形成中使用可降解材料制成的架桥剂，可以提高滤饼的清除效果。这通常是通过一段时间的水解反应，使得产出的流体可更自由地移动[335]。来自 D-乳酸和 L-乳酸（图 2.77）的聚乳酸的各种立体异构体（图 2.78）可以不同的速率降解，因此可以通过水解反应实现缓慢或快速地降解。

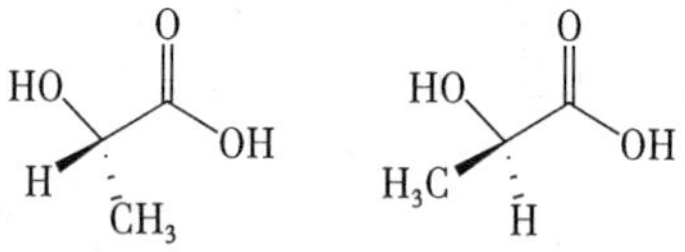

L-乳酸　　D-乳酸

图 2.78　乳酸立体异构体

2.6.5.3　其他化学降解方式

还有许多其他的化学反应可以导致固相聚合物及它们的溶液发生降解。如有可能，应尽量避免它们与氧化剂和腐蚀性较强的化学品发生接触。然而在实际的油田中，产出的流体中可能含有酸性气体及其他腐蚀性物质，当它们与固体材料和液体添加剂接触时，便会对这些聚合物造成降解伤害。

1990 年所发表的技术文献中首次对电化学腐蚀作用所引起的聚合物降解过程进行了介绍[336]。我们发现“塑料也会发生腐蚀”，即聚合物在某些条件下可能通过类似于金属的电化腐蚀作用的方式发生降解，这种效应被称为“福尔效应”。当塑料被碳纤维浸渍而变得更加坚固时，这些碳纤维材料就会表现出类似于金（Au）或铂（Pt）等贵金属的性质。1990 年初，有报道称，当裸露的复合材料与活性金属在盐水环境中发生耦合作用时，塑料复合材料中的酰亚胺交联树脂就会发生降解。这是因为腐蚀不仅发生在阳极（铝），也会发生在阴极（碳纤维），其腐蚀形式是产生一种非常强的碱性环境，其 pH 值约为 13。这种强碱与聚合物的高分子链结构发生反应，从而使聚合物发生降解。降解过程表现为树脂材料发生溶解和纤维材料变得松散。石墨阴极所产生的羟基离子会破坏聚酰亚胺结构中的 O—C—N 键。

氯气是一种反应活性较高的气体，它会对易受影响的聚合物（如在管道中发现的缩醛树脂和聚丁烯树脂）造成破坏。在国内包括石油和天然气工业在内的某些工业应用中，都有许多这样的管道和缩醛链接结构由于氯气引起的开裂而发生失效的例子。从本质上来讲，这种气体会攻击链状分子的敏感部分（尤其是仲碳原子、叔碳原子或烯丙基碳原子），使这些分子链发生氧化，最终导致分子链断裂。石油和天然气工业上游发生腐蚀的根本原因是产出水中含有微量的氯元素，这些氯元素来自海水及其他来源，比如由于保持其杀菌特性而添加的少量氯气。即使溶解气（氯气）的含量只有百万分之几，也有可能造成聚合物降解。

2.6.5.4　化学配伍性

化学降解是一个非常复杂的过程，它会对化学添加剂（和聚合物材料）的聚合物性质产生影响，从而降低其设计效果。如今我们认为，充分考虑化学降解作用是十分重要的。在开发、设计和配制的过程中，必须研究聚合物是否具有抗化学降解的能力，并且如果该化学制品为液体添加剂，必须了解它是否能够与其他应用过程中可能存在的化学制剂和化学条件相容。为了达到这一目的，我们认为这种方法是为所有的化学选择过程设计出一种相容性的最佳做法，通过这种设计可以检查添加剂的化学和材料方面的配伍性。这对于可溶于水和不溶于水的聚合物以及聚合物材料中的关键组分而言尤为重要。

一般来说，添加剂和抑制剂与钻井液或工艺体系中常见化学物质和材料的配伍性是为了确保不会发生有害影响。

例如，可以利用阻垢剂、脱油剂、破乳剂、缓蚀剂和防蜡剂的一般化学成分，对工艺体系中添加剂进行配伍性试验。在所有的配伍性试验中，通常会使用煤油来模拟原油。将100mL的煤油和代表性的地层水按50∶50的比例进行混合，然后按顺序添加其他化学物质。对所有的样品进行混合（搅拌）并加热到65℃，然后在规定的时间内评价任何不相容的情况。

通常我们会对聚酰胺纤维、聚四氟乙烯、丁腈、丁基合成橡胶和氯丁橡胶等弹性合成橡胶材料的配伍性进行评价。室温下将每种材料的样品浸泡在相关的化学抑制剂中（浸泡时间长达28天）。定期评价弹性合成橡胶样品的质量、硬度和尺寸，从而确定它们是否发生了任何不利的影响。

虽然从环境的角度来看，聚合物和聚合物材料的水解作用通常是一个正向的过程，它能够为进一步的化学降解或生物降解提供基础。但同时也应该意识到，这样的化学反应会产生有毒或有害的试剂，同样地，在笔者看来，在研究聚合物的使用对环境所造成的影响时应该充分考虑这一点。例如，某些聚丙烯酸酯，特别是氰基丙烯酸酯（用作牙科的黏合剂）在水解时会生成甲醛[337]，而甲醛是一种已知的具有致癌性的生物杀菌剂。认识到这一点在评价聚合物添加剂对环境的影响时可能是至关重要的，因为一旦存在这样的化学试剂，可能会妨碍任何有关生物降解的研究。

2.6.6　生物降解

在本章的前半部分，从生物聚合物的应用和聚合物化学的处理方面讨论了聚合物的生物降解作用，以提高它们的环境可接受程度（见2.1.3），同时还对天然聚合物和生物聚合物进行了相当详细的讨论（见2.2节）。本节对聚合物的降解过程进行了讨论，其目的是进一步研究油田中聚合物降解过程所发生的生物降解作用（主要是土壤和海洋环境中的生物降解作用），并讨论这一处理措施的整体有效性，即当聚合物发生生物降解时的降解速度。相关内容在本书的最后一章（即第10章）也会提及。它还将对一些可能产生其他可生物降解聚合物的化学反应过程进行研究，不考虑这些可生物降解聚合物应用于石油与天然气工业上游的情况。

正如本章所述，环境化学专家和油田化学专家在设计具有良好生物降解性和保持稳定性的材料和产品时面临两难的境地。如前所述，后者的性质常常与聚合物添加剂的功能特性和功效有关。大多数聚合物和聚合物添加剂都非常耐用，这一特性使得固相聚合物可以代替金属和玻璃材料。如前所述，聚合物废料[98]是造成环境污染的重要因素。这就意味着，近几十年来，人们逐渐开始关注可降解聚合物的制备，而最重要的就是可生物降解聚合物的制备[338]。正如本节所述，聚合物具有各种降解机制，从有意提高降解效率的角度来看，可以利用这些降解机制来减少对环境的影响，尤其是光、氧气和水（水解）在聚合物的降解设计中起着重要作用。这些降解特性还可以与土壤和海洋微生物的作用结合起来使用，从而确保聚合物发生适当的生物降解。

生物降解作用从本质上来讲还是一种化学作用。然而，“化学”作用的来源主要是微生物作用，如细菌和真菌，并且其主要的作用过程是催化性质的，主要基于酶的水解作用(图 2.35) 及其他生物/代谢过程。聚合物受微生物降解作用的敏感性一般取决于以下因素：

（1）酶的可获得性；

（2）聚合物上发生酶解作用的位置（这是水溶性聚合物降解过程的主要机理）；

（3）酶对聚合物的特异性（这可能与可用的微生物区系有关）；

（4）辅酶或其他“催化剂”(如果需要的话)。

生物降解的作用过程一直都在发生。微生物，特别是真菌和细菌，在生物圈中大量存在。它们在海洋或表层等特定的生长条件下不断繁殖。事实上，如果真菌不以恒定的速度降解落叶林中的落叶层，那么我们就会被这些物质所淹没，地球就会呈现出一个完全不同的景象。这些微生物需要一个营养基础（培养基），通常是碳、氢、氧、氮及其他某些元素；因此，它们可以利用各种材料作为培养基质。这一生物降解过程的关键成分通常是水，因此水溶性聚合物等材料在潜在的可生物降解方面具有明显的优势。

如果不是全部，也是大多数天然聚合物，即便它们并不是水溶性的，如纤维素、其他多糖聚合物和多肽聚合物也是可以进行生物降解的。然而，相当大一部分作为潜在的生物聚合物被丢弃，当然这是在石油和天然气应用方面，因为它们的生物降解速率要么很慢，要么需要特定的条件来确保较快的生物降解速率。例如，蛋白质的降解过程可能非常复杂，而且是必然的，因为需要特定的酶裂解产物来用于这些大分子的生物构建、使用和修复[339]。这是一种宝贵的资源，甚至还尚未开始加以探讨，本节将对其进行进一步的讨论。

大多数聚合物和聚合物材料都会经历一个生物降解过程，如图 2.79 所示。

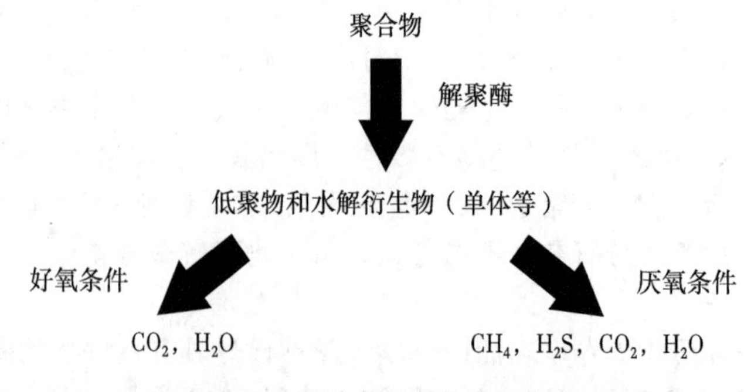


图 2.79　聚合物的生物降解产物

当然，这是由其他影响水解动力学的条件所驱动的，比如温度和 pH 值，并且该降解过程可以在很长一段时间内发生，甚至在原油还在地层中的时期内都会发生。然而，正如我们所看到的，最终的生物降解产物是小分子的气体和水。最重要的环境问题是 $CO_2$ 的产量。

最后需要强调的是，对于是否可以将生物降解特性作为环境可接受性或产物的环保性（“绿色”）进行分类的一种手段，必须提出质疑。正如第 1 章所述，绿色化学指的不仅仅是在一个特定的试验中获得良好的生物降解特性，因为该试验并不能很全面地代表真实环境。特别是在石油和天然气工业的上游，化学品的生物降解性不断受到质疑，尽管已经考虑到了毒性等其他因素，但这是依照法规进行控制的主要标准。正如本章所述，大多数合成聚合物的生物降解性差，往往无法进行生物利用。聚合物的分子量通常极大，不能被细胞所吸收，也不能进行生物累积，至少不能通过正常的细胞运输机制来实现[340]。然而，正如之前所提到的，聚合物可以通过其他形式降解（主要是水解作用），而正是这些通过其他形式降解后的“碎片”经历了后续的生物降解过程。将这些降解过程变得更容易，这是所有合成聚合物改性的主要目的，也是合成生物聚合物的主要处理方式。

有人指出，这是提供油田化学制品的一个关键动力，特别是在全世界范围内执行法规控制的领域，这些工业的目标是提供包括聚合物在内的可生物降解的产品。如前所述，生物可降解聚合物的设计与石油和天然气工业上游的其他化学添加剂的设计有所不同，其他化学制品的设计将在其他相关章节中进行探讨。下一节将讨论本章前面没有详细介绍或没有全面展开的一些方法。

#### 2.6.6.1 生物降解的分子设计

在 2.1.3 中阐述了三种应用于可生物降解合成聚合物设计的基本方法。还有一种尚未被广泛应用的方法是对合成聚合物进行研究，利用合成的聚合物来模拟天然聚合物。

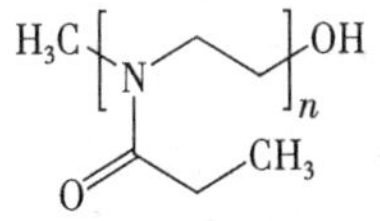

例如，将聚（2-乙基 2-恶唑啉）（图 2.80）称为拟多肽[341]，由于它的用途广泛并且有着多种多样的特性，因此它正重新引起人们的兴趣。

$H_3C$ N OH $n$ $CH_3$ O

图 2.80 聚（2-乙基 2-恶唑啉）

这些聚合物是由 2-恶唑啉的环形开口通过“活性”聚合反应过程制成的，如图 2.80 所示。如前所述，这些聚合物材料在作为动力学水合物抑制剂（KHI）时已经经过了检验；然而，还没有对这些聚合物材料的其他用途进行研究，之前已经进行检验的聚合物似乎并没有表现出良好的生物降解特性。

然而，这种活性聚合方法的多功能性允许多种 2-恶唑啉单体发生共聚，从而提供一系列可调节的聚合物性能，例如，通过共聚作用可获得亲水的、疏水的、硬质和软质聚合物材料。然而，由于这类聚合物的反应时间过长、应用前景有限，因此它们在 20 世纪 80 年代和 90 年代几乎被人们所遗忘。在 21 世纪，聚（2-恶唑啉）再度受到青睐，因为它们有可能作为生物材料来使用，并且具有其他有用的功能[342]。它们与多肽的相似性是显而易见的。

还有许多其他的合成聚合物可以用来模拟天然聚合物，如前所述，烷基聚糖苷[171,309]（见 2.2.6 和 2.6.1）就是一个很好的例子，这次它模拟的是多糖。它们的一般结构如

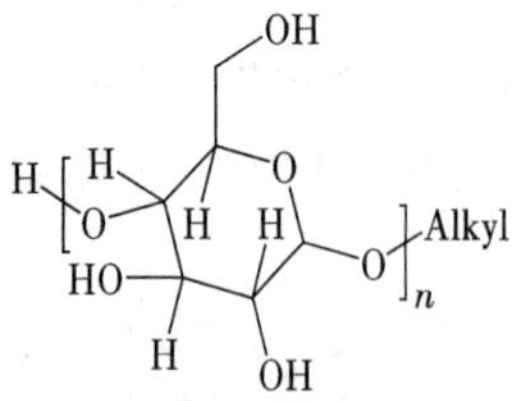

图 2.81 烷基聚糖苷

图 2.81 所示。

这些材料显示出了较强的表面活性，这些特性将在第 3 章中进行详细的讨论。它们在石油和天然气工业中的应用仅限于作为表面清洁剂[343]和缓蚀剂[171]。然而，它们也有其他的一些潜在的和实际的用途[344]，包括钻井液、破乳剂、絮凝剂和提高原油采收率。考虑到其良好的生物降解特性和较高的温度稳定性，可以认为，其实早就应该重新对这些聚合物进行研究。

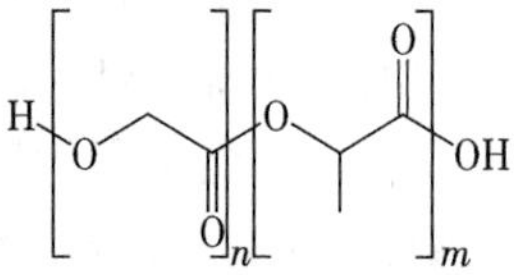

图 2.82 一种聚酒石酸衍生物

聚酒石酸（图 2.82）是一种与乙烯基聚合物（如聚丙烯酸）相似的聚合物，但其分子链的主链中有一个杂原子(即氧原子)。虽然这是用于模仿天然聚合物的合成聚合物，但它也是从天然产物的单体单元衍生而来的。在工业上，酒石酸是从酒糟中分离出来的，并且酒石酸是发酵作用的副产品。由于酒石酸来源于天然产物，再加上它可以将聚合物的主链处理为一条，因此这种聚合物的生物降解特性较好，可以提高聚合物的环境特性（更环保)。

这些类型的聚合物已经被用作碳酸钙的阻垢剂，因为它具有非常好的钙离子耐受性[345]。

前面的例子仅仅说明了利用这种方法（特别是结合前面所介绍的处理方式）来设计对环境更为“友好”的聚合物的可能性。

2.6.6.2 未使用的资源——天然聚合物

自然界中充满了化学产品，这些化学产品可以解决几乎所有的材料和化学方面的问题，这些问题都是在确保植物和动物生存方案的过程中产生的。天然聚合物是一种人类才刚刚开始了解和开发的资源。在 2.3 节中讨论了天然聚合物，并介绍了天然聚合物作为绿色(环保）化学添加剂在油田中应用的潜力和实例。然而，还有大量的其他化学产品需要验证，以及大量的自然资源需要考虑。如果考虑用其他化学原料来取代原油原料，这一想法是极其正确的。

如前所述，木质素只有在特定的条件下才会缓慢地发生生物降解。木质素的结构比较复杂，它含有许多芳香族及相关单体单元。人们逐渐认识到木质素是一种潜在的高价值和有用的产品，其中的一些产物可能在油田化学添加剂的衍生过程中具有很高的价值，目前正在进行将木质素转化为其他衍生物的工作[346,347]。

另一个例子是藻朊酸盐凝胶（图 2.83)，它被用作钻井液中的悬浮剂[348]，但在其他的

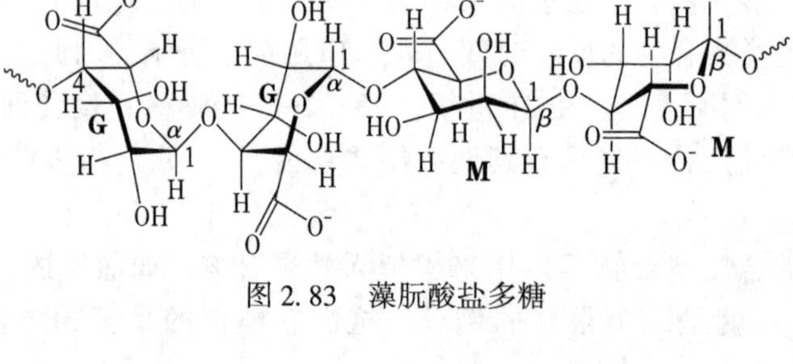

图 2.83 藻朊酸盐多糖

油田应用场景中的用途较少。从图 2.83 中可以看出，它们具有十分复杂的多糖结构，可以在多种应用环境中发挥作用。它们是食品增稠剂中的一种常见材料，可以从包括海藻在内的多种褐藻生物中获得。

正如在 2.3 节中经常提到的那样，很少对天然产品进行处理，而合成聚合物中则更容易出现对天然产品进行处理以增强合成聚合物功能的情况。作者认为，这是一个油田化学几乎没有研究过的领域，而其他工业领域中的研究则更超前[349]。

已经有研究结果表明，微晶纤维素和天然脂肪酸硬脂酸的衍生物——纤维素硬脂酸酯具有增强温度稳定性的作用[350]，并且它是油田应用过程中的一个有用特性，正如前面所提到的，已经有许多的纤维素聚合物在各大油田得到应用。

#### 2.6.6.3 生物降解作用的反转

一般来讲，天然聚合物具有较快的生物降解速率；然而，这可能会影响到它们的效率、功能性和稳定性。这种不稳定性会影响它们在油田作业过程中的有效性。影响并降低油田化学添加剂生物降解速率的一种常用方法就是采用天然聚合物来配制生物杀菌剂。例如，在压裂液中通常含有杀菌剂，尤其是将瓜尔胶及其衍生物用作增稠剂或黏度调节剂的压裂液中。当然，还在复杂的混合物中添加了另一种化学成分，这些化学成分可以用来评估对环境的整体影响。事实上，正在通过消除或至少减少微生物效力的方式，使生物降解的自然过程发生反转。

有趣的是，与人们的直觉相反，最近的研究报告表明，通过合成改性的方式可以有效地减少聚丙烯酰胺（PAM）体系的生物降解[351]，并且这种方法可用于提高采收率。制备了一种新型的抗生物降解的疏水缔合丙烯酰胺共聚物（聚丙烯酰胺类），并对其生物降解性能进行了测试。测试结果表明，该共聚物与同类型的其他共聚物不同，不易发生降解。与部分水解的聚丙烯酰胺相比，该共聚物能够显著提高水溶液的黏度。这些特性为提高采收率奠定了良好的基础。此外，该共聚物在高温高盐油藏中具有提高采收率的潜力。

因此在使用高度可生物降解的天然聚合物时，就会面临以下问题：它是否可以在增强所需功能特性的同时降低聚合物的生物降解速率，并且在这一过程中开启一个新的天然聚合物化学领域，而该领域不仅只是针对石油和天然气工业中的应用，同时也涉及其他工业领域。

#### 2.6.6.4 聚合物材料的生物降解

许多聚合物（特别是塑料聚合物）的降解过程（特别是生物降解过程）已经得到了广泛的研究[352,353]。为了了解和克服与合成聚合物和塑料废物有关的日益严重的环境问题，这一点变得尤为重要。然而，对如此广泛的研究（它将影响到所有的工业领域）进行综述和讨论并不属于本书的研究范围。但是，本书对石油和天然气工业上游的一些相关材料进行了简要的介绍。

研究重点着眼于两个主要的研究领域：使用生物聚合物（即可进行生物降解的材料，如聚醚类、聚酯类等）来代替不可降解的聚合物材料；并且明确那些有助于各种聚合物材料（特别是塑料）发生生物降解的微生物。关于生物聚合物替代品在石油和天然气工业上游的应用（特别是作为化学添加剂的应用），已经进行了大量的介绍和讨论。后面一项工作与石油和天然气工业是密切相关的，因为它不仅涉及聚合物应用所造成的一般影响（与所有其他工业领域中的影响相同），而且还涉及灾难性事故中原油的生物降解过程[354]，一旦处理不当，将导致重大的石油泄漏事故。如图 2. 79 所示，在经过了最开始的酶解过程后，特定的微生物会根据环境条件和聚合物基质，进一步地使低聚物及其他水解衍生物发生降解。

许多聚合物材料，如聚氯乙烯（PVC）制成的塑料，由于风化作用而发生降解。这将导致它们的表面发生脆化并产生微裂纹，该过程所产生的微粒会通过风或波的作用进入水中[98]。与海水中存在的无机微粒不同，塑料微粒是通过分离作用而产生持久性有机污染物（POPS）的。对于塑料介质，持久性有机污染物的相关分布系数通常能达到几个数量级。因此，含有高浓度持久性有机污染物的微粒可被海洋生物吸收。跨营养级所吸收的持久性有机污染物的生物利用率和转移效率尚不清楚，这些污染物对海洋生态系统所造成的潜在危害也还没有得到量化、科学的建模和验证。然而，鉴于海洋中的塑料污染程度日益加剧，更好地了解塑料微粒对海洋食物链的影响非常重要。

本小节对聚合物和聚合物材料的主要降解机理进行了研究，并研究了与石油和天然气工业上游应用相关的案例。聚合物降解是一个非常复杂的过程，它涉及多个单独的降解机制或协同工作。然而，油田化学家可以利用这些降解机理充分发挥其优势，如后文所述。

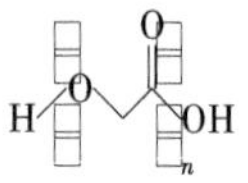

图 2. 84　聚乙醇酸

迄今为止，认为只有一种生物聚合物的性能足够强大，可以用于制造井下工具和相关产品，这种生物聚合物具有较好的降解特性，方便移除和处理。这种生物聚合物为聚乙醇酸（PGA）（图 2. 84），它在 210℉以上（99℃以上）的温度条件下可以充分降解。因此，在低温地层中不考虑使用聚乙醇酸（PGA）材料。聚乙醇酸是一种可生物降解的热塑性聚合物，它是一种最简单的线型脂肪族聚酯。自 1954 年以来，一直认为它是一种由纤维组成的高强度聚合物。

2015 年开始出现了可以在较低温度下发生降解的材料[355]。这些材料是可降解的复合型聚合物，它们可在淡水环境温度下发生降解。这一特性有效地扩展了使用不需要回收或加工的可降解工具的概念。

如前所述，聚合物的降解特性能够有助于油田化学工作的开展，同时还可以减少对环境的影响。

## 2.7　聚合物回收和再利用

为了研究可持续的油气资源开采方法，需考虑再利用和回收所有材料和聚合物。但如 2. 4 节所述，全面评价施工聚合物材料（如用于石油勘探与开发的聚合物材料）的再利用和回收不属于本书的研究范围。许多合成聚合物在工业上用于各种施工和工程功能[356]，且在这方面，合成聚合物的耐久性是一种有利因素。但从环境角度来看，这种耐久性对废物特性存在重大影响，尤其是塑料、弹性体和橡胶等聚合物。

在工业部门和家庭中有多种方法可以解决聚合物废物问题。如本章末尾所述，用生物聚合物替代品是油气行业中的主要策略，尤其是使用聚合物基化学添加剂。也对此类添加剂的回收进行了研究，尤其是在污染生产水的再利用方面。这将为大量用水的水基压裂页岩气开采带来巨大的潜在经济效益[357]。

同理，在传统石油生产中通过采出水回注为储层提供支持，特别是在传统供水困难和(或)环境问题严重时[358]，且该方法具有无须处理油层外土地或无须离岸开发[359]海洋环境的额外优势。如今，回注采出水是北海[360]挪威部门的常规做法。回注是一种常用形式，其中所含的化学残留物可通过生产过程回收再利用。第 10 章讨论了该主题，该章不仅考虑了聚合物，还考虑了其他化学添加剂。但在这种情况下，耐用的聚合物材料具有优势且仍然可以起作用。此类化学品的再利用具有挑战性和较高争议性，但仍可带来可观的经济效益和环境效益。

在考虑塑料等聚合物材料的回收和再利用时，这些工艺仍在开发和建设中。尤其是在油田领域，油田领域的大规模装置只能在几十年后报废。北海地区的工业旨在确保聚合物材料在退役过程中回收和再利用率超过 97%。

1988 年，塑料工业协会采用了塑料回收的编码系统，该编码系统被广泛接受(图 2.85)。美国材料与试验协会（ASTM）发行了一个更广泛的系统，用以确定工业塑料的回收和处理，其中包括 100 多种聚合物和聚合物混合物。第三种系统专用于汽车工业。该系统以 ISO 缩写为基础，以确定用于汽车零件的塑料，从而可以使用和回收这些塑料。该系统非常成功，如今汽车使用的回收塑料部件超过了 95%。

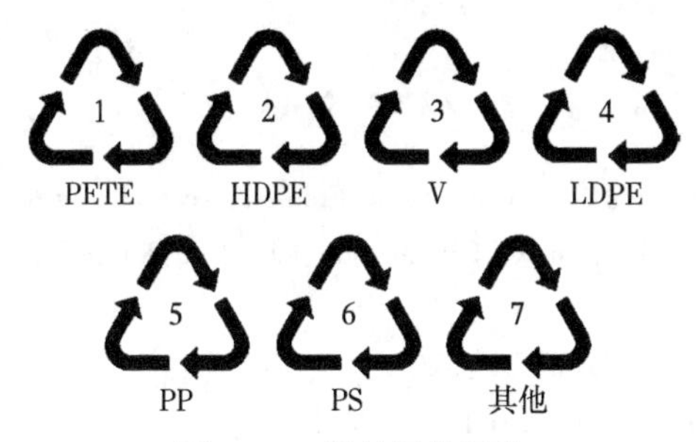


图 2.85 塑料回收标志

许多塑料及其相关材料回收的另一个主要策略是使其部分可降解，并可用作有机肥[361]。

本章介绍了聚合物的用途及其在石油勘探与开发中的各种应用，尤其是化学添加剂。毫无疑问，聚合物将在未来的碳氢化合物开采、开发方面发挥重要作用。研究表明，发展趋势是用“绿色”品替代合成聚合物，特别是合成生物聚合物和天然聚合物，且有人试图证明仍有许多领域（特别是天然聚合物衍生的相关领域）有待探索。希望读者能够进一步了解这些领域，研制出新的、激动人心的、更环保的且具有实用功能的化学品。

## 2.8 可持续性聚合物

可持续性聚合物是一种塑料材料或其他类型的聚合物，它可以满足消费者或工业应用的需求，而不会对环境、健康和经济造成不利影响。可持续性塑料的原料是植物等可再生资源。其生产过程将使用更少的净水和非可再生能源，排放出的温室气体也更少，它们比非可持续性聚合物的碳排放量更小，同时在经济上更是可行。除了对产出水进行再利用的相关评论外，很少有人谈到聚合物的可持续性。然而，可持续性聚合物最大的优势是它们可以从自然资源中获得。因此，从这个意义上来讲，它们在天然聚合物这一节中得到了广泛的讨论。

如前所述，传统的合成聚合物是通过将石油或天然气转化为化学制品（单体）的方式得到的。这些化学制品被加工成具有特定用途的聚合物。这些聚合物在使用完之后进行相应的处理（回收或者再利用），时至今日，仍然有大量的、源源不断增长的聚合物需要处理。此外，该过程是不可持续的，因为这些聚合物的主要原料为不可再生的油气资源。将可持续的概念应用于石油与天然气工业的过程仍处于初级阶段；然而，可用的天然聚合物(和天然产物)，特别是来自植物界的聚合物，为引入这样一个可持续的循环过程提供了一种载体。这些材料的使用量日益增长，将有助于适度缓解石油和天然气工业上游作业对地球生态系统所造成的碳排放失衡问题。

这种可持续性聚合物的一个典型案例就是使用来自芦荟、仙人掌制备的芦荟凝胶，主要由多糖组成，可溶于水，随同衍生物一起可作为阻垢剂[262]使用。事实上，假设芦荟凝胶的水解过程有利于钙离子和镁离子的相互作用，并可能提高阻垢剂的效率[362]。这只是众多植物来源中的一种，是一种更直接的材料来源，无须进行过多加工处理，并具有高度可持续性。

## 参考文献

[1] Craddock, H. (2013). Shale gas: a new European Frontier, yesterday's news in North America - chemicals used, myths and reality. Chemistry in the Oil Industry XIII (4-6 November 2013). Manchester, UK: Royal Society of Chemistry.

[2] Berzelius, J. J. (1833). Jahresberichte 12: 63.

[3] Lourenço, A. V. (1863). Recherches sur les composés polyatomiques. Annales de Chimie Physique 67: 3, 273-279.

[4] Williams, J. C. F. (1862). Journal of the Chemical Society 15: 10.

[5] Staudinger, H. (1924). Chemische Berichte 57: 1203.

[6] Hermes, M. E. (1996). Enough for One Lifetime: Wallace Carothers, Inventor of Nylon. American Chemical Society, Chemical Heritage Foundation. ISBN: 0-8412-3331-4.

[7] Oil and Gas UK (2015). Economic Report 2015.

[8] The RSA Great Recovery & Zero Waste Scotland Programme (2015). North Sea Oil and Gas Rig Decommissioning & Re-use Opportunity Report, Innovate UK, 2015.

[9] Mathur, N. K. (2012). Industrial Galactomannan Polysaccharides. CRC Press.

[10] Coleman, M. M. and Painter, P. C. (1997). Fundamentals of Polymer Science, 2nde. CRC Press.

[11] Burger, E. D., Munk, W. R., and Wahi, H. A. (1982). Flow increase in the Trans Alaska pipeline through the use of a polymeric drag reducing additives, SPE 9419-PA. Journal of Petroleum Technology 34 (02): 377-386.

[12] Aubanel, M. L. and Bailly, J. C. (1987). Amorphous high molecular weight copolymers of ethylene and alpha-olefins. EP Patent 243127, assigned to BP Chemicals Ltd.

[13] Gessell, D. E. and Washecheck, P. H. (1990). Composition and method for friction loss reduction. US

Patent 4,952,738, assigned Conoco Inc.

[14] Smith, K. W., Haynes, L. V. and Massouda, D. F. (1995). Solvent free oil soluble drag reducing polymer suspension. US Patent 5,449,732A, assigned to Conoco Inc.

[15] Dindi, A., Johnston, R. L., Lee, Y. N. and Massouda, D. F. (1996). Slurry drag reducer. US Patent 5,539,044, assigned to Conoco Inc.

[16] Rossi, A., Chandler, J. E. and Barbour, R. (1993). Polymers and additive compositions. WO Patent 9319106, assigned to Exon Chemical Patents Inc.

[17] Lescarboura, J. A., Culter, J. D., and Wahi, H. A. (1971). Drag reduction with a polymeric additive in crude oil pipelines, SPE 3087. Society of Petroleum Engineers Journal 11 (3).

[18] Johnston, R. L. and Milligan, S. N. (2003). Polymer compositions useful as flow improvers in cold fluids. US Patent 6,596,832.

[19] Milligan, S. N. and Smith, K. W. (2003). Drag-reducing polymers and drag-reducing polymer suspensions and solutions. US Patent 6,576,732.

[20] Hunston, D. L. (1976). Effects of molecular weight distribution in drag reduction and shear degradation. Journal of Polymer Science, Polymer Chemistry Edition 14: 713.

[21] Kaplan, D. L., Hartenstein, R., and Sutter, J. (1979). Biodegradation of polystyrene, poly (methyl methacrylate), and phenol formaldehyde. Applied and Environmental Microbiology 38 (3): 551-553.

[22] Otake, Y., Kobayashi, T., Asabe, H. et al. (1995). Biodegradation of low-density polyethylene, polystyrene, polyvinyl chloride, and urea formaldehyde resin buried under soil for over 32 years. Journal of Applied Polymer Science 56 (13): 1789-1796.

[23] Myajima, Y., Kariyazono, Y., Funatsu, S., et al. (1994). Durability of polyethylene-coated steel pipe at elevated temperatures. Nippon Steel Technical Report No. 63, October 1994.

[24] Arai, T. and Ohkita, M. (1989). Application of polypropylene coating system to pipeline for high temperature service. Internal and External Protection of Pipes - Proceedings of the 8th International Conference, Florence, Italy (24-26 October 1989), pp. 189-201.

[25] Larson, R. J., Bookland, E. A., Williams, R. T. et al. (1997). Biodegradation of acrylic acid polymers and oligomers by mixed microbial communities in activated sludge. Journal of Environmental Polymer Degradation 5 (1): 41-48.

[26] Monfreux, N., Perrin, P., Lafuma, F. and Sawdon, C. (2000. Invertible emulsions stabilised by amphiphilic polymers and applications to bore fluids. WO Patent 0031154.

[27] http: //www. glossary. oilfield. slb. com/en/Terms/i/invert_ emulsion_ oil_ mud. aspx (accessed 7 December 2017).

[28] Chin, W. C. (1995). Formation Invasion: With Applications to Measurement while Drilling, Time lapse Analysis and Formation Damage. Gulf Publishing Co.

[29] Huddleston, D. A. and Williamson, C. D. (1990). Vinyl grafted lignite fluid loss additives. US Patent 4,938,803, assigned to Nalco Chemical Company.

[30] Chueng, P. S. R. (1993). Fluid loss additives for cementing compositions. US Patent 5,217,531, assigned to The Western Company of North America.

[31] Jones, T. G. J. and Tustin, G. J. (1998). Gelling composition for wellbore service fluids. US Patent 6,194,356, assigned to Schlumberger Technology Corporation.

[32] Hogan, C., Davies, H., Robins, L., et al. (2013). Improved scale control, hydrothermal and environmental properties with new maleic polymer chemistry suitable for downhole squeeze and topside

applications. Chemistry in the Oil Industry XIII (4-6 November 2013). Manchester, UK: Royal Society of Chemistry.

[33] Jada, A., Ait Akbour, R., Jacquemet, C. et al. (2007). Effect of sodium polyacrylate molecular weight on the crystallogenesis of calcium carbonate. Journal of Crystal Growth 306 (2): 373-382.

[34] LoSasso, J. E. (2001). Low molecular weight structured polymers. US Patent 6,322,708.

[35] Gancet, C., Pirri, R., Boutevin, B., et al. (2005). Polyacrylates with improved biodegradability. US Patent 6, 900, 171, assigned to Arkema.

[36] Rodrigues, K. A. (2010). Hydrophobically modified polymers. US Patent Application 20100012885, assigned to Akzo Nobel N. V.

[37] Costello, C. A. and Matz, G. F. (1984). Use of a carboxylic functional polyampholyte to inhibit the precipitation and deposit of scale in aqueous systems. US Patent 4,466,477, assigned to Calgon Corporation.

[38] Lindeman, O. E. and Allenson, S. J. (2005). Theoretical modeling of tertiary structure of paraffin inhibitors, SPE 93090. SPE International Symposium on Oilfield Chemistry, The Woodlands, TX (2-4 February 2005).

[39] Van der Meij, P. and Buitelaar, A. (1971). Polyalkylmethacrylates as pour point depressants for lubricating oils. US Patent 3,598,736, assigned to Shell Oil Co.

[40] Barthell, E., Capelle, A., Chmelir, M. and Danmen, K. (1987). Copolymers of n-alkyl acrylates and maleic anhydride and their use as crystallization inhibitors for paraffin-bearing crude oils. US Patent 4, 663, 491, assigned to Chemische Fabrik Stockhausen Gmbh.

[41] Reich, L. and Stivala, S. S. (1971). Elements of Polymer Degradation. New York: McGraw-Hill.

[42] Singhal, H. K., Sahai, G. C., Pundeer, G. S. and Chandra, L. (1991). Designing and selecting wax crystal modifiers for optimum performance based on crude oil composition, SPE 22784. Presented at SPE Annual Technical Conference and Exhibition, Dallas, TX (6-9 October 1991).

[43] Duffy, D. M., Moon, C., Irwin, J. L., et al. (2003). Computer assisted design of additives to control deposition from oils. Chemistry in the Oil Industry VIII (3-5 November 2003). Manchester, UK: Royal Society of Chemistry.

[44] Wirtz, H., Von Halasz, S.-P., Feustal, M. and Balzer, J. (1994). New copolymers, mixtures thereof with poly (meth) acrylate esters and the use thereof for improving the cold fluidity of crude oils. US Patent 5,349,019, assigned to Hoechst AG.

[45] Meunier, G., Brouard, R., Damin, B. and Lopez, D. (1986). Grafted ethylene polymers usable more especially as additives for inhibiting the deposition of paraffins in crude oils and compositions containing the oils and said additives. US Patent 4,608,411, assigned to Elf Aquitaine.

[46] Dumitriu, S. (2001). Polymeric Biomaterials, Revised and Expanded. CRC Press.

[47] Brunelli, J.-F. and Fouquay, S. (2001). Acrylic copolymers as additives for inhibiting paraffin deposition in crude oils, and compositions containing same. US Patent 6, 218, 490, assigned to Ceca SA.

[48] Shmadova-Lindeman, O. E. (2005). Paraffin inhibitors. US Patent Application 20050215437.

[49] Mueller, M. and Gruenig, H. (1994). Method for improving the pour point of petroleum oils. US Patent 5,281,329, assigned to Rohm Gbmh.

[50] Malik, S., Shintre, S. N. and Mashelkar, R. A. (1992). Process for the preparation of a new polymer useful for drag reduction in hydrocarbon fluids in exceptionally dilute polymer solutions. US Patent 5,080,121, assigned to Council of Scientific and Industrial Research.

[51] Farley, D. E. (1975). Drag reduction in non-aqueous solutions: structure-property correlations for poly

(isodecyl methacrylate). SPE 5308 SPE Oilfield Chemistry Symposium, Dallas, TX (13-14 January 1975).
[52] Yu, P., Li, C., Zhang, C. et al. (2011). Drag reduction and shear resistance properties of ionomer and hydrogen bond systems based on lauryl methacrylate. Petroleum Science 8 (3): 357-364.
[53] Russom, C. L., Drummond, R. A., and Huffman, A. D. (1988). Acute toxicity and behavioural effects of acrylates and methacrylates to juvenile fathead minnows. Bulletin of Environmental Contamination and Toxicology 41 (4): 589-596.
[54] Schultz, D. N., Kitano, K., Burkhardt, T. J. and Langer, A. W. (1985). Drag reduction agent for hydrocarbon liquid. US Patent 4,518,757, assigned to Exxon Research and Engineering Co.
[55] Taylor, G. N. (1997). Demulsifier for water-in-oil emulsions, and method of use. US Patent 5,609,794, assigned to Exxon Chemical Patents Inc.
[56] Ralston, A. W., Hoerer, C. W., and Poll, W. O. (1943). Solubilities of some normal aliphatic amides, anilides and N, N-diphenylamides. The Journal of Organic Chemistry 8 (5): 473-488.
[57] Wu, S. and Shanks, R. A. (2004). Solubility study of polyacrylamide in polar solvents. Journal of Applied Polymer Science 93 (3): 1493-1499.
[58] Pearsce, M. J., Weir, S., Adkins, S. J., and Moody, G. M. (2001). Advances in mineral flocculation. Minerals Engineering 14 (11): 1505-1511.
[59] Mortimer, D. A. (1991). Synthetic polyelectrolytes - a review. Polymer International 25 (1): 29-42.
[60] Kelland, M. A. (2014). Production Chemicals for the Oil and Gas Industry, 2nde. CRC Press.
[61] Putz, A. G., Bazin, B. and Pedron, B. M. (1994). Commercial polymer injection in the courtenay field, 1994 update, SPE 28601. SPE Annual Technical Conference and Exhibition, New Orleans, Louisiana (25-28 September 1994).
[62] Gao, J. P., Lin, T., Wang, W. et al. (1999). Accelerated chemical degradation of polyacrylamide. Macromolecular Symposia 144: 179-185.
[63] Reich, L. and Stivala, S. S. (1971). Elements of Polymer Degradation. McGraw-Hill, Inc.
[64] Al-Muntasheri, G. A., Nasr-El-Din, H. A., and Zitha, P. L. J. (2008). Gelation kinetics and performance evaluation of an organically crosslinked gel at high temperature and pressure, SPE 104071. SPE Journal 13 (3).
[65] Fisler, R. (1986). Chromium hazards to fish, wildlife and invertebrates: a synoptic review. Biological Report 85 (1.6) Contaminant Hazard Reviews, Report No. 6, US Fish and Wildlife Service.
[66] Puddu, A., Pettine, M., La Noce, T. et al. (1988). Factors affecting thallium and chromium toxicity to marine algae. Science of the Total Environment 71 (3): 572.
[67] Smith, E. A., Prues, S. L., and Oehm, F. W. (1997). Environmental degradation of polyacrylamides Ⅱ, effects of environmental (outdoor) exposure. Ecotoxicology and Environmental Safety 37 (1): 76-91.
[68] James, S. G., Nelson, G. B. and Guinot, F. J. (2002). Sand consolidation with flexible gel system. US Patent 6,450,260, assigned to Schlumberger Technology Corporation.
[69] Tate, J. (1973). Secondary recovery process. US Patent 3,749,169, assigned to Texaco Inc.
[70] Thach, S. (1996). Method for altering flow profile of a subterranean formation during acid stimulation. US Patent 5,529,122, assigned to Atlantic Richfield Company.
[71] Reddy, B. R. and Riley, W. D. (2004). High temperature viscosifying and fluid loss controlling additives for well cements, well cement compositions and methods. US Patent 6,770,604, assigned to Halliburton Energy Services Inc.
[72] Hille, M., Wittkus, H., Tonhauser, J., et al. (1996). Water soluble co-polymers useful in drilling

fluids. US Patent 5,510,436, assigned to Hoechst AG.

[73] Amjad, Z. ed. (1998). Water Soluble Polymers: Solution Properties and Applications. Springer.

[74] Tielong, C., Yong, Z., Kezong, P., and Wanfeng, P. (1996). A relative permeability modifier for water control of gas wells in a low-permeability reservoir, SPE 35617. SPE Reservoir Engineering 11 (3): doi: 10.2118/35617-PA.

[75] Lukocs, B., Mesher, S., Wilson, T. P., et al. (2007). Non-volatile phosphorus hydrocarbon gelling agent. US Patent Application 20070173413, assigned to Clearwater International LLC.

[76] Al-Sharkhi, A. and Hanratty, T. J. (2002). Effect of drag-reducing polymers on pseudo-slugs, interfacial drag and transition to slug flow. International Journal of Multiphase Flow 28: 1911-1927.

[77] Hoyt, J. W. and Sellin, R. H. J. (1991). Polymer "threads" and drag reduction. Rheologica Acta 30 (4): 307-315.

[78] Rivers, G. T. and Crosby, G. L. (2004). Method for inhibiting hydrate formation. WO Patent Application WO2004022910, assigned to Baker Hughes Inc.

[79] Fong, D. and Khambatta, B. S. (1994). Hydroxamic acid containing polymers used as corrosion inhibitor. US Patent 5,308,498, assigned to Nalco Chemical Company.

[80] Machado, A. L. C., Lucus, E. F., and Gonzalez, G. (2001). Poly (ethylene-co-vinyl acetate) (EVA) as wax inhibitor of a Brazilian crude oil: oil viscosity, pour point and phase behavior of organic solutions. Journal of Petroleum Science and Engineering 32 (2-4): 159-165.

[81] Dorer, C. J. and Hayashi, K. (1986). Hydrocarbyl substituted carboxylic acylating agent derivative containing combinations, and fuels containing same. US Patent 4, 623, 684, assigned to the Lubrizol Corporation.

[82] McDougall, L. A., Rossie, A. and Wisotsky, M. J. (1972). Crude oil recovery method using a polymeric wax inhibitor. US Patent 3, 693, 720, assigned to Exxon Research Engineering Co.

[83] Marie, E., Chevalier, Y., Eydoux, F. et al. (2005). Control of n-alkanes crystallisation by ethylene-vinyl acetate copolymers. Journal of Colloid and Interface Science 209 (2): 406-418.

[84] Amman, M. and Minge, O. (2011). Biodegradability of poly (vinyl acetate) and related polymers. In: Synthetic Biodegradable Polymers, Advances in Polymer Science, vol. 245, 137-172. Berlin: Springer-Verlag.

[85] Potts, J. E., Clendinning, R. A., Ackart, W. B., and Niegisch, W. D. (1973). The biodegradability of synthetic polymers. In: Polymers and Ecological Problems, Polymer Science and Technology, vol. 3 (ed. J. Guillet), 61-79. Boston, MA: Springer.

[86] Chellini, E. and Solaro, R. (1996). Biodegradable polymeric materials: a review. Advanced Materials 8 (4): 305-3132.

[87] Audibert, A., Rousseau, L. and Kieffer, J. (1999). Novel high pressure/high temperature fluid loss reducer for water based applications, SPE 50724. SPE International Symposium on Oilfield Chemistry, Houston, TX (16-17 February 1999).

[88] Moran, L. K. and Thomas, T. R. (1991). Well cement fluid loss additive and method. US Patent 5,009,269, assigned to Conoco Inc.

[89] Alford, S. E. (1991). North sea application of an environmentally responsible water-base shale stabilizing system, SPE 21936. SPE/AIDC Drilling Conference, Amsterdam (11-14 March 1991).

[90] Plank, J., Recalde, N., Dugoniic-Bilic, F., and Sadasivan, D. (2009). Comparative study of the working mechanisms of different cement fluid loss polymers, SPE 121542. SPE International Symposium on

Oilfield Chemistry, The Woodlands, TX (20-22 April 2009).

[91] Chiellini, E., Corti, A., D' Antonne, S., and Solaro, R. (2003). Biodegradation of poly (vinyl alcohol) based materials. Progress in Polymer Science 28 (6): 963-1014.

[92] Kabir, A. H. (2001). Chemical water and gas shutoff technology - an overview, SPE 72119. SPE Asia Pacific Improved Oil recovery Conference, Kuala Lumpur, Malaysia (6-9 October 2001).

[93] Audebert, R., Janca, J., Maroy, P. and Hendriks, H. (1996). New, chemically crosslinked polyvinyl alcohol (PVA), process for synthesizing same and its applications as fluid loss control agent in oil fluids. CA Patent 2,118,070, assigned to Schlumberger Ca Ltd.

[94] Oh-Kil, K. and Ling Sui, C. (1996). Drag Reducing Polymers in The Polymeric Materials Encyclopedia (ed. J. C. Salome). CRC Press.

[95] Fernandez, R. S., Gonzalez, G., and Lucas, E. F. (2005). Assessment of polymeric flocculants in oily water systems. Colloid and Polymer Science 283 (4): 375-382.

[96] Growcock, F. B. and Simon, G. A. (2006). Stabilised colloidal and colloidal like systems. US Patent 7,037,881, assigned to Authors.

[97] Kaczmarek, H. and Bajer, K. (2007). Biodegradation of plasticized poly (vinyl chloride) containing cellulose. Journal of Polymer Science Part B: Polymer Physics 45 (8): 903-919.

[98] Andrady, A. L. (2011). Microplastics in the marine environment. Marine Pollution Bulletin 62 (8): 1596-1605.

[99] Boles, J. L. and Boles, J. B. (1998). Cementing compositions and methods using recycled expanded polystyrene. US Patent 5, 736, 594, assigned to BJ Services Co.

[100] Yang, Y., Yang, J., Wu, W. M. et al. (2015). Biodegradation and mineralization of polystyrene by plastic-eating mealworms: Part 2. role of gut microorganisms. Environmental Science & Technology 49 (20): 12087-12093.

[101] Pushnadass, H. A., Weber, R. W., Dumais, J. J., and Hanna, M. A. (2010). Biodegradation characteristics of starch-polystyrene loose-fill foams in a composting medium. Bioresource Technology 10 (19): 7258-7264.

[102] Mooney, A., Ward, P. G., and O' Connor, K. E. (2006). Microbial degradation of styrene: biochemistry, molecular genetics, and perspectives for biotechnological applications. Applied Microbiology and Biotechnology 72: 1-10.

[103] Kiatkamjornwong, S., Sonsuk, M., Wiitayapichet, S. et al. (1999). Degradation of styrene-g-cassava starch filled polystyrene plastics. Polymer Degradation and Stability 66 (3): 323-335.

[104] Burback, B. L. and Perry, J. J. (1993). Biodegradation and biotransformation of groundwater pollutant mixtures by Mycobacterium vaccae. Applied and Environmental Microbiology 59 (4): 1025-1029.

[105] Pirri, R., Hurtevent, C. and Leconte, P. (2000). New scale inhibitor for harsh field conditions, SPE 60218. International Symposium on Oilfield Scale, Aberdeen, UK (26-27 January 2000).

[106] Wat, R., Hauge, L.-E. Solbakken, K., et al. (2007). Squeeze chemical for HT applications - Have we discarded promising products by performing unrepresentative thermal aging tests? SPE 105505. International Symposium on Oilfield Chemistry, Houston, TX (28 February-2 March 2007).

[107] Moran, L. K. and Moran, L. L. (1998). Composition and method to control cement slurry loss and viscosity. US Patent 5, 850, 880, assigned to Conoco Inc.

[108] Sloan, D. ed. (2011). Natural Gas Hydrates in Flow Assurance. Elsevier.

[109] Luvicap® Bio is the first biodegradable KHI (OECD 306 >50% in 28 days) Y1 registered in Norway.

http: //www. oilfield-solutions. basf. com/ev/internet/oilfield-solutions/en_GB/ applications/production/low-dose-gas (accessed 7 December 2017)

[110] Malchow, G. A. Jr. (1997). Friction modifier for water-based well drilling fluids and methods of using the same. US Patent 5, 593, 954, assigned to Lubrizol Corporation.

[111] Little, R. C. and Weigard, M. (1970). Drag reduction and structural turbulence in flowing polyox solutions. Journal of Applied Polymer Science 14 (2): 409.

[112] Lundan, A. O., Anaas, P. -H. V. and Lahteenmaki, M. J. (1996). Stable CMC slurry. US Patent 5,487,777, assigned to Metsa-Serla Chemicals Oy.

[113] Dixon, J. (2009). Drilling fluids. US Patent 7, 614, 462, assigned to Croda International Plc.

[114] McCoy, D. R., McEntire, E. E. and Gipson, R. M. (1987). Demulsification of bitumen emulsions. CA Patent 1, 225, 003, assigned to Texaco Development Corp.

[115] Schlaad, H. and Hoogenboom, R. ed. (2012). Special Issue: Poly (2-oxazoline)s and related pseudo-polypeptides. Macromolecular Rapid Communications 33 (19): 1599.

[116] Ulbricht, J., Jordan, R., and Luxenhofer, R. (2014). On biodegradability of polyethylene glycol, polypeptides and poly (2-oxazoline) s. Biomaterials 35 (17): 4848-4861.

[117] Toenjes, A. A., Williams, M. R. and Goad, E. A. (1992). Demulsifier compositions and demulsifying use thereof. US Patent 5, 102, 580, assigned to Petrolite Corporation.

[118] Hale, A. H. and van Oort, E. (1997). Efficiency of ethoxylated/propoxylated polyols with other additives to remove water from shale. US Patent 5, 602, 082, assigned to Shell Oil Company.

[119] Ainley, B. R. and McConnell, S. B. (1993). Delayed borate crosslinked fracturing fluid. EP Patent 528461, assigned to Pumptech N. V. and Dowell Schlumberger S. A.

[120] Zhong, H., Oiu, Z., Huang, W., and Cao, J. (2011). Shale inhibitive properties of polyether diamine in water-based drilling fluid. Journal of Petroleum Science and Engineering 78 (2): 510-515.

[121] Patel, A. D., Stamatakis, E., Davis, E. and Friedheim, J. (2007). High performance water based drilling fluids and method of use. US Patent 7,250,390, assigned to MI LLC.

[122] Pakulski, M. and Hurd, D. (2005). Uncovering a dual nature of polyether amines hydrate inhibitors. 5th International Conference on Gas Hydrates, Trondheim, Norway (13-16 June 2005), pp. 1401-1408.

[123] Bakeev, K., Myers, R. and Graham, D. E. (2001) Blend for preventing or retarding the formation of gas hydrates. US Patent 6180699, assigned to ISP Investments Inc.

[124] Blytas, G. C., Frank, H., Zuzich, A. H. and Holloway, E. L. (1992). Method of preparing polyethercycylicpolyols. EP Patent 505000, assigned to Shell International Research Maatschappij B. V.

[125] Zychal, C. (1986). Defoamer and antifoamer composition and method for defoaming aqueous fluid systems. US Patent 4631145, assigned to Amoco Corporation.

[126] Davidson, E. (1995). Defoamers. WO Patent 1995009900, assigned to ICI Plc.

[127] Plank, J. (1993). Drilling mud composition and process for reducing the filtrate of metal hydroxide mixtures - containing drilling mud compositions WO Patent 1993012194, assigned to Sueddeutsche Kalkstickstoff.

[128] Kawaki, F. (1990). Biodegration of polyethers. In: Agricultural and Synthetic Polymers, ACS Symposium Series, vol. 433, Chapter 10, 110-123. American Chemical Society.

[129] Todd, B. L., Slabaugh, B. F., Munoz, T. Jr. and Parker, M. A. (2006). Fluid loss control additives for use in fracturing subterranean formations. US Patent 7,096,947, assigned to Halliburton Energy Services Inc.

[130] Reddy, B. R. and Liang, F. (2015). Solids-free diverting agents and methods related thereto. WO Patent 2015060813, assigned to Halliburton Energy Services Inc.

[131] Kelland, M. A. (2006). History and development of low dosage hydrate inhibitors. Energy and Fuels 20 (3): 825-847.

[132] Feustal, M. and Lienweber, D. (2009). Pyroglutamic acid esters with improved biodegradability. US Patent Application 20090124786.

[133] Rivers, G. T. and Crosby, D. L. (2007). Gas hydrate inhibitors. US Patent 7,164,051, assigned to Baker Hughes Incorporated.

[134] Pakulski, M. K. (2011). Development of superior hybrid gas hydrate inhibitors, OTC 21747. Offshore Technology Conference, Houston, TX (2-5 May 2011).

[135] Pakulski, M. K. (2000) Quaternized polyether amines as gas hydrate inhibitors. US Patent 6,025,302, assigned to BJ Services Company.

[136] Kelland, M. A., Svartaas, T. M., and Andersen, L. D. (2009). Gas hydrate anti-agglomerant properties of polypropoxylates and some other demulsifiers. Journal of Petroleum Science and Engineering 64 (1): 1-10.

[137] Alsabagh, A. M., Migahed, M. A., and Awad, H. S. (2006). Reactivity of polyester aliphatic amine surfactants as corrosion inhibitors for carbon steel in formation water (deep well water). Corrosion Science 48 (4): 813-828.

[138] Pou, T. E. and Fouquay, S. (2002). Polymethylenepolyamine dipropionamides as environmentally safe inhibitors of the carbon corrosion of iron. US Patent 6,365,100, assigned to Ceca S. A.

[139] Treybig, D. S., Changand, K. -T. and Williams, D. A. (2009). Demulsifiers, their preparation and use in oil bearing formations. US Patent 7,504,438, assigned to Nalco Company.

[140] Xu, Y., Wu, J., Dabros, T. et al. (2005). Optimizing the polyethylene oxide and polypropylene oxide contents in diethylenetriamine-based surfactants for destabilization of a water-in-oil emulsion. Energy & Fuels 19 (3): 916-992.

[141] Eifers, G., Sager, W., Vogel, H. -H. and Oppenlaender, K. (1995). Oil-demulsifiers based on an alkoxylate and preparation of this alkoxylate. US Patent 5,401,439, assigned to BASF AG.

[142] Wang, C., Fang, S., Duan, M. et al. (2015). Synthesis and evaluation of demulsifiers with polyethyleneimine as accepter for treating crude oil emulsions. Polymers for Advanced Technologies 26: 442-448.

[143] Yu, H., Steichen, D. S., James, A. D., et al. (2011). Polyamide emulsifier based on polyamines and fatty acid/carboxylic acid for oil based drilling fluid applications. US Patent Application 20110306523.

[144] Bachrach, U. and Heimer, Y. M. (1989). The Physiology of Polyamines, vol. I. CRC Press.

[145] Leonard, G. C., Rivers, G. T., Asomaning, S. and Breen, P. J. (2013) Asphaltene inhibitors for squeeze application. US Patent Application 20130186629.

[146] Berger, P. D., Hsu, C., and Aredell, J. P. (1988). Designing and selecting demulsifiers for optimum filed performance on the basis of production fluid characteristics, SPE 16285. SPE Production Engineering 3 (6): 522.

[147] Gutsche, C. D. (2008). Calixarenes: An Introduction, Monographs in Supramolecular Chemistry. RSC Publishing.

[148] Stais, F., Bohm, R., and Kupfer, R. (1991). Improved demulsifier chemistry: a novel approach in the dehydration of crude oil, SPE 18481. SPE Production Engineering 6 (3): 334.

[149] Jaques, P., Martin, I., Newbigging, C., and Wardell, T. (2002). Alkylphenol based demulsifier resins

and their continued use in the offshore oil and gas industry. In: Chemistry in the Oil Industry Ⅶ (ed. T. Balson, H. Craddock, J. Dunlop, et al.), 56-66. The Royal Society of Chemistry.

[150] March, J. (1977). Advanced Organic Chemistry: Reactions, Mechanisms and Structure, 2nde. McGraw-Hill.

[151] Jenkins, A. D., Kratochvíl, P., Stepto, R. F. T., and Suter, U. W. (1996). Glossary of basic terms in polymer science (IUPAC Recommendations 1996). Pure and Applied Chemistry 68 (12): 2287-2311.

[152] Frenzel, S., Assmann, A. and Reichenbach-Kliunke, R. (2009). Green polymers for the North Sea-biodegradability as key towards environmentally friendly chemistry for the oilfield industry. Chemistry in the Oil Industry XI, Manchester, UK (pp. 259-270).

[153] Feng, C., Li, Y., Yang, D. et al. (2011). Well-defined graft copolymers: from controlled synthesis to multipurpose applications. Chemical Society Reviews 40 (3): 1282-1295.

[154] Krul, L. P. (1986). Thermal analysis of polyethylene graft copolymers. Thermochimica Acta 97: 357-361.

[155] Holt, S. and Sanders, J. (2009). A technology platform for designing, high performance environmentally benign scale inhibitors for a range of application needs. Chemistry in the Oil Industry XI, Manchester, UK (2-4 November 2009), pp. 103-121.

[156] Bellas, V. and Rehahn, M. (2009). Block copolymer synthesis via chemoselective stepwise coupling reactions. Macromolecular Chemistry and Physics 210 (5): 320-330.

[157] Del Villano, L., Kommedal, R., Fijten, M. W. M. et al. (2009). A study of the kinetic hydrate inhibitor performance and seawater biodegradability of a series of poly (2-alkyl-2-oxazolidine) s. Energy and Fuels 23: 3665-3673.

[158] Kelland, M. A., Private Communication, 2016.

[159] Hellberg, P. -E. (2007). Environmentally adapted demulsifiers containing weak links. Chemistry in the Oil Industry X, Manchester, UK (5-7 November 2007), pp. 215-228.

[160] OECD (1992). OECD Guidelines for the Testing of Chemicals, Section 3: Degradation and Accumulation, Test No. 306: Biodegradability in Seawater.

[161] Balson, T. (1998). The unique chemistry of polyglycols. In: Chemistry in the Oil Industry - Recent Developments (ed. L. Cookson and P. H. Ogden), 71-79. RSC Publishing.

[162] Hellberg, P. -E. (2013). Polymeric corrosion inhibitors - a new class of versatile oilfield formulation bases. Chemistry in the Oil Industry XIII, Manchester, UK (4-6 November 2013), pp. 84-110.

[163] Speicher, M. R. and Carter, N. P. (2005). The new cytogenetics: blurring the boundaries with molecular biology. Nature Reviews Genetics 6: 782-792.

[164] Price, A., Acuna Alvarez, L., Whitby, C., and Larsen, J. (2009). How many microorganisms present? Quantitative reverse transcription PCR (qtr. -PCR). In: Proceedings from the International Symposium on Applied Microbiology and Molecular Biology in Oil Systems (IMOS-2) (ed. C. Whitby and T. L. Skovhus). Springer.

[165] Vroman, I. and Tighzert, L. (2009). Review: Biodegradable polymers. Materials 2: 307-344.

[166] Termonia, Y., Meakin, P., and Smith, P. (1985). Theoretical study of the influence of the molecular weight on the maximum tensile strength of polymer fibers. Macromolecules 18 (11): 2246-2252.

[167] Xu, Q., Hashimoto, M., Dang, T. T. et al. (2009). Preparation of monodisperse biodegradable polymer microparticles using a microfluidic flow-focusing device for controlled drug delivery. Small 5: 1575-1581.

[168] Kalota, D. J. and Silverman, D. C. (February 1994). Behavior of aspartic acid as a corrosion inhibitor for steel. Corrosion 50 (2): 138-145.

[169] Fan, L. - D. G., Fan, J. C. and Bain, D. (1999). Scale and corrosion inhibition by thermal polyaspartates, Paper 99120. NACE Corrosion 99, San Antonio, TX (25-30 April 1999).

[170] Fan, J. C. and Fan, L. -D. G. (2001). Inhibition of metal corrosion. US Patent 6, 277, 302, assigned to Donlar Corporation.

[171] Craddock, H. A., Caird, S., Wilkinson, H. and Guzzmann, M. (2006). A new class of 'green' corrosion inhibitors, development and application, SPE 104241. SPE International Oilfield corrosion Symposium, Aberdeen, UK (30 May 2006).

[172] Craddock, H. A., Berry, P. and Wilkinson, H. (2007). New class of "green" corrosion inhibitors, further development and application. Transactions of the 18th International Oilfield Chemical Symposium, Geilo, Norway (25-28 March 2007).

[173] Morse, J. W., Arvidson, R. S., and Lutte, A. (2007). Chemical Reviews 107: 342.

[174] Tang, J. and Davis, R. V. (1998). Use of biodegradable polymers in preventing scale build-up. US Patent 5, 776, 875, assigned to Nalco Chemical Company.

[175] Fan, L. -D. G., Fan, J. C., Liu, Q. W., and Reyes, H. (2001). Thermal polyaspartates as dual function corrosion and mineral scale inhibitors. Polymeric Materials Science and Engineering 84: 426-427.

[176] Jordan, M. M., Feasey, N. D., Budge, M. and Robb, M. (2006). Development and deployment of improved performance "green" combined scale/corrosion inhibitor for subsea and topside application, North Sea basin, SPE 100355. SPE International Oilfield Corrosion Symposium, Aberdeen, UK (30 May 2006).

[177] Low, K. C., Wheeler, A. P., and Koskan, L. P. (2009). Commercial poly (aspartic acid) and its uses. In: Hydrophilic Polymers, Advances in Chemistry, vol. 248, Chapter 6 (ed. J. E. Glass), 99-111. American Chemical Society.

[178] Boehmke, G. and Schmitz, G. (1995). Process for the preparation of polysuccinimide, polyaspartic acid and their salts. US Patent 5, 468, 838, assigned to Bayer AG.

[179] Chua, P. C., Sæbø, M., Lunde, A. and Kelland, M. A. (2011). Dual kinetic hydrate and scale inhibition by polyaspartamides. Proceedings of the 7th International Conference on Gas Hydrates (ICGH 2011), Edinburgh, Scotland, UK (17-21 July 2011).

[180] Craparo, E. F., Porsio, B., Bondì, M. L. et al. (September 2015). Evaluation of biodegradability on polyaspartamide-polylactic acid based nanoparticles by chemical hydrolysis studies. Polymer Degradation and Stability 119: 56-56.

[181] Giammona, G., Pitarresi, G., Cavallaro, G. et al. (1999). New biodegradable hydrogels based on a photocrosslinkable modified polyaspartamide: synthesis and characterization. Biochimica et Biophysica Acta 1428 (1): 29-38.

[182] del Villano, L., Kommedal, R., and Kelland, M. A. (2008). Class of kinetic hydrate inhibitors with good biodegradability. Energy & Fuels 22 (5): 3143-3149.

[183] Shih, I. -L. and Van, Y. -T. (2001). The production of poly (γ-glutamic acid) from microorganisms and its various applications. Bioresource Technology 79 (3): 207-225.

[184] Kubota, H., Matsunobu, T., Uotani, K. et al. (1993). Production of poly (γ-glutamic acid) by Bacillus subtilis F-2-01. Bioscience, Biotechnology, and Biochemistry 57 (7): 1212-1213.

[185] Yokoi, H., Arima, T., Hirose, J. et al. (1996). Journal of Fermentation and Bioengineering 82: 84.

[186] Kotlar, H. K. and Chen, P. (2009). Well treatment for sand containing formations. CA Patent 2, 569810, assigned to Statoil Asa.

[187] Qiang, X., Sheng, Z., and Zhang, H. (2013). Study on scale inhibition performances and interaction

mechanism of modified collagen. Desalination 309: 237-242.

[188] Schmitt, G. and Saleh, A. O. (2000). Evaluation of environmentally friendly corrosion inhibitors for sour service. NACE International, Paper No 00335 Corrosion 2000, Orlando, Florida (26-31 March).

[189] Havakawa, C., Fujii, K., Funakawa, S., and Kosaki, T. (2011). Biodegradation kinetics of monosaccharides and their contribution to basal respiration in tropical forest soils. Soil Science & Plant Nutrition 57 (5): 663-673.

[190] Omaye, S. T. (2004). Food and Nutritional Toxicology. CRC Press.

[191] http: //www. starch. dk/isi/bio/bioethanol. asp (accessed 8 December 2017).

[192] Fink, J. (2013). Petroleum Engineers Guide to Oilfield Chemicals and Fluids. Elsevier.

[193] Abramov, Y. D., Osipov, S. N., Ostryanskaya, G., et al. (1992). Gel forming plugging composition. SU Patent 1, 776, 766.

[194] Tsytsymushkin, P. F., Khairullina, S. R., Tarnavskiy, A. P., et al. (1992). Cement slurry to isolate zones of absorption. SU Patent 1, 740, 627.

[195] Bock, L. H. (1937). Water soluble cellulose ethers. Industrial and Engineering Chemistry 29 (9): 985-987.

[196] OSPAR List of Substances Used and Discharged Offshore Which Are Considered to Pose Little or No Risk to the Environment (PLONOR), OSPAR Agreement 2012-06 (Replacing Agreement 2004-10), Revised February 2013 to correct footnote cross-references.

[197] King, G. E. (2010). Thirty years of gas shale fracturing: What have we learned? SPE-133456. SPE Annual Technical Conference and Exhibition, Florence, Italy (19-22 September 2010).

[198] Jung, H. B., Carrol, K. C., Kabilan, S. et al. (2015). Stimuli-responsive/rheoreversible hydraulic fracturing fluids as a greener alternative to support geothermal and fossil energy production. Green Chemistry 17: 2799-2812.

[199] Berkhof, R., Kwekkeboom, H., Balzer, D. and Ripke, N. (1992). Demulsifiers for breaking petroleum emulsions. US Patent 5, 164, 116, assigned to Huels AG.

[200] Garcia-Ochoa, F., Santos Mazorra, V. E., Casas, J. A., and Gomez, E. (2000). Xanthan gum: production, recovery, and properties. Biotechnology Advances 18 (7): 549-579.

[201] Guo, X. H., Li, W. D., Tian, J., and Liu, Y. Z. (1999). Pilot test of xanthan gum flooding in Shengli oilfield, SPE 57294. SPE Asia Pacific Improved Oil Recovery Conference, Kuala Lumpur, Malaysia (25-26 October 1999).

[202] Solomon, U., Oluwaseun, T. and Olalekan, O. (2015). Alkaline-surfactant-polymer flooding for heavy oil recovery from strongly water wet cores using sodium hydroxide, lauryl sulphate, shell enordet 0242, gum arabic and xanthan gum, SPE 178366. SPE Nigeria Annual International Conference and Exhibition, Lagos, Nigeria (4-6 August 2015).

[203] Navarette, R. C., Dearing, H. L., Constein, V. G., et al. (2000). Experiments in fluid loss and formation damage with xanthan-based fluids while drilling. IADC/SPE Asia Pacific Drilling Technology, Kuala Lumpur, Malaysia (11-13 September 2000).

[204] Hoyt, J. W. (1985). Drag reduction in polysaccharide solutions. Trends in Biotechnology 3 (1): 17-21.

[205] Interthal, W. and Wilski, H. (1985). Drag reduction experiments with very large pipes. Colloid & Polymer Science 263 (3): 217-229.

[206] Malhotra, J. P., Chaturvedi, P. N., and Singh, R. P. (1988). Drag reduction by polymer-polymer mixtures. Journal of Applied Polymer Science 36: 837-858.

[207] Kuar, H. , Singh, G. and Jafar, A. (2013). Study of drag reduction ability of naturally produced polymers from a local plant source, IPTC 17207. International Petroleum Technology Conference, Beijing, China (26-28 March 2013).

[208] Singh, R. P. (1995). Advanced turbulent drag reducing and flocculating materials based on polysaccharides. In: Polymers and Other Advanced Materials (ed. P. N. Prasad, J. E. Mark and T. J. Fai), 227-249. Springer.

[209] Thomas, D. C. (1982). Thermal stability of starch-and carboxymethyl cellulose-based polymers used in drilling fluids, SPE 8463. Society of Petroleum Engineers Journal 22 (2): doi: 10.2118/8463-PA.

[210] Simonides, H. , Schuringa, G. , and Ghalambour, A. (2002). Role of starch in designing nondamaging completion and drilling fluids, SPE 73768. International Symposium and Exhibition on Formation Damage Control, Lafayette, Louisiana (20-21 February 2002).

[211] Guo, X. , Qui, F. , Dong, K. et al. (2003). Scale inhibitor copolymer modified with oxidized starch: synthesis and performance on scale inhibition. Polymer-Plastics Technology and Engineering 52 (3): 261-267.

[212] Liang, L. X. (2013). The synthesis of starch graft temperature scale inhibitor. Applied Mechanics and Materials 448-453: 1412-1415.

[213] House, R. F. and Cowan, J. C. (1998). Chitosan-containing well drilling and servicing fluids. US Patent 6,258,755, assigned to Venture Innovations Inc.

[214] Ali, S. A. , Sagar, P. , and Singh, R. P. (2010). Flocculation performance of modified chitosan in an aqueous suspension. Journal of Applied Polymer Science 118 (5): 2592.

[215] Bratskaya, S. , Avramenko, V. , Schwarz, S. , and Philippova, I. (2006). Enhanced flocculation of oil-in-water emulsions by hydrophobically modified chitosan derivatives. Colloids and Surfaces, A: Physiochemical and Engineering Aspects 275 (1-3): 168-176.

[216] Ratajska, M. , Strobi, G. , Wisniewska-Worna, M. et al. (2003). Studies on the biodegradation of chitosan in an aqueous medium. Fibres & Textiles in Eastern Europe 11 (3 (42), July/September).

[217] Makarios-Laham, I. and Lee, T. -C. (1995). Biodegradability of chitin and chitosan containing films in soil environment. Journal of Environmental Polymer Degradation 3 (5): 31-36.

[218] Baraka-Lokmane, S. , Sorbie, K. , Poisson, N. , and Kohler, N. (2009). Can green scale inhibitors replace phosphonate scale inhibitors?: Carbonate coreflooding experiments. Petroleum Science and Technology 27 (4): 427-441.

[219] Greve, H. -H. (2000). Rubber 2. Natural. In: Ullmann's Encyclopedia of Industrial Chemistry. Wiley-VCH.

[220] Milligan, S. N. , Harris, W. F. , Smith, K. W. , et al. (2008). Remote delivery of latex drag-reducing agent without introduction of immiscible low-viscosity flow facilitator. US Patent 7,361,628, assigned to ConocoPhillips Company.

[221] Halliday, W. S. , Schwertner, D. , Xiang, T. and Clapper, D. K. (2008). Water-based drilling fluids using latex additives. US Patent 7,393,813, assigned to Baker Hughes Inc.

[222] Reddy, B. R. and Palmer, A. V. (2009). Sealant compositions comprising colloidally stabilized latex and methods of using the same. US Patent 7,607,483, assigned to Halliburton Energy Services Inc.

[223] Halliday, W. S. , Schwertner, D. , Xiang, T. and Clapper, D. K. (2007). Fluid loss control and sealing agent for drilling depleted sand formations. US Patent 7,271,131, assigned to Baker Hughes Inc.

[224] V. L. Kuznetsov, G. Lyubitsk, E. Krayushkina, et al. (1992). Oilwell composition. SU Patent 1733624.

[225] Ventresca, M. L. , Fernandez, I. , and Navarro-Perez, G. (2009). Reversible gelling system and method using same during well treatments. US Patent 7,638,476, assigned to Intevep S. A.

[226] Pearl, I. A. (1967). The Chemistry of Lignin. New York: Marcel Dekker, published in Angewandte Chemie, 80 (8), 328, 1968.

[227] Azar, J. J. and Samuel, G. R. (2007). Drilling Engineering. PennWell Books.

[228] Schilling, P. (1991). Aminated sulfonated or sulfomethylated lignins as cement fluid loss control additives. US Patent 4,990,191, assigned to Westvaco Corporation.

[229] Bilden, D. M. and Jones, V. E. (2000). Asphaltene adsorption inhibition treatment. US Patent 6,051,535, assigned to BJ Services Company.

[230] Reid, I. D. (1995). Biodegradation of lignin. Canadian Journal of Botany 73 (S1): 1011–1018.

[231] Sundman, V. and Nase, L. (1972). The synergistic ability of some wood–degrading fungi to transform lignins and lignosulfonates on various media. Archiv für Mikrobiologie 86 (4): 339–348.

[232] Cho, N. –S. , Shin, W. –S. , Jeong, S. –W. , and Leonowicz, A. (2004). Degradation of lignosulfonate by fungal laccase with low molecular mediators. Bulletin of the Korean Chemical Society 25 (10): 1551–1554.

[233] Wershaw, R. L. (1986). A new model for humic materials and their interactions with hydrophobic organic chemicals in soil–water or sediment–water systems. Journal of Contaminant Hydrology 1 (1–2): 29–45.

[234] Lewis, S. , Chatterji, J. , King, B. , and Brennies, D. C. (2009). Cement compositions comprising humic acid grafted fluid loss control additives. US Patent 7,576,040, assigned to Halliburton Energy Services Inc.

[235] Goth, K. , De Leeuw, J. W. , Puttmann, W. , and Tegelaar, E. W. (1988). Origin of messel oil shale kerogen. Nature 336: 759–761.

[236] Kelessidis, V. C. , Tsamantaki, C. , Michalakis, A. et al. (2007). Greek lignites as additives for controlling filtration properties of water–bentonite suspensions at high temperatures. Fuel 86: 1112–1121.

[237] Offshore Technology Report – OTO 1999 089, "Drilling Fluids Composition and Use within the UK Offshore Drilling Industry" Health and safety Executive, March 2000.

[238] Maiti, S. , Das, S. , Mati, M. , and Ray, A. (1983). Renewable resources from forest products for high temperature resistant polymers. In: Polymer Applications of Renewable – Resource Materials, Polymer Science and Technology, vol. 17 (ed. C. E. Carracher Jr. and L. H. Sperling), 129–147. Springer.

[239] Stepp, A. K. , Bailey, S. A. , Bryant, R. S. , and Evans, D. B. (1996). Alternative methods for permeability modification using biotechnology. SPE Annual Technical Conference and Exhibition, Denver, Colorado (6–9 October 1996).

[240] Panthi, K. , Mohanty, K. K. and Huh, C. (2015). Precision control of gel formation using superparamagnetic nanoparticle – based heating, SPE 175006. SPE Annual Technical Conference and Exhibition, Houston, TX (28–30 September 2015).

[241] Clarke–Sturman, A. J. , den Ottelander, D. , and Sturla, P. L. (1989). Succinoglycan – a new biopolymer for the oil field. In: Oil–Field Chemistry: Enhanced Recovery and Production Stimulation, ACS Symposium Series, vol. 396 , Chapter 8 (ed. J. K. Borchardt and T. F. Ye), 157–168.

[242] Lazar, I. , Blank, L. , and Voicu, A. (1993). Investigations on a new Romanian biopolymer (pseudozan) for use in enhanced oil recovery (EOR). Biohydrometallurgical Technologies 2: 357–364.

[243] Westland, J. A. , Lenk, D. A. and Penny, G. S. (1993). Rheological characteristics of reticulated bacterial cellulose as a performance additive to fracturing and drilling fluids, SPE 25204. SPE International Symposium on Oilfield Chemistry, New Orleans, Louisiana (2–5 March 1993).

[244] Cobianco, S. , Bartosek, M. , Lezzi, A. , et al. (2001). New solids–free drill–in fluid for low permeability

reservoirs, SPE 64979. SPE International Symposium on Oilfield Chemistry, Houston, TX (13-16 February 2001).

[245] Zhao, H., Nasr-El-Din, H. A. and Al-Bagoury, M. (2015). A new fracturing fluid for HP/HT applications, SPE 164204. SPE European Formation Damage Conference and Exhibition, Budapest, Hungary (3-5 June 2015).

[246] Devries, A. L. (1982). Biological antifreeze agents in coldwater fishes. Comparative Biochemistry and Physiology-Part A 73 (4): 627-640.

[247] Klomp, U. C., Kruka, V. R., Reijnart, R. and Weisenborn, A. J. (1997). Method for inhibiting the plugging of conduits by gas hydrates. US Patent 5,648,575, assigned to Shell Oil Company.

[248] Punase, A. D., Bihani, A. D., Patane, A. M., et al. Soybean slurry - a new effective, economical and environmental friendly solution for oil companies, SPE 142658. SPE Project and Facilities Challenges Conference at METS, Doha, Qatar (13-16 February 2011).

[249] Li, Y., Yang, I. C. Y., Lee, K. -I., and Yen, T. F. (1993). Subsurface application of alcaligenes eutrophus for plugging of porous media. In: Microbial Enhanced Recovery - Recent Advances (ed. E. T. Premuzic and A. Woodhead), 65-77. Elsevier.

[250] Braun, W., De Wolf, C. and Nasr-El-Din, H. A. (2012). Improved health, safety and environmental profile of a new field proven stimulation fluid (Russian), SPE 157467. SPE Russian Oil and Gas Exploration and Production Technical Conference and Exhibition, Moscow, Russia (16-18 October 2012).

[251] Stevens, E. S. (2001). Green Plastics: An Introduction to the New Science of Biodegradable Plastics. Princeton, NJ: Princeton University Press.

[252] Cardoso, J. J. F., Queiros, Y. G. C., Machado, K. J. A. et al. (2013). Synthesis, characterization, and in vitro degradation of poly (lactic acid) under petroleum production condition. Brazilian Journal of Petroleum and Gas 7 (2): 57-69.

[253] Todd, B. L. and Powell, R. J. (2006). Compositions and methods for degrading filter cake. US Patent 7,080,688 assigned to Halliburton Energy Services Inc.

[254] Nasr-El-Din, H. A., Keller, S. K., Still, J. W. and Lesko, T. M. (2007). Laboratory evaluation of an innovative system for fracture stimulation of high - temperature carbonate reservoirs, SPE 106054. International Symposium on Oilfield Chemistry, Houston, TX (28 February-2 March 2007).

[255] Leinweber, D., Scherl, F., Wasmund, E. and Grunder, H. (2004). Alkoxylated polyglycerols and their use as demulsifiers. US Patent Application 20040072916.

[256] Willey, T. F., Willey, R. J. and Willey, S. T. (2007). Rock bit grease composition. US Patent 7,312,185, assigned to Tomlin Scientific Inc.

[257] Roberfroid, M. B. (2007). Inulin-type fructans: functional food ingredients. The Journal of Nutrition 137 (11): 2493S-2502S.

[258] Verraest, D. L., Batelaan, J. G., Peters, J. A. and van Bekkam, H. (1998). Carboxymethyl inulin. US Patent 5,777,090, assigned to Akzo Nobel NV.

[259] Johannsen, F. R. (2003). Toxicological profile of carboxymethyl inulin. Food and Chemical Toxicology 41: 49-59.

[260] Boels, L. and Witkamp, G. -J. (2011). Carboxymethyl inulin biopolymers: a green alternative for phosphonate calcium carbonate growth inhibitors. Crystal Growth & Design 11 (9): 4155-4165.

[261] Decampo, F., Kesavan, S. and Woodward, G. (2008). Polysaccharide based scale inhibitor. International Patent Application, WO2008140729.

[262] Holt, S. P. R. , Sanders, J. , Rodrigues, K. A. and Vanderhoof, M. (2009). Biodegradable alternatives for scale control in oilfield applications, SPE 121723. SPE International Symposium on Oilfield Chemistry, The Woodlands, TX (20-22 April 2009).

[263] Vögtle, F. , Gestermann, S. , Hesse, R. et al. (2000). Functional dendrimers. Progress in Polymer Science 25 (7): 987-1041.

[264] Buhlier, E. , Wehner, W. , and Vögtle, F. (1978). 'Cascade' - and 'nonskid-chain-like' syntheses of molecular cavity topologies. Synthesis 1978 (2): 155-158.

[265] Frechet, J. M. J. and Tomalia, D. A. ed. (2001). Dendrimers and Other Dendritic Polymers. Wiley.

[266] Amanullah, M. (2013). Dendrimers and dendritic polymers - application for superior and intelligent fluid development for oil and gas field applications, SPE 164162. SPE Middle East Oil and Gas Show and Conference, Manama, Bahrain (10-13 March 2013).

[267] Klomp, U. C. (2005). Method for inhibiting the plugging of conduits by gas hydrates. US Patent 6,905,605, assigned to Shell Oil Company.

[268] Rivers, G. T. , Tian, J. and Trenery, J. B. (2009). Kinetic gas hydrate inhibitors in completion fluids. US Patent 7, 638, 465, assigned to Baker Hughes Incorporated.

[269] Feustel, M. , Grunder, H. , Leinweber, D. , and Wasmund, E. (2005). Alkoxylated dendrimers, and use thereof as biodegradable demulsifiers. WO Patent Application 2005003260.

[270] Kaiser, A. (2013). Environmentally friendly emulsion breakers: vision or reality?, SPE 164073. SPE International Symposium on Oilfield Chemistry, The Woodlands, TX (8-10 April 2013).

[271] Cole, R. , Nordvik, T. , Khandekar, S. , et al. (2015). Dendrimers as paraffin control additives to combat wax deposition. Chemistry in the Oil Industry XIV (2-4 November 2015). Manchester, UK: Royal Society of Chemistry.

[272] Bosman, A. W. , Janssenan, H. M. , and Meijer, E. W. (1999). About dendrimers: structure, physical properties and applications. Chemical Reviews 99 (7): 1665-1688.

[273] http://www.mrc-flocculant.jp/english/product/polymer/diaflockp.html (accessed 9 December 2017).

[274] Gebbie, P. (2001). Using polyaluminium coagulants in water treatment. 64th Annual Water Industry Engineers and Operators Conference, Bendigo, Victoria, Australia (5 and 6 September 2001).

[275] Plunkett, J. W. ed. (2009). Plunkett's Chemicals, Coatings & Plastics Industry Almanac: The Only Complete Guide to the Chemicals, Coatings and Plastics Industry. Houston, TX: Plunkett Research Ltd.

[276] Oilfield Engineering with Polymers: Institute of Electrical Engineers, Conference Proceedings, London, UK (3-4 November 2003).

[277] Kirkpatrick, D. , Aguirre, F. and Jacob, G. (2008). Review of epoxy polymer thermal aging behavior relevant to fusion bonded epoxy coatings, NACE 08037. CORROSION 2008, New Orleans, Louisiana (16-20 March 2008).

[278] Hartley, R. A. (1971). Coatings and corrosion. Offshore Technology Conference, Houston, TX (19-21 April 1971).

[279] Morton, M. ed. (1999). Rubber Technology, 3rde. Dordrecht, The Netherlands: Kluwer Academic Publishers.

[280] Slay, J. B. and Ray, T. W. (2003). Fluid compatibility and selection of elastomers in oilfield completion brines, NACE 03140. CORROSION 2003, San Diego, CA (16-20 March 2003).

[281] Reid, W. M. (2001). A proposed recommended practice to determine elastomer/oil mud compatibility, NACE 01113. CORROSION 2001, Houston, TX (11-16 March 2001).

[282] Frostman, L. M. , Gallagher, C. G. , Ramachandran, S. and Weispfennig, K. (2001). Ensuring Systems Compatibility for Deepwater Chemicals. SPE International Symposium on Oilfield Chemistry, Houston, TX (13-16 February 2001).

[283] Environment Canada and Health Canada (2010). Report on Screening Assessment for the Challenge Oxirane, (butoxymethyl) - (n-Butyl glycidyl ether). Chemical Abstracts Service Registry Number 2426-08-6 (March 2010).

[284] Paul, S. ed. (1995). Surface Coatings: Science and Technology, 2nde. Wiley.

[285] Lee, L. -H. ed. (1984). Adhesive Chemistry: Developments and Trends. New York: Springer.

[286] Papavinasam, S. and Revie, R. W. (2006). Protective pipeline coating evaluation, NACE 06047. CORROSION 2006, San Diego, CA (12-16 March 2006).

[287] Zhang, X. and Liu, H. (2001). Application of polymer flooding with high molecular weight and concentration in heterogeneous reservoirs, SPE 144251. SPE Enhanced Oil Recovery Conference, Kuala Lumpur, Malaysia (19-21 July 2001).

[288] Taylor, K. C. and Nasr-El-Din, H. A. (1998). Water-soluble hydrophobically associating polymers for improved oil recovery: A literature review. Journal of Petroleum Science and Engineering 19 (3-4): 265-280.

[289] Weaver, D. A. Z. , Picchioni, F. , and Broekhuis, A. A. (2011). Polymers for enhanced oil recovery: a paradigm for structure-property relationship in aqueous solution. Progress in Polymer Science 36 (11): 1558-1628.

[290] Sheng, J. J. (2011). Modern Chemical Enhanced Oil Recovery: Theory and Practice. Oxford, UK: Gulf Professional Publishing and Elsevier.

[291] Oil and Gas Journal Article (1996). DOE, Industry Aid Polymer Injection Studies. Society of Petroleum Engineers (15 July 1996).

[292] Brannon, H. D. and Ault, M. G. (1991). New delayed borate-crosslinked fluid provides improved fracture conductivity in high - temperature applications, SPE 22838. SPE Annual Technical Conference and Exhibition, Dallas, TX (6-9 October 1991).

[293] Putzig, D. E. and Smeltz, K. C. (1990). Organic titanium compositions useful as cross-linkers. US Patent 4, 953, 621, assigned to E. I. Du Pont De Nemours and Company.

[294] Putzig, D. E. (2007). Zirconium-based cross-linker compositions and their use in high pH oil field applications. US Patent 8, 236, 739, assigned to Dork Ketal Speciality Catalysts LLC.

[295] World Health Organization (1998). Boron, Environmental Health Criteria, 204, Geneva, Switzerland.

[296] Eisler, R. (1990). Boron hazards to fish, wildlife, and invertebrates: a synoptic review. U. S. Department of the Interior, Fish and Wildlife Service, Biological Report, 82, 1-32.

[297] U. S. Environmental Protection Agency (1993). Reregistration eligibility decision document: boric acid and its sodium salts, EPA 738-R-93-017. Office of Pesticide Programs (September 1993), U. S. Government Printing Office: Washington, D. C..

[298] Zeebe, R. E. , Sanval, A. , Ortiz, J. D. , and Wolf-Gladrow, D. A. (2001). A theoretical study of the kinetics of the boric acid-borate equilibrium in seawater. Marine Chemistry 73 (2): 113-124.

[299] Suedel, B. C. , Boraczek, J. A. , Peddicord, R. K. et al. (1994). Trophic transfer and biomagnification potential of contaminants in aquatic ecosystems. Reviews of Environmental Contamination and Toxicology 136: 21-89.

[300] Topguder, N. (2010). A review on utilization of crosslinked polymer gels for improving heavy oil recovery

in Turkey (Russian), SPE 131267. SPE Russian Oil and Gas Conference and Exhibition, Moscow, Russia (26-28 October 2010).

[301] Southwick, J. G. and Manke, C. W. (1988). Molecular degradation, injectivity and elastic properties of polymer solutions, SPE 15652. SPE Reservoir Engineering 3 (4): doi: 10.2118/15652-PA.

[302] Berge, B. K. and Solsvik, O. (1996). Increased pipeline throughput using drag reducer additives (DRA): field experiences, SPE 36835. European Petroleum Conference, Milan, Italy (22-24 October 1996).

[303] I. Henaut, P. Glenat, C. Cassar, et al. (2012). Mechanical degradation kinetics of polymeric DRAs. 8th North American Conference on Multiphase Technology, BHR Group, Banff, Alberta, Canada (20-22 June 2012).

[304] Motier, J. F., Chou, L. -C. and Tong, C. L. (2003). Process for homogenizing polyolefin drag reducing agents. US Patent 6, 894, 088, assigned to Baker Hughes Incorporated.

[305] Hamelink, J. ed. (1994). Bioavailability: Physical, Chemical, and Biological Interactions. Setac Special Publications Series.

[306] David, C. (1975). Thermal degradation of polymers. In: Comprehensive Chemical Kinetics, vol. 14, Chapter 1, 1-173. New York: Elsevier.

[307] MacDiarmid, A. G. and Heeger, A. J. (1980). Organic metals and semiconductors: The chemistry of polyacetylene, $(CH)_x$, and its derivatives. Synthetic Metals 1 (2): 101 - 118. (Symposium on the structure and properties of highly conducting polymers and graphite.)

[308] Will, F. G. and McKee, D. W. (1983). Thermal oxidation of polyacetylene. Journal of Polymer Science, Polymer Chemistry Edition 21: 3479-3492.

[309] Saxon, A. M., Liepins, F., and Aldissi, M. (1985). Polyacetylene: its synthesis, doping, and structure. Progress in Polymer Science 11: 57.

[310] Otsu, T., Matsumoto, A., Kubota, T., and Mori, S. (1990). Reactivity in radical polymerization of N-substituted maleimides and thermal stability of the resulting polymers. Polymer Bulletin 23 (1): 43-50.

[311] Chichester, C. O. ed. (1986). Advances in food research. In: Advances in Food and Nutrition Research, vol. 30. Orlando, FL: Academic Press Inc.

[312] Madorsky, S. L., Hart, V. E., and Straus, S. (1958). Thermal degradation of cellulosic materials. Journal of Research of the National Bureau of Standards 60 (4), Research Paper 2853): 343-349.

[313] Craddock, H. A., Simcox, P., Williams, G., and Lamb, J. (2011). Backward and forward in corrosion inhibitors in the North Sea, Paper III in an occasional series on the use of alkyl polyglucosides as corrosion inhibitors in the oil and gas industry. Chemistry in the Oil Industry XII (7-8 November 2011) Manchester, UK: Royal Society of Chemistry.

[314] Braunecker, W. A. and Matyjaszewski, K. (2007). Controlled/living radical polymerization: Features, developments, and perspectives. Progress in Polymer Science 32 (1): 93-146.

[315] Boersma, A. (2006). Predicting the efficiency of antioxidants in polymers. Polymer Degradation and Stability 91 (3): 472-478. (Special Issue on Degradation and Stabilisation of Polymers.)

[316] Gibson, D. T., Koch, J. R., and Kallio, R. E. (1968). Oxidative degradation of aromatic hydrocarbons by microorganisms. I. Enzymatic formation of catechol from benzene. Biochemistry 7 (7): 2653-2662.

[317] Horsch, P., Speck, A., and Himmel, F. H. (2003). Combined advanced oxidation and biodegradation of industrial effluents from the production of stilbene-based fluorescent whitening agents. Water Research 37 (11): 2748-2756.

[318] Zimbron, J. A. and Reardon, K. F. (2011). Continuous combined Fenton's oxidation and biodegradation

for the treatment of pentachlorophenol-contaminated water. Water Research 45 (17): 5705-5714.

[319] Novotny, O., Cejpek, K., and Velšek, J. (2008). Formation of carboxylic acids during degradation of monosaccharides. Czech Journal of Food Sciences 26: 117-131.

[320] Calkins, J. ed. (1982). The Role of Solar Ultraviolet Radiation in Marine Ecosystems, NATO Conference Series 4: Marine Science 7. New York and London: Plenum Publishing Corporation.

[321] Crosby, D. G. (1994). Photochemical aspects of bioavailability. In: Bioavailability: Physical, Chemical, and Biological Interactions, Setac Special Publications Series (ed. J. Hamelink).

[322] Warholic, M. D., Massah, H., and Hanratty, T. J. (1999). Influence of drag reducing polymers on turbulence: effects of reynolds number, concentration and mixing. Experiments in Fluids 27 (5): 461-472.

[323] Hong, C., Zhang, K., Choi, H., and Yoon, S. (2010). Mechanical degradation of polysaccharide guar gum under turbulent flow. Journal of Industrial and Engineering Chemistry 16 (2): 178-180.

[324] Staudinger, H. and Heuer, W. (1934). Chemische Berichte 67: 1159.

[325] Darestani Farahani, T., Bakhshandeh, G. R., and Abtahi, M. (2006). Mechanical and viscoelastic properties of natural rubber/reclaimed rubber blends. Polymer Bulletin 56 (4): 495-505.

[326] Comstock, M. J. ed. (2009). Chemical Reactions on Polymers, ACS Symposium Series. ACS Publications.

[327] Davis, A. and Sims, D. (1983). Weathering of Polymers. New York: Elsevier.

[328] Williams, P. A. ed. (2007). Handbook of Industrial Water Soluble Polymers. Wiley.

[329] Chatterji, J. and Borchardt, J. K. (1981). Applications of water-soluble polymers in the oil field, SPE 9288. Journal of Petroleum Technology 33 (11): 2042-2056.

[330] Stahl, G. A. and Schulz, D. N. (1986). Water-Soluble Polymers for Petroleum Recovery: National Meeting Entitled "Polymers in Enhanced Oil Recovery and the Recovery of Other Natural Resources". American Chemical Society.

[331] Grassie, N. and Scott, G. (1988). Polymer Degradation and Stabilisation. Cambridge University Press.

[332] Rudakova, T. Y., Chalykh, A. Y., and Zaikov, G. E. (1972). Kinetics and mechanism of hydrolysis of poly (ethylene terephthalate) in aqueous potassium hydroxide solutions. Polymer Science U. S. S. R. 14 (2): 505-511.

[333] Dussan, K. J., Silva, D. D. v., Moraes, E. J. C. et al. (2014). Dilute-acid hydrolysis of cellulose to glucose from sugarcane bagasse. Chemical Engineering Transactions 38: 433-439.

[334] Fountoulakis, M. and Lahm, H.-W. (1998). Hydrolysis and amino acid composition analysis of proteins: a review. Journal of Chromatography A 826: 109-134.

[335] Munoz Jr., T. and Eoff, L. S. (2010). Treatment fluids and methods of forming degradable filter cakes comprising aliphatic polyester and their use in subterranean formations. US Patent 7,674,753, assigned to Halliburton Energy Services Inc.

[336] Faudree, M. C. (1991). Relationship of graphite/polyimide composites to galvanic processes. 36th International SAMPE Symposium (15-18 April 1991).

[337] Wade, C. W. R. and Leonard, F. (1972). Degradation of poly (methyl 2-cyanoacrylates). Journal of Biomedical Materials Research 6 (3): 215-220.

[338] Smith, R. (2005). Biodegradable Polymers for Industrial Applications. CRC Press.

[339] Steinberg, D. and Mihalyi, E. (1957). The chemistry of proteins. Annual Review of Biochemistry 26: 373-418.

[340] American Petroleum Institute (1997). Bioaccumulation: how chemicals move from the water into fish and

other aquatic organisms. Health and Environmental Sciences Department, Publication Number 4656 (May 1997).

[341] Schlaad, H. and Hoogenboom, R. (2012). Special issue: poly (2-oxazoline) s and related pseudo-polypeptides. Macromolecular Rapid Communications 33 (19): 1593-1719.

[342] Hoogenbloom, R. (2009). Poly (2-oxazoline) s: a polymer class with numerous potential applications. Angewandte Chemie (International Ed. in English) 48 (43): 7978-7994.

[343] Knox, D. and McCosh, K. (2005). Displacement chemicals and environmental compliance - past present and future. Chemistry in the Oil Industry IX (31 October to 2 November 2005). Manchester, UK: Royal Society of Chemistry.

[344] Balzer, D. and Luders, H. ed. (2000). Nonionic Surfactants: Alkyl Polyglucosides, Surfactant Science Series, vol. 91. Marcel Dekker Inc.

[345] Saeki, T., Nishibayashi, H., Hirata, T. and Yamaguchi, S. (1999). Polyalkylene glycol-polyglyoxylate block copolymer, its production process and use. US Patent 5, 856, 288, assigned to Nippon Shokubai Co. Ltd.

[346] http://www.luxresearchinc.com/news-and-events/press-releases/read/first-higher-value-chemical-derived-lignin-hit-market-2021 (accessed 9 December 2017).

[347] Upton, B. M. and Kasko, A. M. (2015). Strategies for the Conversion of Lignin to High-Value Polymeric Materials: Review and Perspective. Chemical Reviews. ACS Publications.

[348] Kehoe, J. D. and Joyce, M. K. (1993). Water soluble liquid alginate dispersions. US Patent 5,246,490, assigned to Syn-Chem Inc.

[349] Dufresne, A., John, M. J., and Thomas, S. (2012). Natural polymers. In: Nanocomposites, Green Chemistry Series, vol. 2. RSC Publishing.

[350] Huang, F.-Y. (2012). Thermal properties and thermal degradation of cellulose tri-stearate (CTs). Polymer 4: 1012-1102.

[351] Guo, S., He, Y., Zhou, L. et al. (2015). An anti-biodegradable hydrophobic sulphonate-based acrylamide copolymer containing 2, 4-dichlorophenoxy for enhanced oil recovery. New Journal of Chemistry 39: 9265-9274.

[352] Hsiao, M. (2001). Review: biodegradation of plastics. Current Opinion in Biotechnology 1 (3): 242-247.

[353] Premraj, R. and Doble, M. (2005). Biodegradation of polymers. Indian Journal of Biotechnology 4: 186-193.

[354] Connan, J. (1984). Biodegradation of crude oils in reservoirs. In: Advances in Petroleum Geochemistry, vol. 1 (ed. J. Brooks and D. H. Welte), 299-335. London: Academic Press.

[355] http://www.bubbletightusa.com/ (accessed 9 December 2017).

[356] Koutsos, V. (2009). Polymeric materials: an introduction. In: Manual of Construction Materials, Chapter 46. Institution of Civil Engineers.

[357] Guerra, K., Dahm, K. and Dundorf, S. (2011). Oil and gas produced water management and beneficial use in the Western United States. Prepared for Reclamation Under Agreement No. A10-1541-8053-381-01-0-1, U.S. Department of the Interior Bureau of Reclamation Technical Service Center Water and Environmental Resources Division, Water Treatment Engineering Research Group, Denver, Colorado (September 2011).

[358] Navarro, W. (2007). Produced water reinjection in mature field with high water cut, SPE 108050. Latin

American & Caribbean Petroleum Engineering Conference, Buenos Aires, Argentina (15-18 April 2007).

[359] Hjelmas, T. A., Bakke, S., Hilde, T., et al. (1996). Produced water reinjection: experiences from performance measurements on Ula in the North Sea, SPE 35874. SPE Health, Safety and Environment in Oil and Gas Exploration and Production Conference, New Orleans, Louisiana (9-12 June 1996).

[360] Norwegian Ministry of the Environment (1996-1997). White Paper no. 58. Environmental Policy for a Sustainable Development-Joint Effort for the Future.

[361] Rudnik, E. (2008). Compostable Polymer Materials. Oxford, UK: Elsevier.

[362] Viloria, A., Castillo, L., Garcia, J. A. and Biomorgi, J. (2010). Aloe derived scale inhibitor. US Patent 7,645,722, assigned to Intevep. S. A.

# 3 表面活性剂和两亲化合物

在石油与天然气上游工业中，表面活性剂和相关产品的使用较为普遍，几乎每一种类型的应用都包含有表面活性化学物质，这有助于实现所需的功能或达到所需的效果。广泛应用于各个领域，涉及从钻井、完井、压裂和提高采收率生产环节所用表面活性剂。表面活性剂与聚合物一起占据了油田化学品的大部分销售份额。

在石油天然气开采领域，表面活性剂化学原理的利用与表面活性剂产品的使用都是非常普遍的，对于每一个使用表面活性剂作业的环节，使用表面活性剂的目的都是实现特定功能或解决特殊困难。

商业表面活性剂通常根据其用途进行分类，但是这种分类形式并不是很适用，因为许多表面活性剂具有多种用途。最普遍公认和科学合理的表面活性剂分类是基于它们在水中的解离方式[1]，而这是本章主要采用的方法。这种分类方法将表面活性剂大致分为以下几类：

（1）阴离子表面活性剂；

（2）非离子表面活性剂；

（3）阳离子表面活性剂；

（4）其他表面活性剂。

本章还包括关于两性离子表面活性剂和生物表面活性剂的内容。还有关于高分子表面活性剂的讨论，尽管在第2章中已经介绍了许多例子，还需要更详细地研究一些实例，因为相对于聚合物结构，表面活性剂性能与油田应用的关系更加密切。对于某些重要类型的表面活性剂或独特的化学药品及化学类型也有具体的介绍。

表面活性剂可以广泛地定义为降低两种液体或液体与固体之间的表面张力［或界面张力（IFT）］的化合物。表面活性剂可用作洗涤剂、润湿剂、乳化剂、发泡剂和分散剂。在降低表面张力的过程中，表面活性剂还提高了扩散和润湿性能。

Amphiphile一词来自希腊语amphi，意思是“双重”或“来自两方面”，如在amphitheater和philos中表示亲和力，在philanthropist中表示（人类的）朋友，在hydrophilic中表示亲（水）的。

因此，两亲物质表现出双亲力，其可以从物理化学的角度定义为极性—非极性二元性。一个典型的两亲分子由两部分组成：一部分是极性基团，其中含有杂原子，如氧、硫、磷或氮，这些杂原子包含在醇、硫醇、醚、酯、酸、硫酸盐、磺酸盐、磷酸盐、胺、酰胺等官能团中；另一部分本质上为非极性基团，一般是烷基或烷基苯类的烃链，有时带有卤素原子和少量非电离氧原子。极性部分对极性溶剂特别是水具有较强的亲和力，通常称为亲水基。非极性部分称为亲油基或疏水基，也是来自希腊语phobos（恐惧）和lipos（油脂）。

由于两亲化合物的双重亲和力，两亲性分子在任何溶剂（包括极性溶剂和非极性溶剂）中都不会感到“自在”，因为总有一个基团“不喜欢”溶剂环境。这是两亲性分子表现出很强的迁移到界面或表面的趋势且方向一定的原因，以便使极性基团位于水中，而非极性基团被排除在外并最终进入油中。这个特征在油田作业（烃类流体和水的混合物的提取和加工）的油处理化学品设计中用处很大。值得注意的是，所有两亲性分子都没有表现出这种活性；实际上只有那些具有一定程度上的平衡亲水和亲油倾向的两亲化合物才有可能迁移到表面或界面。如果两亲分子强亲水或强疏水，则不易迁移至界面，而是更倾向于处于一相中。当检查基于表面活性剂的油田化学品的设计时，这种行为是一个关键参数，称为亲水亲油平衡（HLB）值。

表面活性剂和两亲化合物作为术语通常可以互换使用，但是在油田应用中，表面活性剂的说法更常用。另一个常见的术语为“Tenside”（德语叫法），意为使 IFT 变化的特性。基本上，本章都会使用表面活性剂（Surfactant）这一术语。

表面活性剂大量应用于工业和家用品中。虽然在油田应用中也很重要，但其在制造量的占比中不超过 5%，个人护理和洗涤剂行业是这些产品的主要用量。由于各种因素的影响，通常认为表面活性剂产业是复杂的，其中一些因素列举如下[2]：

（1）表面活性剂一词的定义广泛；

（2）表面活性剂供应商众多（全球 500 多家）；

（3）多种产品化学成分（3500 多种）、中间体和共混物；

（4）专业产品与商品和商业相结合；

（5）广泛的应用和顾客基础。

2014 年，全球表面活性剂市场规模超过 290 亿美元，估计产量约为 $1500\times10^4$t，并预计将在未来 4~5 年内增长至 $2200\times10^4$t 以上。这些产品绝大部分是阴离子表面活性剂和非离子表面活性剂。阳离子表面活性剂和其他类型表面活性剂占比小于 5%的量。有趣的是，正如将进一步介绍的那样，阳离子表面活性剂在油田应用中非常重要，并为环境化学家提供了一项特殊的挑战。

商业生产的表面活性剂通常不是纯化学物质，每个化学品种类又有多种差异。油田化学家和其他不熟悉表面活性剂的从业人员，经常被市场上种类繁多的不同产品和大量关于表面活性剂的组成和性能的文献所迷惑。因此，为各种特定用途选择最佳表面活性剂可能是一个主要问题。作者将尝试在本章中介绍在石油与天然气上游工业中主要使用的表面活性剂类型及其应用，并不是对表面活性剂应用主体进行综合论述，而是为更进一步的信息和研究提供引导。本章还涵盖了提供更环保表面活性剂的迫切需求和可持续发展的需要。

读者所熟悉的表面活性剂是肥皂和洗涤剂，它们也是用量最大的表面活性剂，几乎占全球使用量的一半[2]。肥皂是最早的表面活性剂，通过皂化反应制得。在这个过程中，被称为甘油酯的特定脂肪和氢氧化钠溶液加热水解形成肥皂：脂肪酸的钠盐（肥皂）和甘油（图 3.1）。甘油酯是甘油与长链羧酸（脂肪酸）反应形成的酯。

$$
\begin{array}{l}
CH_2-O-\overset{\displaystyle O}{\overset{\|}{C}}(CH_2)_{14}CH_3 \\
| \\
CH_2-O-\overset{\displaystyle O}{\overset{\|}{C}}(CH_2)_{14}CH_3 \\
| \\
CH_2-O-\overset{\displaystyle O}{\overset{\|}{C}}(CH_2)_{14}CH_3
\end{array}
+ 3NaOH \longrightarrow
\begin{array}{l}
CH_2-OH \\
| \\
CH_2-OH \\
| \\
CH_2-OH
\end{array}
+ CH_3(CH_2)_{14}CO_3Na
$$

图 3.1　皂化反应

制作肥皂的历史可以追溯到上千年以前。制作肥皂最基本的原料是从动物和大自然中提取的；许多人通过将动物脂肪和从草木灰中提取的碱液混合制成肥皂。在商业肥皂制作的早期，它是少数肥皂制造商使用的独家技术。当时对肥皂的需求很高，而且价格昂贵，因为在许多地区肥皂生产都是垄断的。直到 1791 年，Nicolas Leblac 发现了一种化学方法来制造纯碱、碳酸钠，这才使得肥皂的价格大幅下降。这使得肥皂更容易制造，得以价格更低。随着化学技术的发展，人们对肥皂的成分有了更多的了解，并且在 19 世纪中期，沐浴肥皂从洗衣肥皂中分离出来成为一种独立的日用品，更温和的肥皂被包装起来出售，供个人使用。

由于现在人们已经充分了解了肥皂制造的化学流程，这促进了更好的技术产品的生产。绝大多数我们称为肥皂的清洁剂实际上是去垢剂（洗涤剂）。洗涤剂与肥皂功能相同，都是使水可以与油或油脂分子附着，但其受硬水的影响要比肥皂小很多。

合成表面活性剂历史也比较悠久，如今的表面活性剂的前身是在 19 世纪早期以硫酸化蓖麻油的形式生产的，并且主要用于纺织工业。工业生产的洗涤剂最早出现在第一次世界大战期间，当时由于动植物油脂的短缺，德国经济陷入紧张，无法轻易制得肥皂。此外，还需要一种耐硬水的物质来提高清洁效率，随后发现石油是一种可以用来制造这些表面活性剂[3]的丰富来源。在 20 世纪 30 年代，生产脂肪醇的商业化路线见证了洗涤剂工业和现代化学工业的发展。

20 世纪 50 年代，在发达国家肥皂作为一种清洁衣服的手段几乎被完全取代。这是由于那时起洗涤剂的使用呈指数级增长，许多新的清洗方法被引入并遍及世界各地。在过去 10 年左右的时间里，可生物降解的环保洗涤剂得到了发展。今天洗涤剂和表面活性剂是由多种石油化工产品（从石油中提炼）和（或）油类化学品（从脂肪和油中提取）制成的。这是一个重要的二分法，因为它使化学家可以同时获得合成的和天然产物为基础的表面活性剂分子，它们具有多种性能和环境适应性。但是又正如本章后面将进一步介绍的那样，这些分子的表面活性使得很难量化其对环境的影响，特别是在生物降解和生物累积方面。

用于制备表面活性剂的甘油酯含有饱和及不饱和羧酸，其具有偶数个碳原子，通常在 12~20 的范围内，例如硬脂酸。合成表面活性剂相比于肥皂具有一个非常重要的优点。肥皂与硬水和黏土中的钙镁离子会形成不溶性的钙盐和镁盐，并存在于污垢中；大部分肥皂被浪费掉，形成不溶的浮渣。但使用合成表面活性剂时可以避免这种情况。例如，在许多阴离子表面活性剂中，磺酸盐或硫酸盐基团作为亲水性组分取代了肥皂中的羧酸盐基团。其相应的钙盐和镁盐比羧酸的钙盐和镁盐更容易溶于水。

截至 2014 年，合成/化学基表面活性剂在整个表面活性剂市场中仍占据最大的份额。然而由于严格的法规，生物基表面活性剂（生物表面活性剂）有望在未来几年越来越受欢迎，并以更高的速度增长。由于原料昂贵，生物表面活性剂的价格高于合成表面活性剂。但是考虑到大型表面活性剂行业现有的研究和发展，预计生物表面活性剂的价格在不久的将来会有所下降。

尤其是欧洲和北美地区对环保型（生物基）表面活性剂的需求不断增加，这推动着全球表面活性剂市场的发展。法规要求和无毒性是这些地区更喜欢使用生物基表面活性剂的主要原因。

生物表面活性剂主要有两种类型，即非离子型和两性型。目前，阴离子表面活性剂仍占据了表面活性剂市场的较大份额。然而，由于生物表面活性剂的快速发展以及非离子表面活性剂的环境友好性和低毒性，预计非离子表面活性剂在不久的将来会有更高的增长。

生物表面活性剂在石油和天然气工业中的应用与在一般市场中的应用发展原因相同，这些应用也正受益于其他工业应用日益增长的研究和开发。

## 3.1 表面活性剂作用原理

本节的目的并不是详细或全面地论述各种表面活性剂的作用原理。虽然这可能非常复杂，并且涉及许多物理化学行为[4]，但是有必要为读者提供表面活性剂应用原理的概述，特别是这些物质在油田应用中的作用机理。在这个过程中，作者试图使其尽可能具有描述性和简易性，以便读者无须深入了解物理化学及其涉及的数学知识就能够掌握表面活性剂作用的基本概况。为了更好地介绍每一种表面活性剂，在本章的后续内容中将在适当的地方给出更多详细的介绍。

表面活性剂通过破坏油水和（或）水污垢间的界面来发挥洗涤剂的作用。它们还可以使这些油和污垢悬浮起来以便去除。之所以能以这种方式发挥作用，是因为它们既含有亲水基团，如阴离子酸根（如羧酸盐或硫酸盐基团），也含有疏水基团，如烷基链。如图 3.2 所示，水分子倾向于聚集在前者附近，而水不溶性物质分子则聚集在后者附近。

这种表面活性剂的头尾结构如图 3.2 中圆头和棒状尾部所示，在上游石油和天然气工业的应用中具有重要意义。值得注意的是，在前面所述的表面活性剂的分类中，分类所依据的是头基的性质。

阴离子表面活性剂：在这些表面活性剂中，亲水基团是带负电荷的。它们是应用最广泛的表面活性剂，主要用于洗涤剂、洗洁精和洗发水。它们尤其擅长与污垢结合，一旦将污垢剥离就使其远离织物。这些是图 3.2 中所示的表面活性剂类型，在洗涤剂中的应用最为广泛。3.2 节将讨论它们在油田中的应用。

非离子表面活性剂：这些表面活性剂不带电荷，通常与阴离子表面活性剂一起使用。优点是它们不与硬水中的钙离子和镁离子相互作用。在 3.3 节中讨论它们在油田中的应用。

阳离子表面活性剂：这些表面活性剂亲水性头部带正电荷。尽管它们的产量远远小于阴离子表面活性剂和非离子表面活性剂，但是其中有几种类型都有特定应用。3.4 节将讨论它们具体的油田用途。

还有其他类型的表面活性剂（如高分子表面活性剂），也与油田应用相关，这些将在本章后面进一步讨论。

如前所述，这些表面活性剂具有许多关键的物理化学性质，这对于确定其功能以及因此应用于特定的化学挑战（如清洁织物）非常重要。在油田中，这些性质通常决定了表面活性剂的用途和应用；它们也可以被用来增强特定的表面活性剂效果，并因此使其在特定的环境下更有效。这不仅可以通过特定的表面活性剂设计来实现，而且可以通过复配表面活性剂和其他化学品（例如聚合物）来实现。

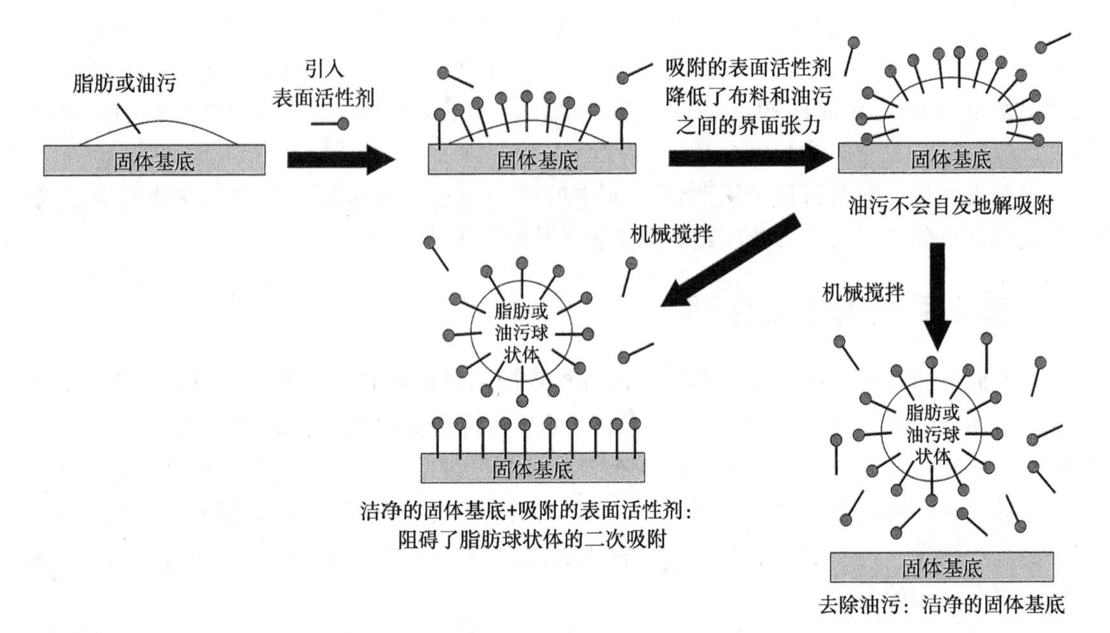


图 3.2　洗涤剂中表面活性剂的去污过程

### 3.1.1　疏水作用和胶束形成

在稀释浓度的水溶液中，表面活性剂尤其是阴离子表面活性剂和阳离子表面活性剂作为盐或电解质；但是在较高浓度下，它们会有不同的表现。这是由于表面活性剂分子会有组织地自发聚集成胶束（图 3.3）。在这些胶束中，表面活性剂的亲油基或疏水端聚集在结构的内部，而亲水端面朝水相。

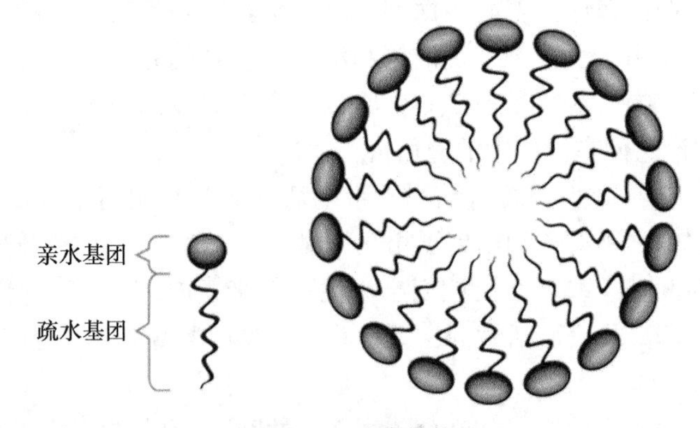


图 3.3　胶束结构

之所以会在水中形成胶束，通常认为动力来源是因为疏水的烷基为了避免与水的接触，而亲水的极性基团则倾向于与水接触[5]。众所周知，烃类（如原油）和水是不混溶的，疏水物质在水中的有限溶解度被称为疏水效应[6]。尽管胶束由“游离分子”聚集形成，但非聚集单元有时被称为单聚体，并且可能包括如第 2 章中所介绍的单聚合物单元，其由两个或更多个单体单元组成。单聚体这个术语有些含糊不清且在科学上还未健全，所以在本书中会谨慎提及。

表面活性剂的胶束化也是疏水效应的一个例子[7]。在胶束化中有两种相反的力在起作用。第一个是烃尾的疏水性，有利于胶束的形成，第二个是表面活性剂头基之间的排斥。目前存在大量关于温度、压力和溶质的添加对疏水（憎水）相互作用强度影响的信息。不幸的是，不同方法获得的结果之间存在许多差异。一些用于疏水相互作用研究的模型也与胶束化过程的理解相关。胶束化的驱动机制是将烃链从水转移到油状内部。离子表面活性剂可形成胶束的这一事实表明疏水驱动力大到足够克服由表面活性剂头基引起的静电排斥。

在后面将会提到，这种疏水作用涉及表面活性剂的表面吸附。

### 3.1.2 表面活性剂溶解度、临界胶束浓度（CMC）和克拉夫特点

浓度在高于和低于特定表面活性剂浓度，即临界胶束浓度（CMC）值时，表面活性剂的物理化学行为存在显著差异[5,7]。在表面活性剂浓度低于 CMC 值时，离子表面活性剂的物理化学性质与强电解质相似，而当表面活性剂浓度高于 CMC 值时，随着胶束化的高度协同缔合过程的发生，这些性质发生了显著的变化。实际上对于给定的表面活性剂—溶剂系统，几乎所有的物理化学性质与浓度曲线图都会在很小的浓度范围内显示出斜率突变，即 CMC 值。Preston[8] 在 1948 年首次在一项开创性工作中阐明 CMC 值，在那项工作中他将表面活性剂十二烷基硫酸钠的许多物理化学参数关联起来。

由单体形成的胶束涉及快速、动态的离解—缔合平衡。胶束在表面活性剂单体的稀溶液中是检测不到的，但随着表面活性剂的总浓度增加，在较小的浓度范围内可以检测到胶束的存在，超过该浓度几乎所有额外的表面活性剂都形成胶束。游离表面活性剂、平衡离子和胶束的浓度与总表面活性剂浓度的关系如图 3.4 所示。当表面活性剂浓度超过 CMC 时，游离表面活性剂的浓度基本上是恒定的，而平衡离子浓度增加，并且胶束浓度近似线性地增加。

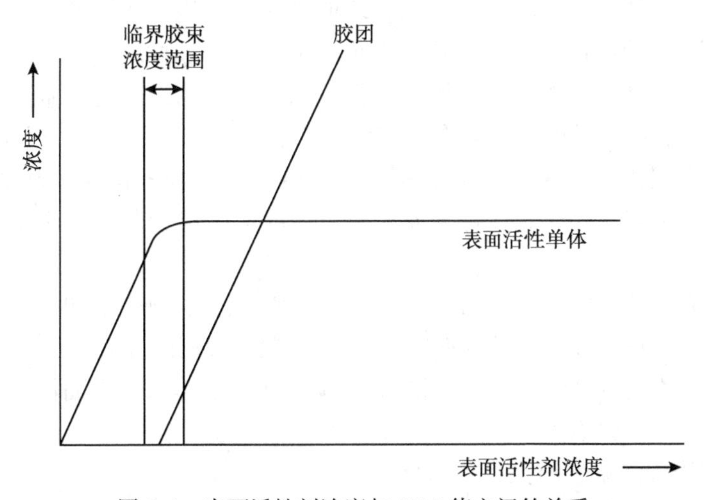


图 3.4 表面活性剂浓度与 CMC 值之间的关系

CMC 值是各种工业应用中的重要参数，包括油田应用，涉及表面活性剂分子在界面处的吸附，例如气泡、泡沫、乳液、悬浮液和表面涂层。它可能是表征胶体和表面活性剂溶

质表面行为最简单的方法，反过来这又决定了它的工业实用性。许多油田过程都是动态过程，在于它包含界面面积的快速增加，例如发泡、表面（岩石）润湿、乳化和破乳。

大量的方法被用于测定表面活性剂的 CMC 值。只要测量准确，大多数物理化学性质的变化都可以用来确定 CMC 值。水介质和非水介质中大量表面活性剂的 CMC 值都被进行了汇总[9,10]。以下是获得表面活性剂 CMC 值最常用的几种方法：

（1）紫外/可见、红外光谱；

（2）荧光光谱；

（3）核磁共振；

（4）电导率；

（5）量热法；

（6）光散射；

（7）表面张力。

在确定 CMC 值时，油田面临的一个特殊问题是 CMC 值主要是在实验室环境条件下确定的，并假设这些值适用于高温高压条件[11,12]。所讨论的含水流体通常也具有高盐度和高硬度。此外，在上游工业中，所有主要类型的表面活性剂都是值得关注的，其中一些很难测得 CMC 值，尤其是非离子表面活性剂和两性表面活性剂。此外，油田应用的许多表面活性剂是与其他化学产品一起作为混合物或配方使用，这可能会产生复杂的影响，并取决于添加的物质是溶于胶束还是胶间溶液中[12]。

在油田中，表面活性剂在高温下用作蒸汽驱的添加剂来产生泡沫以提高波及效率。在提高高温油藏的采收率（EOR）方面，表面活性剂是化学驱段塞的一部分。在这些应用中，CMC 值的知识以及在各种温度下计算活度系数（例如，溶解度、CMC 和相行为性质）的能力对于它们成功地或者至少是最经济地实施是至关重要的。

大多数表面活性剂浓度必须高于 CMC，才能具有形成泡沫或驱油的性能。表面活性剂的 CMC 在高温下显著增加，因此知道应用温度时的 CMC 值对经济施工设计很重要。然而，在这方面做的工作很少。同样关键的是，关于 CMC 值其他附加效应方面的工作也很少。

在中等温度下，盐和醇的存在会降低表面活性剂的 CMC 值[13]。已知脂肪醇会在不同程度上插入分隔胶束聚集体，这取决于醇和表面活性剂的烷基链长度、表面活性剂的结构、温度、胶束尺寸和电解质浓度。这种分隔在很大程度上决定了在醇的存在下表面活性剂胶束化行为的变化。

虽然阳离子表面活性剂很少被用作 EOR 表面活性剂，但研究表明，具有相同尾部的阳离子表面活性剂和阴离子表面活性剂在行为上[12]表现出相似的趋势。

在油田实际应用的温度和压力下测得 CMC 值，尤其是非离子表面活性剂和两性表面活性剂，许多已既定方法并不可行。以下两种方法是适用的：

（1）通过旋滴法测量表面张力[14]；

（2）动态泡沫稳定性测量[15]。

总的来说，CMC 值对温度[16]和压力[17]的依赖性较弱。在离子型表面活性剂溶液中加入电解质，电解质的浓度和 CMC 呈线性关系[18]。而在非离子胶束的情况下，电解质的加入对 CMC 值几乎没有影响。当非电解质被添加到表面活性剂胶束溶液中时，其效果取决于添加剂的性质。对于极性添加剂如醇类，CMC 值随醇浓度的增加而降低[19]；而尿素等则有相反的作用，会增大 CMC 值，甚至可能抑制胶束的形成。非极性添加剂对 CMC 值[20]无明显影响。这些关系在选择特定油田应用的表面活性剂时，以及在设计表面活性剂和其他添加剂的组合配方时都是非常重要的。

可形成胶束的离子型表面活性剂的溶解度在超过一定温度时出现突增，这也就是所谓的克拉夫特点[21]。这是由于单一表面活性剂分子的双重性使其具有有限的溶解度；然而，胶束的溶解性非常好，因为它们既亲水又疏水。在克拉夫特点时大量的表面活性剂可以分散成胶束，并且溶解度显著增大；在超过克拉夫特点时，由于 CMC 值决定了表面活性剂单体的浓度，因此表面张力或 IFT 的最大减少量发生在 CMC 值；当低于克拉夫特点时，表面活性剂的溶解度太低，无法形成胶束。因此，溶解度决定了表面活性剂的浓度。

非离子表面活性剂没有克拉夫特点[21]，它们的溶解度随着温度的升高而降低，这些表面活性剂在超过转变温度（即浊点）时表面活性特征便会失去。在此温度以上，富含胶束的表面活性剂相发生分离，并且通常可以观察到浊点显著增加。

### 3.1.3 表面张力效应

在石油和天然气开采和加工过程中，两相分散是常态，并且在两相之间有一个薄薄的中间区域称为界面。这种界面层的物理性质对原油采收率和加工作业非常重要，因为从储层岩石到表面加工有大量的界面区域发生着许多化学反应。此外，使情况更加复杂的是，许多这些采油和加工过程都涉及的胶体分散体（如泡沫和乳化剂），同样具有较大的界面区域。在这些界面中存在大量的自由能，如果在处理原油或天然气时需要打破这个界面和（或）与其相互作用，就需要输入大量的能量。输入这种能量的一种方便而有效的方法是利用表面活性剂化学，以降低界面自由能或界面（表面）张力。加入非常少甚至百万分之几的表面活性剂就可以显著降低表面张力，减少泡沫形成[22]所需的能量。

考虑一下液体分子就可以将表面张力具体化。分子间的引力（范德华力）除了在表面或界面区域外可以在分子之间均等地分布。界面上的不平衡将其上的分子拉向液体内部。这种表面的收缩力称为表面张力，它的作用是使表面积最小化。因此，在气体中气泡通过球形使表面自由能最小化，而在两种不混溶液体（如原油和水）的乳液中，其中一种液体的液滴也有类似的情况。然而，在后一个例子中，到底是哪种液体形成或正在形成液滴可能并不明显。在任何情况下都会存在一个不平衡，这导致了 IFT 的形成，而界面采用一种可以最大限度地减少界面自由能的结构。

表面活性剂水溶液的表面张力在达到 CMC 之前急剧下降，然后在超过 CMC 后保持恒定。在超过这个浓度时，溶液的表面张力保持不变，因为只有单体形式有助于表面张力或 IFT 的减小。对于小于但接近 CMC 的浓度，其曲线斜率基本是恒定的，表明浓度已经达到了恒定的最大值。在此范围内，表面活性剂分子覆盖了整个界面，表面张力的任何持续降低主要是由于表面活性剂在体相，而不是在界面上活性的增加。

测量表面张力和 IFT 的方法有很多，如果详细说明这些便超出了这个简短解释的范围[23]。吊环法和旋滴法是石油和天然气应用中常用的方法[24,25]。对于超低 IFT 的测量，通常采用旋滴法[23,24,26]。

### 3.1.4　表面吸附效应

当表面活性剂分子吸附在界面上时，IFT 会减小，直至达到 CMC 值；这是由于表面活性剂分子产生一个扩张力与正常的 IFT 相对抗，因此表面活性剂的加入往往会降低 IFT。这种现象被称为吉布斯效应。

如上所述，表面张力有效地反映了扩张表面区域（通过拉伸或扭曲表面）的困难程度。如果表面张力过高，则需要很大的自由能来增加表面积，所以表面会趋于收缩并结合在一起。表面的组成可以与体相不同。例如，如果水与少量表面活性剂混合，则水相中可以是 99.9%水分子和 0.1%表面活性剂分子，但水的最顶层表面可以是 50%水分子和 50%表面活性剂分子。在这种情况下，表面活性剂具有大的正的“表面过剩”。在其他例子中，表面过剩可以是负的：例如，如果水与无机电解质（如氯化钠）混合，平均来说，水的表面比流体相的含盐量低，而且更纯净。

再考虑一下含有较小浓度表面活性剂的水的例子，由于水需要具有比体相更高浓度的表面活性剂，因此当水相表面积增大时，就需要从体相中移除表面活性剂分子添加到新的表面上。如果表面活性剂的浓度稍微增加一点，就更加容易得到表面活性剂分子，也就更容易将它们从体相中“拉”出来形成新的表面。由于它更加容易形成新的表面，表面张力会降低，这种效应只会持续到表面活性剂在表面或界面边界层平衡的重新建立。对于厚膜和体相液体，这可以发生得很快（几秒）；然而对于薄膜，界面区域可能没有足够的表面活性剂来快速建立平衡，这就需要从薄膜的其他部分扩散。膜的恢复过程是表面活性剂沿界面从低表面张力区域向高表面张力区域的移动过程。这是上游石油与天然气工业中许多表面活性剂应用设计中的一个重要机制，尤其是腐蚀抑制剂，它们吸附在油水和金属之间的界面上。

原则上，所有界面、表面发生的都是相同的过程。首先，可用的单体吸附到新形成的界面上，然后，必须通过分解胶束来提供额外的单体。特别是当游离单体浓度（即 CMC 值）较低时，胶束分解时间或单体扩散到新形成界面可能是单体供应中的限速步骤，这是许多非离子表面活性剂溶液[27]的情况。

由实验可知，许多表面活性剂的 CMC 值可以由其溶液的某种物理性质对表面活性剂浓度作图的不连续点或拐点确定。各种类型的表面活性剂几乎所有在水介质中可测量的物理量都存在这种拐点，包括非离子型、阴离子型、阳离子型和两性离子型，并且取决于溶液中颗粒的大小和数量[8]。

### 3.1.5　除污能力、驱油和润湿性

除污能力是表面活性剂通过改变界面作用（如张力和黏度）以去除固体表面某相的能力。这种效果在表面活性剂作为洗涤剂的应用中得到了最充分的利用。洗涤剂因为更易附着在干净的表面上，因而可以除去原本附着在表面的污泥（污垢和油脂）。这一特性已被用于许多油田应用中，包括但不限于开采过程、清洁过程和去除钻井作业中不需要的或已使用的钻井液以及溢油扩散中。

这些影响可能非常复杂，并且在前几十年进行了广泛的研究[28-31]。关于表面活性剂的应用、表面活性剂类型和具体实例的讨论将在本章的后面几节中进行探讨。本节将集中讨论引起原油取代、运移和分散的一般机制。

当一滴油滴在水中与固体表面接触时，油可以在固体表面形成一个油珠或分散形成一层薄膜。与表面具有强亲和力的液体将寻求其与表面接触的最大化并形成薄膜，使界面面积达到最大值；而亲和力较低的液体会形成油珠。亲和力称为润湿性，润湿性是通过接触角和 IFT 来衡量的。接触角是液—气界面与固体表面接触的角，通常利用液体来测量接触角，并通过液体来量化固体表面的润湿性。任何给定温度和压力下的固体、液体和气体都有一个特定的平衡接触角。这是通过 Young 方程（图 3.5）以数学的方式来表示的，该方程量化了固体表面的润湿性，实际的情况要比这个简单的模型复杂得多。

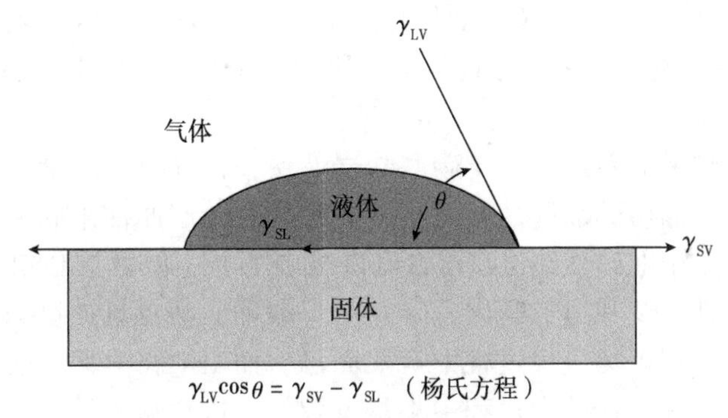


图 3.5 Young 方程和接触角

$\gamma_{LV}$—液体—气体界面张力或表面张力；$\gamma_{SV}$—固体—气体界面张力，非真实表面能；
$\gamma_{SL}$—固体—液体界面张力；$\theta$—接触角（液体内部的液体表面与固体表面之间的夹角）

在采油过程中，使用储层固有能量的一次采油的采收率为 15%。二次采油技术通常采用水驱进行采油，可以增加 15%的采收率。这意味着仍然有 70%的原油被圈闭于储层岩石孔隙中。在三次采油（EOR）过程中，采用技术改变毛细管压力、黏度、IFT 和润湿性来将圈闭的油驱替出岩石孔隙。这可能是一项复杂的工程和经济挑战[14,32]，并且超出了本书的范围。本研究将集中讨论表面活性剂在这个领域中的使用。

30 多年前就已经发现在水驱（二次采油）后，驱替非连续相的原油（通常称为残余油）是 $\Delta p/(L\sigma)$ 的函数，其中 $\Delta p$ 代表距离为 $L$ 的压力降，而 $\sigma$ 代表油和水之间的 IFT[33]。

已经确定的是，在超过 $\Delta p/(L\sigma)$ 的临界值之前，无法驱替出多孔岩石中的残余油。临界比为 $p/(L\sigma)$，这是储层岩石的基本性质。如果通过施加更大的压力、降低油水界面张力或降低油水界面张力（或两者一起）来超过这个临界值，就能采出一些额外的原油。额外原油的确切数量始终是比值 $\Delta p/(L\sigma)$ 增加的单调递增函数。为了采出既经济、数量又可观的原油，至少应该超过临界 $\Delta p/(L\sigma)$ 值一个数量级。通过利用表面活性剂和压力梯度的不同组合来降低油水界面张力，在实验室中可以获得良好的采收率。然而，在将实验结果应用到储层时，必须使用极低的油水 IFT 值以避免过高的水驱压力导致地层破裂。一般来说，为了达到这一目的，需要各种表面活性剂与聚合物结合并在碱性条件下使用。

至少自 20 世纪 50 年代以来[34,35]，就已确认表面活性剂对萃取和 EOR 过程是有利的，特别是对稠油和沥青焦油砂。对于碱性环境或 pH 值至少为 12 的环境条件下的非离子表面活性剂尤其如此。浓度在 0.1%左右的表面活性剂通常足以达到自发乳化的目的，从而提高焦油砂中油的可采产量。一般来说，水溶性碱金属卤化物、硫酸盐、碳酸盐、磷酸盐等适用于此目的，用量一般从几乎可忽略到质量分数约5%，而对于某些现场条件，有时可能需要更大的浓度。

重要的是，尽管表面活性剂、表面活性剂组合和碱与表面活性剂组合被用于EOR过程，它们也常与聚合物特别是聚丙烯酰胺（PAM）结合使用（见第2章）。虽然EOR中表面活性剂的主要用途之一是降低IFT，但它们也用于改变润湿性，这将在下一节中讨论。

### 3.1.6　润湿性改变

表面活性剂吸附到多孔介质（例如储层岩石）上可以改变岩石表面润湿性质。这在EOR中对于混合润湿或主要是油湿的储层是有利的。在这种情况下，用表面活性剂降低接触角，使储层更加水湿。

世界上超过一半储量的石油储存于碳酸盐岩储层中，导致这些储层的原油采收率较低的因素有很多。其中，储层的油湿性质是这些碳酸盐岩储层原油采收率较低的主要因素之一，因此许多研究都集中在改变储层润湿性和降低IFT上。化学驱EOR特别是表面活性剂的使用可以导致润湿性改变和IFT变化。研究[36,37]表明，润湿性改变只在IFT较高时才起重要作用，并主要在早期现场应用过程中有效而已。而IFT在润湿性改变与否的情况下都起着非常重要的作用，并且在整个过程中都是有效的。这意味着需要优选阴离子表面活性剂和阳离子表面活性剂分别用来降低IFT和改变储层润湿性。另一个结果是在较低IFT情况下表面活性剂润湿性改变的过程中，重力驱动是一个非常重要的机制。化学物质的分子扩散影响早期现场应用的原油采收率，但不影响最终采收率。

在裂缝性砂岩储层中，水驱效率取决于水自发渗吸进入含油基质岩心的过程。当基质为油湿或混合润湿时，通过渗吸只能采到很微量的原油。已经证明可以向注入水中添加表面活性剂，从而使注入水能渗吸进入原本混合润湿、致密的裂缝性砂岩储层。研究还表明，使用稀释［0.1%（质量分数）］的阴离子表面活性剂溶液可以改变润湿性，从油湿状态向水湿的状态转变[38]。在实验室条件下，提高原油采收率可达68%。

表面活性剂在该领域的应用研究和开发仍在继续，特别是在天然气和凝析气藏方面[39,40]，还有在液体解堵方面的研究。

### 3.1.7　表面电位和分散剂

当物质与极性介质（例如水）接触时，它们会获得表面电荷。在原油/水混合物中，电荷可能是由于表面酸性官能团的电离产生的；在气/水体系中，电荷可能是由于表面活性剂离子的吸附而产生的；在多孔岩石或固体悬浮液中，电荷可能是抗衡离子从内部结构携带相反电荷的矿物表面扩散产生的。在现场这种表面带电系统的性质和程度要复杂得多。表面活性剂通过吸附作用可使这种表面电荷增加、减少或不发生显著变化。

表面电荷的存在影响着附近离子的分布，其将带相反电荷的离子（抗衡离子）吸引到表面，而排斥带相同电荷的离子，因此形成了双电层（EDL）。由于分子热运动效应引起的混合，这个双电层在性质上可能是扩散的，可以看作具有一个内层和一个外层或扩散层，其中内层主要为吸附离子，而扩散层的离子是根据静电力和热效应进行分布的。

在颗粒扩散或在外加电场中被诱导移动时，任何与表面共价结合的分子都会随着颗粒移动。当润湿剂、分散剂或稳定剂（如表面活性剂）被强烈吸附到表面上时，它们也会随着颗粒移动。抗衡离子离表面很近，仅有1~2nm，也会随着颗粒移动。除此之外，溶剂分子有时也与表面紧密结合。但是在离表面较近的距离内，束缚较小的分子更加分散，并且不随颗粒移动。这个假想但有用的理论层被定义为剪切面。剪切面内的所有物质都被认为是随着颗粒运动的；而剪切面外的一切都不随着颗粒运动。换句话说，当颗粒运动时，它正在剪切这个平面上的液体。

通过测量电动电位（又称zeta电位）可以测量或量化这种表面电势。这是跨越固体和液体之间相边界的电位差，是对悬浮在液体中的颗粒电荷的测量。因此，zeta电位被定义为剪切面上的某点与远离界面的流体中的某点的静电势差。因此，水悬浮液中的zeta电位是剪切面上的电荷和自由盐离子浓度两个变量的函数，其中“自由”意味着不附着在颗粒表面。

胶体悬浮液有两种稳定方法。自然产生或添加的表面电荷能够增强静电稳定性。非极性表面活性剂或聚合物的吸附通过静态稳定来提高稳定性。

zeta电位的平方与带电粒子之间的静电斥力成正比。因此，zeta电位是稳定性的量度。通过增加绝对zeta电位来提高静电稳定性。当zeta电位接近于零时，与一直存在的范德华吸引力相比，静电排斥变小，不稳定性增加，导致聚集，然后沉积和相分离，这是油水分离的一个重要机制。

zeta电位很重要，因为对于大多数实际系统，由于表面电位无法测量，也就无法直接测量zeta电位。然而，可以通过测量粒子的静电迁移率来计算zeta电位。虽然严格来说不正确，但利用zeta电位替代表面电位比较常见。表面电位是表面电荷密度的函数。zeta电位是剪切面上电荷密度的函数。zeta电位的大小几乎总是比表面电位小得多。

了解原油采收率和原油加工中的zeta电位对于经济高效的操作和评价添加化学表面活性剂的电荷变化至关重要[41-47]。

表面活性剂，特别是离子表面活性剂，通过增加颗粒（分散）、液滴（乳化）或气泡（泡沫）之间的静电斥力来稳定胶体分散体。有人提出这种作用可以平衡分子间的范德华引力、稳定薄膜和分散。这种经典的分散稳定性概念是由Derjaguin、Landau、Verwey和Overbeek（DLVO）提出的，称为DLVO理论[48]。最近的实验数据[49]表明，在短的面面距离（水化排斥）和二价与多价反离子（离子相关力）存在的情况下，传统DLVO理论存在较大偏差。这两种效应都可以解释为双层相互作用的结果，而DLVO理论没有对这一点进行解释。

还有一些其他的力（如振荡力）可以影响薄膜和分散（包括表面活性剂胶束[50-52]）的稳定性，然而，这种复杂程度超出了目前研究的范围，就上游油田化学的应用而言，这些力对表面活性剂的选择和使用方面影响似乎很小。

当非离子表面活性剂吸附在薄膜或颗粒表面时，形成的聚合物—表面活性剂复合物可在两个表面之间产生空间相互作用[49,53]。

吸附单层膜或层状双层膜中的表面活性剂分子存在热运动，导致表面张力发生变化。当两个热波界面相互靠近时，后者也会引起空间相互作用（虽然是短程的）。

最后，离子可以存在于许多非离子表面活性剂中，并且有时它们是具有表面活性的；因此这些离子会给乳化剂表面带来一些负电荷。

3.1.8　乳化剂中的表面活性剂和亲水亲油平衡（HLB）值

如前所述，在液液界面的表面活性剂（特别是离子表面活性剂）可以降低 IFT，增加表面弹性和双层静电排斥力，并且可能增加表面黏度，所有这些都会影响乳状液的稳定性。通过向乳状液体系中加入表面活性剂，可以确定乳状液中各相的分布以及哪种相将会分散或形成连续相。

在油田乳化剂和破乳剂中，试剂的混合物通常比单一组分更有效。可能是由于这种混合物在降低 IFT 和形成较强的界面膜方面具有更好的效果。

可以用 HLB 这个经验参数来表征单组分或非离子表面活性剂混合物。表面活性剂的 HLB 是亲水程度或亲油程度的量度，由分子不同区域的计算值所决定[54-56]。

非离子表面活性剂 HLB 标度（图 3.6）在 0~20 之间变化。低 HLB 值（小于 9）表示为亲油或油溶性表面活性剂，高 HLB 值（大于 11）为亲水或水溶性表面活性剂。大多数离子表面活性剂的 HLB 值大于 20，因此主要是水溶性的。

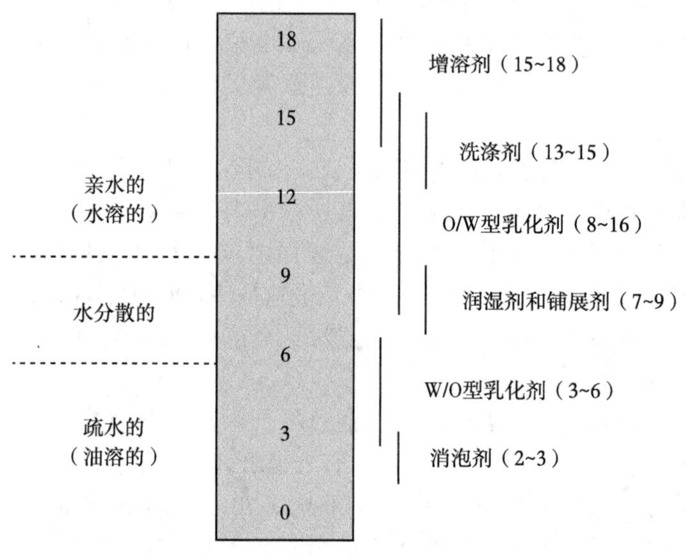


图 3.6　HLB 标度

一般来说，稳定油包水乳状液的天然乳化剂的 HLB 值在 3~8 之间。因此，具有高 HLB 值的破乳剂会使这些乳状液失稳。破乳剂的作用是使水滴周围的稳定界面膜组分（极性物质）发生完全或部分位移[57]。这种位移还会导致保护膜的界面黏度或弹性等性能发生变化，从而增强了不稳定性。在某些情况下，破乳剂起润湿剂的作用，可以改变稳定粒子的润湿性，导致乳化液膜破裂。

HLB 系统的局限性在于其他因素，如温度等也很重要。表面活性剂 HLB 值也是表征其作为乳化剂或破乳剂性能的指标，但不能表征其效率。例如，所有具有高 HLB 值的乳化剂都倾向于生成水包油乳液，但形成乳液的效率可能会有很大差异。

许多非离子表面活性剂的 HLB 值也随温度而变化；因此，表面活性剂不仅可以稳定低温下的水包油乳液，而且可以稳定更高温度下的油包水乳液。表面活性剂从稳定的水包油乳化液变为油包水乳液的温度称为相转变温度（PIT）[58]。在温度达到 PIT 时，非离子表面活性剂的亲水性和亲油性基本上是等同的。

可以看出，情况可能非常复杂，使得在确定适用于各种油田应用的表面活性剂和表面活性剂混合物时存在一些问题。尽管如此，理解一些表面活性剂、表面活性剂混合物的基本性质（CMC、克拉夫特点、吸附特征、表面和界面张力），对于一种表面活性剂在特定采油和生产过程中的表现至少可能有一些提示。然而还需要注意的是，在实际应用中动力学现象也在发挥作用。在后面内容中将探讨具体的化学成分，包括应用实例。

在评价表面活性剂的“绿色”特性方面问题也比较大，许多表面活性剂是从油脂化学物质中提取的，而油脂化学物质又是从植物和动物脂肪中提取。它们类似于从石油中提取的石化产品。脂肪酸、脂肪酸甲酯、脂肪醇、脂肪胺和甘油等基本油类化合物的形成是通过各种化学反应和酶反应进行的。这个谱系有力地表明，它们本质上是可生物降解和相对无毒的；然而，关于表面活性剂在生物累积方面[59]的应用潜力方面有很多争论，这将在本章后面进一步讨论。一般来说，阴离子表面活性剂和非离子表面活性剂的毒性比阳离子表面活性剂小；但是与其他工业部门不同，阴离子表面活性剂在油田应用中使用最少。

在油田中，表面活性剂的应用范围很广，尽管与通过其性能（如 IFT）不同的表面活性剂产品分类上有很大的重叠，作者还是试图根据主要公认的表面活性剂化学分类来介绍其主要用途。

## 3.2 阴离子表面活性剂

阴离子表面活性剂在水中以两亲性阴离子（即极性基团带负电荷）和阳离子［一般为碱金属（如钠或钾）或季铵盐］的形式解离。略举数例，包括烷基苯磺酸盐（洗涤剂）、脂肪酸衍生物（肥皂）、十二烷基硫酸盐（发泡剂）、二烷基磺基琥珀酸盐（润湿剂）和木质素磺酸盐（分散剂）。它们约占世界产量的50%，是许多工业部门中应用最多的原料。在石油和天然气领域，它们也被广泛应用。它们是所有行业中最常用的表面活性剂，但是并不是上游油气行业最常用的。

通常，阴离子表面活性剂由三氧化硫、硫酸或环氧乙烷（EO）（提供亲水头基）和石油或脂肪和油（油脂化学品）的衍生烃发生反应，以产生类似于脂肪酸的新酸。第二步反应是将碱金属添加到新酸中，生成一种阴离子表面活性剂。

在上游石油和天然气工业中，使用的各种阴离子表面活性剂有：

（1）烷基硫酸盐和烷基醚硫酸盐；

（2）烷基芳基磺酸盐和其他磺酸盐；

（3）乙氧基化衍生物；

（4）其他盐类，如牛磺酸盐和肌氨酸盐。

### 3.2.1 烷基硫酸盐及其衍生物

这些是最常用的表面活性剂，特别是十二烷基（或月桂基）硫酸钠、铵或乙醇胺盐（图 3.7），它们在洗发水、牙膏和一些洗涤剂中作为发泡剂。它们在油田有许多用途，本节稍后将举例说明。它们通常是通过加入适当的碱与烷基硫酸发生中和反应制备而得。

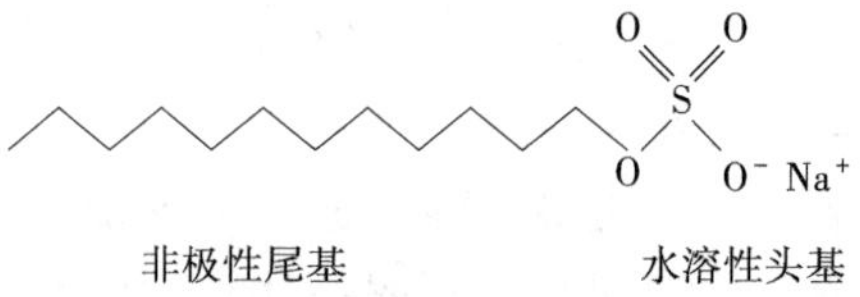

图 3.7　一种烷基硫酸盐——十二烷基硫酸钠

十二烷基硫酸钠是一种亲水性非常好的表面活性剂。更低的疏水性可以通过较长的链（高达 $C_{16}$）或使用较弱的碱（如氨或乙醇胺）来实现。

用于表面活性剂非极性部分的醇主要有两种来源：一种是从油中获得的羧酸生成的，例如从棕榈油或椰子油[60]中天然获得的羧酸；另一种是利用乙烯合成或从石油裂解制备的长链烯烃获得的。

乙烯制醇主要有两种工业方法。第一种商业化的工艺是 Ziegler 工艺[61]，它是通过铝催化剂使乙烯聚合，并使生成的烷基被氧化。通常的目标产品是脂肪醇，而脂肪醇是可以从天然脂肪和原油中提取的。另一种以乙烯为原料生产醇的主要商业工艺是壳牌高级烯烃法（SHOP）[62]。在第一阶段，乙烯在压力约为 100atm❶、温度为 400℉的条件下进入含有镍盐的溶剂（通常是二醇，如丁烷-1，4-二醇）中。它产生 α-烯烃混合物，通过分馏进行分离，得到的产物其中约 30%在 $C_{10}$—$C_{14}$的范围内。随后将它们与一氧化碳和氢气（加氢甲酰化）反应得到直链醛，直链醛在还原时便可得到所需的醇。其他烯烃馏分（$C_4$—$C_{10}$和 $C_{14}$—$C_{40}$）可以转化为更理想的 $C_{10}$—$C_{14}$馏分。脂肪醇本身是其他表面活性剂的原料，本章后面会介绍。

将十二烷基硫酸钠与聚合物混合可以形成一种混合凝胶[63]。这种凝胶体系是由阴离子或阳离子聚合物、少量的带与聚合物相反电荷的表面活性剂和疏水性醇制成的。凝胶 zeta 电位的绝对值至少保持在 20。有研究表明，更优的凝胶包含聚二烯丙基二甲基氯化铵、少量的十二烷基磺酸钠和月桂醇。混合凝胶具有优异的剪切黏度和其他性能，特别适用于钻井液和压裂液。

烷基硫酸盐和其他表面活性剂也用于泡沫水泥的合成[64]。泡沫水泥形成一种具有延展性和可压缩性的介质，它能够弯曲和承受能破坏传统水泥的应力。泡沫水泥护套的固有延展性有助于保持套管和井筒黏结的完整性，消除了微环空的形成，同时提供了更大的抗应力开裂能力。这些结果有助于防止环空压力累积。

许多类型的表面活性剂还具有减阻能力，十二烷基硫酸钠（SDS）等阴离子表面活性剂也已被证明具有这种性能[65]。

但一般而言，简单烷基硫酸盐在上游油气领域并不常用；然而，丙氧基化和乙氧基化衍生物在许多应用领域中得到了应用，特别是在 EOR 中，其一般结构如图 3.8 所示。在这种应用中，重要的是油水界面至少被一层表面活性剂分子所覆盖，这样就能够达到足够低的 IFT。表面活性剂还必须能沿界面顺利地由油溶性转变为水溶性。最后，人们通常还希望这种表面活性剂对二价阳离子和多价阳离子有很高的耐受性。烷基丙氧基乙氧基硫酸盐能

❶ 1atm＝101325Pa。

够满足这些要求。

$$\mathrm{CH_3(CH_2)_a\underset{}{\overset{\displaystyle CH_3}{\overset{|}{C}}H}(CH_2)_bCH_2(EO/PO)_mOSO_3M}$$

图 3.8 烷基丙氧基乙氧基硫酸盐

这些产品与聚合物一起使用，可以作为一种相对便宜、高性价比的改善水驱方法[66]。

支链烷基醇丙氧基硫酸盐表面活性剂作为化学 EOR 应用的替代品也受到研究。结果表明，这些阴离子表面活性剂可能是更优的 EOR 产品，因为它们可以在更稀的浓度下得到较低的界面张力，而且不需要碱性试剂或助表面活性剂。此外，一些配方产品在高盐度下表现出较低的 IFT，因此可能适用于更多高盐储层[67]。

硫酸盐表面活性剂的水解可能发生在储层条件范围内，水解速率可能会影响这些表面活性剂的性能。研究表明，烷基乙氧基硫酸盐在许多 EOR 条件下具有更好的稳定性[68]。

如前所述，阴离子表面活性剂的一个问题在于它会吸附到其他岩石表面，特别是存在多价阳离子的岩石表面，简单烷基硫酸盐尤其如此[69]。烷基醚硫酸盐、烷基磺酸盐和烷基芳基磺酸盐在这方面具有更理想的特性。

### 3.2.2 烷基醚硫酸盐（醇乙氧基硫酸盐）

比简单烷基硫酸盐应用范围更广的是各种类型的烷基醚硫酸盐；然而，它们的应用仍然主要局限于提高采收率作业以及一些特殊的钻井和完井应用上。

在这些产品的制造过程中，主要的烷基醇（来自合成或天然原料）通常是基于十二烷醇的混合物。首先用 1~3mol 当量的环氧乙烷进行乙氧基化，然后用三氧化二硫对反应产物进行硫化，再用碱中和生成烷基醚硫酸盐，如图 3.9 所示。

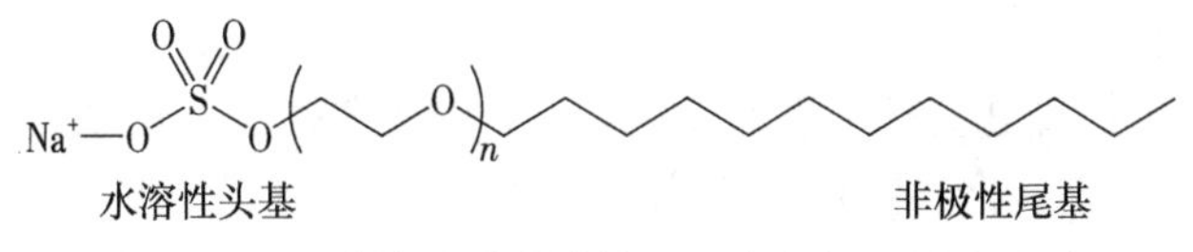


图 3.9 一种烷基醚硫酸钠——十二烷基醚硫酸钠

可以看出，这与图 3.7 的结构非常相似，只是亲水性（水溶性头）基团要大得多。

由于这些产品产生的泡沫较少，因此更适合于上游石油与天然气行业的许多应用当中，这些产品的配方和稳定性与在钻井应用、石油开采和加工过程中的许多产品相比较具有一定的优势。然而，有一些具有良好发泡特性的产品，如醇乙氧基硫酸盐，有助于泡沫作为液流转向剂在低渗透储层发挥作用[70]。

与烷基硫酸盐一样，烷基醚硫酸盐表面活性剂也已用于泡沫水泥的组成中[64]。

烷基醚硫酸盐已经应用于钻井和完井方案的应用中，特别是在稳定胶体钻井液方面[71]，与聚乙烯醇结合可将水的黏度提高到可以形成弹性薄膜的程度，从而提高胶体的稳定性，并在产油区之间形成更好的密封。

在钻井液混合物中使用表面活性剂时，必须保证表面活性剂与钻井液混合物中的聚合物具有高度相容性。烷基醚硫酸盐是少数可应用于钻井液混合物的阴离子表面活性剂之一[72]。

从环境影响的角度来看，烷基醚硫酸盐尤其是十二烷醇基硫酸钠，已经被证实是不致癌的[73]。一些含有烷基醚硫酸盐的产品发现含有1，4-二氧己环。这是在合成过程中乙氧基化时形成的副产物。许多监管机构确认1，4-二氧己环可能是人类致癌物质和已知刺激物；但是当浓度为400mg/m$^3$时，并没有观察到不良反应，该浓度明显高于在商业产品中发现的浓度[74]。

### 3.2.3　烷基芳基磺酸盐、相关的磺酸盐和磺酸衍生物

最常见的基于直链烷基苯磺酸盐的合成阴离子表面活性剂。在酸性催化剂［通常是固体沸石（离子交换）］、氯化铝（$AlCl_3$）或氢氟酸（HF）的存在下，稍微过量的苯与烯烃或氯烷烃混合生成烷基苯。然后，使用空气/三氧化二硫混合物对烷基苯进行磺化，再用氢氧化钠水溶液（通常在原位）中和所得的磺酸，如图3.10所示。

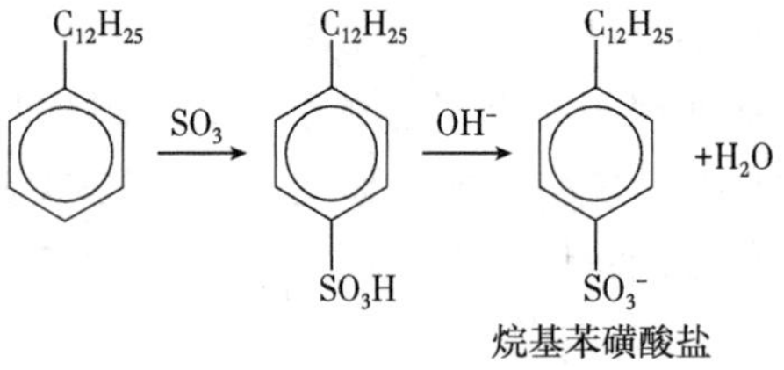

图3.10　烷基苯磺酸盐的生产

烷基苯的平均分子量随所用材料和催化剂的不同而变化，通常是烷基侧链长度在10~14个碳原子之间变化的混合物。从历史上看，这些产品由于含有带分支的侧链，而使得其生物降解非常缓慢，并且由于在河流和污水处理厂会产生泡沫，因此在一般工业用途中会形成污染问题。当今大多数国家的法律规定，含有侧链的表面活性剂的侧链上不能有分支，这样降解速率会快一些。

十二烷基苯磺酸钠是直链烷基苯磺酸盐（LAS）的主要产品，也就是说十二烷基（$C_{12}H_{25}$）是不带分支的。这是所有工业部门包括上游石油和天然气部门中应用最广泛的阴离子表面活性剂，每年生产数百吨。十二烷基链连接在苯磺酸盐基的4-位置。线型十二烷基-4-苯磺酸盐阴离子可以存在6个几何异构体，这取决于连接在苯环上的十二烷基的碳。图3.11所示的异构体为4-（5-十二烷基）苯磺酸盐（4表示苯环的位置，5表示十二烷链上的位置）。支链异构体，例如衍生自四聚丙烯的异构体，如图3.12所示，由于生物降解速率太慢而没有被广泛使用。

由于担心直链烷基苯产品对环境和人类健康的影响，对其进行了广泛的评估。欧洲理事会（欧共体）第1488/94号条例的生命周期分析考虑了排放物及其与环境和人类的接触。

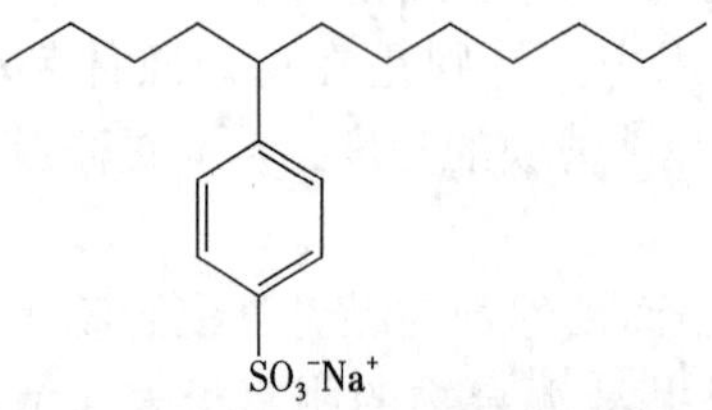

图3.11　4-（5-十二烷基）苯磺酸盐

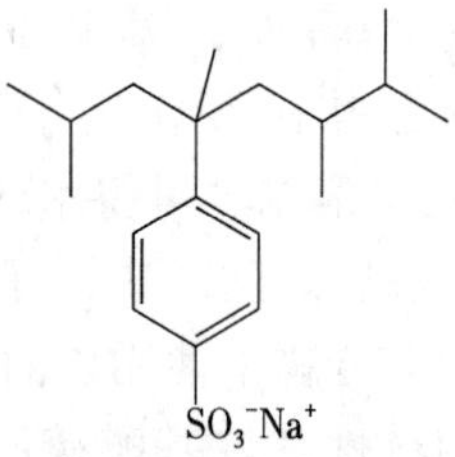

图3.12　一种枝状的十二烷基苯磺酸盐

在进行暴露评估后，确定了水、陆地和土壤三种防护对象的环境风险特征。对于人类健康，已审查了职业接触、消费者接触和通过环境间接接触人类的情况，并确定了可能的危险。

LAS 的生物降解性已经得到了很好的研究[75]，例如前述的受到异构化（分支）的影响。线型的烷基苯对鱼的 $LD_{50}$为 2.3mg/L，其毒性约为支链化合物的 4 倍；然而线型化合物的生物降解速率要快得多，因此随着时间的推移它是更安全的选择。它是在好氧条件下快速生物降解的，半衰期为 1~3 周[76]，氧化降解从烷基链开始。在厌氧条件下，它的降解非常缓慢或完全不降解，导致它存在于高浓度的污泥中，但这并不被认为是一个值得关注的原因，因为一旦回到含氧环境中，它就会迅速降解。

该报告的结论是，烷基芳基磺酸盐对环境或人类健康没有影响，除了目前已有措施外，没有必要采取进一步的测试或减少风险措施[77]。

烷基芳基磺酸盐表面活性剂在采油中的应用研究已有 80 多年的历史。1931 年，De Groote 首次将水溶性表面活性剂（如多环磺酸盐和木质素硫酸盐）描述为一种有助于提高石油采收率的物质[78]。Reisberg 和 Doscher 在 1959 年[35]使用了一种含有氢氧化钠的加州原油和表面活性剂溶液，并在实验室中证明添加碱可以产生界面活性与原油中的某种成分有关，而添加烷基苯磺酸盐等表面活性剂可以增强这种活性。在接下来的几十年里，注入同时含有表面活性剂和碱的溶液来提高采收率的方法得到了广泛的应用。这个工艺称为碱/表面活性剂驱，已经引起并将继续引起更大的关注。

在 20 世纪 60 年代，所使用的表面活性剂要么是通过直接磺化炼油厂或原油中的芳香族，要么是通过有机合成烷基芳基磺酸盐来制备的。在 20 世纪 70 年代至 80 年代初，由于高油价，尤其在美国，原油总产量的降低导致对提高采收率进行更广泛的研究、现场试验和实施。石油磺酸盐（在大多数情况下与醇类助剂一起）在这段时间流行起来。一系列系统的研究使人们认识到毛细管数控制了含油岩心驱替后剩余油的数量。这些研究表明，在典型的储层流体速度下，原油—盐水的 IFT 必须从 20~30mN/m（或 dyn❶/cm）降至 0.001~0.01mN/m，才能获得较低的剩余油饱和度。Gale 和 Sandvik[79]提出了三次采油过程中选择表面活性剂的四个标准：

（1）低油—水 IFT；

（2）低吸附；

（3）与储层流体的相容性；

（4）低成本。

烷基芳基磺酸盐及其相关产品往往符合上述所有标准。这些产品可能不适用于碱/表面活性剂驱过程，这将在 3.9 节中讨论，并讨论表面活性剂的热稳定性和降解性。

在过去的 20 年中，烷基芳基磺酸盐衍生物在非常低浓度下的应用取得了一些重要的进展，特别是在砂岩和灰岩地层中产生超低界面张力方面[80-82]。在这些产品中，磺酸基与烷基链的末端相连，而不是直接与芳香环相连，如图 3.13 所示。

烷基芳基磺酸及其碱盐特别是镁盐，多年来一直被用作沥青质分散剂[83]。这些材料主

❶ 1dyn=$10^{-5}$N。

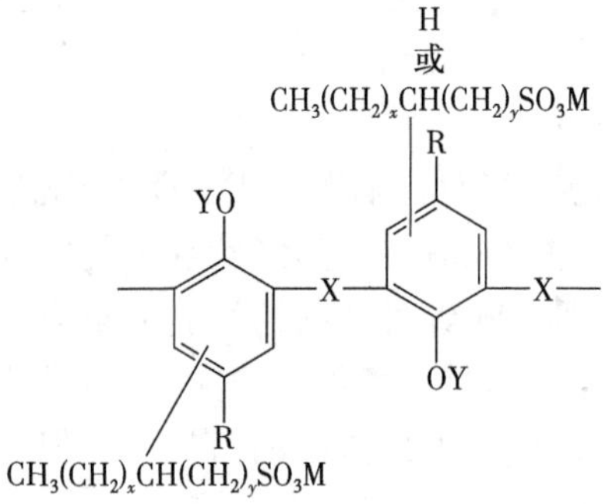

H
或
$CH_3(CH_2)_xCH(CH_2)_ySO_3M$
R
YO
X
X
OY
R
$CH_3(CH_2)_xCH(CH_2)_ySO_3M$

图 3.13 磺基烷基化苯酚表面活性剂

要基于十二烷基苯磺酸（DDBSA）的 4-同分异构体（图 3.14），在炼油厂中也被用作沥青质分散剂[84]。

用作沥青质分散剂的这些磺酸和相关盐的开发有两个方向。

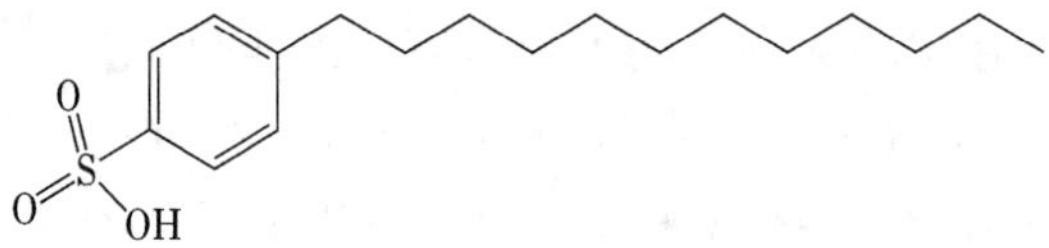

O
S
O
OH

图 3.14 对十二烷基苯磺酸

含有支链烷基的多环芳基磺酸盐的使用是提高分散剂性能的一个发展领域，首选磺化烷基萘结构[85]。另外，合成分散剂只需低浓度即可大大提高沥青质在原油中的溶解度。它们有一个或多个磺酸盐基，这些基团与沥青质中的多核芳香结构和长链烷基尾部相结合，从而促进了其在油中的溶解度。因此，合成分散剂比原油中的天然分散剂（即树脂）要有效得多。在高浓度下，合成分散剂甚至可以使所有沥青质溶于正庚烷，进而转化为树脂。结果表明，一个磺酸基连接在两个环萘芳香结构上是最有效的基团。研究还发现直链石蜡链尾超过 16 个碳时是无效的，这是由于与其他尾部以及油中的蜡形成结晶导致其在油中的溶解性降低。此外，随着时间的推移，正烷基芳香磺酸失去了分散沥青质的能力。这两个问题都可以通过使用两个不同长度比例的分支尾部来解决，这样，分散剂的效果会随着尾部总长度的增加而提高，远高于 30 个碳，并且随着时间的延长仍然有效。

如图 3.15 所示，取掉一个芳环基团，磺酸基直接与脂肪族烷基链结合[86]，这种材料类似于 3.2.1 所述的烷基硫酸盐。值得注意的是，似乎只有仲烷基部分有用，而且链长要在 8~22 个碳原子之间。这可能是由于所应用的配方产品具有更好的整体溶剂相互作用。

后面这些材料也类似于 $\alpha$-烯烃磺酸盐，在 3.2.4 有更全面的介绍。

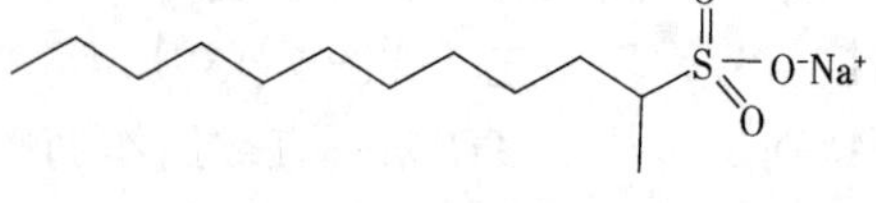

O
S
$O^-Na^+$
O

图 3.15 仲烷基磺酸盐

### 3.2.4 α-烯烃磺酸盐

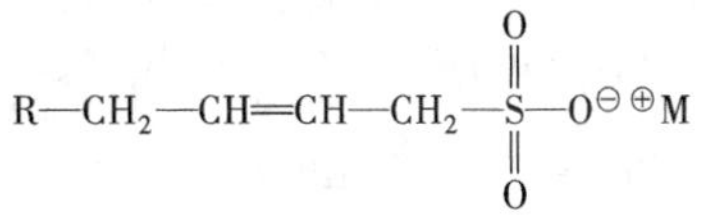

$$R—CH_2—CH═CH—CH_2—\overset{O}{\overset{\|}{\underset{\underset{O}{\|}}{S}}}—O^{\ominus}\,{}^{\oplus}M$$

图 3.16 α-烯烃磺酸盐

如图 3.16 所示的这些表面活性剂，具有良好的润湿性和优异的发泡稳定性能，广泛用于洗涤剂行业[87]，特别是在洗涤和个人护理中，因为它们在硬水和软水中都具有良好的清洁性和高发泡性能，并且无刺激性，对皮肤温和。

稳定的发泡特性和快速生物降解的优点意味着这些表面活性剂能够用于许多油田应用中。

与其他磺酸盐特别是烷基芳基磺酸盐一样，它们已经应用于水驱和二次采油过程。α-烯烃磺酸盐在不加醇的表面活性剂驱中具有特殊功效[88]。无醇的表面活性剂驱段塞具有相当大的吸引力，因为与含有助表面活性剂乙醇的配方相比，其产生的高溶解度，注入少量的无醇表面活性剂就可以获得较高的原油采收率。乙氧基化基团、芳香族环、烷基链的分链，特别是双键的加入，破坏了黏性团聚体的稳定性，使胶束能够容纳水或油，就像一种“内置”的助表面活性剂。相反，烷基链越长（石蜡基越多）、分支越少、芳香族基团越少，IFT 就越低。α-烯烃磺酸盐可以同时满足这两种不同的要求。

当采用 α-烯烃磺酸盐提高泡沫稳定性和降低波及区域的渗透率时，蒸汽驱或二氧化碳驱可以大大改善开采状况[89]。已经有人提出将 α-烯烃磺酸盐作为合适的发泡剂用于泡沫水力压裂中[90]。

泡沫表面活性剂的一个关键应用是在天然气封闭和天然气生产控制中，在高气油比（GOR）油藏中尤其有用[91]。这是因为泡沫被限制在储层岩石基质的孔隙网络中，因此形成跨越孔隙的液体薄膜，使气相不连续。这在不改变液体相对渗透率的情况下，大大降低了气体的流度。在合适的情况下，可以选用 α-烯烃磺酸盐做适合的表面活性剂与氮气生成泡沫；但在原油比例较高的情况下，这些泡沫阻滞剂性能较差[92]。通过将 α-烯烃磺酸盐与聚合物（如 PAM）混合使用[93]，或者将 α-烯烃磺酸盐与含氟表面活性剂混合使用[94]可以成功解决这个问题。

从 20 世纪 70 年代开始，人们就对环境中氟化化学品的去向产生了相当大的兴趣，因为氯氟烃是破坏平流层臭氧的主要原因[95]。由于极有可能破坏臭氧层，它们的使用和制造受到禁止。

有机分子中氟的掺入可以产生积极和消极的影响。虽然氟具有良好的和独特的性质，如憎水憎油和化学稳定性，但氟经常产生不利影响。近 20 年来，随着全氟羧酸和全氟烷烃磺酸盐被发现具有环境持久性，人们对氟化化学品的关注也越来越多[96,97]。实验已经证明，在理解含氟物质生物降解如何进入环境和后续影响方面起着重要作用。如果 α-H 原子与磺酸盐基团存在的情况下，至少在硫限制的条件下，可以实现高度氟化表面活性剂的脱磺化，氟化程度较低的分子可以表现出非常复杂的代谢行为。有迹象表明，氟化官能团，如三氟甲氧基和对位（三氟甲基）苯氧基，可能是新型环境友好型含氟表面活性剂的有用衍生物[98]。这将在 3.3 节中进一步详细说明，并讨论含氟表面活性剂在油气上游工业中的直接应用。

### 3.2.5　木质素磺酸盐及其他石油磺酸盐

木质素磺酸盐特别是聚合物形式的木质素磺酸盐在 2.2.4 有详细的讨论。木质素是从木材制浆过程中提取的，几十年来一直被用作钻井液添加剂。木质素磺酸盐钻井液[99]具有许多优越的性能，包括良好的黏度控制、凝胶强度和流体滤失性能，以及高达 230℃的耐高温性能。在水基钻井液中，木质素磺酸盐也能耐受高盐浓度和极高的矿化度。

如前所述，木质素和木质素磺酸盐的生物降解率很低，因此在环境检查和监管压力下，钻井液成分基本上禁止或取代了这些产品。

石油磺酸盐是一类复杂的芳香族产品，图 3.17 给出了一个具有代表性的例子。

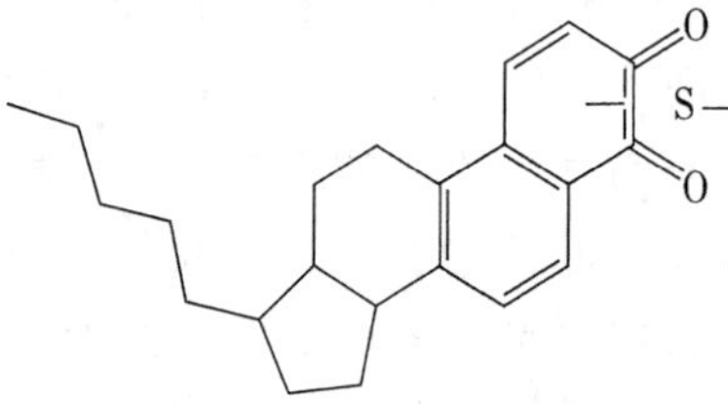

图 3.17　石油磺酸盐

30~40 年前，大多数提高采收率的表面活性剂体系将石油磺酸盐作为主要成分[100]。以前和现在的研究业已表明，石油磺酸盐的性能与其组成有显著的依赖关系[101,102]。天然石油磺酸盐是指原油、原油馏分油或这些馏分油的任何部分经磺化后所制得的石油磺酸盐，其中烃类的存在与原油中烃类的状态无本质区别。因此，这些天然材料与本章前几节所述的最常见的由烯烃聚合物或烷基芳烃磺化而得到的合成磺酸盐截然不同。一般来说，天然石油磺酸盐是比合成物复杂得多的混合物。造成这种复杂性差异的主要原因是天然材料含有可发生多重磺化反应的缩合环和单环芳烃。这些二元化和多磺化材料使得天然磺化物的等效重量分布比单磺化合成物大得多。这些石油磺酸盐混合物产生的 IFT 值很低；然而，人们注意到芳香环聚合物上的烷基基团在很大程度上控制着它们的行为[103]。

乍一看推断这些复杂的有机石油表面活性剂不易生物降解是合理的。然而情况是复杂的，有证据表明石油磺酸盐作为表面活性剂与微生物群协同作用，并有助于原油的整体生物降解[104]。这是一个需要进一步研究的领域，使用天然石油原料的前景在经济和环境方面可能是有利的；事实上，在过去的 10 年里已经进行了一些研究[105,106]。

### 3.2.6　其他磺化物

油田应用中最常用的阻垢剂之一，尤其是硫酸钡阻垢剂，是基于乙烯基磺酸单体和相关苯乙烯及烯丙基衍生物的聚磺酸盐[107]。这些在本质上不是表面活性剂，已经在 2.1.1 详细说明。

烷基苯氧基丙基磺酸盐是两性表面活性剂，已经用于钻井液中作为黏土稳定剂[108]，将在 3.5 节进一步讨论。

磺酸钙用作润滑剂配方的基础，并且通常为油田钻井和生产螺纹操作中的控制减少摩擦提供优异的载体性能。这些材料通常可以形成环境可接受的润滑剂配方的基础，其中包括植物油和相关的脂肪酸或聚合物[109]。这些材料还具有腐蚀抑制特性[110]。

3.2.3介绍的芳基磺酸盐也可以形成Gemini表面活性剂，可用于EOR中的水驱应用中[81]。Gemini表面活性剂在3.2.11.5和3.6.6有更详细的介绍。萘磺酸盐也可以起到类似的作用。

丙氧基烷基磺酸盐类似于3.2.1介绍的硫酸盐衍生物，用于许多提高采收率作业中[111]。

沥青磺酸钠历来被用作廉价且合理有效的钻井液添加剂[112]。这或多或少被现代合成表面活性剂所取代，更加适合特定的现代钻井实际操作中。

自20世纪60年代中期以来，甲酯磺酸盐（MES）已经商业化；然而直到最近，MES的唯一已知油田用途是作为抗淤泥剂和酸化增产过程中的破乳剂[113]。最近发现这些产品可用于形成胶凝流体。

表面活性剂酸性黏弹体系已经在酸压、基质酸化、砾石充填、压裂填料和水力压裂中使用了几十年，并且这些流体的一个明显的好处是它们被认为比基于聚合物的流体具有更小的破坏性。然而，表面活性剂凝胶通常在与烃接触时或被地层流体稀释失去黏度。这通常也会导致形成不理想的乳化。一些阳离子表面活性剂压裂液的另一个潜在问题是它们可能会不利地改变砂岩地层的润湿性。直到最近形成黏弹性的表面活性剂主要是阳离子（如季铵盐）表面活性剂或两性离子（如甜菜碱）表面活性剂，这两种类型的表面活性剂将在本章后面更详细地讨论。如前所述，MES是一种阴离子表面活性剂，已成功应用于该领域[114]。

通过向甲酯的$\alpha$-碳中加入三氧化硫并随后用碱中和来制备MES。使用MES有三个优点：

（1）它比$\alpha$-烯烃磺酸盐便宜；

（2）它来自可再生资源，如棕榈仁油；

（3）它比许多表面活性剂凝胶具有更好的环境特性，因为它可生物降解并且具有低水生毒性[115]。

这种来自非食用植物油的“新”型磺酸盐表面活性剂已经进一步用于一般的EOR应用开发中，特别是具有良好稳定性和IFT的$C_{16}$—$C_{18}$脂肪酸衍生物中。表面活性剂驱油的主要机理是减少圈闭的油和水之间的界面张力并增加毛细管数，最终提高微观驱替效率。这种新型表面活性剂为这方面提供了更环保的选择[116]。

硫酸盐植物油特别是大豆和蓖麻油，可作为润滑剂用于钻井液应用中的水基钻井液系统和油基钻井液系统[117]。然而，它们确实是在水基液体中表现出更明显的发泡性能，这可能会限制它们的用途。

### 3.2.7 磺酸

并不是所有的磺酸都是表面活性剂，在3.2.3主要介绍的是烷基芳基衍生物，功能强大、用途广泛的洗涤剂和表面活性剂，广泛应用于石油和天然气工业。其他一些磺酸也在油田领域有用途，在第6章对此做了说明，其中磺酸被列为有机硫化合物的一种。

### 3.2.8 琥珀酸酯磺酸盐

硫代琥珀酸盐是阴离子表面活性剂磺基羧酸的一大部分。这些化合物至少有两个亲水性基团：磺酸基和一个（或两个）羧基作为羧酸盐或酯。单羧基化合物应用不广泛，在石油和天然气领域没有应用。这类产品中最常用的是十二烷基硫乙酸钠（图 3.18），它存在于牙膏、洗发水、化妆品和微碱性肥皂中。

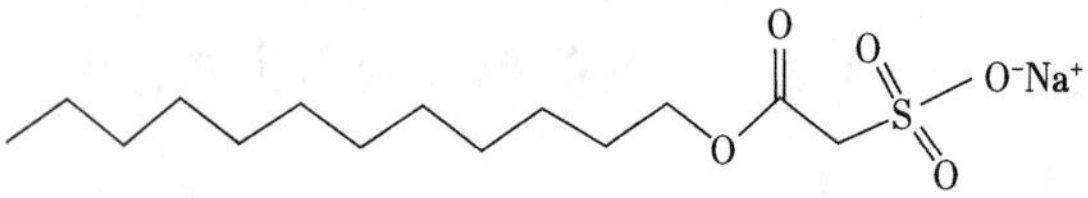

图 3.18　十二烷基硫乙酸钠

$C_{18}$化合物在黄油和人造黄油中作为防溅剂，因为它们能够固定食品乳化剂中的水分，所以在平底锅中加热时蒸发不会发生爆炸。

另外，磺基二羧酸化合物如硫代琥珀酸盐是众所周知的，在许多工业和个人护理应用中广泛使用。

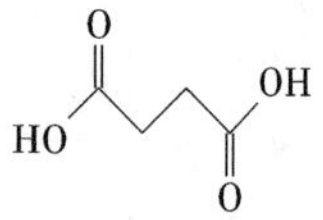

图 3.19　琥珀酸

琥珀酸（图 3.19）是一种二元酸，应该命名为 2-丁烯-1，4-二羧酸。该二酯（琥珀酸酯）是由马来酸酐与乙醇直接反应，然后磺化而成。

基于醇不同的磺基琥珀酸酯，特别是由两种主要的几何异构体组成的磺基琥珀酸二辛酯（图 3.20），在水溶液中表现出较低的动态表面张力，因此推荐作为疏水固体的润湿剂和分散剂。这些产品在石油和天然气上游中有许多应用；然而，它们的实用性和相对较低的环境影响却并没有像在其他领域那样广泛应用，由于与其他阴离子表面活性剂相比，它们的成本较高。

磺基琥珀酸二辛酯易得并可溶解在许多不同的液体中。在水和乙醇或乙二醇中，浓缩等级可达 70%或 60%。60%的活性等级在水中溶解得更快。这些产品可溶于液状石蜡和非极性溶剂（如碳氢化合物）中，并可作为乳化剂和分散剂。

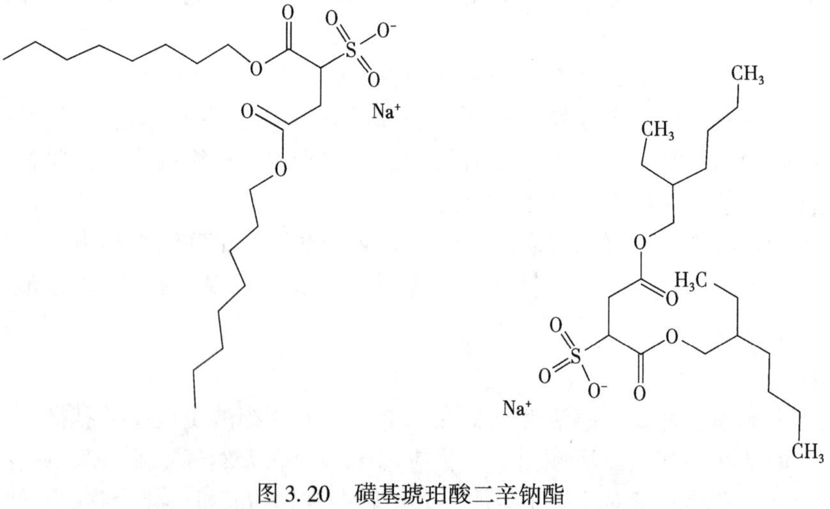

图 3.20　磺基琥珀酸二辛钠酯

一般而言，磺基琥珀酸盐毒性低，可生物降解，在中性溶液中稳定，但在强酸或碱性溶液中稀释时可能发生酯化水解[118]。

在高吸水页岩钻井时，含有琥珀酸磺酸盐衍生表面活性剂的水溶性聚合物混合物被用作黏土稳定剂[119]。二辛烷基磺基琥珀酸钠也是许多溢油分散剂配方中的关键成分[120,121]。

近年来，高强度酸压技术用来释放那些难处理的稠油。尽管原油中沥青质浓度通常较低，但这些油对酸和（或）铁诱导的沥青质沉淀非常敏感。随着酸浓度的增加，三价铁溶解到溶液中，用化学方法防止沥青质析出变得越来越困难。为防止沥青质沉淀而设计的酸性共混物也倾向于与原油乳化；因此，必须在抗污泥添加剂和非乳化剂之间找到一个平衡点。硫代琥珀酸盐在这方面特别有用[122]。

近几十年来，特别是在北美，水力压裂技术在致密油气藏和页岩气开发的应用中大幅度增加[123]。压裂液滤失到地层中可能会损害页岩或其他致密油藏的油气产量。压裂液滤液圈闭到裂缝壁面的基质裂缝中；然而，表面活性剂，特别是硫代琥珀酸盐，可以通过控制 IFT 的减小来降低压裂液滤失对基质中油气渗透率的影响。对比不同初始储层条件下关井和表面活性剂降低 IFT 对油气渗透率的影响后，可用于优化压裂液添加剂和（或）提出管理压裂后操作以增强非常规致密储层的油气生产的标准[124]。

### 3.2.9 磷酸酯

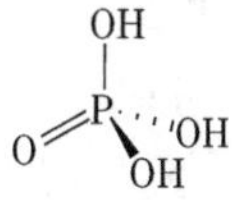

磷化学特别有趣而且可能很复杂。第 4 章详细讨论了磷产品的使用及其对石油与天然气工业的环境影响。本节将考虑石油与天然气上游行业中使用的有机磷表面活性剂的主要类别，即磷酸盐酯类以及一些相关的表面活性剂。磷酸（图 3.21）可以形成脂肪酸的单酯或二酯，其多余的氢原子被碱性氢氧化物或低分子量胺中和，从而产生阴离子表面活性剂。

图 3.21 磷酸

磷酸酯类阴离子表面活性剂的主要用途是作为油田缓蚀剂的组成部分，磷酸酯类化合物被归为成膜缓蚀剂（FFCI），如 3.3 节和 3.4 节所述，它们是油田缓蚀策略中的重要产品。这些 FFCI 还包括各种含氮化合物，其中许多是表面活性剂和硫化合物。这些抑制剂的吸附取决于官能团的物理化学性质和供体原子的电子密度。吸附的发生是由于抑制剂的孤对电子和（或）p 轨道与金属表面原子的 d 轨道相互作用的结果，导致了腐蚀保护膜的形成[125]。

磷酸酯类缓蚀剂是由适当的烷氧基化（乙氧基化、丙氧基化或丁氧基化）醇或酚与磷化剂如五氧化二磷或正磷酸盐等磷化剂反应而制得的[126,127]。

磷酸酯类化合物特别是乙氧基磷酸酯类化合物一般用于不同的缓蚀领域，如钻井液、油井增产、油气生产和管道输送等不同的防腐领域。它们非常有效，特别是在中等温度或微量氧存在的情况下[128-130]。也发现单磷酸酯和二磷酸酯（图 3.22）在减缓沉积物腐蚀方面很有用[131]。含有疏水性壬基酚基团的磷酸盐酯比直链或支链脂肪族磷酸盐酯表现出更好的 FFCI，其中双酯比单酯更有效[129]。

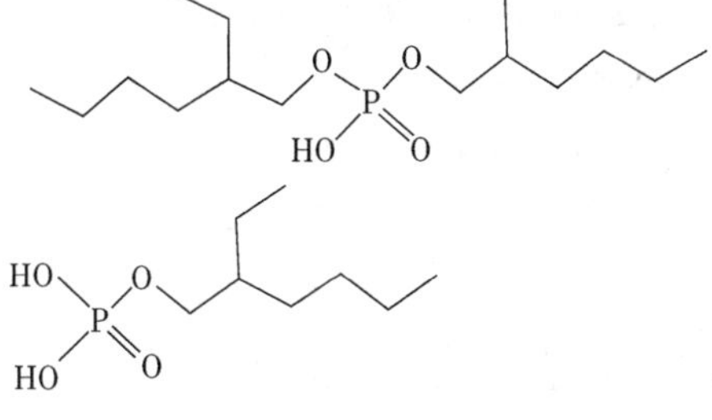

图 3.22 磷酸单乙基己基（异辛基）酯和磷酸二乙基己基（异辛基）酯

磷酸酯可与 $Fe^{2+}$ 和 $Ca^{2+}$ 形成不溶性盐，

然后在管壁上形成沉积物并进一步阻碍腐蚀[132]。它们也可用多烷氧基化硫醇而不是乙醇来合成的，据称这些硫醇特别适用于缓解点蚀[133]，特别是在高氧系统和深层气井中的点蚀[134]。

这些烷氧基磷酸酯及其相关产物与其他表面活性剂如季铵盐等材料，特别是二癸二甲酯类季铵盐[135]、各种胺类和乙氧基脂肪胺[136]、咪唑啉类化合物[137]一起复配时，具有极强的缓蚀效果。磷酸酯，特别是混合制剂中的咪唑啉的协同效应也得到了关注[138]。

除了这些性质和功能外，因为具有低毒性且易于生物降解，水溶性乙氧基化脂肪族磷酸酯还可有效地用于环境友好型腐蚀抑制剂中[139]。

一些衍生自烷基乙氧基化物的单磷酸酯和二磷酸酯与五氧化二磷反应的混合物被称为低剂量环烷酸盐抑制剂[140]，这些分子的表面活性剂性质使它们在油水界面处排列和集中，因此阻止了油相中的环烷酸与水相中的阳离子（如 $Ca^{2+}$）之间的相互作用。

烷基磷酸酯可以与异丙醇铝一起使用作为钻井液组分中的滤失液添加剂[141]。在生产过程中，钻井液高效、快速地形成滤饼，将流体滤失降至最低，并允许流体流入井筒，这一点非常重要[112]。在烷基磷酸酯的情况下，它与铝化合物交叉连接形成一种复杂的阴离子聚合物，可以作为胶凝剂防止液体滤失。

已有研究发现，将聚醚磷酸酯添加到水基钻井液中可以提供润滑性能，从而使其适合于更广泛的应用[142]。

磷酸盐酯作为润滑剂具有普遍的用途，并且由于其整体稳定性，特别是在氧气存在下的稳定性使其在许多工业中得到广泛应用[143]。在油田完井作业中，通常使用含盐液体，而且在钻遇产油层时这种情况越来越多。首选是盐水，因为它们的密度比淡水高，而且它们缺乏可能破坏可生产地层的固体颗粒。盐类包括氯化盐水（钙和钠）、溴化物和甲酸盐。基于磷酸盐酯的润滑油可以添加到这些盐水中以帮助生产渗透，也便于工具检出（H. A. Craddock，未发表）。

特别是当磷酸单酯如异辛基酸磷酸酯（图 3.22）与十二烷基苯磺酸混合时，可产生有效的沥青质分散剂[144]。然而，磷酸酯与烷基芳基磺酸盐不同，没有芳香基团可以提供 π—π 键与沥青质相互作用；但是它可以与沥青质中的胺和羟基键合或与金属离子形成氢键，从而使沥青质聚集机制不稳定。烷氧基羧酸也有类似的行为（见 3.2.10）。

磷酸酯类阴离子表面活性剂是环保的一类表面活性剂，将在 3.9 节进一步讨论。

### 3.2.10　乙氧基化（或醚）羧酸

烷基醚羧酸，如月桂酸-3-羧酸（图 3.23），是具有末端乙酸基团的烷基乙氧基化物。它们被广泛应用于乳化剂、缓蚀剂、分散剂、润湿剂和洗涤剂等行业。

令人惊讶的是，这些阴离子表面活性剂在油田应用方面的代表性不足。类似于某些磷酸盐酯，认为是有用的沥青质分散剂，尤其是当与磺酸和（或）磷酸盐酯混合使用时[145]。

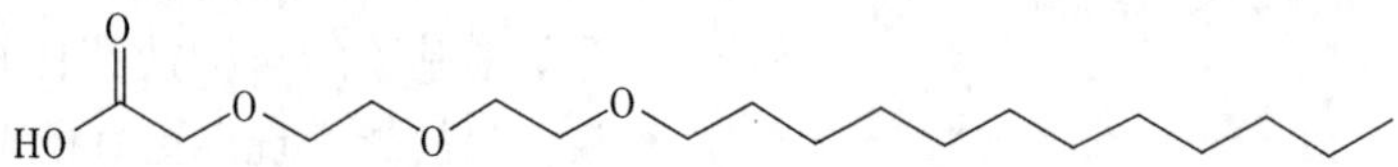

O
HO　O　O　O

图 3.23　月桂酸-3-羧酸

与磷酸酯类似，它们是高度生物降解的，对水生生物无毒[146]。最近有一些研究考察了所有可生物降解、非生物积累、低毒性的氧基酸缓蚀剂，这些缓蚀剂均符合 120℃（约 250℉）以下碳钢油田油管防护的行业标准[147]。提议这些分子作为季铵盐的替代物，包括用于基质酸化中腐蚀抑制剂中的吡啶、喹啉季铵盐和一些醚羧酸。

### 3.2.11　其他阴离子表面活性剂

#### 3.2.11.1　单皂基

许多单皂基是阴离子洗涤剂，具有如图 3.24 所示的结构。正如其他种类的阴离子表面活性剂，它们具有疏水性尾端和亲水性头端。

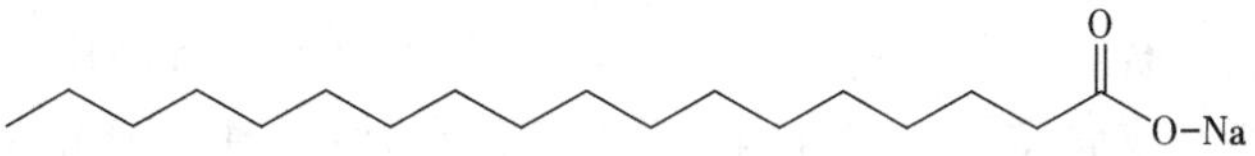

图 3.24　硬脂酸钠

虽然这些分子通常易于生物降解且无毒，但它们很少用于石油和天然气上游工业。它们主要用于一般的工业清洁剂（如钻井清洗），或很有潜力用作原油输送管道中的减阻剂[147]。

#### 3.2.11.2　肌氨酸盐和烷基肌氨酸盐

这类表面活性剂衍生自肌氨酸或甲基甘氨酸，一种廉价的合成氨基酸具有图 3.25 所示的结构。

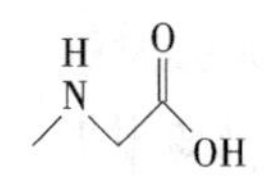

图 3.25　肌氨酸

用脂肪酸氯化物进行酰化，得到脂肪酰氨基为亲脂性或疏水性尾端的表面活性剂。这种反应可以与许多不同的氨基酸发生，特别是那些来自蛋白质水解的氨基酸。这产生了所谓的肌氨酸，其结构与生物组织非常相似。

最常用的合成产品是月桂酰肌氨酸盐，它既是一种强杀菌剂，也是一种己糖激酶阻断剂（腐败酵素）。因为它不是阳离子的，所以它与阴离子表面活性剂相容；它并没有广泛用于石油和天然气行业，但作为牙膏、剃须泡沫和地毯及室内装潢用“干”洗发剂的一种成分，用于个人护理及其他家庭应用。

值得注意的是，由于氮原子是酰胺键的一部分，氮在所有水溶液中不具有 pH 活性，无论酸碱度如何氮都是中性的。羧酸盐的 p$K_a$ 值约为 3.6，因此在 pH 值大于 5.5 的溶液中带负电荷。

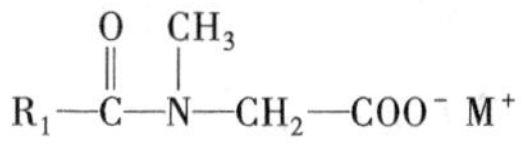

$$R_1-\overset{O}{\overset{\|}{C}}-\overset{CH_3}{\overset{|}{N}}-CH_2-COO^-\ M^+$$

图 3.26　烷基肌氨酸盐

具有图 3.26 所示结构的烷基肌氨酸盐被归类为黏弹性阴离子表面活性剂。这些产品在阳离子存在时会产生剪切变稀特性，因此很容易泵入地层。一旦进入地层，凝胶的黏度会增加 100 倍，从而限制流体流动，尤其是水的流动。与烃接触会破坏凝胶并降低黏度。这意味着在地层处理中，只有在含烃饱和度的孔隙才能自由流动，使其保持通畅和湿润，而高含水饱和度的孔隙仍然被凝胶[148]堵塞。

但是鉴于它们来源于半合成氨基酸且对环境的影响较低，却很少被开发用于油田，这大概是出于经济的原因。

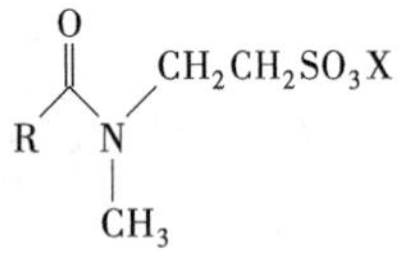

#### 3.2.11.3 烷基牛磺酸盐

图 3.27 烷基牛磺酸酯

在相关的黏弹性应用中，已经开发出基于烷基牛磺酸盐的阴离子表面活性剂（图 3.27）[149]。黏弹性表面活性剂用作酸化增产应用中的流体转向剂[150]。

牛磺酸盐是阴离子酰氨基烷烃表面活性剂，其化学结构非常接近异硫氰酸盐。它们用于增加表面活性剂混合物的黏度，通常在广泛的工业和家庭应用中用作辅助表面活性剂。过去大量应用在商业洗发水和沐浴露中，但如今被十二烷基醚磺酸盐取代。许多来源于植物或相关脂肪酸，具有良好的可持续性和生物降解率。

牛磺酸盐是增稠混合物中的一种表面活性剂，广泛用于化妆品中，因为它们温和的清洁和保湿作用适合所有皮肤类型，并且因为某些牛磺酸盐组合的 pH 值是中性至碱性的，所以它们是婴儿护理产品的主要选择。

同样，尽管它们具有良好的环境特性和低毒性，但在石油和天然气上游部门并未广泛使用。

如上所述，多种阴离子表面活性剂用于石油和天然气工业的上游部门，并具有多种功能。然而，它们在使用上受到限制，主要的批量使用倾向于在少数应用中，这主要是由于相容性及其发泡特性的问题。但在许多应用中不受欢迎，在这些应用中表面活性剂是一种用于解决油田加工问题的有用化学类型。综上所述，阴离子表面活性剂有助于简化配方和定量的合成操作，以提高所需的性能。

#### 3.2.11.4 烷基邻二甲苯磺酸盐

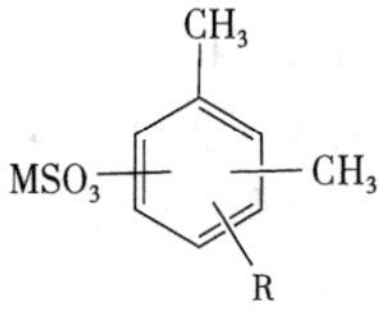

基于邻二甲苯和烯烃的产品，例如来自 SHOP [62]的醇可以生产图 3.28 所示的石油磺酸盐等产品。

图 3.28 邻二甲苯烷基磺酸酯

这些衍生物比 3.2.3 介绍的其他烷基芳基磺酸盐更易溶于油，并且已经在 EOR 中成功应用了几十年[151,152]。对特定表面活性剂分子的修饰技术不仅对阴离子表面活性剂，也为其他种类表面活性剂提供了解决方案。这不仅可以提高功效或某些所需的性能，而且还有助于设计“更绿色”的分子。这将在 3.6 节中进一步讨论。

#### 3.2.11.5 双子表面活性剂

在过去 30 年里阴离子表面活性剂特别是烷基苯磺酸盐，已经被用于设计新的双子表面活性剂[153]。双子表面活性剂依次具有长烃链、离子基团、间隔基、第二离子基团和另一烃尾端。双子表面活性剂如图 3.29 所示，具有两个以上尾部的相关表面活性剂也已存在。双子表面活性剂比常规表面活性剂具有更高的表面活性。Menger 和 Littau[153]将具有刚性间隔物（即苯、芪）的双表面活性剂命名为 Gemini。该名称随后扩展到其他双（bis）尾或双（double）尾表面活性剂，而与间隔物的性质无关。

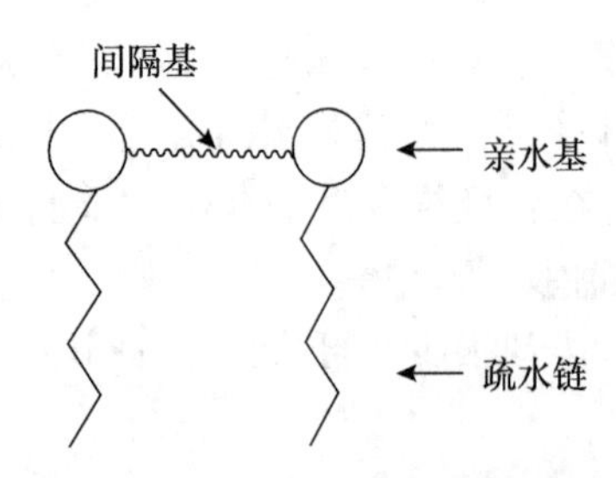

图 3.29 双子表面活性剂的结构

间隔物的类型和数量以及烷基链的长度对 CMC 值和克拉夫温度有相当大的影响，进而导致表面张力性能有所增强[154,155]。迄今为止，尽管已经在EOR[81,156]和在水力压裂液[157]等应用中对其黏弹性进行了一些研究，但这些材料在油田中的应用还处于起步阶段。最近，一些基于非离子咪唑啉的新型双子表面活性剂已被用作油田缓蚀剂[158]，将在3.3节中进一步讨论。

双子表面活性剂为生物表面活性剂的设计提供了一个很好的基础，也为保持性能和具有良好的环境性能提供了可能性。

## 3.3　非离子表面活性剂

非离子表面活性剂在溶液中不会形成离子。因此，它们能与其他类型的表面活性剂相容，并且是复杂混合物中的首选。这使得它们在许多行业中应用广泛，特别是在石油和天然气行业中，这两个行业中使用的产品和添加剂主要是两种、三种或更多种成分的混合物。它们对电解质，尤其是对二价阳离子（如钙离子和钡离子）的敏感性远低于离子表面活性剂，并且可以与高盐度水或硬水一起使用。同样，这有助于它们在油田领域的使用。说到这一点，它们在石油和天然气上游领域出人意料地未得到充分利用，可能是由于费用问题，但更可能是由于缺乏应用的历史。

非离子表面活性剂是良好的洗涤剂、润湿剂和乳化剂，其中一些还具有良好的发泡性能。一些类别表现出非常低的毒性水平并且用于药物、化妆品和食品中。这些表面活性剂存在于各种家用和工业产品中，例如粉末或液体配方。然而，整个市场主要是聚乙氧基化产品，即亲水基团是由环氧乙烷在羟基或氨基上缩聚产生的聚乙二醇产品。

非离子表面活性剂占世界总产量的40%~45%，是许多工业领域中应用第二的表面活性剂材料。在石油和天然气领域，它们的各种功能都得到了利用，但如前所述，并没有像预期的那样广泛。

表面活性剂中的主要基团是乙氧基化物，即乙氧基化直链醇和乙氧基化烷基酚。这些通过缩合长链醇制成的，这些醇来自合成或天然原料，与EO一起形成醚（图3.30）。

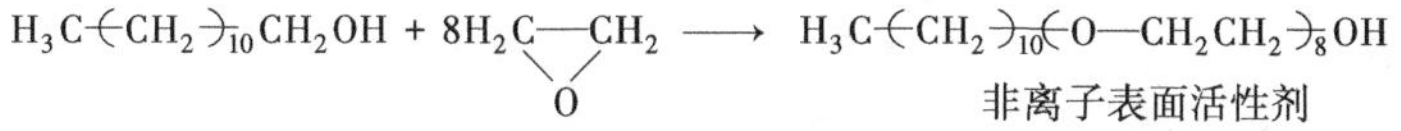

$$H_3C\text{+}(CH_2)_{10}CH_2OH + 8H_2\underset{\diagdown O \diagup}{C—CH_2} \longrightarrow H_3C\text{+}(CH_2)_{10}\text{+}(O—CH_2CH_2)_8OH$$

非离子表面活性剂

图3.30　脂肪醇乙氧基化物的制备路线

这些非离子表面活性剂可与含硫酸进一步反应，形成3.2节中详述的一些阴离子表面活性剂。

环氧乙烷在工业化生产中的使用是引入亲水的乙氧基以与亲油部分达到所需平衡的最经济的方法之一。虽然非离子表面活性剂不含离子基团作为其亲水成分，但分子的一部分中存在大量氧原子，能够与水分子形成氢键（图3.31），使其具有亲水性。与其他表面活性剂一样，长烷基形成表面活性剂的疏水基团。

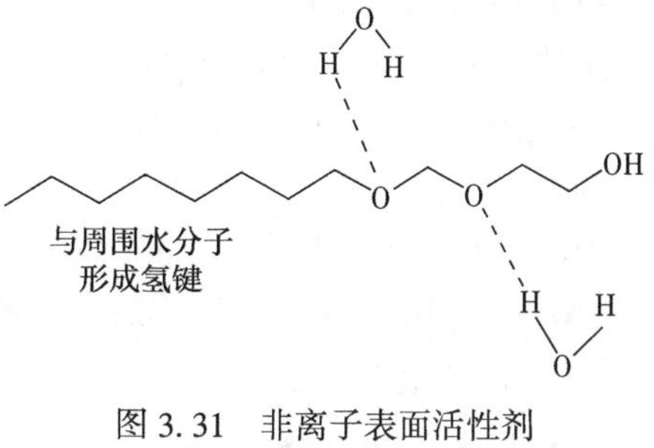

与周围水分子形成氢键

图3.31　非离子表面活性剂与水的氢键作用

具有各种性质和用途的非离子材料是通过环氧乙烷与烷基酚、高级脂族醇、多元醇酯、羧酸、高级烷基酰胺、烷基硫醇和聚丙二醇缩合而形成。环氧乙烷与高级烷基胺缩合产生阳离子分子，见3.4节。

随着表面活性剂溶液的温度升高，氢键逐渐断裂，导致表面活性剂从溶液中析出。这通常被称为浊点，并且是每种非离子表面活性剂的特征。与同浓度的阴离子表面活性剂相比，非离子表面活性剂通常具有更高的表面活性和更好的乳化性能。在热水中，它们比阴离子表面活性剂溶解性差，产生的泡沫少。与阴离子表面活性剂相比，它们具有更好的去油污和有机污垢效果。根据纤维的类型，它们在冷溶液中具有活性，因此在缺乏热水供应的国家和希望降低洗涤温度以节约能源或因为洗涤的织物类型的发达国家有用。非离子表面活性剂被用在织物洗涤剂（粉末和液体）、硬表面清洗剂和许多工业生产过程中，如乳液聚合和农用化学品配方。

它们在原油和天然气生产中具有广泛的用途，因为它们在配方产品中与其他添加剂和化学品以及钻井和生产流体有很好的配伍性。在环境方面，它们通常比离子表面活性剂水溶性低，因为它们不能在水溶液中电离，它们的亲水基团是不可分离的，例如醇、酚、醚、酯或酰胺。这些非离子表面活性剂中的很大一部分是由于环氧乙烷缩聚得到的聚乙二醇链的存在而变得亲水。它们被称为聚乙氧基化非离子化合物。环氧丙烷（PO）的缩聚反应产生轻微疏水的聚醚，与聚环氧乙烷（PEO）相反。该聚醚链在所谓的聚环氧乙烷聚环氧丙烷嵌段共聚物中用作亲脂基团，这个共聚物最常包括在不同类别的聚合物表面活性剂中。这些已在第2章中介绍，并将在3.6.1进一步详细说明，也将进一步详述如何引入EO来改善水溶性。

由于其低毒性，葡萄糖苷（糖基）头部基团已被引入市场。而亲脂性基团通常是烷基或烷基苯类型，其中烷基是来自天然的脂肪酸。

以下是非离子表面活性剂的主要类别，所有这些都用在石油和天然气行业中：

（1）乙氧基化直链醇（醇乙氧基化物）；

（2）乙氧基化烷基酚［烷基酚乙氧基化物（APE）］；

（3）脂肪酸酯；

（4）胺类和胺类衍生物；

（5）烷基多苷（APGs）；

（6）EO和PO共聚物；

（7）多元醇和乙氧基化多元醇；

（8）硫醇和衍生物。

正如将要说到的，EO在这类表面活性剂的合成和制造中极为重要。EO是由Würtz[159]在19世纪中叶发现的。然而，在1931年之后，它才通过在银催化剂（300℃，10atm）上通过空气直接氧化乙烯制备得到[160]。它是一种非常不稳定的气体，操作非常危险，因为它的三角形结构有很大的张力。目前，EO是通过乙烯与空气或氧气直接氧化生成的；全球的年生产能力超过$2000×10^4$t，使其成为一种非常重要的工业化学品。

### 3.3.1 乙醇乙氧基化物

醇原料有不同的来源，包括合成的和天然的；具有直链烷基的通常更易生物降解且环境可接受。它们通常是伯醇，在链的末端具有—OH基团。一般通过脂肪酸或脂肪酸酯的适度氢化来制备[161]，其中许多是天然的，如棕榈油、蓖麻油等，或者通过催化氢解作用产生(图3.32)。

$$R—CO—OH+H_2 \xrightarrow{150℃，50atm，亚铬酸铜催化剂} R—CH_2—OH+H_2O$$

图3.32　脂肪酸氢解为脂肪醇

它们也可以通过Ziegler烯烃氢甲酰化（OXO工艺）[61]或控制石蜡氧化[62]制备，如3.2.1所述。

如图3.33所示，羟基附着在烷基链的第二个碳原子上的二级醇，由α-烯烃在硫酸介质[162]中水合而成。这些醇及其他醇与环氧乙烷反应生成聚氧乙烯醚。乙氧基化是在无水条件下和缺氧条件下进行的，因为已经乙氧基化的乙醇与未反应的乙醇发生反应的概率相同[163]。因此，形成大量不同程度乙氧基化的低聚物。根据环氧乙烷数（EON）的分布结果[164]，工业表面活性剂可能含有大量的具有不同性质的物质。在油相和水相同时存在的情况下，可能出现单种物质在溶液中的单独反应，从而可能在某些应用和配方中发生问题。因此，乙氧基化程度在确定特定表面活性剂性质以及其水溶性和对水解的敏感性方面非常重要，如第2章所述，这两者都是决定化合物生物降解性及其环境可接受性的重要因素。

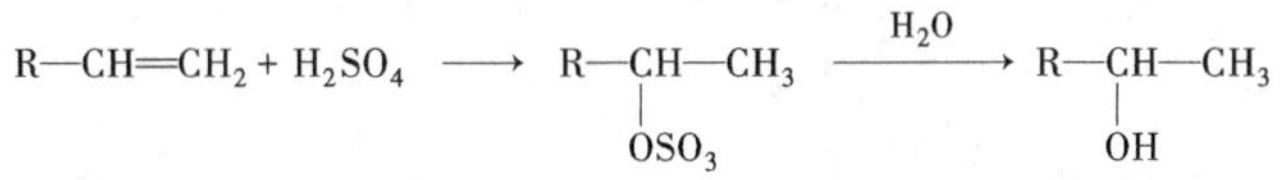

$$R—CH{=}CH_2+H_2SO_4 \longrightarrow R—\underset{\displaystyle OSO_3}{\underset{|}{CH}}—CH_3 \xrightarrow{H_2O} R—\underset{\displaystyle OH}{\underset{|}{CH}}—CH_3$$

图3.33　仲脂肪醇的制备路线

如前所述，由于聚氧乙烯醚的实用性和易配制性，其使用量非常小。能够在不能使用阴离子表面活性剂的钻井应用中用作发泡剂；此类表面活性剂具有$C_9$—$C_{11}$烷基链和8mol当量的环氧乙烷（EO）[4]。聚氧乙烯醚也显示抑制性，并已用于钻井液中，目的是在钻水平段时尽量减少低渗透砂岩中的地层伤害，并改善地层结构[165]。

聚氧乙烯醚以及其他表面活性剂，主要是硫酸盐和磺酸盐的阴离子表面活性剂（见3.2节），已经研究了它们在提高采收率（EOR）过程中作为发泡剂的潜力[166]。

在酸性条件下，在添加剂中加入表面活性剂，以提供各种功能。选择非离子表面活性剂以降低酸和油之间的界面张力，其中包括聚氧乙烯醚[167]，尤其是用由8mol当量的环氧乙烷组成的癸醇。聚氧乙烯醚是一种强湿润剂，也是一种良好的水溶性发泡剂。然而，大多数在高温情况下会失效，因为表面活性剂可以从溶液中分离出来形成两个不混相的体系，这可能导致储层堵塞，或井的注入能力或产能损失[165]。

聚氧乙烯醚是油井清洁剂[168]和钻井液（H. A. Craddock，未发表）中最常用的表面活性剂之一，因为它们相对便宜，但如前所述，它们与其他表面活性剂、添加剂和液体高度相容。

### 3.3.2　烷基酚聚氧乙烯醚

尽管直到现在，APE可能是最常用的非离子表面活性剂，尤其是壬基酚乙氧基化物和辛基酚乙氧基化物。但考虑到它们缺乏生物降解性和性质不稳定的潜在性的因素，它们被其他表面活性剂（尽管效果较差）所取代，特别是线型聚氧乙烯醚。

烷基酚聚氧乙烯醚的生产有两种方式，这取决于原料的来源。第一种方法是根据经典的 Friedel-Crafts 反应[169]将苯酚烷基化（图 3.34）。

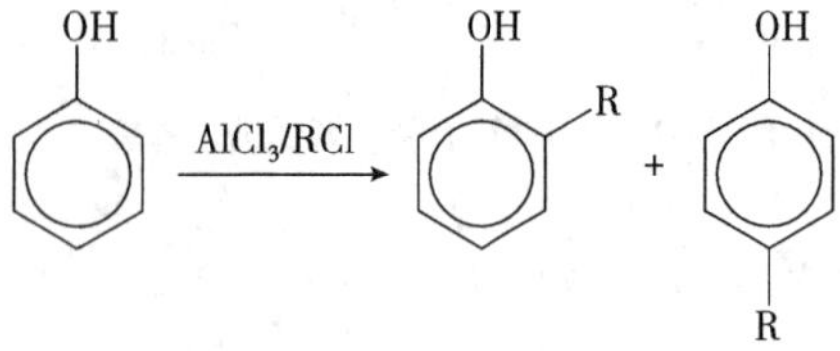

图 3.34 Friedel-Crafts 苯酚烷基化反应

同分异构体的混合物可以通过蒸馏分离；如果烷基氯上的 R 基团由于空间位阻而在邻位上阻止反应，那么就只合成对位衍生物[170]。然而，这种能够诱导空间位阻的基团通常不易生物降解。

第二种方法是向苯酚[171]中添加 $\alpha$-烯烃，如图 3.35 所示。这种类型的合成可以产生壬基酚、十二烷基酚和辛基酚，以及具有支链和生物降解性较低的烷基化物。

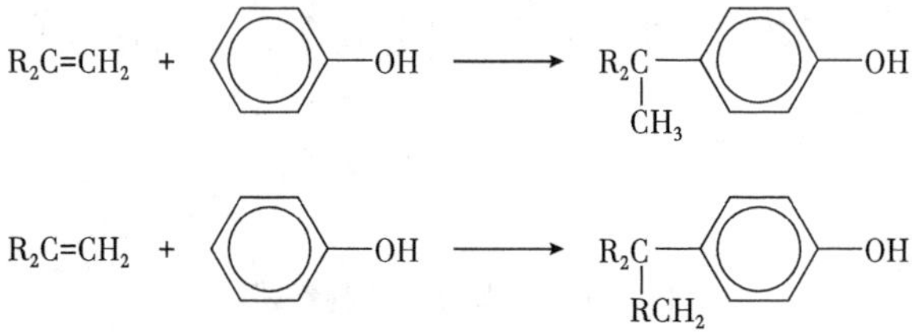

图 3.35 烷基酚的 $\alpha$-烯烃合成

常见的商业产品是辛基苯酚、壬基苯酚和十二烷基苯酚，其乙氧基化程度为 4～40。EON=8～12 的辛基酚和壬基酚用于洗涤剂。当 EON<5 时，所得产品是非水介质中的消泡剂或洗涤剂。EON 的范围为 12～20，它们是润湿剂和油水乳化剂。EON>20 时，它们在高温和高盐度下表现出洗涤剂的性能。

烷基酚的主要用途到现在仍然是作为家用和工业洗涤剂的成分，特别是用于高电解质水平的洗涤剂，如用于金属清洗的酸性溶液、乳品厂的洗涤剂、农用化学乳液、苯乙烯聚合等。

由于支链烷基酸盐不易生物降解[172]，过去几十年的趋势是向线型化产品方向发展。然而，这需要额外的成本，并且在最近已经采用了另一种降低价格和毒性的方法，即完全消除苯环，例如通过用线型聚氧乙烯醚取代。难题在于聚氧乙烯醚不如其对应的酚类化合物的洗涤剂，正如 3.2 节所述，烷基苯磺酸盐与烷烃磺酸盐或烯烃磺酸盐的情况一样。

在油田中，这些产品受到的监管和环境可接受性压力与其他行业相同，甚至可能更大。因此，在许多油田地区，尽管没有完全禁用 APE，但它的使用量大大减少。然而，APE 在甲醛缩合聚合物、树脂聚合物和杯芳烃中可能仍被用作关键的原料。这些产品仍然被广泛使用（见 2.1.2），构成了许多破乳剂配方的基础[173,174]。

然而，烷基酚及其聚氧乙烯醚被用作沥青质分散剂。沥青质分散剂的选择取决于原油的性质，特别是其极性物质和芳烃含量[83]。据研究表明，尤其是与脂肪酸二乙醇酰胺混合时[175]，APE 的磷酸酯（图 3.36）和沥青质分散剂性能良好。

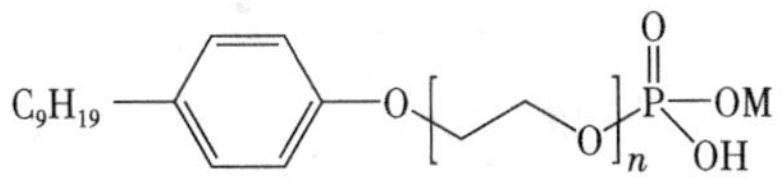

图 3.36 烷基酚乙氧基化的磷酸酯

烷基酚是众所周知的沥青质分散剂[176,177]，广泛应用于炼油厂；然而，烷基酚以及烷基酚聚氧乙烯醚在许多近海开采石油和天然气的地区的使用令人担忧，因为它们属于内分泌干扰物，会对鱼类产生影响[178,179]。第 10 章将进一步探讨潜在和实际激素类干扰物对环境的影响。

许多研究已经检验了沥青质与烷基酚及其聚氧乙烯醚的稳定性，总而言之，使用带有芳香环的表面活性剂比使用脂肪族表面活性剂效果更好[180,181]。研究了沥青质和非离子表面活性剂的界面膜性质，特别是 APE，HLB 值为 14.2 的界面膜被认为是最有效的防止沥青质在油水界面吸收的界面膜[182]。

APE 展现的 HLB 值范围使其成为钻井液配方中广泛使用的表面活性剂；但是，正如前面所述，针对其激素效应的担忧，很大程度上影响了其现场应用[183]。

实际上，在石油和天然气上游工业中，不聚合的 APE（因烷基酚可能对环境有影响）已经在使用中逐步淘汰。第 6 章讨论了烷基酚的进一步用途。

### 3.3.3 脂肪酸酯及相关有机酸酯

脂肪酸由 PEO 链端的醇官能团（羟基）或多元醇酯化而成，由于其毒性低，与生物组织相容性好，因而产生了一个重要的非离子表面活性剂，使其适用于医药、化妆品和食品。

尽管脂肪酸和其他衍生物已经在钻井、固井和生产的许多不同领域得到了应用，但这些材料在石油和天然气工业中很少被研究应用，它们的功能和潜在的环境可接受性都使它们成为合适的应用候选者。

常用脂肪酸酯表面活性剂主要有聚乙氧基酯、甘油酯和糖基酯三种类型。

$$RCO(OCH_2—CH_2)_nOH$$

图 3.37 聚乙氧基酯

聚乙氧基酯（酸性乙氧基化脂肪酸）是由 EO 在羧酸[184]上的缩合形成的，与前面介绍的烷基酚乙氧基化反应类型相同。聚乙氧基酯（图 3.37）与聚乙二醇酸酯相同。

脂肪酸和其他天然羧酸的聚乙氧基酯是最便宜的非离子表面活性剂，但它们很少用于石油和天然气上游行业。这可能是由于它们在碱性环境中不稳定，因为很容易水解。尽管如此，高分子脂肪酸酯和聚乙二醇或聚乙二醇单烷基醚具有多种表面活性性质，在其他工业方面用作润湿剂、洗涤剂和乳化剂。

甘油三酯（图 3.38）存在于大多数植物和动物油脂中，是甘油的脂肪酸三酯。它们的亲水性不足，不能溶于水（见 2.2.5）。然而，甘油单酯和甘油二酯可以表现出表面活性剂的性质。

这些低级酯可以通过甘油与脂肪酸的反应合成，但工业方法是碱性条件下甘油三酯与过量的甘油反应[185]。

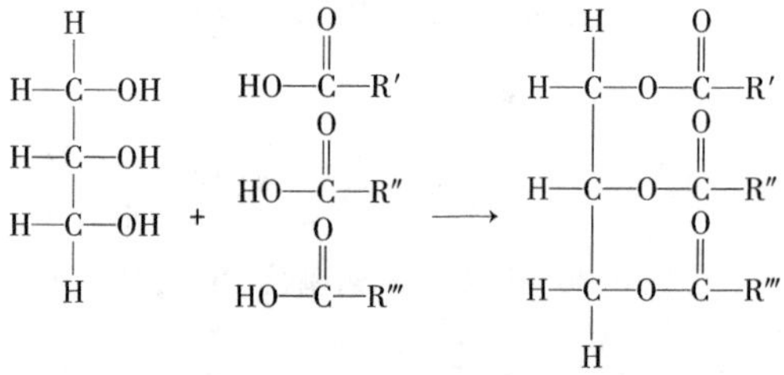

甘油 三种脂肪酸 甘油三酯

图 3.38 甘油三酯的合成

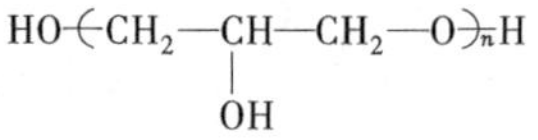

$HO\text{-}(CH_2\text{—}CH(OH)\text{—}CH_2\text{—}O)_n\text{-}H$

图 3.39 聚甘油

亲水性部分的大小可以通过使用聚甘油来增加(图 3.39),这可以通过甘油脱水而得到(见 2.1.2)。

甘油酯及其衍生物可用于面包和乳制品等食品的调理和保存,也可用于生产饮料、冰激凌、人造黄油、黄油等的乳液和泡沫。它们也可用于制药,如乳化剂、分散剂和增溶剂。它们易于生物降解且无毒;同样,具有良好的环境保护特性,但很少用于石油和天然气上游行业。然而,人们发现,低温下部分甘油酯在水基钻井液和油基钻井液中都用作润滑剂[117]。在水基钻井液系统中,这些产品可作为消泡剂起重要作用。

糖基分子的酯、己糖醇和相关的环化合物,是这类非离子表面活性剂的第三种类型。己糖醇是通过还原己糖或其他单糖而得到的六羟基己烷。最常见的是山梨醇,它是通过 *d*-葡萄糖还原得到的(图 3.40)。

$$CH_2\text{—}OH\text{—}CHOH\text{—}CHOH\text{—}CHOH\text{—}CHOH\text{—}CHO \longrightarrow$$
$$CH_2OH\text{—}CHOH\text{—}CHOH\text{—}CHOH\text{—}CHOH\text{—}CH_2OH$$

图 3.40 葡萄糖还原为山梨糖醇

单糖可以形成称为半乙醛的环或醚环。当它们在酸性条件下加热时,六元醇也会发生同样的情况。两个羟基合并产生醚键,产生 5 或 6 原子的环,称为氢化山梨醇或脱水山梨糖醇。在一些情况下,产生双环的双脱水山梨醇,即异山梨醇。因此,山梨醇酐是由山梨醇脱水产生的,是山梨醇转化为异山梨醇的中间产物(图 3.41)脱水反应通常生成 5-元环醚和 6-元环醚(1,4-无水山梨醇、1,5-无水山梨醇和 1,4,3,6-二氢山梨醇)的混合物山梨醇,其中 5-1,4-无水山梨醇为主要产物。脱水山梨糖醇的形成速率通常大于异山梨醇的形成速率,这使得可以选择性地生产脱水山梨糖醇,不过要严格控制反应条件。有

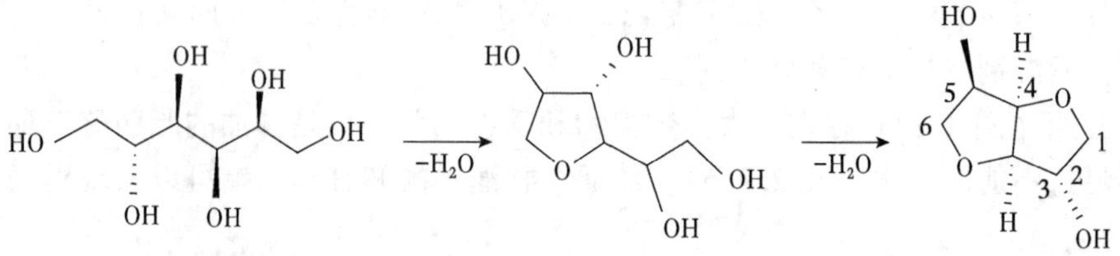

山梨醇 $-H_2O$ 1,4—脱水山梨醇 $-H_2O$ 异山梨醇

图 3.41 脱水山梨糖醇和异山梨醇的合成

趣的是，即使存在过量的水，脱水反应也可以发挥作用[186]。

山梨醇环有四个羟基，而异山梨酯只有两个。这些羟基可以与脂肪酸反应，向分子中加入一种或多种亲油基团，或引入 PEO 缩合物以增加亲水性。由于这两种可能性以及可针对每种可能性进行调整，因此制备特定的表面活性剂分子是可行的。

商用山梨醇酯（司盘品牌或同等品牌）及其乙氧基化对应物（吐温品牌或同等品牌）可具有从单月桂酸酯（一个 $C_{12}$）到三油酸酯（3 个 $C_{18}$）的亲脂性基团。在乙氧基化产物中，在进行酯化之前，EO（通常多达 20 个）分布在不同的可用羟基上。图 3.42 显示了山梨醇酯 20 EO 单月桂酸酯或聚山梨醇酯 20 异构体的可能化学式，该异构体作为吐温 20 出售，其亲水性部分明显比亲油性尾端大得多。

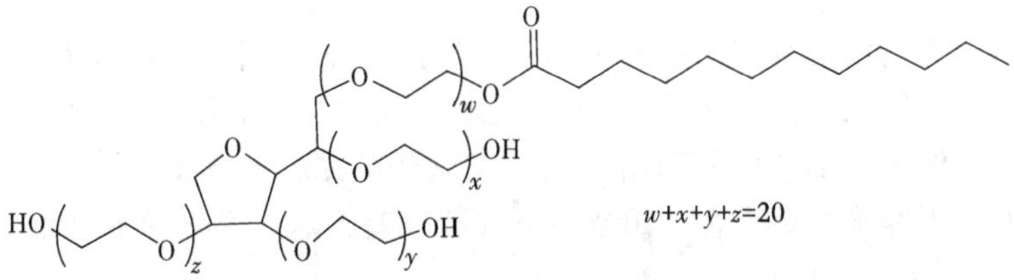

$w+x+y+z=20$

图 3.42 聚山梨醇酯 20［聚氧乙烯（20）山梨糖醇单月桂酸酯］

“聚氧乙烯”部分后面的 20 是指分子中发现的乙氧基（$CH_2CH_2O$）的总数。“聚山梨酸酯”部分后面的数字与分子中与聚氧乙烯山梨酸酯部分相关的脂肪酸类型有关。单月桂酸盐为 20，单草酸盐为 40，单硬脂酸盐为 60，单油酸盐为 80。

这些分子看起来非常复杂；然而，它们很容易用天然原料制造，如脂肪和糖，它们在食品和药物上具有生物相容性，同时也是无毒和环境可受的，司盘被认为易于生物降解，吐温本身可生物降解[187]。

通过控制分子内的 EO 与脂肪酸比例或通过在配方中混合不同类型的表面活性剂来调整这些表面活性剂的亲水性相对简单。值得注意的是，乙氧基化和酯化会导致不同类型的反应。因此，商业产品总是不同物质的混合物。这些产品可以产生优异的乳化剂，广泛应用于食品调理（奶油、人造黄油、黄油、冰激凌、蛋黄酱）以及制药和化妆品。它们还可被用于微乳液的制备[188]。

在石油和天然气上游工业中，山梨醇酐的脂肪酸酯［如单油酸酯（图 3.43）或单月桂

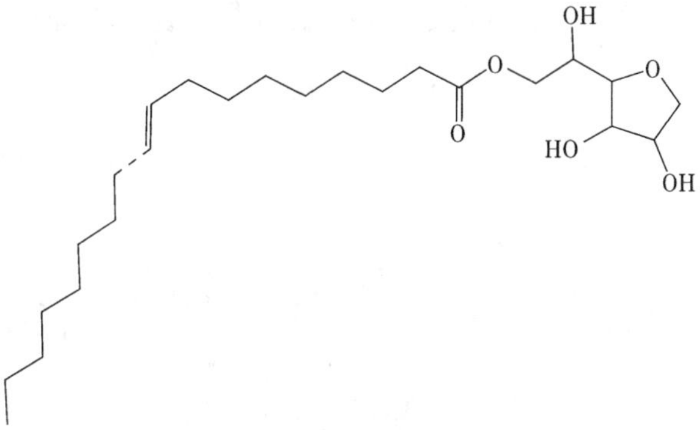

图 3.43 山梨糖醇单油酸酯

酸酯］用作消泡剂[189,190]。它们与毒性更大的乙酰醇基产品一样有效，并且易于生物降解。

考虑单月桂酸酯用于水驱提高采收率[191]。其他山梨醇酯也用作乳化剂，用于丙烯酰胺在水和气体封闭环境中的原位聚合[192]。

山梨醇酸酯表面活性剂主要应用于石油泄漏处理，包括在地表水和油污染海岸线。油酸酯是三酯和单酯的混合物，与其他类型的表面活性剂（如磺基琥珀酸钠）一起用作乳化剂[193,194]。

当然，酯是与其他有机酸形成的，其中一些有机酸在油田应用中很有用，特别是高油酸酯。妥尔油（Tall oil）可以归类为脂肪酸，正如 2.2.4 所述，它的许多衍生物本质上是表面活性剂，特别是在 3.3.4 中介绍的胺和酰胺衍生物。妥尔油也用于制造咪唑啉类缓蚀剂，详见 3.5 节。

可以看出，尽管它们具有实用性和灵活性，脂肪酸酯和相关产品在石油和天然气上游部门的使用与其在其他工业部门的使用相比要少很多。它们价格低廉、环境友好。除了类似的衍生物之外，作者找不到任何理由不去开发这些产品，这些衍生物要么在类似的环境特征下性能更好、更经济，要么在油田条件下性能较差，这些结果尚未公布。

### 3.3.4　胺及其衍生物

石油和天然气领域使用的大多数有机胺是酰氨基胺和咪唑基胺，它们是从天然脂肪酸和聚乙烯胺中提取的。这些成膜胺的共同特征是在分子中含有连接极性基团和脂肪链的酰胺基团或脒基团，其中咪唑啉将在 3.5 节中讨论。其他的有机胺类，特别是脂肪胺，通过季铵化反应，增强其腐蚀抑制能力和成膜特性，认为季铵化反应是阳离子表面活性剂的特征，并在 3.4 节中进行了阐述。

脂肪胺乙氧基化合物是一种非离子表面活性剂，作为润湿剂、分散剂、稳定剂、消毒剂、消泡剂等，广泛应用于纺织、造纸、钻井、化工、涂料、金属等行业中[195]。在上游石油和天然气工业中，脂肪胺乙氧基化合物被用作乳化剂，并且在乳化剂共混物、钻井液的配方中和其他钻井液添加剂里都有它的存在。它们具有腐蚀抑制能力，特别是在酰氯介质中[196]，尽管油田应用的这些产品往往被氨基类似物取代（参见本节后面的内容）。

在石油和天然气上游工业中，脂肪酸的酰胺衍生物和其他相关产品的使用范围比在前一部分中介绍的酯类化合物更广泛。这些产品主要用作缓蚀剂[197,198]；然而，一些特定的衍生物具有作为沥青质分散剂的性质。烷基琥珀酰亚胺，如聚异丁烯琥珀酰亚胺（图 3.44）看作是低分子量的两亲化合物，已证明是一种有用的沥青质分散剂[199,200]。

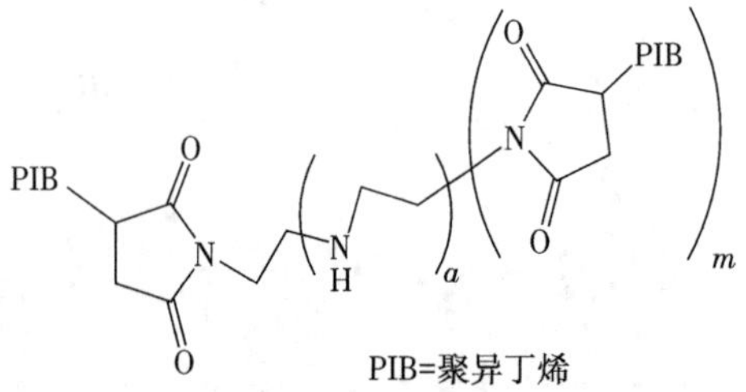

PIB=聚异丁烯

图 3.44　聚异丁烯琥珀酰亚胺

在第 2 章中，证明聚异丁烯是有用的减阻剂（DRA），在高分子量的情况下减阻效果更明显。然而，这些产品也使化学家在设计和开发方面陷入两难境地，因为那些性能和活性最高、剪切降解稳定性最好的产品恰恰也是生物降解功能最差的。

已有研究表明，脂肪酸二乙醇酰胺，如椰油衍生物（图 3.45）是有用的沥青质分散剂，特别是与 APE 的磷酸酯混合之后效果更明显[175]。

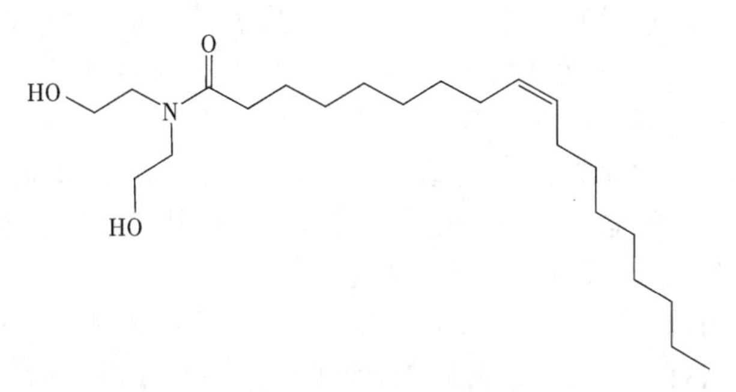


图 3.45 椰油二乙醇酰胺

这类产品具有三个能够与沥青质络合物形成氢键的官能团，防止沥青质络合物团聚，并且这类产品具有很长的亲油基链。另外，这些产品是有用的缓蚀剂[201]，曾用于成膜，特别是酸化增产方面。在地下油田的石油勘探和开采中，常采用强酸水溶液对新井和生产井进行酸化处理。因此设计了许多专门用来防止井壁酸腐蚀的抑制剂，但很少能够做出来令人满意的缓蚀剂，尤其是在 120℃以上的高温情况下，防腐蚀效果更加不尽如人意。比如，即将在第 6 章中介绍的炔醇是使用最广泛的；但是，这些产品具有毒性而且不环保，炔醇的应用受到越来越大的压力。而这些脂肪酰胺衍生物，如图 3.45 所示，至少它是水溶性的，和炔醇比起来环保多了[202]。

酰氨基表面活性剂是由线型 *N*-烷基多胺和环酸酐（如顺丁烯二酸酐）缩合而成，也可用作沥青质分散剂[203]。2.1.2 将进一步介绍多胺和聚酰胺及其表面活性剂相关产品。

酰胺键易被酰胺酶水解[204]。这些酶属于水解酶，它们作用于 C—N 键而不是肽键，特别是在线型酰胺中。酰胺键的水解将在 3.9 节中进一步讨论。这些脂肪胺和脂肪胺的衍生物可作为符合环境标准的添加剂，因为它们往往更溶于水，因此更容易水解和生物降解。

与含有该基团中的其他化合物一样，氨基和酰氨基非离子表面活性剂也可以被乙氧基化。第一个乙氧基团必须在酸性条件下添加，而另一个（从第二个开始）则是在碱性条件下添加，因为 $RNH_2$ 的酸性不足以在碱性条件下释放质子。在第一步中，在酸性条件下加入 1mol 环氧乙烷，使胺转变为铵离子。乙醇胺生成后，在碱性条件下进行与环氧乙烷的缩聚反应。为避免缩聚在多个链上，形成单乙醇烷基胺时，第一次乙氧基化反应就可以停止了[205]（反应顺序见图 3.46）。

$$RNH_3+ \longrightarrow RNH_2+H^+$$

$$RNH_2+EO \longrightarrow RNH—CH_2CH_2OH \text{（单乙醇烷基胺）}$$

$$RNH—CH_2CH_2OH+EO \longrightarrow RN(CH_2CH_2OH)_2 \text{（二乙醇烷基胺）}$$

图 3.46 环氧乙烷（EO）与胺的反应

这种乙氧基化方法不仅适用于胺，也适用于酰胺，如烷基酰胺和尿素以及咪唑。乙氧基胺是一种脂肪胺，含有一到两个聚乙二醇链和 2~4 个乙氧基团，在酸性条件下表现为阳离子表面活性剂。它们具有比大多数阳离子更好的水溶性，因此常用作缓蚀剂和乳化剂。这种在水中可溶的化合物，使得包括酶水解的水解作用更可能发生，因此这些产品往往更加符合环保要求。

脂肪胺乙氧基化合物通过伯脂肪胺的乙氧基化制备，并将非离子表面活性剂和阳离子表面活性剂的润湿、乳化和分散性质集于一身。在中性和酸性条件下，它们都带正电荷；在碱性条件下，它们表现得更像非离子表面活性剂[184]。

乙氧基烷基酰胺是一种性能优良的起泡剂，因此常被用作添加剂。由于其具有部分阳离子的性质，它们还具有抗静电和防腐性能。另外，乙氧基化尿素和酰化尿素可以使织物软化，对酰亚胺做同样的处理也获得了相同的效果[184]。

从上述内容可以看出，这些乙氧基化产物有多种用途；然而，石油和天然气上游行业却将其应用局限在防腐抑制剂上。乙氧基化脂肪胺和二元胺（图 3.47）也经常用于配制成膜缓蚀剂（FFCI）。

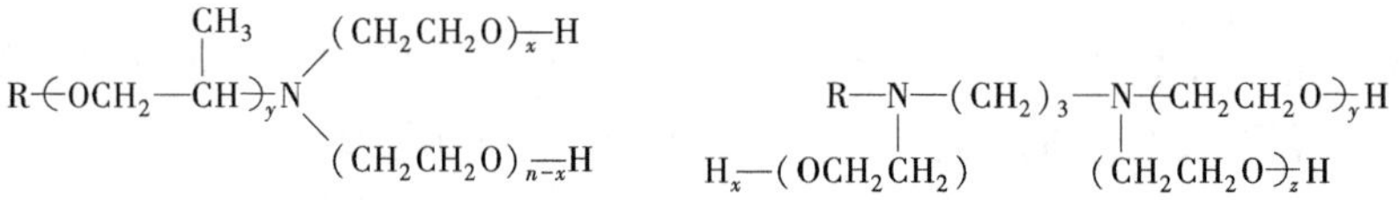

$$R\text{-}(OCH_2-CH(CH_3))_y-N[(CH_2CH_2O)_x-H][(CH_2CH_2O)_{n-x}-H]$$

$$R-N[H_x-(OCH_2CH_2)]-(CH_2)_3-N[(CH_2CH_2O)_z-H]-(CH_2CH_2O)_y-H$$

图 3.47　乙氧基脂肪胺和乙氧基二胺

乙氧基化胺含有一个可生物降解的部分，如酰胺基团，这可以使它们更符合环保要求[206]。如前所述，乙氧基化使产物更易溶于水；而且因为引入了乙氧基基团，额外的氧原子给金属表面提供额外的吸附位点，使乙氧基化产物在缓蚀剂性能方面具有更大优势。因此，这是一个非常好的例子，不仅使产品更加符合环保要求，而且性能不会降低，反而可能会提高。

还有一种方法可以提高水溶性、增加功能性氧，那就是在胺和烷基胺的脱氧葡萄糖衍生物中加入羟基[207]，如图 3.48 所示。

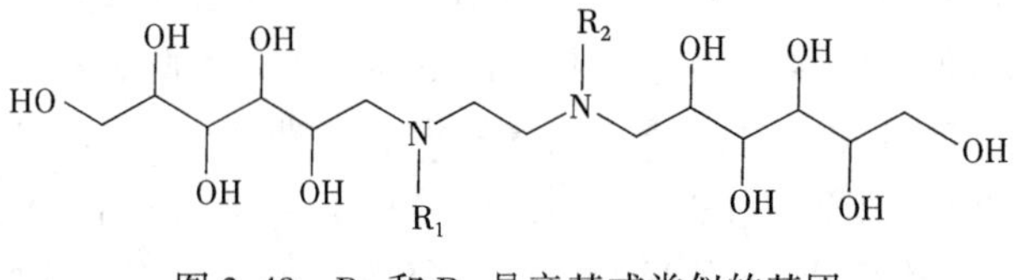

图 3.48　$R_1$ 和 $R_2$ 是辛基或类似的基团

这些产品就是表面活性剂，可降低动态和平衡状态下的表面张力，具有良好的溶解性、适度的发泡能力和良好的清洁性能。它们也被认为是好的成膜缓蚀剂（FFCI）。

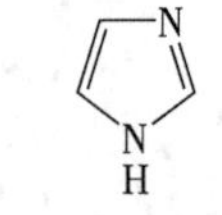

图 3.49　咪唑

咪唑类（图 3.49）与胺类有关联，因为胺是芳环系统的一部分。咪唑可以被乙氧基化，生成一种非离子表面活性剂产品，用于机洗的衣物柔顺剂；此类产品还为管材提供防腐保护。此外，将咪唑与咪唑啉产品区分开来是非常重要的（图 3. 50），咪唑啉产品是两性表面活性剂，在 3. 5 节中进行了介绍。

图 3. 50 咪唑啉

咪唑是一种芳香族杂环化合物，属于二唑衍生物，氮原子之间互不相邻。咪唑是一种白色或无色的固体，可溶于水产生弱碱性溶液。许多天然产物，特别是生物碱，都含有咪唑环。这些咪唑都含有 1，3-$C_3N_2$ 环，只是取代基不同。这个环系统存在于重要的生物骨架中，如组氨酸和相关的激素组胺。许多药物含有咪唑环，如硝基咪唑系列抗生素。当与嘧啶环结合后，它就会形成嘌呤，而嘌呤是自然界中最广泛存在的含氮杂环化合物。

咪唑啉是一类杂环化合物，通过还原两个双键中的一个双键而从咪唑类化合物中正式衍生而来，尽管如 3. 5 节所述，但它不是以这种方式制造的。咪唑啉有三种同分异构体，分别为 2-咪唑啉、3-咪唑啉和 4-咪唑啉。2-咪唑啉和 3-咪唑啉含有一个亚胺中心，而 4-咪唑啉含有一个烯烃基团。咪唑啉衍生物在石油和天然气功能化学添加剂中的应用将在 3. 5 节中讨论。然而，重要的是不要混淆两类杂环，通常情况下，化学上它们是不同的物质，这从它们的性质及其环境特性中可以功能性地反映出来。

咪唑和乙氧基化咪唑似乎很少用于石油和天然气上游应用。含有 *N*-乙烯基咪唑单体的接枝共聚物已被用作沥青质抑制剂[208]。

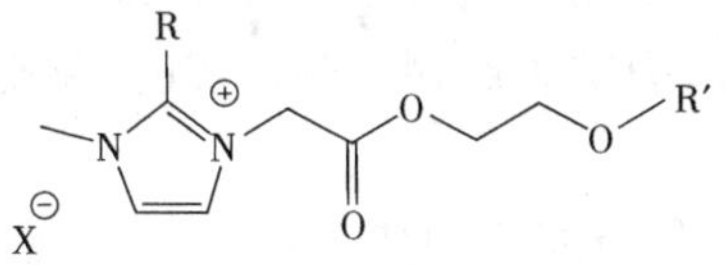

咪唑本身具有中等毒性，并且被认为是不可以生物降解的[209]；这与 3. 5 节中介绍的咪唑啉形成对比。然而，如图 3. 51 所示的乙氧基化衍生物相对无毒且易于生物降解[210]。

图 3. 51 咪唑啉酯

检测这些产品为离子液体，而且具有多种功能，在各种工业中常被用作润滑剂和表面活性剂。虽然对其结构的初步研究显示，它们具有可以作为良好的腐蚀抑制剂的可能性，但目前还没有关于该物质在油田使用的报道。

氧化胺，也被称为胺-*N*-氧化物和 *N*-氧化物，该分子含有一个 $R_3N^+—O^-$ 官能团，在 N—O 键的 N 原子上有三个氢原子或烃基侧链。有时它被写成 $R_3N \rightarrow O$，或错误地写成 $R_3N═O$。

从严格意义上讲，氧化胺一词只适用于叔胺的氧化物；然而，有时它也用于伯胺和叔胺的类似衍生物。

氧化胺表面活性剂在中性和碱性条件下表现为非离子型，但在酸性条件下，氧化胺表面活性剂与甜菜碱类似，由于质子化作用，它们表现为阳离子表面活性剂[211]。

氧化胺是良好的发泡剂，并且还用作阴离子表面活性剂的泡沫促进剂和泡沫稳定剂。与阴离子表面活性剂相结合，氧化胺可形成具有比阴离子表面活性剂或氧化胺更好表面活性的络合物。氧化胺的另一个重要特性是它们的抗氧化能力。

商业氧化胺表面活性剂通常含有一个长链烷基链和两个短链，短链通常是甲基，例如月桂基二甲基氧化胺（图 3. 52）。

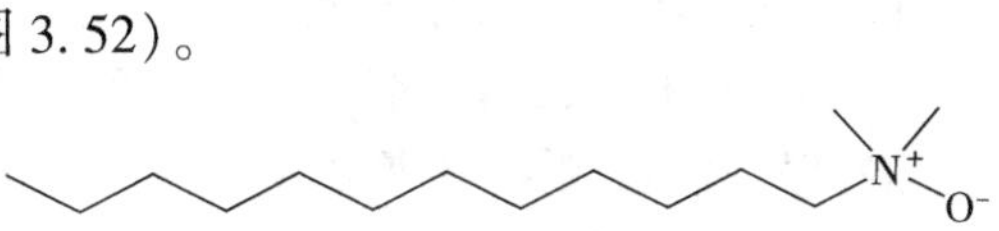

图 3. 52 月桂基二甲基氧化胺

月桂基二甲基氧化胺，又称十二烷基二甲基氧化胺（DDAO）（也称为 *N*，*N*-二甲基十二烷胺-*N*-氧化物）是这类表面活性剂中应用最多的一种。尽管只有一个极性原子能够与水相互作用——氧原子（四价氮原子不受分子间相互作用的影响）——但 DDAO 依然是一种强亲水表面活性剂。主要原因是它与水形成非常强的氢键[212]。

氧化叔胺被用作泡沫促进剂。值得注意的是，氮氧键中的氮原子提供两个所需电子，使氮氧键发生极化，形成了一个带负电的氧原子，它能够在水溶液中捕获一个质子。因此，氧化胺泡沫促进剂的实质是阳离子羟胺。

这类表面活性剂的许多产品都是生物相容。因此，它们对皮肤表现出非常好的效果，不刺激皮肤，常用作洗洁精和洗手液的添加剂。

有些产品包括两个氧化胺基团，其中胺上的氢经常被乙氧基团取代。这些产品通常作为泡沫促进剂，用于泡泡浴、洗手液和婴儿洗发水中。

这些特性使氧化胺无毒，但是难以生物降解。

氧化胺在油气工业中有着广泛的应用，因为氧化胺具有良好的黏弹性，所以主要应用于液流转向和胶凝等方面。现在介绍一些更重要的以及其他令人关注的潜在应用。

氧化胺可用于黏弹性表面活性剂（VES），特别是压裂液的黏度，如用于页岩气水力压裂的压裂液。这些 VES 产品通常控制着油菜籽油或玉米油等基质中天然脂肪酸的皂化。反应可以在压裂液的混合和泵送过程中进行控制，也可以在压裂液处理完成后不久在储层内发生皂化反应。此外，还可以添加氧化胺表面活性剂作为压裂液破胶剂，降低 VES 凝胶液的黏度[213]。

二甲氨基丙基氧化胺是一种相关的 VES 材料，认为在基质酸化中作为助剂[214]。值得注意的是，由于介质 pH 值较低，这类产品很可能作为阳离子表面活性剂（见 3.4 节）。据称椰油烷基二甲基氧化胺与十二烷基硫酸钠（一种阴离子表面活性剂）可以形成共轭离子对，可以在不干扰已添加的缓蚀剂的情况下防止酸处理过程中的沉积[215]。两性离子氧化胺（参见 3.5 节）已在自转向酸液体系中显示出良好的耐温性，可高达 125℃[216]。

基于 VES 的流体系统包括多种表面活性剂类型，可以形成高黏流体，用于水和天然气的转向应用；然而，首选氧化胺 VES，因为它们每单位质量可以提供更多的凝胶能力，使它们比替代品更划算。

认为氧化胺是潜在的硫化氢清除剂[217]；然而，据作者所知，并没有应用于此项应用的产品。

现在已经提出了多种增效剂来提高基于聚乙烯基己内酰胺的动态水合物抑制剂的性能（见 2.1.1）。这其中就包括胺和聚氧化胺，例如，三丁基氧化胺（图 3.53）是增强这些聚合物的增效剂[218]。聚氧化胺是动态水合物抑制剂[219]。

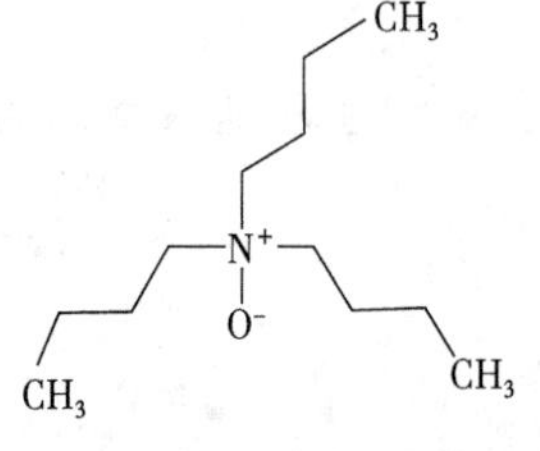

图 3.53　三丁基氧化胺

另外，还研究了脂肪胺氧化物和脂肪胺氧化物表面活性剂的好氧、厌氧生物降解能力及水生生物毒性[220]。所测试的基于氧化胺的表面活性剂均在好氧条件下易于生物降解，但只有烷基酰胺氧化胺在厌氧条件下易于生物降解。这些产品中毒性相对较低的是脂肪胺氧化物，具有最低的水生动物毒性。

### 3.3.5 烷基多苷（APG）

第2章简要介绍了烷基多苷中的多糖及其相关的天然聚合物；本小节将更详细地研究这些产品，以及这些产品在上游石油和天然气行业的应用。

APG是由烷基糖苷组成的聚合物，而烷基糖苷又由葡萄糖和脂肪醇通过酸催化缩合反应得到（图3.54）。

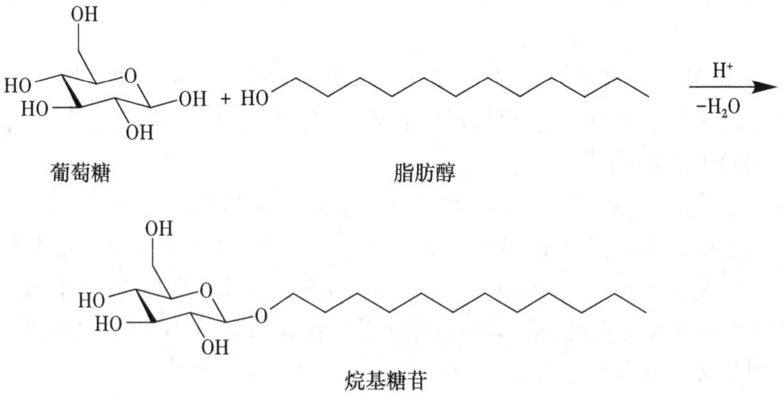

葡萄糖 脂肪醇

烷基糖苷

图3.54 烷基糖苷的合成

APG的工业生产是通过Fischer糖苷化过程完成的，如图3.54所示，通过葡萄糖与醇（在这种情况下为脂肪醇）在酸催化剂的存在下反应形成糖苷。该反应以德国化学家Emil Fischer命名，他在1893—1895年研发了这种方法[221]。一个里程碑的重大发现是使用硫酸作为催化剂，以月桂醇为原料合成表面活性剂[222]。

通常，使用碳水化合物的溶液或悬浮液，以醇作为溶剂进行反应。碳水化合物通常完全不受保护。Fischer糖苷化反应是一种平衡过程，可以产生环状的同分异构体和端基差向异构体的混合物，在某些情况下还可以产生少量的非环状形式的物质。对于己糖，较短的反应时间通常会导致呋喃五环糖生成，而较长的反应时间则会导致呋喃糖生成。在工业规模下，这样和那样的技术问题可能使APG的生产出现问题。然而，现代实践也掌握了许多操作技术，这些技术能够特异性地和一致地制造窄范围的低聚糖变体[223]。

许多烷基糖苷本身是非离子表面活性剂，由脂肪醇的疏水烷基链和D-葡萄糖的亲水结构组成。烷基糖苷具有碳链长度为$C_6$—$C_{18}$的烷基链，具有最显著的表面活性剂性质。亲水基团由一个或多个连接有D-葡萄糖单元的糖苷组成。D-葡萄糖以糖的形式广泛存在于自然界中，是一种取之不尽、用之不竭的可再生原料。在工业上，烷基糖苷混合物通常用作表面活性剂，通常称为APG。这些混合物含有单糖、二糖和其他低聚糖。

烷基糖苷和APG在水溶液中表现出明显的表面活性剂性质。APG由于其复杂的性质和不同的同分异构现象，可以提供许多不同的表面活性剂行为，而选择性合成可以使其具有高度的特异性。根据烷基链的性质，可以观察到不同的相行为。为了满足特定的需求，如在特定的pH值和温度下，APG的类型选择就显得非常重要[224]。另外，链长和糖苷化程度也会影响CMC值。研究表明，APG与非离子表面活性剂、乙醇乙氧基化物，具有相似的CMC值；然而，APG的性能类似于阴离子表面活性剂[225]。

APG与其他非离子表面活性剂一样具有良好的增溶性[226]。在流动特性方面，APG具有一些独特的特性，在浓度高达50%的胶束溶液和一些$C_{12}$—$C_{14}$的胶束溶液中表现出牛顿特性[227]。APG在浓度高达60%时依旧表现出这种行为。这些相同的产物即使在低浓度下也表现出剪切变稀的特性。

这些特性使APG成为与其他表面活性剂（尤其是阴离子表面活性剂）混合和配制的理想选择。这些混合表面活性剂体系通常显示出协同效应。反过来，这有利于流变性以及环境和毒性[228]。

由于APG是非离子表面活性剂，具有一定的阴离子性质，其性能应介于离子表面活性剂和烷氧基化合物之间；然而，它们表现出微乳液行为，包括单相微乳液[229]，该微乳液稳定且不受温度和盐度的影响[228]。

这种广泛的用途和性能，以及低毒性和低环境影响的特性，意味着这些材料越来越多地应用于多种工业中的表面活性剂应用。事实上，在石油和天然气上游工业中，APG可以用于目前使用其他表面活性剂的领域。它们具有广泛的独特性质，其中很多可以得到很好的应用。总而言之，APG在油田的应用尤其重要，它具有许多令人关注且独特的特性，这些特性和一些建议的应用领域如下：

（1）热效应和热致行为。它们似乎不遵循正常的熔化过程，并显示“双熔点”，显示一个初始熔点和一个更高（比初始熔点高200℃）的熔点。这种有趣的热致行为可能会在高温高压方面有应用前景。

（2）胶束行为。APG与其他非离子表面活性剂的胶束性能有显著差异，具有独特的表面张力和IFT特性，在提高采收率过程中具有重要的应用前景。

（3）溶解性。APG具有较高的水溶性和石蜡不溶性，在石蜡分散剂中具有广阔的应用前景。

（4）协同效应。将APG与其他表面活性剂结合使用，使混合物具有优异的性能。就表面和IFT方面来说尤为重要。它在改变材料本身的流动特性方面也很有用。在石油和天然气工业中，在保持合理的产品活性的同时，允许低温下通过海底输送变得越来越重要。在开发新型绿色缓蚀剂的过程中，已经有研究表明，它们与天冬氨酸聚合物具有协同作用[230]。

（5）微乳液。在油水体系中加入中等链长的醇作为助表面活性剂，可以形成微乳液。这种系统已经在许多条件复杂的井筒和井下应用中得到了应用，特别是水平井和定向井的完井。

（6）润湿性。APG具有良好的水润湿性和吸附性能，近年来已在农化领域得到了广泛的应用。也可以开发这种能力，将其应用于井下增产措施和提高采收率技术。

（7）发泡以及泡沫稳定性。与阴离子表面活性剂相比，非离子表面活性剂的起泡率较低。对于APG来说，这可能是误导；事实上，APG的发泡过程与阴离子表面活性剂和非离子表面活性剂的发泡是不同的，无论是在起泡还是消泡过程中都可能表现出协同作用。在APG存在的情况下，大多数这种行为似乎是由烃链的长度决定的，这似乎与常规的发泡行为相反，而且随着烷基链长度的增加，泡沫的稳定性降低。虽然在石油和天然气工业中，在排液方面，通常不希望发泡，但绝对必要。随着应用需求的不断增长，要求在液相中形成良好的稳定泡沫，以便从堵水的储层中产生额外的气体。

上述内容简要概述了 APG 的潜在应用，APG 是一种化学类物质，尚未在石油和天然气上游行业中得到广泛的开发与应用；与其他表面活性剂相比，由于 APG 成本较高，其实际的使用受到很大限制。当然，它们是在与一些更便宜的技术相竞争，也就是指脂肪醇乙氧基化物和聚氧乙烯烷基醚一类的物质。

APG 作为缓蚀剂的应用研究得到了进一步的发展[231]，并显著地表明 APG 不仅具有良好的环保作用，而且在 120℃以上具有良好的防腐性能[232]。这项工作也表明了 APG 具有潜在的降低界面张力的能力，也进一步研究了其作为可生物降解的破乳剂的可能性（H. A. Craddock，未发表）。值得注意的是，在特定的欠平衡钻井作业中，以现场返出的钻井液和初始生产液作为乳剂，并且具有显著的规模和固相产量，而且具有稳定性。APG 具有破乳作用及兼有固体的分散/沉降作用。

在过去的几年中，认为 APG 是用于 EOR 的表面活性剂，因为其无毒、非离子，相行为和 IFT 值几乎与温度和盐度无关[233]。研究表明，随着烷基链长度的增加，表面活性剂的固相吸附具有一定的应用潜力。链长越大，吸附量越大。

优选甲基糖苷的烷基糖苷单体，是钻井液中环保的降滤失剂[234]；然而，即使使用烷基糖苷单体作为降滤失剂，它们的实际使用也是较少的。

APG 的主要和持续的应用是在低浓度条件下发挥其洗涤作用[235]。APG 在日用和工业上用于粉末制剂，特别是在液体洗涤剂、洗碗液和沐浴露中。与烷基苯磺酸盐等阴离子表面活性剂配合使用，具有较高的发泡能力和泡沫稳定性、增加泡沫稳定性的能力和增黏效果。它们无毒，对皮肤温和，易于生物降解。在石油与天然气上游领域，已应用于钻机清洗和井筒完井清洁剂[236]。

在油井清洁应用中，有许多特性对于制备高效且可接受的油井清洁剂非常重要[237]，以下是最重要的特性。

（1）HLB 值：HLB 值在 10～15 之间是去除污垢的最佳值（H. A. Craddock，未发表）。

（2）浊点：表面活性剂在特定温度下从溶液中沉淀出来，该温度称为浊点。在这一温度（浊点）之下，人们普遍认为表面活性剂处于最佳状态。然而，由于清洁配方可能遇到的温度变化大，仅使用浊点来设计清洁剂非常困难。尽管如此，在那些可能有效的产品范围内，它是选择表面活性剂的一个很好的指标。APG 具有理想的浊点[238]。

（3）起泡性：产生过多的泡沫可能对钻井现场的操作造成很多问题。

（4）可生物降解性：引起表面活性剂分子生物降解的主要原因是分子大小和侧链分支的程度。小的线型分子往往比那些具有高支化度的分子更有效的生物降解能力。

由于亲水亲油平衡效率和生物降解性是负相关，上述特性需要进行平衡调节。因此，考虑到这些特性之间的相互作用，商业产品一般都是化学混合物。

在石油和天然气上游工业中，研究 APG 的实用性和多功能性相关较少，主要是因为其成本高；然而，现在的研究已经表明，可以在低浓度下有效地应用。现有的生物降解特性和有可持续来源的特性使其成为未来绿色化学应用的重要选择者。

### 3.3.6　环氧乙烷和环氧丙烷共聚物

使用聚环氧乙烷（PEO）链的亲水性质和聚环氧丙烷（PPO）链的疏水性质来制造表面活性剂的想法已有几十年的历史。在这方面值得注意的是，尽管 PEO 链整体上是亲水的，但每个 EO 基团含有 2 个亚甲基（—$CH_2$—）单元，它们是疏水的。对于 PPO 链，这种二元性变得明显，它的单元含有三个碳原子，整体上是疏水的。可以说，由氧原子赋予的亲水性可以由大约 2.5 个亚甲基替代。

这个结论很重要，因为它清楚地表明 PEO 亲水基团不是一个非常亲水的基团，这一特性解释了为什么这种表面活性剂能溶于有机溶剂。此外，影响 PEO 链与水、油物理化学环境之间相互作用的配方或温度的任何变化都可能影响这种表面活性剂的性能。

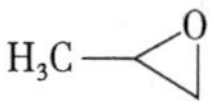

$H_3C$—O

图 3.55　甲基环氧乙烷

正如第 2 章和本章前面所述，EO 是将亲水性引入表面活性剂分子中的一个重要组成部分。PO 也有类似的性质（图 3.55）。PO 是一种工业上大规模生产的无色挥发性液体，PO 主要用于生产聚醚多元醇以制备聚氨酯塑料。在表面活性剂方面，它具有与 EO 相同的功能；然而，混合 EO/PO 表面活性剂聚合物有更好的优点，特别是在一些石油和天然气领域具有很好的应用前景。

正如第 2 章所述，乙烯基和非乙烯基聚合物以及共聚物都可以被乙氧基化和丙氧基化，从而产生了一系列的破乳剂，尤其是嵌段共聚物和烷基酚树脂烷氧基化，生产了聚合物破乳剂，即 EO 的聚烷二醇加合物[239]。这类产品在脱盐应用中特别有用[240]。

由 PEO 和 PPO 组成的嵌段共聚物可以在水和水油混合相中自组装（其中水是 PEO 的选择性溶剂，油是 PPO 的选择性溶剂），以形成热力学稳定的球形胶束。对共溶性的共聚物胶束化的影响以及表面活性随时间的变化规律进行研究，证实了它们在油水分离和盐离子迁移到水相中的特性[241]。

也有人观察到聚合物结构对多环芳烃的胶束结构和增溶能力有影响[242]，这是其作为破乳剂应用的一个重要特征。

正如第 2 章以及本章前面所述，乙氧基化（和丙氧基化）提高了这些聚合物材料的生物降解速度；事实上，认为这些表面活性剂符合环境标准和可生物降解，并在许多工业和国内各部门用于消泡和润湿。

它们作为非离子表面活性剂也与多元醇（或多元醇类）密切相关。

### 3.3.7　多元醇和乙氧基多元醇

多元醇及其相关产品已在第 2 章中进行了详尽的介绍，在本段中，分别详细地介绍它们作为表面活性剂在油田中的应用。虽然多元醇分为非离子表面活性剂，但它们表现为亲水性溶剂，并与其他非离子表面活性剂协同工作以提高润湿性[243]。该特性也被广泛应用于药物递送[244]，用于提供一种具有良好黏附性能的水溶性薄膜或涂层，便于口服。

多元醇的乙氧基化可使其性质在本性和表现中变得阴离子化，因此它们也更具有可生物降解性[245,246]。

表面活性剂和生态毒理特性在油田应用中还没有得到充分的体现。

多元醇及其乙氧基衍生物可作为生产酯基缓蚀剂的中间体，具有良好的持久性，如 FFCI[247]。多元醇也被用于复杂地层的压裂液中[248]。

最后，如前所述，多元醇参与了破乳剂的许多应用，特别是当与其他聚合物（如多胺）交联时[249]。

### 3.3.8 乙氧基硫醇

第6章将更全面地介绍硫醇及其相关分子以及它们在石油和天然气上游领域的用途。然而，乙氧基硫醇表现出吸引人的表面活性剂特性，划分为非离子表面活性剂。

在硫醇中，醇结构中的氧原子被硫原子取代，如图3.56所示。乙氧基化硫醇和醇或酚一样，可以作为优良的洗涤剂和润湿剂，但这些产品只在工业应用中使用，因为有可能释放出难闻的硫醇，所以禁止在日用品中使用。

SH

图3.56 乙硫醇

叔十二烷基硫醇乙氧基化物在水和有机溶剂中均有良好的溶解性。此外，它是一种非常好的工业洗涤剂。因为它的润湿性能提高了清洗作用，所以用于羊毛预处理和农药乳剂。它还可以作为一种缓蚀剂，在清洗金属表面和钝化金属表面方面有着特殊的应用[250]。

据作者所知，这类非离子表面活性剂在石油和天然气上游行业还没有应用。然而，基于它们乙氧基化的程度，可以生物降解的，这一特质是很吸引人的。

## 3.4 阳离子表面活性剂

阳离子表面活性剂在水中分解为两亲性阳离子，即带正电荷的极性基团或亲水性头基以及负离子，负离子通常为卤素型（如氯或溴）。这类化合物中有很大一部分是含氮化合物，如脂肪胺盐和季铵盐，它们的分子中都含有一个或几个长链烷基，通常来自天然脂肪酸。因为它们的制造工艺问题，这些表面活性剂通常比阴离子表面活性剂更昂贵。因此，它们只在两种没有更便宜的替代品的情况下使用，即作为杀菌剂和作为带正电荷的物质，因为它能够吸附在带负电荷的基质上，产生防静电和疏水效果。后者通常具有更重要的商业价值，例如在缓蚀方面，直到最近，基于阳离子表面活性剂的缓蚀剂仍是石油和天然气上游行业缓蚀剂配方中使用的主要化学物质之一[251]。由于其对海洋环境的水生物毒性较大，因此其使用量在不断下降，特别是烷基季铵盐产品[252]。

阳离子表面活性剂占表面活性剂总产量不到10%。然而，由于其特殊的特性，它们在某些特定的用途中不可或缺，也不是良好的洗涤剂或发泡剂。除了非季铵盐基化合物外，它们不能与含有阴离子表面活性剂的配方混合，是首选作为油田缓蚀剂的另一个因素。

它们表现出两个非常重要的特征：

（1）带有正电荷使吸附在带负电的基质上，因为大多数固体表面pH值处于中性。这种能力赋予它们抗静电性能以及对织物和头发漂洗的软化作用。正电荷的特性使它们能够作为浮选剂、疏水剂、缓蚀剂和固体颗粒分散剂使用。通常用作乳化剂、涂料、油墨、木浆分散剂以及各种工业应用中的缓蚀剂。

（2）许多阳离子表面活性剂都是杀菌剂。用于手术工具的清洁和消毒，为家庭和医院使用配制重型消毒剂，并对食品瓶或容器进行消毒，特别是在乳制品和饮料行业中。

虽然阳离子表面活性剂产量比阴离子表面活性剂少得多，但它们有几种类型，每一种都有特定的用途。接下来将介绍更重要的阳离子表面活性剂，特别是在石油和天然气上游工业中使用的阳离子表面活性剂，以及令人关注的和环境毒性小的阳离子表面活性剂。

### 3.4.1 烷基季铵盐体系及相关产品

最简单的季铵盐体系是铵离子（图 3. 57）。

烷基季铵盐体系的氮原子上有烷基基团。如图 3. 58 所示。

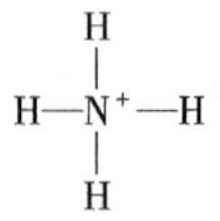

图 3. 57 铵离子

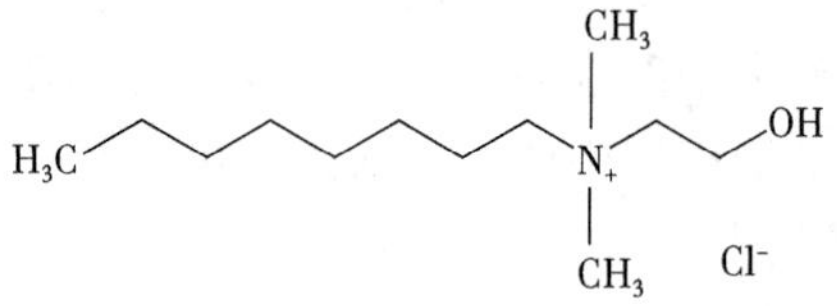

图 3. 58 烷基季铵盐

季铵盐常和阴离子表面活性剂一起用作织物柔顺剂，打破污渍和水之间的界面。在石油和天然气工业中，许多季铵盐用作腐蚀抑制剂或腐蚀抑制剂配方中的关键组分[156]。

这些烷基季铵盐由伯胺和仲胺制备，通过用氯甲烷进行彻底甲基化完成季铵化反应，除去产生的 HCl，完成取代反应，如图 3. 59 所示。

$$R_1R_2NH+2CH_3Cl \longrightarrow R_1R_2N^+(CH_3)_2Cl^-+HCl\uparrow$$

图 3. 59 烷基季铵盐表面活性剂的合成

另一种方法是用溴甲烷与叔胺反应。这是制备十六烷基三甲基溴化铵（CETAB）的常用方法（图 3. 60）。它是外用抗菌剂西曲溴铵的关键组分之一。西曲铵（十六烷基三甲铵）阳离子是一种有效的抗细菌和真菌的防腐剂。相关的化合物西曲氯铵和硬脂酸西曲溴铵也用作外用防腐剂，并且在许多家用产品中也可以发现它的身影，例如洗发剂和化妆品。由于 CETAB 成本相对较高，通常仅用于化妆品中。

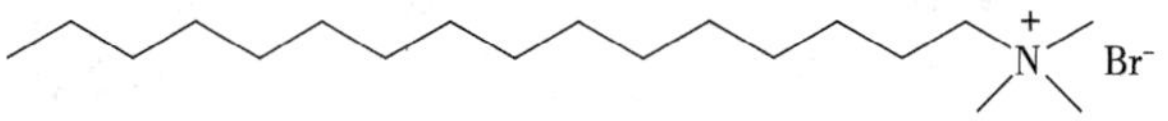

图 3. 60 十六烷基三甲基溴化铵（CETAB）

如果需要一个硫酸盐阴离子，就用硫酸二甲酯或硫酸二乙酯进行叔胺的季铵盐化。

这些方法的结果表明，烷基铵具有不同的烷基基团。

许多季铵衍生自脂肪胺，而脂肪胺又衍生自脂肪酸。整个反应被称为腈化法[253]，脂肪酸和氨在高温（大于 250℃）下在金属氧化物催化剂（例如氧化铝或氧化锌）存在下进行反应，得到脂肪腈（图 3. 61）。

$$RCOOH+NH_3 \longrightarrow RC\equiv N + 2H_2O$$

图 3. 61 脂肪腈的合成

脂肪胺是通过与包括镍在内的多种试剂/催化剂催化加氢而得到的。当在过量氨存在的情况下进行氢化反应时，产生伯胺（图 3. 62）。

在氨不足的情况下，会产生仲胺和叔胺，如图 3. 63 所示。

$RCN+2H_2 \longrightarrow RCH_2NH_2$

图 3.62 脂肪伯胺的合成

$2RCN+4H_2 \longrightarrow (RCH_2)_2NH+NH_3$

$3RCN+6H_2 \longrightarrow (RCH_2)_3N+2NH_3$

图 3.63 脂肪仲胺和脂肪叔胺的合成

另外，脂肪醇与烷基胺反应可直接生成仲脂肪胺和叔脂肪胺。这些叔胺是用于各种用途的季铵盐的前驱体。

在油田应用中，CETAB 可以作为应用于水力压裂的阳离子 VES[255]。CETAB 与其他类似的季铵盐一样，也可以作为 EOR 应用中的黏度表面活性剂[256]。

季铵盐（如胆碱盐）已作为黏土稳定剂用于欠平衡钻井现场应用中[257]。胆碱（图 3.64）是含有 *N*，*N*，*N*-三甲基乙醇胺阳离子的季铵盐，通常以氯化物盐的形式存在。

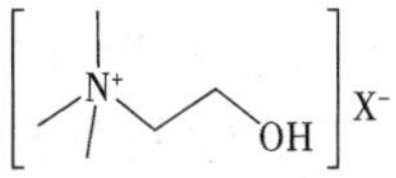

图 3.64 胆碱盐[254]

其他季铵盐，特别是 $C_{10}$—$C_{18}$的烷基苯二甲基氯化铵，可以作为水泥添加剂，提高水泥与地层岩石的胶结性能，增强水泥与地层岩石的胶结性能[258]。

烷基二甲基苄基氯化铵（图 3.65）之类的季铵盐长期以来一直用于控制工业废水中的微生物，并在石油与天然气上游工业中用作杀菌剂和缓蚀剂。

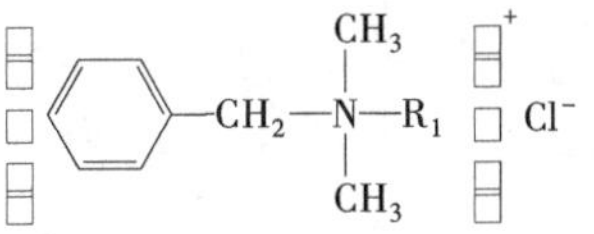

$R_1=C_{12}H_{25}$，$C_{14}H_{29}$，$C_{16}H_{33}$，$C_{18}H_{37}$

图 3.65 烷基二甲基苄基氯化铵

在严格监管的环境保护区外，例如北海盆地，尤其是普通表面活性剂季铵盐，例如苯扎氯铵和烷基吡啶季铵盐[259]，仍然是油田成膜缓蚀剂的主要产品，特别是与其他表面活性剂复配时[251]。

然而，这种类型的阳离子表面活性剂具有差的生态毒理学特征，特别是 CETAB 已广泛研究[259]。具有较高的水生生物毒性[260]和较差的生物降解速率[261]，导致使用量大大减少，因此需要替换为其他类产品，只有在没有合适的替代品的情况下才允许使用。有趣的是，它们的抑菌效率随着烷基链长度的增加而降低，在一定程度上也证实了它们的毒性，特别是当抗衡阴离子来自脂肪酸羧酸盐时[262]。

一种合乎环保要求的季铵盐是 *N*，*N*-二癸基-*N*，*N*-二甲基氯化铵（图 3.66）。据称，它作为 FFCI 可在井下应用，并具有生物抑制和杀菌性能[263]。

由环氧氯丙烷和叔胺的聚合物反应合成了一种高分子的可生物降解的季铵盐，认为该季铵盐可以起到杀菌作用和作为成膜缓蚀剂使用[264]。

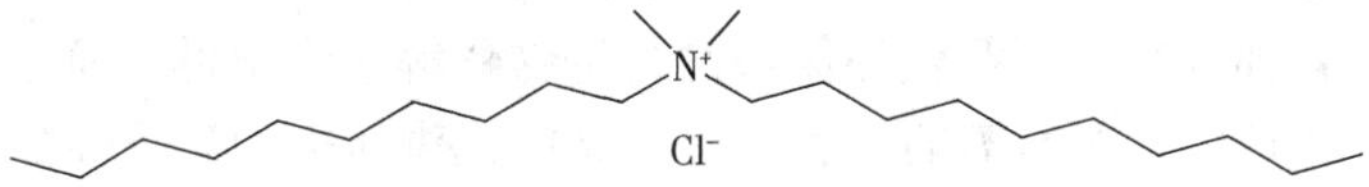

图 3.66 *N*，*N*-二癸基-*N*，*N*-二甲基氯化铵

通过在长链烃基和季氮原子之间引入弱键，可以使这些季铵盐表面活性剂更易生物降解。这些链接基团中最常见的是酯基，这些酯基季铵盐的产物将在3.4.2中讨论。

季铵盐也有其他应用，如抗凝聚剂（AA），用来减少天然气水合物的形成[265]。正如预期的那样，除非经过修饰，否则它们的毒性较高，生物降解率低[266]。通常通过与溴甲烷反应制备的聚醚胺的季铵盐也是有效的气体水合物抑制剂，并且已经发现它们可以阻止已经形成的水合物晶体的生长[267]。如2.1节所述，这些聚醚提供了具有潜在可水解键的聚合物主链，因此可能更好地符合环境标准。

季铵盐氯化物具有一些不理想的效果，因为它们能引起过度发泡，并能与阴离子表面活性剂发生相互作用。在这方面，在很大程度上已被四羟甲基硫酸磷（THPS）所取代，特别是在硫酸盐还原菌的控制方面[268]。第4章详细讨论了该产品及其相关的磷盐。

### 3.4.2　酯类季铵化合物

已取代前面介绍的直接季铵化的脂肪酸表面活性剂，如洗衣粉、织物柔软剂等，使用结构更为复杂的表面活性剂，该结构在烷基链与季铵盐头基之间存在酯键[269]。更易生物降解，毒性更低，被称为酯类季铵化合物。例如，由二硬脂酸和季铵盐构成的二酯季铵盐，如图3.67所示。

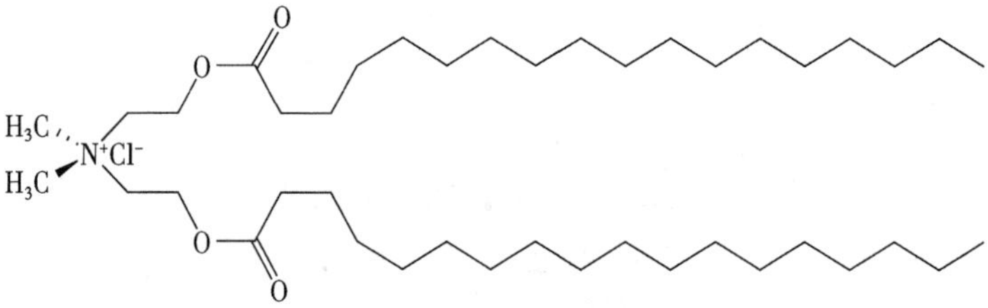

图3.67　二酯季铵盐

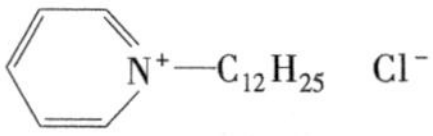

图3.68　N-十二烷基氯化吡啶

尽管这些材料具有较强的生物降解特性，但在上游石油和天然气工业中很少应用。

### 3.4.3　杂环阳离子表面活性剂

含有芳香环或饱和杂环的一类重要的阳离子表面活性剂，杂环包括一个或多个氮原子。以十二烷基氯与吡啶为反应原料制备常用的N-十二烷基氯化吡啶（图3.68）。N-十二烷基氯化吡啶常用作杀菌剂。如果加入第2个亲水基团（酰胺，EO），则产物既可作为洗涤剂，也可作为杀菌剂。

如3.4.1所述，这些烷基吡啶季铵盐也是有用的成膜缓蚀剂。这种双重功能在石油和天然气上游工业中具有很大的用途，特别是在使用“一步法”密闭处理时，如水下工艺基础设施的水压测试[270]。在这种包装中，通常需要同时使用杀菌剂和除氧剂，并且非常需要使用一种非氧化性杀菌剂或生物抑制剂，这种杀菌剂也能防止腐蚀。烷基吡啶及其他季铵盐起了关键作用。然而，它们不符合环保特性，生物降解速率很低，而且具有很高的水生生物毒性。制备一种既能提供所需的技术性能，又能提供所需的环境性能的产品是一项重大的挑战，这将在关于配方研究的第8章中进一步讨论。

### 3.4.4 酰胺、酯胺和醚胺

一种方法是用脂肪酸与氨反应产生酰胺。另一种制备酰胺的方法是脂肪酸与短链烷基胺或烷基二胺反应，如乙二胺或二乙烯三胺（DETA），如图3.69所示。

$$2RCOOH+H_2N—CH_2CH_2NHCH_2CH_2—NH_2 \longrightarrow RCO—(NHCH_2CH_2)_2—NH—COR$$

图3.69 脂肪酰胺的合成

可以通过季铵盐化或添加非离子部分（如聚乙二醇）来提高这种物质（二烷基氨基三胺）的亲水性。主要用作纺织工业的抗静电剂和杀菌剂。

酯胺是由脂肪酸与乙醇胺反应制备的，如图3.70所示。

$$RCOOH+HO—CH_2CH_2N(CH_3)_2 \longrightarrow RCO—O—CH_2CH_2—N(CH_3)_2$$

图3.70 酯胺的合成

通过在丙烯腈双键上缩合醇，然后用腈进行氢化作用来制备醚胺（图3.71）。

$$ROH+H_2C═CHCN \longrightarrow R—O—CH_2CH_2CN \longrightarrow R—O—CH_2CH_2CH_2NH_2$$

图3.71 醚胺的合成

这些产品很少用于石油和天然气上游工业，但具有良好的环保特性，并具有令人关注的表面活性剂和洗涤剂的应用特性[271]。

相关的烷醇酰胺作为润湿剂和发泡剂已被广泛应用于各种工业中；然而，它们在油气工业中的应用并不多见，但已用于化学驱提高采收率[272]。

### 3.4.5 氧化胺

已经在非离子表面活性剂部分对氧化胺进行了详细的讨论。通常是由过氧化氢或过氧酸与叔胺反应制备的。氧化胺具有半极化的N→O键，其中氮原子提供两个电子，因此氧原子上有很强的电子密度。氧化胺从水中捕获一个质子，在酸性条件下变成季铵盐阳离子羟基胺，在中性和碱性条件下保持非离子状态。它们是中性和碱性条件下可用的最佳起泡剂之一，在中性条件下具有缓蚀性能。

阳离子表面活性剂一般与阴离子表面活性剂不相容，因为它们相互作用产生不溶性的阴阳离子化合物。这是一个相当实际的问题，因为最便宜的表面活性剂是磺酸盐或硫酸酯类的阴离子。因此，可能需要一些阳离子物质以获得提高的或增强的效果，这将在第8章进一步讨论。

在阳离子表面活性剂的选择上给油田化学家带来了一些难题，因为它们表现出有效而非高效的行为，就像阴离子表面活性剂一样，带电亲水试剂在低浓度下不能形成胶束[273]，这在选FFCI时很有用。此外，阳离子表面活性剂与非离子表面活性剂的HLB值范围无关（见3.1.8），而且由于大多数报道的阳离子表面活性剂在乳液中的应用都涉及表面改性，因此报道的HLB值很少。然而，重要的是，目前关于阳离子表面活性剂分配系数的报道很少[274]，这在表面活性剂中是一个特别不寻常的性质，在3.9节中会进一步介绍，而在第10章中，测定表面活性剂在生物中的潜在积累也比较困难[59]。

环境化学家在考察油田使用阳离子表面活性剂时面临的主要困难之一是其毒性和慢性水生生物毒性[275]。分子量较低的阳离子表面活性剂，如$C_{18}$及以下的烷基胺具有毒性和腐蚀性，而分子量较高的化合物则被归为有害物质[252]。在大多数情况下，仅通过乙氧基化增加它们的水溶性就会增加毒性，这与以前使用这种方法来提高生物降解率的情况相反[261]。尽管如此，为了改善阳离子表面活性剂对环境的影响，人们对其进行了一些改进[276]，到目前为止，这些新的表面活性剂还没有应用到油田中的报道。

## 3.5 两性表面活性剂

两性（或两性离子）表面活性剂之所以被这样称呼，是因为头基同时带负电荷和正电荷。生产这种表面活性剂的方法很多，大多含有季铵离子（阳离子）。带负电荷的那一组可以是羧酸盐（$—CO_2^-$）、硫酸盐（$—OSO_3^-$）和磺酸盐（$—SO_3^-$）。

根据物质和 pH 值，它们可能表现出阴离子或阳离子趋势。在大多数情况下，通过调节 pH 值来决定阴、阳离子的主导地位：在碱性 pH 值下为阴离子，在酸性 pH 值下为阳离子。因此，两性表面活性剂的离子性质取决于 pH 值。在中间 pH 值下，正电荷和负电荷的强度变得相等，并且分子将具有正电荷和负电荷。此时它是两性离子，两种电荷强度相等的 pH 值称为等电点。等电点不是尖点，而是取决于阴离子和阳离子基团的性质。在等电点时，两性表面活性剂通常具有最小溶解度。

真正的两性表面活性剂在同一分子中同时含有正离子和负离子基团，因而具有独特而实用的性质。

与其他表面活性剂一样，两性表面活性剂也有许多不同类型。

### 3.5.1 甜菜碱

该类型中最常见的类别是具有羧基的烷基甜菜碱。长链羧酸与二元胺反应形成叔胺，然后与氯乙酸钠进一步反应形成季铵盐，如图 3.72 所示。甜菜碱是同时具有阳离子和阴离

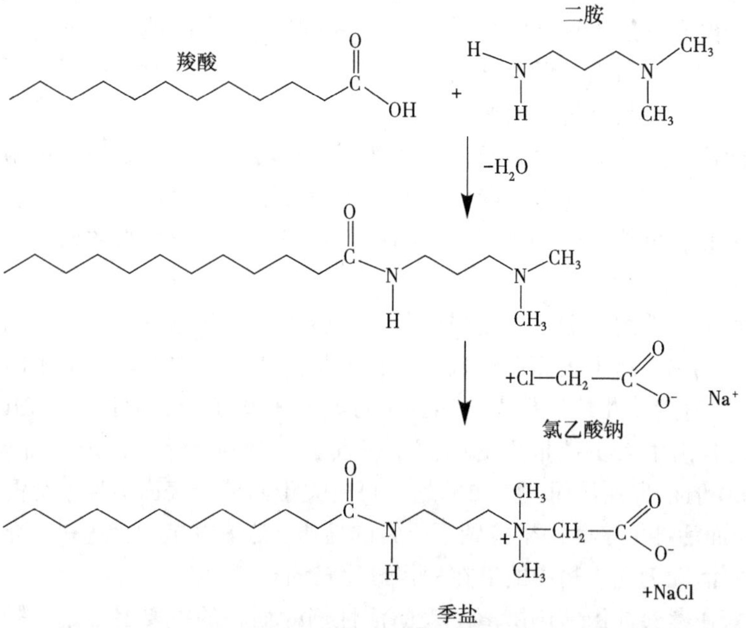

图 3.72 烷基甜菜碱的合成

子基团的中性化合物，它们彼此不相邻但都包含在亲水性头基中，其中烷基提供疏水尾端。

甜菜碱（图 3.72）在羧酸基团与季铵基团之间具有单个亚甲基。磺基甜菜碱在磺酸基团与季氮原子之间可含有多于一个的亚甲基，如 *N*-十二烷基-*N*，*N*-二甲基-3-氨基-1-丙烷磺酸盐（图 3.73）。

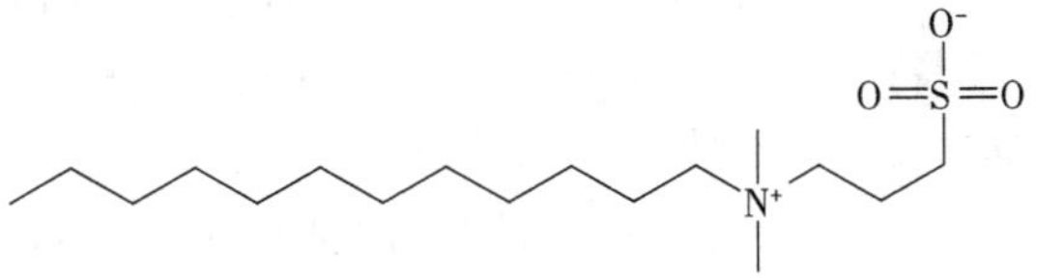

图 3.73 *N*-十二烷基-*N*，*N*-二甲基-3-氨基-1-丙烷磺酸盐

甜菜碱这一类表面活性剂在中性和碱性条件下是两性的，在酸性 pH 值下呈阳离子型（羧酸不电离）。由于氮原子的季铵化，这些表面活性剂总是显示正电荷。可以耐受高盐度，特别是二价阳离子，例如钙离子和镁离子。

甜菜碱广泛应用于纺织品柔顺剂、洗发水配方及防腐蚀添加剂。由于阳离子特性，它们是很好的起泡剂。据称，这类两性表面活性剂是 pH 值平衡的，可以用于非常温和的化妆品和个人护理。

已经发现多种两性表面活性剂，包括烷基甜菜碱在内，当与有机或无机盐结合时会有黏弹性[277]。当试图在高盐水浓度下维持压裂液黏度时，发现这非常有用，其中传统的阳离子表面活性剂往往会失去黏弹性[278]。这些黏弹性特性已在油气储层酸化增产改造中得到应用[279]。

这些黏弹性特性以及它们的 pH 值稳定性和润湿性特征使得这种类型的表面活性剂成为 EOR 应用中聚合物/表面活性剂驱油的候选者，而不需要另外的碱[280]。

类似地，磺基甜菜碱表现出 VES 特性，并且有一些具体实例，例如羟丙基磺基甜菜碱在高温和高盐度储层中显示出优异的稳定性[281]。

烷基甜菜碱及其他两性离子表面活性剂可以作为 FFCI [282]。其中最突出的是咪唑啉，将在 3.5.3 中讨论。烷基甜菜碱也被用于降低 1.0mol/L 盐酸的腐蚀[283]；然而，尽管后面提到的这些产品具有更好的环境特性，这项工作似乎还没有发展到成为一些仍然使用在阻止酸腐蚀方面的有毒的替代品。

一般来说，甜菜碱在海洋环境中的毒性远低于其等效的阳离子表面活性剂，但具有大部分与其他阳离子表面活性剂相同的特性和性能[284]。实际上，据报道甜菜碱与丙烯酸反应生成的长链烷基二胺甜菜碱具有低海洋毒性，而且必定低于烷基二胺的毒性[285]。尽管这些产品显示出有前途的环境毒性特征，通常优于等效的咪唑啉，但它们并未广泛用于石油和天然气上游工业。

### 3.5.2 氨基酸

氨基酸既含有羧基，又含有氨基，认为是两性表面活性剂。氨基酸两性表面活性剂具有良好的生物相容性，广泛应用于医药、化妆品等领域。这类表面活性剂也将在 3.7 节中讨论，随着研究的深入，对生物相容性好和生物降解能力高的高效表面活性剂的需求越来越迫切。

使用可再生原料的表面活性剂分子模拟天然氨基酸是最有前途的研究方向之一。其天然、简单的结构使其具有较低的毒性和良好的生物降解性。极性氨基酸/多肽（亲水分子）与非极性长链化合物（疏水分子）结合形成两亲结构，生成了表面活性高的分子[286]。然而，迄今为止，这一类表面活性剂在石油和天然气上游领域的应用很少。

最近，以氯十二烷和赖氨酸为原料，合成了二酰基氨基酸型表面活性剂。在有聚合物和无聚合物的情况下，分别将二酰基氨基酸型表面活性剂与磺酸盐复配，都可以得到超低界面张力，目前正在探索其在提高采收率方面的应用[287]。

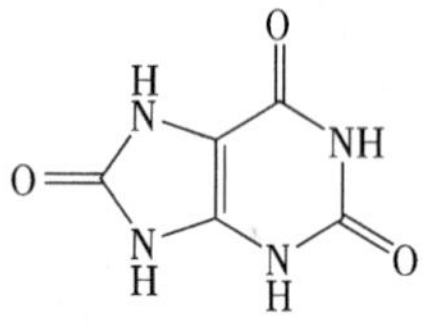

一类相关的两性表面活性剂是亚氨基酸。亚氨基酸是一种有机酸，由一个或多个酸酐基团与含有可取代酸氢的亚氨基结合而成，可以起到酸的部分作用。尿酸（图 3.74）是一种亚氨基酸。

图 3.74　尿酸

亚氨基丙酸广泛用作纺织品柔顺剂，但迄今为止，作者还不知道亚氨基丙酸在石油和天然气上游方面的应用。这些两性表面活性剂具有较低的等电点，因此具有较高的水溶性，这可使其更加符合环保要求。

### 3.5.3　咪唑啉

咪唑啉是在石油和天然气上游工业中使用的最重要的一类化学品。这些产品分类为两性表面活性剂，特别是相对于高分子量的脂肪杂环表面活性剂，脂肪杂环表面活性剂在很宽的酸碱度范围内有效[288]。因为它们能够提供高效的洗涤作用，所以在纺织品加工过程中无论 pH 值在强酸和强碱范围内如何变化，都可以长时间维持泡沫稳定，不会降低或损失泡沫的有效性能，也不会降低泡沫体积。

咪唑啉是一种高分子量含氮脂肪杂环化合物，能够在低浓度下提供高腐蚀抑制性能，可广泛用于金属加工（如电镀、散热器液体和金属加工过程中的冷却剂）以及上游石油和天然气工业。

咪唑啉类化合物可能是最常见类型的成膜缓蚀剂，对其作用机制已经进行了深入研究。一般来说，不经修饰，它们具有很高的环境毒性。

关于咪唑啉在固液界面上的相互作用，特别是对于油酸咪唑啉，表明该分子主要通过位于平面取向的五元氮环与金属表面键合[289]。研究还发现，长碳链虽然在抑制机制中起着重要作用，但并不是唯一的关键成分，因为改变这个链并不影响抑制剂的性能。利用密度泛函理论和蒙特卡罗模拟结果对比表明，咪唑啉类化合物倾向于垂直吸附于金属表面，而它们的质子化（或烷基化）产物则平行于金属表面吸附[290]。其他研究表明咪唑啉烷基链的长度相关。疏水链长小于 12 个碳原子，没有观察到腐蚀抑制现象，当碳链长度为 18 个碳原子时，具有最佳的腐蚀抑制性能[291]。然而，碳链长度太长导致其环境特性最差。

氮在咪唑啉环、具侧链胺或醇上的乙氧基化可以提供更多的水溶性产物，该产物具有较低的生物积累效应和毒性。另一种使咪唑啉水溶性更强、毒性更小的方法是将咪唑啉中间体的支链烷基胺基团与理论计算量的丙烯酸反应[292]，例如与 3mol 丙烯酸反应，得到如图 3.75 所示的结构。

通常通过缩合含有 1，2-二氨基乙烷官能团的聚胺与羧酸来制备咪唑啉。就石油和天然气上游工业而言，羧酸通常来自妥尔油脂肪酸（TOFA）。TOFA 主要是油酸、亚油酸及其

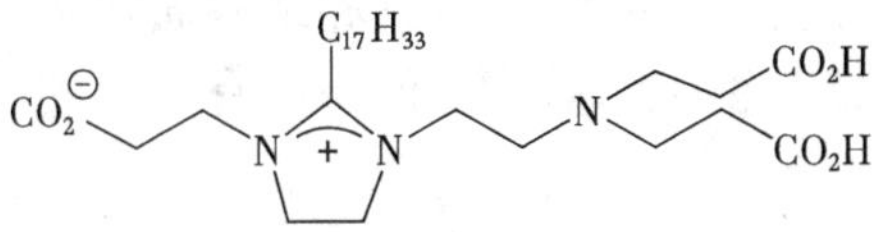

图 3.75 甜菜碱咪唑啉

同分异构体混合物，并形成 $C_{17}$ 烷基基团。如果 1,2-二氨基乙烷在其中一个氮原子上发生取代反应，则形成 *N* 取代的 2-烷基咪唑啉。在石油和天然气工业中，二亚乙基三胺（DETA）是迄今为止最常用的多胺（参见图 3.76 中的反应图解）。

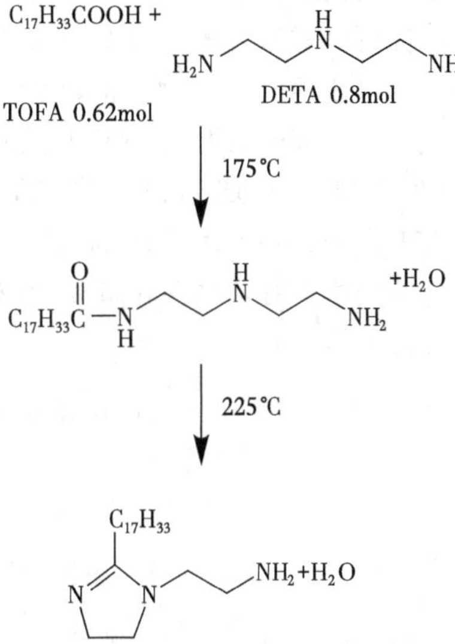

下一个最常用的脂肪酸是纯油酸，它是碳链长度为 $C_9$—$C_{10}$ 的不饱和脂肪酸。长烷基链上的双键被认为对形成的膜具有一定的空间支撑作用，使膜更加稳固。作者认为在高达 120℃ 的温度下，基于油酸的咪唑啉具有更强的稳定性（H. A. Craddock，未发表）。在该材料中通常具有较高的反式异构体含量；然而，在较高温度下，基于咪唑啉的腐蚀抑制剂通常不像胺和酰胺那样稳定[293,294]。

图 3.76 氨基咪唑啉的合成

硬脂酸是完全饱和的 $C_{18}$ 脂肪酸，在商品中通常含有一些软脂酸。目前已用于形成咪唑啉类缓蚀剂[294]；然而，这些同系物似乎没有在石油和天然气上游领域得到广泛应用。原因可能是因为它们是蜡状固体，而 TOFA 是液体。

棕榈油的主要成分是棕榈酸（软脂酸），羧基链长度在 $C_7$ 和 $C_{17}$ 之间，由于价格相对便宜，也用作脂肪酸的原料。虽然所形成的咪唑啉作为缓蚀剂效果并不是太理想；然而，因为原材料便宜，特别是在东南亚很容易买到，已经被广泛使用。

牛油脂肪酸已用于制备咪唑啉，因为它们是硬脂酸和油酸的混合物。它们的使用并不常见，因为它们来自动物脂肪，比植物产生的等量的脂肪酸更昂贵。

一般而言，从脂肪酸中提取的脂肪胺用于合成咪唑啉。另外，也在使用醚羧酸来合成咪唑啉，因为这些产品被认为具有更大的水溶性和更好的稳定性[295]。

以咪唑啉为基础的两性乙酸盐表面活性剂可用于改善泡沫特性，也可用于提高采收率和天然气脱水。

如 3.6 节所述，虽然聚合物两性表面活性剂也有一些应用，但其他两性材料在石油和天然气上游工业中应用并不广泛。两性离子型表面活性剂目前主要用于钻井作业中，用来控制黏土膨胀[119]。

## 3.6 聚合物及其他表面活性剂类型

### 3.6.1 聚合物表面活性剂

聚合物大分子具有两亲结构，可以表现出表面活性的行为。沥青质是原油的天然成分，具有极性和非极性基团。然而，这些基团的位置和结构通常不明确，或者至少比小分子中的结构更不明确。实际上，聚合物表面活性剂似乎没有明确的定义。EO / PO 共聚物（见第 2 章）和硅表面活性剂（见第 7 章）可视为聚合物表面活性剂。在第 2 章中，聚乙烯醇和马来酸破乳剂可以作为聚合物表面活性剂。

以天然脂肪酸为基础的合成树脂，如第 2 章所述的妥尔油烷基树脂，可制成油溶性或部分水溶性树脂，并具有一定的表面活性剂性能。天然产物，如海藻酸盐、果胶和蛋白质基产品都可以看作是聚合物表面活性剂。这些产物在水溶液中降低表面张力和胶束的形成方面，大多表现出较弱的表面活性剂性质。聚合物分子量较高，有大量重复的分子单元。大多数聚合物表面活性剂只有几个重复单元，而低聚物这个词似乎可以更准确地描述。然而，“聚合物”一词现在已经被牢固地确定下来，因此在本书中使用。

在考虑聚合物表面活性剂方面，就共聚物的结构而言，主要有嵌段和接枝两种构型。在这样的结构中有亲水性和亲油性单体单位，如图 3. 77 所示，其中 H 和 L 分别代表亲水性和亲油性单体单元。

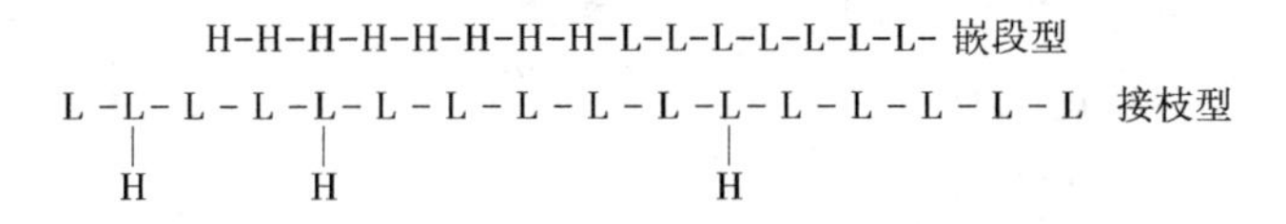


图 3. 77 聚合物表面活性剂的一般结构

在第一种情况下，亲水单体 H 相互连在一起形成亲水基团，亲油单体 L 也一样形成亲油基团。结果是聚合物表面活性剂具有明确限定和分离的亲水和亲油部分，只是比传统表面活性剂分子大得多。最常用的嵌段聚合物是 EO 和 PO 的共聚物，在 2. 1. 2 中有详细的介绍。虽然亲水性和亲油性部分是完全分离的，但聚合物的极性偏向并不明显，因为两个基团都有轻微的极性，一个 PEO 基团的极性仅略高于另一个 PPO 基团。这些表面活性剂有许多用途，如胶体和纳米乳液分散剂、润湿剂以及洗涤剂，特别是对石油和天然气工业非常重要，它们主要用于原油脱水[239]。

然而，大多数聚合物表面活性剂属于接枝型分子，特别是合成产品（如聚电解质），严格意义上讲，不是表面活性剂，或者说不用它们的表面活性剂性质。目前存在多种接枝型聚合物表面活性剂，制备它们的主要方法是先制备具有官能团的亲油性聚合物，然后再把亲水基团接上。相关的实例是烷基酚甲醛树脂，其可通过添加 PEO、硫酸盐或醚硫酸盐基团而变成亲水性的物质。同样，这些产品广泛用作原油脱水剂，以在生产和加工过程中破乳。如第 2 章所述，许多接枝聚合物表现出非表面活性剂效应，因而在石油和天然气工业中，这些聚合物主要使用分散性能和黏度增强性能，特别是聚丙烯酸衍生物和羧甲基纤维素钠（CMC）（图 3. 78）。

纤维素不溶于水，但羧甲基纤维素钠在热水或冷水中溶解性都较好。是一种高效添加剂，用于改善食品和药品等各个领域的产品和加工特性。在石油和天然气上游工业中，羧甲基纤维素钠及其衍生物广泛用于钻井添加剂。这些聚合物及其一些功能已在 2. 2 节中介绍。这里，将对这些材料的功能及其表面活性剂效果进行进一步介绍。值得注意的是，大多数这些纤维素材料具有良好的环保特性、无毒且可高效生物降解。

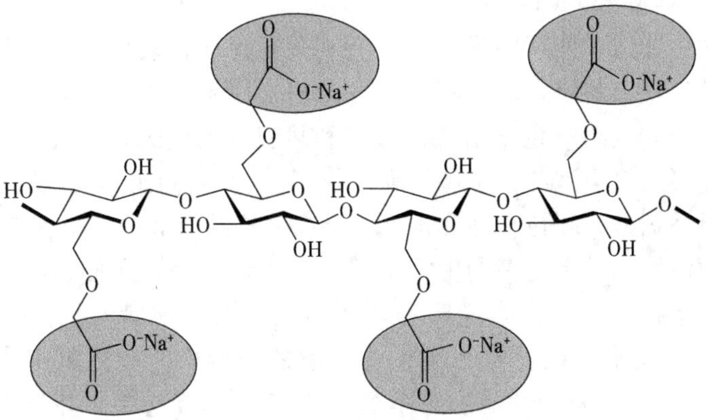

图 3.78 羧甲基纤维素钠

CMC 的主要用途是用于配制流变和降滤失的钻井液，特别是在水基钻井液中[112,296]。在过去的 30 年中，这些功能及其应用得到了很好的研究[297]。此外，羧甲基纤维素钠还被用于其他钻井液应用，如黏土稳定剂[298]、增稠剂和胶凝剂等，用于渗透率改性[299]和压裂液的流变控制[300]。也研究羧甲基纤维素钠及其衍生物，并声称是潜在的绿色阻垢剂[301]。

相关的衍生物表面活性剂，即羧甲基化和乙氧基化的表面活性剂，在水驱作业中用作合适的提高采收率表面活性剂[302]。

特别是阴离子聚合物，聚电解质，在石油和天然气上游工业中被用作絮凝剂。这些聚电解质通常是丙烯酸共聚物或部分水解的高分子量聚丙烯酰胺。这些阴离子聚丙烯酰胺具有良好的环境特性，可用于钻井的清洁作业[303]。其他阴离子表面活性剂（如聚合物）表明它们可能是有用的符合环境标准的絮凝剂，例如聚 γ-谷氨酸是一种可生物降解的阴离子絮凝剂，但是石油和天然气工业未见应用[304]。

两性聚合物也可以在市场上买到，尽管具有一些潜在的吸引人的特性和良好的合乎环保要求的特性，可是这些技术在石油和天然气领域似乎并没有得到广泛应用。据报道，两性淀粉接枝聚合物在废水处理中表现出良好的效果[305]。

总的来说，聚合物表面活性剂的应用是一个值得研究人员和油田化学家进一步研究的领域，可以生产出许多符合环境标准的产品。

### 3.6.2 其他表面活性剂

还有一些类型的表面活性剂使用目前使用的分类原则是不合适的，现在简要介绍或参考本书中的其他章节。

### 3.6.3 含硅表面活性剂

硅表面活性剂具有疏水性，特别是二甲基聚硅氧烷。在表面活性剂分子中引入有机硅基团倾向于增加其疏水性。由于硅是比碳更重的原子，因此在硅原子比碳原子少时，也可以获得相似的疏水性。基本上所有表面活性剂类型都可以用硅基疏水尾端制备，通过用一个硅原子或一个二甲基硅氧烷基团取代几个碳原子。这些材料将进一步探索，并将在第 7 章详细介绍它们在石油和天然气上游领域的应用。

### 3.6.4　含氟表面活性剂

氟表面活性剂主要通过使用卤素原子，特别是氟，取代表面活性剂烃尾的氢原子来生产氟化疏水物，其表现出与聚合的四氟乙烯（PTFE）类似的性质，即作为商品售卖的聚四氟乙烯。这种材料具有很高的化学惰性、机械和热阻、较低的表面能，因此具有很高的疏水性。这些产品主要用于与泡沫稳定和提高采收率[306]。它们比其他表面活性剂贵得多，并且一些含氟表面活性剂具有高持久性和毒性，会在人群的血液中广泛存在[307]。由于研究证明较长的含氟表面活性剂具有更高的生物累积性和毒性，因此人们也担心氟化替代品（包括短链聚和全氟烷基物质）对人类健康和环境造成潜在影响[308]。作为这些性质的推论，发现当三氟甲氧基基团出现在通常不可生物降解的结构中时，三氟甲氧基的使用增强了生物降解作用[98]。氟化表面活性剂的跨学科研究仍然非常重要，并且需要在未来几年继续进行。

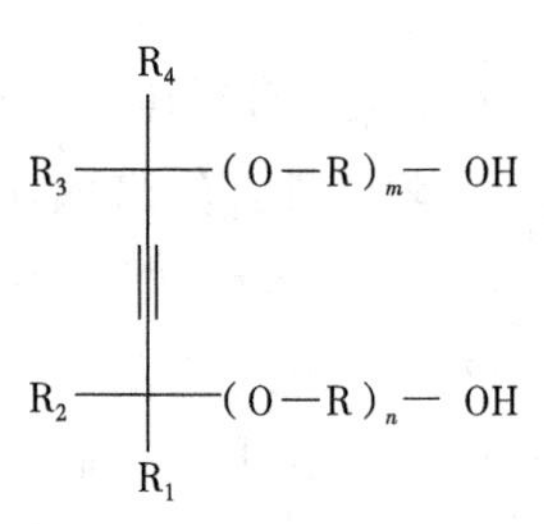

图 3.79　炔属表面活性剂

### 3.6.5　炔属表面活性剂

已经开发出一类炔属表面活性剂（图 3.79），用于油包水乳液破乳剂[309]。该种表面活性剂能够从原油乳液中分离到水相中，从而对原油乳液进行破乳，因此应用于脱盐设备或其他从原油中提取盐水的类似装置中时具有显著优势。此外，表面活性剂可用于从油砂和类似的油/固体基质中分离油。

### 3.6.6　双子表面活性剂

众所周知，大多数表面活性剂在溶液中自缔合产生聚集体，如 3.1.2 中介绍的胶束，但它们也可以形成液晶和微乳液。一些表面活性剂，特别是双尾种类，倾向于双分子层结合（图 3.80）。

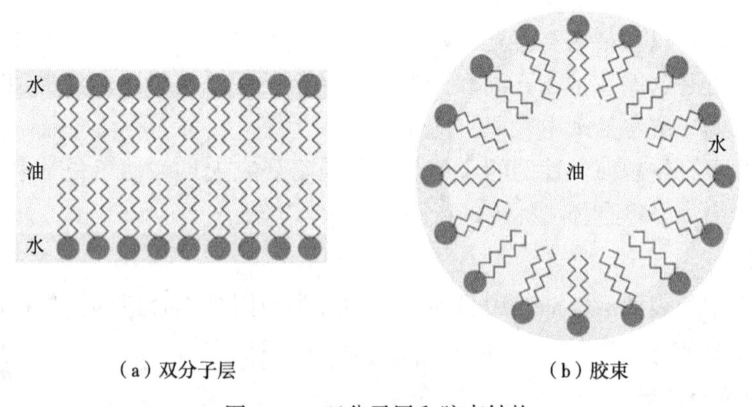

（a）双分子层　（b）胶束

图 3.80　双分子层和胶束结构

值得注意的是，这些双层膜是许多动植物生物膜的结构骨架，如磷脂缔合物所产生的生物膜。这些天然表面活性剂将在 3.7 节中进一步讨论。

双子表面活性剂是一类表面活性剂分子，具有多个疏水尾端和亲水头基团。这些表面活性剂通常比等链长的常规表面活性剂具有更好的表面活性[153,310]。

双子表面活性剂有多种应用，包括工业去污、皮肤护理和高孔隙材料的构造。它们还显示出抗菌特性[311]。

传统的表面活性剂只有一个疏水的尾端与离子或极性头基团相连，而双子表面活性剂则依次有一条长烃链、一个离子基团、一个隔离基、第二个离子基团和另一个碳氢化合物尾端（图 3.81）。已知相关的表面活性剂也有两个以上的尾端。双子表面活性剂比常规表面活性剂具有更高的表面活性。双子的名称最初归因于具有刚性间隔物（即苯、芪等）的双表面活性剂，后来将该名称扩展到其他双尾或双尾表面活性剂，而不考虑间隔物的性质。

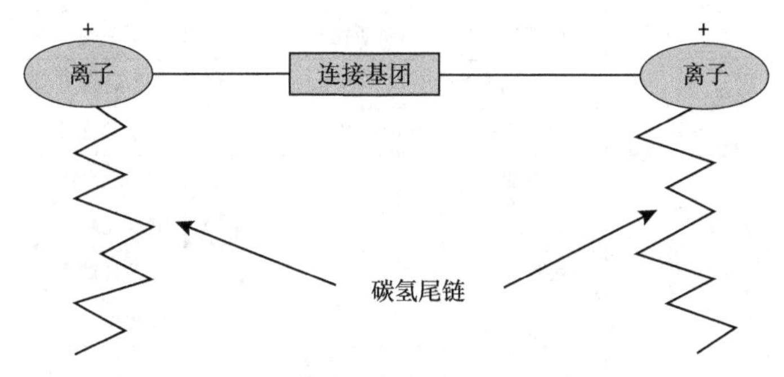


图 3.81　典型双子表面活性剂示意图

迄今为止，尽管该技术已有 20 多年的历史，但 Gemini 表面活性剂在石油和天然气上游领域的应用受到限制。据推测，价格是限制这项技术使用的一个重要因素。一些双子季铵盐表面活性剂表现出良好的缓蚀性能，特别是在酸化应用[312]和提高采收率（EOR）作业中[313]。双子表面活性剂具有 CMC 低、水溶性好、不寻常的胶束结构和聚集行为、降低油水 IFT 效率高、独特流变性能等性能，在油田应用中具有广阔的前景。重要的是，流变性能表征和 IFT 的测定是评价和选择提高采收率所需化学品的两项最重要的评价技术。

最近，通过油酸和三亚乙基四胺的反应开发了一种新的双子咪唑啉，据称其具有比常规咪唑啉更高的性能和更好的环境特征[314]。

## 3.7　生物表面活性剂、天然表面活性剂及一些环境因素

生物表面活性剂是由微生物产生的各种表面活性分子和化合物[315]。通过细菌、酵母和真菌在细胞外产生或作为细胞膜的一部分产生。是两亲性分子，具有亲水结构和疏水结构，能够在流体相之间积累，从而分别减少了表面张力和界面张力[316]。因此，与被称为可生物降解的生物聚合物不同，由于该表面活性剂来自天然物质，所以才命名为生物表面活性剂。

大多数生物表面活性剂是阴离子或中性的，亲水部分可以是碳水化合物、氨基酸、磷酸基团或一些其他化合物。疏水部分主要是长碳链脂肪酸。这些分子减少了油水混合物中的表（界）面张力。

生物表面活性剂的实例包括由铜绿假单胞菌产生的鼠李糖脂、由枯草芽孢杆菌产生的脂肽以及念珠菌（原真菌）产生的槐糖脂。后者是一种可以产生生物表面活性剂的少数酵

母之一[317]。由于这些生物表面活性剂具有生物降解性、低毒性以及增强低溶解度化合物的生物降解和增溶作用的有效性，对其在土壤和水处理中的环境应用进行了研究。生物表面活性剂在自然衰减过程中的作用尚未确定。

利用动物脂肪和玉米浸泡液，以假丝酵母菌为原料，以低成本工艺制备了一种阴离子糖脂生物表面活性剂，有望在石油、天然气领域的提高采收率应用中得到推广应用[318]。表 3.1 列出了主要的生物表面活性剂及其微生物来源。

**表 3.1　来源于微生物的生物表面活性剂**

| 有机化合物类型 | 生物表面活性剂类 | 微生物来源 |
|---|---|---|
| 脂肽 | 表面活性素 A 和表面活性素 B | 枯草芽孢杆菌 |
| | 伊枯草菌素 | 枯草芽孢杆菌 |
| | 短小芽孢杆菌的表面活性素 | 短小芽孢杆菌 |
| 糖脂 | 鼠李糖脂 | 假单胞菌属 |
| | 槐糖脂 | 酵母属 |
| | 海藻糖脂 | 分枝杆菌属 |
| 高分子表面活性剂 | 生物乳胶 | 放线菌 |
| 次生代谢物 | 烟酰胺 | 荧光假单胞菌 |

糖脂是目前研究最多的生物表面活性剂。它们是碳水化合物和脂肪酸的结合物。这种连接是通过醚或酯基团实现的。在糖脂中，研究最多的是鼠李糖脂、海藻糖脂和槐糖脂，直到现在对鼠李糖脂的研究还在进行。

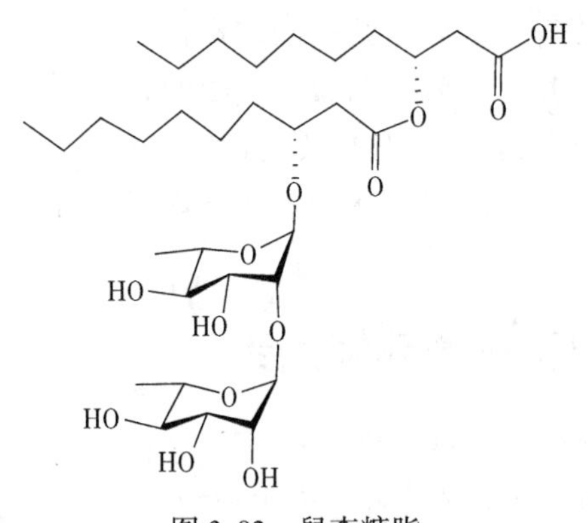

图 3.82　鼠李糖脂

鼠李糖脂有一个或两个鼠李糖分子与一个或两个$\beta$-羟基癸酸分子相连（图 3.82）。其中，一种酸的—OH 基团与鼠李糖二糖的还原端参与糖苷键的形成，第二种酸的—OH 基团参与酯基的形成。

这些分子和类似分子已在油田提高采收率进行应用[319]和油基钻井液岩屑的潜在处理[320]。其他生物表面活性剂可能具有更有前途的性能，需要进一步研究，与合成表面活性剂相比，生物表面活性剂具有生物降解性高、低毒等优点[321]。而且生物表面活性剂还具有其他优点，包括在极端温度、pH 值和盐度下的选择性和灵活性，这些在油田应用中发挥作用。

生物表面活性剂在自然界中是可生物降解的，如前所述，可生物降解的能力是关于化合物潜在环境影响及其可能污染的一个关键问题。由于细菌、真菌或其他简单生物能够通过自然过程分解为更基本的组分，与合成表面活性剂相比，对环境的影响大大降低，特别适用于生物修复等环境应用[322]和溢油分散[323]。3.8 节中进一步讨论了表面活性剂在溢油处理和分散中的应用。

有关生物表面活性剂毒性的文献资料很少。现有的证据表明，认为是低毒或无毒的产品，因此适合用于制药、化妆品和食品。生物表面活性剂的毒性较低，已经成为正常生态系统的一部分，对生物生态系统没有造成严重的破坏或危害。许多合成化学表面活性剂对海洋水生物种在内的各种生物都是有毒的，这可能使它们的使用更加成问题，特别是在受管制的海洋地区。在比较 6 种生物表面活性剂、4 种合成表面活性剂和 2 种商用分散剂的毒性时，发现除 1 种合成的蔗糖硬脂酸酯与糖脂结构相似且比生物糖脂降解更快以外，大多数生物表面活性剂的降解速率更快。也有报道称，这些生物表面活性剂的 $EC_{50}$值（引起 50%个体有效的药物浓度）高于合成分散剂[324]。在另一个例子中，将来自铜绿假单胞菌的生物表面活性剂与广泛使用的商用合成表面活性剂在毒性和诱变性能方面进行了比较。这两种分析都表明，化学合成表面活性剂具有更高的毒性和诱变作用，而认为生物表面活性剂是无毒和非诱变的[325]。

使用生物表面活性剂的一个显著优势是，它们在自然界中具有生物相容性，这意味着活的生物体对它们的耐受性很高。这些材料与生物体相互作用时不会改变生物体的生物活性。这一特性使其安全应用于化妆品和药品以及作为功能性食品添加剂[326]。

生物表面活性剂的研究和应用还处于相对起步阶段，特别是对生物表面活性剂分子的纯化和分离方面；然而，这些分子及其相关性质的应用，特别是整个微生物的应用，在提高采收率的应用中已经得到了很好的证实[327]。微生物表面活性剂在提高采收率方面的应用将单独出版，并且不在当前工作的范围内。

一个相关的生物表面活性剂类是糖蛋白，其某些特性已在 2.2.5 中介绍。在许多生物系统中的糖蛋白因其表面活性行为而开发利用，例如黏蛋白，黏蛋白隐藏在包括人类在内的许多动物的呼吸道和消化道的黏液中。到目前为止，这些分子在医药领域之外的应用是有限的，一些石油的应用已经在第 2 章中进行了讨论。已有一些研究探索了提高采收率（EOR）中的潜在应用，包括复杂的、未经提炼的阿拉伯树胶[328,329]以及之前介绍的大豆浆作为油水合物形成中的抗油凝结剂的应用[330]。

原油含有许多表现出表面活性剂行为的有机分子，包括沥青质、树脂和环烷酸，并且由于井口的高剪切特性以及运输和加工过程中的混合，通常部分或全部产出的水与油相形成乳液。如前所述，用许多聚合物（第 2 章）和表面活性剂来解决这个问题。然而，这些天然表面活性剂可用于水合物的预防和管理[331,332]。

除了可以付出更高成本的制药和化妆品工业之外，许多其他天然表面活性剂很少用于工业。然而，随着必须使用和修改更广泛的绿色化学品要求，这可能会发生变化。例如，多肽和脂肽可以提供一系列新的绿色化学表面活性剂，但它们难以低成本进行生物生产，并且不易于使用基因工程的方法进行生产[333]。对设计的肽表面活性剂进行检测，它们可以自组装，形成具有可用表面活性剂特性的结构[334]。

对于环境化学家和油田应用专家而言，生物表面活性剂和相关天然表面活性剂领域在提供生物相容性、低毒性和符合环境标准的产品方面具有很大的前景。随着生物表面活性剂第一次工业规模生产，这在可商品化方面表现得更有意义[335]。

## 3.8 油田分散剂

本章详细讨论了相关的表面活性剂应用，特别是与石油和天然气上游行业相关的应用。

应该指出的是，除了腐蚀控制、油水分离和 EOR 的主要应用外，油田分散剂还需要进一步解释。在文献[4，112，140]中，对这些应用进行了广泛的综述，尤其是在提高采收率方面，表面活性剂的应用是一个不断变化和发展的领域[336,337]。

自 20 世纪 80 年代以来，表面活性剂和表面活性剂混合物已成为管理石油泄漏的清理和控制方法的一部分。石油泄漏会造成环境污染，可能造成重大的生态破坏，其清理成本可能是巨大的。埃克森石油公司表示花费了超过 21 亿美元处理埃克森“瓦尔迪兹号”的泄油事件[338]。

如本章前面所述，表面活性剂在水中的溶解度不同，对油和水的作用也不同，HLB 值(见 3.1.8) 表征了表面活性剂在油和水中的溶解度。通常，HLB 值为 1~8 的表面活性剂促进油包水乳液的形成，而 HLB 值为 12~20 的表面活性剂促进水包油乳液的形成。HLB 值为 8~12 的表面活性剂可以生成任何类型的乳液，但更经常产生水包油型乳液；根据该范围的 HLB 值来研发分散剂。

在处理石油泄漏时，表面活性剂有 3~4 种不同的使用方法。分散剂通常是表面活性剂的混合物，其作用是将浮油分散到海洋或其他水体中。所谓的“海滩清洁剂”是一种专门用来清除沙子和岩石表面油污的清洁剂。破乳剂和乳液抑制剂的设计是为了破坏油包水乳液或防止它们形成。在过去的几十年中，评估超过 100 种分散剂，但只有少数批准用于商业用途[339]。

开发有效的溢油分散剂是化学配方设计师面临的主要挑战，因为原油和精炼油的组成不一致，原油具有不同类型和数量的化学组分，这些组分还具有不同的分子量。对极性烷烃有效的方法可能对芳烃组分无效。海洋和温度等环境条件也会影响分散剂的性能。

在获得使用溢油分散剂或其他处理剂的批准时，尽管过去的评价毒性的等级不恰当，但有效性和毒性都要经过测试[340]。石油分散剂的使用引发了许多争议，而“深水水平井”(Deepwater Horizon) 钻井平台漏油事件中使用的分散剂又加剧了这种争议。在这次事件中，超过 $700\times10^4$L 的分散剂被使用，但总体效果甚微。主要影响是使用的分散剂减少了浮油的数量，这降低了一些生物和环境的风险，但因为石油分散到水中从而增加了其他的风险。在这次事件之后，人们认识到海洋物种对石油的敏感度比以往所认为的敏感度要高，特别是对于金枪鱼等近海鱼类的发育阶段的影响比较大，金枪鱼在将油带入地下环境时会破坏幼年鱼类的成长环境。

很容易地直接测量分散剂的相对有效性[342]，但由于不可能模拟所有的环境条件和石油成分，在实际条件下进行有效性测试是有问题的。为了更真实地评价分散剂的性能，已经进行了 50 多种不同的试验[341,342]。

毒性测试已经变得更加复杂，现在使用的分散剂比正在分散油的毒性更小。柴油和轻质油的毒性为 20~50mg/L ($LC_{50}$对虹鳟鱼的毒性超过 96h)，所有经批准的分散剂的 $LC_{50}$含量都低于 20mg/L。然而，如果将石油和化学混合物分散在浅水中，对海洋生物，特别是海底动物，可能产生严重的毒性影响。

已经明确在管制海域使用溢油分散剂的毒性测试[343]，已经成为国际上使用油田分散剂的标准。

典型的油田分散剂配方由按比例排列的非离子表面活性剂和一些附加的阴离子表面活

性剂组成，HLB 值约为 10。已经对这类混合物进行了研究，以优化比例并确定最佳的三种成分组成[344]。从化学角度来看，分散剂似乎是由脂肪酸决定的，尤其是山梨醇和琥珀酸盐等分子的单油酸盐。所有这些材料都易于生物降解。

为了达到有效的效果，必须在漏油事件发生后尽快使用化学分散剂。这是因为如果石油老化、风化或变薄，那么当使用化学分散剂时，它们就会分散得很差。有许多其他物理和环境因素会影响分散剂的性能（如液滴大小等），也会影响分散剂的实际应用。对这些问题的讨论超出了本书的范围。

在过去的 10 年里，随着石油工业在北极地区的勘探和开发，人们对北极海冰下石油泄漏的可能性给予了很大的关注。石油泄漏所造成的环境损害可能是生态灾难，也许化学处理是控制和补救这种灾难的唯一办法。

从根本上说，没有人想要任何漏油事件；然而，除非人类停止开采、使用、储存和运输石油，否则总是存在大量石油泄漏的风险。使用分散剂或不使用分散剂的决定将始终存在不确定性和判断性。

希望随着人们对物理过程的理解不断加深，随着绿色化学在分散效果上的发展，分散剂的使用作为一种有用的、对环境负责任的选择。

## 3.9 表面活性剂的降解、生物降解及环境特性

降解和生物降解，特别是水解的许多机理方面已在第 2 章中介绍，这里不再详述。然而，与其他化学添加剂不同，表面活性剂和两亲化合物在对物理、化学和生物降解途径的响应方面具有显著差异。虽然化学水解和生物酶水解仍然是最重要的降解途径，但通常情况下，表面活性剂分子不溶于水，因此不太容易受到这些机制的影响。此外，表面活性剂是一种化学基团，难以获得与其生物利用度有关的可靠数据，特别是与分配（$\lg P_{ow}$）或生物浓缩因子（BCF）有关的数据。这些数据对于使用当前可用的评估模型进行环境风险评估。

评估表面活性剂环境特征的挑战主要围绕着表面活性物质吸附到表面并在相界面积聚的内在特性。因此，估算生物积累潜力的技术（例如 OECD 107 摇瓶和 OECD 117 HPLC）不适用于测定表面活性剂的 $\lg P_{ow}$[59]。

在 OECD107 摇瓶试验中，表面活性剂的体积浓度可能在水相和辛醇相之间不平衡，但与辛醇水界面浓度平衡。在该试验中使用的实验程序通常会产生具有大的总表面积的精细乳液。此外，在该测试中对复杂混合物进行分配需要对混合物中的所有组分进行物质特异性分析，以获得实际结果。

OECD 117（HPLC）测试仅适用于非离子、非表面活性化学品。通常，HPLC 柱中的保留时间由化学品对移动（通常为甲醇/水）相和固定（亲油）相的相对亲和力确定。表面活性剂对表面的亲和力（移动/固定相界面和基底/固定相）将使这种类型化学品的方法无效。

表面活性剂的慢性和亚致死毒性也有很大的差异，特别是在水生物种方面，因为主要的数据是淡水毒性和物种。海洋物种的毒性数据需要通过实验室和野外获得的慢性毒性评估来验证[275]。

这些因素使得选择对环境影响小的表面活性剂成为问题和挑战。

### 3.9.1　化学和物理降解

与排放到水生环境中的其他化学物质一样，表面活性剂的主要降解是通过化学水解，使用表面活性剂水解酶导致生物降解将在3.9.2中讨论。与其他物体一样，表面活性剂分子化学水解的速率由温度和pH值控制[345]，例如在脂肪酰胺腐蚀抑制剂中，酰胺和脒基团的水解在酸性条件下相对容易，这可能是常规腐蚀抑制剂在现场使用条件下的主要化学降解机制[346]。值得注意的是，结构和官能团决定了化学上和生物学上的水解难易程度，尽管后者的空间因子往往在动力学中起主要作用[347]。

与聚合物不同，机械降解在整体表面活性剂降解中起很小的作用；然而，在某些应用中，例如腐蚀抑制剂和DRA，剪切力的稳定性是设计的一个重要方面。剪切稳定性也可以解释，至少可以说明泡沫和乳液的稳定性[348]。热降解和光降解对表面活性剂的整体稳定性更为重要。

在长时间暴露于250℃以上的温度下和存在氧气的条件下，表面活性剂可能会分解，导致链断裂，产生许多挥发性产物，如乙醛、甲醛、杂二醇醚等以及残留的起始醇或表面活性剂的其他小分子。例如，关于聚氧乙醚的热降解的研究，包括诸如随时间的质量损失、量热法、醛的形成（使用IR光谱作为分析技术）以及EO链断裂的程度等主题，发现表面活性剂在氮气存在的惰性气氛中在300℃时仍然稳定，但在空气存在下发生氧化降解，同时产生气体和链断裂[349]。另一项研究检验了TRITON X-100的蒸发和分解，TRITON X-100是一种商业上可获得的聚氧乙醚表面活性剂，在短时间（20min）暴露于高温（350℃，最大值）时，发现在没有氧的情况下，TRITON X-100表面活性剂只是蒸发，并没有相关的热降解产物。在氧存在下，形成了未知的羰基化合物，与一些氧化降解相对应。然而，大部分蒸发物质为TRITON X-100表面活性剂[350]。

流动控制是EOR蒸汽驱的主要问题之一。通过高渗透区域和蒸汽的重力超越导致生产井的早期蒸汽突破。因此，体积波及效率和石油采收率降低。使用表面活性剂稳定的泡沫已用作蒸汽驱中的渗透转向剂以提高原油采收率。研究了表面活性剂在蒸汽驱的典型条件下，即在400℉（205℃）和300~500psi（20~34bar）下的寿命，以测试热降解、吸附和相分配，随时间测量表面张力、表面活性剂浓度、pH值和电导率。一些表面活性剂的浓度和pH值随加热时间的增加而迅速下降，而另一些表面活性剂的高温稳定性较好，在400℉时其半衰期仍长达数月[351]。

结果表明，许多表面活性剂具有热稳定性；但是这通常是有代价的，因为这些产品通常不容易水解，而且它们的生物降解率也很低。然而，情况并非总是如此，许多烷基芳基磺酸盐具有良好的生物降解率。它们也可以是热稳定的，特别是在碱性介质中，如碱性表面活性剂二元复合驱提高采收率。据估计，热降解的速率即使不是很慢，其半衰期也可达数百年之久，烷基链通过断裂降解为较低的烷基苯磺酸或磺酸，并发生脱硫反应[352]。

光解是表面活性剂降解的重要机理。事实上，表面活性剂经常用来增强其他分子的光解反应，在农药应用中尤为重要[353]。如本章前面所述，这种增强其他性质和促进特定反应的效果已经以协同的方式进行使用；然而，它也可以对提高生物降解速率产生重要的积极作用，这将在下一节中介绍。

在紫外线照射下，对厌氧消化中的表面活性剂进行的光解预处理显示出这些分子相对于未处理材料的生物降解和解毒作用的改善，其中未处理的表面活性剂生物降解性差且对甲烷菌有毒。对于所有主要的表面活性剂，如阴离子表面活性剂，非离子表面活性剂和阳离子表面活性剂都是这种情况。这意味着光解和生物过程的组合系统将适用于处理含有毒有机物（如表面活性剂）的废水。还有人指出，芳香族表面活性剂的光解主要是苯环的裂解[354]。

### 3.9.2 生物降解

在西欧，家用洗涤剂的所有表面活性剂成分都必须是可生物降解的。这一要求是由于烷基苯磺酸盐阴离子表面活性剂是以支链烯烃为基础的，而这些支链烯烃在污水处理厂证明是耐细菌降解的，导致许多河流产生泡沫。也有人担心表面活性剂会进入饮用水源。对壬基酚聚氧乙烯醚也有类似的担忧，它们除了可能对内分泌造成破坏外，还可能具有毒性。因此，在过去几十年里，工业转向了其他更环保的表面活性剂，如 LAS 和脂肪醇聚氧乙烯醚，作为其洗涤剂配方的主要成分。

有效的污水处理确保了生活污水中的洗涤剂成分未经处理就不允许排入河流和水道。石油和天然气工业也遵循这一趋势，并要求在可能的情况下，表面活性剂和其他化学添加剂都是可生物降解的。然而，在评估表面活性剂的生物降解速率方面存在两难问题，因为通常的测试 OECD 306 在不考虑化学品的表面活性的情况下很容易出现实质性错误。因此，通常建议采用该测试方案的变体来评估表面活性剂生物降解速率，即海洋 BODIS ISO TC 147 / SC5 / WG4 N141，它是为水不溶性材料开发的。

与聚合物和其他化学添加剂一样，表面活性剂生物降解由氧化途径和酶水解驱动。表面活性剂所需的两亲性质可以通过看似重复循环的化学结构来实现。然而，这种多样性主要在于亲水分子及其与疏水分子的连接方式，正如本章所述，亲水分子是根据极性基团的化学性质被广泛地分类为阴离子、非离子、阳离子或两性离子；在这些大的群体中根据已详细说明的化学成分进一步细分。然而，在实践中，全世界大量使用的表面活性剂只占表面活性剂种类的少数[355]。

一般认为，对合成表面活性剂（及其他化学产品）进行生物降解是一种有益的活动，因为它可以防止污染环境，同时仍然允许化合物的使用。从微生物的角度来看，表面活性剂代表了潜在的能量来源并减少了碳的积累。利用两种方法来获得表面活性剂中的碳，其中大部分碳（至少在离子表面活性剂中）通常存在于疏水分子中。第一种策略是先将亲水性物质从疏水性物质中分离出来，然后再进行氧化反应。在第二种策略中，直接氧化烷基链，而它仍然附着在亲水试剂上。这两种策略都会导致分子表面活性剂活性的立即丧失。对于某些表面活性剂，迄今为止只观察到第一种或第二种途径，而对于另一些表面活性剂，这两种一般机理都已发现并起作用。

阴离子表面活性剂及其相关分子的可生物降解性使其成为生活和工业废水中最常见的组分之一。在处理装置中（例如，活性污泥和过滤床系统）以及天然的水系统（例如，河流和湖泊），细菌被认为是表面活性剂生物降解的主要原因，尽管其他微生物也可能有贡献[355]。

阳离子表面活性剂和两性表面活性剂的降解机理相似，已有研究表明，许多阳离子表面活性剂和两性表面活性剂都具有良好的生物降解性能，降解率超过 94%。结构与生物降解性的关系也很重要，疏水基团的性质和结构对这些表面活性剂的生物降解性有很大的影响。生物降解性随链长增加而降低。亲水性基团的存在影响这些表面活性剂的降解速率，但不影响其最终的生物降解性。当含有酰胺键的亲水性基团存在时，随着空间位阻的增加和降解速率的显著增加，生物降解性受到抑制，降解速率减慢[356]。

在季铵盐中，阳离子表面活性剂表现出生物灭活的性质，其生物降解可能受到抑制，由此推断初始阶段评价试验中的初始高浓度可能对生物降解结果有重要影响[357]。一般认为，季铵盐的毒性随着烷基链长增加而增加[358]。

非离子表面活性剂也具有类似的生物降解机理；然而，正如2.6节所述，任何聚合物骨架的氧化降解都是整体生物降解的重要机制[359]。

进一步研究了脂肪醇乙氧基酯、壬基酚聚氧基酯、APG等多种非离子表面活性剂的生物毒性，并对生物降解过程中代谢物与生态毒性的关系进行了评价。在这些研究中，代表微生物唯一碳源的表面活性剂溶液在矿物培养基中接种并在黑暗有氧条件下培养。表面活性剂的毒性与其分子结构有关。对于APG，EC（50）显示出的毒性与CMC值、表面活性剂HLB值和疏水烷基链有关。结果表明，随着羧甲基纤维素含量的降低、疏水性的增加和烷基链长度的增加，其毒性增加。还研究了脂肪醇乙氧基化产物的HLB值、环氧乙烷的单位数和烷基链长等特征参数。研究结果表明，增加烷基链长度可以降低EC（50），而增加乙氧基化可以降低毒性。对毒性和HLB值的分析再次表明，具有较小HLB值的表面活性剂的毒性更大。对于所有测定的非离子表面活性剂，除了壬基酚聚乙氧基化物外，测定生物降解的第一天和所有浓度下，毒性都显著下降[360]。

大多数关于表面活性剂污染环境的是洗涤剂，特别是两种主要的表面活性剂，即LAS和APE。它们进入污水处理厂，部分有氧降解，部分吸附到用于土地的污泥中。虽然污水污泥用于土壤可导致表面活性剂含量通常在0.3mg/kg范围内，但在好氧土壤环境中，表面活性剂会进一步降解，因此土壤中生物群的风险非常小，安全边际通常至少为100mg/kg。以APE为例，虽然表面活性剂本身毒性很小，但它们的分解产物（主要是壬基和辛基酚）很容易吸附到悬浮物上，并显示出类似雌激素的特性[183]。这项工作的结论是，尽管常用的阴离子表面活性剂对环境几乎没有严重的风险，但阳离子表面活性剂的毒性要大得多。总体而言，从降解数据来看，阳离子表面活性剂和其他类型表面活性剂的数量和质量都不高，它们的环境兼容性也不是很好[361]。

如前所述，用于评估表面活性剂的生态毒理学特征的测试方法存在很多争议。建议使用数据读取可以帮助获得风险和环境影响评估数据，特别是在生物降解方面。最近已经表明，在由铜绿假单胞菌和嗜水气单胞菌水解的初级和次级脂肪酸酰胺的好氧生物降解途径中存在良好的相关性[362]。因此，根据底物的广泛特异性和最初的水解反应，参照先前报道的初级和次级脂肪酸酰胺的现成的生物降解性结果是合理的。

### 3.9.3　发展“绿色”表面活性剂

“绿色”表面活性剂的开发和设计主要集中于开发可生物降解的表面活性剂。

从物理角度看，表面活性剂是相对稳定的分子；从环境角度看，表面活性剂更容易发生生物降解。因此，从表面活性剂易于生物降解的角度来看，许多表面活性剂可以被归为绿色化学品。为了加强生物降解能力，考虑了以下策略：

（1）确保表面活性剂具有最大的水溶性，这可能会损害其性能，并对其生物有效性产生不利影响。

（2）改变表面活性剂的结构使其更具有生物可降解性，例如在开发可水解表面活性剂时，通过衍生功能来增加水解的敏感性，如通过烷氧基化或酯化任何醇的功能。

（3）将疏水基团（尾端）替换为来自天然产品的一个基团，该基团具有更强的生物降解性。

（4）生物表面活性剂的使用（见3.7节）。

然而，在设计和开发应用于油气上游行业的绿色表面活性剂方面，协同使用上述方法充其量还处于起步阶段，微生物表面活性剂的应用可能是最发达的[319]。

在考察表面活性剂水溶性增强能力时，烷基链长度较低的表面活性剂，即疏水链较短的烷基链更容易溶于水。然而，这也会影响CMC值，从而影响表面活性剂的特性[363]。然而，具有两性性质的水溶性聚合物是确保良好表面活性性能的可能途径，例如，具有羧基甜菜碱基团的水溶性两性多糖，其通过将两性离子单体2-（2-甲基丙烯酰基乙基二甲基氨基）乙酸酯接枝到羟乙基纤维素（HEC）上而制备。已对其作为一种多功能钻井液添加剂在黏土水化抑制和钻井液流变控制方面的性能进行了测试[364]。

众所周知，烷基链的支化通过空间位阻阻碍了生物降解速率[172,365,366]，因此在整个表面活性剂的应用中广泛推广使用直链烷基衍生物，特别是直链烷基衍生物，例如直链脂肪醇聚氧乙烯醚，已经在很大程度上取代了支链衍生物。

在表面活性剂结构内添加可水解键的需求日益增长，即通过诱导pH值变化或由于环境压力引起的pH值变化以可控方式分解的表面活性剂。实际上，环境规则及关注事项是这些表面活性剂发展的主要驱动力。然而，它们也适用于这样的应用，在一个过程中，其中一个阶段需要表面活性剂，在下一个阶段中不需要表面活性剂。已经开发出在酸性或碱性条件下分解的表面活性剂，研究表明，许多表面活性剂的水解敏感性取决于表面活性剂是以胶束的形式存在，还是以自由分子（或单体）的形式存在于溶液中。已经观察到，非离子酯表面活性剂在CMC值以上更稳定，而阳离子酯表面活性剂在聚集时比作为自由分子或单体存在时更容易分解[367]。

现在有许多含有水解单元的表面活性剂衍生物，其分类大致如下：

（1）含有正常酯键的表面活性剂[367]。

（2）酯类季铵化合物（参见3.4.2）。

（3）甜菜碱酯表面活性剂[368]（参见3.5.1）。

（4）含有碳酸根的表面活性剂[367,369]。

（5）含有酰胺键的表面活性剂[367,369]。

（6）含有环状缩醛和缩酮的表面活性剂[367,370]。

（7）原酸酯表面活性剂[371]。

尽管这些产品在十多年前就已开发出来，但在石油和天然气行业却很少应用。毫无疑问，这些产品在油田添加剂有更大的应用空间。

如3.2.8所述，磷酸酯表面活性剂在油田有许多应用，特别是在缓蚀剂配方中。这些产物自然存在于生物体中，如磷脂和核酸，磷酸酯键易于酶解，酶解由多种磷酸酶催化，同时也能破坏这些表面活性剂中的酯键[139,372]。

尽管关于可水解修饰的应用的大多数集中在表面活性剂的疏水尾端，但有趣的是最近的一些工作研究了可能构成亲水头部基团的可水解反离子。重点研究了基于双十二烷基二甲铵阳离子的阳离子双子表面活性剂（图 3. 83），该表面活性剂具有多种水解阳离子，如磷酸盐、草酸盐和碳酸盐类取代了图中的溴离子[373]。

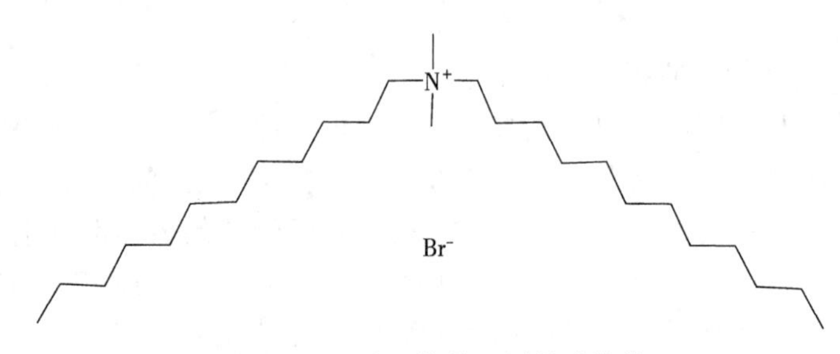


图 3. 83　双十二烷基二甲基溴化铵

在石油和天然气上游工业中，某些改性的咪唑啉被用于腐蚀抑制剂配方中。如 3. 5. 3 所述，这些咪唑啉通常通过由妥尔油和胺缩合反应生成，妥尔油提供 $C_{17}$ 或 $C_{18}$ 烷基链。然后对产物进行选择性乙氧基化，这增强了其水溶性和生物降解性。这些改良产品还符合适当领域的环境监管标准。

多糖可以被修饰为两性的表面活性剂；HEC 已与 2-（2-甲基丙烯酰基乙基二甲基氨基）乙酸酯接枝[374]。该衍生物已用作具有页岩抑制和流变控制性质的可高度生物降解的钻井液添加剂。其他多糖，如烷基多苷也用于油田表面活性剂，特别是氧烷基化聚糖苷类化合物用作低毒、可生物降解的破乳剂[375]。

油脂化学品，特别是脂肪醇及其衍生物在表面活性剂制造中的应用已得到充分证明[376]。在本章中已经介绍了它们在表面活性剂分子中提供疏水性部分的应用。这些分子是天然或天然衍生的材料，具有良好的生态毒理学特征[377]。迄今为止，还提供了大量的绿色表面活性剂。

绿色表面活性剂的开发显然是一个具有挑战性和发展前景的领域；然而，包括石油和天然气行业在内的许多行业迄今的表现令人失望，主要原因是无法明确它们的应用能否节省整个供应链的成本。显然，需要研发价格低廉且可持续的制造表面活性剂的技术。目前，绿色表面活性剂预计不会对整体消费格局产生重大改变，因为强调消费者价值的产品似乎比可持续性的产品更具吸引力。然而，问题仍然在于绿色产品的特性将在多大程度上影响消费者的行为。在油田市场的某些领域，绿色标签主要是为了促进销售，以满足监管要求。

预计将投资和供应更多的石油化工产品，尤其是在亚洲。在表面活性剂方面的新投资大多发生在东盟地区、中国和南美洲，而把亚洲作为大多数全球表面活性剂制造商的战略增长区。

生物表面活性剂的使用，特别是从海洋微生物中提取的表面活性剂，由于其良好的生态毒理学特性和固有的可持续性，为进一步研究提供可关注的和有用的分子[364]。

### 3. 9. 4　环境命运

本章中关于表面活性剂对环境影响的大部分讨论集中在它们的生物降解和一些毒性作

用上。然而，可以认为，慢性和亚致死性毒性及其生物利用度对其整体环境影响更为重要。在本章的结束部分，现在将考虑其中一些方面以及一些缓解这些问题的策略，并讨论了表面活性剂使用带来的一些积极作用，以及其他化学添加剂可能带来的环境破坏和修复的影响。

如前所述，在评估表面活性剂的环境特征方面存在着重大的挑战，这些挑战主要围绕着表面活性剂的固有特性以及它们吸附到表面、相界面聚集和自组装的所需特性。环境风险评估最重要的物理和化学性质是水溶性、蒸气压和辛醇水分配系数或其他分配系数，以评估生物累积潜力，例如，水与环境基质（如土壤、沉积物或污水污泥）之间的生物累积潜力。生物累积潜力的现有评价技术（例如，OECD 107 摇瓶试验和 OECD 117 HPLC）大多数监管机构和一般科学界认为不适合用于确定表面活性剂的生物利用程度[59]。这并不是说没有类似的技术可以提供有价值的信息，例如慢速方法[378]。该方法特别适用于疏水性分子，并且具有良好的再现性和与 $\lg P_{ow}$ 值为 4.5 或更小的可接受数据的相关性；然而，这表明材料没有高度生物累积性，因此那些在 $\lg P_{ow}$ 值高于 4.5 时具有潜在破坏性的材料会产生不一致和误导性结论。

许多化学品对环境影响的风险评估模型需要输入生物体内累积的潜力，通常基于辛醇和水之间的分配比例（$\lg K_{ow}$），对于海洋环境风险评估模型也是如此，其中预测效果可以计算浓度（PEC）并使其与预测的无效浓度（PNEC）合理化。

确定表面活性剂的生物富集因子（BCF）是获得有意义的表面活性剂生物累积潜力数据更可靠、更昂贵、更耗时的方法。生物富集是一种化合物从周围介质中吸收并排入环境的结果。假设化学物质的吸收和消除动力学是一阶过程，则生物体内化学物质浓度的时间历程可以用数学表达，生物浓度的定量测量决定了 BCF[379]。确定 BCF 有两种可能的实验方法：一是测量化合物在生物体和水中的稳态浓度，它们的比值即为 BCF 值；二是在吸收消除实验中，测量化合物在水中和（或）有机体中浓度随时间的变化过程[380]。

通常为了解决缺少有意义的 $\lg K_{ow}$ 数据的问题，可以通过一组已知其他有效数据的类似评估来进行比较。例如，对于烷基乙氧基硫酸盐，所有同系物组具有足够低的挥发性，使得风险评估对该参数值的敏感性可忽略不计。因此，一个有意义的 $\lg K_{ow}$ 值可以从分子结构建模中获得。然而，经过实验发现，所有基于分配系数的评价不是通过实验确定的，而是通过计算和建模来确定的 $\lg K_{ow}$ 值，应该只考虑前期保守的估计。对于具有一个或两个官能团低分子量的简单分子，可以预期不同方法和实验得出的数据之间的偏差为0.1~0.3 $\lg P_{ow}$ 个单位。随着分子复杂性的增加，各种方法的可靠性由于各种误差因素的可能性而降低，重要的因素列举如下：

（1）使用各种片段的适宜性。

（2）分析人员识别分子内相互作用（例如氢键）的能力。

（3）正确使用各种校正因素（例如分支因素、邻近效应）。

显然，在确定表面活性剂的生物富集和生物富集潜力方面还需要进一步开展工作。已有研究表明，许多表面活性剂的生物累积潜力主要是由于烷基链长度的增加（即疏水性的增加）与 BCF 的增加之间存在普遍联系[381]。相反，增加表面活性剂分子亲水部分的长度（即降低疏水性），则会导致 BCF 减小[382]。还发现，当疏水性增加时，乙醇乙氧基表面活性剂的吸收率和 BCF 增加[383]。

这些空间作用对表面活性剂毒性和 BCF 的影响明显似乎是一致的，并可能通过考虑空间因素来预测表面活性剂对海洋生物的毒性作用。如果对表面活性剂分子结构进行改变能够对生物积累和水环境毒性产生可预测的影响，那么在产品开发的早期阶段就可以预测新的表面活性剂对环境的影响。

通常情况下，表面活性剂分子倾向于保留在上皮表面，而不是穿过细胞或上皮膜（导致吸收)，从而导致生物累积。这是较长链/较低毒性观察的一种解释。与上皮膜表面结合的表面活性剂分子可能破坏膜的完整性，并与黏液相互作用。上皮膜或细胞膜上的结合位点数量通常是有限的，发生致命中毒，必须是有一定数量的（表面活性剂）分子占据可用的结合位点；因此，表面活性剂越容易跨膜和生物累积（如较高的 BCF)，其急性毒性作用的可能性就越小[384]。

一般而言，据报道的数据表面活性剂的 BCF 相对较低，并且通常低于常规水平（即 $\lg P_{ow}$值为 3~4)[59]。生物转化和生物富集是化学物质进入生物体后可能发生的过程。表面活性剂在水生生物中生物转化的证据有限且不确定。为了使化学物质发生生物富集，化合物必须在环境中稳定很长一段时间。相对快速降解、生物降解或易于代谢的化合物不易在食物链中发生生物富集作用。虽然化学物质的生物累积仍然存在一个问题，即暴露水平和摄取率与净化和代谢率相比足够高，但高生物累积潜力并不意味着生物富集的可能性。实际上，对于一些容易被食物链底部附近的生物吸收的化学物质，新陈代谢的能力更可能是连续更高的营养水平。

现有资料表明，大多数常用的表面活性剂不具备生物富集所要求的特性，即具有快速降解和代谢的趋势，且不具有高度疏水性。

水相中的 BCF 通常低于一般关注程度，（至少对于某些非离子表面活性剂）与疏水组分和亲水组分的长度有定量的关系。也有证据表明，整体分子大小可能限制生物的吸收。

表面活性剂等化学物质向海洋环境排放的代谢物的命运尚未得到全面的研究，因此部分代谢后的疏水组分（如部分烷基酚）的命运和长期的影响存在一定程度的不确定性[385,386]。

许多表面活性剂的总体毒性并不值得关注，但一些长期的慢性效应，尤其是那些与内分泌紊乱有关的物质需要重点关注[183]。烷基酚乙氧基化物尤其如此，它已广泛应用于钻井液和破乳剂的配方中。这些表面活性剂的受欢迎程度是基于成本效益、可用性和 HLB 值范围。

含有 APE 产品的微生物降解产生的代谢物对进一步的生物降解具有耐药性，并且比它们的母体化合物更具毒性。已证明壬基酚对海洋和淡水物种都有毒，可诱导雄鳟鱼的雌激素反应，并可能在淡水生物中累积。由于担心它们可能对环境造成影响，欧洲禁止在清洁产品中使用壬基酚乙氧基酸盐。挪威还禁止在海上石油和天然气领域使用。一项在英国自愿禁止使用的禁令已经实施了一段时间，并且在石油和天然气部门签署了 OSPARCOM 条约[387]。

表面活性剂在环境中具有积极作用，特别是促进对不可生物降解或生物降解性差的物质的酶水解。已经发现，某些生物表面活性剂（槐糖脂、鼠李糖脂、杆菌肽）和其他合成表面活性剂，如吐温 80 使纤维素衍生物的水解速率提高了 7 倍，在槐糖脂存在下的蒸汽破坏木材纤维的水解率提高了 67%[388]。

在研究表面活性剂应用的同时，特别是它们在石油和天然气上游工业中的应用时，本章涵盖了大量的化学物质及其表面活性剂行为，特别强调了它们的环保特性。可见，在一般情况下，表面活性剂对环境无害，在石油、天然气的开采和生产中具有重要的作用。

本章没有对表面活性剂的分析进行阐述，除了与环境评估相关的一些方法之外，本章没有涵盖这个主题。读者可以参考 Schramm 的工作[4]和 Schmitt 的表面活性剂分析[389]。

## 参 考 文 献

[1] Porter, M. R. (1991). Handbook of Surfactants. Springer.

[2] IHS Markit (2015). Specialty Chemicals Update Program: Surfactants Global Market Report.

[3] Noweck, K. and Grafahrend, W. (2002). Fatty alcohols. In: Ullmans Encyclopedia of Industrial Chemistry. Wiley-VCH.

[4] Schramm, L. L. ed. (2000). Surfactants: Fundamentals and Applications in the Petroleum Industry. Cambridge University Press.

[5] Israelachvili, J. N., Mitchell, D. J., and Ninham, B. W. (1976). Theory of self-assembly of hydrocarbon amphiphiles into micelles and bilayers. Journal of the Chemical Society, Faraday Transactions Ⅱ 72: 1525.

[6] Ben-Naim, A. Y. (1982). Hydrophobic interactions, an overview. In: Solution Behavior of Surfactants, Theoretical and Applied Aspects, vol. 1 (ed. K. L. Mittal and E. J. Fendler), 27-40. Springer.

[7] Kronberg, B., Costas, M., and Silveston, R. (1995). Thermodynamics of the hydrophobic effect in surfactant solutions-micellization and adsorption. Pure and Applied Chemistry 67 (6): 897-902.

[8] Preston, W. C. (1948). Some correlating principles of detergent action. The Journal of Physical Chemistry 52 (1): 84-97.

[9] Mukerjee, P. and Mysels, K. J. (1971). Critical Micelle Concentrations of Aqueous Surfactant Systems, NSRDS-NBS 36. Washington, DC: US Department of Commerce.

[10] van Os, N. M., Haak, J. R., and Rupert, L. A. M. (1993). Physico-Chemical Properties of Selected Anionic, Cationic and Nonionic Surfactants. Amsterdam: Elsevier.

[11] Evans, D. F. and Wightman, P. J. (1982). Micelle formation above 100℃. Journal of Colloid and Interface Science 86 (2): 515-524.

[12] L. A. Noll (1991). The effect of temperature, salinity, and alcohol on the critical Micelle concentration of surfactants, SPE 21032. SPE International Symposium on Oilfield Chemistry, Anaheim, CA (20-22 February 1991).

[13] Mittal, K. L. and Fendler, E. J. ed. (1982). Solution Behavior of Surfactants, Theoretical and Applied Aspects, vol. 1. Springer.

[14] Yuan, Y. and Lee, T. R. (2013). Surface Science Techniques, Chapter 1, Springer Series in Surface Sciences 51 (ed. D. R. Karsa). Berlin and Heidelberg: Springer-Verlag Industrial applications of surfactants: the proceedings of a symposium organized by the North West Region of the Industrial Division of the Royal Society of Chemistry, University of Salford (15-17 April 1986).

[15] Rosen, M. J. and Solash, J. (1969). Factors affecting initial foam height in the Ross-Miles foam test. Journal of the American Oil Chemists' Society 46 (8): 399-402.

[16] van Os, N. M., Daane, G. J., and Bolsman, T. A. B. M. (1988). The effect of chemical structure upon the

thermodynamics of micellization of model alkylarenesulfonates: Ⅱ. Sodium p- (3-alkyl) benzenesulfonate homologs. Journal of Colloid and Interface Science 123 (1): 267-274.

[17] Brun, T. S., Hoiland, H., and Vikingstad, E. (1978). Partial molal volumes and isentropic partial molal compressibilities of surface-active agents in aqueous solution. Journal of Colloid and Interface Science 63 (1): 89-96.

[18] Corti, M. and Degiorgio, V. (1981). Quasi-elastic light scattering study of intermicellar interactions in aqueous sodium dodecyl sulfate solutions. The Journal of Physical Chemistry 85 (6): 711-717.

[19] Abu-Hamdiyyah, M. and Kumari, K. (1990). Solubilization tendency of 1-alkanols and hydrophobic interaction in sodium lauryl sulfate in ordinary water, heavy water, and urea solutions. The Journal of Physical Chemistry 94 (16): 6445-6452.

[20] Bostrom, S., Backlund, S., Blokhus, A. M., and Hoiland, H. (1989). Journal of Colloid and Interface Science 128 (1): 169-175.

[21] Shinoda, K. (1963). Colloidal Surfactants: Some Physicochemical Properties. New York: Academic Press.

[22] Rosen, M. J. and Hua, X. Y. (1988). Dynamic surface tension of aqueous surfactant solutions: 1. Basic parameters. Journal of Colloid and Interface Science 124 (2): 652-659.

[23] Rusanov, A. I. and Prohorov, V. A. (1996). Interfacial Tensiometry, Studies Interface Science 3, Series Editors (ed. D. Mobius and R. Miller). Amsterdam: Elsevier.

[24] Morrow, N. R. ed. (1990). Interfacial Phenomena in Petroleum Recover. CRC Press.

[25] McCaffery, F. G. (1976). Interfacial tensions and aging behaviour of some crude oils against caustic solutions, PETSOC-76-03-09. Journal of Canadian Petroleum Technology 15 (3).

[26] Drelich, J., Fang, C., and White, C. L. (2002). Measurement of interfacial tension in fluid-fluid systems. In: Encyclopedia of Surface and Colloid Science. Marcel Dekker, Inc.

[27] Patist, A., Oh, S. G., Leung, R., and Shah, D. O. (2001). Kinetics of micellization: its significance to technological processes. Colloids and Surfaces A 176: 3-16.

[28] Taber, J. J. (1980). Research on enhanced oil recovery: past, present and future. Pure and Applied Chemistry 52: 1323-1347.

[29] G. J. Hirasaki, C. A. Miller, G. A. Pope and R. E. Jackson (2004). Surfactant Based Enhanced Oil Recovery and Foam Mobility Control. 1st Annual Technical Report, DE-FC26-03NT15406.

[30] Alvarado, V. and Manrique, E. (2010). Enhanced oil recovery: an update review. Energies 3: 1529-1575.

[31] Iglauer, S., Wu, Y., Schuler, P. et al. (2010). New surfactant classes for enhanced oil recovery and tertiary oil recovery potential. Journal of Petroleum Science and Engineering 71: 23-29.

[32] Lake, L. W., Schmidt, R. L., and Venuto, P. B. (1992). A niche for enhanced oil recovery in the 1990s. Oilfield Review 55-61.

[33] Taber, J. J. (1969). Dynamic and static forces required to remove a discontinuous oil phase from porous media containing both oil and water, SPE 2098. Society of Petroleum Engineers Journal 9 (1): 3-13.

[34] Dunning, H. N., Hsiao, L., and Johanson, R. T. (1953). Displacement of Petroleum from Sand by Detergent Solutions. U. S. Dept. of the Interior Bureau of Mines, Technology and Engineering.

[35] Doscher T. M. and Reisberg J. (1959). Recovery of oil from tar sands. US Patent 2, 882, 973, assigned to Shell Dev.

[36] Sheng, J., Morel, D. and Gauer, P. (2010). Evaluation of the effect of wettability alteration on oil recovery in carbonate reservoirs. AAPG GEO 2010 Middle East Geoscience Conference & Exhibition, Manama,

Bahrain (7-10 March 2010).

[37] Standnes, D. C. and Austad, T. (2000). Wettability alteration in chalk: 2. Mechanism for wettability alteration from oil-wet to water-wet using surfactants. Journal of Petroleum Science and Engineering 28 (3): 123-143.

[38] Kathel, P. and Mohanty, K. K. (2013). Wettability alteration in a tight oil reservoir. Energy & Fuels 27 (11): 6460-6468.

[39] Tannich, J. D. (1975). Liquid removal from hydraulically fractured gas wells, SPE 5113. Journal of Petroleum Technology 27 (11).

[40] Noh, M. and Firoozabadi, A. (2008). Wettability alteration in gas-condensate reservoirs to mitigate well deliverability loss by water blocking, SPE 98375. SPE Reservoir Evaluation and Engineering 11 (4): 676-685.

[41] Street N. and Wang F. D. (1966). Surface potentials and rock strength. 1st ISRM (International society for Rock Mechanics) Congress, Lisbon, Portugal (25 September to 1 October 1966).

[42] Alkafeef, S. F., Gochin, R. J. and Smith, A. L. (1995). Surface potential and permeability of rock cores under asphaltenic oil flow conditions, SPE 30539. SPE Annual Technical Conference and Exhibition, Dallas, TX (22-25 October 1995).

[43] Johnson, J. D., Schoppa, D., Garza, J. L., Zamora, F., Kakadjian, S. and Fitzgerald, E. (2010). Enhancing gas and oil production with zeta potential altering system, SPE 128048. SPE International Symposium and Exhibition on Formation Damage Control, Lafayette, LA (10-12 February 2010).

[44] Shehata, A. M. and Nasr-El-Din, H. A. (2015). Zeta potential measurements: impact of salinity on sandstone minerals, SPE 173763. SPE International Symposium on Oilfield Chemistry, The Woodlands, TX (13-15 April 2015).

[45] Kanicky, J. R., Lopez-Montilla, J. -C., Pandey, S., and Shah, D. O. (2001). Surface chemistry in the petroleum industry. In: Handbook of Applied Surface and Colloid Chemistry, Chapter 11 (ed. K. Holmberg). John Wiley & Sons, Ltd.

[46] Hirasaki, G. and Zhang, D. L. (2004). Surface chemistry of oil recovery from fractured, oil-wet, carbonate formations, SPE 88365. SPE Journal 9 (02): 151-162.

[47] Somasundaran, P. and Zhang, L. (2006). Adsorption of surfactants on minerals for wettability control in improved oil recovery processes. Journal of Petroleum Science and Engineering 52: 198-212.

[48] Derjaguin, B. V. (1989). Theory of Stability of Colloids and Thin Liquid Films. New York: Plenum Press/Consultants Bureau.

[49] Israelachvili, J. N. (2011). Intermolecular and Surface Forces, 3rde. London: Academic Press.

[50] Bergeron, V. and Radke, C. J. (1992). Equilibrium measurements of oscillatory disjoining pressures in aqueous foam films. Langmuir 8: 3020-3026.

[51] Richetti, P. and Kékicheff, P. (1992). Direct measurement of depletion and structural forces in a micellar system. Physical Review Letters 68: 1951.

[52] Wasan, D. T., Nikolov, A. D., Kralchevsky, P. A., and Ivanov, I. B. (1992). Universality in film stratification due to colloid crystal formation. Colloids and Surfaces 67: 139-145.

[53] Russel, W. B., Saville, D. A., and Schowalter, W. R. (1989). Colloidal Dispersions. Cambridge: Cambridge University Press.

[54] Griffin, W. C. (1949). Classification of surface-active agents by HLB. Journal of the Society of Cosmetic Chemists 1 (5): 311-326.

[55] Griffin, W. C. (1954). Calculation of HLB values of nonionic surfactants. Journal of the Society of Cosmetic Chemists 5 (4): 249–256.

[56] Davies, J. T. (1957). A quantitative kinetic theory of emulsion type, I. Physical chemistry of the emulsifying agent, gas/liquid and liquid/liquid interface. Proceedings of the International Congress of Surface Activity, pp. 426–438.

[57] Rondon, M., Bourait, P., Lachaise, J., and Salager, J. –L. (2006). Breaking of water–in–crude oil emulsions. 1. Physicochemical phenomenology of demulsifier action. Energy & Fuels 20: 1600–1604.

[58] Lin, T. J., Kurihara, H., and Ohta, H. (1975). Effects of phase inversion and surfactant location on the formation of OIW emulsions. Journal of the Society of Cosmetic Chemists 26: 121–139.

[59] McWilliams, P. and Payne, G. (13–14 November 2001). Bioaccumulation potential of surfactants: a review. In: Chemistry in the Oil Industry Ⅶ (ed. T. Balson, H. A. Craddock, J. Dunlop, H. Frampton, G. Payne and P. Reid). Manchester, UK: Royal Society of Chemistry.

[60] Zoller, U. and Sosis, P. ed. (2008). Handbook of Detergents, Part F: Production, Surfactant Science Series, vol. 142. CRC Press.

[61] Ziegler, K., Gellert, H. –G., Lehmkuhl, H. et al. (1960). Metallorganische verbindungen, XXVI aluminiumtrialkyle und dialkyl–aluminiumhydride aus olefinen, wasserstoff und aluminium. Justus Liebigs Annalen der Chemie 629: 1–13.

[62] Lutz, E. F. (1986). Shell higher olefins process. Journal of Chemical Education 63 (3): 202.

[63] Scwartz, K. N., Smith, K. W. and Chen, S. –R. T. (2009). Polymeric gel system and use in hydrocarbon recovery. US Patent 7, 575, 057, assigned to Clearwater International L. L. C.

[64] Chatterji, J., Brenneis, D. C., King, B. J., Cromwell, R. S. and Gray, D. W. (2007). Foamed cement compositions, additives, and associated methods. US Patent 7,255,170, assigned to Halliburton Energy Services Inc.

[65] Inaba, H. and Haruki, N. (1998). Drag reduction and heat transfer characteristics of water solutions with surfactants in a straight pipe. Heat Transfer–Japanese Research 27 (1): 1–15.

[66] Kalpakei, B., Arf, T. G., Barker, J. W., Krupa, A. S., Morgan, J. C. and Neira, R. D. (1990). The low–tension polymer flood approach to cost–effective chemical EOR, SPE 20220. SPE/DOE Enhanced Oil Recovery Symposium, Tulsa, OK (22–25 April 1990).

[67] Wu, Y., Iglauer, S., Shuler, P. et al. (2010). Branched alkyl alcohol propoxylated sulfate surfactants for improved oil recovery. Tenside, Surfactants, Detergents 47 (3): 152–161.

[68] Tally, L. D. (1988). Hydrolytic stability of alkylethoxy sulfates, SPE 14912. SPE Reservoir Engineering 3 (1).

[69] Lawson, J. B. (1978). The adsorption of non–ionic and anionic surfactants on sandstone and carbonate, SPE 7052. SPE Symposium on Improved Methods of Oil Recovery, Tulsa, OK (16–17 April 1978).

[70] Goodyear, S. G. and Jones, P. I. R. (1995). Assessment of foam for deep flow diversion. Proceedings of 8th EAPG Improved Oil Recovery Europe Symposium, Vienna, Austria (15–19 May 1995) pp. 174–182.

[71] Growcock, F. B. and Simon, G. A. (2004). Stabilized colloidal and colloidal–like systems. US Patent 7,037,881, assigned to authors.

[72] Brookey, T. F. (2001). Aphron–containing well drilling and servicing fluids. US Patent 6,716,797, assigned to Masi Technologies L. L. C.

[73] Inventory Multi–Tiered Assessment and Prioritisation (IMAP). (2016). Human health tier II assessment for sodium and ammonium laureth sulfate. Australian Government, Department of Health, National Industrial

Chemicals Notification and Assessment Scheme.

[74] US Environmental Protection Agency. (2000). 1, 4-Dioxane (74, 4-Diethyleneoxide), Hazard Summary-created in April 1992; revised in January 2000.

[75] Mackay, D., Di Guardo, A., Paterson, S. et al. (1996). Assessment of chemical fate in the environment using evaluative, regional and local - scale models: Illustrative application to chlorobenzene and linear alkylbenzene sulfonates. Environmental Toxicology and Chemistry 15 (9): 1638-1648.

[76] Jensen, J. (1999). Fate and effects of linear alkylbenzene sulphonates (LAS) in the terrestrial environment. Science of the Total Environment 226 (2-3): 93-11.

[77] Technical Guidance Document on Risk Assessment in support of Commission Directive 93/67/EEC on Risk Assessment for new notified substances and Commission Regulation (EC) No 1488/94 on Risk Assessment for existing substances, April 2003.

[78] De Groote, M. (1931) Flooding process for recovering oil from subterranean oil bearing strata. US Patent 1, 823, 439, assigned to Tretolite Co.

[79] Gale, W. W. and Sandvik, E. I. (1973). Tertiary surfactant flooding: petroleum sulfonate composition-efficacy studies, SPE 3804. Society of Petroleum Engineers Journal 13 (4): 191-200. doi: 10.2118/3804-PA.

[80] Buckley, J. S. and Fan, T. (2005). Crude oil/brine interfacial tensions. International Symposium of the Society of Core Analysts held in Toronto, Canada (21-25 August 2005).

[81] Berger, P. D. and Lee, C. H. (2002). Ultra-low concentration surfactants for sandstone and limestone floods, SPE 75186. SPE/DOE Improved Oil Recovery Symposium, Tulsa, OK (13-17 April 2002).

[82] Berger, P. D. and Berger, C. H. (2004). Method of using alkylsulfonated phenol/aldehyde resins as adsorption reducing agents for chemical flooding. US Patent 6,736,211, assigned to Oil Chem Technologies.

[83] Ghloum, E. F., Al-Qahtani, M., and Al-Rashid, A. (2010). Effect of inhibitors on asphaltene precipitation for Marrat Kuwaiti reservoirs. Journal of Petroleum Science and Engineering 70 (1-2): 99-106.

[84] Dickakian, G. B. (1990). Antifoulant additive for light end hydrocarbons. US Patent 4,931,164, assigned to Exxon Chemical patents Inc.

[85] Wieche, I. and Jermansen, T. G. (2003). Design of synthetic sispersants for asphaltenes. Journal of Petroleum Science and Engineering 21 (3-4): 527-536.

[86] Miller, D., Vollmer, A. and Feustal, M. (1999). Use of alkanesulfonic acids as asphaltene-dispersing agents. US Patent 5, 925, 233, assigned to Clariant Gmbh.

[87] Raney, K. H., Shpakoff, P. G., and Passwater, D. K. (1998). Use of high-active alpha olefin sulfonates in laundry powders. Journal of Surfactants and Detergents 1 (3): 361-369.

[88] Sanz, C. A. and Pope, G. A. (1995). Alcohol-free chemical flooding: from surfactant screening to coreflood design, SPE 28956. SPE International Symposium on Oilfield Chemistry, San Antonio, TX (14-17 February 1995).

[89] Osterloh, W. T. (1994). Long chain alcohol additives for surfactant foaming agents. US Patent 5,333,687 assigned to Texaco Inc.

[90] Pauluiski, M. K. and Hlidek, B. T. (1992). Slurried polymer foam system and method for the use thereof. WO Patent 9214907, assigned to The Western Company of North America.

[91] Ali, E., Bergren, F. E., DeMestre, P., et al. (2006). Effective gas shutoff treatments in a fractured carbonate field in Oman, SPE 102244. SPE Annual Technical Conference and Exhibition, San Antonio, TX

(24-27 September 2006).

[92] Dalland, M., Hanssen, J. E., and Kristiansen, T. S. (1994). Oil interaction with foams under static and flowing conditions in porous media. Colloids and Surfaces A: Physicochemical and Engineering Aspects 82 (2): 129-140.

[93] Thach, S., Miller, K. C., Lai, Q. J., et al. (1996). Matrix gas shut-off in hydraulically fractured wells using polymer-foams, SPE 36616. SPE Annual Technical Conference and Exhibition, Denver, CO (6-9 October 1996).

[94] van Houwelingen, J. (1999). Chemical gas shut-off treatments in Brunei, SPE 57268. SPE Asia Pacific Improved Oil Recovery Conference, Kuala Lumpur, Malaysia (25-26 October 1999).

[95] Molina, M. J. and Rowland, F. S. (1974). Stratospheric sink for chlorofluoromethanes: chlorine atom-catalysed destruction of ozone. Nature 249: 810-812.

[96] Giesy, J. P. and Kannan, K. (2001). Global distribution of perfluorooctane sulfonate in wildlife. Environmental Science & Technology 35: 1339-1342.

[97] Hansen, K. J., Clemen, L. A., Ellefson, M. E., and Johnson, H. O. (2001). Compound-specific, quantitative characterization of organic fluorochemicals in biological matrices. Environmental Science & Technology 35: 766-770.

[98] Fromel, T. and Knepper, T. P. (2010). Biodegradation of fluorinated alkyl substances. Reviews of Environmental Contamination and Toxicology 208: 161-177.

[99] Azar, J. J. and Samuel, G. R. (2007). Drilling Engineering. PennWell Books.

[100] Sandvik, E. I., Gale, W. W., and Denekas, M. O. (1977). Characterization of petroleum sulfonates, SPE 6210. Society of Petroleum Engineers Journal 17 (3).

[101] Bae, J. H., Petrick, C. B. and Ehrilich, R. E. (1974). A comparative evaluation of microemulsions and aqueous surfactant systems, SPE 4749. SPE Improved Oil Recovery Symposium, Tulsa, OK (22-24 April 1974).

[102] Bae, J. H. and Petrick, C. B. (1977). Adsorption/retention of petroleum sulfonates in Berea cores, SPE 58192. Society of Petroleum Engineers Journal 17 (5).

[103] Cavias, J. L., Schechter, R. S., and Wade, W. H. (1977). The utilization of petroleum sulfonates for producing low interfacial tensions between hydrocarbons and water. Journal of Colloid and Interface Science 59 (1): 31-38.

[104] Sundaram, N. S., Sawar, M., Bang, S. S., and Islam, M. R. (1994). Biodegradation of anionic surfactants in the presence of petroleum contaminants. Chemosphere 29 (6): 1253-1261.

[105] Wang, H., Cao, X., Zhang, J., and Zhang, A. (2009). Development and application of dilute surfactant-polymer flooding system for Shengli oilfield. Journal of Petroleum Science and Engineering 65 (1-2): 45-50.

[106] Olajire, A. A. (2014). Review of ASP EOR (alkaline surfactant polymer enhanced oil recovery) technology in the petroleum industry: prospects and challenges. Energy 77: 963-982.

[107] Salimi, M. H., Petty, K. C. and Emmett, C. L. (1993). Scale inhibition during oil production. US Patent 5,263,539, assigned to Petrolite Corp.

[108] Alonso-de Bolt, M. and Jarret, M. A. (1995). Drilling fluid additive for water sensitive shales and clays, and method of drilling use the same. EP Patent 668339, assigned to Baker Hughes Inc.

[109] Oldigies, D., McDonald, H. and Blake, T. (2007). Use of calcium sulfonate based threaded compounds in drilling operations and other severe industrial applications. US Patent 7, 294, 608, assigned to Jet-Lube

Inc.

[110] Olson, W. D. , Muir, R. J. , Eliades, T. I. and Steib, T. (1994). Sulfonate greases. US Patent 5,308,514, assigned to Witco Corporation.

[111] Austad, T. , Ekrann, S. , Fjelde, I. , and Taugbol, K. (1997). Chemical flooding of oil reservoirs Part 9. Dynamic adsorption of surfactant onto sandstone cores from injection water with and without polymer present. Colloids and Surfaces, A: Physicochemical and Engineering Aspects 27 (1-3): 69-82.

[112] Fink, J. K. (2013). Petroleum Engineer' s Guide to Oilfield Chemicals and Fluids. Elsevier.

[113] Mokadam, A. R. (1998). Surfactant additive for oilfield acidizing. US Patent 5,797,456, assigned to Nalco Exxon Energy Chemicals LP.

[114] Welton, T. D. , Bryant, J. and Funkhouser, G. P. (2007). Anionic surfactant gel treatment fluid, SPE 105815. International Symposium on Oilfield Chemistry, Houston, TX (28 February to 2 March 2007).

[115] Ghazali, R. and Ahmad, S. (2004). Biodegradability and ecotoxicity of palm stearin based methyl ester sulphonates. Journal of Palm Oil Research 16 (1): 39-44.

[116] Majidaie, S. , Muhaammad, M. , Tan, I. M. , et al. (2012). Non-petrochemical surfactant for enhanced oil recovery, SPE 153493. SPE EOR Conference at Oil and Gas West Asia, Muscat, Oman (16-18 April 2012).

[117] Mueller, H. , Herold, C. -P. , Bongardt, F. , et al. (2004). Lubricants for drilling fluids. US Patent 6,806,235, assigned to Cognis Deutschland Gmbh & Co. Kg.

[118] Karsa, D. and Porter, M. R. (1995). Biodegradability of Surfactants. Blackie Academic and Professional.

[119] Alonso-Debolt, M. (1994). New polymer/surfactant systems for stabilizing troublesome gumbo shale, SPE 28741. International Petroleum Conference and Exhibition of Mexico, Veracruz, Mexico (10-13 October 1994).

[120] Steffy, D. A. , Nichols, A. C. , and Kiplagat, G. (2011). Investigating the effectiveness of the surfactant dioctyl sodium sulfosuccinate to disperse oil in a changing marine environment. Ocean Science Journal 46 (4): 299-305.

[121] Nyankson, E. , Ober, C. A. , DeCuir, M. J. , and Gupta, R. B. (2014). Comparison of the effectiveness of solid and solubilized dioctyl sodium sulfosuccinate (DOSS) on oil dispersion using the baffled flask test, for crude oil spill applications. Industrial and Engineering Chemistry Research 53 (29): 11862-11872.

[122] Lalchan, C. A. , O' Neil, B. J. and Maley, D. M. (2013). Prevention of acid induced asphaltene precipitation: a comparison of anionic vs. cationic surfactants, SPE 164087. SPE International Symposium on Oilfield Chemistry, The Woodlands, TX (8-10 April 2013).

[123] US Energy Information Administration (2011). Review of emerging resources: U. S. shale gas and shale oil plays. US Department of Energy.

[124] Liang, T. , Longaria, R. A. , Lu, J. , et al. (2015). Enhancing hydrocarbon permeability after hydraulic fracturing: laboratory evaluations of shut-ins and surfactant additives, SPE 175101. SPE Annual Technical Conference and Exhibition, Houston, TX (28-30 September 2015).

[125] Popova, A. , Sokolova, E. , Raicheva, S. , and Christov, M. (2003). AC and DC study of the temperature effect on mild steel corrosion in acid media in the presence of benzimidazole derivatives. Corrosion Science 45 (1): 33-58.

[126] Naraghi, A. and Grahmann, N. (1997). Corrosion inhibitor blends with phosphate esters. US Patent 5,611,992, assigned to Champion Technologies Inc.

[127] Martin, R. L. , Poelker, D. J. and Walker, M. L. (2004). High performance phosphorus-containing

corrosion inhibitors for inhibiting corrosion by drilling system fluids. EP Patent 1076113, assigned to Baker Hughes Incorporated.

[128] Dougherty, J. A. (1998). Controlling $CO_2$ corrosion with inhibitors, NACE 98015. Corrosion 98, San Diego, CA (22-27 March 1998).

[129] Alink, B. A., Outlaw, B., Jovancicevic, V., et al. (1999). Mechanism of $CO_2$ corrosion inhibition by phosphate esters, NACE 99037. Corrosion 99, San Antonio, TX (25-30 April 1999).

[130] Yepez, O., Obeyesekere, N. and Wylde, J. (2015). Development of novel phosphate based inhibitors effective for oxygen corrosion, SPE 173723. SPE International Symposium on Oilfield Chemistry, The Woodlands, TX (13-15 April 2015).

[131] Brown, B., Saleh, A., and Moloney, J. (2015). Comparison of mono- to diphosphate ester ratio in inhibitor formulations for mitigation of under deposit corrosion. Corrosion 71 (12): 1500-1510.

[132] Yu, H., Wu, J. H., Wang, H. R. et al. (2006). Corrosion inhibition of mild steel by polyhydric alcohol phosphate ester in natural sea water. Corrosion Engineering, Science and Technology 41: 259-262.

[133] T. J. Bellos (1982). Corrosion inhibitor for highly oxygenated systems. US Patent 4,311,662, assigned to Petrolite Corporation.

[134] Outlaw, B. T., Alink, B. A., Kelley, J. A and Claywell, C. S. (1985). Corrosion inhibition in deep gas wells by phosphate esters of poly-oxyalkylated thiols. US Patent 4, 511, 480, assigned to Petrolite Corporation.

[135] Martin, R. L., Brock, G. F. and Dobbs, J. B. (2001). Corrosion inhibitors and methods of use. US Patent 6, 866, 797, assigned to BJ Services Company.

[136] Martin, R. L. (1988). Multifunctional corrosion inhibitors. US Patent 4,722,805, assigned to Petrolite Corporation.

[137] Bassi, G. and Li, W. (2003). Corrosion inhibitors for the petroleum industry, EP Patent 1333108, assigned to Lamberti S. p. A.

[138] McGregor, W. (2004). Novel synergistic water soluble corrosion inhibitors, SPE 87570. SPE International Symposium on Oilfield Corrosion, Aberdeen, UK (28 May 2004).

[139] Saeger, V. W., Hicks, O., Kaley, R. G. et al. (1979). Environmental fate of selected phosphate esters. Environmental Science & Technology 13 (7): 840-844.

[140] Kelland, M. A. (2014). Production Chemicals for the Oil and Gas Industry, 2nde. CRC Press.

[141] Reid, A. L. and Grichuk, H. A. (1991). Polymer composition comprising phosphorous-containing gelling agent and process thereof. US Patent 5,034,139, assigned to Nalco Chemical Company.

[142] Dixon, J. (2009). Drilling fluids. US Patent 7, 614, 462, assigned to Croda International Plc.

[143] Johnson, D. W. and Hils, J. E. (2013). Review: phosphate esters, thiophosphate esters and metal thiophosphates as lubricant additives. Lubricants 1: 132-148.

[144] Miller, R. F. (1984). Method for minimizing fouling of heat exchangers. US Patent 4,425,223, assigned to Atlantic Richfield Company.

[145] Miller, D., Volmer, A., Feustel, M. and Klug, P. (2001). Synergistic mixtures of phosphoric esters with carboxylic acids or carboxylic acid derivatives as asphaltene dispersants. US Patent 6,204,420, assigned to Clariant Gmbh.

[146] Alameda, E. J., Fernandez-Serrano, M., Lechuga, M., and Rios, F. (2012). Environmental impact of ether carboxylic derivative surfactants. Journal of Surfactants and Detergents 15: 1-7.

[147] A. R. Mansour and T. Aldoss (1988). Drag reduction in pipes carrying crude oil using an industrial

cleaner, SPE 179188. Society of Petroleum Engineers.

[148] Di Lullo, G., bte. Ahmad, A., Rae, P., et al. (2001). Toward zero damage: new fluid points the way, SPE 69453. SPE Latin American and Caribbean Petroleum Engineering Conference, Buenos Aires, Argentina (25-28 March 2001).

[149] Hartshorne, R., Hughes, T., Jones, T. and Tustin, G. (2005). Anionic viscoelastic surfactant. US Patent Application 20050124525, assigned to Schlumberger Technology Corporation.

[150] Hartshorne, R., Hughes, T., Jones, T., et al. (2009). Viscoelastic compositions. US Patent Application 20090291864, assigned to Schlumberger Technology Corporation.

[151] Gale, W. W. (1975). Oil recovery process utilizing aqueous solution of a mixture of alkyl xyene sulfonates. US Patent 3, 861, 466, assigned to Exxon Production Research Co.

[152] Campbell, C. and Sinquin, G. (2006). Alkylxylene sulfonates for enhanced oil recovery processes. US Patent Application 20060014650, assigned to Chevron Oronite Company Llc.

[153] Menger, F. M. and Littau, C. A. (1993). Gemini surfactants: a new class of self-assembling molecules. Journal of the American Chemical Society 115 (22): 10083-10090.

[154] Renouf, P., DHerbault, J. -R. D., Mercier, J. -M. et al. (1999). Synthesis and surface-active properties of a series of new anionic gemini compounds. Chemistry and Physics of Lipids 99 (1): 21-32.

[155] Du, X., Lu, Y., Li, L. et al. (2006). Synthesis and unusual properties of novel alkyl benzene sulfonate gemini surfactants. Colloids and Surfaces, A: Physicochemical and Engineering Aspects 290 (1-3): 132-137.

[156] Gao, B. and Sharma, M. M. (2013). A new family of anionic surfactants for enhanced-oil-recovery applications, SPE 159700. SPE Journal 18 (5).

[157] Yang, J., Guan, B., Lu, Y., Cui, W., Qiu, X., Yang, Z., Qin, W. Viscoelastic evaluation of gemini surfactant gel for hydraulic fracturing, SPE 165177. SPE European Formation Damage Conference and Exhibition, Noordwijk, The Netherlands (5-7 June 2013).

[158] Yang, J., Gao, L., Liu, X., et al. (2015). A highly effective corrosion inhibitor by use of gemini imidazoline, SPE 173777. SPE International Symposium on Oilfield Chemistry, The Woodlands, TX (13-15 April 2015).

[159] Wurtz, A. (1859). Justus Liebigs Annalen der Chemie 110: 125-128.

[160] Eliot, D. E. and McClements, W. J. (1958). Production of ethylene oxide. US Patent 2, 831, 870, assigned to Allied Chemical and Dye Corporation.

[161] Adams, P. T., Selff, R. B., and Tolbert, B. M. (1952). Hydrogenation of fatty acids to alcohols. Journal of the American Chemical Society 74 (9): 2416-2417.

[162] Rubinfeld, J., Bian, W. and Ouw, G. (1969). Alkene sulfonation process and products. US Patent 3,428,654, assigned to Colgate Palmolive Co.

[163] Guilloty, H. R. (1980). Process for making ethoxylated fatty alcohols with narrow polyethoxy chain distribution. US Patent 4,223,163, assigned to Proctor and Gamble Company.

[164] Funasaki, N., Hada, S., and Neya, S. (1988). Monomer concentrations of nonionicsurfactants as deduced with gel filtration chromatography. The Journal of Physical Chemistry 92 (25): 7112-7116.

[165] Jachnik, R. P. and Green, P. (1995). Horizontal well drill-in fluid utilising alcohol ethoxylate, SPE 28963. SPE International Symposium on Oilfield Chemistry, San Antonio, TX (14-17 February 1995).

[166] Sevigny, W. J., Kuehne, D. L. and Cantor, J. (1994). Enhanced oil recovery method employing a high temperature brine tolerant foam-forming composition. US Patent 5,358,045, assigned to Chevron research

and Technology Company.

[167] R. Gdanski (1995). Molecular modeling gives insight into nonionic surfactants, SPE 28971. SPE International Symposium on Oilfield Chemistry, San Antonio, TX (14-17 February 1995).

[168] Knox, D. and McCosh, K. (2005). Displacement chemicals and environmental compliance - past present and future. Chemistry in the Oil Industry Ⅸ, pp. 76-91. Royal Society of Chemistry, Manchester, UK (31 October to 2 November 2005).

[169] Thomas, C. A. (1941). Anhydrous Aluminium Chloride in Organic Chemistry, 178-186. New York: American Chemical Society.

[170] March, J. (1977). Advanced Organic Chemistry: Reactions, Mechanism and Structure, 2nde. Kogakusha, Japan: McGraw-Hill.

[171] Oswald, A. A., Bhatia, R. N., Mozeleski, E. J., et al. (1988). Alkylphenols and derivatives thereof via phenol alkylation by cracked petroleum distillates. World Patent application WO 1988003133, assigned to Exxon Research and Engineering Company.

[172] Fujiwara, Y., Takezono, T., Kyono, S. et al. (1968). Effect of alkyl chain branching on the biodegradability of alkylbenzene sulfonates. Journal of Japan Oil Chemists' Society 17 (7): 396-399.

[173] Berger, P. D., Hsu, C., and Aredell, J. P. (1988). Designing and selecting demulsifiers for optimum filed performance on the basis of production fluid characteristics, SPE 16285. SPE Production Engineering 3 (6): 522.

[174] Stais, F., Bohm, R., and Kupfer, R. (1991). Improved demuslifier chemistry: a novel approach in the dehydration of crude oil, SPE 18481. SPE Production Engineering 6 (3): 334.

[175] von Tapavicza, S., Zoeliner, W., Herold, C. -P., et al. (2002). Use of selected inhibitors against the formation of solid organo-based incrustations from fluid hydrocarbon mixtures. US Patent 6, 344, 431, assigned to Authors.

[176] Stephenson, W. K., Mercer, B. D. and Comer, D. G. (1992). Refinery anti-foulant - asphaltene dispersant. US Patent 5,143,594, assigned to Nalco Chemical Company.

[177] Kraiwattanawong, K., Folger, H. S., Gharfeh, S. G. et al. (2009). Effect of asphaltene dispersants on aggregate size distribution and growth. Energy & Fuels 23 (3): 1575-1582.

[178] Tyler, C. R., Jobling, S., and Sumpter, J. P. (1998). Endocrine disruption in wildlife: a critical review of the evidence. Critical Reviews in Toxicology 28 (4): 319-361.

[179] Barber, L. B., Loyo-Rosales, J. E., Rice, C. P. et al. (2015). Endocrine disrupting alkylphenolic chemicals and other contaminants in wastewater treatment plant effluents, urban streams, and fish in the Great Lakes and Upper Mississippi River Regions. Science of the Total Environment 517: 195-206.

[180] Hu, Y. F. and Guo, T. M. (2005). Effect of the structures of ionic liquids and alkylbenzene derived amphiphiles on the inhibition of asphaltene precipitation from $CO_2$ injected reservoir oils. Langmuir 21 (18): 8168-8174.

[181] Gonzalez, G. and Middea, A. (1991). Peptization of asphaltene by various oil soluble amphiphiles. Colloids and Surfaces 52: 207.

[182] Fan, Y., Simon, S., and Sjoblom, J. (2010). Influence of nonionic surfactants on the surface and interfacial film properties of asphaltenes investigated by Langmuir balance and Brewster angle microscopy. Langmuir 26: 10497-10505.

[183] Getliff, J. M. and James, S. G. (1996). The replacement of alkyl-phenol ethoxylates to improve the environmental acceptability of drilling fluid additives, SPE 35982. SPE Health, Safety and Environment in

Oil and Gas Exploration and Production Conference, New Orleans, Louisiana (9-12 June 1996).

[184] Fine, R. D. (1958). A review of ethylene oxide condensation with relation to surface-active agents. Journal of the American Oil Chemists' Society 35 (10): 542-547.

[185] Mattil, K. F. and Sims, R. J. (1954). Monoglyceride synthesis. US Patent 2, 691, 664, assigned to Swift & Company.

[186] Yamaguchi, A., Hiyoshi, N., Sato, O., and Shirai, M. Sorbitol dehydration in high temperature liquid water. Green Chemistry 13 (4): 873-888, 201.

[187] OECD (2002). OECD guidelines for the testing of chemicals/OECD series on testing and assessment detailed review paper on biodegradability testing (12 December 2002). OECD Publishing.

[188] Vasudevan, M. and Wiencek, J. M. (1996). Mechanism of the extraction of proteins into Tween 85 nonionic microemulsions. Industrial and Engineering Chemistry Research 35 (4): 1085-1089.

[189] Zychal, C. (1986). Defoamer and antifoamer composition and method for defoaming aqueous fluid systems. US Patent 4,631,145, assigned to Amoco Corporation.

[190] Davidson, E. (1995). Defoamers. WO Patent 9509900, assigned to Imperial Chemical Industries.

[191] Shpakoff, P. G. and Raney, H. H. (2009). Method and composition for enhanced hydrocarbons recovery. US Patent 7,612,022, assigned to Shell Oil Company.

[192] Leblanc, M.-C. P., Durrieu, J. A., Binon, J.-P. P., Provin, G. G. and Fery, J.-J. (1990). Process for treating an aqueous solution of acrylamide resin in order to enable it to gel slowly even at high temperature. US Patent 4,975,483, assigned to Total Compagnie Francaise Des Petroles Establissements Vasset.

[193] Charlier, A. G. R. (1991). Dispersant compositions for treating oil slicks. US Patent 5,051,192, assigned to Labofina S. A.

[194] Canevari, G. P., Fiocco, R. J., Becker, K. W. and Lessard, R. R. (1997). Chemical dispersant for oil spills. US Patent 5,618,468, assigned to Exxon Research and Engineering Company.

[195] Maag, H. (1984). Fatty acid derivatives: Important surfactants for household, cosmetic and industrial purposes. Journal of the American Oil Chemists' Society 61 (2): 259-267.

[196] Migahed, M. A., Abd-El-Raouf, M., Al-Sabagh, A. M., and Abd-El-Bary, H. M. (2006). Corrosion inhibition of carbon steel in acid chloride solution using ethoxylated fatty alkyl amine surfactants. Journal of Applied Electrochemistry 36 (4): 395-402.

[197] Jovancicevic, V., Ramachandran, S., and Prince, P. (1999). Inhibition of carbon dioxide corrosion of mild steel by imidazolines and their precursors. Corrosion 55 (5): 449-455.

[198] Miksic, B. M., Furman, A. Y. and Kharshan, M. A. (2009). Effectiveness of corrosion inhibitors for the petroleum industry under various flow conditions, NACE 095703. Corrosion 2009, Atlanta, Georgia (22-26 March 2009).

[199] Chavez-Miryauchi, T. E., Zamudio, L. S., and Baba-Lopez, V. (2013). Aromatic polyisobutylene succinimides as viscosity reducers with asphaltene dispersion capability for heavy and extra-heavy crude oils. Energy & Fuels 27 (4): 1994-2001.

[200] Firoozinia, H., Abad, K. F. H., and Varamesh, A. (2015). A comprehensive experimental evaluation of asphaltene dispersants for injection under reservoir conditions. Petroleum Science 13 (2): 280-291.

[201] Monroe, R. F., Kucera, C. H., Oakes, B. D. and Johnston, N. G. (1963). Compositions for inhibiting corrosion. US Patent 3,077,454, assigned to Dow Chemical Co.

[202] Stoufer, W. B. (1987). Cleaning composition of terpene hydrocarbon and a coconut oil fatty acid

alkanolamide having water dispersed therein. US Patent 4,704,225, asigned to the inventor.

[203] Bernasconi, C., Faure, A. and Thibonnet, B. (1986). Homogeneous and stable composition of asphaltenic liquid hydrocarbons and additive useful as industrial fuel. US Patent 4,622,047, assigned to Elf France.

[204] Wei, B. Q., Mikkelsen, T. S., McKinney, M. K. et al. (2006). A second fatty acid amide hydrolase with variable distribution among placental mammals. The Journal of Biological Chemistry 281 (48): 36569-36578.

[205] Folmer, B. M., Holmberg, K., Klingskog, E. G., and Bergström, K. (2001). Fatty amide ethoxylates: synthesis and self-assembly. Journal of Surfactants and Detergents 4 (2): 175-183.

[206] Hellberg, P.-E. (2009). Structe-property relationships for novel low-alkoxylated corrosion inhibitors. Chemistry in the Oil Industry XI, Manchester, UK (2-4 November 2009).

[207] Ford, M. E., Kretz, C. P., Lassila, K. R., et al. (2006). N, N′-dialkyl derivatives of polyhydroxyalkyl alkylenediamines. EP Patent 1637038, assigned to Air Products and Chemicals Inc.

[208] Boden, F. J., Sauer, R. P., Goldblatt, I. L. and McHenry, M. E. (2004). Polar grafted polyolefins, methods for their manufacture, and lubricating oil compositions containing them. US Patent 6,686,321, assigned to Castrol Ltd.

[209] OECD SIDS (2003). Imidazole. UNEP Publications 2, SIDS Initial Assessment Report For SIAM 17, Arona, Italy (11-14 November 2003).

[210] Morrissey, S., Pegot, B., Coleman, D. et al. (2009). Biodegradable, non-bactericidal oxygen-functionalised imidazolium esters: a step towards 'greener' ionic liquids. Green Chemistry 11: 475-483.

[211] Friedli, F. E. (2001). Detergency of Specialty Surfactants. New York, NY: Dekker.

[212] Kocherbitov, V., Verazov, V., and Soderman, O. (2007). Hydration of trimethylamine-N-oxide and of dimethyldodecylamine-N-oxide: an ab initio study. Journal of Molecular Structure: THEOCHEM 808 (1-3): 111-118.

[213] Crews, J. B. (2010). Saponified fatty acids as breakers for viscoelastic surfactant-gelled fluids. US Patent 7,728,044, assigned to Baker Hughes Incorporated.

[214] Fu, D., Panga, M., Kefi, S. and Garcia-Lopez de Victoria, M. (2007). Self diverting matrix acid. US Patent 7,237,608, assigned to Schlumberger Technology Corporation.

[215] Cassidy, J. M., Kiser, C. E., and Lane, J. L. (2006). Methods and aqueous acid solutions for acidizing wells containing sludging and emulsifying oil. US Patent Application 2006004083, Halliburton Energy Services.

[216] Nasr-El-Din, H. A., Chesson, J. B., Cawiezel, K. E. and De Vine, C. S. (2006). Lessons learned and guidelines for matrix acidizing with viscoelastic surfactant diversion in carbonate formations, SPE 102468. SPE Annual Technical Conference and Exhibition, San Antonio, TX (24-27 September 2006).

[217] Collins, B. C., Mestesky, P. A. and Saviano, N. J. (1995). Method of removing sulfur compounds from sour crude oil and sour natural gas. US Patent 5, 807, 476, assigned to United Laboratories Inc.

[218] Klug, P. and Kelland, M. A. (1998). Additives for inhibiting formation of gas hydrates. WO 1998023843, assigned to Clariant GmbH and Rogaland Research.

[219] Kelland, M. A. (2013). Method of inhibiting the formation of gas hydrates using amine oxides. International Patent Application WO2013053770.

[220] Garcia, M. T., Campos, E., and Ribosa, I. (2007). Biodegradability and ecotoxicity of amine oxide based surfactants. Chemosphere 69 (10): 1574-1578.

[221] Fischer, E. and Beensch, L. (1894). Ueber einige synthetische glucoside. Berichte der Deutschen Chemischen Gesellschaft 27 (2): 2478-2486.

[222] Heinrich, B. and Gertrud, R. (1936). Process for the production of glucosides of higher aliphatic alcohols. US Patent 2,049,758, assigned to Firm H Th Boehme Ag.

[223] Koeltzow, D. E. and Urfer, A. D. (1984). Preparation and properties of pure alkyl glucosides, maltosides and maltotriosides. Journal of the American Oil Chemists' Society 61: 1651-1655.

[224] Balzer, D. (1993). Cloud point phenomena in the phase behavior of alkyl polyglucosides in water. Langmuir 99 (12): 3375-3384.

[225] Lange, H. and Schwuger, M. J. (1968). Colloids and macromolecules. Kolloid Zeitschrift & Zeitschrift fur Polymere 223: 145.

[226] Christian, S. D. and Scamehorn, J. F. ed. (1995). Solubilization in Surfactant Aggregates, Surfactant Science Series, vol. 55. CRC Press.

[227] Balzer, D. (1991). Alkylpolyglucosides, their physical properties and their uses. Tenside, Surfactants, Detergents 28: 419-427.

[228] Balzer, D. and Luders, H. ed. (2000). Nonionic Surfactants: Alkyl Polyglucosides, Surfactant Science Series, vol. 91. New York: Marcel Dekker.

[229] Kahlweit, M., Busse, G., and Faulhaber, B. (1995). Preparing microemulsions with alkyl monoglucosides and the role of n-alkanols. Langmuir 11 (9): 3382-3387.

[230] Craddock, H. A., Caird, S., Wilkinson, H. and Guzzmann, M. (2006). A new class of 'green' corrosion inhibitors, development and application, SPE 104241. SPE International Oilfield Corrosion Symposium, Aberdeen, UK (30 May 2006).

[231] Craddock, H. A., Berry, P. and Wilkinson, H. (2007). A new class of "green" corrosion inhibitors, further development and application. Transactions of the 18th International Oilfield Chemical Symposium, Geillo, Norway (25-28 March 2007).

[232] Craddock, H. A., Simcox, P., Williams, G., and Lamb, J. (2011). Backward and forward in corrosion inhibitors in the North Sea paper III in an occasional series on the use of alkyl polyglucosides as corrosion inhibitors in the oil and gas industry. In: Chemistry in the Oil Industry XII, 184-196. Royal Society of Chemistry.

[233] Iglauer, S., Wu, Y., Schuler, P. et al. (2010). New surfactant classes for enhanced oil recovery and their tertiary oil recovery potential. Journal of Petroleum Science and Engineering 71: 23-29.

[234] Walker, T. O. (1992). Environmentally safe drilling fluid. CA patent 2,152,483, assigned to Newpark Drilling Fluids Llc.

[235] von Rybinski, W. and Hill, K. (1998). Alkyl polyglucosides-properties and applications of a new class of surfactants. Angewandte Chemie International Edition 37 (10): 1328-1345.

[236] Berg, E., Sedberg, S., Kararigstad, H., et al. (2006). Displacement of drilling fluids and cased-hole cleaning: What is sufficient cleaning? SPE 99104. SPE/IADC Drilling Conference, Miami, FL (21-23 February 2006).

[237] Knox, D. and McCosh, K. (2005). Displacement chemicals and environmental compliance-past present and future. Chemistry in the Oil Industry IX, Manchester, UK (31 October to 2 November 2005).

[238] Balzer, D. (1993). Cloud point phenomena in the phase behaviour of alkyl polyglucosides in water. Langmuir 9: 3375-3384.

[239] Taylor, G. N. (1997). Demulsifier for water-in-oil emulsions, and method of use. US Patent 5,609,794,

assigned to Exxon Chemical Patents Inc.

[240] Merchant, P. Jr. and Lacy, S. M. (1988). Water based demulsifier formulation and process for its use in dewatering and desalting crude hydrocarbon oils. US Patent 4,737,265, assigned to Exxon research and Engineering Co.

[241] Alexandridi, P. (1997). Poly (ethylene oxide) /poly (propylene oxide) block copolymer surfactants. Current Opinion in Colloid & Interface Science 2 (5): 478-489.

[242] Hurter, P. N. and Hatton, T. A. (1992). Solubilization of polycyclic aromatic hydrocarbons. Langmuir 8 (5): 1291-1299.

[243] Inada, M., Kabuki, K., Imajo, Y., et al. (1999). Cleaning compositions. US Patent 5,985,810, assigned to Toshiba Silicone Co. Ltd.

[244] Zerbe, H. G., Guo, J.-H. and Serino, A. (2001). Water soluble film for oral administration with instant wettability. US Patent 6, 177, 096, assigned to Lts Lohmann Therapie-System Gmbh.

[245] Sharvelle, S. R., Lattyak, R., and Banks, M. K. (2007). Evaluation of biodegradability and biodegradation kinetics for anionic, nonionic, and amphoteric surfactants. Water, Air, and Soil Pollution 183 (1-4).

[246] Sharvelle, S. E., Garland, J., and Banks, M. K. (2008). Biodegradation of polyalcohol ethoxylate by a wastewater microbial consortium. Biodegradation 19 (2): 215-221.

[247] Fischer, E. R., Boyd, P. G. and Alford, J. A. (1994). Acid-anhydride esters as oilfield corrosion inhibitors. GB Patent 2,268,487, assigned to Westvaco US.

[248] Putzig, D. E. (1994). Zirconium chelates and their use in cross-linking. EP Patent 0278684, assigned to E. I. du Pont de Nemours and Company.

[249] Baur, R., Barthold, K., Fischer, R., et al. (1993). Alkoxylated polyamimes containing amide groups and their us in breaking oil-in-water and water-in-oil emulsions. EP Patent 0264755, assigned to BASF Ag.

[250] Rodzewich, E. A. (1997). Method of cleaning and passivating a metal surface with acidic system and ethoxylated tertiary dodecyl mercaptan. US Patent 5,614,028, assigned to Betzdearborn Inc.

[251] Gregg, M. and Ramachandran, S. (2004). Review of corrosion inhibitor developments and testing for offshore oil and gas production systems, NACE 04422. Corrosion 2004, New Orleans, LA (28 March to 1 April 2004).

[252] Garcia, M. T., Ribosa, I., Guindulain, T. et al. (2001). Fate and effect of monoalkyl quaternary ammonium surfactants in the aquatic environment. Environmental Pollution 111 (1): 169-175.

[253] Foley, P., Kermanshahi, A., Beach, E. S., and Zimmerman, J. B. (2012). Critical review: derivation and synthesis of renewable surfactants. Chemical Society Reviews 41: 1499-1518.

[254] Barrault, J. and Pouilloux, Y. (1997). Synthesis of fatty amines. Selectivity control in presence of multifunctional catalysts. Catalysis Today 37 (2): 137-153.

[255] Huang, T. and Clark, D. E. (2012). Advanced fluid technologies for tight gas reservoir stimulation, SPE 106844. SPE Saudi Arabia Section Technical Symposium and Exhibition, Al-Khobar, Saudi Arabia (8-11 April 2012).

[256] Degre, G., Morvan, M., Beaumont, J., et al. (2012). Viscosifying surfactant technology for chemical EOR: a reservoir case, SPE 154675. SPE EOR Conference at Oil and Gas West Asia, Muscat, Oman (16-18 April 2012).

[257] Kippie, D. P. and Gatlin, L. W. (2009). Shale inhibition additive for oil/gas down hole fluids and methods

for making and using same. US Patent 7,566,686, assigned to Clearwater International Llc.

[258] Tsytsymushkin, P. F., Kharjrullin, S. R., Tarnavskij, A. P., et al. (1991). Grouting mortars for fixing wells of salt deposits. SU Patent 170020, assigned to Volga Urals Hydrocarbon.

[259] Shah, S. S., Fahey, W. F. and Oude Alink, B. A. (1991). Corrosion inhibition in highly acidic environments by use of pyridine salts in combination with certain cationic surfactants. US Patent 5,336,441, assigned to Petrolite Corporation.

[260] Becker, L. C., Bergfeld, W. F., Belisto, D. V. et al. (2012). Safety assessment of trimoniums as used in cosmetics. International Journal of Toxicology 31: 296S–341S.

[261] Garcia, M. T., Campos, E., Sanchez-Leal, J., and Ribosa, I. (1999). Effect of the alkyl chain length on the anaerobic biodegradability and toxicity of quaternary ammonium based surfactants. Chemosphere 38 (15): 3473–3483.

[262] Yan, H., Li, Q., Geng, T., and Jiang, Y. (2012). Properties of the quaternary ammonium salts with novel counter-ions. Journal of Surfactants and Detergents 15 (5): 593–599.

[263] Martin, R. L., Brock, G. F. and Dobbs, J. B. (2005). Corrosion inhibitors and methods of use. US Patent 6,866,797 assigned to BJ Services Company.

[264] Naraghi, A. and Obeyesekere, N. (2006). Polymeric quaternary ammonium salts useful as corrosion inhibitors and biocides. US Patent Application 20060062753.

[265] Klomp, U. C., Kruka, V. R., Reijnhart, R. and Weisenborn, A. J. (1995). A method for inhibiting the plugging of conduits by gas hydrates. World Patent Application WO 199501757.

[266] Buijs, A., Van Gurp, G., Nauta, T., et al. (2002). Process for preparing esterquats. US Patent 6,379,294, assigned to Akzo Nobel, NV.

[267] Pakulski, M. K. (2000). Quaternized polyether amines as gas hydrate inhibitors. US Patent 6,025,302, assigned to BJ Services Company.

[268] Jones, C. R., Talbot, R. E., Downward, B. L., Fidoe, S. D., et al. (2006). Keeping pace with the need for advanced, high performance biocide formulations of oil production applications, NACE 06663. Corrosion 2006, San Diego, CA (12–16 March).

[269] Mishra, S. and Tyagi, V. K. (2007). Esterquats: the novel class of cationic fabric softeners. Journal of Oleo Science 56 (6): 269–276.

[270] Darwin, A., Annadorai, K. and Heidersbach, K. (2010). Prevention of corrosion in carbon steel pipelines containing hydrotest water – an overview, NACE 10401. Corrosion 2010, San Antonio, TX (14–18 March).

[271] Ying, G. -G. (2005). Fate, behavior and effects of surfactants and their degradation products in the environment. Environment International 32 (2006): 417–431.

[272] Barnes, J. R., Smit, J., Smit, J., et al. (2008). Development of surfactants for chemical flooding at difficult reservoir conditions, SPE 113313. SPE Symposium on Improved Oil Recovery, Tulsa, OK (20–23 April 2008).

[273] Rosen, M. J. (1972). The relationship of structure to properties in surfactants. Journal of the American Oil Chemists' Society 49 (5): 293–297.

[274] Leo, A., Hansch, C., and Elkins, D. (1971). Partition coefficients and their uses. Chemical Reviews 71 (6): 525–616.

[275] Lewis, M. A. (1991). Chronic and sub-lethal toxicities of surfactants to aquatic animals: a review and risk assessment. Water Research 25 (1): 101–113.

[276] Yamane, M., Toyo, T., Inoue, K. et al. (2008). Aquatic toxicity and biodegradability of advanced cationic surfactant APA-22 compatible with the aquatic environment. Journal of Oleo Science 57 (10): 529-538.

[277] Allen, T. L., Amin, J., Olson, A. K. and Pierce, R. G. (2008). Fracturing fluid containing amphoteric glycinate surfactant. US Patent 7,399,732, assigned to Calfrac Well Services ltd. and Chemergy Ltd.

[278] Stournas, S. (1984). A novel class of surfactants with extreme brine resistance and its potential application in enhanced oil recovery, SPE 13029. SPE Annual Technical Conference and Exhibition, Houston, TX (16-19 September 1984).

[279] Sultan, A. S., Balbuena, P. B., Hill, A. D. and Nasr-El-Din, H. A. (2009). Theoretical study on the properties of cationic, amidoamine oxide and betaine viscoelastic diverting surfactants in gas phase and water solution, SPE 121727. SPE International Symposium on Oilfield Chemistry, The Woodlands, TX (20-22 April 2009).

[280] Hill, K. L., Sayed, M. and Al-Muntasheri, G. A. (2015). Recent advances in viscoelastic surfactants for improved production from hydrocarbon reservoirs, SPE 173776. SPE International Symposium on Oilfield Chemistry, The Woodlands, TX (13-15 April 2015).

[281] Zhang, F., Ma, D., Wang, Q., et al. (2013). A novel hydroxylpropyl sulfobetaine surfactant for high temperature and high salinity reservoirs, IPTC 17022. International Petroleum Technology Conference, Beijing, China (26-28 March 2013).

[282] Gough, M. and Bartos, M. (1999). Developments in high performance, environmentally friendly corrosion inhibitors for the oilfield, NACE 99104. Corrosion 99, San Antonio, TX (25-30 April 1999).

[283] N. Hajjaji, I. Rico, A. Srhiri, A. Lattes, M. Soufiaoui and A. Ben Bachir, Effect of N-alkylbetaines on the corrosion of iron in 1 M HCl solution, NACE-93040326, Corrosion, Vol. 49 (4), 1993.

[284] Chalmers, A., Winning, I. G., McNeil, S. and McNaughton, D. (2006). Laboratory development of a corrosion inhibitor for a North Sea main oil line offering enhanced environmental properties and weld corrosion protection, NACE 06487. Corrosion 2006, San Diego, CA (12-16 March 2006).

[285] Clewlow, P. J., Haslegrave, J. A., Carruthers, N., et al. (1995). Amine adducts as corrosion inhibitors. US Patent 5,427,999, assigned to Exxon Chemical Patents Inc.

[286] Infante, M. R., Perez, L., Pinazo, A. et al. (2004). Amino acid-based surfactants. Comptes Rendus Chimie 7 (6-7): 583-592.

[287] Ren, H., Shi, C., Song, S. et al. (2016). Synthesis of diacyl amino acid surfactant and evaluation of its potential for surfactant-polymer flooding. Applied Petrochemical Research 6 (1): 59-63.

[288] Katz, J. (1966). Imidazoline surfactant having amphoteric properties. US Patent 3,555,041.

[289] Edwards, A., Osborne, C., Klenerman, D. et al. (1994). Mechanistic studies of the corrosion inhibitor oleic imidazoline. Corrosion Science 36 (2): 315-325.

[290] Turcio-Ortega, D., Paniyan, T., Cruz, J., and Garcia-Ochoa, E. (2007). Interaction of imidazoline compounds with Fen (n=1-4 atoms) as a model for corrosion inhibition: DFT and electrochemical studies. Journal of Physical Chemistry C 111: 9853.

[291] Duda, Y., Govea-Rueda, R., Galicia, M. et al. (2005). Corrosion inhibitors: design, performance and simulations. Journal of Physical Chemistry B 109 (47): 22674.

[292] Meyer, G. R. (2003). Corrosion inhibitor compositions including quaternized compounds having a substituted diethylamino moiety. US Patent 6,599,445, assigned to Ondeo Nalco Energy Services.

[293] Durnie, W. H. and Gough, M. A. (2003). Characterisation, isolation and performance characteristics of

imidazolines: part II development of structure-activity relationships, Paper 03336, NACE. Corrosion 2003, San Diego, CA (March 2003).

[294] Chen, H. J. and Jepson, W. P. (2000). High temperature corrosion inhibition of imidazoline and amide, Paper 00035, NACE. Corrosion 2000, Orlando, FL (26-31 March 2000).

[295] Liu, X., Chen, S., Ma, H. et al. (2006). Protection of iron corrosion by stearic acid and stearic imidazoline self-assembled monolayers. Applied Surface Science 253 (2): 814-820.

[296] Lunan, A. O., Anaas, P.-H. V. and Lahteenmaki, M. V. (1996). Stable CMC slurry. US Patent 5,487,777, assigned to Metsa-Serle Chemicals Oy.

[297] Iscan, A. G. and Kok, M. V. (2007). Effects of polymers and CMC concentration on rheological and fluid loss parameters of water-based drilling fluids. Energy Sources, Part A: Recovery, Utilization, and Environmental Effects 29 (10): 939-949.

[298] Palumbo, S., Giacca, D., Ferrari, M. and Pirovano, P. (1989). The development of potassium cellulosic polymers and their contribution to the inhibition of hydratable clays, SPE 18477. SPE International Symposium on Oilfield Chemistry, Houston, TX (8-10 February 1989).

[299] Mumallah, N. A. (1989). Altering subterranean formation permeability. US Patent 4,917,186, assigned to Phillips Petroleum Company.

[300] Welton, T. D., Todd, B. L. and McMechan, D. (2010). Methods for effecting controlled break in pH dependent foamed fracturing fluid. US Patent 7,662,756, assigned to Halliburton Energy Services Inc.

[301] Decampo, F., Kesavan, S. and Woodward, G. (2010). Polysaccharide based scale inhibitor. EP Patent 2148908, assigned to Rhodia Inc.

[302] Llave, F. M., Gall, B. L. and Noll, L. A. (1990). Mixed surfactant systems for enhanced oil recovery. National Institute of Petroleum and Energy Research, USA. Technical report NIPER-497.

[303] Yunus, M. N. M., Procyk, A. D., Malbrel, C. A. and Ling, K. L. C. (1995). Environmental impact of a flocculant used to enhance solids transport during well bore clean-up operations, SPE 29737. SPE/EPA Exploration and Production Environmental Conference, Houston, TX (27-29 March 1995).

[304] Shih, I.-L. and Van, Y.-T. (2001). The production of poly-(γ-glutamic acid) from microorganisms and its various applications. Bioresource Technology 79 (3): 207-225.

[305] Song, H. (2011). Preparation of novel amphoteric flocculant and its application in oilfield water treatment, SPE 140965. SPE International Symposium on Oilfield Chemistry, The Woodlands, TX (11-13 April 2011).

[306] Murphy, P. M. and Hewat, T. (2008). Fluorosurfactants in enhanced oil recovery. The Open Petroleum Engineering Journal 1: 58-61.

[307] Calafat, A. M., Wong, L. Y., Kuklenyik, Z. et al. (2007, 2007). Polyfluoroalkyl chemicals in the U. S. population: data from the National Health and Nutrition Examination Survey (NHANES) 2003-2004 and comparisons with NHANES 1999-2000. Environmental Health Perspectives 115 (11): 1596-1602.

[308] Scheringer, M., Trier, X., Cousins, I. T. et al. (2014). Helsingør statement on poly- and perfluorinated alkyl substances (PFASs). Chemosphere 114: 337-339.

[309] Engel, Goliaszewski, A. E. and McDanield, C. R. (2010). Separatory and emulsion breaking processes. US Patent 7,771,588, assigned to General Electric Company.

[310] Menger, F. M. and Littau, C. A. (1991). Gemini surfactants: synthesis and properties. Journal of the American Chemical Society 113 (4): 1451-1452.

[311] Hait, S. K. and Moulik, S. P. (2002). Gemini surfactants: a distinct class of self-assembling molecules.

Current Science 82 (9): 1101-1111.

[312] Sharma, V., Borse, M., Jauhari, S. et al. (2005). New hydroxylated cationic gemini surfactants as effective corrosion inhibitors for mild steel in hydrochloric acid medium. Tenside, Surfactants, Detergents 42 (3): 163-167.

[313] Kamal, M.S. (2015). A review of gemini surfactants: potential application in enhanced oil recovery. Journal of Surfactants and Detergents 19 (2).

[314] Yang, J., Liu, X., Jia, S., et al. (2015). A highly effective corrosion inhibitor based on gemini imidazoline, SPE 173777. SPE International Symposium on Oilfield Chemistry, The Woodlands, TX (13-15 April 2015).

[315] Desai, J. D. and Banat, I. M. (1997). Microbial production of surfactants and their commercial potential. Microbiology and Molecular Biology Reviews 61 (4): 47-64.

[316] Karanth, N. G. K., Deo, P. G., and Veenanadig, N. K. (1999). Microbial production of biosurfactants and their importance. Current Science 77 (1): 116-126.

[317] Mulligan, C. N. (2005). Environmental applications for biosurfactants. Environmental Pollution 133 (2): 183-198.

[318] Santos, D. K. F., Rufino, R. D., Luna, J. M. et al. (2013). Synthesis and evaluation of biosurfactant produced by Candida lipolytica using animal fat and corn steep liquor. Journal of Petroleum Science and Engineering 105: 43-50.

[319] Fang, X., Wang, O., Bai, B., et al. (2007), Engineering rhamnolipid biosurfactants as agents for microbial enhanced oil recovery, SPE 106048. International Symposium on Oilfield Chemistry, Houston, TX (28 February to 2 March 2007).

[320] Nwinee, S., Yates, K., Lin, P. K. T. and Cowie, E. (2010). A sustainable alternative for the treatment of oil based mud (OBM) drill cuttings. Chemistry in the Oil Industry XIV, Manchester, UK (2-4 November 2010).

[321] O. P. Ward, "Microbial biosurfactants and biodegradation": In Biosurfactants Volume 672 of Advances in Experimental Medicine and Biology pp 65-74, Springer, 2010.

[322] Bustamante, M., Durán, N., and Diez, M. C. (2012). Biosurfactants are useful tools for the bioremediation of contaminated soil: a review. Journal of Soil Science and Plant Nutrition 12 (4): 667-687.

[323] de Cassia, R., Silva, F. S., Almeida, D. G. et al. (2014). Applications of biosurfactants in the petroleum industry and the remediation of oil spills. International Journal of Molecular Sciences 15 (7): 12523-12542.

[324] Poremba, K., Gunkel, W., Lang, S., and Wagner, F. (1991). Marine biosurfactants, III. Toxicity testing with marine microorganisms and comparison with synthetic surfactants. Zeitschrift für Naturforschung 46c: 210-216.

[325] Flasz, A., Rocha, C. A., Mosquera, B., and Sajo, C. (1998). A comparative study of the toxicity of a synthetic surfactant and one produced by Pseudomonas aeruginosa. Medical Science Research 26 (3): 181-185.

[326] Mulligan, C. N., Sharma, S. K., and Mudhoo, A. ed. (2014). Biosurfactants: Research Trends and Applications. CRC Press.

[327] Zajic, J. E., Cooper, D. G., Jack, T. R., and Kosaric, N. ed. (1983). Microbial Enhanced Oil recovery. PennWell Books.

[328] Onuoha, S. O. and Olafuyi, O. A. (2013). Alkali/surfactant/polymer flooding using gum arabic; a comparative analysis, SPE 167572. SPE Nigeria Annual International Conference and Exhibition, Lagos, Nigeria (5-7 August 2013).

[329] Atsenuwa, J., Taiwo, O., Dala, J., et al. (2014). Effect of viscosity of heavy oil (class-A) on oil recovery in SP flooding using lauryl sulphate and gum arabic, SPE 172401. SPE Nigeria Annual International Conference and Exhibition, Lagos, Nigeria (5-7 August 2014).

[330] Punase, A. D., Bihani, A. D., Patane, A. M., et al. (2011). Soybean slurry - a new effective, economical and environmental friendly solution for oil companies, SPE 142658. SPE Project and Facilities Challenges Conference at METS, Doha, Qatar (13-16 February 2011).

[331] Sjoblom, J., Ovrevoll, B., Jentoft, G. et al. (2010). Investigation of the hydrate plugging and non-plugging properties of oils. Journal of Dispersion Science and Technology 31 (8): 1100-1119.

[332] Camargo, R. M. T., Goncalves, M. A. L., Montesanti, J. R. T., et al. (2004). A perspective view of flow assurance in deepwater fields in Brazil, OTC 16687. Offshore Technology Conference, Houston, TX (3-6 May 2004).

[333] Dexter, A. F. and Middelberg, A. P. J. (2008). Peptides as functional surfactants. Industrial and Engineering Chemistry Research 47 (17): 6391-6398.

[334] Zhang, J. H., Zhao, Y. R., Han, S. Y. et al. (2014). Self-assembly of surfactant-like peptides and their applications. Reviews Special Topic Biophysical Chemistry: Science China Chemistry 57 (12): 1634-1645.

[335] http://corporate.evonik.com/en/media/press_ releases/pages/news-details.aspx (accessed 6 December 2017).

[336] Hirasaki, G. J., Miller, C. A. and Puerto, M. (2008). Recent advances in surfactant EOR, SPE 115386. SPE Annual Technical Conference and Exhibition, Denver, CO (21-24 September 2008).

[337] Lu, J., Liyanage, P. J., Solairaj, S., et al. (2013). Recent technology developments in surfactants and polymers for enhanced oil recovery, IPTC 16425. International Petroleum Technology Conference, Beijing, China (26-28 March 2013).

[338] http://www.evostc.state.ak.us/%3FFA=facts.QA (accessed 6 December 2017).

[339] US Environmental Protection Agency (2016). National Contingency Plan: product schedule.

[340] Marine Board National research Council (1989). Using Oil Spill Dispersants on the Sea. Washington, DC: National Academic Press.

[341] Fingas, M. (2002). A review of literature related to oil spill dispersants especially relevant to Alaska; for Prince William Sound Regional Citizens' Advisory Council (PWSRCAC) Anchorage, Alaska. Environmental Technology Centre, Environment Canada.

[342] Venosa, A. D. Laboratory-scale testing of dispersant effectiveness of 20 oils using the Baffled flask test. U. S. Environmental Protection Agency, National Risk Management Research Laboratory, Cincinnati, OH. http://oilspilltaskforce.org/wp-content/uploads/2015/08/ Venosa-and-Holder-baffled-flask.pdf (accessed 5 January 2018).

[343] Kirby, M. F., Matthiessen, P. and Rycroft, R. J. (1996). Procedures for the Approval of Oil Spill Treatment Products. Fisheries Research Tech. Rep. Number 102. Directorate of Fisheries Research, UK.

[344] Daling, P. S. and Indrebo, G. (1996). Recent improvements in optimizing use of dispersants as a cost-effective oil spill countermeasure technique, SPE 36072. SPE Health, Safety and Environment in Oil and Gas Exploration and Production Conference, New Orleans, Louisiana (9-12 June 1996).

[345] Mori, A. L. and Schaleger, L. L. (1972). Kinetics and mechanism of epoxy ether hydrolysis. II.

Mechanism of ring cleavage. Journal of the American Chemical Society 94 (14): 5039-5043.

[346] Papir, Y. S., Schroeder, A. H. and Stone, P. J. (1989). New downhole filming amine corrosion inhibitor for sweet and sour production, SPE 18489. SPE International Symposium on Oilfield Chemistry, Houston, TX (8-10 February 1989).

[347] Buchwald, P. and Bodor, N. (1999). Quantitative structure-metabolism relationships: steric and nonsteric effects in the enzymatic hydrolysis of non-congener carboxylic esters. Journal of Medicinal Chemistry 42 (25): 5160-5168.

[348] Zell, Z. A., Newbahar, A., Mansard, V. et al. (2014). Surface shear inviscidity of soluble surfactants. Proceedings of the National Academy of Sciences USA 111 (10): 3677-3682.

[349] Evetts, S., Kovalski, C., Levin, M., and Stafford, M. (1995). High-temperature stability of alcohol ethoxylates. Journal of the American Oil Chemists' Society 72 (7): 811-816.

[350] Mitsuda, K., Kimura, H., and Murahashi, T. (1989). Evaporation and decomposition of TRITON X-100 under various gases and temperatures. Journal of Materials Science 24 (2): 413-419.

[351] Al-Khafaji, A. A., Castanier, L. M. and Brigham, W. E. (1983). Effect of temperature on degradation, adsorption and phase partioning of surfactants used in steam injection for oil recovery. US Department of Energy, Contract No. DE-AC03-81SF-11564.

[352] Shupe, R. D. and Baugh, T. D. (1991). Thermal stability and degradation mechanism of alkylbenzene sulfonates in alkaline media. Journal of Colloid and Interface Science 145 (1): 235-254.

[353] Harrison, S. K. and Thomas, S. M. (1990). Interaction of surfactants and reaction media on photolysis of chlorimuron and metsulfuron. Weed Science 38 (6): 620-624.

[354] Tanaka, S. and Ichikawa, T. Effects of photolytic pretreatment on biodegradation and detoxification of surfactants in anaerobic digestion. Water Science and Technology 28 (7): 103-110.

[355] White, G. F. and Russell, N. J. (1994). Biodegradation of anionic surfactants. In: Biochemistry and Microbial Degradation (ed. C. Ratlegde), 143-177. Kluwer Academic Publishers.

[356] Qin, Y., Zhang, G., Kang, B., and Zhao, Y. (2005). Primary aerobic biodegradation of cationic and amphoteric surfactants. Journal of Surfactants and Detergents 8 (1): 55-58.

[357] Larson, R. J. (1983). Comparison of biodegradation rates in laboratory screening studies with rates in natural water. Residue Reviews 85: 159-161.

[358] Dean-Raymond, D. and Alexander, M. (1977). Bacterial metabolism of quaternary ammonium compounds. Applied and Environmental Microbiology 33 (5): 1037-1041.

[359] Swisher, R. D. (1970). Surfactant Biodegradation. New York: Marcel Dekker.

[360] Jurado, E., Fernandez-Serrano, M., Nunez-Olea, J. et al. (2009). Acute toxicity and relationship between metabolites and ecotoxicity during the biodegradation process of non-ionic surfactants: fatty-alcohol ethoxylates, nonylphenol polyethoxylate and alkylpolyglucosides. Water Science and Technology 59 (12): 2351-2358.

[361] Scott, M. J. and Jones, M. N. (2000). The biodegradation of surfactants in the environment. Biochimica et Biophsica Acta (BBA) - Biomembranes 1508 (1-2): 235-251.

[362] Geerts, R., Kuijer, P., van Ginkel, C. G., and Plugge, C. M. (2014). Microorganisms hydrolyse amide bonds; knowledge enabling read-across of biodegradability of fatty acid amides. Biodegradation 25 (4): 605-614.

[363] Tadros, T. F. (2005). Applied Surfactants: Principles and Applications. Weinheim: Wiley-VCH.

[364] Zhang, L. M., Tan, Y. B., and Li, Z. M. (2001). New water-soluble ampholytic polysaccharides for

oilfield drilling treatment: a preliminary study. Carbohydrate Polymers 44 (3): 255–260.

[365] Stjerndahl, M., van Ginkel, C. G., and Holmberg, K. (2003). Hydrolysis and biodegradation studies of surface-active ester. Journal of Surfactants and Detergents 6 (4): 319–324.

[366] O'Lenick, T. and O'Lenick, K. (2007). Effect of branching on surfactant properties of sulfosuccinates. Cosmetics & Toiletries 22 (11): 81.

[367] Lunberg, D., Stjerdahl, M., and Homberg, K. (2008). Surfactants containing hydrolyzable bonds. Advances in Polymer Science 218 (1): 57–82.

[368] Tehrani-Bagha, A. R., Oskarsson, H., van Ginkel, C. G., and Holmberg, K. (2007). Cationic ester-containing gemini surfactants: chemical hydrolysis and biodegradation. Journal of Colloid and Interface Science 312 (2): 444–452.

[369] Stjerndahl, M. and Holmberg, K. (2005). Hydrolyzable nonionic surfactants: stability and physicochemical properties of surfactants containing carbonate, ester, and amide bonds. Journal of Colloid and Interface Science 291 (2): 570–576.

[370] Hellberg, P. -E., Bergstrom, K., and Holmberg, K. (2000). Cleavable surfactants. Journal of Surfactants and Detergents 3 (1): 81–91.

[371] Hellberg, P.-E., Bergstrom, K., and Juberg, M. (2000). Nonionic cleavable ortho ester surfactants. Journal of Surfactants and Detergents 3 (3): 369–379.

[372] Vincent, J. B., Crowder, M. W., and Averill, B. A. (1992). Hydrolysis of phosphate monoesters: a biological problem with multiple chemical solutions. Trends in Biochemical Sciences 17 (3): 105–110.

[373] Liu, C. K. and Warr, G. G. (2015). Self-assembly of didodecyldimethylammonium surfactants modulated by multivalent, hydrolyzable counterions. Langmuir 31 (10): 2936–2945.

[374] Zhang, L. M., Tan, Y. B., Huang, S. J., and Li, Z. M. (2000). Water-soluble ampholytic grafted polysaccharides. 1. Grafting of the zwitterionic monomer 2-(2-methacryloethyldimethylammonio) ethanoate onto hydroxyethyl cellulose. Journal of Macromolecular Science, Part A 37 (10): 1247–1260.

[375] Berkof, R., Kwekkeboom, H., Balzer, D. and Ripke, N. (1992). Use of oxyalkylated polyglycosides as demulsifying agents for breaking mineral oil emulsions. EP Patent 468095, assigned to Huls AG.

[376] Noweck, K. (2011). Production, technologies and applications of fatty alcohols. Lecture at the 4th Workshop on Fats and Oils as Renewable Feedstock for the Chemical Industry, Karlsruhe, Germany (20–22 March 2011).

[377] Mudge, S. M. (2005). Fatty alcohols – a review of their natural synthesis and environmental distribution for SDA and ERASM. Soap and Detergent Association.

[378] DeBruijn, J., Busser, F., Seinen, W., and Hermens, J. (1989). Determination of octanol/water partioning coefficients for hydrophobic organic chemicals with the "slow-stirring" method. Environmental Toxicology and Chemistry 8 (6): 499–512.

[379] Smith, D. J., Gingerich, W. H., and Beconi-Barker, M. G. ed. (1999). Xenobiotics in Fish. Springer.

[380] Fraser, G. C. (2009). Method for determining the bioconcentration factor of linear alcohol ethoxylates, SPE 123846, Offshore Europe, Aberdeen, UK (8–11 September 2009).

[381] Tolls, J., Kloepper-Sams, P., and Sijm, D. T. H. M. (1994). Surfactant bioconcentration-a critical review. Chemosphere 29 (4): 693–717.

[382] Staples, C. A., Weeks, J., Hall, J. F., and Naylor, C. G. (1998). Evaluation of aquatic toxicity and bioaccumulation of C8- and C9-alkylphenol ethoxylates. Environmental Toxicology and Chemistry 17 (12): 2470–2480.

[383] Tolls, J., Haller, M., Labee, E. et al. (2000). Experimental determination of bioconcentration of the nonionic surfactant alcohol ethoxylate. Environmental Toxicology and Chemistry 19 (3): 646-653.

[384] Stagg, R. M., Rankin, J. C., and Bolis, L. (1981). Effect of detergent on vascular responses to noradrenaline in isolated perfused gills of the eel, Anguilla anguilla L. Environmental Pollution 24: 31-37.

[385] Lewis, M. A. (1991). Chronic and sub-lethal toxicities of surfactants to aquatic animals: a review and risk assessment. Water Research 25 (1): 101-113.

[386] The Environment Agency (2007). Environmental risk evaluation report: para - $C_{12}$ - alkylphenols (dodecylphenol and tetrapropenylphenol). UK: The Environment Agency.

[387] Jaques, P., Martin, I., Newbigging, C., and Wardell, T. (2002). Alkylphenol based demuslifier resins and their continued use in the offshore oil and gas industry. In: Chemistry in the Oil Industry Ⅶ, The Royal Society of Chemistry (ed. T. Balson, H. Craddock, H. Frampton, et al.), 56-66.

[388] Helle, S. S., Duff, S. J. B., and Cooper, D. G. (1993). Effect of surfactants on cellulose hydrolysis. Biotechnology and Bioengineering 42: 611-617.

[389] Schmitt, T. M. (2001). The Analysis of Surfactants, 2nde. New York: Marcel Dekker.

[390] Sitz, C., Frenier, W. W. and Vallejo, C. M. (2012). Acid corrosion inhibitors with improved environmental profiles, SPE 155966. SPE International Conference and Workshop on Oilfield Corrosion, Aberdeen, UK (28-29 May 2012).

# 4　磷化学

磷具有复杂多变的化学性质，能形成多种复杂的化合物。这是由于元素周期表的第一行元素具有异常的价态。磷与其他元素形成共价键，其大部分性质可以用元素周期表第一行非金属元素的共价键特性来解释；但某些化学性质无法用元素周期表第一行元素这一特点来解释[1]。特别是磷可以形成五配位体化合物，例如五氯化磷（$PCl_5$）（图 4.1）。磷所呈现出的这种特殊价态在非金属元素中是极为罕见的。

磷化合物的成键非常复杂有趣，但有关磷的成键特征和过程的详细介绍不在本研究之列。在油田应用方面，磷的关键化合价是 3 价和 5 价，3 价的亚磷酸能形成亚磷酸盐，5 价的磷酸则形成磷酸盐。亚磷酸有两种互变异构体，处于平衡状态，如图 4.2 所示。主要的异构体是含有两个羟基的膦酸，能形成膦酸盐。只有还原态的磷化合物的英文名称拼写才以“ous”结尾。

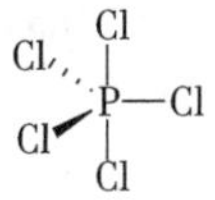

图 4.1　$PCl_5$ 分子结构

图 4.2　膦酸和亚磷酸分子结构

此外，磷还能形成四配位化合物，如磷酰氯。磷酰氯分子中含有三个 P—Cl 键和一个 P ═O 双键，像磷酸根一样，其分子构型为四面体，如图 4.3 所示。

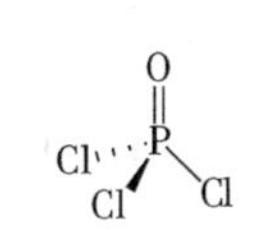


图 4.3　磷酰氯分子结构

亚磷酸（膦酸）最重要的用途是生产磷酸盐（膦酸盐），用于处理石油和天然气生产中的采出水。亚磷酸也用于制备亚磷酸盐，例如亚磷酸钾。亚磷酸盐和纯的亚磷酸水溶液都用作杀菌剂。亚磷酸化合物在控制多种植物病害方面非常有效。含有亚磷酸盐和亚磷酸配合物的抗菌产品（杀菌剂）在石油和天然气勘探开发领域的许多部门都有销售，但很少应用简单的亚磷酸盐。与磷酸不同，亚磷酸及其盐具有一定毒性，应谨慎操作。

本章主要介绍磷酸盐、磷酸酯以及相关的盐和复合物。另外，还将介绍有机磷化物、磷酰胺和磷酰亚胺。需要注意的是，在 3.2.9 中已经对磷酸酯类表面活性剂进行了介绍，读者可以在这一小节中全面了解它们的化学性质和应用。在油气勘探开发工业中使用的磷及其产品对环境的影响与本研究中的其他产品的影响略有不同，这将在 4.8 节中介绍。

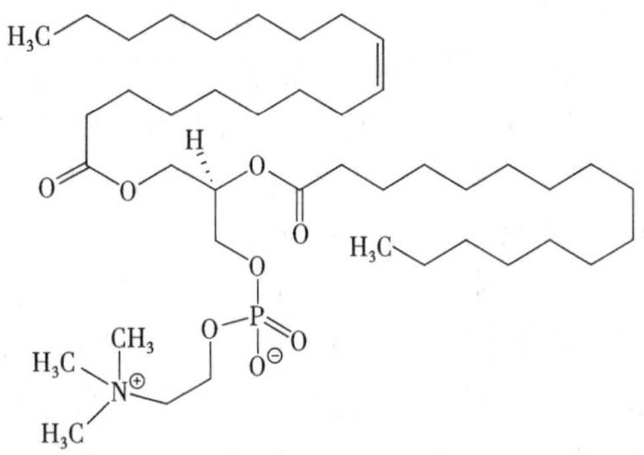

磷是自然界中的常见元素，并且是许多生物系统结构和组成中的重要元素，例如，大多数生物膜的结构元素是两性两亲物，即磷脂(图 4.4)。

图 4.4　磷脂分子结构

这种结构复杂的分子由胆碱和磷酸基团

(深灰色)、甘油(黑色)、不饱和脂肪酸(浅灰色)以及饱和脂肪酸(灰色)五部分组成。这五种成分中的许多组分来源于天然产物，具有高度的生物降解性。

## 4.1 磷酸盐

分散的非抑制性钻井液，需要加入化学稀释剂来包裹钠基膨润土和钻屑。这种钻井液体系不含抑制性电解质。因此，岩屑返到地面时可以在钻井液中自由分散。木质素磺酸盐钻井液是目前油气勘探开发中应用最广的钻井液。通过加入化学稀释剂可以较好地控制钻井液的流变性，进而降低钻遇盐、硬石膏和水泥等污染物而产生储层伤害的风险。化学稀释剂和降滤失剂用于控制高温高压下钻井液的滤失。在这种情况下，只有在温度低于55℃、盐浓度小于500mg/L的特定环境中才能将磷酸盐用于非抑制性水基钻井液。

在固井方面，磷酸钙用于防止$CO_2$对水泥石的腐蚀。磷酸钙水基钻井液由磷酸钙水泥、缓凝剂和降滤失剂组成，具有良好的流变性能、防气窜性和较好的综合性能。磷酸钙水基钻井液需要经过反复试验后，才能用到北极低温环境中[3]以及高温环境中[4]，现已研制出基于磷酸钙的高温泡沫水泥。

磷酸钠和磷酸钾，包括单碱式、双碱式和三碱式，已用作低渗透油田驱油应用中的润湿剂。现场应用表明，可以显著提高天然岩心的渗透率[2]。

磷酸钾处理油基钻屑后，可以减少氯化钠浸出到环境中的量，这对保护环境具有显著的作用。现场应用表明，磷酸铝比其他磷酸盐更能稳定水基钻井液中的钻屑[5]。

众所周知，包括磷酸盐(特别是磷酸锌)在内的许多金属盐被广泛用于冷水系统的防腐蚀，尤其是在油田行业[6]。有关无机盐的缓蚀性能与用途将在第5章进一步讨论。在冷水系统中，磷酸锌以外的锌盐就有好的防腐蚀作用[7]；而在$pH \leq 8.4$的冷水系统中，主要用磷酸锌来防腐蚀。冷水系统加入磷酸盐的原因是，随着循环水pH值的降低，锌的溶解度会迅速增加，锌盐的缓蚀性能会下降。而磷酸锌的溶解度比氢氧化锌更小，在低pH值时，加入磷酸盐后，可在金属表面形成氢氧化锌/磷酸锌混合沉淀的保护膜。

磷酸盐通常以正磷酸盐的形式加入，偶尔也会用到多磷酸盐。然而，磷酸盐的使用正受到越来越多的环境审查的限制，这将在4.8节中讨论。

六偏磷酸钠和正磷酸钠在管道环境中用作缓蚀剂，与丙烯酰胺和丙烯酸的共聚物等减阻聚合物混合使用时能起到协同作用。在这种情况下，缓蚀效率因缓蚀剂与金属表面接触面积增大而提高[8]。

在存在结垢风险的地方，常用聚磷酸盐进行防腐和防垢。用聚磷酸锌进行水处理的好处颇多。聚磷酸锌除了具有正磷酸锌提供的益处外，聚磷酸根还可以通过螯合作用稳定可溶性铁、锰和钙等离子，防止水垢形成。聚磷酸盐水解为正磷酸盐后也可保护金属铅免受腐蚀，但效果有限。聚磷酸锌产品可由锌盐和六偏磷酸盐在干燥条件下混合而成。

在石油和天然气工业中，用有机涂层来保护金属免受腐蚀是一种非常重要的方法。以前，最常用的防腐涂料中含有危险且会造成环境污染的铅或六价铬。传统涂料的毒性以及对其应用的法律限制，促使制造商对无毒防腐蚀剂进行了广泛的研究。消除有毒防腐涂料的世界发展趋势主要集中在用不同的磷酸盐来替代有毒的涂料[9]。现在的推荐做法是用磷酸锌代替铬酸锌来配制与环境相容的防腐底漆。同时也有人提议用层状结构的铁氧体和涂料屏障来进行防腐。可以认为，磷酸锌的保护作用是由于金属基材的磷酸盐化以及与黏合剂作用形成了复杂物质[10]，这些复杂物质能与腐蚀产物发生反应，生成一层能牢固附着在基底上的物质。金属基材的磷酸盐化是因为湿气能通过涂层孔隙渗透进去，使磷酸根离子溶解。

## 4.2 膦酸盐和膦酸衍生物

膦酸盐是含有一个或多个 C—PO(OH)$_2$ 基团的络合剂。在许多技术和工业应用中用作螯合剂和阻垢剂。膦酸盐具有不同于其他螯合剂的特性，这种特性对它们在环境中的行为有很大影响。磷酸盐跟金属表面的相互作用很强。因为这种强吸附性，在水处理过程中很少甚至几乎没有观察到金属的迁移和膦酸盐的生物降解。但是，Fe(Ⅲ) 的膦酸络合物光降解快。在有 Mn(Ⅱ) 和氧气存在的条件下，氨基多膦酸盐能被迅速氧化，形成稳定的分解产物，已在废水中检测到分解产物。缺乏对有关膦酸盐环境行为的认识，会影响到自然水域中痕量浓度膦酸盐的测定和分析。然而，根据目前关于膦酸盐物种的知识，可以推论出，膦酸盐主要是以钙和镁络合物的形式存在于天然水中，因此不会影响金属的物种生成或转移。这一点很重要，表明膦酸盐在络合时不会被生物体利用。

关于膦酸盐和相关磷化合物对环境影响的认识，并不意味着它们可作为绿色阻垢剂用于北海。但是，大多数膦酸盐具有足够的生物降解性、无毒以及无生物累积性的特点，能满足许多受管制地区对化学剂的使用和排放要求。因此，可以在英国、北海的其他地区以及大西洋东北部使用。

只含有羧酸根和（或）磺酸根基团的非聚合物分子阻垢剂的性能较差；含有膦酸根基团的非聚合物分子却并非如此。膦酸盐的一个缺点是，高温下它们阻垢剂的效果往往不如聚合物的性能(参见第 2 章)。

含有一个膦酸根和多个羧酸基团的防垢剂非常多，最常见的有 2-膦酸基丁烷-1，2，4-三羧酸（PBTCA），如图 4.5 所示，主要用作碳酸钙抑制剂[11]。PBTCA 本身没有生物降解性，因此通常不在诸如北海之类的受管制地区使用。

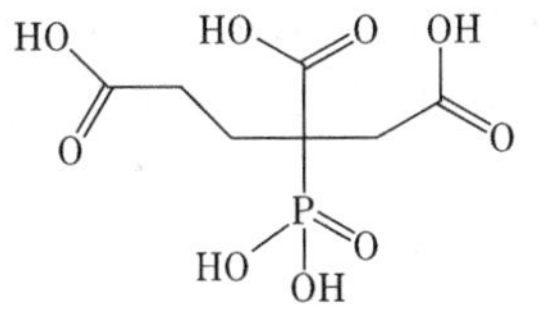

图 4.5 PBTCA 分子结构

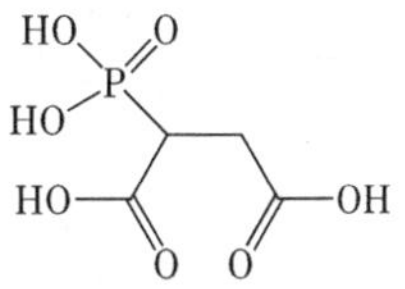

图 4.6 磷酰基丁二酸分子结构

磷酰基丁二酸（图 4.6）是一种性能相对较差的阻垢剂，但它与低聚物的混合物对于碳酸盐垢和硫酸盐垢的形成却有较好的抑制性能。磷酰基丁二酸也可以转化为一种油溶性阻垢剂——磷酰基羧酸酯。

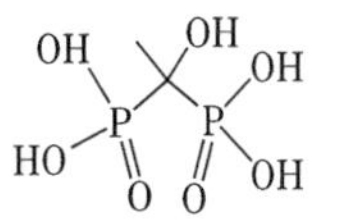

另一个在油田中常见的膦酸盐阻垢剂是羟基亚乙基二膦酸（HEDP），具有生物降解性，分子结构如图 4.7 所示。

图 4.7 羟基亚乙基二膦酸分子结构示意图

在膦酸盐分子中引入氨基，形成—NH$_2$—C—PO(OH)$_2$ 基团，可提高磷酸盐分子结合金属的能力。目前，市面上已有一系列抑制碳酸钙和硫酸钡沉淀的氨基膦酸盐阻垢剂，尽管不易生物降解，但它们确实有超过 20%的生物降解率，低毒且没有生物累积性[12,13]，重要的氨基膦酸盐如下：

（1）乙醇胺-*N*，*N*-双（亚甲基膦酸酯）（EBMP）及其氧化胺是良好的油田阻垢剂，用于抑制二氧化硅垢[14,15]。

（2）氨基三亚甲基膦酸（ATMP）（图 4.8）是一种廉价但不是最有效的阻垢剂[16]。

（3）乙二胺四亚甲基膦酸（EDTMP）（图 4.9）是一种良好的全能膦酸盐阻垢剂，在各种条件下都能有效抑制碳酸钙垢和硫酸钡垢[17]。

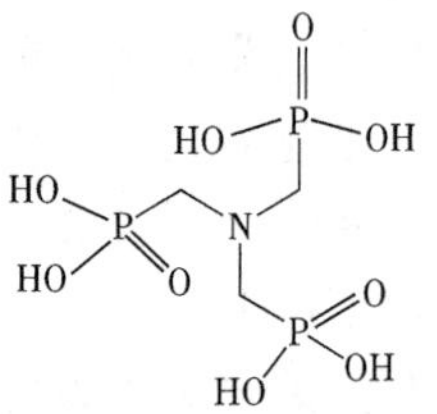

图 4.8　ATMP 分子结构

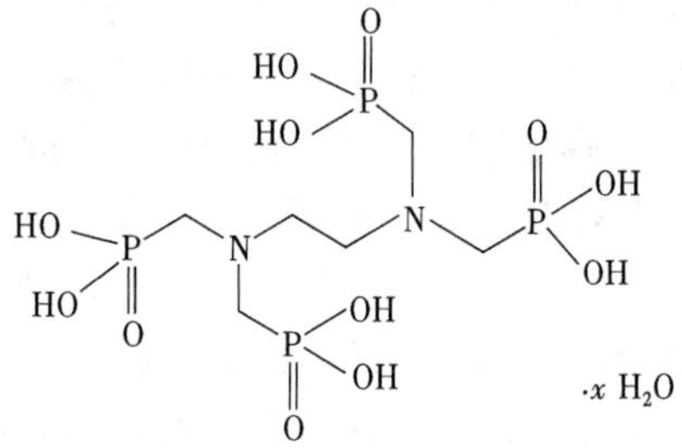

图 4.9　EDTMP 分子结构

（4）二亚乙基三胺五亚甲基膦酸（DTPMP）（图 4.10）与 EDTMP 类似，是一种出色的碳酸盐和硫酸盐阻垢剂[18]，是石油和天然气生产领域中最常用的阻垢剂。

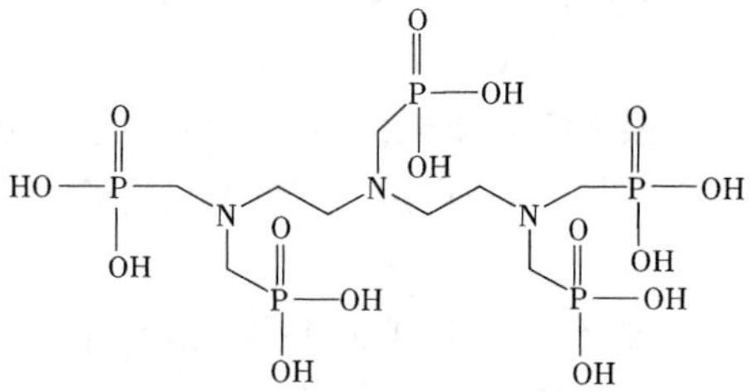

图 4.10　DTPMP 分子结构示意图

（5）六亚甲基三胺五亚甲基膦酸（图 4.11）是另一种高效的氨基膦酸盐阻垢剂。该分子对高浓度钙离子具有很好的耐受性，并且在 140℃的高温下仍具有良好的稳定性[16]。

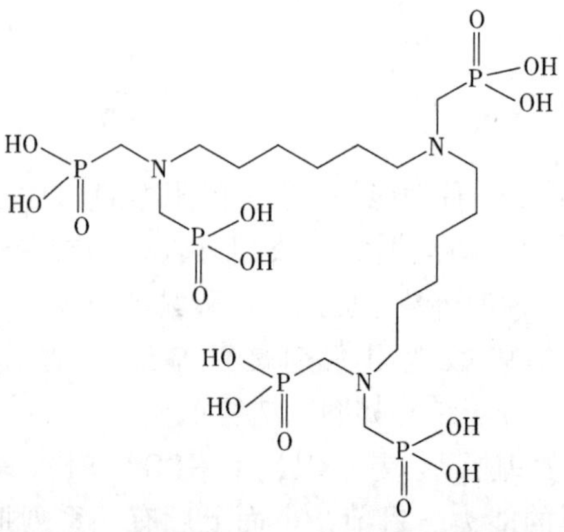

图 4.11　六亚甲基三胺五亚甲基膦酸分子结构示意图

除上述外，N，N′-二（3-氨基丙基）乙二胺的膦酸盐衍生物在高钡离子浓度的盐水中具有优异的硫酸钡抑制性。研究表明，由较小的聚乙二醇二胺（如三甘醇二胺）衍生而来的氨基亚甲基膦酸盐具有良好的碳酸盐、硫酸盐垢抑制性以及环境相容性[19]。

环保型膦酸盐可通过选择氨基酸与甲醛和亚磷酸反应而得到。D，L-亮氨酸、L-苯丙氨酸和 L-赖氨酸（图 4.12）是最常用的氨基酸。

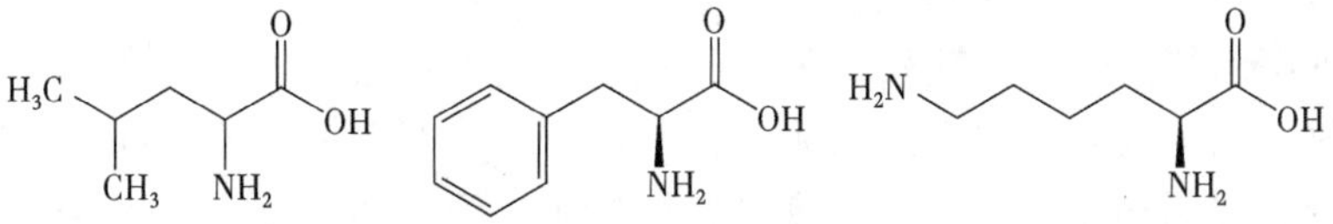

图 4.12　D，L-亮氨酸、L-苯丙氨酸和 L-赖氨酸分子结构示意图

控制烷基膦酸化反应以生成部分烷基膦酸化的产物，则获得更好的环境特性。这种部分烷基膦酸化的产物据称仍表现出与完全取代的衍生物相当的阻垢性能[20]。

膦酸化合物也用于阻垢剂挤注技术（有关防垢剂挤注技术的概述，参见 4.3 节），阻垢剂“挤注”所用化学物质通常是非聚合的，但其化学性质与吸附“挤注”中的相似。

膦酸盐、聚丙烯酸酯、膦酸酯及其他聚羧酸酯为常用类型。

选择化学物质尤其是挤注阻垢剂时要考虑的首要因素包括地层岩性、碳酸盐类型以及可能存在的其他二价阳离子，如镁或锌、重晶石等。

用长链醇酯化后的膦酸或膦基酸衍生物可作为油溶性防垢剂，能有效分散和抑制蜡和沥青质[21]。

前面介绍的膦酸衍生物，乙二胺四亚甲基膦酸（EDTMP）（图 4.9）或六亚甲基三胺五亚甲基膦酸（图 4.11）与胺类物质（如叔烷基伯胺）混合后，可用作油溶性阻垢剂[22]。

许多油井水泥配方都要用到膦酸，特别是 ATMP。在硫化氢环境中，膦酸与盐酸肼结合可以生成耐腐蚀的物质，并且生成的物质在金属表面具有强附着力[2]。

## 4.3　聚膦酸盐

聚膦酸盐主要有两类：一类的主链是聚胺；另一类的主链是聚乙烯。主链为聚胺的聚膦酸盐在抑制硫酸钡和井下“挤注”应用方面具有极好的效果。

阻垢剂挤注技术用于对井筒附近或实际储层中可能存在的水垢沉积问题进行防治，该技术已发展了 40 多年[23]。阻垢剂挤注处理的基本前提是保护井下免受结垢以及随后的地层伤害，因为这两者都会导致产量降低。

在阻垢剂挤注过程中，阻垢剂被泵入产水区。阻垢剂首先通过化学吸附或通过温度活化附着到地层基质或 pH 值活化的沉淀上面，然后以高浓度随返排液返排，以避免结垢沉淀造成井底堵塞。当然，返排出的阻垢剂将继续在井口上方发挥作用，保护管道和后续系统不受结垢影响，但可能需在井口补加一定量的阻垢剂。在挤注处理过程中，以高于地层压力的方式将阻垢剂注入井内，阻垢剂溶液将被推进近井地层的岩石孔隙中[1,24]。采用挤注方式作业时，通常需要关井几个小时以使阻垢剂黏附在岩石基质上。当井重新投入生产时，采出液会把孔隙中残留的阻垢剂溶掉，这样采出液中就有足够浓度的阻垢剂，从而达到预防结垢的目的。

传统的吸附阻垢剂挤注工艺使用的是水基阻垢剂溶液。其通常由氯化钾溶液或海水配制而成，其中有效含量为5%~20%。正式挤注前往往先用前置液清洗井眼。前置液通常是含有0.1%阻垢剂的氯化钾溶液或海水，有时前置液中也加入破乳剂或类似的表面活性剂。吸附剂挤注中使用的聚合物（阻垢剂）主要有膦酸盐、包括聚丙烯酸盐在内的羧酸盐（见第2章）以及磺酸盐—聚乙烯磺酸盐（见第2章）3类。

膦酸盐的吸附能力通常比羧酸盐的好，磺酸盐的吸附能力最差。但并非吸附剂的吸附能力越强越好，因为吸附太强会造成阻垢剂浓度低于最低浓度或临界胶束浓度。因此，选择正确的吸附型阻垢剂需要设计和平衡其吸附能力。理想的情况是，从第一天起就以最低浓度和恒定速率的方式将阻垢剂回收。

阻垢剂挤注技术面临的主要挑战是确保阻垢剂的时效性和成本效益。聚膦酸盐的处理有效期较长，即两次挤注处理之间的间隔时间更长，因此具有很高的成本收益。

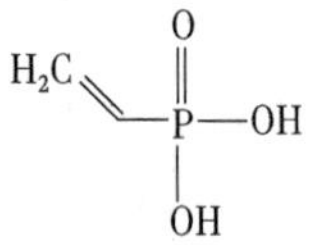

O
$H_2C$ P—OH
OH

图4.13 乙烯基膦酸分子结构示意图

主链为聚乙烯的聚膦酸盐由乙烯基膦酸或乙烯基二膦酸单体聚合而成。这些单体可以与丙烯酸、马来酸和乙烯基磺酸等单体共聚，形成良好的阻垢剂，特别对硫酸钡垢有效[25]。如图4.13所示，乙烯基膦酸的价格昂贵，主要用于制备膦酸酯封端的膦基聚合物（参见4.4节）。

其他膦酸盐聚合物由次磷酸通过与羰基化合物或亚胺反应，然后再与丙烯酸等单体共聚反应而来[26]。这些共聚物衍生物种类多变，其中大部分是可生物降解的，这对于油田应用来说具有潜在的价值，因为在油田应用中，可通过生态毒理学检验产品是它们的主要驱动力。包括2-丙烯酰氨基-2-甲基丙磺酸（AMPS）共聚物在内的许多聚膦酸盐都有良好的热稳定性，可在高温和高压环境下使用[27]。

具有聚胺主链的聚膦酸盐，如*N*-膦酰基甲基化的氨基-2-羟基丙胺聚合物，对防硫酸钡垢特别有用，广泛应用于阻垢剂挤注中[28]。它们主要来源于氨基酸，本身也是生物可降解的[29]。

## 4.4 膦基聚合物和聚次膦酸盐衍生物

这类物质包括在石油和天然气工业应用中最常见的膦基聚合物，即膦基聚羧酸（PPCA），结构如图4.14所示。聚膦基羧酸主要是含有低聚物与丙烯酸、马来酸和琥珀酸的混合物[30]。这些混合物，特别是膦基琥珀酸低聚物，是有效的碳酸钙垢挤注阻垢剂[22]。磷原子的存在使得PPCA比等当量的多元羧酸更容易被检测并且作用效果更好，特别是对于硫酸钡垢的阻垢。此外，其还具有良好的钙相容性和较好的岩石吸附性，从而延长了挤注工艺的有效期[31]。

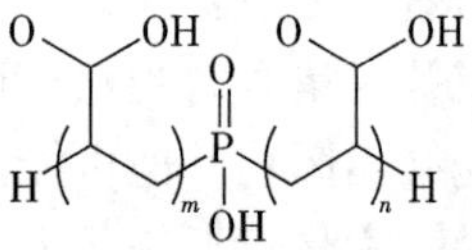

O OH O OH
O
H P H
m OH n

图4.14 PPCA分子结构示意图

具有多个次膦酸根基团的膦基聚合物可以由次磷酸和炔烃衍生而来。如果是乙炔，则可衍生得到乙烷-1，2-二次膦酸和二亚乙基三次膦酸的混合物，该混合物可以用作阻垢剂[32]。这些低聚物（或更准确地说是端粒）可以与乙烯基单体反应，得到具有良好阻垢性能的膦基聚合物[33]。

膦酸封端的膦基聚合物是特别有用的硫酸钡阻垢剂。具有良好的岩石吸附特性和热稳定性。目前，已经研发出膦酸封端的乙烯基二膦酸聚合物，其分子结构如图 4.15 所示。它们的显著特点是，具有生态毒理学特征且生物降解率超过 20%[34]。

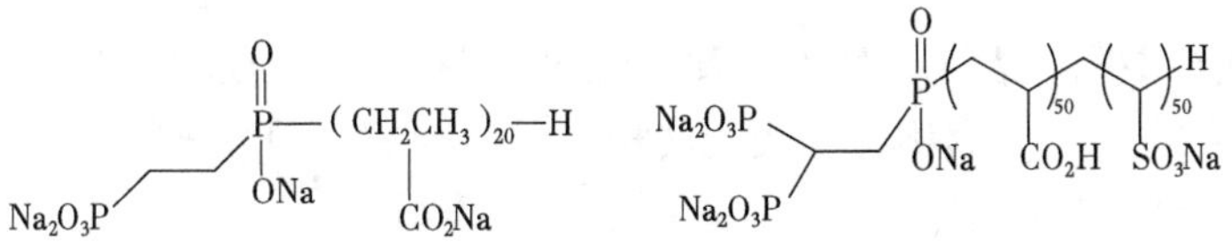

图 4.15　封端的乙烯基二膦酸聚合物分子结构示意图

认为包含单-、双-和低聚膦—琥珀酸加合物的膦—琥珀酸加合物被认为是有用的腐蚀抑制剂，特别是对于水性体系[35]。但是，如第 3 章所述，认为磷酸酯（见 3.2.9）是油气勘探开发工业中最常用的一类含磷缓蚀剂。

## 4.5　磷酸酯（磷酸盐酯）

正如 3.2.9 所述，磷酸的—OH 基团可以与醇的羟基缩合形成磷酸酯。由于正磷酸有三个羟基，因此可以与一个、两个或三个醇分子酯化，形成单酯、二酯或三酯。磷酸酯是一种阴离子表面活性剂，其主要用途是作为油田缓蚀剂的组成成分。磷酸酯为成膜型缓蚀剂（FFCI）。在本节中，缓蚀的化学过程不再详细介绍，因为此前已叙述过，但会举例说明在其他方面的一些应用。

在水力压裂施工中，有机凝胶可用于暂堵作业。有机凝胶可以由柴油或原油碳氢化合物液体和磷酸二酯铝配制得到。在此过程中，必须要保持产品无水且 pH 值稳定[36]。

当储存或运输液态碳氢化合物的容器遭到破坏时，形成有机凝胶可以起到暂时防止碳氢化合物溢出的作用[37]。在该应用中，需要用到挥发性较低的磷酸酯类化合物，如图 4.16 所示，因为挥发性含磷产物在后续蒸馏和精炼过程中可能会发生问题。

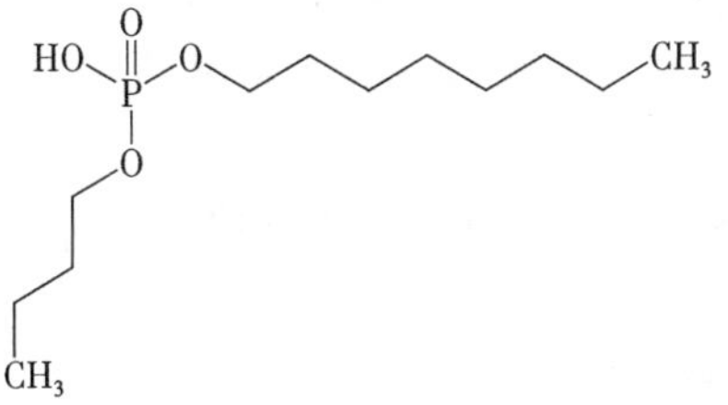

图 4.16　磷酸丁辛酯（一种挥发性较小的磷酸酯）

从环境化学的角度来看，这些磷酸酯及其衍生物的关键问题是水溶性。如果使用乙氧基醇，即使在其他酸性氢原子未中和的低 pH 值酸性条件下，单酯也有良好的水溶性。这些水溶性磷酸酯具有良好的生物降解性[38]。

研发沥青质分散剂的过程中也常用到磷酸酯，如磷酸异辛酯（图 4.17）。这类磷酸酯没有芳香族基团，与沥青质分子间没有 π—π 键作用。但是，磷酸酯含有强酸性的氢离子，可以与沥青质分子中的氨基和羟基或金属离子形成氢键，从而破坏沥青质的凝聚作用。

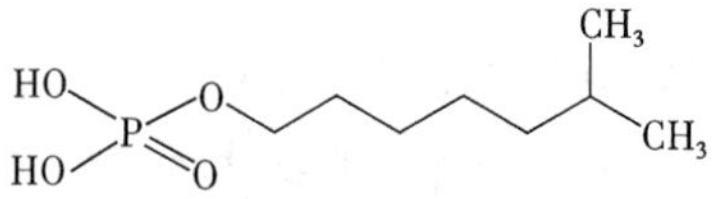

图 4.17　磷酸异辛酯分子结构示意图

通常将这些磷酸酯与表面活性剂［如十二烷基苯磺酸（DDBSA）］共混，以提高其分散性能[39]（参见 3.2.9）。据称与羧酸及其相关衍生物的协同混合物是一种有效的沥青质分散剂，并且其性能明显好于常用的壬基酚—甲醛聚合物[40]。

磷酸酯还在油田上有许多用途，大部分已在 3.2.9 中介绍了。磷酸酯常常作为缓蚀剂用于防腐，但它们最重要的用途是作为钻完井作业中的润滑剂[41]。对于一般的腐蚀和应力诱导腐蚀，磷酸酯也有作用，它们通过与含氮碱化合物反应形成合适的抑制剂[42]。

多元醇的磷酸三酯及其他酯类化合物（如原酸酯），作为低剂量环烷酸盐抑制剂具有良好的活性[43]。有趣的是，认为硫代磷化合物[44]和含有无硫、无磷的芳香组分的亚磷酸[45]是良好的环烷酸及其他有机酸腐蚀抑制剂；尽管在上游油田作业中很少遇到这种情况，但这可能是下游炼化中常见的问题，特别是在蒸馏及其他高温操作环境中。

众所周知，磷酸酯作为阻垢剂广泛应用于包括石油和天然气勘探开发在内的各个工业生产中。它们不是最有效的阻垢剂，但通常具有良好的环境相容性[46]。主要用于抑制碳酸钙和硫酸钙成垢。在弱酸条件下时，磷酸酯也可有效抑制硫酸钡沉淀。如 4.3 节所述，它们通常比多磷酸盐更耐酸，与高钙溶液有较好的相容性且具有极好的热稳定性[10]。三乙醇胺磷酸单酯用于防治结垢已超过 20 年，并且具有易于生物降解的特点；但它的热稳定性比其他某些磷酸酯差，最高稳定温度为 80℃。

磷酸酯聚合物作为潜在的防蜡剂正在进行评价。该类聚合物具有较高分子量和两亲性，由长链磷酸酯与铝酸钠反应而来。防蜡研究中使用的模型是将石蜡（P140）溶于石蜡溶剂的体系。流变学、量热法、色谱法、光学以及电子显微镜测试表明，虽然其效率取决于聚合物的分子量，但添加剂仍然可作为石蜡结晶的改性剂[47]。

磷酸铝酯盐与柴油和原油混合可形成液体凝胶，可用于水力压裂施工期间的暂堵作业。这种凝胶基本上不含水且 pH 值稳定[48]。关于这种铝盐的进一步讨论将在 5.2 节中详细介绍。

值得再次强调的是，这类磷化合物（磷酸酯）是所有表面活性剂中最环保的一种，它们极易被酶水解，因此具有良好的生物降解性。这已在 3.9 节中讨论，在 4.8 节中也有评论。

## 4.6　季鏻盐及相关化合物

季鏻化合物，尤其是含有四羟甲基鏻（THP）离子的盐是一种优良的杀菌剂。硫酸盐［四羟甲基硫酸鏻［(THPS)］（图 4.18）已广泛用于整个石油和天然气勘探开发工业，在各种应用中均具有良好的效果，并且在控制油田细菌群落方面非常有效。除此之外，它与油田流体有较好的相容性，不易发生氧化，不起泡[49,50]。

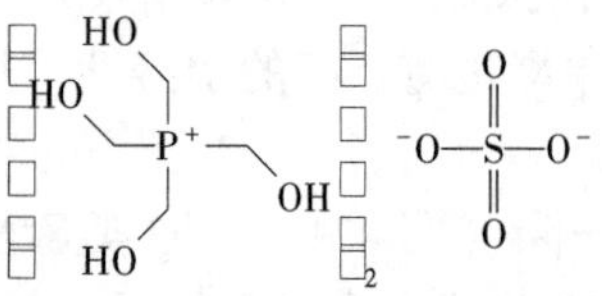

图 4.18　THPS 分子结构示意图

THPS 是一种水溶性、短链季鏻化合物，最初是在纺织工业中用作制造阻燃剂的中间体。THPS 用作工业杀菌剂的首次记载时间是 1983 年，而后又在油田应用中进行了试验。

自 20 世纪 80 年代末在英国北海地区首次应用以来，THPS 在控制有问题的硫酸盐还原菌（SRB）的数量及其代谢活动对生产影响的相关方面起到了举足轻重的地位。经过几十年的不断研究，现已研发出了可用于各种杀菌剂及其他应用的 THPS 系列产品[51]，例如硫化铁的去除[52]和 Schmoo 的控制[53]。

目前研究表明，THPS 对常规油田细菌具有多种作用方式，这降低了耐受菌株繁殖的机会。

在 THPS 中加入多种添加剂可以起到协同作用，从而增强其杀菌效果。这些添加剂包括各种表面活性剂、互溶剂或生物渗透剂，如聚［氧乙烯（二甲基亚氨基）乙烯（二甲基亚氨基）二氯乙烯］[54,55]，其分子结构如图 4.19 所示。

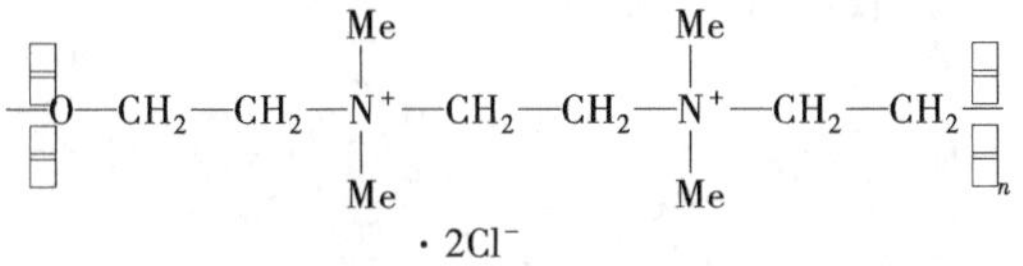

$$\left[ -O-CH_2-CH_2-\overset{Me}{\underset{Me}{N^+}}-CH_2-CH_2-\overset{Me}{\underset{Me}{N^+}}-CH_2-CH_2- \right]_n \cdot 2Cl^-$$

图 4.19 聚［氧乙烯（二甲基亚氨基）乙烯（二甲基亚氨基）二氯乙烯］分子结构示意图

近 10 年来，研究者在三丁基十四烷基氯化磷（TTPC）的基础上研发出了一种杀菌剂，其结构如图 4.20 所示[56]。TTPC 具有表面活性剂的优点，并且还具有内在的生物渗透和协同作用性质。实验室和现场数据表明，低浓度下 TTPC 就能起到作用，其反应迅速并且对产酸菌和硫酸盐还原菌都有效。在比较杀菌能力的试验中，TTPC 在 1h 内以 5mg/L 和 50mg/L 的浓度就能完全杀灭好氧硫酸盐还原菌和厌氧硫酸盐还原菌。TTPC 与氧化型杀菌剂、硫化氢和除氧剂具有较好的相容性，且具有良好的热稳定性，因此被广泛用于油田水系统。但是，TTPC 不能够去除硫化铁，发泡性低且不易失活。它还具有吸附特性，该特性已用于储层处理[57]。

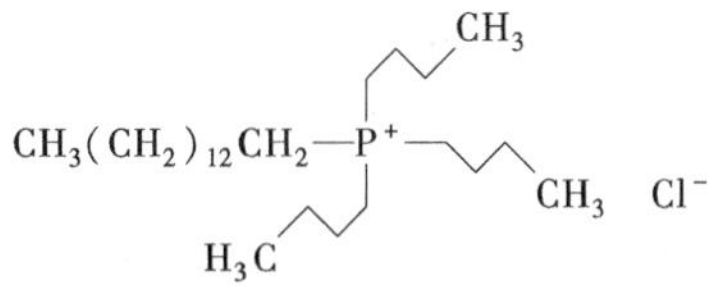

$$CH_3(CH_2)_{12}CH_2-P^+(CH_2CH_2CH_2CH_3)_3 \quad Cl^-$$

图 4.20 TTPC 分子结构示意图

TTPC 还具有显著的缓蚀性能且已在油田生产中得到应用[58,59]。

TTPC 似乎比其他类似的磷酸盐有更大的毒性。通过多个烷基取代，目前已研究证实了烷基三丁基氯化鏻的毒性机理。由于烷基取代基的抑制作用和致死作用，增加一个取代基的链长度通常会导致更强的毒性[60]。在微生物物种研究中，带有长链烷基取代基的鏻离子液体具有较高的毒性，这很可能是因为它们与微生物的细胞边界有很强的相互作用。这将促使人们对其进行更深入的研究，但也可能会因其他毒性标准导致环境接受程度降低。

已研发鏻离子表面活性剂型杀菌剂用于其他工业领域，并已显示出比传统阳离子表面活性剂（如二癸基二甲基氯化铵）更好的效果[61,62]。研究发现，烷基三甲基膦盐的杀菌活性随着烷基链长的增加而增加，而对于二烷基二甲基膦盐，其杀菌活性随着链长的增加而降低。在本系列中，四烷基鏻盐的磷酸酯类也具有杀菌活性[63]。

杀菌剂通常会对采出水产生不利的环境影响。THPS 对用于水压试验和散装储存的采出水以及处理后的海水均有类似的影响。研究发现，温度、pH 值、水深、溶解氧浓度以及系统中各种离子对 THPS 的环境影响力有较大影响[64]。一般而言，THP 盐的生物降解速率较为缓慢，但在碱性条件下降解速率较快，这种性质对于 THP 盐的保存及应用具有积极作用[65]。

但总的说来，与其他杀菌剂相比，THP 盐具有更好的环境相容性，但存在一些与哺乳动物毒理学有关的问题。最近几年，因为这种毒理学问题，THP 盐已禁止在挪威和挪威水域使用。

可用作固井液配方中的螯合剂的鏻盐称为络合物。这类物质以低浓度方式加入固井液配方中，能够增强和改善固井液与岩石表面的附着力。常见的此类物质有 HEDP（图 4.7）、ATMP（图 4.8）以及三聚磷酸钠（图 4.21）[2]。

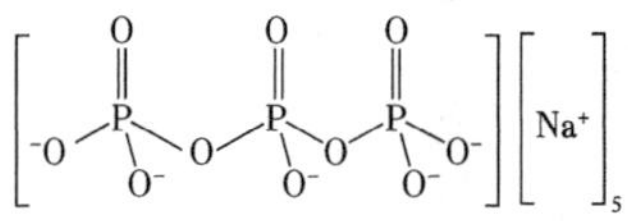

图 4.21　三聚磷酸钠分子结构示意图

## 4.7　磷脂

磷脂是天然产物脂质家族的一部分，是一类表面活性剂，这在 3.7 节中已详细介绍过。1847 年，法国化学家兼药剂师西奥多·哥布利（Theodore Gobley）在鸡蛋黄中发现了第一个磷脂。磷脂是所有细胞膜的主要成分，具有两亲性，因此可形成脂质双分子层。磷脂分子的结构通常由两个疏水性脂肪酸“尾巴”和一个亲水性磷酸根“头”通过甘油分子连接而成（图 4.22）。

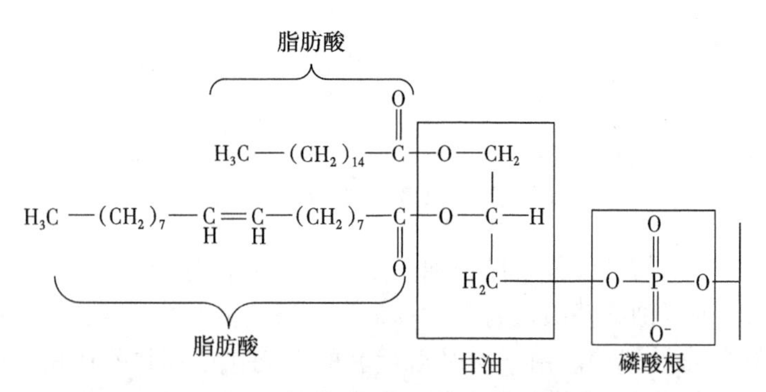

图 4.22　典型的磷脂分子结构示意图

磷脂存在于天然生物活体中。比如，核酸中磷酸酯键易于被多种磷酸酶催化进行酶促水解，并且它们也能进攻表面活性剂分子上的酯键[66]。

磷酸基团可以用简单的有机分子进行修饰，实际上，诸如胆碱（图 4.4）之类的分子可用于提供其他功能和分子间的结合。

磷脂（例如卵磷脂）是通过非极性溶剂的化学萃取或通过机械手段从油菜籽、向日葵和大豆等农作物中提取而来的。磷脂已用于制药、纳米技术和材料科学等多个工业领域[67,68]。卵磷脂可用作食品添加剂或用于医疗行业。在烹饪中，磷脂有时用作乳化剂以防止粘连，比如防黏烹饪喷雾剂中就含有卵磷脂[69]。

迄今为止，磷脂在石油和天然气工业中的应用非常有限。众所周知，由于其离子性质，某些磷脂是水溶性的，因此它们可作为水基钻井液中的润滑剂[70]。磷脂是天然存在的且具有较好的环境相容性，对于它们在油田其他应用中的适应性，还迫切需要进一步研究，如先前在第3章中所讲的那样。

## 4.8 生物磷化学与环境因素

### 4.8.1 自然界中的磷

磷是所有生命形式的必需元素，是一种矿物质营养素。自然界中发挥重要生物学功能的物质是磷酸酯和磷酸二酯。还需关注含磷碳键和磷氮键的天然产物，如图4.23所示的2-氨基乙基膦酸。

鉴于2-氨基乙基膦酸及其衍生物与其他油田上在用的膦酸盐的结构相似性，很少研究在油田化学中的应用潜力，这就令人觉得奇怪。如前所述，膦酸盐是一种公认的阻垢剂，而2-氨基乙醇（图4.24）具有缓蚀作用，可用于固井作业中[71]。

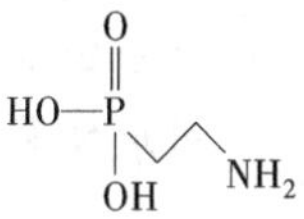

O
HO—P
OH NH$_2$

图4.23 2-氨基乙基膦酸的分子结构示意图

NH$_2$
HO

图4.24 2-氨基乙醇分子结构示意图

腺苷三磷酸（ATP）是目前在自然界中所发现的最重要的含磷化合物，其结构如图4.25所示。ATP属于核苷酸，它在包括RNA和DNA在内的许多基础物质的磷酸化反应中必不可少，并且为大量代谢过程提供催化作用和能量[72]。

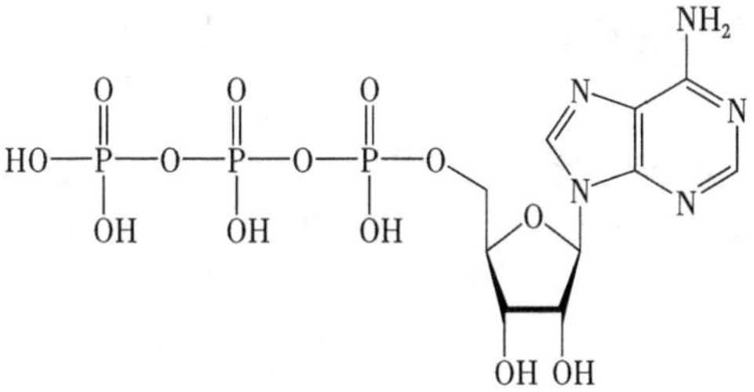

NH$_2$
O O O
HO—P—O—P—O—P—O
OH OH OH
N N N N N O
OH OH

图4.25 ATP分子结构示意图

在2.2节中已经阐述了核苷酸和多核苷酸的作用和应用，更准确地说是它们目前还未得到充分开发。但在自然界中，这些生物高分子和含有磷酸根的单体分布广泛并且功能多样。如前所述，油田化学家和环境科学家能够找到一种有用的且易于使用的化学物质，用于勘探和开发。

考虑到磷在生命化学中的重要作用，必须重视一些含磷化合物的高毒性。正如本章前面所提到的，这种高毒性是磷化合物具有杀菌作用的基础。这种毒性源于某些磷化合物与天然羧酸酯的相似性，并因此具有的抑制必需酶活性的能力。这种性质不仅用于有机磷农药和杀虫剂中，但令人遗憾的是，它还用到包括神经毒素在内的化学武器中[73]。这就促使了在充分了解这些含磷物质对环境的真实影响之后，需要对特定含磷农药采取非常严格的管控措施，特别是那些对哺乳动物有致命毒性的农药[74]。

### 4.8.2 环境属性和影响

一直以来，认为磷是许多水生环境（尤其是湖泊和河流）中植物和藻类生长的关键控制因素。少量增加磷就可以促进水生植物和藻类的显著增长，从而对整个生态系统产生严重影响。细胞外酶能够将前面提到的许多有机磷分解成磷酸盐。这可能会导致某些水生环境的富营养化，即水中过量富集矿物质营养素。其结果是自养生物的过量生长，尤其是藻类和蓝藻细菌，从而导致细菌数和呼吸率过量，致使流动缓慢的底部水流和夜间地表水在平静、温暖的条件下会变得低氧或缺氧。含氧量降低将导致水生生物减少，从而产生许多生物残骸，造成底部沉积物增多，包括各种形式的磷。大量产生的磷又进一步加剧了富营养化过程。

来源于城市和工业设施排放的水以及农业地区流入当地水源的径流水的磷，磷浓度过高是河口系统淡水湖泊、水库、溪流和源头富营养化最常见的原因。

同时，磷还会刺激海藻生长，特别是在浅海和封闭或部分封闭的海洋盆地，如北海或墨西哥湾地区。但在海洋中，控制藻类这类自养生物（即能够由简单无机物质形成营养有机物质的生物）初级生产的关键矿物营养素是氮。河口和大陆架水域是一个过渡区，过量的磷和氮会造成环境问题[75]。

很多对水域中磷含量特别敏感的地区都正在制定或提议对磷排放的限制，例如美国的许多地区。目前，许多负责控制和排放生产用水及相关化学品废液的石油天然气监管机构也正在考虑采取类似的限制措施[76]。

如前所述，许多磷化合物因易于生物降解且相对无毒，因此对环境不会产生危害。但含磷化合物和盐类可能会被藻类和相关生物体吸收这件事是一个值得密切关注的问题。它们的生物利用度应该是最重要的环境影响因素，环境化学家和从业者应该把这一点作为环境保护的重要原则。

油气勘探开发和生产中添加的化学物质只是造成特定环境中磷不平衡的一个因素，而农药则是促进藻类生长的主要污染源[77]。因此一般来说，水体富营养化是人类活动持续对环境产生影响的结果[78]。

### 4.8.3 降解和生物降解

正如本章和3.2.9所提到的，许多含磷化合物是水溶性的且易于酶水解，因此具有良好的生物降解率，而且很多都是低毒的[79]。许多磷化合物，特别是膦酸盐，都易氧化降解，这或许是影响其化学处理效果和处理速度的不良特性[80]。高生物降解率潜在的缺点是，更小和简单的含磷分子会被自养生物利用并吸收。

但是，大多数磷酸盐、膦酸盐以及相关化合物的聚合物都是热稳定的，例如纤维素磷酸盐被用作阻燃剂[81]。

### 4.8.4 环境设计

在未来研制化学品时，优势产品具有良好热稳定性和生物降解特性，这种化学品既对环境友好，又能在高温高压等严苛的物理环境下发挥高效率。如前所述，许多磷化合物自身就具有较好的性质，而它们的主要缺点是生物利用度的问题，低分子量的磷酸盐和相关化合物是由降解产生的，这些产物会被特定的微生物利用，从而导致水体富营养化和破坏某些水生生态系统的平衡。

因此，环境化学家在研发产品时，如果需要用到磷这类化学物质，则应该充分认识到该产品及其降解产物的生物利用度。

诸如，聚磷酸盐这类含磷聚合物可以提供一些有关在这方面的认识。

在过去的40年里，超分子化学、晶体工程和材料化学等新兴领域取得了显著的进展。而膦酸配体在拓宽这些研究领域中起到了重要作用[82]。膦酸配体在基础研究领域受到了广泛的关注，同样在其他几个技术和重要的工业生产中也得到了广泛的应用，特别是油田上的阻垢和防腐[83]。有大量的金属膦酸盐材料，它们的晶体结构非常独特，这些特性和某些因素具有相关性，如金属氧化态的性质，特别是离子半径和配位数，还有配体主链上的膦酸基团的数量。许多金属膦酸盐可能具有技术上的先进性，但或许会面临同样的争议——生物降解与降解产物的生物利用度问题。

在自然界中，已经看到磷脂这类磷在高分子化学及其他领域的应用。但目前关于这些化学物质的性质是否适合在油田中应用的研究还很少。

## 参考文献


[1] Emsley, J. and Hall, D. (1976). The Chemistry of Phosphorous. London: Harper & Row.

[2] Fink, J. (2013). Petroleum Engineers Guide to Oilfield Chemicals and Fluids. Elsevier.

[3] Jianguo, Z., Fuquan, S., Aiping, L. and Yonghui, G. (2014). Study on calcium phosphate cement slurries. The 24th International Ocean and Polar Engineering Conference, Busan, Korea (15-20 June 2014), ISOPE-I-140-476.

[4] Zeng, J., Xia, Y., Sun, F. et al. (2015). Calcium phosphate cement slurries for thermal production wells. The 25th International Ocean and Polar Engineering Conference, Kona, Hawaii (21-26 June 2015), ISOPE-I-15-156.

[5] Filippov, L., Thomas, F., Filippova, I. et al. (2009). Stabilization of NaCl-containing cuttings wastes in cement concrete by in situ formed mineral phases. Journal of Hazardous Materials 171 (1-3): 731-738.

[6] Hatch, G. B. (1977). Inhibition of cooling water. In: Corrosion Inhibitors (ed. C. C. Nathan). NACE.

[7] Young, T. J. (1991). The use of zinc for corrosion control in open cooling systems. Association of Water Technologies, Inc. Spring Convention & Exposition, San Antonio, TX (3-5 April 1991).

[8] Johnson, J. D., Fu, S. L., Bluth, M. J. and Marble, R. A. (1996). Enhanced corrosion protection by use of friction reducers in conjunction with corrosion inhibitors. GB Patent 2,299,331, assigned to Ondeo Nalco Energy Services L. P.

[9] Romagnoli, R. and Vetere, V. F. (1995). Heterogeneous reaction between steel and zinc phosphate. Corrosion 51 (02): 116-123, NACE - 95020116.

[10] del Amo, B., Romagnoli, R., Vetere, V. F., and Herna'ndez, L. S. (1998). Study of the anticorrosive properties of zinc phosphate in vinyl paints. Progress in Organic Coatings 33: 28-35.

[11] Holzner, C. , Ohlendorf, W. , Block, H. -D. et al. (1997). Production of 2-phosphonobutane-1, 2, 4-tricarboxtlic acid and alkali metal salts thereof. US Patent 5,639,909.

[12] Jordan, M. M. , Feasey, N. , Johnston, C. et al. (2007). Biodegradable scale inhibitors, laboratory and field evaluation of a "Green" carbonate and sulphate scale inhibitor with deployment histories in the North Sea. Chemistry in the Oil Industry X (5-7 November 2007). Manchester, UK: Royal Society of Chemistry, p. 286.

[13] Miles, A. F. , Bodnar, S. H. , Fisher, H. C. et al. (2009). Biodegradable phosphonate scale inhibitors. Chemistry in the Oil Industry XI (2-4 November 2009). Manchester, UK: Royal Society of Chemistry, p. 271.

[14] Davis, K. P. , Docherty, G. F. and Woodward, G. (2000). Water treatment. International Patent Application WO/2000/018695.

[15] Davis, K. P. , Otter, G. P. and Woodward, G. (2004). Scale inhibitor. International Patent Application WO/2004/078662.

[16] Guo, J. and Severtson, S. J. (2004). Inhibition of calcium carbonate nucleation with aminophosphonates at high temperature, pH and ionic strength. Industrial and Engineering Chemistry Research 43: 5411.

[17] Amjad, Z. (1996). Scale inhibition in desalination applications: an overview. Corrosion 96, International Conference and Exposition, Denver, CO, NACE 96-230.

[18] Fan, C. , Kan, A. T. , Zhang, P. et al. (2012). Scale prediction and inhibition for oil and gas production at high temperature/high pressure. SPE Journal 17 (02): 379-392.

[19] Przybylinski, J. L. , Rivers, G. T. and Lopez, T. H. (2006). Scale inhibitor, composition useful for preparing same, and method of inhibiting scale. US Patent Application 20060113505, assigned to Baker Hughes Inc.

[20] Bodnar, S. H. , Fisher, H. C. , Miles, A. F. and Sitz, C. D. (2010). Preparation of environmentally acceptable scale inhibitors. International Patent Application WO/2010/002738, assigned to Champion Technologies Inc.

[21] Jones, C. R. , Woodward, G. and Phillips, K. P. (2004). Novel phosphonocarboxylic acid esters. Canadian Patent CA 2490931, Assigned to Authors.

[22] Reizer, J. M. , Rudel, M. G. , Sitz, G. D. et al. (2002). Scale inhibitors. US Patent 6,379,612, assigned to Champion Technologies Inc.

[23] Vetter, O. J. (1973). The chemical squeeze process some new information on some old misconceptions. Journal of Petroleum Technology 26 (3): 339-353, SPE 3544.

[24] Sorbie, K. S. and Gdanski, R. D. (2005). A complete theory of scale-inhibitor transport and adsorption/desorption in squeeze treatments. SPE International Symposium on Oilfield Scale, Aberdeen, UK (11-12 May 2005), SPE 95088.

[25] Herrera, T. L. , Guzmann, M. , Neubecker, K. and Gothlich, A. (2008). Process and polymer for preventing ba/sr scale with incorporated detectable phosphorus functionality. International Patent application WO/ 2008/ 095945, assigned to BASF Se.

[26] Kerr, E. A. and Rideout, J. (1997). Telomers. US Patent 5,604,291, assigned to Fmc Corporation (UK) Ltd.

[27] Greyson, E. , Manna, J. and Mehta, S. C. (2011). Scale and corrosion inhibitors for high temperature and pressure conditions. US Patent Application 20110046023.

[28] Singleton, M. A. , Collins, J. A. , Poynton, N. and Formston, H. J. (2000). Developments in

phosphonomethylated polyamine (PMPA) scale inhibitor chemistry for severe BaSO scaling conditions. International Symposium on Oilfield Scale, Aberdeen, UK (26-27 January 2000), SPE 60216.

[29] Tang, J. (2001). Biodegradable poly (amino acid) s, derivatized amino acid polymers and methods for making same. US Patent 6, 184, 336, assigned to Malco Chemical Company.

[30] Benkbakti, A. and Bachir-Bey, T. (2010). Synthesis and characterization of maleic acid polymer for use as scale deposits inhibitors. Journal of Applied Polymer Science 116 (5): 3095.

[31] Jordan, M. M., Sjuraether, K., Collins, I. R. et al. (2001) Life cycle management of scale control within subsea fields and its impact on flow assurance, Gulf of Mexico and the North Sea Basin. Chemistry in the Oil Industry VII (13-14 November 2001). Manchester, UK: Royal Society of Chemistry, p. 223.

[32] Davis, K. P., Otter, G. P. and Woodward, G. (2005). Novel phosphorous compounds. International Patent Application WO/2001/057050, assigned to Rhodia Consumer Specialities Ltd.

[33] Davis, K. P., Woodward, G., Hardy, J. et al. (2005). Novel polymers. International Patent Application WO/2005/023904, assigned to Rhodia UK Ltd.

[34] Davis, K. P., Fidoe, S. D., Otter, G. P. et al. (2003). Novel scale inhibitor polymers with enhanced adsorption properties. International Symposium on Oilfield Scale, Aberdeen, UK (29-30 January 2003), SPE 80381.

[35] Yang, B., Reed, P. E. and Morris, J. D. (2003). Corrosion inhibitors for aqueous systems. US Patent 6, 572, 789, assigned to Ondeo Nalco Company.

[36] Jones, C. K., Williams, D. A. and Blair, C. C. (1999). Gelling agents comprising of Aluminium Phosphate compounds. GB Patent 2, 326, 882, assigned to Nalco/Exxon Energy Chemicals L. P.

[37] Delgado, E. and Keown, B. (2009). Low volatile phosphorous gelling agent. US Patent 7,622,054, assigned to Ethox Chemicals Llc.

[38] Saeger, V. W., Hicks, O., Kaley, R. G. et al. (1979). Environmental fate of selected phosphate esters. Environmental Science & Technology 13 (7): 840-844.

[39] Miller, R. F. (1984). Method for minimizing fouling of heat exchangers. US Patent 4,425,223, assigned to Atlantic Richfield Company.

[40] Miller, D., Volmer, A., Feustel, M. and Klug, P. (2001). Synergistic mixtures of phosphoric esters with carboxylic acids or carboxylic acid derivatives as asphaltene dispersants. US Patent 6,204,420, assigned to Clariant Gmbh.

[41] Johnson, D. W. and Hils, J. E. (2013). Review: phosphate esters, thiophosphate esters and metal thiophosphates as lubricant additives. Lubricants 1: 132-148.

[42] Martin, R. L. (1993). The reaction product of nitrogen bases and phosphate esters as corrosion inhibitors. EP Patent 0567212, assigned to Petrolite Corporation.

[43] Hellsten, M. and Uneback, I. (2008). A method for preventing the formation of calcium carboxylate deposits in the dewatering process for crude oil/water streams. International Patent Application WO/2008/155333, assigned to Akzo Nobel N. V.

[44] Zetimeisi, M. J. (1999). Control of naphthenic acid corrosion with thiophosphorus compounds. US Patent 5,863,415, assigned to Baker Hughes Inc.

[45] Sartori, G., Dalrymple, D. G., Blum, S. C. et al (2004). Method for inhibiting corrosion using phosphorous acid. US Patent 6,706,669, assigned to ExxonMobil Research and Engineering Company.

[46] El Dahan, H. A. and Hegazy, H. S. (2000). Gypsum scale control by phosphate ester. Desalination 127 (2): 111-118.

[47] Gentili, D. O., Khalil, C. N., Rocha, N. O. and Lucas, E. F. (2005). Evaluation of polymeric phosphoric ester-based additives as inhibitors of paraffin deposition. SPE Latin American and Caribbean Petroleum Engineering Conference, Rio de Janeiro, Brazil (20-23 June 2005), SPE 94821.

[48] Jones, C. K., Williams, D. A. and Blair, C. C. (1999). Gelling agents comprising aluminium phosphate agents. GB Patent 2,326,882, assigned to Nalco Exxon Energy Company.

[49] Downward, B. L., Talbot, R. E. and Haack, T. K. (1997). Tetrakishydroxy- methylphosphonium sulfate (THPS) a new industrial biocide with low environmental toxicity. Corrosion97, New Orleans, LA (9-14 March 1997), NACE 97401.

[50] Jones, C., Downward, B. L., Edmunds, S. et al. (2012). NACE 2012-1505. THPS: a review of the first 25 Years, lessons learned, value created and visions for the future. CORROSION 2012, Salt Lake City, Utah (11-15 March 2012).

[51] Jones, C., Downward, B. L., Hernandez, K. et al. (2010) Extending performance boundaries with third generation THPS formulations. CORROSION 2010, San Antonio, TX (14-18 March 2010), NACE 105257.

[52] Talbot, R. E., Gilbert, P. D., Veale, M. A. and Hernandez, K. (2002). Tetrakis hydroxymethyl phosphonium sulfate (THPS) for dissolving iron sulfides downhole and topsides - a study of the chemistry influencing dissolution, Publisher. CORROSION 2002, Denver, CO (7-11 April 2002), NACE 02030.

[53] Blumer, D. J., Brown, W. M., Chan, A. and Ly, K. T. (1998). Novel chemical dispersant for removal of organic/inorganic schmoo scale in produced water injection systems. CORROSION 98, San Diego, CA (22-27 March 1998), NACE 98073.

[54] Cooper, K. G., Talbot, R. E. and Turvey, M. J. (1998). Biocidal mixture of tetrakis (hydroxymethyl) phosphonium salt and a surfactant. US Patent 5,741,757, assigned to Albright and Wilson Ltd.

[55] Jones, C. R. and Talbot, R. E. (2004). Biocidal compositions and treatment. US Patent 6,784,168, assigned to Rhodia Consumer Specialities Ltd.

[56] Kramer, J. F., O' Brien, F. and Strba, S. F. (2008). A new high performance quaternary phosphonium biocide for microbiological control in oilfield water systems. CORROSION 2008, New Orleans, LA (16-20 March 2008), NACE - 08660.

[57] Holtsclaw, J., Weaver, J. D., Gloe, L. and McCabe, M. A. (2012). Methods for reducing biological load in subterranean formations. US Patent 8,276,663, assigned to Halliburton Energy Services Inc.

[58] Aiad, I. A., Tawfik, A. M., and Sayed, A. (2012). Corrosion inhibition of some cationic surfactants in oilfields. Journal of Surfactants and Detergents 15 (5): 577-585.

[59] Aiad, I. A., Tawfik, A. M., Shaban, S. M. et al. (2014). Enhancing of corrosion inhibition and the biocidal effect of phosphonium surfactant compounds for oil field equipment. Journal of Surfactants and Detergents 17 (3): 391-401.

[60] Petkovic, M., Hartmann, D. O., Adamova, G. et al. (2012). Unravelling the mechanism of toxicity of alkyltributylphosphonium chlorides in Aspergillus nidulans conidia. New Journal of Chemistry 36: 56-63.

[61] Kanazawa, A., Ikedo, T., and Endo, T. (1994). Synthesis and antimicrobial activity of dimethyl- and trimethyl-substituted phosphonium salts ith alkyl chains of various lengths. Antimicrobial Agents and Chemotherapy 38 (5): 945-952.

[62] Jaeger, D. A. and Zelenin, A. K. (2001). Alkyltris (hydroxymethyl) phosphonium Halide surfactants. Langmuir 17 (8): 2545-2547.

[63] Bradaric-Baus, C. J. and Zhou, Y. (2004). Phosphonium salts and methods of their preparation. International Patent Application WO/2004/094438, assigned to Cytec Canada Inc.

[64] Annadori, K. M. and Darwin, A. (2010). Effect of THPS on discharge water quality: a lessons learned study. SPE International Conference on Health, Safety and Environment in Oil and Gas Exploration and Production, Rio de Janeiro, Brazil (12-14 April 2010), SPE 125785.

[65] Willmon, J. (2010). THPS degradation in the long-term preservation of subsea flowlines and risers. NACE Corrosion 2010 Conference, San Antonio, TX (14-18 March 2010), NACE 10402.

[66] Vincent, J. B., Crowder, M. W., and Averill, B. A. (1992). Hydrolysis of phosphate monoesters: a biological problem with multiple chemical solutions. Trends in Biochemical Sciences 17 (3): 105-110.

[67] Gunstone, F. ed. (2008). Phospholipid Technology and Applications, 1ee. Elsevier.

[68] van Hoogevest, P. and Wendel, A. (2014). The use of natural and synthetic phospholipids as pharmaceutical excipients. European Journal of Lipid Science and Technology 116 (9): 1088-1107.

[69] Provost, J. J. and Colabroy, K. L. (2016). The Science of Cooking. Wiley-Blackwell.

[70] Patel, A. D., Davis, E., Young, S. and Stamatkis, E. (2006). Phospholipid lubricating agents in aqueous based drilling fluids. US Patent 7,094,738, assigned to M-I LLC.

[71] Gaidi, J. M. (2004). Chemistry of corrosion inhibitors. Cement and Concrete Compositions 26 (3): 181-189.

[72] Knowles, J. R. (1980). Enzyme-catalyzed phosphoryl transfer reactions. Annual Review of Biochemistry 49: 877-919.

[73] https: //www. epa. gov/sites/production/files/documents/rmpp_ 6thed_ ch5_ organophosphates. pdf.

[74] Carson, R. (2000). The Silent Spring. Penguin Modern Classics.

[75] Correll, D. L. (1996). The role of phosphorus in the eutrophication of receiving waters: a review. Journal of Environmental Quality Vol. 27 (2): 261-266.

[76] https: //www. epa. gov/nutrientpollution/problem.

[77] Sharpley, A. N., Smith, S. J., and Waney, J. N. (1987). Environmental impact of agricultural nitrogen and phosphorus use. Journal of Agricultural and Food Chemistry 35 (5): 812-817.

[78] Bennett, E. M., Carpenter, S. R., and Caraco, N. F. (2001). Human impact on erodable phosphorus and eutrophication: a global perspective. BioScience 51 (3): 227-234.

[79] Saeger, V. W., Hicks, O., Kaley, R. G. et al. (1979). Environmental fate of selected phosphate esters. Environmental Science & Technology 13 (7): 840-844.

[80] Demadis, K. D. and Ketsetzi, A. (2007). Degradation of phosphonate based scale inhibitor additives in the presence of oxidising biocides: "collateral damages" in industrial water systems. Separation Science and Technology 42: 1634-1649.

[81] Kaur, B., Gur, I. S., and Bahtnagar, H. L. (1987). Thermal degradation studies of cellulose phosphates and cellulose thiophosphates. Macromolecular Materials and Engineering 147 (1): 157-183.

[82] Clearfield, A. (2011). Metal Phosphonate Chemistry: From Synthesis to Applications. Royal Society of Chemistry.

[83] Dyer, S. J., Anderson, C. E., and Graham, G. M. (2004). Thermal stability of amine methyl phosphonate scale inhibitors. Journal of Petroleum Science and Engineering 43 (3-4): 259-270.

[84] Fang, J. L., Li, Y., Ye, X. R. et al. (1993). Passive films and corrosion protection due to phosphonic acid inhibitors. CORROSION 49 (4): 266-271.

# 5　金属、无机盐及其他无机物

本章讨论了金属、对应的盐类及其他无机物在油气勘探开发工业中的化学应用。本章对部分现场应用进行了详细介绍。例如，特殊物质稀土金属会合并成一个单独的部分介绍。本章主要涉及这些金属对应的简单盐和配合物以及其他相关产品，不包括其对应的聚合物（如丙烯酸酯）或表面活性剂（如烷基苯磺酸钠）那样的复杂有机盐类化合物，相关物质在其他章节中已做了充分介绍。硅酸盐详见 7.2 节。

金属，特别是金属离子，对所有生物而言都相当重要，经常以不同的浓度存在于环境中。它们通常通过食物链被生物吸收，一定浓度范围内的大多数金属元素是生命体所必需的；但在高浓度时是有毒的。本章和 5.10 节结束部分将对生物必要性和毒性之间的平衡展开讨论，同时还将考虑生物利用度、毒性和生物降解的重要性。

## 5.1　碱金属盐及相关物质

碱金属主要指元素周期表中的锂（Li）、钠（Na）、钾（K）、铷（Rb）、铯（Cs）和钫（Fr）元素。碱金属元素是元素周期表中同族元素化学性质变化趋势显著的代表性元素，表现出明显的同源性。

碱金属单质都有光泽、柔软且具备高活性，由此，必须储存在油中，以防止与空气接触而发生反应。碱金属在自然界中仅以盐的形式存在，不存在单质碱金属。铯是第五种碱金属，是所有金属中活性最强的。国际纯粹与应用化学联合会（IUPAC）规定，碱金属所构成的ⅠA 族元素不包括氢（H）。氢元素名义上是ⅠA 族元素，但通常认为不是碱金属，因为它几乎不具有与碱金属相似的行为。所有的碱金属都可与水反应，原子序数高的碱金属反应活性更强。

自然界发现的碱金属，以钠含量最高，其次是钾、锂、铷、铯，最后是钫，因为它具有极高的放射性，所以含量极少。

大多数碱金属有许多不同的用途。最著名的应用之一是铷和铯在原子钟中的应用，其中铯原子被用作一种节拍器来保持高度精确的时间。食盐，即氯化钠，自古以来就有应用。钠和钾也是必需的元素，作为电解质具有重要的生物学作用。虽然其他碱金属不是必需的，但它们对动物和人类的新陈代谢也有各种有益或是有害的影响。

本节主要涉及钠、钾、锂等金属盐，同时也考虑了一些铯盐，主要研究了卤代盐、硝酸盐、硫酸盐及其他类似化合物。磷酸盐已在 4.1 节中做了介绍；聚合物、表面活性剂、螯合剂及其他复杂有机分子的钠、钾盐，其中许多已在聚合物、表面活性剂的内容中有所涉及。本节只对碱金属相对简单的无机盐进行研究。

### 5.1.1　钠盐

在石油和天然气勘探开发工业中常使用大量的钠盐，在此对其应用的详细情况进行介绍。

#### 5.1.1.1　醋酸钠

醋酸钠是醋酸的钠盐，广泛应用于许多工业领域。值得一提的是，油气行业中它常用于氯丁橡胶生产过程中的硫化抑制剂。同样用作硫化缓蚀剂，水基钻井液中加入乳胶，可以降低钻井液在钻井过程中渗透到井壁的速度[1]。

工业中，常用冰醋酸和氢氧化钠反应制备醋酸钠，反应如下：

$$CH_3COOH+NaOH \longrightarrow CH_3COONa+H_2O \qquad (5.1)$$

醋酸钠也可作为调味品添加到食物中，经常用来给薯片增添一种咸和酸的味道。它还可用于建筑业，作为混凝土密封胶，减轻水对混凝土的损害，既环保又比常用的环氧化合物更便宜。虽然早已熟知这一性质，但最近开始被重新研究和发展[2]；在油田固井作业中还没有任何应用。

醋酸钠是醋酸的共轭碱，醋酸钠和醋酸的溶液可以作为缓冲溶液来保持相对恒定的 pH 值。这尤其适用于在温和酸性范围内 pH 值（pH 值为 4～6）依赖的产品配方（来自 H. A. Craddock，未发表）。

醋酸钠也是一种通用的破胶剂，用于油基压裂液，特别是交联压裂液（见 5.1.1.3）

#### 5.1.1.2 铝酸钠

铝酸钠是一种重要的工业无机化工产品。它是许多工业和相关技术应用中氢氧化铝的有效来源（见 5.2 节）。纯铝酸钠（无水）是一种白色结晶固体，其配方为 $NaAlO_2$、$NaAl(OH)_4$（水合）、$Na_2O \cdot Al_2O_3$ 或 $Na_2Al_2O_4$。工业用铝酸钠以溶液或固体的形式存在。

在烧碱（NaOH）溶液中加入氢氧化铝反应可制得铝酸钠。氢氧化铝可在接近沸点的温度下溶于 20%～25% 的氢氧化钠水溶液中。当氢氧化钠溶液的浓度更高时会生成半固态产物。

铝酸钠常作为水处理中的水软化助剂，也可作为助凝剂用于改善絮凝作用和除去溶解的二氧化硅和磷酸盐。

在施工技术上，在霜冻期会采用铝酸钠加速混凝土凝固。铝酸钠也可用于造纸工业和耐火砖生产。

在油气勘探开发行业，铝酸钠有一些特殊用途。它已被用作钻井液配方中的增稠剂[4]。在钻井液中它可与硅酸钠之类的添加剂配合使用，以加快凝胶形成和减少滤失[5]。有趣的是，它也是聚合物复合物的一部分，可作为潜在的防蜡剂[6]。聚合物是通过长链磷酸酯与铝酸钠反应得到的，生成具有相对较高分子量和两亲分子（见 4.5 节）。

#### 5.1.1.3 碳酸氢钠

碳酸氢钠，化学式为 $NaHCO_3$，是由钠离子和碳酸氢根离子组成的无机盐。碳酸氢钠是一种白色晶体，呈粉末状。它是欧盟认证为 E500 编码的一种食品添加剂。由于它早已为人们所知并广泛使用，这种盐有许多通俗的名称，如小苏打、面包苏打水、蒸煮苏打水和碳酸氢苏打。口语中，通常将其称为小苏打。

碳酸氢钠在国内商业上有多种用途。众所周知的是食品添加剂，尤其是在烘焙过程中，也被广泛用作清洁剂。它在油田中也有许多用途。

碳酸氢钠与碳酸钠、碳酸氢钾和碳酸钾等其他盐类可用作制备二氧化碳的原料[7]。

苏打，即碳酸氢钠或碳酸钠，可用作井筒水泥的防冻剂[8]。

碳酸氢钠在如氢氧化钠这类的无机盐中，可用作缓冲溶液的一部分，以激活原油中的天然表面活性剂，提供黏度降低的稳定乳液，从而增强通过管道输送进行进一步加工和精炼。据说这种方法对某些重质原油非常有效，例如在委内瑞拉奥里诺科地区发现的高黏性原油[9]。

含有碳酸氢钠和氢氧化钙（水化石灰）的混合物对压裂液中使用的油基压裂液或从总流体形成的无水压裂液都很有用[3]。

在高温水力压裂中，加入发泡剂可以提高储层中液体的返排水。这些添加剂几乎都含有碳酸氢钠[10]。压裂作业完成后，发泡剂分解，滤饼产生更多孔，从而促使储层介质中压裂液的返排[11]。

5.1.1.4 亚硫酸氢钠和偏亚硫酸氢盐

亚硫酸氢钠和偏亚硫酸氢钠是油田勘探开发行业常用的除氧剂[12]（见5.9.4.6）。亚硫酸氢根离子被氧化为硫酸氢盐，如式（5.2）中的反应所示：

$$2HSO_3^- + O_2 \longrightarrow 2HSO_4^- \tag{5.2}$$

在低于200℉(93℃）的温度下，反应缓慢，通常加入少量过渡金属离子作为催化剂[13]。由于海水中含有少量此类离子，因此没有必要使用催化剂[14]。后一种发现对阻止向海水排放有毒的过渡金属离子特别有用。然而，低温下，特别是在寒冷的海水中，亚硫酸氢钠等除氧剂的反应速率降低，因此这种条件下需要催化作用[15]。亚硫酸氢盐作为除氧剂对pH值敏感，不能用于酸性条件，如酸化增产和修井。

亚硫酸氢盐除氧剂的一个主要应用是在水压试验中处理海水以防止腐蚀。因为静态的水溶液混合物可能会放置几个月，甚至几年，所以必须添加除氧剂。微生物引起的腐蚀也可能发生，因此在混合物中添加了一种生物杀菌剂。亚硫酸氢盐（和亚硫酸盐）与许多生物杀菌剂的相容性存在问题，在许多情况下，每种生物杀菌剂都会相互反应，从而使活性降低甚至消除。人们经常会逐步添加亚硫酸盐除氧剂和生物杀菌剂，使杀菌剂只有在所有亚硫酸氢盐清除剂用完后才存在；同时，用氢氧化钠[16]等碱将pH值调到9.5以上。这种方法操作的主要缺点是，在水压试验操作过程中，由于物流，它不是一个单一的化学包装输送系统。同时对替代的除氧剂及其他联合作用缓蚀剂/生物杀菌产品的使用进行了研究，并开发了一些专利制剂，其中一种具有良好的环境特性（H. A. Craddock，未发表)。

5.1.1.5 硼酸钠

在非常规油气开采用压裂液设计中，常使用半乳糖这样的水溶性多聚糖［见式(5.3)]，硼酸钠（$Na_3BO_3 \cdot nH_2O$）是常见的交联剂[17]（见5.4节）。

5.1.1.6 溴化钠

与其他碱金属的卤化物盐（特别是溴化钾和溴化铯）一样，完井作业用溴化钠溶液。

高矿化度盐溶液（盐水）通常用于完井❶作业，并且越来越多地用于钻遇含油气（“产层”）区。矿化度水由于其密度比淡水高，因此更受欢迎。同样重要的是，它们不含对储层能

❶完井：专业术语，是指将油井或气井安全、高效生产所需的井下管柱和设备装配在一起的作业过程。

够产生伤害的固体颗粒。常见的卤化物矿化水包括氯化物（钙和钠）、溴化物和甲酸盐[18,19]。

溴化钠矿化水体系可形成透明的修井和完井液体，密度最大为1498kg/$m^3$，这需要较低的结晶温度或氯化物溶剂。由于地层水中含高浓度的碳酸氢盐和硫酸盐，因此碳酸盐、碳酸氢盐或硫酸盐化合物和含钙的盐形成的沉淀，使用溴酸钠水可以消除沉淀对油层造成伤害的可能性。与相应的溴化钠/氯化钠复盐溶液相比，单盐体系不可能出现某些复杂问题[20]。

卤水在高温下存在严重的腐蚀问题，为此开发了许多基于羧酸的钠盐体系。这些化合物将在6.1节中进一步详述。

5.1.1.7 碳酸钠

当海水作为水基钻井液的主要补给液时，使用碳酸钠。由于存在钙离子和镁离子，海水具有较高的硬度。碳酸钠的加入可以显著降低钙离子浓度，使钙离子转化为碳酸钙沉淀。氢氧化钠的加入也同样可以生成氢氧化镁沉淀，从而降低镁离子的浓度。同样，在钻井液成分中使用氢氧化物和碳酸盐（包括碳酸钠）来调节pH值。这一点在水基钻井液设计成半透膜以提高井筒稳定性时尤为重要。

在用碱/表面活性剂驱油提高采收率时，碳酸钠可作为碱体系。碳酸钠与原油的酸性组分反应形成天然表面活性剂体系。这种天然表面活性剂有助于降低剩余油与注入液之间的界面张力，从而提高油藏采收率[22]。

碳酸钠可以用作某些滤饼降解作业的控制剂或延迟剂，在这些操作中，需要酯或原酸酯水解来产生酸以进行降解[23]。在泡沫压裂液中也可以采用类似的方法，用原酸酯作为消泡剂，将发泡表面活性剂转化为非发泡表面活性剂[24]。

最后，碳酸钠可与低分子量聚丙烯酰胺等聚合物复合使用，形成胶体体系，可用作堵水剂。与传统的聚合物体系相比，该系统具有许多优点，特别是它黏度低，因此很容易泵送，并且对作用区域具有较好的选择性[25]。

5.1.1.8 氯化钠

氯化钠是一种在海水中以溶解形式大量存在的卤化物盐。作为一种添加剂在油田勘探开发领域有许多应用，主要用于钻井、固井和完井作业。在钻井、固井、生产及其他作业（如提高采收率）中，伴生水的盐度以及钠离子和氯离子的浓度可能对其他添加剂的有效性产生影响；但本节主要讨论作为添加剂的氯化钠。

海水可用于形成钻井液，但其浓度必须大于10000mg/L。海水的平均浓度为10500mg/L，因此在许多情况下适用。虽然绝大多数海水的盐度为3.1%~3.8%，但在世界范围内，海水的盐度并不一致。当与河流河口或冰川附近的淡水流发生混合时，海水的盐度可能大大降低。盐度最高的公海是红海，那里蒸发率高，缺少降雨与河流流入，以及有限的环流导致异常高盐度。而孤立的水体中盐度可能更大。

在多种可生物降解的钻井液配方中使用氯化钠作为主要成分[26]。同样，传统的配方中会使用各种用量的氯化钠，特别是同时使用淀粉或羧甲基纤维素（CMC）等多糖作为降滤失剂的情况下。然而，已经发现氯化钠及其他电解质在钻探过程中既有有利的作用，也有不利的作用，这取决于岩石地质性质[18]。

有证据表明，在黏土和页岩抑制剂的溶液中加入氯化钠（也包括氯化钾）可以促使该溶液抑制水吸收到页岩中[27]。

正如在溴化钠部分讨论的那样，无固体矿化度水可以很好地控制完井和修井过程，其中相关过程包括射孔、砾石充填、压裂以及在油管/套管环空留下一种加重流体作为环空保护液。

盐水是根据密度、储层适应性及防腐来选取的。在优化设计时，盐水可避免油层伤害和渗透率降低这些常规的加重钻井液会带来的问题。氯化钠矿化水适用的密度范围为8.4~10.0lb❶/gal❷。相比之下，溴化钠适用的范围更宽，可用于8.4~12.7lb/gal的范围。

钻井液在完井作业中对储层造成的伤害是有据可查的[28,29]。由此，无固相盐水作为标准完井液使用进入了第五个10年。然而，在一些情况下，最常用的盐水也可导致井筒的油层伤害或腐蚀，因此考虑采用更多的其他盐水，这些通常被描述为其他金属盐。

氯化钠和氯化钙（见5.6节）是最常见的水泥固井作业促凝剂。它用于配制无膨润土以及最大浓度为5%的配方中。在此浓度以上，其有效性降低，这是因为饱和氯化钠溶液具有缓凝性质[30]。

有研究声称，当2%氯化钠与季铵盐混合到水泥浆中时，水泥石的强度和与地层的黏附力增加了50%以上[31]。

正如对盐水完井的讨论，在含有对淡水水泥浆滤液敏感的黏土或页岩的油井中，也可以在固井过程中使用氯化钠（和氯化钾）来提高固井质量，以产生伤害较小的滤液[32]。

用氯化钠控制页岩比用氯化钾有一定的优势。接近饱和的氯化钠溶液比浓缩氯化钾溶液具有更高黏度以及较低的水活性，可引起更高的渗透压力。因此，它们更多地使用以减少页岩中的滤失量。虽然浓缩的氯化钠溶液本身不是良好的页岩钻井液，但当与可增强页岩膜效率的体系，如硅酸盐、多元醇和甲基葡糖苷联合使用时，它们非常有效[32]。

氯化钠具有降低溶液凝固点的固有特性，因此，可用作防冻剂，例如，23%的氯化钠溶液可将水的凝固点降低21℃。这个属性意味着尽管存在严重的缺陷，氯化钠溶液由于既便宜又容易从周围的海水中得到，仍然大量用作近海作业的导热剂。氯化钠还可用作完井的水泥防冻剂[33]。

抗冻特性也是使用氯化钠用作天然气水合物抑制剂的基础。这种动态水合物抑制剂的使用已有20多年的历史[34]；然而，氯化钠在这种应用中很少使用，因为其他物质更有效，若在较低浓度下处理，对金属表面不会有腐蚀作用。

如前所述，氯化钠具有页岩和黏土的抑制性能，这一特性在高渗透区得到了应用，可以用增强的膨胀黏土凝胶封堵高渗透区。关键是氯化钠的作用，特别是与黏土结合的抑制性阳离子被钠离子取代，钠离子吸引水分子并促进黏土膨胀。[35]。另外，氯化钠在黏土膨胀和黏土稳定添加剂方面也有类似的应用（见6.1节）。

氯化钠的矿物形式被称为岩盐。这种矿物通常是无色或白色的，并且可以形成等距晶体。它通常以蒸发岩沉积矿物的形式存在，如在许多大型盐湖盆地中所见。研究发现，储

---

❶ 1lb=0.454kg。

❷ 1gal（英）=4.546dm$^3$。

层中某些地层水，特别是高压、高温地层水溶液中盐浓度较高。例如，随着地层水在生产过程中温度降低，饱和氯化钠就会析出。这一过程的动力学过程非常快，因此即使在低含水井中，盐沉积也能迅速形成。同样，当压力降低时，水释放到气相中，也可以将溶液中所含的氯化钠浓缩，从而导致盐沉积[36]。

应对盐垢沉积最常用的方法是将受影响区域分批处理，或在沉积区域上游连续注入淡水或低含量矿化水。这是一个非常有效的方法，既节省又高效。然而，这并不总是最实际的解决办法，因为可能无法获得大量淡水，也不可能将所需水量注入受影响地区。在上述情况下，亚化学计量化学盐抑制剂是一种有效的选择。在第 6 章和 5.7 节中将讨论几种抑制剂，特别是六氰酸盐。

在许多油田作业中，氯化钠的使用应考虑其腐蚀的影响。众所周知，氯离子能加速多种类型的腐蚀[37]，尤其是点蚀。

环境问题的重点是使用环境的盐度增加，显然，这些成分很容易在海水及其他淡水生态系统中找到，而且它们不太可能对环境产生任何重大影响。一般认为，淡水生态系统在受到高达 1000mg/L 的矿化度时几乎不受生态压力的影响[38]。然而，盐度对淡水生态系统影响的认识大多来自河流，那些已经暴露在高盐浓度下；其他系统可能更敏感。对于许多水生物种来说，亚致死效应可能在许多代的群落水平上都不明显。其他潜在因素，如栖息地的改变、食物资源的丧失或捕食压力的改变，也可能造成这些系统的变化。众所周知，成鱼和大型无脊椎动物似乎可以忍受不断增加的盐度[39]；然而，淡水藻类、水生植物和微型无脊椎动物似乎对盐浓度的增加缺乏耐受性。这些系统是复杂的，盐分只是影响整体生态平衡的众多因素之一。

5.1.1.9 亚氯酸钠、次氯酸盐及有关物质

亚氯酸钠与低分子量有机酸（如乳酸[40]）反应时在井下释放出氯酸，是二次采油中的杀菌剂。与二次采油过程相关的一个值得关注的问题是注水系统和含油地层中微生物的生长。这些微生物有很多种，可能是厌氧的，也可能是好氧的。亚氯酸钠体系的一个很大的优点是，它允许在注水系统中引入杀菌剂，以去除注水系统和含油地层中大多数已知微生物。此外，在注水系统和（或）含油地层中经常产生硫化氢，而亚氯酸钠和氯酸钠都可以通过氧化硫化氢或杀死产生硫化氢的微生物，从而提供一种解决这一问题的方法。这种系统的一个相当大的缺点是由于残留的亚氯酸盐离子造成的高腐蚀速率（H. A. Craddock，未发表）。

次氯酸钠（NaOCl）是一种常用的净水化合物，广泛用于表面净化、漂白、除臭、水消毒等。次氯酸钠是在 1785 年左右由法国化学家克劳德·伯托莱（Claude Berthollet）研究出来的，他以次氯酸钠为原料制造液体漂白剂。次氯酸钠是一种透明的淡黄色溶液，具有独特的气味。家用漂白剂通常含有 5%的次氯酸钠，pH 值在 11 左右。如果浓度更高，则次氯酸钠的浓度为 10%~15%，pH 值约为 13。次氯酸钠不稳定。如果加热次氯酸钠分解，氯从次氯酸盐溶液中以每天 0.75g 活性氯的速率蒸发。当次氯酸钠与酸、阳光、某些金属以及包括氯气在内的有毒和腐蚀性气体接触时，也会发生这种情况。次氯酸钠是一种强氧化剂，与易燃化合物和还原剂反应。次氯酸钠溶液是一种弱碱，易燃。

次氯酸钠有两种制备方法：

（1）将盐溶解在软化水中，形成浓矿化水。电解该溶液，在水中生成次氯酸钠溶液。这种溶液每升含有150g活性氯。在这个反应过程中，还生成了爆炸性的氢气。

（2）在烧碱（NaOH）中通入氯气（$Cl_2$）。反应完成后，根据式（5.3）反应生成次氯酸钠、水（$H_2O$）和盐（NaCl）：

$$Cl_2+2NaOH \longrightarrow NaOCl+NaCl+H_2O \tag{5.3}$$

将次氯酸钠加入水中，形成次氯酸（HOCl），如式（5.4）所示。

$$NaOCl+H_2O \longrightarrow HOCl+NaOH \tag{5.4}$$

次氯酸钠对细菌、病毒和真菌有效，其消毒方法与氯相同（见5.6节）。

次氯酸钠是一种常用的水处理杀菌剂，广泛应用于油气勘探与开发。事实上，次氯酸盐很容易将海水通过电化学方式生成[41]，许多海上设施使用这个过程来处理注入或回注的水。它是一种氧化杀菌剂（和氯一样）。这种杀菌剂会导致微生物和多糖生物膜内的蛋白质群发生不可逆的氧化和水解，而多糖生物膜通常将微生物群附着在设备表面。其结果是细胞死亡，它对所有菌株的细菌和相关微生物都有效。

虽然氧化杀菌剂，例如次氯酸钠，在适当使用时是有效的，但单独使用它们并不能保证成功地控制微生物。许多因素会影响氧化杀菌剂的性能[42]。

与之相关的一种物质是次氯酸（HOCl），它是一种弱酸，当氯（见5.5节）溶于水时生成，其比次氯酸根离子具有更强的杀菌作用[43]。

次氯酸钠可用作压裂液配方的破胶剂[44]。

这些钠盐具有很高的反应性，并能很快地从它们的基本成分中分离出来，因此，与氯化钠一样，对环境的影响是由于水中电解质浓度增加造成的。

5.1.1.10　铬酸钠和重铬酸盐

铬酸钠的化学式是$Na_2CrO_4$。它是一种黄色吸湿固体，可以形成四、六和十水合物。与其他六价铬化合物一样，有毒，具有类似于铬的致癌特性（见5.10节）。

在碳酸钠存在下，在空气中焙烧铬矿而获得的工业规模的量［式（5.5）］。

$$CrO_3+2Na_2CO_3+1.5O_2 \longrightarrow 2Na_2CrO_4+2CO_2 \tag{5.5}$$

铬盐形成后，与酸一起转化为重铬酸钠［式（5.6）］，重铬酸钠是大多数含铬化合物的前驱体。

$$2Na_2CrO_4+2H^+ \longrightarrow H_2O+Na_2Cr_2O_7 \tag{5.6}$$

在油气勘探与开发领域，铬酸钠已用作特种水泥杀菌剂[45]和某些水泥浆[33]的分散剂。重铬酸钠已被广泛用作聚合物中的交联剂，如CMC，用作堵水和提高采收率的胶凝剂[46]。然而，这种材料只在没有其他技术或实际的化学替代品的情况下才少量使用，这里的其他技术主要是由它们的极端毒性和潜在的严重环境影响所驱动的（见5.11节）。

5.1.1.11　氢氧化钠

毫无疑问，氢氧化钠对读者来说很熟悉，它的通用名称是烧碱。它是一种白色固体，具有高腐蚀性的金属碱，有多种固体形式，也有不同浓度的配制溶液。氢氧化钠溶于水和乙醇、甲醇等醇类。它是一种易潮解的物质，容易吸收空气中的水分和二氧化碳。

氢氧化钠在许多工业中都有应用，主要用作制浆造纸、肥皂和洗涤剂以及纺织工业的强碱。其还可用于油气勘探与开发行业的钻井应用和提高采收率。

氢氧化钠最初是由碳酸钠与氢氧化钙在式（5.7）所示的置换反应中生成的。值得注意的是，氢氧化钠是可溶的，而碳酸钙不溶。

$$Ca(OH)_2\ (aq)+Na_2CO_3\ (s) \longrightarrow CaCO_3\downarrow +2NaOH\ (aq) \tag{5.7}$$

在 19 世纪晚期这一过程被 Solvay 法[47]所取代，而后者又被今天使用的氯碱法所取代。电解氯化钠的工业过程用于生产氯和氢氧化钠（烧碱）。由于这个过程产生了等量的氯和氢氧化钠（1mol 氯有 2mol 氢氧化钠），因此有必要以相同的比例找到这些产品的用途。每生成 1mol 氯，就生成 1mol 氢。其中，氢用于生产盐酸或氨，或用于有机化合物加氢。

全球产量约为 $6000\times10^4$t，而消费量可能会减少 $1000\times10^4$t。氯碱过程也是一种能源密集型过程，氢氧化钠的使用对所有工业产生的主要环境影响在于能源的使用对碳排放的影响。

在油田领域，氢氧化钠有多种用途。它可作为黏结剂，特别是在碳纤维水泥[48]中使用。它也用在一些水泥成分中，这些成分使用腐殖酸使其更溶于水[33]。

在钻井液配方中有多种用途：

（1）软化海水[49]。

（2）硅酸盐钻井液中 pH 值的控制[33]。

（3）针对特定钻井液 pH 值的调节和控制[21]。

（4）增强降滤失性[44]。

（5）清除钻井液滤饼的抑制剂[23]。

氢氧化钠水溶液体系，可与稠油作用产生天然表面活性剂，使这些稠油无须加热或溶剂稀释即可通过管道进行有效输送[9]。

氢氧化钠的主要用途是提高石油采收率，特别是在碱/表面活性剂和碱/聚合物/表面活性剂三元驱油中。总的来说，酸浓度的降低会降低界面张力，提高采收率[50]。油水界面张力是影响化学驱提高采收率的重要参数之一，特别是在碱性条件下具有很强的时间依赖性。当氢氧化钠用水驱时，它能激活原油中存在的天然表面活性剂[51]，从而提高采收率。

碱性添加剂对于提高采收率的效果趋向于随 pH 值的增加而增大；然而，在储层中，这种强碱与岩石矿物发生反应，使采收率严重下降，因此作业时液体 pH 值优化到 10 左右是十分必要的[52]。

#### 5.1.1.12 少量使用的钠化合物

其他一些简单的钠盐在石油和天然气勘探开发生产中也有断断续续的和少量的应用。

氰酸钠可作为活性凝胶的缓凝剂，特别是在氢氧化铝作为封堵剂[53]的体系中。

研究表明，异氰酸钠及其他盐，如水杨酸钠，在表面活性剂溶液中，特别是长链季铵盐溶液中，可以产生黏弹性。这使得这些溶液可以作为钻井液的降滤失剂[54]，并用于压裂液中反相离子添加剂[33]。

硫氰酸钠及其他硫氰酸盐，如铵或硫氰酸钙，在钻井、完井和修井液中用作缓蚀剂。这在高结垢的碳酸盐岩或硫酸盐井中尤其适用，因为这些井的流体基本上不含钙。

钼酸钠及其他碱性钼酸盐一起用来辅助石墨作为润滑剂[56]（见5.10节）。

在堵水和水力压裂作业中形成凝胶后，往往需要对这些凝胶结构进行化学破坏或降解。过硫酸钠常用来分解多糖凝胶[57]，它也被用作金属、无机盐及其他无机物的活化剂[58]。

硫酸钠可以作为水泥促凝剂，同时预硬化时也保持可流动，便于使用[59]。

硫代硫酸钠和硫代乙醇酸钠可用于油田缓蚀剂，以提高其他成膜表面活性剂缓蚀剂的性能，特别是季铵盐基产品[60]。硫代硫酸盐与其他含硫分子具有协同缓蚀作用[61,62]，且具有显著的缓蚀性能[63]。尽管它们可以作为环境可接受的抑制剂使用，具有低毒性，并可与水环境中发现的离子种类解离，但它们的用途仅限于在产品配方中用作少量的添加剂。

最后，在关于钠及其盐的这一节中，$Na^+$的放射性同位素[20]可用于碳酸盐岩储层中水的示踪剂[64]。

其他钠盐，如磷酸盐（见4.1节）、甲酸盐（见6.1节）和硅酸盐（见7.1节），在与阳离子物质有关的章节中进行了讨论。通常使用碱金属盐，特别是钠（和钾）来增加复杂有机分子的水溶性，且在相关化学功能下，聚合物（及其单体）、表面活性剂和相关产品已经详细介绍。

### 5.1.2　钾盐

在5.1.1中介绍的大多数钠盐中可以发现钾盐，因此，不需要重新介绍这些问题。然而，一些特殊的钾盐，如氯化钾等有不同的功能，下面将对它们进行介绍。

#### 5.1.2.1　碳酸钾

钾与碳酸钠有许多相似的功能，如作为钻井液添加剂[21]和某些杀菌剂应用中预硬化时也保持可流动[7]。与氯化钾类似，它可以用作黏土稳定剂[65]，也有助于增强除垢剂配方性能[66]。

#### 5.1.2.2　氯化钾

钾基钻井液是应用最广泛的水基钻井液体系，适用于敏感页岩的钻井作业。这是因为（由于原子大小）钾离子是附着在黏土表面的最有效的物质，它能使钻头接触到钻井液的页岩时保持稳定。钾离子在聚集岩屑，并将其作为细颗粒分散到最低程度方面也是最有效的[67]。氯化钾是此类水基钻井液中应用最广泛的钾离子源；然而，其他盐，如醋酸钾、碳酸钾和氢氧化钾也有应用。

页岩膨胀是钻井作业中常见的问题，可以通过添加大量氯化钾来抑制[68]。其机制与其他抑制黏土膨胀的化学机理作用相同，通过改变离子强度和输送机制的液体进入黏土。阴离子和阳离子的类型和数量对抑制过程的效率都有重要影响。

随着水基钻井液越来越多地用于油气勘探，这一问题变得越来越普遍。人们普遍认为，水基钻井液比油基或合成基钻井液更具环境可接受性。然而，它们的使用促进了黏土的水化和膨胀。黏土膨胀发生在裸露的沉积岩地层中，会对钻井作业产生不利影响，并可能导致油井生产成本显著增加。为了有效地降低黏土矿物膨胀的程度，需要了解黏土矿物膨胀的机理，以便开发出有效的黏土膨胀剂。可接受的黏土膨胀抑制剂不仅必须显著减少黏土水化，而且必须在保持成本效益的同时满足日益严格的环境要求。这些抑制剂通常以水溶性聚合物为基础，其开发对油田地球化学来说是一个持续的挑战。

同样，在含有淡水敏感页岩或黏土的井中，使用氯化钾可以改善胶结附着力和完整性，从而减少滤失液的伤害。

氯化钾可用于在表面活性剂溶液中产生黏弹性[54]（见 5.1.1.12 中异氰酸钠），这可以用于压裂液的设计，特别是含有长链季铵盐[33]的压裂液。

氯化钾与氯化钠一样，具有降低溶液凝固点的特性，因此也可用作防冻剂。

氯化钾在某些区域禁止或限制钾盐向环境排放的情况下，会产生一些特定的处置问题，同样，由于地下水可能受到污染，在水基钻井液中使用氯化钾也会在陆上钻井中遇到同样的问题[69]。

5.1.2.3 六氰高铁酸钾

六氰基铁酸盐，特别是六氰高铁酸钾，已用作岩盐结晶抑制剂（见 5.1.1.8）。与常见的碳酸盐和硫酸盐不同，岩盐仅含有一价阴离子，使传统的阻垢剂失效。六氰高铁酸钾可以改变岩盐的晶体形态，并且在相对较高的浓度下，它会增加溶液的临界过饱和度，从而产生显著的抑制效果[70]。尽管需要相对较高的浓度，但是六氰高铁酸钾已成功应用于控制气体压缩设备中岩盐沉积的领域[71]。

在石油和天然气工业中没有进一步使用六氰高铁酸钾的报道，已经找到了其他方法及其他化学物质来控制岩盐结晶[72,73]。这可能是由于高剂量率以及与六氰高铁酸钾相关的低毒性[74]。

5.1.2.4 氢氧化钾

氢氧化钾是一种无机盐，它的化学式是 KOH。它通常被称为苛性钾，可能对读者来说很熟悉。它有许多工业和市场应用，其中大多数利用其腐蚀性和对酸的反应性。它类似于氢氧化钠；然而，每年生产的氢氧化钠比氢氧化钾大约多 100 倍[75]。

与氢氧化钠一样，氢氧化钾是通过在强氢氧化钙溶液（熟石灰）中加入碳酸钾（钾碱）制成的，使碳酸钙沉淀，留下氢氧化钾溶液：

$$Ca(OH)_2+K_2CO_3 \longrightarrow CaCO_3+2KOH \tag{5.8}$$

自 19 世纪以来，它已被现有的电解氯化钾溶液的方法所取代［式（5.9）］。该方法类似于氢氧化钠的制造：

$$2KCl+2H_2O \longrightarrow 2KOH+Cl_2+H_2 \tag{5.9}$$

在阴极上形成副产物氢气；同时，氯离子在阳极发生氧化，形成副产物氯气。

氢氧化钾和氢氧化钠通常可相互替代，如油田上应用。通常优选氢氧化钠，因为它的成本较低。因此，氢氧化钾可以用作钻井液、提高采收率、压裂液、固井水泥、润滑剂和阻垢剂等。一般来说，在使用氢氧化钠时，主要基于其成本优势。

在钻井液配方中，氢氧化钾可以用来调节 pH 值，在钾被用来抑制页岩膨胀时，氢氧化钾可能更受欢迎。氢氧化钾是基于甘油的钻井润滑剂中首选的中和剂[76]。与氢氧化钠等其他助剂类似，它作为一种延缓剂用于有机酸的生成和滤饼的去除[23]。

作为压裂液中消泡剂的抑制组成，少量的强碱（例如氢氧化钾）比较大体积的弱碱好[24]。这通常使得它与压裂液中的其他组分有更好的相容性。

氢氧化钾是水垢溶解剂配方中的优选强碱，也是增强剂[66]（H. A. Craddock 和 R. Simcox，未发表）。

5.1.2.5　其他钾盐

还有一些其他钾盐用于石油和天然气勘探开发领域。碘化钾作为季铵盐及其他产品缓蚀剂的增效剂[77]，特别是1-（4-吡啶基）-吡啶氯化盐、十二烷基氯化吡啶、苄基二甲基硬脂基氯化铵和十二烷基三甲基溴化铵、炔醇（1-辛炔-3-醇、炔丙醇）和反式肉桂醛。这些产品用于酸缓蚀剂，特别用于酸化修井和增产工艺中保护金属表面。

高锰酸钾作为氧化剂研究用于促进铅垢溶解，但对氧化锰的后续沉淀处理有困难。

与钼酸钠一样，钼酸钾也用来辅助石墨作为润滑剂（参见5.10节）。

5.1.2.6　环境中的钾

环境中的钾元素在植物生长中起着重要作用，但往往会抑制植物的生长。来自死亡植物和动物材料的钾通常在土壤溶解于水之前与土壤中的黏土矿物结合。它很容易被植物吸收。钾肥经常被添加到农业土壤中。植物平均含有约2%的钾（干质量），但其含量在0.1%~6.8%之间变化。由于其高渗透压力，钾盐可能会杀死植物细胞。

钾在水中具有微弱的危害，但钾的传播速度非常快，由于其相对较高的流动性和较低的转化潜力。钾盐毒性通常由化合物中的其他成分引起，例如氰化钾中的氰化物。

5.1.3　锂及其化合物

通常情况下，锂是最轻的金属元素和最不致密的固体元素。与所有碱金属一样，锂具有高活性和易燃性。因此，它通常存储在矿物油中。由于其高反应活性，锂在自然界中不是以自由态存在，而是仅出现在通常为离子化合物的盐中。锂存在于许多矿物中，如石英、长石和云母；然而，由于其作为离子的溶解性，它存在于海水中并且通常从矿化水和页岩中获得。在商业规模上，锂可以从氯化锂和氯化钾的混合物中电解分离。

锂及其化合物具有多种工业应用，包括耐热玻璃和陶瓷，锂基润滑脂，用于铁、钢和铝生产的助焊剂添加剂。由于锂的相对同位素不稳定，锂是核物理中的一个重要元素[78]。

所有的生物体中都存在微量的锂。该元素没有明显的生命功能，因为动物和植物在没有它的情况下也能够健康地生存，当然也不排除非生命功能。

5.1.3.1　锂基润滑脂

在石油和天然气勘探开发领域，锂作为某些钻井润滑油和润滑脂的复合物[79]。这种用锂皂制成的润滑脂（锂基润滑脂）能很好地黏附在金属表面上，是非腐蚀性的，可以在重负荷下使用并且具有良好的耐温性。对于高性能和高温应用，锂基润滑脂已被其他类型的润滑剂取代[80]。

在寒冷气候和海底条件下，金属润滑剂是寒冷气候下任何运动部件所面临的重大挑战，它们需要在很宽的温度范围内表现出良好的黏度特性，并且能够承受这种极端温度。此外，暴露于井中流体加热的海底连接设备的重型润滑脂需要在水下长时间保持所需的润滑水平，以便随时断开设备[81]。

从环境影响的角度来看，大多数润滑剂化合物在多数监管控制下无法满足使用和排放的所有要求。通常，“绿色”化合物迄今为止表现出较差的性能特征，并且在寒冷气候下不能通过初步性能测试。需要在润滑剂性质和生物降解性/毒性水平之间进行平衡。锂基润滑剂极有可能有助于解决这一难题。

#### 5.1.3.2 锂盐

溴化锂（LiBr）压缩式制冷机已经使用了半个多世纪，主要用于商用空调行业。然而，在气体调节装置中，它们也经过适当的改造后运行。事实证明，这种冷却技术可以在油田环境中经济地和连续地运行，并且运行和维护成本最低[82]。

碳酸锂用作具有高氧化铝含量的水泥中的促凝剂。这种由铝土矿（混合组分的铝矿石）和石灰石（碳酸钙）制成的水泥具有一定抗化学侵蚀性，并具有快速硬化性能[83]。

丙烯酸或甲基丙烯酸聚合物和共聚物的锂盐用作钻井液体分散剂[84]。

#### 5.1.3.3 锂对环境的影响

石油和天然气勘探与开发行业并不是将锂和锂化合物引入环境和进行锂矿物开采的主要贡献者，而是它被用于大多数手机、笔记本电脑、可穿戴电子产品以及几乎任何其他由可充电电池供电的锂离子电池。锂通常存在于缺水地区的盐滩中。锂的开采过程使用大量的水。因此，除了其潜在水污染之外，资源枯竭或运输成本是需要处理的问题。过度开采会导致当地人口、动植物群可用水量减少。

即使在发达国家，锂离子电池的回收率也在个位数范围内，大多数电池最终进入垃圾填埋场。

美国环境保护署（EPA）指出，锂离子电池生产中用到的镍和钴都意味着巨大的额外环境风险[85]。

欧盟委托进行的2012年的一项研究将锂离子电池与其他可用电池（铅酸、镍镉、镍氢和钠硫化物）进行了比较[86]。结论是锂离子电池对金属损耗的影响最大，这表明回收利用很复杂。在制造过程中，锂离子电池与镍—金属氢化物电池是最耗能的技术，相当于每生产1kg电池就要消耗1.6kg油。它们在温室气体排放量方面排名最差，1kg电池排放的二氧化碳当量高达12.5kg。

技术当然会有所改善，锂供应将足以应对可预见的未来，并且回收率将会攀升。然而，其他问题，仍然存在老化汽车和电子设备向基础设施欠发达国家的迁移，锂矿开采和加工也将如此。因此，新电池技术和氢燃料电池在未来几年将变得更加重要，这是可以想象的。

## 5.2 铝及其盐

铝是元素周期表ⅢA族（硼族）的银白色金属。在地壳中，它是最丰富的金属元素，是继氧和硅之后含量第三丰富的元素，但在自然界中从未发现它的单质形态。它主要存在于非常稳定的氧化物、氢氧化物和硅酸盐中。主要的天然形式是矿物质铝土矿[87]。

如今铝的所有工业生产，都是通过电解还原溶解在熔融冰晶石中的氧化铝，这是由美国的C. M. Hall和法国的P. Héroult独立发明的。铝具有许多理想的物理性质。它具有可塑性和轻质的特点。纯铝相对柔软且薄，但它可以形成许多强力合金。它具有高导热和导电性。铝的黏附表面氧化膜使其具有耐腐蚀性，可抵抗大多数酸的侵蚀，但碱性溶液溶解其氧化膜并导致快速腐蚀。氧化物和硫酸盐是最广泛使用的含铝化合物。在石油和天然气领域，许多铝产品得到应用，从水泥（如快速凝固的高铝水泥[83]）到润滑剂和其他添加剂。铝及其合金广泛用于石油和天然气设施的建设，但这超出了本书的范围，因此不考虑它们的使用和环境影响。

尽管环境中铝含量非常丰富，但没有已知的生命形式会代谢使用铝盐，但人们认为植物和动物对铝具有良好的耐受性。

### 5.2.1 氯化铝和聚合氯化铝（PAC）

氯化铝（三氯化铝）用作凝胶剂，用于降低水层的渗透性，因为可选择性地形成基于氢氧化铝的无机凝胶，这种凝胶受温度和 pH 值的影响而发生变化，铝和氢氧根离子连接形成的凝胶是复杂的、无孔的、不可穿透的和不规则的网络结构[88]（见 5.2.2.1）。

氯化铝已用于涉及氢氟酸（HF）参与的酸化系统中。产生氟化铝，其酸化速率低于氢氟酸[89]。

氯化铝基本上来源于制造其他化学产品的副产物，因此相对便宜。

聚合氯化铝是一种广泛用于水处理的混凝剂，用于各种工业领域[90]。它可以通过多种方式制造[91]。

聚合氯化铝完全溶于水，具有通式 $[Al_n(OH)_mCl_{(3n-m)}]_x$ 和聚合物结构。聚合链的长度、分子量和离子电荷数由聚合度决定。水解时，形成各种单组分和聚合组分，$[Al_{13}O_4(OH)_{24}]^{7+}$ 是特别重要的阳离子。

聚铝絮凝剂的一个重要特性是它们的碱性。这取决于水合复合物中羟基与铝离子的比例，通常碱度越高，处理过程中碱度的消耗越低，因此对 pH 值的影响越小。聚铝絮凝剂通常比明矾（硫酸铝钾）消耗的碱性低得多，与明矾相比，它们在更宽的 pH 值范围内有效，在冷水中也有效。

在水处理过程中使用聚铝絮凝剂的另一个重要优点是降低了添加到处理过的水中的硫酸盐浓度。这直接影响到生活污水中的硫酸盐含量。

令人惊讶的是，这种聚合物在油田部门废水处理中的应用相对较少[92]。似乎对这种材料的应用应尽早进一步探索，特别是因为它在其他水处理领域有很好的使用记录，并且对环境的影响很小。实际上，这种聚合物及相关铝盐已被用于处理含磷量高的废水[93]。

### 5.2.2 羧酸铝盐

羧酸铝，尤其是柠檬酸铝，在凝胶形成和应用技术中具有多种作用。柠檬酸铝用作低浓度聚合物凝胶中的交联剂。这对于高渗透区域的深度封堵特别有价值。然而，凝胶的性能很大程度上取决于所用聚合物的类型[94]（见第 2 章）。

羧酸铝已用作凝胶剂的活化剂，并能够提高碳氢化合物基流体的黏度[95]。

铝和柠檬酸形成复合物，是一种适用于膨润土分散的水性钻井液分散剂[96]。

羧酸铝已被用作非聚合物减阻剂（DRA）。这些产品不会发生剪切降解（参见 2.1.1），并且不会影响或导致流体质量发生不良变化。实例是二辛酸铝和二硬脂酸铝及其各种混合物[97]。

铝酸钠 $[NaAl(OH)_4]$ 应用于气井中的水控制，其中与水接触时 pH 值下降，氢氧化铝作为凝胶沉淀出来[98]。

```
   OH  OH
   |   |
HO—Al—Al—OH
   |   |
   Cl  OH
```

图 5.1 羟基氯化铝

氢氧化铝 $[Al(OH)_3]$ 可用作自破坏型滤饼材料的成分[99]。这些材料用于钻井和完井作业，理想情况是它们在不再需要时会消失，无须机械干预或注入滤饼解除剂等化学品。

相关羟基氯化铝材料（图 5.1）可用作凝胶封堵剂[33]。该材料是无毒的，广泛用于化妆品和个人护理产品的配方中。

#### 5.2.3　异丙醇铝

异丙醇铝通常用式 Al(O-$i$-Pr)$_3$ 表示，其中 $i$-Pr 是异丙基［CH(CH$_3$)$_2$］。这种无色固体是有机合成中的重要试剂。该化合物的结构复杂，可能随时间变化，并且取决于溶剂。它主要用于石油和天然气工业中，与磷酸酯组合形成阴离子缔合聚合物，其中铝作为交联剂。这种胶凝剂在钻井作业中用作降滤失剂[100]。

#### 5.2.4　氧化铝

氧化铝（$Al_2O_3$），是波特兰水泥及其他水泥在井筒完井中广泛使用的重要成分[33]，与硫酸铝结合，可以用作固井促进剂。

以氧化铝作为关键成分的陶粒可用作支撑剂[101]，铝矿石铝土矿也用作水力压裂的支撑剂[102]。

#### 5.2.5　磷酸铝酯盐

有机液体凝胶可用于压裂过程的暂堵和转向，并且使用磷酸铝酯（参见 4.5 节）允许碳水化合物原位成胶，特别是用于压裂作业的油基压裂液交联剂，以提高石油和天然气的产量。基于原油或柴油的凝胶可以使用异丙醇铝和磷酸二酯[103]制备。

通过磷酸三乙酯和五氧化二磷的反应形成另一种类似的多磷酸盐聚合物，然后将其与硫酸铝交联[104]。

#### 5.2.6　硫酸铝

硫酸铝与聚合磷酸铝酯混合被用作交联剂。硫酸铝也是与氧化铝结合使用的水泥促凝剂。

硫酸铝也被用作水处理中的絮凝剂，然而，这主要集中在饮用水净化、废水处理和造纸中。

#### 5.2.7　其他铝化合物

石油和天然气勘探开发行业使用的其他一些铝化合物和材料的数量相对较少。

氯化铝水合物与聚二甲基二烯丙基氯化铵（图 5.2）等多胺结合，可产生有用的水包油破乳剂，特别是在高温下[105]。

凝胶可以与黄胞胶的水溶液混合，形成一种产品，可以用来处理溢油。这种产品具有剪切变稀特性，这是一种非常理想的应用效果[106]。

明矾（硫酸铝钾）与其他组分一起用于控制气体和含油层特定凝胶体系的形成[33]。

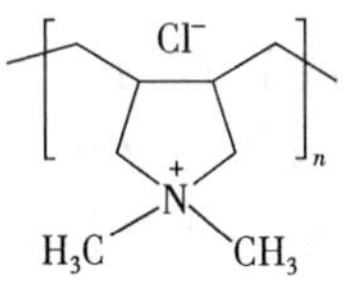

图 5.2　聚二甲基二烯丙基氯化铵

铝及其他金属一起被用作防卡剂。这种产品通过在类似物质之间提供不同的金属表面来防止和减轻高轴承应力造成的损害。这些材料受到环境和监管压力，尽管具有环境惰性的铝可能更适合使用[107]。

铝/胍络合物与改性淀粉结合可以用作页岩中的黏土稳定剂，稳定钻井液[108]。

在稠油运输过程中，硝酸铝是一种有效的乳化稳定剂[109]。高黏原油可以通过形成乳液进行运输，从而在运输过程中减少加热或使用稀释剂。

可以看出，涉及铝的化合物在石油和天然气勘探开发中有着广泛应用[110]。鉴于其优异的环境惰性，需要进一步研究它在其他工业中的应用。然而，这可能需要用一种更可持续的方法来进行。

5.2.8　环境影响

将铝土矿转化为铝的过程是非常耗能的，需要大量的电力、水和资源来生产。此外，冶炼过程释放的氟碳化合物，相对于二氧化碳对全球变暖的影响，其危害更大。

当开采铝土矿时，露天采矿过程破坏了矿区的植被，造成当地野生动物的栖息地和食物的损失以及严重的土壤侵蚀。

残留的腐蚀性红色污泥和有毒矿山尾矿通常存放在挖掘的矿坑中，可能污染地下水和当地水源。

加工过程中释放的颗粒物，如燃烧副产品、烧碱气溶胶、铝土矿粉尘、石灰石、烧焦石灰、氧化铝等，会严重影响空气质量。

虽然人们普遍认为铝对环境无害，但高浓度的含铝工业废水仍然对淡水生物有毒害。另外，铝对环境的影响主要是由于酸雨导致集水区酸化，酸化区域土壤和淡水中的铝浓度增加。水生和陆地生态系统也可能会受到影响。

铝也可以在淡水无脊椎动物和植物中富集，似乎影响菌根和细根系统。因此，受铝污染的无脊椎动物和植物可能是铝进入陆地食物链的纽带[111]。

## 5.3　钡盐

在石油和天然气勘探开发中使用的钡盐种类有限，主要是硫酸钡（及其矿物形式的重晶石）和氯化钡。钡和铝一样，在配方中用作防黏结剂[107]。

大多数储层岩石由重晶石或相关的钡矿物组成。在利用这些地质构造开发和生产石油和天然气时，钡盐，特别是硫酸钡经常被当作一种问题矿床，尤其是生产水中的钡离子与海水混合的情况。海水中含有丰富的硫酸盐，冷却或温度变化产生的混合物会使硫酸钡沉积。油田中结垢机理的相关研究可以参考其他出版物[112]。

结垢沉积对油田生产的经济影响很大，因此，人们在认识、预测和减缓结垢沉积，特别是高不溶性的硫酸钡结垢沉积方面付出了很大的努力。在本书中，已介绍化学阻垢剂，特别是在第2章和第4章。从硫酸钡本身来看，它对环境的影响通常是最小的，因为它是一种自然生成的物质。当然，环境干扰对其沉积有影响。自然产生的放射性物质（NORM垢）在油田作业中对环境的影响更为显著，通常硫酸钡垢成为一个问题。

5.3.1　天然存在的放射性物质

在高压和高温条件下，与各岩层接触产生的水含有许多可溶性成分，包括钡和铀以及铀和钍衰变过程的中间体。随着水的生产，温度和压力下降，从而使钡及其他放射性核素可以在分离器、阀门和管道内共同沉淀，形成不溶性的NORM垢。垢通常采用机械方法去除并浸渍至1mm或更小的粒度，然后经批准后将其排出。较小的设备，如阀门和管道，通常在翻新和重新使用前运输至授权设施进行清洁。

虽然水处理系统的某些部分可能会定期清洁，有一定数量的天然存在的放射性物质可能留在系统内，这必须在设备正式停用时进行处理。

天然存在的放射性物质和产出水中最重要的放射性元素是镭，特别是同位素镭[226]，它是半衰期为1620年的α发射体。已经深入研究镭在海洋环境中的行为及其对海洋生物的影响[113]。值得注意的是，在NORM垢中发现的放射性盐同样在所有海水中也有发现。大海在数百万年来一直具有放射性，海洋生物就是在这种背景下进化而来的。

如果镭在海洋生物中生物累积，然后向上传递到人类的食物链中，那么镭的排放将引起关注。一般来说，分类地位和对辐射的敏感性之间存在反比关系，海洋无脊椎动物对辐射毒性的耐受性极强，而人类则是最敏感的。海洋动物可以从周围海水中的溶液、摄取的海底沉积物或食物中潜在地生物累积镭。

然而，从海上设施排放的NORM垢不溶于海水，生产时，富含钡和镭的水被排放到富含硫酸盐的海水中；镭以钡、镭和硫酸盐混合物的形式迅速沉淀，同样也是不溶性的。因此，在海水溶液中的镭浓度很低，对海洋生物的生物可利用率很低。不仅如此，海水中溶解大量的阳离子，比如钙和镁，抑制了生物累积。

同样，任何海底沉积物中的镭都不会对底栖生物有生物利用性。由于在海水和沉积物中的浓度低，镭很少在海洋植物的组织中富集至高浓度。由于转化效率低，镭浓度随着营养水平的增加而降低，北海和墨西哥湾数据表明，食用鱼类和贝类对人类的危害并不显著。

海上石油和天然气作业排放的放射性物质被认为对环境没有重大影响。

### 5.3.2 重晶石

重晶石是油田的一种天然矿物和沉积垢，在许多应用中用作一种常用的添加剂，例如，水泥中的加重剂[114]。这种药剂被用来增加水泥的密度，以提高井底高压力。重晶石作为水泥添加剂存在许多问题；以重晶石凹陷为主，这是钻井和固井中很难理解的现象。然而，在过去10年中，利用现场技术可以预测重晶石凹陷情况，并通过超低剪切速率黏度改性提供补救措施[115]。

同样，自20世纪20年代以来，重晶石也一直用作钻井液加重剂。它通常比其他材料更受欢迎，因为它的密度高，易于操作和使用，价格便宜。重晶石矿石含有硫酸钡以外的矿物，如碳酸铁，这可能对钻井液有害，因此它经常被表征[116]，并且适当地改性[117]。

### 5.3.3 硫酸钡

硫酸钡（$BaSO_4$）垢是在油田作业遇到的最困难和处理成本最高的问题之一。在油田中通常的做法是通过分析水样中的成分，得到油田矿化水结垢趋势。现代软件程序可以使用相关数据，如温度、压力、盐浓度等条件确定正常操作条件下结垢沉积的风险[118]。通过溶解和阻垢的化学处理来控制这种结垢在其他章节中有广泛的介绍，特别是第2章和第6章。硫酸钡已用作可生物降解钻井液中的加重剂[26]，并作为清除钻屑的清洁材料。必须对硫酸钡进行研磨和筛分，使其足够小，能够悬浮在钻井液中。钻井液循环过程中，这种材料可以将小钻屑从钻孔输送到地面进行处理和处置[33]。

### 5.3.4 环境风险

众所周知，不同的钡化合物表现出截然不同的毒性；土壤中的钡或环境中沉积物的修复标准通常以钡的总浓度为基础，而不考虑存在的特定钡化合物。然而，得克萨斯州环境质量委员会（TCEQ）一致认为，不溶性硫酸钡（即重晶石）并不是人类健康方面关注的化合物，从而消除了对该化合物的清理标准或现场修复的需要[119]，而且石油和天然气上游领域很少或根本没有使用其他含钡产品。

## 5.4 硼及其化合物

硼及其相关化合物（如硼酸盐）主要用作降滤失剂和压裂液中的交联剂[120]。是最常见的压裂液交联剂，可由硼酸、硼砂、碱土金属硼酸盐或碱金属—碱土金属硼酸盐生成。硼酸盐必须含有30%的硼酸，与瓜尔胶的羟基形成复合物，交联聚合物单元。这一过程降低了pH值（因此需要控制pH值）[121]。这些流体在高达105℃的温度条件下表现出优良的流变性、降滤失和携砂性能[122]。

显然，含硼交联剂在压裂液中广泛使用导致的环境毒理性比食品级多糖产生的毒性更为复杂。硼酸天然存在于空气、水（地表水和地下水）、土壤和植物中（包括粮食作物）。它通过岩石的风化、海水的挥发和火山活动进入环境[123]。大多数硼化合物在环境中转化为硼酸，硼酸的水溶性相对较高，导致化学物质进入水生环境。因此，对环境有一定的影响[124]。

假定硼酸吸附在土壤颗粒、铝和铁矿物中，这种吸附是可逆的，也是不可逆的，这取决于土壤的特性。众所周知，硼酸在土壤中具有流动性[125]。美国环保局预计硼酸产品的使用模式不会对鸟类产生不利影响。

硼砂，也被称为硼酸钠、四硼酸钠或四硼酸二钠，是一种重要的硼化合物。粉状硼砂为白色，由柔软的无色晶体组成，易溶于水。它有各种各样的用途，是许多洗涤剂和化妆品的组成部分。它也被用作阻燃剂和抗真菌化合物。硼砂最早是在西藏干涸的湖床中发现的，通过“丝绸之路”进口到阿拉伯。它最早也是在19世纪末开始普遍使用的，当时它在20 Mule Team硼砂商标下的大量应用中得到普及，该商标以硼砂最初从加利福尼亚州和内华达州沙漠中大量运出的方法命名，其数量足以使硼砂便宜且普遍可用。它在上游石油和天然气工业中用作水泥缓凝剂，特别适合在高温条件下使用[33]。它与乙二醇混合使用也被称为运输助剂。

## 5.5 钙及其盐

钙是一种碱土金属，也包括镁。高纯度的钙是银色的，相当柔软（比铝更柔软）。钙非常活泼，在自然界中不以钙单质的形式存在。它存在于各种化合物中，在这些形式中，钙盐占所有火成岩的3%~4%，使它成为地壳中含量第五丰富的元素。在金属中，钙含量排名第三，在地球的每个区域都有。1808年，Humphry Davy爵士首次将其作为元素分离出来。

钙这个词来源于拉丁语“卡克斯”，即石灰。罗马人把石灰和沙子、水混合在一起生产砂浆，用来制造建筑物和道路。至今，砂浆仍在砌砖中使用。

钙盐主要存在于石油和天然气板块，作为有问题的结垢沉积物，特别是碳酸钙和硫酸钙。无机酸和氢氟酸处理砂岩，生成氟化钙沉淀。介绍这些垢的出现及其沉积的机理，不在本书的范围，与硫酸钡一样，读者可参考其他出版物了解更多细节[112]。

本书的其他章节，特别是第 2 章和第 6 章，分别讨论了化学抑制剂及其他方法和去除剂对这些垢的缓解作用。

在钻井和完井作业中钙盐作为主要添加剂，特别是完井液盐水。

铝酸钙作为水泥组分，具有高强度、低渗透性和抵抗二氧化碳能力[126]。

混合的金属氢氧化物，特别是氢氧化铝钙［$Ca_3Al_2(OH)_{12}$］，能够赋予普通膨润土钻井液剪切变稀的特性。这些钻井液是高黏性的，但在受到泵的剪切力时，它们稀释为类似水的流体[127]。

### 5.5.1 溴化钙、氯化钙和碳酸钙

这些钙盐可广泛地单独或混合使用，以提供一系列一定密度的流体[128]。

正如本章之前对氯化钠的简要介绍，这些矿化度水有许多功能，其中一些功能如下：

(1) 固井前钻井液顶替的隔离液。

(2) 清除碎屑。

(3) 在完井和井下作业中控制地层压力。

(4) 作为循环或压井液介质进行修井作业。

(5) 作为隔离液。

(6) 在生产措施和修井作业中作为基础液。

(7) 过滤运行之前的区域清理。

(8) 过滤运行设备时减少摩擦。

(9) 避免在完井、生产或修井后损坏油井。

(10) 允许进行其他井作业。

钙盐的组成和类型变化使矿化水的密度范围更广，从而控制一系列的地层压力。其中，钙盐及其组合是控制压力的关键，因其提供了广泛的控制参数和液柱压力[126]。

氯化钙和碳酸钙具有许多其他添加剂的功能。碳酸钙是水泥的主要添加剂之一，用于完井，氯化钠与氯化钙混合用作水泥促凝剂[30]。

碳酸钙已成功用作钻井液中重晶石的替代品，可作为加重剂，也可作为滤饼形成、防止细颗粒迁移到储层中的添加剂[129]。碳酸钙能与酸性物质发生反应，可以选择性地降解，在滤饼中产生空隙，使得流体能够更自由地移动[99]。

不同粒径级配或选择的碳酸钙与改性淀粉联合使用，可作为降滤失剂。重要的是碳酸钙颗粒具有大尺寸分布，可以防止过滤或流体流失到地层[130]。碳酸钙也用作表面活性剂基滤失配方中的加重剂[33]。降滤失剂配方中的碳酸钙也可用于功能性水力压裂液[130]。

氯化钙与上述的其他盐是一种有效的防冻剂[34]。但由于其具有很强的腐蚀性，在油田的使用受到限制。然而，广泛用于路面处理，其对环境的影响得到了深入的研究，请参阅本部分后面的内容。

### 5.5.2 氟化钙

如前所述，许多金属盐被用作防卡剂，氟化钙提供了一种有效的替代品[107]。它可以与二硫化钼结合使用，也可以用作增稠剂或替代物[131]。

### 5.5.3 氢氧化钙

传统上氢氧化钙称为熟石灰，化学式为 $Ca(OH)_2$。它是一种无色晶体或白色粉末，氧化钙与水发生反应能制备氢氧化钙。氢氧化钙有许多应用，其中就包括了食物制备。与其他钙盐一样，氢氧化钙广泛应用于钻井中。

石灰钻井液是一种水基钻井液，内含有石灰及氢氧化钙，并保留了过量的未溶解的石灰固体。石灰钻井液可以根据过量的石灰含量分类，且所有石灰钻井液的 pH 值是 12。可以使用氢氧化钙来饱和从这些液体中过滤出来的滤液。使用石灰钻井液的原因之一，就是石灰钻井液有非常高的碱性（如过量的石灰）来中和酸性气体。使用大量的石灰中和大量的二氧化碳，可以使 $H_2S$ 层钻得更安全。氯化钾含量高的石灰钻井液已成功地用于可水化页岩的钻井作业。

在一些特殊钻井液成分的构成中，会涉及在特定页岩地层中原位形成半透膜。此时，首选氢氧化钙为 pH 调节试剂[21]。

同碳酸钙一样，氢氧化钙在固井中也可用作可降解桥堵剂[99]。

氢氧化钙可以添加至黏弹性表面活性剂（VES）基降滤失剂中，从而改善其性能[132]。这种特性已在压裂液中得到应用，用于类似的 VES 中对滤失进行控制。在这些应用中，当氢氧化钙皂化 VES 中的脂肪酸时，黏度会增加，主要是形成了天然表面活性剂[133]。

### 5.5.4 氧化钙

氧化钙（CaO）俗称生石灰，广泛应用于各种用途，是波特兰水泥的主要成分。在室温下，它是一种白色且是碱性的结晶性固体。氧化钙的一个重要特性是它在加工过程中不会对水泥等建筑产品发生反应。同时，考虑到其相对便宜的价格，氧化钙常作为一种重要的商品。

在石油和天然气工业中，根据固井中存在的氧化钙的量，可以计算水泥凝结时间，也可以计算出水泥水化需要准确的水量。这种行为及其量化非常重要，这样才能在井筒中正确地放置水泥。此外，水泥膨胀取决于膨胀剂（主要是氧化钙）加入的时间。氧化钙的膨胀特性取决于其在加工过程中的加热状况，并可以优化以获得高强度等特性[134]。

类似地，氧化钙也可作为堵水添加剂。例如，甲醛树脂用作基础聚合物组分时，氧化钙可以用作膨胀剂[33]。含有纤维增强剂的水泥，特别是在控制条件下会降解的矿物纤维，也含有大量的氧化钙[135]。

过氧化钙（$CaO_2$）是一种黄色的固体，不溶于水，但溶于乙酸等有机酸，并生成过氧化氢。因此，这提供了一种用于滤饼降解的过氧化氢的方法。这些产品的设计可以延迟释放过氧化氢[136]。

### 5.5.5 其他钙盐

木质素磺酸钙盐是一种较环保的替代品，以取代木质素磺酸铬盐[137]。木质素磺酸钙也可用作水泥黏度控制添加剂，以防止在泵送作业期间固体沉降。木质素磺酸盐在 2.2.2 中有更详细的讨论。

磺酸钙（图 5.3，以十二烷基苯磺酸钙为例）是一类钻井作业的基础润滑脂。在钻井作业中，钻杆及其他组件中的螺纹连接暴露在钻井液和钻屑中。这些液体及其他碎屑会溶解并侵蚀连接处的油脂。含有磺酸钙基润滑脂的配方在钻井及相关作业过程中具有更好的抗溶解和侵蚀性能[138]。

如前所述，硫氰酸钙可以与钠盐一起作为缓蚀剂，用于钻井液、完井液和修井液[55]。

第6章讨论了柠檬酸钙等有机酸的钙盐。硅酸盐，例如硅酸二钙，将在第7章讨论。

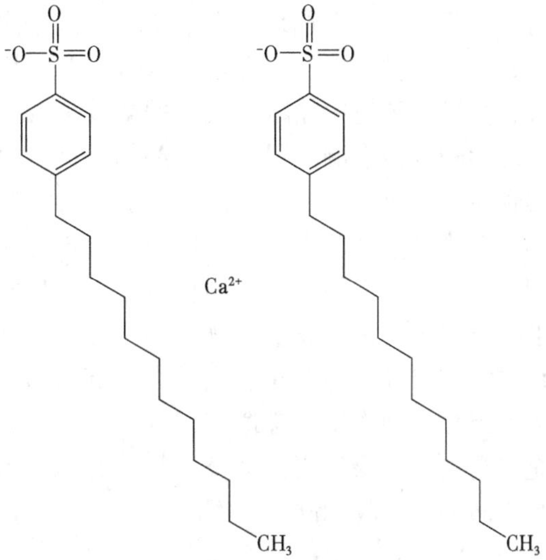

图5.3 十二烷基苯磺酸钙

### 5.5.6 钙及其盐对环境的影响

钙是骨骼、牙齿、海洋生物的外壳和珊瑚礁的主要成分。正是因为钙的存在这些结构具有一定的机械强度。当组成珊瑚礁的有机体死亡时，它们富含钙的身体作为沉积物沉积下来，最终变成石灰岩。陆地上的石灰岩矿床来源于这些海洋沉积物，是海洋化石记录的重要组成部分。

当微酸性的地下水（由于二氧化碳的存在）渗入地下裂缝，逐渐溶解石灰石并形成洞穴时，形成壮观的石灰岩洞穴。滴水过程通常会产生石笋和钟乳石，分别从溶洞地面和顶部伸出长长的冰柱状突起。

石灰岩，例如珊瑚和软体动物的外壳，其主要来源是碳酸钙。同时，碳酸钙也可用作抗酸剂。这是因为它是碱，可以中和硫酸。大理石与石灰岩是同一种物质，且含有某些杂质。混凝土是由沙子、砂砾和波特兰水泥（以英国波特兰岛上发现的天然石灰石命名）混合而成。石膏作为另一种钙化物，常用作制备板岩或干墙的材料，其化学名称是二水合硫酸钙。其他重要的化合物还有生石灰（氧化钙）和熟石灰（氢氧化钙）。

钙在人类生物学中起着重要的作用，人体中99%的钙存在于骨骼中。骨骼中的钙主要以晶体形式存在，即钙、磷酸盐和羟基原子的化合物，又称为羟基磷灰石。随着骨骼的破坏和更新，不断取代钙。骨骼中的矿物质会被吸收，并通过新骨骼的形成和矿化度来平衡。这个过程由身体的激素控制，以保持骨密度和体积不变。

钙的生物学重要性超出了它在骨骼中的作用，因为钙也存在于软组织中。细胞外液中的钙离子有助于保持细胞膜的完整性和渗透性。它们还在凝血、离子转运以及维持心律、兴奋神经和肌肉方面发挥作用。

钙是人类饮食的一个重要组成部分，大多数人从牛奶及其他乳制品中获得所需钙量的一半。湿润地区的土壤通常比干燥地区的土壤含有更少的钙，所以在湿润地区，常常添加钙到土壤中以降低酸度。土壤中的钙含量似乎不影响人类的营养，因为植物吸收的钙的数量更多地取决于植物的性质，而不是土壤中的钙含量。一个人饮食中的钙含量取决于他吃的是什么类型的植物（而不是植物生长的地方），同样重要的是，产奶的奶牛吃的是什么类型的植物。

认为钙是环境友好型，包括石油和天然气工业在内的工业排放的钙盐都对环境几乎没有危害。尽管如此，人们对钙盐，尤其是氯化钙的潜在环境影响还是进行了大量的研究。而氯化钙，一直被广泛作为道路除冰剂使用[139]。人们发现，冬季维护中化学除冰剂使用量的增加，会导致环境中除冰剂成分的浓度增加。与此同时，除冰作业的径流对土壤和水质有恶化的影响，但影响的程度是局部的。这取决于各种气候因素，也可以归因于盐的种类及其储存条件。总的来说，钙盐，特别是氯化钙对环境的影响程度较低。

用作合成基钻井液岩屑废物黏合固化剂的钙质水泥，主要用于将合成岩屑作为填埋前预处理或作为建筑产品的潜在再利用[140]。根据北海和红海地区典型钻屑中特定污染物的平均浓度，研究了两种合成混合物，并测试了包括硅酸矿化水泥、石灰和高炉矿渣在内的多种传统黏结剂以及微硅石和氧化镁水泥等新型黏结剂。尽管两种合成岩屑的含碳量存在显著差异，但黏结剂类型和含量相同的混合物测得的单轴抗压强度（UCS）值是相似的。重要的是，浸出性结果表明，将合成基钻屑还原为稳定的非放射性危险废物，符合英国的非危险垃圾填埋场验收标准。

## 5.6　卤素

本节将研究基于卤素的各种化合物在石油和天然气领域中的应用。不包括金属的卤化物盐，因为这些将在本章的其他部分讨论。除了盐和其他化合物外，自由元素也被认为可用于油气勘探与开发领域的化学应用。

卤素是元素周期表中的一族，由 5 种化学元素组成，即氟（F）、氯（Cl）、溴（Br）、碘（I）和砹（At）。最后一种元素砹具有放射性，在石油和天然气领域没有应用，因此没有讨论。卤素的意思是可生成盐，卤素与金属发生反应时，会生成各种各样的盐。

所有卤素与氢成键时都会形成酸，这些产物将在本节中讨论。大多数卤素通常由矿物或盐产生。氯、溴和碘等中间卤素常用作消毒剂，而有机溴化物则是一类重要的阻燃剂。卤素分类为危险元素，并且具有致命的毒性。

### 5.6.1　溴和溴化合物

#### 5.6.1.1　杀菌剂、溴和有机溴化物

油田工作液中常加入杀菌剂，用于油井现场施工和增产。这有助于减少细菌的数量，从而提高油井处理的稳定性。此外，杀菌剂可以最大限度地减少井内腐败，并可以减少或消除细菌的有害影响，比如由于厌氧生物［如硫酸盐还原菌（SRB）］的活性而产生的 $H_2S$（酸化）。

生物杀菌剂还可以控制生物膜，以及油田上附着在泵、管道、热交换器和过滤器上的薄层细菌和黏液。在地层中也发现了生物膜。生物膜会导致系统结垢，造成沉积物下腐蚀，降低传热效率。此外，生物膜可堵塞地层和过滤器渗透性。

本节后面讨论的氧化氯基杀菌剂在油田微生物控制方面有着悠久的历史。基于溴的技术已开发用于许多工业，现在它们也正在油田中应用。溴比氯更贵，因此溴作为杀菌剂的应用必须基于杀菌性能、成本效益及其他特性。

在油气勘探与开发领域中不使用元素溴，然而，稳定形式的氯化溴则被用作杀菌剂。

它与次氯酸盐一样，在稳定性方面也有不利之处，稍后将对此进行讨论。但如将其稳定为一种氨基磺酸盐，这将能更容易处理。这项技术可以有效地控制微生物，产品可以穿透并去除生物膜。作为一种新型的杀菌剂，拥有着氧化剂的功效和非氧化剂的稳定性[141]。

除此以外，还有许多有机溴化物杀菌剂。最常见的是2-溴-2-硝基丙二醇（BNPD）（图5.4）、2，2-二溴-3-硝基丙酰胺（DBNPA）（图5.5）、1-溴-1-（溴甲基）-1，3-丙二腈（图5.6）和2，2-二溴-2-硝基乙醇（图5.7）。严格来说，这些产品既不是氧化性的杀菌剂，也不是非氧化性的杀菌剂。BNPD或溴硝丙二醇已在油田应用了数十年[142]，最初是应用于化妆品和个人护理领域[143]。

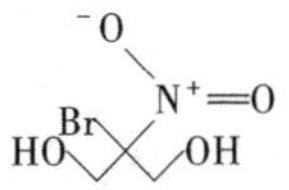

图5.4 2-溴-2-硝基丙二醇

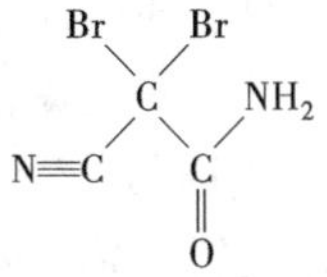

图5.5 2，2-二溴-3-硝基丙酰胺

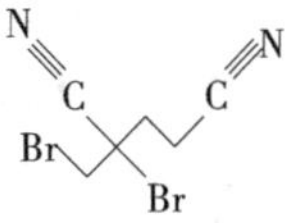

图5.6 1-溴-1-（溴甲基）-1，3-丙二腈

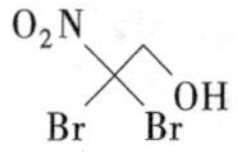

图5.7 2，2-二溴-2-硝基乙醇

在上述杀菌剂中，最常用的是DNPA。因为它在水中不稳定，在水中它会迅速水解和降解成氨和溴离子。同时，它对pH值敏感，在酸性和碱性条件下都能水解。还认为DNPA与非氧化性和氧化性杀菌剂有协同作用[144]。

#### 5.6.1.2 次溴酸盐和次溴酸

已研制出可用于油田的稳定的次溴酸盐和次溴酸溶液，它们的性能优于次氯酸盐和次氯酸[145]。与此同时，这些溶液都是强氧化剂。

### 5.6.2 氯和氯化合物

主要是使用两类化合物，即氯和二氧化氯。氯气作为一种杀菌剂，已广泛应用于油气勘探开发的注水系统，特别是海水提升系统。它是一种氧化性杀菌剂，有毒，腐蚀性强，且不易处理。然而，可以通过在海水中使用直流电在海上设施的现场对氯离子进行电解氧化[146]。在此过程中产生的氯与水反应生成盐酸和次氯酸。

#### 5.6.2.1 次氯酸

次氯酸（HOCl）是一种弱酸，在水中可部分分解为次氯酸盐和水合氢离子。当氯用于消毒水时，这些离子充当主要的消毒剂。由于其快速平衡，次氯酸不能以纯的形式分离。

次氯酸是一种强氧化剂，通常以次氯酸钠或次氯酸钙的形式用作漂白剂或消毒剂。

#### 5.6.2.2 二氧化氯

认为二氧化氯是氯气的替代品[147]，它是一种极其强大的氧化剂和杀菌剂。已知二氧化氯可选择性地氧化硫化物基材料，并已成功地从近井区注入和生产井中去除硫化铁堵塞物，提高注入率并减少压力降失。减少硫化氢引起的腐蚀对任何生产改进都是一个额外的好处[148]。尽管从配水系统中除去的污泥与二氧化氯之间的确切化学性质几乎没有研究过，但是在许多情况下已经在现场观察到将污泥组分保持在一起的乳液的不稳定性。使用二氧化氯的主要缺点是它在溶液中具有高腐蚀性。已经研究了许多缓蚀剂，其中有毒且对环境危害持久的重铬酸钠是非常有效的。已经提出了一种可替代的、有效且更环保的缓蚀剂配方，其由醇、酸、脂肪酸和乙氧基化脂肪二胺组成[149]。

二氧化氯还与盐酸一起用于已被硫化铁或细菌基材料伤害的井的增产[150]。还介绍了使用二氧化氯与有机酸来提供亚氯酸的处理方式[151]。

#### 5.6.2.3 盐酸

盐酸在油田中的主要应用是碳酸钙油藏的增产[152]。盐酸的用途和应用本书不做详细说明。但是现在介绍了一些关键点。在正常情况下，此类增产修井所用盐酸的浓度为15%~28%（质量分数）。制造并供应37%（摩尔分数）盐酸。碳酸钙岩石，主要是白垩和石灰石，溶于酸中释放二氧化碳，在溶液中形成氯化钙，见反应式（5.10）：

$$CaCO_3+2HCl \longrightarrow CO_2+CaCl_2+H_2O \qquad (5.10)$$

可以在酸中加入各种添加剂以延缓反应，使岩石溶解更慢，更多样化[152]。此外，还有意将氯化钙和溴化钙添加到盐酸中，以在高温和高压井增产[153]。盐酸可在可控条件下简单地溶解除去碳酸钙结垢[66]。

盐酸可以由卤代有机化合物（如三氯乙酸）原位生成。这种生成的盐酸可用于堵水应用中凝胶的活化解堵[98]。在其他堵水应用中，盐酸在凝胶形成中起重要作用，例如，水解聚丙烯酰胺（HPAM）在聚合物硅酸盐凝胶形成中的应用[46,88]。

在砂岩地层中，盐酸通常与HF结合使用（参见5.6.3）[152]。盐酸也用于溶解硫化铁垢；但是应该认识到可能会释放硫化氢（一种剧毒气体）[154]。

盐酸通常用作破胶剂系统的一个组分，用于油井清洁和（或）滤饼降解及去除，对于水平井完井尤其如此[155,156]。

直到最近才有人认为盐酸对环境的影响很小（这将在本节后面关于卤素的环境影响中进一步讨论）；然而，为了减轻其侵蚀性腐蚀作用，使用了许多具有环境毒理作用的缓蚀剂。这些缓蚀剂主要是有机的，有些是第3章讨论的表面活性剂型分子，有些是离散的低分子量有机分子，如炔丙醇（图5.8），将在第6章进一步讨论。

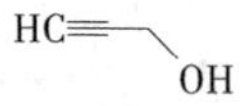

HC≡—OH

图5.8 炔丙醇

### 5.6.3 氟化合物和含氟聚合物

氟是最轻的卤素，原子序数为9。它在标准状况下以高毒性、淡黄色气体形式存在。它具有极强的反应性：几乎与所有其他元素，包括一些惰性（不活泼的）气体，都可与氟形成化合物。氟化物是氟的主要矿物来源，最初于1529年介绍，它添加到金属矿石中以降低其熔点。在1886年，法国化学家Henri Moissan才使用低温电解法分离元素氟，这一过程仍然用于现代生产。

鉴于精炼纯氟的费用，大多数商业应用使用的是氟化合物，其中约一半开采的氟石用于炼钢。其余的萤石在进入各种有机氟化物的过程中转化为腐蚀性氟化氢，或转化为冰晶石，冰晶在铝精炼中起关键作用。有机氟化物具有非常高的化学稳定性和热稳定性；它们的主要用途是制冷剂、电绝缘和炊具以及聚四氟乙烯（PTFE）（Teflon）。氟离子抑制蛀牙，因此可用于牙膏和水氟化。

在石油和天然气工业中，主要使用的氟化合物有修井和增产用的氟化氢、各种氟表面活性剂和一些不同应用的氟聚合物。后者在第 2 章中部分介绍，在此处一并介绍；然而，氟代表面活性剂在 3. 2. 4 和 3. 6 节中有所介绍。

#### 5. 6. 3. 1 氢氟酸

氢氟酸主要用作增产处理剂，既可单独使用，也可与盐酸混合使用，以提高砂岩储层的采收率[152]。大多数砂岩储层由超过 70%的石英组成，即通过其他矿物和盐（如碳酸盐和硅酸盐）结合在一起的二氧化硅。注入氢氟酸和含氢氟酸的配方用于修复砂岩储层中的渗透性伤害是常用的处理方法。特别是在 65℃以上，氢氟酸表现出对硅质材料的高反应性，因此能够溶解这种材料；然而，其他金属物质，如钾、钙等的存在会导致氟盐沉淀。如前所述，添加膦酸盐（参见第 4 章）和硼化合物（参见本章前面的内容）可以减轻这些不良反应影响[157]。

通常使用盐酸和氢氟酸的组合来最大限度地溶解可导致渗透性降低的“细颗粒”和垢。为了减轻不相容阳离子盐的形成，如钾离子、镁离子等，以及前述添加剂，通常将氨和（或）氯化铵加入酸混合物中[158]。

氢氟酸具有很强的腐蚀性，难以运输和处理，因此在过去的几十年中，人们的注意力集中在其井下反应上，并且已经开发了许多有用的配方和注入工艺[159]。

#### 5. 6. 3. 2 含氟聚合物

含氟聚合物是含有碳和氟的聚合物。它们主要用于恶劣化学和高温环境的高性能塑料材料，主要用于必须满足关键性能规格的场合。与防御相关的行业以及汽车、航空航天、电子和电信使用。它们还用于许多消费品中，特别是用于炊具和小家电的不粘涂料中的 PTFE。

含氟聚合物是由 Roy J. Plunkett 博士在 1938 年在杜邦公司研究氟里昂时发现的。他意外地聚合了四氟乙烯，结果是聚四氟乙烯（PTFE）（通常以其杜邦品牌“Teflon”而闻名）。证明 PTFE 具有任何已知固体材料的最低摩擦系数。它还具有非常低的表面能（这使得炊具涂层具有不粘特性），并且具有对几乎所有化学品都具有惰性的特质[160]。

石油和天然气工业的密封材料必须抵抗化学侵蚀性环境，包括海水、高盐度盐水、酸性气体和蒸汽以及高压和高温。该行业已建立了特定的测试和鉴定标准，以确保在严酷的石油和天然气钻井及生产环境中使用的材料满足这些应用的关键要求。PTFE 广泛用作密封件弹性体的基材。

在涂层应用中，极低温和极高温稳定性的结合有利于在比任何其他有机涂层材料更宽的温度范围内使用 PTFE。用于石油和天然气领域的 PTFE 涂层即使在长期暴露于腐蚀之后也能提供较小的扭矩和磨损水平。紧固件、阀门和海底连接器均受益于低摩擦特性、良好的承载和抗腐蚀性能[161]。

### 5. 6. 4 其他卤素化合物

另一种主要的卤素是碘，它是稳定的最重的卤素，在标准的温度和压力条件下以有光泽的紫黑色金属固体形式存在。然而，它很容易升华形成紫气。该元素在 1811 年由法国化学家 Bernard Courtois 发现。

它虽然没有广泛的用途，但认为它是一种无毒的放射性造影材料，并且由于其被人体吸收的特殊性，碘的放射性同位素也可用于治疗甲状腺癌。碘也用作乙酸及某些聚合物产品工业生产中的催化剂。

在石油和天然气工业，碘及其盐的使用也相对较少。碘化物，主要是钠、钾或铜，已用作酸化配方中的缓蚀剂增效剂[162]。如前面关于钾的部分所述，碘化钾在某些缓蚀剂配方中用作增效剂[77]。有些 S-烷基硫脲碘化物［见式（5.11）］已作为缓蚀剂，特别是在腐蚀性酸性条件下[163]。

S-烷基硫脲碘化物：

$$\{(NH_2)_2C\text{-}S\text{-}R\}^+I^- \tag{5.11}$$

在酸性含硫井中，硫化铁有沉淀的趋势。可以通过酸化溶解硫化铁来增产这些井；然而，因为酸处理花费时间长，铁可以作为氢氧化铁沉淀或作为硫化铁二次沉淀。为了防止这种情况，将铁离子稳定剂加入配制的酸中。碘化物盐是可以使用的试剂之一，可以作为铁的还原剂，将氧化态从铁(Ⅲ) 改变为铁(Ⅱ)，从而形成更多可溶性盐[164]。

放射性碘已被用作水示踪剂，用于准确评估水驱二次采油的储层特征。将水示踪剂注入水井并在石油生产井中应用，以补充从岩心分析、井口测试和地下测量获得的数据。放射性碘已成功用于现场试验中的水示踪剂，以确定注入水与采油井之间的相对速率和流动模式，以及采油井过多进水区域。使用放射性碘的放射性示踪剂方法，允许在井之间相对快速的运输时间条件下测量流入的相对速率和模式或过量进水的区域[165]。

### 5.6.5 含卤素化合物和聚合物的环境影响

卤族元素，特别是它们的卤化物盐通常认为是环境友好的，因为许多是天然存在的低毒性化合物。实际上，通常对环境和人类健康至关重要。作者认为这是误导性的，尽管在宏观生态尺度上，这可能真的对当地生态和生态系统产生某些明确和严重的影响。包括美国环保署在内的大多数监管机构都设定了不同浓度的卤化物，因为已经证明，在这种水平以上可能会出现环境毒性[166]。

氟化物被土壤颗粒强烈吸引，可以溶解到附近土壤样品的水中。水生动物可直接暴露于天然水源中的氟化物，而陆地动物也因消耗含有高氟化物浓度的植物而处于危险之中，这些植物对所有生物都有害，导致生长发育迟缓，骨质退化，动物出生缺陷和农作物产量低。美国环保署已将 2mg/L 设定为饮用水中氟化物的最大可接受浓度[167]。

氯化物存在于天然水道中含有无机氯化物的盐中，如氯化钠和氯化自来水。它们也可能通过排水、降水、径流、土壤和黏土来源、污染和废物处理引入。一旦这些离子与天然水源接触，就有可能通过与其他天然存在的化合物反应形成氯仿及其他致癌物质。由于其高反应性，它还有助于许多金属腐蚀，包括人造结构。饮用水中氯化物的 EPA 标准为 250mg/L，远高于氟化物，反映了其相对较低的风险[167]。

正如前面钙部分中所述，已经对氯化钙及其他氯化物的潜在环境影响进行了大量研究，氯化钙被广泛用作道路除冰剂[139]。已经发现，增加化学除冰剂在冬季维护中的应用，会导致环境中除冰成分浓度增加。除冰作业产生的径流会对土壤和水质产生恶化的影响。但影响程度是局部的，它取决于各种气候因素，也可归因于所用盐的类型及其储存条件。

溴化物作为无机盐天然存在于地壳和天然水源中。工业倾倒和径流可能会导致其水平上升。人们相信高溴化物浓度可对水生生物产生致死作用，溴化物也可被植物吸收，产生不利影响，如发育迟缓和发芽不良。

由于当地的降水，大多数淡水来源往往反映卤素浓度，但如果附近有人类活动，则可能会有较高水平。淡水湖泊和池塘通常含有 100~300mg/L 的氯化物，而溪流中含量少于 100mg/L。住宅区和城市区的氯化物浓度波动很大，浓度范围为 200~700mg/L。溴化物的重要性是与氯化物的 $Cl^-/Br^-$ 值结合在一起的，可根据污染现象确定淡水地下水系统的历史。这是可能的，因为在添加具有另一个比率的水源之前，该比率在饮用地下水中保持不变。这使得研究人员能够追踪污染源到地下水系统的一个起点[168]。

卤离子浓度的影响可能是复杂的，例如，可能会干扰由羟基自由基引起的海水中的氧化过程。可以预期，外来的卤离子，即高于正常浓度，可能会干扰这些过程。然而，已经表明羟基自由基将卤化物转化为反应性卤化物，这有助于污染物降解[169]。

重新评估了盐酸及其酸化作用。对酸化污染物生态系统影响的研究以及控制它们的措施大多集中在硫（S）和氮（N）化合物上。盐酸（HCl）作为生态系统变化的驱动因素在某种程度上被忽视了，因为大部分盐被认为是靠近排放源，而不是在偏远的自然生态系统中重新沉积的[170]。

有充分证据表明，碳氟化合物气体是温室气体，具有比二氧化碳更高的全球变暖潜能[171]。尽管 1987 年达成了逐步淘汰这些化合物的国际协议，即《蒙特利尔议定书》[172]，但由于全球空调使用量的急剧上升，使用量和消费量都在增加。

由于碳氟键稳定，有机氟化合物在环境中持久存在。天然有机氟化合物是罕见的，只有少数已知由某些植物种类（主要是作为阻止食草动物的毒物）和微生物产生。因此，人们很难理解酶—碳—氟键形成的机理。然而研究表明，氟代谢物的生物合成中存在一种常见的中间体，已确定为氟代乙醛[173]。氟在哺乳动物中没有已知的代谢作用。

与碳—卤素键强度相关的是，观察到含氟和氯的有机分子比非卤素类似物具有更低的生物降解率，特别是在分子中存在 3 个以上的氯或氟原子的情况下[174]。

## 5.7 铁及其盐

按质量算，铁是最常见的元素，形成地球核心的大部分。它是地壳中第四种最常见的元素，是元素周期表第一个过渡系列中的金属。铁存在于从-2 价到+6 价的各种氧化态，尽管+2 价（亚铁）和+3 价（铁）是最常见的。元素铁对氧和水具有反应性，主要是氧化铁。新鲜的铁表面看起来有光泽的银灰色，但在正常空气中氧化，产生铁氧化物，俗称铁锈。与前面介绍的形成钝化氧化物层的铝之类的金属不同，铁氧化物比金属占据更多地体积并因此剥落，从而暴露出新的表面以进行氧化。

纯铁相对较软，但不能通过熔炼获得，因为熔炼过程中的杂质，特别是碳显著地硬化和强化。一定比例的碳（0.002%~2.1%）产生钢，其硬度可能比纯铁高 1000 倍。与其他金属（合金钢）形成的钢和铁合金是迄今为止最常见的工业金属，因为它们具有广泛的理想性能，并且含丰富的铁矿石。它是石油和天然气行业的首选材料。在石油和天然气工业中，铁或钢本身不用作添加剂；然而，赤铁矿（铁的氧化物矿石）可以用作水泥中的加重剂[33]。

含铁化合物广泛用于从建筑到药物的许多领域，同时也用于石油和天然气勘探与开发；特别是在压裂和采收率领域，许多铁盐和含铁复合物聚合物形成凝胶的交联剂或螯合剂。重要的是许多铁盐在石油和天然气上游工业引起了严重的问题，本节将针对这些问题进行讨论。

铁在生理活动进程中起到重要的作用，在血红蛋白和肌红蛋白中与分子氧形成复合物；这些蛋白质是脊椎动物氧气运输的常用载体。铁也是许多重要氧化还原酶活性位点，在植物和动物的细胞呼吸和氧化还原进程中起到重要作用。

### 5.7.1　碳酸铁

碳酸铁在油田生产中可能会造成一定结垢问题，但相关问题可以通过酸溶解得到解决或通过应用合适的阻垢剂来防止，例如第2章和第4章所述。碳钢表面形成的碳酸铁可以起到防止和延缓腐蚀的作用，特别是针对二氧化碳引发腐蚀具有较好的预防效果[175]。

在石油和天然气勘探开发中，基于碳酸铁防腐已经在气体生产和运输系统中体现一定效果，其中单乙二醇（MEG）用作热力学水合物抑制剂[176]。在这样的系统中，pH值稳定的MEG有助于在管道表面生成一种稳定的碳酸铁薄膜，其可作为一种阻止以酸性二氧化碳类物质为主的腐蚀的物理屏障。

### 5.7.2　氯化铁

氯化铁（Ⅲ）可用作某些树脂基堵塞剂[33]和某些耐酸耐高温（温度高达160℃）水泥[177]的硬化添加剂。正如在下一节中关于对氢氧化铁的说明一样，无机凝胶的形成和应用可以通过控制添加氯化铁等交联剂来调节[178]。

### 5.7.3　氢氧化铁

铁（Ⅲ）离子可能是在对注入井进行酸化措施期间及之后引发问题的根源。特别常见的是产生氢氧化铁的沉淀，其是凝胶沉淀物，可导致地层伤害。因此，铁离子稳定剂通常用于酸化修井[179]。这些产品的化学成分通常是由有机小分子组成，将在第6章中进行更全面的讨论。

氢氧化铁凝胶已被用于老油田的堵水。该凝胶处理技术基于水溶性铁（Ⅲ）化合物，通过原位水解和絮凝转化形成凝胶状沉淀物。此封堵材料在现场应用条件下具有极好的稳定性，但是在应用过程中需要注意由于定向运输失败而产生的问题。此外，该方法的特征是一种自控化学机理，并且即使在低渗透性和复杂的储层中运用该技术也不会出现注入问题。该应用的经济效益的成功比率为40%~50%[24]。

### 5.7.4　铁硫化物

在石油和天然气生产中，硫化铁和硫化亚铁都是易引发问题的物质，特别是在生产中硫化氢含量较高的井中会生成硫化铁垢。这些是造成石油和天然气上游行业经济损失的主要来源。最简单的去除这些沉积物的方法就是将其溶解，不利的是在此过程中会产生大量有毒的硫化氢气体。另一种方法是强氧化剂处理，尽管此过程避免了毒性问题，但仍会生成氧化产物，包括单质硫，其通常具有高的腐蚀性，因此，此方法也不常使用。

许多种类的分子或螯合物用于硫化铁溶解，包括低分子量有机试剂。这部分内容将在第6章中进一步讨论，其中在第4章中已经详述了关于四羟基甲基硫酸鏻（THPS）的除垢效果。

### 5.7.5 其他铁盐和化合物

还有少量其他种类的铁盐及其对应化合物应用于石油和天然气勘探开发。草酸铁（Ⅱ）是一种极好的硫化氢清除剂，并已用于去除钻井液中的硫化氢污染[180]。硫酸亚铁和木质素磺酸盐已用作水泥复合物和固井应用中的分散剂[181]。氧化铁也是包括波特兰水泥在内的大部分常规水泥复合物的组成部分[33]。

三乙酰丙酮铁（图5.9）用作水溶性聚合物的络合剂，特别是聚丙烯酰胺，形成暂堵剂，可用于对特定区域进行暂堵，特别是用于地层堵水作业。这些凝胶有效期大约是6个月[182]。

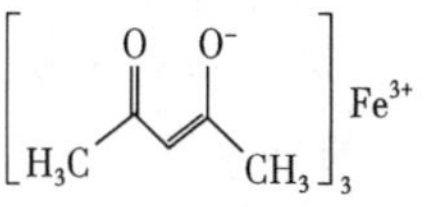

图5.9 三乙酰丙酮铁

### 5.7.6 潜在的环境影响

与建设用铁相比，铁盐及其他铁添加剂的用量非常少。铁存在于自然环境中。尽管如此，铁矿石和铁盐还可以对环境产生影响。特别是因为它们通常很容易被植物吸收，进而促进了其生物循环利用。

研究报道了铁化合物对低地河系大型无脊椎动物的影响[183]。由于工农业活动，水位下降，铁从河系中析出。来自28个地区的年平均溶解铁浓度变化范围为0~32mg($Fe^{2+}$)/L，而pH值变化范围为6.7~8.8。研究人员认为，溶解铁浓度与物种类别数量具有相关性。浓度低于0.2mg($Fe^{2+}$)/L的地区，大型无脊椎动物物种有67个；然而，当浓度为0.2~0.3mg($Fe^{2+}$)/L时，大型无脊椎动物物种突然下降到53个。当浓度高达10mg($Fe^{2+}$)/L时，会造成物种灭绝，其中约有10个物种的生物离开。个体数量在浓度大于1mg($Fe^{2+}$)/L时会下降。总的来说，结论是高$Fe^{2+}$浓度对淡水环境中的整体物种多样性有害。

铁在水生动物摄取食物过程中起着重要作用，实际上至关重要的是Fe(Ⅱ)和Fe(Ⅲ)两种氧化态之间的转换。Fe(Ⅱ)主要作为溶解盐进入食物链，其可直接通过水吸收。Fe(Ⅲ)主要来自Fe(Ⅲ)沉淀物的直接膳食摄入。这种沉淀物可能诱导在水生动物肠壁上形成氢氧化铁，随后降低其摄入重要铁盐的能力[184]。

更重要的是，铁浓度可能对生物毒性、生物利用及其他痕量金属和有机污染物产生影响。在水生生态系统不断冲刷的过程中，通过铁沉积扩散和化学氧化和还原过程来实现的。因此，铁对环境的直接影响很难衡量和评估[184]。

总的来说，在对石油和天然气行业整体影响的评估中，认为铁在宏观生态中的浓度效应似乎不是很显著。

## 5.8 锌及其盐

锌是元素周期表ⅡB族中的第一个元素。在某些方面，锌的化学性质类似于镁（参见本章前面的内容），两种元素都只有一种氧化态（+2），$Zn^{2+}$和$Mg^{2+}$的尺寸相近。最常见的锌矿石是闪锌矿——一种硫化锌矿物。最大的锌矿位于澳大利亚、亚洲和美国。

黄铜是一种不同比例的铜和锌混合形成的合金，早在公元前第三个千年就开始使用。然而直到12世纪，锌金属才在印度大规模生产。直到16世纪末，锌金属才被欧洲所知。

德国化学家 Andreas Marggraf 因在1746年发现纯金属锌而受到赞誉，在1800年揭示了锌的电化学性质。铁表面镀锌（热浸镀锌）提高其耐腐蚀性是锌的主要应用。锌在其他领域的应用包括电池、小型非结构铸件和黄铜合金。也广泛应用含锌化合物，例如碳酸锌和葡萄糖酸锌（膳食补充剂）、氯化锌（除臭剂）、吡啶硫酮锌（抗头皮屑洗发水）和硫化锌。部分含锌产品在石油和天然气上游工业中有少许应用。

锌是保持健康的必需矿物质，特别是在产前和产后康复过程中起着重要作用。反应中心为锌原子的酶广泛存在于生物系统中。

### 5.8.1 石油和天然气上游工业中使用的锌产品

一般来说，锌化合物在油田领域的应用比较专一，用量相对较少。某些锌盐，如锌的碳酸盐[185]和羧酸锌[186]，用作钻井液和钻井作业过程中的硫化氢清除剂。含锌产品与硫化氢具有高反应性，因此，适用于定量除去少量硫化氢。正如第6章关于有机化合物部分所述，从气流中定量去除硫化氢非常具有挑战性。

碱式碳酸锌是含有碳酸锌和氢氧化锌的复合物。1lb/bbl 的碱式碳酸锌可以除去约500mg/L 的硫化物。虽然碱式碳酸锌含锌量高，但是还含有20%（质量分数）的碳酸根，可能会发生轻微絮凝、形成锌的碳酸盐钻井液。因此，体系中必须加入石灰，以使碳酸根离子沉淀。

在固井作业中，碳酸锌和氧化锌可用作桥联剂[136]。

氧化锌也用作钻井液配方中的加重剂。因为其密度（5.6g/cm$^3$）高于重晶石（4.5g/cm$^3$）。它可以按粒径分类，并且可溶于酸。高密度意味着每单位体积的钻井液需要加更少的加重剂。可溶于酸意味着氧化锌可以通过生产筛网而不会造成堵塞。氧化锌颗粒粒径为10μm，可避免其侵入地层，但仍会悬浮在钻井液中[33]。

氧化锌也是一种水力压裂过程中用到的支撑剂的涂层材料。它可以减少支撑剂颗粒之间的摩擦[187]。

锌金属及其他金属（见铝）可用作防卡剂[107]；然而，由于其与其他替代品相比其较差的环境特性，它很少使用。

过氧化锌用于酸性水溶液中去除滤饼，尤其适用于滤饼中含有聚合物材料的情况[188]。通过类似的方式，也可以将其用于辅助处理压裂液中的瓜尔胶基聚合物[189]。

卤化锌，主要是氯化锌和溴化锌，用于配制完井盐水中。通常将其与钙盐水混合使用，得到澄清的盐水溶液。卤化锌具有高密度，但所对应盐水的 pH 值低，容易引起酸性腐蚀问题[190]。

第4章已讨论过使用磷酸锌作为缓蚀剂。其他种类的磷酸类锌盐，即二烷基二硫代磷酸锌和二硫辛基二硫代磷酸二辛酯，用于润滑脂配方并具有抗氧化特性[191]。

溴化锌用于完井、修井以及含硫化氢储层作业中，此过程可形成硫化锌垢[192]。在美国海湾沿岸和北海盆地的油田中也发现了硫化锌垢。硫化锌垢的形成导致凝析油和重油井的压力上升，高温下采出速率降低[193]。

通常使用酸洗去除硫化锌垢（及其他酸溶性固体）；然而，酸洗后仍会形成新的垢。因此，通常需要使用阻垢剂[192,193]。

5.8.2　锌及其化合物对环境的影响

在自然风化过程中，可溶性锌化合物导致水生环境和地表水中含有微量的锌。值得注意的是，随着 pH 值的升高，锌浓度增加减少；但是在天然水域和海水中不太可能出现高碱性条件。

锌矿石的精炼过程会产生大量的二氧化硫和镉蒸气。冶炼渣及其他残留物含有大量金属，包括锌。在过去采矿作业中，会发生锌和镉的泄漏。1980 年，采矿作业过程中锌排放峰值达到每年 $340\times10^4$t，1990 年下降到 $270\times10^4$t。2005 年，对北极对流层的研究发现，锌浓度并没有下降。人为排放和自然排放的比例为 20:1 [194]。

由于采矿、精炼或含锌肥料造成受锌污染的土壤的含锌量为每千克干土几克锌。土壤中的锌含量超过 500mg/kg 就会干扰植物对其他必需金属（如铁和锰）的吸收。

通过使用直读光谱仪可以很容易地检测到锌。据报道，在英国地下水中锌的平均浓度为 110μg/L。然而，锌的浓度范围为 1. 27μg/L 至 155. 07mg/L。普遍认为海水中的锌含量为 0. 005mg/kg[195]。

欧盟和世界卫生组织规定饮用水中锌的含量上限为 5. 0mg/L[196]。锌对人类的生理影响有限；除非在非常高的浓度，超过 700mg/L，它会引起呕吐。事实上，锌是人体营养必需的，正常每天摄入量应为 10~15mg。通过正常的均衡饮食可以轻松实现。

锌与其他重金属共同的特点是会造成污染。浓度低至 2mg/L 时，可检测到涩味。痕量的锌存在于常见的大多数食物中；然而，与油田相关的影响是它对水生有机体（特别是鱼类）具有毒性[197]。

众所周知，水质（特别是硬度、pH 值、温度和溶解性氧气）对鱼类及其他海洋生物由于重金属引起的毒性有重要影响 [198]。锌、钙和镁都会产生复杂影响，人们认为钙具有阻抗作用。

综合多种因素考虑，鱼中毒不是来自自身毒性，而是由于锌或其他重金属离子与鳃分泌的黏液的相互作用导致的。鳃膜分泌的黏液与重金属形成凝固的薄膜会导致鱼窒息。

最后，关于海洋物种的重金属中毒，锌对溶解氧的影响很大。研究结果表明，轻微的锌及其他重金属浓度的变化都会对相对稳定的水体（甚至海洋）中的溶解氧产生严重影响 [199]。

1950 年开展的关于海洋物种的研究使人们明白了植物和动物对锌的摄取和积累过程，确定了在海洋生物中发现的锌的含量，特别是牡蛎、蛤蜊和扇贝等贝类，比单位质量的海水高出数千倍。这意味着贝类和鱼类对锌的摄取和积累使其浓度远高于其他生物[200]。

可以得出结论，锌及其他重金属对环境影响更复杂，特别是对于水体环境，生物积累远高于水体实际浓度造成的影响。第 9 章中将进一步讨论。

## 5.9　其他金属、其他无机物及其相关化合物

许多其他金属、金属盐和配合物、无机物及其他相关化合物也广泛用于石油和天然气勘探开发。但是，它们的使用相对较少。因此，从比例角度出发，它们对环境的影响小于先前介绍的化合物。例如，以前用砷作缓蚀剂，但是目前其已被毒性较小的物质替代。

在原油开采过程中，有一些重金属及其他污染物，特别是汞和砷会浓缩，引发生产加工和环境问题。这些将在本节后续部分讨论。

#### 5.9.1　其他金属及相关化合物

##### 5.9.1.1　锑

三溴化锑及其他卤化锑具有良好的缓蚀性能，可应用于高温条件下[201]。然而它有剧毒，并且已被其他危害较小的化合物替代。

认为三氧化锑是一种通过包裹在支撑剂表面以减少摩擦的材料。然而，目前在水力压裂作业中，其也已被其他毒性较小的物质替代[187]。

##### 5.9.1.2　铋

铋盐也是一种酸液强效缓蚀剂[202]，与锑一样，也可用作支撑剂涂层，用于减少支撑剂间的摩擦[187]。

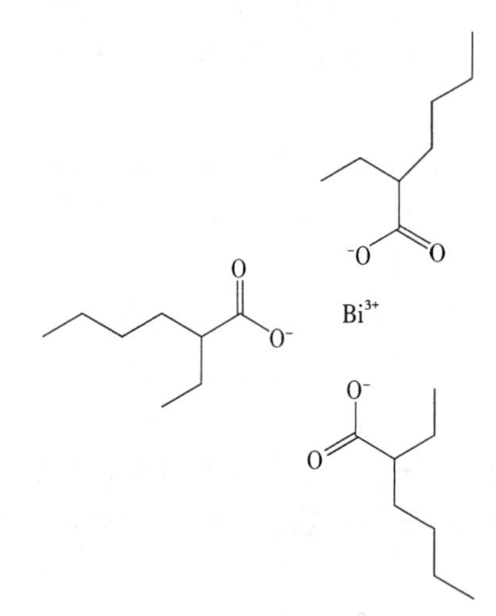

图 5.10　铋 2-乙基己酸酯

柠檬酸铋是一种可溶的交联剂[203]。

抗压剂是一种润滑剂的添加剂，有助于减少高压环境中工作齿轮的磨损。直到最近 10 年，使用的许多此类产品都具有毒性，如二硫代氨基甲酸铅。铋 2-乙基己酸酯（图 5.10）作为一种无毒的替代品，加入比例可达 20%。

根据文献报道，铋及其大多数化合物的毒性相对其他重金属（铅、锑等）较低，并且无生物累积性。铋盐在血液中溶解度低，很容易通过尿液排出，并且动物长期试验表明，其没有致突变、致畸作用或致癌性。铋金属及其化合物对环境没有威胁，其对环境的影响很小。基于以上因素，应该进一步开展铋化合物在油田其他应用的研究，以用作其他毒性化合物更环保的替代品。

##### 5.9.1.3　铬

铬是元素周期表ⅣB 族中的第一个元素。其化学符号为 Cr，原子序数为 24。它具有灰色光泽，是一种硬而脆的金属，光泽度高，抗锈蚀且熔点高。铬金属的强耐腐蚀性和高硬度使其具有很高的价值。通过在钢铁中添加金属铬，可以得到耐腐蚀和抗变色的不锈钢。镀铬不锈钢（电镀铬）具有广泛的商业用途。

最常见的铬氧化态对应的化合价是+6、+3 和+2；然而，同时存在一些化合价为+5、+4和+1 的稳定化合物。+6 价氧化态铬通常以铬酸盐（$CrO_4^{2-}$）和重铬酸盐（$Cr_2O_7^{2-}$）的形式存在。在金属钠和钾部分也论述了对应铬酸盐和重铬酸盐的性质和应用。

痕量三价铬离子对人体、胰岛素、糖的和脂质代谢是必需的。认为铬金属和三价铬离子无毒，六价铬离子具有毒性和致癌性。但是，六价铬化合物常用于石油和天然气上游行业。

铬羧酸盐用作聚合物凝胶的交联剂，主要用于调剖、提高波及效率以及水和气封堵，以提高采收率[204]。直到 1990 年，一直认为三乙酸铬是聚合物凝胶技术中优选的交联剂。

这是因为它的形成对石油储层环境不敏感，适用温度和 pH 值范围较广[204]。

广泛研究报道了铬(Ⅲ)凝胶技术。铬凝胶可以结合一些其他技术用于油田作业。单液丙烯酰胺聚合物/铬(Ⅲ)羧酸盐，通过使丙烯酰胺聚合物与交联剂铬（Ⅲ）羧酸酯发生交联反应可形成水凝胶[205]。醋酸铬(Ⅲ)已广泛用作部分水解的聚丙烯酰胺（PHPAMs）的交联剂[98]。铬(Ⅲ)盐可通过加入还原剂将铬(Ⅳ)还原得到。这可以延缓凝胶形成，使其到达目标位置再形成凝胶[206]。丙酸铬(Ⅲ)类物质可与聚合物在硬水中形成凝胶[207]，其他铬盐，如硫酸铬，也用作形成凝胶的交联剂。

木质素磺酸铬作为钻井液中非常有效的分散剂，可用于控制钻井液整体的黏度[33]。

所有这些应用由于铬的毒性而受到影响，特别是其毒性的持久性和环境毒性引起了广泛关注。然而，铬的毒性由两个主要因素决定，即氧化态和溶解度。铬(Ⅵ)化合物是强氧化剂，因此，往往具有刺激性和腐蚀性；其在相同剂量的情况下比铬(Ⅲ)化合物毒性更高。虽然生物相互作用的机制尚不确定，但毒性可能与铬(Ⅵ)易通过细胞膜有关，随后其在细胞内被还原为具有活性的中间体[208-210]。

有大量证据表明，铬（Ⅲ)很难被生物体吸收，但铬（Ⅵ)具有很强的毒性。因此，含铬化合物的使用都会受到严格的监管，其通常用于石油和天然气勘探开发。需要寻找含铬化合物的替代品，如锆盐（见本书后面的内容），用作聚合物凝胶体系中的交联剂。

5.9.1.4 铜

在石油和天然气勘探开发中，少量铜金属和含铜化合物用作支撑剂涂层，以减小支撑剂之间的摩擦[187](参见锑和锌)。

碘化亚铜用作增强型缓蚀剂，有效使用温度高达 160℃。其在酸性溶液中的溶解度有限，因此在酸性体系中的用途有限[211]。

与其他先前介绍的材料一起，例如铅和钡盐，铜也是一种防卡剂[107]。

低浓度的铜是必需营养素，但在高浓度时，其对水生生物有毒。除了会致死外，长期接触铜等急性效应可影响生长、繁殖、脑功能、酶活性，血液和新陈代谢。基于以上毒理学原因，在石油和天然气工业中很少使用铜化合物。

5.9.1.5 铅

与其他金属一样，铅也是一种防卡剂[107]。但是，其毒性通常会影响其使用。二硫代氨基甲酸铅在高温下具有活性，并已用作极压条件下的润滑剂。但是，目前已被其他无毒试剂所取代，如 2-乙基己酸铋（参见 5.9.1.2)。氧化铅和硫化铅也是一种减少支撑剂之间摩擦的涂层[187]。

在石油和天然气生产中，硫化铅沉淀是一个不容忽视的问题，并且通常会形成硫化铅和硫化锌混合沉淀。硫化铅沉积比通常发现的碳酸钙或钡沉淀更难以通过化学方法抑制。已经研究了许多常见的化学抑制剂[212]，但大多数是无效或部分有效的。可以用强酸去除铅(和锌）硫化物[213]。然而，如 5.7.4 所述，这个过程会导致潜在的硫化氢释放。

当然，从环境影响的角度来看，铅的毒性是影响其用作添加剂的主要原因。铅会进入并贯穿整个生态系统循环。大气中的铅沉积在植被、地面和水面上。铅的化学及物理性质及生态系统内的生物地球化学过程将影响铅在生态系统中的循环。铅会影响环境中的所有组分，并且贯穿整个生态过程，直至达到平衡。铅在环境中会积累，但在某些化学环境中，它将以如下方式转变，即增加其溶解度（如土壤中硫酸铅的形成）、生物利用率或毒性。

5.9.1.6 镁和镁盐

镁对植物和动物的生命都至关重要。叶绿素，植物进行光合作用所必需的分子，在化学结构的中心有镁离子。镁对人体神经系统、骨骼结构和大脑功能也至关重要。

镁比铝轻1/3。这种属性用于航空航天领域，作为飞机、汽车和机械用材料。镁铝合金可改善其机械、加工和焊接特性。通常，氧化镁用作生产钢铁、有色金属、玻璃和水泥的炉衬中的耐火材料。其还被应用于农业、化工和建筑业。

在石油和天然气勘探开发中，一些镁盐及其相关产品被用作功能添加剂。氧化镁尤其在钻井、固井和增产作业中应用更为广泛。它是各种水泥的次要组成部分，包括波特兰水泥[33]。在水泥渣中的镁可循环使用。

它在水泥中用作膨胀添加剂，有助于水泥流动并填充水泥固化过程中形成的泡沫水泥。氧化镁在这方面的应用主要取决于其热学性能。此外，通过对其进行修饰可达到某种应用要求[33]。

氧化镁和碳酸镁可以与羟乙基纤维素或黄胞胶组合形成悬浮液，其有助于水泥黏附到岩石表面上[203]。过氧化镁是最适合用于氧化降解的材料[136]。

过氧化镁在碱性环境中非常稳定；因此，在以聚合物为主的钻井液/完井液/修井液中，其活性较差并可以稳定存在。因为是粉状固体，所以也是滤饼的组成部分，可以通过温和酸洗活化，进而可以反应生成过氧化氢，促进滤饼降解[214]。过氧化镁是碱性水基体系中最佳的选择，特别是当井底温度为150℉或更低的情况下。过氧化镁也用作缓释氧化剂[136]。此外，它也作为无机破胶剂用于压裂液中[215]。

已经发现氧化镁用于硼酸盐交联的瓜尔胶基压裂体系中，可提高压裂液的耐温性[216]。

混合金属氢氧化物（如氢氧化铝镁）添加到膨润土钻井液中，可使其具有剪切变稀的性能。静止时，这些流体具有很高的黏度，但在施加剪切力时，其黏度降低[217]。

镁磷酸盐用于陶瓷颗粒桥联剂[218]，用于钻井作业中的降滤失剂。

镁水泥[33]或氯氧镁水泥是酸溶性的水泥，可以在目标储层中形成封堵，然后通过酸化解除封堵。氧化镁和氯化镁是氧化镁水泥的主要成分。

氯化镁以及之前介绍的其他金属氯化物可用作水泥防冻剂[34]。

与许多其他多价金属盐一样，在堵水作业中，硝酸镁用作聚合物交联剂。它与许多其他替代品相比具有明显的优势，毒性较小且对环境无害[33]。

硫酸镁是油基钻井液中的脱水剂[219]。在油田中硫酸镁及其他镁盐会形成沉淀，引起结垢问题。然而，并不像碳酸钙和硫酸钡沉淀，其抑制和解除都是非常简单[98]。

镁对环境的主要影响来自镁工业厂排放的空气污染物。加工镁的过程中会产生温室气体，如六氟化硫（$SF_6$）、盐酸（HCl）、一氧化碳、颗粒物和二噁英/呋喃。监管机构已对这些物质的排放上限进行设定，并禁止排放六氟化硫。

回收可以显著降低镁对环境影响，回收的饮料瓶也是镁废料回收的主要组成。

5.9.1.7 锰盐

在自然界中，不存在单质锰，常见于铁矿物质中。锰是一种具有重要工业用途的金属，可形成金属合金，如不锈钢。

磷锰化合物可用于钢的防锈和防腐蚀。在工业上，锰离子用于制备各种颜色的颜料，颜料的颜色主要取决于锰离子的氧化态。碱金属和碱土金属对应的高锰酸盐是强氧化剂（见5.1.2）。

在生物学中，锰(Ⅱ)离子是多种酶的辅助因子[220]。在有氧条件下，锰酶对于生物体超氧自由基解毒特别重要，也可在植物光合作用过程中起重要作用。对于所有已知的生物来说，锰是必需的微量矿物元素，但也是一种神经毒素。

锰化合物在石油和天然气勘探开发中应用较少。氢氧化锰用作可降解的复合物中的水泥桥联剂[136]。认为四氧化三锰（$Mn_3O_4$）是一种加重剂，因为它密度大，使其适于用作气井深井钻井作业的钻井液；然而，由这种钻井液形成的滤饼也含有非常细的四氧化三锰粒径，容易侵入地层[221]。

虽然已经证明水性锰具有比饮食中的锰更高的生物利用度；如果测量的话，油田应用过程中引起锰进入环境的量非常小，因此其对环境的影响可以忽略不计。

5.9.1.8 钼和钼酸盐

自然界中，钼不会以单质的形式存在，它仅以氧化态的形式存在于矿物中。元素钼是银灰色金属，在合金中以坚硬、稳定的碳化物形式存在；因此，大多数钼元素（约80%）用于钢合金生产。

大多数含钼化合物在水中的溶解度低，但含钼矿物质与氧气和水接触，生成钼酸根离子（$MoO_4^{2-}$）易溶于水。

细菌中的含钼酶是迄今为止最常见的固氮催化剂，能破坏大气中分子氮的化学键，实现生物固氮。现在已知细菌和动物体中至少有50种钼酶，其中只有细菌和蓝藻酶可参与固氮。这些固氮酶中钼的存在形式不同于其他钼酶，在钼辅助因子的存在下，这些酶都含有完全氧化的钼。各种钼辅助因子酶对生物体至关重要，钼是高等生物生命体中必不可少的元素，但并不是所有细菌的必要元素。

钼作为酶抑制剂已广泛用于石油和天然气工业中，其可增强硝酸盐和亚硝酸盐对硫酸盐还原菌的作用，以抑制它们产生硫化氢气体[222]。

钼，特别是二硫化钼，用作润滑剂和抗磨剂。通常把二硫化钼用作钻头的润滑剂[223]。也用作极端压力条件下的滑润剂和防卡剂[107]。与其他类似化合物一样，它也用作支撑剂涂层，以减少摩擦[187]。但是，考虑到对环境的影响，含钼产品，特别是二硫化钼，已经被危害较小的替代品取代。如5.1.1所述，这类替代品比钼酸盐的生物利用度和危害性更低。钼酸钠与其他碱金属钼酸盐一起用于石墨润滑剂的辅助剂[55]。

一些缓蚀剂，特别是那些基于季铵盐的缓蚀剂（如铵表面活性剂，见第3章），可以通过添加钼酸根离子来提高产品的性能[224]。通常在淡水或冷凝水系统中，钼酸根离子是良好的缓蚀剂。它们可以钝化或抑制阳离子腐蚀，并通过在金属上形成非反应性薄膜，以抑制腐蚀性物质接触到金属表面。一些钝化缓蚀剂，如磷酸盐（见第4章），需要在氧气中发挥作用；但是，钼酸根离子可以在厌氧环境下发挥缓蚀作用，而且其在氧气氛围中具有更好的效果[225]。截至目前，钼酸盐仍未广泛应用于石油和天然气勘探开发领域；但是在使用更环保的聚合物时，钼酸根离子常用作添加剂，以提高水溶性聚合物作为缓蚀剂的性能[226]。

5.9.1.9　钛及其对应的盐

钛是一种过渡金属，具有银色的光泽，密度低，强度高。它在海水及其他介质中具有高抗腐蚀性。它是许多矿物中沉积物的组成元素，广泛分布在地壳中，几乎所有的生物、岩石、水体和土壤都含有钛元素。

钛可与铁、铝及其他金属形成坚固且轻盈的合金，应用于航空航天、军事领域及其他各种工业应用中。该金属最突出的两种特性是：耐腐蚀性和强度与密度比值最高[227]。

最常见的含钛化合物是二氧化钛，它是一种光催化剂，可用于制造白色颜料。它也是完井作业所用的普通水泥的组分。

钛酸盐通常是指钛（Ⅳ）化合物，这些化合物在石油和天然气领域被用作聚合物交联剂，其可应用于与硼酸盐络合物类似的领域（参见5.4节）。它们通常在交联、压裂液聚合物中具有特定作用[228]。

钛的氧化物盐（以及其他稀有金属，如铪、铌、钽、钒和锆）可与巯基嘧啶复合用于缓蚀剂[229]，提供硫协同环境。

5.9.1.10　含钨复合物和离子

钨在标准状态下是一种坚硬的稀有金属，在地球上以单质的形式存在，同时存在于大多数的复合物中。含钨合金的应用范围广，包括白炽灯灯丝、焊接电极、超级合金和辐射屏蔽。它的高硬度和高密度使其在军事领域中应用广泛，含钨复合物在工业上也常用作催化剂。

钨是生物体必需元素中最重的，但是它会干扰钼和铜的代谢，对动物有一定的毒性[230]。这种毒性加上经济方面的因素，使得含钨复合物在石油和天然气领域的应用范围很小。

在钻井作业中，二硫化钨用作润滑剂和抗磨剂[223]。

钨酸盐化合物是有用的钝化剂或阳极缓蚀剂，类似于钼酸根离子。但是，就像磷酸盐（见第4章）一样，它们需要在氧气氛围中才能发挥作用[98]。

钨酸盐离子与其他过渡金属含氧阴离子（如高锰酸盐、钒酸盐等）可以作为硫酸盐还原菌生长抑制剂[231]。

5.9.1.11　锆及其对应的盐

锆的名字来自矿物质锆石，锆石是锆最重要的来源。锆是一个有灰白色光泽的强过渡金属。通常在合金中加入少量锆，以提高其耐腐蚀性[227]。

锆可形成多种无机和有机金属化合物，其中大多数在石油和天然气勘探开发领域有特殊用途。其中，其最主要的作用是作为聚合物和凝胶的交联剂。

硼酸盐是常见的交联剂，特别是用于羟丙基瓜尔胶交联；锆酸盐具有相同的功能[232]，特别是可用于防止高温条件下流体的动态滤失。

多种含锆配合物可用作延迟交联剂。这些配合物最初形成低分子量化合物，然后在分子内与多糖交换，基于这个过程可实现延迟交联。含锆配合物通常需要具有二氨基分子的化合物，例如羟乙基-三-（羟丙基）乙二胺[233]，或羟基酸（如乙醇酸、乳酸、柠檬酸等），或多羟基化合物（如阿拉伯糖醇、甘油）引发以发挥作用。这些材料可与多糖形成凝胶。卤化锆螯合物[234]和硼锆螯合物[235]也是合适的延迟交联剂。四价锆与有机酸配体（如柠檬酸）形成的配合物是含水钻井液分散剂，特别适用于膨润土悬浮液[236]。

乙酰丙酮锆是一种类似于铬盐的交联剂[237]。

2-乙基己酸锆是一种交联剂，2-乙基己酸铋是一种无毒的合适替代品。

与氧化锌类似（参见5.8.1），氧化锆也是一种增重剂。

锆化合物没有生物学作用；然而，通常是锆及其盐的系统毒性低。锆对环境造成的危害性小。虽然水生植物对可溶性锆的摄取速度快，但陆地植物几乎对其没有吸收。已经测试的70%的植物中没有锆元素。通常认为锆在土壤中的流动性低。由于其在不同行业中的使用，人为排放的锆量逐渐提高。锆与土壤中的成分可以形成各种复合物，降低了其在土壤中的流动性和被植物吸收的能力。锆在土壤中的流动性和被植物吸收的能力取决于土壤的理化性质，包括土壤pH值、质地和有机质含量[238]。

尽管锆在土壤中的流动性和植物吸收的能力较低，但锆对土壤和生物圈的影响需要进一步评估。

### 5.9.2 其他应用较少的金属及其化合物

后文将对一些在石油和天然气上游领域应用的且在前面内容未介绍的金属和金属盐进行论述。通常这些是间歇性和少剂量使用的，因此，它们对环境的影响是最小的。

铈和锡木质素磺酸盐比铬和混合金属木质素磺酸盐的毒性小[137]，溴化铈及其他溴化物用作高密度盐水[239]。但是，就此而言，铯盐水特别是铯甲酸盐水，由于其成本低而更常用。甲酸盐水在6.1.1.1中有更全面的介绍。

正如本章之前的部分所述，一些金属和相关物质用作压裂液支撑剂涂层以减小摩擦，其中铟、银、锡和二硒化铌是最常用的[187]。

镍是钻头润滑脂的润滑剂组成成分[223]，同时也是防卡剂和极压润滑剂[107]。

除锆配合物外，铪化合物也用作瓜尔胶基压裂液的交联剂[10]。

在本节最后部分，关于在石油和天然气上游工业中使用的金属元素中，钒酸根离子可用作缓蚀剂，如钼酸盐在无氧条件下即可发挥作用[225]。它们还表现出与钼酸盐相同的生物活性抑制性能，钨酸盐离子可作为硫酸盐还原菌的生长抑制剂[231]。

如前所述，这些产品的使用率低，因此对环境的影响非常小。值得担忧的是，有毒金属和相关元素本身存在于石油和天然气储层中，其会对石油和天然气的生产造成影响。

### 5.9.3 原油中的有毒金属及相关元素

最令人关注的两个因素是汞和砷。水银是在火山岩中发现的，火山岩是大多数石油和天然气地层的组成，因而与石油开采有密切关系。它作为有机金属物质可溶于烃类中，以二烷基化汞、无机汞盐和单质汞的形式存在。原油沥青质中汞的含量很高[240]。众所周知，汞是一种有毒元素，有机汞金属毒性甚至更高。汞及其相关衍生物通常具有挥发性，并且在液体中，特别是在气态烃中的浓度很高。它们导致了许多加工问题，在大多数地区它们的排放受到管制[241]。

有许多技术旨在从石油和天然气生产过程中去除汞，大多数技术涉及吸附剂的使用[242]，其中一些在其他章节中讨论。

在一些产出水中也发现了无机汞盐，如果排放会引发严重的环境问题。这是因为汞易于生物累积，并最终积累到鱼类等高营养物种中。鱼和贝类体内的汞通常以甲基汞的形式存在。长寿的鱼类，如金枪鱼、鲨鱼和箭鱼等，处于食物链顶端的鱼类比其他鱼类的含汞浓度高[243]。

已采用多种治理方法，包括化学沉淀和吸收方法，将产出水再注入废弃的生产井中[244]。

原油和凝析油中的砷浓度低于百万分之一。它以砷化合物的形式存在，例如剧毒的氢化物（砷化氢)。在产出水中可以找到类似汞化合物的砷化合物。许多方法用于去除砷和砷化合物的方法，包括吸附和热解，也适用于汞[245]。

有毒金属，如汞和砷金属，没有生物学作用；然而，它们有时会效仿体内必需元素的作用，干扰体内代谢过程导致疾病。

还有一些与石油和天然气生产有关的 NORM 沉淀。铀和钍同位素存在于储层中，但不能移动；而镭同位素可以由富含氯化物的地层水转运。镭同位素也可以与碱性阳离子盐（如硫酸盐或碳酸盐）发生共沉淀。因此，镭同位素在地层运输使水变得具有放射性。在加工和生产过程中，会存在受镭污染的沉淀析出。所谓的 NORM 沉淀已在 5.3.1 中讨论过。

#### 5.9.4 其他无机化合物

在石油和天然气勘探开发过程中，需要使用各种其他无机材料和化合物，但大多数的用量相对较低。这些材料在环境中也主要是惰性的。因为它们不具有生物可利用性或是可快速生物降解的，所以也不能被生物利用。只有少数是有毒的，并存在环境问题。

在石油和天然气上游工业许多惰性和反应性气体广泛应用，以下各节将对其进行讨论。

##### 5.9.4.1 氮

氮是双原子分子，其应用较广。最常见的是用于泡沫水泥，主要通过将气体直接通入水泥浆中以发泡[246]。氮气也是生成泡沫压裂液的常用气体，即在表面活性剂存在下注入气体以产生稳定的泡沫。然而，泡沫的稳定性和质量取决于气体如何注入，不稳定的泡沫往往在泡沫结构内含有大量气体[247]。

通过注入足够的非活性气体（如氮气)，可以稳定地层中的水敏性黏土。氮气进入地层后可将细颗粒的黏土从地层中移除。然后，可以通过使用氯化钾等盐来稳定黏土并减少膨胀。此过程形成的“新鲜”水，而不是原生水，可防止对地层的伤害。注入井和生产井都可以用这种方式进行处理[248]。

氮气以及二氧化碳用于气驱，以提高采收率[249]。

##### 5.9.4.2 二氧化碳

如前所述，在石油和天然气工业中，二氧化碳是一种腐蚀性气体；然而，它主要用于二氧化碳驱提高采收率，在北美其增加的石油采收率在 50%以上。二氧化碳驱是最成熟的方法之一。高纯二氧化碳（含量占整体的 95%以上）可以与油混合使其膨胀，使油更轻，将其与岩石表面分离，进而可以在储层内更自由地流动，从而可以被驱替到生产井中[250]。

很多文章提出，从工厂（尤其是煤化工厂）捕集二氧化碳是必要的[251]。二氧化碳引起的温室效应已越来越受人们的关注，这一部分将在第 10 章进一步详细讨论。但是，石油和天然气行业提供了一个利用这种气体获得相当大的能源优势的独特机会。目前，许多因素限制了二氧化碳在提高采收率方面的应用，即天然二氧化碳的来源、氧化碳的运输、安全和环境问题、二氧化碳到生产井的突破以及井和现场设备的腐蚀问题。

碳酸盐岩储层在高温条件下会发生化学反应，进而产生二氧化碳。注入过热蒸汽可以促进反应发生[252]。

与氮气一样，二氧化碳是生成泡沫压裂液的常用气体[247]。

起泡杀菌剂通常专门用于杀菌，以低剂量实现更大的杀菌效果，如 5.1.1 所述，碳酸氢钠以及其他钠盐可以为系统输送二氧化碳[7]。

已经发现，通过使用超临界流体或致密气体可以提高钻井作业的效率。二氧化碳可以在井眼条件下很容易地压缩并形成超临界流体。这种超临界流体的黏度非常低，可实现钻头高效冷却和表现出优良的钻屑移除能力[253]。

已经广泛研究二氧化碳的储存，因此，通过将捕获的二氧化碳进行有效储存以供后续使用。这部分内容将在第 10 章中叙述[254]。

5.9.4.3 氢

氢气可用于形成泡沫水泥。在此应用中，高 pH 值水泥浆和细粉铝在井下反应产生氢气[33]。

有机废料的热转化可以产生氢气，通过裂解石油中的长烃链，可有助于提高采收率[255]。

5.9.4.4 硫化氢

与二氧化碳一样，硫化氢是一种易于引发问题、有毒和高腐蚀性的气体。不像二氧化碳，硫化氢不被直接应用于石油和天然气勘探开发。而石油和天然气工业过程中的重点是预防和消除硫化氢的影响[256]。

控制硫化氢的重点是防止或减少来自含油储层中的 SRB 和硫酸盐还原菌（SRA）产生硫化氢。在这方面已经开展了大量的研究，尽管通过这些研究工作对微生物有了更多了解，但仍然有许多问题待研究解决[257]。

攻击 SRB 和 SRA 群体的主要方法有通过杀菌剂进行控制、清除食物来源以及控制 SRB 和 SRA 菌群。

杀菌剂可以非常有效地系统控制并消除微生物种群[258]。但它们有几个缺点：

（1）需要连续或至少批量加药，以维持一定水平的杀菌能力。连续加药通常不经济，在实践中批量加药很常见。通常，停止使用杀菌剂会造成严重的后果。

（2）对抗浮游生物菌（水生、自由漂浮的生物）更有效。

（3）由于其有毒性，其使用受到高度管控。

（4）许多是持久性的，不允许使用。

（5）在储层效果差，因为它们不能保证到达储层所有区域。在杀菌剂存在下，微生物会迁移到更优的区域。

有两种主要的应用，包括食物源清除或控制。主要是通过反渗透和特意在注入水（海水）中引入硝酸盐，以除去 SRB 种群赖以生存的硫酸盐。

硫酸盐去除：储层中注入的海水、采出水和（或）含水层中的水，需要去除或基本上降低离子的浓度，否则会引发新的问题。特别是需要去除海水中高浓度的硫酸根离子。这是 SRB 生物的主要食物来源，排泄物主要是 $H_2S$ 气体。然而，通过反渗透移除硫酸盐是昂贵的。直到有注入水突破，油井中都不会有硫酸盐，一些公司不愿意付出代价解决这个问题，更愿意根据具体情况在后续生产中提出后续措施。然而，如果除了潜在的储层酸化，高浓度的钡离子会导致硫酸钡的生产，在注入水突破时，在地层水中沉积。因此，对硫酸盐移除的资本投资仍有很大争议[259]。

硝酸盐补给：在过去的 20 年中，特别是在挪威北海地区，通过在注入水中加入硝酸盐为水源中的 SRB（也许是 SRA）群体提供食物。这可以有效地将 SRB 转变为硝酸盐还原菌（NRB），其最终排出的废物是亚硝酸根离子。因此，不会产生 $H_2S$。研究显示，这需要在油井整个生产周期中不断在注入水中添加硝酸钙，否则细菌会变回 SRB 种群，甚至产生更多的 $H_2S$。最近有几个持续多年注入硝酸盐的区块，在注入海水突破后，观察到硫化氢的产出量增加[260]。

硝酸盐补给也不能消除注入水之前细菌种群产生的 $H_2S$，因此，此种应用是不可行的或不经济的。

SRB 调控是一种很少使用的技术，主要应用是通过使用生物抑制剂实现，特别是蒽醌（见第 6 章）。这些药剂可抑制硫酸盐在 SRB 中通过解耦 ATP 合成的电子转移进行呼吸。这有效地控制了 SRB 种群增长并且还减少和（或）消除 $H_2S$ 产生。因为蒽醌等电子转移剂不符合化学品的使用和排放标准，所以在北海区域此技术不能使用[261]。

这些意味着产生的大量硫化氢气体必须通过化学清除或其他方式控制。在许多陆上环境中，通过捕获 $H_2S$ 并进一步将其还原转化为单质硫，以用作化学品原料。然而，在海上作业过程中，这种做法既不允许也不经济。因此，清除 $H_2S$ 的主要方法是通过化学控制。

在石油和天然气生产中，通常存在气体、油和凝析油三种相态的硫化氢。在生产过程的绝大多数时候，这三相共存。因此，了解 $H_2S$ 的三相分布非常重要。图 5.11 显示了这种解离过程，其中 $p_{H_2S}$ 是 $H_2S$ 的分压气相，$C_{H_2S}$ 是油/冷凝物或水相中的浓度。

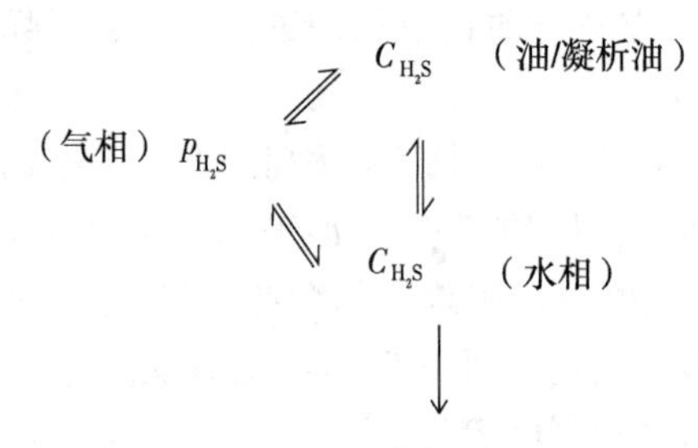


图 5.11　三种相态（气体、油和凝析油）的硫化氢及其解离过程

在任意给定的温度和压力下，$H_2S$ 在水相中的解离受到 pH 值的控制，而 pH 值与酸性气体（主要是 $CO_2$ 和 $H_2S$）的浓度有关[262]。因此，可以使用合适的碱，如单乙醇胺，从体系中除去 $H_2S$；然而，这需要将水的 pH 值提高到 8 以上，使其足以改变解离溶解的 $H_2S$。这些中和用于陆上环境中，可以通过建造足够大小的吸收设备实现。在体系中同时存在

$CO_2$ 和 $H_2S$ 的情况下，用中和法提高 pH 值意味着由溶解的 $CO_2$ 产生的质子必须在 $H_2S$ 中和之前反应掉，因为 $CO_2$ 溶解后会生成比 $H_2S$ 更强的酸。因此，需要加入大量的胺作 pH 调节剂和剂。因此，在海上环境中，只能考虑使用化学清除剂。无机清除剂，如亚氯酸钠、铁和锌的羧酸盐已在本章前面介绍过。其他清除剂通常是低分子量有机化合物，将在第 6 章进行介绍。

5.9.4.5 过氧化氢

过氧化氢的化学式为 $H_2O_2$，纯化合物为无色液体，它比水稍黏稠。过氧化氢是最简单的过氧化物，即具有氧氧单键的化合物。用作弱氧化剂、漂白剂和消毒剂。浓缩过氧化氢是一种活性氧物质，用作供氧剂。

如果加热到沸腾，纯过氧化氢会爆炸，严重的会导致接触皮肤灼伤，可以将接触的材料点燃。由于这些因素，通常使用稀释后的溶液［家庭级使用浓度通常为 3%～6%（质量分数）］。约占全球产量的 60%过氧化氢用于纸浆和纸张漂白[263]。它在石油和天然气勘探开发领域，主要用作氧化剂。

过氧化氢的分解可以产生热量，并且已经利用其此性质实现井下除去蜡沉积物。这种方法除了热“熔化”沉积的蜡（羟基自由基）之外，还可以通过释放的氧来氧化和分解长链烃[264]。

难以去除的铅垢可以用乙酸和过氧化氢混合物成功处理[98]。

在油田和地热作业中，过氧化氢以及其他过氧化物和无机氧化剂被用作硫化氢清除剂[265]。

氧化性质意味着过氧化氢可用作凝胶破胶剂。据报道，与碳酸钠的复合使用可除去沉积的黏土[33]。然而，其主要应用于固井和增产作业中，通常在受限条件下用于降解和清除滤饼[99]。

通过化学剂注入，过氧化氢在提高采收率方面比蒸汽驱和二氧化碳驱具有更大的优势；经济因素驱使其应用范围很广[266]。

5.9.4.6 氨和铵盐

氨是由氮和氢组成的化合物，其化学式为 $NH_3$。氨是一种无色气体，具有特征性的刺激性气味。作为食物和肥料的前驱体，满足大多数陆生生物的营养需求。虽然氨在自然界是常见的，且广泛应用，但高浓度的氨具有腐蚀性和危险性。

在一个大气压的压力下，$NH_3$ 在$-33.34$℃（$-28.012$℉）沸腾，因此液氨必须在高压或低温下储存。家用氨或氢氧化铵是 $NH_3$ 溶于水形成的溶液。

氨和低分子量醇的复合可作为化学提高采收率试剂[267]。氨水也可用作缓冲液，以调节和保持水基压裂液的 pH 值[268]。

除了氨溶液之外，铵盐也可用于石油和天然气勘探开发。其中，最主要的是亚硫酸氢铵，它常用作水处理过程中的除氧剂（参见 5.1.1.4 中的亚硫酸氢钠）[12]。

二氟化铵在酸作用下释放 HF，以对砂岩储层进行改造。这提高了安全性和操作性[269]。

碳酸铵在酸性介质中分解并释放二氧化碳，可用于提高石油采收率[270]。

与氯化钾类似的氯化铵可使表面活性剂溶液产生黏弹性，并可用作降滤失剂[54]。同样类似于氯化钾，氯化铵可在钻井、完井和修井时用作暂时黏土稳定剂[33]。许多铵盐，包括氯化铵，用于去除滤饼中降解的桥联剂[271]。

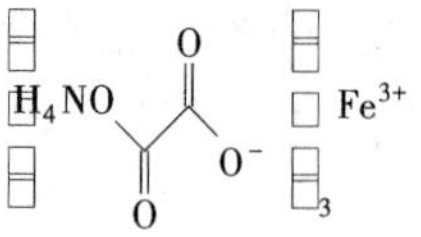

氢氧化铵可与二氧化硅水泥一起用于改变储层渗透性，使用温度需超过90℃。这个过程可封堵较高渗透性区域，从而使低渗透区域的石油驱替出来[272]。

复杂盐，如草酸铁铵（图5.12）可替代重铬酸钠，用作环境可接受性的聚合物和凝胶交联剂[46]。此外，还可与乙酰丙酮铁复合用于交联水溶性聚丙烯酰胺[182]。

图5.12 草酸铁铵

过硫酸铵和过二硫酸铵可用于包封破胶系统，可以起到延迟破胶凝胶系统的作用[215]。

如5.1.1所述，硫氰酸盐（如硫氰酸铵或硫氰酸钠）在钻井液、完井液和修井液中用作缓蚀剂[55]。

巯基乙酸盐以及对应的铵盐在6.2.2中讨论。

硝酸盐和亚硝酸盐在分解中可以产生热量，其特殊的应用将在5.9.4.7中进一步讨论。

似乎应用于石油和天然气勘探开发的铵盐的研究并不充分，其可作为一些具有持久毒性的重金属盐替代品，使整个应用过程是可行的和更环保的。当呈气态时，氨的有效寿命短，约24h，通常在其源头附近沉积。以颗粒形式，氨可以进一步扩散，影响更大的区域。气态和颗粒态氨都会使地表水富营养化、土壤酸化、植被施肥和形成城市里的烟雾。

由于氨是一种可存在于大气中的基本物质，因此很容易与大气中的酸性物质（如硝酸和硫酸）发生强烈反应以形成铵盐。

#### 5.9.4.7 硝酸和硝酸盐

一般来说，硝酸是一种强酸，不能用于石油和天然气勘探开发；然而，当与盐酸混合时，可以可控的方式从井筒中溶解和除去金属和金属工具件[33]。与此相反，硝酸盐和亚硝酸盐在石油和天然气勘探开发中有一些特殊应用。

硝酸盐和亚硝酸盐，主要是钠盐和钙盐用作改性SRB的原料（参见5.9.4.4）。这些材料便宜且环保。然而，研究结果显示，这种处理方式会形成混合结果，有时可能促进SRB产硫化氢，并导致腐蚀率增加[273]。

亚硝酸铵可以由铵盐（如氯化铵盐）与亚硝酸钠反应在井下生成。加入少量酸会引起热化学分解，亚硝酸铵分解为氮、水和氯化钠，释放大量的热量[274]。其是用于井下和海底去除蜡沉积物化学剂的基础物质[275]，并且还可去除海底水合物形成的堵塞[276]。

植物从水和土壤中获取氮。它们通过吸收硝酸盐和铵的形式来获取氮。硝酸盐是水生植物的主要氮源。硝酸盐不被水生生物（如鱼类和水生昆虫）所吸收。

增加硝酸盐（如增加任何盐）将增加土壤的渗透浓度。此时，植物的根部不得不从高浓度的环境中摄取矿物质。如果外部溶液浓度过高，那么植物就不能吸收水，不能抗衡浓度梯度造成的影响，植物将开始枯萎。在枯萎前，植物生长也会变得更慢。

施用过多的肥料意味着植物不能足够快地吸收它们，将由土壤保留，因此存在被冲入排水和河流系统的危险。如果发生这种情况，那么藻类生长以及其他水生植物的生长在河流中可以受到激发，结果就是造成富营养化。特别是硝酸铵对这种情况影响更显著[277]。

5.9.4.8 肼及相关产品

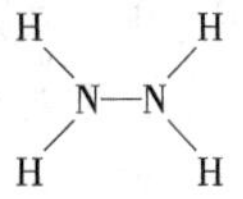

图 5.13 肼

肼是化学式为 $N_2H_4$ 的无机化合物（图 5.13）。它是无色易燃液体，有氨气味，剧毒；除非在溶液中使用，否则纯肼是不稳定的，容易引发危险。肼通常作为水合肼使用，即形成约 64%（质量分数）的含肼水溶液。肼主要用作起泡剂，用于制备泡沫聚合物，但其他重要的应用还包括聚合物制备、制药、火箭燃料等。在核电站和常规电厂内，肼作为氧气清除剂来控制溶解氧的浓度以减少腐蚀。此外，它不仅在油田上作锅炉给水，也用于钻井的腐蚀控制、修井和固井作业中[278]。

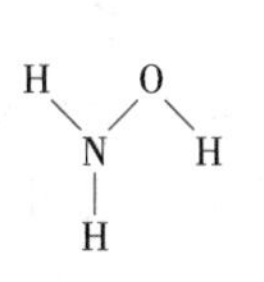

图 5.14 羟胺

肼及其衍生物，主要是盐酸肼，由于其毒性而不再用于油田中。传统上它们用作缓蚀剂，可实现除氧，也可与螯合剂［如乙二胺四乙酸（EDTA）］一起使用作为铁离子稳定剂[279]，在第 6 章中有更详细的介绍。在酸化压裂期间，需要添加铁离子稳定剂。认为盐酸肼是耐腐蚀水泥中的关键成分。当与某些膦酸衍生物复合时，可提高堵塞的减缓作用[33]。

通常，大多数使用肼及其衍生物的应用可以用其他化学品替代，类似物质包括羟胺（图 5.14）和羟胺盐酸盐[279]。但是在某些特殊应用中，特别是除氧作业中，大量的肟是必需的[280]。

肟衍生物、胍盐和半碳氮化物将在第 6 章进一步讨论。

碳酸二酰肼与肼和尿素（第 6 章）有关，尽管在自然界是无机的（图 5.15），但是在地热井用作无腐蚀性阻垢剂[281]。

无机盐叠氮化钠（$NaN_3$）充当生物止菌剂，并且已提出可用于防止油气井中的生物污染[282]。已知可抑制的酶有革兰阴性菌中的细胞色素氧化酶[283]。

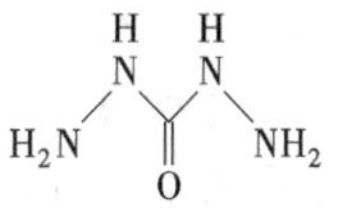

图 5.15 碳酸二酰肼

5.9.4.9 硫酸、硫酸盐及相关盐

许多有机含硫产品用于油田部门，主要用作缓蚀剂配方中的增效剂，这些将在第 6 章中讨论。然而，偶尔会有单质硫在输送含硫气体过程中沉积在管道中，这可以通过使用合适的分散剂来缓解[284]。

硫酸可用于提高采收率，特别是在热处理中。与盐酸相反，硫酸与原油反应，原油黏度降低，并认为硫酸热处理改变了原油成分的基本聚集特性，从而影响了黏度[285]。

正如已经在各种金属盐、硫酸盐、亚硫酸盐、亚硫酸氢盐和硫酸盐中所描述的那样，硫代硫酸盐也广泛用于石油和天然气勘探开发。

连二亚硫酸盐［如连二亚硫酸钠（图 5.16）］是氧清除剂。已建议用于钻井和完井作业[286]。但是，未被充分利用（H. A. Craddock，未发表）。

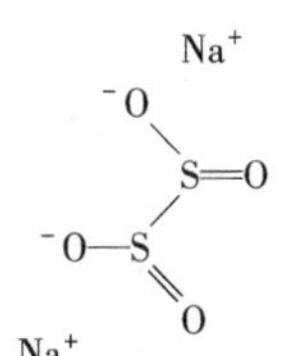

图 5.16 连二亚硫酸钠

这些无机含硫化合物对环境的主要影响是它们氧化降解为二氧化硫和三氧化硫。二氧化硫与空气中的水反应会生成硫酸，硫酸是酸雨的主要成分。酸雨可以导致森林砍伐，酸化水道，不利于水生生物，腐蚀建筑材料和油漆涂层。

相比之下，由这些添加剂产生的二氧化硫量非常小；二氧化硫主要来源于化石燃料的燃烧，包括原油。第 10 章中对化石燃料开采和使用的平衡进行了更充分的论述。

#### 5.9.4.10 无机碳及其化合物

炭黑是重质石油产品不完全燃烧产生的物质，主要来自各种焦油，少量来自植物油。它与烟灰的不同之处是具有更高的表面积体积比、更低的（可忽略不计和非生物可利用）多环芳烃含量。炭黑主要用作轮胎及其他橡胶制品中的增强填料。在塑料、油漆和油墨中，炭黑用作彩色颜料[287]。

将炭黑加入非水基钻井液中，体积含量为0.2%～10%时，可使钻井液表现出导电性。因此，在钻井时可获得测井信息[288]。

炭黑也是高含铝水泥复合材料的成分[289]。它也可以作为一种低成本添加剂，在固井完井中用于防气窜，作为乳胶和二氧化硅产品的替代品[290]。最近，氧化的炭黑用作配制PAM水溶液的纳米添加剂［浓度为0.05%～0.5%（质量分数）］，可改善其水和盐溶液的黏度和稳定性，从而应用在提高采收率方面[291]。

认为炭黑对人类是致癌，并影响了其广泛使用[292]。它似乎对环境无害。作为钻井及其他类似应用的润滑剂，认为是一种潜在的二硫化钼替代品[293]。然而，石墨，特别是改性的极化石墨效果更好。偏光石墨可用作岩石钻头的润滑剂，因为它具有优异的承载能力和抗磨损性能。

普通石墨由层状结构的碳构成，具有层状六方晶结构体。闭合的碳原子环没有任何极化；由于缺乏极性，石墨粉难以形成润滑膜并黏附在金属表面。石墨极化使其能够黏附到金属上并形成良好的润滑薄膜，可以承受头部负载而不会发生故障[56]。石墨也可用作支撑剂涂层材料，以减少压裂液间的摩擦[187]。

含有各种纤维的增强水泥最初是作为钻孔衬里的高强度材料开发的，碳纤维提供最大的韧性和增加的压缩强度，在高温下有潜在应用可能[48,294]。碳纤维可用于水力压裂，形成多孔结构，以过滤掉不需要的细粒及其他粒子。而且将纤维与支撑剂一起泵送减小了摩擦力，限制了含有支撑剂材料的流体的泵送[295]。然而，碳纤维的昂贵价格限制了其使用。

与碳纤维使用相关的是碳纳米管（CNT）颗粒。纳米技术中最重要的研究领域之一涵盖了多个学科领域，包括民用工程和建筑材料。目前，与水泥和混凝土相关的研究方向是了解水泥颗粒的水化和纳米添加剂尺寸（如CNT颗粒）的相互关系。用于水泥的增强材料，CNT与更传统的纤维相比具有几个明显的优势。首先，它们有比其他纤维更大的强度，可改善整体力学性能；其次，CNT具有更高的纵横比，与低纵横比的材料相比，纤维裂纹扩展需要更高的能量；第三，CNT的较小直径意味着它们可以更广泛地使用分布在水泥基质中，纤维间距减小，它们与基质的相互作用与较大纤维不同。使用CNT增强水泥可以降低油气井套管坍塌的可能性。在气井固井作业中，气体滑移是一个严重的问题。在水泥中使用CNT可以减少气体迁移量[296]。

CNT是富勒烯类含碳化合物组成部分，富勒烯的形状包括空心球、椭球、管及许多其他形状。在结构上，富勒烯类似于石墨。迄今为止，其在油田的探索应用很少。一些富勒烯作为添加剂可影响基础油的冷流动特性[297]。虽然迄今为止，这些材料的实际应用很少，但是它们的潜力很诱人，可能会成为新的高效材料，以减少化学品应用的整体环境负担[298]。

无机碳材料主要是环境惰性的，并且在油田应用的一些关键领域具有很大前景，可减少和更换更具环境危害性的材料。

5.9.4.11　其他未分类的无机物

尚未分类的主要的其他无机物有玻璃，石英、矿物质、高岭土，膨润土、沸石、二氧化硅基或无机硅酸盐，例如二氧化硅。高岭土是铝硅酸盐。在第7章中将对这些产品进行论述。

其他地方未涉及的材料是基于放射性无机示踪材料离子的放射性同位素。其中最相关的是 $S^{13}CN^-$，其作为示踪剂不是非放射性物种的同位素[299]。这类材料的使用量非常少，因此，没有衡量其对环境的影响。

## 5.10　与金属和无机物有关的环境问题

在本章中已经介绍了许多金属及其盐相关的生物和环境影响。如前几章所述，大多数油田添加剂不会存在生物降解问题。因为通常这些分子不被生物降解，除非通过将其氧化成相应的氧化物。它们通常是相对稳定的。如化学相容性、机械降解等因素对其稳定性影响较小，导致对应环境影响增强。

这些产品对环境影响因素包括生物利用度和固有的毒性。按照绿色化学的理念，需要寻找相应的替代品。如前所述，这样的策略对降低环境影响较小。因此，需要更高剂量率的产品，进而会导致更高的环境负荷。

5.10.1　固有的毒性

许多金属，特别是重金属，都是有毒的，但是一些重金属是必不可少的，一些具有低毒性，如铋。大多数情况下，被定义为重金属的金属包括镉、铅、汞和放射性金属。砷等类金属包含在其中。放射性金属具有放射毒性和化学毒性。处于对身体不利的氧化态的金属也可能是有毒的，例如，铬（Ⅲ）是必需的微量元素，但铬（Ⅵ）是一种致癌物质。这些固有的毒性，特别是与水溶性金属盐，会给人带来严重的环境负担和致命的毒性。对于水生动物，尤其是贝类和鱼来说，重金属毒素会在其体内积累[300]。

从毒性观点来看，这些金属受到特别的关注；但值得注意的是，许多金属和金属盐在常规用量下是无毒的。特别值得注意的是，铋具有低毒性，但在油田应用中使用相对较少。

5.10.2　其他的毒性

金属盐对环境的影响主要是影响生态系统平衡，盐度、pH值、可用氧气的变化引起渗透作用反转（通常盐浓度等增加）。通常，这些影响是逐渐累积的，当达到临界点后，对特定生态系统的平衡或特定物种的影响可能是灾难性的[38]。

众所周知，水质（特别是溶解氧的量）对鱼类及其他海洋生物具有重要意义。很多金属离子可能会与水生生物产生竞争和冲突，整体耗尽水生环境中溶解的氧量，导致水体环境对于许多种类的水生生物（尤其是鱼类）变得不适宜[198]。

一些无机物，例如二氧化碳等温室气体，影响生物圈气候的整体平衡[301]。然而，它们的使用的有助于其控制，而不是排放到环境中造成影响。二氧化碳提高采收率就是这样的一个例子[251]。

一般而言，如果金属和无机化合物 $LC_{50}$ 或 $EC_{50}$ 小于1mg/L，监管机构会将其归类为有毒的。这个浓度是通过实验室测量确定的可导致50%人口死亡或受到伤害的浓度。

### 5.10.3　生物利用率和生物累积性

环境科学中，通常认为生物利用率是一种分子从环境中穿过生物体的细胞膜后，形成有机体被生物利用的难易程度[302]。科学界和监管机构认为，大多数分子量大于 700 的有机分子不会穿过细胞膜，因此，不具有生物可利用性。该标准将在第 9 章和第 10 章中进一步讨论。

本章讨论的大多数金属、金属盐及其他无机配合物分子量都低于 700，但生物可利用的机制不同。土壤中的受体，如植物和微生物群，直接暴露于土壤溶液中的金属（如镉、铜、汞、铅和锌）。理想情况下，可反映在环境中生物可利用的“总”含量。了解影响金属在土壤中分布的因素，有助于明确金属对土壤生物的影响方式[303]。

其他易于在溶解条件下吸收的金属易于与土壤中的组分形成复合物，进而影响其在土壤中的流动性，生物利用率低。这些金属在土壤中的流动性和生物利用率取决于关于它们的形态和土壤的理化性质，包括土壤 pH 值、质地和土壤有机物[238]。

在土壤环境中的溶解度是植物生长的关键限制因素。土壤胶体营养素的含量和组成，以及微生物对食物链中的有毒物质去除（吸附、降解为与环境不相容的物质），对植物的生长也是至关重要的[304]。

这些途径的复杂性以及金属和其他无机物的分布可能会影响其在生物中的去除和累积。土壤和海洋沉积物中的重金属及其他有毒无机化合物在生物体内累积，会导致其进入食物链中[305]。

显然，在考虑实施替代计划以利用和发展更环保可接受的材料过程中，重要的是明确金属、金属盐及其他无机化合物的毒性作用，同时考虑其潜在的长期生物累积效应。到目前为止，石油和天然气行业及监管机构采取了一个相当简单的方法，用对环境危害较小或毒性小的物质替代具有固有毒性的材料。

展望未来，建立生物累积模型似乎是有必要的；但是，与此同时，简单化的方法可能存在潜在的生态影响。

生物累积因子数据已经通过实地研究进行汇总。金属的营养转移因子数据是从模拟水生食物链的实验室研究中汇编而来的。结果表明，野外生物累积因子往往与其暴露浓度负相关。这可归因于现场暴露水平较低。观察到营养转移因子与暴露浓度成反比。特别是在较低的暴露浓度下，这些反向关系对环境法规（例如危险分类和基于组织残留的水质标准）、在特定地点环境中使用金属生物累积数据评估以及生态和人类健康风险评估的影响很重要[306]。

迄今为止的科学研究表明，对于金属和类金属材料，与许多有机物质不同，在不考虑暴露浓度时，没有具体的参数可用于表达生物累积和（或）营养转移。

总之，本章中介绍的化合物和元素在石油和天然气资源开发及生产中是非常有用的，而且对环境影响很少。

## 参考文献

[1] Reddy, B. R. and Palmer, A. V. (2009). Sealant compositions comprising colloidally stabilized latex and methods of using the same. US Patent 7, 607, 483, assigned to Haliburton Energy Services.

[2] Song, Y. -K. , Jo, Y. -H. , Lim, Y. -J. et al. (2013). Sunlight-induced self-healing of a microcapsule-type protective coating. ACS Applied Materials & Interfaces 5 (4): 1378-1384.

[3] Syrinek, A. R. and Lyon, L. B. (1989). Low temperature breakers for gelled fracturing fluids. US Patent 4,795,574, assigned to Nalco Chemical Company.

[4] Patel, B. B. (1994). Fluid composition comprising a metal aluminate or a viscosity promoter and a magnesium compound and process using the composition. EP Patent 617106, assigned to Phillips Petroleum Company (US).

[5] Xian, T. (2007). Drilling fluid systems for reducing circulation losses. US Patent 7,226,895, assigned to Baker Hughes Inc.

[6] Gentili, D. O. , Khalil, C. N. , Rocha, N. O. , and Lucas, E. F. (2005). Evaluation of polymeric phosphoric ester-based additives as inhibitors of paraffin deposition, SPE 94821. SPE Latin American and Caribbean Petroleum Engineering Conference, Rio de Janeiro, Brazil (20-23 June 2005).

[7] Smith, K. , Persinski, L. J. , and Wanner, M. (2008). Effervescent biocide compositions for oilfield application. US Patent Application 2008/0004189, assigned to Weatherford/Lamb Inc.

[8] Kunzi, R. A. , Vinson, E. F. , Totten, P. L. , and Brake, B. G. (1993). Low temperature well cementing compositions and methods. CA Patent 2088897, assigned to Haliburton Company (US).

[9] Padron, A. (1999). Stable emulsion of viscous crude hydrocarbon in aqueous buffer solution and method for forming and transporting same. CA Patent 2113597, assigned to Maravan S. A.

[10] Brannon, H. D. , Hodge, R. M. , and England, K. W. (1989). High temperature guar-based fracturing fluid. US Patent 4,801,389, assigned to Dowell Schlumberger Inc.

[11] Jennings Jr. , A. R. (1995). Method of enhancing stimulation load fluid recovery. US Patent 5,411,093, assigned to Mobil Oil Corp.

[12] Matsuka, N. , Nakagawa, Y. , Kurihara, M. , and Tonomura, T. (1984). Reaction kinetics of sodium bisulfite and dissolved oxygen in seawater and their applications to seawater reverse osmosis. Desalination 51 (2): 163-171.

[13] Ulrich, R. K. , Rochelle, G. T. , and Prada, R. E. (1986). Enhanced oxygen absorption into bisulphite solutions containing transition metal ion catalysts. Chemical Engineering Science 41 (8): 2831-2191.

[14] McMahon, A. J. , Chalmers, A. , and MacDonald, H. (2001). Optimising oilfield oxygen scavengers. Chemistry in the Oil Industry VII (13-14 November 2001), p. 263. Manchester, UK: Royal Society of Chemistry.

[15] Mitchell, R. W. (1978). The forties field sea-water injection system, SPE 6677. Journal of Petroleum Technology 30 (6): 877-884.

[16] Prasad, R. (2004). Chemical treatment for hydrostatic test. US Patent 6815208, assigned to Champion Technologies Inc.

[17] McCabe, M. A. , Harris, P. C. , Slabaugh, B. et al. (2000). Methods of treating subterranean formation using borate cross-linking compositions. US Patent 6,024,170, assigned to Haliburton Energy services Inc.

[18] Paul, J. R. and Plonka, J. H. (1973). Solids free completion fluids maintain formation permeability, SPE 4655. Fall Meeting of the Society of Petroleum Engineers of AIME, Las Vegas, Nevada (30 September to 3 October 1973).

[19] Bridges, K. L. (2000). Completion and Workover Fluids. SPE Monograph Series.

[20] Caenn, R. , Hartley, H. C. H. , and Gray, G. R. (2011). Composition and Properties of Drilling and Completion Fluids, 6the. Gulf Professional Publishing.

[21] Schlemmer, R. F. (2007). Membrane forming in-situ polymerization for water based drilling fluids. US Patent 7,279,445, assigned to MI L. L. C.

[22] Schramm, L. L. ed. (2000). Surfactants: Fundamentals and Applications in the Petroleum Industry. Cambridge University Press.

[23] K. Schriener and Munoz Jr., T. (2006). Methods of degrading filter cakes in a subterranean formation. US Patent 7,497,278, assigned to Haliburton Energy Services Inc.

[24] Welton, T. D., Todd, B. L., and McMechan, D. (2010). Methods for effecting controlled break in pH dependent foamed fracturing fluid. US Patent 7,662,756, assigned to Haliburton Energy Services Inc.

[25] Kosztin, B., Palasthy, G., Udvari, F. et al. (2002). Field evaluation of iron hydroxide gel treatments, SPE 78351. European Petroleum Conference, Aberdeen, UK (29-31 October 2002).

[26] Goncalves, J. T., De Oliveira, M. F., and Aragao, A. F. L. (2007). Compositions of oil-based biodegradable drilling fluids and process for drilling oil and gas wells. US Patent 7,285,515, assigned to Petroleo Brasileiro S. A. - Petrobras.

[27] Valenziano, R., Harris, K. L., and Dixon, M. D. (2009). Servicing a wellbore with an aqueous based fluid comprising a clay inhibitor. US Patent 7,549,474, assigned to Haliburton Energy Services Inc.

[28] Baijal, S. K., Houchin, L. R., and Bridges, K. L. (1991). A practical approach to prevent formation damage by high density brines during the completion process. SPE Production Operations Symposium, Oklahoma City, OK (7-9 April 1991).

[29] Houchin, L. R., Baijal, S. K., and Foxenberg, W. E. (1991). An analysis of formation damage by completion fluids at high temperatures, SPE 23143. Offshore Europe, Aberdeen, UK (3-6 September 1991).

[30] Ludwig, N. C. (1951). Effect of sodium chloride on setting properties of oil-well cements, API 51020. American Petroleum Institute, Drilling and Production Practice, New York, NY (1 January 1951).

[31] Tsytsymuskin, P. F., Tarnaviskiy, A. P., Mikhailov, B. V. et al. (1991). Grouting mortars for fixing wells of salt deposits. SU Patent 1,700,201, assigned to Volga Urals Hydrocarbon.

[32] van Oort, E. (2003). On the physical and chemical stability of shales. Journal of Petroleum Science and Engineering 38: 213-223.

[33] Fink, J. (2013). Petroleum Engineers Guide to Oilfield Chemicals and Fluids. Elsevier.

[34] Kelland, M. A., Svartaas, T. M., and Dybvik, L. (1995). Studies on new gas hydrate inhibitors, SPE 30420. Offshore Europe, Aberdeen, UK (5-8 September 1995).

[35] Zhou, Z. (2000). Process for reducing permeability in a subterranean formation. US Patent 6,143,699, assigned to Alberta Oil Sands Technology and Research Authority.

[36] Wylde, J. J. and Slayer, J. L. (2013). Halite scale formation mechanisms, removal and control: a global overview of mechanical, process, and chemical strategies, SPE 164081. SPE International Symposium on Oilfield Chemistry, The Woodlands, TX (8-10 April 2013).

[37] Foley, R. T. (1970). Role of the chloride ion in iron corrosion. Corrosion 26 (2): 58-70.

[38] Nielsen, D. L., Brock, M. A., Rees, G. N., and Baldwin, D. S. (2003). Effects of increasing salinity on freshwater ecosystems in Australia. Australian Journal of Botany 51: 655-665.

[39] Williams, M. D. and Williams, W. D. (1991). Salinity tolerance of four species of fish from the Murray-Darling basin river system. Hydrobiologia 210 (1): 145-150.

[40] Mason, J. A. (1988). Use of chlorous acid in oil recovery. US Patent 4, 892, 148, assigned to the Inventor.

[41] Kuhn, A. T. and Lartey, R. B. (1975, 1975). Electrolytic generation "in-situ" of sodium hypochlorite. Chemie Ingenieur Technik 47 (4): 129-135.

[42] Nalepa, C. J., Howarth, J., and Azomia, F. D. (2002). Factors to consider when applying oxidizing biocides in the field, NACE-02223. CORROSION 2002 (7-11 April 2002) Denver, Colorado.

[43] Clementz, D. M., Patterson, D. E., Aseltine, R. J., and Young, R. E. (1982). Stimulation of water injection wells in the Los Angeles basin by using sodium hypochlorite and mineral acids, SPE 10624. Journal of Petroleum Technology 34 (9): 2, 087-2, 096.

[44] Todd, B. L., Slabaugh, B. F., Munoz Jr., T., and Parker, M. A. (2008). Fluid loss control additives for use in fracturing subterranean formations. US Patent 7,096,947, assigned to Haliburton Energy Services Inc.

[45] Lyons, W., Plisga, G. J., and Lorenz, M. ed. (2015). Standard Handbook of Petroleum and Natural Gas Engineering, 3rde. Gulf Publishing.

[46] Han, M., Alshehri, A. J., Krinis, D., and Lyngra, S. (2014). State-of-the-art of in-depth fluid diversion technology: enhancing reservoir oil recovery by gel treatments, SPE 172186. SPE Saudi Arabia Section Technical Symposium and Exhibition, Al-Khobar, Saudi Arabia (21-24 April 2014).

[47] http://www.webcitation.org/5WGM2f75m (accessed 12 December 2017).

[48] Williams, R., Therond, E., Dammel, T., and Gentry, M. (2010). Conductive cement formulation and application for use in well. US Patent 7772166, assigned to Schlumberger Technology Corporation.

[49] Guichard, B., Wood, B., and Vongphouthone, P. (2008). Fluid loss reducer for high temperature high pressure water based-mud application. US Patent 7,449,430, assigned to Eliokem S. A. S.

[50] Thibideau, L., Sakanoko, M., and Neale, G. H. (2003). Alkaline flooding processes in porous media in the presence of connate water. Powder Technology 132 (2-3): 101-111.

[51] Horvath-Szabo, G., Czarnecki, J., and Masliyah, J. H. (2002). Sandwich structures at oil-water interfaces under alkaline conditions. Journal of Colloid and Interface Science 253 (2): 427-434.

[52] Lorenz, P. B. (1991). The effect of alkaline agents on the retention of EOR chemicals. Technical Report NIPER-535, National Institue for Petroleum and Energy Research, Bartlesville, OK.

[53] Parker, A. (1988). Process for controlling and delaying the formation of gels or precipitates derived from aluminium hydroxide and corresponding compositions together with its applications particularly those concerning the operation of oil wells. EP Patent 266808, assigned to Pumptech N. V.

[54] Sullivan, P., Christanti, Y., Couillet, I. et al. (2006). Methods for controlling the fluid loss properties of viscoelastic surfactant based fluids. US Patent 7,081,439, assigned to Schlumberger Technologies Corporation.

[55] Dadgar, A. (1988). Corrosion inhibitors for clear, calcium-free high density fluids. US Patent 4,784,779, assigned to Great Lakes Chemical Corp.

[56] Denton, R. M. and Lockstedt, A. W. (2006). Rock bit with grease composition utilizing polarized graphite. US Patent 7,121,365, assigned to Smith International Inc.

[57] Mondshine, T. (1993). Process for decomposing polysaccharides in alkaline aqueous systems. US Patent 5,253,711, assigned to Texas United Chemical Corp.

[58] De Souza, C. R. and Khallil, C. N. (1999). Method for the thermo-chemical dewaxing of large dimension lines. US Patent 6,003,528, assigned to Petroleo Brasiliero S. A. - Petrobras.

[59] Kumar, M., Singh, N. P., Singh, S. K., and Singh, N. B. (2010). Combined effect of sodium sulphate and superplasticizer on the hydration of fly ash blended Portland cement. Materials Research 13 (2).

[60] Jenkins, A., Grainger, N., Blezard, M., and Pepin, M. (2012). Quaternary ammonium corrosion inhibitor. EP Patent 2429984, assigned to M-I Drilling Fluids UK Limited and Stepan UK Limited.

[61] Phillips, N. J., Renwick, J. P., Palmer, J. W., and Swift, A. J. (1996). The synergistic effect of sodium thiosulphate on corrosion inhibition. Proceedings of 7th Oilfield Chemistry Symposium, Geilo, Norway.

[62] Graham, G. M. , Bowering, D. , MacKinnon, K. et al. (2014). Corrosion inhibitors squeeze treatments-misconceptions, concepts and potential benefits, SPE 169604. SPE International Oilfield Corrosion Conference and Exhibition, Aberdeen, Scotland (12-13 May 2014).

[63] Srinivasan, S. , Veawab, A. , and Aroonwilas, A. (2013). Low toxic corrosion inhibitors for amine-based $CO_2$ capture process. Energy Procedia 37: 890-895.

[64] Bjornstad, T. , Haugen, O. B. , and Hundere, I. A. (1994). Dynamic behavior of radio-labelled water tracer candidates for chalk reservoirs. Journal of Petroleum Science and Engineering 10 (3): 223-228.

[65] Alford, S. E. (1991). North sea field application of an environmentally responsible water-base shale stabilizing system, SPE 21936. SPE/IADC Drilling Conference, Amsterdam, Netherlands (11-14 March 1991).

[66] Jones, T. G. J. , Tustin, G. J. , Fletcher, P. , and Lee, J. C. -W. (2008). Scale dissolver fluid. US Patent 7,343,978, assigned to Schlumberger Technology Corporation.

[67] Steiger, R. P. (1982). Fundamentals and use of potassium/polymer drilling fluids to minimize drilling and completion problems associated with hydratable clays, SPE 101100. Journal of Petroleum Technology 34 (8): 1661-2136.

[68] Anderson, R. L. , Ratcliffe, I. , Greenwell, H. C. et al. (2010). Clay swelling - a challenge in the oilfield. Earth Science Reviews 98 (304): 201-216.

[69] Reid, P. I. , Craster, B. , Crawshaw, J. P. , and Balson, T. G. (2003). Drilling fluid. US Patent 6,544,933, assigned to Schlumberger Technology Corporation.

[70] Rodriguez-Navarro, C. , Linares-Fernandez, L. , Doehne, E. , and Sebastian, E. (2002). Effects of ferrocyanide ions on NaCl crystallization in porous stone. Journal of Crystal Growth 243 (3-4): 503-516.

[71] Frigo, D. M. , Jackson, L. A. , Doran, S. M. , and Trompert, R. A. (2000). Chemical inhibition of halite scaling in topsides equipment, SPE 60191. International Symposium on Oilfield Scale, Aberdeen, UK (26-27 January 2000).

[72] Herbert, J. , Leasure, J. , Saldungaray, P. , and Ceramics, C. (2016). Prevention of halite formation and deposition in horizontal wellbores: a multi basin developmental study, SPE 181735. SPE Annual Technical Conference and Exhibition, Dubai, UAE (26-28 September 2016).

[73] Wyldeand, J. J. and Slayer, J. L. (2013). Halite scale formation mechanisms, removal and control: a global overview of mechanical, process, and chemical strategies, SPE 164081. SPE International Symposium on Oilfield Chemistry, The Woodlands, TX (8-10 April 2013).

[74] European Commission (2001). Opinion of the scientific committee for animal nutrition on the safety of potassium and sodium ferrocyanide used as anticaking agents. Health and Consumer Protection Directorate General, Directorate C - Scientific Opinions (adopted 3 December 2001).

[75] Schultz, H. , Bauer, G. , Schachl, E. et al. (2002). Potassium compounds. In: Ullman' s Encyclopedia of Industrial Chemistry. Wiley-VCH.

[76] Breedon, D. L. and Meyer, R. L. (2005). Ester-containing downhole drilling lubricating composition and processes therefor and therewith. US Patent 6, 884, 762, assigned to Newpark Drilling Fluids L. L. C.

[77] Trabanelli, G. , Zucchi, F. , and Brunoro, G. (1988). Inhibition of corrosion resistant alloys in hot hydrochloric acid solutions. Materials and Corrosion 39 (12): 589-594.

[78] Tilley, R. J. D. (2013). Understanding Solids: The Science of Materials, 2nde. Wiley Blackwell.

[79] Eberan-Eberhorst, G. A. , Haitzman, P. F. , McConnell, G. , and Stribley, F. T. (1983). Recent developments in automotive, industrial and marine lubricants, Paper RP9 WPC 20338. 11th World Petroleum

Congress, London, UK (28 August to 2 September 1983).

[80] Orazzini, S. , Kasirin, R. S. , Ferrari, G. et al. (2012). New HT/HP technology for geothermal application significantly increases on - bottom drilling hours, SPE 150030. IADC/SPE Drilling Conference and Exhibition, 6-8 March, San Diego, CA.

[81] Akulichev, A. and Thrkildsen, B. (2014). Impact of lubricating materials on arctic subsea production systems, OTC 24538. OTC Arctic Technology Conference, 10-12 February, 2014, Houston, TX.

[82] Huey, M. A. and Leppin, D. (1995). Lithium bromide chiller technology in gas processing, SPE 29486. SPE Production Operations Symposium, Oklahoma City, OK (2-4 April 1995).

[83] Scian, A. N. , Porto Lopez, J. M. , and Pereira, E. (1991). Mechanochemical activation of high alumina cements - hydration behaviour. I. Cement and Concrete Research 21 (1): 51-60.

[84] Garvey, C. M. , Savoly, A. , and Weatherford, T. M. (1987). Drilling fluid dispersant. US Patent 4711731, assigned to Diamond Shamrock Chemicals Company.

[85] US Environmental Protection Agency (2012). Lithium-ion batteries and nanotechnology for electric vehicles: a life cycle assessment DRAFT.

[86] European Commission (2012). Environmental impacts of batteries for low carbon technologies compared. Science for Environmental Policy, Issue 303.

[87] Frank, W. B. , Haupin, W. E. , Vogt, H. et al. (2009). Aluminium. In: Ullmann's Encyclopedia of Industrial Chemistry. Wiley VCH.

[88] Kabir, A. H. (2001). Chemical water and gas shutoff technology - an overview, SPE 72119. SPE Asia Pacific Improved Oil Recovery Conference, Kuala Lumpur, Malaysia (6-9 October 2001).

[89] Frenier, W. and Chang, F. F. (2004). Composition and method for treating a subterranean formation. US Patent 6,806,236, assigned to Schlumberger Technology Corporation.

[90] Gebbie, P. (2001). Using polyaluminium coagulants in water treatment. 64th Annual Water Industry Engineers and Operators Conference, Bendigo, Australia (5-6 September 2001).

[91] Soderlund, M. and Gunnarsson, S. (2010). Process for the production of polyaluminium salts. EP Patent 2158160, assigned to Kemira Kemi AB.

[92] Xu, Y. , Zhijun, W. , and Lizhi, Z. (1997). Study of high-sulfur natural gas field water treatment, PETSOC-97-122. Annual Technical Meeting (8-11 June 1997). Calgary, Alberta: Petroleum Society of Canada.

[93] Smith, D. R. , Moore, P. A. , Griffis, C. L. et al. (2000). Effects of alum and aluminum chloride on phosphorus runoff from swine manure. Journal of Environmental Quality 30 (3): 992-998.

[94] Smith, J. E. (1995). Performance of 18 polymers in aluminum citrate colloidal dispersion gels, SPE 28989. SPE International Symposium on Oilfield Chemistry, San Antonio, TX (14-17 February 1995).

[95] Samuel, M. (2009). Gelled oil with surfactant. US Patent 7,521,400, assigned to Schlumberger Technology Corporation.

[96] Burrafato, G. and Carminati, S. (1996). Aqueous drilling muds fluidified by means of zirconium and aluminum complexes. US Patent 5,532,211, asigned to Eniricerche S. P. A. , Agip S. P. A.

[97] Jovancicevic, V. , Campbell, S. , Ramachandran, S. et al. (2007). Aluminum carboxylate drag reducers for hydrocarbon emulsions. US Patent 7,288,506, assigned to Baker Hughes Incorporated.

[98] Kelland, M. A. (2014). Production Chemicals for the Oil and Gas Industry, 2nde. CRC Press.

[99] Willberg, D. and Dismuke, K. (2009). Self-destructing filter cake. US Patent 7,482,311, assigned to Schlumberger Technologies Corporation.

[100] Reid, A. L. and Grichuk, H. A. (1991). Polymer composition comprising phosphorous-containing gelling agent and process thereof. US Patent 5,034,139, assigned to Nalco Chemical Company.

[101] Laird, J. A. and Beck, W. R. (1987). Ceramic spheroids having low density and high crush resistance. EP Patent 207688.

[102] Andrews, W. H. (1987). Bauxite proppant. US 4,713,203, assigned to Comalco Aluminium Limited.

[103] Jones, C. K., Williams, D. A., and Blair, C. C. (1999). Gelling agents comprising of aluminium phosphate compounds. GB Patent 2,326,882, assigned to Nalco/Exxon Energy Chemicals L. P.

[104] Huddleston, D. A. (1989). Hydrocarbon geller and method for making the same. US Patent 4,877,894, assigned to Nalco Chemical Company.

[105] Hart, P. R. (2005). Method of breaking reverse emulsions in a crude oil desalting system. CA Patent 2,126,889, assigned to Betz Dearborn Inc.

[106] Gioia, F., Urciuolo, M. et al. (2004). Journal of Hazardous Materials 116 (1-2): 83-93.

[107] Oldiges, D. A. and Joeseph, A. W. (2003). Methods for using environmentally friendly anti-seize/lubricating systems. US Patent 6,620,460, assigned to Jet-Lube Inc.

[108] Branch III, H. (1988). Shale-stabilizing drilling fluids and method for producing same. US Patent 4,719,021, assigned to Sun Drilling Products Corporation.

[109] Rodriguez, D., Quintero, L., Terrer, M. T. et al. (1990). Hydrocarbon dispersion in water. GB Patent 2231284, assigned to Intevep S. A.

[110] Benaissa, S., Clapper, D. K., Parigot, P., and Degouy, D. (1997). Oilfield applications of aluminum chemistry and experience with aluminum-based drilling-fluid additive, SPE 37268. SPE International Symposium on Oilfield Chemistry, Houston, TX (18-21 February 1997).

[111] Rosseland, B. O., Eldhuset, T. D., and Staurnes, M. (1990). Environmental effects of aluminium. Environmental Geochemistry and Health 12 (1-2): 17-27.

[112] Fernier, W. W. and Zauddin, M. (2008). Formation, Removal and Inhibition of Inorganic Scale in the Oilfield Environment. SPE Publications.

[113] Neff, J. M. (2002). Bioaccumulation in Marine Organisms: Effect of Contaminants from Oil Well Produced Water. Elsevier Science.

[114] Johnson, R. M. and Garvin, T. R. (1972). Cementing practices - 1972, SPE 3809. Joint AIME-MMIJ Meeting, Tokyo, Japan (25-27 May 1972).

[115] Dye, W. M., Mullen, G. A., and Gusler, W. J. (2006). Field-proven technology to manage dynamic barite sag, SPE 98167. IADC/SPE Drilling Conference, Miami, FL (21-23 February 2006).

[116] API RP 13K (R2016). Recommended Practice for Chemical Analysis of Barite, 3rde. Standard by American Petroleum Institute.

[117] Shen, W., Pan, H. F., and Qin, Y. Q. (1999). Advances in chemical surface modification of barite. Oilfield Chemistry 16 (1): 86-90.

[118] OLI ScaleChem (2010). Version 4.0 (revision 4.0.3). OLI Systems, Inc.

[119] McGinty, J., McHugh, T. E., and Higgins, E. A. (2007). Barium sulfate: a protocol for determining higher site-specific barium cleanup levels, SPE 106802. E&P Environmental and Safety Conference, Galveston, TX (5-7 March 2007).

[120] Dobson, J. W., Hayden, S. L., and Hinojosa, B. E. (2005). Borate crosslinker suspensions with more consistent crosslink times. US Patent 6,936,575, assigned to Texas United Chemical Company Llc.

[121] Ainley, B. R. and McConnell, S. B. (1993). Delayed borate cross-linked fracturing fluid. EP Patent

528461, assigned to Pumptech N. V.

[122] Brannon, H. D. and Ault, M. G. (1991). New delayed borate-crosslinked fluid provides improved fracture conductivity in high - temperature applications, SPE 22838. SPE Annual Technical Conference and Exhibition, Dallas, TX (6-9 October 1991).

[123] World Health Organization (1998). Boron. Environmental Health Criteria, 204, Geneva, Switerland.

[124] Eisler, R. (1990). Boron hazards to fish, wildlife, and invertebrates: a synoptic review. U. S. Fish and Wildlife Service: Biological Report 82: 1-32.

[125] U. S. Environmental Protection Agency, Office of Pesticide Programs (1993). Reregistration eligibility decision document: boric acid and its sodium salts, EPA 738-R-93-017, September 1993. Washington, DC: U. S. Government Printing Office.

[126] Karcher, J. D., Brenneis, C., and Brothers, L. E. (2013). Calcium phosphate cement compositions comprising pumice and/or perlite and associated methods. US Patent Application 20130126166, assigned to Haliburton Energy Services Inc.

[127] Mueller, H., Breuer, W., Herold, C. -P. et al. (1997). Mineral additives for setting and/or controlling the rheological properties and gel structure of aqueous liquid phases and the use of such additives. US Patent 5,663,122, assigned to Henkel Ag.

[128] GEO Drilling Fluids Inc. (1997). Brine fluids. http: //www. geodf. com/store/files/24. pdf (accessed 12 December 2017).

[129] Lyons, W., Pilsga, G. J., and Lorenz, M. ed. (2015). Standard Handbook of Petroleum and Natural Gas Engineering, 3rde. Gulf Professional Publishing.

[130] Johnson, M. (1996). Fluid systems for controlling fluid losses during hydrocarbon recovery operations. EP Patent 0691454, assigned to Baker Hughes Inc.

[131] Landry, D. K. and Kollermann, T. J. (1991). Bearings grease for rock bit bearings. US Patent 5,015,401, assigned to Hughes Tool Company.

[132] Huang, T., Crews, J. B., and Tredway Jr., J. H. (2009). Fluid loss control agents for viscoelastic surfactant fluids. US Patent 7,550,413, assigned to Baker Hughes Incorporated.

[133] Crews, J. B. (2010). Saponified fatty acids as breakers for viscoelastic surfactant-gelled fluids. US Patent 7,728,044, assigned to Baker Hughes Incorporated.

[134] Ghofrani, R. and Werner, C. (1993). Effect of calcination temperature and the durations of calcination on the optimisation of expanding efficiency of the additives, CaO and MgO, in swelling (expanding) cements. Erdoel, Erdgas, Kohle 109 (1): 7-9.

[135] Montgomery, F., Montgomery, S., and Stephens, P. (1994). Method of controlling porosity of well fluid blocking layers and corresponding acid soluble mineral fiber well facing product. US Patent 5,354,456, assigned to Inventors.

[136] Todd, B. L. (2009). Filter cake degradation compositions and methods of use in subterranean operations. US Patent 7,598,208, assigned to Haliburton Energy Services Inc.

[137] Patel, B. B. (1994). Tin/cerium compounds for lignosulphonate processing. EP Patent 600343, assigned to Phillips Petroleum Company.

[138] Olson, W. D., Muir, R. J., Eliades, T. I., and Steib, T. (1994). Sulfonate greases. US Patent 5,308,514, assigned to Witco Corporation.

[139] Ramakrishna, D. M. and Viraraghavan, T. (2005). Environmental impact of chemical deicers - a review. Water, Air, and Soil Pollution 166 (1): 49-63.

[140] Al-Ansary, M. S. and Al-Tabba, A. (2007). Stabilisation/solidification of synthetic petroleum drill cuttings. Journal of Hazardous Materials 141 (2): 410-421.

[141] Carpenter, J. F. and Nalepa, C. J. (2005). Bromine-based biocides for effective microbiological control in the oil field, SPE 92702. SPE International Symposium on Oilfield Chemistry, The Woodlands, TX (2-4 February 2005).

[142] Kleina, L. G., Czechowski, M. H., Clavin, J. S. et al. (1997). Performance and monitoring of a new nonoxidizing biocide: the study of BNPD/ISO and ATP, Nace 97403. Corrosion 97, New Orleans, Louisiana (9-14 March 1997).

[143] Bryce, D. M., Crowshaw, B., Hall, J. E. et al. (1978). The activity and safety of the antimicrobial agent bronopol (2-bromo-nitropan-1, 3-diol). Journal of the Society of Cosmetic Chemists 29 (1): 3-24.

[144] Cronan Jr., J. M. and Mayer, M. J. (2006). Synergistic biocidal mixtures. US Patent 7,008,545, assigned to Hercules Incorporated.

[145] Yang, S. (2004). Stabilized bromine and chlorine mixture, method of manufacture and uses thereof for biofouling control. World Patent Application, WO/2004/026770, assigned to Nalco Company.

[146] Flatval, K. B., Sathyamoorthy, S., Kuijvenhoven, C., and Ligthelm, D. (2004). Building the case for raw seawater injection scheme in Barton, SPE 88568. SPE Asia Pacific Oil and Gas Conference and Exhibition, Perth, Australia (18-20 October 2004).

[147] Romaine, J., Strawser, T. G., and Knippers, M. L. (1996). Application of chlorine dioxide as an oilfield facilities treatment fluid, SPE 29017. SPE Production & Facilities 11 (1): 18-21.

[148] McCafferty, J. F., Tate, E. W., and Williams, D. A. (1993). Field performance in the practical application of chlorine dioxide as a stimulation enhancement fluid, SPE 20626. SPE Production & Facilities 8 (1): 9-14.

[149] Ohlsen, J. R., Brown, J. M., Brock, G. F., and Mandlay, V. K. (1995). Corrosion inhibitor composition and method of use. US Patent 5,459,125, assigned to BJ Services Company.

[150] Cavallaro, A., Curci, E., Galliano, G. et al. (2001). Design of an acid stimulation system with chlorine dioxide for the treatment of water-injection wells, SPE 69533. SPE Latin American and Caribbean Petroleum Engineering Conference, Buenos Aires, Argentina (25-28 March 2001).

[151] Mason, J. A. (1993). Use of chlorous acid in oil recovery. GB Patent 2239867.

[152] Kalfayan, L. (2008). Production Enhancement with Acid Stimulation, 2nde. Oklahoma: PennWell.

[153] Cheng, X., Li, Y., Ding, Y. et al. (2011). Study and application of high density acid in HPHT deep well, SPE 142033. SPE European Formation Damage Conference, Noordwijk, The Netherlands (7-10 June 2011).

[154] Nasr-El-Din, H. A. and Al-Humaidan, A. Y. (2001). Iron sulfide scale: formation, removal and prevention, SPE 68315. International Symposium on Oilfield Scale, Aberdeen, UK (30-31 January 2001).

[155] Ali, S. A., Sanclemente, L. W., Sketcher, B. C., and Lafontaine-McLarty, J. M. (1993). Acid breakers enhance open-hole horizontal completions. Petroleum Engineer International 65 (11): 20-23.

[156] Chan, A. F. (2009). Method and composition for removing filter cake from a horizontal wellbore using a stable acid foam. US Patent 7,514,391, assigned to Conocophillips Company.

[157] Ke, M. and Qu, Q. (2010). Method for controlling inorganic fluoride scales. US Patent 7,781,381, assigned to BJ services Company Llc.

[158] H. K. Kotlar, F. Haavind, M. Springer et al. (2006). Encouraging results with a new environmentally acceptable, oil-soluble chemical for sand consolidation: from laboratory experiments to field, SPE 98333.

SPE International Symposium and Exhibition on Formation Damage Control, Lafayette, Louisiana (15-17 February 2006).

[159] Qu, Q. and Wang, X. (2010). Method of acid fracturing a sandstone formation. US Patent 7,704,927, assigned to BJ Services Company.

[160] Teng, H. Overview of the development of the fluoropolymer industry. Applied Sciences 2: 492-512.

[161] B. Jones, "Fluoropolymers for Coating Applications", JCT Coatings Tech Magazine, 2008.

[162] Brezinski, M. M. and Desai, B. (1997). Method and composition for acidizing subterranean formations utilizing corrosion inhibitor intensifiers. US Patent 5,697,443, assigned to Haliburton Energy Services.

[163] Arab, S. T. and Noor, E. A. (1993). Inhibition of acid corrosion of steel by some S-alkylisothiouronium iodides, NACE-93020122. Corrosion 49 (2).

[164] Brezinski, M. M. (2002). Electron transfer system for well acidizing compositions and methods. US Patent 6,653,260, assigned to Haliburton Energy Services.

[165] Watkins, J. W. and Mardock, E. S. (1954). Use of radioactive iodine as a tracer in water-flooding operations, SPE 349-G. Journal of Petroleum Technology 6 (09): 117-124.

[166] Liang, L. and Sanger, P. C. (2003). Factors influencing the formation and relative distribution of haloacetic acids and trifluoromethanes in drinking water. Environmental Science & Technology 37 (13): 2920-2928.

[167] https://www.epa.gov/dwstandardsregulations (accessed 12 December 2017).

[168] Davis, S. N., Whittemore, D. O., and Fabryka-Martin, J. (1998). Uses of chloride/bromide ratios in studies of potable water. Ground Water 36 (2): 338-350.

[169] Grebel, J. E., Pignatello, J. J., and Mitch, W. A. (2010). Effect of halide ions and carbonates on organic contaminant degradation by hydroxyl radical-based advanced oxidation processes in saline waters. Environmental Science & Technology 44 (17): 6822-6828.

[170] Evans, C. D., Monteith, D. T., Fowler, D. et al. (2011). Hydrochloric acid: an overlooked driver of environmental change. Environmental Science & Technology 45 (5): 1887-1894.

[171] IIF-IIR (1997). Fluorocarbons and global warming. 12th Informatory Note on Fluorocarbons and Refrigeration. International Institute of Refrigeration, Intergovernmental organization for the development of refrigeration.

[172] http://ozone.unep.org/en/treaties-and-decisions/montreal-protocol-substances-deplete-ozone-layer (accessed 12 December 1997).

[173] Murphy, C. D., Schaffrath, C., and O' Hagan, D. (2003). Fluorinated natural products: biosynthesis of fluoroacetate and 4-fluorothreonine in Streptomyces cattleya. Chemosphere 52 (2): 455-461.

[174] Boethling, R. S., Sommer, E., and DiFiore, D. (2007). Designing small molecules for biodegradability. Chemical Reviews 107: 2207-2227.

[175] Sun, W. and Nesic, S. (2006), Basics revisited: kinetics of iron carbonate scale precipitation in $CO_2$ corrosion, NACE 06365. CORROSION 2006, San Diego, CA (12-16 March 2006).

[176] Halvorsen, A. K., Andersen, T. R., Halvorsen, E. N. et al. (2007). The relationship between internal corrosion control method, scale control and meg handling of a multiphase carbon steel pipeline carrying wet gas with $CO_2$ and acetic acid, NACE-07313. CORROSION 2007, Nashville, TN (11-15 March 2007).

[177] Aitken, P. A., Kasatkina, N. N., Makeev, N. M., and Vantsev, V. Y. (1992). Oilwell composition. SU Patent 1776761.

[178] Lakatos, I., Lakatos-Szabo, J., Kosztin, B. et al. (2000), Application of iron-hydroxide-based well treatment techniques at the Hungarian oil fields, SPE 59321. SPE/DOE Improved Oil Recovery Symposium,

Tulsa, OK (3-5 April 2000).

[179] Feraud, J. P., Perthuis, H., and Dejeux, P. (2001). Compositions for iron control in acid treatments for oil wells. US Patent 6,306,799, assigned to Schlumberger Technology Corporation.

[180] Sunde, E. and Olsen, H. (2000). Removal of $H_2$ in drilling mud. WO Patent Application 20000023538, applicant Den Norske Stats Oijeselskap AS.

[181] Lindstrom, K. O. and Riley, W. D. (1994). Soil cement compositions and their use. EP Patent 605075, assigned to Haliburton Company.

[182] Moradi-Araghi, A. (1995). Gelling compositions useful for oil field applications. US Patent 5,432,153, assigned to Phillips Petroleum Company.

[183] Rasmussen, K. and Lindegaard, C. (1988). Effects of iron compounds on macroinvertebrate communities in a Danish lowland river system. Water Research 2 (9): 1101-1108.

[184] Vuori, K.-M. (1995). Direct and indirect effects of iron on river systems. Annales Zoologici Fennici 32: 317-329.

[185] Browning, W. C. and Young, H. F. (1975). Process for scavenging hydrogen sulfide in aqueous drilling fluids and method of preventing metallic corrosion of subterranean well drilling apparatuses. US Patent 3,928,211, assigned to Milchem Inc.

[186] Ramachandran, S., Lehrer, S. E., and Jovancicevic, V. (2014). Metal carboxylate salts as $H_2S$ scavengers in mixed production or dry gas or wet gas systems. US Patent Application 20140305845, applicant Baker Hughes Incorporated.

[187] de Grood, R. J. C. and Baycroft, P. D. (2010). Use of coated proppant to minimize abrasive erosion in high rate fracturing operations. US Patent 7,730,948, assigned to Baker Hughes Incorporated.

[188] Mondshine, T. C. and Benta, G. R. (1993). Process and composition to enhance removal of polymer-containing filter cakes from wellbores. US Patent 5,238,065, assigned to Texas United Chemical Corporation.

[189] Daniel, S. and Dessinges, M. N. (2010). Method for breaking fracturing fluids. US Patent 7,857,048, assigned to Schlumberger Technology Corporation.

[190] Leth-Olsen, H. (2005). $CO_2$ corrosion in bromide and formate well completion brines, SPE 95072. SPE International Symposium on Oilfield Corrosion, Aberdeen, UK (13 May 2005).

[191] Wiley, T. F., Wiley, R. J., and Wiley, S. T. (2007). Rock bit grease composition. US Patent 7,312,185, assigned to Tomlin Scientific Inc.

[192] Wang, X., Qu, Q., and Ke, M. (2008). Method for inhibiting or controlling inorganic scale formations with copolymers of acrylamide and quaternary ammonium salts. US Patent 7, 398, 824, assigned to BJ Services Company.

[193] Collins, I. R. and Jordan, M. M. (2003). Occurrence, prediction, and prevention of zinc sulfide scale within Gulf Coast and North Sea high-temperature and high-salinity fields, SPE 84963. SPE Production & Facilities 18 (3): 200-209.

[194] Broadly, M. R., White, P. J., Hammond, J. P. et al. (2007). Zin in plants. New Phytologist 173 (4): 677-702.

[195] Bass, J. A. B., Blust, R., Clarke, R. T. et al. (2008). Environmental Quality Standards for trace metals in the aquatic environment. Science Report SC030194, Environment Agency, April 2008.

[196] http: //dwi. defra. gov. uk/consumers/advice-leaflets/standards. pdf (accessed 12 December 2017).

[197] Matthiessen, P. and Brafield, A. E. (1977). Uptake and loss of dissolved zinc by the stickleback Gasterosteus aculeatus L. Journal of Fish Biology 10 (4): 399-410.

[198] Skidmore, J. F. (1964). Toxicity of zinc compounds to aquatic animals, with special reference to fish. The Quarterly Review of Biology 39 (3): 227-248, The University of Chicago Press.

[199] Alabaster, J. S. ed. (2013). Water Quality Criteria for Freshwater Fish, 2nde. Butterworth-Heinemann.

[200] U. S. Environmental Protection Agency (1972). Hazardous of zinc in the environment with particular reference to the aquatic environment.

[201] Frenier, W. W. (1992). Process and composition for inhibiting high-temperature iron and steel corrosion. US Patent 5, 096, 618, assigned to Dowell Schlumberger Incorporated.

[202] Brezunski, M. M. and Desai, B. (1997). Method and composition for acidizing subterranean formations utilizing corrosion inhibitor intensifiers. US Patent 5,697,443, assigned to Haliburton Energy Services Inc.

[203] Todd, B. L. (2009). Methods and fluid compositions for depositing and removing filter cake in a well bore. US Patent 7, 632, 786, assigned to Haliburton Energy Services.

[204] Sydansk, R. D. and Southwell, G. P. (2000). More than 12 years of experience with a successful conformance-control polymer gel technology, SPE 62561. SPE/AAPG Western Regional Meeting, Long Beach, CA (19-22 June 2000).

[205] Sydansk, R. D. (1990). A newly developed chromium (Ⅲ) gel technology, SPE 19308. SPE Reservoir Engineering 5 (3): 346-352.

[206] Clampitt, R. L. and Hessert, J. E. (1979). Method for acidizing subterranean formations. US Patent 4,068,719, assigned to Phillips Petroleum Company.

[207] Mumallah, N. A. (1988). Chromium (Ⅲ) propionate: a crosslinking agent for water-soluble polymers in hard oilfield brines , SPE 15906. SPE Reservoir Engineering 3 (1): 243-250.

[208] Nriagu, J. O. and Niebor, E. ed. (1988). Chromium in the Natural and Human Environments, Advances in Environmental Science and Technology. Wiley.

[209] Tchounwou, P. B. , Yedjou, C. G. , Patolla, A. K. , and Sutton, D. J. (2012). Heavy metal toxicity and the environment. Molecular, Clinical and Environmental Toxicology 101: 133-164.

[210] Rai, D. , Eary, L. E. , and Zachara, J. M. (1989). Environmental chemistry of chromium. Science of the Total Environment 86 (1-2): 15-23.

[211] Cassidy, J. M. , Kiser, C. E. , and Wilson, J. M. (2009). Corrosion inhibitor intensifier compositions and associated methods. US Patent Application 20090156432, assigned to Haliburton Energy Services Inc.

[212] Chen, T. , Chen, P. , Montgomerie, H. , Hagen, T. H. , and Jefferies, C. (2010). Development of test method and inhibitors for lead sulfide, SPE 130926. SPE International Conference on Oilfield Scale, Aberdeen, UK (26-27 May 2010).

[213] Jordan, M. M. , Sjursaether, K. , Edgerton, M. C. , and Bruce, R. (2000). Inhibition of lead and zinc sulphide scale deposits formed during production from high temperature oil and condensate reservoirs, SPE 64427. SPE Asia Pacific Oil and Gas Conference and Exhibition, Brisbane, Australia (16-18 October 2000).

[214] Mahapatra, S. K. and Kosztin, B. (2011). Magnesium peroxide breaker for filter cake removal, SPE 142382. SPE EUROPEC/EAGE Annual Conference and Exhibition, Vienna, Austria (23-26 May 2011).

[215] Gulbis, J. , King, M. T. , Hawkins, G. W. , and Brannon, H. D. (1992). Encapsulated breaker for aqueous polymeric fluids, SPE 19433. SPE Production Engineering 7 (1): 9-14.

[216] Nimerick, K. H. , Crown, C. W. , McConnell, S. B. , and Ainley, B. (1993). Method of using borate crosslinked fracturing fluid having increased temperature range. US Patent 5, 259, 455, assigned to Inventors.

[217] Fraser, L. J. (1992). Unique characteristics of mixed metal hydroxide fluids provide gauge hole in diverse types of formation. International Meeting on Petroleum Engineering, Beijing, China (24-27 March 1992).

[218] Munoz Jr., T. and Todd, B. L. (2008). Treatment fluids comprising starch and ceramic particulate bridging agents and methods of using these fluids to provide fluid loss control. US Patent 7,462,581, assigned to Haliburton Energy Services Inc.

[219] Smith, R. J. and Jeanson, D. R. (2001). Dehydration of drilling mud. US Patent 6,216,361, assigned to Newpark Canada Inc.

[220] Roth, J., Ponzoni, S., and Aschner, M. (2013). Manganese homeostasis and transport. In: Metal Ions in Life Sciences, vol. 12, 169-201. Springer.

[221] Al-Yami, A. S. and Nasr-El-Din, H. A. (2007). An innovative manganese tetroxide/KCl water-based drill-in fluid for HT/HP wells, SPE 110638. SPE Annual Technical Conference and Exhibition, Anaheim, CA (11-14 November 2007).

[222] Dennis, D. M. and Hitzman, D. O. (2007). Advanced nitrate-based technology for sulfide control and improved oil recovery, SPE 106154. International Symposium on Oilfield Chemistry, Houston, TX (28 February to 2 March 2007).

[223] Denton, R. M. and Fang, Z. (1996). Rock bit grease composition. US Patent 5,589,443, assigned to Smith International Inc.

[224] Walker, M. L. (1995). Hydrochloric acid acidizing composition and method. US Patent 5,441,929, assigned to Haliburton Company.

[225] El Din, A. M. S. and Wang, L. (1996). Mechanism of corrosion inhibition by sodium molybdate. Desalination 107 (1): 29-43.

[226] Fan, L. G. and Fan, J. C. (2001). Inhibition of metal corrosion. US Patent 6,277,302, assigned to Donlar Corporation.

[227] Heidersbach, R. (2011). Metallurgy and Corrosion Control in Oil and Gas Production. Wiley.

[228] Putzig, D. E. and Smeltz, K. C. (1986). Organic titanium compositions as useful cross-linkers. EP Patent 195531, assigned to DuPont De Nemours and Company.

[229] Ramanarayanan, T. A. and Vedage, H. L. (1994). Inorganic/organic inhibitor for corrosion of iron containing materials in sulfur environment. US Patent 5,279,651, assigned to Exxon Research and Engineering Company.

[230] Hille, R. (2002). Review: molybdenum and tungsten in biology. Trends in Biochemical Sciences 27 (7): 360-367.

[231] Ollivier, B. and Magot, M. ed. (2005). Petroleum Microbiology. Washington, DC: ASM Press.

[232] Miller II, W. K., Roberts, G. A., and Carnell, S. J. (1996). Fracturing fluid loss and treatment design under high shear conditions in a partially depleted, moderate permeability gas reservoir, SPE 37012. SPE Asia Pacific Oil and Gas Conference, Adelaide, Australia (28-31 October 1996).

[233] Putzig, D. E. (1988). Zirconium chelates and their use for cross-linking. EP Patent 278684, assigned to DuPont De Nemours and Company.

[234] Ridland, J. and Brown, D. A. (1990). Organo-metallic compound. CA Patent 2002792, assigned to Tioxide Group.

[235] Sharif, S. (1993). Process for preparation and composition of stable aqueous solutions of boron zirconium chelates for high temperature frac fluids. US Patent 5, 217, 632, assigned to Zirconium Technology Corporation.

[236] Burrafato, G., Guameri, A., Lockhart, T. P., and Nicora, L. (1997). Zirconium additive improves field

performance and cost of biopolymer muds, SPE 32788. International Symposium on Oilfield Chemistry, Houston, TX (18-21 February 1997).

[237] Fox, K. B., Moradi-Araghi, A., Brunning, D. D., and Zomes, D. R. (1999). Compositions and processes for oil field applications. WO Patent 1999047624, assigned to Phillips Petroleum Company.

[238] Shahid, M., Ferrand, E., Schreck, E., and Dumat, C. (2013). Behavior and impact of zirconium in the soil-plant system: plant uptake and phytotoxicity. Reviews of Environmental Contamination and Toxicology 221: 107-127.

[239] Perez, G. P. and Deville, J. P. (2013). Novel high density brines for completion applications. WO Patent 2013059103, assigned to Haliburton Energy Services Inc.

[240] Wilhelm, S. M., Liang, L., and Kirchgessner, D. (2006). Identification and properties of mercury species in crude oil. Energy and Fuels 20 (1): 180-186.

[241] Naerheim, J. (2013). Mercury guideline for the Norwegian oil and gas industry, SPE 164950. European HSE Conference and Exhibition, London, UK (16-18 April 2013).

[242] Sainal, M. R., Uzaini Tg Mat, T. M., Shafawi, A. B., and Mohamed, A. J. (2007). Mercury removal project: issues and challenges in managing and executing a technology project, SPE 110118. SPE Annual Technical Conference and Exhibition, Anaheim, CA (11-14 November 2007).

[243] U. S. Food and Drug Administration (2012). Mercury levels in commercial fish and shellfish (1990-2010).

[244] Rongponsumrit, M., Athichanagorn, S., and Chaianansutcharit, T. (2006). Optimal strategy of disposing mercury contaminated waste, SPE 103843. International Oil and Gas Conference and Exhibition in China, Beijing, China (5-7 December 2006).

[245] Gallup, D. L. and Strong, J. B. (2006). Removal of mercury and arsenic from produced water. Proceedings of 13th Intern. Petrol. Environ. Conf. Paper 91, p. 24, http://ipec.utulsa.edu/Conf2006/Papers/Gallup_91.pdf (accessed 12 December 2017).

[246] Davie, D. R., Hartog, J. J., and Cobbett, J. S. (1981). Foamed cement - a cement with many applications, SPE 9598. Middle East Technical Conference and Exhibition, Bahrain (9-12 March 1981).

[247] Harris, P. C. and Heath, S. J. (1996). High-quality foam fracturing fluids, SPE 35600. SPE Gas Technology Symposium, Calgary, Alberta, Canada (28 April to 1 May 1996).

[248] Sloat, B. F. (1989). Nitrogen stimulation of a potassium hydroxide wellbore treatment. US Patent 4,844,169, assigned to Marathon Oil Company.

[249] Naylor, P. and Frorup, M. (1989). Gravity-stable nitrogen displacement of oil, SPE 19641. SPE Annual Technical Conference and Exhibition, San Antonio, TX (8-11 October 1989).

[250] Martin, D. F. and Taber, J. J. (1992). Carbon dioxide flooding, SPE 23564. Journal of Petroleum Technology 44 (4): 396-400, Society of Petroleum Engineers.

[251] Leung, D. Y. C., Caramanna, G., and Maroto-Valer, M. M. (2014). An overview of current status of carbon dioxide capture and storage technologies. Renewable and Sustainable Energy Reviews 39: 426-443.

[252] Metwally, M. (1990). Effect of gaseous additives on steam processes for Lindbergh Field, Alberta, PETSOC 90-06-01. Journal of Canadian Petroleum Technology 29 (6).

[253] Gupta, A. P., Gupta, A., and Langlinais, J. (2005). Feasibility of supercritical carbon dioxide as a drilling fluid for deep underbalanced drilling operation, SPE 96992. SPE Annual Technical Conference and Exhibition, Dallas, TX (9-12 October 2005).

[254] Kang, S. M., Fathi, E., Ambrose, R. J. et al. (2011). Carbon dioxide storage capacity of organic-rich shales, SPE 134583. SPE Journal 16 (4): 842-855.

[255] Fink, M. and Fink, J. (1998). Usage of pyrolysis products from organic materials to improve recovery of crude oil. 60th EAGE Conference and Exhibition, Leipzig, Germany (8-12 June 1998).

[256] Sunder, E. and Torsvik, T. (2005). Microbial control of hydrogen sulphide production in oil reservoirs. In: Petroleum Microbiology, Chapter 10 (ed. B. Ollivier and M. Magot). ASM Press.

[257] Corduwisch, R., Kleintz, W., and Widdel, F. (1987). Sulphate reducing bacteria and their activities in oil production, SPE 13554. Journal of Petroleum Technology 39: 97.

[258] Keasler, V., Bennet, B., Diaz, R. et al. (2009). Identification and analysis of biocides effective against sessile organisms, SPE 121082. SPE International Symposium on Oilfield Chemistry, The Woodlands, TX (20-22 April 2009).

[259] Hitzman, D. O. and Dennis, D. M. (1997). New technology for prevention of sour oil and gas, SPE 37908. SPE/EPA Exploration and Production Environmental Conference, Dallas, TX (3-5 March 1997).

[260] Stott, J. F. D. (2005). Modern concepts of chemical treatment for the control of microbially induced corrosion in oilfield water systems. Chemistry in the Oil Industry Ⅸ (31 October to 2 November 2005). Manchester, UK: Royal Society of Chemistry, p. 107.

[261] Burger, E. D., Crewe, A. B., and Ikerd Ⅲ, H. W. (2001). Inhibition of sulphate reducing bacteria by anthraquinone in a laboratory biofilm colum under dynamic conditions, Paper 01274. NACE Corrosion Conference, Houston, TX (11-16 March 2001).

[262] van Dijk, J. and Bos, A. (1998). An experimental study of the reactivity and selectivity of novel polymeric 'triazine type' $H_2$ scavengers. Chemistry in the Oil Industry, Recent developments, p. 170. Royal Society of Chemistry Cambridge, UK.

[263] Hage, R. and Lienke, A. (2005). Review: Applications of transition-metal catalysts to textile and wood-pulp bleaching. Angewandte Chemie, International Edition 45 (2): 206-222.

[264] Clarke, D. G. (2002). Apparatus and method for removing and preventing deposits. US Patent 6, 348, 102, assigned to BP Exploration and Oil Inc.

[265] Castrantas, H. M. (1981). Use of hydrogen peroxide to abate hydrogen sulfide in geothermal operations, SPE 7882. Journal of Petroleum Technology 33 (5): 914-920, Society of Petroleum Engineers.

[266] Bayless, J. H. (1998). Hydrogen peroxide: a new thermal stimulation technique. World Oil 219 (5): 75-78.

[267] Cobb, H. G. (2010). Composition and process for enhanced oil recovery. US Patent 7,691,790, assigned to Coriba Technologies LLC.

[268] Nimerick, K. (1996). Improved borate crosslinked fracturing fluid and method. GB Patent 2291907, assigned to Sofitech N. V.

[269] Malate, R. C. M., Austria, J. J. C., Sarimieto, Z. F. et al. (1998). Matrix stimulation treatment of geothermal wells using sandstone acid. Proceedings: Twenty Third Workshop on Geothermal Reservoir Engineering Stanford University, Stanford, CA (26-28 January 1998).

[270] Stepanova, G. S., Rosenberg, M. D., Bocsa, O. A. et al. (1994). Invention relates to use of ammonium carbonate in enhanced oil recovery. RU Patent 2021495, assigned to Union Oil and Gas Research Institute.

[271] Todd, B. L., Reddy, B. R., Fisk Jr., J. V. and Kercheville, J. D. (2002). Well drilling and servicing fluids and methods of removing filter cake deposited thereby. US Patent 6,422,314, assigned to Haliburton Energy Services Inc.

[272] Shu, P., Phelps, C. H., and Ng, R. C. (1993). In-situ silica cementation for profile control during steam injection. US Patent 5,211,232, assigned to Mobil Oil Corporation.

[273] Martin, R. L. (2008). Corrosion consequences of nitrate/nitrite additions to oilfield brines, SPE 114923. SPE Annual Technical Conference and Exhibition, Denver, CO (21-24 September 2008).

[274] Richardson, E. A. and Scheuerman, R. F. (1979). Method of starting gas production by injecting nitrogen-generating liquid. US Patent 4,178,993, assigned to Shell Oil Company.

[275] Ashton, J. P., Kirspel, L. J., Nguyen, H. T., and Creduer, D. J. (1989). In-situ heat system stimulates paraffinic-crude producers in Gulf of Mexico, SPE 15660. SPE Production Engineering 4 (2): 157-160.

[276] Marques, L. C. C., Pedroso, C. A., and Neumann, L. F. (2002). A new technique to troubleshoot gas hydrates buildup problems in subsea Christmas-trees, SPE 77572. SPE Annual Technical Conference and Exhibition, San Antonio, TX (29 September to 2 October 2002).

[277] Ahlgren, S., Backy, A., Bernesson, S. et al. (2008). Ammonium nitrate fertiliser production based on biomass - environmental effects from a life cycle perspective. Bioresource Technology 99 (17): 8034-8041.

[278] Ahmad, Z. (2006). Principles of Corrosion Engineering and Corrosion Control, 2nde. Butterworth and Heinemann.

[279] Walker, M. L., Ford, W. G. F., Dill, W. R., and Gdanski, R. D. (1987). Composition and method of stimulating subterranean formations. US Patent 4,683,954, assigned to Haliburton Company.

[280] Shimura, Y. and Takahashi, J. (2006). Oxygen scavenger and the method for oxygen reduction treatment. US Patent 7, 112, 284, assigned to Kurita Water Industries Ltd.

[281] Mouche, R. J. and Smyk, E. B. (1995). Noncorrosive scale inhibitor additive in geothermal wells. US Patent 5, 403, 493, assigned to Nalco Chemical Company.

[282] Grimshaw, D. (2006). Method and apparatus for treating biofouled wells with azide compounds and/or preventing biofouling in a well. US Patent Application 20060185851.

[283] Lichstein, H. C. and Soule, M. H. (1944). Studies on the effect of sodium azide on microbic growth and respiration. Journal of Bacteriology 231-239.

[284] Emmons, D. H. (1993). Sulfur deposition reduction. US Patent 5,223,160, assigned to Nalco Chemical Company.

[285] Varadaraj, R. (2008). Mineral acid enhanced thermal treatment for viscosity reduction of oils (ECB-0002). US Patent 7,419,939, assigned to Exxonmobil Upstream Research Company.

[286] Watson, J. L. and Carney, L. L. (1977). Oxygen scavenging methods and additives. US Patent 4,059, 533, assigned to Haliburton Company.

[287] http: //www. ceresana. com/en/market-studies/chemicals/carbon-black/ (accessed 12 December 2017).

[288] Sawdon, C., Tehrani, M., and Craddock, P. (2000). Electrically conductive invert emulsion wellbore fluid. GB Patent 2345706, assigned to Sofitech N. V.

[289] Villar, J., Baret, J. -F., Michaux, M., and Dargaud, B. (2000). Cementing compositions and applications of such compositions to cementing oil (or similar) wells. US Patent 6,060,535, assigned to Schlumberger Technology Corporation.

[290] Calloni, G., Moroni, N., and Miano, F. (1995). Carbon black: a low cost colloidal additive for controlling gas - migration in cement slurries, SPE 28959. SPE International Symposium on Oilfield Chemistry, San Antonio, TX (14-17 February 1995).

[291] Silva, G. G., De Oliveira, A. L., Caliman, V. et al. (2013). Improvement of viscosity and stability of polyacrylamide aqueous solution using carbon black as a nano-additive, OTC 24443, OTC Brasil, Rio de Janeiro, Brazil (29-31 October 2013), Society of Petroleum Engineers.

[292] US Department of Health and Human Services (1988). Occupational safety and health guideline for carbon

black, potential human carcinogen.

[293] Runov, V. A., Subbotina, T. V., Mojsa, Y. N. et al. (1992). The lubricant additive to clayey mud. SU Patent 1726491, assigned to Volga Don Br. Sintez Pav.

[294] J. P. M. van Vliet, R. P. A. R. van Kleef, T. R. Smith et al. (1995). Development and Field Use of Fibre-containing Cement, OTC 7889. Offshore Technology Conference, Houston, TX (1-4 May 1995).

[295] Card, R. J., Howard, P. R., Feraud, J. -P., and Constien, V. G. (2001). Control of particulate flowback in subterranean wells. US Patent 6,172,011, assigned to Schlumberger Technology Corporation.

[296] Rahimirad, M. and Baghbadorani, J. D. (2012). Properties of oil well cement reinforced by carbon nanotubes, SPE 156985. SPE International Oilfield Nanotechnology Conference and Exhibition, Noordwijk, The Netherlands (12-14 June 2012).

[297] Schriver, G. W., Patil, A. O., Martella, D. J., and Lewtas, K. (1995). Substituted fullerenes as flow improvers. US Patent 5,454,961, assigned to Exxon Research & Engineering Co.

[298] Kapusta, S., Balzano, L., and Te Riele, P. M. (2011). Nanotechnology Applications in Oil and Gas Exploration and Production, IPTC 15152. International Petroleum Technology Conference, Bangkok, Thailand (15-17 November 2011).

[299] Bjornstad, T., Haugen, O. B., and Hundere, I. A. (1994). Dynamic behaviour of radio-labelled water tracer candidates for chalk reservoirs. Journal of Petroleum Science and Engineering 10 (3): 2323-2238.

[300] Forstner, U. and Witman, G. T. W. (1981). Metal Pollution in the Aquatic Environment Hardcover. Springer.

[301] Hegerl, G. C. and Cubasch, U. (1996). Greenhouse gas induced climate change. Environmental Science and Pollution Research 3 (2): 99-102.

[302] Semple, K. T., Doick, K. J., Jones, K. C. et al. (2004). Peer reviewed: defining bioavailability and bioaccessibility of contaminated soil and sediment is complicated. Environmental Science & Technology 38 (12): 228A-231A.

[303] Rieuwerts, J. S., Thornton, I., Farago, M. E., and Ashmore, M. R. (1998). Factors influencing metal bioavailability in soils: preliminary investigations for the development of a critical loads approach for metals. Chemical Speciation and Bioavailability 10 (2): 61-75.

[304] McKinney, J. and Rogers, R. (1992). ES&T metal bioavailability. Environmental Science & Technology 26 (7): 1298-1299.

[305] Haritonidis, S. and Malea, P. (1999). Bioaccumulation of metals by the green alga Ulva rigida from Thermaikos Gulf, Greece. Environmental Pollution 104 (3): 365-372.

[306] DeForest, D. K., Brix, K. V., and Adams, W. J. (2007). Assessing metal bioaccumulation in aquatic environments: the inverse relationship between bioaccumulation factors, trophic transfer factors and exposure concentration. Aquatic Toxicology 84 (2): 236-246.

# 6 低分子量有机化学品及相关添加剂

本章将介绍油气勘探开发工业中应用的低分子量化学品及其环境风险和影响情况，不包括用作溶剂的低分子量化合物，如醇类、乙二醇和甲苯等芳烃。这些材料的说明见第8章。本章重点介绍结构简单的有机物，即本质上为非聚合材料，分子量通常（但并非绝对）小于或远小于700的有机物。聚合物相关内容见第2章。其他可能与本章重叠的材料将被引用，包括表面活性剂（第3章）和含磷化合物（第4章）。

本章不会提供油气勘探开发工业中使用的所有有机化学品的综合目录，而是侧重于介绍有机化学品的一些类别，并从石油和天然气行业的角度讨论这些更重要的化学品。本章还将探讨使用此类化学品的潜在危险和风险，特别是对环境潜在的影响。最重要的是，大多数低分子量材料是可生物体吸收的。环境生物利用度是指动物或植物暴露在环境中时，环境化学物质可被吸收的比例。人们普遍认为，分子量较大的材料（主要是分子量大于700的聚合物）具有较低的环境风险，因为这些材料不能通过细胞膜运输[1,2]，不能吸收进生物体内。低分子量材料的生物利用度则通常取决于其化学性质（包括分子量和分子结构）、暴露物种的生理学和环境条件。

由于这些化合物具有一定的生物利用度，本章将对其固有毒性和有机小分子对生物降解的敏感性加以讨论。业界已经对影响小分子生物降解性的各种因素进行了研究[3]，这方面将在本章讨论特定分子时一起加以说明。通常，增强对好氧生物降解抗性的关键因素如下：

（1）与碳原子结合的卤素，尤其是氟和氯。此外，若分子中有3个以上的卤素原子，对好氧生物降解的抗性会更大。

（2）碳链分支若存在很多季碳原子，在生物降解过程中特别稳定。

（3）叔胺和季铵。

（4）硝基、亚硝基、偶氮和芳胺基团。

（5）多环分子，例如多环芳烃。

（6）杂环化合物，例如咪唑。

（7）醚类，但非乙氧基化合物。

相反，某些特性通常会提高小分子的生物降解率，比如：

（1）容易酶解的基团，主要是酯类和酰胺类。

（2）含有氧原子的基团，如羟基、醛、酮和羧酸，但不包括前面所述的醚。

（3）未经取代的线型烷基链，特别是带有超过4个碳原子和苯环的烷基链。这些是含氧官能团之外最能提高生物降解性的结构特征，因为它们会被加氧酶（即插入氧）攻击。

然而，这只是一种经验法则，存在许多特例，其中一些将在本章中举例说明。在油田中使用的低分子有机物和类似化合物可能超过1000种。本章的目的不是提供一个全面的产品列表，而是仅为精选的几个产品类别提供一些参考信息，并探讨相关的重要实例。

## 6.1 有机酸、醛及相关衍生物

### 6.1.1 有机酸及其盐

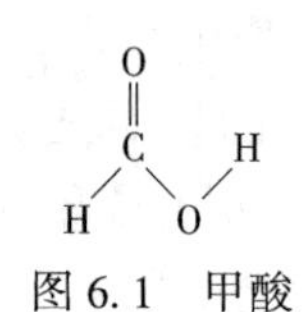

图 6.1 甲酸

有机酸在油田有许多应用，最重要的是甲酸（图 6.1）。许多弱有机酸（如甲酸、乙酸、琥珀酸和富马酸）可制成常见的水溶性缓冲溶液。在水力压裂作业期间，尤其是在相对渗透率改变期间，这些材料可用于控制和维持 pH 值[4]。

甲酸形成的盐，特别是甲酸钾和甲酸铯，常用作完井用盐水。在油气勘探开发工业中，甲酸盐水是高温高压（HPHT）钻井中储层段钻井液和完井液的主要成分。常规钻井中使用的钻井液和完井液，如氯化钾、溴化铯等（见第 5 章），通常不适用于高温高压钻井作业。在过去 20 年中，高密度的甲酸铯盐水为多种应用领域提供了独特的无固相、无伤害的透明盐水。甲酸铯盐水已经在世界各地的许多油田中得到了证实，通过降低油井建井成本、降低安全、健康和环境风险以及帮助提高效益，其特性已转化为实实在在的收益。在温度高达 235℃（455℉）、压力高达 1126bar（16331psi）的高温高压油田，已成功应用，且未发生与流体相关的井控事故[5]。

甲酸是生产甲酸钾和甲酸铯的原料。溶于水后，这些甲酸盐可形成高密度的溶液（甲酸盐水）。它们具有许多特性：

（1）低腐蚀性。甲酸铯盐水与井下金属设备具有很好的配伍性。碳酸钙/碳酸氢钙缓冲的甲酸铯盐水具有单价和碱性的特性，可在恶劣的 $CO_2$ 和 $H_2S$ 环境中提供防腐保护，甚至在酸性气体大量流入后依然可以保持良好的 pH 值。甲酸盐离子是一种抗氧化剂，可降低对除氧剂和抗氧化剂的需求。盐水中高浓度的甲酸根离子（可高达 14mol/L）可防止这些添加剂耗尽时经常出现的问题。此外，浓度较高的甲酸盐水是天然的杀菌剂，可进一步降低添加剂成本。甲酸铯盐水的稳定性意味着与酸性卤化物盐水相关的灾难性、快速作用的局部腐蚀风险可以忽略不计[6]。

（2）非关键健康、安全和环境（HSE）要素。高密度甲酸铯盐水比其他酸性卤化物盐水更安全。因为不需要专业的个人防护设备，钻井队可以更高效地作业[7]。

（3）环境友好。甲酸铯盐水是环境无害的，因为甲酸盐离子排放到海洋中后会被完全降解。甲酸铯盐水符合英国环境、渔业和水产养殖科学中心（CEFAS）、挪威环境署以及世界各地其他此类机构制定的环境标准的严格要求。甲酸铯盐水回收利用率高达 90%，进一步提高了其环保性[7]。

（4）无固体问题。甲酸铯盐水是溶于水的天然重金属铯的甲酸盐。甲酸铯盐水具有天然的高密度，可为工具、阀门和封隔器的正常操作提供清洁、无固体的环境，确保操作从开始到结束能顺利完成[5]。

（5）热稳定性及耐持久性。已在温度高达 235℃（455℉）的 150 多口高温高压井中安全使用了甲酸铯盐水。随着时间的推移，已证明甲酸铯盐水具有热稳定性，在高温高压条件下，其稳定性可长达 2 年[5]。

高密度甲酸铯盐水是产生静水压柱的理想选择，因此非常适合用作封隔流体，可降低密封元件、井筒和套管上的压差，可防止坍塌，并提供金属腐蚀保护[8]。

聚合物基水性钻井液中添加甲酸盐（如甲酸钾和甲酸钠）有助于降低黏度，并提高热稳定性[9]。

甲酸钾可与阳离子地层控制化学品（如二甲基二烯丙基氯化铵）一起用作处理添加剂，以提升钻井作业期间的黏土稳定性[10]。

甲酸和乙酸可用作阻垢剂，特别是可用于防止碳酸钙沉积[11]。甲酸或乙酸与通常仅用于增产工艺［地层储层和（或）近井筒区域的岩石中发生了结垢沉积］的无机酸相比，具有更缓和、作用慢且腐蚀性小的特点（见第5章）。然而，由于它们可能对周围的金属管道或其他设备具有腐蚀性，特别是在高温下，因此仍然需要在配制的产品中使用缓蚀剂。使用乙酸和甲酸的混合物加上甲酸根离子作为缓冲混合溶液，可以有效地降低腐蚀效应[12]。

有趣的是，乳酸（图6.2）在60℃以下相对稳定，因此腐蚀性降低。乳酸已应用于油田无缓蚀剂的结垢溶解领域中，主要用在结垢在井筒较下部、井底温度高于60℃且井筒上段温度较低的场景中（H. A. Craddock，未发表）。

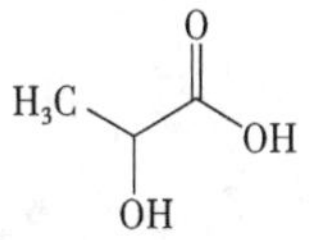

图6.2　乳酸

由于反应速率慢、低腐蚀性、在富沥青质原油中形成酸泥的倾向降低，多年来乙酸和甲酸以及其他有机酸一直用作碳酸盐岩储层增产中盐酸的替代品[13]。乙酸常在某些不稳定和弱固结碳酸盐岩地层中用作增产剂，这些地层与盐酸等无机酸接触时会产生大量的细颗粒，导致严重的地层伤害和产能降低。在这种情况下，开发了大规模应用乙酸工艺技术，同时，乙酸还用于从直井中去除钻井液滤饼[14]。在高压高温井，特别是气井中，研究发现乙酸和甲酸的混合物特别有用[15]。

业界对乙酸和甲酸的酯类也进行了研究，以便在特定井（尤其是水平井和斜井完井）中进行酸化，随后添加酶，水解酯类并释放出乙酸或甲酸[16]。

许多羧酸，包括乙酸、柠檬酸（图6.5）和异抗坏血酸（图6.3），在酸化增产作业中用作铁离子稳定剂，以防止含铁化合物沉积[17]。这些物质具有螯合剂的作用，可结合三价铁离子，使其不能成盐，特别是不会形成氢氧化铁沉淀。

传统上讲，环烷酸盐沉积是油田中的一个难题，可通过添加一种比环烷酸 $pK_a$ 值低的酸来降低生产流体的pH值。这些环烷酸是弱酸，会与环烷酸根离子形成平衡。pH值越高，酸的离解度越高，在油水界面上形成肥皂类似物的可能性越大。现场经验表明，最佳pH值约为6.0；进一步降低pH值没有更多的意义，且会增加腐蚀[18]。

乙酸与过氧化氢反应，可能会生成活性物质过乙酸（图6.4），从而去除极难溶的硫化铅结垢[19]。

如果温度足够高，有机酸（如甲酸、马来酸和乙醛酸）可去除其他硫化物结垢[20,21]。

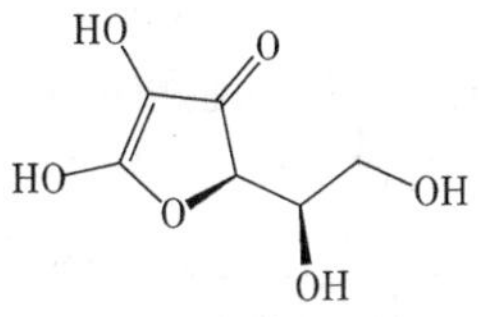

图6.3　异抗坏血酸

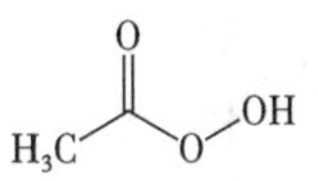

图6.4　过乙酸

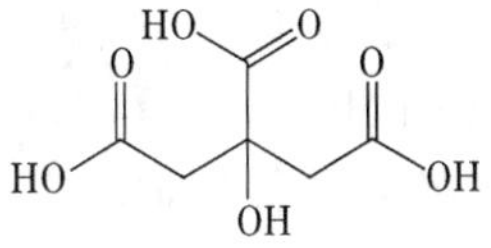

图6.5　柠檬酸

聚羟基乙酸是羟基乙酸或乙醇酸的低分子量缩合产物。其作为降滤失剂的作用见2.2.4。然而，在地层条件下，缩合产物可以水解生成羟基乙酸，羟基乙酸可以用作水力压裂作业中的破胶剂[22]。在这些情况下，聚羟基乙酸也可用作降滤失剂，同时，该聚合物还具有凝胶破胶能力，因此不需要单独添加破胶剂。

在水基钻井液中，铝或锆与柠檬酸的络合物（图6.5）可用作低分子量分散剂，尤其是应用于膨润土基钻井液中[23]。

据报道，柠檬酸和碱金属盐（如氯化钾）是一种有效的成分，可用于溶解钻井作业后钻井液在井筒中留下的滤饼状沉积物[24]。也有观点认为，这类产品可用于处理井筒中的“卡钻”，并用作溶解堵塞生产地层中孔隙的滤饼的增产液。应该注意的是，乳酸也具有与柠檬酸相似的功能。

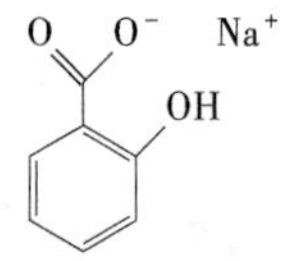

图6.6　水杨酸钠

水杨酸及其钠盐（图6.6）在表面活性剂溶液中具有黏弹性。在这种材料中，黏弹性表面活性剂（VES）可用作流体转向剂，有助于提高压裂酸化的增产效果[25]。类似的含有水杨酸钠的表面活性剂体系也可用作减阻剂，以减少输送管道中流体的湍流[26]。

巯基羧酸尤其是巯基乙酸（TGA）（图6.7）是成膜缓蚀剂（FFCI）配方中有用的增效剂[27]。这种材料毒性低，但气味难闻，因此经常使用其他替代品。本章后面将介绍的其他含硫分子的替代品。

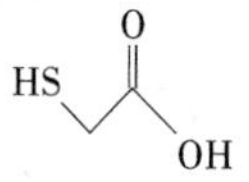

谷氨酸衍生物谷氨酸二乙酸（GLDA）作为一种环境友好型的螯合剂的功效在6.2.4中进行了讨论。

图6.7　巯基乙酸

没食子酸（图6.8）是单宁酸的主要成分，可与葡萄糖形成缩聚物结构，在采出水中用作絮凝剂（H. A. Craddock，未发表）。没食子酸也是一种有用的除氧剂[28]。

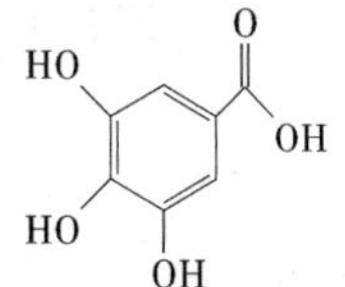

图6.8　没食子酸

研究发现许多其他有机羧酸，如顺丁烯二酸、乙醛酸和其他酸，可用作各种混合物的原料，或用作聚合物生产或相关用途的替代物质等。

本节未讨论的一类重要有机酸材料是四乙酸衍生物，如乙二胺四乙酸（EDTA），将在6.2节中讨论。

在第2章中已就丙烯酸及其衍生物以聚合物形式应用于石油天然气工业进行了广泛讨论。本章后面将讨论一些非聚合性质的酰胺衍生物——丙烯酰胺（见6.1.6）。一些非高分子衍生物可反应生成其他分子，例如咪唑啉类，见其他章节。

### 6.1.2　有机酸（羧酸）及其盐类对环境的影响

如前所述，有许多低分子量有机酸，主要是简单羧酸及其盐类，也用于油气勘探开发工程。特别是在通常使用的稀释浓度情形下，低分子量有机酸的毒性通常较低。许多低分子量有机酸存在于食品中（醋中的乙酸），许多是动植物生命所必需的（抗坏血酸是维生素C）。一些羧酸（例如甲酸）具有杀菌能力，而另一些则是细菌生长所必需的[29]。

羧酸会发生各种分解反应，尤其是在水环境中[30]。一般来说，业界共识有两种分解途径占主导地位：（1）脱羧，生成二氧化碳和氢气；（2）脱水，生成一氧化碳和水。有证据表明，气相分解时脱水是主要的分解机制，水相分解则是脱羧占主导地位［见甲酸分解的化学方程式（6.1）]。

甲酸的分解途径：

$$\begin{cases} HCOOH \longrightarrow CO_2+H_2 \text{（脱羧）} \\ HCOOH \longrightarrow CO+H_2O \text{（脱水）} \end{cases} \tag{6.1}$$

这种分解预示着酶的生物降解可能遵循类似的途径，并产生合理的生物降解速率。事实上，研究已证明甲酸易生物降解。与其他有机酸相比，甲酸的化学需氧量（COD）最低。COD 是对水环境中所有可被氧化的物质的度量。因此，如果氧气是氧化剂，COD 表明氧化这些物质所需的氧气质量（单位：mg/L）。这意味着甲酸的降解需要更少的氧气。其结果是可降低污水处理厂的污水处理成本，或降低天然地表水中的氧气消耗[31]。

此外，与磷酸不同（见第 4 章），甲酸不会使废水或地下水中磷酸盐含量增加，磷酸盐是造成富营养化的化学物质之一。

其他低分子量有机酸及其盐类也有类似的特性，虽然生物降解速率比甲酸慢，COD 更高，但它们总体上还是易于生物降解的。许多简单的醛类和酮类也是如此，尽管它们的毒性有很大的不同。

有机羧酸的使用对环境的影响很低，由于生态食物链中最终可以完全生物降解，因此其长期影响都可以忽略不计。虽然生态系统中可能会增加少量二氧化碳，但与其他人造来源相比，这一点二氧化碳微不足道。

6.1.3 醛和酮类

油气勘探开发工业中应用多种醛类和酮类物质；但主要是两种产品，即甲醛和戊二醛（图 6.9）。

这些产品主要用于杀菌。

甲醛对硫酸盐还原菌（SRB）具有特别有效的抑制作用，并且已证明甲醛可用于储层酸化的生物原位控制[32]。这一过程可通过定期处理来实现，前提是甲醛杀菌剂可以通过储层运输迁移。还认为甲醛是去除硫化氢的有效药剂[33]。

甲醛会与水中的硫化氢发生反应，生成 1，3，5-三硫代环己烷（图 6.10）[34]。这个反应速率慢，三羟烷在水中溶解性差，如果在生产系统中使用，可能会导致作业问题；但是，如果在环境温度较高的储层中使用，反应时间可能更短，甲醛可能是一种合适的硫化氢去除剂。

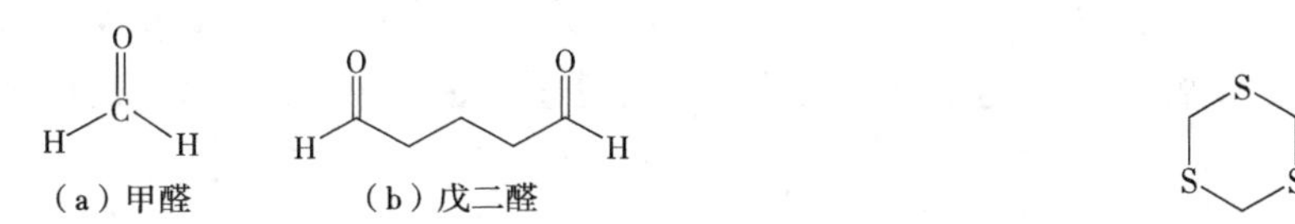


图 6.9 上游油气工业中使用的醛

图 6.10 1，3，5-三硫代环己烷

也认为甲醛是可以有效杀死生物膜上固着细菌的药剂[35]。

由于分类为“可能的人类致癌物”，甲醛的使用已经减少。根据人群研究和实验室研究的数据，美国国家癌症研究所的研究人员已得出结论，长期接触甲醛可能导致人类患白血病，特别是骨髓性白血病[36]。为了解决这一潜在的问题，业界已转而采用许多会释放甲醛的分子作为杀菌剂和硫化氢清除剂。其中一些分子将在本章后文中讨论。

戊二醛是用作油田微生物控制剂——甲醛的主要替代品。戊二醛遇热不稳定，处理起来可能导致人体不适，实际上被归为吸入致敏剂[37]。戊二醛可能与油气勘探开发行业最常用的杀菌剂——硫酸四羟甲基膦（THPS）相似（见第4章）[38]。戊二醛和THPS具有类似的作用机制，通过破坏细胞壁氨基酸来实现微生物控制。然而，THPS需要一个活化步骤来释放甲醛，然后才能产生活性物质。在杀死和控制微生物物种，尤其是杀死与控制SRB的过程中，这些杀菌剂可以减少菌膜形成，以确保油气产量且将腐蚀降低到最小，特别是微生物引起的腐蚀（MIC）及生物产生的硫化氢的影响。

据称，更新的一种醛——邻苯二甲醛（图6.11）用作杀菌剂[39]。尽管它的作用与戊二醛非常相似，但由于其高成本和对环境的负面影响，迄今为止其使用一直比较有限。此外，有证据表明，这种材料与戊二醛比较类似，也具有呼吸和皮肤致敏性，可能导致支气管哮喘和皮炎[40]。

酸化处理[41]作业中，肉桂醛（图6.12）是多种缓蚀剂配方中一种有用的添加剂。通常比季铵碱表面活性剂的环境影响更小，毒性比炔醇更小[42]。研究还表明，少量的反式肉桂醛可以增强季铵盐的缓蚀效果，在酸性环境中效果显著[43]。

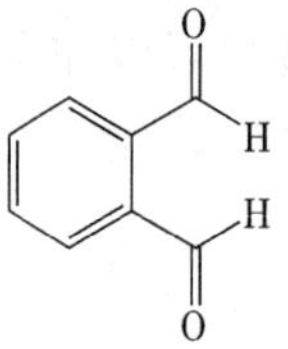

O H H O

图6.11　邻苯二甲醛

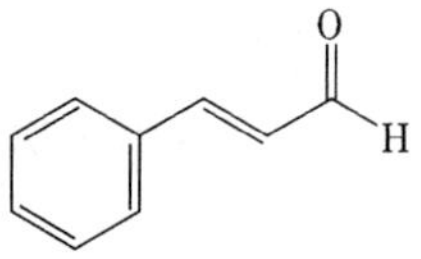

O H

图6.12　反式肉桂醛

O H H O

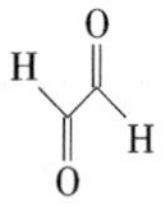

图6.13　乙二醛

乙二醛（图6.13）可用作硫化氢清除剂（H. A. Craddock，未发表）[44]。市售乙二醛常采用40%的水溶液，使用时通常配成20%~30%的水溶液。

乙二醛的毒性比甲醛低很多，没有致癌性。乙二醛环境影响小，已获准可在英国北海等监管很严的地区使用。反应产物是水溶性硫化物聚合物[45]。像甲醛一样，乙二醛反应速率很慢；然而，在40℃以上反应会较快。虽然最佳pH值范围是5~8，实际上反应在一个较宽的pH值范围内进行。这表明乙二醛会与$H_2S^-$反应。

在石油和天然气生产中，通常存在天然气、石油和凝析油三相。在生产过程的许多地方，这三相共存，因此了解$H_2S$在这三相的分布情况非常重要。图6.14显示的是这种分解

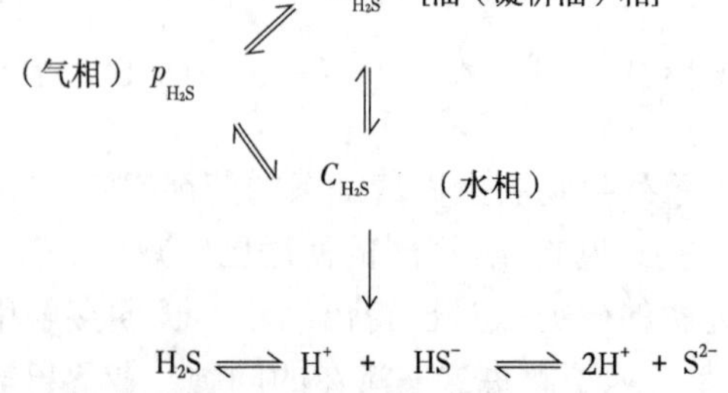

$C_{H_2S}$ ［油（凝析油）相］

（气相） $p_{H_2S}$

$C_{H_2S}$ （水相）

$$H_2S \rightleftharpoons H^+ + HS^- \rightleftharpoons 2H^+ + S^{2-}$$

图6.14　$H_2S$的分解行为

行为，其中 $p_{H_2S}$是气相中 $H_2S$ 的分压，$C_{H_2S}$是在油/凝析油或水相的浓度。

在给定的任何温度和压力下，$H_2S$ 在水相中的分解都由 pH 值决定，而 pH 值则取决于存在的酸性气体（主要是 $CO_2$ 和 $H_2S$）浓度。这样就解释了其他 $H_2S$ 清除剂的主要机理，本章后面将详细介绍这些物质的情况。

乙二醛也具有灭菌能力，但不如前面介绍的其他醛有效。乙二醛也没有在欧洲注册为灭菌产品（详见第 9 章）。

据称，在油田增产作业中，乙二醛和肉桂醛混合物是无机酸的有效缓蚀剂[46]。

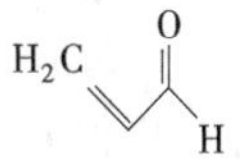

$H_2C$ O H

图 6.15 丙烯醛

最后一个需要考虑的醛是丙烯醛（图 6.15），它在油田中的使用范围已越来越广。丙烯醛是一种有效的杀菌剂，可清除硫化氢和硫醇并溶解硫化铁，其为细菌活性、伴生硫化氢（$H_2S$）、生物产生的硫化铁和硫醇生产等诸多问题提供了一种化学解决方案[47]。

如前所述，研究认为丙烯醛作为硫化氢清除剂的作用机理不同于甲醛和乙二醛。丙烯醛与硫化氢反应生成一种硫醛，而硫醛又与丙烯醛的另一分子进行反应，形成一种水溶性噻喃[48]。与其他醛一样，丙烯醛在用作硫化氢清除剂时，也有反应缓慢的问题，特别是在低温环境下。6.3 节讨论的六氢三嗪具有更快的反应速率。然而，醛类化合物的优点是不用提高所处理系统的 pH 值，进而避免产生碳酸盐结垢。

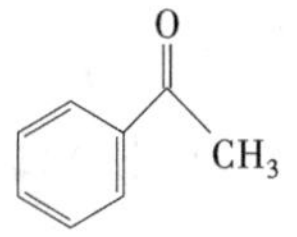

O $CH_3$

图 6.16 苯乙酮

除了丙酮等溶剂外，酮很少用作功能性添加剂（见第 8 章）。与肉桂醛一样，苯乙酮（图 6.16）和成分类似的酮也用作酸缓蚀剂配方中的添加剂[49]。

### 6.1.4 简单醛对环境的影响

如前所述，许多简单醛在油田中主要用作杀菌剂。因此，这种分子本身是有毒的。甲醛和丙烯醛的毒性都较高，可能致癌。戊二醛是一种皮肤和呼吸致敏剂及腐蚀剂。然而，它们也很容易生物降解。这是它们能够在北海等管制极严的地区使用的一个主要因素[50,51]。

已广泛研究了甲醛的有氧和无氧生物降解[52, 53]。通常的方法是通过氧化降解为甲酸，然后进一步降解或脱水生成气态二氧化碳、一氧化碳和水。这也是所有简单醛的主要生物降解途径。

这些简单分子对环境的影响似乎受到了高毒性的限制，而毒性又被其与生俱来的生物降解性所抵消，总体上对生态系统及其中动植物的影响似乎微乎其微[54]。

### 6.1.5 缩醛和硫代缩醛

缩醛官能团的化学式为 $R_2C(OR')_2$，其中两个 R′官能团都是有机基团。中心碳原子有 4 个键，因此是饱和的，具有四面体几何结构。两个 R′O（图 6.17 中的 $R^2$ 和 $R^3$ 官能团）可以相同，也可以不同。这两个 R 官能团可以相同（对称缩醛），也可以不同（混合缩醛），其中一个（图 6.17）或两者都可以是氢原子，而不是有机基团。缩醛由醛和酮生成，同时还可转化为醛和酮。

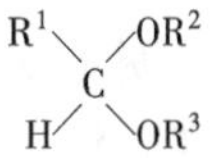

$R^1$ $OR^2$ C H $OR^3$

图 6.17 乙醛的一般结构

缩醛是稳定的化合物，但其形成是可逆的平衡反应。然而，缩醛对碱水解和许多氧化还原剂的作用是稳定的。

各种特定的羰基化合物因其缩醛形式而有特殊的名称。例如，甲醛形成的缩醛被称为多聚甲醛。丙酮形成的缩醛有时被称为缩丙酮。

尽管这些产品具有一些有用的特性和良好的环境特征，但在油气勘探开发工业中应用很少。已测试其用作反相乳液和乳状基钻井液的情况，希望能取代柴油、基础油及其他不易生物降解的基础材料[55]。

硫缩醛是由醛与硫醇反应而得。这些产品，尤其是从肉桂醛和硫乙醇反应中衍生出来的产品（图 6.18）可用作缓蚀剂。特别是在高密度盐水溶液中，季铵盐产品、磷酸酯等许多常用的缓蚀剂，在特定温度和 pH 值范围之外是无效的[56]。

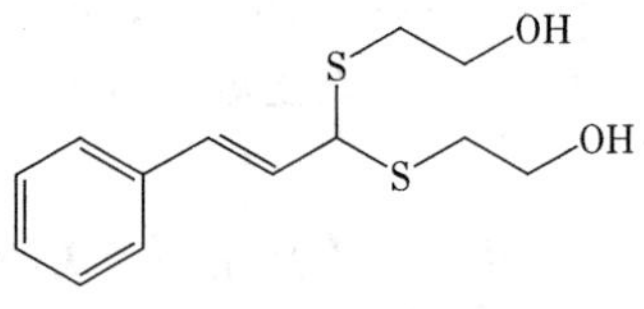

S OH
S OH

图 6.18　肉桂醛的硫缩醛衍生物

如前所述，这类衍生物在一定程度上还没有得到充分利用，其在钻井液中的应用以及通过潜在的螯合作用进行缓蚀、水净化和结垢控制等多种应用，也值得关注。作者认为相关应用值得进一步研究。

### 6.1.6　酯类、酰胺类及其衍生物

醇和胺与羧酸通过酸或碱催化脱水反应分别形成酯和酰胺。酯的经典合成是 Fischer 酯化反应，其过程为在脱水剂存在下醇与羧酸反应，硫酸是该反应的典型催化剂。由于酯化反应是高度可逆的，可使用以下方法提高酯的产率：

（1）大量使用参与反应的醇类（即作为溶剂）。

（2）使用脱水剂。硫酸不仅催化反应，而且还可吸水（反应产物）。分子筛等其他干燥剂也比较有效。

（3）通过物理方法除水，如蒸馏，用甲苯作为共沸物。

合成酰胺的方法很多。与酯化反应类似，即羧酸与胺的反应，是最简单的方法。然而，该反应具有很高的活化能，主要是由于胺首先要脱除羧酸的氢，因为羧酸的反应性较低，因此这种反应通常需要高温。一般来说，酰胺通常由“活化”的羧酸衍生物来制备，如酯、酰氯和酸酐[57]。最近，业界还开发了用于形成酰胺键的硼试剂[58]。

然而，酯类和酰胺类都有类似的生物降解途径，分别通过氧化水解形成羧酸和醇类或胺。这在 6.1.7 中有进一步的详细说明。

#### 6.1.6.1　酯

如第 3 章所述，甘油酯是甘油的脂肪酸酯，是生物学中的重要酯类，油脂的主要类别之一（见 6.6 节），也是动物脂肪和植物油的组成部分。低分子量的酯通常可用作芳香剂，存在于精油中。由于其潜在的环境影响低，甘油酯的生物学特性使其在绿色化学应用中具有广阔的前景。

适合用作钻井润滑剂的酯基油中有几种羧酸酯。此类材料的毒性较低，且易于生物降

解[59]。其中，许多材料是由脂肪酸酯制备，但有些材料也是由饱和酸与不饱和酸［如异壬酸（图6.19）］衍生的长链羧酸酯和长链醇［如正辛醇（图6.20）］为基础制备的。这些材料不易水解，但可生物降解[60]。

如第3章所述，许多天然产品中的酯类，如菜籽油中的甘油三酯和脂肪酸（主要是油酸和亚油酸）是表面活性剂。这类酯类具有很强的生物降解性，也容易水解，限制了在油田领域的应用，尤其是用在钻井液中存在一些问题。

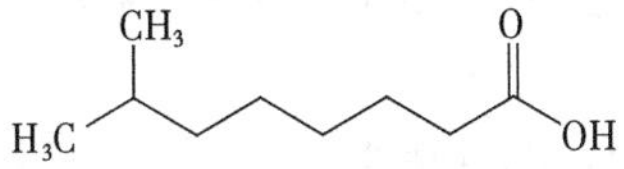

图6.19　异壬酸

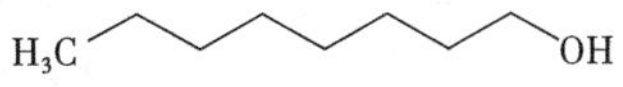

图6.20　正辛醇

为了提高热稳定性，业界考虑了二元酸酯和多元醇酯，例如新戊二醇（图6.21）生成的酯类。这些材料研究的主要目的是替换和增强钻井润滑剂中的合成基流体。与许多其他酯型材料相比，它们具有更好的生物降解特性以及更好的抗氧化和水解性能[61]。

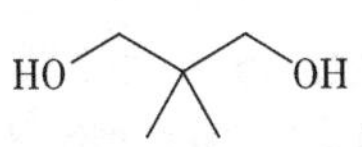

图6.21　新戊二醇

磷酸酯在油田中有多种用途，已在第4章中详细讨论。

研究发现脂肪氨基烷基衍生的一系列丁二酸酯（在6.2节中进一步讨论）是有用的动态水合物抑制剂（KHI），其作为缓蚀剂具有良好的生物降解特性和活性[62]。

酯类通常是压裂液配方中的可选成分，通常是聚合物类羧酸酯；优选的酯是柠檬酸酯，因为其羟基可以酰化进一步衍生出多种物质。这样的衍生物可降低整个聚合物对水解的敏感性，并且随着降解速率的减慢，可以更好地控制压裂效果[63]。

苯甲酸环己基铵（图6.22）和一种苯甲酸盐的水溶液（最好是通过使环己基胺与过量的苯甲酸钠在水醇溶剂中反应制得）可得到一种适用于铁质管材产品的液体防腐配方[64]。

原酸酯，特别是原甲酸三丙酯（图6.23），用作滤饼的受控降解剂，因为这种原酸酯配方能够破坏过滤滤饼中的酸溶性部分[65]。

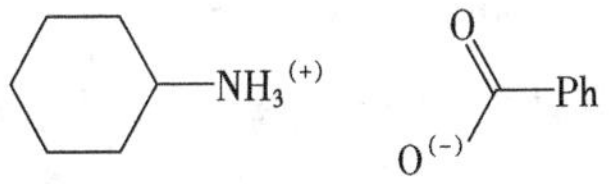

图6.22　苯甲酸环己基铵

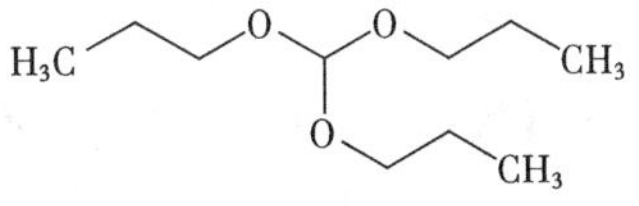

图6.23　原甲酸三丙酯

6.1.6.2　酰胺化合物

油气勘探开发领域采用了多种酰胺类化合物，本书详细介绍了一些重要实例。丙烯酰胺尤其是其聚合物形式（见第2章）和磺酸衍生物（见6.1.8）用途非常广泛。丙烯酰胺聚合物具有多种功能，详见第2章。磺酸类衍生物将在本章的下一节中介绍，主要用于防垢。

实验证明，由长链胺构成的酰胺衍生物，是环境可接受的成膜缓蚀剂[66]。这些酰胺衍生物虽然具有良好的环境特性，但由于会破坏油水分离过程，很难确定配方和应用。其他聚合物酰胺和二酰胺，如聚甲基多胺二丙酰胺已成功投入应用[67]。这些二酰胺是低分子量的聚合物，具有成膜缓蚀剂特性。它们与巯基酸（如TGA）混合时特别有效（图6.7）。如

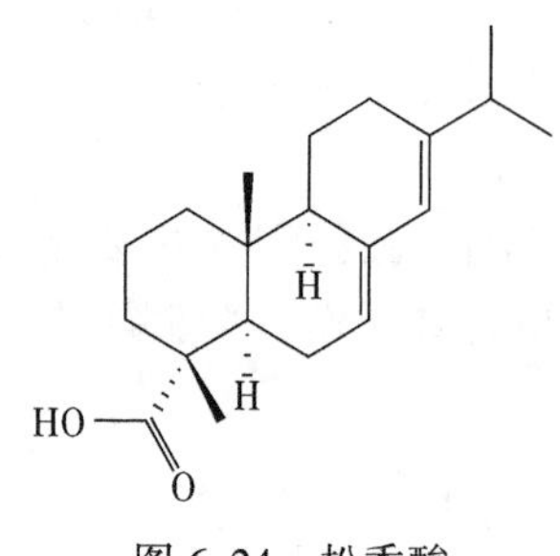

图 6.24　松香酸

前所述，部分内容在第 2 章中已做介绍。

由烷基酚胺和脂肪酸或长链二酰胺衍生的酰胺已有效地用于防腐领域中[68]。这些脂肪酸可以被妥尔油替代，妥尔油是树脂酸［松香酸（图 6.24）及其他类似酸］和共轭 $C_{18}$脂肪酸、亚油酸、油酸及其他饱和脂肪酸的混合物。这类反应产物不仅是酰胺类化合物的混合物，而且是咪唑啉类化合物的进一步反应和脱水的混合物。这些咪唑啉是非常有效的缓蚀剂，在 6.3 节中有更详细的介绍。

乙烯基酰胺，如 *N*-乙烯基甲酰胺（图 6.25）用作合成钻井液组成中的关键单体[69]。

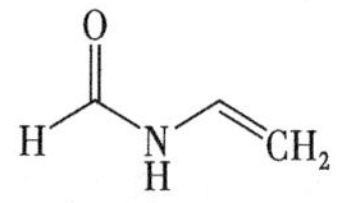

图 6.25　*N*-乙烯基甲酰胺

聚酰胺还广泛应用于油田破乳剂产品中。在钻井作业中，当脂肪酸的聚合物二烷基酰胺加成物的配方合适时，可以使用更少的二烷基酰胺加成物[70]。

低分子量酰胺类化合物具有如图 6.26 所示的通用结构，研究证明可用作硫化氢清除剂[71]。

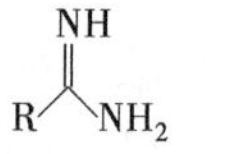

图 6.26　简单酰胺

具有这种结构的乙酰胺，用作岩盐结晶抑制剂。岩盐沉积可能是采出水过饱和导致的。亚硝基三乙胺（图 6.27）和亚硝基三丙胺是市售产品，据称能够抑制卤化物沉淀。

这些乙酰氨基化合物也与尿素有关（请参阅本节后面的内容）。

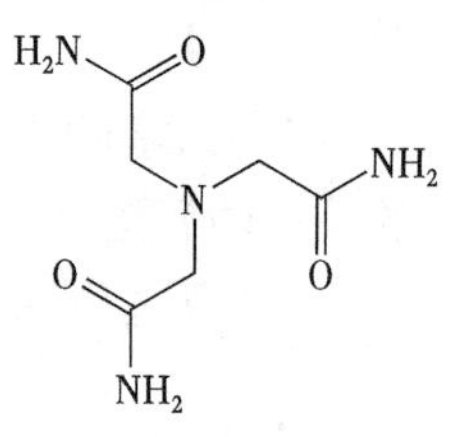

图 6.27　亚硝基三乙胺

氨基胺是由脂肪酸和二胺形成的一类化合物。这类物质可用作合成表面活性剂的中间体（见第 3 章）。在石油和天然气勘探开发领域，已报道了一种水溶性脂肪酸/酰胺缓蚀剂[72]。据报告，这些产品在高达 230℃ 的高温环境中仍较稳定，能够在这样高温条件下工作的缓蚀剂数量有限，且这些缓蚀剂是油溶性的。

相比于油溶性缓蚀剂，水溶性缓蚀剂具有许多优点，例如水相的分配系数更高，闪点更高，潜在的环境特性比油溶性缓蚀剂更好，由于水溶性缓蚀剂会优先分配到水相中。这些缓蚀剂主要是在水中配制，可以更容易地输送到管线部位，从而产生更好的整体防腐效果。

类似地，已发现氨基胺盐是非常有效的缓蚀剂，具有良好的环境特性。通常用作甲酸盐溶液，前提是高 pH 值环境不会促进氨基水解。同样，这些脂肪酸和二胺的反应产物被甲酸或乙酸溶解成盐。

一种商业上可用的缓蚀剂[73]是由从顺丁烯二酸酐和脂肪酸与胺发生反应得到的。

酮醛胺聚合物既可用作缓蚀剂，也可用于酸化增产作业中，以防止金属硫化物沉淀。酮醛的一般结构如图 6.28 所示，由醛的和酮的加成而成[74]。酮醛类化合物本身或配成水溶液后均不容易处理，具有好的储存特性，通常会分为两层，而且不可再分散。

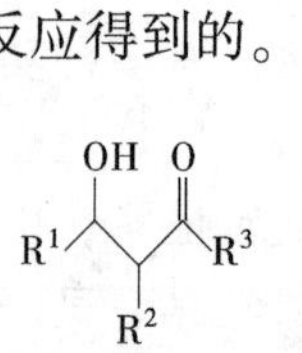

图 6.28　酮醛结构

酮醛可与伯胺［如烷醇胺单乙醇胺（MEA）］反应，形成稳定性大大提高的醛酮胺聚合物。这些醛酮胺聚合物在酸性环境中优先与溶液中的硫离子反应，防止溶解的硫化物离子与溶解的金属离子发生反应而形成硫化不溶性盐[75]。

6.1.6.3 尿素、硫脲等衍生物

与乙酰胺类似，在石油和天然气勘探开发工业中，尿素和硫脲也可用作岩盐结晶抑制剂[76]。这些产品的通用结构如图 6.29 所示。

(a) 硫脲　(b) 脲

图 6.29 硫脲和脲的一般结构

二烷基硫脲，如 1，3-二丁基硫脲（图 6.30）是一类常见的含硫缓蚀剂[77]。这些物质与其他缓蚀剂［如乙酰醇类（见 6.2 节）和肉桂醛］一起使用时，对减轻酸腐蚀特别有用，在减少斑蚀[78]方面也非常有用（见 6.1.3）。

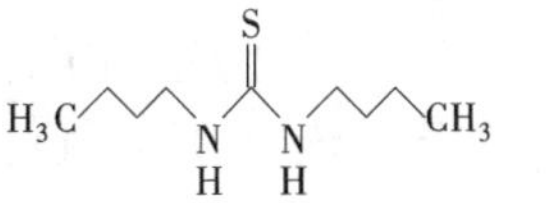

图 6.30 1，3-二丁基硫脲

相关的二硫代氨基甲酸盐，如二甲基二硫代氨基甲酸钾（图 6.31 所示为二甲基二硫代氨基甲酸钾阴离子）也是很好的缓蚀剂。这些产品是非常有名的抗生物污垢缓蚀剂，因为它们可生成一种持久且光滑的保护膜，能够防止硫化物盐、固着细菌及其他固体黏附。

二硫代氨基甲酸铅也用作极压耐磨剂。这些添加剂添加到润滑剂中有助于减少齿轮及其他暴露在高压环境中零件的磨损。二硫代氨基甲酸铅是一种毒性很强的材料，已被 2-乙基己酸铋等一些毒性较小的添加剂取代（见 5.9.1.2）。

有人提出，油溶性有机二硫代氨基甲酸盐可用作原油中的除汞剂[79]，研究还发现二硫代氨基甲酸钠是汞(Ⅱ)[80]的有效沉淀剂。据称，二硫代氨基甲酸盐添加剂可以隔离铁。在用强酸水溶液处理的储层中，据称这些产品可减少沥青质沉积，这种效果是通过利用这些新的二硫代氨基甲酸盐配方来隔离铁实现的[81]。

尽管二硫代氨基甲酸酯具有较高毒性，但由于与其他添加剂相比，它们具有更好的环境性能，因此在一些地区得到了良好的应用。与用作采出水处理絮凝剂和除油剂的高分子量阳离子聚合物（见 2.1.2.3）相比，这一点尤其适用。据称，二硫代氨基甲酸盐的毒性比聚合物低，有一定生物降解潜力，但其亲油性导致其无法进入水相中，因此可进入受纳环境[82]。实际上，这些分子是低分子量的阴离子聚合物，可与亚铁离子原位络合，使其具有亲脂性。采出水中通常具有足够的亚铁离子来形成络合物[83]。许多胺已被用于合成二硫代氨基甲酸盐[84]，用这些产品制备的盐已被用作阻垢剂、缓蚀剂以及杀菌剂。特别是二甲基二硫代氨基甲酸钠（图 6.31）和乙烯-1，2-二硫代氨基甲酸二钠是特别有效的杀菌剂（尤其是抗 SRB[85]），也存在基于亚硫酸氢盐的氧清除剂中（H. A. Craddock，未发表）。

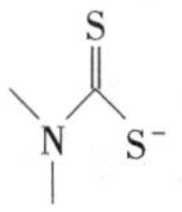

图 6.31 二甲基二硫代氨基甲酸阴离子

最近，监管部门已经不允许使用这些材料，主要是因为它们的毒性，而这方面的证据来自在农业杀虫剂中的应用情况[86]。许多研究也表明，它们对鱼类的毒性相当高[87]。因此，二硫代氨基甲酸盐已不再应用于欧洲油田。

6.1.7 酯类、酰胺及相关化合物对环境的影响

简单酯类和酰胺类化合物的环境影响是由其生物降解作用导致的，通常是通过酶解得到酸。

对于简单的甲基羧酸盐，细菌在生长或静息的细胞条件下可将这些酯水解为相应的羧酸和甲醇。在生长条件下甲醇可进一步氧化成甲酸盐，而在静止条件下则不易氧化成甲酸盐。酯的生物转化不需要氢。在标准条件下，羧酸甲酯的水解是热动力学有利的，酯/$CO_2$的混合营养代谢可让细菌生长[88]。

多数简单酯衍生物的一般降解路径。6.1.2 已说明了羧酸的生物降解过程。释放的醇将经过 6.2.5 所述的氧化过程。一般来说，大多数（即使不是所有）降解代谢物对环境的影响可以忽略不计，毒性很低，最终会被生物降解成二氧化碳、一氧化碳和水。

类似地，许多简单酰胺可通过酰胺酶作用水解，得到羧酸衍生物及胺或氨。酰胺酶广泛存在于原核生物和真核生物中。酰胺酶可催化酰胺键的水解（CO—$NH_2$）。

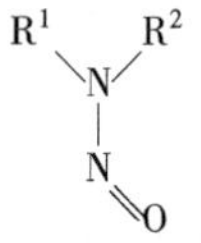

$R^1$ $R^2$ N—N=O

图 6.32 亚硝胺

环境影响的差异在于胺通过胺氧化物发生复杂氧化降解的可能性。针对胺的氧化途径已有许多研究，因为它们在碳捕获中的应用前景可能非常广泛[89]。胺类会进一步降解，最重要的是，由于胺类的挥发性，在大气中发生降解过程。研究认为，许多胺的环境风险相对较低。然而，也有许多提及的降解产物是有一定风险的化学品类，研究已证明，其对人类健康和环境有影响[90]。亚硝胺（一般结构见图 6.32）和硝胺尤其如此，这些分子中有一个与氮原子结合的—$NO_2$ 基团的分子。亚硝胺可以是伯亚硝胺（$RNHNO_2$）或仲亚硝胺（$RR'NNO_2$）（其中 R 和 R′是烷基或芳基）。

因此，这些途径均可产生有毒物质，对环境产生影响。在这方面的研究中仍有许多可识别的知识空白。到目前为止的数据表明，有一系列可能的降解产物，包括氨、亚硝胺、硝胺、烷基胺、醛和酮[91]。然而，最受关注的产物，即亚硝胺和硝胺，可能只有少量生成。已检测到亚硝胺，但目前没有检测到硝胺。人们普遍认为氨是大多数胺的主要降解产物。

亚硝胺、挥发性醛类和烷基胺可能长期存在的问题与致突变性、基因毒性/致癌性和生殖系统危害性有关。

降解产物的成分尚不明确，大多数陆生和水生环境研究的浓度方法只是关注胺类。

然而，目前检测到的大多数降解化合物似乎都是可生物降解的（30%~100%），而生态毒性则有很大差异。

大多数氧化后降解产物都有低排放、水溶性（低生物累积潜力）、生物降解性和低至中度急性生态毒性等特性，这说明其环境风险应为中等或较低。然而，由于生物降解性低，一些降解产物可能会在环境中持续存在，如果在水生系统中积累起来，则可能会造成风险[91]。

对于脲和硫脲等更复杂的衍生物（如 6.1.6 所述），以及它们的衍生物（如二硫代氨基甲酸盐）而言，胺和酰胺的这种问题更是严重。

评估尿素在水环境中的生物降解情况，发现尿素会根据环境的细菌状态和水温状况以一定的速率降解成氨[92]。对于上一节中所述类型的取代脲，这意味着最有可能的生物降解途径将是降解为胺类。同时还简要讨论了其随后的生物降解情况。在 6.2.5 中将进一步详细说明。

硫脲作为农药已得到广泛应用，其毒理学、生态毒性、生物降解和生物累积潜力等方面的研究已有大量的数据。通常这类物质极易溶于水，但与胺不同的是，它们不易挥发。水溶性和蒸气压数据显示，硫脲及其衍生物不会从水溶液中挥发。根据硫脲的理化性质及其使用模式，水领域可能是这类化合物的主要滞留区。土壤和地表的吸附也是这些衍生物生物累积的一个可能区域[93]。

研究表明，二硫代氨基甲酸盐降解的主要途径是生成硫脲[94]。而且之前已经说过，监管意见现在已不允许使用这些材料，因为有证据表明它们的毒性和持久性很高[86]（特别是对于鱼类）[87]。

### 6.1.8 磺酸

磺酸类似于羧酸，只是羧基碳原子已替换为硫原子。磺酸是具有图 6.33 所示通用结构的有机硫化合物，其中 R 是有机烷基或芳基，S（═O）$_2$—OH 为磺酰氢氧化物。磺酸也是一种硫酸，只是其中一个羟基已被一个有机成分取代。

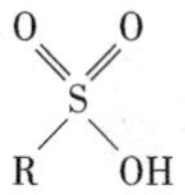

图 6.33 磺酸

虽然并非所有的磺酸（或更准确地说它们的盐）都是表面活性剂，但其中许多是表面活性剂，特别是某些烷基芳基衍生物。这些物质是功能强大、用途广泛的清洁剂和表面活性剂，广泛应用于石油和天然气行业，相关介绍见 3.2 节。其他一些磺酸在油田领域也有应用，为了完整起见，本书将详细介绍磺酸。

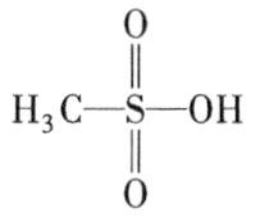

最简单的衍生物之一是甲烷磺酸（图 6.34），甲烷磺酸及其他烷烃磺酸可用作碳酸盐岩储层增产作业的酸化剂，具有良好的溶解性能和低腐蚀性[95]。研究还表明，甲烷磺酸在去除碳酸盐垢沉积方面比较有用，特别是与其他磺酸表面活性剂结合使用时，甲烷磺酸具有协同作用[96]。

图 6.34 甲烷磺酸

烷烃磺酸，特别是烷基芳基磺酸，例如十二烷基苯磺酸（DDBSA）（图 6.35），是油气勘探开发工业中常见的沥青质分散剂[97]。第 3 章对此物质及其他烷基芳酸酯在表面活性剂类型方面的应用已有广泛的讨论。

图 6.35 十二烷基苯磺酸

DDBSA 已通过以下方法改进为沥青质分散剂：

（1）移除芳基，使烷基链直接结合到磺酸基上。为了获得最佳效率，链长优选为 8～11 碳原子的次生烷基磺酸[98]。

(2) 另一种改进涉及使用支链烷基多环芳烃磺酸，例如具有至少一个支链烷基的磺化烷基萘[99]。

这些合成分散剂用较低浓度就可以大大提高沥青质在原油中的溶解度。有一个或多个端基，可与沥青质中的多环芳香结构相溶，并有较长的石蜡烃链，可提高在油中的溶解性。因此，合成分散剂似乎比油中的天然分散剂（树脂）有效得多。研究发现，直链石蜡烃链若有 16 个以上碳是无效的[98]，这是由于其会与其他石蜡烃链和油中的蜡结晶导致油溶解性降低所致。此外，$n$-烷基芳香族磺酸会随着时间的推移失去分散沥青质的能力。通过在两个烃链之间使用长度比例不同的两个分支烃链，这些问题可以得到缓解，因此分散剂的有效性会随着烃链总长度的增加而增加，远远超过 30 个碳，并且在较长时间之后仍然有效[99]。后一种产品不在本章的范围内，第 2 章和第 3 章中已有介绍。

DDBSA 还可用于控制环烷酸成皂沉积[100]。

苯磺酸及其衍生物在油气勘探开发领域用途非常广泛，例如，二羟基苯磺酸盐可用作水泥速凝剂[101]。此外，开发了许多表面活性剂方面的应用，特别是在水驱提高采收率方面的应用，并已在第 3 章中进一步说明。

磺化萘酚可用作水基钻井液中的分散剂[102]。

当季铵化羧基磺酸盐用在破乳剂产品配方中时，研究发现有助于提高脱盐性能[103]。

研究表明，苄基亚砜乙酸和苄基磺酰乙酸（图 6.36）可作为缓蚀剂[104]，特别是在酸化修井和增产期间可用于对使用的无机酸等酸性介质的缓蚀。

2-氨基乙磺酸或牛磺酸的衍生物，特别是酰基衍生物（图 6.37），经研究发现对去除滤饼是有用的[105]。

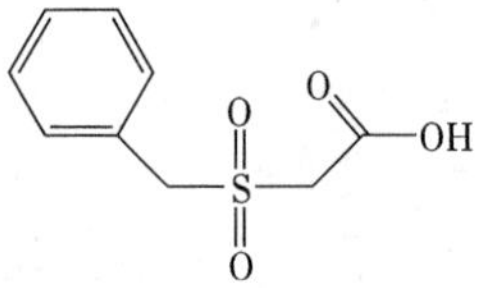

图 6.36　苄基磺酰乙酸

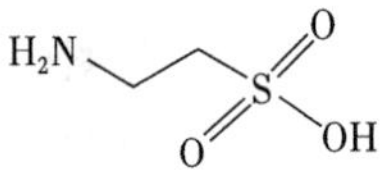

图 6.37　2-氨基乙磺酸

2-氨基乙磺酸是多种食品中的天然产物，许多工业部门都有使用。有些具有良好的表面活性剂效果，如第 3 章所述；然而，尽管简单的盐和衍生物具有良好的环境友好性质，但它们很少用于石油和天然气行业中。

2-丙烯酰氨基-2-甲基-1-丙磺酸（AMPS）（图 6.38）分子是一种非常有用的单体，可用于合成许多聚合物和相关共聚物，而这些聚合物及其他聚合物可一起用作阻垢剂、减阻剂、环烷酸抑制剂及其他聚合物类添加剂。丙烯酰胺聚合物和相关材料以及多硫化物的介绍见第 2 章。

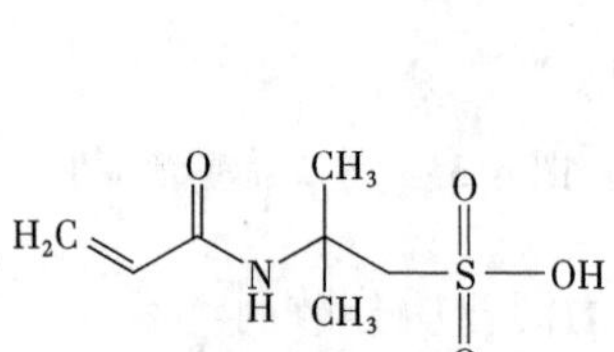

图 6.38　2-丙烯酰氨基-2-甲基-1-丙烷磺酸

一般而言，磺酸及其衍生物具有良好的环境特性，尤其是支链烷基磺酸及其盐[106]，通常无毒，具有良好的生物降解率。以环氧琥珀酸（ESA）和 AMPS 制备的共聚物为例，据报道，这是一种有效的阻垢剂，具有良好的生物降解性能，28d 后的生物降解率为 65%[107]。

与其他含硫物质（如二甲基硫化物）不同，简单的磺酸（如甲磺酸）不会被光化学氧化。然而，它们可通过酶氧化为甲醛和亚硫酸氢盐离子，从而进行生物降解[108]。图 6.39 所示的图表说明了其代谢途径。

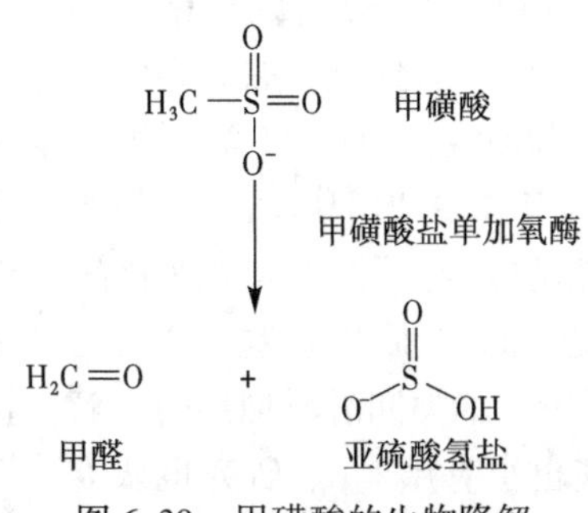


图 6.39　甲磺酸的生物降解

与许多其他简单的有机物相比，磺酸是一种具有许多有趣功能的绿色替代品，其中一些功能还有待开发。

## 6.2　醇、硫醇、醚和胺

许多简单的醇（如甲醇、乙二醇和三甘醇）以及一些醚（如乙二醇醚）用作添加剂配方中的溶剂。这在第 8 章中将有更详细的讨论。本章仅介绍它们作为功能性添加剂的用途。

### 6.2.1　醇及其衍生物

#### 6.2.1.1　醇和乙二醇

低分子量的醇除可作为溶剂外，还具有其他多种功能。甲醇和乙二醇，尤其是单乙二醇（乙二醇）（图 6.40），可用作水合反应热力学抑制剂，并用于防止气井水合物堵塞。

HO⌒OH

图 6.40　乙二醇

Hammerschmidt 于 1934 年首次解释了油气开采中的天然气水合物的相关情况。这些物质是水和小分子碳氢化合物在高压和低温下形成的冰状结构[109]。后来人们知道，在自然界中，防冻蛋白（AFPs）或冰结构蛋白（ISPs）是指由某些脊椎动物、植物、真菌和细菌产生的一类多肽，借助这些多肽它们可以在零下环境中生存[110]。AFPs 可与小冰晶结合，抑制冰的生长和再结晶，否则将给相关生物产生一些致命的问题。与广泛使用的汽车防冻剂乙二醇不同，AFPs 不会通过调整浓度比例降低冰点，而是以非依数方式起作用。这使得它们可以作为防冻剂，其浓度仅需其他溶解溶质浓度的 1/500～1/300，这将使它们对渗透压产生的影响非常小。AFPs 的超常能力归因于其在特定冰晶表面的结合能力，这是用于研究天然气水合物包合结构的一种方法[111]。聚合物 KHI 和抗凝聚化学情况见第 2 章。

HO O O OH

图 6.41 三甘醇

三甘醇（图 6.41）也用于控制天然气中的水分，但主要用作天然气处理中的脱水剂[112]。

在钻井作业中，由于环境可接受性，许多地区的水基钻井液优先于油基钻井液。然而，这种水基钻井液往往存在润滑性问题，与油基材料相比，对地下储层造成的伤害更大。由于黏土吸水，黏土膨胀是大多数水基钻井液都面临的一个问题。硅酸盐基钻井液（见第 7 章）可抑制水造成的储层伤害，但不能提供油基钻井液的润滑特性。醇与烷基糖苷结合，在硅酸盐基水基钻井液中配制时可提供润滑性。合适的醇是 2-辛基癸醇、油醇和硬脂醇[113]。

脂肪酸醇具有较高的可生物降解性。如第 3 章所述，脂肪酸醇是许多脂肪酸和脂肪酯衍生表面活性剂的基本原料，具有许多油田化学品的功能。

研究还发现，低分子量的氨基醇与天然油（如亚麻籽油）结合也可用于硅酸盐基钻井液中，以提供润滑性[114]。这些配方在高 pH 值条件下尤其有用，因为在这种情况下，酯类润滑添加剂会水解。据称，这些产品对提高各种杀菌剂的性能也很有用[115]。研究也认为，氨基乙醇或 MEA（图 6.42）也具有一些缓蚀剂特性，尽管这一点存在争议。6.2.4 将进一步介绍 MEA 及其他烷醇胺。

$H_2N$ OH

图 6.42 氨基乙醇

用含醇的酸性流体进行增产作业可增加流体的腐蚀性，并降低配方中各种缓蚀剂的有效性，尤其是脂肪氨基缓蚀剂的有效性[116]。

炔醇，特别是炔丙醇（图 6.43），较长一段时间来一直认为具有良好的缓蚀性能[117]，且已成为酸化配方中最常见的缓蚀剂之一。这是由于传统上泵入井下的酸缓蚀剂是最有毒的化学物质之一[118]。人们认为，在酸性环境中这些不饱和氧分子会在金属表面发生聚合反应，形成具有成膜性能的低聚物。通常情况下，也会添加季铵或胺类化合物，以将聚合物固定在金属表面上，并且增强自身成膜特性[119]。叔戊醇（图 6.44）可用于加快泡沫降解，其中消泡剂在通过胺溶液处理气流的过程中可用于从天然气中除去硫化氢和二氧化碳。

如 6.1.5 所述，可将硫代乙醇（图 6.45）与醛结合在一起使用，可得到一种有用的缓蚀剂产品[56]。

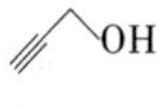

OH

图 6.43 炔丙醇

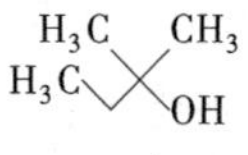

$H_3C$ $CH_3$ $H_3C$ OH

图 6.44 叔戊醇

HS OH

图 6.45 硫醇

除了在配方产品中作为溶剂、稀释剂或载体溶剂外，丁醇等醇类还用于合成诸如聚硅酸酯（见第 7 章）或磷酸酯（见第 4 章）等酯。辛醇和癸醇，以及两者混合物对于磷酸酯的合成特别有用[120]。这些磷酸酯混合物可以用作三次采油，因为其挥发性低、稳定性好，且在精炼过程中易于分离和回收。

醇，特别是正丁醇（图 6.46）和异丙醇（图 6.47），可用于醇辅助水驱作业。研究发现，它们适用于深度超过 1500m 的重油储层的热水驱[121]。

异丙醇已与氨水用于水驱作业中，不会与采出的原油发生反应，因此可以循环回用，对环境影响较小[122]。

醇，尤其是丁醇，可用于配制微乳液（见第 8 章）。这类乳状液系统可用于输送缓蚀剂、沥青质沉积抑制剂和阻垢剂。

研究发现一些醇或二醇，特别是作为载体溶剂的丁基二醇、2-丁氧基乙醇（图 6.48）和 2-异丁氧基乙醇，具有协同作用并具有增强聚合物 KHI 的性能[123]。

OH

图 6.46 正丁醇

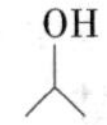

OH

图 6.47 异丙醇

O OH

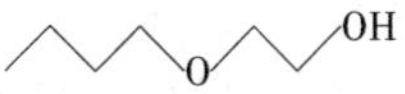

图 6.48 2-丁氧基乙醇

6.2.1.2 酚类和酚类化合物

油气勘探开发工业中使用了许多苯酚衍生物和相关的酚类产品，3.3.2 对这类物质的聚合物衍生物，如烷基酚乙氧基化物已有广泛讨论。尽管这些酚类化合物存在于自然界中，但通常仅存在于木质素等结构树脂中，其生物利用度较低。用作化学添加剂和原料时，它们的生物可利用性更强，而它们的毒性在对应的生态系统中也较为明显。生物利用度和环境毒性之间的平衡将在第 10 章中详细讨论。

添加的少量非聚合氨基烷基酚衍生物可以在不影响其他性能的情况下提高油井水泥的抗压强度[124]。

酚类衍生物壬基酚和十二烷基间苯二酚（图 6.49）可用作沥青质分散剂；事实上，研究发现十二烷基间苯二酚的性能比 DDBSA 更好（见 6.1.8）。

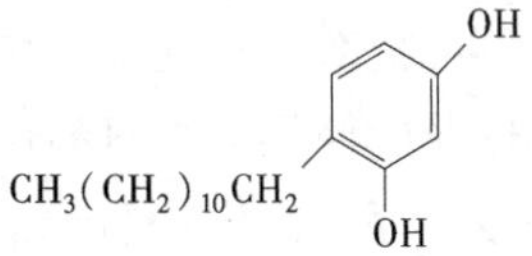

OH

$CH_3(CH_2)_{10}CH_2$

OH

图 6.49 十二烷基间苯二酚

烷基酚，特别是壬基酚及其乙氧基醚，是良好的沥青质抑制剂，但不同研究结果有些矛盾[125]。

为了减少烷基酚的毒性，并避免烷基酚提高雌激素活性，已采用间苯二酚和天然产物腰果酚（图 6.50）等产品作为替代品[126]。腰果壳液中含有腰果酚。

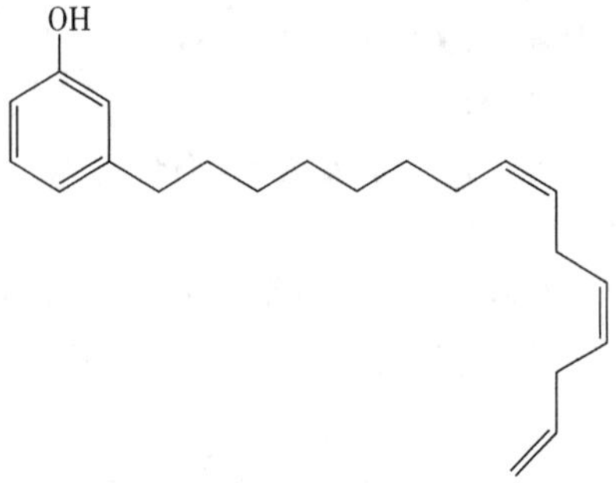

OH

图 6.50 腰果酚

间苯二酚作为一种对环境友好的载体，可用于制备苯酚—甲醛聚合物，特别是可用于堵水的凝胶体系中[127]。

酚类材料也表现出很强的杀菌活性。虽然成本较低，但由于人类健康和环境问题，石油和天然气行业基本上已没有使用这种材料。一个常见的例子是4-羟基苯甲酸（图6.51），作为一种对羟基苯甲酸类杀菌剂，常以低浓度用于化妆品中作为防腐剂。

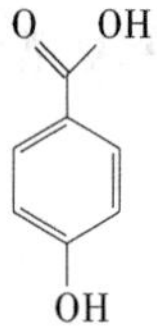

对羟基苯甲酸酯很容易渗透穿过皮肤[128]。根据对羟基苯甲酸酯干扰激素功能的证据，欧洲内分泌干扰委员会已将其列为1类优先物质[129]。对羟基苯甲酸酯可以模仿雌激素，也可能干扰雄性的生殖功能[130]。

O OH

OH

图6.51　4-羟基苯甲酸

对羟基苯甲酸酯在大麦、草莓、香草、胡萝卜和洋葱等自然食物中低浓度存在，而从石化产品中提取的合成制剂则可用于化妆品。

6.2.5进一步讨论了酚衍生物及其他醇的环境影响。

### 6.2.2　硫醇

油田中使用大量低分子量硫醇及相关的含硫产品。除了具有内在的功能特性（如杀菌性）外，它们还可少量添加到配方产品中，以增强产品的整体性能，例如，许多缓蚀剂配方中都含有硫醇等含硫添加剂，以提高整体防腐蚀性能（参见本章前面介绍的硫乙醇，硫乙醇可形成醇醛加合物）。

#### 6.2.2.1　硫醇

各种硫醇，包括硫乙醇（图6.45），在酸化增产作业期间可用作铁离子稳定剂[131]。在这种作业中使用的无机酸会导致套管顶部的氧化铁溶解，也会导致地层中的含铁矿物溶解，使得酸中存在三价铁离子，从而引起原油中沥青质沉淀，最终造成地层伤害。三价铁离子还会引起氢氧化铁胶体沉淀，这也会造成地层伤害。因此，常见的做法是在大多数酸化增产作业中加入硫醇等铁离子稳定剂。实际上，这种硫醇还可充当还原剂，将三价铁离子转化为二价铁离子。

大多数此类产品，如硫代甘油（图6.52）、含硫氨基酸半胱氨酸和巯乙胺（见6.6节）对环境无害。

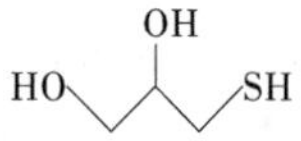

OH

HO SH

图6.52　硫代甘油

研究发现多种简单硫醇可作为缓蚀剂，且在生产流体的酸性氧化条件（高$CO_2$含量）下，硫醇（—SH）基团会形成二硫化物（—S—S—）基团，并与金属表面的铁离子络合[132]。正如本章前面所述，TGA（图6.7）是一种已经充分验证的缓蚀剂增效剂，硫化物和硫烷衍生物具有类似的性质。

许多含硫化合物（包括挥发性硫醇）常用作天然气的加臭剂，其中最常用的是叔丁基硫醇。但是，这方面不在当前讨论范围之内。

#### 6.2.2.2　硫化物和二硫化物

如前一节所述，硫化物也具有缓蚀作用，尤其是在高剪切环境中[133]。在高剪切且不影响水质的条件下，很难实现缓蚀。然而，一种新研发的高剪切缓蚀剂，相比于许多传统的高剪切缓蚀剂，对水质影响较小，且高温稳定性也得到改善。

需要关注的产品2-巯基乙基硫化物（图6.53）称为纯硫成膜缓蚀剂[2]；然而，作者的经验是，尽管它与其他缓蚀剂分子（如咪唑啉）有良好的协同作用，但当单独配制时，这种硫化物的缓蚀剂性能并不好（H. A. Craddock，未发表）。

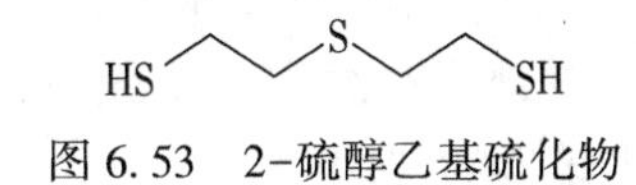


图 6.53　2-硫醇乙基硫化物

然而，较长的烷基链硫醇，尤其是叔十二烷基硫醇（图 6.54）确实有一定成膜特性（H. A. Craddock，未发表）。

研究证明，炔硫化物对酸的腐蚀作用具有缓蚀性能，类似于前面 6.2.1 中讨论的炔醇[2]。

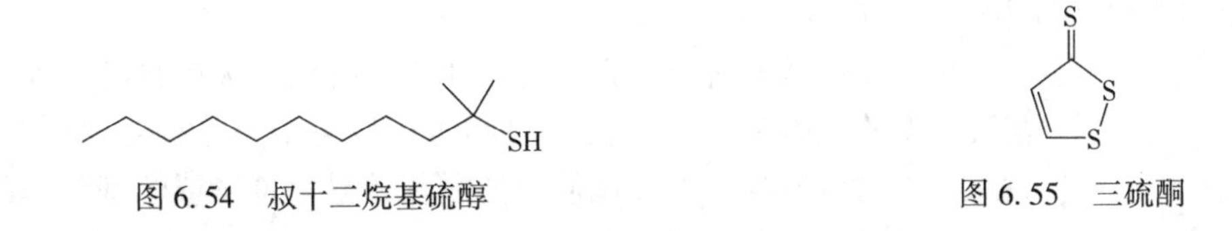


图 6.54　叔十二烷基硫醇

图 6.55　三硫酮

6.2.2.3　硫酮

据称，在 $CO_2$ 浓度较高的环境中，硫酮尤其是三硫酮（图 6.55）具有良好的缓蚀性能[134]。研究证明，三硫酮，特别是 4-新戊基-5-叔丁基-1，2-二硫醇-3-硫酮，对应力开裂引起腐蚀具有很好的缓蚀效果[135]。

油田还会使用其他硫酮作为杀菌剂，这些硫酮是各种异噻唑啉酮、吡硫酮和噻二嗪酮等杂环基团的衍生物，如 3，5-二甲基-1，3，5-噻二嗪-2-硫酮（棉隆）（图 6.56）。在本章后文中，将进一步探讨有关杂环基团的化学性质。

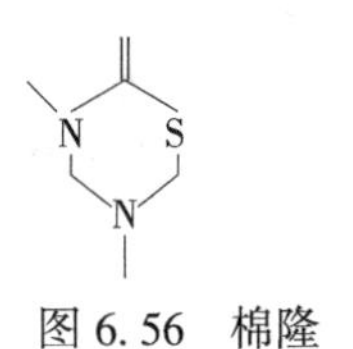


图 6.56　棉隆

近年来，水力压裂技术已用于致密页岩地层中天然气和石油生产，业界也越来越关注杀菌剂的选择问题。增产液常用多糖和高度可生物降解的聚合物及生物聚合物制成。

这些聚合物也容易被氧化降解，意味着液体中需要添加除氧剂和杀菌剂，以提高其稳定性。通常亚硫酸氢盐型氧清除剂是主要的除氧剂，但它们与戊二醛或 THPS 这两种使用最广泛的油田杀菌剂不相容。因此，还研究了其他更相容的杀菌剂，包括对环境危害更小的硫酮[136]。

6.2.3　醚

在石油和天然气的开发和生产中会使用许多醚类衍生物，主要用作溶剂、共溶剂或互溶剂。这些功能将在第 8 章中探讨。本节将讨论作为添加剂（有时是主要溶剂功能的补充功能）以帮助石油和天然气钻井、开发、生产和相关作业的各种醚类物质。

在第 2 章中已广泛地探讨了小环醚环氧乙烷及其同系物环氧丙烷的用途。这些物质可用于形成许多聚合物及其烷氧基化物，以改善其表面活性和溶解度等其他属性。其他小的醚类，如烯丙基醚和羧酸醚，也可用作聚合物和共聚物中的单体，用作各种聚合物功能性添加剂，如倾点抑制剂和沥青质分散剂。第 2 章对这方面已有说明。

业界开发了一种无污染的醚类添加剂或解卡液，用于润滑、释放和（或）防止钻柱和套管卡死。研究认为，2-乙基己醇与 1-己烯环氧化物的反应产物是优选化合物。此物质可提高钻井液的润滑性，以防止卡钻事故，用作解卡液时，可减少释放遇卡管材所需的时间。此产品也有助于减少或防止起泡。该物质对海洋生物无毒，可生物降解且环境可接受，能够在钻井现场进行处置，不会产生昂贵的费用[137]。

丙炔醇的醚衍生物（图 6.43）也被认为是酸腐蚀缓蚀剂[138]。

在酸化增产作业中，需要使用诸如非离子表面活性剂等润湿剂来去除地层岩石中的所有油膜或沉积的水垢，从而使酸具有良好的溶解接触效果。这些药剂还可以清洁油井，使地层水保持湿润，从而改善油气流动性。可以考虑用单丁二醇醚和二丙二醇甲醚等互溶剂作为表面活性剂的替代品。这些互溶剂还可以去除水处理产生的所有束缚水[139]。这些溶剂及其他互溶剂将在第 8 章中进一步介绍。

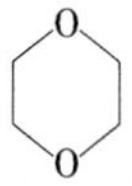

图 6.57　1，4-二恶烷

引入脂肪族醚键可以提高特定化学成分的整体生物降解性[3]。然而，醚类化合物的整体降解过程可能较复杂，并且会产生有毒污染物。油气勘探开发领域使用的醚往往是烷基醚或烷基芳基醚。它们有独特的降解途径。很少使用 1，4-二恶烷（图 6.57）等非芳香环醚，6.4 节中介绍了一些芳香醚，如呋喃。

如图 6.58 所示，深入研究之后确定了烷基醚的降解途径。烷基醚通过酶氧化，形成半缩醛，然后自发氧化裂解为乙醇和醛是其主要的降解途径[140,141]。

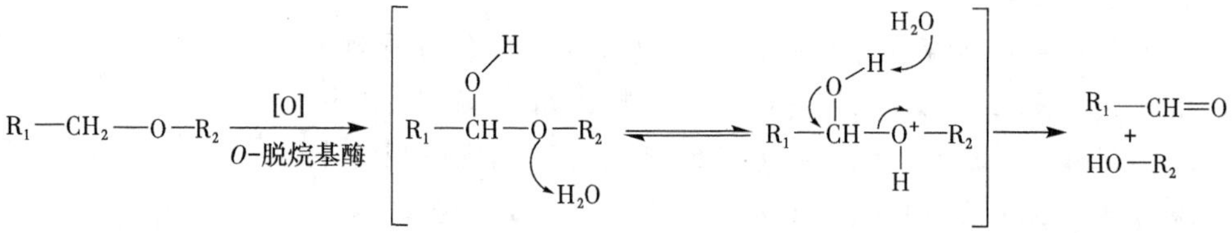

$$R_1-CH_2-O-R_2 \xrightarrow[O\text{-脱烷基酶}]{[O]} \left[ R_1-CH(OH)-O-R_2 \rightleftharpoons R_1-CH(O^-)-O^+(H)-R_2 \right] \longrightarrow R_1-CH=O + HO-R_2$$

图 6.58　烷基醚的生物降解

这种醚键断裂过程对于许多乙氧基化和烷氧基化醚类表面活性剂和聚合物具有重要意义，对它们的稳定性、生物降解性以及假定的生态毒性是否可接受等方面都有较大影响。正如第 3 章所述，由于许多表面活性剂具有生物可降解的特性，因此常被优先使用[142]。

相比之下，芳基醚通过醚键断裂的降解可能更复杂一些。在含有许多 *O*—芳基键的天然聚合物木质素的化学和生物降解方面，业界开展了大量研究工作（图 2.60）[143]。这些分子的氧化裂解往往会产生各种复杂的酚类及其他芳香族化合物。

*O*—芳基键远强于 *O*—烷基键，因此在混合醚中，*O*—烷基裂解可能占主导和（或）优先地位[140]。

有证据表明，醚类是相对环保且具有较低的生态毒性和良好的生物降解性，而且基于其物理性质，估计此类分子不会持续存在或生物累积。研究正丁基缩水甘油醚（图 6.59）的相关情况之后，许多监管机构没有将其作为人类致癌物，并已得出结论，此类产品没有大量进入生态系统，不会产生短期或长期的各种影响[144]。

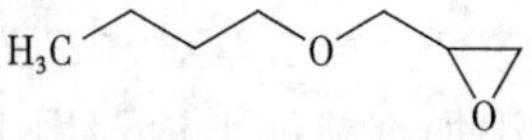

图 6.59　正丁基缩水甘油醚

### 6.2.4 胺及相关衍生物

石油和天然气的勘探开发领域会应用很多种低分子量胺。胺与醛反应生成六氢三嗪类的反应产物，见6.3节。

#### 6.2.4.1 胺和二胺

许多胺和二胺用作天然气水合物抑制剂[145]，不仅包括简单胺，还包括取代胺、烯基二胺和多胺。简单胺也用作与马来酸酐的共聚物单体，反应可生成复合氨基多元醇，这类物质也称为水合物抑制剂[146]。第2章进一步介绍了这些化合物和一些用于抑制天然气水合物的其他聚合物衍生物。

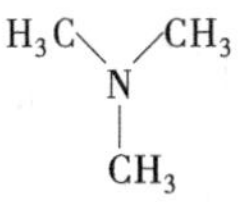

图6.60 三甲胺

小分子挥发性胺，如三甲胺（图6.60），用作气相缓蚀剂。这些基本上是有机化学品，在环境温度和压力条件下具有足够的蒸气压力，通过气体扩散可到达金属表面并吸附在上面[147]。

脂肪胺及其衍生物在3.3.4和3.5.3中已有大量介绍，这类物质广泛用于制造咪唑啉类和酰胺类表面活性剂。脂肪胺本身也可用作薄膜缓蚀剂[148]。据报道，油胺（图6.61）与2mol丙烯酸反应可生成叔胺，是一种有用的沥青质分散剂[2]。

烷基胺及其衍生物在油田领域有多种功能性用途。其中许多也已在第3章中介绍，因为它们可生成表面活性剂分子，例如，与脂肪羧酸反应后生成的胺盐是公认的成膜缓蚀剂，其中一些还被认为是环保的[149]。

胺分子乙氧基化后会更易溶于水，脂肪胺乙氧基化后会使其更易于生物降解，同时还能保持良好的缓蚀性能[150]。羟基可被引入一般结构分子（图6.62）中，生成一种有用的成膜缓蚀剂[151]。

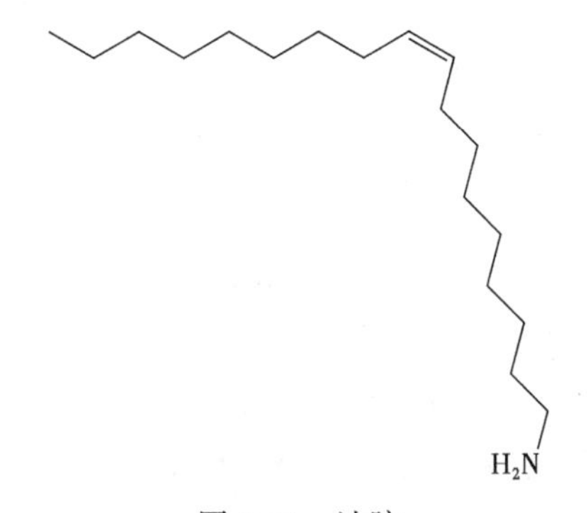


图6.61 油胺

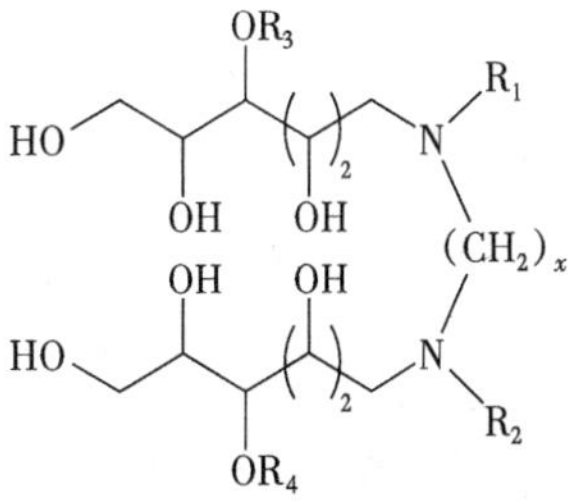

图6.62 聚羟基烷基二胺 *N*，*N'*-二烷基衍生物

氨基取代的杂环，如氨基吡啶也是有用的缓蚀剂，这些将在6.3节进一步介绍。

烷基胺与磷酸阻垢剂混合后可用于油溶性阻垢剂应用配方。开发这种混合物是为了避免注入水基阻垢剂产品或钙敏感阻垢剂。这些产品以离子对形式存在，是油溶性的。此类产品目前已广泛应用于水储层中[152]，首选胺为2-乙基己胺（图6.63），因为其已获得了各个监管区域的环境认可。

表面活性剂可可二胺是一种成熟的油田杀菌剂[153]，三胺，如*N*，*N*-双（3-氨基丙基）十二烷胺（图6.64）也证明具有抗菌性能[154,155]。

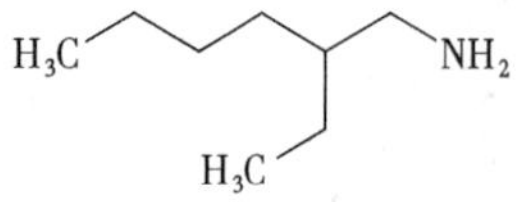

图 6.63 2-乙基己胺

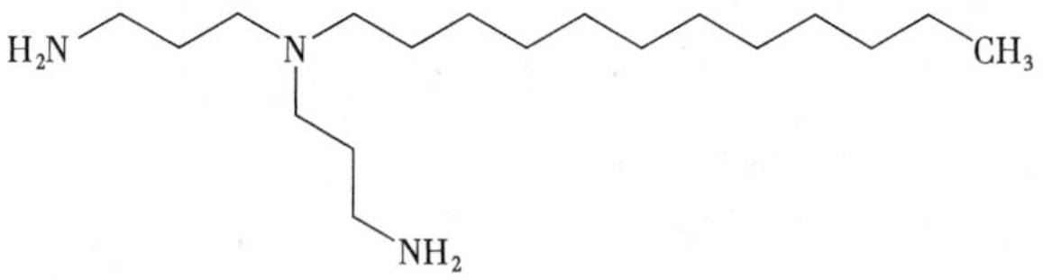

图 6.64 $N$，$N$-双（3-氨基丙基）十二烷胺

许多烷基胺和相关的二胺，例如正丁胺、环己胺、月桂基丙基二胺等，已用作天然气水合物抑制剂的原料单体[156]，据信这些产品的酯具有更好的生物降解性[62]。这些物质和相关的聚合物分子在第 2 章中有更详细的讨论。

烷基胺（和烷醇胺）也可用于中和丙烯酸或甲基丙烯酸的各种聚合物或共聚物。所得产物可用作钻井液中的分散剂[157]。烷基胺是许多缓蚀剂的重要组成部分。一般来说，这些分子是表面活性剂，咪唑啉等这类物质在第 3 章中已有大量的介绍。它们在季铵盐的配方中也很重要，例如二乙氨基在季铵化后具有良好的缓蚀特性[158]。这些季铵化分子在第 3 章中也有大量介绍。

异种胺，例如异佛尔酮二胺（图 6.65）与脂肪酸结合生成酰胺，经研究证明是良好的高温高压缓蚀剂[159]。

如 6.1.6 所述，酰胺类，特别是非环酰胺类，可与脂肪酸结合作为缓蚀剂[72]应用。

乙醛制成的醇醛（图 6.28）可与诸如 MEA 或氨基乙醇（图 6.66）等伯胺反应得到醛胺加合物，如 6.1.6 所述，这是一种有用的硫离子清除剂[75]。

用烷基在 8~22 个碳原子之间的二（C-烷基）-二乙烯三胺制成的聚亚烷基多胺常用作缓蚀剂[160]。

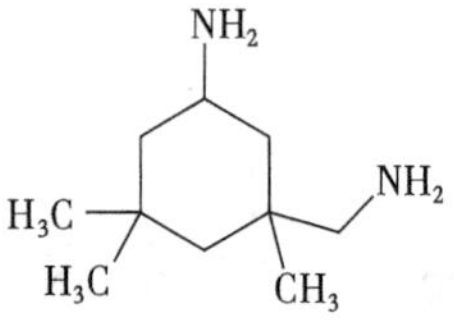

图 6.65 异佛尔酮二胺

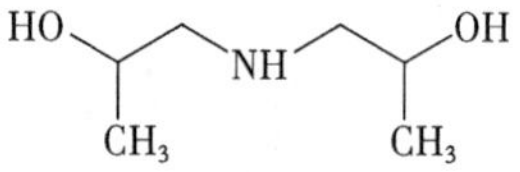

图 6.66 二异丙醇胺

6.2.4.2 烷醇胺

MEA 是最简单的烷醇胺之一，在油田领域有大量的用途。烷醇胺本身具有表面活性剂的活性；然而，它们通常通过设计反应获得或增强特定的功能或活性。这些表面活性剂在第 3 章中有大量的介绍。它们是钻井液中常用的表面活性剂添加剂[161]。与酒石酸结合使用时，乙醇胺会产生一种加合物，起到水泥缓凝剂的作用[162]。与本节前面介绍的胺一样，它们也可用于构建天然气水合物抑制剂[145]，特别是二异丙醇胺（图 6.66）。

二异丙醇胺还有许多其他功能。它可与丁二酸酐和各种脂肪酯结合使用，以溶解沥青质[2]，还被用作气体脱硫装置中的硫化氢去除剂。这种作用对于大多数烷醇胺［包括二乙醇胺（DEA）和三乙醇胺］以及一些二胺［如二甘醇胺（DGA）］来说是常见的（图 6.67）。只是,该作用的首选胺是甲基二乙醇胺（MDEA）（图 6.68）。

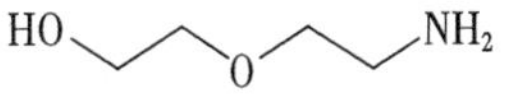

图 6.67　二甘醇胺

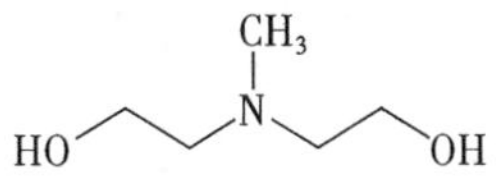

图 6.68　甲基二乙醇胺

MDEA 通常用于 20%～50%（质量分数）的溶液浓度范围。MDEA 是一种叔胺，与 MEA 和 DEA 等伯胺和仲胺相比具有显著优势，因为它的碱性较低，可高浓度使用。这使得 MDEA 与酸性气体反应的能力更高。此外，MDEA 对硫化氢具有高度选择性，只会与 $H_2S$ 发生反应，而 MEA 和 DEA 则还会与 $CO_2$ 发生反应。这是因为作为叔胺，不会形成氨基甲酸盐，而 MEA 和 DEA 会与 $CO_2$ 形成氨基甲酸盐。MDEA 还具有更高的抗降解性，比 MEA 和 DEA 表现出更好的防腐性，允许更长的再填充时间。这些优势带来以下结果：

（1）提高现有设备的容量。

（2）降低新装置的一次性投资成本。

（3）降低运营的能源成本。

DGA 通常用于 50%～70%（质量分数）水溶液中。与 MEA 一样，DGA 的腐蚀问题导致使用浓度不能太高。DGA 倾向于优先与 $CO_2$，而不是 $H_2S$ 进行反应。DGA 的 pH 值比 MEA 高，容易将 $H_2S$ 消耗至较低浓度，除非在某些情况下，$CO_2$ 量比 $H_2S$ 多太多，则会优先与 $CO_2$ 反应。与其他胺相比，DGA 具有一定的优势，体现在溶液中的 DGA 浓度较高，因此循环率较低，冰点也较低。此外，DGA 不太可能与其他酸性气体发生不可逆转的反应，这是 MDEA[163]的一个显著缺点。

经研究证明，多种烷醇胺聚合物是很好的倾点抑制剂，特别是六-三乙醇胺油酸酯[164]。三乙醇胺（图 6.69）及其衍生物在油气勘探开发领域具有许多功能。其磷酸酯在挤注阻垢剂应用中可用作阻垢剂[165]，且单磷酸酯具有良好的生物降解率，因为它很容易水解[166]。然而，这一特性意味着它也是热不稳定的，因此仅在低于 80℃ 的温度下才可用。

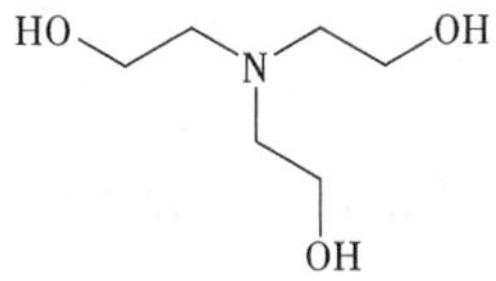

图 6.69　三乙醇胺

这些磷酸酯也是有用的缓蚀剂[167]，第 4 章有详细说明。

与前面提到的酯类似，作为一种动态天然气水合物抑制剂，三乙醇胺的丙氧基化衍生物具有适当的活性，尽管其活性低于其他产品，但可以用作增效剂[168]。

烷醇胺很容易凝结形成聚烷醇胺，聚烷醇胺是油和水破乳剂[169]。尤其是三乙醇胺，可以聚合得到具有许多外围羟基基团的分子，这些羟基可以进一步反应生成各种衍生物，以赋予特定性质和交联性[170]。

相关的乙醇胺，尤其是其与羧酸反应生成的衍生物，例如月桂酸二乙醇酰胺（图 6.70），已被用作钻井液中的水合物抑制剂[69]。

类似的产品也有报道，可与烷基酚聚氧乙烯酯的磷酸酯类组成混合物而用作沥青质分散剂[171]。

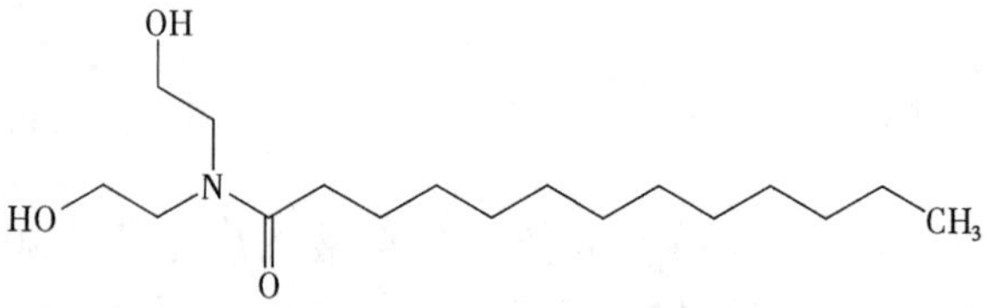

图 6.70　月桂酸二乙醇酰胺

6.2.4.3　络合和螯合氨基产品

如第 4 章所述，许多氨基膦酸盐和氨基膦酸衍生物，如氨基三（亚甲基膦酸）（ATMP），在油气勘探开发工业中常用作阻垢剂。这些分子大多生物降解性差，但毒性低，不具有生物累积性。尽管如此，特别是在高度管制的地区，用其他更环保的替代品来取代它们仍是一个普遍的趋势。

许多衍生自乙二胺，特别是 EDTA（图 6.71）广泛用作螯合剂。

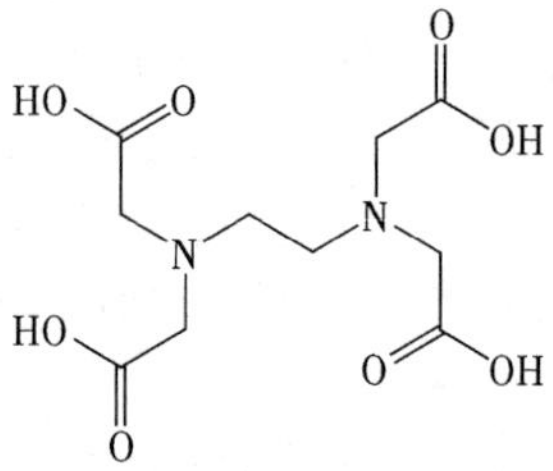

图 6.71　乙二胺四乙酸（EDTA）

也广泛用作许多工业和家庭用（包括油田部门）溶垢溶剂。这是因为它能够“隔离”钙、钡和铁等金属离子。金属离子和 EDTA 结合成金属络合物后，仍保留在溶液中，但反应性降低。EDTA 用途广泛，是因为其有六角形（“六齿”）配体和螯合剂的作用。

EDTA 以几种盐的形式存在，特别是 EDTA 二钠和 EDTA 二钠钙。其四钾盐是油田重晶石沉积的首选溶解剂，利用碳酸盐和甲酸盐可以提高其产能和效率[172]。碳酸盐垢通常可被无机酸或有机酸除去（见第 5 章）。

研究发现，EDTA 还是许多杀菌剂的增效剂[173]，特别是在生物膜产生的生物污染和相应的微生物引起的腐蚀的控制方面，用途广泛。

EDTA 的生物降解性较差，因此其应用受到环境方面的限制。乙二胺二琥珀酸盐（其三钠盐如图 6.72 所示）是一种可生物降解的螯合剂，研究发现可以增强戊二醛的功效。乙

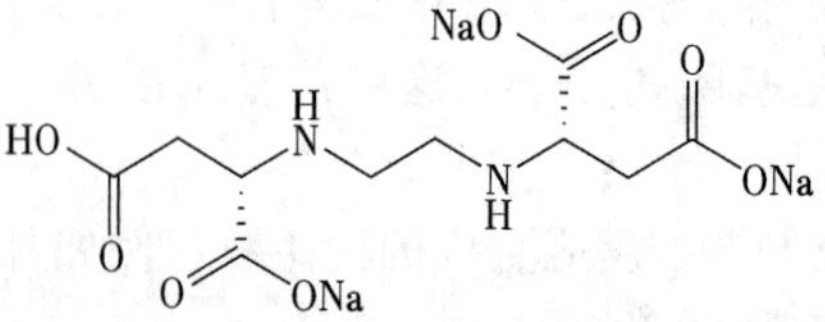

图 6.72　乙二胺-$N$，$N'$-二琥珀酸三钠盐

二胺二琥珀酸盐具有与 EDTA 相似的螯合能力，但在生物降解过程中不会产生持久的代谢残留物[174]。

其他基于氨基二乙酸和三乙酸的胺类螯合剂以及一些基于亚氨基乙酸的胺类螯合剂也可供使用。然而，在油田应用中，由于效率低于 EDTA，这些物质很少使用。虽然 EDTA 可用作重晶石结垢溶解剂，但油田最常用的螯合剂是二乙烯三胺五乙酸（DTPA）（图 6.73）[175]。

DTPA 是唯一一种 pH 值高于 12 时仍可快速溶解重晶石垢的螯合剂。然而，DTPA 的生物降解率也很低。一种替代的双酯溶解剂也有报道，据称该溶解剂易于生物降解[176]，另一种具有良好生物降解性的材料[177]也已被报道。然而，这些材料的结构没有充分说明。

基于 GLDA（图 6.74）的物质是这些材料更环保的替代方案。

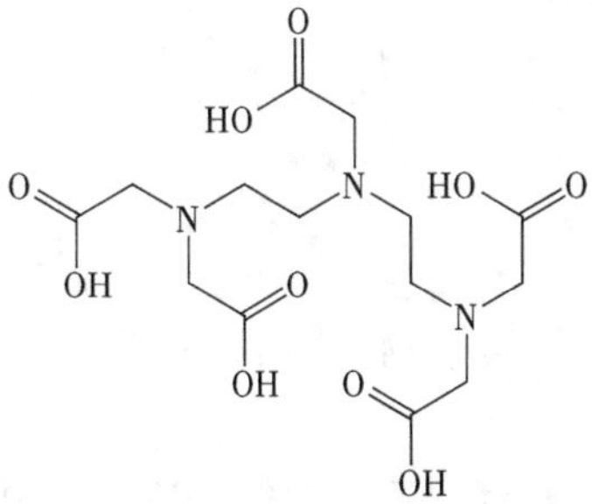

图 6.73　二乙烯三胺五乙酸

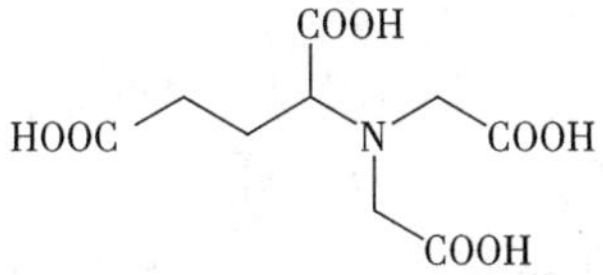

图 6.74　谷氨酸二乙酸（GLDA）

GLDA 的铵盐及相关的甲基甘氨酸-*N*，*N*-二乙酸作为各种碳酸盐、硫酸盐和硫化物垢的溶解剂[178]。这项技术还用于酸化难度大的高温气井中，这种环境中基质酸化是一项困难的任务，特别是如果这些油井是酸性油井或是用高铬含量的管材完井的。除硫化氢清除剂和铁离子稳定剂外，这些恶劣条件还需要高负荷的缓蚀剂和增强剂。选择这些化学品以满足严格的环境法规，却增加了处理此类油井的难度。GLDA 在碳酸盐岩和砂岩地层中不具破坏性，在各种条件下都显示出显著的渗透性改善特性[179]。

#### 6.2.4.4　其他胺衍生物

已在前面的内容中介绍了胺类及相关分子的主要类别。在最后一节中将介绍一些难以归类的胺衍生物。

胺类氧化物在第 3 章中已有详细说明，因为它们是油田部门在以下应用中使用的一类重要表面活性剂：

（1）水、气控制和酸化增产中的黏弹性表面活性剂（VES）。

（2）作为天然气水合物分散剂和抑制剂。

此外，酰胺氧化物已用作酸化增产中的 VES。这类产品和胺氧化物都用于形成黏性流体转向剂，以提高增产作业效果。这种 VES 分子也可用于水力压裂作业[180]。

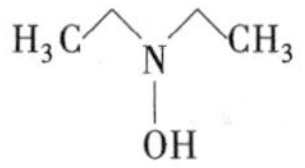

羟胺及其相关的肟在特定应用中作为氧清除剂有着特殊的用途。二乙基羟胺（图 6.75）在闭环系统中可用作水的除氧剂。这种分子也是一种有用的缓蚀剂，可以最大限度地减少点蚀。此物质与氧的

图 6.75　二乙基羟胺

反应很慢，因此即使在有催化的情况下也不推荐使用，因为需要添加的量很大[181]。

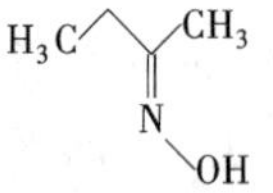

建议在气提操作中可使用诸如甲基乙基酮肟或2-丁酮肟（图6.76）等，以减少胺或乙二醇的降解产物量。

图6.76 甲基乙基酮肟

胍盐（如乙酸胍）也是除氧剂，已有人提出这些盐连同氨基脲及相关的碳酰肼可用于锅炉水处理[182]。这些产品也与联氨及其衍生物密切相关，详见5.9.4。同时，这些产品也是众所周知的除氧剂。

如前所述，一些挥发性胺可用作气相缓蚀剂；除简单胺外，还可使用亚硝酸二环己胺（图6.77）和各种胺的碳酸盐[147]。

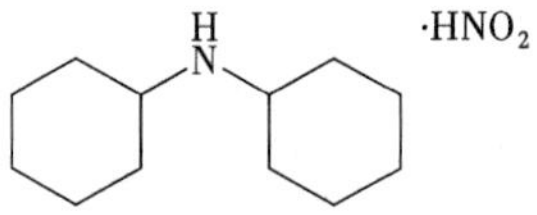

图6.77 亚硝酸二环己胺

双胍类[183]是一类具有生物杀灭活性且与胺有关的短聚合物。图6.78所示的聚氨基丙基双胍就是一个典型示例。

氨基蛋氨酸盐，如正辛基蛋氨酸（图6.79），认为是有用的成膜缓蚀剂。这并不奇怪，因为氨基蛋氨酸具有缓蚀性能[184]。6.6节讨论了氨基酸在油气领域的应用及其潜力。

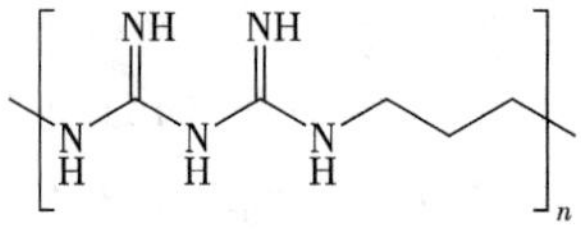

图6.78 聚氨基丙基双胍

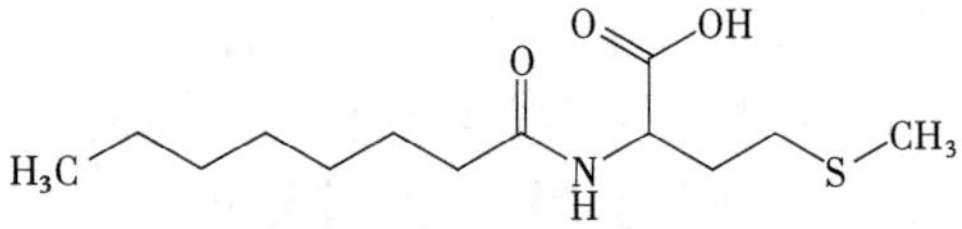

图6.79 正辛基蛋氨酸

据称，这些材料具有较高的生物降解速率和低毒性[2]。

如第2章所述，在聚合物结构中，多种胺、二胺及相关衍生物（如酰亚胺）常用作聚合物单体。胺、二胺及其他功能性酰胺用于制备表面活性剂，尤其是6.3节和第3章中详细介绍的咪唑啉。

### 6.2.5 醇、硫醇、胺及其衍生物的环境影响

简单醇、硫醇和胺的环境影响主要受其固有毒性、生物可利用度和低分子量影响。对于分子量较大、更复杂的分子，其环境影响通常受其生物降解性的影响。

关于生物可利用度的定义有很多模糊性，且缺乏一致性，这方面将在第10章中进一步讨论。可以说，就环境风险而言，进入环境中的污染物的生物可利用度可能对多种生态系统受体（即生活在特定生态系统中并对特定生态系统做出贡献的动植物）产生重大影响。

许多低分子量的有机分子被监管部门视为对环境几乎没有或根本没有风险，已有这些分子的列表[185]。有人指出，根据对其固有特性的评估，这些物质不需要进行严格管制，主要是由于它们的毒性低，对环境造成的风险很小或无风险。

当然，许多分子也很容易被生物降解，正如前面所述，生物降解的第一步是通过酶氧化分别将醇类和硫醇转化为酯类和磺酸盐[88]。这些产物随后的生物降解情况在6.1.7中有

详细说明。

研究表明，大多数线型醇及其乙氧基酯都是逐步生物降解的，其末端羟基或乙氧基被微生物攻击后可释放乙醛。这一过程可以通过好氧或厌氧条件来实现[186]。氧化裂解和水解的条件和途径各不相同。结果会降解为简单醛类及其他对环境影响较小的代谢物，最终进一步降解为一氧化碳或二氧化碳和水。这似乎也适用于降解速率更快的大多数支链醇，也适用于乙二醇。

如 6. 1. 2 所述，酚类物质可能造成很高的环境风险。这是由于它们固有的毒性和有毒降解产物或代谢物生成的风险。固有毒性主要是苯氧基导致的[187]，而苯氧基又可生成醌类等代谢产物。醌类化合物比原酚类化合物的环境毒性更高[188]。苯酚毒性的一个重要因素是它们可能会干扰内分泌，尤其是壬基酚及其乙氧基化物等烷基化苯酚。

3. 3. 2 详细介绍了烷基酚乙氧基化物。某些烷基酚，特别是辛基酚和壬基酚，很容易吸附到悬浮固体上，它们在环境中的最终去处人们还没有完全掌握[189]。已证实壬基酚对海洋和淡水物种都有毒性，并能引起雌激素反应。经研究证明，壬基酚很难生物降解且可在水生物种[190]中形成生物积累。这促成了《奥斯陆巴黎保护东北大西洋海洋环境公约》的签署，禁止在海上石油和天然气领域使用烷基酚及其乙氧基化物[191]。

如 6. 1. 7 所述，胺的生物氧化可产生各种降解产物。硝胺和亚硝胺[90]等降解产物的环境风险比胺本身更大。

综上所述，大多数单质醇和硫醇对环境影响较小，在工业应用浓度范围内对环境风险较小。然而，在使用胺类及其衍生物和应用酚及相关酚类时，需要谨慎小心，因为它们的固有毒性和代谢物毒性，加上它们不良的生物降解性和生物积累倾向，可能会导致严重而长期的环境影响。

## 6.3　氮杂环化合物

油气勘探开发行业作业中会用到多种低分子量氮杂环分子化合物。然而，可能只有咪唑啉和六氢三嗪两类化合物用量较大。咪唑啉类化合物，特别是分子量较大的咪唑啉类化合物，如烷基脂肪酸和脂肪胺衍生物已在 3. 5 节和 3. 5. 3 中做了充分说明，因此本节仅做简要介绍。其他一些杂环分子化合物的用量要低得多，本节将介绍一些重要的例子并探讨它们对环境的影响。

### 6. 3. 1　咪唑啉类

如上所述，浓度较高时，咪唑啉类高分子量含氮脂肪杂环化合物具有缓蚀作用，可广泛应用于包括油气勘探开发行业在内的多个领域。这类化合物可能是最常用的普通成膜缓蚀剂（FFCI）的基础，其作用模式已广泛研究[192]，第 3 章有相关介绍。然而，一般来说，未加工的含氮脂肪杂环化合物具有较高的环境毒性。

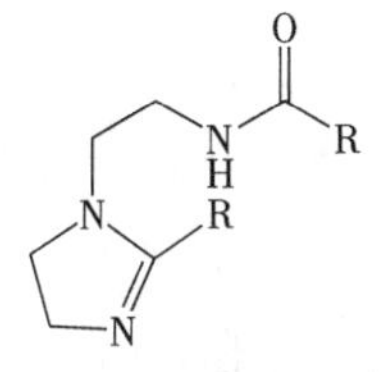

烷基咪唑啉是离子对型沥青质分散剂的一种组分。烷基咪唑啉与有机酸结合时，通常是烷基芳基磺酸，酸性质子与咪唑啉偶联形成阴阳离子对[2]。图 6. 80 所示的烷基咪唑啉衍生物结构与

图 6. 80　烷基咪唑啉衍生物

抗坏血酸、草酸等有机酸之间也可形成离子对沥青质分散剂[193]。

上述氨基咪唑啉是众所周知的 FFCI[194]。为了降低这些分子对环境的伤害，主要方法是通过提高其水溶性，增强生物降解性。此外，还可通过提高其水解敏感性降低毒性。

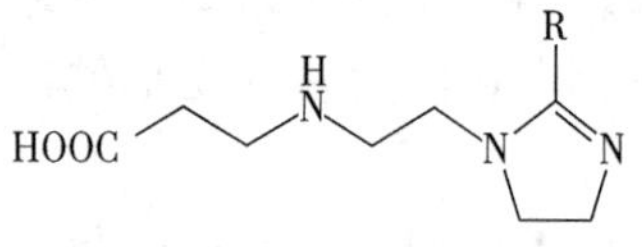

HOOC N H N N R

图 6.81　氨乙基咪唑啉与丙烯酸反应

*N*-氮在咪唑啉环或侧链胺或醇中的乙氧基化可以提供更多的水溶性产品，具有更低的生物体内积累水平和毒性。另一种使咪唑啉水溶性更强、毒性更小的方法是将咪唑啉中间体的支链烷基胺基团与化学计量的丙烯酸反应，其结构如图 6.81所示。

这种类型的产品已证明可与低聚磷酸酯一起产生协同作用，即乙氧基多元醇的磷酸酯，特别是在低剂量下[195]。

咪唑啉环结构的质子化与水解过程之间存在矛盾，影响了更多水溶性咪唑啉类化合物的合成[196]。但是，人们一致认为，水解速率取决于 pH 值，咪唑啉环在 pH 值大于 8 时会发生水解。这种水解会产生酰胺结构代谢物[192]。虽然自然环境中不常出现 pH 值大于 8 的情况，但在油田作业期间确实存在，因此可能会促使咪唑啉产品在排放之前发生生物降解。

### 6.3.2　唑类——咪唑类、三唑及其他相关分子

与咪唑啉相比，咪唑类使用少得多，因为它们化学性质更稳定，不易发生生物降解，其中许多还更具毒性。事实上，甲硝唑分子（图 6.82）在石油和天然气领域可用作抗微生物剂，并已被证明可以有效抑制细菌生成硫化氢[197]。

相关的唑类，特别是苯并咪唑和苯并三唑衍生物，作为缓蚀剂已广泛应用于金属制品中，在防止铜腐蚀方面作用尤其显著[198]。将这些产品加入浓度 15%的盐酸溶液中，检测其作为低碳钢缓蚀剂的性能表现良好，因此可将其作为缓蚀剂用于酸化增产和修井作业中。2-苯并咪唑（图 6.83）认为是性能最好的产品之一[199]。

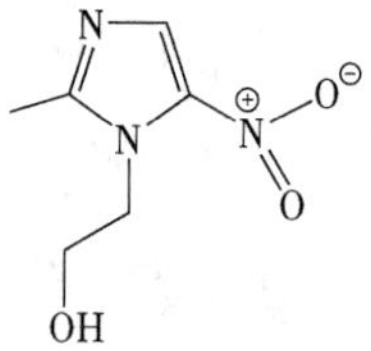

N N ⊕ O⊖ O OH

图 6.82　甲硝唑

众所周知，苯并三唑和托利三唑是有色金属缓蚀剂，后者是两种几何异构体的混合物（图 6.84）[200]。不过这些缓蚀剂很少用于石油和天然气领域，主要是由于油气领域会大量使用碳钢及其他钢铁合金，在这一方面，已证实此类缓蚀剂比其他成膜材料（尤其是表面活性剂基缓蚀剂）更昂贵，效果更差。三唑类化合物可用于酸性条件下的碳钢保护，因为在这种环境中其缓蚀效果十分显著[201]。它们还可与脂肪酸结合生成一些引人关注的衍生物，同样，这些衍生物主要用于延缓酸性条件下的腐蚀作用[202]。

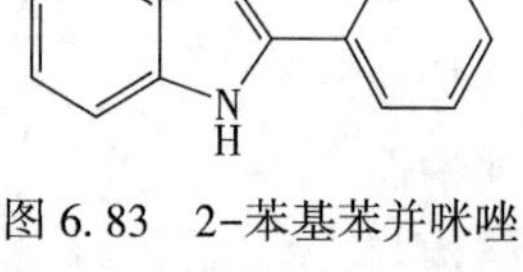

N N H

图 6.83　2-苯基苯并咪唑

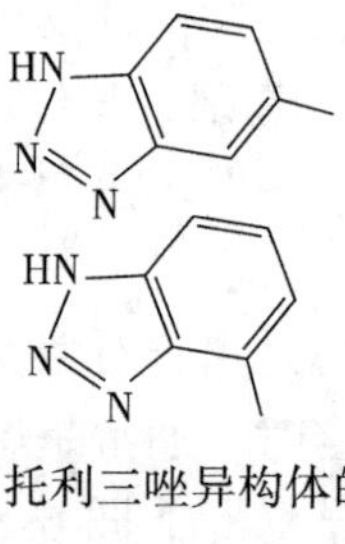

HN N N HN N N

图 6.84　托利三唑异构体的混合物

铜合金常用于冷却系统中，在油气加工领域的换热器中尤其常见。如果金属表面发生腐蚀，并由此导致含铁金属表面发生铜电流沉积，会对冷却系统结构完整性及其作业情况产生影响。因此，在大多数水处理配方中，铜缓蚀剂都是主要成分，托利三唑尤其常见。托利三唑在含水环境中可以形成抗腐蚀性更强的薄膜。研究认为，其分子中的甲基可以借助立体效应降低薄膜厚度，同时增强疏水性。这两种特性共同作用形成较强的抗腐蚀性。然而，研究表明，如果已经发生腐蚀，托利三唑薄膜不能像其他化合物一样继续发生作用，因此腐蚀可能会加速。毫无疑问，无法持续地发挥作用是其无法在油气勘探开发领域获得广泛应用的原因之一[203]。

研究还表明，卤化氧化杀菌剂中的氯或溴能穿透三唑薄膜，加速腐蚀速率。在较高的浓度下，都发现氯和溴会攻击和破坏形成的膜，导致阻蚀失效和膜破裂部位快速腐蚀[204]。

除了石油和天然气工业之外，苯并三唑和托利三唑广泛用作防锈剂，还有其他一些应用，如洗碗机洗涤剂中所谓的“银保护”。因此，已经针对它们的环境影响和未来发展开展了相当广泛的研究。

研究表明，它们具有较低的生物降解性，且不易发生吸附作用，因此在废水处理中只能部分去除。研究人员采集包括莱茵河在内的欧洲主要水系的环境地表水，测定了苯并三唑和托利三唑的残留浓度。事实的确如此，据观察，每周有277kg苯并三唑会流经莱茵河。大多数情况下，托利三唑的含量为10%~20%。所观察到的环境事件表明，这些三唑是水环境中普遍存在的污染物，属于含量最高的单个水污染物。这一证据进一步支持了唑类化合物不易发生生物降解，在环境中特别是在水生环境中可以长久存在的结论[205]。偶氮基团已被确定为具有抗酶催化生物降解和抗水解的能力[3]。

### 6.3.3 吡咯、吡咯烷及相关杂环

吡咯是一种杂环芳香族化合物（图6.85），其衍生物在油气勘探开发工业中应用较少。这类化合物都是重要的生物分子，是更复杂的大环分子的组成部分，如卟啉和二氢卟吩类化合物，后者包括叶绿素。

图6.85 吡咯

有专利文献基于四吡啶与金属离子特别是铁离子结合的能力提出，可使用四吡啶材料作为沥青质稳定剂和分散剂[206]。

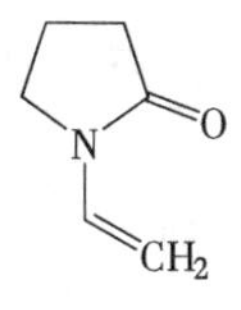


图6.86 *N*-乙烯吡咯烷酮

一些吡咯烷酮，尤其是*N*-乙烯基吡咯烷酮（图6.86），可作为乙烯基单体合成各种聚合物。这些单聚物和共聚物包括用于提高采收率的堵水调剖剂[207]，作为丙烯酰胺及其他聚合物体系中的共聚物，可用作高温高压水基钻井液中的降滤失剂[208]，以及用于控制井下腐蚀的低分子量聚合物[209]。

这些吡咯烷酮也属于内酰胺的杂环化合物，实际上是环酰胺。在油田领域，其乙烯基衍生物可用于合成各种聚合物。

聚氯乙烯吡啶类化合物具有天然气水合物抑制活性，但性能较低，其乙烯基己内酰胺（图6.87）衍生物，称为VCap聚合物，在油田有所应用[210]。随着环中原子数增加，环酰胺性能提高[211]。即便如此，VCap聚合物依然面临非常多的技术限制，无法广泛应用于各种温度及压力条件下以控制水合物生成[212]。

此外，这些乙烯基内酰胺聚合物的生物降解速率也较低。然而，带有乙烯基己内酰胺

的接枝聚乙烯衍生物的生物降解率较为合理[213]。聚合酰胺衍生物，如1-乙烯基己内酰胺/α-烯烃共聚物已经证明具有沥青质抑制作用。吡咯烷酮基团具有很强的氢键特性，与沥青质中的吡咯基团结构相似[2]。

类似的马来酰亚胺/α-烯烃聚合物表现出抑蜡特性[214]。这些聚合物是接枝过程中由马来酰亚胺取代关键单体马来酸酐（图6.88）而得到的。

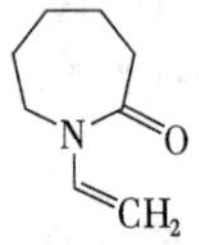

图6.87 N-乙烯基己内酰胺

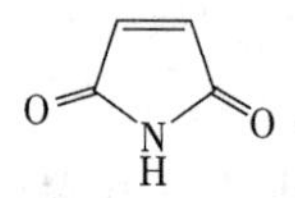


图6.88 马来酰亚胺

前面介绍的所有吡咯烷酮和相关杂环化合物都可以用于合成聚合物，这些产品在2.1.1中有更详细的介绍。

1-氨基吡咯烷酮（图6.89）与联氨比较类似（见5.9.4），是一种环二烷基联氨。与联氨一样，这种物质具有良好的除氧性能，因此已应用于锅炉水处理中[215]。

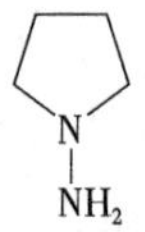


图6.89 1-氨基吡咯烷酮

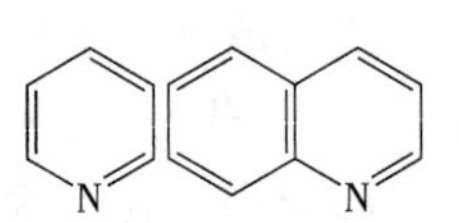


图6.90 吡啶和喹啉

### 6.3.4 吡啶和相关杂环

吡啶及其类似的喹啉衍生物（图6.90）历来应用于一些油田作业中，特别是作为缓蚀剂。然而，由于本身具有毒性，使得其吸引力减弱，在过去20年中，它们的使用量一直呈下降趋势。通常，这些化合物制成季铵盐，在酸性介质中，例如在温度高达400℉（200℃以上）增产井、15%浓度的盐酸环境中，其缓蚀作用尤其显著[216]。

当存在含硫化合物时，烷基吡啶和喹诺盐常用作缓蚀剂[217]。

吡啶和喹诺酮类化合物的单体及二酯认为是环保型的FFCI[218]。

季铵化和聚合的吡啶及喹诺酮类阳离子聚合物也可作为破乳剂、絮凝剂、缓蚀剂和杀菌剂[219]。

阳离子表面活性剂十六烷基吡啶水杨酸盐具有双重功能，既可作为减阻剂，又可作为缓蚀剂[220]。这也是许多阳离子表面活性剂（FFCI）的一个普遍特性，这些表面活性剂所含大阴离子可以形成棒状胶束，当其达到临界胶束浓度之上时往往表现出减阻能力[221]。

吡啶是良好的溶剂（见第8章）以及有效的沥青质溶解剂[222]。然而，它们在应用上可能存在一些问题，因为它们与油气勘探开发行业中的许多常用聚合物和清洁剂适应性较差。

吡啶也对人体有毒，但是对其环境毒性知之甚少。吡啶和喹诺酮类药物可溶于水，且吡啶不会快速挥发到空气中，但挥发性的强弱与pH值有关[223]。由于吡啶的水溶性和低分配系数，吡啶及其衍生物不太可能引发生物富集。

2，4，6-三甲基吡啶或可利定（图6.91）与醛（如1-十二醛）反应可生成一种有效的油井或气井缓蚀剂[224]。2，3，5，6-四甲基吡嗪也可形成类似的产品（见6.3.5）。

羟基吡啶硫酮是一种以成对互变异构体形式存在的化合物的常用名称，如图6.92所示。主要形式为硫醇-1-羟基-2（1H）-吡啶乙酮，次要形式为硫醇-2-巯基吡啶-*N*-氧化物。在市场上可以购得其中性化合物或钠盐。人们对于其锌化合物较为熟悉，一些洗发水中会添加该成分用于治疗头皮屑。在油气勘探开发行业的一些专业杀菌剂配方中，还用作杀菌剂[225]。

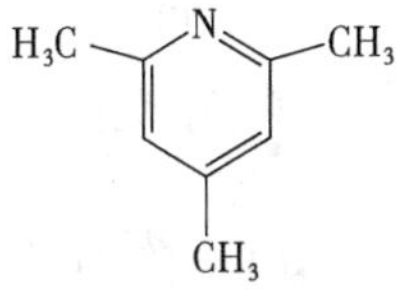

图6.91 三甲吡啶

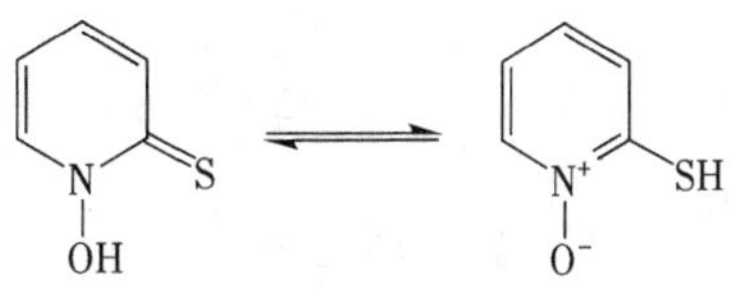

图6.92 羟基吡啶硫酮

## 6.3.5 嗪类——吡嗪类、哌嗪类、三嗪类及相关杂环

如前一节所述，2，3，5，6-四甲基吡嗪（图6.93）与醛或酮反应后会形成一种有效的油井或气井缓蚀剂[224]。

氨基取代吡嗪（例如氨基吡嗪）（图6.94）通过与环氧化物（例如含有12~14个碳原子的烷醇混合物的缩水甘油醚）反应，可以生成有用的缓蚀剂[226]。

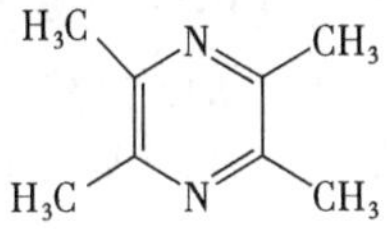

图6.93 四甲基吡嗪

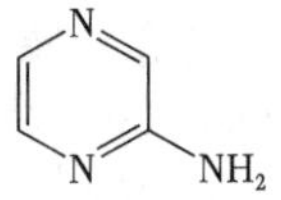

图6.94 氨基吡嗪

吡嗪化合物似乎很少用于石油和天然气勘探开发工业，上面的例子是仅知的一些。它们的毒性远远小于吡啶化合物，因此常被用作食品添加剂[227]。与吡啶不同的是，它们在自然界中的咖啡等植物中也很常见，甚至在土壤中也有自由态存在[228]。

用吡嗪和哌嗪饱和衍生物制得的少数化合物可用于油气勘探开发工业，且只出现在生产运行部门中。氨基乙基哌嗪可用于制备二硫代氨基甲酸盐，前文已说明该化合物是一种高效絮凝剂（见6.1.6）。根据相关研究，一种含甲醛和高度亲水性氨基乙基哌嗪的三嗪类衍生物可作为硫化氢清除剂，可避免形成单质硫固体沉积[229]。三嗪类衍生物，更准确地讲是六氢三嗪衍生物被广泛用于清除湿气中的硫化氢。据称，哌嗪酮（图6.95）或烷基衍生物（如1，4-二甲基哌嗪酮）也是较好的硫化氢清除剂[230]。

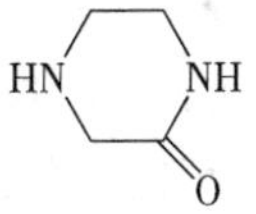

图6.95 哌嗪

目前，最常用的硫化氢清除剂是三嗪类化合物，尤其是六氢三嗪类化合物。虽然多种三嗪类化合物都可能具有这种功能，但只有三种用于油田领域。最常见的是六氢-1，3，5-三嗪（羟乙基）-*s*-三嗪（图6.96）。此外，还有六氢-1，3，5-三嗪（甲基）-*s*-三嗪（图6.97）。六氢-1，3，5-三嗪（2-羟丙基）-*s*-三嗪也已推广使用。

这些化合物都用作气溶胶加入采出的天然气流中，研究认为它们在水滴中可与$HS^-$反应。需要注意的是，这些化合物的反应产物均会返至水相中，进而使pH值增加，会导致水垢沉积，尤其是碳酸钙沉积。这些三嗪类化合物也存在自聚问题，形成的沉积物可能会污染环境。尽管存在这些缺点，六水-1，3，5-3（羟基）-三嗪通常是包括北海盆地在内的许多地理区域内使用的单品销量最大的化学产品。

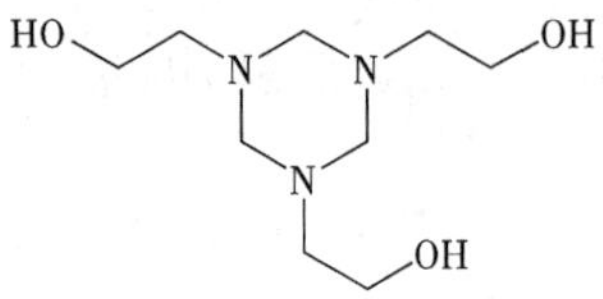

图6.96　六水-1，3，5-3（羟基）-三嗪

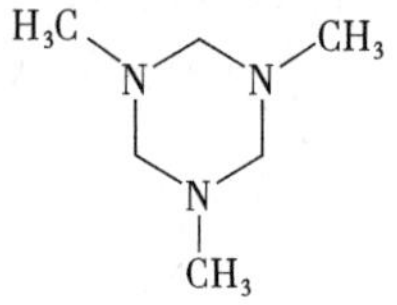

图6.97　六水-1，3，5-3（羟基）-三嗪

1，3，5-三嗪（羟乙基）-*s*-三嗪是MEA和甲醛或多聚甲醛的缩合产物。以75%～80%（质量分数）水溶液的形式将其供应给工业领域用于各种配方，通常会进一步稀释到40%（质量分数）左右。该反应不遵循化学计量，而是需要在多种条件（特别是pH值和温度）得以满足的情况下才能达到合理的反应活性和效率。工业上公认的标准是1kg硫化氢需要10kg的清除剂，这往往会导致应用大量的“三嗪”，才能使出口气流中硫化氢含量低于3mL/$m^3$的标准。

六氢三嗪类物质即便不是全部，也是大部分具有抗菌特性，主要原因是它们在水中会降解，可在一段时间内以稳定的速率释放少量甲醛[231]。然而，2-（叔丁基氨基）-4-氯-6-（乙胺）-*s*-三嗪，俗称特布拉嗪（图6.98）等物质，其本身具有良好的杀菌活性，已销售至多个工业部门。特布拉嗪作为一种选择性除草剂主要销售至农业部门。

三聚氰胺（图6.99）衍生物，特别是钠聚三聚氰胺硫酸盐，可添加到油田水基钻井液中用作分散剂。值得注意的是，该化合物属于纯芳香族三嗪。

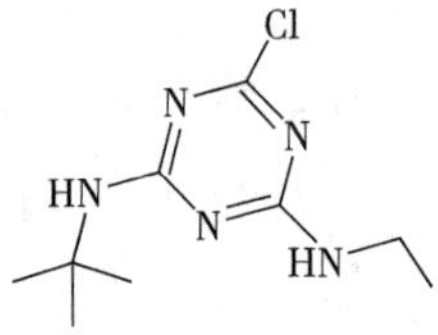

图6.98　特丁津

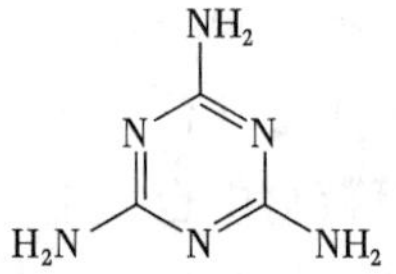

图6.99　三聚氰胺

常用的三嗪类化合物绝大多数是通过水解成其组成成分胺和醛的组成部分而高度生物降解的。在批准测试条件下，常用的六氢化-1，3，5-三（羟乙基）-*s*-三嗪比较容易降解，而且不会发生生物积累[232]。但是，高度功能化的*s*-三嗪，如特布拉嗪，在土壤环境中的生物降解性并不是特别显著，会长期存在[233]。

### 6.3.6　乙内酰脲

海丹妥因在结构上与完全饱和的非芳香族咪唑类有一定类似（海丹妥因的结构见图6.100）。

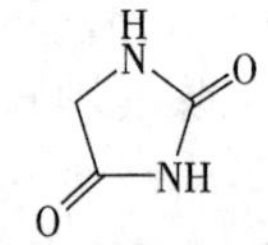

图6.100　乙内酰脲

正如5.1.1所述，卤素类离子次氯酸盐和次溴酸盐及其相应的次氯酸和次溴酸是良好的氧化性杀菌剂。这种杀菌剂会导致微生物细胞中的蛋白质、细胞壁中的多糖以及那些将微生物附着在各种表面（即

所谓的生物膜）的多糖发生不可逆的氧化和水解[234]。这种作用对大量的细菌及其他微生物都有效，其优点是由于作用极其强烈，不能形成任何形式的对杀菌剂抗性的微生物，这是非氧化性杀菌剂不具备的明显优势。

有些细菌能够对某些非氧化性杀菌剂产生耐药性。也就是说，某些细菌对特定杀菌剂的耐受性相对较高，并且在一定浓度杀菌剂下，仍能存活一段时间。由于其他耐受性差的细菌在相同条件下会死亡，存活下来的细菌在细菌种群中所占的比例更大，并能在一定的杀菌剂条件（例如，杀菌剂的种类、浓度和接触时间）下继续繁殖。随着其他细菌死亡，对于食物及营养物质的竞争减弱，它们的生长还会加快。

当然，使用氧化性杀菌剂也有一些明显的缺点，这些已经在引用文献中介绍过[235]。许多氧化性杀菌剂腐蚀性强，如亚氯酸钠。而氯化溴等一些物质性质不稳定且不好处理。二氧化氯等氧化性杀菌剂在某些条件下还会发生爆炸。乙内酰脲衍生物 1-溴-3-氯-5，5-二甲基乙内酰脲（BCDMH）（图 6.101）是一种性质稳定的固体物质，为氯和溴的极佳来源。它以缓释方式与水反应，生成特定浓度的次氯酸和次溴酸。在相同剂量下，它比次氯酸钠活性更高，对生物膜去除更有效，腐蚀性更小[236]。二氯和二溴衍生物也可以在市场上买到，并已用作杀菌剂。

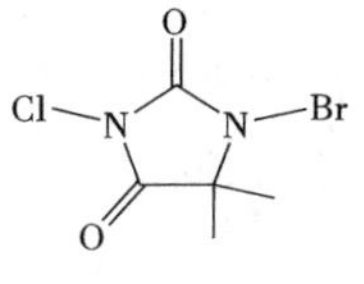

图 6.101 BCDMH

5，5-二烷基丹托因与醛和（或）胺等其他化合物结合可形成稳定的产物，据称该物质是一种快速、无腐蚀、绿色环保的硫化氢清除剂[237]。然而，到目前为止，作者并不知道这些产品是否有任何商业或现场应用。

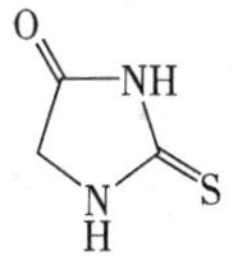

已研制出来的硫代乙内酰脲（图 6.102）及其衍生物可作为缓蚀剂和适用性更强的缓蚀剂增效剂，有证据显示，其与烷基季铵盐、咪唑啉和磷酸酯等常用缓蚀剂具有协同作用[238]。

图 6.102 硫代乙内酰脲

与其他缓蚀剂协同剂相比，这些化合物具有明显的优势，因为它们在低剂量下非常有效，不会引起或增强点蚀或应力开裂腐蚀（硫代硫酸盐容易引起此类问题）[239]，而且易于生物降解。

乙内酰脲及其相关分子对环境的影响非常小，毒性低，生物可降解性高[240]。

### 6.3.7 *N*-杂环化合物的环境影响

在本节中，试图阐明含氮杂环分子的各种环境毒理学类型和潜在的环境影响。有些化合物本身带有毒性，如吡啶，其他则像吡嗪一样可以用作食品调味料。总的来说，与咪唑啉类化合物以外的其他低分子量分子相比，在上游油气领域，由这些化合物制成的产品或制剂很少用到。实际上，使用嘧啶的情况很少见（图 6.103），其他工作中也只是简单地提到过，以便进行比较[241]。

嘧啶是核酸和多核苷酸（见 2.2 节）等一些重要的生物分子的构建单元。油气勘探开发领域并没有关注到它们的化学功能，这些化合物或许可以用于合成一些有价值的化学物质，从而直接投入应用或是储备起来用于进一步的化学合成或配方研制。此外，作为天然产物，此类化合物很可能毒性较低且对环境影响也较小。

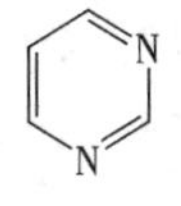

图 6.103 嘧啶

吡啶等许多 *N*-杂环化合物，确实具有较高毒性，与上文介绍的其他低分子量化合物一样，其内在毒性、生物降解性和生物积累之间的平衡是其整体环境影响的重要因素。这使得那些天然来源的产品和化合物更受欢迎，6.6 节中将对其中一些化合物做进一步介绍。

## 6.4　硫和氧杂环

本节只讨论含硫（如噻吩）或只含氧（如呋喃）的杂环分子。这种化合物在油田领域的应用相对较少。不过，油田也会使用几种此类化合物，这将在下文介绍。

正如 6.2.2 所述，杂环三硫酮（图 6.55）是高 $CO_2$ 环境[134]中需要关注应力裂纹诱导产生的腐蚀时[135]良好的缓蚀剂。其他只含有硫的杂环化合物极少用作辅助油田作业的添加剂。某些原油中含有硫杂环，如硫代苯，通常是由生物源硫化氢生成的[242]。

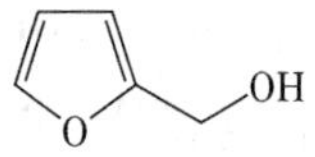

氧杂环更常见一些。呋喃醇（图 6.104）是呋喃的衍生物，在油气藏中作为井下交联聚丙烯酰胺的介质用于堵水和控水[127]。糠醇可以替代毒性更强的苯酚或甲醛交联剂。这种凝胶也用于砂固结处理[243]。

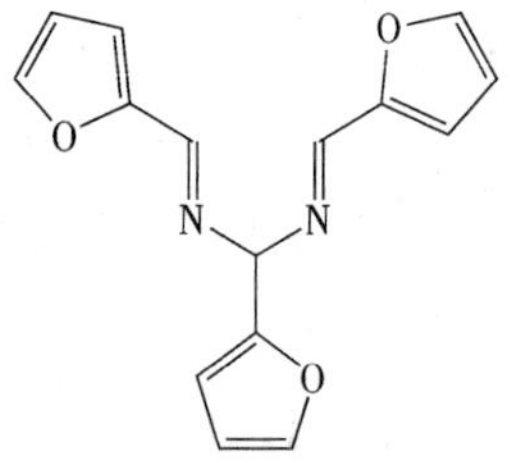

图 6.104　呋喃甲醇

用糠醇制备的呋喃树脂也用于固结砂土。据称，与传统树脂处理相比，呋喃树脂固结效果可持续更久，再固结时间间隔更长[244]。这些呋喃树脂也用作水泥密封剂，否则在 95℃以上的温度下水泥容易受到硫化氢和二氧化碳气体的腐蚀性侵蚀[245]。也有人提出，将氢化糠醇和氨井下生成的氢糠醛（图 6.105）添加到堵水水泥中，可增加水泥的耐蚀性，并且降低水的渗透性[246]。

图 6.105　氢化糖醛胺

此外，还有一种基于呋喃乙二酮和聚硅氧烷低聚物的聚合物堵漏材料（图 6.106）[246]。

香豆素或 2，3-苯并呋喃（图 6.107）是固井技术所用分散剂的组成部分。此外，分散剂中还会添加相关的多环分子茚。

由此可见，这类杂环分子在油田领域的应用实例相对较少。同时含有硫和氮或氧和氮的组合杂环化合物及上述两者组合的应用更多一些（见 6.5 节）。

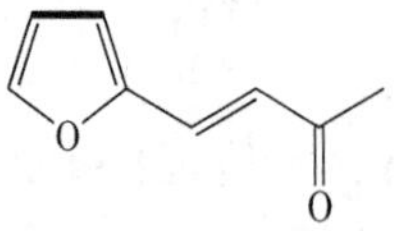

图 6.106　亚糠基丙酮

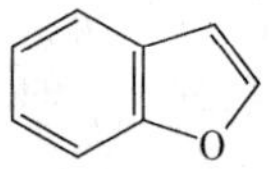

图 6.107　苯并呋喃

该类型化合物分子都会发生一定程度的生物降解，尽管在某些条件下，降解速率可能相对较慢[247]。硫代苯及其衍生物在环境中一般不太稳定，不会生物累积，但对水生和陆生动植物均有一定的毒性。这种毒性会随结构的稳定性变化而变化[248]。虽然这些分子对环境有影响，但它们在石油和天然气勘探开发领域的应用潜力仍有待探索。

## 6.5 其他杂环化合物

在本节中将探讨一些含氮、硫和氧的杂环分子。目前，最常用的是噻唑啉类和异噻唑啉类的杀菌剂。

### 6.5.1 噻唑类及其相关产品

含硫杀菌剂，特别是苯并噻唑类和噻唑啉类化合物，常应用于瓜尔胶或其他天然产物配成的水力压裂液中[249]。

在选择这类杀菌剂用于生产实践时，建议考虑以下理化和毒理学方面的因素：

（1）不带电化合物在水相中所占比例较大，容易降解和迁移，而带电化合物会吸附到土壤中，生物利用度较低。

（2）许多杀菌剂在较短时间内就会分解，或通过非生物和生物过程降解，但有些杀菌剂可能会转化为毒性更大或更稳定的化合物。

（3）对这些杀菌剂在井下条件（高压、高温、较高盐和有机物浓度）下的变化过程的了解有限。

（4）另有几种杀菌剂替代品，但成本高、能耗高或产生具有杀菌作用的副产物限制了它们的使用。

2-巯基苯并噻唑是一种常用的添加剂（图6.108），它作为杀菌剂可以保障压裂液性能稳定并防止其降解，例如，在高温条件下压裂液流变性能会有所降低，使压裂作业能够顺利进行[250]。

然而，问题在于2-巯基咪唑较稳定，难以水解，因此生物降解性差，同时还具有毒性，并且可以在生物体内累积[251]。不过其他一些杀菌剂很少能够在压裂液作业的温度下保持压裂液流体流变性，且都不容易发生生物降解。

苯并噻唑类缓蚀剂作为一种有效的缓蚀剂，因其稳定性强，常用于酸性环境下。氨基苯并噻唑（图6.109）氨基上的正电荷在低pH值时可以提升缓蚀剂整体性能，因此可作为缓蚀剂的首选[252]。

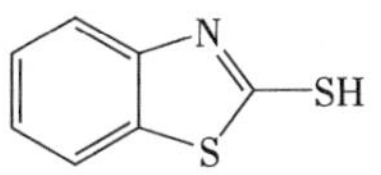

图6.108　2-巯基苯并噻唑

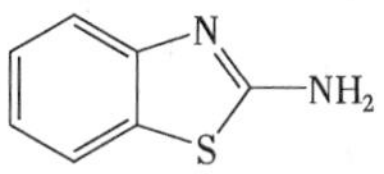

图6.109　氨基苯并噻唑

苯并噻唑类化合物是铜等有色金属最常用的缓蚀剂。然而，由巯基苯并噻唑中得到的烷氧基苯并噻唑类化合物认为是有效的黑色金属缓蚀剂[2]。

研究还发现噻二唑化合物，特别是2，5-双（4-二甲氨基苯基）-1，3，4-噻二唑（DAPT），是酸性条件下低碳钢可用的良好的阴极缓蚀剂[253]，具有类似结构的恶二唑（DAPO）也是如此（图6.110）。

同属该类型的产品杂环硫酮为非芳香性的3，5-甲基-1，3，5-噻二嗪-2-硫酮（棉隆）（图6.56），在6.2.2中已有所介绍。这是一种知名的杀菌剂，用于许多工业领域中，例如，木材防腐和水处理以及一些油田[254]。

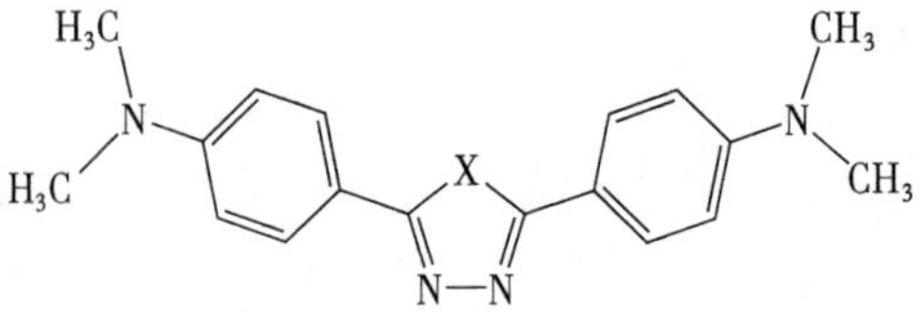

图 6.110 噻二唑及恶二唑结构

X 在 DAPT 中为硫，X 在 DAPO 中为氧

### 6.5.2 噻唑啉类、异噻唑啉酮类及相关产品

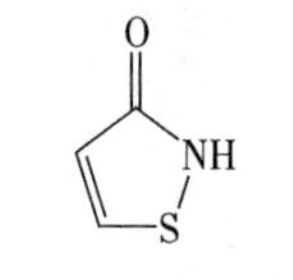

图 6.111 异噻唑啉酮基本结构

噻唑啉（或二氢噻唑）是一类环内含有硫和氮的异构杂环化合物。未发生取代作用的噻唑啉类化合物本身很少遇到，但它们的衍生物较为常见，有些具有杀菌特性。这在异噻唑啉酮类中最为常见（图 6.111），包括甲基异噻唑啉酮（MIT）、氯甲基异噻唑啉酮（CMIT）和苯并异噻唑啉酮（BIT）。

这些异噻唑啉酮类化合物，特别是 CMIT 和 MIT，广泛应用于各种水处理领域进行微生物控制。此类化合物为广谱杀菌剂，具有良好的生物降解速率，可以有效地杀灭固着细菌[255]。尽管看似应具有良好的油田应用特性，但它们类似于戊二醛和 THPS 等醛类物质。

研究显示，氯甲基及甲基异噻唑酮（CMIT/MIT）混合杀菌剂在添加少量的戊二醛之后，可以控制微生物导致的腐蚀以及硫酸盐还原细菌（SRB）引发的生物淤积[256]。然而，其他证据表明，SRB 产生的硫化氢降低了它们的杀菌性能[257]。不过它们是非常有效的生物调节剂，通过将 SRB 种群控制在低水平，可以防止硫化氢生成。因此，它们经常与其他杀菌剂复合使用[256,258]。

烷基异噻唑啉酮的其他二氯和二溴衍生物已申请专利，并提及可用于油田应用[254]。

苯并异噻唑啉酮在水中溶解度较低，苯并噻唑啉酮与 2-羟基苯并噻唑为异构体(图 6.112),作为杀菌剂可用于保持钻井液稳定[259]。

高度烷基化的 2，5-二氢噻唑在气井中用作挥发性缓蚀剂时，具有良好的防腐性能[260]。然而，它们并不是很容易溶于水，因此应用有限。然而，它们可以通过与甲酸和醛反应生成水溶性的连翘酸。这些噻唑烷（图 6.113）称为 FFCI[261]。

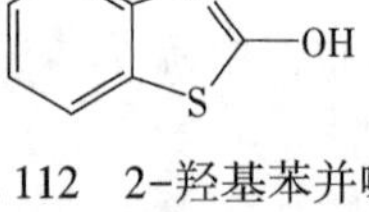

图 6.112 2-羟基苯并噻唑

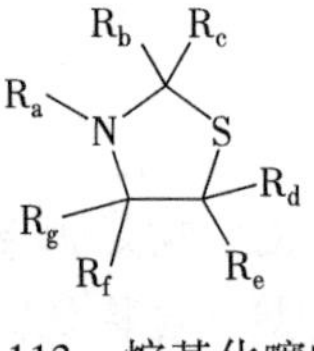

图 6.113 烷基化噻唑烷

类似的产品，如相关的二噻嗪类，也可作为油井和气井的缓蚀剂[262]。常用于具有直链的支链烷基或烷基芳基发生烷基化或酯化反应。它们也可以通过与六元环体系的有效氮反应而生成季铵盐。这些产品中的母体二噻嗪是从硫化氢与六氢-1，3，5-三（羟乙基）-$s$-三嗪的反应中分离出来的（图 6.96）（见 6.3.5）[263]。这个反应是 6.3.5 中介绍的硫化氢清除过程中的主要反应，见图 6.114 中的反应方案。

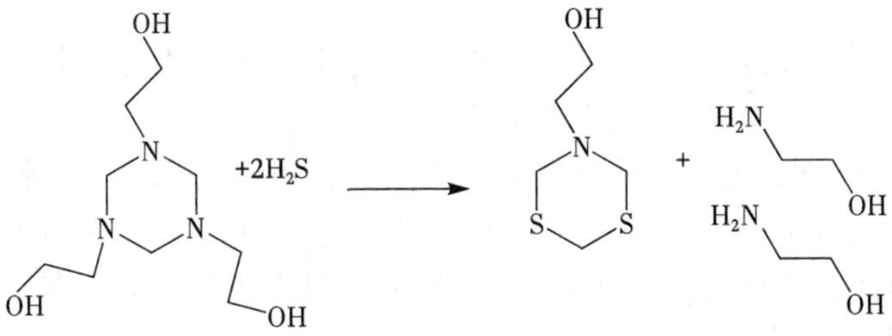

图 6.114 $H_2S$ 与六氢化三嗪反应形成二噻嗪及单乙醇胺

### 6.5.3 恶唑、恶唑烷及相关杂环

恶唑（图 6.115）是一大类杂环芳香族有机化合物的母体化合物。属于芳香族化合物，但比噻唑类化合物少见。

恶唑烷是一种五元环化合物，如图 6.116 所示。在恶唑烷衍生物中，氧和氮之间总是有一个碳，如果氮和氧相邻，那么它就是异唑烷。与恶唑相比，恶唑烷中的所有碳都被还原了。

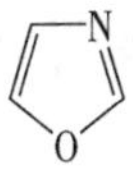

图 6.115 恶唑

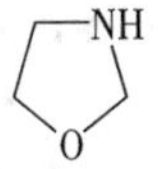

图 6.116 恶唑烷

油气勘探开发行业还未发现有关恶唑衍生物的应用记录。然而，一些恶唑烷，例如 4，4′-二甲基恶唑烷（DMO）（图 6.117），在页岩气生产中用作采出液[264]及压裂液[265]的杀菌剂。一般来说，DMO 常与戊二醛同时或混合使用。

这种恶唑烷以及其他相关衍生物，如亚甲基-双恶唑烷，具有广谱杀菌作用[266]。双恶唑烷是包含两个恶唑烷环的化合物，通常由一个亚甲基连接在一起，如图 6.118 所示的 *N*，*N*′-亚甲基-双恶唑烷衍生物。

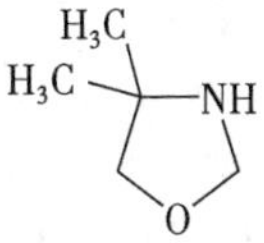

图 6.117 4，4′-二甲基恶唑烷

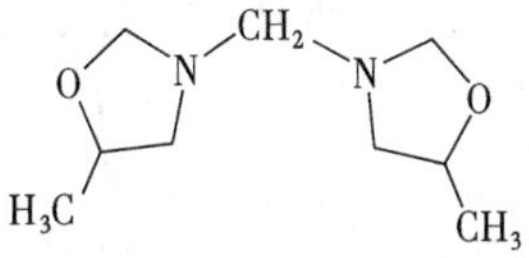

图 6.118 *N*，*N*′-亚甲基双硫代乙酸-恶唑烷

双硫唑烷的一些衍生物已用作沥青质稳定剂[267]。图 6.118 所示的化合物也可作为硫化氢清除剂和缓蚀剂[268]（H. A. Craddock，未发表）。

图 6.110 所示的恶二唑也具有缓蚀性能。含 *N*-烷基、*N*-烯基或 *N*-芳基的相关衍生化合物 1，3-恶嗪-6-酮（图 6.119）也被归为 FFCI[269]。

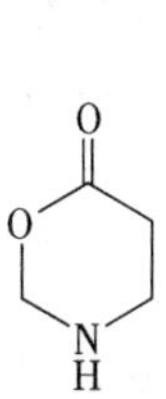

图 6.119 1，3-恶嗪-6-酮

#### 6.5.4 环境效果及影响

本节所研究的杂环化合物在稳定性和毒性上各不相同，因此其物理性质和环境影响也有明显差异，这种差异常取决于化合物是否具有芳香性。

噻唑类和苯并噻唑类化合物具有较高的稳定性，可在高温高压酸性条件下作为缓蚀剂使用。有人研究了苯并噻唑类化合物在活性污泥存在纯菌和混合菌时的生物降解情况[270]。2-氨基苯并噻唑降解可以生成大量的氨和硫酸盐（理论研究认为，其回收率分别为87%和100%）。研究证据显示，苯并噻唑基通过间位裂解途径降解。然而，2-巯基苯并噻唑已证明不能用作任何研究中所用培养基的生长基质，但部分此类化合物可以有一些生物转化，这表明2-巯基苯并噻唑生物稳定性更强。针对大量噻唑类和苯并噻唑类除草剂稳定性的研究显示，它们可以在土壤中长久存在，不发生降解[271]。

有关噻唑类化合物和苯并噻唑类化合物的环境毒性研究较少，其对环境的总体影响情况尚不清楚。

异噻唑啉类化合物可能是该类杂环化合物在油气工业中应用最广泛的一类，具有较高的水生生物毒性[272]。考虑到它们的杀菌性质，这并不奇怪。然而，它们在许多鱼类中也可以长久存在。不过，如前所述，异噻唑啉酮类化合物具有较高的生物降解速率[255]。

双恶唑烷环在水分存在下可水解生成胺类和羟基化合物，这些基团还可进一步水解和生物降解。然而，有关生物降解速率的研究还未开展。

DMO在水中溶解度很高，将其添加后，会倾向于留在水中。它很少吸附在土壤或沉积物上，不太可能在环境中持续存在。DMO易生物降解，易快速水解。这种化合物会在水和土壤中生物降解，不会在环境中存留。如前所述，甲醛是DMO的水解产物，也容易发生快速生物降解（见6.1.4）。DMO不太可能在食物链中累积（其生物富集可能性较低）。然而，它对水生生物，尤其是藻类具有强烈毒性[273]。总的来说，这类杂环化合物会产生各种不同的环境影响，很大程度上源于其不同的稳定性、水溶性及水解速率。

## 6.6 天然产物和生物分子

这一节介绍了低分子量分子的使用和潜在的环境影响。这些低分子量分子有的来自自然，有的为模拟天然产物的合成物，还有的是天然产物提取。许多天然产物或相关衍生物本质上是聚合物，详见2.2节。与前面介绍的有关天然生物聚合物一样，油田化学家使用天然低分子量产品可以在保证效率的同时降低对环境的影响。

#### 6.6.1 糖类及相关物质

油气上游行业作业中使用了许多糖和类糖衍生物。它们中的许多是聚合物，在第2章中已有介绍。但是，还有少部分作为单体或某些已知是小分子化合物的形式而应用。

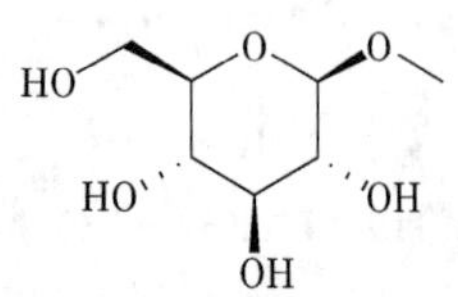

HO O O HO OH OH

图6.120 甲基葡萄糖苷

葡萄糖或果糖环上带有$C_8$—$C_{18}$烷基的烷基糖苷用来控制油气输送管道水合物含量[274]。含乙烯或环氧丙烷甲基葡萄糖苷衍生物（图6.120）可以作为黏土稳定剂添加到钻井液中。这些产品在常温下具有水溶性，但在高温下就不溶于水了。这意味着这些产品集中分布在重要的表面，如钻头切削表面、钻孔表面和钻屑本身。

醛类抗氧化剂可与硫氰酸盐联合用作缓蚀剂。该混合物适用于碳酸盐岩或硫酸盐井的无钙钻井、完井作业或添加到修井液中[275]。这组醛糖包括阿拉伯糖、葡萄糖酸、抗坏血酸和异抗坏血酸（图 6.121）。这些分子也可以与含硫醇基的分子（如硫代乙醇酸铵）结合，并与之协同作用，形成另一种类型的缓蚀剂[276]。

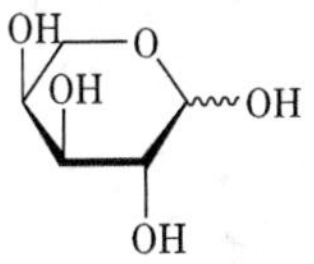

（a）树胶醛糖

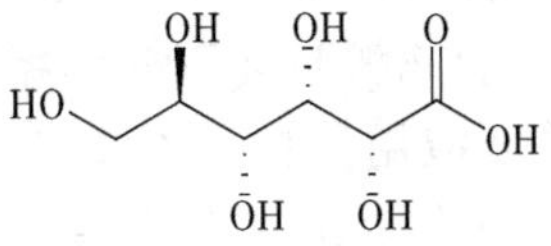

（b）葡萄糖酸

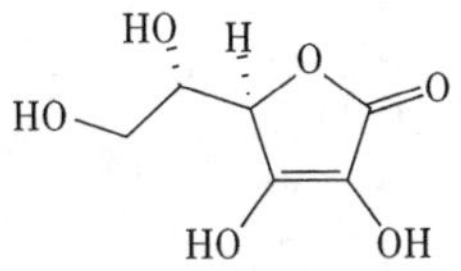

（c）抗坏血酸（维生素C）

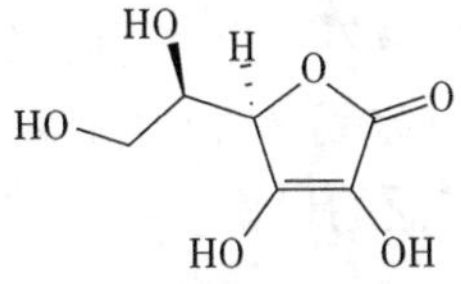

（d）阿拉伯糖型抗坏血酸（异抗坏血酸）

图 6.121　醛糖抗氧化剂

许多多元醇，如葡萄糖酸（图 6.121）及其他多元醇，如阿拉伯糖醇和山梨醇（图 6.122），是交联凝胶的基质，通常与压裂液中用作流向改进剂和悬浮剂的锆化合物络合[277]。

多元醇的全面介绍见 2.1.2。锆配合物的进一步介绍见 5.9.1.11。

多元醇糊精（图 6.123）可以用作水基钻井液添加剂，在特定的页岩地层中可形成半透膜。

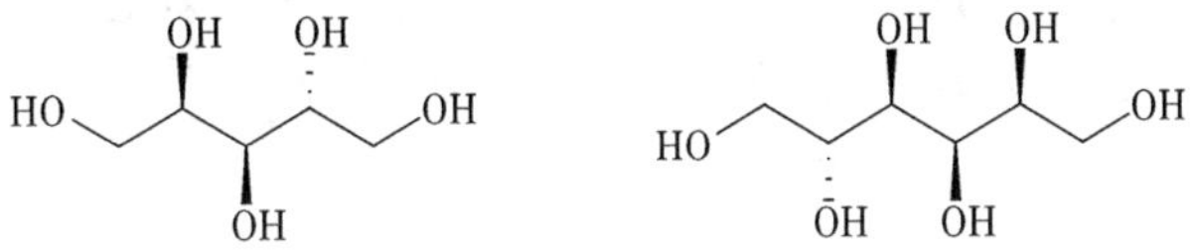

图 6.122　用于形成胶体络合物的多元醇

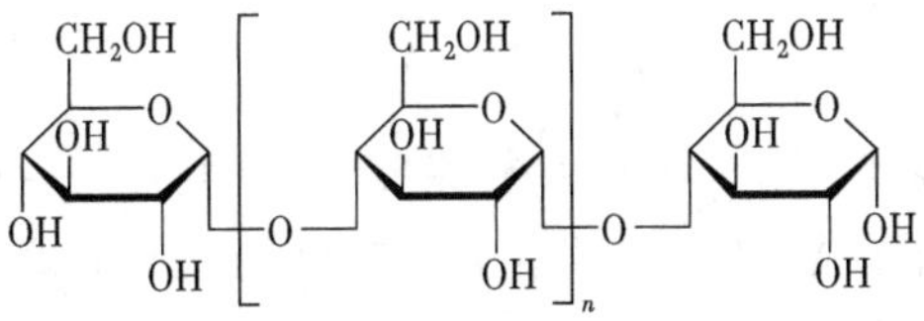

图 6.123　葡聚糖

这种半透膜允许水在页岩中自由流动，但限制离子通过，从而保证了页岩和井筒的稳定性[278]。

虽然本质上是聚合物，但糊精是由淀粉或糖原水解生成的低分子量碳水化合物。通常淀粉和改性淀粉（如糊精）用作钻井液的添加剂，以降低钻井液分散性并保持高温稳定性[279]。然而，关于它们在油田上的应用研究还很少。

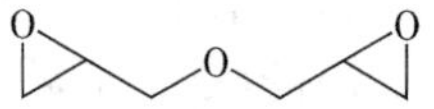

二糖化合物［如二糖醚（图 6.124）］用于形成破乳剂聚合物[280]。

图 6.124　缩水甘油醚

含有羧基的果糖，特别是羧甲基菊粉（图 6.125），证明是钙、钡、硫酸锶和碳酸盐类的阻垢剂[281]。这些产品的缓蚀能力已进行初步研究，研究表明在温和条件下它们会显示出一定的防腐蚀能力（H. A. Craddock，未发表）。此类化合物源自菊苣根的糖提取物，具有良好的生态毒理学特性，主要应用于食品领域[282]。作为缓蚀剂方面的性能，还需要进一步研究，尤其当这些化合物用于配方产品或是与已知增效剂复合使用时。

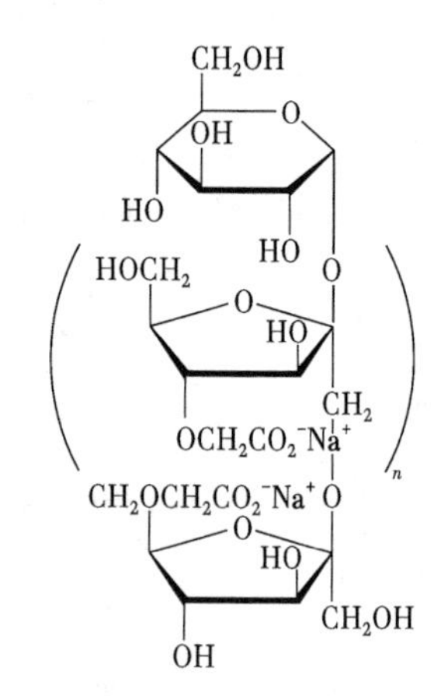

图 6.125　羧甲基菊糖

其他常用的糖类衍生物存在于主要的高分子材料中，如淀粉，它是由直链淀粉、支链淀粉和纤维素衍生物衍生而来的。这些在 2.2 节中进行了广泛的讨论。

### 6.6.2　氨基酸和蛋白质

在过去的 20 年中，虽然有关氨基酸作为油田添加剂的研究开始兴起，但仍然相对较少。

不久前，有研究发现天冬氨酸（图 6.126）具有一定的防腐蚀特性[283]，随后发现多肽衍生物可以有效地阻止 $CO_2$ 腐蚀作用。2.2.1 中介绍了衍生聚合物聚天冬氨酸在油田应用的详细情况。

认为天冬氨酸的衍生物 *S*-天冬氨酸-*N*-单酸是硫酸钡和硫酸钙的螯合剂和水垢溶解剂[284]，另有衍生物 *N*-（2-氨基乙基）天冬氨酸也具有类似的性质[2]。谷氨酸（图 6.74）是一种相关化合物，在 6.2.4 中已经介绍过，其经由一定的方式反应得到谷氨酸 *N*，*N*-二乙酸（GDLA），是一种高效、可生物降解的螯合剂。肌氨酸或甲基甘氨酸（图 6.127）衍生为甲基甘氨酸 *N*，*N*-二乙酸，也认为是硫酸钡和硫酸钙的有效螯合剂[178]。

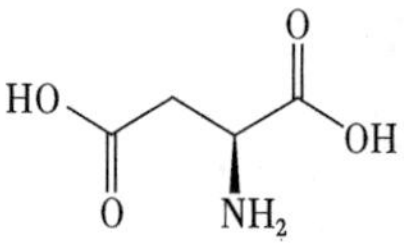

图 6.126　天冬氨酸

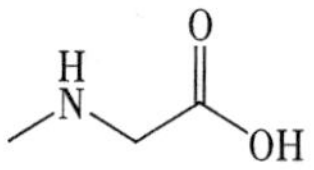

图 6.127　肌氨酸或甲基甘氨酸

谷氨酸蝶酰-L-谷氨酸的一个更为复杂的衍生物是一种水溶性维生素——叶酸（图 6.128），其广泛存在于自然界中，具有良好的环境特性，无毒，生物降解率高。静态

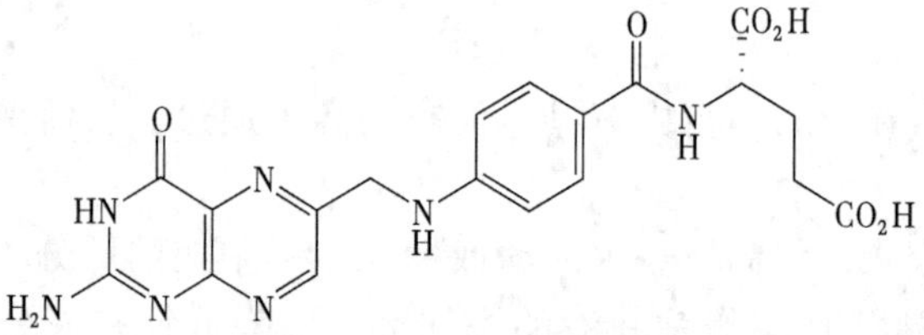

图 6.128　叶酸

和动态研究表明，叶酸或许可以用作阻垢剂，应用于具有高度结垢可能性的产出水中，也可以连续注入未产气井筒中，控制碳酸盐结垢[285]。

含硫氨基酸半胱氨酸和胱氨酸（由两个半胱氨酸分子构成）及其脱羧类似物半胱胺和胱胺（图 6.129）可作为聚氨基酸基 FFCI 的良好缓蚀剂协同剂[286]，如 2.2.1 所述的聚天冬氨酸。

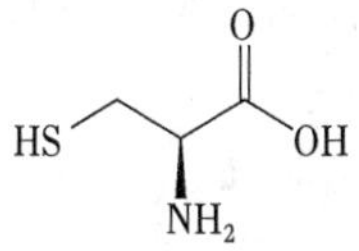

（a）半胱氨酸 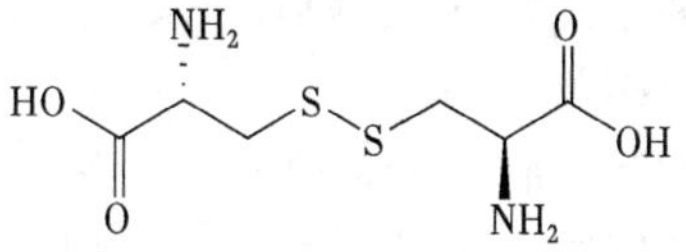　（b）胱氨酸

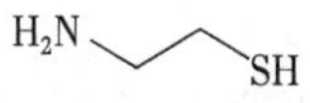

（c）半胱胺 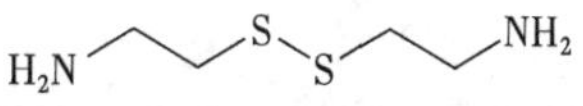　（d）胱胺

图 6.129　含硫氨基酸及其衍生物

这些氨基酸和脱羧衍生物还用于酸化增产作业中，控制铁离子有效含量[131]。在酸化作业中，$Fe^{3+}$的存在会导致胶体氢氧化铁的形成，从而伤害地层，它们作为还原剂，可以将$Fe^{3+}$含量降低到最小值。

如 6.2.4 所述，蛋氨酸的一些衍生物（图 6.130）具有缓蚀性能[184]。

氨基酸酪氨酸（图 6.131）及其甲酯作为添加剂加入运输管道进行水合物控制[287]。

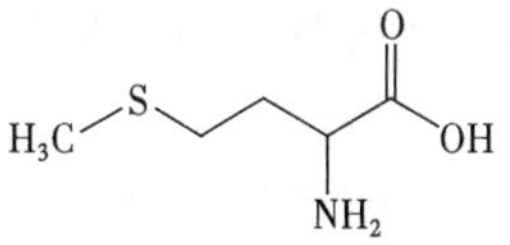

图 6.130　蛋氨酸

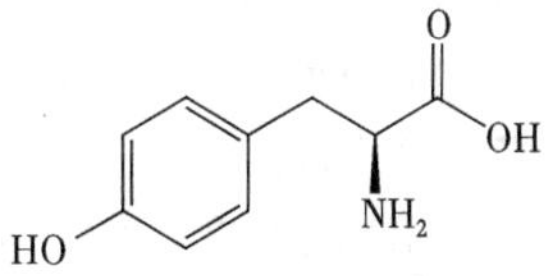

图 6.131　酪氨酸

如 2.2.1 所述，一些蛋白质和类蛋白质聚合物（如从大豆和其他植物材料中提取的糖蛋白）用于油气勘探开发作业中。然而，有关使用案例很少。

牛奶蛋白酪蛋白（图 6.132）分子量相对较低，为 784，作为可生物降解分散剂和降滤

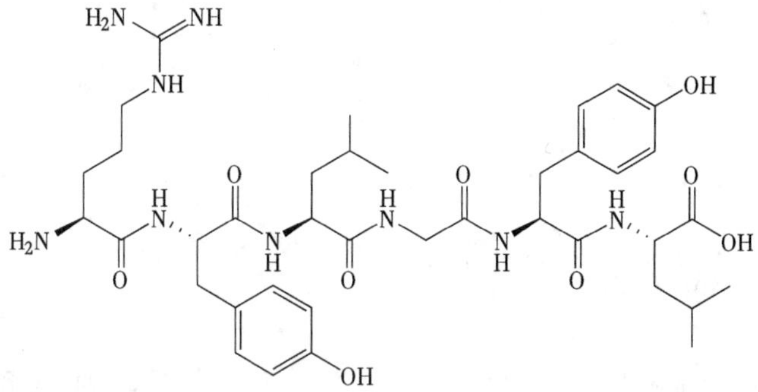

图 6.132　酪蛋白

失剂添加进油井水泥中[288]。

### 6.6.3　脂肪、油脂、脂类及其他天然产物

本节探讨了各种较低分子量的非聚合物的使用情况，它们或是可以直接应用的或需从天然物质中提取出来。

脂类是一组天然存在的分子，包括脂肪、蜡、甾醇、脂溶性维生素（如维生素 A、维生素 D、维生素 E 和维生素 K）、单甘油酯、甘油二酯、甘油三酯、磷脂等。第 3 章中介绍了一批此类化合物及相关产品。

妥尔油是树脂酸和脂肪酸的混合物，特别是共轭 $C_{18}$脂肪酸，广泛用作多种缓蚀剂产品的原料。作为造纸和纸浆加工的废物，它可以重复应用，具有相当大的环境优势。

当这些脂肪酸与乙氧基化或丙氧基化烷基酚胺或烷氧基化胺缩合成酰胺时，可有效地抑制酸和甜两种类型的腐蚀[68,289]。

如第 3 章所述，脂肪酸及其相关酯类、醇类和胺类是广泛存在的油脂化学物质的基础，这些油脂化学物质本质上是可生物降解和无毒的。然而，它们的毒性随其来源的不同而不同，它们的表面活性剂性质使得对其生物累积水平的评估困难重重。

脂肪醇可以与葡萄糖缩合得到烷基糖苷（图 3.54）。尽管这些烷基糖苷本身很少开发用于油气作业中，但其聚合态用作井壁清洁剂[290]和缓蚀剂[291]。癸基葡糖苷（图 6.133）具有缓蚀剂的性能，在其他行业也有应用[292]。由于癸基葡糖苷是一种从玉米和椰子等天然物质中获得的非离子表面活性剂，因此常用作洗涤剂和清洁剂成分，无毒，且易生物降解。

如第 3 章所述，脂肪醇、脂肪酯和脂肪胺都是表面活性剂，并被用于各种油田作业中。

酯类化合物具备生物降解特性，可替代其他化合物加入钻井液中，特别是作为润滑组分。从植物油及相关的原料中可以提取获得各种各样的该类化合物，包括甘油废料流[293]，其可持续提供此类化合物。

复合分子鱼藤酮存在于几种植物的根、种子和茎中，是人们认识的第一个鱼藤类化合物家族中成员。它是一种异黄酮，其结构如图 6.134 所示，可用作广谱杀虫剂、鱼苷（毒鱼剂）和农药。

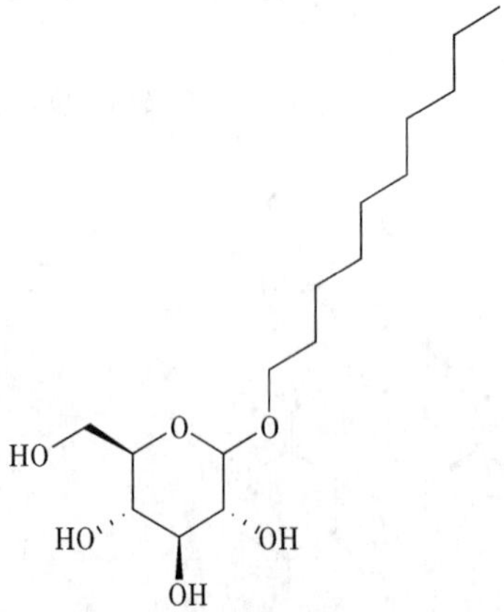

图 6.133　癸基葡糖苷

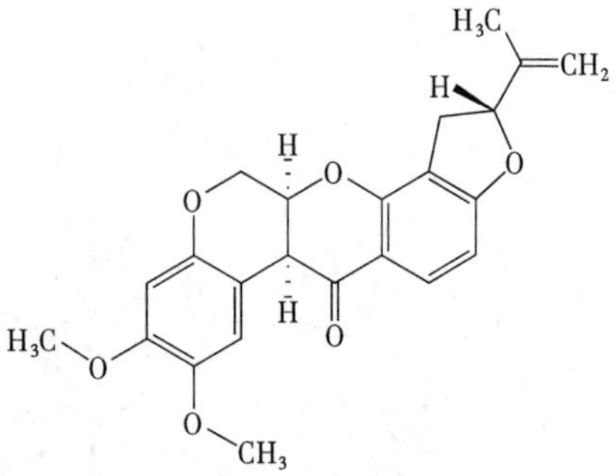

图 6.134　鱼藤酮

据称，它通过干扰 SRB 线粒体中的电子传递链而对 SRB 产生影响。从而减少硫化氢及相关废料产量，并间接减轻腐蚀作用[294]。黄酮类化合物与单宁有关。

单宁是一种多酚类生物分子，与蛋白质及其他各种有机化合物（包括氨基酸和生物碱）结合并沉淀。单宁化合物广泛分布于许多植物中，它们可保护植物免受捕食，也许还可以作为杀虫剂，以及在植物生长调节方面发挥作用。在饮用未成熟的水果、红酒或茶后，口中产生干涩褶皱的感觉，就是由于单宁可以使得肌肤收缩。单宁的分子量从 500 至 3000 以上不等，结构更为复杂（图 6.135）[295]。

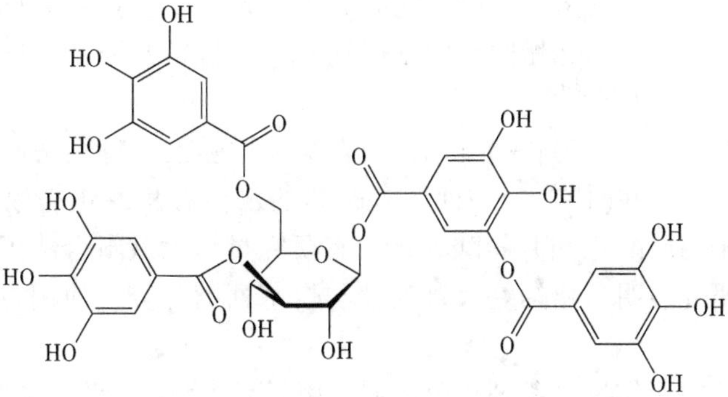

图 6.135　单宁酸

虽然尝起来不舒服，但它们无毒且可降解，甚至它们可能有治疗作用。虽然可以作为除油剂使水澄清，但在石油和天然气工业中很少使用（H. A. Craddock，未发表）。也有研究将其作为反絮凝剂添加到硫酸钙污染的水基钻井液中[296]。如此看来，又有一类生物分子似乎在油气勘探开发领域的潜在应用还尚未得到充分开发。

最后，本节对包括萜烯及其衍生物萜类化合物在内的天然物质进行分类。

萜烯是由多种植物特别是针叶树产生的一大类各式各样的有机化合物。它们通常具有强烈的气味，可以通过阻止食草动物，吸引食肉动物和食草动物的寄生虫来保护产生它们的植物。它们是树脂和由树脂生产的松节油的主要成分，“萜烯”一词来源于“松节油”一词。萜烯和萜类化合物也是许多植物和花卉精油的主要成分。

除了作为许多生物的最终产物外，萜烯几乎在所有生物体内都是重要的生物合成原料组分。例如，类固醇就是三萜烯和角鲨烯的衍生物（图 6.136）。

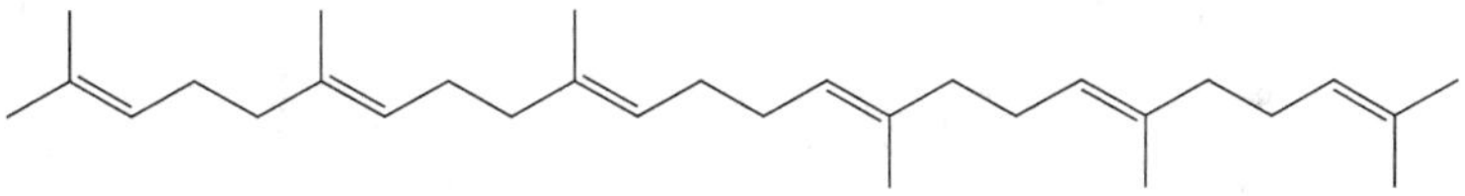

图 6.136　角鲨烯

可以看出，这种分子由异戊二烯组成（见 2.2.4.1）。

当萜烯进行化学修饰时，例如通过氧化或碳链的重新排列，产生的化合物通常被称为萜烯类化合物，也称为类异戊二烯，来源于异戊二烯。维生素 A（图 6.137）是一种萜类化合物，它与角鲨烯在结构上有明显的相似之处。

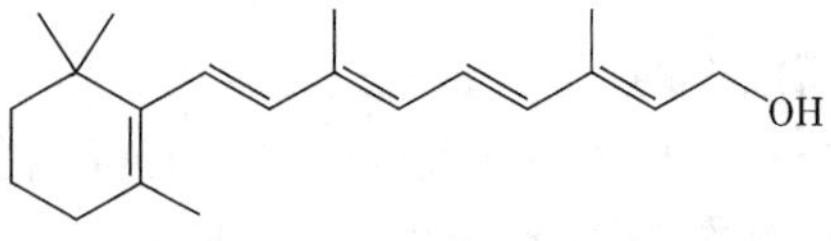

图 6.137　维生素 A (视黄醇)

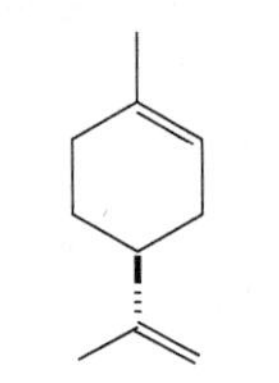

图 6.138　D-柠檬烯

在油气勘探开发领域，较简单的萜烯［如 D-柠檬烯(图 6.138)］主要用于蜡的溶解。它们也可作溶剂。然而，在作者看来，在石油蜡晶的溶解方面，它们的作用不仅仅是作为溶剂[297,298]。

已选做倾点抑制剂加入可降解钻井液中，这一事实也支持了上述观点[299]。

认为萜烯类化合物是缓蚀增强剂，特别是和季铵盐等产品同时存在时[300]。一种含有萜烯的水性有机酸组合物可作为缓蚀剂增强剂，据称尤其适用于储层酸化和井筒酸处理。有研究显示，该组合物可以减少酸性溶液对金属的腐蚀作用。研究表明，萜烯烷氧基酸盐与烷基葡糖苷复合使用可制备基于表面活性剂的缓蚀剂[301]。

环单萜化合物已被用作抗淤积剂或分散剂，用于酸化增产过程中淤积原油的回收[302]。

萜烯一般用作溶剂，关于这一点将在第 8 章进一步讨论。由于具有很高的生物降解率且为天然产物，认为萜烯是绿色无污染溶剂。总的来说，这类分子在油气勘探开发工业中的潜在应用还相对没有得到开发。它在结构上有许多变化，但都是以基本的异戊二烯单元为结构基础。作为天然产物，易于获得，并可以进行化学处理以提高效果，且对环境友好。

## 6.7　其他未分类产品

除了上述分子类型之外，还有许多低分子量的分子用作油田添加剂，它们不属于上述任何一类，下面将介绍其中一些比较重要的化合物。

这些化合物中有许多被用作杀菌剂或抑菌剂。溴-2-硝基丙烷及相关衍生物，如 2-溴-3-硝基-1，3-丙二醇，俗称拌棉醇，以及常用的 2，2-二溴-3-硝基丙酰胺（DBNPA）均用于油田领域（图 6.139）。

（a）溴-2-硝基丙烷 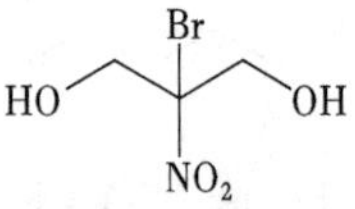　（b）2-溴-3-硝基-1, 3-丙二醇（拌棉醇） 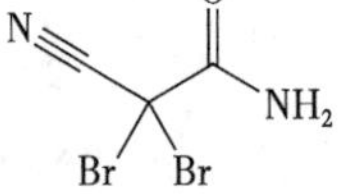　（c）2, 2-二溴-3-氮基丙酰胺（DBNPA）

图 6.139　丙烷杀菌剂

拌棉醇和 DBNPA 用于页岩气开发，作为添加剂加入压裂液中。这种杀菌剂是一种防腐剂，防止微生物降解瓜尔胶及其他天然增稠剂，并控制和杀死以这种增稠剂为生长介质的细菌种群。这些细菌可能会导致生物膜产生，抑制气体采出，产生有毒硫化氢并诱发腐蚀，导致井下设备故障[230]。它们还用于合成泡沫杀菌剂，成功地应用于大量油田作业中[225]。一般油田作业中，虽然会选择使用拌棉醇，但相对而言，首选 DBNPA，因为它对 pH 值敏感，在酸性和碱性条件下都能快速水解出铵离子和溴离子，从而达到快速杀菌的效果。它的缺点是水溶性差。然而，有人提出将其做成悬浮液进行应用，以规避这一缺点[303]。有研究称，它可以与氧化和非氧化性杀菌剂协同作用[304]。相关分子，1-溴-1-(溴甲基) -1，3-丙二腈，通常称为甲基二溴戊二腈（MDBGN）（图 6.140），主要用作护肤产品，如乳液、洗发水和液体肥皂中的防腐剂，但发现会引起皮肤过敏。已应用于油田[305]。但是，没有关于其使用次数的记录。

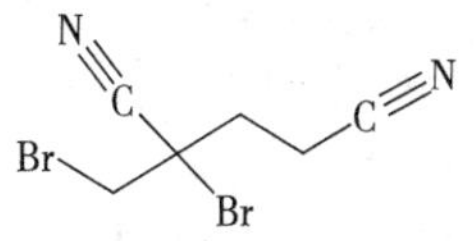

图 6.140 1-溴-1-(溴甲基) -1，3-丙烷二甲腈

蒽醌分子（图 6.141）在油田作业中作为抑菌剂已有 20 多年的应用历史了。它通过抑制 SRB 的硫酸盐呼吸作用，可以有效地阻止硫化氢的产生[306]。

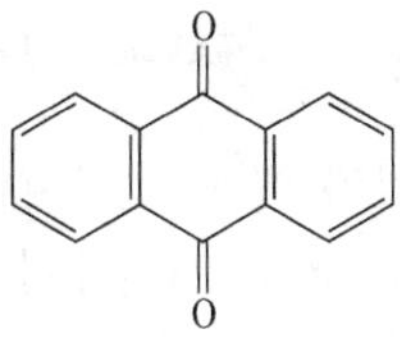

图 6.141 蒽醌

蒽醌不溶于水，不过蒽二醇的二钠盐具有类似于蒽醌的性质和作用[307]。对苯醌是一种更简单的苯醌（图 6.142），是良好的硫化氢清除剂，特别是在碱性条件下[308]。其他苯醌衍生物是良好的多功能清除剂，可以清理烃类流体中的硫化物、硫醇及其他成分[309]。

简单芳香族分子苯、甲苯和二甲苯主要用作油溶性产品的溶剂（见第 8 章）。然而，有时它们具有某些特定的作用。甲苯作为沥青质的溶剂也具备一些分散剂性质[310]。二甲苯是二甲苯异构体的混合物，可能是最常见的沥青质溶剂/溶解剂[311]。甲苯也用作溶剂，但效果较差[312]。这些芳香族溶剂作用于沥青质芳香族组分的 π—π 轨道，干扰和取代沥青分子之间的 π—π 键相互作用，从而溶解凝聚的络合物。一些研究表明，双环芳烃［如四氢萘和 1-甲基萘（图 6.143)］的性能优于单环芳烃[313]。

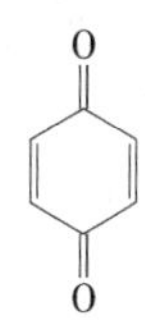

图 6.142 对苯醌

甲苯和二甲苯都是蜡沉积溶解过程中常用的溶剂，尤其是二甲苯，通常与热二甲苯一样[314,315]。这些芳香族溶剂的关键问题在于，它们会对海洋造成污染[316]，因此在某些产油和产气地区，它们的使用受到控制或已禁止使用。

还有许多其他更特别的分子已经考虑并用作专业的溶解剂。在前一节中，已经详细介绍了作为蜡溶解剂的萜烯。吡啶是良好的沥青质溶解剂。然而，由于具有毒性，它们很少应用，而且通常与常用的油田清洁剂适应性较差[317]。然而，某些芳香族酯，特别是苯甲酸异丙酯（图 6.144）是良好的沥青质溶解剂，毒性较低，对环境伤害小[318]。

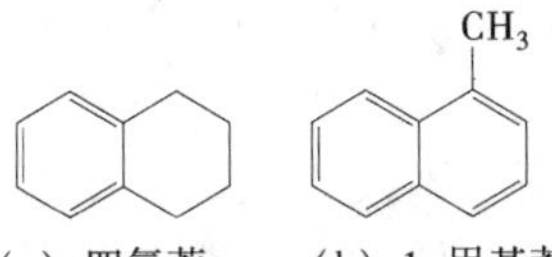

（a）四氢萘　（b）1-甲基萘

图 6.143 双环芳香族化合物

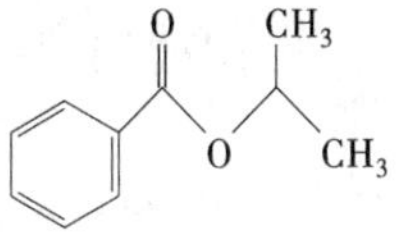

图 6.144 苯甲酸异丙酯

*t*-丁基羟基甲苯（图 6.145）是一种位阻苯酚，作为抗氧化剂已用于油脂配方中二烷基二硫代磷酸锌的替代品。这种化合物不可与岩石钻头金属接触[319]。此外，还具有无毒和对环境影响小等优点。

双酚 A 和环氧氯丙烷是组成许多树脂聚合物的基础化合物，这些聚合物在油田有广泛应用，包括固砂、破乳、水澄清和沥青质控制[2]。

分子 2-（癸硫基）乙醇胺及其盐酸盐（图 6.146）具有杀菌的特点，通常用于控制高 pH 值下的生物淤积[320]。

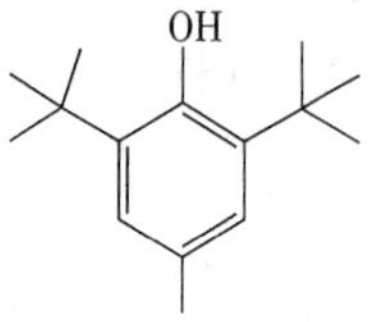

图 6.145　*t*-丁基羟基甲苯

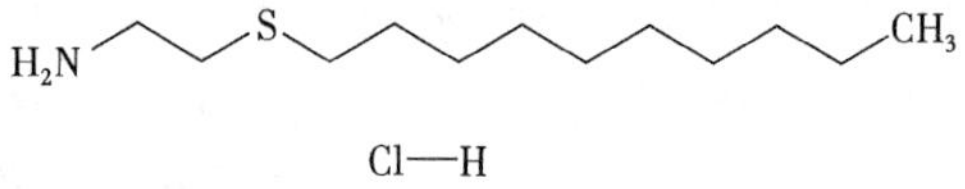

图 6.146　2-癸硫基乙胺盐酸盐

海底管道及其他设备的水压试验需使用染料。所使用的标准染料为荧光素，其结构如图 6.147 所示。只有当其浓度达到 10mg/L 左右时，该化合物才能被光学仪器检测到。然而，它是一种毒性分子，可以存活较长时间，很难生物降解。值得注意的是，游离酸的水溶性较差，但其二钠盐和二钾盐易溶于水。

罗丹明 B（图 6.148）是一种与荧光素化学上相关的化合物，毒性更低，生物降解性更强，具有类似的荧光能力[321]。

图 6.147　荧光素

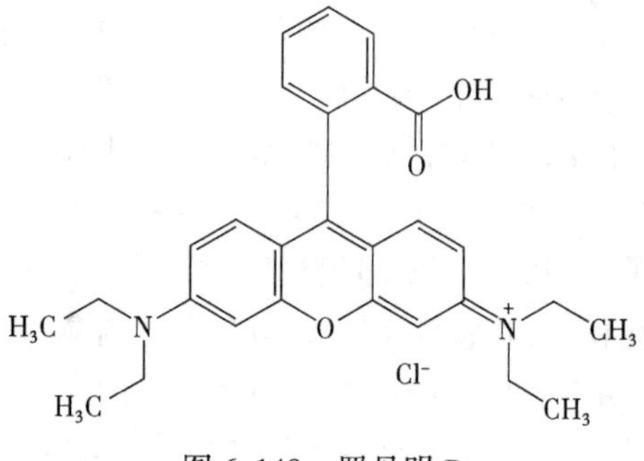

图 6.148　罗丹明 B

在油气勘探开发的个别作业中使用了一些其他不常见的化合物。但是这些化合物都非常罕见，不具备明显的环境优势，因此在此不予讲述。

## 6.8　低分子量有机化合物对环境的影响

低分子量有机化合物的环境危害性、性质、影响及最终归属等因素，会导致一系列不同的环境影响。低分子量有机化合物具有多种功能，本书中介绍的其他类型化合物无法与之媲美。虽然从数量及应用历史方面看，使用的频率不及表面活性剂和聚合物，但是它们在油田的应用范围很广，从钻头润滑到抑制硫化氢气体均可发现它们的踪迹。它们还常常与表面活性剂和聚合物协同作用，达到增强所需功能的效果。正如 8.4.5.4 所述，其在维持整体配方稳定性和均匀性上具有一定作用。上述情况表明，这些类型的化合物应用广泛，想要消除这些化合物在油田作业中的使用即便不是完全不可能，但实现起来也很困难。

由于低分子量有机物通常具有固有毒性，对环境构成了巨大的挑战。正如在本章前面所述的许多杀菌剂，如醛类、酚类、各种胺类等，主要由于分子量小而具有生物可利用性。尽管如此，许多化合物也很容易生物降解为生态毒理学上的良性化合物，不过其中一些化合物（如二氧化碳）也会给环境造成影响。本章介绍了影响有机小分子生物降解的因素[3]，虽然这些因素的重要性一般，但都是“经验法则”；还介绍了一些例外情况，特别是生物活性分子，这些生物活性分子具备一些使生物降解速率下降的特征，但并没有观察到降解速率的下降。复合分子叶酸虽然含有偶氮杂环哌嗪单元，易于生物降解[322]，但其化学和物理稳定性强[323]，因此广泛应用于食品领域，且其价格低廉，易于获得。据了解，这种化学物质在石油和天然气勘探开发行业中尚未得到充分利用，据作者所知，相对来说，这种化学物质还未开发和发展。

在本章中讨论了几种小型有机分子对环境的影响及其性质，这些分子在结构及影响上没有明显的一般性规律。然而，如果材料不容易生物降解为良性材料或降解为潜在有毒材料，这些污染物的生物累积潜力应视为潜在的环境问题加以考虑。这些进入生态系统食物链的物质可以在许多生物的组织中累积，包括那些处于食物链顶端的生物，例如水中的鱼类和陆地上的动物，如鸟类和哺乳动物。因此，在开展生态毒理学评估时应重点关注它们的毒性和生物累积潜力。目前，大多数评估系统都非常重视短期生物降解率。用于监管合规性的这类评估，使一些尽管生物降解后仍会对环境产生影响的产品也在应用，而一些不易生物降解，同时也无法生物利用的物质就会被放弃使用。在第 9 章和第 10 章将更详细地讨论这种评估方法的利弊。低分子量有机化合物大多数是生物可利用的。尽管它们可以生物降解，但仍受到严格的管控或禁止使用。对于甲醛的监管控制就是一个很恰当的案例，虽然甲醛对人体健康有害，但对环境的影响很小。这是由于它可以迅速地生物降解为对环境无害的物质，尽管有人认为降解过程中会产生一些额外的二氧化碳或一氧化碳造成负担。不过，在一些石油和天然气勘探和开发领域，禁止使用甲醛。相反，急性神经毒素丙烯醛具有与甲醛类似的功能，并具有类似的杀菌作用，允许使用。

由于低分子量有机化合物可以作为有机生长基质，其生物累积作用十分复杂[324]。此外，一些生物具有生物治理作用，这可以在污水处理中得到很好的应用[325]。一般来说，低分子量物质不容易按对环境的危害程度进行分类，而这正是大多数监管体系所追求的。它们可以通过简单的生物降解成良性物质，也可以具备复杂而缓慢的生物降解机制，可以在保持稳定的同时具有生物可利用性，可以产生对环境有毒的生物降解产物，也可以有许多组合和变异。与更复杂但规则的聚合物相比，这些特点使得整体确定这些分子对环境造成的影响更加复杂。与油田化学的其他领域一样，天然物质、生物分子及其衍生物的使用相对来说还未经探索和开发，这可能是由于经济条件的限制，因为这些化学物质中有许多既具有良好的使用效果，又对环境友好。

这些分子日趋复杂的环境归属，过去 20 年左右的工作以及海床的土壤和沉积物表明，生酮碳源（如煤炭和油气）会优先大量吸附有机化合物[326]。追根溯源，这并不奇怪，因为近一个世纪以来，人们已经知道小分子，特别是挥发性分子和气体可以被活性炭吸附[327]。事实上，碳材料对有机分子的吸附已有大量深入的研究，目前已广泛应用于处理气体和废水流体[328]。因此，为了充分理解小型有机分子对环境的影响，需要对其存在的环境有更全面的了解。

第9章和第10章中将会更加充分地阐述这些主题并进行讨论。总而言之，要跟上关于低分子量有机化合物对环境影响评估的最新技术水平，还有很大的学习空间。

## 参考文献

[1] Semple, K.T., Doick, K.J., Jones, K.C. et al. (2004). Peer reviewed: defining bioavailability and. bioaccessibility of contaminated soil and sediment is complicated. Environmental Science & Technology 38 (12): 228A-231A.

[2] Kelland, M.A. (2014). Production Chemicals for the Oil and Gas Industry. 2e: CRC Press.

[3] Boethling, R.S., Sommer, E., and DiFiore, D. (2007). Designing small molecules for biodegradability. Chemical Reviews 107: 2207-2227.

[4] Mahajan, M., Rauf, N., Gilmore, T.G. and Maylana, A. (2006). Water control and fracturing: a reality. SPE Asia Pacific Oil & Gas Conference and Exhibition, Adelaide, Australia (11-13 September 2006), SPE 101019.

[5] Downs, J.D. (2006). Drilling and completing difficult HP/HT wells with the aid of cesium formate brines-a performance review. IADC/SPE Drilling Conference, Miami, FL (21-23 February 2006), SPE 99068.

[6] Howard, S.K. and Downs, J. (2008). The hydrothermal chemistry of formate brines and its impact on corrosion in HPHT wells. SPE International Oilfield Corrosion Conference, Aberdeen, UK (27 May 2008), SPE114111.

[7] Gilbert, Y.M., Nordone, A., Downs, J.D. et al. (2007). REACH and the HSE case for formate brines. International Petroleum Technology Conference, Dubai, UAE (4-6 December, 2007), IPTC-11222-MS, IPTC-11222.

[8] Downs, J.D. (2011). Life without barite: ten years of drilling deep HPHT gas wells with cesium formate brine. SPE/IADC Middle East Drilling Technology Conference and Exhibition, Muscat, Oman (24-26 October 2011), SPE 145562.

[9] Maresh, J.L. (2009). Wellbore treatment fluids having improved thermal stability. US Patent 7,541,316, assigned to Halliburton Energy Services Inc.

[10] Smith, K.W. (2009). Well drilling fluids. US Patent 7,576,038, assigned to Clearwater International LLC.

[11] Clemmit, A.F., Balance, D.C. and Hunton, A.G. (1985). The dissolution of scales in oilfield systems. Offshore Europe, Aberdeen, UK (10-13 September 1985), SPE 14010.

[12] Proctor, S.M. (2000). Scale dissolver development and testing for HP/HT systems. International Symposium on Oilfield Scale, Aberdeen, UK (26-27 January 2000), SPE 60221.

[13] Buijse, M., de Boer, P., Breukel, B. et al. (2003). Organic acids in carbonate acidizing. SPE European Formation Damage Conference, The Hague, Netherlands (13-14 May 2003), SPE 82211.

[14] Nasr-El-Din, H.A., Lynn, J.D. and Taylor, K.C. (2001). Lab testing and field application of a large-scale acetic acid-based treatment in a newly developed carbonate reservoir. SPE International Symposium on Oilfield Chemistry, Houston, TX (13-16 February 2001), SPE 635036.

[15] da Motta, E.P., Quiroga, M.H.V., Arago, A.F.L. and Pereira, A. (1998). Acidizing gas wells in the Merluza field using an acetic/formic acid mixture and foam pigs. SPE Formation Damage Control Conference,

Lafayette, LA (18-19 February 1998), SPE 39424.

[16] Harris, R. E., McKay, I. D., Mbala, J. M. and Schaaf, R. P. (2001). Stimulation of a producing horizontal well using enzymes that generate acid in-situ - case history. SPE European Formation Damage Conference, The Hague, Netherlands (21-22 May 2001), SPE 68911.

[17] Taylor, K. C. and Nasr-El-Din, H. A. (1999). A systematic study of iron control chemicals - Part 2. SPE International Symposium on Oilfield Chemistry, Houston, TX (16-19 February 1999), SPE 50772.

[18] Turner, M. S. and Smith, P. C. (2005). Controls on soap scale formation, including naphthenate soaps - drivers and mitigation. SPE International Symposium on Oilfield Scale, Aberdeen, UK (11-12 May 2005), SPE 94339.

[19] Eylander, J. G. R., Frigo, D. M., Hartog, F. A. and Jonkers, G. (1998). A novel methodology for in-situ removal of NORM from E & P production facilities. SPE International Conference on Health, Safety, and Environment in Oil and Gas Exploration and Production, Caracas, Venezuela (7-10 June 1998), SPE 46791.

[20] Buske, G. R. (1981). Method and composition for removing sulphide containing scale from metal surfaces. US Patent 4, 289, 639, Assigned to The Dow Chemical Company.

[21] Lawson, M. B. (1982). Method for removing iron sulfide scale from metal surfaces. US Patent 4,351,673, assigned to Halliburton Company.

[22] Casad, B. M., Clark, C. R., Cantu, L. A. et al. (1991). Process for the preparation of fluid loss additive and gel breaker. US Patent 4,986,355, Assigned to Conoco Inc.

[23] Burrafalo, G. and Carminati, S. (1996). Aqueous drilling muds fluidified by means of zirconium and aluminum complexes. US Patent 5,532,211, Assigned to Eniricerche SPA and Agip SPA.

[24] Kirstiansen, L. K. (1994). Composition for use in well drilling and maintenance. WO Patent 9,409,253, Assigned to Gait Products Limited.

[25] Ye, Z., Han, L., Chen, H. et al. (2010). Effect of sodium salicylate on the properties of gemini surfactant solutions. Journal of Surfactants and Detergents 13 (3): 287-292.

[26] Bewersdorff, H. -W. and Ohlendorf, D. (1988). The behaviour of drag-reducing cationic surfactant solutions. Colloid and Polymer Science 266 (10): 941-953.

[27] Watson, J. D. and Garcia, J. G. Jr. (1998). Low toxic corrosion inhibitor. GB Patent 2,319,530, Assigned to Ondeo Nalco Energy Services LP.

[28] Soderquist, C. A., Kelly, J. A. and Mandel, F. S. (1990). Gallic acid as an oxygen scavenger. US Patent 4,5689,783, Assigned to Nalco Chemical Company.

[29] Vazquez, J. A., Duran, A., Rodriquez-Amado, I. et al. (2011). Evaluation of toxic effects of several carboxylic acids on bacterial growth by toxicodynamic modelling. Microbial Cell Factories 10 (1): 100.

[30] Akiya, N. and Savage, P. E. (1998). Role of water in formic acid decomposition. AIChE Journal 44 (2): 405-415.

[31] Eckenfelder, W. W. ed. (1993). Chemical Oxidation: Technologies for the Nineties, vol. 2. CRC Press.

[32] Cheung, C. W. S., Beech, I. D., Campbell, S. A. et al. (1994). The effect of industrial biocides on sulphate -reducing bacteria under high pressure. International Biodeterioration & Biodegradation 33 (4): 299-310.

[33] Galloway, A. J. (1995). Method for removing sulphide (s) from sour gas. US Patent 5,405,591, assigned to Galtech Canada Ltd.

[34] van Dijk, J. and Bos, A. (1998). An experimental study of the reactivity and selectivity of novel polymeric triazine type $H_2S$ scavengers. In: Chemical in the Oil Industry: Recent Developments (ed. L. Cookson and

P. H. Ogden), 17–181. Cambridge: RSC Publishing.

[35] Bird, A. F., Rosser, H. R., Worrall, M. E. et al. (2002). Sulfate reducing bacteria biofilms in a large seawater injection system. SPE International Conference on Health, Safety and Environment in Oil and Gas Exploration and Production, Kuala Lumpur, Malaysia (20–22 March 2002), SPE 73959.

[36] https: //www.cancer.gov/about-cancer/causes-prevention/risk/substances/formaldehyde/ formaldehyde-fact-sheet.

[37] Cochrane, S. A., Arts, J. H. E., Ehnes, C. et al. (2015). Thresholds in chemical respiratory sensitization. Toxicology 33 (3): 179–194.

[38] Craddock, H. A. (2011-2016). Various Marketing Studies Commission by Oil Operating Clients. HC Oilfield and Chemical Consulting.

[39] Theis, A. B. and Leder, J. (1991). Method for the control of biofouling. US Patent 5,128,051, Assigned to Union Carbide Chemicals & Plastics Technology Corporation.

[40] Fujita, H., Sawada, Y., Ogawa, M., and Endo, Y. (2007). Health hazards from exposure to othro-phthalaldehyde, a disinfectant for endoscopes, and prevent measures for health care workers. Sango Eiseigaku Zasshi 49 (1): 1–8.

[41] Frenier, W. W. and Growcock, F. B. (1988). Mixtures of α, β-unsaturated aldehydes and surface active agents used as corrosion inhibitors in aqueous fluids. US Patent 4,734,259, assigned to Dowell Schlumberger Incorporated.

[42] Frenier, W. W. and Hill, D. G. (2002). Well treatment fluids comprising mixed aldehydes. US Patent 6,399,547, assigned to Schlumberger Technology Corporation.

[43] Singh, A. and Quraishi, M. A. (2015). Acidizing corrosion inhibitors: a review. Journal of Materials and Environmental Science 6 (1): 224–235.

[44] Karas, L. J. and Goliaszewski, A. E. (2010). Process for removing hydrogen sulfide in crude oil. International Patent Application WO 2010 027353, applied for by General Electric Company.

[45] Bedford, C. T., Fallah, A., Mentzer, E., and Willianson, F. A. (1992). The first characterisation of a glyoxal-hydrogen sulphide adduct. Journal of the Chemical Society, Chemical Communications 1035–1036.

[46] Cassidy, J. M., Kiser, C. E. and Lane, J. L. (2008). Corrosion inhibitor intensifier compositions and associated methods. US Patent Application 20080139414, applied for by Halliburton Energy Services Inc.

[47] Horaska, D. D., San Juan, C. M., Dickinson, A. L. et al. (2011). Acrolein provides benefits and solutions to offshore oilfield production problems. Annual Technical Conference and Exhibition, Denver, CO, USA (30 October - 2 November 2011), SPE 146080SPE.

[48] Reed, C., Foshee, J., Penkala, J. E. and Roberson, M. (2005). Acrolein application to mitigate biogenic sulfides and remediate injection well damage in a gas plant water disposal system. SPE International Symposium on Oilfield Chemistry, The Woodlands, TX (2–4 February 2005), SPE 93602.

[49] Frenier, W. W. (1992). Process and composition for inhibiting high-temperature iron and steel corrosion. US Patent 5,096,618, assigned to Dowell Schlumberger Incorporated.

[50] Brandon, D. M., Fillo, J. P., Morris, A. E. and Evans, J. M. (1995). Biocide and corrosion inhibition use in the oil and gas industry: effectiveness and potential environmental impacts. SPE/EPS Exploration and Production Environmental Conference, Houston, TX (27–29 March 1995), SPE 29735.

[51] McGinley, H. R., Enzein, M., Hancock, G. et al. (2009). Glutaraldehyde: an understanding of its ecotoxicity profile and environmental chemistry. Paper 090405, NACE Corrosion Conference, Atlanta (22–29 March 2009).

[52] Omil, F. , Mendez, D. , Vidal, G. et al. (1999). Biodegradation of formaldehyde under aerobic conditions. Enzyme and Microbial Technology 24 (5-6): 255-262.

[53] Qu, M. and Bhattacharya, S. K. (1997). Toxicity and biodegradation of formaldehyde in anaerobic methanogenic culture. Biotechnology and Bioengineering 55 (5): 727-736.

[54] McLelland, G. W. (1997). Results of using formaldehyde in a large north slope water treatment system. SPE Computer Applications 2 (9): 55-60, SPE 35675.

[55] Hille, M. , Wittkus, H. and Weinett, F. (1998). Use of acetal-containing mixtures. US Patent 5,830,830, assigned to Clariant Gmbh.

[56] Welton, T. D. and Cassidy, J. M. (2007). Thiol/aldehyde corrosion inhibitors. US Patent 7,216,710, assigned to Halliburton Energy Services Inc.

[57] https: //chem. libretexts. org/Core/Organic_ Chemistry/Amides/Synthesis_ of_ Amides

[58] Lanigan, R. M. , Starkov, P. , and Sheppard, T. D. (2013). Direct synthesis of amides from carboxylic acids and amines using B (OCH2CF3) 3. Journal of Organic Chemistry 78 (9): 4512-4523.

[59] Genuyt, B. , Janssen, M. , Reguerre, R. et al. (2001). Composition lubrifiante biodegradable et ses utilisations, notamment dans un fluide de forage. WO Patent 0183640, assigned to Totalfinaelf France.

[60] Muller, H. , Herold, C. P. , von Tapavicza, S. et al. (1990). Esters of medium chain size carboxylic acids as components of the oil phase of invert emulsion drilling fluids. EP Patent 0386636, assigned to Henkel KGAA.

[61] Rudnick, L. R. ed. (2013). Synthetics, Mineral Oils and Bio-based Lubricants: Chemistry and Technology, 2ee. CRC Press.

[62] Dahlmann, U. and Feustal, M. (2008). Corrosion and gas hydrate inhibitors having improved water solubility and increased biodegradability. US Patent 7,435,845, assigned to Clariant Produkte (Deutschland) Gmbh.

[63] Dawson, J. C. and Le, H. V. (2004). Fracturing using gel with ester delayed breaking. US Patent 6,793, 018, assigned to BJ services Company.

[64] Johnson, D. M. and Ippolito, J. S. (1995). Corrosion inhibitor and sealable thread protector end cap for tubular goods. US Patent 5,452,749, assigned to Centrax International Corp.

[65] Schriener, K. and Munoz, T. Jr. (2009). Methods of degrading filter cakes in a subterranean formation. US Patent 7,497,278, assigned to Halliburton Energy Services Inc.

[66] Darling, D. and Rakshpal, R. (1998). Green chemistry applied to corrosion and scale inhibitors. Corrosion 98, San Diego, CA (22-27 March 1998). (see also Materials Performance 37 (12), 42-47. )

[67] Pou, T. E. and Fouquay, S. (2002). Polymethylenepolyamine dipropionamides as environmentally safe inhibitors of the carbon corrosion of iron. US Patent 6,365,100, assigned to Ceca SA.

[68] Valone, F. W. (1989). Corrosion inhibiting system containing alkoxylated alkylphenol amines. US Patent 4,867,888, assigned to Texaco Inc.

[69] Fink, J. (2013). Petroleum Engineers Guide to Oilfield Chemicals and Fluids. Elsevier.

[70] Romocki, J. (1996). Application of N, N-dialkylamides to control the formation of emulsions or sludge during drilling or workover of producing oil wells. US Patent 5,567,675, assigned to Buck Laboratories of Canada Ltd.

[71] Weers, J. J. and Thomasson, C. E. (1993). Hydrogen sulfide scavengers in fuels, hydrocarbons and water using amidines and polyamidines. US Patent 5,223,127, assigned to Petrolite Corporation.

[72] Ramachandran, S. , Jovancicevic, V. and Long, J. (2009). Development of a new water soluble high temperature corrosion inhibitor. CORROSION 2009, Atlanta, GA (22-26 March 2009), NACE 09237.

[73] Miksic, B. A., Furman, A., Kharshan, M. (2004). Corrosion resistant system for performance drilling fluids utilizing formate brine. US Patent 6,695,897, assigned to Cortec Corporation.
[74] Mahrwald, R. (2004). Modern Aldol Reactions, vol. 1 and 2, 1218-1223. Weinheim: Wiley-VCH.
[75] Brezinski, M. M. (2001). Methods and acidizing compositions for reducing metal surface corrosion and sulfide precipitation. US Patent 6,315,045, Halliburton Energy Services Inc.
[76] Keatch, R. and Guan, H. (2011). Method of inhibiting salt precipitation from aqueous streams. US Patent 20110024366.
[77] Anderson, J. D., Hayman, E. S. Jr. and Radzewich, E. A. (1976). Acid inhibitor composition and process in hydrofluoric acid chemical cleaning. US Patent 3,992,313, assigned to Amchem Products Inc.
[78] Jenkins, A. (2011). Organic corrosion inhibitor package for organic acids. US Patent 20110028360, assigned to MI Drilling Fluids (UK) Ltd.
[79] Fankiewicz, T. C. and Gerlach, J. (2004). Process for removing mercury from liquid hydrocarbons using a sulfur-containing organic compound. US Patent 6,685,824, assigned to Union Oil Company of California.
[80] Tang, T., Xu, J., Lu, R. et al. (2010). Enhanced $Hg^{2+}$ removal and $Hg^0$ re-emission control from wet fuel gas desulfurization liquors with additives. Fuel 89 (12): 3613-3617.
[81] Jacobs, I. C. and Thompson, N. E. S. (1992). Certain dithiocarbamates and method of use for reducing asphaltene precipitation in asphaltenic reservoirs. US Patent 5,112,505, assigned to Petrolite Corporation.
[82] Hart, P. R. (2001). The development and application of dithiocarbamate (DTC) chemistries for use as flocculants by North Sea operators. Chemistry in the Oil Industry Ⅶ, Manchester, UK (13-14 November 2001), pp. 149-162.
[83] Bellos, T. J. (2000). Polyvalent metal cations in combination with dithiocarbamic acid compositions as broad spectrum demulsifiers. US Patent 6,019,912, assigned to Baker Hughes Incorporated.
[84] Durham, D. K., Conkie, U. C. and Downs, H. H. (1991). Additive for clarifying aqueous systems without production of uncontrollable floc. US Patent 5,006,274, assigned to Baker Hughes Incorporated.
[85] Musa, O. M. (2011). International Patent Application WO 2011/163317, International Specialty Product Inc.
[86] http://www.inchem.org/documents/ehc/ehc/ehc78.htm.
[87] Haendel, M. A., Tilton, F., Bailey, G. S., and Tanguay, R. L. (2004). Developmental toxicity of the dithiocarbamate pesticide sodium metam in zebrafish. Toxicological Sciences 81 (2): 390-400.
[88] Liu, S. and Suflita, J. M. (1994). Anaerobic biodegradation of methyl esters by Acetobacterium woodii and Eubacterium limosum. Journal of Industrial Microbiology 13 (5): 321-327.
[89] Neilsen, C. J., D' Anna, B. and Karl, M. et al. (2011). Atmospheric degradation of Amines (ADA) Summary Report: Photo-Oxidation of Methylamine, Dimethylamine and Trimethylamine. CLIMIT Project No. 201604. Norwegian Institute for Air Research.
[90] Booth, A., da Silva, E. and Brakstad, O. G. (2011). Environmental impacts of amines and their degradation products: current status and knowledge gaps. 1st Post Combustion Capture Conference, Abu Dhabi (17-19 May 2011).
[91] Brakstad, O. G., da Silva, E. F. and Syversen, T. (2010). TCM Amine Project: Support on Input to Environmental Discharges. Evaluation of Degradation Components. SINTEF 2010.
[92] Evans, W. H., David, E. J., and Patterson, S. J. (1973). Biodegradation of urea in river waters under controlled laboratory conditions. Water Research 7 (7): 975-985.
[93] Saltmiras, D. A. and Lemley, A. T. (2000). Degradation of ethylene thiourea (ETU) with three fenton

treatment processes. Journal of Agricultural and Food Chemistry 48 (12): 6149-6157.

[94] Watts, R. R., Storherr, R. W., and Onley, J. H. (1974). Effects of cooking on ethylene bisdithiocarbamate degradation to ethylene thiourea. Bulletin of Environmental Contamination and Toxicology 12 (2): 224-226.

[95] Bertkua, W. and Steidl, N. (2012). Alkanesulfonic acid microcapsules and use thereof in deep wells. US Patent Application 20120222863, assigned to BASF De.

[96] Shank, R. A. and McCartney, T. R. (2013). Synergistic and divergent effects of surfactants on the kinetics of acid dissolution of calcium carbonate scale. CORROSION 2013, Orlando, FL (17-21 March 2013), NACE 2013-2762.

[97] De Boer, R. B., Leerlooyer, K., Eigner, M. R. P., and van Bergen, A. R. D. (1995). Screening of crude oils for asphalt precipitation: theory, practice, and the selection of inhibitors. SPE Production & Facilities 10 (01): 55-61, SPE 24987.

[98] Miller, D., Volimer, A. and Feustal, M. (1999). Use of alkanesulfonic acids as asphaltene-dispersing agents. US Patent 5925233, Clariant Gmbh.

[99] Weiche, I. and Jermansen, T. G. (2003). Design of synthetic dispersants for asphaltene constituents. Petroleum Science and Engineering 21 (3-4): 527-536.

[100] Goldszal, A., Hurtevent, C. and Rousseau, G. (2002). Scale and naphthenate inhibition in deep-offshore fields. International Symposium on Oilfield Scale, Aberdeen, UK (30-31 January 2002), SPE 74661.

[101] Fry, S. E., Totten, P. L., Childs, J. D. and Lindsey, D. W. (1990). Chloride-free set accelerated cement compositions and methods. US Patent 5,127,955, assigned to Halliburton Company.

[102] Patel, B. and Stephens, M. (1991). Well cement slurries and dispersants therefor. US Patent 5,041,630, assigned to Phillips Petroleum Company.

[103] Varadaraj, R., Savage, D. W. and Brons, C. H. (2001). Chemical demulsifier for desalting heavy crude, US Patent 6, 168, 702, assigned to Exxon Research and Engineering Company.

[104] Lindstrom, M. R. and Mark, H. W. (1987). Inhibiting corrosion: benzylsulfinylacetic acid or benzylsulfonylacetic acid. US Patent 4,637,833, assigned to Phillips Petroleum Co.

[105] Walele, I. I. and Syed, S. A. (1995). Process for making N-acyl taurides. US Patent 5,434,276, assigned to Finetex Inc.

[106] The Soap and Detergent Association. (1996). Monograph on Linear Alkylbenzene Sulphonate.

[107] Liu, Z., Wang, X., and Liu, Z. F. (2012). Synthesis and properties of the ESA/AMPS copolymer. Applied Mechanics and Materials 164: 194-198.

[108] Higgins, T. P., Davey, M., Trickett, J. et al. (1996). Metabolism of methanesulfonic acid involves a multicomponent monooxygenase enzyme. Microbiology 142 (Pt. 2): 251-260.

[109] Hammerschmidt, E. G. (1934). Formation of gas hydrates in natural gas transmission lines. Industrial and Engineering Chemistry 26 (8): 851-855.

[110] DeVries, A. L. and Wohlschlaq, D. E. (1969). Freezing resistance in some Antarctic fishes. Science 163 (3871): 1073-1075.

[111] Sloan, E. D. Jr. (1998). Clathrate Hydrates of Natural Gasses, 2ee. CRC Press.

[112] Anyadiegwu, C. I. C., Kerunwa, A., and Oviawete, P. (2014). Natural gas dehydration using triethylene glycol. Petroleum & Coal 56 (4): 407-417.

[113] Fisk, J. V., Kerchevile, J. D. and Prober, K. W. (2006). Silicic acid mud lubricants. US Patent 6,989,352, Halliburton Energy Services Inc.

[114] Argiller, J. -F., Demoulin, A., Aidibert-Hayet, A. and Janssen, M. (2004). Borehole fluid containing a

lubricating composition—method for verifying the lubrification of a borehole fluid—application with respect to fluids with a high pH. US Patent 6,750,180, assigned to Institute Francais Du Petrole.

[115] Coburn, C. E. , Pohlman, J. L. , Pyzowski, B. A. et al. (2015). Aminoalcohol and biocide compositions for aqueous based systems. US Patent 9,034,929, assigned to Angus Chemical Company.

[116] Mainier, F. , Saliba, C. A. and Gonzalez, G. (1990). Effectiveness of acid corrosion inhibitors in the presence of alcohols. Unsolicited paper published in e-Library, Society of Petroleum Engineers, SPE 20404.

[117] Sullivan, D. S. III, Strubelt, C. E. and Becker, K. W. (1977). Diacetylenic alcohol corrosion inhibitors. US Patent 4,039,336, assigned to Exxon Research and Engineering Company.

[118] Vorderbruggen, M. A. and Kaarigstad, H. (2006). Meeting the environmental challenge: a new acid corrosion inhibitor for the Norwegian sector of the North Sea. SPE Annual Technical Conference and Exhibition, San Antonio, TX (24-27 September 2006), SPE 102908.

[119] Frenier, W. W. , Growcock, F. B. , and Lopp, V. R. (1988). Mechanisms of corrosion inhibitors used in acidizing wells. SPE Production Engineering 3 (4): 584-590, SPE 14092.

[120] Delgado, E. and Keown, B. (2009). Low volatile phosphorous gelling agent. US Patent 7,622,054, assigned to Ethox Chemicals Llc.

[121] Richardson, W. C. and Kibodeaux, K. R. (2001). Chemically assisted thermal flood process. US Patent 6,305,472, assigned to Texaco Inc.

[122] Cobb, H. G. (2010). Composition and process for enhanced oil recovery. US Patent 7,691,790, assigned to Coriba Technologies L. L. C.

[123] Fu, B. (2001). The development of advanced kinetic hydrate inhibitors. Chemistry in the Oil Industry VII, Manchester, UK (13-14 November 2001), pp. 264-276.

[124] Gartner, E. M. and Kreh, R. P. (1993). Cement additives and hydraulic cement mixes containing them. CA Patent 2071080, assigned to Inventors and W. R. Grace and Co.

[125] Barker, K. M. and Newberry, M. E. (2007). Inhibition and removal of low-pH fluid-induced asphaltic sludge fouling of formations in oil and gas wells. International Symposium on Oilfield Chemistry, Houston, TX (28 February-2 March, 2007), SPE 102738.

[126] Holtrup, F. , Wasmund, E. , Baumgartner, W. and Feustal, M. (2002). Aromatic aldehyde resins and their use as emulsion breakers. US Patent 6,465,528, assigned to Clariant Gmbh.

[127] Al-Anazi, M. , Al-Mutairi, S. H. , Alkhaldi, M. et al. (2011). Laboratory evaluation of organic water shut-off gelling system for carbonate formations. SPE European Formation Damage Conference, Noordwijk, The Netherlands (7-10 June 2011), SPE 144082.

[128] Pozzo, A. D. and Pastori, N. (1996). Percutaneous absorption of parabens from cosmetic formulations. International Journal of Cosmetic Science 18 (2): 57-66.

[129] http://ec.europa.eu/environment/chemicals/endocrine/.

[130] Darbre, P. D. and Harvey, P. W. (2008). Paraben esters: review of recent studies of endocrine toxicity, absorption, esterase and human exposure, and discussion of potential human health risks. Journal of Applied Toxicology 28 (5): 561-578.

[131] Feraud, J. P. , Perthius, H. and Dejeux, P. (2001). Compositions for iron control in acid treatments for oil wells. US Patent 6,306,799, assigned to Schlumberger Technology Corporation.

[132] Jovanciecevic, V. , Ahn, Y. S. , Dougherty, J. A. and Alink, B. A. (2000). $CO_2$ corrosion inhibition by sulfur-containing organic compounds. CORROSION 2000, Orlando, FL (26-31 March 2000), NACE Paper 7.

[133] Ramachandram, S. , Jovanciecevic, V. , Williams, G. et al. (2010). Development of a new high shear corrosion inhibitor with beneficial water quality attributes. CORROSION 2010, San Antonio, TX (14-18 March 2010), NACE 10375.

[134] Hausler, R. H. , Alink, B. A. , Johns, M. E. and Stegmann, D. W. (1988). Carbon dioxide corrosion inhibiting composition and method of use thereof. European Patent Application EP027651, assigned to Petrolite Corporation.

[135] Redmore, D. and Alink, B. A. (1972). Use of thionium derivatives as corrosion inhibitors. US Patent 3,697,221, assigned to Petrolite Corporation.

[136] Starkey, R. J. , Monteith, G. A. and Wilhelm, C. A. (2008). Biocide for well stimulation treatment fluids. US Patent Application 20080004189, assigned to Kemira Chemicals Inc.

[137] Alonso-Debolt, M. A. , Bland, R. G. , Chai, B. J. et al. (1995). Glycol and glycol ether lubricants and spotting fluids. WO Patent 1995028455, assigned to Baker Hughes Incorporated.

[138] Karaev, S. F. O. , Gusejnov, S. O. O. , Garaeva, S. V. K. and Talybov, G. M. O. (1996). Producing propargyl ether for use as a metal corrosion inhibitor. RU Patent 2056401.

[139] Collins, I. R. , Goodwin, S. P. , Morgan, J. C. and Stewart, N. J. (2001). Use of oil and gas field chemicals. US Patent 6,225,263, assigned to BP Chemicals Ltd.

[140] White, G. F. , Russel, N. J. , and Tideswell, E. C. (1996). Bacterial scission of ether bonds. Microbiological Reviews 60 (1): 216-232.

[141] Kim, Y. -H. and Engesser, K. -H. (2004). Degradation of alkyl ethers, aralkyl ethers, and dibenzyl ether by rhodococcus sp. strain DEE5151, isolated from diethyl ether-containing enrichment cultures. Applied and Environmental Microbiology 70 (7): 4398-4401.

[142] Tideswell, E. C. , Russel, N. J. , and White, G. F. (1996). Ether bond scission in the biodegradation of alcohol ethoxylate non-ionic surfactants by pseudomonas sp. strain SC25A. Microbiology 143: 1123-1131.

[143] Reid, I. D. (1995). Biodegradation of lignin. Canadian Journal of Botany 73 (S1): 1011-1018.

[144] The Ministers of The Environment and Health. (2010). Screening assessment for n-Butyl glycidyl ether (CAS Registry Number 2426-08-6) Environment Canada/Health Canada, March 2010.

[145] Meier, I. K. , Goddard, R. J. and Ford, M. E. (2008). Amine-based gas hydrate inhibitors. US Patent 7,452,848, assigned to Air Products and Chemicals Inc.

[146] Klug, P. and Kelland, M. A. (2003). Additives for inhibiting gas hydrate formation. US Patent 6,544,932, assigned to Clariant Gmbh and Rf-Rogaland Research.

[147] Boyle, B. (2004). A look at developments in vapour phase corrosion inhibitors. Metal Finishing 102 (5): 37-41.

[148] Papir, Y. S. , Schroder, A. H. and Stone, P. J. (1989). New downhole filming amine corrosion inhibitor for sweet and sour production. SPE International Symposium on Oilfield Chemistry, Houston, TX (8-10 February 1989), SPE 18489.

[149] Miksic, B. A. , Furman, A. and Kharshan, M. (2004). Corrosion inhibitor barrier for ferrous and non-ferrous metals. US Patent 6,800,594, assigned to Cortec Corporation.

[150] Hellberg, P. -E. (2009). Structure-property relationships for novel low-alkoxylated corrosion inhibitors. Chemistry in the Oil Industry XI, Manchester, UK (2-4 November 2009).

[151] Ford, M. E. , Kretz, C. P. , Lassila, K. R. et al. (2006). *N*, *N'*-dialkyl derivatives of polyhydroxyalkyl alkylenediamines. European Patent EP 1,637,038, assigned to Air Products and Chemicals Inc.

[152] Jenvey, N. J. , MacLean, A. F. , Miles, A. F. and Montgomerie, H. T. R. (2000). The application of oil

soluble scale inhibitors into the Texaco galley reservoir. A comparison with traditional squeeze techniques to avoid problems associated with wettability modification in low water-cut wells. International Symposium on Oilfield Scale, Aberdeen, UK (26-27 January 2000), SPE 60197.

[153] Jorda, R. M. (1962). Aqualin biocide in injection waters. SPE Production Research Symposium, Tulsa, OK (12-13 April 1962), SPE 280.

[154] Ludensky, M., Hill, C. and Lichtenberg, F. (2003). Composition including a triamine and a biocide and a method for inhibiting the growth of microorganisms with the same. US Patent Application 20030228373, assigned to Lonza Inc. and Lonza Ag.

[155] Greene, E. A., Brunelle, V., Jenneman, G. E., and Voordouw, G. (2006). Synergistic inhibition of microbial sulfide production by combinations of the metabolic inhibitor nitrite and biocides. Applied and Environmental Microbiology 72 (12): 7897-7901.

[156] Dahlmann, U. and Feustal, M. (2007). Additives for inhibiting the formation of gas hydrates. US Patent 7,183,240, assigned to Clariant Product Gmbh.

[157] Garvey, C. M., Savoly, A. and Weaterford, T. M. (1987). Drilling fluid dispersant. US Patent 4,711,731, assigned to Diamond Shamrock Chemicals Company.

[158] Meyer, G. R. (1999). Corrosion inhibitor compositions including quaternized compounds having a substituted diethylamino moiety. US Patent 6,488,868, Assigned to Ondeo Nalco Energy Services L. P.

[159] Kissel, C. L. (1999). Process and composition for inhibiting corrosion. EP Patent 9,069,69, assigned to Degussa AG.

[160] Young, L. A. (1993). Low melting polyalkylenepolyamine corrosion inhibitors. WO Patent 9,319,226, assigned to Chevron Research and Technology Company.

[161] Hatchman, K. (1999). Drilling fluid concentrates. EP Patent 9,033,90, assigned to Albright and Wilson UK Ltd.

[162] Chatterji, J., Morgan, R. L. and Davis, G. W. (1997). Set retarded cementing compositions and methods. US Patent 5,672,203, assigned to Halliburton Company.

[163] Polasek, J. and Bullin, J. A. (1994). Process considerations in selecting amines for gas sweetening. Proceedings Gas Processors Association Regional Meeting, Tulsa, OK (September 1994).

[164] Hafiz, A. A. and Khidr, T. T. (2007). Hexa-triethanolamine oleate esters as pour point depressant for waxy crude oils. Journal of Petroleum Science and Engineering. 56 (4): 296-302.

[165] Przybylinski, J. L. (1989). Adsorption and desorption characteristics of mineral scale inhibitors as related to the design of squeeze treatments. SPE International Symposium on Oilfield Chemistry, Houston, TX (8-10 February 1989), SPE 18486.

[166] Darling, D. and Rakshpal, R. (1998). Green chemistry applied to corrosion and scale inhibitors. CORROSION 98, San Diego, CA (22-27 March 1998), NACE 98207.

[167] Hollingshad, W. R. (1976). Corrosion inhibition with triethanolamine phosphate ester compositions. US Patent 3,932,303, assigned to Calgon Corporation.

[168] Burgazli, C. R., Navarette, R. C., and Mead, S. L. (2005). New dual purpose chemistry for gas hydrate and corrosion inhibition. Journal of Canadian Petroleum Technology 44 (11): doi: 10.2118/05-11-04.

[169] Bellos, T. J. (1984). Block polymers of alkanolamines as demulsifiers for O/W emulsions. US Patent 4,459,220, assigned to Petrolite Corporation.

[170] Fikentscher, R., Oppenlaender, K., Dix, J. P. et al. (1993). Methods of demulsifying employing condensates as demulsifiers for oil-in water emulsions. US Patent 5,234,626, assigned to BASF Ag.

[171] von Tapavicza, S. , Zoeliner, W. , Herold, C. -P. et al. (2002). Use of selected inhibitors against the formation of solid organo - based incrustations from fluid hydrocarbon mixtures. US Patent 6, 344, 431, assigned to Inventors.

[172] Keatch, R. W. (1998). Removal of sulphate scale from surfaces. GB Patent 2, 314, 865, assigned to Inventor.

[173] Raad, I. and Sheretz, R. (2001). Chelators in combination with biocides: treatment of microbially induced biofilm and corrosion. US Patent 6,267,979, assigned to Wake Forrest University.

[174] Schowanek, D. , Feijtel, T. C. J. , Perkins, C. M. et al. (1997). Biodegradation of [S, S], [R, R] and mixed stereoisomers of ethylene diamine disuccinic acid (EDDS), a transition metal chelator. Chemosphere 34 (11): 2375-2391.

[175] Putnis, A. , Putnis, C. V. and Paul, J. M. (1995). The efficiency of a DTPA - based solvent in the dissolution of barium sulfate scale deposits. SPE International Symposium on Oilfield Chemistry, San Antonio, TX (14-17 February 1995), SPE 29094.

[176] Rebeschini, J. , Jones, C. , Collins, G. et al. The development and performance testing of a novel biodegradable barium sulphate scale dissolver. Paper presented at 19th Oilfield Chemistry Symposium Geilo, Norway (9-12 March 2008).

[177] Boreng, R. , Chen, P. , Hagen, T. et al. (2004). Creating value with green barium sulphate scale dissolvers - development and field deployment on statfjord unit. SPE International Symposium on Oilfield Scale, Aberdeen, UK (26-27 May 2004), SPE 87438.

[178] de Wolf, C. A. , Lepage, J. N. , Nasr-El-Din, H. (2013). Ammonium salts of chelating agents and their use in oil and gas field applications. US Patent Application 20130281329, Applicant Akzo Nobel Chemicals International B. V.

[179] Braun, W. , de Wolf, C. A. and Nasr-El-Din, H. A. (2012). Improved health, safety and environmental profile of a new field proven stimulation fluid. SPE Russian Oil and Gas Exploration and Production Technical Conference and Exhibition, Moscow, Russia (16-18 October 2012), SPE 157467.

[180] McElfresh, P. M. and Williams, C. F. (2007). Hydraulic fracturing using non - ionic surfactant gelling agent. US Patent 7,216,709, assigned to Akzo Nobel.

[181] Shimura, Y. and Takahashi, J. (2007). Oxygen scavenger and the method for oxygen reduction treatment. US Patent 7,112,284, assigned to Kurita Water Industries Ltd.

[182] Slovinsky, M. (1981). Boiler additives for oxygen scavenging. US Patent 4,269,717, assigned to Nalco Chemical Company.

[183] Colclough, V. L. (2001). Fast acting disinfectant and cleaner containing a polymeric biguanide. US Patent 6,303,557, assigned to S. C. Johnson commercial Markets Inc.

[184] Oguzie, E. E. , Li, Y. , and Wang, F. H. (2007). Corrosion inhibition and adsorption behavior of methionine on mild steel in sulfuric acid and synergistic effect of iodide ion. Journal of Colloid and Interface Science 10 (1): 90-98.

[185] http: //www. cefas. co. uk/media/1384/13-06e_ plonor. pdf.

[186] Huber, M. , Meyer, U. , and Rys, P. (2000). Biodegradation mechanisms of linear alcohol ethoxylates under anaerobic conditions. Environmental Science and Technology 34 (9): 1737-1741.

[187] Shadina, H. and Wright, J. S. (2008). Understanding the toxicity of phenols: using quantitative structure-activity relationship and enthalpy changes to discriminate between possible mechanisms. Chemical Research in Toxicology 21 (6): 1197-1204.

[188] Bolton, J. L., Trush, M. A., Penning, T. M. et al. (2000). Role of quinones in toxicology. Chemical Research in Toxicology 13 (3): 135–160.

[189] Scott, M. J. and Jones, M. N. (2000). The biodegradation of surfactants in the environment. Biochimica et Biophysica Acta 1508 (1–2): 235–251.

[190] Pachura–Bouchet, S., Blaise, C., and Vasseur, P. (2006). Toxicity of nonylphenol on the cnidarian Hydra attenuata and environmental risk assessment. Environmental Toxicology 21 (4): 388–394.

[191] Jaques, P., Martin, I., Newbigging, C., and Wardell, T. (2002). Alkylphenol based demulsifier resins and their continued use in the offshore oil and gas industry. In: Chemistry in the Oil Industry Ⅶ (ed. T. Balson, H. Craddock, J. Dunlop, et al.), 56–66. The Royal Society of Chemistry.

[192] Tyagi, R., Tyali, V. K., and Pandey, S. K. (2007). Imidazoline and its derivatives: an overview. Journal of Oleo Science 56 (5): 211–222.

[193] Chheda, B. D. (2007). Asphaltene dispersants for petroleum products. US Patent Application 20070124990.

[194] Feustel, M. and Klug, P. (2002). Compound for inhibiting corrosion. US Patent 6,372,918, assigned to Clariant Gmbh.

[195] Durnie, W. H. and Gough, M. A. (2003). Characterisation, isolation and performance characteristics of imidazolines: Part II development of structure–activity relationships. Paper 03336, NACE Corrosion 2003, San Diego, CA (March 2003).

[196] Watts, M. M. (1990, 1990). Imidazoline hydrolysis in alkaline and acidic media – a review. Journal of the American Oil Chemists Society 67 (12): 993–995.

[197] Littman, E. S. and McLean, T. L. (1987). Chemical control of biogenic $H_2$ in producing formations. SPE Production Operations Symposium, Oklahoma City, OK (8–10 March 1987), SPE 16218.

[198] Thompkins, H. G. and Sharma, S. P. (1982). The interaction of imidazole, benzimidazole and related azoles with a copper surface. Surface and Interface Analysis 4 (6): 261–266.

[199] Samant, A. K., Koshel, K. C. and Virmani, S. S. (1988). Azoles as corrosion inhibitors for mild steel in a hydrochloric acid medium. Unsolicited paper published in e–Library, Society of Petroleum Engineers, SPE 19022.

[200] Ward, E. C., Foster, A., Glaser, D. E. and Weidner, I. (2004). Looking for an alternative yellow metal corrosion inhibitor. CORROSION 2004, New Orleans, LA (28 March–1 April 2004), NACE 04079.

[201] Finsgar, M. and Jackson, J. (2014). Application of corrosion inhibitors for steels in acidic media for the oil and gas industry: a review. Corrosion Science 86: 17–41.

[202] Quarishi, M. and Jamal, D. (2000). Fatty acid triazoles: novel corrosion inhibitors for oil well steel (N–80) and mild steel. Journal of American Oilfield Chemists 77 (10): 1107–1111.

[203] Antonijevic, M. M. and Petrovic, M. B. (2008). Copper corrosion inhibitors: a review. International Journal of Electrochemical Science 3: 1–28.

[204] Ward, E. C. and Glaser, D. E. (2007). A new look at azoles. NACE International, CORROSION 2007, Nashville, TN (11–15 March 2007), NACE 07065.

[205] Giger, W., Schaffner, C., and Kohler, H. –P. E. (2006). Benzotriazole and tolyltriazole as aquatic contaminants. 1. Input and occurrence in rivers and lakes. Environmental Science and Technology 40 (23): 7186–7192.

[206] Rouet, J., Groffe, D. and Saluan, M. (2011). Asphaltene–stabilising molecules having a tetrapyrrolic pattern. European patent EP 2,097,162, assigned to Scomi Anticor.

[207] Eoff, L. S. , Raghava, B. and Dalrymple, E. D. (2002). Methods of reducing subterranean formation water permeability. US Patent 6,471,69, assigned to Halliburton Energy Services Inc.

[208] Jarret, M. and Clapper, D. (2010). High temperature filtration control using water based drilling fluid systems comprising water soluble polymers. US Patent 7,651,980, assigned to Baker Hughes Inc.

[209] Wu, Y. and Gray, R. A. (1992). Compositions and methods for inhibiting corrosion. US Patent 5,118,536, assigned to Phillips Petroleum Company.

[210] Fu, S. B. , Cenegy, L. M. and Neff, C. S. (2001). A summary of successful field applications of A kinetic hydrate inhibitor. SPE International Symposium on Oilfield Chemistry, Houston, TX (13 – 16 February 2001), SPE 65022.

[211] O' Reilly, R. , Ieong, N. S. , Chua, P. C. , and Kelland, M. A. (2011). Missing poly (N–vinyl lactam) kinetic hydrate inhibitor: high–pressure kinetic hydrate inhibition of structure II gas hydrates with poly (*N*–vinyl piperidone) and other poly (*N*–vinyl lactam) homopolymers. Energy Fuels 25 (10): 4595–4599.

[212] Sloan, D. , Koh, C. , and Sum, A. K. ed. (2011). Natural Gas hydrates in Flow Assurance. Burlington, MA: Gulf Professional Publishing.

[213] Angel, M. , Nuebecker, K. and Saner, A. (2005). Grafted polymers as gas hydrate inhibitors. US Patent 6,867,662, assigned to BASF Ag.

[214] Balzer, J. , Feustal, M. , Matthias, M. and Reimann, W. (1995). Graft polymers, their preparation and use as pour point depressants and flow improvers for crude oils, residual oils and middle distillates. US Patent 5,439,981, assigned to Hoechst Ag.

[215] Shimura, Y. , Uchida, K. , Sato, T. and Taya, S. (2000). The performance of new volatile oxygen scavenger and its field application in boiler systems. CORROSION 2000, Orlando, FL (26 – 31 March 2000), NACE 00327.

[216] Frenier, W. W. (1989). Acidizing fluids used to stimulate high temperature wells can be inhibited using organic chemicals. SPE International Symposium on Oilfield Chemistry, Houston, TX (8 – 10 February 1989), SPE 18468.

[217] Kennedy, W. C. Jr. (1987). Corrosion inhibitors for cleaning solutions. US Patent 4,637,899, assigned to Dowell Schlumberger Incorporated.

[218] Tiwari, L. , Meyer, G. R. and Horsup, D. (2009). Environmentally friendly bis–quaternary compounds for inhibiting corrosion and removing hydrocarbonaceous deposits in oil and gas applications. International Patent Application WO. 2009/076258, assigned to Nalco Company.

[219] Quinlan, P. M. (1982). Use of quaternized derivatives of polymerized pyridines and quinolones as demulsifiers. US Patent 4,339,347, assigned to Petrolite Corporation.

[220] Campbell, S. E. and Jovancicevic, V. (2001). Performance improvements from chemical drag reducers. SPE International Symposium on Oilfield Chemistry, Houston, TX (13–16 February 2001), SPE 65021.

[221] Schmitt, G. (2001). Drag reduction by corrosion inhibitors – a neglected option for mitigation of flow induced localized corrosion. Materials and Corrosion 52 (5): 329–343.

[222] Kokal, S. L. and Sayegh, S. G. (1995). Asphaltenes: the cholesterol of petroleum. Middle East Oil Show, Bahrain (11–14 March 1995), SPE 29787.

[223] Roper, W. L. (1992). Toxicological Profile for Pyridine. Agency for Toxic Substances and Disease Registry U. S. Public Health Service.

[224] Treybig, D. S. (1987). Novel compositions prepared from methyl substituted nitrogen–containing aromatic heterocyclic compounds and an aldehyde or ketone. US Patent 4,676,834, assigned to The Dow Chemical

Company.

[225] Smith, K., Persinski, L. J. and Wanner, M. (2008). Effervescent biocide compositions for oilfield applications. US Patent Application 20080004189, assigned to Weatherford/Lamb Inc.

[226] Fischer, G. C. (1990). Corrosion inhibitor compositions containing inhibitor prepared from amino substituted pyrazines and epoxy compounds. US Patent 4,895,702, The Dow Chemical Company.

[227] Sundh, U. B., Binderup, M. -L., Brimer, L. et al. (2011). Scientific opinion on flavouring group evaluation 17, revision 3 (FGE. 17Rev3): pyrazine derivatives from chemical group 24, EFSA panel on food contact materials, enzymes, flavourings and processing aids (CEF). EFSA Journal 9 (11).

[228] Schulten, H. -R. and Schnitzer, M. (1997). The chemistry of soil organic nitrogen: a review. Biology and Fertility of Soils. 26 (1): 1-15.

[229] Schieman, S. R. (1999). Solids-free $H_2$ scavenger improves performance and operational flexibility. SPE International Symposium on Oilfield Chemistry, Houston, TX (16-19 February 1999), SPE 50788.

[230] Bozelli, J. W., Shier, G. D., Pearce, R. L. and Martin, C. W. (1978). Absorption of sulfur compounds from gas streams. US Patent 4,112,049, The Dow Chemical Company.

[231] Craddock, H. A. (2014). The use of formaldehyde releasing biocides and chemicals in the oil and gas industry. Presented to the Formaldehyde Biocide Interest Group (FABI), Vienna (9 December 2014).

[232] https: //echa. europa. eu/registration-dossier/-/registered-dossier/15014/5/3/2

[233] Pinto, A. P., Serrano, C., Pires, T. et al. (2012). Degradation of terbuthylazine, difenoconazole and pendimethalin pesticides by selected fungi cultures. Science in the Total Environment 435-436: 402-410.

[234] Finnegan, M., Linley, E., Denyer, S. P. et al. (2010). Mode of action of hydrogen peroxide and other oxidizing agents: differences between liquid and gas forms. Journal of Antimicrobial Chemotherapy 65: 2108-2115.

[235] Nepla, C. J., Howarth, J. and Azomia, F. D. (2002). Factors to consider when applying oxidizing biocides in the field. CORROSION 2002, Denver, CO (7-11 April 2002), NACE 02223.

[236] Sook, B., Harrison, A. D. and Ling, T. F. (2003). A new thixotropic form of bromochlorodimethylhydantoin: a case study. CORROSION 2003, San Diego, CA (16-20 March 2003), NACE 03715.

[237] Janek, K. E. (2012). Beyond triazines: development of a novel chemistry for hydrogen sulfide scavenging. CORROSION 2012, Salt Lake City, UT (11-15 March, 2012), NACE 2012-1520.

[238] Craddock, H. A. (2004). Method and compounds for inhibiting corrosion. European Patent EP 1,457,585, assigned to TR Oil Services Ltd.

[239] Haruna, T., Toyota, R., and Shibata, T. (1997). The effect of potential on initiation and propagation of stress corrosion cracks for type 304l stainless steel in a chloride solution containing thiosulfate. Corrosion Science 39 (10-11): 1873-1882.

[240] Himpler, F. J., Sweeny, P. G. and Ludensky, M. L. (2001). The benefits of a hydantoin - based slimicide in papermaking applications. 55th Appita Annual Conference, Hobart, Australia (30 April-2 May 2001), Proceedings. Carlton, Victoria: Appita Inc., pp. 99-103.

[241] Lukovits, I., Kalmn, E., and Zucchi, F. (2001). Corrosion inhibitors correlation between electronic structure and efficiency. Corrosion 57 (01): 3-8, NACE 01010003.

[242] McLeary, R. R., Ruidisch, L. E., Clarke, J. T. et al. (1951). Thiophene from hydrocarbons and hydrogen sulfide. 3rd World Petroleum Congress, The Hague, The Netherlands (28 May-6 June 1951), WPC-4406.

[243] James, S. G., Nelson, E. B. and Guinot, F. J. (2002). Sand consolidation with flexible gel system. US Patent 6, 450, 260, assigned to Schlumberger Technology Corporation.

[244] Ayoub, J. A., Crawshaw, J. P. and Way, P. W. (2003). Self - diverting resin systems for sand consolidation. US Patent 6,632,778, assigned to Schlumberger Technology Corporation.

[245] Reddy, B. R. and Nguyen, P. D. (2010). Sealant compositions and methods of using the same to isolate a subterranean zone from a disposal well. US Patent 7,662,755, assigned to Halliburton Energy Services Inc.

[246] Leonov, Y. R., Lamosov, M. E., Rayabokon, S. A. et al. (1993). Plugging material for oil and gas wells. SU Patent 1,818,463, assigned to Borehole Consolidation Mu.

[247] Dyreborg, S., Arvin, E., Broholm, K., and Christensen, J. (1996). Biodegradation of thiophene, benzothiophene, and benzofuran with eight different primary substrates. Environmental Toxicology and Chemistry 15 (12): 2290-2292.

[248] Koleva, Y. and Tasheva, Y. (2012). The persistence, bioaccumulation and toxic estimation of some sulphur compounds in the environment. Petroleum and Coal 54 (3): 220-224.

[249] Kahrilas, G. A., Blotevogel, J., Stewart, P. S., and Borch, T. (2015). Biocides in hydraulic fracturing fluids: a critical review of their usage, mobility, degradation, and toxicity. Environmental Science and Technology 49 (1): 16-32.

[250] Kanda, S., Yanagita, M. and Sekimoto, Y. (1987). Stabilized fracturing fluid and method of stabilizing fracturing fluid. US Patent 4,681,690, assigned to Nito Chemical Industry C. Ltd.

[251] Hansen, H. W. and Henderson, N. D. (1991). A Review of the Environmental Impact and Toxic Effects of 2-MBT. British Columbia: Environmental protection Agency.

[252] Jafari, H., Akbarzade, K., and Danaee, I. (2014). Corrosion inhibition of carbon steel immersed in a 1M HCl solution using benzothiazole derivatives. Arabian Journal of Chemistry, Available online 13 November 2014, http: //www. sciencedirect. com/science/ article/pii/S1878535214002664.

[253] Bentiss, F., Traisnel, M., Vezin, H. et al. (2004). 2, 5-Bis (4-dimethylaminophenyl) -1, 3, 4-oxadiazole and 2, 5-bis (4-dimethylaminophenyl) -1, 3, 4-thiadiazole as corrosion inhibitors for mild steel in acidic media. Corrosion Science 46 (11): 2781-2792.

[254] Starkey, R. J., Monteith, G. A. and Aften, C. A. (2008). Biocide for well stimulation and treatment fluids. US Patent Application 20080032903, assigned to applicants.

[255] Kessler, V., Bennet, B., Diaz, R. et al. (2009). Identification and analysis of biocides effective against sessile organisms. SPE International Symposium on Oilfield Chemistry, The Woodlands, TX (20-22 April 2009), SPE 121082.

[256] Williams, T. M., Hegarty, B. and Levy, R. (2001). Control of SRB biofouling and MIC by chloromethyl-methylisothiazolone. CORROSION 2001, Houston, TX (11-16 March 2001), NACE 01273.

[257] Williams, T. M. (2009). Efficacy of isothiazolone biocide versus sulfate reducing bacteria (SRB). CORROSION 2009, Atlanta, GA (22-26 March 2009), NACE 09059.

[258] Clifford, R. P. and Birchall, G. A. (1985). Biocide. US Patent 4, 539, 071, assigned to Dearborn Chemicals Ltd.

[259] Morpeth, F. F. and Greenhalgh, M. (1990). Composition and use. EP Patent 3,903,94, assigned to Imperial Chemicals Industries PLC.

[260] Alink, B. A. M. O., Martin, R. L., Dogherty, J. A. and Outlaw, B. T. (1993). Volatile corrosion inhibitors for gas lift. US Patent 5,197,545, assigned to Petrolite Corporation.

[261] Alink, B. A. M. O. and Outlaw, B. T. (2002). Thiazolidines and use thereof for corrosion inhibition. US Patent 6,419,857, Baker Hughes Incorporated.

[262] Taylor, G. N. (2013). Method of using dithiazines and derivatives thereof in the treatment of wells. US

Patent 8,354,361, assigned to Baker Hughes Incorporated.

[263] Taylor, G. N. (2013). The isolation and formulation of highly effective corrosion inhibitors from the waste product of hexahydrotriazine based hydrogen sulphide scavengers. Chemistry in the Oil Industry Ⅷ (4-6 November 2013). Manchester, UK: The Royal Society of Chemistry, pp. 61-78.

[264] Corrin, E., Rodriguez, C. and Williams, T. M. (2015). A case study evaluating a co-injection biocide treatment of hydraulic fracturing fluids utilized in oil and gas production. CORROSION 2015, Dallas, TX (15-19 March 2015), NACE 2015-5998.

[265] Enzien, M. V., Yin, B., Love, D. et al.. (2011). Improved microbial control programs for hydraulic fracturing fluids used during unconventional shale-gas exploration and production. SPE International Symposium on Oilfield Chemistry, The Woodlands, TX (11-13 April), SPE 141409.

[266] Eggensperger, H. and Diehl, K.-H. (1979). Preserving and disinfecting method employing certain bis-oxazolidines. US Patent 4,148,905, assigned to Sterling Drug Inc.

[267] Mena-Cervantes, V. Y., Hernandez-Altamirano, R., Buenrostro-Gonzalez, E. et al. (2013). Development of oxazolidines derived from polyisobutylene succinimides as multifunctional stabilizers of asphaltenes in oil industry. Fuel 110: 293-301.

[268] Dillon, E. T. (1990). Composition and method for sweetening hydrocarbons. US Patent 4,978,512, assigned to Quaker Chemical Company.

[269] V. Y. Mena-Cervantes, R. Hernandez-Altamirano, E. Buenrostro-Gonzalez et al. (2011). Multifunctional composition base 1, 3-oxazinan-6-ones with corrosion inhibition and heavy organic compounds inhibition and dispersants and obtaining process. US Patent Application20110269650, assigned to Instituto Mexicano Del Petroleo.

[270] Gaja, M. A. and Knapp, J. S. (1997). The microbial degradation of Benzothiazoles. Journal of Applied Microbiology 83 (3): 327-334.

[271] Wang, B. Y. ed. (2008). Environmental Biodegradation Research Focus. Nova Science Publishers Inc.

[272] Hu, K., Li, H.-R., and Ou, R.-J. (et al., 2014). Tissue accumulation and toxicity of isothiazolinone in Ctenopharyngodon idellus (grass carp): association with P-glycoprotein expression and location within tissues. Environmental Toxicology and Pharmacology 37 (2): 529-535.

[273] https://www.pharosproject.net/uploads/files/cml/1400084689.pdf.

[274] Reynhout, M. J., Kind, C. E. and Klomp, U. C. (1993). A method for preventing or retarding the formation of hydrates. EP Patent 5,269,29, assigned to Shell Int. Research, B. V.

[275] Dadgar, A. (1988). Corrosion inhibitors for clear, calcium-free high density fluids. US Patent 4,784,779, assigned to Great Lakes Chemical Corp.

[276] Shin, C. C. (1988). Corrosion inhibiting composition for zinc halide-based clear, high density fluids. WO Patent 1988002432, assigned to Great Lakes Chemical Corp.

[277] Almond, S. W. (1984). Method and compositions for fracturing subterranean formations. US Patent 4,477,360, assigned to Halliburton Company.

[278] Schlemmer, R. F. (2007). Membrane forming in-situ polymerization for water based drilling fluids. US Patent 7,279,445, assigned to M. I. L. L. C.

[279] Walker, C. O. (1967). Drilling fluid. US Patent 3,314,883, assigned to Texaco Inc.

[280] Buriks, R. S. and Dolan, J. G. (1986). Demulsifier composition and method of use thereof. US Patent 4,626,379, assigned to Petrolite Corporation.

[281] Kuzee, H. C. and Raajmakers, H. W. C. (1999). Method for preventing deposits in oil extraction. WO

Patent 1999064716, assigned to Cooperatie Cosun U. A.

[282] Johannsen, F. R. (2003). Toxicological profile of carboxymethyl inulin. Food and Chemical Toxicology 41: 49-59.

[283] Kalota, D. J. and Silverman, D. C. (1994). Behavior of aspartic acid as a corrosion inhibitor for steel. Corrosion 50 (2): 138-145.

[284] Yamamoto, H., Takayanagi, Y., Takahashi, K. and Nakahama, T. (2001). Chelating agent and detergent comprising the same. US Patent 6,221,834, assigned to Mitsubishi Rayon Co. Ltd.

[285] Kumar, T., Vishwanatham, S., and Kundu, S. S. (2010). A laboratory study on pteroyl-l-glutamic acid as a scale prevention inhibitor of calcium carbonate in aqueous solution of synthetic produced water. Journal of Petroleum Science and Engineering 71 (1-2): 1-7.

[286] Fan, J. C. and Fan, L. -D. G. (2001). Inhibition of metal corrosion. US Patent 6,277,302, assigned to Donlar Corporation.

[287] Duncum, S. N., Edwards, A. R. and Osborne, C. G. (1993). Method for inhibiting hydrate formation. EP Patent 5,369,50, assigned to The British Petroleum Company plc.

[288] Vijn, J. P. (2001). Dispersant and fluid loss control additives for well cements, well cement compositions and methods. US Patent 6,182,758, assigned to Halliburton Energy Services Ltd.

[289] Valone, F. W. (1987). Corrosion inhibiting system containing alkoxylated amines. US Patent 4,636,256, assigned to Texaco Inc.

[290] Knox, D. and McCosh, K. (2005). Displacement chemicals and environmental compliance- past present and future. Chemistry in the Oil Industry IX 31, Manchester, UK (October - 2 November 2005).

[291] Craddock, H. A., Berry, P. and Wilkinson, H. (2007). A new class of. green. Corrosion inhibitors, further development and application. Transactions of the 18th International Oilfield Chemical Symposium, Geillo, Norway (25-28 March 2007).

[292] Deyab, M. A. (2016). Decyl glucoside as a corrosion inhibitor for magnesium-air battery. Journal of Power Sources 325: 98-103.

[293] Breedon, D. L. and Meyer, R. L. (2005). Ester-containing downhole drilling lubricating composition and processes therefor and therewith. US Patent 6,884,762, assigned to Nupark Drilling Fluids LLC.

[294] Wallace, J. (2011). Composition and method for inhibiting the deleterious effects of sulphate reducing bacteria. US Patent Application 2011/0056693, assigned to Weatherford US.

[295] Ashok, K. and Upadhyaya, K. (2012). Tannins are astringent. Journal of Pharmacognosy and Phytochemistry 1 (3): 45-51.

[296] Perez, M. A. and Collins, R. A. (2015). Rheological behavior of water-based drilling fluids contaminated with gypsum (CaSO4) using unmodified dividivi tannins (Caesalpinia coriaria) as deflocculant agent. SPE Latin American and Caribbean Petroleum Engineering Conference, Quito, Ecuador (18 - 20 November 2015), SPE 177032.

[297] Craddock, H. A., Mutch, K., Sowerby, K. et al. (2007). A case study in the removal of deposited wax from a major subsea flowline system in the gannet field. International Symposium on Oilfield Chemistry, Houston, TX (28 February-2 March 2007), SPE 105048.

[298] Craddock, H. A., Campbell, E., Sowerby, K. et al. (2007). The application of wax dissolver in the enhancement of export line cleaning. International Symposium on Oilfield Chemistry, Houston, TX (28 February-2 March, 2007), SPE 105049.

[299] Goncalves, J. T., De Oleveira, M. F. and Aragao, A. F. L. (2007). Compositions of oil - based

biodegradable drilling fluids and process for drilling oil and gas wells. US Patent 7,285,515, assigned to Petroleo Brasileiro S. A.

[300] Penna, A., Arias, G. and Rae, P. (2006). Corrosion inhibitor intensifier and method of using the same. US Patent Application 20060264335, assigned to BJ Services company.

[301] Hatchman, K., Fellows, A., Jones, C. R. and Collins, G. (2013). Corrosion inhibitors. International Patent Application WO 2013113740, assigned to Rhodia Operations.

[302] Ford, W. G. F. and Hollenbeck, K. H. (1987). Composition and method for reducing sludging during the acidizing of formations containing sludging crude oils. US Patent 4, 663, 059, assigned to Halliburton Company.

[303] Gartner, C. D. (1997). Suspension formulations of 2, 2-dibromo-3-nitrilopropionamide. US Patent 5,627,135, assigned to Dow Chemical Company.

[304] Cronan, J. M. Jr. and Mayer, M. J. (2008). Synergistic biocidal mixtures. US Patent 7,008,545, assigned to Hercules Incorporated.

[305] Jakubowski, J. A. (1986). Admixtures of 2-bromo-2-bromomethylglutaronitrile and 2, 2-dibromo-3-nitrilopropionamide. US Patent 4,604, 405, assigned to Calgon Corporation.

[306] Burger, E. D. and Odom, J. M. (1999). Mechanisms of anthraquinone inhibition of sulphate reducing bacteria. International Symposium on Oilfield Chemistry, Houston, TX (16-19 February 1999), SPE 50764.

[307] Burger, E. D. and Crews, A. B. (2001). Inhibition of sulfate reducing bacteria by anthraquinone in a laboratory biofilm column under dynamic conditions. CORROSION 2001, Houston, TX (11-16 March 2001), NACE -1274

[308] Cattanach, K. C., Jovancicevic, V., Philippe Prince, S. et al. (2012). Water-based formulation of $H_2S$/mercaptan scavenger for fluids in oilfield and refinery applications. International Patent Application WO 2012003267, assigned to Baker Hughes Incorporated.

[309] Yang, J., Salma, T., Schield, J. A. et al. (2009). Multifunctional scavenger for hydrocarbon fluids. International Patent Application WO 2009052127, assigned to Baker Hughes Incorporated.

[310] Al-Sahhaf, T. A., Fahim, M. A., and Elkilani, A. S. (2002). Retardation of asphaltene precipitation by addition of toluene, resins, deasphalted oil and surfactants. Fluid Phase Equilibria 194-197: 1045-1057.

[311] Trbovich, M. G. and King, G. E. (1991). Asphaltene deposit removal: long-lasting treatment with a co-solvent. SPE International Symposium on Oilfield Chemistry, Anaheim, CA (20-22 February 1991), SPE 21038.

[312] Galoppini, M. (1994). Asphaltene deposition monitoring and removal treatments: an experience in ultra deep wells. European Production Operations Conference and Exhibition, Aberdeen, UK (15-17 March 1994), SPE 27622.

[313] Canonico, L. B., del Bianco, A., Piro, G. et al. (1994). A comprehensive approach for the evaluation of chemicals for asphaltene deposit removal. In: Recent Advances in Oilfield Chemistry, 220-233. Royal Society of Chemistry.

[314] Straub, T. J., Autry, S. W. and King, G. E. (1989). An investigation into practical removal of downhole paraffin by thermal methods and chemical solvents. SPE Production Operations Symposium, Oklahoma City, OK (13-14 March 1989), SPE 18889.

[315] Bailey, J. C. and Allenson, S. J. (2008). Paraffin cleanout in a single subsea flowline environment: glycol to blame? Offshore Technology Conference, Houston, TX (5-8 May 2008), OTC 19566.

[316] Kentish, M. J. (1996). Practical Handbook of Estuarine and Marine Pollution. CRC Marine Science.

[317] http: //www. saltech. co. il/_uploads/dbsattachedfiles/chemical. pdf

[318] Scovell, E. G., Grainger, N. and Cox, T. (2001). Maintenance of oil production and refining equipment. International Patent Application WO 2001074966, assigned to Imperial Chemical Industries PLC.

[319] Willey, T. F., Willey, R. J. and Willey, S. T. (2007). Rock bit grease composition. US Patent 7,312,185, assigned to Tomlin Scientific Inc.

[320] Walter, R. W. Jr., Relenyi, A. G. and Johnson, R. L. (1989). Control of biofouling at alkaline pH and/or high water hardness with certain alkylthioalkylamines. US Patent 4,816,061, assigned to The Dow Chemical Company.

[321] Baldev, E., Ali Mubarak, D., Ilavarasi, A. et al. (2013). Degradation of synthetic dye, Rhodamine B to environmentally non-toxic products using microalgae. Colloids and Surfaces B: Biointerfaces 105: 207-214.

[322] Rappold, H. and Bacher, A. (1974). Bacterial degradation of folic acid. Journal of General Microbiology 85: 283-290.

[323] Indrawati, C., Arroqui, C., Messagie, I. et al. (2004). Comparative study of pressure and temperature stability of 5-methyltetrahydofolic acid in model systems and in food products. Journal of Agricultural and Food Chemistry 52: 485-492.

[324] Strobel, B. W. (2001). Influence of vegetation on low-molecular-weight carboxylic acids in soil solution: a review. Geoderma 99 (3-4): 169-198.

[325] Yoshida, K., Ishii, H., Ishihara, Y. et al. (2009). Bioremediation potential of formaldehyde by the marine microalga nannochloropsis oculata ST-3 strain. Applied Biochemistry and Biotechnology 157 (2): 321-328.

[326] Cornelissen, G., Gustaffsson, O., Buchelli, T. D. et al. (2005). Extensive sorption of organic compounds to black carbon, coal, and kerogen in sediments and soils: mechanisms and consequences for distribution, bioaccumulation, and biodegradation. Environmental Science and Technology 39 (18): 6881-6895.

[327] Brunauer, S., Emmett, P. H., and Teller, E. (1938). Adsorption of gases in multimolecular layers. Journal of the American Chemical Society 60: 309-319.

[328] Moreno-Castilla, C. (2005). Adsorption of organic molecules from aqueous solutions on carbon materials. Carbon 42 (1): 83-94.

# 7　硅化学

硅化学在油气勘探与开发中的应用主要基于两种硅基化学材料，即二氧化硅和硅酸盐，包括用于钻井作业的沸石和聚硅氧烷类材料，如硅烷、硅醇、功能化修饰/未修饰的聚硅氧烷、硅树脂以及硅基表面活性剂。

硅基化学材料产品可同时具有多种功能，例如聚硅酸盐酯类，可用作胶凝剂，用于选择性地降低高渗透储层的渗透性[1]。

这些产品对环境的影响给油田化学从业者和环境科学家带来了巨大挑战，将在本章中进行讨论。

硅的原子序数为14，是一种硬而脆的结晶固体，呈蓝灰色金属光泽，是四价准金属。它位于元素周期表中ⅣA族，与碳同族。然而，与碳不同的是，其活泼性差，但对氧具有很大的化学亲和力。1823年，Jöns Jacob Berzelius第一次制得纯硅并进行表征。然而，在地壳中找不到纯硅；它主要以二氧化硅或硅酸盐的形式分布于地壳中。由于超过90%的地壳由硅酸盐矿物组成，硅成为地壳中仅次于氧的第二大元素[2]。

大多数商用的硅材料通常来自几乎不进行处理的天然矿物质，主要用作建筑材料，如黏土、石头和沙子等。硅酸盐（硅酸钠）可用于合成硅酸盐水泥；常与主要成分是二氧化硅的沙子和砾石混合形成建筑用混凝土。除此之外，硅酸盐还用于制作陶瓷、传统的钠钙玻璃及许多其他特种眼镜的原料。硅也广泛用于合成聚硅氧烷。

硅是生物体中必不可少的元素，尽管动物只需要少量的硅元素。然而，各种微生物，例如硅藻和海绵分泌骨架结构都由二氧化硅组成的。

鉴于其具有化学惰性，不属于本书的论述范围，本章未涉及砂、石英、玻璃及相关材料的应用，本章所述硅材料主要用于钻井、完井、固井和水力压裂等领域[3]。

## 7.1　二氧化硅

二氧化硅粉末除了是许多水泥（如固井水泥）的常规组分外，还可作为高温条件下水泥的稳定剂[3]。二氧化硅粉末和气相二氧化硅可同时提高水泥的耐温性和抗压能力[4]。

通过将纯硅砂研磨成非常细的粉末可制得二氧化硅粉末。气相二氧化硅需用特殊方式制备，即在过量的氧气和氢氧焰中，以四氯化硅为原料，反应制备得到非常轻盈、蓬松、可倾倒的固体。

改变二氧化硅粉和气相二氧化硅的量有助于提高水泥的抗压强度和耐温性[5]。在高二氧化碳含量的井中，使用气相二氧化硅不会显著影响水泥的渗透性[6]。

含有胶体二氧化硅配方的水泥浆已经在许多近海采油作业中应用，包括北海。如在初级固井作业中，有助于控制环形空间内气体迁移，提高水泥浆特性，在地层中无固体沉降，无水泥黏结到套管上。目前，已成功将含胶体二氧化硅的浆料用作中间套管操作中的轻质铅水泥，有效地在储气库和水平完井中形成密封环。

在海上作业中，胶体二氧化硅通常比二氧化硅水泥添加剂更有效，可在添加量较少时达到和常用二氧化硅水泥添加剂相同的效果。添加剂的用量减少也会减少整体浆料的成本。因为胶体二氧化硅颗粒很细，所以在近海作业中基本上没有沉降[7]。

值得注意的是，二氧化硅是沙子中最常见的成分之一，尤其是在内陆和非热带沿海的沙子中其比例更高。因此，它作为一种经济耐用的材料广泛用作水力压裂中的支撑剂。

此外，二氧化硅颗粒还常与聚硅氧烷混合使用，如聚二甲基硅氧烷（PDMS）（参见7.3.1），以提高其抗泡沫能力和消泡效率。在低浓度下，同样具有较强的降低泡沫稳定性的效果[8]。

### 7.1.1 硅胶

硅胶是颗粒状、玻璃状、多孔形式的二氧化硅。它由硅酸钠制成，具有多孔微观结构，悬浮于液体中。它也是一种天然存在的矿物质，经过处理形成颗粒状或珠状材料。其平均孔径为2.4nm，具有很强的吸水性，主要用于干燥剂。在生活中会经常看到，硅胶放在一个小的（通常是2cm×3cm）纸包中，作为干燥剂控制湿度，避免某些商品腐败或降解。

胶体悬浮液应用在许多油田中，用来控制采出水、套管修复以及注水井修井等，取得了较好的应用效果[9]。

### 7.1.2 纳米二氧化硅

二氧化硅纳米粒子，根据其结构，分为P型（多孔颗粒）和S型（球形颗粒）两种类型。P型纳米二氧化硅表面纳米孔比例为0.611mL/g，与S型相比，P型具有更大的比表面积（SSA）（参见US3440）。US3436是一种S型纳米二氧化硅颗粒，具有稳定、低毒和可修饰性，广泛用于生物医学基础研究[10]。

最近，油田已经开展了纳米二氧化硅颗粒的应用。

正如本书其他章节所述，生产井眼的水垢沉积问题是油气勘探与开发面临的一个严重的问题。由钡盐和锶盐引起的水垢影响更为严重，因为它们不易溶于任何种类的溶液或螯合剂。水垢的形成改变了油管表面的粗糙度，从而增加了摩擦压降，导致采收率降低，进一步的沉积会堵塞油管，使工具难以下放到油管串底部。在最坏的情况下，油管需要更换，这需要花费大量资金。

在油管内部形成具有多尺度纳米结构的超疏水表面可以大大减少水垢沉积的概率。采用浸涂工艺可在环氧树脂表面形成涂层。采用喷砂处理可在表面形成微观多孔结构，然后将50~100μm二氧化硅纳米颗粒锚定在微观表面上；最后，使用二氧化硅纳米颗粒/环氧黏合剂溶液浸涂法实现表面改性。

增加采出水与油管接触角，显著降低了易于水垢形成和生长的离子沉积的概率[11]。

最近，一个有趣的应用是将纳米二氧化硅用于提高稠油采收率的研究。研究人员声称，在使用表面活性剂和聚合物以提高采收率现场应用中，通过这种方法可以节省岩心实验的时间和费用。结果表明，在注入液中加入二氧化硅纳米粒子（即纳米流体）可以大大提高石油采收率[12]。

### 7.1.3 二氧化硅引发的结垢问题

可以看出，迄今为止二氧化硅的应用领域非常广泛，这可能是由于胶体二氧化硅易于在采出水中形成沉积物，控制其形成沉积物非常难解决，尤其是二氧化硅正成为生产用水再利用的关键妨碍因素。二氧化硅沉积物的形成是由于其自身聚合、与其他矿物共沉淀、与其他多价离子沉淀和水中的生物相互作用造成的。其中一些过程可能同时发生，难以预测平衡溶解度。无定形二氧化硅的溶解度也取决于许多其他因素，如 pH 值、温度、粒径、颗粒水合作用和水中其他离子（铁、铝等）。当碳酸钙或其他矿物沉淀物提供二氧化硅结晶核心时，易形成硬质二氧化硅垢[13]。

这些因素使得二氧化硅结垢难以控制并且无法及时去除。在过去 10 年左右的时间里，试验评估了许多防垢剂对防止二氧化硅沉积的有效性[14]。结果表明，一些聚合物（其中许多已在第 2 章中介绍），或含有羧甲基菊粉的聚合物混合物（图 6.126）能够有效防止二氧化硅结垢。

### 7.1.4 使用二氧化硅颗粒的健康安全问题

毫无疑问，健康和安全问题是限制二氧化硅在油气勘探与开发中广泛应用的最主要原因。结晶二氧化硅已经成为造成职业病和工业卫生差的最主要的物质之一。结晶二氧化硅是土壤、沙子、花岗岩及许多其他矿物质的基本成分。石英是最常见的结晶二氧化硅。方石英和鳞石英是另外两种形式的结晶二氧化硅。当工人在切割、钻孔或研磨含有结晶二氧化硅的物质时，这三种形式的结晶二氧化硅都可能切割为可吸入的小颗粒。由于长期暴露在二氧化硅环境中，200 万美国工人的健康遭受严重危害，其中包括超过 10 万名从事高风险工作的工人，如在喷砂、铸造、石材切割、凿岩、采石场工作和隧道掘进的工人。结晶二氧化硅已归类为人类肺部致癌物。此外，吸入结晶二氧化硅粉尘可导致硅肺病，严重可致残或致死。可吸入的二氧化硅粉尘进入肺部，导致瘢痕组织的形成，从而降低了肺部摄入氧气的能力。硅肺病无法治愈。由于硅肺病影响肺功能，人们更容易感染肺结核等肺部传染病[15]。

人们认为，最近水力压裂的发展和进步，增加了与结晶二氧化硅有关职业健康问题的曝光热度。特别是在美国，这一点可以改变过去 10 年中与二氧化硅接触相关的死亡率下降趋势[16]。

### 7.1.5 二氧化硅对环境的影响

与严重的健康问题相反，二氧化硅是最良性和环保物质之一，在许多工业生产中广泛用作添加剂。如上一节所述，其主要的环境影响是由于其以灰尘和结晶颗粒的形式在空气传播，导致人们暴露在颗粒中，造成严重的身体衰弱和致命的肺部疾病。

大量研究证明，硅是人类及其他动物正常生长过程中所必需的元素之一；骨骼的正常生长、发育，关节、结缔组织、头发、皮肤、指甲、动脉和软骨都需要硅。具体而言，硅与胶原蛋白形成有关，纤维蛋白质基质为身体结构提供支撑，如软骨和骨头。这就是为什么骨骼的健康程度取决于硅和钙。二氧化硅对动物体无生物活性，唯一的生物可利用形式的硅是正硅酸 $Si(OH)_4$。硅在食品中以硅酸盐的形式存在，它们同样不被生物所利用。所有的食物中的硅在胃中溶解形成原硅酸，被身体吸收和利用。然而，硅酸是不稳定的。原硅酸浓度超过 1mg/L（通常存在于矿泉水中的数量）易于聚合成长链，在此过程中转化为非生物可利用的硅酸盐[17]。

因此，从环境影响方面可以看出，除极端酸性条件外，二氧化硅及其相关材料不具有生物累积性，不具有生物可利用性，不会生物降解，而且反应活性差。

就纳米技术中使用的二氧化硅而言，应该关注所有基于纳米化学技术的潜在影响[18]。

由于二氧化硅反应活性差并易于与其他材料混合，其使用可能会对环境产生积极的影响。已有报道提出，油烃钻屑微囊化，以便被环保的方式处理[19]。

## 7.2 硅酸盐

硅酸盐，既可以是人工合成物（硅酸钠），也可以是天然矿物质（膨润土）。在油气勘探与开发中应用广泛。虽然它们在生产中作为添加剂的用途要少得多，但本部分也有对其进行简单介绍。

### 7.2.1 硅酸钠/硅酸钾

硅酸钠是化学式为 $Na_2O \cdot nSiO_2$ 的化合物的通称。它是通过将二氧化硅或硅酸盐矿物溶解在 NaOH 溶液中形成的。硅酸钠溶液中的阴离子以 $SiO_4^{4-}$ 的形式存在。硅酸盐阴离子可进一步形成聚硅酸盐或硅胶。硅酸钠盐包括一系列具有类似分子式的化合物，如原硅酸钠（$Na_4SiO_4$）、焦硅酸钠（$Na_6Si_2O_7$）和偏硅酸钠/水玻璃（$Na_2SiO_3$）。所有的硅酸钠盐都是晶体状的无色固体，可溶于水。

无水硅酸钠是由链状聚阴离子形成的 $\{SiO_4\}$ 四面体，不是离散的 $SiO_3^{2-}$；理论结构如图 7.1 所示。除了无水形式外，还包括 $Na_2SiO_3 \cdot nH_2O$ 的水合物（其中，$n=5$，6，8，9）、含有离散的近似四面体阴离子 $SiO_2(OH)^{2-}$ 的水合物。例如，市售的硅酸钠五水合物 $Na_2SiO_3 \cdot 5H_2O$ 的分子式可写为 $Na_2SiO_2(OH)_2 \cdot 4H_2O$，非水合物 $Na_2SiO_3 \cdot 9H_2O$ 的分子式可写为 $Na_2SiO_2(OH)_2 \cdot 8H_2O$。

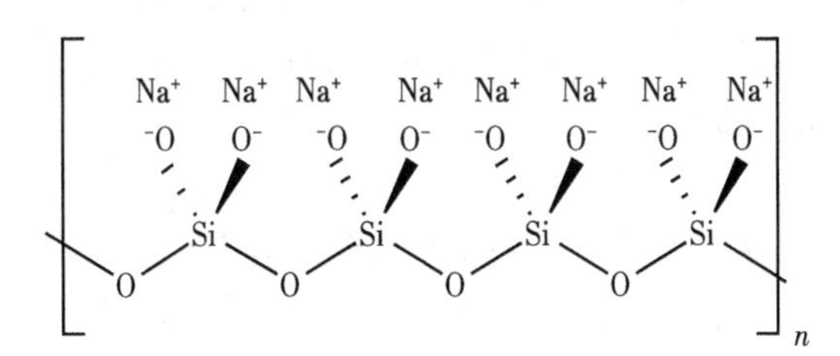


图 7.1 硅酸钠

硅酸钠在中性和碱性溶液中稳定。在酸性溶液中，硅酸盐离子与氢离子反应生成硅酸，加热后生成一种坚硬的玻璃状物质——硅胶。

硅酸盐是钻井液的主要成分，但仅应用于对环境敏感且受到高度管制的地区，如北海盆地。与油基钻井液和（或）合成钻井液相比，硅酸盐基钻井液通常由于其与岩石的高摩擦系数而被弃用。这种钻井液的主要成分是硅酸钾和硅酸钠，优点是比合成基钻井液便宜。这类材料在高温、高压钻井和高度钻斜井中是首选。虽然目前在北海这类条件下的钻井作业并不常见，但这种情况可能会随着北极地区的发展而改变，并有望投入生产。这种流体更常用于深水钻井作业中，特别是墨西哥湾、巴西近海和西非深水区[20]。

硅酸盐钻井液是一种含有钠（或钾）硅酸盐聚合物离子的页岩抑制水基钻井液。钠（或钾）硅酸盐提供的页岩抑制作用与油基钻井液相当。这些抑制性质是由于其在配方中二价离子与硅酸阴离子一起反应生成凝胶，形成有效防止页岩水化和分散的防水层。这种物理化学屏障有助于提高井眼稳定性，并在复杂的页岩层提供井内钻孔；否则就需要非水基钻井液。因此，此类钻井液用于环境敏感区域[21]。

在配制硅酸盐基钻井液时，通常需要添加润滑剂和增强剂。近年来，这些添加剂主要为硫代磷酸盐。润滑剂通常在水基钻井液不能提供良好润滑时使用[22]。硅酸聚合物及相关产品已证明可提高钻井液的润滑性；然而，高 pH 值的液体与传统润滑剂配伍性差[23]。

硅酸钠也可与氢氧化钠结合使用用于活化表面活性剂，进而用于稠油运输[24]。

硅酸钠已用于堵塞复合物以阻止高含水采出液产出。pH 值变化时，溶液中的硅酸钠盐可聚合或交联形成凝胶[25]。同样，钠（和钾）原硅酸盐与多种聚合物复合使用，用于堵水处理[26]。碱性金属硅酸盐与氨基塑料已报道用于堵水调剖材料[27]。

原硅酸钠也可用作选择性添加剂来维持或改善蒸汽驱性能。由于孔喉和重力分离作用，蒸汽驱效果会降低，通过添加原硅酸盐有助于维持和（或）提高蒸汽驱效果[28]。

硅酸盐（如硅酸钠）用作防腐剂已经超过半个世纪。它们在高离子浓度下效果较差，主要用于冷却水系统中[29]。

在油田中几乎没有直接应用硅酸盐作为缓蚀剂的实例；然而，已证明硅酸盐基钻井液具有额外的防腐蚀作用。除了提供碱性环境外，硅酸盐可在各种金属表面上沉积形成保护膜。钻杆腐蚀测试用于测量基于硅酸钾钻井液条件下的磨损量和腐蚀量；质量分析证实，在各种钻井条件下，硅酸钾钻井液可使金属腐蚀速率减小[30]。

### 7.2.2　硅酸铝、硅铝酸盐及相关矿物（如膨润土）

硅酸铝可提高固井水泥的抗压强度[31]。通过使用硅铝酸盐，特别是诸如石英的矿物质，可提高化学稳定性[32]，并且在磷酸钙水泥生产中使用硅铝酸盐微球可以制造轻质材料，其在 200~1000℃ 的高温下可保持化学稳定。因此，其在地热应用中很有效果[33]，后一种类型的硅酸盐被归属于沸石。

#### 7.2.2.1　沸石

沸石是一大类矿物质，由钠、钾、钙和钡的水合硅铝酸盐组成。它们可以实现脱水和再水合，并且在各种工业应用中用作阳离子交换剂和分子筛，广泛用于石油化工中的催化反应。然而，其在油气勘探开发中的使用仅限于水泥添加剂，用于改变水泥抗压强度、流变性和密度等[34]。据报道，菱沸石和斜发沸石效果显著[35]。

#### 7.2.2.2　膨润土和高岭石

膨润土是一种硅酸铝黏土，主要由化学式为 $(Na, Ca)_{0.33}(Al, Mg)_2Si_4O_{10}(OH)_2 \cdot nH_2O$ 的蒙脱石组成。1898 年，由 Wilbur C. Knight 发现并命名。不同类型的膨润土以相应的主要元素命名，例如钾（K）、钠（Na）、钙（Ca）和铝（Al）。在有水存在的情况下，膨润土通常由火山岩风化。工业用途膨润土主要分为钠膨润土和钙膨润土两类。除了蒙脱石外，另一种在油田中常用的黏土物质是高岭石。高岭石通常被称为白土石，通常与煤相关。

膨润土在油气勘探与开发中有多种用途，其中大部分是与钻井、固井和完井有关。水基钻井液，主要是淡水基钻井液，通常含有膨润土作为增黏剂和防漏失剂。许多膨润土基钻井液主要用于钻近井部分，通常称为非抑制分散体系[3]。烷基硅烷改性膨润土可以改善其分散性能[36]。

由于它们的分散、流变和流体控制性能，膨润土已广泛用于钻井液数十年之久。它们具有离子交换功能，基于此可以改善它们的性能。例如，材料的表面可以通过酸处理来改性，通过用季铵处理可以增加它们与有机化合物的亲和性[3]。

已发现膨润土和高岭土适用于制备水包油乳液。这种低黏度水包油乳液可用于提高采收率，也可用于提高石油管道运输能力[37]。然而，在碱水驱提高采收率过程中，黏土（例如高岭石）等作为添加剂会被溶解消耗，成为无效添加剂。二氧化硅的溶解速率取决于多种因素，包括温度、盐度和 pH 值[38]。

膨润土与聚丙烯酰胺（PAM）结合可形成凝胶状材料，添加到钻井液中后，在水中可膨胀到初始体积的 30~40 倍，并进入天然岩层的裂缝中。这种材料在添加后 40min 内形成强的黏附膜和封堵材料[3]。

膨润土用于固井作业，因为它可以减少水泥浆的重量。所用膨润土的质量和数量对于固井有效性至关重要[39]。在水力压裂中，高岭石可作为轻质高强度支撑剂[40]。

上述内容已经介绍了膨润土复合物及其在堵水中的应用。认为天然树脂涂层中的膨润土颗粒是环保的封堵材料[41]。

可以通过添加膨润土黏土，以改变有机溶剂、亲水性或离子浓度，调节其膨胀性，实现对储层中的高渗透性区域进行封堵[42]。

如前所述，用季铵盐处理膨润土型黏土可以增加其有机亲和性。如果这类表面活性剂具有酰胺结构，例如硬脂酰胺（图 7.2），那么这类表面活性剂通常是可生物降解的。用这种表面活性剂处理过的黏土钻井液复合物归类为可生物降解的钻井液。

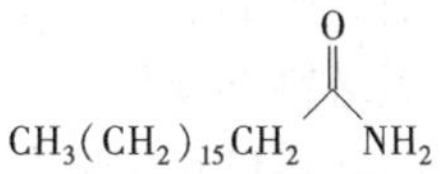

O

$CH_3(CH_2)_{15}CH_2$ $NH_2$

图 7.2　硬脂酰胺

#### 7.2.2.3　硅藻土

它具有比膨润土低的密度，并且是一种有效的水泥添加剂，因为它不会增加浆料黏度；已应用浓度高达 40%（质量分数）的水泥浆[3]。

烘箱干燥的硅藻土的典型化学成分是 80%~90% 的二氧化硅、2%~4% 氧化铝（主要来自黏土矿物）和 0.5%~2% 氧化铁。硅藻土由硅藻的化石残骸组成，这是一种硬壳藻类。

其他相关矿物（如云母和长石）偶尔用于钻井和固井。

### 7.2.3　硅酸钙

硅酸二钙和硅酸三钙与水反应生成硅酸钙水合物。在初始阶段是放热反应，水合作用会持续数小时，可有效促进固井水泥的固化。固化后，水合作用重新开始，水泥强度及其他性能逐渐提高[3,43]。

### 7.2.4　氟硅酸盐

氟硅酸盐通常具有 $SiF_6^{2-}$，应用于许多工业生产中。在油气勘探开发中，它们主要是由氢氟酸酸化砂岩或其他硅质地层而形成，是难以处理的沉淀物，是酸化过程中不希望形成的垢。与 7.1.3 节中介绍的硅垢一样，在酸化过程中添加螯合剂及其他助剂，可以防止和（或）抑制它们的形成[44]。

### 7.2.5　聚硅酸酯

聚硅酸酯可用于调节某些储层的渗透性。这种聚硅酸酯由简单的醇（如甲醇或乙醇）或二醇、乙二醇或多元醇、甘油构成。注入后，形成的聚硅酸酯凝胶可选择性地降低地层高渗透区域的渗透性[1]。图 7.3 是一种甲基硅酸酯聚合物。

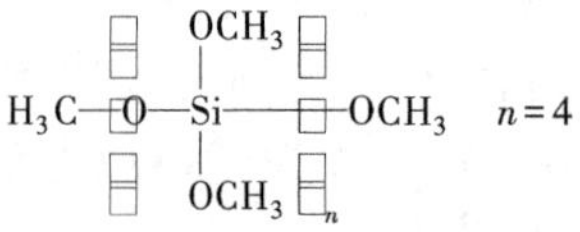

$$H_3C-\left[O-\underset{\displaystyle OCH_3}{\overset{\displaystyle OCH_3}{\underset{|}{\overset{|}{Si}}}}\right]_n-OCH_3 \qquad n=4$$

图 7.3　甲基硅酸酯聚合物

### 7.2.6　硅酸盐凝胶

一段时间以来，经济实用的硅酸钠凝胶广泛用于储层改造中。为了提高应用效果，通过改变成胶时间、减小岩石/流体相互作用，以将硅酸盐溶液送达储层适当位置，确保凝胶长期稳定性。添加酸或酒精会促进高 pH 值的硅酸钠溶液凝胶化。通常在体系中加入有机物，使其与水反应产生醇和（或）酸以调节胶凝时间。选择有机而非无机化合物是因为缓慢的有机反应速率可实现凝胶化的可控。

稳定性研究发现，静置数周后，硅酸盐凝胶趋于收缩，并脱出一定量的水。这个过程称为脱水收缩，其会影响硅酸盐成胶效果。由高硅酸盐浓度形成的凝胶显示出最大限度的脱水收缩。升高温度会增加脱水收缩。一定程度上的脱水收缩是可以接受的，因为所有处理过的区域都会保留残余渗透性[45]。

硅酸盐凝胶可以降低高渗透区的渗透性，以提高水驱或类似增产措施的波及效率。通过添加弱酸（如硫酸铵）可以控制凝胶生成速率[46]。

最近，重新设计优化了上述技术，并且新的硅酸盐凝胶聚合物效果已进行试验[47]。硅酸盐凝胶及相关的硅酸盐聚合物体系也已用于堵水和套管修复[48]。

### 7.2.7　硅酸盐对环境的影响

鉴于可溶性硅酸盐的物理化学性质，在使用过程中排放到大气中数量难以估量，直接排放的可溶性硅酸盐认为是可忽略不计的。因此，关于可溶性硅酸盐在应用过程中对土壤和空气中造成影响的环境风险评估尚未出现。在石油工程中，大多数可溶性硅酸盐主要排放到水体环境中，要么直接排放到淡水或海洋中，或通过污水处理厂或自制废水系统处理。

由于可溶性硅酸盐是无机物质，因此不适用于生物降解研究。然而，对比几个污水处理厂中二氧化硅的去除效果，确定平均去除率为 10%。此外，研究发现，通过连续的生化过程可将二氧化硅从水中除去：硅藻、放射虫、某些硅藻海绵吸收二氧化硅到它们的壳和骨架中，这种二氧化硅是无定形的生物二氧化硅，称为蛋白石（$SiO_2 \cdot nH_2O$）[49,50]。

商用可溶性硅酸盐对环境的危害是由其中性—强碱性造成的。具有低物质的量比的可溶性硅酸盐，例如偏硅酸钠及其水合物，会比高物质的量比的可溶性硅酸盐具有更高的碱度。然而，大多数天然水生生态系统都是微酸性或弱碱性的，它们的 pH 值通常落在 6~9 范围内，由于这些生态系统具有高缓冲能力，释放的可溶性硅酸盐对水生生物的 pH 值影响很小[51]。因此，人工实验室测试系统得到的预测无影响浓度（PNEC）参数可能高估了可溶性硅酸盐对现实自然生态系统中水生生物的影响。PNEC 以欧洲河流中 $SiO_2$ 浓度为参考浓度，据报道，平均每升含有 7.5mg 二氧化硅。这个保守估计的 PNEC 已用于风险评价。通过淡水实验观察到 PEC/PNEC（预测效应浓度/预测无影响浓度）的比率远低于 1，表明引入硅酸盐后，对水生系统没有风险，至少不影响河流系统中的有机体[52]。因此，在更大的海洋系统中其影响会更小。

此外，需要注意引入环境中的可溶性硅酸盐的量要以地球化学风化过程中硅酸盐矿物含量为参考值。人类对该总量的贡献值仅约为4%，表明自然背景浓度/波动对二氧化硅在水生生态系统的含量影响更显著，而并非商业或居民中使用的硅酸盐。因此，可以得出结论，使用可溶性硅酸盐的 $SiO_2$ 对水生生态系统的影响可以忽略不计[53]。

使用二氧化硅会导致营养物富集，有证据表明，硅酸盐会对地表水的富营养化产生影响。来自莱茵河的高溶解硅酸盐由于浮游植物（硅藻）在水中快速生长而迅速耗尽。在水库中，每年约保持50%的硅酸盐注入量。非常密集的浮游植物大量繁殖加速了在水库及相关的湖泊中由硅藻固定的硅酸盐的再生，pH 值超过 9[54]。然而，总效应由硅与氮和磷的比例控制[55,56]。额外地人为注入二氧化硅不会显著影响硅藻的生长及其季节性波动（大量繁殖）；与地球化学风化过程相比，商业硅酸盐的使用对其影响可忽略不计。这种影响取决于许多因素，如在空间和时间上是不断变化的温度、光、磷酸盐及其他营养素的浓度、粮食种群的活动等。根据现有数据，可溶性硅酸盐在油气勘探与开发中使用的情况不会对水生生态系统产生不利影响。实际上，由于其环境特征和经济性，以及其可以达到特定应用的技术要求，这些材料已广泛使用。

## 7.3 有机硅和有机硅聚合物

聚硅氧烷具有低表面张力、低表面黏度、低内聚强度和高透气性。由于聚硅氧烷具有热稳定性、化学稳定性，对于温度变化敏感度低，其广泛用于油气勘探开发及石油化工。

聚硅氧烷涵盖有机硅氧烷聚合物家族。聚硅氧烷是含有 Si—O—Si 键的聚合物材料，其性质与硅酸盐相同，但有机基团固定在硅上。因此，它们是有机化合物和无机化合物之间的桥梁，或更准确地说，通过赋予硅酸盐和有机聚合物这种双重性质，材料具有更多特性[57]。

在石油工程中，有机硅产品主要用作泡沫控制剂，应用范围涵盖了勘探、钻井（钻井液、水泥）、生产（气体分离、气体处理、井水注入）、精炼（气体处理、蒸馏、延迟焦化——这些应用超出了本书的范围）。有机硅在这些应用中，通常只需要极低的浓度便可达到预期效果[58]。

有机硅基材料也可用于其他油气勘探与开发中，例如在原油破乳中，硅氧烷聚醚的独特性质可降低某些苛刻条件下的生产成本[59]。

### 7.3.1 聚二甲基硅氧烷（PDMS）

在上游石油和天然气工业中使用的所有有机硅材料中，最常见的有机硅聚合物是 PDMS（图 7.4）。分子链上的甲基自由基可以被许多有机基团取代，其中氢、烷基、烯丙基、三氟丙基、乙二醇醚、羟基、环氧、烷氧基、羧基和氨基是最有效的，通过修饰可实现改性。

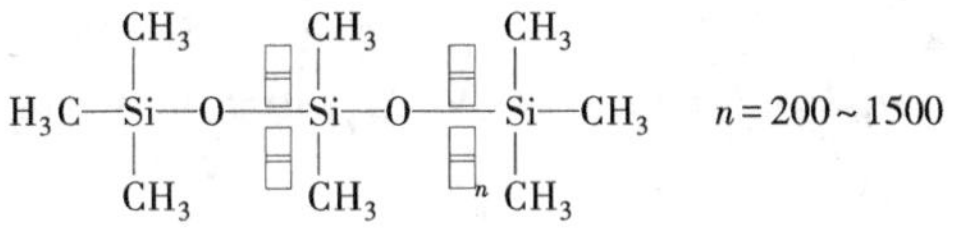

$$H_3C-Si(CH_3)_2-O-[Si(CH_3)_2-O]_n-Si(CH_3)_2-CH_3 \qquad n=200\sim1500$$

图 7.4 聚二甲基硅氧烷（PDMS）

PDMS在全球天然气加工厂主要用作消泡剂。它是一种高效的试剂，用于预防和解决与天然气加工有关的发泡问题。它也可用于石油和油/水/气体系统分离消泡剂，非常低的剂量即可满足要求[60]。分子质量分布在15000~130000Da的聚合物在原油体系中具有最优的性能[61]。

PDMS在非水体系中是非常有效的消泡剂，在含水体系中几乎没有任何效果；但当它与疏水改性二氧化硅混合后，可形成高效消泡剂。原因在于有机硅材料是具有双重性质的消泡剂。可溶性有机硅可以在油和空气界面处聚集以稳定气体气泡，而分散的硅胶滴可加速聚结过程，破坏气泡的气液界面，使薄膜变薄，在整个表面上分散[62]。

PDMS还用于在石油和天然气工业中使用的硅橡胶弹性体中，特别是它们与许多常见溶剂（如乙二醇）具有化学相容性[58]。最近的研究也表明，它们与生物燃料具有相容性[63]。

### 7.3.2 聚二甲基硅氧烷（PDMS）对环境的影响

假设所有的有机硅都有硅原子和有机基团形成的共价键，例如PDMS具有硅氧烷（Si—O—Si）重复单元，每个硅原子上都连有两个甲基。由于在自然界中未发现有机硅键，因此认为这些聚合物在环境中不会自然降解。然而研究表明，通过水解可使PDMS轻微降解，转化为二甲基硅烷醇，然后许多细菌将甲基氧化成醛，并最终氧化成$CO_2$。该主要的降解过程是非生物的。高分子量PDMS最初通过土壤水解硅氧烷键产生有机硅烷封端的低聚物。这些将有机硅烷醇、线型低分子量PDMS和环状物蒸发到大气中，并被羟基自由基氧化，生成二氧化硅、水和二氧化碳[64-66]。

尽管如此，海洋环境中是否会发生类似的过程仍需要进一步的研究。尽管许多有机硅材料的生物降解性很差，在许多受监管的近海区域，如北海盆地认为是环境可接受的用于替代许多有毒的和生物累积材料的物质。一般来说，有机硅不是可生物降解的，尽管通常有机硅长期存在于环境中，但是不具有生物累积性，也是无毒的[67]。

### 7.3.3 其他有机硅

除PDMS外，还有许多有机硅应用于油气勘探与开发中，并具有多种功能。

在固井中，特别是在废弃井方面，研究表明有机硅可提高固井强度[3]。已经有硅橡胶/硅酸盐水泥堵漏材料用于此领域，并申请了相关专利[68]。

有机硅微乳液已证明可有效控制天然气生产过程中常伴随着的不必要的产出水。各种硅烷和硅氧烷大多在异丙醇或异辛烷中配制成微乳液，用于影响渗透性和减少水分流动性，这主要是由于储集岩润湿反转造成的[69]。

在水泥浆的凝固过程中可能发生气窜。气窜取决于水泥浆凝固过程的施工条件，通过加入添加剂可减少气窜。在水泥的凝固周期内，观察到两个膨胀和收缩时期的循环。这个是由于水泥混合物中各组分的性质引起的。为了确定混合物最佳的收缩和紧密性，水泥的最终收缩对阻止气体迁移是至关重要的。为此，已测试大量添加剂的防气窜效果，效果最好的是一种最常用的木质素磺酸盐和有机硅化合物（乙基硅氧烷）混合得到的添加剂。研究表明，这种添加剂可将固化速率降低至200℃，并提高耐腐蚀性[58]。

硅酸乙酯类材料已报道可用作钻井液润滑剂[3]。

如7.2节所述，砂岩中的大多数细粒不是黏土，而是石英、长石或其他矿物质。通常的黏土稳定剂不可控制这些细粒。在酸化过程中加入丙基三乙氧基硅烷则可控制这些，它与水反应形成聚硅氧烷，进而结合硅质细粒[70,71]。

### 7.3.4　硅基表面活性剂

在表面活性剂分子中引入有机硅氧烷片段可以增加其疏水性。这是因为硅比碳原子重，因此需要更少的硅原子产生类似的疏水效果。基本上所有表面活性剂都可以通过用一个硅原子（二甲基硅氧烷）代替碳基疏水尾部来改性。

基于有机硅表面活性剂乳液制备化妆品早已工业化[72]。此外，还研究了此类材料在石油工程的应用，特别是在钻井中用作乳化剂。

在油气勘探和钻井中，海上深水区常遇到极端条件，需要特殊的钻井液，使其可适应罕见的作业条件，即温度接近0℃，压力高达400bar。在这样的条件下，易于形成天然气水合物，并可能对钻井作业产生严重影响使作业中断，甚至可能会引发类似于BP公司的Macondo井灾难。这些深水井钻井中所需的油基钻井液通常使用反相乳液，在温度和压力情况下难以稳定，因此需要添加额外的乳化剂，包括硅氧烷基表面活性剂[73]。

在油田领域越来越多地使用硅表面活性剂作为破乳剂，尤其与其他表面活性剂混合形成破乳剂[59]，或作为聚合物结构的一部分[74,75]。认为聚氧化烯-聚硅氧烷共聚物是主要的破乳剂原料。实际上，已知有些当作原料用于低温条件或重质原油的稳定乳液。许多聚硅氧烷，如二甲基-3-羟丙基甲基（硅氧烷与聚硅氧烷）、乙氧基化二甲基硅氧烷、3-羟丙基被用作增强破乳剂。这类材料与许多传统的破乳剂共聚物具有协同作用。特别是在高度管制的区域，包括在北海，越来越多的人使用这类有机硅聚合物形成的混合物作破乳剂，这主要是因为其可充分生物降解并通过所需的测评标准[76]。

协同使用硅表面活性剂可以增强聚合物基防蜡剂的效果，特别是用作乙基乙酸乙烯酯基类物质的降凝剂[77]。

### 7.3.5　硅油

已广泛使用由硅油作为基础液体形成的钻井液。硅氧烷用于形成反相乳液的连续相，水或盐水形成内相。在实践中，二甲基硅氧烷聚合物黏度低，在常温25℃下的黏度约为2.0cSt❶。认为此类液体无毒无污染，并且具有附加的井眼功能，例如用作解卡液、密封液、完井液、修井液和取心液[78]。

### 7.3.6　有机硅树脂

有机硅树脂是一种有机硅材料，由带有分支的笼状低聚硅氧烷构成，通式为$R_nSiX_mO_y$，其中R为非反应性取代基，通常为Me、Ph；X通常为H、OH、Cl或OR。这些基团进一步缩聚形成高度交联的不溶性聚硅氧烷网络，如图7.5所示。

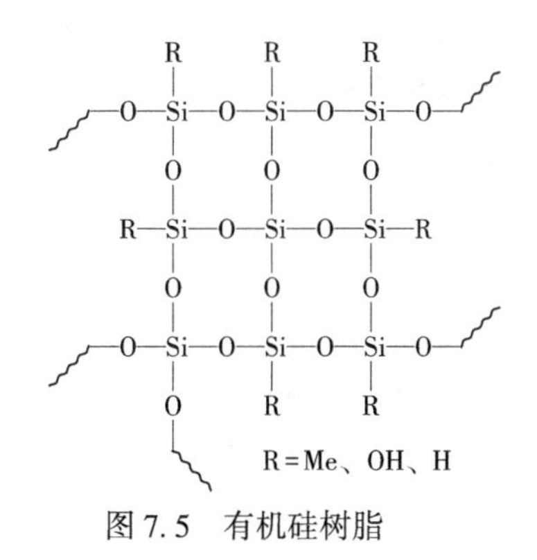

图7.5　有机硅树脂

当R是甲基时，四种可能的官能硅氧烷单体单元为：

❶ $1cSt=1mm^2/s$。

(1)“M”代表 $Me_3SiO$。

(2)“Δ”代表 $SiO_2$。

(3)“T”代表 $MeSiO_3$。

(4)“Q”代表 $SiO_4$。

注意，仅 Q 组对应的网状结构材料变为熔融石英。

最丰富的有机硅树脂由 D 和 T（DT 树脂）或 M 和 Q 为构成单元（MQ 树脂）；然而，许多其他组合（MDT、MTQ、QDT）也用于各种行业。MQ 树脂在石油工程中用作水基钻井液的液体防漏失剂，并且证明是无损害的[79]。

基于 2-糠醛-丙酮单体和硅氧烷低聚物形成的呋喃-有机硅树脂已被用于固井作业中的水封堵剂[80]。

水力压裂延长生产周期技术一直广泛应用于油井和天然气井作业中，特别是在北美页岩气生产中的应用尤为广泛。在水力压裂中，含有固体颗粒（支撑剂）的流体注入含油气的地层中，会使地层岩石破裂。通过这种方式，产生了“裂缝”通道，允许轻烃和水（如果存在的话）更快地流到井筒中。这项技术正被更广泛应用于页岩储层中，原因在于此类储层的渗透率达到纳达西级别[81]。

压裂液中使用的支撑剂通常是粗砂或陶粒，使裂缝保持张开状态。在高压情况下，这些材料可以被压碎，从而减少裂缝宽度，并产生细粒堵塞支撑剂颗粒之间剩余的空间。这降低了裂缝的连通性。此外，细粒堵塞了支撑剂形成的孔喉，渗透率相应降低。树脂包裹的支撑剂材料（包括硅聚合物），可以增强抗压性和减小细粒的产生量。这类材料也具有更高的温度稳定性[82]。

### 7.3.7　氟硅氧烷

氟硅氧烷在油田领域主要用作消泡剂或防泡剂，但由于成本问题，只有在其他有机硅，如 PDMS 失效的情况下使用。虽然 PDMS 在碳水化合物中具有一定的溶解性，但被甲基取代后将大大降低溶解性。如图 7.6 所示，取代基团为氟化烷基时，在原油系统中作为消泡剂的效果更优[83]。

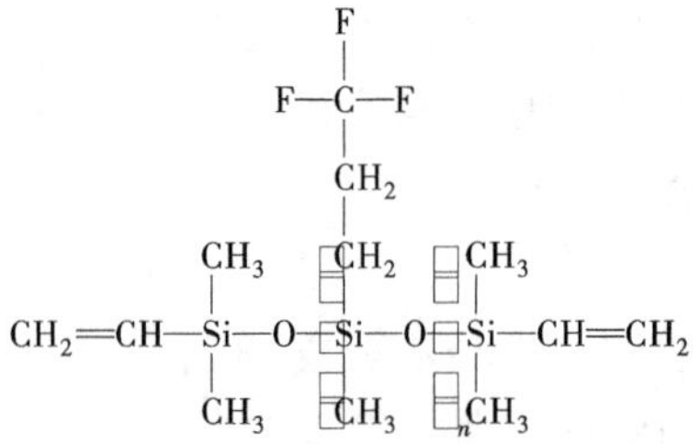

$$CH_2{=}CH-Si(CH_3)_2-O-[Si(CH_3)(CH_2CH_2CF_3)-O]_n-Si(CH_3)_2-CH{=}CH_2$$

图 7.6　氟硅氧烷

据称，氟硅氧烷与非氟化硅氧烷的共混物在使用过程中形成协同效应，在较低剂量下，效果优于单一硅胶。据报道，该混合物在分离过程中可减少气流中携带的液量和液体中所携带的气量[84]。

含氟硅氧烷和表面活性剂的水连续相乳液，据报道可在原油和气体的分离中充当防泡剂[85]。类似地，脱气原油可以用氟化去甲硼硅氧烷处理以抑制泡沫[86]。这类产品在低剂量率下非常有效，但由于成本问题很少应用。

### 7.3.8 有机硅的环境影响和未来发展

如7.3.2所述，所有有机硅包括硅和有机基团形成的共价键。在自然界中没有发现有机硅键，并且由于这类材料非常稳定，耐高温、耐高压、抗化学腐蚀，因此，认为在环境中此类材料不会自然降解[57]。

然而，有机硅在土壤中会降解，其中硅烷醇是主要的降解产物，这些硅醇可以进一步生物降解[64]。研究表明，这是通过将PDMS轻微降解成二甲基硅烷二醇，最终被节细菌属尖孢镰刀菌进一步转化成二氧化碳。其主要的降解过程是非生物的。高分子量PDMS最初解聚是通过土壤水解硅氧烷键而产生有机硅烷末端的低聚物。有机硅烷醇、线型低分子量PDMS和环状物蒸发到大气中，并被羟基自由基氧化，最终形成二氧化硅、水和二氧化碳[87]。

研究主要集中在PDMS上，并且已经表明PDMS在废水处理过程中表现为惰性，对废水处理过程没有显著影响（防泡沫的预期效益除外）[88]。

在早期的研究中，为了评估可靠性和安全性，以及有机硅对环境存在的潜在威胁，又研究考察了一些关键参数。基于广泛的毒理学和环境终端研究，结论是商用有机硅材料几乎没有任何生态威胁性[67]。

人们也开展了对水生生物群（特别是淡水鱼类）对水溶性甲基硅烷生物利用度的研究。早期的工作结论表明，鲢鱼可吸收PDMS，且随着分子量的增加而增加[89]；这与高分子量化合物不具有生物可利用性，不会造成生物累积的固有思想相矛盾[90]。不过这个研究已被否决。最终研究表明，鱼类对有机硅没有明显的摄取[91]。

如本节前面所述，基于此对湖泊沉积物进行的考察，有机硅（如PDMS）可存在于土壤中[92]。*Lumbriculus variegatus* 也称为黑蛾或加州黑虫，是一种在北美和欧洲的池塘和湖泊的浅部发现的蠕虫物种。它以沉积物中的微生物和有机物质为生。在一项研究中，*L. variegatus* 暴露在含PDMS的密歇根湖沉积物中，并在其体内监测到PDMS累积过程。仅发现极低浓度的PDMS与蠕虫相关，这与肠道或表面吸附有关联。PDMS在沉积物和净化水环境中可在10h内排出，表明蠕虫大部分体重增加是由沉积物中相关物质在有机体的肠道内引起的。该研究表明，PDMS对沉积物基本没有影响。

总的来说，硅产品是最环保的产品之一。作为化学添加剂用于许多工业领域，包括石油和天然气工业。虽然它们不可生物降解，但它们通常无毒、无污染且无生物累积。实际上，在生物可利用的情况下，它们被许多微生物吸收用于建立骨框架。它们在石油领域的用途似乎非常少，且局限在一些专业领域，如钻井液和泡沫控制。希望进一步研究此类材料的潜在应用，因为其在解决石油工程的众多问题中将扮演重要角色。

## 参考文献

[1] Hoskin, D. H. and Rollmann, L. D. (1988). Polysilicate esters for oil reservoir permeability and control. EP Patent 2,836,02, assigned to Mobil Oil Corporation.

[2] http://hyperphysics.phy-astr.gsu.edu/hbase/Tables/elabund.html.

[3] Fink, J. (2013). Petroleum Engineers Guide to Oilfield Chemicals and Fluids. Elsevier.

[4] De Larrard, F. (1989). Ultrafine particles for making high strength concretes. Cement and Concrete Research

19 (2): 161–172.

[5] Milestone, N. B., Bigley, C. H., Durant, A. T., and Sharp, M. D. W. (2012). Effects of $CO_2$ on geothermal cements. GRC Transactions 36: 301–306.

[6] Banthia, N. and Mindess, S. (1989). Water permeability of cement paste. Cement and Concrete Research 19 (5): 727–736.

[7] Bjordal, A., Harris, K. L. and Olaussen, S. R. (1993). Colloidal silica cement: description and use in North Sea operations. Offshore Europe, Aberdeen, UK (7–10 September 1993), SPE 26725.

[8] Marinova, K. G., Denkov, N. D., Branlard, P. et al. (2002). Optimal hydrophobicity of silica in mixed oil–silica antifoams. Langmuir 18 (9): 3399–3403.

[9] Jurinak, J. J. and Summers, L. E. (1991). Oilfield applications of colloidal silica gel. SPE Production Engineering 6 (4): 406–412, SPE 18505.

[10] Wang, H. –C., Wu, C. –Y., Chung, C. –C. et al. (2006). Analysis of parameters and interaction between parameters in preparation of uniform silicon dioxide nanoparticles using response surface methodology. Industrial & Engineering Chemistry Research 45: 8043–8048.

[11] Kumar, D., Chishti, S. S., Rai, A. and Patwardhan, S. D. (2012). Scale inhibition using nano–silica particles. SPE Middle East Health, Safety, Security, and Environment Conference and Exhibition, Abu Dhabi, UAE (2–4 April 2012), SPE 149321.

[12] Bazazi, P., Gates, I. D., Nezhad, A. S. and Hajazi, S. H. (2017). Silica–based nanofluid heavy oil recovery a microfluidic approach. SPE Canada Heavy Oil Technical Conference, Calgary, Alberta, Canada (15–16 February 2017), SPE 185008.

[13] Gill, J. S. (1998). Silica scale control. CORROSION 98, San Diego, CA (22–27 March 1998), NACE 98226.

[14] Demadis, K. D., Stathoulopou, A. and Ketsetzi, A. (2007). Inhibition and control of colloidal silica: can chemical additives untie the "Gordian Knot" of scale formation? CORROSION 2007, Nashville, TN (11–15 March 2007), NACE 07085.

[15] https://www.osha.gov/Publications/osha3176.html.

[16] Cyrs, W. D., Le, M. H., Hollins, D. M., and Henshaw, J. L. (2014). Settling the dust: silica past, present & future. Professional Safety 59 (04): 38–43, ASSE–14–04–38.

[17] Cuomo, J. and Rabovsky, A. (2000). Bioavailability of Silicon from Three Sources. USANA Health Sciences Clinical Research Bulletin.

[18] Colvin, V. L. (2003). The potential environmental impact of engineered nanomaterials. Nature Biotechnology 21: 1166–1170.

[19] Quintero, L., Lima, J. M. and Stocks–Fisher, S. (2000). Silica micro–encapsulation technology for treatment of oil and/or hydrocarbon–contaminated drill cuttings. IADC/SPE Drilling Conference, New Orleans, LA (23–25 February 2000), SPE 59117.

[20] Van Ourt, E., Ripley, D., Ward, I. et al. (1996). Silicate–based drilling fluids: competent, cost–effective and benign solutions to wellbore stability problems. SPE/IADC Drilling Conference, New Orleans, LA (12–15 March 1996), SPE 35059.

[21] Alford, S. E. (1991). North sea field application of an environmentally responsible water–base shale stabilizing system. SPE/IADC Drilling Conference, Amsterdam, Netherlands (11–14 March 1991), SPE 21936.

[22] Cheng, Z. –Y., Breedon, D. L. and McDonald, M. J. (2011). The use of zinc dialkyl dithiophosphate as a

lubricant enhancer for drilling fluids particularly silicate-based drilling fluids. SPE International Symposium on Oilfield Chemistry, The Woodlands, TX (11-13 April 2011), SPE 141327.

[23] Fisk, J. V. Jr., Krecheville, J. D. and Pober, K. W. (2006). Silicic acid mud lubricants. US Patent 6,989,352, assigned to Halliburton Energy Services Inc.

[24] Padron, A. (1995). Stable emulsion of viscous crude hydrocarbon in aqueous buffer solution and method for forming and transporting same. EP Patent 6,728,60, assigned to Maraven SA.

[25] Nasr-El-Din, H. A. and Taylor, K. C. (2005). Evaluation of sodium silicate/urea gels used for water shut-off treatments. Journal of Petroleum Science and Engineering 48 (3-4): 141-160.

[26] Laktos, I., Laktos-Szabo, J., Munkacai, I., and Tromboczki, S. (1993). Potential of repeated polymer well treatments. SPE Production & Facilities 8 (04): 269-275, SPE 20996.

[27] Soreau, M. and Siegel, D. (1986). Injection composition for sealing soils. DE Patent 3,506,095, assigned to Hoechst France.

[28] Mohanty, S. and Khantaniar, S. (1995). Sodium orthosilicate: an effective additive for alkaline steamflood. Journal of Petroleum Science and Engineering 14 (1-2): 45-49.

[29] Sastri, V. S. (2011). Green Corrosion Inhibitors. New Jersey: John Wiley & Sons, Inc.

[30] McDonald, M. J. (2007). The use of silicate-based drilling fluids to mitigate metal corrosion. International Symposium on Oilfield Chemistry, Houston, TX (28 February-2 March 2007), SPE 100599

[31] Mueller, D. T., Boncan, V. G. and Dickersen, J. P. (2001). Stress resistant cement compositions and methods for using same. US Patent 6,230,804, assigned to BJ Services Company.

[32] Baret, J.-F., Villar, J., Darguad, B. and Michaux, M. (1997). Cementing compositions and application of such compositions to cementing oil (or similar) wells. CA Patent 2,207,885, assigned to Schlumberger Ca. Ltd.

[33] Sugama, T. and Wetzel, E. (1994). Microsphere-filled lightweight calcium phosphate cements. Journal of Material Science 29 (19): 5156-5176.

[34] Flyten, G. C., Luke, K. and Rispler, K. A. (2006). Cementitious compositions containing interground cement clinker and zeolite. US Patent 7,303,015, assigned to Halliburton Energy Services Inc.

[35] Luke, K., Fitzgerald, R. M. and Zamora, F. (2008). Drilling and cementing with fluids containing zeolite. US Patent 7,448,450, assigned to Halliburton Energy Services Inc.

[36] Kondo, M. and Sawada, T. (1996). Readily dispersible bentonite. US Patent 5,491,248, assigned to Hojun Kogyo Co. Ltd.

[37] Bragg, J. R. and Varadaraj, R. (2006). Solids-stabilized oil-in-water emulsion and a method for preparing same. US Patent 7,121,339, assigned to Exxonmobil Upstream Research Company.

[38] Drillet, V. and Difives, D. (1991). Clay dissolution kinetics in relation to alkaline flooding. SPE International Symposium on Oilfield Chemistry, Anaheim, CA (20-22 February 1991), SPE 21030.

[39] Grant, W. H. Jr., Rutledge, J. M., and Gardner, C. A. (1990). Quality of bentonite and its effect on cement-slurry performance. SPE Production Engineering 5 (04): 411-414, SPE 19940.

[40] Bienvenu, R. L. Jr. (1996). Lightweight proppants and their use in hydraulic fracturing. US Patent 5,531,274, assigned to Inventor.

[41] Ryan, R. G. (1995). Environmentally safe well plugging composition. US Patent 5,476,543, assigned to Inventor.

[42] Zhou, Z. (2000). Process for reducing permeability in a subterranean formation. US Patent 6,143,699, assigned to Alberta Oil Sands Technology and Research Authority.

[43] Nakashima, S., Bessho, H., Tomizawa, R. et al. (2014). Calcium silicate hydrate formation rates during alkaline alteration of rocks as revealed by infrared spectroscopy. ISRM International Symposium - 8th Asian Rock Mechanics Symposium, Sapporo, Japan (14-16 October 2014), ISRM-ARMS8-2014-238.

[44] De Wolf, C. A., Bang, E., Bouwman, A. et al. (2014). Evaluation of environmentally friendly chelating agents for applications in the oil and gas industry. SPE International Symposium and Exhibition on Formation Damage Control, Lafayette, LA (26-28 February 2014). SPE 168145.

[45] Vinot, B., Schechter, R. S., and Lake, L. W. (1989) . Formation of water-soluble silicate gels by the hydrolysis of a diester of dicarboxylic acid solubilized as microemulsions. SPE Reservoir Engineering 4 (03): 391-397, SPE 14236.

[46] Chou, S. and Bae, J. (1994). Method for silica gel emplacement for enhanced oil recovery. US Patent 5,351,757, assigned to Chevron Research and Technology Company.

[47] Oglesby, K. D., D' Souza, D., Roller, C. et al. (2016). Field test results of a new silicate gel system that is effective in carbon dioxide enhanced recovery and waterfloods. SPE Improved Oil Recovery Conference, Tulsa, OK (11-13 April 2016), SPE 179615.

[48] Burns, L. D., McCool, C. S., Willhite, G. P. et al. (2008). New generation silicate gel system for casing repairs and water shutoff. SPE Symposium on Improved Oil Recovery, Tulsa, OK (20-23 April 2008), SPE 113490.

[49] DeMaster, D. J. (1981). The supply and accumulation of silica in the marine environment. Geochimica et Cosmochimica Acta 45 (10): 1715-1732.

[50] DeMaster, D. J. (2002). The accumulation and cycling of biogenic silica in the Southern Ocean: revisiting the marine silica budget. Deep Sea Research Part II: Topical Studies in Oceanography 49 (16): 3155-3167.

[51] CEFIC (2014). Soluble Silicates: Chemical, Toxicological, Ecological and Legal Aspects of Production, Transport, Handling and Application. Centre European delude des Silicates.

[52] CEFIC (2005). Soluble Silicates: Human& Environmental Risk Assessment on Ingredients of European Household Cleaning Products. Centre European delude des Silicates.

[53] Laurelle, G. G., Roubeix, V., Sferratore, A. et al. (2009). Anthropogenic perturbations of the silicon cycle at the global scale: key role of the land-ocean transition. Global Biogeochemical Cycles 23 (4): 18-24.

[54] Admiraal, W. and van der Vlugt, J. C. (1990). Impact of eutrophication on the silicate cycle of man-made basins in the Rhine delta. Hydrobiological Bulletin 24 (1): 23-26.

[55] Correll, D. L. (1996). The role of phosphorus in the eutrophication of receiving waters: a review. Journal of Environmental Quality 27 (2): 261-266.

[56] Ryther, J. H. and Dunstan, W. M. (1971). Nitrogen, phosphorus, and eutrophication in the coastal marine environment. Science 171 (3975): 1008-1013.

[57] Noll, W. (1968). Chemistry and Technology of Silicones. New York: Academic Press.

[58] Pape, P. G. (1983). Silicones: unique chemicals for petroleum processing. Journal of Petroleum Technology 35 (06): 1197-1204, SPE 10089.

[59] Koczo, K. and Azouani, S. (2007). Organomodified silicones as crude oil demulsifiers. Chemistry in the Oil Industry X, Royal Society of Chemistry, Manchester, UK (5-7 November 2007), p. 323.

[60] Callaghan, I. C. (1993). Antifoams for non-aqueous systems in the oil industry. In: Defoaming: Theory and Industrial Applications (ed. P. R. Garrett), 119-150. New York: Marcel Dekker.

[61] Callaghan, I. C., Fink, H. -F., Gould, C. M. et al. (1985). Oil gas separation. US Patent 4,357,737,

assigned to British Petroleum Company PLC.

[62] Mannheimer, R. J. (1992). Factors that influence the coalescence of bubbles in oils that contain silicone antifoams. Chemical Engineering Communications 113 (1): 183-196.

[63] Weltschev, M., Heming, F. and Werner, J. (2014). Compatibility of elastomers with biofuels. CORROSION 2014, San Antonio, TX (9-13 March 2014), NACE 2014-3745.

[64] Lehmann, R. G., Millar, J. R., and Kozerski, G. E. (2000). Degradation of a silicone polymer in a field soil under natural conditions. Chemosphere 41: 743-749.

[65] Smith, D. M., Lehmann, R. G., Narayan, R. et al. (1998). Fate and effects of silicone polymer during the composting process. Compost Science and Utilization 6 (2): 6-12.

[66] Stevens, C. (1998). Environmental degradation pathways for the breakdown of polydimethylsiloxanes. Journal of Inorganic Biochemistry 69 (3): 203-207.

[67] Frye, C. L. (1988). The environmental fate and ecological impact of organosilicon materials: a review. The Science of the Total Environment 73 (1-2): 17-22.

[68] Bosma, M. G. R., Cornelissen, E. K., Reijrink, P. M. T. et al. (1998). Development of a novel silicone rubber/cement plugging agent for cost effective Thru' Tubing well abandonment. IADC/SPE Drilling Conference, Dallas, TX (3-6 March 1998), SPE 39346.

[69] Lakatos, I., Toth, J., Baur, K. et al. (2003). Comparative study of different silicone compounds as candidates for restriction of water production in gas wells. International Symposium on Oilfield Chemistry, Houston, TX (5-7 February 2003), SPE 80204.

[70] Watkins, D. R., Kaifayan, L. J. and Hewgill, G. S. (1991). Acidizing composition comprising organosilicon compound. US Patent 5,039,434, assigned to Union Oil Company of California.

[71] Stanley, F. O., Ali, S. A. and Boles, J. L. (1995). Laboratory and field evaluation of organosilane as a formation fines stabiliser. SPE Production and Operations Symposium, Oklahoma City, OK (2-4 April 1995), SPE 29530.

[72] Thiminuer, R. J. and Traver, F. J. (1988). Volatile silicone-water emulsions and methods of preparation and use. US Patent 4,784,844, assigned to General Electric Company.

[73] Zakharov, A. P. and Konovalov, E. A. (1992). Silicon-based additives improve mud rheology. Oil and Gas Journal 90 (32): http: //www. ogj. com/articles/print/volume-90/issue-32/in-this-issue/ drilling/silicon -based-additives-improve-mud-rheology. html.

[74] Koerner, G. and Schaefer, D. (1991). Polyoxyalkylene-polysiloxane block-copolymers as demulsifier for water containing oils. US Patent 5, 004, 559, assigned to Th. Goldschmidt Ag.

[75] Koczo, K., Falk, B., Palambo, A. and Phikan, M. (2011). New silicone copolymers as demulsifier boosters chemistry in the oil industry Ⅻ. Royal Society of Chemistry, Manchester, UK (7-9 November 2011), pp. 115-131.

[76] Dalmazzone, C. and Noik, C. (2001). Development of new green demulsifiers for oil production. SPE International Symposium on Oilfield Chemistry, Houston, TX (13-16 February 2001), SPE 65041.

[77] Craddock, H. A. (2010). Silicon materials as additives in wax inhibitors. Patent Application 1020439. 4, Filing date 2nd December 2010.

[78] Patel, A. D. (1998). Silicone oil-based drilling fluids. US Patent 5,707,939, assigned to MI Drilling Fluids.

[79] Berry, V. L., Cook, J. L., Gelderbloom, S. J. et al. (2008). Silicone resin for drilling fluid loss control. US Patent 7,452,849, assigned to Dow Corning Corporation.

[80] Leonov, Y. R. , Lamosov, M. E. , Ryabokon, S. A. et al. (1993). Plugging material for oil and gas wells. SU Patent 1,821,550, assigned to Borehole Consolidation Mu.

[81] Craddock, H. A. (2012). Shale Gas: The Facts about Chemical Additives. www. knovel. com (accessed May 2012).

[82] Fourneir, F. (2014). Oil and gas well proppants of silicone-resin-modified phenolic resins. WO Patent 2014067807, assigned to Wacker Chemie Ag.

[83] Kobayashi, H. and Masatomi, T. (1995). Fluorosilicone antifoam. US Patent 5,454,979, assigned to Dow Corning Toray Silicon Co. Ltd.

[84] Gallagher, C. T. , Breen, P. J. , Price, B. and Clement, A. F. (1998). Method and composition for suppressing oil-based foams. US Patent 5,853,617, assigned to Baker Hughes Corporation.

[85] Taylor, A. S. (1991). Fluorosilicone anti-foam additive. GB Patent 2,244,279, assigned to British petroleum Company PLC.

[86] Berger, R. , Fink, H. -F. , Koerner, G. et al. (1986). Use of fluorinated norbornylsiloxanes for defoaming freshly extracted degassing crude oil. US Patent 4,626,378, assigned to Th. Goldschmidt Ag.

[87] Graiver, D. , Farminer, K. W. , and Nraayan, R. (2003). A review of the fate and effects of silicones in the environment. Journal of Polymers in the Environment 11 (4): 129-136.

[88] Watts, R. J. , Kong, S. , Haling, C. S. et al. (1995). Fate and effects of polydimethylsiloxanes on pilot and bench-top activated sludge reactors and anaerobic/aerobic digesters. Water Research 29 (10): 2405-2411.

[89] Wanatabe, N. , Naskamura, T. , and Wanatabe, E. (1984). Bioconcentration potential of polydimethylsiloxane (PDMS) fluids by fish. Science in the Total Environment 38: 167-172.

[90] Connell, D. W. (1988). Bioaccumulation behavior of persistent organic chemicals with aquatic organisms. Reviews of Environmental Contamination and Toxicology 102: 117-154.

[91] Annelin, R. B. and Frye, C. L. (1989). The piscine bioconcentration characteristics of cyclic and linear oligomeric permethylsiloxanes. The Science of the Total Environment 83: 1-11.

[92] Kukkonen, J. and Landrum, P. F. (1995). Effects of sediment-bound polydimethylsiloxane on the bioavailability and distribution of benzo[a]pyrene in lake sediment to Lumbriculus variegatus. Environmental Toxicology and Chemistry 14 (3): 523-531.

# 8　溶剂、“绿色”溶剂及常规配方

本章主要介绍化学溶剂在石油和天然气勘探开发工业中的应用以及油田上越来越多应用的“绿色”溶剂及化学产品。石油和天然气勘探开发工业应用的产品大多数配制在溶剂中，溶剂通常是水。即使是简单的化学品，通常为了方便应用也需要稀释。经常把这些化学品运送到不同的地方使用，因此它们的黏度至关重要，特别对于应用在不同地点的化学品来说，它们需要通过泵输送几千米。另外，它们的性质在各种环境条件下必须很稳定，特别是能够在高温高压条件下储存和应用。按照法规要求，还需要具有良好的生物降解性，虽然这会影响产品的稳定性，特别是在炎热条件下需要储存几个月时。油田化学工程师面临的挑战是让化学品满足各种具体的要求。

全球溶剂市场由其应用需求决定，涂料、农用化学品、印刷油墨、黏合剂、橡胶和聚合物、个人用品护理、金属清洁、药品，包括石油和天然气工业的应用都会影响它。溶剂是用于溶解物质（溶质）的化学物质，从而形成溶液。在油田应用中，还可用作活性组分的载体，并且生成含有各种组分的稳定有效混合物，两者间有时还存在协同效应。在石油和天然气工业，有机溶剂的主要类型是醇类、乙二醇醚类和芳烃类，在第 6 章中描述过它们的非溶剂用途。本章将探讨作为溶剂如何使用、在一个化学配方中的用途以及对环境的影响。下面将会分别介绍这些主要溶剂以及它们的详细用途与功能。

## 8.1　溶剂的工作原理

溶剂指的是可以用作反应介质的液体，或对于油田产品而言，溶剂是可以携带活性化学成分的介质[1]。它主要有非参与性和参与性两个用途。

（1）非参与性：溶解反应物，极性溶剂最容易溶解极性反应物（如离子），非极性溶剂最容易溶解非极性反应物（如碳氢化合物）。

（2）参与性：作为酸（质子）、碱（去除质子）或亲核试剂（给予孤对电子）的来源。

在油田应用中，通常只关注非参与性溶剂。

极性溶剂具有大的偶极矩（即部分电荷）；原子间存在不同电负性的键，例如氧原子和氢原子之间的键（例如水和甲醇）。

非极性溶剂具有相似电负性的原子之间的键，例如碳和氢（例如烃）。具有相似电负性的原子之间的键会缺少部分电荷；正是这种电荷的缺失，使这些分子成为非极性。

极性测量有两种常用方法：一种是通过测量介电常数，介电常数越大，极性越大（水具有高介电常数，而碳氢化合物如正辛烷具有低介电常数）；另一种是通过直接测量偶极矩。

它们之间有个区别经常引起混淆。一些溶剂被称为质子，而有些则被称为非质子。

质子溶剂具有 O—H 键或 N—H 键，可以形成氢键（氢键是一种强大的分子间力）。另外，这些 O—H 键或 N—H 键可以作为质子的来源（$H^+$）。

非质子溶剂含有氢原子，但缺少 O—H 键或 N—H 键，因此它们之间不能形成氢键。

总而言之，相似相溶原理，即非极性溶质不会溶于极性溶剂（如水），因为它们不能与极性溶剂分子产生强烈的吸引力。例如，水是极性溶剂，它会溶解盐及其他极性分子，但不会溶解非极性分子（如烃类）。

众所周知，聚合物的溶解不仅取决于它们的物理性质，还取决于它们的化学结构，如极性、分子量、支化度、交联度和结晶度[2]。相似相溶原理也适用于聚合物。因此，极性大的分子（如聚丙烯酸、聚丙烯酰胺和聚乙烯醇）可溶于水。相反，极性小的非极性聚合物（如聚苯乙烯、聚甲基丙烯酸甲酯、聚乙烯基氯和聚异丁烯）可溶于非极性溶剂中。

另外，聚合物的分子量对其溶解性起重要作用。在一定温度下的指定溶剂中，随着分子量的增加，聚合物溶解度降低。当交联度增加时，也有同样性质，因为强烈交联的聚合物会抑制聚合物链与溶剂分子之间的相互作用，阻止聚合物链转移到溶液中。

结晶的大分子也会出现类似的情况，但如果选择适当的溶剂或将聚合物加热到温度略低于其结晶熔点（$T_m$），可以强行溶解。例如，高度结晶线型聚乙烯（$T_m=135℃$）可以溶解在100℃以上的几种溶剂中。尼龙66（$T_m=265℃$）是一种比聚乙烯极性强的结晶聚合物，溶剂能够通过氢键与其相互作用，因此可以在室温下溶解。具有支链的聚合物链通常会增加溶解度，其溶解速率取决于其特定的支化类型。含有长支链的链会引起致密的缠结，使溶剂分子很难渗透。因此，这些情况下溶解速率变慢，链之间的相互作用实际上是不存在的。

一般的溶解规则对于配制油田产品很重要，因为在前面的内容中已经介绍了各种各样的化合物和聚合物用于配方中。

## 8.2　油田溶剂

通常，油田溶剂的使用需要满足以下条件：

（1）当地可用性。

（2）价格便宜。

（3）环境影响小。

（4）技术性能好。

这些条件的重要性取决于配制产品的区域正在使用和（或）使用的溶剂以及使用它们的监管压力。例如，甲醇在世界各地广泛使用；然而，在巴西，乙醇是优选的，因为它便宜并且可以从甘蔗蒸馏中获得。其他国家和地区也存在类似的经济偏好；然而，这些可能会导致配方和兼容性方面的挑战，这将在8.4节中探讨。

### 8.2.1　水

如果水是溶剂，那么最迫切的要求是水的可用量。陆上水力压裂中页岩气就是这种情况，每口水平井水力压裂需消耗（300~500）$\times10^4$gal的水[3]。

水力压裂的一个至关重要的因素就是需要大量的水资源，特别是在以页岩气为主的美国大陆沙漠地区。在这些地区，通常需要合适的含水层，并且需要除去水中的悬浮物和微生物。然后配制压裂液，其中含有支撑剂悬浮液和添加各种化学品[4]。在其他国家（如中国)，水资源虽然较丰富，但可能会受到其他用途的压力，特别是家庭用水。中国拥有世界上最丰富的可动用页岩气资源，水资源的可用性是水力压裂作业限制的主要因素。除了地质条件、基础设施和技术障碍外，四川盆地是页岩气开采前景最好的地方，很可能在未来15年内，由于水力压裂作业的持续用水需求，导致用水压力变大，会与其他用水冲突[5]。

类似的情况也发生在Marcellus页岩带和Utica页岩带等美国东部的广大地区，包括阿巴拉契亚流域及相关流域。所有施工用水中，大约只有10%被回收并重复使用，剩余的90%在循环中消耗。虽然已经实施许多水处理工艺，但是仍然存在一些关键问题，比如非常规天然气开采相关的水管理及其可持续性，以及其可能对环境造成影响[6]。

水是油田盐水的主要成分。盐水液体通常用于完井，越来越多地用于穿透产油层。盐水用得较多是因为其密度比淡水高且不含有固体颗粒。盐水类包括氯化物盐水（钙和钠）、溴化物和甲酸盐，这些都已在第5章的卤化物中详细讨论过[7]。

除了与非常规天然气和石油生产相关的水力压裂中使用大量水之外，水在勘探开发领域用作溶剂主要包括两个方面：(1) 作为水基钻井液的基础溶剂；(2) 作为需要在水相进行反应的化学品的载体溶液。后一类产品通常包括有机盐和无机盐，并包含多种化学品，其功能有广泛应用，例如阻垢剂（磷酸盐；见第4章）、缓蚀剂（季铵表面活性剂；见第3章）和氧清除剂（亚硫酸氢铵；见第5章）。大多数使用水作为溶剂配制。在8.3节中将介绍水基钻井液的配方设计及其应用。

水也用于制备乳液和微乳液以获得乳液可运输的介质，通过水相将水不溶性化学品油相运送。

如前所述，水本身没有明显的环境影响，但它是一个潜在的污染物载体，有毒物质在水中更有可能对生物特别是水生生物造成伤害。它们在别的介质中可能不会像在水中一样容易接触到有毒物质。

水还可以对污染产生有益的影响，特别是在海洋环境中。当污染物被引入海洋环境时，它们会受到许多物理过程的影响，使得它们在水中稀释。稀释是降低物质浓度的一种主要手段。降低难降解物质（那些没有经历快速生物降解的，例如金属）的浓度比降低易降解物质（那些确实经历快速生物降解的，例如一些有机物质）的浓度更重要。这个主题将在第10章进一步讨论。

此外，大量淡水对海水的稀释可能对海洋生态系统产生严重影响，并且有证据表明存在相关变化。增加二氧化碳排放量，导致海洋酸化和海冰融化加剧，反过来又降低了加拿大北冰洋盆地碳酸钙的饱和状态。已发现这种不饱和度直接导致了加拿大盆地海冰广泛融化。此外，北极冰的融化会使得地下水上升进入北极大陆架。这种不饱和会影响浮游生物和海底栖钙化生物群，因而影响北极生态系统[8]。

同样，这些环境影响将在第9章和第10章中更详细介绍。

### 8.2.2 醇类

第6章中介绍了醇，特别是甲醇的非溶剂用途。甲醇在钻井和天然气集输中用作水合物抑制剂[9]。降低表面张力有助于返排，低分子量醇也有益于气井的增产[10]。

#### 8.2.2.1 甲醇

作为溶剂，甲醇是具有质子特性的极性溶剂。它可以单独或与其他溶剂，特别是水混合溶解聚合物及其他配料，在油田操作中具有广泛的应用。

甲醇以及乙二醇（MEG）用作抗冻添加剂，可以降低溶液的凝固点，特别多用于缓蚀剂的水基配方。

甲醇用于天然气输送管道脱水的水合物抑制剂对淹没管道进行解堵，一旦解堵成功，运行脱水清管器。管道和预调试规范通常规定，在脱水操作结束时，管道中的水含量不得超过4%。这样天然气的质量就可以达到出口销售的标准。为达到一定的含水率，使用甲醇（和乙二醇；参见8.2.3）和甲醇混合物。通过计算甲醇含量，以避免生成任何水合物[11]。

甲醇可用作配方中的溶剂，但更常用于与水作共溶剂。在配制时必须小心使用甲醇，因为它会加重水垢沉积问题。特别是在使用甲醇来控制水合物风险的情况，这也给水合物抑制剂与阻垢剂性能的相互作用方面带来了新挑战[12]。甲醇浓度过高也会引起下游问题，例如污染炼油催化剂或降低原油中碳氢化合物的总价值。与兼容性相关的其他问题将在8.4节中进一步详述。

然而，甲醇可以在配方中产生有益效果，在混合体系中使用少量乙醇，能改善阴离子黏弹性表面活性剂作为转向剂的性能。在这种情况下，表面活性剂不会转移到地层中的流动流体中，仅在流体通过地层时，甲醇从溶液中转移到流体中[13]。

甲醇大多数用作溶剂的例子中，可以被乙醇取代，然而，通常甲醇相当便宜，并且它不会变性，也不需要许可证来防止其非法使用。

甲醇在不同植物和动物的分解过程中自然产生，人们每天都会接触到水果、果汁，甚至葡萄酒。虽然摄入较多的甲醇会引起中毒[14]，但由于甲醇的生物降解速率很快，它在释放到环境中时的影响非常小。

当甲醇释放到环境中时，它会迅速分解成其他化合物，与水完全混溶，可作为许多不同细菌的食物基质[15]。

8.2.2.2　异丙醇（IPA）

异丙醇（图8.1）是比甲醇或乙醇略大的分子，通常制造成本更低。它比甲醇毒性小，而且可生物降解。

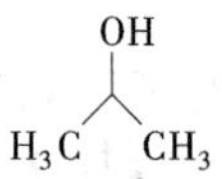

OH

$H_3C$　$CH_3$

图8.1　异丙醇

与甲醇一样，异丙醇可与水混溶；然而，与甲醇不同，它不与盐溶液混溶，并可通过加入盐（如氯化钠）等从水溶液中分离出来[16]。它会溶解许多聚合物和树脂，而且更多可溶于碳氢化合物而非甲醇[2]。

当用于配制油田产品时，这些性质虽然有利，但也会带来一些问题。烃溶解度可有利于确保油溶性组分进入油相，特别是在盐水环境中。但是，这种溶解性可能与泵及其他设备的中央管道和密封件中的聚合物和塑料高度不相容。

异丙醇与其他醇类溶剂一起用作配制气体水合物抑制剂和缓蚀剂的首选溶剂（参见8.4节）[17]。

醇类可用于提高采收率（EOR），认为异丙醇和氨在水中的组合是成本最低的EOR方法。据称该混合物不与地层中的油反应，不会大量圈闭在地层岩石中，因此添加剂混合物可以与油分离，可再循环利用[18]。

异丙醇是用于配制硅氧烷微乳液的首选溶剂，以控制水的产出。该系统使岩石表面水湿，并且硅氧烷对润湿性没有任何负面影响。观察到硅氧烷溶液在异丙醇中向油湿性质的转变[19]。

8.2.2.3 2-乙基己醇（丁氧基乙醇）和己醇

2-乙基己醇是具有支链的八碳手性醇，也是脂肪醇，见图 8.2 中的结构。异辛醇是一种无色液体，难溶于水，但在大多数有机溶剂中溶解。具有低挥发性，是要求低排放地区的必需溶剂。它可以大规模生产，可用于多种应用，如香精、香料，特别是作为其他化学品生产的前驱体，如润肤剂和增塑剂。在自然界中是植物香料，据报道，*R* 型手性异构体气味“浓重、泥土味和略带花香”；对于 *S* 对映体来说，是“清淡、甜美的花香”[20]。

2-乙基己醇是 *N*-乙烯基己内酰胺共聚物的有用溶剂，用作动力学水合物抑制剂[21]（见 2.1.3）。此外，在高度监管的地区，例如北海盆地，用作许多需要油溶性或基于表面活性剂的产品配方中的溶剂，如破乳剂（H. A. Craddock，未发表）。

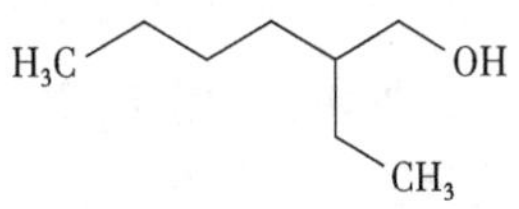

图 8.2 2-乙基己醇

2-乙基己醇可以是井筒清洁剂配方中的关键助溶剂，有效地分散油基钻井液（OBM）残留物（H. A. Craddock 和 R. Simcox，未发表）。通常，清洁剂中的溶剂系统基于二甲苯、甲苯、酮类和低分子量酯类。事实证明，这些非常有效，但都可能对环境造成危害，并带来额外的健康和安全问题。在受到严格监管的地区，这些已在很大程度上替换为在北海可生物降解的酯类、中间馏分和萜烯类溶剂。

在一些凝胶系统中，己醇用作溶剂，用于在压裂过程中暂堵作业，因为它可以在较高温度下产生高黏度，同时在一定温度环境下保持合适的黏度用于泵送[22]。也可作为共溶剂用于多种表面活性剂配方（见 8.4 节）。

8.2.2.4 丁醇和异丁醇

丁醇（也称为丁醇）是四碳醇，化学式为 $C_4H_9OH$。它出现在 5 个异构体结构中，从直链的正丁醇到支链叔醇。所有都是与羟基连接的丁基或异丁基：正丁醇、2-丁醇、叔丁醇和异丁醇的两种立体异构体。在许多行业中，丁醇主要用作溶剂，而在石油和天然气勘探开发工业中，主要使用正丁醇和异丁醇。

正丁醇及其他异构体适用于中厚油藏的乙醇—水驱[23]。该 EOR 工艺使用含有水和高沸点酒精的化学混合物，酒精浓度高达 20%。以 100~500℉ 的温度注入混合物，以确保开采过程中的热源。

以微乳液为载体溶剂的缓蚀剂中，丁醇也常用作携带溶剂；然而，这种系统也可用于提供各种油溶性化学添加剂[24]。

据报道，异丁醇可用于提高液态合金水泥的强度[25]。

像许多醇一样，认为丁醇有毒。然而，它在对实验动物进行单剂量毒性实验中排序较低，用于化妆品足够安全。

8.2.2.5 其他醇类

在石油和天然气勘探开发工业中，许多其他的醇和醇类化合物主要用作溶剂，主要是辛醇和癸醇及相关的衍生物。实际上，辛醇和癸醇的混合物，称为 Epal 810（主要是 1-癸醇），用作基于磷酸酯的胶凝剂的溶剂（参见 4.5 节）[26]。

2-辛基癸醇及其他长链脂肪醇（如油醇和硬脂酰醇）是用于硅酸基钻井液的润滑剂组

合物[27]。有人称，脂肪醇 $C_{10}$—$C_{20}$有助于脂肪酸清洁剂从地表水中有效地清除和分散溢油。它通常以水乳剂的形式喷洒在污染的表面上[25]。

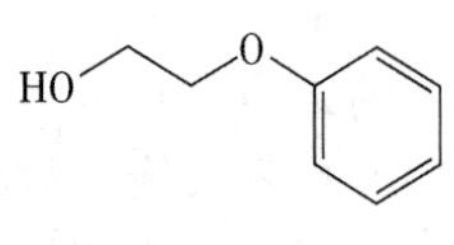

图 8.3　苯氧乙醇

苯氧乙醇（图 8.3），又称乙烯乙二醇苯醚，在油田中作为杀菌剂，通常与泡腾材料结合用来将杀菌剂输送到生产流体中。泡腾材料是包含酸和碱的固体，在水性介质中反应产生气体，例如二氧化碳。泡腾材料可以是片剂、粉末、薄片等。该方法和组合物适用于压裂液中[28]。

苯氧乙醇作为 Epal 810 的替代物，也可用于基于磷酸酯的胶凝剂[26]。

### 8.2.3　乙二醇和乙二醇醚

二醇和二醇醚广泛用于许多工业领域，作为化学品中间体、制冷剂、防冻剂和溶剂。这类分子中最简单的醇是乙二醇或乙烷-1，2-二醇（图 8.4），有两个主要用途：聚酯纤维的制造和防冻配方中的原料。它是一种无色无味、味道甜美的糖浆，具有中等毒性[29]。乙二醇用作水合物抑制剂已在 6.2.1 中详述。

#### 8.2.3.1　乙二醇、二甘醇和三甘醇

所有二醇中在石油和天然气勘探开发工业中最常用的、使用体量最大的醇类。尤其是乙二醇（MEG）广泛用于水合物抑制剂，三甘醇（TEG）大量地用于气体脱水。二甘醇（DEG）最贵，使用量最少。作为冰点抑制剂，MEG 蒸气压低，但活性不如甲醇高，因此在冷却系统中，主要流体损失是水的蒸发，并且与甲醇不同，MEG 不易燃，这一点在油田使用上具有显著优势。通常用 MEG 与 DEG 和（或）TEG 配制防冻剂。

在低温地层中，完井中的水泥可能会受到冻融循环的影响，加入 MEG 作为冰点抑制剂[30]。

作为溶剂，这些材料广泛用作共溶剂，特别是在水基配方中。它们还被赋予抗冻特征，特别是 MEG。这两种用途，在配制时必须小心，因为二醇可以与一些配方中活性物质反应。这将在 8.4 节中进一步详述。

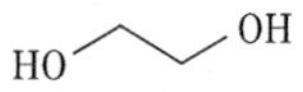

HO　OH

图 8.4　乙二醇

在某些黏土稳定剂中，MEG 是首选的溶剂，但它也参与特定的马来酸聚合物原位反应，形成马来酰亚胺，特别适用于水基钻井液[31]。

与本章前面提到的己醇类似，MEG 加入水基压裂液时，可以增加瓜尔胶凝胶的黏度并稳定相关的盐水。这些材料通常用于水力压裂，这意味着这种流体在较高温度下具有更高的稳定性，这反过来使地层伤害降至最低，水力压裂添加少量的 MEG，可以达到瓜尔胶聚合物相同的黏度[32]。

如前所述，这些二醇和另外的丙二醇具有低导热率，因此具有良好的隔热性能。为此，它们用作溶剂，用于减少生产管道中降低的热量损失和不受控制的环空传热。这种热量损失会导致石蜡或沥青质沉积和潜在的天然气水合物生成。北极区域管道，热量损失会导致永久冻土不稳定[33]。

已经提出了各种材料和配方以解卡，最常见的是直接添加到钻井液中的柴油。但是，这种作用有限，据称十二烷基苯磺酸盐表面活性剂在油和水乳液中更有效。在这些产品中，主要使用 MEG 和 DEG 作为辅助表面活性剂[34]。

MEG 是水基润滑剂和油基材料中使用的溶剂之一，用于水基钻井液。它的作用是减少钻井作业期间金属表面的摩擦和扭矩。己二醇或 2-甲基戊烷-2，4-二醇（图 8.5）也拥有此功能[35]。

MEG 与甲醇等其他溶剂一起用作抗泥化剂的溶剂。这些药剂添加到酸性基质中以进行良好的增产[36]。

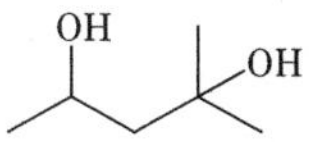

图 8.5　己二醇

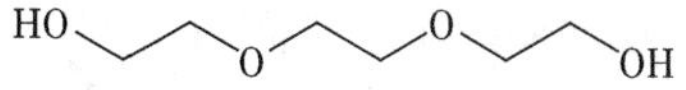

图 8.6　三甘醇

TEG（图 8.6）在石油和天然气勘探开发工业中，主要用于气体干燥，即吸收来自输气管道或加工厂的天然气中的水。其很少如 DEG 一样作为溶剂使用，并且定义不明确，因为与使用 MEG 相比，它可能没有差别，两者都更贵。

8.2.3.2　乙二醇醚和互溶剂

乙二醇醚用于石油和天然气勘探开发工业，本节将举例说明一些更为突出的内容，如单丁基乙二醇醚或 2-丁氧基乙醇（图 8.7），通常称为丁二醇，是互溶剂。一个互溶剂可与水和油混溶，并与表面活性剂一起使用有助于它们的水润湿特性。

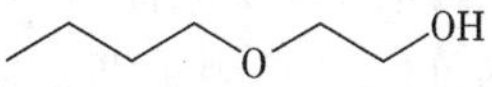

图 8.7　单丁基乙二醇醚

单丁基乙二醇醚是乙二醇的丁基醚，或乙二醇单丁醚（EGMBE），是一种相对不易挥发、廉价的低毒性溶剂。因其表面活性剂特性，用于许多家用和工业产品。

已发现聚乙烯基己内酰胺（PVCap）聚合物在丁二醇中合成相比在异丙醇中具有更好的动力学水合物抑制剂性能[37]。

互溶剂在砂岩酸化中非常有效，其中重要的是保持所有固体水湿。这里的互溶剂是丁二醇或其他改性二醇醚。改善了缓蚀剂在地层中乏酸中的溶解度，改善了缓释剂、防乳化剂及其他添加剂的相容性。最重要的特性是减少缓蚀剂对残留黏土颗粒的吸附，并有助于保持水润湿，以便在酸化后获得最大的油/气产量。互溶剂还降低了处理后的残余水饱和度(乏酸)。通过将表面活性剂保持在溶液中，而不是吸附在沙子和黏土上，可以更好地清洁井筒[38]。

丁基二甘醇醚（BDE）或 DEG 单丁醚（图 8.8）可用作水基钻井液润滑剂。

乙二醇二甲醚（EGDE）或二甲氧基乙烷（图 8.9），与甲苯混合，可用作确定破乳剂聚合物和表面活性剂相对溶解度（RSN）的溶剂[39]。

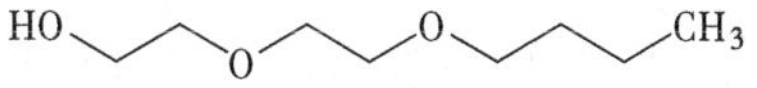

图 8.8　丁基二甘醇醚

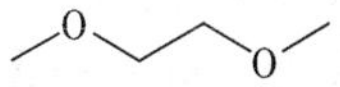

图 8.9　乙二醇二甲醚

二丙二醇甲醚（图 8.10）是另一种互溶剂，可用于清除所有水处理引起的水堵塞或圈闭的水[40]。

第 2 章详细介绍了聚合二醇、聚乙二醇（PEG）和各种醚衍生物的主要用途是作为水基钻井液润滑剂。设计 PEG 具有最佳分子量，并且其相容性受流体中其他成分的影响，特

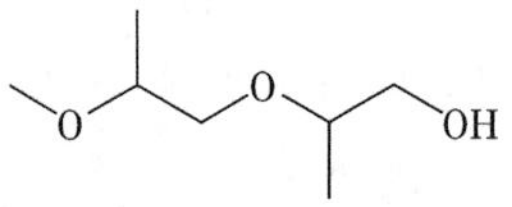

图 8.10 二丙二醇甲醚

别是二价阳离子，如钙[41]。

8.2.4 芳香族溶剂

芳香族溶剂是具有苯环结构的有机化学品，如苯、甲苯、乙苯、混合二甲苯（BTEX）和高闪点芳香族石脑油。芳香族溶剂广泛用于各个行业，估计超过50%芳烃溶剂用于油漆和涂料行业。

具有比脂肪族溶剂更强的溶解能力，在许多行业成为更好的选择。苯由于其毒性，变得不常用，使甲苯和二甲苯主要并广泛用于石油和天然气勘探开发工业，特别是在油溶性物质，如蜡抑制剂和沥青质分散剂配方中。也越来越多地应用重芳烃石脑油（HAN），尽管由于其毒性，环境也受到一定的威胁。同时应尽可能使用低芳烃石脑油（LAN）。

重质沥青质原油可溶于芳香族溶剂中，如苯、甲苯和二甲苯，二甲苯有三种异构体(图 8.11)，常用于沥青质沉积物的溶解和去除[42]。二甲苯通常是这三种异构体的混合物。

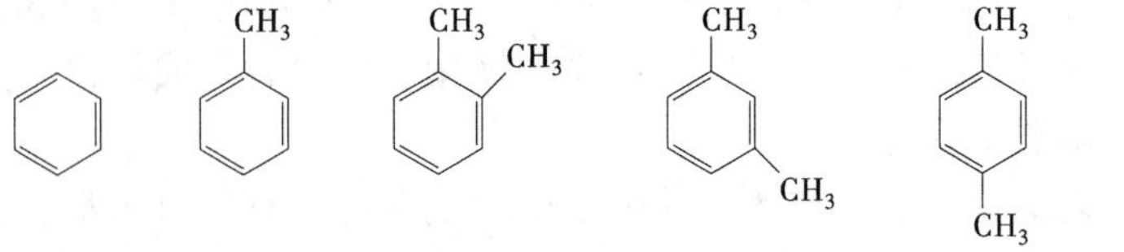

(a) 苯 (b) 甲苯 (c) 邻二甲苯 (d) 间二甲苯 (e) 对二甲苯

图 8.11 芳香族溶剂

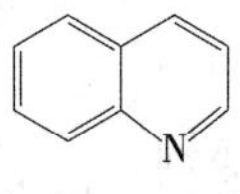

图 8.12 喹啉

芳香族溶剂的混合物用作沥青质沉积物的溶解剂[44]，例如，二甲苯、甲苯和喹啉（图 8.12）或烷基喹啉。

大多数沥青质的溶剂是基于芳香族溶剂的组合。有时，所谓的增强剂是提高了溶解能力[43]。据估计，有效的溶剂能在几小时内在井下温度下溶解沥青质；然而，在酸化和修井后，任何溶剂或溶解剂都难以去除沥青质污泥，因为沥青质通过与水分子的相互作用与岩石表面的带电矿物发生化学结合[44,45]。

二甲苯（作为所有三种异构体的混合物）尽管在28℃时具有低闪点，但二甲苯是最常用的芳香族溶剂。它既可用于沥青质溶解[46]，也可用于清蜡剂[47]和油溶性物质的配方。

双环分子，如四氢化萘（1，2，3，4-四氢化萘）和1-甲基萘（图 8.13）的表现优于单环芳烃（例如二甲苯、甲苯和苯）中溶解的沥青质的量和溶出率[48]。这些芳香族溶剂与沥青质—沥青质 π—π 相互作用，通过 π—π 轨道重叠的相互作用，从而取代它们并溶解沉积物沥青质团聚体。

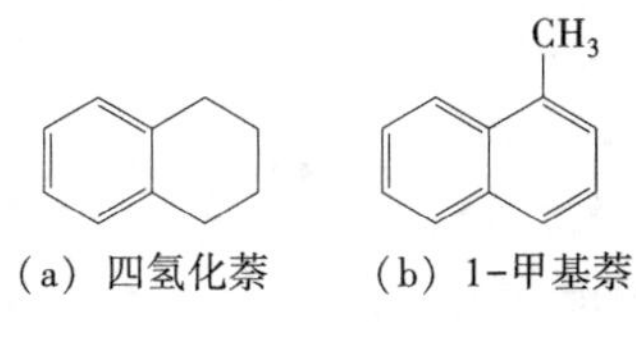


图 8.13　二环芳烃

大多数商业沥青质溶解剂使用单环芳族化合物配制，例如二甲苯和少量双环芳烃以确保低成本。

已开发出高闪点乳液型沥青质溶解剂，其中碱溶剂是芳族溶剂，但它们不含任何单环芳烃，即所谓的 BETX 基团（苯、乙苯、甲苯和二甲苯）[49]。然而，在井下需要沥青质溶解的情况下，使用二甲苯等芳族溶剂乳化的酸可以提高生产效率[50,51]。一般来说，在乳液体系中可得到更高的沥青质溶解度，水相是水或 15%盐酸，而不是单独使用二甲苯[52]。其中，很多乳液体系当作沥青质溶解剂使用时，试图保持使用更多芳族溶剂组分，同时环境友好。然而，其他碳氢化合物材料具有更好的环境友好特征，这些将在 8.2.5 中讨论。

三种主要的芳族溶剂——苯、甲苯和二甲苯都已用作清蜡剂，但目前的做法主要是使用甲苯和二甲苯。还使用了含有高芳烃含量的其他蒸馏物。表面活性剂通常与芳香族溶剂混合在一起[53]。还发现可混溶的二甲苯/酸性配方，用于酸化和修井，可用于溶解蜡沉积物[54]。这些可混溶的胶束酸化溶剂可以解决近井眼石蜡沉积问题，比单独使用二甲苯更安全有效。与其他溶剂体系相比，它们的优势在于不易燃，低表面张力可去除水锁和水润湿地层基质，并在酸体系中完全混溶。

在配制微乳液时，少量芳族溶剂，通常需要甲苯。微乳液是一种热力学稳定的流体，不同于其他动力学乳液，因为它不易随时间分离成油和水。这个稳定性是由于乳液粒径小至 10~300nm，在水相和油相之间具有超低的界面张力。它们用于石油和天然气工业，传送各种化学活性物质到它们的应用点[24]（见 8.2.2 中的丁醇）。

其他芳族化合物，例如酚和芳族杂环化合物（例如吡啶）已进行专业应用，但由于高毒性，通常会用得越来越少。

酚类（图 8.14）与甲醛一起用作聚丙烯酰胺的交联剂（参见 2.1.1），它们与聚合物的酰胺基团反应。虽然有毒，但它们是最适合正常亲水性聚合物的交联剂，如聚丙烯酰胺/聚丙烯酸酯共聚物[55]。

苯酚醚可形成专业的杂化离子/非离子表面活性剂（见第 3 章）。这些材料可用于高矿化度地层，其中非离子和阴离子表面活性剂由于盐析而效率低下。它们可与烷基磺酸盐结合使用，以产生特别低的界面张力[56]。

吡啶是一种广泛用于油田的简单芳香族杂环分子（图 8.15）。它是一种很强的溶剂，用于蜡和沥青质的溶解和清除。然而，由于其毒性和环境危害持久性，现在很少使用。吡啶和吡啶衍生物在小浓度下用作监测地下流体流动的非放射性示踪剂[57]。

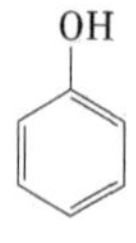

图 8.14 苯酚 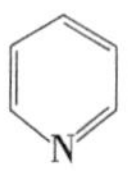　　　　图 8.15 吡啶

### 8.2.5 其他有机溶剂

还有许多其他有机材料用作石油天然气勘探开发工业中的溶剂；然而，尽管它们中的许多具有显著的环境友好特性，但它们的量远低于先前介绍的类别。在许多情况下，它们的用途依赖于经济和供应的可用性。

#### 8.2.5.1 碳氢化合物

许多碳氢化合物可用作溶剂，比如 α-烯烃（图 8.16，1-癸烯）特别适用于溶剂化沥青质和石蜡溶解剂，通常与芳香添加剂结合[58]。α-烯烃是一类有机化合物，它们是具有化学式 $C_xH_{2x}$ 的烯烃（也称为烯烃），其特征在于具有初级或 α（α）位置的双键。这种双键的位置增强了该化合物的反应性能，可用于许多用途。

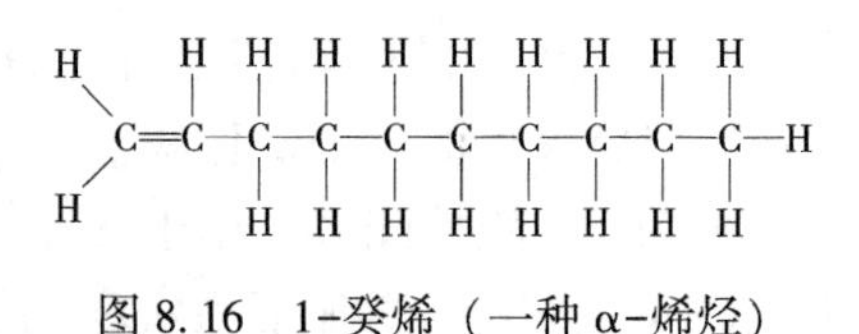

图 8.16 1-癸烯（一种 α-烯烃）

线型 α-烯烃也用于去除管道涂料。管道涂料可以起到润滑剂的作用，并有助于防止配合部件锁卡，可能会导致拆卸过程中的困难[25]，采用线型 α-烯烃去除。相关产品，如加氢处理的中间馏分油，用于钻井液[25]，通常作为井筒清洁剂中的基础溶剂[59]。

最有效的钻井液之一是 OBM，历史上由柴油配制而成。随着 OBM 的排放，对环境的潜在影响变得越发明显，导致需要引入合成或非矿物基础油，生物降解性得到改善。α-烯烃主要用于合成基钻井液的配方，线型 α-烯烃和聚 α-烯烃用于合成基配方的钻井液（SBM）[60,61]。

#### 8.2.5.2 天然产物

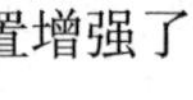

图 8.17 异戊二烯

用作溶剂和溶解剂的天然产物主要集中在异戊二烯及其衍生物。异戊二烯或 2-甲基-1，3-丁二烯（图 8.17）是一种常见的有机化合物，它是一种无色的挥发性液体，由许多植物生产。异戊二烯聚合物是天然橡胶的主要成分[62]，C. G. Williams 于 1860 年对天然橡胶进行热分解，并从天然橡胶中分离出异戊二烯聚合物。异戊二烯及其聚合物已在第 2 章中讨论。

异戊二烯衍生物作为溶剂的主要是环状单萜。在植物精油中发现的一类挥发性不饱和烃，特别是针叶树和柑橘树。它们是基于式 $C_{10}H_{16}$ 的环状分子。示例如图 8.18 所示。

石油和天然气勘探开发工业中最具商业性和实用性的是蒎烯和 D-柠檬烯。然而，由于价格压力和供应紧张，应用通常受限。这些精油通常是其他过程的副产品，并且需要其他工业部门，尤其是个人护理和香水产业。

在碳酸盐岩储层的酸化作用期间，一些原油，尤其是那些具有高石蜡含量或天然沥青

（a）异戊二烯　（b）α-蒎烯　（c）β-蒎烯　（d）Δ³-蒈烯　（e）D-柠檬烯

（f）坎烯　（g）香叶烯　（h）β-水芹烯　（i）桧烯　（j）α-萜品烯

（k）罗勒烯　（l）α-侧柏烯　（m）萜品油烯　（n）γ-萜品烯

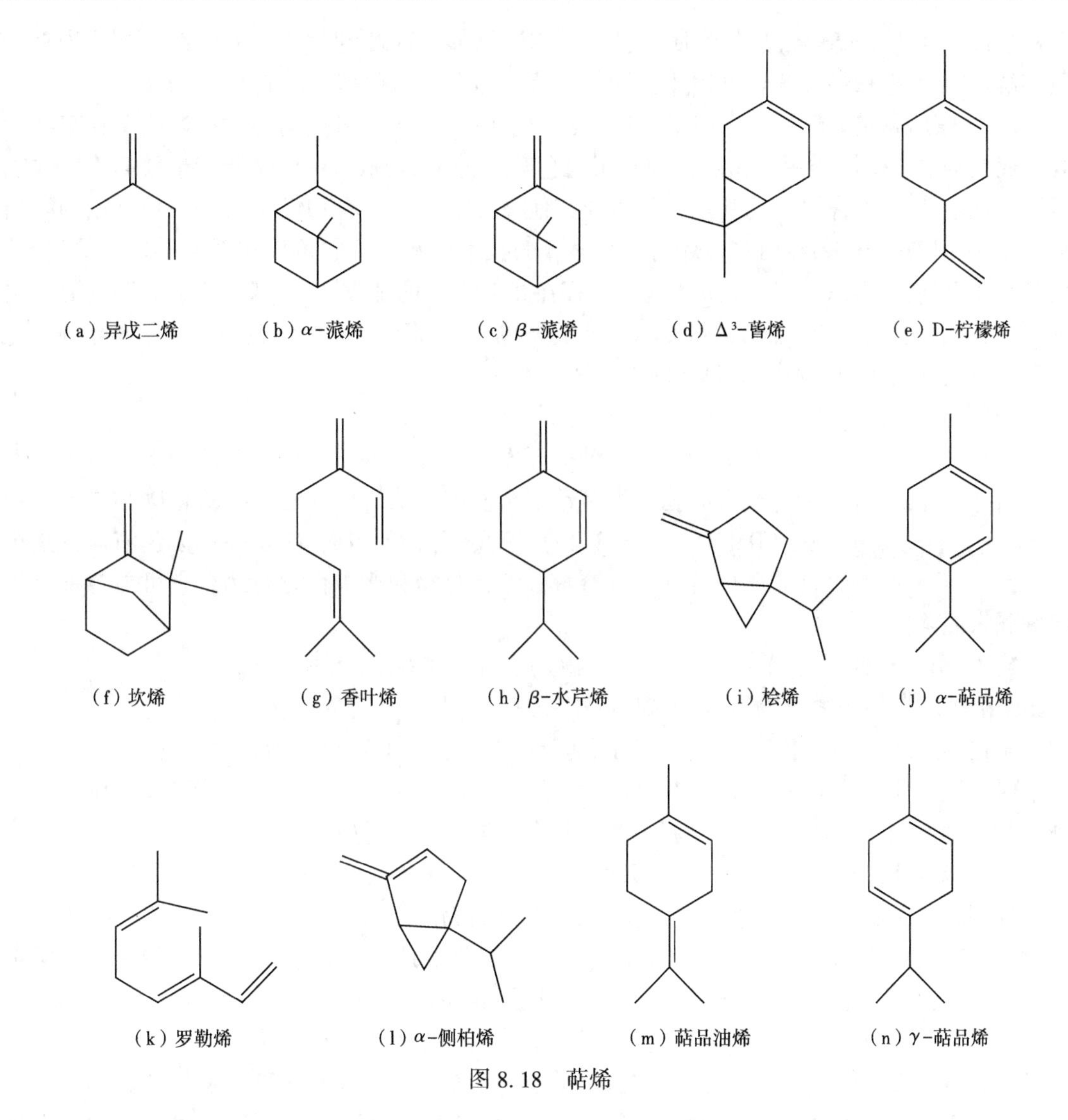

图 8.18　萜烯

质的原油，可产生难以处理的污泥。已发现二环戊二烯（图 8.19）和环状单萜的混合物是一种有用的防淤剂[63]。混合物充当分散剂，并增强酸化效果。

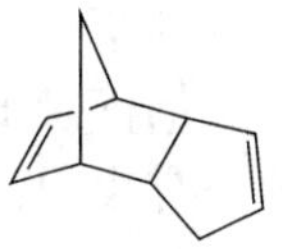

图 8.19　二环戊二烯

二环戊二烯不是天然产物，而是石脑油裂解制乙烯的副产品。

用作溶剂或溶解剂的主要萜烯是 D-柠檬烯，更常见的是含 D-柠檬烯 50% 以上的柑橘类水果萜烯的混合物，或是纯 D-柠檬烯。它作为倾点降低剂（PPD），已用作可生物降解的油基钻井液的组分[64]。用作清蜡剂时此属性非常有用，在配制 PPD 时是一种有用的溶剂或溶剂体系的一部分（H. A. Craddock，未发表）。

一些油包水乳液通过降低滤饼的内聚力及其附着力来去除滤饼，非常有效地破坏过滤器内的残留乳液[65]。它们起到类似破乳剂的作用，打破油基钻井液或合成基油包水钻井液乳液，因此改变了滤饼对井筒和地层的黏附性能。油包水乳液的内相是水，外相是疏水性有机溶剂，D−柠檬烯是首选的物质。已经使用了许多表面活性剂。这种体系也被称为沥青质溶解剂[66]。柠檬烯和蒎烯已用作缓蚀剂，特别是在提高耐高温性能方面[67]。

D−柠檬烯和相关萜烯主要用于石蜡沉积的溶解。这些材料作为芳香族溶剂，在某些地区已经成为主要的海洋污染物。一种基于橙色萜烯的溶解剂，D−柠檬烯含量较高，已成功应用于现场[68]。柠檬烯和烷基乙二醇醚或其他极性溶剂的混合物已认为是一种有用的除蜡剂[69]。使用D−柠檬烯和相关萜烯的一个显著的技术优势是，它可以在低温下用作除蜡剂，尤其是在海床温度4℃时[68]，虽然这方面存在相互矛盾的证据[39]。基于萜烯的溶剂混合物——含有低剂量的D−柠檬烯，可以软化蜡沉积物，有利于机械在管道中更有效地清洗[70]。这项工作也证明了D−柠檬烯可以用作PPD。

#### 8.2.5.3 其他溶剂

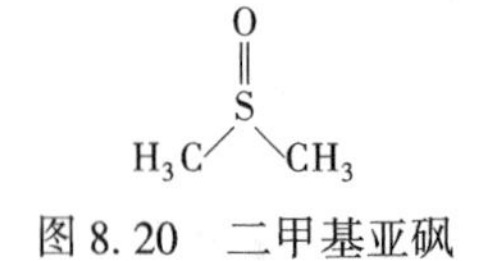

图8.20 二甲基亚砜

石油和天然气勘探开发工业已经探索了许多其他溶剂。由于毒性和持久性问题，大多数不再使用。从历史上看，二硫化碳和二甲基亚砜（DMSO）（图8.20）已用于除蜡。DMSO是一种无色液体，是极性非质子溶剂，可溶解极性化合物和非极性化合物。它可与各种有机溶剂和水混溶。

2，3，4，5−四氢噻吩−1，1−二氧化物是一种有机硫化合物，与DMSO相似。它的正式名称是环丁砜（图8.21），是一种无色液体，常用于化学工业，作为萃取蒸馏和化学品的反应溶剂。与DMSO类似，环丁砜是极性非质子溶剂，并且易溶于水。它已在石油和天然气勘探开发工业用作商业硫化氢溶剂，特别是与胺类组合。它广泛应用于上游，作为硫醇化工艺的一部分，净化天然气[71]。

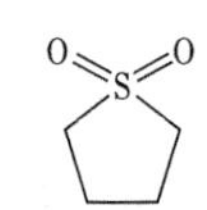

图8.21 环丁砜

环丁砜非常稳定，可以多次重复使用，但它会降解成酸性副产物。制订了一些防止产生这些副产物的措施，使环丁砜可以重复使用，并延长使用寿命。研发了一些废环丁砜再生的方法，包括真空和蒸汽蒸馏、反萃取、吸附和阴离子—阳离子交换树脂。

环丁砜和DMSO相对无毒，但它们可以通过表面吸附携带有毒物质。此外，它们与水的高度混溶性使它们特别容易通过水生环境携带有毒物质，作为环境危害物的溶剂。在过去的几十年里，环丁砜广泛地释放到环境中。它不会从水或土壤中挥发，也不会发现它是否容易吸附在有机物或土壤中。主要的衰减机制是在有氧环境中的生物降解。关于可行的补救方法的信息很少。广泛的分布和低清理水平为实际修复增加了一定程度的复杂性。可处理性研究表明，用于地下水中环丁砜污染的最有效处理方法，即通风和紫外线照射相结合，同时使用过氧化氢或过硫酸钠进行化学氧化。生物处理和原位化学氧化是土壤污染修复的常用方法[72]。

一些酮在石油和天然气勘探开发工业用作溶剂，特别是甲基−异丁基酮（MIBK）；然而，与其他工业部门相比，它们的使用量很小。

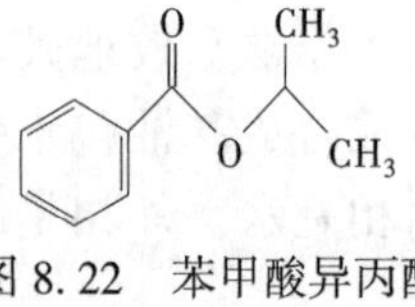

苯甲酸异丙酯（图8.22）可用作沥青质溶解剂[73]。

图8.22 苯甲酸异丙酯

有趣的是，已经发现这些苯甲酸酯与其他芳香族溶剂相比，具有良好的生物降解速率，对环境的影响减小，允许其用作家用织物柔软剂[74]。

与其他行业相比，冠醚很少用于石油和天然气勘探开发工业。作为溶垢剂[75]，并已证明可以溶解多种油田垢，包括硫酸钡、硫酸锶、硫酸钙以及碳酸钙。此外，天然存在的放射性活性物质（NORM），通常与硫酸钡和硫酸锶共同沉淀，可以通过该溶剂除去。

冠醚是由一个含有若干醚基的环组成的环状化合物。最常见的冠醚是环氧乙烷（EO）的环状低聚物，重复单位为亚乙氧基，即—$CH_2CH_2O$—。这个系列的重要成员是四聚体（$n=4$）、五聚体（$n=5$）和六聚体（$n=6$）（图 8.23）。术语“冠”是指冠醚与一个阳离子结合的结构，类似于一个冠戴在一个人的头上。

目前还不清楚为什么这些产品没有经过更多的检验和开发，也许是经济原因，因为它们具有显著的溶剂化特性。然而，它们与阳离子形成稳定络合，可使其降解缓慢。

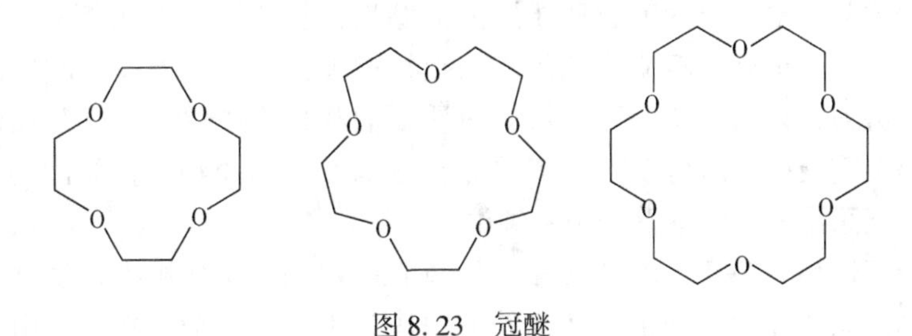


图 8.23 冠醚

8.2.6 离子液体

离子液体是液态的盐。虽然普通液体（如水和烃类）主要由电中性分子制成，但离子液体很大程度上制成离子和短寿命离子对。它们被称为“未来的溶剂”以及“可设计溶剂”。

离子液体具有许多有趣的特性。它们是强溶剂和导电流体（电解质）。在室温环境下呈液态的盐，对于电池应用很重要，认为是蒸气压非常低的密封剂。

离子键通常比普通液体中分子间的范德华力更强。因此，普通盐往往在比其他固体分子在更高的温度下熔化。

一些盐在室温或低于室温的温度下是液体。与低温离子液体相比，离子溶液含有离子和中性分子，特别是所谓的低共熔溶剂，离子固体物质和非离子固体物质的混合物，熔点比纯化合物低得多。某些硝酸盐混合物的熔点可低于 100℃[76]。

离子液体具有广泛的物理性质和化学性质，不仅用作溶剂，同时广泛应用于其他行业中，包括化学反应催化、气体处理和加工、核废料处理和制药应用。

在石油和天然气勘探开发工业中，使用新型疏水性离子液体溶剂，可以从产出水中去除有机物[77]。虽然这项工作在实验室规模上取得成功，但许多离子液体候选物本身具有环境危害性。然而，在世界上某些地区，汞已经成为天然气的重要污染物，对水生环境和相关野生生物的危害很大，因此非常需要去除汞。最常用的除汞技术位于酸性气体去除和脱水装置的下游，从而导致这些装置的污染以及汞释放到环境中。离子液体技术位于这些装置上游，可以更好地保证设备运行，还能够通过单次物理吸附或处理步骤来处理全流程的汞，以满足目前出口处产品的汞含量标准，小于 0.01μg/m³。此外，它可以应用于现有的除汞装置，无须任何设备改造。

在实验室和工业规模上，使用氯酸铜离子液体浸渍在高比表面积多孔固体载体上，可以从天然气气流中有效地去除汞蒸气。这种材料已经在石油天然气生产工业中进行了测试，目前已经在马来西亚的天然气加工厂连续运行了几年[78]。

最近在石油和天然气工业其他领域探索了离子液体的应用，即重质原油的升级[79]和在 EOR 中的应用[80]。

后一种应用特别值得注意，正如石油和天然气勘探开发工业所面临的运营和技术挑战一样，由于原油产品中含蜡、沥青质和芳香族化合物，同时也由于天然气水合物的生成，导致离子液体沉积在表面和生产设备中以及海上管道中，影响设备安全，从而导致巨大的生产损失，并威胁到环境。

据估计，全球各地重质原油和超重质原油的储量是轻质原油的两倍多。尽管如此，重油产量仍然很低。随着世界对轻质原油需求的持续增加，这些易于提取的原油的供应继续减少，尽管已经努力开采以前认为不经济的重质原油和超重质原油。已开展研究溶剂和离子液体混合物提高重质原油溶解度[80]。离子液体还有助于减小油水体系间的表面张力，从而有助于回收未能采出的枯竭油藏的被束缚油。

也研究离子液体作为钻井中潜在的黏土和页岩稳定剂。正如第 5 章所述，多年来，许多无机盐，特别是氯化钾和氯化钠，在修井液中作为黏土稳定剂。然而，由于潜在的环境问题和流体中使用大量盐类，许多石油和天然气运营商都已开始寻找替代黏土稳定剂的产品。离子液体提供了另一种选择，所需用量大大减少[81]。但是，到目前为止还没有进一步进展或已知的现场应用。

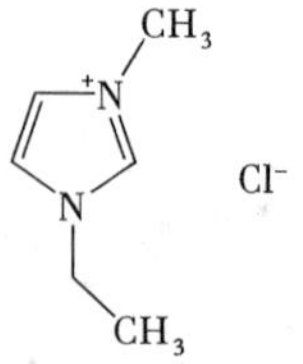

许多咪唑盐是离子液体［例如氯化 1-乙基-3-甲基咪唑(图 8.24)］，并且作为备选的缓蚀剂，因为它们与咪唑啉膜表面缓蚀剂具有相似的结构（见第 3 章）。它们确实有一定的抑制作用，但需要进一步研究才可以考虑现场应用[82]。

图 8.24 氯化 1-乙基-3-甲基咪唑

离子液体同时具有碳捕获性能，将在第 10 章进一步探讨。

## 8.3 溶剂和“绿色”溶剂的环境影响

### 8.3.1 水和生产用水

众所周知，水是对环境无害的通用溶剂。但它如果太多或太少，会对环境造成严重影响。洪水和干旱是对环境、植物、动物生命产生严重影响的自然灾害。正如许多科学家所认为的那样，洪水通常是自然循环的一部分，人为加速气候变化的后果，导致某些地区洪水高发和程度严重，同时其他地区长期干旱。众所周知，地球上的水量约为 332500000$mile^3$($13.68 \times 10^8 km^3$)[83]。大约 71%的地球表面被水覆盖，并且海洋占地球水量的 96.5%。水以水蒸气形式存在于空气中，存在于河流和湖泊中，存在于冰盖和冰川中，存在于土壤水分和含水层中。大多数植物和动物中也包含水，实际上人体含有超过 55%的水。

由于水循环，地球的水不断地从一个地方移动到另一个地方，从一种形式移动到另一种形式。

地球表面上绝大多数的水（地球70%以上被水覆盖）是海洋中的盐水（超过96%）。淡水资源只占总水量的4%以下，它们来自从空中落下的雨水，然后流入小溪、河流、湖泊和地下水。正是这种水为人们提供日常生活所需用水。本书一直关注石油和天然气工业中使用的化学活性物质造成的水污染和水资源保护。在后面的内容中，将探索如何使用和保护水资源的重要性，特别是淡水资源。

例如，一些地区已探索和开发出用盐水灌溉多年，在干旱和半干旱地区优质水资源短缺正成为一个重要问题。鉴于此，返排水、盐水和污水处理等边缘水质资源的可能性成为重要的考虑因素，已成为一种重要的考虑要素。因此，对盐水可持续用于农业灌溉进行了广泛的研究。这需要在区域水平上控制土壤盐度，减少排水量和处理灌溉回流，这种方式可以最大限度地减少对下游水资源的副作用[84]。

一般而言，在石油和天然气工业中，用水量相对较低；然而，在钻井和水力压裂作业中，用水量很大。压裂作业在一定压力下使用数百万加仑的水来促进裂缝的形成，并且这些水的质量、使用和再利用是行业从业者、环保主义者、监管机构和公众关心的问题，他们对可能造成的地下水污染感到担忧[4]。

对这种“压裂”水的升级和处理是该行业的主要关注点，它需要为页岩气和石油开采提供可重复使用的“清洁”水，这种情况通常发生在干旱和沙漠地区[85]。返排液通常含有在特定井上使用水力压裂过程的化学物质。这种又被认为是石油和天然气生产的废弃物，通常后续处理困难。其中，一些挑战包括长途运输废水，以及当地政府和与安全处理油田废水相关的环境法规。

返排水重复应用为油田服务提供者和生产者提供了巨大的机会，帮助减少压裂作业中使用的淡水总量。通过减少用于水力压裂的淡水量，同时，减少需要运输和处置的返排液量，操作人员能够实现他们对社区和环境的承诺，并可以最大限度地减少后处理。

产出水是一个不同的类别，它是一种天然存在的地层盐水，与井中的碳氢化合物一起产出，含有大量的溶解盐、分散的碳氢化合物及其他物质，特别是有机化学添加剂和无机化学添加剂。产出水是石油和天然气工业中产量最大的废液。由于世界各地的废弃物不断增加，产出水对环境的影响已成为一个极受重视的环境问题。处理产出水通常采用不同的物理方法、化学方法和生物方法。在海上平台，由于空间限制，使用紧凑的物理和化学系统。但是，目前的技术无法去除小悬浮油颗粒和溶解的盐类。此外，许多化学处理，其初始运行成本高，并产生有害污泥。在陆上平台，生物预处理含油废水是一种成本经济和环保的方法。由于高盐浓度和出水特性的变化直接影响出水的浊度，因此适合采用物理方法处理（例如膜精制最终的物质）污水[86]。

目前，产出水管理是石油和天然气勘探开发工业的主要专业学科，在许多成熟油田越来越受到关注，经常产出比碳氢化合物更多的水。这些相关的产出水来自常规生产流，通常通过再注入储层或注水井中再循环。重复使用该资源可带来巨大的环境效益和经济效益。

第10章将进一步探讨水资源的管理、回收和再利用。

### 8.3.2 溶剂对环境的影响

溶剂用于若干工业过程，如上所述，包括石油和天然气勘探开发工业，以及世界范围内的大部分经济活动，并且这些释放到环境中的物质越来越受到关注。

通常具有高蒸气压，使其易于分散在空气中，促进对生物体的接触和对环境的污染。每个溶剂的高用量和特殊性质，以及高风险溶剂中的挥发因子都会对环境产生严重影响，并威胁动植物的生命。

关于这个问题，一些国际论文倡导禁止使用高挥发性含氯溶剂（如四氯化碳）和毒性更高的芳香族化合物（苯等）溶剂。石油和天然气工业不应用含氯溶剂，使用更安全的替代品，基本上替代苯等溶剂。

尽管有证据表明，溶剂的应用对人类、野生动物和环境的可持续发展都不利，但人们仍在继续使用大量溶剂，因为它们的特性和应用具有重要经济意义，禁止使用溶剂可能会导致许多行业衰落，虽然相互矛盾，但在某种程度上，使用溶剂是合理的。鞋子、浴缸、药品、聚合物、灯泡、食用油、胶水等生活必需品的生产都需要使用溶剂，仅是这几个例子就让人们陷入了矛盾境地，不得不在满足现代生活需求和影响我们所居住的生态系统中寻求平衡。

如本章所述，某些溶剂会造成一定的环境影响，而其他则更严重。许多挥发性溶剂对大气有不利影响，许多其他水溶性溶剂可以污染水生环境、地表水和海洋环境。这些物质中的许多物质很难从废料流中除去，因为它们具有使用性，即它们的溶解能力。这些特性通常也会使许多溶剂生物降解性变差，因此在环境中持久存在[87]。

为了确保经济活动的持续增长和最小化环境影响，有必要考虑以下替代方法，加强溶剂的使用管理，发挥其作用将满足石油和天然气的勘探开发工业需要：

（1）最大限度地减少溶剂用量。

（2）重复使用和回收溶剂。

（3）更换绿色替代品，包括水。

（4）消除溶剂。

目前，绿色化学领域的研究工作主要集中在设计和寻找材料，以取代对环境有害的有毒溶剂，使用更容易接受和毒性较小的材料，其中一些将在下一节讨论。

### 8.3.3　“绿色”溶剂

“绿色”溶剂通常定义为环境友好的溶剂或来源于农作物加工的生物溶剂。石油化学溶剂的应用对化学工程十分重要，但有时也会有严重的环境影响。

《蒙特利尔议定书》[88]确定了重新评估化学工程使用的挥发性有机化合物（VOCs）（主要是溶剂）的必要性以及这些化合物对环境的影响。绿色溶剂作为一种更环保的产品被开发，用以替代石化溶剂。

在考虑溶剂对环境的影响时，从环保角度考虑，认为应该推荐使用简单的醇类（甲醇、乙醇）或烷烃（庚烷、己烷），而且不推荐使用二恶烷、乙腈和四氢呋喃。结果还表明，与醇、丙醇—水混合物相比，甲醇—水或乙醇—水混合物具有更好的环境特征。制定一个可用于选择绿色溶剂或环保溶剂的评价准则，并用它为全面评估新溶剂技术提供足够的数据[89]，这证明是可行的。但是到目前为止，这种方法尚未应用于石油和天然气勘探开发工业。

石油和天然气工业已开始在应用中引入一些绿色溶剂，本章已经介绍了一些内容。萜类化合物是一类很好的可持续性天然产物溶剂；D-柠檬烯是柑橘类水果的副产物，主要用于果汁生产。

用于石油和天然气勘探开发工业，一些其他类似的溶剂如下所述。

8.3.3.1 可水解的酯类

来自大豆、蓖麻和棕榈油的许多生物衍生材料已考虑用于石油和天然气勘探开发工业，主要用于钻井液[90,91]。这些脂肪酸的酯降低了它们的表面活性剂行为，并增加了溶解能力。油酸盐，特别是油酸甲酯（图 8.25），是许多化学添加剂配方中的共溶剂，特别是缓蚀剂，它们还可以提供一些腐蚀抑制性能。

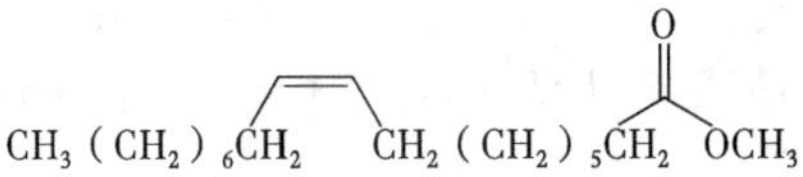

$CH_3(CH_2)_6CH_2CH{=}CHCH_2(CH_2)_5CH_2C(=O)OCH_3$

图 8.25 油脂甲酸

这些材料易于被酶水解，这些特性使它们可生物降解。

一种更简单的分子，乳酸乙酯（图 8.26）、乳酸酯是加工自玉米的绿色溶剂。

乳酸酯类溶剂是油漆和涂料工业中常用的溶剂，有许多吸引人的优点，包括可生物降解、易于回收、非腐蚀性、非致癌性和非臭氧消耗性。

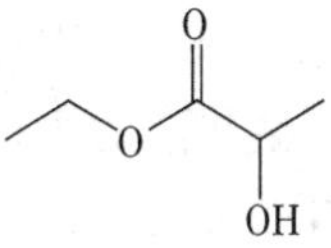

由于有很好的溶解力、很高的沸点、低蒸气压和低表面张力，乳酸乙酯是一种非常受欢迎的溶剂。在油漆和涂料领域，乳酸乙酯取代了大多的有害溶剂，包括甲苯、丙酮和二甲苯[92]。

O
O
OH

图 8.26 乳酸乙酯

乳酸乙酯还有很多其他应用，在聚氨酯行业中，它是优异的清洁剂。具有很高的溶解能力，这意味着它具有溶解各种聚氨酯树脂的能力。乳酸乙酯的优异清洁能力也意味着它可用于清洁各种金属表面，有效去除润滑油、油脂、黏合剂和固体燃料。乳酸乙酯的用途很多，并且已经在上述领域替代氯化物溶剂。然而，如今乳酸乙酯已不用于石油和天然气勘探开发工业。

8.3.3.2 原甲酸酯

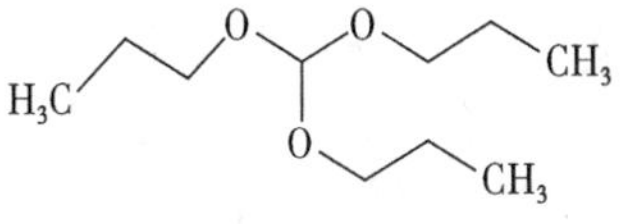

原甲酸酯，特别是原甲酸三丙酯（图 8.27），用于去除滤饼。缓速酸体系，基于与碱性抑制剂结合的原酸酯，可以在激活前保持若干天稳定状态。激活后产生的酸可用于破坏聚合物，去除滤饼或激活其他化学过程[93,94]。

$H_3C$ O O $CH_3$ O $CH_3$

图 8.27 原甲酸三丙酯

原甲酸酯很容易生物降解。事实上，这种水解作用释放甲酸，并且是原位溶解。

8.3.3.3 其他生物衍生材料

其他主要的生物衍生溶剂是醇类，几个世纪以来，通过酿造，乙醇已成为有价值的生物衍生材料。在过去的几十年里，很多人的兴趣集中在把生物醇类当作燃料，当然它们也可以用作溶剂。在适当的情况下，它们可以是一种环保材料；然而，把这些食物或者这些淀粉变成生物燃料也会导致十分明显的环境问题和经济问题。不过，乙醇在巴西是广泛使用的溶剂和热力学水合物抑制剂[95]，在巴西甘蔗十分丰富[95]。

迄今为止，很少有真正的“绿色”溶剂，即使那些已在石油和天然气勘探开发工业应用的，从天然物质中提取或发酵的溶剂也不是真正的“绿色”溶剂。“绿色”溶剂（比如甲醇）虽然要有固有的“绿色”特性，但不一定非得一直从一个稳定的源头提取。第10章会进一步讨论这种供应链困境。

## 8.4 配方应用

在油气勘探开发工业，化学品的应用同样重要。几乎所有现场应用的化学品都是不同化学组分的混合物，几乎没有化学品会以单一的100%组分比得到应用。用于抑制水化物以及管道脱水的醇类和二醇类例外。某些情况下，纯净的芳烃溶剂可以用于溶解蜡和沥青。本节叙述的化学剂主要以溶剂或载体材料的形式使用。如果列出所有配方将超出本书的范围，但是会提供一些范例。

### 8.4.1 钻井液

从工程角度来说，钻井液是用来协助在地球表面钻井以探索地层深部的化学品，主要用于石油天然气钻井。钻井液主要被分成：水基钻井液（分为分散体系和不分散体系）和油基钻井液（通常被称为OBM）。还有另外一种——泡沫钻井液。泡沫钻井液使用多种不同的气体产生泡沫。

钻井液的主要功能包括提供平衡液柱压力，防止地层流体进入井筒，钻进过程中冷却与清洁钻头，携带钻屑，停钻与起下钻期间悬浮钻屑。在某些特殊情况下，还需要钻井液具有防止储层伤害和防腐蚀的功能。

需要根据井下的状况进行钻井液设计，以使性能达到最优化。主要受三个参数的影响[96]：（1）钻井液黏度；（2）钻井液密度；（3）钻井液pH值。

钻井液主要根据液相、碱度、分散状态和化学品类型进行分类。

#### 8.4.1.1 水基钻井液

这类钻井液以水作为连续相，主要由黏土与各种添加剂组成，如硫酸钡（又称重晶石）和碳酸钙。用不同的增黏剂来改变钻井液黏度，比如黄胞胶、瓜尔胶、羧甲基纤维素（CMC）、聚阴离子纤维素（PAC）或淀粉。相反，用降黏剂来降低钻井液的黏度，阴离子聚电解质（比如丙烯酸酯类、磷酸木质素磺酸盐、单宁酸衍生物等）是常用的降黏剂。其他化学剂用来提供不同的功能，包括润滑、页岩抑制、滤失控制（降低钻井液向地层的漏失量）。加重剂（比如重晶石）的加入可以提高钻井液的密度，以保持足够的井底压力，从而防止地层流体进入井筒（这通常是危险的）。

水基钻井液一般被分为分散体系和不分散体系两类。

（1）分散体系。

①淡水钻井液。

低pH值钻井液（7.0~9.5）包括一开钻井液、膨润土钻井液、磷酸钻井液、有机钻井液和护胶钻井液。高pH值钻井液（例如碱性三酸盐处理钻井液）的pH值一般大于9.5。

②抑制黏土分散的水基钻井液。

包括高pH值石灰钻井液、低pH值石膏钻井液、海水钻井液和饱和盐水钻井液。

（2）不分散体系。

低固相钻井液的固相含量小于3%~6%，密度小于9.5lb/gal。这种钻井液大部分是水基钻井液，不同的是膨润土和聚合物的含量。

8.4.1.2 油基钻井液

油基钻井液以油作为连续相，通常使用柴油、矿物油或者一种低毒基础油。基础油通常含水不超过5%，但是必须含有乳化剂。因此，形成了两种乳化体系：

（1）水包油体系（乳化钻井液）。

（2）油包水体系（逆乳化钻井液）。出于经济原因，要将一定量的水加入钻井液。

油基钻井液在防止滤失、页岩抑制、井壁稳定、高温稳定、润滑性、耐盐性能方面具有不可比拟的优势。然而，其使用和排放在全球范围内都遵循严格的环境规范。事实上，被污染的钻屑必须从井场或海上平台运走进行处理和循环利用。

合成基钻井液被作为环境友好型钻井液取代传统油基钻井液使用，此类钻井液常使用棕榈油[97]或水合蓖麻油[98]。开发合成基钻井液的主要目的是在保持油基钻井液性能的同时减少对环境的伤害。常用的有机添加剂包括酯类、聚烯烃类、乙缩醛类、醚类等。也开发出了生物可降解油基钻井液[64]，此种钻井液的基础油是可降解脂肪酸酯类。常用配方见表8.1。

**表8.1 一种可生物降解钻井液的常用配方**

| 化学剂 | 用量（%） | 功能 |
|---|---|---|
| 豆油甲酯 | 55~70 | 基础油 |
| 柠檬烯 | 1~5 | PPD |
| 氢化蓖麻油 | <1 | 组分油 |
| 脂肪酸盐 | 3~6 | 乳化剂 |
| 氧化镁 | 1~3 | 皂化剂 |
| 盐水 | 26~30 | 水相 |
| 有机土 | 1 | 增黏剂 |
| 聚丙烯酸钠 | <1 | 降滤失剂 |
| 柠檬酸 | 1 | pH值调节剂 |
| 硫酸钡 | <25 | 加重剂 |

使用合成基钻井液更昂贵一些，在大部分地区已经不再应用，主要原因是对于油基钻井液的使用规范越来越完善，很多法律要求使用过的油基钻井液要从钻井现场运走并加以处理，而且有些地区允许钻屑被重新注入井内。

10%~20%的井使用逆乳化钻井液，这种钻井液像乳化油基钻井液一样使用柴油和矿物油配制钻井液。出于对这些材料的毒性和环境可持续性的考虑，已经开发出替代材料，主要是酯类、$C_6$—$C_{11}$的一元羧酸[99]、乙缩醛[100]、支链聚α-烯烃（PAO），后者生物降解性稍弱且更加昂贵，但是可以调配出更高的密度[101]。

8.4.2 完井洗井液

用完井液替出钻井液是钻井过程中的重要步骤。为保证井眼清洁，在顶替钻井液后、加入完井液前要泵入少量的洗井液，以清洁环空和套管[102]。并不是所有的操作都需要单独注入洗井液，有时一次配制多功能液体也可以达到洗井的目的。洗井液必须能在较大的温度范围内正常工作，从海床附近的温度（4℃）到井底的温度（200℃）。必须给洗井液加重以维持井底压力，在这种情况下，洗井液体系必须处在高盐液体中，例如溴化钙或甲酸钾。

当洗井液体系完成工作并返回环空时，会携带大量的污染物，比如钻井液、重晶石、钻屑、砂子、管具涂料等。过去，这些化学剂和污水是可以排放的。现在随着监管标准的日趋严格，必须处理达标后水才能排放，化学剂必须符合环保标准。

洗井液用的化学剂可以分为表面活性剂、溶剂和絮凝剂，这些化学剂类型可以单独使用，也可以组合使用[59]。表 8.2 列出了一些洗井液配方。

**表 8.2 洗井液配方**

| 材料 | 体积分数（%） |
|---|---|
| 二乙基己醇 | 70~75 |
| 表面活性剂 | 20~24 |
| 丁基二甘醇醚 | 1~2 |
| 材料 | 体积分数（%） |
| 中间馏分 | 56~59 |
| 表面活性剂 | 10~12 |
| 丁基二甘醇醚 | 20~22 |
| 二乙基己醇 | 7~9 |
| 材料 | 体积分数（%） |
| 二乙基己醇 | 70~80 |
| 乙二醇 | 10~12 |
| 磺代丁二酸二辛钠酯 | 7~9 |
| 材料 | 体积分数（%） |
| 二乙基己醇 | 70~80 |
| 乙氧基异十三醇 | 20~30 |

8.4.2.1 表面活性剂

表面活性剂在洗井液体系中占到了 80%~90%，在 4 种表面活性剂中，阴离子型和非离子型主要用作清洗液。两性离子表面活性剂不能满足钻井所需的清洁功能。阳离子表面活性剂对环境有影响。这些化学剂的应用浓度平均为 7%，但是可以在 2%~30%之间进行选择。根据表面活性剂的类型和需要清除的物质（通常是 OBM 和其钻屑）选择浓度，携带液通常是水，浅海钻井大多使用海水，在井壁不稳定的井中使用盐水提高携带液的密度。

以下表面活性剂应用于洗井液中：

（1）乙氧基醇。这是在洗井操作中最常使用的表面活性剂，HLB 值要求在 11.5~13.8 之间最佳。具体值由要清理的钻井液类型决定（H. A. Craddock 和 J. McPherson，未发表）。

很多都具有很好的生物降解性能，并且得到了广泛的应用。这些材料取代了烷基酚聚氧乙烯醚和壬基酚聚氧乙烯醚，后两者直到20世纪90年代中期还在广泛使用。苯酚聚氧乙烯醚材料由于对环境的不良影响，已经不再使用[103]。

(2) 烷醇酰胺类。应用于顶替液，并且符合环境要求，但是却没有广泛应用，可能主要是由于成本太高。

(3) 磷酸酯。在需要降低表面活性剂浊点的情况下使用很普遍，很多表面活性剂在浊点时使用效果最好。加入不同磷酸酯可以调整浊点。不利的是，这种材料的使用会使表面活性剂的应用温度范围缩小。当材料需要有较大的适用温度范围时，这个问题就变得比较严重。

(4) 烷基聚葡糖苷 (APGs)。应用于洗井作业中，主要以辛基取代的APG的形式，应用浓度为5%~10% (体积分数)。其不适用于高浓度盐水，尤其当其与二价阳离子一起使用时。

以下一些性质是配制有效的洗井液所必需的。

(1) HLB值。HLB值为10~15 (以前是11.5~14) 时，清除污物的效果是最好的。HLB值取决于表面活性剂的结构性质，比如乙氧基化度、取代度、侧链长度等。

(2) 浊点。所谓浊点是表面活性剂在特定温度下会从溶液中析出。单位是MEG。一般认为刚刚处在这个点之下时使用效果是最优的。然而，根据作者的经验，如果仅根据浊点设计洗井液是非常困难的，因为实际遇到的温度范围非常广，但却可以在整个温度范围内作为一个很好的指标来确定有效的产品。

(3) 起泡。泡沫不能过多，因为这会在工程现场引起操作问题。

(4) 生物降解能力。引起表面活性剂分子生物降解的主要因素是分子量和侧链分支度。小型线型分子比高分支度的分子更容易有效降解。

上述特性需要协调考虑，因为HLB值和生物降解性相互制约。商业产品一般是混合化学品，需要考虑各种性能的相互影响。

#### 8.4.2.2 溶剂

溶剂可以作为单独成分考虑，也可以作为体系的一部分，用来清除碳氢化合物沉积和管道废物，并且在逆乳液钻井液中也得到广泛的应用。事实上，这些例子中，它们都是单独使用的。这些材料的使用需要综合考虑它们的溶解性、环境影响、毒性和可燃性[102]。

用于洗井液 (尤其是管柱清洗) 的主要溶剂是二甲苯、甲苯、酮类和低分子量酯类。这些都很有效，但是对环境都有伤害，并且对人体健康安全也有害。这些在管控严格的地区，比如北海地区，已经生物可降解酯类、中度蒸馏的萜类溶剂所取代。

醇类和醇醚类也在使用，虽然这些材料对于清除井筒废物并不十分有效，但是能降低和清除钻井液残留物，2-丁氧基乙醇 (2-乙基己醇) 广泛应用于这种目的。

#### 8.4.2.3 絮凝剂

絮凝剂是洗井液中使用量最小的材料。絮凝剂以脂肪醇和脂肪酸为基础，是亲油的，使用浓度在3%~10%之间。在洗井过程中，这些材料分散在水相中形成亲油胶体颗粒，并且可以吸附在油和油湿性材料上。总体来说，这些材料用作过滤助剂或顶替后的清洗液，作为主清洗剂洗井后的残余微粒清除剂[104]。

### 8.4.3　酸化体系

酸化是提高生产井或注入井渗透率的主要措施，用于碳酸盐岩油藏和砂岩油藏，主要溶解自然存在的或造成储层伤害的酸溶性颗粒[105]。主要有3种方法将酸应用于油气增产：

（1）酸洗。这种方法是在短时间内通过无机酸或有机酸浸泡洗掉部分岩石表面物质或储层伤害物质。

（2）酸压。这种方法是在酸处理过程中以大于破裂压力形成酸蚀裂缝，并且通过补充酸液使裂缝尽可能延伸。

（3）基质酸化。这是最常使用的酸化处理方法。低于破裂压力的泵压注入生产井。目的是在近井地带产生“蚯蚓孔”，并使“蚯蚓孔”在地层中延伸尽可能远，同时不产生裂缝。这种方法可以在未受伤害的储层中使产量提高一倍，在受伤害的储层中可以得到更高的开采速度。

酸化体系中应该有缓速剂、金属控制剂和表面活性剂3种添加剂。

（1）酸缓速剂：在井温高于120℃时应该伴随增强剂使用。

（2）金属控制剂：主要有3种类型形成不同的组合[106]。

①降解剂：可以使三价铁降为二价铁。

②络合剂或螯合剂：使铁离子不再发生反应，并且可以水溶。

③抗油泥剂：仅在可能产生沥青残渣时才需要这种材料。

（3）表面活性剂（亲水剂）：这种物质可以减缓酸与岩石表面的反应以及某些范围内的反应路径。要与酸预混合形成半稳定乳液，在酸反应后破乳，更容易返排。

有很多材料可以使用，但关键是这些材料必须在酸化环境下保持稳定[107]。

#### 8.4.3.1　增产用酸

在碳酸盐岩地层中，盐酸是主要的酸化用酸，浓度一般为15%，最高可以到28%。有机酸，尤其是醋酸和甲酸，有时会被用于高温环境。这些延迟酸由于生成甲酸盐和乙酸盐而失效，并且在高温下具有高腐蚀速率。所有这些酸都已确认对海洋环境没有任何伤害[108]。

用高pH值螯合酸进行基岩酸化，主要有乙二胺四乙酸（EDTA）[109]和羟氨基羧酸[110]。这种技术还可以显著降低腐蚀速率。EDTA的生物降解性具有争议，因此谷氨酸和甘油酸在北海油田、墨西哥湾和加拿大得到了应用[111]。

除非储层被伤害，否则用基质酸处理砂岩储层，对于增产没有很大效果。因为砂岩的主要成分是石英和硅铝酸盐，微粒可以运移进入近井地带的孔喉，引起产量下降。氢氟酸（HF）用来处理这种类型的储层伤害。

长链羧酸因其较低的腐蚀速率、高温下更好的溶解能力以及良好的生物降解能力和可操作性得到应用[112]。

虽然腐蚀性很强的氢氟酸定义为弱酸，但是也有很大的毒性，并且会很快与钙反应而具有非常高的安全风险。鉴于此，氢氟酸通常作为氢氟酸释放剂使用，如氟化氢铵，这个过程一般与盐酸一起反应。氢氟酸和盐酸的混合物一般被称为“土酸”，用于溶解钻井过程中的黏土。一般来说，由于氢氟酸可能使近井地带的砂岩分解，因此最大浓度设定为3%（质量分数）。

在使用氢氟酸体系时，必须注意反应沉淀物会造成新的储层伤害。这是因为氢氟酸会与硅铝酸盐反应生成氟硅酸盐，它们的钾盐和钠盐会成为沉淀。

8.4.3.2　酸化缓蚀剂

缓蚀剂的作用是加入酸化体系中减小或阻止酸液腐蚀。为了使增产效果最优，必须根据井筒、地层和地质条件综合考虑缓蚀剂的使用[113]。

温度可以对腐蚀速率起到反作用。极少有酸化缓蚀剂能在高于120℃的条件下作用，没有一种缓蚀剂能够在180℃以上时作用。

酸腐蚀缓蚀剂的主要化学成分是丙炔醇（图8.28）或其衍生物，参见6.2.1。通常，季铵盐的混合物，特别是碘化物和丙炔醇的混合物是主要的酸腐蚀缓蚀剂。而且，碘的季铵盐还可以作为酸腐蚀缓蚀剂的增效剂。

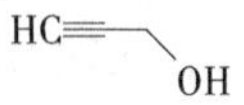

图8.28　丙炔醇

缓蚀剂体系的主化学剂是炔丙基醇，碘盐一般作为增强剂。

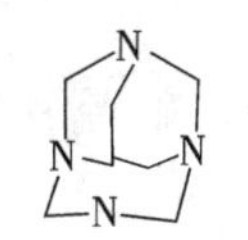
图8.29　乌洛托品

少量的乌洛托品（图8.29）可以显著提高丙炔醇的效果，丙炔醇可以提高高温性能，降低使用浓度。

缓蚀剂体系中的很多材料（包括炔丙基醇）认为是具有毒性的海洋污染物。一直以来，人们做了大量的工作寻找环境友好的替代品。有研究显示，1，3-不饱和乙醛加表面活性剂是盐酸中的钢材腐蚀的有效缓蚀剂[113]。基于这个技术，天然材料芳香族化合物肉桂醛（图8.30）认为是低毒缓蚀剂体系的有效成分[114]。

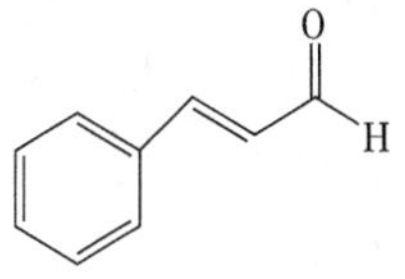

由丙炔醇、吡啶或喹啉基季铵盐组成的产品体系是另一种缓蚀剂体系。

图8.30　肉桂醛

8.4.3.3　铁离子稳定剂

铁离子稳定剂是常用的化学剂，具体材料下一节会讨论。加入浓度一般以千分比或百分比计。一些特殊浓度（主要是螯合剂）见表8.3。

**表8.3　螯合剂和清除剂浓度**

| 螯合剂 | 剂量 | 备注 |
|---|---|---|
| EDTA | 0.8%（质量分数） | 效果有限，较低的铁离子携带能力 |
| NTA | 5.0~5.5%（质量分数） | 需要高浓度保持铁离子的溶液状态 |
| 柠檬酸 | 5.0~6.0%（质量分数） | |
| 乙酸 | 1.5~2.0%（质量分数） | 高浓度下沉淀铁离子 |
| 异抗坏血酸 | 1.6% | 清除剂，65℃降解 |

铁一般存在于所有油田现场工程操作中，并认为是酸化过程中的严重影响因素。在储罐、管线、设备、环空中都要接触铁。这些铁都会或多或少地被溶解进入酸液。即使极少量也会造成每升几千毫克的变化。亚铁离子和铁离子都存在，铁离子是由亚铁离子与溶解氧反应生成的。

铁容易在井筒或近井地带形成硫化物结垢，并在酸化增产过程中引起更严重的问题[115]。因为在酸化过程中，铁的硫化物溶解并释放出硫化氢。另外，溶解的铁元素会在酸化过程中变成铁的硫化物和氢氧化物沉淀，引起更大的储层伤害，并且铁离子会引起沥青质絮凝和污泥沉淀[116]。

很多铁元素的反应都发生在酸化时 pH 值上升的过程中。最普遍的是氢氧化铁，而硫酸铁是酸化过程中最常见的沉淀物。而硫在 pH 值 1.9 左右时也会产生沉淀[117]。

8.4.3.3.1 清除剂

目前有很多种清除剂[106]在使用，例如：

（1）碘或碘盐用来防腐蚀。

（2）金属离子，如锡和铜以及过渡金属离子，但这些材料都没有在北海油田使用。

（3）甲酸和次亚磷酸、次亚磷酸前导液（比如金属次磷酸盐）也在使用。

（4）异抗坏血酸和抗坏血酸。

（5）用与硫化铁反应的碘离子或酮等催化剂还原巯基酸，如巯基乙酸。

一些清除剂（比如碘盐和一些无机酸）可以防腐蚀。

8.4.3.3.2 螯合剂

使用更普遍的螯合/络合剂，如柠檬酸[106]、EDTA 和氨基三乙酸（NTA）。后者因为良好的螯合能力和生物降解性在北海油田得到了比 EDTA 更广泛的应用。

在酸化井[118]中，有报道称有机锡及其他羰基产品已经得到了成功的应用，而且加入磷酸和类似产品［如四磷硫酸盐（THPS）］体系提供抗铁沉淀功能。

最近，一种新的环境友好型螯合剂 GLDA 被广泛地应用于碳酸盐岩储层和砂岩储层，渗透率得到了极大的提升。这种螯合剂因此被应用于高温致密气井酸化，该井以铬合金套管完井[119]。

硫代氨基甲酸盐[120]和肟类化合物（如乙醛肟）[121]也推荐使用。

8.4.3.3.3 抗污泥剂

为防止或减缓污泥的形成，很多表面活性剂用在酸化体系中。铁离子与原油中沥青的极性基团反应形成污泥。在这个过程中，铁离子作为盐酸的相转移催化剂引发污泥的形成[122]。

阴离子型表面活性剂，比如烷基苯磺酸铵，是最常用的抗污泥剂。理想的抗污泥剂应该含有强极性的头部基团，比如 DDBSA 的酸功能基团。这个基团除了与芳香族的 $\pi$—$\pi$ 键连接之外，还能与沥青分子的羧基基团连接。除了强极性以外，更长的尾部也是有利的，虽然长尾基团会减弱分子的总体极性。如果尾部基团小于六碳的链长，那么表面活性剂将成为沥青絮凝剂的一部分，而不是阻止它们的形成。抗污泥剂的长链会形成位阻，防止沥青聚集[123]。

另外，阴离子型抗污泥表面活性剂可以减少酸进入油相的可能性，因此可减少酸引发污泥的形成。铁离子的存在会使表面活性剂防止酸运移的功能减弱，阴离子表面活性剂和盐酸会竞争沥青的羧基位置。为防止污泥形成，铁离子稳定剂需要和阴离子抗污泥剂结合使用[124]。

阴离子抗污泥剂在盐酸中的分散能力有限，因此需要和氧化烷基酚结合使用，以保持在酸中的分散状态。当与酸混合后再与油接触时，99%的 DDBSA 将在油中释放出来成为有效的抗污泥剂。

阳离子表面活性剂的抗乳化效果不好，但是可以使酸—油乳液稳定。表 8.4 列出了防止固态沥青沉淀的阳离子乳化剂。

需要注意的是，长链阳离子乳化剂由于在沥青颗粒周边形成的位阻效应可以更有效地防止颗粒的聚集[122]。

其他一些材料，比如烷基二苯醚磺酸，可以在基岩酸化过程中防止乳化和污泥的形成[125]。

**表 8.4 阳离子表面活性剂和阴离子表面活性剂**

| 阴离子表面活性剂 | 阳离子表面活性剂 |
|---|---|
| 烷基苯磺酸铵 | 烷基、芳基胺 |
| 磺基丁二酸 | 季铵盐 |

在北海，使用的是可生物降解的季铵酯表面活性剂（见 3.4.2）。

8.4.3.4 酸化缓速剂

氢氟酸和盐酸可以快速地与碳酸盐岩和砂岩反应。然而，为了使酸化的距离尽可能深入地层，需要采取方法减缓酸化的速度[126]。

（1）使液态酸溶在油（或者像煤油和柴油一样的溶剂）中乳化可以减缓酸化的速度，使用表面活性剂来强化这个过程。

（2）使酸溶解在非水相中，比如乙醇。

（3）使用非水相的有机化学溶剂，仅当与水接触时才释放酸液。

（4）注入甲基乙酸酯，可以在高温下缓慢水解释放酸液。

所有这些方法中，乳化酸是最重要的，反应速率也可以通过使酸液凝胶化或使地层岩石亲水达到减缓的目的。

使用缓释酸体系可以减缓酸化速度，使酸化更深入岩层内部，减少酸的滤失，使“蚯蚓孔”的分布更宽广、深度更大。

加入的速度可以不同，但一般为 $10\sim50gal/10^3gal$。

凝胶化酸液一般是在酸压时减缓酸化的反应速率[127]。浓度的增加减缓了酸反应速率，同时减慢了酸进入裂缝壁的速度。但是凝胶化酸液的使用温度不能太高，高于 55℃就会快速降解。

一些缓速剂加入土酸中（氢氟酸和盐酸的混合物），以减慢酸与矿物质的反应速率。关键是注入的体系不是只含氢氟酸，而是一种混合酸，它可以在深部渗透和在更长的反应时间内生成氢氟酸，产生最优的酸化效果。在地层内反应生成氢氟酸的反应式如下：

$$HBF_4+H_2O \longrightarrow HBF_3OH+HF$$

另一种体系使用磷酸混合物产生中等到深部的渗透。HEDPS 酸和 $NH_4HF_2$ 的混合物反应产生磷酸铵盐和氢氟酸[128]。HEDP 具有 5 个氢原子，可以在不同的情况下分离。

8.4.3.5 表面活性剂

表面活性剂用作抗污泥剂（见第 3 章），通过表面活性剂的乳化作用减缓酸化速度，而这种缓释酸主要用于低渗透地层[129]。

表面活性剂也在酸化体系中起到降低表面张力的作用，减少在低渗透层中孔喉处的流动阻力。非离子表面活性剂，尤其是氟碳化合物及其互换溶剂通常用来降低酸化体系的界面张力；一般根据界面张力的降低要求来确定应用浓度，但是一般为 0.1%~0.5%（质量分数）；还要考虑岩石吸附作用造成的表面活性剂损失。

当黏度增大、通过孔喉阻力过大时，需要加入破乳剂或非乳化表面活性剂来解除原油与酸液之间的乳化。这些通常被添加到主酸化体系的前置酸中。专门设计一些破乳剂（如 *N*-烷基聚羟基醚胺）用于此目的[130]。

#### 8.4.3.6　转向剂

表面活性剂也用于转向技术，主要以泡沫剂的形式[131]。有一些化学剂及相关技术用于酸处理，但其机理不在本研究的范围之内。

##### 8.4.3.6.1　固相颗粒转移

通常，固体颗粒包括岩屑、苯甲酸片、树脂和蜡粒。蜡和树脂不能用在低温井中，因为不能在低温环境下熔化。可水解聚合物的使用在北海油田受到欢迎，温控水解材料尤其在高温井中受到欢迎[132]。

##### 8.4.3.6.2　聚合物凝胶转移剂

聚合物凝胶具有比酸液更高的黏度，这意味着其在酸化前用于低渗透层处理。一般在95℃以下，羟乙基纤维素凝胶作为前置段塞注入，高于这个温度就会失效。在北海油田使用了生物降解多糖类聚合物[133]，此类聚合物也应用在压裂堵水等施工中。

##### 8.4.3.6.3　黏弹性表面活性剂

这里使用的主要表面活性剂化学成分有[134]：

（1）阴离子表面活性剂，例如磺基丁二酸盐、甲基磺酸酯。

（2）乙氧基脂肪胺。

（3）两性离子表面活性剂。

（4）阳离子表面活性剂，例如烷基甲基双（2-羟乙基）氯化铵。

（5）氧化胺和氧化氨基酰胺，例如二甲氨基丙基胺氧化物。

根据条件不同，还有其他一些化学剂可以加入酸化体系中：

（1）黏土稳定剂。一般是多胺或季铵盐。

（2）颗粒固定剂。硅偶联剂，比如 3-氨基丙基三乙氧基硅烷。

（3）硫酸钙阻垢剂。硫酸盐浓度过高时需要。

（4）硫化氢清除剂。酸化液与硫酸结垢接触时需要。

（5）泡沫剂。这些表面活性剂在气井用氮气进行处理时，用于清除酸液，恢复生产。

（6）减阻剂。在深井中提供润滑，这些实际上就是高分子聚丙烯酰胺。

（7）低分子醇。用于气井中降低表面活性剂界面张力，清除已反应酸液。

酸化是一种成熟的增产技术，最近没有多大进展。较受欢迎的技术是基质酸化，涉及强矿物酸或混合酸。化学添加剂的作用是减缓在金属表面的腐蚀速率，控制铁离子的产生（尤其是三价铁离子）；延缓酸的作用，使其更好地渗透到地层中。还可以加入其他添加剂，盐酸和氢氟酸是常用酸，可以复合使用。

### 8.4.4　采油化学剂

采油化学剂主要分为两种，即以水为介质的和以溶剂或溶剂体系为介质的。这取决于接触的环境，也就是说，取决于产出液是水还是油。比如，阻垢剂一般以水为介质，因为结垢一般发生在油藏水或产出水中。另外，除蜡剂和 PPD 一般以有机溶剂为介质，由于它们一般是在原油中起作用，因此必须能溶解于原油。

一些产品要能溶解于水和油，表面活性剂类的防腐蚀剂可以溶解于水或油，同时可以在其他相中分散。极少有化学剂没有任何使用限制。

除了与环境相容以外，化学体系设计者还要考虑其他的配伍性问题。

（1）与体系中其他化学剂的配伍性。

（2）与生产系统硬件的配伍性，包括管线、泵以及相关的密封、接头等硬件。

（3）油气运输后的潜在问题，比如在处理厂。

（4）体系应满足注入要求。

（5）注入的增产化学体系是否会引起其他化学问题，例如，成膜型防腐蚀剂可以使乳化和泡沫问题更加严重吗？或者是否会削弱破乳剂和消泡剂的作用？

通常化学体系设计者会使用一个数据库（表 8.5）来确保体系的可行性，这是一种可靠的方法。

**表 8.5　化学剂相容性**

| 化学剂 | 溶剂 | 防腐蚀剂 | 破乳剂 | 消泡剂 |
|---|---|---|---|---|
| 溶剂 | 相容 | 相容 | 相容 | 相容 |
| 防腐蚀剂 | 相容 | 相容 | 相容 | 不相容 |
| 破乳剂 | 相容 | 相容 | 相容 | 相容 |
| 消泡剂 | 相容 | 不相容 | 相容 | 相容 |
| 清防蜡剂 | 不相容 | 不相容 | 非混相两层，不黏稠 | 不相容 |

材料配伍性也是化学添加剂在使用过程中的一个重要考虑。如前所述，乙醇在世界某些地区被用作热力学水合物抑制剂，然而对于采油化学工程师来说，应该了解乙醇会引起碳钢的应力腐蚀裂缝，尤其是在氧存在的情况下，即使在百万分之一的极低浓度的情况下[135]。

其他例子不赘述，但是工程师一定要考虑单独组分和整体溶液的不相容性。

8.4.4.1　水溶性采油化学剂

当采油化学剂以水溶液形式应用时，需要重点注意采油化学剂和产出液的相容性，尤其是产出水以及它们可能接触的海水和盐水。总体来说，水溶性采油化学剂可以分成杀菌剂、防腐蚀剂和阻垢剂 3 类。

（1）杀菌剂。一般将材料稀释成 20%和 50%的溶液，生产商一般提供稀释的溶液或直接仅应生成常用的浓度。

（2）防腐蚀剂。一般要求化学剂在水中具有分散能力，这样它们就可以在水相和油相中都能形成分子隔离层隔开腐蚀性材料，比如溶解的酸性气体。防腐蚀剂一般配制成 20%～30%的溶液。防腐蚀剂溶液一般由很多不同的有效组分以及水溶液组成。

（3）阻垢剂。一般由 1 种或 2～3 种材料组合而成，一般配制成 25%～35%的水溶液。一些溶液需要调整 pH 值，尤其对用于碳酸盐岩的“挤入”处理的磷酸材料。

pH 值的变化可以改善材料的相容性或材料活性。比如，很多磷酸盐阻垢剂被放置或“挤入”岩石表面，以预防近井地带结垢。由于不只依靠吸附和解吸附作用，使很多化学添加剂能够不受控制地返回，“挤入”操作可以保证有更高比例的阻滞剂停留在油藏中，并且可以缓慢释放进入化学体系。

通常氯化钙用作沉淀剂，可以加入阻滞剂溶液，或者加入前置溶液或后置溶液。通过向阻滞剂中加入氯化钙溶液以弱酸的形式泵入，并通过提高温度和 pH 值来引发阻滞剂中钙盐的沉淀。最常用的阻滞剂是磷酸钙和羧酸钙。它们都是缓溶材料，随着温度和 pH 值的升高，溶解度下降[136]。

对于阻垢剂，对很多影响因素进行了研究，以提高其使用效率和延长作用时间。关于这个方面的研究有大量的文章发表，其中一篇有价值的技术回顾见参考文献［137］。

虽然水基的化学体系通常使用简单的成分或稀释液，但是也研发了很多多组分混合体系。杀菌剂一般在有固定细菌且已经形成了生物膜的环境中使用，并且与低百分比的表面活性剂一起使用。表面活性剂用作生物渗透剂[138]。

在配制用于酸化增产用的缓蚀剂时，经常需要加入增强剂[139,140]，这类材料已经在第 5 章和第 6 章中讨论过。

如前所述，配制缓蚀剂的目的是使它们可以溶解或在油和水中都能分散。这就使得表面活性剂类的成膜型缓蚀剂具有在界面或表面层形成保护膜，从而保护金属或类似表面。就像 3. 1. 8 所述，这就要使表面活性剂的性能参数达到平衡，尤其是像 HLB 值。实际应用中，可以通过使用水混相共溶剂 MEG 来实现[113]。

最后，应该记住水溶性材料比不溶于水的油溶性材料更容易生物降解，并且对环境更友好。

8. 4. 4. 2　油溶性采油化学剂

虽然很多采油化学剂是水溶性的，但是几乎有相同数量的化学剂不是水溶性的。常用的包括除油剂、去水化剂、清防蜡剂和分散剂、PPD 以及沥青控制剂等，这些化学剂都需要在产出液的油相中工作。破乳剂是一个特例，通常利用现场的溶剂使破乳剂和油混相或相溶。

破乳剂是基于表面活性剂的作用原理，表面活性剂的疏水尾端倾向于相互作用，而不是被水分子包围。这种典型的化学特性源自疏水效应，而这就是表面活性剂组合的分子驱动力，见 3. 1 节[141,142]。由于表面活性剂的亲水基团和水的相互作用，表面活性剂的自组能受到影响。表面活性剂分子的亲水头基和疏水尾链的自由能根据环境介质的性质，将决定表面活性剂在水相或油相中的胶束化能力或溶剂化能力。这种特性可以控制，以使破乳剂不但具有油溶性，在油水乳化界面的水相中生成油滴，而且帮助油滴聚集并最终使乳化作用生效。

在设计破乳剂组合时具有特殊意义的是 RSN，RSN 值可以定义为加入溶剂产生持续浊度的蒸馏水的量。它和 HLB 值正相反，HLB 值是水溶性和亲水疏水性的经验系数。RSN 提供了评估 HLB 值的实用的替代方法。测量 RSN 的传统做法是用表面活性剂滴定苯/环氧乙烷水溶液。目前开发出一种新型的适用于非离子表面活性剂的方法，这种方法使用毒性较弱的甲苯和 EGDE 体系[143]。比如，非离子醇聚氧乙烯醚的 RSN 值的确定，其中烷基链是十二烷醇，EO 链从 2mol 到 10mol，RSN 值将随着乙氧基的增加而增加。

设计者可以根据 RSN 系列值选择表面活性剂。但是需要注意，因为这些系列不是通用的，并且在所示的示例中，进一步乙氧基化可以降低 RSN 值。设计者不能孤立地考虑 RSN 值，需要根据表面活性剂的化学结构选择最优的产品。RSN 值在非离子醇聚氧乙烯醚类的化学品中是有效的指标。

涉及破乳剂时，如果对比不同表面活性剂类型的 RSN 值通常会得到错误的结论。最重要的是设计一个破乳剂体系，并请有经验的技术人员进行现场测试，确定最优的破乳剂配方[144]。

还有一个重要的关系就是 RSN 值（或 HLB 特性）和表面活性剂/水或表面活性剂/正辛醇的分界度。后者一般以对数系数表达，并且是对化学剂生物积累性的重要分级[145]，在 8.4.5 中会进一步讨论。

总的来说，除非有法规或技术的要求，油溶性材料一般会用易得的、便宜的溶剂。比如，在北海地区，大部分破乳剂使用 2-乙基己醇作为绿色溶剂。

水合物抑制剂与缓蚀剂需要组合在一起，乙醇和异丙醇可以作为溶剂[17]。异丙醇是多元溶剂，在烃类中具有比大部分简单醇类更好的溶解性，见 8.2.2。

乙二醇用于制备作为防冻化学品的传热剂。虽然没有像乙醇一样有良好的凝固点降低特性，但是乙烯基乙二醇具有更低的蒸发压力，所以从冷却系统蒸发的速度更慢。因此，乙二醇成为最有效的凝固点抑制剂和传热剂。乙二醇在常温和低温环境下与普通弹性材料具有良好的相容性，但是在高温下，相容性要差一些。由于具有高生物降解率，醇类（例如乙二醇）也可以通过过滤和再蒸馏得到循环利用。

一些非聚合沥青质分散剂在甲醇和乙二醇中具有良好的可溶性，而不是常用的石脑油基的溶剂，例如四羟基对苯醌（图 8.31）[146]。

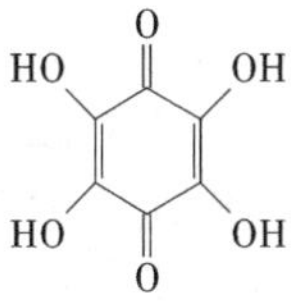

图 8.31 四羟基对苯醌

虽然很多阻垢剂以水溶液形式应用，但是在井下应用水溶液的问题会使岩石转变为亲水性。一旦亲水，岩石的渗透率将发生变化，而且可能是永久性的。亲水性的孔喉将产生水锁效应，结果就是不可逆的油层伤害。为了避免这种事情发生，水溶液尽量避免在低含水油层或水敏性油层应用。而高含水油层可以受益于非水基的措施，因为密度低及对应的举升和静水压力问题较少[147]。

可以与有机溶剂混相的阻垢剂已经研制出来，通常称作油溶性阻垢剂。通常具有烷基胺和自由酸并形成离子对，因此可以溶解于油[148]。研究发现，乙基己胺（图 8.32）作为氨基的效果较好，而且也是环境影响最低的[149]。

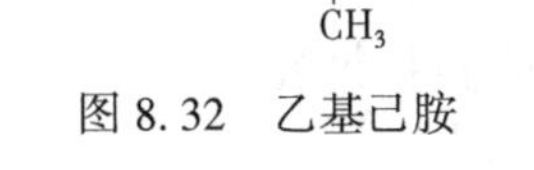

图 8.32 乙基己胺

### 8.4.5 减少环境影响

本章阐述了通过使用低环境伤害材料和“绿色”溶剂的替代品来减少化学体系对环境的伤害。前面内容对各种化学品及其环境影响进行了详细的论述。本节将提出一些方法和建议，帮助化学工程师在配制体系时能进一步减小化学品的环境伤害。而且产品供应商和化学工程师在和油气运营商以及终端用户结合时，也可以为他们提供化学品解决方案，减少生产操作过程中的环境影响，而不仅仅是提供化学品的危险性评价。本节在这方面进行了叙述。然而，提供这种方案并不是普遍的操作，部分是由于经济因素，更多的是由于法规的限制，也就是说，法规对于化学品的应用没有提供足够全面的保障。这个问题将在第 9 章和第 10 章进一步讨论。

#### 8.4.5.1 相对溶解系数

如上所述，RSN 在破乳剂选择和配制中是有效的工具，同时也是潜在的生物积累性的指标参数，尤其是对于一些表面活性剂，例如非离子表面活性剂醇聚氧乙烯醚，它们的链长增加，或发生酯化或乙氧基化，可以提高水溶性和生物降解性。然而，使用这个参数要谨慎，因为和其他组分的相关性还没有明确的结论[150]。尽管如此，当需要低生物累积性的破乳剂时，RSN 在产品设计和配制过程中也是有用的工具。

#### 8.4.5.2 微乳液

有很多方法可以减小环境伤害，但是其中一个尤其需要化学工程师关注的方法就是微乳液。微乳液是一种热力学稳定的溶液体系，与通常会随着时间延长而分层的动力学乳液不同。这是因为微乳液的颗粒尺寸，一般为 10~300nm，并且因此而使溶液呈现透明无色。这些材料在水相和油相之间具有超低的界面张力，而且因为这个特性可以运输很多油溶性油田化学剂，比如沥青抑制剂、缓蚀剂和油溶性结垢抑制剂。主要优势是它们要求使用的有机溶剂的量更少，尤其是当要求使用有毒的芳香族溶剂时。由于微乳液可以使化学添加剂或抑制剂更高效地分散到溶液中，使得化学剂的效率更高，并且用量更少[151]。

#### 8.4.5.3 表面活性剂相容性和开关表面活性剂

如第 3 章所述，阳离子表面活性剂和阴离子表面活性剂是不相容的，因为它们会反应生成不溶的阴阳离子化合物。然而，人们可以通过使用胺类的含氮表面活性剂避过不相容性的问题，也就是说，避开正离子的存在。这种做法的环境优势是通过引入第二极性基团，大幅度提高了水溶性[152]。这在破乳剂和缓蚀剂的应用中具有很好的效果。

还可以使用开关表面活性剂，这种表面活性剂分子的活性可以通过一种激活机制被反转。这种分子结构可以转变成另一种形式，并且表面活性剂从不活跃的形式变成活跃的形式[153]。例如，长链的烷基酰胺化合物可以通过暴露在二氧化碳气体中反转成带电的表面活性剂，从而稳定水/烷烃乳化剂。中性脒类可以作为水相原油乳化液的开关破乳剂。

到目前为止，这些开关表面活性剂一直将重点放在技术和性能特点上，但在从性能模式切换到用后模式后，应该可以提高环境性能，比如生物可降解性。

另一大类油田化学剂产品是聚合物，配制高性能的聚合物化学剂是一个较大的挑战。一般聚合物材料都具有高黏度，且在 20%左右的合理活性浓度并不具有良好的流动性和泵送性。通常在这个浓度黏度都比较高，因此浓度一般不高于 5%。这明显削弱了产品应用效果，并且要通过增大剂量来达到效果。清防蜡剂一般的使用浓度为千分之几或百分之几，而所用溶剂一般是芳烃等有毒的海洋污染物。这个问题需要在技术和环境层面得到解决。

目前来看，两个策略似乎可行：一是使用协同增效剂；二是有效材料封装。

#### 8.4.5.4 使用协同增效剂

化学协同增效是指两种或多种化学材料的共同作用产生的效果要大于化学剂单一发挥的作用。这在破乳剂体系设计中很普遍，在破乳剂体系中设计多种表面活性剂组合提高水分离、相分离效率以及水的质量[154]。

在缓蚀剂的配制过程中也能找到此效应。利用协同增效效应来提高抑制剂的成膜性能，尤其对于含氮的缓蚀剂。最常用的是硫代硫酸盐和巯基羧酸。实际上，硫代硫酸普遍应用在咪唑啉配制中以提高性能。需要注意的是，由于这些材料单独使用时的防腐性能不强，因此需要协同应用。它们经常应用在高剪切应力环境下，以提高性能。通过硫醇基团（SH）氧化成为二硫化物，并进一步与铁离子反应在金属表面生成化合物[155]。通常的做法是将硫代硫酸加入体系，以提高防腐性。然而需要注意的是，当加入除硫菌作为硫代硫酸的补充时，某些腐蚀问题可能会加剧。

另一类协同效应是基于硫乙内酰脲。优点是可以与金属表面络合产生钝化，并且对环境友好[156]。

氨基酸、半胱氨酸以及它们的脱羧产品巯（基）乙胺和胱胺也可以在体系配制中作为其他成膜型缓蚀剂的增效剂[157]。

对于聚合物来说，尤其是用于清防蜡的聚合物，对一些添加剂进行了研究，以提高性能和降低使用剂量。少量的胺和聚乙烯亚胺是很有用的（H. A. Craddock，未发表）。认为硅表面活性剂是 PPD 和清防蜡剂的增效剂[158]。

其他的增效剂用来提高技术效果，一些用来提高环境功效，尤其是生物降解性。第 2 章和第 4 章列出了更多的范例。

#### 8.4.5.5 封装材料的应用

封装是指将材料密封在保护壳内。对于油田化学剂来说，材料将以固体颗粒或液体的形式被密封在胶囊中。有很多种材料在运输和应用中使用了这种形式。这种形式也使体系能得到更高的有效浓度。胶囊的尺寸一般在毫米和厘米之间。关键一点是要保证材料能配制成溶液或具有良好的悬浮性，可以被泵送到指定位置。由于胶囊有尺寸限制，因此使用微胶囊技术来保证更好的泵送性。微胶囊是一种将颗粒或液滴加涂层后制成的微胶囊。微胶囊的结构相对简单，也就是球形外壳和均质的壳壁。微胶囊内部的材料被称为核、内相或填充料。而胶囊壁被称为壳、涂层或膜。大部分微胶囊的直径在几微米到几毫米之间。

油气工业使用的微胶囊需要符合以下 3 点要求：

（1）干燥的颗粒。

（2）颗粒粒径分布范围窄，一般为 100~440μm。

（3）在水中要非常稳定。

胶囊已经应用于油气工业的某些化学品中。

##### 8.4.5.5.1 阻垢剂

阻垢剂是常用的以胶囊或微胶囊形式供应的化学品。这些材料需要长时间的缓慢释放。20 世纪 90 年代初研制的微胶囊产品，是将碳酸钙阻垢剂磷酸盐包裹在渗透性的聚合物膜中。这些颗粒团聚后通过重力进入井底，通过扩散，阻垢剂阻断产出水进入完井井筒的采出液[159]。胶囊一般在较低的阻垢剂门槛浓度的情况下使用比较理想，成本低、有效期长，并且基本取代了更加昂贵的注入方式。

胶囊阻垢剂另外的优势是在油藏边缘的高含水井和低压区域的井在经过阻垢剂处理后可以保持稳定的流动，而不需要再采取增产措施或修井。在近海和深海的油井也使用了这些措施，成本大幅度降低[160]。

将多磷酸盐抑制剂制成胶囊颗粒用于水力压裂。压裂时应用固体抑制剂可以使压裂和除垢同时进行，从而极大地节约成本和时间。聚磷酸钙和聚磷酸镁在这些操作中很有用，而且同硼酸盐和锆交联的压裂液具有很好的相容性[161]。

8.4.5.5.2 支撑剂和阻垢剂组合产品

在过去 20 年中，同时具有压裂支撑剂和阻垢剂功能的产品已经开发出来并得到应用[162]。这种产品的优势是一种成分具有多种功能，这样有利于处理和输送到指定区域。由各种材料制备的颗粒都检测过，然而陶粒支撑剂是使用最广泛的。这些含有阻垢剂的颗粒一般是将具有孔隙结构的陶粒支撑剂与阻垢剂溶液充分接触，后将微球干燥制得。这种小球可以用作压裂支撑剂或砾石充填，以减轻油气井结垢。

将阻垢剂置入水力压裂裂缝，在阻垢剂和（或）压裂井的整个使用寿命内保护井不回流，无须潜在的再处理。由于阻垢剂应用在产层，因此它的作用范围包括油管、井口和地面管汇。地面只需要少量的阻垢剂就可满足需要[163,164]。这种方法经济实用，而且对环境友好。

8.4.5.5.3 防腐剂

阻垢剂技术同样可以应用于防腐剂、清防蜡和沥青等化学添加剂。目前，除了阻垢剂外，胶囊技术很少用于其他化学剂，由于胶囊在阻垢剂应用中的成本优势还没有在其他化学剂的应用中体现出来，因此没有得到广泛应用。

防腐剂已经被制成胶囊，并且被应用于某些场合。其实胶囊技术应用于防腐剂比阻垢剂要早 20~30 年。最初这些产品应用于封闭热交换。最近研发的包含防腐剂胶囊的涂层添加剂[165]。纳米技术在胶囊的应用也在探索中[166]。

在油气生产过程中，定时加入防腐剂是化学体系应用的关键。防腐剂在生产井的应用主要通过分批注入和连续注入两种模式。这两种模式各有利弊。固体胶囊定时释放可以在分批注入模式下实现类似连续注入的效果。

在传统的分批注入模式下，大体量的防腐剂在一段时间内集中释放，而再处理的间隔主要由防腐剂膜的持续时间决定。换句话说，分批注入虽然比较方便，但是由于效率不高会产生很多问题，原因是油气井恢复生产后大部分防腐剂随着产出液回流到地面。只有在界面形成薄膜的化学剂得到了有效应用，其余的都没有得到有效应用。如果没有定期回收，分批注入模式会造成化学剂在应用过程中出现阶段性的浓度降低，有时浓度甚至降低到零。

通常，连续注入防腐剂更加普遍，因为可以连续保持有效的浓度。然而，连续注入模式也有缺点：首先，建立和维护液罐或液泵等硬件的成本较高；其次，如果注入系统的任何部位发生故障，油井和连接的管线会马上腐蚀，而且维护注入设备的安全在偏远地区或无人值守的地区会很困难。

胶囊化的缓释防腐剂对于陆上油气井的 $CO_2$ 防腐具有很好的效果。这项技术依靠一种缓释模式，在这种模式下，防腐剂以固定时间间隔从环空的油水界面区域释放。这种技术是一种在采用分注处理的模式中接近于连续释放防腐蚀剂的技术[167]。

胶囊防腐剂可以让油气公司在应用的同时得到分批注入（不需要现场注入设备）和连续注入（连续保持有效浓度）的优势。

8.4.5.6 压裂和增产化学剂

在过去10年中，有一些胶囊产品用于增产。这些主要是酸化材料和凝胶材料混合并封装于油膜或聚合物薄膜中。

碳酸盐岩油藏的生产一般是由油藏区块的连通性来控制的。对于裸眼水平井和长水平段定向井来说，目前还没有很好的方法在水力压裂过程中获得连通良好的裂缝。作为液体转向剂和裂缝导流能力酸液胶囊已经开发出来。可降解的颗粒混入酸液中，用来提高天然裂缝的返排率和帮助扩展人工裂缝，以获得更高的连通率[168]。

第一个将柠檬酸胶囊作为腐蚀剂的酸压技术在几年前得到应用。虽然施工获得了成功，但是处理后的增产效果不明显[169]。

8.4.5.6.1 胶囊破胶剂

这些材料用在传统钻井操作中和水力压裂操作中。胶囊化的主要目的要保证破胶剂不与聚合物接触或引起其他不必要的预降解。过氧化物和过硫酸盐氧化剂被封装在非渗透或微渗透膜中，防止破胶剂与聚合物在初始阶段接触。破胶剂从胶囊中缓慢扩散，或者胶囊在设定时间或特定化学剂作用下破碎，使破胶剂在预定的时间和位置得到有效释放[170]。

胶囊化的破胶剂在钻井和增产技术中得到广泛应用，并且可以用于酶催化和氧化催化实现延迟破胶。在防水的胶囊中封装破胶剂，以防止破胶剂和钻井液或压裂液接触影响流变性。这样就可以避免在浓度较高时造成流体性能的损失[171]。

外壳的封闭性能、缓释机理和化学剂性能是破胶剂胶囊设计的关键因素。已经有多种胶囊用于封装多种破胶剂[172]。

8.4.5.6.2 杀菌剂

胶囊杀菌剂广泛应用于涂层、油漆和抗污染剂中[173]。4，5-二氯-2-叶酰-3（2H）-异噻唑酮的胶囊和杀菌剂混合材料已应用于抗污染涂层中[174]。

然而到目前为止，还没有见到这项技术在油田勘探开发和采油中应用的相关报道。考虑到这项技术所具有的保护、缓释和放置的应用优势以及化学剂处理次数少、更高效等环境优势，这有些出乎意料。

8.4.5.7 活性分散体系

活性分散体系是溶液体系与胶囊体系形成竞争技术的基础。分散体系可以使化学阻滞剂及其他添加剂在大剂量添加的同时保持流动特性和化学特性。目前为止，这项技术主要针对高分子量聚合物，因为高分子量聚合物很难以传统的溶液形式输送，因此只能以低有效浓度应用。这项技术主要应用于减阻剂和清防蜡剂[175]。

由于胶囊体系可以取代溶液体系提供恒定浓度输送，因此这项技术可以得到更广泛的应用。

8.4.5.8 固相和加重缓蚀剂

固相和加重缓蚀剂已经在油气勘探开发领域应用了一段时间。条形抑制剂可能是最早的高密度缓蚀剂[176]。这种材料主要是由传统的抑制剂和树脂或蜡以及重晶石材料配制的混合物。加热混合物到蜡的熔点以上，然后注入条形的模具，冷却后得到固体材料。重晶石使条状材料更重一些（加重剂）。以这种材料制作的产品也应用于固井环空中。胶囊型抑制剂也可以制成条形来应用。

还有很多方法和技术用于油田化学剂的混配，本节对其中的一些方法和技术从技术和环境角度进行了阐述。

## 参考文献


[1] Reichardt, C. and Welton, T. (2010). Solvents and Solvent Effects in Organic Chemistry, 4th updated and enlarged edition. Wiley-VCH.

[2] Miller-Chou, B. A. and Koenig, J. L. (2003). A review of polymer dissolution. Progress in Polymer Science 28: 1223-1270.

[3] King, G. E. (2012). Hydraulic fracturing 101: what every representative, environmentalist, regulator, reporter, investor, university researcher, neighbor, and engineer should know about hydraulic fracturing risk. Journal of Petroleum Technology 64 (04): 34-42, SPE-0412-0034.

[4] Craddock, H. A. (May 2012). Shale gas: the facts about chemical additives. www. knovel. com.

[5] Yu, M., Weinthal, E., Patino-Echeverri, D. et al. (2016). Water availability for shale gas development in Sichuan Basin, China. Environmental Science & Technology 50 (6): 2837-2845.

[6] Kappel, W. M., Williams, J. H., and Szabo, Z. (2013). Water Resources and Shale Gas/Oil Production in the Appalachian Basin-Critical Issues and Evolving Developments. US Geological Survey, US Department of the Interior Open File Report 2013-1137, August 2013.

[7] Caenn, R., Darley, H. C. H., and Gray, G. R. (2016). Composition and Properties of Drilling and Completion Fluids, 7the. Gulf Professional Publishing.

[8] Yamamoto-Kawai, M., McLaughlin, F. A., Carmak, E. C. et al. (2009). Aragonite undersaturation in the Arctic Ocean: effects of ocean acidification and sea ice melt. Science 326 (5956): 1098-1100.

[9] Anderson, F. and Prausnitz, J. M. (1986). Inhibition of gas hydrates by methanol. AIChE Journal 32 (8): 1321-1333.

[10] Saneifar, M., Nasralla, R. A., Nasr-El-Din, H. A. et al. (2011). Surface tension of spent acids at high temperature and pressure. SPE/DGS Saudi Arabia Section Technical Symposium and Exhibition, Al-Khobar, Saudi Arabia (15-18 May 2011), SPE 149109.

[11] Palmer, A. C. and King, R. A. (2008). Subsea Pipeline Engineering, 2nde. Tulsa, OK: PennWell.

[12] Jordan, M. M., Feasey, N. D. and Johnston, C. (2005). Inorganic scale control within MEG/ methanol treated produced fluids. SPE International Symposium on Oilfield Scale, Aberdeen, UK (11-12 May 2005), SPE 95034.

[13] Fu, D., Panga, M., Kefi, S. and Garcia-Lopez de Victoria, M. (2007). Self-diverting matrix acid. US Patent 7, 237, 608, assigned to Schlumberger Technology Corporation.

[14] Tephly, T. R. (1991). The toxicity of methanol: minireview. Life Sciences 48 (11): 1031-1041.

[15] Ramirez, A. A., Benard, S., Giroir-Fendler, A. et al. (2008). Kinetics of microbial growth and biodegradation of methanol and toluene in biofilters and an analysis of the energetic indicators. Journal of Biotechnology 138 (3-4): 88-95.

[16] Budavari, S., O'Neill, M. J., Smith, A., and Heckelman, P. E. ed. (1989). The Merck Index, 11ee, 820. Rahway, NJ: Merck & Co.

[17] Dahlmann, U. and Feustal, M. (2007). Additives for inhibiting the formation of gas hydrates. US Patent 7,183,240, assigned to Clariant Produkte (Deutschland) Gmbh.

[18] Cobb, H. G. (2010). Composition and process for enhanced oil recovery. US Patent 7,691,790, assigned to Coriba Technologies LLC.

[19] Lakatos, I., Toth, J., Lakatos-Szabo, J. et al. (2002). Application of silicone microemulsion for restriction of water production in gas wells. European Petroleum Conference, Aberdeen, UK (29-31 October 2002), SPE 78307.

[20] Rettinger, K., Burschka, C., Scheeben, P. et al. (1991). Chiral 2-alkylbranched acids, esters and alcohols. Preparation and stereospecific flavour evaluation. Tetrahedron: Asymmetry 2 (10): 965-968.

[21] Thieu, V., Bakeev, K. N. and Shih, J. S. (2002). Gas hydrate inhibitor. US Patent 6,359,047, assigned to ISP Investments Inc.

[22] Huddleston, D. A. (1989). Hydrocarbon geller and method for making the same. US Patent 4,877,894, assigned to Nalco Chemical Company.

[23] Richardson, W. C. and Kibodeaux, K. R. (2001). Chemically assisted thermal flood process. US Patent 6,305,472, assigned to Texaco Inc.

[24] Yang, J. and Jovancicevic, V. (2009). Microemulsion containing oil field chemicals useful for oil and gas field applications. US Patent 7,615,516, assigned to Baker Hughes Incorporated.

[25] Fink, J. (2013). Petroleum Engineers Guide to Oilfield Chemicals and Fluids. Elsevier.

[26] Delgado, E. and Keown, B. (2009). Low volatile phosphorous gelling agent. US Patent 7,622,054, assigned to Ethox Chemicals LLC.

[27] Fisk, J. V. Jr., Krecheville, J. D. and Pober, K. W. (2006). Silicic acid mud lubricants. US Patent 6,989,352, assigned to Halliburton Energy Services Inc.

[28] Smith, K., Persinski, L. J. and Wanner, M. (2008). Effervescent biocide compositions for oilfield applications. US Patent Application 20080004189, assigned to Weatherford/Lamb Inc.

[29] Rebsdat, S. and Mayer, D. (2005). Ethylene Glycol in Ullmann's Encyclopedia of Industrial Chemistry. Weinheim: Wiley-VCH. doi: 10.1002/14356007.a10_101.

[30] Kunzi, R. A., Vinson, E. F., Totten, P. L. and Brake, B. G. (1995). Low temperature well cementing compositions and methods. US Patent 5,447,198, assigned to Halliburton Company.

[31] Poelker, D. J., McMahon, J. and Schield, J. A. (2009). Polyamine salts as clay stabilizing agents. US Patent 7,601,675, assigned to Baker Hughes Incorporated.

[32] Kelly, P. A., Gabrysch, A. D. and Horner, D. N. (2007). Stabilizing crosslinked polymer guars and modified guar derivatives. US Patent 7,195,065, assigned to Baker Hughes Incorporated.

[33] Wang, X., Qu, Q., Dawson, J. C. and Satyanarayana Gupta, D. V. (2010). Thermal insulation compositions containing organic solvent and gelling agent and methods of using the same. US Patent 7,713,917, assigned to BJ services Company.

[34] Davies, S. N., Meeten, G. H. and Way, P. W. (1997). Water based drilling fluid additive and methods of using fluids containing additives. US Patent 5,652,200, assigned to Schlumberger Technology Corporation.

[35] Mueller, H., Herold, C. -P., Bongardt, F. et al. (2004). Lubricants for drilling fluids. US Patent 6,806,23, assigned to Cognis Deutschland Gmbh & Co. Kg

[36] Ford, W. G. F. (1991). Reducing sludging during oil well acidizing. US Patent 4,981,601, assigned to Halliburton Company.

[37] Fu, B. (2001). The development of advanced kinetic hydrate inhibitors. Chemistry in the Oil Industry Ⅶ (13-14 November 2001). Manchester, UK: The Royal Society of Chemistry.

[38] Hall, B. E. (1975). The effect of mutual solvents on adsorption in sandstone acidizing. Journal of Petroleum Technology 27 (12): 1439-1442, SPE-5377.

[39] Kelland, M. A. (2014). Production Chemicals for the Oil and Gas Industry, 2nde. CRC Press.

[40] Collins, I. R., Goodwin, S. P., Morgan, J. C. and Stewart, N. J. (2001). Use of oil and gas field chemicals. US Patent 6,225,263, assigned to BP Chemicals Limited.

[41] Dixon, J. (2009). Drilling fluids. US Patent 7,614,462, assigned to Croda International PLC.

[42] Wang, J. and Buckley, J. S. (2003). Asphaltene stability in crude oil and aromatic solvents – the influence of oil composition. Energy Fuels 17 (6): 1445–1451.

[43] Delbianco, A. and Stroppa, F. (1996). Composition effective in removing asphaltenes. EP Patent 0737798, assigned to AGIP SpA.

[44] Dubey, S. T. and Waxman, M. H. (1991). Asphaltene adsorption and desorption from mineral surfaces. SPE Reservoir Engineering 6 (03): 389–395, SPE 18462.

[45] Piro, G., Barberis Canonico, L., Galbariggi, G. et al. (1996). Asphaltene adsorption onto formation rock: an approach to asphaltene formation damage prevention. SPE Production & Facilities 11 (03): 156–160, SPE 30109.

[46] Trbovich, M. and King, G. E. (1991). Asphaltene deposit removal: long–lasting treatment with a co–solvent. SPE International Symposium on Oilfield Chemistry, Anaheim, CAL (20–22 February 1991), SPE 21038.

[47] Bailey, J. C. and Allenson, S. J. (2008). Paraffin cleanout in a single subsea flowline environment: glycol to blame? Offshore Technology Conference, Houston, TX (5–8 May 2008), OTC 19566.

[48] Barberis Canonico, L., DelBianco, A., Galbariggi, G. et al. (1994). A comprehensive approach for the evaluation of chemicals for asphaltene deposit removal. Recent Advances in Oilfield Chemistry, Chemicals in the Oil Industry V (13–15 April 1994). Ambleside, Cumbria, UK: Royal Society of Chemistry.

[49] Lightford, S. C., Pitoni, E., Mauri, L. and Armesi, F. (2006). Development and field use of a novel solvent water emulsion for the removal of asphaltene deposits in fractured carbonate formations. SPE Annual Technical Conference and Exhibition, San Antonio, TX (24–27 September 2006), SPE 101022.

[50] Fattah, W. A. and Nasr–El–Din, H. A. (2008). Acid emulsified in xylene: a cost–effective treatment to remove asphalting deposition and enhance well productivity. SPE Eastern Regional/AAPG Eastern Section Joint Meeting, Pittsburgh, PA (11–15 October 2008), SPE 117251.

[51] Appicciutoli, D., Maier, R. W., Strippoli, P. et al. (2010). Novel emulsified acid boosts production in a major carbonate oil field with asphaltene problems. SPE Annual Technical Conference and Exhibition, Florence, Italy (19–22 September 2010), SPE 135076.

[52] Salgaonkar, L. and Danait, A. (2012). Environmentally acceptable emulsion system: an effective approach for removal of asphaltene deposits. SPE Saudi Arabia Section Technical Symposium and Exhibition, Al–Khobar, Saudi Arabia (8–11 April 2012), SPE 160877.

[53] Straub, T. J., Autry, S. W. and King, G. E. (1989). An investigation into practical removal of downhole paraffin by thermal methods and chemical solvents. SPE Production Operations Symposium, Oklahoma City, OK (13–14 March 1989), SPE 18889.

[54] Boswood, D. W. and Kreh, K. A. (2011). Fully miscible micellar acidizing solvents vs. xylene, the better paraffin solution. SPE Production and Operations Symposium, Oklahoma City, OK (27–29 March 2011), SPE 140128.

[55] Jones, T. G. J. and Justin, G. J. (1999). Hydrophobically modified polymers for water control. WO Patent 1999049183, assigned to Sofitech N. V., Dowel Schlumberger S. A. and Schlumberger Canada Ltd.

[56] Wang, Y., Wang, L., Li, J. and Zhao, F. (2001). Surfactants oil displacement system in high salinity formations: research and application. SPE Permian Basin Oil and Gas Recovery Conference, Midland, TX

(15-17 May 2001), SPE 70047.

[57] Hutchins, R. D. and Saunders, D. L. (1993). Tracer chemicals for use in monitoring subterranean fluids. US Patent 5,246,860, assigned to Union Oil Company of California.

[58] Trimble, M. I., Fleming, M. A., Andrew, B. L. et al. (2010). Method for removing asphaltene deposits. US Patent 7,754,657, assigned to Ineos USA LLC.

[59] Knox, D. and McCosh, K. (2005). Displacement chemicals and environmental compliance- past present and future. Chemistry in the Oil Industry IX (31 October -2 November 2005). Manchester, UK: Royal Society of Chemistry.

[60] Neff, M., McKelvie, S., and Ayers, R. C. Jr. (2000). Environmental Impacts of Synthetic Based Drilling Fluids. U. S. Department of the Interior, Minerals Management Service, Gulf of Mexico OCS Region, OCS Study, MMS 2000-064.

[61] Peresic, R. L., Burrell, B. R. and Prentice, G. M. (1991). Development and field trial of a biodegradable invert emulsion fluid. paper SPE IADC 21935 presented at the 1991SPE/IADC Drilling Conference, Amsterdam (1-14 March 1991).

[62] Williams, C. G. (1859). On isoprene and caoutchine. Proceedings of the Royal Society of London 10: 516-519.

[63] Ford, W. G. and Hollenbeck, K. H. (1987). Composition and method for reducing sludging during the acidizing of formations containing sludging crude oils. US Patent 4, 663, 059, assigned to Halliburton Company.

[64] Goncalves, J. T., DeOliveira, M. F. and Aragao, A. F. L. (2007). Compositions of oil-based biodegradable drilling fluids and process for drilling oil and gas wells. US Patent 7,285,515, assigned to Petroleo Brasileiro S. A.

[65] Javora, P. H., Beall, B. B., Vorderburggen, M. A. et al. (2009). Method of using water-in-oil emulsion to remove oil base or synthetic oil base filter cake. US Patent 7,481,273, assigned to BJ Services Company.

[66] Lightford, S. C. and Armesi, F. (2007). Compositions and methods for removal of asphaltenes from a portion of a wellbore or subterranean formation using water-organic solvent emulsion with non-polar and polar organic solvents. WO Patent Application WO 2007129348, assigned to Halliburton Energy Services Inc.

[67] Penna, A., Arias, G. and Rae, P. (2006). Corrosion inhibitor intensifier and method of using the same. US Patent Application 20060264335, assigned to BJ Services Company.

[68] Craddock, H. A., Mutch, K., Sowerby, K. et al. (2007). 1A case study in the removal of deposited wax from a major subsea flowline system in the gannet field. International Symposium on Oilfield Chemistry, Houston, TX (28 February-2 March, 2007), SPE 105048.

[69] Blunk, J. A. (2001). Composition for paraffin removal from oilfield equipment. US Patent 6, 176, 243, assigned to Inventor.

[70] Craddock, H. A., Campbell, E., Sowerby, K. et al. (2007). The application of wax dissolver in the enhancement of export line cleaning. International Symposium on Oilfield Chemistry, Houston, TX (28 February-2 March 2007), SPE 105049.

[71] Jones, V. W. and Perry, C. R. (1973). Fundementals of gas treating. Proceedings of Gas Conditioning Conference, Norman, OK (15-16 March 1973).

[72] CCME (2006). Canadian Environmental Quality Guidelines for Sulfolane: Water and Soil, Scientific Supporting Document. Canadian Council of Ministers of the Environment.

[73] Scovell, E. G., Grainger, N. and Cox, T. (2001). Maintenance of oil production and refining equipment.

WO Patent 0174966, assigned to Imperial Chemical Industries PLC.

[74] Bacon, D. R. and Trinh, T. (1996). Fabric softener compositions with improved environmental impact. US Patent 5,500,138, assigned to The Proctor & Gamble Company.

[75] Paul, J. M. and Fieler, E. R. (1992). A new solvent for oilfield scales. SPE Annual Technical Conference and Exhibition, Washington, DC (4-7 October 1992), SPE 24827.

[76] Bradshaw, R. W. and Brosseau, D. (2009). Low-melting point inorganic nitrate salt heat transfer fluid. US Patent 7,588,694, assigned to Sandia Corporation.

[77] McFarlane, J., Ridenour, W. B., Luo, H. et al. (2005). Room temperature ionic liquids for separating organics from produced water. Separation Science and Technology 40: 1245-1265.

[78] Abai, M., Shariff, S. M., Hassan, A. and Cheun, K. Y. (2015). An ionic liquid for mercury removal from natural gas. Abu Dhabi International Petroleum Exhibition and Conference, Abu Dhabi, UAE (9-12 November 2015), SPE 177799.

[79] Nares, R., Schacht-Hernandez, P., Ramirez-Garnica, M. A. and del Carmen Cabrera-Reyes, M. (2007). Upgrading heavy and extraheavy crude oil with ionic liquid. International Oil Conference and Exhibition in Mexico, Veracruz, Mexico (27-30 June 2007), SPE 108676.

[80] Sakthivel, S., Velusamy, S., Gardas, R. L. and Sangwai, J. S. (2015). Nature friendly application of ionic liquids for dissolution enhancement of heavy crude oil. SPE Annual Technical Conference and Exhibition, Houston, TX (28-30 September 2015), SPE 178418.

[81] Berry, S. L., Boles, J. L., Brannon, H. D. and Beall, B. B. (2008). Performance evaluation of ionic liquids as a clay stabilizer and shale inhibitor. SPE International Symposium and Exhibition on Formation Damage Control, Lafayette, LA (13-15 February 2008), SPE 112540.

[82] Yang, D., Rosas, O. and Castaneda, H. (2014). Comparison of the corrosion inhibiting properties of imidazole based ionic liquids on API X52 steel in carbon dioxide saturated NaCl solution. CORROSION 2014, San Antonio, TX (9-13 March 2014), NACE-2014-4357.

[83] https://water.usgs.gov/edu/earthhowmuch.html.

[84] Beltran, J. M. (1999, 1999). Irrigation with saline water: benefits and environmental impact. Agricultural Water Management 40 (2-3): 183-194.

[85] Lord, P., Weston, M., Fontenelle, L. K. and Haggstrom, J. (2013). Recycling water: case studies in designing fracturing fluids using Flowback, produced, and nontraditional water sources. SPE Latin-American and Caribbean Heath, Safety, Environment and Social Responsibility Conference, Lima, Peru (26-27 June 2013), SPE 165641.

[86] Razi, A. F., Pendashteh, A., Abdullah, L. C. et al. (2009). Review of technologies for oil and gas produced water treatment. Journal of Hazardous Materials 170 (2-3): 530-551.

[87] Lawerence, S. J. (2006). Description, Properties and degradation of Selected Volatile Organic Compounds Detected in Ground Water—A Review of Selected Literature. Open File Report 2006-1338. US Department of the Interior and US Geological Survey.

[88] http://ozone.unep.org/en/treaties-and-decisions/ montreal-protocol-substances-deplete-ozone-layer.

[89] Capello, C., Fischer, U., and Hengerbuhler, K. (2007). What is a green solvent? A comprehensive framework for the environmental assessment of solvents. Green Chemistry 9 (9): 927.

[90] Patel, A. D. (1999). Negative alkalinity invert emulsion drilling fluid extends the utility of Ester-based fluids. Offshore Europe Oil and Gas Exhibition and Conference, Aberdeen, UK (7-10 September 1999), SPE 56968.

[91] Burrows, K., Evans, J., Hall, J. and Kirsner, J. (2001). New low viscosity ester is suitable for drilling fluids in deepwater applications. SPE/EPA/DOE Exploration and Production Environmental Conference, San Antonio, TX (26-28 February 2001), SPE 66553.

[92] Pereira, C. S. M., Silva, V. M. T. M., and Rodrigues, A. E. (2011). Ethyl lactate as a solvent: properties, applications and production processes - a review. Green Chemistry 13 (10): 2658.

[93] Todd, B., Funkhouser, G. P. and Frost, K. (2005). A chemical "trigger" useful for oilfield applications. SPE International Symposium on Oilfield Chemistry, The Woodlands, TX (2-4 February 2005), SPE 92709.

[94] Schriener, K. and Munoz, T. Jr. (2009). Methods of degrading filter cakes in a subterranean formation. US Patent 7,497,278, assigned to Halliburton Energy Services Inc.

[95] Denney, D. (2004). Flow assurance in Brazil's deepwater fields. Journal of Petroleum Technology 56 (10): 48-49, SPE-1004-0048-JPT.

[96] http://www.dccleaningsystem.com/according-the-change-of-drilling-fluid-to-understand-under-well-condition/.

[97] Yassin, A. A. M., Kamis, A. and Abdullah, M. O. (1991). Formulation of an environmentally safe oil based drilling fluid. SPE Asia-Pacific Conference, Perth, Australia (4-7 November 1991), SPE 23001.

[98] Muller, H., Herold, C. -P. and von Tapavicza, S. (1991). Use of hydrated castor oil as a viscosity promoter in oil-based drilling muds. WO Patent 911639, assigned to Henkel Kommanditgesellschaft Auf Aktien.

[99] Mueller, H., Herold, C. -P., von Tapavicza, S. et al. (1994). Use of selected ester oils of low carboxylic acids in drilling fluids. US Patent 5,318,954, assigned to Henkel Kommanditgesellschaft Auf Aktien.

[100] Hille, M., Wittkus, H., Windhausen, B. et al. (1998). Use of acetals. US Patent 5,759,963, assigned to Hoechst Akteingesellschaft.

[101] Lin, K. -F. (1996). Synthetic paraffinic hydrocarbon drilling fluid. US Patent 5,569,642, assigned to Albemarle Corporation.

[102] Berg, E., Sedberg, S., Kararigstad, H. et al. (2006). Displacement of drilling fluids and cased-hole cleaning: what is sufficient cleaning? SPE/IADC Drilling Conference, Miami, FL (21-23 February 2006), SPE 99104.

[103] Getliff, J. M. and James, S. G. (1996). The replacement of alkyl-phenol ethoxylates to improve the environmental acceptability of drilling fluid additives. SPE Health, Safety and Environment in Oil and Gas Exploration and Production Conference, New Orleans, LA (9-12 June 1996), SPE 35982.

[104] Marshall, D., Jones, T., Quinterop, L. et al. (2007). Improved chemical designs for OBM skin damage removal for production and injection wells. Chemistry in the Oil Industry X, Manchester UK (5-7 November 2007).

[105] Kalfayan, L. (2008). Production Enhancement with Acid Stimulation. Tulsa, OK: Pennwell Corporation.

[106] Taylor, K. C. and Nasr-El-Din, H. A. (1999). A systematic study of iron control chemicals - Part 2. SPE International Symposium on Oilfield Chemistry, Houston, TX (16-19 February 1999), SPE 50772.

[107] Coulter, G. R. and Jennings, A. R. Jr. (1997). A contemporary approach to matrix acidizing. SPE Annual Technical Conference and Exhibition, San Antonio, TX (5-8 October 1997), SPE 38594.

[108] Buijse, M., de Boer, P., Breukel, B., and Burgos, G. (2004, 2004). Organic acids in carbonate acidizing. SPE Production and Facilities 19 (3): 128-134, SPE 82211.

[109] Husen, A. Ali, A., Frenier, W. W. et al. (2002). Chelating agent-based fluids for optimal stimulation of high-temperature wells. SPE Annual Technical Conference and Exhibition, San Antonio, TX (29 September-2

October 2002), SPE 77366.

[110] Frenier, W. W., Fredd, C. N. and Chang, F. (2001). Hydroxyaminocarboxylic acids produce superior formulations for matrix stimulation of carbonates. SPE European Formation Damage Conference (21-22 May 2001), The Hague, Netherlands, SPE 68924.

[111] Mohamoud, M. A., Nasr-El-Din, H. A. and De Wolf, C. A. (2011). Stimulation of sandstone and carbonate reservoirs using an environmentally friendly chelating agent. Chemistry in the Oil Industry XII (7-9 November 2011). Manchester, UK: Royal Society of Chemistry.

[112] Huang, T., McElfresh, P. M. and Gabrysch, A. D. (2003). Carbonate matrix acidizing fluids at high temperatures: acetic acid, chelating agents or long-chained carboxylic acids? SPE European Formation Damage Conference, The Hague, Netherlands (13-14 May 2003), SPE 82268.

[113] Finsgar, M. and Jackson, J. (2014). Application of corrosion inhibitors for steels in acidic media for the oil and gas industry: a review. Corrosion Science 86: 17-41.

[114] Khan, G., Newaz, K. M. S., Basirun, W. J. et al. (2015). Application of natural product extracts as green corrosion inhibitors for metals and alloys in acid pickling processes - a review. International Journal of Electrochemical Science 10: 6120-6134.

[115] Delorey, J. R., Vician, D. N. and Metcalf, A. S. (2002). Acid stimulation of sour wells. SPE Gas Technology Symposium, Calgary, Alberta, Canada (30 April-2 May 2002), SPE 75697.

[116] Nasr-El-Din, H. A., Al-Mutairi, S. H. and Al-Driweesh, S. M. (2002). Lessons learned from acid pickle treatments of deep/sour gas wells. International Symposium and Exhibition on Formation Damage Control, Lafayette, LA (20-21 February 2002), SPE 73706.

[117] Crowe, C. W. (1985). Evaluation of agents for preventing precipitation of ferric hydroxide from spent treating acid. Journal of Petroleum Technology 37 (04): 691-695.

[118] Brezinski, M. M. (1999). Chelating agents in sour well acidizing: methodology or mythology. SPE European Formation Damage Conference, The Hague, Netherlands (31 May-1 June 1999), SPE 54721.

[119] Nasr-El-Din, H. A., de Wolf, C. A., Stanitzek, T. et al. (2013). Field treatment to stimulate a deep, sour, tight-gas well using a new, low corrosion and environmentally friendly fluid. SPE Production & Operations 28 (3): 277-285, SPE 163332.

[120] Jacobs, I. C. and Thompson, N. E. S. (1992). Certain dithiocarbamates and method of use for reducing asphaltene precipitation in asphaltenic reservoirs. US Patent 5,112,505, assigned to Petrolite Corporation.

[121] Brezinkski, M. M. and Gdanski, R. D. (1993). Methods of reducing precipitation from acid solutions. US Patent 5, 264, 141, assigned to Halliburton Company.

[122] Lalchan, C. A., O' Neil, B. J. and Maley, D. M. (2013). Prevention of acid induced asphaltene precipitation: a comparison of anionic vs. cationic surfactants. SPE International Symposium on Oilfield Chemistry, The Woodlands, TX (8-10 April 2013), SPE 164087.

[123] Fogler, H. S. and Chang, C. -L. (1993). Stabilization of asphaltene in aliphatic solvents using alkylbenzen-derived amphiphiles. 1. Effect of the chemical structure of amphiphiles on asphaltene stabilization. Langmuir 10: 1749-1757.

[124] Rietjens, M. (1997). Sense and non-sense about acid-induced sludge. SPE European Formation Damage Conference, The Hague, The Netherlands (2-3 June 1997), SPE 38163.

[125] Rietjens, M. and Nieupoort, M. (1999). Acid sludge: how small particles can make a big impact. SPE European Formation Damage Conference, The Hague, The Netherlands (May 31-June 1 1999), SPE 54727.

[126] Crowe, G. , Masmonteil, J. , and Thomas, R. (1992). Trends in matrix acidizing. Oilfield Review 4: 24-40.

[127] Nasr-El-Din, H. A. , Al-Mohammed, A. M. , Al-Aamri, A. , and Al-Fuwaires, O. A. (2008, 2008). Reaction of gelled acids with calcite. SPE Production & Operations 23 (03), SPE 103979.

[128] Malate, R. C. M. , Austria, J. J. C. , Sarmiento, Z. F. et al. Matrix stimulation treatment of geothermal wells using sandstone acid. Proceedings of the 23rd Workshop on Geothermal Reservoir Engineering, Stanford, CA (26-28 January 1998).

[129] Nasr-El-Din, H. A. and Al-Mohammed, A. M. (2006). Reaction of calcite with surfactant-based acids. SPE Annual Technical Conference and Exhibition, San Antonio, TX (24-27 September 2006), SPE 102383.

[130] Treybig, D. S. , Chang, K. -T. and Williams, D. A. (2009). Demulsifiers, their preparation and use in oil bearing formations. US Patent 7,504,438, assigned to Nalco Company.

[131] Zeiler, C. E. , Alleman, D. J. , and Qu, Q. (2006). Use of viscoelastic surfactant-based diverting agents for acid stimulation: case histories in GOM. SPE Production & Operations 21 (04): 448-454, SPE 90062.

[132] Solares, J. R. , Duenas, J. J. , Al-Harbi, M. et al. (2008). Field trial of a new non-damaging degradable fiber-diverting agent achieved full zonal coverage during acid fracturing in a deep gas producer in Saudi Arabia. SPE Annual Technical Conference and Exhibition, Denver, CO (21-24 September 2008), SPE 115525.

[133] Southwell, G. P. and Posey, S. M. (1994). Applications and results of acrylamide-polymer/ chromium (Ⅲ) carboxylate gels. SPE/DOE Improved Oil Recovery Symposium, Tulsa, OK (17-20 April 1994), SPE 27779.

[134] Al-Ghamdi, A. H. , Mahmoud, M. A. , Wang, G. et al. (2014). Acid diversion by use of viscoelastic surfactants: the effects of flow rate and initial permeability contrast. SPE Journal 19 (06): 1203-1216, SPE 142564.

[135] Sridhar, N. , Price, K. , Buckingham, J. , and Dante, J. (2006). Stress corrosion cracking of carbon steel in ethanol. CORROSION 62 (8): 687-702.

[136] Rabaioli, M. R. and Lockhart, T. P. (1995). Solubility and phase behaviour of polyacrylate scale inhibitors and their implications for precipitation squeeze treatments. International Symposium on Oilfield Chemistry, San Antonio, TX, SPE 28998.

[137] Craddock, H. A. (2012). Scale "Squeezing" www. knovel. com (November 2012).

[138] Jones, C. R. and Talbot, R. E. (2004). Biocidal compositions and treatments. US Patent 6,784,168, assigned to Rhodia Consumer Specialties Ltd.

[139] Brezinski, M. M. and Desai, B. (1997). Method and composition for acidizing subterranean formations utilizing corrosion inhibitor intensifiers. US Patent 5,697v, 443, assigned to Halliburton Energy Services.

[140] Cassidy, J. M. , Kiser, C. E. and Lane, J. L. (2008). Corrosion inhibitor intensifier compositions and associated methods. US Patent Application 20080139414, applied for by Halliburton Energy Services Inc.

[141] Ben-Naim, A. Y. (1982). Hydrophobic interactions, an overview. In: Solution Behavior of Surfactants, Theoretical and Applied Aspects, vol. 1 (ed. K. L. Mittal and E. J. Fendler), 27-40. Springer.

[142] Kronberg, B. , Costas, M. , and Silveston, R. (1995). Thermodynamics of the hydrophobic effect in surfactant solutions-micellization and adsorption. Pure and Applied Chemistry 67 (6): 897-902.

[143] Wu, J. , Xu, Y. , Dabros, T. , and Hamza, H. (2004). Development of a method for measurement of relative solubility of nonionic surfactants. Colloids and Surfaces A: Physicochemical and Engineering Aspects

232: 229-237.

[144] Poindexter, M. K. , Chuai, S. , Marble, R. A. and Marsh, S. C. (2003). Classifying crude oil emulsions using chemical demulsifiers and statistical analyses. SPE Annual Technical Conference and Exhibition, Denver, CO (5-8 October 2003), SPE 84610.

[145] McWilliams, P. and Payne, G. (2001). Bioaccumulation potential of surfactants: a review. Chemistry in the Oil Industry Ⅶ (13-14 November 2001). Royal Society of Chemistry: Manchester, UK.

[146] Ferrara, M. (1995). Hydrocarbon oil-aqueous fuel and additive compositions. WO Patent 1995020637, assigned to Meg S. N. C. Di Scopelliti Sofia & C.

[147] Jenvey, N. J. , MacLean, A. F. , Miles, A. F. and Montgomerie, H. (2000). The application of oil soluble scale inhibitors into the Texaco galley reservoir. A comparison with traditional squeeze techniques to avoid problems associated with wettability modification in low water-cut wells. International Symposium on Oilfield Scale, Aberdeen, UK (26-27 January 2000), SPE 60197.

[148] Watt, R. , Montgomerie, H. , Hagen, T. et al. (1999). Development of an oil-soluble scale inhibitor for a subsea satellite field. SPE International Symposium on Oilfield Chemistry, Houston, TX (16-19 February 1999), SPE 50706.

[149] Reizer, J. , Rudel, M. , Sitz, C. et al. (2002). Oil-soluble scale inhibitors with formulation for improved environmental classification. US Patent Application 20020150499, assigned to authors.

[150] Elder, J. (2011). Relative solubility number RSN - an alternative measurement to log pow for determining the bioaccumulation potential. Master' s Thesis. Goteborg, Sweden: Chalmers University of Technology.

[151] Yang, J. and Jovanciecevic, V. Microemulsion containing oil field chemicals useful for oil and gas field applications. US Patent 7,615,516, assigned to Baker Hughes Incorporated.

[152] Jovancicevic, V. , Ramachandran, S. , and Prince, P. (1999). Inhibition of carbon dioxide corrosion of mild steel by Imidazolines and their precursors. Corrosion 55 (5): 449-455.

[153] Lui, Y. , Jessop, P. G. , Cunningham, M. et al. (2006). Switchable surfactants. Science 313 (5789): 958-960.

[154] Yang, M. , Stuart, M. C. and Davies, G. A. (1996). Interactions between chemical additives and their effects on emulsion separation. SPE Annual Technical Conference and Exhibition, Denver, CO (6-9 October 1996), SPE 36617.

[155] Phillips, N. J. , Renwick, J. P. , Palmer, J. W. and Swift, A. J. (1996). The synergistic effect of sodium thiosulphate on corrosion inhibition. Proceedings of the 7th Oilfield Chemistry Symposium, Geilo.

[156] Craddock, H. A. (2002). The use of thiohydation as a corrosion inhibitor and a synergist in corrosion inhibitor formulations. European Patent EP145758.

[157] Fan, L. -D. G. , Fan, J. , Ross, R. J. and Bain, D. (1999). Scale and corrosion inhibition by thermal polyaspartates. Paper 99120, NACE Corrosion 99, San Antonio, TX (25-30 April 1999).

[158] Craddock, H. A. (2010). Silicon materials as additives in wax inhibitors. Patent Application 1020439. 4, Filing date 2 December 2010.

[159] Al-Thuwaini, J. S. and Burr, B. J. (1997). Encapsulated scale inhibitor treatment. Middle East Oil Show and Conference, Bahrain (15-18 March 1997), SPE 37790.

[160] Hsu, J. F. , Al-Zain, A. K. , Raju, K. U. and Henderson, A. P. (2000). Encapsulated scale inhibitor treatments experience in the Ghawar field, Saudi Arabia. International Symposium on Oilfield Scale, Aberdeen, UK (26-27 January 2000), SPE 60209.

[161] Powell, R. J. , Fischer, A. R. , Gdanski, R. D. et al. Encapsulated scale inhibitor for use in fracturing

treatments. SPE Annual Technical Conference and Exhibition, Dallas, TX (22-25 October 1995), SPE 30700.

[162] Read, P. A. (1999). Oil well treatment. US Patent 5, 893, 416, assigned to AEA Technology PLC.

[163] Szymczak, S., Brown, J. M., Noe, S. L. and Gallup, G. (2000). Long-term scale prevention with the placement of solid inhibitor in the formation via hydraulic fracturing. SPE Annual Technical Conference and Exhibition, San Antonio, TX (24-27 September 2000), SPE 102720.

[164] Selle, O. M., Haavind, F., Haukland, M. H. et al. (2010). Downhole scale control on Heidrun field using scale inhibitor impregnated gravel. SPE International Conference on Oilfield Scale, Aberdeen, UK (26-27 May 2010), SPE 130788.

[165] Wang, H. and Akid, R. (2008). Encapsulated cerium nitrate inhibitors to provide high-performance anti-corrosion sol-gel coatings on mild steel. Corrosion Science 50 (4): 1142-1148.

[166] Shchukin, D. G. and Mohwald, H. (2007). Surface-engineered nanocontainers for entrapment of corrosion inhibitors. Advanced Functional Materials 17 (9): 1451-1458.

[167] Weghorn, S. J., Reese, C. W. and Oliver, B. (2007). Field evaluation of and encapsulated time-release corrosion inhibitor. CORROSION 2007, Nashville, TN (11-15 March 2007), NACE 07321.

[168] Blauch, M. E., Cheng, A., Rispler, K. and Kalled, A. (2003). Novel carbonate well production enhancement application for encapsulated acid technology: first-use case history. SPE Annual Technical Conference and Exhibition, Denver, CO (5-8 October 2003), SPE 84131.

[169] Burgos, G., Birch, G. and Bulise, M. (2004). Acid fracturing with encapsulated citric acid. SPE International Symposium and Exhibition on Formation Damage Control, Lafayette, LA (18-20 February 2004), SPE 86484.

[170] King, M. T., Gulbis, J., Hawkins, G. W. and Brannon, H. D. (1990). Encapsulated breaker for aqueous polymeric fluids. Annual Technical Meeting, Calgary, Alberta (10-13 June 1990), PETSOc-90-89.

[171] Watson, W. P., Aften, C. W. and Previs, D. J. (2010). Delayed-release coatings for oxidative breakers. SPE International Symposium and Exhibition on Formation Damage Control, Lafayette, LA (10-12 February 2010), SPE 127895.

[172] Gupta, D. V. S. and Cooney, A. (1992). Encapsulations for treating subterranean formations and methods of use thereof. WO Patent 9,210,640.

[173] Haslbeck, E. (2004). Extended antifouling coating performance through microencapsulation. 12th International Congress on Marine Corrosion and Fouling, Southampton, UK.

[174] Reybuck, S. E. and Schwartz, C. (2008). Blends of encapsulated biocides. US Patent 7,377,968, assigned to Rohm and Haas Company.

[175] Oschmann, H. J., Huijgen, M. C. and Grondman, H. F. (2011). Production chemicals based on active dispersions: alternatives to conventional solvent based products. Chemistry in the Oil Industry X11, Manchester, UK (7-9 November 2011).

[176] Havlena, Z. G. and Wasmuth, J. F. (1970). Weighted inhibitors solve special oil-well corrosion problems. Journal of Canadian Petroleum Technology 9 (3): 206-208.

# 9 油田化学品的应用和排放管理

在本书的前几章中分别讨论了化学物质及其类别对环境的影响。除了介绍化学性质外，还阐述了它们的生物降解特性、生物可利用率、环境毒性、环境持久性及其他环境相关问题。本章还专门讨论了化学品在油田作业中的使用和排放情况以及相关的国际管理要求，特别是源自各国政府机构和相关国际组织的管理要求，如欧洲《奥斯陆巴黎保护东北大西洋海洋环境公约》（OSPAR）组织。下面将讨论这些管制的适用性，特别是在环境保护方面。

尽管大多数国家政府均已经采取了某种形式的监管控制，特别是针对化学品使用及其对健康和安全隐患方面进行了监管，但是目前只有少数几个国家做到了对化学药品的使用和排放及其对环境危害评估的全面管控，特别是在石油和天然气勘探开发领域。本章的主题将具体涉及下列国家和地区：

（1）欧洲（OSPAR 公约地区）。

（2）美国。

（3）加拿大。

（4）澳大利亚。

（5）其他国家。

本章的目的并不是对这些国家中有关石油和天然气勘探开发中使用和排放的化学品的条例进行全面的梳理和分析。事实上，这种想法是不切实际的，因为这些条例本身不断地审查、修订和变更，而且其中大部分条例改变是由政策差异引起的。

同时，化学方面的管理并不能够完全阻止环境恶化；反之，来自化学、物理、自然和人为的许多因素对环境有全面的复杂影响，而环境变化有时认为是很小的影响因素[1]

本章将简要介绍一些地区的相关规定，并且提供相关网址，以便于读者查阅最新和更全面的信息。

## 9.1 欧洲化学品管理条例——OSPAR 公约

欧洲的油田，特别是北海区域，OSPAR 组织是主要的监管机构，OSPAR 委员会负责、监管公约的执行情况[2]。尽管 OSPAR 公约并不是欧盟各成员国以及在健康、安全和环境法规方面隶属于欧盟的国家法律，但它已经是欧洲油田在化学品使用和排放方面主要的立法依据。首先，它必须满足目前的关于化学品注册的《化学品注册、评估、授权和限制》（REACH）规定要求。

### 9.1.1 《化学品注册、评估、授权和限制》（REACH）

REACH 在欧洲共同体指令 EC1907/2006 中有规定[3]，其目的是要实现高水平的人类健康和环境保护，免受化学物质的影响。但是这项立法管理未包含医疗、兽医、食品和化妆品，以及聚合物和一些现场分离的中间体之类的化学品。油气勘探开发行业需要注意，尽管聚合物得到了豁免，但是这不适用于需要进行 REACH 注册的产品；而且由于欧盟是 OSPAR 公约、北海海洋环境保护公约和东北大西洋海洋环境保护公约的签署国，REACH 也适用于将材料进口到欧洲自由贸易区的公司。REACH 要求所有年产或进口超过 1t 的化学品（不包括先前豁免的产品），均须进行评估及登记，这些化学品对人类健康和环境产生影响的实质性数据可以作为评估的支撑材料。

该法规于 2007 年开始生效，并且分阶段实施超过了 10 年，预计将取代约 40 项法规，并将逐渐改善和简化整个欧洲的化学品注册和监管体系。它的初衷是为了不与欧盟其他化学方面的立法相冲突或重叠[4]。

从广义上说，这项法规每隔一段时间就需要进行审查，并及时更新。对于那些可能已经替代的化学物质的授权和继续使用的合理性，可以用所提供的审查和数据加以说明。正如 9.1.3 所述，该项法规采取了 OSPAR 公约所规定的授权要求的做法。因此，可以认为 REACH 可以取代协调强制性控制系统（HMCS）中的一些要求，OSPAR 公约采用了协调强制性控制系统。然而，在实践中发现它们按顺序运行，并且协调强制性控制系统特别适用于 REACH 规定的“下游用户”。

REACH 规定，主要由制造商、进口商承担数据收集和化学品注册。供应链中的后续用户，即“下游用户”，虽然有义务提供和传递信息，但并不参与化学品的实际注册。这一注册过程规定每一种化学物质，为了实现这一点，鼓励或要求制造商和进口商参加物资信息交流论坛（SIEF）。数据平台建立的目的是共享现有的数据和分摊用于完成注册过程获取其他数据的费用。这些数据主要以消费者和环境保护为目标，包括毒理学和环境影响的数据，业界须同意并制定必要的规则，以符合注册程序及随后的授权。

如前所述，数据的主要责任在于制造商和进口商，下游用户有义务向供应链中更下游的用户提供有关工业部门化学品使用和接触情况的数据。在石油和天然气行业，向最终用户提供化学品的主要供应商（如油气公司、钻井公司、其他服务提供商等）是上游行业提供混合服务和配制产品的服务公司。这已在 8.4 节中进行了广泛的讨论。为此，石油和天然气行业开发了一个有用的工具，在勘探开发行业的所有部门提供一系列通用的共享方案，提供有关如何安全使用物质或制剂，如何保护用户及其客户免受任何有害影响，以及如何最大限度地减少对环境任何风险的知识。石油和天然气勘探开发行业的化学品供应商通过其行业协会[5]也开发了一种用来评估人类健康风险和环境风险的有用的工具[6]。这些事情不仅是 REACH 实施的结果，也是《分类、标签和包装》（CLP）条例的结果[7]，该条例于 2009 年升级为法律，并以联合国（UN）全球协调系统[8]（GHS）为基础，对化学品进行分类和标签。除了化学产品的分类和标识外，这些法规还为安全数据表（SDS）的组成制定了标准，特别是现在强制性地扩展安全数据表，其中包括暴露情况[9]。

大多数欧洲国家在 REACH 的要求方面，由制造商和进口商如何组建物质信息交流论坛（SIEF）方面以及加入与物质信息交流论坛相关的组织方面，都得到了相关国家机构的指导。例如，在英国由健康和安全执行局[10]提供，这与协调强制性控制系统的一个重要区别。因为英国海上石油和天然气工业中化学品使用和排放的控制当局是商业、能源和工业战略部，而其他国家政府往往也是如此。

由于规则本身在不断发展，并且可以在相关的网站上找到，因此，本章的目的不是向读者或从业人员提供上述规则手册，而是让读者对监管的目的有一个总体了解，并对其有效性进行评价。REACH 中，对有害化学品含量的检验主要依赖于以下方面：

(1) 来自文献、规定以及批准测试中的相关数据。

(2) 用于评估的数据。

(3) 欧洲化学品管理局（ECHA）的评估。

(4) 是否授权使用。

专家的意见、数据的判断以及这些数据是否足以形成连贯和有力的结论，是评估过程的基础原则。这些数据通常以终值表示，例如，在给定的时间段内，有毒物质的浓度或生物降解速率。本章将从环境影响的角度讨论这种方法的不足之处，详情请参见 9.6 节。从管制控制的角度来看，这使得危害评估过程仅是数字形式的排名问题。

### 9.1.2 《欧盟生物杀灭剂法规》(BPR)

REACH 在评估过程中也有一些例外情况，比如隶属于杀菌剂和杀菌剂相关产品（欧洲地区单独管理的一个关键产品类别）的防腐剂。

在欧洲和北海地区的石油和天然气勘探开发部门，杀菌剂和抑制剂的应用已经得到了很好的证实，大量使用数千吨的产品，其中占主导地位的非氧化类杀菌剂是醛类，特别是戊二醛（见 6.1.3)，它可以作为水溶液使用，也可与季铵盐和四磷酸氢铵（THPS）复配使用（见 4.6 节)，通常由制造商提供或用水直接稀释。显而易见，这些产品用于控制采出液中可能会造成污染和腐蚀的微生物种群，因为生物絮凝和微生物诱导的腐蚀（MIC）会对采出液造成不利影响[11,12]。杀菌剂和抑制剂还用于阻止硫酸盐还原菌（SRB）在采出液和储层中大量繁殖，因为在储层中，硫酸盐还原菌代谢过程中会产生硫化氢[13]。

2013 年 9 月 1 日，欧盟撤销了《生物杀灭产品指令》(BPD)，代以 BPR（528/2012)，并立即实施。与 REACH 一样，BPR 也是一项欧盟法规，通过每个成员国的国家立法而生效。与之前的 BPD 一样，活性物质由欧盟批准，生物灭活产品也由欧盟成员国批准。这项授权可通过相互承认的方式扩大到其他会员国。不过新规也为申请人提供了联合授权的可能性。目前，各个成员国都有自己的授权程序，虽然每个成员国的授权程序可能有所不同，但是差别并不大。例如，在英国该过程由健康和安全执行局控制和管理[14]。

总的来说，该法规对欧盟范围内或进口到欧盟的生物杀灭剂注册、授权和应用提出了严格要求。该立法的主要目的是提供数据，特别是人类健康数据，以便对化学品进行更好的风险评估。

虽然所有杀菌产品在投放市场前均须获得批准，并且该杀菌产品所含的有效成分也须事先获得批准，但也有一些例外。例如，在国家法律还没有对杀菌剂的有效成分的含量限制做出决定的时候，那些杀菌剂可以在市场上出售和使用，直到对有效成分的含量限制做出最终决定（这个时间最长可达 3 年)。在此期间，尽管有些新的有效成分仍在评估，还没有决定是否可以投入使用，但是那些含有新的有效成分的产品也可以在获得临时授权的市场上销售。

BPR 旨在协调联盟层面的市场，简化批准有效成分和授权杀菌产品的手续，并为成员国进行评估、形成意见和做出决策制定时间表。它还通过数据共享和鼓励使用可替代的测试方法这两种方式来减少动物测试的使用。一个专用于杀菌产品（R4BP3）注册的 IT 平台将用于提交申请，并在申请人、欧洲化学品管理局、成员国主管当局和欧盟委员会之间进行数据和信息交换[15]。

就上游油气行业而言，所有杀菌剂在使用前均需通过《欧盟生物杀灭剂法规》进行注册和批准。除了聚合物以外，所有其他化学品都需要依照REACH进行同样的登记和批准手续，必须满足BPR和REACH这两项监管要求，并且要符合协调强制性控制系统中注册方面的标准，具体要求见9.1.3。

### 9.1.3 《奥斯陆巴黎保护东北大西洋海洋环境公约》(OSPAR) 和协调强制控制系统（HMCS）

OSPAR [1]的执行方式与欧洲指令相似，贯穿于公约签署的整个过程。该公约规定了有关使用和排放有毒物质进入北海和东北大西洋相关问题的处理方法。不仅在公约规定的地区，还在其他陆上和海上地区，该公约也逐渐成为石油和天然气勘探开发部门控制化学品使用的条约。

随着OSPAR公约生效，地中海地区的《巴塞罗那公约》[16]批准使用化学品方面已经过时了。因为公约成员（包括中东和北非国家）似乎没有采用连贯一致的政策，所以在执行方面显得很复杂。因此，需要找到一种与众不同的新方法，来适用于地中海水域。

近年来，许多跨国公司将OSPAR在化学治理方面的要求视为全球标准，或者作为公约组织管辖范围以外的其他业务的最低标准。

OSPAR公约的目标是防止和消除污染，保护海域免受人类活动的负面影响，尤其是防止和消除来自近海的污染（物质或能源通过近海设施或管道进入海域造成污染）。

对化学品的管制如下：

“海上石油和天然气工业中有害物质的使用和排放已引起人们的极大关注。为减少海上化学品对海洋环境的整体影响，为了规范化学品的使用和减少海上化学品的排放，OSPAR采用协调强制控制系统，该系统促使人们转向使用危害较小或无害的物质。”

国家以不同的方式施行OSPAR公约。尽管所有国家都施行OSPAR公约，但是仍然存在一些不同之处，比如在协调强制控制系统方面，以及《协调海上化学品通知格式》（HOCNF）方面。

根据《协调海上化学品通知格式》[17]，化学品供应商必须向政府部门提供近海使用和排放化学品的有关数据和信息，这些数据和信息的填写格式记录在OSPAR中[18]。根据化学品供应商提供的资料，政府部门将会进行预筛评估，并采取适当的管制行动，例如签发排放许可证。

化学品供应商应遵循OSPAR的指导方针，对海上使用和排放的化学品进行毒性测试[19]。OSPAR还编写了一份关于海洋石油工业中使用的化学品检测方法的议定书[20]。OSPAR清单上海上使用和排放的化学品对环境几乎没有危害[20]，清单上包含了只需经过国家当局的专家判断，以及在海上使用和排放方面管制不严格的物质。参考文献［16-20］提供了相关文件的网络链接，从业人员应该确保他们拥有最新的文件，确保这些文件在一些出现细微差别的情形时仍然适用。例如，挪威已经发布了一项补充准则，以完成对《协调海上化学品通知格式》的补充说明[21]。从业人员采用决策树的模式（图9.1）对预筛选进行评估，并通过决策树对每一种物质所需的测试进行了总结[22]。

《海上化学物品申报计划》（OCNS）制定了海上石油和天然气部门的化学品使用和排放

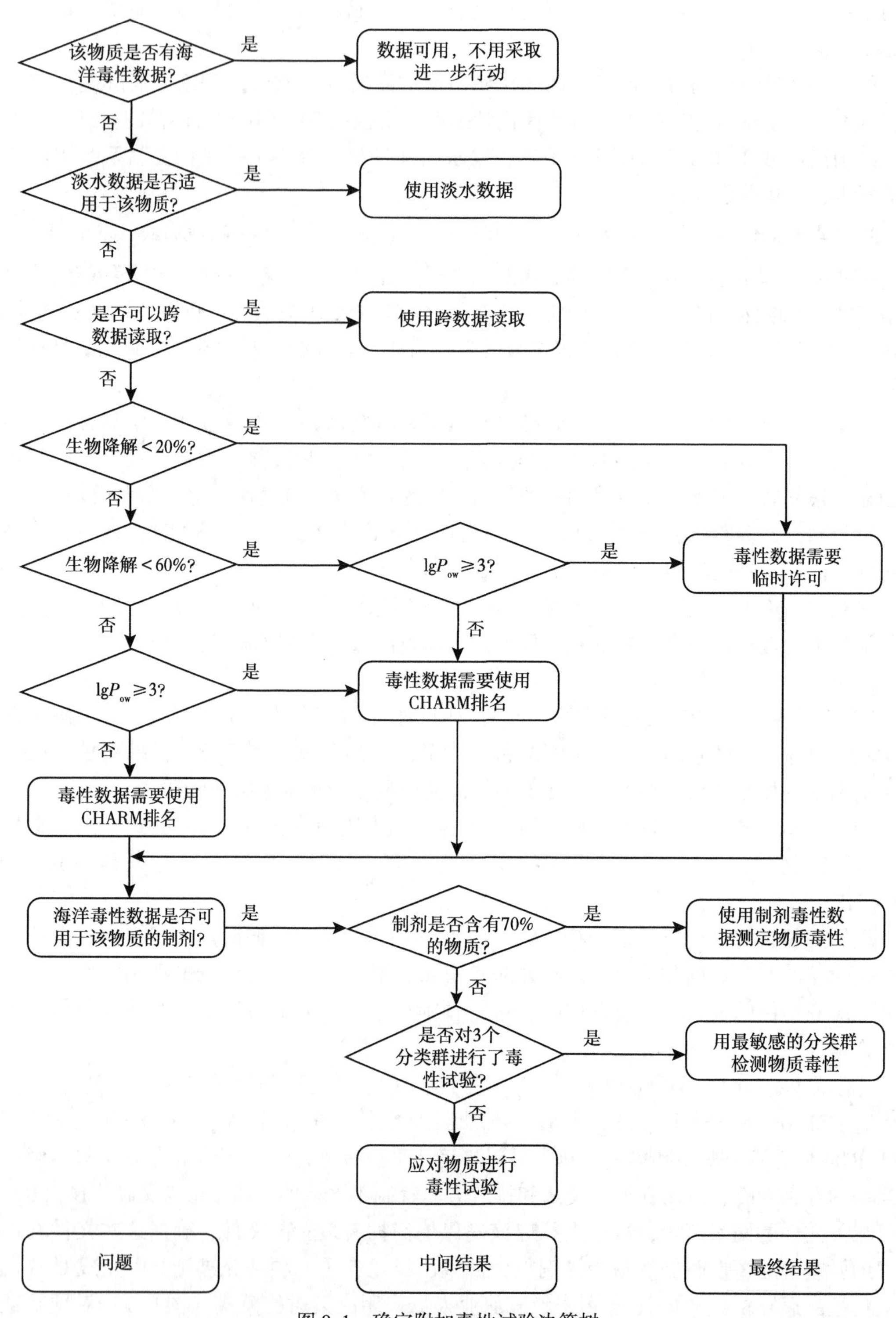


图 9.1　确定附加毒性试验决策树

资料来源：经欧洲油田专用化学品协会许可转载

规则，这项计划由英国商业、能源和工业战略部以及荷兰国家矿山监督局管理，采纳了苏格兰海洋和荷兰政府机构以及环境、渔业和水产养殖科学中心（Cefas）的科学建议。

《海上化学物品申报计划》采用了通过OSPAR第 2000/2 号决议而提出的OSPAR HMCS方案，用于管理海上化学品的使用和排放（经《海上化学品管制站条例》第 2005/1 号决议修订）。该方法使用化学危害和风险管理（CHARM）模型计算危害系数（HQ），从而对化学产品进行排名。

HARM 模型是由 OSPAR 公约的缔约方与工业界，特别是欧洲油田特种化学品协会共同制定，旨在对环境中发生的情况进行一定程度的模拟，并提供一定程度的风险控制措施[23]。基于使用 CHARM 模型的评估并非强制性要求，但是化学品供应商需要提供数据来实施评估，或者进行其他类似的评估。

用 CHARM 模型计算预测有效浓度与无效浓度的比值（PEC∶NEC），用危害系数 HQ 表示，HQ 用于产品的排序。用于 CHARM 模型的数据是由化学供应商提供的毒性、生物降解和生物积累方面的数据。

CHARM 模型分为生产、完井/修井、钻井和固井四大算法。

基于 HQ 的产品排名作为色带发布见表 9.1。

**表 9.1 OCNS HQ 与色带**

| 最小 HQ 值 | 最大 HQ 值 | 色带 | 备注 |
|---|---|---|---|
| >0 | <1 | 金色 | 金色色带表示最低危害，紫色色带表示最高危害 |
| ≥1 | <30 | 银色 | |
| ≥30 | <100 | 白色 | |
| ≥100 | <300 | 蓝色 | |
| ≥300 | <1000 | 橙色 | |
| ≥1000 | | 紫色 | |

不适用 CHARM 模型的产品（即无机物、液压油或仅用于管道的化学品）划分到《海上化学物品申报计划》中，即 A 组—E 组。认为 A 组是对环境具有最大潜在危害的产品，E 组是对环境有最小潜在危害的产品。

因此，可以通过《海上化学物品申报计划》排名方案对离岸化学品中的每种单独物质进行排名。《海上化学物品申报计划》中排名最后的物质决定了整个排名名单中化学品的数量[24]。

该方法适用于英国和荷兰的监管领域。其他国家，特别是挪威也采取了类似但稍有区别的方法，并且在毒性和有关数据的解释方面往往存在一些明显差异。

这些概述等同于一系列复杂的法规，规定了在北海盆地内和东北大西洋排放和使用化学品的登记及遵守的规定。在工业和政府机构中应用和维护这些系统，以及化学品使用和排放管理方面，官僚机构占用了大量资源。9.6 节对系统的价值提出了批评。

## 9.2 美国化学品法规

尽管某些地区在使用专家系统、使用许可制度以及对美国的依赖方面有很多相似之处，但是在美国内陆、墨西哥湾和阿拉斯加的海上都有不同于欧洲的规定、如墨西哥湾的重要毒性数据与北海相比就有所不同。另一个不同之处，尽管欧洲国家都对化学品的监管比较严格，但各国之间化学品的排放可能有不同的规定。这将会产生深远的影响，例如当化学品在一个州使用时，“污染”的水被运往另一个州进行排放。

大多数化学物质必须根据《有毒物质控制法》（TSCA）进行注册[25]。该法案于1976年生效，授权环境保护署（EPA），使其拥有查看报告、保存的记录、测试要求和限制化学物质或混合物排放的权力。某些物质通常被TSCA排除在外，包括食物、药物、化妆品及除害剂。

《有毒物质控制法》的各个部分为环境保护署提供了授权。

（1）“新的化学物质”制造前的预制造通知书。

（2）制造商、进口商和加工商在发现有关风险或在受关注的情况下对化学品进行测试。

（3）当发现“重大新用途”时可能会发布重要的新用途规则（SNUR），可能导致所关注物质的暴露或释放。

（4）截至2016年底，更新了《有毒物质控制法》清单，该清单包含超过83000种化学品。随着新化学药品的商业生产或进口，它们都被列入清单。

（5）进口或出口化学品应符合核证报告或其他要求。

（6）在商业中制造、进口、加工和分销化学物质的人员的报告和记录。

（7）任何人在制造（包括进口）、加工或分销化学物质或混合物过程中，如果知道该物质或混合物会对健康或环境造成重大损害，除非环境保护署已经充分了解这些信息，应立即通知环境保护署。环境保护署筛选所有TSCAb §8（e）提交的内容以及自愿的“供您参考”（FYI）提交的内容。后者并不是法律要求，而是由行业和公共利益团体基于多种原因所发起的。

最近，《弗兰克劳滕伯格21世纪化学物质安全法案》（LCSA）修订了《有毒物质控制法》，该法案修正了《有毒物质控制法》，并将清单重置[26]。它规定了一系列新的要求，特别是关于化学测试和风险评估方面。但重点数据测试和专家判断的基本原则同样适用。美国和欧洲监管控制之间的另一个根本区别在于新法中对于具有持久性、生物累积性和毒性（PBT）的化学品的快速跟踪的方法，也适用以下内容：

（1）不需要进行风险评估，只需要使用和接触化学品。

（2）在切实可行的范围内减少化学品暴露的行动必须在新法律出台后3年内提出，并在18个月内完成。

（3）在评估的优先级排序过程中可能对有机污染物的持久性、生物累积性和毒性提出更高要求。

在OSPAR公约中，预防性原则的使用是至关重要的，因此此类快速跟踪过程不会成为法规的一部分。

直到现在，一种化学物质在美国只要被注册并列入《有毒物质控制法》，它就可以不受太多限制地使用，除非它特别危险，如石棉或水银。一直以来，有的国家仍然控制这类化学品的排放。

在美国墨西哥湾和沿岸的外大陆架上，人们关注的重点是采出水的毒性，而不是每种特定化学品所造成的危害，这是由国家污染物排放消除制度（NPDES）许可证的颁发所决定的[27]。1972年由《清洁水法》创建的污染物排放消除制度许可证项目，由环境保护署授权给各州政府，以执行该计划的关于授予许可权、行政和执法方面的工作。污染物排放消除制度许可证项目要求石油和天然气运营商编写和获得许可证，并就如何做到这一点给出了指导意见[28]。最重要的是，它们必须在两个类别下提交其全部废水的毒性数据。

（1）采出水：对糠虾类（巴伊亚）和银翼小鱼7天无表观有效浓度（NOEC）。

（2）48小时NOEC评估中，与先前相同种类的化学物质再次被加入海水或淡水的各种排放物中。

测试和评估的结果确定了每一个近海设施的一个关键稀释系数，即水生生物毒性实验中各毒物浓度之间的比值（CDF），然后按设施许可证详述的时间间隔收集污水样本并进行测试。经过测试表明，所排放的污水对CDF或低于CDF的规定物种无毒。

2017年，根据有关要求，英国海上和陆上采油项目的采出水排放发生了重大变化。然而，这些变化大致可概括为对现行法规的澄清，而非对排放规定的大幅修订[29]。

需要注意的是，单乙二醇（MEG）回收过程中产生的水，包括从盐离心装置中产生的盐浆，都属于采出水。如果这种盐浆不与大量生产的水流混合就被排出，则将其作为单独的排放点处理，并且必须满足与采出水相关的全部要求：

（1）拥有计算具有多个排水口的排放系统的临界稀释因子（Critical Dilution Factor, CDF）的能力。这使得可以使用公式（当量直径 = $\sqrt{\frac{4A}{\pi}}$，其中 $A$ 是所有排水口的总面积）计算所有排水口的当量直径，从而可以将其用于计算单个总排放量的CDF。

（2）要求对现有采油项目的采出水排放特征进行介绍。这要求运营商对来自每个开发区块的采出水至少选取一个样品进行专门研究，或者最好参与联合调查，在每个区块至少选取10个主要样品进行分析。至少应分析水样中溶解性砷、镉、铬（Ⅵ）、铜、铅、汞、镍、硒、银、锌和游离氰化物。

此外，还对各种排放类别做了修改，特别包括用来保护管道和设备的盐水，还包括采出水中水合物抑制剂。在管网中用作保护液的海水和经过化学处理的海水也做了类似的区分。

这部分内容，许可证的主要改动如下：

（1）由粉末染料制成的泄漏示踪剂流体无须遵守7天的有效浓度测试值不少于50mg/L的要求，该测试值适用于其他海底保护液、控制液、存储液、泄漏示踪液和隔水管张紧液。然而，该类产品仍有必要在提供的浓度下通过7天的有效浓度测试。

（2）对先前法规的重大更改是，已明确水合物抑制剂需要在排放期间进行毒性测试。新要求如下：

①当水合物抑制剂溶液与采出水一起排放时，对采出水的毒性限制应由水合物抑制剂溶液引起的总体影响来进行评估。

②如果水合物抑制剂溶液与其他排放物一起排放，则应通过对典型样品进行排放杂物的毒性试验来进行评估。

③如果水合物抑制剂溶液的排放未通过采出水或其他排放物的毒性测试，则必须在排

放前对该水合物抑制剂进行 7 天的慢性毒性测试，并且在距离排放点 100m 处的适用临界稀释度下，最终浓度不得超过有效浓度。

如果甲醇在 7 天内的总排量小于 20bbl，或乙二醇在 7 天内的总排量小于 200bbl，则不适用上述限制。

用于管道和设备保存的盐水在用作防腐液之前必须符合 3 项标准：不含游离油，油脂含量低于 29mg/L，在微量范围之外无优先污染物，这个微量浓度根据实际情况确定。

最后，对最终的《不扩散有害物质总许可证》进行了一些修改，这些修改总体如下：

(1) 要求在使用水基钻井液之前进行特征研究。

(2) 补充 7 天内 20bbl 甲醇和 200bbl 乙二醇的豁免量。

(3) 排除毒性测试要求的化学品清单中补充氯和溴。

(4) 允许将生物杀灭剂加入污水池和排水系统中。

尽管《不扩散有害物质总许可证》有很多变动，但并不等于要对油田 467 项要求中化学品的使用和排放的规章及控制进行重大改革。这一点非常重要，虽然整个行业都在尽最大努力减少对海洋排放化学品，但也有很多人认为，对现有项目排放限额的进一步限制将损害其最初的方案设计初衷。而且在许多情况下，主要由于流程和设备升级所面对的资金和硬件限制，将导致部分可采储量不得不放弃。

## 9.3 加拿大化学品管理法规

加拿大政府通过各种手段和措施来控制化学品，以保护人类健康和环境，包括正确使用和处置的信息以及限制或禁止使用的法规。科学理解、评估和监控，结合各种手段和措施，形成了加拿大基于风险的化学品监管办法[30]。

对于石油和天然气行业，加拿大《石油和天然气钻探和生产法规》(SOR / 2009-315) 第 23 条涵盖了化学品的使用及其向环境中的排放[31]。条例相关内容如下：

处理化学物质、废物及油类

23. 操作人员应确保所有化学品，包括工艺流体和柴油燃料、废料、钻井液以及在安装过程中产生的钻屑，以不会对安全或环境造成危害的方式进行处理。

1999 年颁布的《加拿大环境保护法》(CEPA 1999)[32]是加拿大在预防污染、保护环境和人类健康方面最重要的立法之一。该法支持采取“预防措施”，并把预防污染作为减少有毒物质风险的基石。CEPA 1999 涵盖一系列活动，以解决其他联邦法律可能未涵盖的污染问题，包括：建立信息收集机构；规定环境和人类健康研究活动；制定评估商业物质所构成的风险程序；规定管理某些有毒物质的时限；提供各种工具来管理物质、污染和废物；要求淘汰最有害的物质或不以任何可测量的剂量排放到环境中（等同于虚拟消除)。该法案及其行政管理必须每 5 年由议会审议一次，使加拿大人有机会就他们对该法案在保护环境和人类健康方面的程度提供反馈。

管理化学物质使用的其他关键立法包括：

(1)《危险产品法》规定了化学品分类和有害物质传播的标准，并拥有管理或禁止对使用者构成危险的消费品和工作场所化学品的权力。

(2)《害虫控制产品法》，通过规范用于控制害虫的产品，确保对人类健康、安全和环境的保护。

（3）《危险货物运输法》保障了危险货物运输中的公共安全。

（4）《渔业法》禁止在鱼类活动水域内存放有毒有害物质。

（5）《加拿大劳动法典》规范与职业安全和健康相关问题。

加拿大根据以上立法及加拿大毒性物质管理政策制定了《化学品管理计划》（CMP）[33]。该计划于2006年启动，旨在将所有现有的联邦计划整合为一个战略。CMP是一种以科学为基础的方法，它旨在通过以下方式保护人类健康和环境：

（1）设定优先事项和政府规定的对受关注化学品采取行动的行政时间表。

（2）整合跨联邦部门的化学品管理活动，选择最佳的联邦法规采取行动。

（3）加强研究、监测和监督。

（4）加强行业管理和物质责任。

（5）在化学品评估和管理方面开展国际合作。

（6）向加拿大人宣传化学物质的潜在危险。

对石油和天然气部门尤为重要的是，CMP引入了有针对性的石油行业管理方法，用于管理大约160种具有独特和复杂特征的高优先级石油物质[34]。

加拿大的《化学品管理计划》的主要战略方向与欧洲相比，更趋向与美国保持一致；然而，除了实际上已取消的用于高度优先采取措施的物质外，还没有一个全面的系统来测试化学品的毒性及其他性质，而是采用具体情况具体分析的工作方式。

## 9.4 澳大利亚化学品法规

澳大利亚政府法律规范了澳大利亚的化学品供应，化学品或化学产品的进口商和制造商均必须遵守[35]。

立法包括根据国家化学品计划评估和登记化学品。此外，为尽量减少重复工作或对业界造成不必要的管理负担，这些计划互为补充。它们涵盖：

（1）工业化学品，包括国内使用的化学品。

（2）农业和兽医用化学药品。

（3）药品。

（4）用于食品中的化学品，包括添加剂、污染物和天然毒物的化学物质。

此外，若干化学品监管框架支持化学品管理：

（1）毒物调度——保护公众健康。

（2）维护工作场所的安全。

（3）危险品运输。

（4）管理环境中的化学品。

（5）涉及安全的化学品。

（6）非法药物及易制毒化学品。

对于在石油和天然气领域工作的化学家和环境保护主义者来说，至关重要的是需要在澳大利亚化学物质清单（AICS）数据库中登记化学物质，该数据库可识别澳大利亚可供工业使用的化学品[36]。

在进口或制造工业化学品前，用户必须检查 AICS，以确定其是否已列出以及是否有使用条件。

如果化学品未在 AICS 上列出，或者预期用途与数据库中所述的使用条件不同，则该化学品在澳大利亚将视为一种新型工业化学品。

除非申请豁免，否则在进口或生产新工业化学品之前，必须先通过国家工业化学品通知和评估计划（NICNAS）评估其对环境和人类健康的风险[37]。

通过一个清单启动和协助注册过程[38]，随后需要提供具体的数据（如果尚不清楚），这可能是毒理学和生态数据的要求。化学品一旦注册，就可以在规定条件下使用。在许多方面，这是美国和欧洲体系的混合体，但是评估细节并不像欧洲那样复杂。

## 9.5 其他国家主管部门

大多数国家和地区都有某种形式的化学品控制立法和相关法规，其中一些就适用于石油和天然气行业。然而，专业人员要搞清楚并遵守这些法规是相当困难的。实际上，许多国家法规还不够完善或没有明确规定。在这种情况下，石油和天然气公司，相关政府机构可能要求获得与北海相同的合法性。在化学品的使用和排放方面，在全球范围内运营的公司和钻井服务公司已将 OSPAR 公约要求作为其内部标准。如果涉及国家主管部门，则可以指定用于毒性测试的当地海洋物种，这通常意味着必须应用当地的检测实验室。

## 9.6 结论与建议

管制控制基本上遵循与生态毒性测试有关的共同主题，并涉及在某些国家或地区数据库中涉及某种形式化学品的注册过程。关于毒性和生态特性（如生物降解）的数据收集通常是通过建模系统、专家判断或两者结合来完成。目的是保护环境免受有毒和潜在有害物质的破坏，并防止或尽量减少这些物质排入环境。

毫无疑问，在欧洲等管制严格的地区，向海洋环境排放的化学产品总量（以总吨数计算）有所减少。在 2009—2013 年，英国大陆架排放的化学品从 $12.9\times10^4$t 减少到 $8.3\times10^4$t；但在同一时期，确定为替代品的化学品减少量仅为 2%[39]。近年来，这一比例有所增加，但仍有许多因化学品继续排放而引起的环境问题。正如本书所述，此困境是效能的降低与使用“绿色”产品相关的单位成本的增加。与使用“绿色”产品的论点相反，许多未经探索的“绿色化”产品组合的可能性，以及在不丧失功效的情况下应用“绿色”替代品的结果可能性。然而，这由研发成本和将新化学品引入市场的昂贵成本所驱动，需要通过 REACH 和相关立法对其进行监管。全球其他可获取监测数据的地区也存在类似趋势，而大区域对排放总量及质量几乎或没有明显控制。

生态系统是全球性的，突显出地方监管存在普遍而持久的问题，达成全球协议充满了艰难的政治挑战，甚至有人质疑达成此类协议的背后科学依据。最近，关于气候变化的《巴黎协定》[40]在美国管理层换届后受到质疑。作者撰写本书时，美国已退出《巴黎协定》。如果没有此类协议，地方倡议和法规只能对地区产生有限影响，而更大的全球系统仍会遭受严重的生态破坏，特别是海洋系统和大气层，进而严重破坏当地生态系统。

虽然欧洲石油和天然气工业的排放物有所减少，但必须考虑进入海洋环境的其他来源，例如航运、海水养殖、海底采矿、海上疏浚和倾倒等。虽然近海石油和天然气活动占欧洲海洋环境投入的近40%，特别是在北海，但由于自然分散、挥发和生物降解，这些排放物到海洋时的化学浓度是相对较低的[41]。除了贝类的生物累积性外，海上设施中任何大规模的负面生物影响都很小，采出水也不例外[42,43]。但这并不是说人们不需要彻底了解采出水的成分、环境毒性和潜在影响，尤其是长期、低水平暴露于各种化学品中的潜在影响[41,44]。虽然近年来有对生产废水排放的总体影响进行环境评估的趋势，但涉及水量太大，因此仍然认为采出水是海洋污染的主要来源[45]。

使用测试数据或文献报道数据可能会导致对化学评估过程和所评估的生态系统的错误理解。这些数据充其量只能提供环境中特定物种的毒性和生态影响，或化学品在特定实验室条件下的降解或积累情况的大致信息。水生环境相关研究也是如此，此类评估的基础集中在海洋环境保护科学方面联合专家组（GESAMP）的工作[46]。GESAMP 是一个咨询机构，成立于 1969 年，就海洋环境保护科学方面向联合国提供咨询。目前，GESAMP 由 9 个负责海洋环境的联合国组织联合赞助，利用 GESAMP 作为相互协调与合作的机制。GESAMP 的职能是开展和支持海洋环境评估，对特定主题进行深入研究、分析和审查，并确定有关海洋环境状况的新问题。GESAMP 由 16 位专家组成，来自各个学科，并以独立的身份行事。研究和评估通常由专门的工作组进行，大多数成员不是 GESAMP 的现任成员，而是 GESAMP 网络的一部分，这意味着数据通过专家意见进行评估。

关于化学品投入的数据是基于毒性及其他环境影响公认的最相关的数据集，但并不全面，这些数据本身就存在缺陷，特别是对于第 3 章所述的某些难溶的分子[47]。此外，为某些化学物质（表面活性剂和聚合物）选择最合适的测试很难，因为包装的化学药品可能与配制产品、所用溶液或其他介质中的化学品不同。最终导致产生的采出水、钻井液及其他废水中的化学结构可能与所应用的配制化学添加剂的化学结构完全不同。这有利于对外排水的毒性及其他方面进行一些测试（如在美国已经使用）。

### 9.6.1 专家意见

所有在运行中描述的监管系统都严重依赖于专家意见和基于判断的标准。建模数据和输出都是由人为评估的，因此可能导致评估过程存在缺陷。更重要的是，专家观点由一些不属于科学事实范畴的因素所形成，尤其与人们生活的时代和经历的事件有关，因此所提供的数据可能是错误的。例如，过去专家们的一些预测：

这种“电话”有太多缺点，不能当作一种通信手段——西部联合电报公司内部备忘录，1876 年。

我想全世界大概有 5 台电脑的市场——托马斯·沃森，IBM 董事长，1943 年。

预测充满了未知，专家的意见受政府制定的政策和非政府组织施加的压力以及社会舆论等方面的影响。所有这些因素都能使专家们偏离完全科学的判断。专家的判断或意见受到的影响因素包括：

（1）受到收集意见过程的影响。

（2）具有需要分析和描述的不确定性。

（3）受某些因素的制约，如问题措辞、信息、假设和固有偏见。

（4）可能受到其他不相关的数据和意见的影响。

一些数学方法可以用来衡量和汇集科学意见，可以帮助监管机构做出正确决定。这类方法通常基于库克原则[48]，可以在应用中量化不确定性，从而消除偏差，改善决策。库克原则包括如下要点：

（1）可审核性和问责制。包括专家判断在内的所有数据必须经过同行评审，评审结果必须公开、透明且可重复。

（2）经验控制。专家评审实行经验质量控制。

（3）中立性。利用和鼓励组合及评估专家意见的方法，得出公正的意见。

（4）公平。专家不应在评估完成前预判结果。

就本质而言，专家意见可能会产生分歧，但强行达成协议将导致共识和确定性相混淆，这反而会破坏整个专家判断过程。专家判断的目标应该是对不确定性进行量化，以便能够对风险达成适当的理解。当数据不可用、未知或不可靠时更应如此[49]。尽管已经建议使用IPCC，以确保模型能够更好地代表所捕获的不确定区域，例如格陵兰冰盖是否可能融化[49]，使用 IPCC 能使专家的意见非常有价值，并且在环境中发挥正确有效的作用，而控制是一种强有力的分析形式。但是在石油和天然气部门的化学品使用和排放的监管中，并没有使用 IPCC，而在许多工业环境中 IPCC 已经成为风险评估中的重要补充[50]。

### 9.6.2 建模系统

化学危害评估中使用的所有建模系统都依赖于数据输入，而无效输入和无效输出时需要引起注意，因为使用的数据集和数据点只是环境中可能发生情况的表示。与准确描述自然环境数据相比，这些数据量仍处于初始阶段。目前 OSPAR 公约区域中使用的 CHARM 系统是最常用的数据评估模型之一。这已在 9.1.3 中进行了介绍，并将进一步详述。

#### 9.6.2.1 CHARM 模型

CHARM 模型设计的目的是在特定条件下（如当前速度），在给定作业期间，评估钻机或石油平台的“牺牲”水量中可能存在的化学品含量。这些“位置”化学品含量值可以在模型中固定以做比较，也可以改变以提供特定场地的值，这称为预测环境浓度（PEC）。然后，将 PEC 与预测的无影响浓度（PNEC）进行比较，无影响浓度源自 HOCNF 数据集内的生态毒性数据。PEC 除以 PNEC 得到 HQ。

从逻辑上讲，HQ>1 表示在给定体积水中的产品浓度超标。

在 HOCNF 海洋毒性中，需要提供所有制剂或其组成物质的毒性数据（除非它们出现在 PLONOR 列表中）。然而，对于许多海洋化学品，只能获得有关制剂毒性的数据，而缺少单一化学成分的数据。OSPAR 建议 2000/4[51] 允许使用制剂的毒性数据来估计制剂中所含组成物质的毒性，同时还要考虑制剂中该组成物质的浓度。

CHARM 用户指南[52]介绍了如何使用物质的毒性数据以及制剂的毒性数据来计算物质的 HQ 以及制剂中所含的组成物质。如果 PEC 和 PNEC 的数据在物质水平都是可用的，则计算公式如下：

$$\mathrm{HQ}_{\mathrm{substance}\ i} = \frac{\mathrm{PEC}_{\mathrm{substance}\ i}}{\mathrm{PNEC}_{\mathrm{substance}\ i}}$$

$$HQ_{preparaiton} = Maximum\left[\frac{PEC_{substance\ i}}{PNEC_{substance\ i}}\right]_{substance\ i\ to\ n}$$

如果 PEC 的数据在物质水平上可用，而 PNEC 的数据仅在制剂水平上可用，则计算公式如下：

$$HQ_{preparaiton} = Maximum\left[\frac{PEC_{substance\ i}}{PNEC_{preparation}}\right]_{substance\ i\ to\ n}$$

预估需要了解单个物质的毒性。但对大多数海洋化学品来说，只有关于制剂毒性的数据，缺乏单个组成物质的毒性数据。即使到目前为止，现有的数据仍然是关于致命毒性、生物降解和生物积累的点数据，而这些数据也都是模拟实验结果。

对于不同的油田作业，CHARM 模型使用不同的默认值。这些是由工作组通过行业调查和实验确定的；在编写模型算法时，专家的意见和判断再次反馈给我们。在油田的 3 类主要作业中都要进行这个流程。

9.6.2.1.1 钻井

在 CHARM 模型中，分为 3 种不同井眼的典型区域，并作为默认值使用：17.5in、12.25in 和 8.5in。每种类型的钻井时间不同，排放的钻井液量也不同，见 CHARM 模型指南中表 6 和表 7。

由于释放的化学物质的浓度取决于所排放的钻井液量，因此可以得出，如果每种钻井液混合物中的化学物质浓度相同，则 PEC 会随着最终排放的钻井液量而改变。这就是每个孔截面的 HQ 值都不同的原因。

9.6.2.1.2 完井/修井

在 CHARM 模型中，可以识别不同类型的完井和修井作业。与钻井模型一样，每种类型在已排放的化学品的默认数量上各不相同，见 CHARM 用户指南[52]中表 9。

该算法假设排放 10%的化学物质。然而，考虑到许多完井和修井的化学品可能全部排放，其他化学品可能还处于“零排放”状态，默认值为 10%是否正确有待进一步验证。

9.6.2.1.3 生产

在生产操作中，CHARM 模型能识别不同类型的操作。与钻井模型一样，每种类型在默认排放的化学品的物质量上各不相同。指定化学品为标准生产化学品、注射化学品或表面活性剂。根据 CHARM 模型中公式：

$$C_{o/c} \approx 10^{\lg P_{ow}} \times C_{pw}$$

式中 $C_{o/c}$——油或浓缩物中的化学物质浓度，mg/L；

$P_{ow}$——实验室测定的辛醇与水的分配系数；

$C_{pw}$——采出水中的化学物质浓度，mg/L。

CHARM 模型定义的其他算法为 PEC 水计算的其他部分提供了驱动因素，CHARM 模型用户指南[52]的表 3 中说明了标准流量。用于驱动生产 HQ 的 PEC 是由对数流量分区数据决定的，这会影响每天排放到固定水量中的部分，因为假设生产算法不按批次排放。

正如所观察到的那样，这种情况迅速成为评估和模拟某种化学物质对环境的潜在影响的复杂情况，然而，与采出水中的其他排放物相比，认为这种化学物质总体影响是微乎其微的。

#### 9.6.2.2　其他模型

还有许多其他模型，可以用来评估化学危害和环境影响。在石油和天然气领域，这些模型都用来预测环境浓度与PNEC之间的关系。

例如，更复杂的DREAM[53]（剂量相关风险和效果评估模型）是一个三维的、时间相关的数值模型，能够用于计算海洋环境中的运输、暴露、剂量和效应。该模型能模拟复杂的化学混合物。废水混合物中的每个化学成分都由一组物理、化学和毒理参数描述。环境影响因子（EIF）最初是为水体开发的，现已扩展到包括海底生物群落的生态压力。EIF是一种标准化的海洋环境风险评估方法，该方法不需要提供当地生物资源的具体信息，因此该方法在新地区推广应用相对容易。

这些模型虽然在一定程度上反映了化学品及其他排放物对水生海洋环境的影响，但在解释数据输出时需要牢记两个薄弱环节。首先，它们是按照标准的环境模型运作的，就其性质而言，没有考虑到当地具体的环境影响，其中一些影响可能是非常显著的。其次，它们依赖于实验室测试的点数据，这些点数据也已从真实环境中删除，从而加剧了数据输出与实际情况之间的差异。这些差异突出了专家判断的必要性；然而，正如9.6.1所述，这也会受到人们的批评。

### 9.6.3　化学环境影响评估中的监管异常

在本书的前几章中，已经对化学品类别的环境行为进行了讨论。由于许多监管方法的统一性和生态系统的地域性，许多化学品及其类别不易纳入环境评估模型，这使得监管需进一步依赖于专家意见和判断。因此，参与这一过程的人务必全面了解这种化学品的物理和化学性质及其生态毒理学。因为化学反应性和物理性质，如蒸气压、密度、水溶性、脂质溶解度以及分子量，决定了物质在环境中可能的分布方式和分布位置，以及预期可能出现的不良生态后果。尤其要认识到化学品并不仅仅因为有毒或持久性、脂溶性或生物浓缩性就代表其会对生态造成威胁，还要认识到危害与由时间和浓度参数定义的暴露强度成正比。因此，只有那些具有毒性、持久性和生物浓缩性的物质才有可能产生难以消除的生态后果。

这种情况尤其适用于下列化学品，现在参照前几章的内容对它们进行梳理。

#### 9.6.3.1　聚合物（第2章）

在美国和欧洲的监管框架下，由于人们认识到聚合物通常不具有生物可利用性，因此豁免登记为新分子。在应用和使用聚合物和共聚物时，该物质热分解产物及其他分解产物的环境影响可能比聚合物本身或组成单体要大。但目前的监管措施是针对聚合物的直接影响和残余单体的潜在影响所制定的。尽管缺乏生物利用度，但化学制造商仍被迫改善聚合物的生物降解性，这不仅牺牲了产品的部分性能，还有可能增加环境负担。此外，如第2章所述，这意味着使用这类“绿色”产品已不能获得理想的经济效益。

出于其他环境原因（易于重复使用和回收），这并不代表使用可生物降解的聚合物不可取。目前的问题是使用生物可降解聚合物是否真正使环境得到了保护。

#### 9.6.3.2 表面活性剂（第3章）

由于表面活性剂的特性不明确，而且它们的行为难以预测，尤其是在环境归趋方面，给监管者和环境科学家带来了相当大的困扰。例如，烷基酚乙氧基化物是表面活性剂聚合物中的关键单体，在油田中有多种用途，特别是油水乳液的分离，它是许多破乳剂配方的基础[54,55]。

然而，烷基酚乙氧基化物也饱受争议，因为壬基酚乙氧基酸被怀疑是一种内分泌干扰物，尤其是在鱼类中[56,57]。这种聚合物不具生物可利用性，具有较大的分子量，对环境的影响很小或几乎没有影响。该材料具有较差的生物降解性，并且降解途径不会逆转为壬基酚或壬基酚乙氧基化物单体[58]。这一情况在很大程度上被人们忽视了，法规及其他压力禁止按照预防措施的指示使用这些材料。随着时间的推移，这一结论将适用于所有烷基酚乙氧基聚合物，而不仅仅是壬基酚基材料。很少或几乎没有依靠专家判断，也没有对环境风险进行全面评估。因此，这种化学方法在北海不再适用，在其他地区也受到限制。

该方法没有合理的科学依据，许多烷基酚乙氧基化物制造商表明其产品残留单体的数量远低于任何可能的毒性效应水平[59]。此外，这种对低剂量原油非常有效的材料已经被其他对环境影响更大、剂量也更高、环境影响更大的表面活性剂所取代。

这是公开的基于专家判断分析并评估风险而非危害的真实案例。

对于表面活性剂而言，一般很少对其环境风险进行检测，在很大程度上采取的是预防措施。需要更多地了解表面活性剂的生物利用度、降解以及潜在的生物浓度和生物放大作用。

这并不是一项简单的测试，因为化学是复杂的，表面活性剂与海洋生物的相互作用也是如此。目前，毒性试验充其量只能提供最低限度的数据，其他测试指标，特别是生物累积，往往毫无意义[60]。

2003年，由于监管压力的增加，在过去10年中，石油和天然气勘探开发行业中某些类型的表面活性剂的使用量已经显著下降[61]。评估表面活性剂的监管和环境影响需要一种新的方法，从而基于风险对表面活性剂的使用和排放进行评估。

#### 9.6.3.3 磷制品（第4章）

磷制品对环境的主要影响之一是它会加速水生环境富营养化。

美国许多对水流中的磷特别敏感的地区正在制定或提议限制磷排放。一些负责控制和排放生产用水及相关化学品的油气监管机构也考虑了类似的限制[62]。在其他领域，人们也会关注磷制品的毒性和生态影响，如生物降解率，而许多磷化合物是容易生物降解且相对无毒的。但人们应高度重视藻类和相关生物体对磷化合物和盐的吸收作用。因此，它们的生物利用度可能是压倒一切的EIF。本书认为，人们应该重视磷材料的相关法规。

此外，油气勘探开发和生产中产生的化学品只是影响特定环境中磷失衡的一个因素。事实上，在风险分析中，河流排放的农业杀虫剂是刺激藻类生长的主要污染源[63]。显然，在大力控制石油和天然气中磷排放的同时，却允许从其他源头排放更多的磷是很不平衡的。

由于忽略了其他主要磷排放源，例如从河流排放到海洋中，因此招致了人们对海上石油和天然气化学品使用和排放相关法规的批评，这将在9.7节中进一步讨论。

#### 9.6.3.4 无机盐和金属（第5章）

金属尤其是锌等重金属对环境的影响比剂量与浓度的直接关系更为复杂。在特定的生态系统尤其是水环境方面，生物浓缩和生物放大过程都非常重要。

在环境科学中，生物利用度是指一种可生物利用的分子能够从接触化学物质的环境中穿过有机体的细胞膜[64]。科学界和监管当局普遍认为分子量大于700的有机分子不会穿过细胞膜，因此不具有生物可利用性。该评价标准还存在争议，并将在9.7节中进一步讨论。

大多数金属、金属盐及其他无机配合物，特别是在第5章中讨论过的，分子量都低于700。因为它们不会生物降解，所以不适合通过CHARM之类的模型进行环境影响评估。大多数监管机构依赖于基于毒性和专家判断的危害等级体系。生物利用度主要由水生环境和土壤中的溶解度决定[65]。然而，金属和无机盐在动植物体内都具有复杂的代谢途径，在通过生物途径去除的同时会导致生物累积。微生物和藻类对土壤及海洋沉积物中重金属及其他有毒无机化合物的生物累积将会导致其进入食物链[66]。

迄今为止，监管机构采取了相当简单的方法，包括根据毒性和主要物质固有毒性来替代对环境危害较小的材料。开发包含生物累积潜力的模型具有可行性，但这样也有些许复杂，并且过于简单的方法可能会对潜在的生态影响产生误导。重金属的情况尤其如此，由于其毒性较强，许多地区特别对进入食物链的这类重金属进行严格管制[67]。下一小节将以锌为例进行讨论。

EC理事会关于保护自然生境和野生动植物群的第92/43/EEC号指令，旨在保护欧洲一些最有价值的自然遗产并确保其合理利用。为此确定了一套称为附件一的栖息地和附件二的物种，会员国需要对这些栖息地和物种采取专门的养护措施。这些措施包括为生态环境和物种指定特别管理保护区（SACs）。

为应对这一立法框架提出的挑战，英国设立了海洋SACs项目，以对沿海水域的选定海洋SACs制订管理计划。该计划在英国海岸线周围集中挑选了12个海洋生物群落，以及发展欧洲海洋遗址管理和管理所需的特定知识领域。在过去23年间，对锌的监测就是该项工作的一部分[68]。

英国海洋SACs监测项目得出结论，对锌的毒性作用影响最敏感的物种是海洋无脊椎动物。因此，采用锌的监测值40μg/L作为环境质量标准。由于监测方案显示许多监测点都已超标，目前提议将本标准降到10μg/L。相反，由于许多因素是任意应用的，关于这些标准价值观的有效性也引起许多科学争论[69]。

关于水生物种对锌的毒性有大量的研究，大部分是在20世纪50年代的美国对淡水鱼及其他物种进行的。一般来说，毒性表明各物种在毒性物质浓度大于15mg/L的条件下受影响而死亡的时间可以持续8小时，甚至更长。然而，水的硬度和温度也会影响致死剂量浓度，但数据分布广泛，存在一定的不足[70]。在一项对美国大西洋沿岸海洋物种的研究中，尽管观察到不同海域的锌含量略有变化，但海洋生物中的锌含量特别是贝类，如牡蛎、蛤和扇贝，比单位质量的海水高出数千倍[70]。表9.2显示了锌在不同海洋动物中的生物富集因子（BCF）。

**表9.2 海洋物种的生物浓缩锌**

| 海水中浓度（mg/L） | 藻类（mg/L） | 软无脊椎动物（mg/L） | 骨骼无脊椎动物（mg/L） | 软脊椎动物（mg/L） | 骨骼脊椎动物（mg/L） |
|---|---|---|---|---|---|
| 10 | 100 | 5000 | 1000 | 1000 | 30000 |

这意味着锌在贝类和鱼类等海洋生物体内的生物累积速率增加的生物放大作用比其他生物更大。由于这些物种会积累锌并伴随污染问题，故关键调控因素是对商业捕鱼的影响。

20世纪70年代中期，澳大利亚工作者测定了贻贝类软体部分中锌、镉、铅和铜的浓度[71]。为了消除自然环境变量的影响，贻贝取样方式与之前的研究程序一致。将分析研究的结果与工业已知排放到每个研究地区集水区的微量金属量的数据进行比较。这样可以评估贻贝吸收微量金属的能力指标，而不需要对水样进行多次分析。结果表明，贻贝能够在多种环境条件下作为锌、镉和铅的有效时间综合指标。

英国海洋海岸监测计划工作表明，锌是大多数海洋物种的基本元素，因此很容易生物累积[68]。研究认为，有几种甲壳类动物能够调节吸收锌。锌的吸收是一个复杂的过程，生物体也可以吸收锌，而锌的吸收以BCF的形式反映出来，但动物组织中实际的锌浓度并没有毒理学意义。

最近的工作[72]考察了BCF/BAF用于锌、镉、铜、铅、镍、银危害评估的理论和实验基础。锌的BCF/BAF数据的特点是BCF/BAF平均值的极端变异性和BCF/BAF与水暴露之间呈明显的反比关系。目前采用的BCF/BAF标准不适用于金属的危害识别和分类。此外，由于在低暴露浓度下值最高（指示危险），并且在高暴露浓度下是最低的（指示无危险），因此可能对结果存在影响，故使用BCF和BAF数据得出的结论与毒理学数据不一致。

生物浓缩和生物累积因子不能区分基本矿物营养素、正常背景金属生物累积、动物在暴露条件范围内变化吸收和消除的适应能力，也不能区分从产生不良影响的金属吸收中隔离、解毒和储存内化金属的特殊能力。对BCF的另一种替代方法——金属的累积因子（ACF）进行了评估，虽然提出了改进方法，但并没有提供完整的解决方案。金属的危害识别需要一种生物累积标准，针对慢性毒性和生物累积之间关系提供一些解决方案。

英国海洋SAC监测计划正在进行的工作[68]，列举了锌对海洋沿岸环境的潜在影响。

（1）藻类、无脊椎动物和鱼类的急性毒性超过所建议的溶解锌的环境质量标准（EQS）10μg/L。

（2）当浓度超过124mg/L时，沉积物中锌的积累会对生物造成危害。

（3）海洋生物的生物累积对包括鱼类、鸟类和海洋哺乳动物在内的高等生物构成潜在威胁。

锌的代谢和生态毒理学途径很复杂，其他金属及金属盐也是如此。用简单的毒性和溶解度来评价潜在的环境危害过于简单，必须建立更复杂的模型，以便更准确地描述石油和天然气勘探开发行业排放的金属及相关物质的EIF。在使用专家评估时，必须采用公开、透明和责任制的方法。因此，不具有生物利用价值的物质的重点应放在环境损害的风险上，而不是假定的风险。

#### 9.6.3.5　低分子量有机分子（第6章）

低分子量有机分子通常在低于分子量阈值时才具有生物可利用性。大多数情况下，生物降解速率是已知的或可以通过实验确定，因此，这种对环境有影响的分子可以在CHARM之类的模型系统中进行评估。虽然输入模型系统的数据来自有限的数据集，但是其数据具有很高的准确性，因此这些分子在模型系统中可以充分体现生态毒理学结果。

同时还存在一些问题，首先是当生物降解率表明这些产品是低环境关注时，毒性数据的使用是不利的。因为这些产品会迅速生物降解成无毒物质，所以当更加全面的观点认为它们可以减少整体化学环境负担时，就会导致这些产品的使用效果减弱。其次，某些小分子，特别是胺，可以生物降解成更多有毒物质，而通常却认为这种物质对环境的危害比二次生物降解产品时的危害要小。

许多低分子量有机分子最终会氧化成二氧化碳、一氧化碳和水，故在石油和天然气勘探开发行业使用的任何化学品的环境评估中应该考虑释放的碳。需要注意的是附加条件，但与运输等部门相比，这个数量就显得非常小。本书第 10 章进一步讨论了关于可持续性的问题，其中的化学品使用可能对碳捕集产生积极的环境影响。

#### 9.6.3.6 硅化学品和聚合物（第 7 章）

硅产品是包括石油和天然气工业在内的许多工业部门使用的最环保的化学添加剂之一。

二氧化硅及其相关材料不具有生物累积性，具有高稳定性，因为它们不具有生物可利用性，除非在极端酸性条件下，一般不具有生物降解能力。就纳米技术中使用的二氧化硅而言，应注意所有基于化学的纳米技术均有可能产生环境影响[73]。

由于硅产品的不反应性和封装其他材料的能力，使用二氧化硅会对环境产生积极的影响。例如，有人提出将油基钻屑和水基钻屑微囊化，以环境安全的方式进行处理[74]。

硅酸盐钻井液对环境是安全的，主要用于环境敏感和高度管制的地区，如北海盆地。这种钻井液以钾和硅酸钠为基础，比合成基流体更便宜。该材料在高温、高压钻探和高度造斜钻探方面是首选[75]。

硅氧烷，如聚二甲基硅氧烷（PDMS），含有一种在自然界中不存在的有机硅键，而且这些聚合物在环境中不会自然降解。然而，已经发现水解和随后的氧化会使聚合物发生轻微降解，最终形成良性的二氧化硅、水和二氧化碳[76-78]。但一般情况下，硅氧烷不具有生物可利用性，虽然在环境中持久存在，但不具有生物累积性，而且是无毒的[79]。在早期研究中，为了可靠和安全地评估环境中硅氧烷存在的潜在威胁，对一些关键参数进行了研究。基于广泛的毒理学和环境归宿研究发现，商业上重要的有机硅材料似乎不存在任何重大的生态威胁[79]。

因此，硅产品和聚合物不可生物降解，无毒、无污染且不会生物累积。当它们具有生物可利用性时，是微生物用于构建自身的骨架结构。

该监管是通过 CHARM 模型或类似的系统和（或）专家判断。认为硅产品，特别是硅聚合物是一个特例，因为硅产品的低毒性和非生物利用度并没有被它们缺乏生物降解的能力所抵消，这在大多数模型研究中导致它们具有相对较高的环境风险。但硅产品是非常有效的材料，在某些应用中可以非常低的剂量率（如百万分之一或更低）发挥作用，在气体消泡方面尤其突出[80]。由于监管要求，硅产品已被生物可降解产品所取代，这类可生物降解产品即使在剂量率为 0.01%（如果不是 0.1%）的情况下也只能部分发挥作用。这增加了水生生态系统的环境负担，也增加了潜在的更危险和有毒物质的含量。

#### 9.6.3.7 溶剂及其他物质（第 8 章）

一般来说，溶剂的高蒸气压使其易于在空气中分散，促进了与生物之间的接触和对环境的污染。高容量、溶剂的特殊性质以及高风险溶剂中的挥发性因子会对环境产生严重影响，并威胁动植物的生命。

溶剂和相关材料对环境的影响已在 8.3 节中详细讨论。如前所述，《蒙特利尔议定书》[81]已确定有必要重新评估化学过程中有关挥发性有机化合物（VOCs）的使用情况，主要是溶剂和这些化合物对环境的影响。结果表明，简单醇类（甲醇、乙醇）或烷烃类（庚烷、己烷）是环境友好型溶剂，不建议使用二噁英、乙腈和四氢呋喃等溶剂。

此外，与纯乙醇或丙醇—水混合物相比，甲醇—水或乙醇—水混合物对环境更有利。本研究展示的框架可用于化学工艺中“绿色”溶剂或环保溶剂混合物的选择。如果有足够的数据，该框架也可对新的溶剂进行全面技术评估[82]。迄今为止，该工具尚未应用于石油和天然气勘探开发领域。

总的来说，石油和天然气勘探开发部门再次依赖环境模型或专家判断来评估溶剂对环境的影响。许多这类产品在欧洲已被列入不需要进一步评估的清单，并且可以在最低限度的环境审查中使用，因为它们已列入了 PLONOR 中[83]。

一些国际条约颁布了关于禁止使用高挥发性氯化溶剂（如四氯化碳）和毒性较大的芳香族溶剂（如苯）的准则。石油和天然气部门已不使用氯化溶剂，并且已经基本上实现了用更安全的溶剂替代苯等溶剂。

第 8 章介绍了一些溶剂具有特定的环境影响，而某些则更为严重。许多挥发性溶剂对大气质量有不利影响，并可扰乱气候；还有其他许多溶剂与水混溶，污染地表水和海洋环境。许多溶剂由于溶解特性，难以从废弃物中除去。这些特性导致它们难以生物降解，使其在环境中持久存在[84]。因此，在对此类材料进行监管时，需要谨慎行事。

油基钻井液在渗透率、页岩抑制、井筒稳定性、热稳定性、润滑性和耐盐性方面具有显著的性能优势，特别适用于大斜度井和水平钻井，水基钻井液则不能提供此类必要的技术性能[85]。一段时间内，油基钻井液的使用和排放受到严格的环境法规制约，直到现在这些法规仍然几乎适用于全球范围。不管在什么地区，受污染的钻屑必须从井场或海上运出，然后装船进行处理和再利用[86]。这种做法将环境负担转移到不同的处置区域，而填埋场的使用并未从根本上解决污染问题。

钻井液供应商已经着手解决这个问题。自 1990 年以来，一些具有理想性能和对环境无危害、可生物降解的合成基钻井液（SBM）陆续进入市场。与水基钻井液和油基钻井液相比，合成基钻井液具有多种技术和环保优势，并且可以降低总成本[87]。

废弃钻井液和钻井岩屑是勘探和开发环节中最重要的废弃物。这些废弃物对于海上作业者来说很难处理，且成本高昂，很多情况下须将废弃钻井液和岩屑运往岸上进行处理。而目前似乎还没有使用 SBMs 替代处理现场 WBMs 的方案。

## 9.7 结束语

最后一节中，作者试图将石油和天然气勘探开发工业中管制化学品的使用及其排放和处置的有关法规的批评汇集在一起。这些管控措施有一个首要原则，即保护环境。但作者认为，监管机构和相关行业却经常违反该原则，导致了水生环境破坏和污染。

正如前节所述，也存在例外情况，这主要取决于相关方在制定管制条例时所持立场。在遵守政府的政策和条约义务方面，监管机构处于某种官僚主义的地位。一般来说，行业具有遵守书面规定的合规地位。其他缔约方，如非政府组织，有特定的议程，往往涉及一个狭窄或具体的问题，例如“压裂”。所有这些都不利于就环境保护框架开展更加合作和有意义的对话。这不是一项简单的任务，它需要在全球基础上进行合作，不论是过去还是现在，在国际上就气候变化问题达成合作和协议都充满了国家自身利益[88]。尽管如此，化学物质的监管控制与其他污染预防措施在全球范围达成共识是至关重要的。在国家和地区范围内进行研究的生态系统只是整个系统的一个局部，它可能会对整个生物圈产生严重的影响，这一点现已被大量的科学观点[1]所证实。

在制定一个更加协调和合作的管制框架时，有许多关于控制化学品的异常标准和对保护环境有害的问题，作者认为需要坚持两项基本原则：首先，要使用透明和可靠的专家判断和意见为基础，其中的数学评估是基于库克原则；其次，建立一种避免危害评估和排名的标准，允许监管机构根据不一定是最佳环境选择的标准对材料进行评估。

第二个原则与第一个原则相辅相成，它要求对化学品的使用和排放建立可量化的风险评估，允许使用具有较高危险性材料的备选办法，这些因素对其他因素的环境影响较小。因此，可以更系统地摆脱有毒但并不具有生物可利用性的材料的困境，并给出关于使用它们合理与否的风险评估。目前，最重要的是采用预防原则，这否定了更好的环境选择的潜力。

### 9.7.1 预防原则

预防原则已体现在许多国际环境条约中，并载入 1992 年的欧盟条约《马斯特里赫特条约》[89]。预防原则很难界定，法律意见也有很大的变数。一项法律分析在不同的声明中确定了该原则的 14 种不同定义[90]。尽管 1992 年的《马斯特里赫特条约》中有一整套判例法，但没有规定这一原则，法律意见在其意义和适用性上存在分歧。提交者认为，预防原则的目标是预防危害，而不是进步，是为了保障我们的子孙后代有一个可持续的未来。对于保护公共健康和环境的产品，由预防措施驱动的创新可以激发其全球市场的竞争力。但是，在石油和天然气部门的监管中，如果所掌握的信息不充分或所带来的后果不明确，那么相关活动也将终止。1990 年，关于保护北海的一项宣言要求采取行动，即使有科学证据表明排放和流入海洋水域的废物流与产生的任何影响之间没有联系[91]。作者认为这种做法是违背原则的，即如果采用这一解释，任何试图加强活动对环境影响的化学新技术或化学反应都将无法实施。如果使用得当，预防原则是建立在健全的科学基础上的，而不是建立在非理性或情绪化上的。如果运用正确，那么工业企业不但不会破产，反而可以提高自身能力，从而生产出更好、更安全的产品。基于预防性方法触发行动所需的证据水平将低于全面风险评估所需的证据水平。但是，现有的科学证据应是可靠的，并且其发展程度应不低于所使用的任何其他科学信息。相反，对科学界来说，应用预防原则是一个挑战，需要以此来改进复杂自然生态系统来研究和制定健全风险评估的相关方法和程序。

### 9.7.2 风险评估❶

作者坚信，在石油和天然气勘探开发行业使用和排放化学品及相关物质的监管中，所

❶ 在撰写本文时，英国监管机构及其顾问正在评估一种基于风险的采出水排放方法（RBA），包括其中的化学成分。在 2012 年，OSPAR 通过了 2012/5 关于《基于风险的近海设施采出水（PW）排放管理方法（RBA）》的建议——OSPAR（2012a），2012/5 号建议书提出了关于基于风险的近海设施采出水排放管理方法的建议。

有相关方都需要在健全的科学原则和有证据的标准基础上，进一步建立健全风险评估体系。

在某种程度上，CHARM 模型能够将危险数据输入风险管理方案中。然而，该规定仅鼓励对 HQ 值较低的化学品进行检测。实际上，该规定已促使一些化学品停止使用。例如，目前只有两种非氧化性杀菌剂可以不受体积限制用于石油和天然气领域中，而并未考虑使用其他药剂。这是由欧洲的生物杀菌产品法规（BPR）和 OSPAR 公约产生的 HMCS 的应用推动的。由于主要的石油和天然气公司采取了只选择某些可接受产品的政策，因此在全球范围内杀菌剂的使用正在减少，并且在非管制地区已经默认实施。如果主要杀菌剂效果较差，并且所能选择的杀菌剂种类又有限，将会导致使用剂量增加，从而增加了环境负担。而监管的目的并不是让问题朝这一方向发展，因此迫切需要对风险而非危害进行重新定位。

此外，如 9.6 节所述，些物质在 OSPAR 地区受到 PLONOR 清单的管制。作者认为该清单几乎没有相关性，所有化学物质及其他材料都应通过常规渠道进行处理。作为对英国咨询机构的回应，Cefas 发布了新的化学物质添加指南[92]，其中需要支持数据包容性。当然这是监管中的一个额外问题，应该放弃这份清单，转而使用 HMCS 或其他机制，从而进行风险评估。

### 9.7.3 整体观

作者还认为，评价系统的范围过于狭窄，那些对全球环境影响做出贡献的化学品适用的规章和标准过多，需要对其加以重视。这导致一些地区的工业界和政府都十分重视，他们专注于遵守规章制度，新法规的制定和旧法规的发展似乎永无止境。该系统几乎是永存的，现在涉及创造就业机会。

这种循环是恶性还是良性取决于人们所持的观点，以保护环境为关键目标的全新方法将打破该循环。海洋石油和天然气化学品使用和排放条例的一项主要缺陷是没有考虑到淡水资源向海洋排放的其他主要污染物。这就使环境控制偏离了真正的环境负担和严重的污染影响。

在前几章和最后一章中提到了许多降低整体运行对环境影响的化学解决方案。但此方法并不常用，部分原因是经济因素，主要原因是监管框架并非旨在更广泛和更全面地评估化学品的使用。在这种情况下，需要有标准来证明减轻环境负担能够影响监管控制和 EIF。同样，风险评估过程也可以包含这一点。

本章试图介绍主要的监管框架及其背后的原则。目前的监管控制也受到了一些批评。作者认为需要从根本上改变法规，从遵从烦冗复杂的法规转向开放和可量化的环境保护方法，这涉及整体环境中基于风险的方法。

许多监管部门和地区已经通过设定目标和统计化学品的排放量，将自己纳入合规和减灾化，这与测量生态系统的污染程度不同。这将改变监管者和业界的思维方式，并需要一种公开和合理的方法来满足决策者、压力团体和非政府组织的需求。鉴于政府政策的变化速度以及监管机构无法改变这一领域的立法，作者认为只有行业主导的倡议才能实现这一目标。欧洲油田专用化学品协会在一些方面已经做出贡献，并提供了一些有用的工具来帮助合规。然而，与其他行业协会一样，它是由其成员公司指导的，这些成员公司意识到其客户、石油和天然气公司的立场。对于后者，作者认为需要进行变革，并通过实际行动兑现他们在许多关于环境政策的使命声明中的承诺内容，从而摆脱遵从性驱动的政策。

“我们致力于通过推行卓越运营管理体系，不断改善环境绩效并减少运营的潜在影响。”——雪佛龙[93]

“不损害环境的目标指导着我们的行动。在确定问题的最大焦点时，我们会考虑当地条件。”——英国石油[94]

挪威国家石油公司的目标是避免对当地或地区环境造成重大损害。我们采取预防措施，并综合运用公司的要求以及基于风险的本地解决方案来管理我们的环境绩效。无论在哪工作，我们都遵守高标准的空气排放要求、废物管理和对生态系统的影响。——挪威国家石油公司[95]

“预防并最大限度地减少环境影响的项目、流程和产品。”——巴西国家石油公司[96]

上面几个政策声明示例纯粹都是武断的，类似的声明还有很多。作者想明确表示，本书绝不是在批评上述引用的几个公司，而只是把它们作为例子。关键是所述内容必须实现，时间将会证明一切，这将在第 10 章中探讨。

## 参考文献

[1] Lovelock, J. (2006). The Revenge of Gaia. London: Penguin Books.

[2] https: //www. ospar. org (last accessed 7 December 2017).

[3] https: //osha. europa. eu/en/legislation/directives/regulation-ec-no-1907-2006-of-the-european-parliament-and-of-the-council (last accessed 7 December 2017).

[4] https: //echa. europa. eu/ (last accessed 7 December 2017).

[5] http: //eosca. eu/ (last accessed 7 December 2017).

[6] Payne, G., Still, I., Robinson, N., and Groome, S. (2009). The Development of the EOSCA Generic Exposure Scenario Tool (EGEST) - Why we Need it. Manchester, UK: The Royal Society of Chemistry, Chemistry in the Oil Industry XI, 2-4 November, .

[7] http: //www. hse. gov. uk/chemical-classification/legal/clp-regulation. htm (last accessed 7 December 2017).

[8] United Nations (2011). Globally Harmonised System of Classification and labelling of Chemicals (GHS). New York and Geneva: ST/SG/AC. 10/30/Rev. 4.

[9] https: //echa. europa. eu/documents/10162/22786913/sds_es_guide_en. pdf (last accessed 7 December 2017).

[10] http: //www. hse. gov. uk/reach/ (last accessed 7 December 2017).

[11] Sanders, P. F. and Sturman, P. J. (2005). Biofouling in the oil industry. In: Petroleum Microbiology (Chapter 9) (ed. B. Ollivier and M. Magot), 171. ASM Press.

[12] Crolet, J. L. (2005). Microbial corrosion in the oil industry-a corrosionist's view. In: Petroleum Microbiology (Chapter 8) (ed. B. Ollivier and M. Magot), 143. ASM Press.

[13] Corduwisch, R., Kleintz, W., and Widdel, F. (1987). Sulphate reducing bacteria and their activities in oil production. Journal of Petroleum Technology 39: 97, SPE 13554.

[14] http: //www. hse. gov. uk/biocides/eu-bpr/ (last accessed 7 December 2017).

[15] https: //echa. europa. eu/support/dossier-submission-tools/r4bp (last accessed 7 December 2017).

[16] http: //www. barcelona. com/barcelona_news/the_barcelona_process_or_euro_mediterranean_partnership

(last accessed 7 December 2017).

[17] www. ospar. org/documents? d=33025 (last accessed 7 December 2017).

[18] www. ospar. org/documents? d=33043 (last accessed 7 December 2017).

[19] www. ospar. org/documents? d=32611 (last accessed 7 December 2017).

[20] www. ospar. org/documents? d=32652 (last accessed 7 December 2017).

[21] http: //www. miljodirektoratet. no/Global/dokumenter/tema/olje_ og_ gass/OSPAR_ recommendation 2010-13_supplementary_guideline_norway. pdf (last accessed 7 December 2017).

[22] Thatcher, M. and Payne, G. (2003). Moving towards substance based toxicity testing to meet new OSPAR requirements. In: Chemistry in the Oil Industry VIII, The Royal Society of Chemistry, 3-5 November. Manchester, UK. doi: 10. 2466/pms. 2003. 97. 3. 995.

[23] Still, I. (2001). The Development and Introduction of Chemical Hazard and Risk Management (CHARM) into the Regulation of Offshore Chemicals into the OSPAR Convention Area: A Good Example of Government/ Industry Co-operation or a Warning to Industry for the Future? Manchester, UK: Chemistry in the Oil Industry Ⅶ, The Royal Society of Chemistry, 13-14 November.

[24] https: //www. cefas. co. uk/cefas-data-hub/offshore-chemical-notification-scheme/ (last accessed 7 December 2017).

[25] https: //www. epa. gov/laws-regulations/summary-toxic-substances-control-act (last accessed 7 December 2017).

[26] https: //www. epa. gov/assessing-and-managing-chemicals-under-tsca/highlights-key-provisions-frank-r-lautenberg-chemical (last accessed 7 December 2017).

[27] https: //www. epa. gov/npdes (last accessed 7 December 2017).

[28] https: //www. epa. gov/sites/production/files/2016-11/documents/memobestpractices_npdes-pretreatment-r. pdf (last accessed 7 December 2017).

[29] https: //www. epa. gov/wqc.

[30] http: //www. chemicalsubstanceschimiques. gc. ca/about-apropos/canada-eng. php (last accessed 7 December 2017).

[31] http: //laws-lois. justice. gc. ca/eng/regulations/SOR-2009-315/FullText. html (last accessed 7 December 2017).

[32] http: //www. ec. gc. ca/lcpe-cepa/default. asp? lang = En&n = 26a03bfa-1 (last accessed 7 December 2017).

[33] https: //www. canada. ca/en/health-canada/services/chemical-substances/chemicals-management-plan. html (last accessed 7 December 2017).

[34] https: //www. canada. ca/en/health-canada/services/chemical-substances/petroleum-sector-stream-approach. html (last accessed 7 December 2017).

[35] https: //www. nicnas. gov. au/chemical-information/Topics-of-interest/subjects/chemical-regulation-in-australia (last accessed 7 December 2017).

[36] https: //www. nicnas. gov. au/chemical-inventory-AICS (last accessed 7 December 2017).

[37] https: //www. nicnas. gov. au/ (last accessed 7 December 2017).

[38] https: //industry. gov. au/industry/industrysectors/chemicalsandplastics/ RelatedLinks/ Chemicals Business Checklist/Pages/default. aspx (last accessed 7 December 2017).

[39] OSPAR Commission (2015) Assessment of discharges, spills and emissions from offshore oil and gas operations on the United Kingdom Continental Shelf.

[40] http://unfccc.int/paris_ agreement/items/9485.php (last accessed 7 December 2017).

[41] Tornero, V. and Hanke, G. (2016). Chemical contaminants entering the marine environment from sea-based sources: A review with a focus on European seas. Marine Pollution Bulletin 112 (1-2): 17-38.

[42] Neff, J.M., Lee, K., and DeBlois, E.M. (2011). Produced water: overview of composition, fates, and effects. In: Produced Water. Environmental Risks and Advances in Mitigation Technologies (ed. K. Lee and J. Neff), 3-56. Springer.

[43] Lourenço, R.A., de Oliveira, F.F., Nudi, A.H. et al. (2015). PAH assessment in the main Brazilian offshore oil and gas production area using semi-permeable membrane devices (SPMD) and transplanted bivalves. Continental Shelf Research 101: 109-116. doi: 10.1016/j.csr.2015.04.010.

[44] Bakke, T., Klungsøyr, J., and Sanni, S. (2013). Environmental impacts of produced water and drilling waste discharges from the Norwegian offshore petroleum industry. Marine Environmental Research 92 (2013): 154-169.

[45] Meier, S., Morton, H.C., Nyhammer, G. et al. (2010). Development of Atlantic cod (Gadus morhua) exposed to produced water during early life stages: effects on embryos, larvae, and juvenile fish. Marine Environmental Research 70: 383-394. doi: 10.1016/j. marenvres.2010.08.002.

[46] http://www.gesamp.org/ (last accessed 7 December 2017).

[47] Tolls, J., Muller, M., Willing, A., and Steber, J. (2009). A new concept for the environmental risk assessment of poorly water soluble compounds and its application to consumer products. Integrated Environmental Assessment and Management 5 (3): 374-378. doi: 10.1897/ IEAM_ 2008-067.1.

[48] Cooke, R.M. (1991). Experts In Uncertainty: Opinion and Subjective probability in Science. Oxford: Academic Press. doi: 10.1111/j.1432-1033.1991.tb16379.x.

[49] Aspinall, W. (2010). A route to more tractable expert advice. Nature 463: 294-295. doi: 10.1038/463294a.

[50] Rosqvist, T. and Tuominen, R. (1999). Expert Judgement Models in Quantitative Risk Assessment. Vienna, Austria: Atomic Energy Agency.

[51] OSPAR Recommendation 2000/5 on a Harmonised Offshore Chemical Notification Format (HOCNF), http://rod.eionet.europa.eu/obligations/484 (last accessed 7 December 2017).

[52] http://www.eosca.eu/wp-content/uploads/CHARM-User-Guide-Version-1.4.pdf (last accessed 7 December 2017).

[53] Reed, M. and Rye, H. (2011). The DREAM model and the environmental impact factor: decision support for environmental risk management. In: Produced Water, 189-203.

[54] Berger, P.D., Hsu, C., and Aredell, J.P. (1988). Designing and selecting demulsifiers for optimum filed performance on the basis of production fluid characteristics, SPE 16285. SPE Production Engineering 3 (6): 522.

[55] Stais, F., Bohm, R., and Kupfer, R. (1991). Improved demulsifier chemistry: a novel approach in the dehydration of crude oil, SPE 18481. SPE Production Engineering 6 (3): 334.

[56] Tyler, C.R., Jobling, S., and Sumpter, J.P. (1998). Endocrine Disruption in Wildlife: A Critical Review of the Evidence. Critical reviews in Toxicology 28 (4): 319-361.

[57] Barber, L.B., Loyo-Rosales, J.E., Rice, C.P. et al. (2015). Endocrine disrupting alkylphenolic chemicals and other contaminants in wastewater treatment plant effluents, urban streams, and fish in the Great Lakes and Upper Mississippi River Regions. Science of the Total Environment 517: 195-206. doi: 10.1016/j.scitotenv.2015.02.035.

[58] Craddock, H.A. (2002). A review of the degradation and bioavailability of phenol formaldehyde

condensation polymers, the so - called resins, as applied in the OSPAR region. The European Oilfield Specialty Chemicals Association (EOSCA).

[59] Leber, A. P. (2001). Human exposures to monomers resulting from consumer contact with polymers. Chemico-Biological Interactions 135-136: 215-220. doi: 10. 1016/ S0009-2797 (01) 00219-8.

[60] McWilliams, P. and Payne, G. Bioaccumulation Potential of Surfactants: A Review. Manchester, UK: Chemistry in the Oil Industry VII, Royal Society of Chemistry, 13 - 14 November 2001. doi: 10. 1377/ hlthaff. 2017. 0814.

[61] Craddock, H. A. (2003). Environmental Pressures on the Use of Surfactants in the Offshore oil and Gas Industry. Manchester, UK: Industrial Application of Surfactants V, Royal Society of Chemistry, 16 - 18 September. doi: 10. 1179/cim. 2003. 4. 4. 161.

[62] https: //www. epa. gov/nutrientpollution/problem.

[63] Sharpley, A. N. , Smith, S. J. , and Waney, J. N. (1987). Environmental impact of agricultural nitrogen and phosphorus use. Journal of Agricultural and Food Chemistry 35 (5): 812-817. doi: 10. 1021/jf00077a043.

[64] Semple, K. T. , Doick, K. J. , Jones, K. C. et al. (2004). Peer reviewed: defining bioavailability and bioaccessibility of contaminated soil and sediment is complicated. Environmental Science & Technology 38 (12): 228A-231A. doi: 10. 1021/es040548w.

[65] McKinney, J. and Rogers, R. (1992). ES&T metal bioavailability. Environmental Science & Technology 26 (7): 1298-1299. doi: 10. 1021/es00031a603.

[66] Haritonidis, S. and Malea, P. (1999). Bioaccumulation of metals by the green alga Ulva rigida from Thermaikos Gulf, Greece. Environmental Pollution 104 (3): 365-372. doi: 10. 1016/ S0269-7491 (98) 00192-4.

[67] COMMISSION REGULATION (EU) No 1275/2013of 6 December 2013 amending Annex I to Directive 2002/ 32/EC of the European Parliament and of the Council.

[68] http: //www. ukmarinesac. org. uk (last accessed 7 December 2017).

[69] Comments from the International Zinc association on the report (2012). Proposed EQS for water framework directive Annex Ⅷ substances: zinc (for consultation) -WFD UKTAG.

[70] Chapman, W. A. , Rice, T. R. , and Price, T. J. (1958). Uptake and accumulation of radioactive zinc by marine plankton, fish and shellfish. Fishery Bulletin 135: (Fishery Bulletin of the Fish and Wildlife Service, Vol. 58).

[71] Phillips, D. J. H. (1976). The common mussel Mytilus edulis as an indicator of pollution by zinc, cadmium, lead and copper. II. Relationship of metals in the mussel to those discharged by industry. Marine Biology 38 (1): 71-80. doi: 10. 1007/BF00391487.

[72] McGeer, J. C. , Brix, K. V. , Skeaff, J. M. et al. (2003). Inverse relationship between bioconcentration factor and exposure concentration for metals: implications for hazard assessment of metals in the aquatic environment. Environmental Toxicology and Chemistry 22: 1017-1037. doi: 10. 1002/etc. 5620220509.

[73] Colvin, V. L. (2003). The potential environmental impact of engineered nanomaterials. Nature Biotechnology 21: 1166-1170. doi: 10. 1038/nbt875.

[74] Quintero, L. , Lima, J. M. and Stocks - Fisher, S. (2000). SPE 59117, Silica micro - encapsulation technology for treatment of oil and/or hydrocarbon - contaminated drill cuttings. IADC/SPE Drilling Conference, New Orleans, Louisiana (23-25 February).

[75] Alford, S. E. (1991). SPE 21936, North sea field application of an environmentally responsible water-base shale stabilizing system, SPE/IADC Drilling Conference, Amsterdam, Netherlands (11-14 March).

[76] Lehmann, R. G. , Millar, J. R. , and Kozerski, G. E. (2000). Degradation of a silicone polymer in a field soil under natural conditions. Chemosphere 41: 743-749. doi: 10. 1016/ S0045-6535 (99) 00430-0.

[77] Smith, D. M. , Lehmann, R. G. , Narayan, R. et al. (1998). Fate and effects of silicone polymer during the composting process. Compost Science and Utilization, Spring 6 (2): 2 - 12. doi: 10. 1080/ 1065657X. 1998. 10701916.

[78] Stevens, C. (1998). Environmental degradation pathways for the breakdown of polydimethylsiloxanes. Journal of Inorganic Biochemistry 69 (3): 203-207. doi: 10. 1016/ S0162-0134 (97) 10019-8.

[79] Frye, C. L. (1988). The environmental fate and ecological impact of organosilicon materials: a review. The Science of the Total Environment 73: 17. doi: 10. 1016/0048-9697 (88) 90182-9.

[80] Pape, P. G. , SPE 10089 (1983). Silicones: unique chemicals for petroleum processing. Journal of Petroleum Technology 35 (06).

[81] http: //ozone. unep. org/en/treaties - and - decisions/montreal - protocol - substances - deplete - ozone - layer (last accessed 7 December 2017).

[82] Capello, C. , Fischer, U. , and Hengerbuhler, K. (2007). What is a green solvent? A comprehensive framework for the environmental assessment of solvents. Green Chemistry (9): 927-934.

[83] http: //www. cefas. co. uk/media/1384/13-06e_ plonor. pdf (last accessed 7 December 2017).

[84] Description, Properties and degradation of Selected Volatile Organic Compounds Detected in Ground Water-A Review of Selected Literature, Open File Report 2006-1338, US Department of the Interior and US Geological Survey.

[85] Houssain, M. E. and Al-Majed, A. A. (2015). Fundamentals of Sustainable Drilling Engineering, 1ee. Wiley-Scrivener.

[86] Hanna, I. S. and Abukhamsin, S. A. (August 1998). Landfills and recycling provide alternatives for OBM disposal. Oil and Gas Journal .

[87] Burke, C. J. and Veil, J. A. (November 1995). Synthetic-based drilling fluids have many environmental pluses. Oil and Gas Journal .

[88] http: //www. telegraph. co. uk/news/2017/06/01/trump - pull - paris - accord - seek - better - deal/ (last accessed 7 December 2017).

[89] https: //europa. eu/european - union/sites/europaeu/files/docs/body/treaty _ on _ european _ union _ en. pdf (last accessed 7 December 2017).

[90] Vanderzwaag, D. (1999). The precautionary principle in environmental law and policy: elusive rhetoric and first embraces. Journal of Environmental Law & Practice 8: 355-375.

[91] Ministerial Declaration of the Third International Conference on the Protection of the North Sea, The Hague, 8th March, 1990.

[92] http: //www. cefas. co. uk/media/1383/adding - new - chems - to - plonor - list - 5 - dec - 2010. pdf (last accessed 7 December 2017).

[93] https: //www. chevron. com/corporate-responsibility/environment (last accessed 7 December 2017).

[94] http: //www. bp. com/en/global/corporate/sustainability/environmental - impacts. html (last accessed 7 December 2017).

[95] https: //www. statoil. com/en/how - and - why/sustainability/environmental - impact. html (last accessed 7 December 2017).

[96] http: //www. petrobras. com. br/en/society-and-environment/environment/safety-environment-and-health-policies/ (last accessed 7 December 2017).

# 10　可持续性理念与"绿色"化学

本书主要关注的是石油天然气勘探开发行业中化学品的使用及其对环境的影响。本书第 9 章中已经举例说明，在过去的几十年中化工行业化学品的使用和排放几乎没有得到有效监管和控制，但是目前这一情况已经发生了重大变化。本章将研究石油和天然气勘探开发使用化学品的可持续性问题，探讨如何进一步减少、最小化，乃至某些情况下消除这些化学品对环境的影响。相关论述将在石油和天然气工业可持续性发展的背景下展开。

## 10.1　可持续性理念与可持续发展

可持续性通常是由监管要求驱动的，但是在工业部门的近期应用中并没有对"可持续性"做出准确的定义，例如，包装物的二次利用以及客户对环境影响的关注。另外，公司在履行企业责任时，往往会背离可持续性发展的理念，只是借此理念来为自身塑造良好的公众形象。从表面上看，石油天然气行业将数年来产生的大量碳去除并加以利用起来，但是如何实现环境影响的最小化以及材料再利用的理念与其对可持续性发展必然造成影响的相互平衡？这基本上是不可能的，就像把方的变成圆的，因为时间尺度完全不同。

然而，许多公司宣称以可持续的理念行事，例如能源巨头——壳牌公司。壳牌公司倡导的可持续性理念是：以提供能源来满足世界日益增长的需求为己任[1]。

化学品供应制造商也有类似的理念，例如，国际化工巨头巴斯夫（BASF）公司就采用化学手段来践行可持续性理念并承诺实现更美好的未来[2]。在这方面，他们都宣称实施以下关键流程：

（1）承担采购和生产的责任。

（2）成为公平可靠的合作伙伴。

（3）创新思维，追求能满足市场需求的最佳解决方案。

服务公司也有类似的理念表述，然而大部分公司的理念着眼于帮助客户提高环境绩效。Nalco 公司的理念表述如下[3]：

随着消费者对企业管理需求的不断增加，以及监管上的要求越来越多，都促使客户对可持续发展的兴趣越来越浓。我们的特定定位就是帮助客户改善其环境绩效，使得公司所提供的产品和服务几乎都能造福社会。例如：清洁的水和空气；减少、回收以及二次利用生产用水和其他工业用水，提高淡水的可用性；提高能源效率，减少温室气体；减少固体废物的产生和减少危险性物质的接触。

毋庸置疑，这些目标都是值得人们赞赏的。然而，公司宣传这些理念的目的往往只是提升企业形象，而不是使企业真正走上可持续发展这样一条艰难的道路，也不是推动工业部门向可持续的方向发展。

对于什么是可持续性以及可持续性如何融入现代工业，公众和工业界存在很多误解。这并不像有些人让我们相信的那样，在一个神话般的农耕社会里，一切都处于与自然平衡和谐的状态。真正的可持续性是一些科学家、环保主义者、经济学家等所描述的“三位一体”[14]，简要地说，就是要为社会、经济和环境寻求公平、可接受和务实的可持续发展道路而共同努力。要解决这一问题，不仅涉及工业，而且还涉及协调社会与经济发展的需求以及全球快速增长的人口之间的关系。在某些情况下，随着人类对资源需求的压力越来越大，对环境的破坏可能是不可修复的。

可持续性理念和可持续发展经常互换使用，但是它们是两个完全不同的概念。可持续性指的是人类与自然处于平衡的理想生存状态的抽象概念。罗兰·克里夫特（Roland Clift）很好地将可持续性定义为：“在地球长期的生态约束下，综合运用人文技术经济技能，提供资源并吸纳排放物，同时还能为人类社会提供可接受生活质量的一种生存状态”。[5]

而可持续发展则是人类为实现可持续性理想所采用的方法和手段。尽管可持续发展的定义有数百种之多，但却没有一种得到了学术界普遍认同。其中，最著名、最有活力、最客观的定义之一便是由安格拉·默克尔（Angela Merkel）在 1998 年发布的一个声明中所提出的：“利用资源，但是资源消耗速度不应超过能源再生速度，污染物的排放速度也不应超过大自然吸收污染物的速度”。[6]

目前，许多可持续发展定义仍然是模糊的，因此对于政策的制定者和决策者，从技术角度利用更多可持续方面而言，这些定义对他们几乎没有任何的指导作用。

在能源部门中，补充和恢复碳氢燃料储备所需的地质时间尺度以及碳氢燃料燃烧释放能量后所产生的污染都使得可持续问题进一步恶化。当然，可能会有人建议，最好放弃这种能源和原料来源。大多数人认为，人类必须遵循可持续的方式促进社会发展，这种发展方式的积极效果是显而易见的：

（1）减少不可再生资源的使用。

（2）减少废物和污染物的排放。

这两个标准对石油天然气行业都具有重要意义。值得注意的是，技术挑战是要减少使用，而不是减少排放。减少碳氢化合物的使用是至关重要的，至少应该减少其作为燃料的用量，因为目前已知的碳氢化合物储量已经是联合国政府间气候变化专门委员会（Intergovernmental Panel on Climate Change）所核定的可以容忍的二氧化碳排放量的很多倍[7]。然而，在过去的 20~30 年里，现有经济体系似乎仍然没办法对排放量进行有效的监管限制。

可持续发展的其他很多方面更具挑战性。例如，如何将人类的期望与地球的承载能力相适应，打破物质消费与生活质量之间的联系。这些问题都非常棘手，从本质上看，它们并不是科学或技术问题，而是道德问题。石油天然气行业是如何破解这三重困难的，人类如何利用合适的可再生资源来减少碳氢化合物的消耗，从而确保在中短期内至少达到可接受的生活质量？

## 10.2　石油天然气行业的可持续发展

综上所述，石油天然气公司及其供应商已经意识到：如果用可持续的方式发展其业务，并最终满足社会需求，可能就需要减少不可再生燃料来源的碳氢化合物的开采。这就意味着社会需要更加重视以有利的、可再生的方式使用碳氢化合物资源，并且在可预见的未来将碳氢化合物原料用于化学品、聚合物、塑料及其他材料。这主要缘于两个关键因素：

（1）使用可再生资源（主要是植物资源）作为化工原料及其他碳氢化合物替代性原料的经济性。

（2）土地利用的竞争性需求，主要是随着人口增加而导致的粮食耕地需求量的增加。

迄今为止，唯一可行的商品生物燃料就是糖类作物发酵产物乙醇。前些年，由于燃料价格上涨和对气候变化及对未来能源安全的担忧，导致全球对运输行业使用液态生物燃料产生了极大的兴趣。这种关注和兴趣反过来也推动了发展中国家对土地进行了大规模的收购，用于生物燃料原料的生产。尽管所报告的土地交易具有广泛性，人们普遍关注其潜在的负面影响，但大多数报告的生物燃料土地交易尚未实施，特别是粮食作物的农业可行性和经济可行性都存在疑问的偏远的土地交易尚未进行。但原油价格的下跌及其他因素（如未经测试的种植材料的使用以及与当地居民在土地使用方面发生的冲突）都会中止许多生物燃料项目[8]。

相似地，在美国也有大量的生物燃料公司由于经营状况变差而破产。另外，在生物燃料回收方面，这些公司的投资决策缺乏远见和谨慎态度，这主要是由于人们在利用生物燃料取代碳氢化合物燃料的过程中，需要面对两个主要问题：

（1）要达到盈利所需的产量是极其困难的。

（2）即使可以达到所需的产量，也缺乏足够的原料用于生产足够的生物燃料来替代大量的石油。

一家生物燃料公司就遇到了第二个问题，虽然该公司宣称每吨松树可以产生 91gal 的生物燃料，但是美国境内却没有足够的松树用于生产生物燃料以代替全球航空公司使用的航空燃料，而且航空燃料才仅仅只占世界石油使用量的 6%。这导致全行业在此方面浪费的资金不是数百万美元，就是数十亿美元[9]。其中，大部分投资是由公共财政补贴提供的，公司在申请破产前只偿还了其中的一小部分资金[10]。

这个典型案例告诉我们，只有在特定的经济环境中，可持续发展才能以某种方式迅速实现，并且可再生燃料将能满足运输行业需求。毫无疑问，可再生能源已经对能源需求做出了重大贡献，许多发达国家，碳氢化合物使用量，特别是作为电力来源的石油使用量正在减少，在其他国家，也正在对其可行性进行快速审核。《巴黎气候协定》[11]呼吁全球减排，将全球平均气温较工业化前水平升高的幅度控制在 2℃以内。实现这一目标的关键就是从化石燃料转向可再生能源。近年来，绿色能源的投资已经连续创下纪录[12]。事实上，许多国家完全有可能在一代人的时期里不依赖矿物燃料发电。有些国家已经做出了表率，例如：挪威陆上 99%以上的电力来自水力发电厂；包括运输行业所用燃料，冰岛等地的电力只有 15%来自化石燃料，地热能提供了约 65%的一次能源，其余 20%则来自水力发电。

需要注意的是，运输行业仍然依赖碳氢化合物燃料。替代品要么是前述的生物燃料，要么是由电池组提供动力。长久以来，电动汽车一直是人们关于未来汽车发展方向的一个争论热点。很多汽车厂商宣布，在不久的将来，他们将只生产纯电动车或混合动力（电动/汽油）汽车[13]。2015 年，美国环保署预测 27%的温室气体排放源自交通运输业，主要是汽车、卡车、轮船、火车和飞机上化石燃料燃烧所产生，超过 90%的运输燃料来源于石油，主要包括汽油和柴油[14]。因为电动汽车由非矿物燃料电力提供动力，可以显著减少温室气体排放量。但与生物燃料一样，选择这种方式也要谨慎，因为内燃机的革新仍然面临重大挑战，需要定期充电的电动车与传统汽车相比仍然存在诸多问题，比如，发动机及其便利性、日常使用操作的熟悉程度、电动车的充电周期、现有配套充电设施的缺乏以及能否轻易完成几百英里的长途巡航等。

更值得注意的是，人类越来越依赖基于电池驱动的高度复杂和强大的技术。从手机到笔记本电脑，这项技术中的大部分电池组需要金属及其他稀有矿物。为这些设备提供动力的电池组中，金属钴特别重要。目前，刚果民主共和国开采钴的产量占全世界一半以上的，在不受监管的矿山里大约有4万名儿童（其中有些儿童只有7岁）工作[15]。移动电话等设备已经成为人们不可或缺之物；但在真正可持续的经济中，怎能剥夺当地男人、女人以及儿童的权利，只是利用他们的劳动成果来为我们的手机提供能量呢?

所有这些都说明在未来的20年，可能会有更多的混合动力汽车占据主导地位且柴油车可能会被逐步淘汰，虽然面临电池组供电，特别是原油发电以及主要交通燃料的改变等方面的压力，但是石油天然气行业不太可能发生重大变化[16]。

### 10.2.1　页岩气案例

天然气是一种高效能源，也是最洁净的化石燃料。页岩气是世界上重要的能源来源[17]。2015年，美国能源信息署（EIA）估计全球可采页岩气储量超过$75\times10^8ft^3$[18]。尽管能源行业早就探明页岩层含有巨大的天然气资源，特别是在美国，仅在过去约20年时间里，能源公司采用水平井水力压裂技术来开采页岩气。

随着发展中国家和发达国家从传统的化石燃料发电向可再生能源以及新的核电站等发电方式的转变，如果电力需求增加且发电能力不足导致电力供应出现短缺，则可以通过页岩气来提供大量能源补给。在相当长的时间内，分析评论家、工程师和科学家们预计一些国家，特别是欧洲国家，近期将出现严重的能源缺口[19]。此外，世界能源市场仍然容易受到从地缘政治冲突到自然灾害等各种突发事件的影响。2009年1月，乌克兰和俄罗斯天然气纠纷引发了欧洲历史上最大的天然气供应危机。随着电网一体化进程的加快，停电现象将会时常发生，对许多经济体造成负面影响。因此，能源安全问题已经成为一个具有重要战略意义的政治问题。在这方面，页岩气也可以发挥积极作用，页岩气储量丰富的国家可以减少对沙特阿拉伯和俄罗斯等能源大国的依赖。

美国在页岩气开采和开发方面走在了世界各国前列。几十年来，美国从石油进口国成为石油出口国[20]，其中大部分出口到邻国墨西哥。美国还降低了用原油发电的消耗量，从而减少了总排放量。但这不一定是好事，因为美国只是将效率不高、清洁程度较低的原油所造成的环境污染转移到了世界的其他地方。此外，美国页岩气工业的发展也会使人们对其他国家天然气产量增长有所期待，从而降低能源价格，保障能源安全。可是，美国页岩气开发的成功经验在多大程度上适用于其他国家还不确定。据文献报道，有可能以可持续的方式开发页岩气，但该行业的未来取决于是否能够解决环境问题、政治意愿以及行业成熟度和公众支持，后者最有可能成为关键的决定因素[21]。

社会公众的主要担忧似乎是水力压裂作业中使用的化学物质会污染该供水管网系统。水力压裂作业过程中使用了多种加量化学添加剂，因此有必要对水力压裂技术进行深入的探讨。

10.2.1.1 水力压裂技术

一般来说，水力压裂过程中将黏性流体和支撑剂泵入井中，由于排量高于压裂液流入地层的速度进而产生高压，使得地层岩石破裂，形成人工裂缝或使原有裂缝张开。水力裂缝叠加在天然裂缝上，互不干扰接触。因此，储层的基质有效渗透率保持不变，但井眼半径增大。由于井与储层之间形成了更大的表面积，从而提高了生产效率。

水力压裂是石油科学领域的一项新技术，目前已经使用超过了 50 年[22]。一般来说，产生的裂缝垂直于最小水平主应力，对于大多数深部储层来说，最小应力为水平应力，因此裂缝在垂直面上。

实际应力可以通过平衡垂直（静压）应力和水平应力来计算。考虑到有多种因素，水平应力可以根据校正后的垂直应力进行计算。在某些情况下，特别是在浅层油藏中，水平缝和垂直缝都有可能产生。

了解油藏中的应力对于确定压开裂缝的压力至关重要。这种压力的上限通常可以根据式（10.1）[23]进行计算。

Von Terzaghi 恒定方程如下：

$$pb=3s_{\mathrm{H,min}}-s_{\mathrm{H,max}}+T-p \tag{10.1}$$

压裂过程中的压力响应提供了有关压裂施工成功与否的重要信息。压裂液的效率可以根据闭合时间来估算。闭合压力是裂缝宽度变为零时的压力，其通常等于最小水平主应力。上述参数对压裂方案设计和压裂液配方体系优化都具有重要参考意义。

10.2.1.2 压裂液

压裂液的使用是水力压裂增产的关键。压裂液提供了水力压裂所需的流体静压力。在产生水力裂缝时，需要对泵送的水进行处理以提高其黏度，通常添加增黏剂或凝胶剂。

地层破裂后，在泵送流体中加入支撑剂，主要是砂，从而形成一种携砂液，可以防止泵送（静水）压力释放时新形成的裂缝闭合。支撑剂的输送性能取决于添加在水中或基液中增黏剂的种类[24]。

因此，压裂液的组成包括基液（通常为水）、支撑剂（通常为砂）、增黏剂及其他化学添加剂。包括增黏剂在内的化学添加剂的总用量应小于压裂液体积的 0.5% [25]。

压裂液注入地层的关键原因如下：

（1）形成井筒到地层的导流通道。

（2）将支撑剂带入裂缝中，为生产的流体开创一条导流通道。

压裂液的主要种类如下：

（1）凝胶流体，包括线型凝胶或交联凝胶。

（2）泡沫凝胶。

（3）淡水和氯化钾盐水。

（4）酸。

（5）复合压裂液（前面两种或两种以上液体的组合）。

页岩气地层中最常用的流体是滑溜水，化学添加剂是这些滑溜水的主要成分。

10.2.1.3 化学添加剂

一般来说，压裂液中加入表 10.1 中的化学添加剂。

尽管化学剂用量相对较小，但是相对于常规压裂作业，压裂液的用量还是非常大的，一般为 7000~14000$m^3$。虽然压裂液中添加大量的化学添加剂，但只会使用其中的几种。表 10.1 中的 12 种常用添加剂中，其中只有 3~12 种可用于某个特定的压裂液中。前几章中讨论了这些类型添加剂的化学特性，本章将进一步讨论那些更为重要且有可能对环境造成更大影响的添加剂。

**表 10.1　化学添加剂**

| 化学添加剂类型 | 压裂液百分比 | 化学添加剂类型 | 压裂液百分比 |
|---|---|---|---|
| 胶凝剂 | 0.05~0.06 | pH 值调节剂 | 0.01~0.02 |
| 交联剂 | <0.01 | 铁离子控制剂 | <0.01 |
| 表面活性剂 | 0.08~0.09 | 缓蚀剂 | <0.01 |
| 氯化钾 | <0.08 | 杀菌剂 | <0.001 |
| 阻垢剂 | 0.04~0.005 | 酸 | 0.12~0.13 |
| 破胶剂 | <0.02 | 降阻剂 | 0.08~0.09 |

10.2.1.3.1　增黏剂和交联剂

大多数压裂施工中使用瓜尔胶或瓜尔胶衍生物［例如羟丙基瓜尔胶（HPG）］增黏的流体。

瓜尔胶是一种由糖、甘露糖和半乳糖按 2∶1[26] 的比例混合制备的支化多糖（图 10.1）。

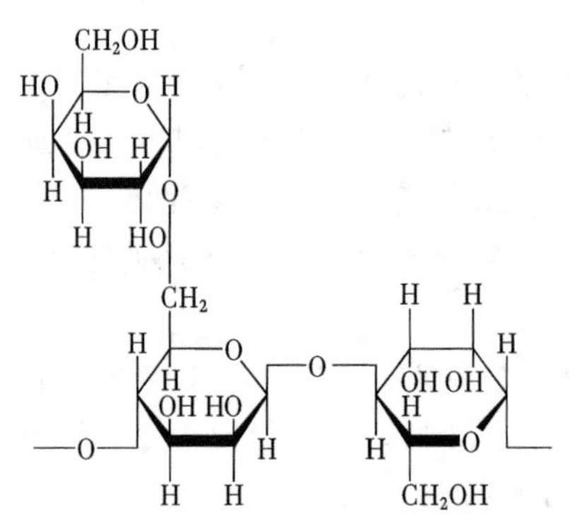


图 10.1　瓜尔胶的结构

瓜尔胶及衍生物是线性胶，需要加入交联剂使之在水中形成冻胶。一般来说，基于环境考虑，这些交联剂（如硼酸盐）都不适宜使用。此外，它们不能使冻胶具有足够的热稳定性，对于 105℃以上的温度条件下具有流变性及滤失控制和裂缝导流性能变差。然而，由于瓜尔胶的增稠能力几乎是同类材料的 8 倍，所以在生产中只需要很小量的瓜尔胶就可以获得足够的黏度，因此瓜尔胶具有非常好的经济性。此外，瓜尔胶是一种可直接食用的添加剂，已在东北大西洋（其中包括北海）注册使用和排放。它具有高度可生物降解性，不会产生任何环境或毒理学问题[27]。

硼酸盐是最常见的压裂液交联剂，由硼酸、硼砂、碱土金属硼酸盐或碱性金属碱土金属硼酸盐组成。硼酸盐大约有 30%来源于硼酸。硼酸与瓜尔胶多糖的羟基单元形成一种络合物，该络合物使聚合物单元交联，在此过程中 pH 值会降低，因此需要对 pH 值进行调节[28]。在 105℃时仍具有良好的流变性、滤失控制性和裂缝导流能力[29]。添加氧化镁和氟化镁可以有效地将压裂液的工作温度提高到 150℃，以适应更高的温度条件[30]。

综合第 5 章所述，硼交联剂的环境归趋和毒理学问题比食品级多糖更为复杂。硼酸自然存在于空气、水（地表水和地下水）、土壤和植物（包括粮食作物）中。硼酸通过岩石风化、海水挥发、火山活动进入环境中[31]。环境中大多数硼化合物转化为硼酸，硼酸有相对较高的水溶性，导致其可以进入水生环境中，因此硼酸是一种环保型硼化合物[32]。

如果硼酸吸附在土壤颗粒、铝和铁矿石上，根据土壤的特性，这种吸附可以是可逆吸附，也可以是不可逆吸附。众所周知，硼酸在土壤中具有迁移性[33]。美国环保署预计硼酸产品的使用方式不会对禽类动物产生不利影响。

10.2.1.3.2　表面活性剂

压裂液中可以加入表面活性剂来增加黏弹性，如十六烷基溴化铵（一种长链季铵盐）。表面活性剂聚集成胶束，相互作用形成网络，使流体具有黏性和弹性。大多数水基压裂液中含有表面活性剂，以改善与油气藏的相容性。为了使烃类气体或流体达到最大导流性能，地层岩石必须是水润湿。

如 3.9 节所述，表面活性剂的环境行为可能是一个复杂的问题，需要仔细考虑使用哪种表面活性剂才能实现最佳的技术效果和环境效果。以天然脂肪醇为主的油脂化学品的使用有据可查[34]，它们作为天然有机化合物具有良好的生态毒理学特性[35]。

10.2.1.3.3　杀菌剂

如果压裂液是由瓜尔胶或其他天然聚合物组成的，在配方中加入少量杀菌剂，可避免生物降解对流变性能的不利影响。基于此原因，石油天然气行业广泛应用大量杀菌剂中，并受到严格的监管。当然，它们的性质决定了它们对各类水生生物都有很强的毒性，但它们在化学混合物中的浓度很低，而且许多杀菌剂的使用寿命很短，具有高度的可生物降解性。

所有这一切都意味着页岩气已看作高排放量燃料的真正替代品，它不应被人们忽视，因为它是一种有效的能源供应权宜之计，既能减少对环境的排放，又能让发达经济体在不严重损害环境和降低国民生活水平的情况下，更多地转向低碳和可再生能源的供应。

石油和天然气行业还没有完全接受未来将会是可持续发展经济模式的现实，以及自身在这样的经济中所扮演的角色，特别是在越来越多的国家正朝着低碳、可再生能源经济体方向发展的背景下。这一点将在本章的其余部分中进行说明。如果石油天然气行业的决策者意识到了这些问题，并且所提出的相关的应对措施也得到了社会公众的支持，则可以确保该行业在未来很长一段时间内主要以可持续模式发展。

10.2.2　回收与再利用

在过去的 30 年里，企业面临的压力越来越大，必须更加关注所提供的产品和服务以及实施过程对环境和资源的影响。这种压力表现在关于利润、人类、地球三者之间关系的三重底线（3BL）报告中。由此带来的挑战包括将环境、健康和安全问题与绿色产品设计、高效率低能耗和绿色运营以及闭环供应链整合在一起[36]。在实现可持续的商业模式方面，材料的回收和再利用是一个相当大的挑战，尤其是在石油和天然气勘探与开发部门。几十年来，他们在材料回收利用上的习惯做法是钻探、倾倒废弃物和继续开采。然而，自从壳牌公司在迫于非政府组织绿色和平组织（Greenpeace）压力的 11 小时后，取消了自沉布兰特史帕尔（Brent Spar）储油平台的计划后[37]，公众和政治压力迫使石油和天然气公司重新审视材料回收和再利用的必要性。

10.2.2.1　布兰特史帕尔储油平台

布兰特史帕尔储油平台是北海的一个储油和油轮装载浮标，高 147m，直径 27m，排水量 $6\times10^4$t。它位于英国北海布伦特油田，由壳牌英国公司运营。1991 年该平台不再有利用价值，而壳牌英国公司用了 3 年多的时间来评估相关处置方案；它遵守了国家和国际法规，与英国的“代表性”环境和渔业组织进行了磋商。壳牌公司还根据英国法律要求，通过仔细分析和规划，制订了最切实可行的环保方案（BPEO），专家和学者一致认为，在深海处置布兰特史帕尔储油平台对环境的影响可以忽略不计，并且也认可了该方案。

选定的地址“北芬尼岭”位于英国水域内，英国政府颁发了处置许可证，并通过保护东北大西洋海洋环境公约（OSPAR 公约）批准了该处置方案，以确保符合国际协定。

壳牌公司取消原方案后，将布兰特史帕尔储油平台拖到挪威，将其停泊在一个峡湾，一直到 1998 年。1998 年 7 月，东北大西洋地区所有国家都同意禁止随意丢弃钢制石油设施。同年 11 月，壳牌公司开始拆除布兰特史帕尔储油平台。仅在将平台分解成 5 部分的一次作业中，就花费了 4300 万英镑的巨额资金，相比较而言，如果将该平台自沉到海底，作业成本仅仅为 450 万镑。最终，用这些石油工业废料建造一个新渡轮码头的地基。

无论是在环境上还是经济上，回收布兰特史帕尔储油平台油都是正确的决定，当然这是更可持续发展的成果。此外，国际社会的强烈抗议也迫使壳牌公司对管理层进行改组，并且改革了公司道德标准体系。该事件对石油和天然气全行业产生了重大影响。

10.2.2.2　设施退役

在油田使用寿命结束时，特别是在近海地区，设施和基础设施的退役现已成为油田开发生命周期规划的一部分[38]。这方面的案例研究越来越多，特别是对于英国北海一带的那些经济开发寿命已接近期限的老油田都建立了设施退役计划。实际情况是，石油公司在近 20 年间建立并完善了相关的石油设施退役计划[39]。

一般来说，只要考虑了技术要求或环境可接受性，石油设施退役过程中所使用的化学品就不会被视为重大挑战。大多数再用化学品是从很少或没有环境风险的物质清单中选择的（见 9.1.3）。然而，在石油设施退役项目中使用化学添加剂至关重要，因为它们能够有效地对储罐中的废弃化学剂和油料进行安全环保的处理[40]。此外，化学剂也广泛用于老油气田退役作业中，例如，油井封堵和报废[41]、废渣处理、油罐清洗、驱油、管道清洗和管道报废[42]。

为了提高清洁作业效果，减少污水量，需要开发安全和高效的洗涤剂产品。洗涤剂配方必须是无毒和可生物降解，而且与低温海水有较好的配伍性，并能使油水快速破乳分离。目前已经建立了这些产品的优选方法，该方法首先基于绿色化学中安全分子进行设计，如烷基多苷；其次，对不同载体（玻璃、钢、水泥等）上几种高效、安全活性物质的复配体系进行配方测试，以评估其对某种原油和老化原油的去污效率[43]。此外，对以下指标也要进行测试：

（1）乳液的相分离动力学。

（2）泡沫的形成与携液量。

根据欧盟综合评价法标准（OSPAR-COMPP）（水生生物毒性、生物降解和生物累积），需要对选定的化学剂进行生物毒性试验。此外，清洗作业后还需要对分离出来的水进行毒性试验，以评估待外排水的毒性。

上述做法的主要目标是根据技术和环境标准，通过一整套严格方法开发出可以高效清洁油污的绿色洗涤剂配方。因此，推荐和选择合适的洗涤剂产品其实并非易事。

尤其在处理生物污染的废料时，净化方案还必须包括脱硫步骤[44]，因为受到污染的油品中经常含有硫化氢和硫醇。

近期的油田设施退役项目，特别是英国北海地区的退役项目，都宣称对超过90%的材料进行了回收和再利用[45]。

10.2.2.3 油基钻井液和岩屑

油基钻井液（OBM）、岩屑及其替代物对环境的影响已在第8章和第9章中进行了介绍。特别是在8.4.1中讨论了油基钻井液中石油组分的合成产品以及天然产品的替代品。油气公司和行业监管机构倾向于对岩屑材料进行回收和再利用，特别是那些受到石油污染的材料[46]。这意味着油气公司可以不定期地回收再利用合成基钻井液（SBM）及其他符合环保要求的材料。此外，在陆基钻井现场，通常批准将岩屑运送到一个指定地点存放，这种做法仅仅是转移了环境影响。

油基钻井液可能是最有效的钻井液。尽管从钻井平台上的油基岩屑中去除了大多数油基钻井液，但其中一些附在岩屑上的油基钻井液可以排出。排出油基钻井液覆盖的岩屑时，这些岩屑不容易分散，导致装置下的岩屑和油基钻井液在海洋环境中堆积，形成所谓的岩屑堆。许多井都是采用水基钻井液（WBM）钻井，虽然有些水基钻井液随着碎屑一起排放，但在水环境中水基钻井液很容易扩散而不形成碎屑堆。但这些岩屑中可能含有来自油井的储层段的油。

例如，在北海，岩屑开始在设施底部堆积，而这些含油岩屑对海底动物群的生存环境有长期影响[47]。

历史上，油基钻井液是由柴油制成的。随着油基钻井液排放对环境的潜在影响在欧洲、北美及其他地区日益凸显，该行业与监管机构合作推出了一项自愿减排计划，最终在1996年出台了相关法规，有效地禁止了排放油基钻井液污染的岩屑。随后开发出了合成油基钻井液和非矿物油基钻井液，有效解决了钻井液的生物可降解问题。从1997年1月到2001年1月钻井液新产品陆续推出[48,49]。$\alpha$-烯烃是合成钻井液配方中的主要成分，线型$\alpha$-烯烃和聚$\alpha$-烯烃都用于制备合成基钻井液[50]。

OSPAR公约第2000/3号决议于2001年1月16日生效，有效地消除了干岩屑上按质量计超过1%的油基流体（OBF）（包括油基钻井液和合成基钻井液）污染的岩屑排放[51]。《海上化学品条例》2002年也采纳了该项决定，并通过化学品许可来监管包括钻井液在内化学品的使用和排放[52]。另外，2005年颁布的《海上石油活动（石油污染防治）条例》也对排放或回注含有来自储层的碳氢化合物的岩屑实施了许可证要求[52]。

欧盟同意了《关于海上岩屑堆管理系统的2006/5号建议》，该建议要求根据既定标准对所有岩屑堆进行评估，以确定岩屑堆是否会引起环境问题。2009 年完成了该评估，评估结果表明现有岩屑堆并不会立即引起环境问题，在装置退役时可以为各个岩屑堆制定适当的管理策略[53]。

关于岩屑堆的大部分研究成果基本一致，这些研究表明，与油性岩屑排放有关的主要海床效应是由于微生物对装置附近原油的生物降解而产生了厌氧环境。因此，由于岩屑堆内部及其附近发生了生物降解过程，预计随着时间的推移，这些影响将逐渐减弱。《钻探岩屑倡议》指出，英国大陆架上的岩屑堆不会造成需要立即采取补救措施的环境威胁。该倡议明确了从清运到存放的各类岩屑堆管理方案。此外，废弃装置在进行详细的评估之后，也会根据具体情况制订最佳的处置方案[53]。

目前，只有水基碎屑可以直接排入海洋。这些物质本身对环境并没有危害，其引发海床效应的主要机制是在高沉积区的海底生物发生了物理窒息。与水基碎屑相关的长期环境毒性和（或）食物链效应可忽略不计[54]。

当前的总体情况是，现阶段仍广泛使用油基钻井液，但产生的全部岩屑都集中收集并运往岸上进行处理。其中，原油回收再利用，非放射性的岩屑也可以重复利用。目前在北海地区，原油仍然作为传统的强化矿物油大量使用，合成石蜡在一定范围内也有应用。

尽管有证据充分表明，岩屑上的线型 $\alpha$-烯烃（LAO）和聚 $\alpha$-烯烃（PAO）无毒、可生物降解、无生物累积性[55,56]，但规定方案仍然是将岩屑运输至海岸，回收并二次利用。这是否是最佳的环保选择存在较大争议，因此需要对回收过程进行一个全周期分析，并加权评估。这将与直排到海洋中的可生物降解合成液体的使用情况进行比较。

#### 10. 2. 2. 4 采出水的再利用和回注

采出水是石油天然气行业的专业术语，它用来描述石油天然气开采过程中所采出的副产品水。油藏和气藏中一般有水、原油和天然气，水层有时位于油层之下，有时与石油和天然气处于同一层位。油井在产油的同时会产出大量的水，而气井的产水量通常很少。

为了获得最大采收率，通常会向储层注水，迫使油流出生产井。注入水最终到达生产井，因此在水驱后期，采出水占总产量的比例会明显增加。

近年来，各国对采出水的回收利用都进行了严格规定。这与 10. 2. 1 所述的页岩气开采密切相关，在页岩气开采过程中，通常在沙漠或干旱地区作业，水力压裂工艺应用了大量水。8. 3. 1 讨论了所谓压裂液的管理和再利用，在概述中还讨论了采出水的管理。采出水的回收利用是石油天然气行业中的一个重要研究课题。值得注意的是，在很多地区，老油田的产水量往往比产油量多，通常，采出水可通过回注到油气藏或处置井的方式回收再利用。

采出水回注（PWRI）的研究已有 20 年[57]。这与许多生产系统类似，通常随着油田开发进入中后期，采出水的处理成本显著增加，产值也会下降。在某种程度上，采出水回注是由采出水排放引起的环境问题驱动的；但在利润率较低的情况下，采出水回注也可以提高产值。在油气田的开发周期内，通过优化用水处理装置和采出水回注系统，在成本、空间节省和减轻设备质量方面仍有很大的潜力。

采出水回注已在世界几个主要地区进行，在大多数情况下，这些作业活动都集中在单井，在注入前采出水与海水没有混合。在很大程度上已经观察到注入能力降低，这些问题在某些情况下还十分严重，也发现过油藏酸化加快和结垢增加的现象[57]。

在过去的10年时间里，制定采出水管理战略时确定了许多关键因素，包括公司的内外部环境、技术以及业务驱动因素[58]。

根据对现有采出水管理工具的综合评估以及对一个长达10年的采出水回注联合工业项目（JIP）的考察，建立了最佳实践做法，这使得在注入装置设计、操作、监测和评估以及调整方面积累了经验，同时为成本最小化和良好的环境实践提供了依据。现场数据表明，尽管在相关注入方案中使用了净化水，但同样发现注入性降低，这意味着，使用未经处理的采出水来保持注入性能是可行的[58]。

虽然可能有不同的驱动因素来实施采出水回注，但同一油田的采出水回注无法完全补充生产造成的孔隙，特别是在油田开采早期，这个问题尤为突出，因为大部分孔隙是油气开采造成的。因此，其他水（如海水）可视为采出水“加满”后回注的水。这就产生了一个问题，即与在储层中进行混合的常规注入方案相比，在注入之前混合可能不相容的盐水，其规模控制就没有太大的意义。实践证明，生产井的规模风险会远低于单注海水的规模风险，生产井的任何剩余规模风险都可以通过挤注进行管控。但必然的后果是注入设备结垢的风险要高得多。在这种情况下，水垢沉淀的诱因是盐水混合，但这种情况不是发生在储层中，而是发生在注入之前。因此，流程中发生最大规模风险点向上游偏移了很多[59]。

不论从经济效益还是从环境保护角度来看，采出水管理都是大多数老油田关注的一项重点工作。对于监管机构、决策者和相关方十分重要的是，要在采出水回注和高成本的现场作业之间做好经济上的平衡。这种情况在低油价时期比较常见，因为此时老油田大多会面临经营状况不佳的情况，所以可持续性在某种程度上还仍然只是停留在学术层面。

众所周知，在经济因素和监管力量的共同推动下，采出水的再利用已经变得越来越必要。水力压裂对淡水的大量需求给美国部分地区的水资源供给带来了巨大压力。因为压裂需要大量的水，例如，在Marcellus盆地致密页岩层中的水平气井的水力压裂作业在2~5天内就要消耗（300~500）$\times 10^4$gal的水，工业、市政和农业用户对水资源的刚性需求更是加剧了淡水供应的紧张形势，也会导致用水成本增加。在这些地区，采出水回收再利用的重要性不言而喻[60]。

某些化学添加剂的潜在再利用和（或）通过补充注入以减少化学添加剂用量，有望在采出水回注工艺中实现。但目前还没有确切的证据表明这些技术手段是可行的，而且还有证据表明化学添加剂可能会导致其他的后续生产问题。注水试验表明，注水井可能因为缓蚀剂之间的相互作用而消耗更多的水。当用含有缓蚀剂的溶液清洗岩心时，缓蚀剂溶液表现出增产作用，使盐水的渗透性提高，这是由于化学剂与矿物表面发生相互作用，而不是由于岩石孔隙中残余油饱和度的变化而导致盐水渗透性提高。但是对于生产井而言，情况则完全相反，缓蚀剂会导致碳酸盐和砂岩表面润湿性发生变化，表明缓蚀剂吸附到矿物质基质（包括硅酸盐和碳酸盐）上后，油藏相对渗透率发生变化，导致原油产量下降，产水量增加[61]。对于碳酸盐岩油藏，对地层具有潜在伤害的水合物动力学抑制剂（KHI）也有类似作用[62]。

如5.9.4所述，硝酸盐和亚硝酸盐可作为硫酸盐还原细菌的有效抑制剂以及杀菌剂的增强剂，但腐蚀速率可能会增加[63]。进一步研究表明[64]，在亚硝酸盐存在的条件下，双相不锈钢在惰性气体或二氧化碳环境中都没有腐蚀。亚硝酸盐对于碳钢在 80℃、1 bar 的二氧化碳环境中具有抑制腐蚀的作用。加大氯化物或硫酸盐的用量对于腐蚀速率的增加作用有限。然而，在惰性气体存在的情况下，提高亚硝酸盐的浓度会显著加大碳钢的腐蚀速率。在亚硝酸盐存在的情况下，加入少量硫化物，碳钢的腐蚀速率略有增加，其效果大致同 25Pa 剪切应力所造成的影响相当。在二氧化碳存在情况下，亚硝酸盐会降低缓蚀剂的缓蚀性能，这些现象与此前的一些研究结果相符合[65]。研究证实，在采出水回注（PWRI）系统中加入硝酸盐有时会导致整体腐蚀与局部腐蚀增加。

综上所述，在回注采出水中再次加入化学添加剂，尤其是缓蚀剂的观点看上去上是最好的采出水再利用方法，但目前这并不是一个可行的技术方案。

有人认为，采出水可能是一些碱性化合物的原料[66]。采出水的矿化度很高，或许能用来制造碳酸钠。该工艺自 1861 年开始使用，也称为索尔维制碱法（Solvay Process）。该工艺生产工业纯碱的主要原料是卤水。有研究认为对采出水进行预处理，以去除钙、镁和铁等金属离子。经过预处理的采出水进一步蒸发，以达到索尔维制碱法要求的浓度。该工艺还能生产多种用途的高纯水，但是到目前为止，只有一些小试规模的实验见诸报道。

如果考虑到该工艺所产生的环境效益，在废水处理、碳封存以及生产高附加值产品过程中，利用索尔维制碱法处理采出水将会是很有前景的技术。

针对采出水回注以外的其他工业用途，甚至针对饮用水，人们目前已经对采出水，特别是陆基采出水的回收和再利用进行了评估[67]。到目前为止，除了个别先导性试验之外，这方面几乎没有取得任何进展[68]。经济因素，特别是波动的原油价格已经成为采出水回收再利用技术发展的重要推动力量。

#### 10.2.2.5 碳捕集

碳捕集工厂，特别是燃煤发电厂排放的二氧化碳的必要性已经阐述清楚[69]。由于大气中温室气体的快速累积，人们对碳捕集的关注程度越来越高，在以下两个方面投入了大量的资金和研究精力：

(1) 二氧化碳捕集技术。

(2) 二氧化碳地下永久封存技术。

最近，已经对二氧化碳捕集和封存（CCS）技术重新进行了经济性评估，由于前期研究错误地计算了所需能量，所以有人认为该技术的成本将远高于之前的估计。因此，对于燃煤发电装置产生的二氧化碳污染来说，该技术经济可行性差[70]。

尽管碳捕集过程原理上简单，可是对工程师和大规模应用而言，仍然具有很大的挑战性，并且还需要得到政府的资金支持。在石油天然气行业中，碳捕集具有经济价值，也得到了工业推广。例如，在萨拉赫（Salah），距离阿尔及尔以南 700mile 的撒哈拉沙漠[71]，油田天然气中二氧化碳浓度约为 7%，在运往欧洲市场之前，必须将其降低到 2%以下。在萨拉赫，二氧化碳浓度需要降低至 0.3%，这不是简单地将脱除的二氧化碳排空，而是将其用泵输送到气藏下面的蓄水层。气体流量在实际环境中相当于道路上行驶的 20 万辆小汽车产生的尾气量。这只是一个虽然少见但却完全实现了可持续的案例，更多项目还需要政府给予支持，从而取得实实在在的环境效益。尽管碳捕集技术没有补贴，运行成本偏高，推广应用受到一定限制，但其至少已经发展成为一项可行的技术，而且每年能捕集大约 $3000\times10^4$t 二氧化碳。当然，在一个倡导零碳排放的社会里，这些显然还不够。国际能源署（IEA）表示迫切需要实施 CCS 技术，因为国际能源署认为，如果不实施该技术，那么改变气候变暖趋势的目标就无法实现[72,73]。尽管该技术能够使化石燃料未来进入零碳排放时代，许多国家的政策制定者对于该技术的实施仍面临两难境地。美国的情况尤为突出，该技术在许多方面得不到政府支持，这也就意味其默许了全球气候变化的现实状况。

在石油天然气行业，除了用二氧化碳驱油（EOR）技术（见 5.9.4）外[74]，大多数研究是政府强制实施二氧化碳封存技术后才设立的，二氧化碳注入深层的盐水地层。商业运行上，这项工作的成本通常可以通过碳交易回收，无论是直接的碳税，还是间接的碳排放信贷。此外，还有一个不十分准确的推测，二氧化碳驱中所封存的二氧化碳并不能解决二氧化碳减排问题，原因如下：

（1）二氧化碳封存量太小，最终效果不明显。

（2）封存量只是二氧化碳注入量的一半。

（3）增产的原油被世界各地消费，导致实际碳排放增加，进一步加重了国际社会对碳基燃料的依赖性。

前两种说法是不准确的，第三种说法又忽略了石油和天然气在现代社会发挥的作用。另外，通过出售二氧化碳来进行碳捕集的商业运作，以及正在进行的三次采油技术和应用项目论证，被一些人看作是实施碳捕集长期战略的障碍。例如，到目前为止，英国还没有充分地建立碳捕集工厂。2015 年 11 月，英国政府取消了价值 10 亿英镑的碳捕集与封存技术竞争，而就在 6 个月前，竞争才刚开始。

本书介绍了一些用于碳捕集的化学剂，正如 6.1.7[69,75] 所述，其中许多方案都非常简单，大多是胺和酰胺类化合物。

离子液体可以用作碳捕集吸附剂，与传统的吸附剂（如目前占主导地位的氨基技术）相比，离子液体具有许多优势。其中，1-丁基-3-甲基咪唑六氟磷酸（图 10.2）就是一种常见的二氧化碳吸附剂。

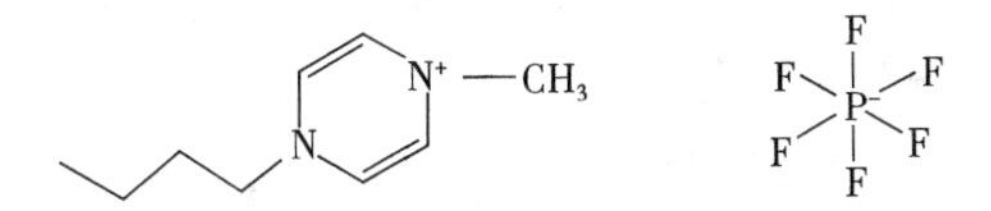


图 10.2　1-丁基-3-甲基咪唑六氟磷酸

二氧化碳在离子液体中的溶解性主要由阴离子决定，很少由阳离子决定，因此六氟磷酸盐阴离子（$PF_6^-$）和四氟硼酸盐阴离子（$BF_4^-$）已证明特别适合用于二氧化碳的捕集[76]。

似乎有理由认为，如果要实现真正的零碳排放，就必须捕集原来那些不得不排放出的碳，而碳捕集与封存技术及其所涉及的化学剂对实现这一目标是至关重要的。石油和天然气部门在这方面可以发挥关键和长期的作用，但这也需要各国政府的支持和经济效益驱动。

#### 10.2.2.6　其他材料的回收和再利用

随着近海油田的经济开发寿命接近尾声，越来越需要关停油气开发平台及其他设施，以确保安全环保和符合政府法规。装置报废是一项复杂的工作，需要系列设备和专业知识。对生产作业中打捞出来的材料进行回收和再利用则是装备报废顺利进行的主要的驱动因素和成本回收保障[77]。

先进的做法是寻求一种更为有效的平台处理方法，将多种服务整合起来，并将其作为一个项目进行管理，目的是以固定的成本安全高效地完成处理工作[78]。而且这种方法使得尽可能多的材料（从钢质夹套到黏合剂涂层）得到回收和再利用显得至关重要。

## 10.3 石油和天然气勘探开发行业化学品的环境归趋

第9章中介绍了对石油和天然气勘探开发行业当前监管的诸多评论。石油天然气行业和政府监管部门如何评价该行业中使用的化学品的环境归趋或许是这些评论的主要出发点。因为许多地区优先考虑化学品固有的生物降解性，导致那些不能生物降解，也没有生物可利用性的物质往往处于不利地位，并禁止使用。

环境归趋通常定义为化学或生物污染物在环境中释放后的生命周期[79]。化学物质进入生态系统的环境归趋通常比检查单个参数要复杂得多。一些公认的传统观念在本章中受到了挑战。

### 10.3.1 稀释

对于那些无法快速生物降解的顽固性物质，稀释是降低其浓度的一个重要方法，比如金属及其他无机材料。

如8.4节所述，石油天然气勘探开发行业使用的大多数化学品不是纯的浓缩物质，而是几种物质经溶剂配制而成的混合物。因此，这些物质已经被稀释了。这些化学物质在使用之后，其在接收环境中进一步稀释，根据环境的不同，稀释倍数可能非常大。

在海洋环境中，受纳水体的稀释能力可以定义为用于废水稀释的受纳水体的有效容积。有效容积随潮期和瞬变物理现象（例如分层）而变化。特别是在河口，涨潮时的有效容积比低潮时大得多。在检查这种化学排放物的潜在污染风险时，考虑最坏情况下的物质浓度(通常是低潮，但是涨潮将污染物进一步带入敏感地点的情况除外)。分层可以减少垂直混合并限制出水进入水柱的上层或下层，从而减少受纳水体的有效容积。

稀释过程可分为初始稀释和二次混合。

对于石油天然气勘探开发行业的排放物来说，排出水主要是某种形式的水（海水、地层水和采出水)，其中包含了多种污染物。在海上作业期间，排放点一般位于可以确保出水能够被排放到海水下面的位置。由于接纳盐水的海水和出水之间存在密度差，当漂浮的排放物上升到水面时，会发生初始稀释。在某些分层的情况下或污水中含有海水（例如在冷却水的排放中)，那么出水可能不会上升到表面，而可能会被截留在水柱的下层。在设计陆上污水排放口（包括扩散器的使用）时，尽可能将更多的接纳水引入出水中，最大限度地提高初始稀释度。用于排放物设计的《初始稀释量指南》通常由主管部门制定[80]。

对于许多漂浮的排放物来说，出水上升到表面并形成“沸腾”状态，然后形成羽状流，羽状流扩散后进行二次混合。当密度差微不足道，且污染物在水柱内的浓度趋于均匀时，羽状流最终在水柱中垂直分散和水平分散。由于潮汐、风和波浪驱动的洋流的作用，还会进一步稀释。

在近海环境中，混合区是指围绕表面沸腾的海面区域。混合区包括二次混合过程的早期部分，并规定要确保在混合区边界之外不会发生重大的环境破坏。

对于一种特定的污染性物质来说，根据 EQS 来定义一个单独的混合区。混合区是在其范围内超出环境质量标准的海面区域[80]。混合区与欧洲海相地点特征之间的关系是确定稀释标准可接受性的关键考虑因素。

在混合区范围内的稀释包括初始稀释（当羽状流从排放点上升到水面时接纳到的稀释）和二次稀释（在表面“沸腾”和混合区边缘之间进行的速度较慢的稀释）。为了确保这个海上场地不受影响，建议根据现场具体情况评估最低排放量（流量或负荷）。这取决于与排放物相关的物质和（或）物理化学参数，以及与生物群落或物种有关的排放位置。另外，还需要考虑排放物的初始稀释。例如，对于低毒性出水来说，认为适当的初始稀释倍数为 50 倍，但是对于高毒性出水来说，可能需要最小初始稀释倍数至少为 100 倍[80]。

混合区的最大尺寸建议为以羽状流流动的任何方向上的中心“沸腾”点为中心 100m 半径的范围内。但是，排放物区域内的污染物的流量和浓度对于确定混合区的尺寸也至关重要。

就环境影响而言，不仅需要了解排放物中化学品的生态毒理学特征，还需要了解影响这些生态毒理学特征的稀释因子。针对各种出水排放物进行了建模研究[81]。另外，还为海上石油天然气行业建立了一些模型，如 9.6.2 所述。然而，这些模型在研究稀释因子方面的先进技术非常有限，因此需要公开做出解释，并由专家做出判断，第 9 章已经对此方面内容进行了详细说明。

### 10.3.2　逸度法

化学物质的环境归趋可以用一个概念方案来解释，这个概念方案中涉及每个环境舱中的给定化合物的热力学状态，逸度法就是这样一种方案[82]。该方法基于物质的热力学性质，因为从热力学意义上看就是物质向“下坡”流动，也就是说，质量从高化学势流向低化学势。据此可以得出结论，浓度与单个环境单元（如水生环境）中的化学势成正比，但是不会跨越介质边界，例如从水到空气大边界。这种方法的目的是用一致的热力学方法来表示不同介质中的浓度，从而使下坡流变得明显。逸度法的策略是把任何介质中的浓度表示为热力学意义上的蒸气相分压或逸度的当量，逸度可视为一种化学品逃逸的趋势。因此，逸度高就是迁移的趋势大。这就产生了这样一个概念：每个阶段都有逃逸能力。因此，在污染物浓度相同的情况下，高逸度介质中的逸度梯度比低逸度介质中的要小。换句话说，具有高逸度的环境单元可以接受高浓度的特定化合物[82]。

这种方法是多种环境污染研究模型的基础，并继续致力于建立包含质量平衡和传质概念[83]的复杂模型。进而开发出通用的多介质环境归趋模型，该模型可以模拟多达 4 种相互转化的化学物质的归趋。当释放出来的化学物质的降解产物比母体化学物质的毒性更强或持久性更长，或当物质之间存在循环时，如伴随缔结、离解或电离一起发生时，需要进行多物种化学品评估。石油天然气行业里就会经常出现将多种化学物质同时排放到环境中的情况。

为了预测有机化学品在多体系环境中的归趋和运输，已经建立了 4 个层次的多介质逸度模型，见表 10.2。

表 10.2 模糊复杂性层次

| 第一层次 | 平衡状态的封闭系统 | 根据热力学假设的单元之间的平衡（分配系数，如 $K_{ow}$、$K_w$ 或 $K_S$），未考虑转化和主动运输 |
|---|---|---|
| 第二层次 | 平衡状态的开放系统 | 除第一层次外，还考虑了持续排放和转化（如生物降解、光解） |
| 第三层次 | 稳态的开放系统 | 除第二层次外，还考虑了主动运输和单元的特定排放量 |
| 第四层次 | 非稳态的开放系统 | 除第三层次外，还考虑了排放动力学和由此产生的时间浓度过程 |

根据相数和过程的复杂性，采用不同层次的模型。许多模型适用于稳态条件，并且可以通过使用微分方程重新对这些模型定义来描述时变条件。这一概念用于评估化学品从温带转化以及在极地“浓缩”的相对倾向。多单元法已用于定量水—空气—沉积物相互作用（QWASI）模型，该模型专门用于研究湖泊中的化学归趋[85]。多舱法还可以用于 POPCYCLING-BALTIC 模型中，该模型描述了波罗的海区域持久性有机污染物（POP）的归趋[86]。

化学物质可能对环境造成影响，这种类型的环境归趋和运输分析越来越普遍地应用于多个工业部门。然而，客观地说，在评估石油天然气勘探开发行业使用和排放的化学品的环境归趋时，人们很少使用这种方法。虽然第 9 章所介绍的模型的确可以研究各个舱室中的环境，特别是海洋环境，但是据作者所知，还没有真正地使用逸度概念来研究整体环境。

### 10.3.3 风险评估

如第 9 章所述，由于许多领域都有监管要求，因此编制了风险评估标准，仅根据化学品固有的潜在危险，基于潜在的环境影响对化学品进行分类。这些危害系数几乎完全基于生物降解速率的点数据和以这些生物的致命剂量表示的毒理学数据。如前一节所述，海洋环境尤其如此，稀释因子在向环境中排放有毒废水方面起着重要作用。

作者认为，在可持续的石油天然气行业中，需要建立更复杂的风险评估模型。已经完成了部分工作，应该对此重新进行考虑。一些化学服务公司采用全球法研制石油天然气勘探开发用的部分化学品[87]。然而，焦点主要集中在合规性方面，特别是在 OSPAR 公约组织地区，强调需要彻底审查环境适应性和相关法律法规的合规状态，开发更满足环保要求的产品。核心战略是改善化学产品的特性，以减少对海洋生物的风险或伤害，并需要替换先前可接受的化学产品，例如，剔除受限材料并加入具有更优生态毒性值的成分。为了实现这一战略，可以采用化学产品生命周期管理流程（C-PLMP），该流程涵盖了一种化工产品全生命周期，该流程中的每一步都为关键性产品的开发提供了指导方针。

这类方法是化学品制造、供应、使用和处置（回收和再利用）的可持续产品生命周期运转过程中的一个关键分析方法。

为了改善化工产品的风险特性和环境特征，提高产品开发合规性，人们制定了一种比较评分流程[88]。该方法利用已开发产品的环境危害特征与现有的同类产品进行比较。利用这种方法，在项目开发阶段可以改善产品的危害特性；然而，这种方法依赖于现有物质和待评价物质数据的可用性，而且这些数据必须可靠且有效。

第 9 章介绍的 CHARM 模型和 DREAM 模型都具有风险评估要素。然而，正如所描述和评论的那样，这些模型都用作风险排序工具。

### 10.3.4 生物利用度

在考虑化学产品的环境归趋时，最重要的是评估其生物利用度。对于很多监管流程来说，都是通过分子量进行生物利用度评估，许多监管机构通常以700作为最高分子量。这意味着具有高分子量的化合物和聚合物将归为不可生物利用的。然而最新证据表明，有机碳的溶解性同分子量的相关性可能比人们早前认为的更加复杂，分子量较高的化合物也可能具有生物可利用性[89]。

如3.9节所述，通过对生物累积潜力进行评估来对最高分子量以下的分子的生物利用度进行初步评估，对于许多油气田化学添加剂来说，比如表面活性剂是无效或几乎无效的[90]。最高分子量标准并不严谨，生物累积性评估作为生物利用度的一种度量方法至少对于测量辛醇—水分配系数就存在一些问题。

几十年来，环境毒理学研究人员一直在研究生物利用度的概念。值得注意的是，如此重要的报告竟然缺乏该术语的专业定义。鉴于生物利用度概念的法律和监管含义已经作为危害和风险评估框架的一部分，必须充分理解该术语。

例如，1990年《环境保护法》第ⅡA部分的《英国土地污染条例》中把土地污染定义为：地表或地下的物质正在造成重大损害或有正在造成损害的重大风险[91]。因此，仅仅存在相关物质是不够的，必须还存在与受体发生有害的相互作用。由于毒性效应要求生物体吸收污染物，因此需要考虑物质与土壤颗粒结合的程度或造成危害的程度。

提出了生物利用度的定义：生物利用度是化学物质从生物体生存的介质中通过细胞膜的固有能力。

一旦发生转移，化学物质的同化作用将产生关键影响。但是，在某些情况下如果物质（例如二氧化硅）对生物体没有毒性或确实有用，那么不应考虑这类物质（见7.2.7）。因此，与其他因素相比，生物利用度本身不一定是关键的环境影响因素，但它需要将其与毒性和生物降解相关联。

此外，在考虑生物利用度时，要特别考虑水生环境中生物累积和营养转移的可能性。生物累积污染物的有机体，包括水和沉积物中的化学物质，可能会将这些污染物转移到食物链中更高层次的捕食者身上[92]。在研究化学物质的环境归趋时，关键因素是这些污染物能在多大程度上通过食物传输及其对生态系统中的较高等生物的潜在影响。

需要指出的是，相对于净化率和代谢率来说，当暴露水平和吸收率足够高时，化合物的生物累积仍然存在问题，但是生物累积潜力大并不意味着具有生物放大潜力。事实上，对于那些较容易被食物链底层附近的有机体吸收的化学物质来说，代谢能力更有可能处于连续较高的营养层次上。当化学品通过食物链达到更高的营养层次时，就会发生生物累积，于是在捕食者体内，该化学物质就会超过生物体与其环境之间达到平衡时的预期浓度[93]。

下一节将更全面地分析生物累积。

### 10.3.5 生物累积和持久性

生物累积定义为通过接触、呼吸和摄入等所有可能的方式摄入的化学品的摄入量及其在生物体中的浓度[94]，生物浓度是指完全通过呼吸方式从水生生态系统的水里或陆地生态系统的空气中摄入的一种物质在生物体中的摄入量和保留量。因此，在动物脂肪组织中可能会积累重金属或有机化合物残留物。这些重金属或有机化合物残留物可以通过食物链传播（例如通过鱼、贝类或鸟类），并在顶级食肉动物和人类中以较高的营养水平达到更高的浓度，这可能是有害的。另一种观察生物累积的方法是脂质（亲脂性）污染物从脂肪组织中逸出的趋势（逸出性）要比从水中逸出的趋势低得多。

经济合作与发展组织将持久性定义为化合物进入环境后在环境中所停留的时间。有些化合物可能永久存在[95]。然而，从潜在的环境影响和环境危害来看，这类化合物必须具有生物可利用性和生物累积性。

正如本书多个章节中所讨论的那样，特别是第3章中关于表面活性剂的讨论，测定油田化学品的生物累积潜力可能充满困难。然而，一种物质即使已被实没有生物累积性，它也不一定会获得众多监管机构的青睐，因为监管机构关注的重点是生物降解速率。

辛醇与水分配系数的对数测定是评价生物累积潜力的标准方法，主要有以下3种方法：

摇瓶法 OECD 107[96]是一种通过实验测定 $\lg P_{ow}=2\sim4$（偶尔最大为5）的 $P_{ow}$ 值的方法。该方法不能用于表面活性材料。分配系数的定义是溶解在由两种极不互溶的溶剂组成的两相体系中的一种物质的平衡浓度之比。

摇瓶法 OECD 117[97]使用反相高效液相色谱法（HPLC）测定特定化学品/表面活性剂的保留时间，并将结果与已知保留时间的参考样品进行比较。该方法应用范围为 $\lg P_{ow}=0\sim6$，但在特殊情况下可外延到 $\lg P_{ow}=6\sim10$。将计算出来的容量因数插入标定图中即可得到测试物质的分配系数。对于非常低和非常高的分配系数来说，必须使用外推法。

摇瓶法 OECD 123[98]是第三种已经使用并得到认可的方法。这是一种缓慢搅拌法。该方法主要开发和用于支持摇瓶法 OECD107。它可以测定 $\lg P_{ow}$ 高达 8.2 的 1-辛醇—水分配系数值。水和1-辛醇之间的分配系数的定义为纯试验物质在用水（$C_o$）饱和的1-辛醇中的平衡浓度与纯试验物质在用1-辛醇（$C_w$）饱和的水中的平衡浓度之比。为了测定分配系数，25℃条件下将水、1-辛醇和待测物质在反应器中搅拌达到相平衡，全过程要求避免日光照射，通过搅拌可以加快各相之间的交换。测定两相中待测物质的浓度。每次测定 $P_{ow}$ 值时，都必须要在相同条件下至少进行3次独立的缓慢搅拌实验。用于证明达到平衡的回归应基于在连续时间点上至少测定4次 $C_o/C_w$ 的数据。在该方法中辛醇液滴有可能会在水相中形成。

虽然这些方法相对便宜，但可能会耗费时间，尤其是实验误差较大。该方法的主要问题在于表面活性剂是否具有真正的分配系数仍存在争议。因为表面活性剂具有自缔合、乳化，在油水界面发泡和聚集的特性。另外，辛醇本身也是一种表面活性化合物，其 $\lg P_{ow}=3$。

生物浓缩系数衍生法的替代方法非常昂贵、复杂和耗时。在 8.4.5 中，在测定 $\lg P_{ow}$ 时介绍了表面活性剂生物累积潜力的一种相对便宜的测定方法[99]。

在 $\lg P_{ow}$ 测量过程中，表面活性剂的浓度低于临界胶束浓度（CMC），可以确保没有胶束形成。混合物中的表面活性剂是否存在于辛醇—水界面或表面活性剂是否吸附到样品玻璃表面仍存在争议。

相对溶解度值（RSN）与 HLB 值相反。相对溶解度值是表征表面活性剂的水溶性和疏水亲水性的一个经验测定值（见 3.1.8）。RSN 值通常用于表征乳化剂，其定义为添加到溶剂系统中以产生连续浑浊度所需的蒸馏水的量。

通常使用苯/二恶烷的混合物作为溶剂，该溶剂可以被甲苯/乙二醇二甲醚（EGDE）体系替代[100]。根据两相的性质和化学组成，人们可以深入研究该方法的机理。当开始把水滴定到由二恶烷和甲苯组成的溶剂中时，二恶烷将水和甲苯溶解。在水的百分比含量足够高的某一点时，二恶烷就不能再将甲苯和水结合在一起，水就会分离出来，形成富水相。这时，溶液变浑浊。表面活性剂的加入会影响溶剂体系。疏水性较强的表面活性剂会增强溶剂体系的疏水性，而亲水基团与水分子形成水合物，即溶剂体系可以处理的水量取决于表面活性剂的疏水性和亲水性。因此，RSN 值高表明表面活性剂更具亲水性，而且要使极性头基团水合，在溶液变得浑浊之前需要更多的水。RSN 值和 HLB 值都决定了表面活性剂具有相似性质。数值较高表明水溶性较高，而数值较低则表明表面活性剂的水溶性较低。对于所有种类的表面活性剂，RSN 值与 HLB 值之间的一般性关系的测定方法目前尚未研究。这一任务似乎是具有挑战性的，因此，对于将 RSN 值推广到所有表面活性剂上还有待证实。然而，在特定种类的表面活性剂中似乎存在着良好的相关性，也证明是一种有效的工具，在开发环境可接受的表面活性剂时无须进行耗时的分配研究或昂贵的生物浓缩研究工作。

生物累积和持久性都可以用单个介质或环境舱的数值表示。对于多介质系统来说，不能使用半衰期的概念（通常用于量化持久性），这是因为某些环境舱中反应速率比其他环境舱中的反应速率快，且总反应不是一阶反应。因此，必须将持久性表示为反应引起的总体停留时间。这导致在研究模型系统中的这些关系时会遇到大量复杂的事情。

总之，计算质量平衡方程适用的每个环境舱或环境箱内的单个反应停留时间或持久性。还可以推导出由整个环境箱组成体系的数值。如果这些环境箱的逸度相同（即处于平衡状态，如第二层次），那么进入方式并不重要。如果这些环境箱的逸度不同（即不处于平衡状态，如第三层次和第四层次），那么进入方式会影响整个体系的停留时间，但不会影响单个环境舱的停留时间[101]。

综上所述，将多介质模型和生物累积模型结合起来，可以全面评价化学归趋、运输、人类和野生动物的暴露量。如果是这样的话。利用毒性信息来评估风险是一个合理的步骤。事实上，许多经过仔细研究的化学品都具有这样的能力，但可以说，有必要将这种能力扩展到其他更具挑战性的化学品和环境条件中，也许还可以扩展到所有商业化学品中。最后，作者认为，为了获得与化学环境归趋相关的这些应用的益处，风险评估需要继续努力开发定量的结构—活性关系（QSARs），这种关系可以通过协调建模数据和监测数据[102]预测相关的化学属性和方案，以便验证这些模型。

## 10.4　石油天然气行业的环境污染和治理

在考虑上游石油和天然气行业的可持续性时，必须考虑污染事件对生态系统产生的巨大影响，有些甚至是灾难性的影响，如 2010 年的深水地平线钻井平台爆炸事故[103]。实际上，受过重大石油污染事件影响的生态系统和野生动物的状态似乎只能慢慢恢复。

根据深水灾害吸取教训获得的少数成功案例之一是直接在油井泄漏源使用分散剂。工程师们认为，分散剂避免了石油颗粒流凝结成稠密的油块，否则这些油块会到达陆地并覆盖海岸线生态系统[104]。然而，也有研究显示深水渗漏的物理过程可以自然防止凝结，分散剂并没有发挥作用[105]。最新研究表明，分散剂可能大大减少了海面空气中有害气体的数量，降低了紧急救援人员的健康风险，使他们能够继续工作以封堵泄漏并尽快清理现场。3.8 节详细介绍了溢油分散剂。

由此可见，应对大规模原油泄漏等突发事件既需要紧急处理，也需要进行控制。预防性计划和应急响应仍然是我们所掌握的、必要时主要预防这类事件并对其做出响应的最好工具。重要的是，应尽一切可能避免这种大规模污染事故发生。有些人认为应该停止所有石油天然气的勘探和开发，但这是不现实的[106]；但不受控制和约束地开采自然资源也是不合理的。西方社会需要带头走向可持续发展，在向低碳经济[107]转型的同时，使用可持续的方法开采和使用油气资源。西方等发达国家指责发展中国家使用和排放油气资源对环境影响越来越大，这也是不公允的。

正如前一章所讨论的那样，工业界需要提高自己的竞争力，在制定环境保护方面和措施方面也面临挑战，这不仅仅是遵守法规，还意味着要实施严格的规划和制度，以防止石油泄漏灾难的发生。当然，也有许多人担心北极冰盖下水域发生重大石油泄漏产生的后果，政府机构和石油行业正在开展大量工作以制定减少石油泄漏的方法[108-110]。这项工作必须要坚持下去，这样才能优选出最好的制度和方法来避免油田污染。其次，当发生重大事故时，人们的回应是尽量减少和降低此类事件的影响。停止继续开采石油和天然气的原则立场是行不通的。但是，利用这些资源来实现经营方法的真正改变、帮助发展中经济体走向更好的未来，并最终成为更低碳经济体，将会富有成效。作者认为，在减少污染和减缓气候变化方面，时间已经不多了；但是鉴于其他形式发电、燃料供应以及重要化学和其他原材料的技术现状，今后一段时期内仍将需要依赖油气资源，以保证在可持续的未来人们的生活水平仍然保持合理水平。

此外，当以可持续的方式研究环境污染时，从宏观角度来看，如果考虑污染物排放来源供应的全部过程，那么由于人类活动进入环境的污染物与油气开采和使用过程中进入环境的污染物其实一样重要。一个实例就是海洋中的塑料污染，特别是塑料微粒污染[111]。

虽然塑料主要来自石油产品，但海洋环境的污染几乎完全是由于向海洋中倾倒废塑料导致的。第一份关于海洋塑料废弃物的报告发布于 20 世纪 70 年代初，当时海上石油天然气的勘探还处于起步阶段[112]。即使在那时，也可以检测到塑料颗粒的直径为 0.25~0.5cm。从那以后，陆续报道了很多生态破坏事件，都涉及各种记录在案的物质[113]。近年来，调查的焦点转移到了塑料微粒或塑料球，现在有很多证据都证明由于塑料微粒以及塑料微粒与持久性有机污染物（POP）之间的关系使得海洋受到严重污染[114]。这些塑料微粒的大小范围在 1nm~5mm 之间，它们是由于海洋环境中塑料的脆化和降解产生的。海洋物种对这些物质的摄取以及微生物对它们的利用具有非常重要的生态意义。这些污染物是人类肆意使用塑料、缺乏再利用和循环处理以及将这些材料排入海中造成的。联合国呼吁全球各国政府采取措施减少塑料排入海洋的数量[115]。一旦这些材料被排入海中，从环境中去除它们的可能性是非常小的，因此必须努力做到减量、再利用和循环处理。

## 10.5　生命周期管理

为了以可持续的方式应对石油天然气勘探和生产行业的未来，生命周期管理过程将至关重要。生命周期管理定义为管理一个产品的整个生命周期，从被制造的制品开始，到设计和制造，再到产品服务和处置整个流程。生命周期管理集成了人员、数据、流程和业务系统以及为公司及其附属企业提供产品信息[116]。

当前对于石油天然气行业，特别是在苛刻和复杂工作环境下，生命周期管理主要集中在复杂设备的管理和维护方面。有效地保持基础设施处于良好的工作状态（并限制维护成本、维护中断）对于优化性能、维护安全的环境和确保无污染事件发生至关重要。在世界各地多种极端条件下，很多技术只有不断发展并且变得更加复杂才能应对新的运营要求，这些挑战已经越来越突出了。

与此同时，石油和天然气运营商越发依赖实物资产的可靠运行来提高竞争优势，而旨在确保人身和环境安全的监管框架日益严格，新的挑战正在出现。因此，一个有效的企业资产管理战略必须是全面、灵活、适应性强的。降低运营成本、强化安全性和环境保护是非常必要的，集成资产生命周期管理流程可以解决这一矛盾。这种流程体系为资产管理提供了一种复杂、创新和全面的方法，它基于单一的协调系统来发挥潜在的巨大效能。

以资产为基础的生命周期管理可以支持公司的维护管理从纠错模式向预防模式转变，并进一步发展到预测性维护模式。以资产为基础的生命周期管理的综合方法对石油和天然气公司来说是一个潜在的规则改变者。如果实施成功，公司可以利用常见维护流程进行服务、检修，必要时还可以更换重要的有形资产，从而随着公司不断改进其维护体系，不断地释放出强大动能。最好的制度不仅是灵活、全面的，而且还要纳入公司的运营框架中，这样有利于提高预测的准确性，形成以可靠性为中心的维护管理体系。这样做的好处是运行时间更长，停机成本更低，公司资源使用效率更高。因此，公司会对额外的维护技术和可靠性技术进行再投资，从而继续延长油气企业资产寿命。仅就这一点而言，实现可持续经营的好处显而易见：

（1）设备更可靠，停机时间更短，因此生产效率更高。

（2）积极管理法规要求和合规要求，特别是全球复杂多变的监管框架中的法规要求和合规要求。

（3）安全和环境标准的符合性明确并可验证。

预防性维护管理与预测性维护管理不仅减少了大规模故障和高成本停产的概率，而且使定期维护过程更高效。给各种系统配置公司特定的变量、跟踪和解析法配置系统，确保具体操作过程中的每一步骤都做到程序标准化和材料标准化，从而降低了安全风险、环保风险和操作成本。这样的制度也在供应链、库存和财务控制之间建立了一个基本联系。

由此产生的运营效率和战略效率就是石油天然气公司可以确保他们尽可能减少浪费，尽量延长正常运行时间，并对供应链（包括化学添加剂的供应和使用）进行严格控制。

这种全局低成本战略也会对油田的潜在拓展产生影响。乍一看，这似乎不是一种可持续性观点，但从环保角度来看，最大限度地提高一项资产的利用效率，肯定要比废弃它而重新寻找下一个要好得多[117]。

### 10.5.1 生命周期评价

任何生命周期管理的关键部分都是引入生命周期评价（LCA）的组织环境管理和供应链。已经制定了国际标准 ISO 14040:2006，其中规定了 LCA 的原则和框架[118]。

生命周期评价是组织机构能够分析其产品和服务的环境影响的一种方法。生命周期评价在产品和服务的整个生命周期中都要进行。这个过程允许进行产品对比，对于系统输入和输出进行战略决策，并开发和利用产品末期寿命设计策略。因此，在石油和天然气行业的化学品供应方面，应解决以下问题：

（1）化学品供应所涉及的化学品产地。

（2）制造过程的可持续性及环境影响。

（3）所供化学品的使用和排放。

（4）化学品使用和排放的最终环境归趋。

如前所述，工业界已对化学品的使用和排放进行全程关注，这点在很大程度上也是相关法规的基本要求。为了使石油和天然气行业更具可持续性，在供应链中使用生命周期评价至关重要，其供应链中包括化学添加剂的供应。

生命周期评价从原材料的采购、制造、供应、使用、寿命末期处理和最终处置的完整方式研究环境因素和潜在影响。对于石油天然气勘探开发行业中使用的化学添加剂来说，生命周期评价可能会转化为评价供应链的以下方面：

（1）原材料来源，石油化工或天然材料。

（2）制造业的耗能量和碳排放。

（3）运输和供应。

（4）加工过程中的用途。

（5）排放造成的环境影响。

（6）环境归趋。

通常，生命周期评价不涉及产品及其用途对经济和社会带来的影响。

### 10.5.2 社会生命周期评价

在20世纪的最后10年，可持续发展在社会层面上的重要性大大增强。许多行业的利益相关者的压力已经从环境问题转移到与社会相关的问题，并以项目和技术的形式取得了新的进展。在全欧洲能源平衡及从碳基发电向可再生能源转变的背景下，这一现象在页岩气辩论中尤为重要。尽管在技术、环境和能源安全方面可以提出合理的理由（见10.2.1），但社会和政治的不确定性可以反驳这些论点[119]。这就是社会生命周期评价（SLCA）等过程可能有助于支持和决策可持续能源政策的地方。

围绕社会生命周期评价的问题集中在数据的量化上。通常有很多社会指标，但大部分指标是定性指标，所以有必要关注一些定量指标，建立完善的评价流程[120]。

社会生命周期评价的发展尚处于起步阶段。与环境指标相比，在社会影响性的测定和适用指标的计算方面发展程度较低，其目的是评价与所承担项目和技术相关的潜在责任。许多重要的概念需要澄清，其中包括处理200多个社会指标。因此，任何社会生命周期评价方法都必须要解释为什么该方法基于中点或端点，以及为什么该方法是对生命周期评价的补充或包含在生命周期评价中。与经济性和成本估算做类比，社会生命周期评价把数据和估算结果纳入统计范围中，其中一些数据和估算结果与产品生命周期评价及其影响因素有关。例如，关键指标主要关注的是满足基本需要所需的工作时间，然而，这可能是诸多指标之一，其中的许多指标无法量化。因此可以得出结论，目前定量的社会影响性评价方法不能应用于工业项目和技术生命周期管理，但这并不意味着未来在迈向更可持续的环境进程中，石油天然气行业以及其他行业就不用努力开发适当的可验证的方法。目前只能说服这些行业支持这一看法。

作者建议，如果还未进行关键指标识别和数据收集，就应该立刻启动相关工作。

## 10.6 “绿色”化学

化学一直是影响环境和对地球生态系统造成环境负担的主要因素。最近，人们通过“绿色”化学和碳捕集等措施，去努力实现可持续发展。1979 年，詹姆斯·洛夫洛克（James Lovelock）提出了著名的盖亚理论[121]，认为目前地球大气层中温室气体的负荷正在接近或已超出了极限值。大多数科学家已经达成了压倒性共识，那就是全球温度的加速上升是不可避免的，这是一个限制损害的问题。然而，尽管已经说了这么多，但在温室气体减排方面几乎没有采取具体行动，已迫在眉睫。因此，需要立即采取政策措施并且付诸实施。

在整个研究过程中，已经介绍了化学及其在石油和天然气工业中作为化学添加剂的应用，以及所谓的“绿色”化学的使用，特别是在开发更环保的化学产品方面。

“绿色”化学可能是一个难以界定的概念。通常有很多方法可以回答这个问题。但是，这些方法很大程度上取决于行业和工业应用。整个化学工业可以接受的定义大概如下[122]：

“绿色”化学，也称为可持续化学，是化学研究和工程学的一种哲学，鼓励在产品和工艺设计时尽量减少使用和生产有害物质。

国际纯粹与应用化学联合会（IUPAC）将其定义为[123]：减少或消除对人类、动物、植物和环境有害的物质的使用或产生的化学产品和工艺设计。

人们也接受了“绿色”化学在实验室和工业规模上都采用了防止污染和零浪费的工程概念。它鼓励使用经济和生态兼容的技术，这些技术不仅可以提高生产过程的产量，而且可以降低化学过程结束时的废物处理成本。

“绿色”化学可能是支撑可持续发展的主要技术基础之一。它考虑了潜在的环境影响，并试图通过应用某些原则来减少或最终避免这些影响。以下 12 条原则是由华纳（Warner）和阿纳斯塔斯（Anastas）在 1998 年提出的[124]，其中介绍了“绿色”化学在可持续性、效率和环境安全性方面的实践。研究和开发“绿色”化学的大多数研究人员及其他实践者并没有忠实地落实全部 12 条原则，但是即使只采纳了其中几条原则，例如从可持续资源采购，也会对未来的环境产生重大影响。

（1）防止浪费：设计化学合成工艺以防浪费，无须进行废物处理或清理。

（2）设计更安全的化学品和产品：设计完全有效、毒性很小或没有毒性的化学品。

（3）设计危害较小的化学合成物：设计合成物以使用和产生对人类和环境几乎没有毒性或完全无毒的物质。

（4）使用可再生原材料：使用可再生而非消耗性的原材料。可再生原料通常是由农产品制成的，或者是其他过程产生的废物；消耗性原料的原材料是由化石燃料（石油、天然气或煤）制成的或直接开采获得的。

（5）使用催化剂，非化学计量试剂：使用催化反应，尽可能使废物的产生最小化。催化剂用量少，可多次进行单个反应。与化学计量试剂相比，要优先使用催化剂，因为化学计量试剂要过量使用，而且只能使用一次。

(6) 避免使用化学衍生物：尽可能避免使用阻塞性、保护性基团或临时改性。衍生物会使用额外的试剂并产生废物。

(7) 最大化原子经济性：设计合成工艺时应确保最终产品中包含起始材料的最大比例。如果有的话，应该很少有浪费的原子。

(8) 使用更安全的溶剂和反应条件，避免使用溶剂、分离剂或其他辅助化学品。如果这些化学品是必要的，要使用无害的化学品。

(9) 提高能源效率：尽可能在环境温度和压力下运行化学反应。

(10) 设计的化学品和产品可以在使用后降解：设计使用后分解成无害物质的化学品，以避免这些化学品在环境中积累。

(11) 实时进行分析以防止污染：包括在合成过程中实时监测和控制，以最小化或消除副产物的形成。

(12) 尽量减少事故发生的可能性：设计化学品及其形式（固体、液体或气体）时，应尽量减少发生化学事故的可能性，包括爆炸、火灾和泄漏到周围环境中。

根据这些标准，“绿色”产品可以定义为源自可持续和生物衍生的产品。

然而，在石油和天然气勘探与生产行业中，人们认为“绿色”化学，尤其是“绿色”化学品，是满足某些监管要求的化学品，通常特别适用于石油天然气行业。例如，在北海地区，“绿色”一词意味着能够满足 OSPAR 公约[125]中规定的标准且符合公认的生物降解、生物累积和海洋物种毒性标准[126]。有一些缔约方，特别是挪威，已经加强了关于溶剂其他性质的控制措施，特别是致癌性、致突变性、生殖毒性，特别是致癌、致突变、生殖毒性（CMR）状态、易燃性及其他健康与安全标准[127]。

在审查“绿色”化学品在石油和天然气勘探开发部门的应用情况时，本书考察了各种化学品和不同影响类别的实例，还介绍了开发环境可接受的主要化学品所采取的途径。在这方面，采纳了两个补充办法：

(1) 对现有化学类型进行衍生，以提供更易生物降解且危害更小的结构。

(2) 检查已知或假定对环境危害较小的其他化学结构，例如使用天然产物化学类型。

可以看出，这几乎没有涵盖前面所述的 12 条原则，也没有检验所用方法的可持续性，尽管通常可以假定使用天然来源的产品要更具可持续性。

本章前面介绍了使用 CCS 作为回收和再利用废物和温室气体的方法。作为任何“绿色”化学策略的一部分，必须考虑所产生的二氧化碳的变化，因为所谓的“绿色”化学物质也可能生物降解为二氧化碳，这是其最终环境影响的一部分。作者认为，决策者和相关人员需要重新评估这项技术，以确保向低碳经济的平稳过渡。

从这 12 条原则中可以明显看出，“绿色”化学与“绿色”化学产品的制造同化学产品本身一样重要。为了对制造技术和合成技术进行比较性评价，有必要确定正确的测量技术和关键测量标准。正如已经说明的那样，使用度量标准推动企业、政府和社区的发展对于实现更可持续的实践至关重要。另外，为了使化学家意识到改变化学合成和化学过程所用方法的必要性，还提出了大量的度量标准；特别是单一的质量反应效率可以证明是供应链评估的有用比较指标。

2002 年发表的一篇论文中探讨了化学家普遍使用的几种度量标准，并将其与一种以反应质量效率著称的新的度量标准进行了对比[128]。

在整本书中，针对各个化学类别，举例说明了在石油和天然气勘探开发部门中使用或可以应用的许多“绿色”替代产品的例子。这些产品主要集中在符合法律法规（请参阅第9章），因此，为了达到更大的生物降解率，对这些产品进行了设计或制备。

### 10.6.1 高分子聚合物

如今，许多聚合物设计成可生物降解的聚合物。许多聚合物是从生物材料和天然产品中衍生出来的。用于商业聚合物的多糖已经开发了一段时间[129]，第2章已对此进行了详细介绍；许多种类的聚合物设计成生物降解性更好的聚合物。聚（2-乙基-恶唑啉）（图10.3）由于其众多特性可以通过关键官能团的变化和控制来诱导，在医药和制药工业中的应用已经得到了广泛的研究[130]。

这些材料具有高度水溶性，因此增加了生物利用度，也使它们更易生物降解。然而，在改善环境方面或许应该考虑建立一个在生物降解和生物可利用性两个方面更为平衡的方法。

许多聚合物都是不可生物降解的聚合物，如第2章所述，尤其是高分子量的聚合物也是不可生物利用的[131]。尽管这可能有一些优点，但是上游石油和天然气行业中使用的聚合物需要多种分子量和官能团。此外，在努力实现可持续目标时，正在使用单体原料，这些单体原料是天然产物或衍生于天然产物。在2.2节中已详细介绍了其中几种类型的聚合物。近年来，人们对所谓的纤维素聚合物给予了极大的关注，其中许多可以通过微生物衍生[132]，已经探索出许多替代单体，这些单体基于天然基质，如木质纤维素[133]。

在已批准用于评估这些性能的试验方案中，尽管大量聚合物是无法生物降解的，但是许多聚合物会光解，尤其是光氧化。光氧化是在氧气或臭氧存在的情况下聚合物表面的降解。诸如，紫外线或人造光之类的辐射能强化这种效果。这一过程是聚合物老化过程中最重要的影响因素。光氧化是一种聚合物分子量降低的化学变化。由于这种变化，材料变得更脆，其拉伸强度、冲击强度和伸长率降低。光氧化会导致变色和表面粗糙度上升。高温和局部应力集中是显著增加光氧化效果的因素[134]。

这种降解会损害聚合物和塑料的回收和再利用。通过添加氧化锌等光稳定剂，以避免和延缓这种情况的发生[135]。在聚合物中加入氧化锌，纳米颗粒效果更佳[136]。其他抗氧化剂（如类黄酮）也可用于阻止聚合物的紫外线降解[137]。考虑到锌的固有毒性，在评估聚合物（尤其是石油和天然气勘探开发行业），尤其是液态添加剂的使用时，此类化合物可能更环保，并且受到监管机构的青睐。

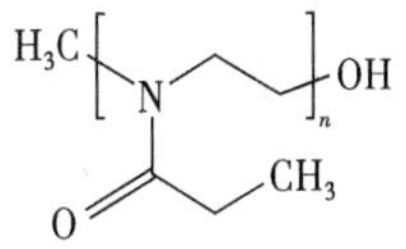

图10.3 聚（2-乙基-恶唑啉）

值得注意的是，在海洋环境的水面会发生光解反应。并且该过程规模很大，非常复杂，涉及表层、水柱和沉积物[138]。也意味着在大多数情况下聚合物降解中，光解是第一步。在评估聚合物的适用性时，没有进行这些研究，评估了未降解材料的生物降解速率。然而，这一过程是聚合物材料风化过程中最重要的因素，这也是人们所关注的，因为它有助于微塑料的产生，而微塑料目前已广泛认为是海洋环境中造成持久性有机污染物浓度的原因[113,116]（见10.4节）。

如2.6节所述，聚合物降解的其他方法也会影响聚合物的结构完整性。另外，考虑降解途径对于评估聚合物以及聚合物衍生材料的环境影响也很重要，因为这将会影响生物降解速率[139]。

如本章前面所述，采出水回注正成为一种标准做法，尤其是在某些地区，如地处北海的挪威地区[140]。这可能产生化学残留物，尤其是能够在降解过程中保持稳定的聚合物添加剂，可以在生产过程中循环再利用。因此，如果将聚合物设计成可重复使用的稳定结构，将会面临环境评估中的两难境地。在正常的直接评估中可能不利于它们，并且它们的生物降解性很差，但由于回收过程的影响，聚合物的添加量将显著降低，因此对环境的影响总体上减少了。这体现了环境影响评估过程中的二分法和对可持续性的需求，这一问题将得到进一步说明。

### 10.6.2　表面活性剂

如第3章所述，表面活性剂是一种主要的油田化学添加剂。其中，许多表面活性剂是从天然产物中得到的，具有毒性低、生物降解率高等优异的环境特性。如3.9节所述，全面评估表面活性剂的环境影响进行的难点在于其生物利用度的测量。

给环境学家和油田化学工作者提出重大难题的表面活性剂是烷基酚及其乙氧基化合物，特别是壬基酚乙氧基化物，它们被称为内分泌干扰物，特别是在鱼类物种中[141,142]。已经确定，对于烷基乙氧基化物单体来说，要关注的是雌激素性质[143]。这些分子的降解机理不是聚合反应与乙氧基化烷基酯的可逆反应，而是涉及更为复杂的乙氧基化物官能团氧化和开环过程[144]。

然而，可以将这些聚合物表面活性剂设计成具有比任何可测量的毒性水平低得多的超低残留单体水平。如果曾经低估了这些产品，那么进行风险评估时可能需要考虑到它们。然而，预防原则在欧洲仍在发挥作用，并且至少在目前为止仍将其排除在外。遵守不同的法规会更大程度地保护环境，因为这些非离子表面活性剂活性高，所需的剂量比大多数替代品要低得多。

就表面活性剂可持续使用策略而言，至关重要的是使添加量最小化，并更多地使用生物表面活性剂。尽管许多常见的表面活性剂来源于大自然，但生物表面活性剂可提供更大程度的可持续性，因为它们主要来自受控条件下的微生物，并且不依赖农作物原料（例如椰子油）。在3.6节中对生物表面活性剂有更详细的介绍。

### 10.6.3　磷

如第4章所述，许多油田添加剂依赖于磷化学。但是，从可持续的角度来看，这种情况难以维持。在过去的半个世纪中，人类已将近 $10\times10^8$t 磷元素从磷酸盐中转移到水圈中。磷排放引发的水污染问题是包括磷回收在内的可持续磷利用的主要原因。

全球不断面临磷短缺的挑战，这对未来的粮食安全产生严重影响。这意味着作为粮食生产中肥料的磷也同样需要进行再利用，以替代日趋稀缺和价格昂贵的磷矿[145]。

需要制定新的可持续政策、伙伴关系和战略框架，来制定全球磷安全的战略，特别是为农民提供可再生磷肥的体系。

未来实现磷安全，有多种解决方案：除了提高磷利用效率外，还需要从整个食品生产和消费系统（从人和动物的粪便到粮食和作物废料），还包括从工业中的全部废物中回收磷，并加以再利用。在石油和天然气行业可能存在替代品的地方，使用这些替代品比增加磷的使用可能更具可持续性和环境责任。

### 10.6.4 微生物和酶

其他章节中没有提到的一个领域是在石油天然气勘探开发行业中使用的微生物和酶。在历史上，酶曾用于石油行业，以改善生物聚合物的特性，还作为生物聚合物凝胶的破胶剂[146]。

在井下使用酶仅限于破胶作业，使用合适的酶分解或降解特定的凝胶。在这种情况下，不再需要使用酶来去除化学物质，例如，钻井后滤饼中的生物聚合物或压裂后压裂凝胶中的生物聚合物[147]。最近，酶用来原位生产有用的化学物质。一种以酶为基础的酸化方法已经被报道，它能为各种酸化应用产生有机酸，如基质酸化、天然裂缝网络的增产、长时间水平间隔的伤害去除或凝胶破胶。注入液体后原位产生酸，可确保在整个施工区域均匀地输送酸[148]。

酶作为油田化学品已经得到推广应用。酶可用于原位生成矿物、凝胶和树脂，这些矿物、凝胶和树脂具有潜在用途。例如：三次采油（EOR）[149]、固砂[150]和低温阻垢[151]。

已确立微生物驱油为一种提高采收率的技术[152]。这一概念已有 60 多年的历史。然而，早期的技术方案考虑不周，在大多数情况下没有实际效果。在过去的 30 年中，开发了微生物技术，解决了具体的生产问题，例如，目标储层中的压力耗尽和波及效率不高。此外，人们已经对微生物进行了基因改造，以提供一种特定的油井化学处理方法，在处理过程中，化学物质被嗜热细菌原位改性[153]。

客观地讲，在石油和天然气勘探开发应用领域，酶和微生物技术都处于“慢车道”。然而，生物技术用作供应“绿色”化学品的手段已经得到公认，并且是一种可再生、可持续的技术[154]。对于溶剂而言尤其如此，其中发酵及其他生物技术的应用能够提供真正可持续的化学品。在石油和天然气勘探开发领域，很少部署真正的“绿色”解决方案。所用的“绿色”溶剂（例如甲醇）具有环境可以接受的特性，但不一定都是来源可持续的产品。

### 10.6.5 其他产品

在前面内容中介绍的许多化学产品和添加剂，很多都是由石油衍生的石化原料制成的。从某种程度上显而易见的是，原油开采、生产和加工过程并不完全都是可持续的，特别是因为其中的一些用途是发电和运输燃料。然而，可持续的未来可能在于其用作化学品的原料以及其他材料，例如塑料，其又可再利用和再循环。

然而，化学制造的一个更可持续的途径通常是从天然产物中获取原料或将它们在石油和天然气勘探开发中直接用作添加剂。如上所述，为了使聚合物和表面活性剂更易于生物降解，同时为了在它们的生产过程中使用天然产品和原材料，在它们的改性方面进行了大量的设计和开发工作。个别章节已经说明了如何使其他类别化学品更能被环境接受，至少从遵守法规的角度来看是这样。当然，这些低分子量的有机材料或无机材料存在着相互竞争的问题，因为它们都具有很高的生物利用性，因此如果有毒的话，可能对环境有害。

例如，硼酸及其衍生物是瓜尔胶等压裂液中聚合物最常用的交联剂之一[155]。如第 5 章所述，硼酸是一种对环境有重要影响的化合物；但是到目前为止，还没有技术上可接受的替代品来取代硼酸，这是因为在合适的 pH 值范围和温度下它的性能显著增强。然而，研发的更高效的硼交联剂，能够允许低聚合物浓度[156]以及压裂液体系再利用。基于聚乙烯醇/有机硼压裂液具有再生特性，其机理是随着 pH 值的变化，$B(OH)_4^-$与聚乙烯醇的羟基之间会出现可逆交联反应[157]。因此，有可能在使用的过程中更加可持续、更加环保。

在整个研究过程中，作者一直主张增加对天然产物的检查力度，既可以直接在油田应用，也可以将天然产物作为原料制造其他化学添加剂。

例如，植物芦荟提取物可直接用作阻垢剂[158]。它适用于低钙浓度和高钙浓度，不会因水解而沉淀。实际上，水解有利于结垢离子与抑制剂的相互作用，并可以提高效率。在许多地方，芦荟是美容用的农作物，因此是对环境影响小的潜在可持续化学添加剂。

在欧洲和 OSPAR 公约地区，监管机构认为许多低分子量有机分子对环境几乎没有风险或根本没有风险，这些物质已列入清单[159]。有人指出，这些物质不需要受到严格管制，因为从它们的固有特性（主要是毒性）的评价来看，它们对环境构成的风险很小或根本不存在。然而，如 9.7.2 所述，作者认为清单中几乎没有或根本没有相关性；事实上，清单中有些物质确实对环境有风险。因此，应对所有的化学物质的环境危害和风险进行评估，但也可以认为，它们的可持续性也应得到考虑。

正如本研究所阐明的那样，在研究石油和天然气添加剂中使用的绿色化学品，特别是在增强化工产品的生物可降解性时，往往会面临一个根本性的难题，这是因为使用“绿色”产品往往会降低功效，增加单位成本。与使用“绿色”产品的这一论点相反的是，特别是使用天然产品和生物基材料时，还有很多使产品“绿色”化的可能性尚不明确。

最后，就有机小分子而言，它们的最终环境归趋通常与二氧化碳、一氧化碳和水一样。在石油和天然气勘探开发中使用的任何化学物质的环境评估中，都没有考虑释放更多的碳气体，活性应该这样做。正如 10.2.2 所述，这将是发展碳捕集和储存技术的另一个原因。对此还需要注意额外的负载，与发电和运输等部门相比，该加载量非常小。

## 10.7　油田化学品发展前景和总体结论

石油和天然气是现代世界经济的两种大宗商品，尤其是石油，用途十分广泛，其中大部分石油可炼制成各种石化产品。按使用量计算，其中最多的是作为汽车燃料的汽油，其次是用于发电等多种动力用途的柴油和取暖油。而天然气的主要用途则是用来发电和家庭取暖。有 15%~20%的石油用于石化生产，因此石油也是化工行业的主要原料[160]。

### 10.7.1　*石化产品*

原油炼制产生的石脑油等油品，作为催化裂化装置的原料来生产烷烃和烯烃等基本结构单元，进而用于生产聚合物、塑料及其他用于塑料制造的化学品。乙烯、丙烯、丁二烯、苯、甲苯和二甲苯等基础石化产品是常用的有机合成原料。它们可以生产大量的被称为“石化衍生物”或者简称“衍生物”的相关化学品。人们通常根据将基础化合物转化为新衍生物所需的步骤数对这些衍生物进行分类，例如，乙烯转化为乙醛需要一个反应步骤，因此，乙醛是乙烯的一级衍生物。如果再进一步反应，将乙醛转化为无水乙酸，那么无水乙酸则是乙烯二级衍生物，并以此类推。

许多石化产品是在极高温度（超过 1500℉）和极高压力（超过 1000psi）下生产的，

而这个过程则需要大量能量和复杂的工程设备。而且这些极端条件也导致了能源消耗在生产总成本的占比巨大。随着能源成本的上升，生产成本也会随之上升，因此有必要使用天然气等价格较低且可靠的能源来源。

在未来的无碳时代，寻找替代原材料用于生产这些基础材料并能灵活地合成相关衍生物仍面临相当大的挑战。正如 10.6 节所述，很多合成路线方面取得了新进展。然而在可预见的未来，不可再生的原油和天然气的一个重要应用领域就是用于生产石化原料。说到这里，对生产出来的材料进行再利用和循环利用是有可能的，估计有多达 90%的塑料可以回收。

然而，英国政府却宣布，塑料回收的目标将从 2016 年的 57%减少到 49%，然后在 2020 年之前每年增加 2%，到 2020 年达到 57%的最高目标[161]。

因此，跨国公司强生（Johnson & Johnson）在一场减少海洋污染的运动之后，决定在全球半数国家停止销售塑料棒棉签，而这种塑料棒棉签则是英国海滩上最常见的垃圾之一[162]。由于减少海洋污染运动团体和环保主义者的推动，强生公司也将使用纸棒棉签，减少海洋污染运动团体和环保主义者要使公众意识到塑料污染对海洋造成的负面影响。

后一个例子提醒人们，人类社会不太可能改变现有的生活方式，但可以尽量减少它对环境的负面影响。人类的行为才是污染及其控制的最终仲裁者。可以肯定的是，在迈向更可持续的生活方式的任何行动中，这种生活方式只能由人类目前的生活标准和期望所能接受的变化来决定。期望社会改变到人们所认为的，而且很可能是实际上低得多的生活水平是完全不现实的。

### 10.7.2 减少影响，实现可持续性

利用化学物质开采石油和天然气是自相矛盾的。化石燃料是大气的主要排放源之一，尤其是二氧化碳，但我们花费了大量的时间和精力确保使用少量化学品，来帮助高污染性原料用于供应链上发电、炼制过程生产运输燃料等相关活动时所造成的影响趋于最小。其中的大部分用途是不可再生的，至少部分用途是不可持续的。然而，还有一个经济层面的能源可持续供应问题。在撰写本书时，可再生能源的成本仍然高于化石燃料的成本，尤其是天然气的成本。

然而，随着全球产能在过去几年中大幅度增长，未来可能依赖于可再生能源生产一次能源[163]。到 2016 年底，全球 24%以上的电力是利用可再生能源生产的，这其中主要是水力发电，风力发电占 4.0%，太阳能发电占 1.5%。对于所有能源来说，可再生能源（不包括传统的烧柴）占 10%，超过 80%的能源来自石油和天然气等化石燃料。在过去的 10 年中，可再生能源在整个能源供应中只占一小部分，这是一个相当大的进步。尽管对绿色能源的补贴远低于对煤炭、石油和天然气的补贴，但可再生能源技术的投资目前仍高于所有化石燃料。

正如本章所论述的，现在迫切需要大幅度减少碳排放。在 10.2.1 中，以能源安全为基础，以页岩气为过渡能源原料，逐步摆脱高碳排放能源。在美国，页岩气的可采储量和消费量的增加导致温室气体排放量降至 1990 年水平[164]。这是因为在相同的热量输出条件下，天然气的二氧化碳排放量只有煤炭排放量的一半。而天然气发电厂的另一个优势是，它们可以灵活地将负荷转换为可再生能源发电，这一点是煤炭和核能等燃料发电厂无法做

到的[165]。

北美地区的页岩气产量居全球之首，美国和加拿大的产量也相当可观[166]。除了美国和加拿大以外，目前只有阿根廷和中国的页岩气具有商业规模。尽管在许多国家似乎都对页岩气潜力抱有希望，但存在经济、环境、技术和社会等问题。例如，中国作为化石燃料、煤炭和石油的主要消费者之一，中国转向页岩气将对全球碳排放产生巨大影响。而根据美国能源信息署的数据显示，到目前为止中国页岩气的可采储量也是最大的[18]。

随着西方社会的经济基础从高碳转向低碳，与本研究相关的两个关键行业，即油气勘探开发行业和化工行业正在发生变化，面临着巨大的挑战。通常行业和消费者在客户与供应商之间的关系中推动了这些变化，而决策者们却有些落后。

当前石油市场的经济形势是由石油输出国组织（OPEC）的主要成员国推动形成的，这些国家乐于看到石油价格下跌，沙特阿拉伯和相关国家乐于看到世界上其他地方的石油公司步履维艰，他们通过压低成本来保持自身竞争力。但是，这对化学品供应商也是致命打击。2016 年布伦特原油交易价格为每桶 30 美元，而 2014 年交易价格却高达每桶 120 美元，这显然是一次断崖式下跌，其他石油和天然气公司也都只能被动接受。在此新形势下，人们仍然需要解决可持续性问题。10.1 节引用了“能源三难”，试图为社会利益、经济利益和环境利益寻求解决方案。世界能源理事会（World Energy Council）对“能源三难”条款进行了细化，以表述所面临的挑战：在确保环境可持续性的同时，还要维持所有人都能负担得起并可获得的安全可靠能源需求[167]。资源的压力越来越大，造成的环境破坏在某些情况下不可逆转。化学及其衍生化学品是减少环境影响的关键，也是确保可持续性技术既实用又经济的决定因素。

石油输出国组织和相关国家在原油市场上的定价被许多公司看作刚刚结束的一场战争。许多公司已经削减了成本，但也在寻求创新，以便在符合最高的环保标准的同时进一步降低成本和提高产量。一些评论员现在谈论的是“清洁石油”，并根据石油采购的碳标准对清洁石油进行了比较。当价格相当时，消费者——尤其是西欧和北美的消费者，是否一定要从“更清洁石油”供应商那里购买石油呢?

化工行业也在发生变化，许多公司投资于更可持续的原料，这至少在一定程度上取代了石化产品。许多人参与了纤维素的生产。也就是说，以纤维素为原料制造基础化工产品。这种方法可以提供生物燃料，如乙醇，也可以用甘蔗等作物作为原料进行生产（见 8.2 节）。纤维素聚合物已在 2.2 节中进行了介绍。毫无疑问，如果具有经济价值，化学工业将继续寻求更可持续的原材料以减少对石化产品的依赖；然而，石化原材料在灵活性方面目前具有巨大优势，特别是在制造新产品、新型聚合物方面具有更大的灵活性。

### 10.7.3 前景展望

2017 年 9 月，在英国阿伯丁召开的欧洲海洋大会上，英国壳牌公司首席执行官 Ben Van Beurden 和英国石油公司首席执行官 Bob Dudley 集中介绍了石油天然气行业的变化，尤其是可再生能源正改变着石油天然气勘探开发产业的未来[168]。

毫无疑问，世界需要可再生能源，但在世界能源系统中可再生能源的发电量却不到 20%。电动汽车还无法满足运输行业的所有需求。此外，随着全球人口的持续增长，全球向低碳经济的过渡可能还需要几代人的努力才能实现。

正如本章前面所提到的，化工企业正在大力投资生物燃料和生物原料。然而，石油和天然气公司也是如此，例如英国石油公司（BP）正准备将生物丁醇商业化生产[169]，许多企业的生产正在从石油向天然气过渡，许多人称为“低碳燃料”。此外，根据目前的运营情况，全球石油天然气仅开采了约30%的储量。困境资产的现金潜力也被计入许多石油生产国的收入，即便是在经济环境乐观的情况下，这块收入也不应忽略。可以预见，包括化学驱在内的提高采收率技术将会被采用，而化学工业将为这些项目提供可持续的解决方案。

另外，许多石油天然气运营商，特别是海上石油和天然气运营商，正在直接投资可再生能源技术，特别是风力涡轮机。所需构筑物的设计大多类似，因为这些构筑物就是建造和维护它们所需的工作内容。大多数海上石油天然气技术都可转让。特别是在英国北海地区，海上风电行业的经营活动已经超过了传统的石油和天然气[170]。

为了实现一个可持续的未来，需要给予更多关注的领域将是：从业人员和监管机构，在考虑化学物质对环境的影响时，将采用一种平衡的方法，不仅要评估化学物质的理化特性和毒理特性，还要评估更深远的长期影响。

例如，在选择或调节杀菌剂的使用和排放时，应考虑以下几点：

（1）不带电的物质在水相中占主导地位，可降解迁移；而带电的物质则会吸附到土壤中，生物利用度降低。

（2）许多杀菌剂的寿命都很短或者通过非生物和生物过程降解，但有些杀菌剂可能会转化为毒性更强或更持久的化合物。

（3）对井下环境（高压、高温、高矿化度和高有机物浓度）中杀菌剂的了解有限。

（4）有几种杀菌剂替代品，但它们的使用受到下列因素的限制：成本高、能源需求高（和/或）消毒时产生副产物。

对于所有化学品的使用都应采用类似的方法。另外，应该考虑研究化学品的生物利用度和最终环境归趋。在不久的将来，碳氢化合物和化石燃料将会扮演重要的角色，希望它们能以比过去几十年更可持续、更少污染的方式得到利用。化学品仍将是原油和天然气开采、加工和生产过程中的重要组成部分；也许再过几十年，变化和创新将产生重大影响。通过催化工艺将大气中的二氧化碳直接转化为甲烷，在这方面已经做了大量重要的工作[171]。如果这个催化工艺能够实现商业化，那么不仅会对天然气生产造成重大的经济影响，而且对二氧化碳排放也会产生重大的经济影响。另外，还有可能采用类似的方法直接捕集废弃的甲烷，这样也可以减少碳排放量[172]。这些只是利用新型资源创造能源或更有效地利用现有资源的几个例子。

在利用混合能源的未来，油气和可再生能源很可能会共存很多年，这需要一个可持续的油田化学学科来帮助和支持油气和可再生能源的供应。本书力求介绍目前与化学品相关的问题、化学对环境的影响以及化学在不断变化的石油天然气勘探开发行业中实现更可持续发展的潜力。

# 参考文献


[1] http: //www. shell. com/sustainability. html.

[2] https: //www. basf. com/en/company/sustainability. html.

[3] http: //www. nalco. com/sustainability. htm.

[4] Winterton, N. (2011). Chemistry for Sustainable Technologies: A Foundation. Cambridge: RSC Publishing.

[5] Clift, R. (2000). From the forum on sustainability. Clean Products and Processes 2 (1): 67-70.

[6] Merkel, A. (1998). The Role of Science in Sustainable Development. Science 28 (5375): 336-337.

[7] http: //www. ipcc. ch/.

[8] Wendimu, M. A. (2016). Jatropha potential on marginal land in Ethiopia: reality or myth? Energy for Sustainable Development 30: 14-20.

[9] https: //ddusmma. wordpress. com/2016/01/29/false-promise-of-biofuels/

[10] https: //www. independentsciencenews. org/environment/ biofuel-or-biofraud-the-vast-taxpayer-cost-of-failed-cellulosic-and-algal-biofuels/.

[11] https: //www. weforum. org/agenda/2015/12/the-paris-climate-agreement-what happens-now.

[12] http: //www. un. org/apps/news/story. asp? NewsID=53550#. VwZK5vkrKUk.

[13] https: //www. theguardian. com/business/2017/jul/05/volvo-cars-electric-hybrid-2019.

[14] https: //www. epa. gov/ghgemissions/sources-greenhouse-gas-emissions.

[15] https: //www. amnesty. org/en/latest/campaigns/2016/06/drc-cobalt-child-labour/.

[16] https: //www. theguardian. com/politics/2017/jul/25/ britain-to-ban-sale-of-all-diesel-and-petrol-cars-and-vans-from-2040.

[17] http: //www. bbc. co. uk/news/science-environment-11175386.

[18] https: //www. eia. gov/analysis/studies/worldshalegas/.

[19] https: //www. theguardian. com/environment/2016/jan/26/ engineers-warn-of-looming-uk-energy-gap.

[20] https: //www. forbes. com/sites/judeclemente/2017/05/21/the-great-u-s-oil-export boom/#676e12707e5b.

[21] Cooper, J. , Stamford, L. , and Azapagic, A. (2016). Shale gas: a review of the economic, environmental, and social sustainability. Energy Technology 4 (7): 772-792.

[22] Hubbert, M. K. and Willis, D. G. (1957). Mechanics of hydraulic fracturing. Transactions of the AIME 210: 153-166.

[23] Von Terzaghi, K. (1923). Die Berechnung der durchlässigkeit des tones aus dem verlauf der hydromechanischen spannungserscheinungen. Sitzungsbericht der Akademie der Wissenschaften (Wien): Mathematisch - Naturwissenschaftlichen Klasse 132: 125-138.

[24] Lukocs, B. , Mesher, S. , Wilson, T. P. J. et al. (2011). Non-volatile phosphorus hydrocarbon gelling agent. US Patent 8,084,401.

[25] Chemicals Used in Hydraulic Fracturing. http: //www. fracfocus. org/water - protection/drilling - usage (accessed 14 December 2017).

[26] Mathur, N. K. (2017). Industrial Galactomannan Polysaccharides. CRC Press.

[27] Code of Federal Regulations, Food and Drugs, Title 21, Sec. 184. 1339. http: //www. accessdata. fda. gov/scripts/cdrh/cfdocs/cfcfr/CFRSearch. cfm? fr = 184. 1339&SearchTerm = guar% 20gum (accessed 14 December 2017).

[28] Ainley, B. R. , and McConnell, S. B. (1993). Delayed borate cross-linked fracturing fluid. EP Patent 5,284,61.

[29] Brannon, H. D. and Ault, G. M. (1991). New, delayed borate-crosslinked fluid provides improved fracture conductivity in high-temperature applications. SPE Annual Technical Conference and Exhibition, Dallas, TX (6-9 October 1991), SPE 22838.

[30] Nimerick, K. H., Crown, C. W., McConnell, S. B. and Ainley, B. (1993). Method of using borate crosslinked fracturing fluid having increased temperature range. US Patent 5,259,455.

[31] World Health Organization (1998). Boron, Environmental Health Criteria 204. Geneva, Switzerland: World Health Organization.

[32] Eisler, R. (1990). Boron hazards to fish, wildlife, and invertebrates: a synoptic review. Contaminant Hazard Reviews Report 20; Biological Report 85 (1.20). US Fish and Wildlife Service 85: 1-32.

[33] Reregistration Eligibility Decision Document: Boric Acid and its Sodium Salts (1993). U. S. Environmental Protection Agency, Office of Pesticide Programs. Washington, DC: U. S. Government Printing Office, EPA 738-R-93-017.

[34] Noweck, K. (2011). Production, technologies and applications of fatty alcohols. Lecture at the 4th Workshop on Fats and Oils as Renewable Feedstock for the Chemical Industry, Karlsruhe, Germany (20-22 March 2011).

[35] Mudge, S. M. (2005). Fatty Alcohols-A Review of Their Natural Synthesis and Environmental Distribution For SDA and ERASM. Soap and Detergent Association 2005.

[36] Kleindorfer, P. R., Singhai, K., and Van Wassenhove, L. N. (2005). Sustainable operations management. Production and Operations Management 14 (4): 482-492.

[37] http: //news. bbc. co. uk/onthisday/hi/dates/stories/june/20/newsid_4509000/4509527. stm.

[38] Twomey, B. (2012). Life cycle of and oil and gas installation. Presented at CCOP and EPPM Workshop on End of Concession & Decommissioning Guidelines, Bangkok (13 June 2012).

[39] Kirby, S. (1999). Donan field decommissioning project. Offshore Technology Conference, Houston, TX (3-6 May 1999), OTC 10832.

[40] Pebell, U., Kohazy, R. and Dietler, A.. (2000). Experiences in field decommissioning. SPE International Conference on Health, Safety and Environment in Oil and Gas Exploration and Production, Stavanger, Norway (26-28 June 2000), SPE 61477.

[41] Desai, P. C., Hekelaar, S. and Abshire, L. (2013). Offshore well plugging and abandonment: challenges and technical solutions. Offshore Technology Conference, Houston, TX (6-9 May 2013), OTC-23906.

[42] Craddock, H. A., Campbell, E., Sowerby, K. et al. (2007). The application of wax dissolver in the enhancement of export line cleaning. International Symposium on Oilfield Chemistry, Houston, TX (28 February-2 March 2007), SPE 105049.

[43] Dalmazzone, C., Carrausse, M., Tabacchi, G. et al. (2005). Development of green chemicals for cleaning operations in platforms decommissioning. SPE International Symposium on Oilfield Chemistry, The Woodlands, TX (2-4 February 2005), SPE 92826.

[44] Craddock, H. A. Selection of appropriate hydrogen sulphide scavengers for decommissioning activities, unpublished results.

[45] Oudman, B. L. (2017). Green decommissioning: re-use of North Sea offshore assets in a sustainable energy future. Offshore Mediterranean Conference and Exhibition, Ravenna, Italy (29-31 March 2017), OMC 2017-572.

[46] Hanna, I. S. and Abukhamsin, S. A. (1998). Landfills and recycling provide alternatives for OBM disposal. Oil and Gas Journal 96 (23). http: //www. ogj. com/articles/print/volume-96/issue-23/in-this-issue/

drilling/landfills-and-recycling-provide-alternatives-for-obm-disposal. html.

[47] Gerrard, S., Grant, A., Marsh, R. and London, C. (1999). Drill Cuttings Piles in the North Sea: Management Options During Platform Decommissioning. Research Report No. 31. Norwich: Centre for Environmental Risk, School of Environmental Sciences, University of East Anglia.

[48] Burke, C. and Veil, J. A. (1995). Synthetic drilling muds: environmental gain deserves regulatory confirmation. SPE/EPA Exploration and Production Environmental Conference, Houston, TX (27-29 March 1995), SPE 29737.

[49] Peresic, R. L., Burrell, B. R. and Prentice, G. M. (1991). Development and field trial of a biodegradable invert emulsion fluid. paper SPEIIADC 21935 presented at the 1991SPE/IADC Drilling Conference, Amsterdam (1-14 March 1991), SPE 21935.

[50] Gee, J. C., Lawrie, C. J. and Williamson, R. C. (1996). Drilling fluids comprising mostly linear olefins. US Patent 5, 589, 442, assigned to Chevron Chemical company.

[51] OSPAR (2000). OSPAR Decision 2000/3 on the Use of Organic-Phase Drilling Fluids (OPF) and the Discharge of OPF-Contaminated Cuttings, OSPAR Convention for The Protection of The Marine Environment in The North-East Atlantic, Meeting of the OSPAR Commission, Copenhagen 26-30 June 2000.

[52] https: //www. gov. uk/guidance/oil-and-gas-offshore-environmental-legislation.

[53] OSPAR Commission (2009). Implementation Report on Recommendation 2006/5 on a Management Regime for Offshore Cutting Piles. OSPAR Commission.

[54] Bakke, T., Klungsoyr, J., and Sanni, S. (2013). Environmental impacts of produced water and drilling waste discharges from the Norwegian offshore petroleum industry. Marine Environmental Research 92: 154-169.

[55] Neff, J. M., McKelvie, S., and Ayers, R. C. Jr. (2000). Environmental Impacts of Synthetic Based Drilling Fluids. U. S. Department of the Interior, Minerals Management Service, Gulf of Mexico OCS Region, OCS Study, MMS 2000-064.

[56] Visser, S., Lee, B., Fleece, T. and Sparkes, D. (2004). Degradation and ecotoxicity of C14 linear alpha olefin drill cuttings in the laboratory and in the field. SPE International Conference on Health, Safety and Environment in Oil and Gas Exploration and Production, Calgary Canada (29-31 March 2004), SPE 86698.

[57] Hjelmas, T. A., Bakke, S., Hilde, T.. et al. (1996). Produced water reinjection: experiences from performance measurements on Ula in the North Sea. SPE Health, Safety and Environment in Oil and Gas Exploration and Production Conference, New Orleans, LA (9-12 June 1996), SPE 35874.

[58] Abou-Sayed, A. S., Zaki, K. S., Wang, G. et al. (2007, 2007). Produced water management strategy and water injection best practices: design, performance, and monitoring. SPE Production and Operations 22 (01): 59-68, SPE 108238.

[59] Mackay, E. J., Jones, T. J. and Ginty, W. R. (2012). Oilfield scale management in the Siri asset: paradigm shift due to the use of mixed PWRI/seawater injection. SPE Europec/EAGE Annual Conference, Copenhagen, Denmark (4-7 June 2012), SPE 154534.

[60] Boschee, P. (2014). Produced and flowback water recycling and reuse: economics, limitations, and technology. Oil and Gas Facilities 3 (01): 16-21, SPE 0214-0016 OGF.

[61] Johnston, C. J., Sutherland, L. and Jordan, M. M. (2016). The impact of corrosion inhibitors on relative permeability of water injector and production well performance. SPE InternationalConference and Exhibition on Formation Damage Control, Lafayette, LA (24-26 February 2016), SPE 178981.

[62] Jordan, M. M., Weathers, T. M., Jones, R. A. et al. (2014). The impact of kinetics hydrate inhibitors

within produced water on water injection/disposal wells. SPE International Symposium and Exhibition on Formation Damage Control, Lafayette, LA (26–28 February 2014), SPE 168173.

[63] Martin, R. L. (2008). Corrosion consequences of nitrate/nitrite additions to oilfield brines. SPE Annual Technical Conference and Exhibition, Denver, CO (21–24 September 2008), SPE 114923.

[64] Jenneman, G. E., Achour, M. and Joosten, M. W. (2009). The corrosiveness of nitrite in a produced-water system. SPE International Symposium on Oilfield Chemistry, The Woodlands, TX (20–22 April 2009), SPE 121463.

[65] Stott, J. D., Dicken, G., Rizk, T. Y. et al. (2008). Corrosion inhibition in (PWRI) systems that use nitrate treatment to control SRB activity and reservoir souring. CORROSION 2008, New Orleans, LA (16–20 March 2008), NACE 08507.

[66] Grimaldi, M. C., Castrisana, W. J., Tolfo, F. C. et al. (2010). Produced water reuse for production of chemicals. SPE International Conference on Health, Safety and Environment in Oil and Gas Exploration and Production, Rio de Janeiro, Brazil (12–14 April 2010), SPE 127174.

[67] Doran, G. F., Carini, F. H., Fruth, D. A. et al. (1997). Evaluation of technologies to treat oil field produced water to drinking water or reuse quality. SPE Annual Technical Conference and Exhibition, San Antonio, TX (5–8 October 1997), SPE 38830.

[68] Doran, G. F., Williams, K. L., Drago, J. A. et al. (1999). Pilot study results to convert oil field produced water to drinking water or reuse quality. International Thermal Operations/Heavy Oil Symposium, Bakersfield, CA (17–19 March 1999), SPE 54110.

[69] Leung, D. Y. C., Caramanna, G., and Maroto-Valer, M. M. (2014). An overview of current status of carbon dioxide capture and storage technologies. Renewable and Sustainable Energy Reviews 39: 426–443.

[70] Supekar, S. D. and Skerlos, S. J. (2015). Reassessing the efficiency penalty from carbon capture in coal-fired power plants. Environmental Science and Technology 49 (20): 12576–12584.

[71] https://sequestration.mit.edu/tools/projects/in_salah.html.

[72] https://www.forbes.com/sites/jeffmcmahon/2017/06/28/the-world-has-to-develop-carbon-capture-iea-warns-and-its-not/#50171b621b51.

[73] http://www.iea.org/etp2017/summary/.

[74] Martin, D. F. and Taber, J. J. (1992). Carbon dioxide flooding. Journal of Petroleum Technology 44 (4): 396–400, SPE 23564.

[75] Booth, A., da Silva, E. and Brakstad, O. G. (2011). Environmental impacts of amines and their degradation products: current status and knowledge gaps. 1st Post Combustion Capture Conference, Abu Dhabi (17–19 May 2011).

[76] Ramdin, M., de Loos, T. W., and Vlugt, T. J. H. (2012). State-of-the-art of $CO_2$ capture with ionic liquids: review. Industrial and Engineering Chemistry Research 51 (24): 8149–8177.

[77] Elkins, P., Vanner, R., and Firebrace, J. (2006). Decommissioning of offshore oil and gas facilities: a comparative assessment of different scenarios. Journal of Environmental Management 79 (4): 420–438.

[78] Price, W. R., Ross, B. and Vicknair, B. (2016). Integrated decommissioning-increasing efficiency. Offshore Technology Conference, Houston, TX (2–5 May 2016), OTC-27152.

[79] Rand, G. M. ed. (1995). Fundamentals of Aquatic Toxicology: Effects, Environmental Fate and Risk Assessment, 2ee. CRC Press.

[80] Cole, S., Codling, I. D., Parr, W. and Zabel, T. (1999). Guidelines for Managing Water Quality Impacts within UK European Marine Sites. Report part of UK SACs Project.

[81] SEPA (2013). Regulatory Method (WAT - RM - 28): Modelling for Water Use Activities. Scottish Environmental Protection Agency (SEPA).

[82] Mackay, D. (2001). Multimedia Environmental Models: The Fugacity Approach, 2ee. CRC Press.

[83] Cahill, T. M., Cousins, I., and Mackay, D. (2003). General fugacity-based model to predict the environmental fate of multiple chemical species. Environmental Toxicology and Chemistry 22 (3): 483-493.

[84] Mackay, D., Di Guardo, A., Paterson, S. et al. (1996). Assessment of chemical fate in the environment using evaluative, regional and local-scale models: illustrative application to chlorobenzene and linear alkylbenzene sulfonates. Environmental Toxicology and Chemistry 15 (9): 1638-1648.

[85] http://www.trentu.ca/academic/aminss/envmodel/models/Qwasi.html.

[86] http://www.trentu.ca/academic/aminss/envmodel/models/Wania.html.

[87] Hill, D. G., Dismuke, K., Shepherd, W. et al. (2003). Development practices and achievements for reducing the risk of oilfield chemicals. SPE/EPA/DOE Exploration and Production Environmental Conference, San Antonio, TX (10-12 March 2003), SPE 80593.

[88] McLean, T. L., Dalrymple, E. D., Muellner, M. and Swofford, S. (2012). A method for improving chemical product risk profiles as part of product development. SPE Annual Technical Conference and Exhibition, San Antonio, TX (8-10 October 2012), SPE 159355.

[89] Hull, D. and Ruttenberg, K. C. (2016). Variable molecular weight distribution and bioavailability of DOP from coastal and open ocean waters suggests compositional heterogeneity. Presented to Ocean Sciences Meeting, New Orleans, LA (21-26 February 2016).

[90] McWilliams, P. and Payne, G. (2001). Bioaccumulation potential of surfactants: a review. Chemistry in the Oil Industry VII (13-14 November 2001). Manchester, UK: Royal Society of Chemistry.

[91] Department for Environment and Rural Affairs (2012). United Kingdom's Contaminated Land Regulations under Part IIA of the Environmental Protection Act of 1990- Statutory Guidance.

[92] Suedel, B. C., Boraczek, J. A., Peddicord, R. K. et al. (1994). Trophic transfer and biomagnification potential of contaminants in aquatic ecosystems. In: Reviews of Environmental Contamination and Toxicology, vol. 136 (ed. G. W. Ware), 21-39. New York: Springer-Verlag.

[93] Neely, W. B. (1980). Chemicals in the Environment: Distribution, Transport, Fate, Analysis, 245. New York: Marcel Dekker.

[94] Alexander, D. E. (1999). Bioaccumulation, bioconcentration, biomagnification. In: Environmental Geology, Part of the Series Encyclopedia of Earth Science, 43-44. Springer.

[95] https://stats.oecd.org/glossary/detail.asp? ID=2044.

[96] OECD (1995). Guidelines for testing of Chemicals Section 1: Physical Chemical Properties, Test No. 107: Partition Coefficient (n-octanol/water): Shake Flask Method.

[97] OECD (2004). Guidelines for testing of Chemicals Section 1: Physical Chemical Properties, Test No. 117: Partition Coefficient (n-octanol/water), HPLC Method.

[98] OECD (2006). Guidelines for testing of Chemicals Section 1: Physical Chemical Properties, Test No. 123: Partition Coefficient (1-Octanol/Water): Slow-Stirring Method.

[99] Elder, J. (2011). Relative solubility number RSN-an alternative measurement to Log Pow for determining the bioaccumulation potential. Master's thesis. Goteborg, Sweden: Chalmers University of Technology.

[100] Wu, J., Xu, Y., Dabros, T., and Hamza, H. A. (2003). Development of a method for measurement of relative solubility of nonionic surfactants. Colloids and Surfaces A: Physicochemical and Engineering Aspects 232: 229-237.

[101] Mackay, D., Webster, E., Cousins, I. et al. (2001). An Introduction to Multimedia Final Report Prepared as a Background Paper for OECD Workshop Ottawa. July 2001, CEMC Report No. 200102.

[102] Mackay, D., Arnot, J. A., Webster, E., and Reid, L. (2009, 2009). The evolution and future of environmental fugacity models. In: Ecotoxicology Modeling, Part of the Emerging Topics in Ecotoxicology Book Series (ETEP), vol. 2, 355–375. Springer.

[103] http://www.nytimes.com/2010/05/28/us/28flow.html.

[104] Canevari, G. P., Fiocco, R. J., Becker, K. W. and Lessard, R. R. (1997). Chemical dispersant for oil spills. US Patent 5, 618, 468, assigned to Exxon Research and Engineering Company.

[105] Aman, Z. M., Paris, C. B., May, E. F. et al. (2015). High-pressure visual experimental studies of oil-in-water dispersion droplet size. Chemical Engineering Science 127: 392–400.

[106] https://earthjustice.org/about.

[107] DTI (2003). Our Energy Future: Creating a Low Carbon Economy, Department of Trade and Industry, February 2003, UK.

[108] Fingas, M. F. and Hollebone, B. P. (2003). Review of behaviour of oil in freezing environments. Marine Pollution Bulletin 47: 333–340.

[109] Wilkinson, J. P., Boyd, T., Hagen, B. et al. (2015). Detection and quantification of oil under sea ice: the view from below. Cold Regions Science and Technology 109: 9–17.

[110] Arctic Response Technology Oil Spill Preparedness (2017). Arctic Oil Spill Response Technology Joint Industry Programme Synthesis Report, D. Dickins-DF Dickins Associates, LLC.

[111] Andrady, A. L. (2011). Microplastics in the marine environment. Marine Pollution Bulletin 62 (8): 11596–11605.

[112] Carpenter, E. J. and Smith, K. L. Jr. (1972). Plastics on the Sargasso sea surface. Science 175 (4027): 1240–1241.

[113] Derraik, J. G. B. (2002). The pollution of the marine environment by plastic debris: a review. Marine Pollution Bulletin 44 (9): 842–852.

[114] Cole, M., Lindeque, P., Halsband, C., and Galloway, T. S. (2011). Microplastics as contaminants in the marine environment: a review. Marine Pollution Bulletin 62 (12): 2588–2597.

[115] http://www.unep.org/newscentre/un-declares-war-ocean-plastic.

[116] King, W. R. and Cleland, D. I. (1988). Life-Cycle Management. New York: John Wiley & Sons, Inc.

[117] Khatib, Z. and Walsh, J. M. (2014). Extending the life of mature assets: how integrating subsurface & surface knowledge and best practices can increase production and maintain integrity. SPE Annual Technical Conference and Exhibition, Amsterdam, The Netherlands (27–29 October 2014), SPE 170804.

[118] ISO 14040: 2006 (2006). Environmental management-life cycle assessment-principles and framework. International Standards Organisation.

[119] https://www.theguardian.com/sustainable-business/2016/sep/29/fracking-shale-gas-europe-opposition-ban.

[120] Hunkeler, D. (2006). Societal LCA methodology and case study. International Journal of Life Cycle Assessment 11 (6): 371–382.

[121] Lovelock, J. (2006). The Revenge of Gaia. London: Penguin Books.

[122] United States Environmental Protection Agency (2006). Green Chemistry.

[123] Martel, A. E., Davies, J. A., Olson, W. W., and Abraham, M. A. (2003). Green chemistry and engineering, drivers, metrics and reduction to practice. Annual Review of Environment and Resources 28:

401.

[124] Warner, J. C. and Anastas, Green, P. (1998). Chemistry: Theory and Practice. New York: Oxford University Press.

[125] OPAR Commission. http://www.ospar.org (accessed 14 December 2014).

[126] EOSCA OSPAR Regulations on the Use of Chemicals, including PLONOR List. http://www.eosca.com/OReg.htm (accessed 14 December 2014).

[127] Thatcher, M. and Payne, G. (2001). Impact of the OSPAR decision on the harmonised mandatory control system on the offshore chemical supply industry. Chemistry in the Oil Industry Ⅶ (13-14 November 2001). Manchester, UK: Royal Society of Chemistry.

[128] Constable, D. J. C., Curzons, A. D., and Cunningham, V. L. (2002). Metrics to 'green' chemistry—which are the best? Green Chemistry 4 (6): 521-527.

[129] Mooney, D. J., Buhadir, K. H., Wong, W. H. and Rowley, J. A. (2008). Polymers containing polysaccharides such as alginates or modified alginates. European Patent 09271196.

[130] Rossegger, E., Schenk, V., and Wiesbrock, F. (2013). Design strategies for functionalised poly (2-oxazolines) and derived materials. Polymers 5: 956-1011.

[131] Hamelink, J. ed. (1994). Bioavailability: Physical, Chemical, and Biological Interactions, SETAC Special Publications Series. CRC Press.

[132] Kuhad, R. C., Gupta, R., and Singh, A. (2011). Microbial cellulases and their industrial applications. Enzyme Research 2011: 10, Article ID 280696. doi: 10.4061/2011/280696.

[133] Delidovich, I., Hasoul, P. J. C., Pfutzenreuter, R. et al. (2016). Alternative monomers based on lignocellulose and their use for polymer production. Chemical Reviews 116 (3): 1540-1599.

[134] Larche, J.-F., Bussiere, P.-O., Theria, S., and Gardette, J.-L. (2012). Photooxidation of polymers: relating material properties to chemical changes. Polymer Degradation and Stability 97 (1): 25-34.

[135] Guedri-Knani, L., Gardette, J. L., Jacquet, M., and Rivaton, A. (2004). Photoprotection of poly (ethylene-naphthalate) by zinc oxide coating. Surface and Coatings Technology 180-181: 71-75.

[136] Miyatake, N., Sue, H.-J., Li, Y. and Yamaguchi, K. (2007). Stabilization of polymers with zinc oxide nanoparticles. International Patent Application WO 2007075654, assigned to Texas A & M University and Kaneka Corporation.

[137] Tatraalji, D., Foldes, E., and Pukansky, B. (2014). Efficient melt stabilization of polyethylene with quercetin, a flavonoid type natural antioxidant. Polymer Degradation and Stability 102: 41-48.

[138] Crosby, D. G. (1994). Photochemical aspects of bioavailability. In: Bioavailability: Physical, Chemical, and Biological Interactions, Setac Special Publications Series, Chapter 1 (ed. J. Hamelink), 109. CRC Press.

[139] Leja, K. and Lewandowicz, G. (2010). Polymer biodegradation and biodegradable polymers-a review. Polish Journal of Environmental Studies 19 (2): 255-266.

[140] Norwegian Ministry of the Environment (1996-1997). White Paper No. 58 Environmental Policy for a Sustainable Development-Joint Effort for the Future.

[141] Tyler, C. R., Jobling, S., and Sumpter, J. P. (1998). Endocrine disruption in wildlife: a critical review of the evidence. Critical Reviews in Toxicology 28 (4): 319-361.

[142] Barber, L. B., Loyo-Rosales, J. E., Rice, C. P. et al. (2015). Endocrine disrupting alkylphenolic chemicals and other contaminants in wastewater treatment plant effluents, urban streams, and fish in the Great Lakes and Upper Mississippi River Regions. Science of the Total Environment 517: 195-206.

[143] Getliff, J. M. and James, S. G. (1996). The replacement of alkyl-phenol ethoxylates to improve the environmental acceptability of drilling fluid additives. SPE Health, Safety and Environment in Oil and Gas Exploration and Production Conference, New Orleans, LA (9-12 June 1996), SPE 35982.

[144] Hawrelak, M., Bennet, E., and Metcalfe, C. (1999). The environmental fate of the primary degradation products of alkylphenol ethoxylate surfactants in recycled paper sludge. Chemosphere 39 (5): 745-752.

[145] Cordell, D., Rosemarin, A., Schroder, J. J., and Smit, A. L. (2011). Towards global phosphorus security: a systems framework for phosphorus recovery and reuse options. Chemosphere 84 (6): 747-758.

[146] Harris, R. E. and McKay, I. D. (1998). New applications for enzymes in oil and gas production. European Petroleum Conference, The Hague, Netherlands (20-22 October 1998), SPE 50621.

[147] Nasr-El-Din, H. A., Al-Otaibi, M. G. H., Al-Qahtani, A. M. and McKay, I. D. (2005). Lab studies and field application of in-situ generated acid to remove filter cake in gas wells. SPE Annual Technical Conference and Exhibition, Dallas, TX (9-12 October 2005), SPE 96965.

[148] Rae, P. and Di Lullo, G. (2003). Matrix acid stimulation-a review of the state-of-the-art. SPE European Formation Damage Conference, The Hague, Netherlands (13-14 May 2003), SPE 82260.

[149] Feng, Q., Ma, X., Zhong, L. et al. (2009). EOR pilot tests with modified enzyme--Dagang oilfield, China. SPE Reservoir Evaluation & Engineering 12 (01): 79-87, SPE 107128.

[150] Larsen, T., Lioliou, M. G., Josang, L. O. and Ostvold, T. (2006). Quasi natural consolidation of poorly consolidated oil field reservoirs. SPE International Oilfield Scale Symposium, Aberdeen, UK (31 May-1 June 2006), SPE 100598.

[151] McRae, J. A., Heath, S. M., Strachan, C. et al. (2004). Development of an enzyme activated, low temperature, scale inhibitor precipitation squeeze system. SPE International Symposium on Oilfield Scale, Aberdeen, UK (26-27 May 2004), SPE 87441.

[152] Zajic, J. E., Cooper, D. G., Jack, T. R., and Kosaric, N. (1983). Microbial Enhanced Oil Recovery. PenWell Books Oklahoma.

[153] Andre, H. J. and Kristian, K. H. (2005). Genetically engineered well treatment micro-organisms. UK Patent 2, 413, 797, assigned to Statoil Asa.

[154] Gavrilescu, M. and Christi, Y. (2005). Biotechnology—a sustainable alternative for chemical industry. Biotechnology Advances 23 (7-8): 471-499.

[155] Dobson, J. W., Hayden, S. L. and Hinojosa, B. E. (2005). Borate cross-linker suspensions with more consistent crosslink times. US Patent 6, 936, 575, assigned to Texas United Chemical Company Llc.

[156] Legemah, M., Guerin, M., Sun, H., and Qu, Q. (2014). Novel high-efficiency boron crosslinkers for low-polymer-loading fracturing fluids. SPE Journal 19 (04): 737-743, SPE 164118.

[157] Shang, X., Ding, Y., Wang, Y., and Yang, L. (2015). Rheological and performance research on a regenerable polyvinyl alcohol fracturing fluid. PLoS One 10 (12): e0144449. Published online 2015 December 7.

[158] Viloria, A., Castillo, L., Garcia, J. A. and Biomorgi, J. (2010). Aloe derived scale inhibitor. US Patent Application, 20100072419, assigned to Intevep S. A.

[159] http://www.cefas.co.uk/media/1384/13-06e_plonor.pdf.

[160] US Energy Information Administration. https://www.eia.gov/tools/faqs/faq.php?id=34&t=6.

[161] http://www.independent.co.uk/news/business/news/government-recycling-targets-cut-pressure-plastics-lobbying-industry-a7585501.html.

[162] http://www.independent.co.uk/environment/johnson-johnson-cotton-buds-plastic-half-world-marine-

pollution-sea-life-a7577556. html.

[163] https: //www. theguardian. com/environment/2017/jun/06/spectacular-drop-in-renewable-energy-costs-leads-to-record-global-boost.

[164] https: //www. wsj. com/articles/u-s-carbon-dioxide-emissions-hit-new-25-year-low-1476298479.

[165] Heath, G. A. , O' Donoughue, P. , Arent, D. J. , and Bazilian, M. (2014). Harmonization of initial estimates of shale gas life cycle greenhouse gas emissions for electric power generation. Proceedings of the National Academy of Sciences of the United States of America 111 (31): E3167-E3176.

[166] https: //www. eia. gov/todayinenergy/detail. php? id=13491.

[167] https: //www. worldenergy. org/work-programme/strategic-insight/assessment-of-energy-climate-change-policy/.

[168] JPT (2017). BP and shell agree: a new energy future is coming. Journal of Petroleum Technology .

[169] BP Strategic Report 2014.

[170] Rassenfoss, S. and Jacobs, T. (2017). A growing range of renewable options for oil and gas. Journal of Petroleum Technology 69 (8): 32-33.

[171] Rao, H. , Schmidt, L. C. , Bonin, J. , and Robert, M. (2017). Visible-light-driven methane formation from $CO_2$ with a molecular iron catalyst. Nature 548: 74-77.

[172] Sushkevich, V. L. , Palagin, D. , Ranocchiari, M. , and van Bokhoven, J. A. (2017). Selective anaerobic oxidation of methane enables direct synthesis of methanol. Science 356 (6337): 523-527.

# 国外油气勘探开发新进展丛书（一）

书号：3592
定价：56.00元

书号：3663
定价：120.00元

书号：3700
定价：110.00元

书号：3718
定价：145.00元

书号：3722
定价：90.00元

# 国外油气勘探开发新进展丛书（二）

书号：4217
定价：96.00元

书号：4226
定价：60.00元

书号：4352
定价：32.00元

书号：4334
定价：115.00元

书号：4297
定价：28.00元

## 国外油气勘探开发新进展丛书（三）

书号：4539
定价：120.00元

书号：4725
定价：88.00元

书号：4707
定价：60.00元

书号：4681
定价：48.00元

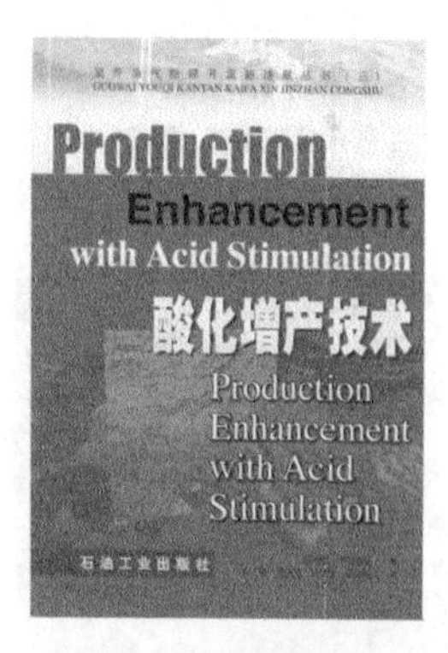


书号：4689
定价：50.00元

书号：4764
定价：78.00元

# 国外油气勘探开发新进展丛书（四）

书号：5554
定价：78.00元

书号：5429
定价：35.00元

书号：5599
定价：98.00元

书号：5702
定价：120.00元

书号：5676
定价：48.00元

书号：5750
定价：68.00元

# 国外油气勘探开发新进展丛书（五）

书号：6449
定价：52.00元

书号：5929
定价：70.00元

书号：6471
定价：128.00元

书号：8092
定价：38.00元

书号：8804
定价：38.00元

书号：9483
定价：140.00元

## 国外油气勘探开发新进展丛书（九）

书号：8351
定价：68.00元

书号：8782
定价：180.00元

书号：8336
定价：80.00元

书号：8899
定价：150.00元

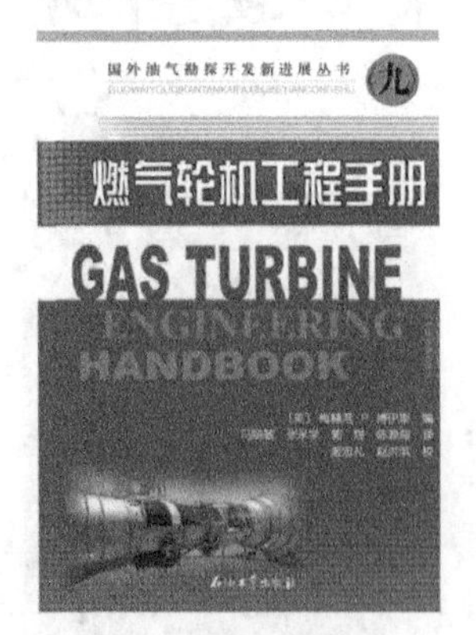


书号：9013
定价：160.00元

书号：7634
定价：65.00元

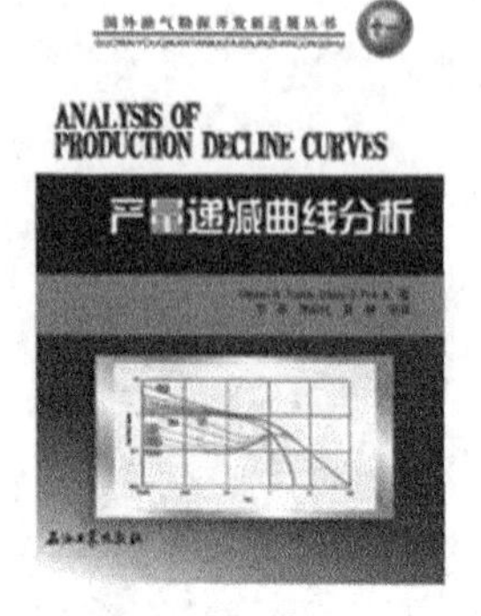


书号：0916
定价：80.00元

书号：0867
定价：65.00元

书号：0732
定价：75.00元

# 国外油气勘探开发新进展丛书（十二）

书号：0661
定价：80.00元

书号：0870
定价：116.00元

书号：0851
定价：120.00元

书号：1172
定价：120.00元

书号：0958
定价：66.00元

书号：1529
定价：66.00元

# 国外油气勘探开发新进展丛书（十三）

书号：1046
定价：158.00元

书号：1167
定价：165.00元

书号：1645
定价：70.00元

书号：1259
定价：60.00元

书号：1875
定价：158.00元

书号：1477
定价：256.00元

# 国外油气勘探开发新进展丛书（十四）

书号：1456
定价：128.00元

书号：1855
定价：60.00元

书号：1874
定价：280.00元

书号：2857
定价：80.00元

书号：2362
定价：76.00元

# 国外油气勘探开发新进展丛书（十五）

书号：3053
定价：260.00元

书号：3682
定价：180.00元

书号：2216
定价：180.00元

书号：3052
定价：260.00元

书号：2703
定价：280.00元

书号：2419
定价：300.00元

# 国外油气勘探开发新进展丛书（十六）

书号：2274
定价：68.00元

书号：2428
定价：168.00元

书号：1979
定价：65.00元

书号：3450
定价：280.00元

书号：3384
定价：168.00元

# 国外油气勘探开发新进展丛书（十七）

书号：2862
定价：160.00元

书号：3081
定价：86.00元

书号：3514
定价：96.00元

书号：3512
定价：298.00元

书号：3980
定价：220.00元

## 国外油气勘探开发新进展丛书（十八）

书号：3702
定价：75.00元

书号：3734
定价：200.00元

书号：3693
定价：48.00元

书号：3513
定价：278.00元

书号：3772
定价：80.00元

书号：3792
定价：68.00元

# 国外油气勘探开发新进展丛书（二十一）

书号：4005
定价：150.00元

书号：4013
定价：45.00元

书号：4075
定价：100.00元

书号：4008
定价：130.00元

# 国外油气勘探开发新进展丛书（二十二）

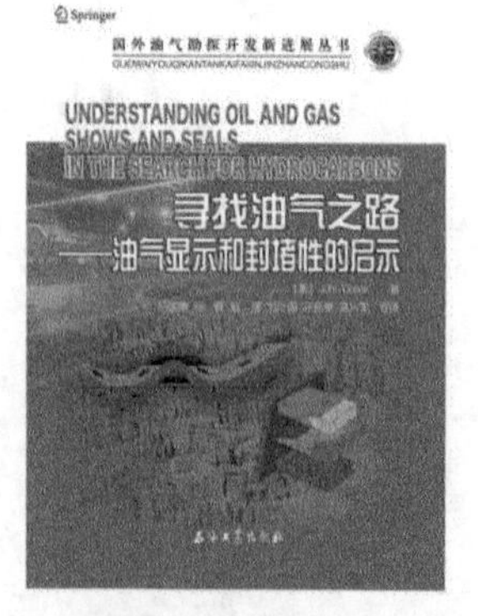


书号：4296
定价：220.00元

书号：4324
定价：150.00元

书号：4399
定价：100.00元

# 国外油气勘探开发新进展丛书（二十三）

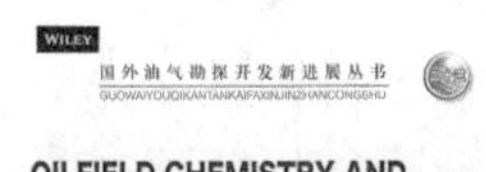

书号：4362
定价：160.00元

书号：4469
定价：88.00元